Springer-Lehrbuch

Springer

*Berlin
Heidelberg
New York
Barcelona
Budapest
Hongkong
London
Mailand
Paris
Santa Clara
Singapur
Tokio*

Günther Lehner

Elektromagnetische Feldtheorie

für Ingenieure und Physiker

Dritte korrigierte Auflage

Mit 327 Abbildungen

 Springer

Prof. Dr. rer. nat. Günther Lehner

Institut für Theorie der Elektrotechnik
Universität Stuttgart
Pfaffenwaldring 47
D-70569 Stuttgart

ISBN 3-540-60373-5   3. Aufl. Springer-Verlag Berlin Heidelberg New York

ISBN 3-540-56873-5   2. Aufl. Springer-Verlag Berlin Heidelberg New York

Die Deutsche Bibliothek - CIP-Einheitsaufnahme
Lehner, Günther:
Elektromagnetische Feldtheorie für Ingenieure und Physiker /
Günther Lehner. - Berlin; Heidelberg; New York;
Barcelona; Budapest; Hongkong; London;
Mailand; Paris; Santa Clara; Singapur; Tokio: Springer, 1996
(Springer-Lehrbuch)
ISBN 3-540-60373-5

Dieses Werk ist urheberrechtlich geschützt. Die dadurch begründeten Rechte, insbesondere die der Übersetzung, des Nachdrucks, des Vortrags, der Entnahme von Abbildungen und Tabellen, der Funksendung, der Mikroverfilmung oder der Vervielfältigung auf anderen Wegen und der Speicherung in Datenverarbeitungsanlagen, bleiben, auch bei nur auszugsweiser Verwertung, vorbehalten. Eine Vervielfältigung dieses Werkes oder von Teilen dieses Werkes ist auch im Einzelfall nur in den Grenzen der gesetzlichen Bestimmungen des Urheberrechtsgesetzes der Bundesrepublik Deutschland vom 9. September 1965 in der jeweils geltenden Fassung zulässig. Sie ist grundsätzlich vergütungspflichtig. Zuwiderhandlungen unterliegen den Strafbestimmungen des Urheberrechtsgesetzes.

© Springer-Verlag, Berlin / Heidelberg 1996
Printed in Germany

Die Wiedergabe von Gebrauchsnamen, Handelsnamen, Warenbezeichnungen usw. in diesem Werk berechtigt auch ohne besondere Kennzeichnung nicht zu der Annahme, daß solche Namen im Sinne der Warenzeichen- und Markenschutz-Gesetzgebung als frei zu betrachten wären und daher von jedermann benutzt werden dürften.

Sollte in diesem Werk direkt oder indirekt auf Gesetze, Vorschriften oder Richtlinien (z.B. DIN, VDI, VDE) Bezug genommen oder aus ihnen zitiert worden sein, so kann der Verlag keine Gewähr für Richtigkeit, Vollständigkeit oder Aktualität übernehmen. Es empfiehlt sich, gegebenenfalls für die eigenen Arbeiten die vollständigen Vorschriften oder Richtlinien in der jeweils gültigen Fassung hinzuzuziehen.

Satz: Thomson Press India Ltd.
Druck: Mercedes Druck GmbH, Berlin; Binder: Lüderitz & Bauer, Berlin
SPIN: 10516605   62/3020 - 5 4 3 2 1 0 - Gedruckt auf säurefreiem Papier

Für Lore († 1984)
und Helma
ohne die dieses Buch
nicht entstanden wäre

Vorwort zur 2. und 3. Auflage

Überraschend schnell ist zunächst eine zweite und jetzt eine dritte Auflage erforderlich geworden. Das Erscheinen der zweiten Auflage habe ich, neben der Korrektur von Druckfehlern, zum Anlaß genommen, einige kleinere Änderungen im Text vorzunehmen und, vor allem, ein zusätzliches Kapitel über numerische Methoden einzufügen (finite Differenzen, finite Elemente, Randelemente, Ersatzladungsmethoden und Monte-Carlo-Methoden). Dieses Kapitel kann und soll ausführliche Darstellungen dieser wichtigen Methoden keinesfalls ersetzen. Es kam mir besonders darauf an, zu zeigen, daß und wie diese Methoden mit den Grundlagen der Feldtheorie (insbesondere mit der Potentialtheorie) zusammenhängen und daß die Grundvorstellungen hinter den Methoden trotz aller Kompliziertheit der Details anschaulich, einfach und elegant sind. Bei der Vorbereitung der dritten Auflage habe ich mich auf die Korrektur weiterer Druckfehler beschränkt.

Für Hilfe bei der Durchsicht des Textes und bei der Vorbereitung von Bildern habe ich den Herren Dr.-Ing. K. Honstetter, Dr.-Ing. H. Karl, Dr.-Ing. H. Maisch, Dr.-Ing. J. Fetzer, Dipl.-Ing. M. Haas und Dipl.-Ing. S. Abele zu danken, Frau K. Schmidt für ihre sorgfältige Arbeit am Manuskript. G. Lehner

Stuttgart, im Herbst 1993 und im Herbst 1995

Vorwort

> *Form nur ist Glaube und Tat,*
> *die erst von Händen berührten,*
> *doch dann den Händen entführten*
> *Statuen bergen die Saat.*
>
> *Gottfried Benn*

Die elektromagnetische Feldtheorie stellt ein für Naturwissenschaftler und Ingenieure grundlegendes Wissensgebiet dar. Die vorliegende Darstellung ist aus einer Vorlesung hervorgegangen, die der Autor seit dem Jahr 1972 an der Universität Stuttgart für die Studenten der Elektrotechnik – sie ist für diese Pflichtfach – gehalten hat. Dennoch hofft der Autor, daß Stoffauswahl und Art der Behandlung das Interesse nicht nur von Ingenieuren, sondern auch von Naturwissenschaftlern finden.

Durch die Form, die Maxwell ihr gegeben hat, kann die elektromagnetische Feldtheorie geradezu als ein Musterbeispiel einer in sich geschlossenen, großartigen, ja schönen Theorie gelten, die jeden begeistert, der sich ernsthaft damit beschäftigt. Dazu gehört, daß sie sowohl in ihrem durchaus anschaulichen Gehalt wie auch in ihrer formalen Ausgestaltung aufgenommen wird. Deshalb hat der Autor sich gleichzeitig um Anschaulichkeit auf der einen, um begriffliche Klarheit und formale Strenge auf der anderen Seite bemüht. Er ist der Überzeugung, daß Anschaulichkeit und formale Strenge keine Widersprüche sind, sondern zwei verschiedene Seiten jeder brauchbaren und vernünftigen Theorie. Niemand sollte Scheu vor mathematisch formulierten Theorien haben. Es gibt und es kann auch nichts Brauchbareres geben als eine gute und logisch konsequente – d. h. eine strenge – Theorie. Natürlich setzt die Anwendung einer Theorie deren anschauliche, ja phantasievolle Durchdringung voraus. Die konzentrierte mathematisch formulierte Theorie ist ja Zentrum und Durchgangspunkt einer zweifachen Anstrengung des menschlichen Geistes, nämlich einerseits das nur scheinbar Chaotische der uns umgebenden Erscheinungen zu ordnen und den ihnen gemeinsamen Kern zu erkennen und andererseits aus diesem Kern heraus die unglaubliche Vielfalt der Erscheinungen neu zu sehen und zu verstehen. Es ist kein Zufall – und deshalb das oben vorangestellte Motto von Gottfried Benn –, daß man dasselbe von der Kunst sagen kann. Kunst und Wissenschaft gehören eng zusammen, auch wenn das heute oft nicht so aussieht. Sie sind zwei einander ergänzende, nicht einander widersprechende Wege zu einem Ziel. Beide wollen ihren Aussagen die vollkommene Form geben. Gerade dies ist in der elektromagnetischen Feldtheorie gelungen. Wenn man Wert und Schönheit einer wissenschaftlichen Theorie daran mißt, wie sie den erwähnten Anstrengungen dient, dann wird die elektromagnetische Feldtheorie einen hervorragenden Platz einnehmen, – vier einfache, unglaublich elegante und (wenn man sich die Mühe gemacht hat, sie zu verstehen) auch anschauliche Gleichungen, eben die Maxwellschen Gleichungen und, ihnen gegenüber, die überwältigende und nicht ausschöpfbare Vielfalt der durch sie beschriebenen elektromagnetischen Erscheinungen in Natur und Technik. Dieses Lehrbuch wird sein Ziel erreicht haben, wenn der Leser am Ende seiner Lektüre dem zustimmen kann.

Auch die erforderlichen mathematischen Hilfsmittel sollten nicht in Form auswendig gelernter Rezepte angewandt werden, sondern mit Anschauung und Phantasie erfüllt werden. Nehmen wir z. B. die in der Feldtheorie ständig benützten Integralsätze von Gauß und Stokes. Sie hängen mit den Begriffen der Divergenz (div) und der Rotation (rot) von Vektorfeldern zusammen. Beide Begriffe sind koordinatenfrei und ganz anschaulich definiert, wobei die Beziehung zu Quellen (oder Senken) und Wirbeln deutlich wird. Die beiden genannten Integralsätze wiederum sind nichts anderes als unmittelbar anschauliche und beinahe selbstverständliche Konsequenzen dieser beiden Definitionen. An dieser Stelle ist auch erwähnenswert, daß die Maxwellschen Gleichungen zwei Vektorfelder mit ihren Wechselwirkungen, das elektrische und das magnetische Feld, auf die eleganteste und einfachste denkbare Art und Weise beschreiben. Man kann nämlich beweisen und sich auch anschaulich klar machen, daß ein Vektorfeld durch Angabe aller Quellen und Wirbel vollständig und eindeutig beschrieben ist (das ist der Inhalt des in einem Anhang behandelten Helmholtzschen Theorems). Genau diesem Zweck dienen die Maxwellschen Gleichungen in bewundernswerter Weise. Zwei von ihnen beschreiben die Quellen und Wirbel des elektrischen, zwei die des magnetischen Feldes. Die Zusammenhänge sind allerdings materialabhängig, weshalb noch drei weitere Gleichungen erforderlich sind, die Aussagen über Leitfähigkeit, Polarisierbarkeit und Magnetisierbarkeit der beteiligten Medien zum Inhalt haben.

Die erwähnte Geschlossenheit der elektromagnetischen Feldtheorie ist eine formale. Inhaltlich steht sie keineswegs für sich allein und isoliert da. Sie hängt im Gegenteil eng mit der ganzen Physik zusammen, besonders mit der Relativitäts- und der Quantentheorie. Darüber hinaus ist keineswegs klar, ob sie nicht eines Tages im Lichte neuer Erkenntnisse modifiziert werden muß. Wie jede Theorie, kann sie Geltung nur im Rahmen aller bisher gemachten Erfahrungen und Experimente und der dabei erzielten Meßgenauigkeit beanspruchen. Wer sich mit elektromagnetischer Feldtheorie beschäftigt, wird bald erkennen, daß es viele und zum Teil sehr wesentliche noch offene Fragen gibt. Es war dem Autor wichtig, dies deutlich werden zu lassen. Im Text wird mehrfach auf solche Fragen hingewiesen, von denen einige in Anhängen etwas vertieft werden (wobei dann dort, allerdings auch nur dort, einiges aus der Quantenmechanik vorausgesetzt wird, da diese Fragen anders nicht vertieft werden können). So steht, um ein Beispiel zu nennen, das Coulombsche Gesetz schon in der Schule fast am Anfang aller Beschäftigung mit Feldtheorie und Physik überhaupt. Man könnte deshalb geneigt sein, es für endgültig und selbstverständlich zu halten. In Wirklichkeit ist das keineswegs der Fall, wenn auch bis heute Abweichungen davon nicht nachgewiesen werden konnten. Andererseits hätte es sehr merkwürdige Konsequenzen, sollte das Coulombsche Gesetz doch nicht exakt gelten. So wäre dann z. B. die Ruhmasse von Photonen nicht exakt Null, und es gäbe auch keine elektromagnetische Strahlung beliebig kleiner Frequenz. Und ist es nicht auch merkwürdig, daß die bisher genaueste Überprüfung des Coulombschen Gesetzes auf Satellitenmessungen am magnetischen Dipolfeld des Planeten Jupiter beruht? Diese grundsätzliche Offenheit der elektromagnetischen Feldtheorie (wie jeder Theorie) bedeutet jedoch nicht, daß die bisherigen Erkenntnisse fraglich seien. Sie sind so oft überprüft und bestätigt worden, daß sie (im Rahmen der bisher erreichten Meßgenauigkeit) keinem Zweifel unterliegen. Der denkbare Fortschritt zu neuen Erkenntnissen führt nicht dazu, daß die bisherigen Theorien ungültig werden, sondern dazu, daß sie in neuen, umfassenderen Theorien aufgehen, wobei dann unter Umständen alte Begriffe eine Revision erfahren und in einem neuen, manchmal sehr unerwarteten Licht erscheinen (wie z. B. der Begriff des Vektorpotentials durch den Bohm-Aharonov-Effekt). So ist die elektromagnetische Feldtheorie trotz dieser Offenheit eine sehr solide Grundlage der Naturwissenschaft und der Technik, der sich der konstruierende Ingenieur in allen gegenwärtigen und zukünftig absehbaren Bereichen der Technik in vollem Umfang anvertrauen kann.

Letzten Endes kann der Autor nur hoffen, daß das vorliegende Lehrbuch seinen Lesern die Schönheit und die Nützlichkeit der elektromagnetischen Feldtheorie – beides hängt eng zusammen – näherbringen kann.

Es ist dem Autor ein Bedürfnis, allen zu danken, die zur Realisierung dieses Lehrbuches beigetragen haben, sowohl im Springer-Verlag als auch im Institut für Theorie der Elektrotechnik der Universität Stuttgart. Mein Dank gilt insbesondere auch Herrn Dipl.-Ing. H. Maisch für die Durchsicht des Manuskripts und die Unterstützung bei der Herstellung vieler Figuren sowie Frau K. Schmidt und Frau H. Stängle für ihre Arbeit am Manuskript.

Stuttgart, im Sommer 1990   Günther Lehner

Inhaltsverzeichnis

1 Die Maxwellschen Gleichungen

    1.1 Einleitung 1
    1.2 Der Begriff der Ladung und das Coulombsche Gesetz 2
    1.3 Die elektrische Feldstärke **E** und die dielektrische Verschiebung **D** 4
    1.4 Der elektrische Fluß 5
    1.5 Die Divergenz eines Vektorfeldes und der Gaußsche Integralsatz 9
    1.6 Arbeit im elektrischen Feld 12
    1.7 Die Rotation eines Vektorfeldes und der Stokessche Integralsatz 15
    1.8 Potential und Spannung 20
    1.9 Elektrischer Strom und Magnetfeld: Das Durchflutungsgesetz 24
    1.10 Das Prinzip der Ladungserhaltung und die 1. Maxwellsche Gleichung . . . 28
    1.11 Das Induktionsgesetz 32
    1.12 Die Maxwellschen Gleichungen 33
    1.13 Das Maßsystem 37

2 Die Grundlagen der Elektrostatik

    2.1 Grundlegende Beziehungen 43
    2.2 Feldstärke und Potential für gegebene Ladungsverteilungen 44
    2.3 Spezielle Ladungsverteilungen 47
        2.3.1 Eindimensionale, ebene Ladungsverteilungen 47
        2.3.2 Kugelsymmetrische Verteilungen 48
        2.3.3 Zylindersymmetrische Verteilungen 51
    2.4 Das Feld von zwei Punktladungen 54
    2.5 Ideale Dipole 60
        2.5.1 Der ideale Dipol und sein Potential 60
        2.5.2 Volumenverteilungen von Dipolen 62
        2.5.3 Flächenverteilungen von Dipolen (Doppelschichten) 65
        2.5.4 Liniendipole 71
    2.6 Das Verhalten eines Leiters im elektrischen Feld 73
        2.6.1 Metallkugel im Feld einer Punktladung 75
        2.6.2 Metallkugel im homogenen elektrischen Feld 78
        2.6.3 Metallzylinder im Feld einer Linienladung 81
    2.7 Der Kondensator 82
    2.8 **E** und **D** im Dielektrikum 85
    2.9 Der Kondensator mit Dielektrikum 89
    2.10 Randbedingungen für **E** und **D** und die Brechung von Kraftlinien 91

- 2.11 Die Punktladung in einem Dielektrikum 95
  - 2.11.1 Homogenes Dielektrikum 95
  - 2.11.2 Ebene Grenzfläche zwischen zwei Dielektrika 96
- 2.12 Dielektrische Kugel im homogenen elektrischen Feld 98
  - 2.12.1 Das Feld einer homogen polarisierten Kugel 98
  - 2.12.2 Äußeres homogenes Feld als Ursache der Polarisation 101
  - 2.12.3 Dielektrische Kugel (ε_i) und dielektrischer Außenraum (ε_a) 102
  - 2.12.4 Verallgemeinerung: Ellipsoide 105
- 2.13 Der Polarisationsstrom 107
- 2.14 Der Energiesatz 109
  - 2.14.1 Der Energiesatz in allgemeiner Formulierung 109
  - 2.14.2 Die elektrostatische Energie 112
- 2.15 Kräfte im elektrischen Feld 115
  - 2.15.1 Kräfte auf die Platten eines Kondensators 115
  - 2.15.2 Kondensator mit zwei Dielektrika 116

3 Die formalen Methoden der Elektrostatik 118

- 3.1 Koordinatentransformation 118
- 3.2 Vektoranalysis für krummlinige, orthogonale Koordinaten 122
  - 3.2.1 Der Gradient 122
  - 3.2.2 Die Divergenz 122
  - 3.2.3 Der Laplace-Operator 123
  - 3.2.4 Die Rotation 124
- 3.3 Einige wichtige Koordinatensysteme 126
  - 3.3.1 Kartesische Koordinaten 126
  - 3.3.2 Zylinderkoordinaten 126
  - 3.3.3 Kugelkoordinaten 128
- 3.4 Einige Eigenschaften der Poissonschen und der Laplaceschen Gleichung (Potentialtheorie) 129
  - 3.4.1 Die Problemstellung 129
  - 3.4.2 Die Greenschen Sätze 129
  - 3.4.3 Der Eindeutigkeitsbeweis 131
  - 3.4.4 Modelle 133
  - 3.4.5 Die Diracsche δ-Funktion 133
  - 3.4.6 Punktladung und δ-Funktion 136
  - 3.4.7 Das Potential in einem begrenzten Gebiet 137
- 3.5 Separation der Laplaceschen Gleichung in kartesischen Koordinaten 140
  - 3.5.1 Die Separation 140
  - 3.5.2 Beispiele 143
    - 3.5.2.1 Ein Dirichletsches Randwertproblem ohne Ladungen im Gebiet 143
    - 3.5.2.2 Dirichletsches Randwertproblem mit Ladungen im Gebiet 148
    - 3.5.2.3 Punktladung im unendlich ausgedehnten Raum 154
    - 3.5.2.4 Anhang zum Abschnitt 3.5: Fourier-Reihen und Fourier-Integrale 156
- 3.6 Vollständige orthogonale Systeme von Funktionen 161
- 3.7 Separation der Laplaceschen Gleichung in Zylinderkoordinaten 167
  - 3.7.1 Die Separation 167

	3.7.2	Einige Eigenschaften von Zylinderfunktionen	169
	3.7.3	Beispiele	173
	3.7.3.1	Zylinder mit Flächenladungen	173
	3.7.3.2	Punktladung auf der Achse eines dielektrischen Zylinders	177
	3.7.3.3	Ein Dirichletsches Randwertproblem und die Fourier-Bessel-Reihen	179
	3.7.3.4	Rotationssymmetrische Flächenladungen in der Ebene z = 0 und die Hankel-Transformation	183
	3.7.3.5	Nichtrotationssymmetrische Ladungsverteilungen	186
3.8	Separation der Laplaceschen Gleichung in Kugelkoordinaten		191
	3.8.1	Die Separation	191
	3.8.2	Beispiele	195
	3.8.2.1	Dielektrische Kugel im homogenen elektrischen Feld . . .	195
	3.8.2.2	Kugel mit beliebiger Oberflächenladung	197
	3.8.2.3	Das Dirichletsche Randwertproblem der Kugel	201
3.9	Vielleitersysteme		203
3.10	Ebene elektrostatische Probleme und die Stromfunktion		208
3.11	Analytische Funktionen und konforme Abbildungen		212
3.12	Das komplexe Potential		219

4 Das stationäre Strömungsfeld 235

4.1	Die grundlegenden Gleichungen	235
4.2	Die Relaxationszeit	239
4.3	Die Randbedingungen	240
4.4	Die formale Analogie zwischen **D** und **g**	245
4.5	Einige Strömungsfelder	246
	4.5.1 Die punktförmige Quelle im Raum	246
	4.5.2 Linienquellen	249
	4.5.3 Ein gemischtes Randwertproblem	251

5 Die Grundlagen der Magnetostatik 259

5.1	Grundgleichungen	259
5.2	Einige Magnetfelder	269
	5.2.1 Das Feld eines geradlinigen, konzentrierten Stromes	269
	5.2.2 Das Feld rotationssymmetrischer Stromverteilungen in zylindrischen Leitern	276
	5.2.3 Das Feld einfacher Spulen	277
	5.2.4 Das Feld eines Kreisstromes und der magnetische Dipol	279
	5.2.5 Das Feld einer beliebigen Stromschleife	286
	5.2.6 Das Feld ebener Leiterschleifen in der Schleifenebene	289
5.3	Der Begriff der Magnetisierung	291
5.4	Kraftwirkungen auf Dipole in Magnetfeldern	297
5.5	**B** und **H** in magnetisierbaren Medien	298
5.6	Der Ferromagnetismus	304
5.7	Randbedingungen für **B** und **H** und die Brechung magnetischer Kraftlinien .	310
5.8	Platte, Kugel und Hohlkugel im homogenen Magnetfeld	313
	5.8.1 Die ebene Platte	313
	5.8.2 Die Kugel	314

	5.8.3	Die Hohlkugel 317

- 5.9 Spiegelung an der Ebene 319
- 5.10 Ebene Probleme 327
- 5.11 Zylindrische Randwertprobleme 328
  - 5.11.1 Separation 328
  - 5.11.2 Die Struktur rotationssymmetrischer Magnetfelder 330
  - 5.11.3 Beispiele 332
    - 5.11.3.1 Zylinder mit azimutalen Flächenströmen 332
    - 5.11.3.2 Azimutale Flächenströme in der x-y-Ebene 335
    - 5.11.3.3 Ringstrom und magnetisierbarer Zylinder 337
- 5.12 Magnetische Energie, magnetischer Fluß und Induktivitätskoeffizienten .. 341
  - 5.12.1 Die magnetische Energie 341
  - 5.12.2 Der magnetische Fluß 345

6 Zeitabhängige Probleme I (Quasistationäre Näherung) 349

- 6.1 Das Induktionsgesetz 349
  - 6.1.1 Induktion durch zeitliche Veränderung von **B** 349
  - 6.1.2 Induktion durch Bewegung des Leiters 350
  - 6.1.3 Induktion durch gleichzeitige Änderung von **B** und Bewegung des Leiters 353
  - 6.1.4 Die Unipolarmaschine 355
  - 6.1.5 Der Versuch von Hering 357
- 6.2 Die Diffusion von elektromagnetischen Feldern 359
  - 6.2.1 Die Gleichungen für **E**, **g**, **B** und **A** 359
  - 6.2.2 Der physikalische Inhalt der Gleichungen 360
  - 6.2.3 Abschätzungen und Ähnlichkeitsgesetze 364
- 6.3 Die Laplace-Transformation 367
- 6.4 Felddiffusion im beiderseits unendlichen Raum 371
- 6.5 Felddiffusion im Halbraum 376
  - 6.5.1 Allgemeine Lösung 376
  - 6.5.2 Die Diffusion des Feldes von der Oberfläche ins Innere des Halbraumes (Einfluß der Randbedingung) 378
  - 6.5.3 Die Diffusion des Anfangsfeldes im Halbraum (Einfluß der Anfangsbedingung) 382
  - 6.5.4 Periodisches Feld und Skineffekt 384
- 6.6 Felddiffusion in der ebenen Platte 389
  - 6.6.1 Allgemeine Lösung 389
  - 6.6.2 Die Diffusion des Anfangsfeldes (Einfluß der Anfangsbedingung) . 390
  - 6.6.3 Der Einfluß der Randbedingungen 393
- 6.7 Das zylindrische Diffusionsproblem 398
  - 6.7.1 Die Grundgleichungen 398
  - 6.7.2 Das longitudinale Feld B_z 399
  - 6.7.3 Das azimutale Feld B_φ 404
  - 6.7.4 Der Skineffekt im zylindrischen Draht 407
- 6.8 Grenzen der quasistationären Theorie 411

7 Zeitabhängige Probleme II (Elektromagnetische Wellen) 413

- 7.1 Die Wellengleichungen und ihre einfachsten Lösungen 413
  - 7.1.1 Die Wellengleichungen 413

	7.1.2	Der einfachste Fall: Ebene Wellen im Isolator 414
	7.1.3	Harmonische ebene Wellen 419
	7.1.4	Elliptische Polarisation 423
	7.1.5	Stehende Wellen 425
	7.1.6	TE- und TM-Wellen 426
	7.1.7	Energiedichte in und Energietransport durch Wellen 430
7.2	Ebene Wellen in einem leitfähigen Medium 431
	7.2.1	Wellengleichungen und Dispersionsbeziehung 431
	7.2.2	Der Vorgang ist harmonisch im Raum 433
	7.2.3	Der Vorgang ist harmonisch in der Zeit 435
7.3	Reflexion und Brechung von Wellen 439
	7.3.1	Reflexion und Brechung bei Isolatoren 439
	7.3.2	Die Fresnelschen Beziehungen für Isolatoren 441
	7.3.3	Nichtmagnetische Medien 444
	7.3.4	Totalreflexion 447
	7.3.5	Reflexion an einem leitfähigen Medium 449
7.4	Die Potentiale und ihre Wellengleichungen 450
	7.4.1	Die inhomogenen Wellengleichungen für $\mathbf{A}$ und φ 450
	7.4.2	Die Lösung der inhomogenen Wellengleichungen (Retardierung) . 454
	7.4.3	Der elektrische Hertzsche Vektor 456
	7.4.4.	Vektorpotential für $\mathbf{D}$ und magnetischer Hertzscher Vektor 457
	7.4.5	Hertzsche Vektoren und Dipolmomente 459
	7.4.6	Hertzsche Vektoren für homogene leitfähige Medien ohne Raumladungen 462
7.5	Der Hertzsche Dipol 464
	7.5.1	Die Felder des schwingenden Dipols 464
	7.5.2	Das Fernfeld und die Strahlungsleistung 470
7.6	Die Rahmenantenne 473
7.7	Wellen in zylindrischen Hohlleitern 476
	7.7.1	Grundgleichungen 476
	7.7.2	TM-Wellen 479
	7.7.3	TE-Wellen 480
	7.7.4	TEM-Wellen 481
7.8	Der Rechteckhohlleiter 486
	7.8.1	Die Separation 486
	7.8.2	TM-Wellen im Rechteckhohlleiter 487
	7.8.3	TE-Wellen im Rechteckhohlleiter 489
	7.8.4	TEM-Wellen 491
7.9	Rechteckige Hohlraumresonatoren 492
7.10	Der kreiszylindrische Hohlleiter 496
	7.10.1	Die Separation 496
	7.10.2	TM-Wellen im kreiszylindrischen Hohlleiter 498
	7.10.3	TE-Wellen im kreiszylindrischen Hohlleiter 500
	7.10.4	Das Koaxialkabel 502
	7.10.5	Die Telegraphengleichung 504
7.11	Das Problem des Hohlleiters als Variationsproblem 506
7.12	Rand- und Anfangswertprobleme 509
	7.12.1	Das Anfangswertproblem des unendlichen, homogenen Raumes .. 510
	7.12.2	Das Randwertproblem des Halbraumes 514

8 Numerische Methoden 517
- 8.1 Einleitung 517
- 8.2 Potentialtheoretische Grundlagen 518
  - 8.2.1 Randwertprobleme und Integralgleichungen 518
  - 8.2.2 Beispiele 521
    - 8.2.2.1 Das eindimensionale Problem 521
    - 8.2.2.2 Das Dirichletsche Randwertproblem der Kugel 524
  - 8.2.3 Die Mittelwertsätze der Potentialtheorie 527
- 8.3 Randwertprobleme als Variationsprobleme 528
  - 8.3.1 Variationsintegrale und Eulersche Gleichungen 528
  - 8.3.2 Beispiele 532
    - 8.3.2.1 Poisson-Gleichung 532
    - 8.3.2.2 Helmholtz-Gleichung 536
- 8.4 Die Methode der gewichteten Residuen 540
  - 8.4.1 Die Kollokationsmethode 541
  - 8.4.2 Die Methode der Teilgebiete 543
  - 8.4.3 Die Momentenmethode 544
  - 8.4.4 Die Methode der kleinsten Fehlerquadrate 544
  - 8.4.5 Die Galerkin-Methode 545
- 8.5 Random-Walk-Prozesse 548
- 8.6 Die Methode der finiten Differenzen 552
  - 8.6.1 Die grundlegenden Beziehungen 552
  - 8.6.2 Ein Beispiel 557
- 8.7 Die Methode der finiten Elemente 561
- 8.8 Die Methode der Randelemente 568
- 8.9 Ersatzladungsmethoden 573
- 8.10 Die Monte-Carlo-Methode 575

Anhänge 581
- A.1 Elektromagnetische Feldtheorie und Photonenruhmasse 581
- A.1.1 Einleitung 581
- A.1.2 Beispiele 586
- A.1.2.1 Gleichmäßig geladene Kugeloberfläche 586
- A.1.2.2 Der ebene Kondensator und seine Kapazität 587
- A.1.2.3 Der ideale elektrische Dipol 589
- A.1.2.4 Der ideale magnetische Dipol 590
- A.1.2.5 Ebene Wellen 591
- A.1.3 Messungen und Schlußfolgerungen 594
- A.1.3.1 Magnetfelder der Erde und des Jupiter 594
- A.1.3.2 Schumann-Resonanzen 595
- A.1.3.3 Grundsätzliche Grenzen – die Unschärferelation 596
- A.2 Magnetische Monopole und Maxwellsche Gleichungen 597
- A.2.1 Einleitung 597
- A.2.2 Duale Transformationen 599
- A.2.3 Eigenschaften von magnetischen Monopolen 603
- A.2.4 Die Suche nach magnetischen Monopolen 604
- A.3 Über die Bedeutung der elektromagnetischen Felder und Potentiale (Bohm-Aharonov-Effekte) 605

A.3.1	Einleitung	605
A.3.2	Die Rolle der Felder und Potentiale	608
A.3.3	Die Ehrenfestschen Theoreme	610
A.3.4	Magnetfeld und Vektorpotential einer unendlich langen idealen Spule	611
A.3.5	Elektronenstrahlinterferenzen am Doppelspalt	612
A.3.6	Schlußfolgerungen	616
A.4	Die Liénard-Wiechertschen Potentiale	616
A.5	Das Helmholtzsche Theorem	620
A.5.1	Ableitung und Interpretation	620
A.5.2	Beispiele	624
A.5.2.1	Homogenes Feld im Inneren einer Kugel	624
A.5.2.2	Punktladung im Inneren einer leitfähigen Hohlkugel	628

Literatur 629

Sachverzeichnis 631

Symbol-Liste

Allgemeines

~	(z. B. $\tilde{f}$) bezeichnet eine aus f durch eine Integraltransformation entstehende Funktion (Fourier-, Hankel- oder Laplace-Transformation).
*	(z. B. z^*, w^*) bezeichnet die jeweils konjugiert komplexe Größe (z. B. zu z, w) oder eine dual zugeordnete Größe (z. B. $\mathbf{A}^*$ zu $\mathbf{A}$, φ^* zu φ).
n, $\perp$	als Index bezeichnet senkrechte Komponenten.
t, $\parallel$	als Index bezeichnet tangentiale Komponenten.
$\oint$	ein Kreis im Integralzeichen kennzeichnet die Integration über einen geschlossenen Weg (bei einem Linienintegral) oder die Integration über eine geschlossene Oberfläche (bei einem Flächenintegral).
∇	bezeichnet den Nabla-Operator $[\nabla = (\frac{\partial}{\partial x}, \frac{\partial}{\partial y}, \frac{\partial}{\partial z})]$
$\hat{}$	(z. B. $\hat{H}$) kennzeichnet quantenmechanische Operatoren.

Lateinische Buchstaben

$\mathbf{a}$, a_x, a_y, a_z	Vektor und seine kartesischen Komponenten
A	Fläche
A	Arbeit
$\mathbf{A}$	magnetisches Vektorpotential
$\mathbf{A}^*$	elektrisches (zum magnetischen duales) Vektorpotential
arg (z)	Argument (Phasenwinkel) einer komplexen Zahl.
ber(), bei()	Kelvinsche Funktionen
$\mathbf{B}$	magnetische Induktion
$\mathbf{B}_0$	Amplitude der magnetischen Induktion einer elektromagnetischen Welle
B_n	senkrechte (normale) Komponente von $\mathbf{B}$
B_t	tangentiale Komponente von $\mathbf{B}$
c	Lichtgeschwindigkeit, auch Vakuumlichtgeschwindigkeit
c_G	Gruppengeschwindigkeit des Lichts
c_{Ph}	Phasengeschwindigkeit des Lichts
c_{ik}	Influenzkoeffizienten
C_{ik}	Kapazitätskoeffizienten
C	Kapazität
C'	Kapazität pro Längeneinheit
cos(), cosh()	Cosinus, Hyperbelcosinus
$\mathbf{D}$	dielektrische Verschiebung
D_n	senkrechte (normale) Komponente von $\mathbf{D}$
D_t	tangentiale Komponente von $\mathbf{D}$
d$\mathbf{A}$, d$\mathbf{a}$	Vektor des Flächenelements
dA, da	Betrag des Flächenelements

XVIII Symbol-Liste

$\frac{\partial}{\partial t}, \frac{\partial}{\partial x}, \ldots$	partielle Ableitungen nach $t, x, \ldots$
$\frac{\partial \phi}{\partial n}$	senkrechte Komponente des Gradienten der Funktion ϕ
dt	Differential der Zeit t
d**s**	vektorielles Linienelement
ds	Betrag des Linienelementes
$d\tau$	Volumenelement
$d\Omega$	Raumwinkelelement
$d\alpha$	Winkelelement
d	Abstand, Schichtdicke, Skintiefe
div **a**	Divergenz des Vektors **a**
E	elektrische Feldstärke
E	Betrag der Feldstärke oder komplexe Feldstärke, $E = E_x + i\, E_y$
E_n	senkrechte (normale) Komponente von **E**
E_t	tangentiale Komponente von **E**
E$_0$	Amplitude der elektrischen Feldstärke einer elektromagnetischen Welle
E$_{e0}$, **E**$_{r0}$, **E**$_{g0}$	Amplituden der einfallenden, reflektierten, gebrochenen Welle
E$_e$	eingeprägte Feldstärke oder Feldstärke der einfallenden elektromagnetischen Welle
$E\left(\frac{\pi}{2}, k\right)$	vollständiges elliptisches Integral 2. Art
e$_u$	Einheitsvektor in Richtung der Koordinate u
e	elektrische Elementarladung
e	die Zahl e (Basis der natürlichen Logarithmen)
$\exp(x) = e^x$	Exponentialfunktion
erf ( )	Fehlerfunktion
erfc ( )	komplementäre Fehlerfunktion [1-erf ( )]
$f(\ )$	Funktion
F	Kraft
F	Betrag der Kraft
F	Potential (neben φ und ϕ)
G	Leitwert
G'	Leitwert pro Längeneinheit
$G(\mathbf{r}; \mathbf{r}_0)$	Greensche Funktion
$G_D(\mathbf{r}; \mathbf{r}_0)$	Greensche Funktion des Dirichletschen Randwertproblems
$G_N(\mathbf{r}; \mathbf{r}_0)$	Greensche Funktion des Neumannschen Randwertproblems
g, **g**$_e$	elektrische Stromdichte
g$_m$	zu **g**$_e$ duale magnetische Stromdichte
g$_{magn}$	Magnetisierungsstromdichte
grad f	Gradient der Funktion f
h	Plancksche Konstante
$\hbar$	Plancksche Konstante dividiert durch 2π ($h/2\pi$)
H	magnetische Feldstärke
H$_0$	Amplitude der magnetischen Feldstärke einer elektromagnetischen Welle
H_n	senkrechte (normale) Komponente von **H**
H_t	tangentiale Komponente von **H**
$H(x-x_0)$	Heavisidesche Sprungfunktion
H	Hamilton-Funktion
$\hat{H}$	Hamilton-Operator
I	Stromstärke
$I_m(\ )$	modifizierte Bessel-Funktion 1. Art zum Index m
i	imaginäre Einheit $\sqrt{-1}$

$J_m(\ )$	Bessel-Funktion zum Index m
$K_m(\ )$	Modifizierte Bessel-Funktion 2. Art zum Index m
$K(\frac{\pi}{2}, k)$	vollständiges elliptisches Integral 1. Art
k	Flächenstromdichte
k$_{magn}$	Magnetisierungsflächenstromdichte
k	Wellenvektor = Wellenzahlvektor
k	Wellenzahl, Betrag des Wellenvektors
L, l	Länge
l	Wellenzahl
L_{ik}	Induktionskoeffizient
L, L_{ii}	Selbstinduktivität
L'	Selbstinduktivität pro Längeneinheit
$\ln(\ )$	natürlicher Logarithmus
$\mathscr{L}(f)$	Laplace-Transformierte der Funktion f
$\mathscr{L}^{-1}(f)$	inverse Laplace-Transformation
m	ganze Zahl
m	Masse
m_0	Ruhmasse
m	magnetisches Dipolmoment
m	Betrag des magnetischen Dipolmoments
M	Magnetisierung (räumliche Dichte von **m**)
n	Brechungsindex
n	ganze Zahl
n	Zahl der Windungen pro Längeneinheit
N	Gesamtwindungszahl
N	Abkürzung für die häufig vorkommende Größe $N = \varepsilon\mu\omega^2 - \mu\kappa i\omega - k_z^2$
$N_m(\ )$	Neumannsche Funktion zum Index m
P	Punkt im Raum
P	Leistung
P	Polarisation (räumliche Dichte von **p**)
p	elektrisches Dipolmoment
p	Betrag des elektrischen Dipolmoments
p	Impulsvektor
p	Betrag des Impulses
$\hat{\mathbf{p}}$	Operator des Impulsvektors
p_k	kanonische Impulskomponente
p	komplexe Zahl (besonders bei Laplace-Transformationen)
$P_n^m(\ )$	zugeordnete Kugelfunktionen
$P_n(\ ) = P_n^0(\ )$	Kugelfunktionen
p_{ik}	Potentialkoeffizienten
Q, Q_e	elektrische Ladung
Q_m	magnetische Ladung
q	elektrische Linienladungsdichte
Q_{magn}	fiktive magnetische Ladung
q_k	kanonische Ortskoordinate
R	Widerstand
R'	Widerstand pro Längeneinheit
R_{magn}	magnetischer Widerstand
R	Reflexionskoeffizient

XX Symbol-Liste

R_s	Strahlungswiderstand
r	Ortsvektor
ṙ	Geschwindigkeit (Zeitableitung von **r**)
r̈	Beschleunigung (2. Zeitableitung von **r**)
r, R	Radius in Kugelkoordinaten (zusammen mit θ, φ)
r	Radius in Zylinderkoordinaten (zusammen mit φ, z)
rot **a**	Rotation des Vektors **a**
S	Poynting-Vektor
sin ( ), sinh ( )	Sinus, Hyperbelsinus
tan ( )	Tangens
t	Zeit
t_0	Diffusionszeit
t_r	Relaxationszeit
U	potentielle Energie
U	Spannung
U_{21}	Spannung zwischen zwei Punkten 1 und 2
U_i	induzierte Spannung
u	Leistungsdichte
u	Realteil einer komplexen Funktion $u + \mathrm{i}\, v$
u_1, u_2, u_3	allgemeine Koordinaten
V	Volumen
v	Geschwindigkeit
v	Betrag der Geschwindigkeit
v_{Ph}	Phasengeschwindigkeit
v_G	Gruppengeschwindigkeit
W	Energie
w	Energiedichte
w	komplexe Funktion, komplexes Potential
x	kartesische Koordinate
y	kartesische Koordinate
Y_n^m	Kugelflächenfunktion
z	kartesische Koordinate
z	komplexe Zahl $x + \mathrm{i}\, y$
z^*	konjugiert komplexe Zahl $x - \mathrm{i}\, y$
Z	Wellenwiderstand
Z_0	Wellenwiderstand des Vakuums
Z_m	Zylinderfunktion zum Index m

Griechische Buchstaben

α	Winkel
α	Dämpfungskonstante (negativer Imaginärteil der komplexen Wellenzahl $k = \beta - \mathrm{i}\,\alpha$)
α	Sommerfeldsche Feinstrukturkonstante ($\alpha = \frac{e^2}{2h}\sqrt{\frac{\mu_0}{\varepsilon_0}} \approx \frac{1}{137}$)
β	Winkel
β	Phasenkonstante, Realteil der komplexen Wellenzahl $k = \beta - \mathrm{i}\,\alpha$
δ_{ik}	Kroneckersymbol

$\delta(x-x_0)$	eindimensionale δ-Funktion
$\delta(\mathbf{r}-\mathbf{r_0})$	dreidimensionale δ-Funktion
Δ	Differenz
Δ	Laplace-Operator (z. B. $\Delta = \frac{\partial^2}{\partial x^2} + \frac{\partial^2}{\partial y^2} + \frac{\partial^2}{\partial z^2} = \nabla^2$)
Δ_2	Laplace-Operator in der Ebene (z. B. $\Delta_2 = \frac{\partial^2}{\partial x^2} + \frac{\partial^2}{\partial y^2}$)
ε	Dielektrizitätskonstante
ε_0	Dielektrizitätskonstante des Vakuums
ε_r	relative Dielektrizitätskonstante
$\boldsymbol{\varepsilon}$	tensorielle Dielektrizitätskonstante
$\varepsilon_{ik}, \varepsilon_{xy}$	Komponenten von $\boldsymbol{\varepsilon}$
ζ	dimensionslose kartesische Koordinate $\frac{z}{l}$
η	dimensionslose kartesische Koordinate $\frac{y}{l}$
η	Realteil der Kreisfrequenz $\omega = \eta + i\sigma$
ϑ	Winkel
θ	Winkel der Poldistanz (Kugelkoordinaten)
κ	spezifische elektrische Leitfähigkeit
κ	Compton-Wellenzahl, $\kappa = \frac{m_0 c}{\hbar} = \frac{2\pi}{\lambda_c}$
λ	Wellenlänge
λ_g	Grenzwellenlänge
λ_c	Compton-Wellenlänge
λ_{mn}	n. Nullstelle von $J_m(x)$
μ	Permeabilität
μ_0	Permeabilität des Vakuums
μ_r	relative Permeabilität
$\boldsymbol{\mu}$	tensorielle Permeabilität
μ_{ik}, μ_{xy}	Komponenten von $\boldsymbol{\mu}$
μ_{mn}	n. Nullstelle der Ableitung $J_m'(x)$
ν	Frequenz
ξ	dimensionslose Koordinate $\frac{x}{l}$
π	Ludolphsche Zahl
$\boldsymbol{\Pi}_e$	elektrischer Hertzscher Vektor
$\boldsymbol{\Pi}_m$	magnetischer Hertzscher Vektor = Fitzgerald-Vektor
ρ, ρ_e	elektrische Raumladungsdichte
ρ_m	magnetische Raumladungsdichte
ρ_{magn}	fiktive magnetische Raumladungsdichte
σ	elektrische Flächenladungsdichte
σ_{magn}	fiktive magnetische Flächenladungsdichte
σ	Imaginärteil der Kreisfrequenz $\omega = \eta + i\sigma$
$\sum_{i=1}^{n}$	Summe von $i = 1$ bis $i = n$
τ	dimensionslose Zeit
τ	Flächendichte des elektrischen Dipolmoments
φ	Azimutwinkel bei Zylinder- und Kugelkoordinaten
φ	Phasenwinkel
φ	skalares Potential

Symbol	Bedeutung
Φ	skalares Potential
Φ	magnetischer Fluß
χ	elektrische Suszeptibilität
χ_m	magnetische Suszeptibilität
ψ	Stromfunktion
ψ	skalares magnetisches Potential
ψ	quantenmechanische Wellenfunktion
ω	Winkelgeschwindigkeit, Kreisfrequenz $2\pi\nu$
ω_g	Grenzfrequenz
ω_{nmp}	Eigenfrequenzen eines Hohlraumresonators (n, m, p ganze Zahlen)
Ω	elektrischer Fluß
Ω	Raumwinkel
Ω	dimensionslose Kreisfrequenz

1 Die Maxwellschen Gleichungen

1.1 Einleitung

Wir wollen die Gesetzmäßigkeiten beschreiben, denen elektrische und magnetische bzw. elektromagnetische *Felder* und *Wellen* unterliegen. Dieses Wissensgebiet, oft wird es als *Elektrodynamik* bezeichnet, hat eine lange Geschichte und ist mit vielen bedeutenden Namen verknüpft. Ganz besonders ist an dieser Stelle Maxwell zu erwähnen. Er hat nämlich der Elektrodynamik im 19. Jahrhundert ihre in einem gewissen Sinne endgültige Form gegeben und das umfangreiche vorliegende Material in einigen wenigen Gleichungen zusammengefaßt, aus denen umgekehrt wiederum alles hergeleitet werden kann. Das sind die *Maxwellschen Gleichungen*. Sie bilden die Grundlage der sogenannten *klassischen Elektrodynamik*. Ihrem ersten Kennenlernen soll das 1. Kapitel dieses Buches dienen.

Es ist jedoch zu betonen, daß die im wesentlichen durch die Maxwellschen Gleichungen gegebene klassische Elektrodynamik nicht wirklich vollständig ist. Das 20. Jahrhundert hat uns Erkenntnisse gebracht, die wesentliche Erweiterungen in zwei verschiedenen Richtungen verursacht haben. Die eine Richtung ist mit dem Namen Einsteins verknüpft und führte zur sogenannten *Relativitätstheorie*. Sie ist in ihrer umfassenden Bedeutung keineswegs auf die Elektrodynamik beschränkt, hängt jedoch gerade mit dieser eng zusammen, ja man kann sagen, daß erst sie die klassische Elektrodynamik wirklich verständlich macht und in voller Bedeutung zeigt. Wir werden später zu diskutieren haben und wollen hier bereits vorwegnehmen, daß elektromagnetische Felder sich wellenartig ausbreiten können. Die dabei entstehenden *elektromagnetischen Wellen* manifestieren sich in der Natur auf vielfältige Weise, als Radiowellen, Wärmestrahlen, sichtbares Licht, Röntgenstrahlen, γ-Strahlen etc. Im Vakuum pflanzen sie sich alle mit der sogenannten *Vakuumlichtgeschwindigkeit* ($c \approx 3 \cdot 10^8$ m sec^{-1}) fort. Die Relativitätstheorie erhebt diese Lichtgeschwindigkeit zu einer für die *Struktur von Raum und Zeit* und damit für alles Naturgeschehen fundamentalen Naturkonstanten. Daneben haben die elektromagnetischen Wellen noch eine wesentliche Erkenntnis gebracht. Licht besteht, wie man seit Planck weiß, aus einzelnen *Teilchen*, Lichtteilchen, die man *Photonen* nennt. Zusammen mit anderen fundamentalen Entdeckungen, die hier nicht erörtert werden können, hat dies zur *Quantenelektrodynamik* geführt. In dieser werden elektromagnetische Felder als das, was sie nach heutigem Wissen sind, nämlich als *Wellen und Teilchen zugleich*, behandelt, d.h.

es wird beschrieben, wie sie erzeugt bzw. vernichtet werden, wie sie mit anderer Materie in Wechselwirkung treten etc.

Von diesen drei eng zusammenhängenden und erst miteinander ein Ganzes bildenden Theorien—klassische Elektrodynamik, Relativitätstheorie und Quantenelektrodynamik—haben wir es hier nur mit der klassischen Elektrodynamik zu tun, obwohl es manchmal nötig sein wird, Fakten zu erwähnen, die darüber hinausgehen und zu ihrem Verständnis z.B. der Relativitätstheorie bedürfen. Diese Beschränkung ist didaktischer Natur. Keinesfalls rührt sie daher, daß nur die klassische Elektrodynamik von praktischem Interesse sei. Das Gegenteil ist der Fall. So sind—um einige Beispiele zu nennen—die Probleme des Verhaltens von Elektronen in Metallen (*Bändermodell*), das Verhalten von Halbleitern und damit z.B. von Transistoren, die Vorgänge in photoelektrischen Zellen, die Errungenschaften der Lasertechnik, so merkwürdige und wichtige Effekte wie die Supraleitung usw. nur mit Hilfe der Quantentheorie diskutier- und verstehbar.

1.2 Der Begriff der Ladung und das Coulombsche Gesetz

In den folgenden Abschnitten wollen wir uns die Maxwellschen Gleichungen beschaffen, und zwar auf einem Wege, der mit gewissen Veränderungen und sehr verkürzt doch etwa dem historischen Weg entspricht. Wir beginnen mit einer historisch alten Erfahrung, die auch jeder von uns schon vielfach gemacht hat. Wenn man gewisse Körper aneinander reibt und dann voneinander trennt, so üben sie Kräfte aufeinander aus. Diese Körper werden also durch das Reiben verändert, sie werden in einen Zustand versetzt, den wir—was immer das wirklich bedeuten mag—*elektrisch* oder *elektrisch geladen* nennen. Um etwas über diese Kräfte zu lernen, machen wir ein Gedankenexperiment.

Zunächst beschaffen wir uns drei verschiedene, durch Reiben elektrisch geladene Körper (A, B, C). Wir können möglicherweise folgendes feststellen:

1. A und B ziehen einander an,
2. A und C ziehen einander an.

Was wird zwischen B und C passieren? Ist die Antwort auf diese Frage selbstverständlich? Können wir eine Vorhersage machen? Das Experiment jedenfalls zeigt:

3. B und C stoßen einander ab.

Ist das überraschend? Ist es ein Zufall? Es ist kein Zufall, sondern ein Naturgesetz. Wir können das Experiment beliebig oft wiederholen und werden immer finden: Wenn A sowohl B als auch C anzieht, dann stoßen B und C einander ab. Es gibt jedoch auch ganz andere Situationen, nämlich:

1. A und B stoßen einander ab,
2. A und C stoßen einander ab,
3. B und C stoßen einander ab

oder

1. A und B ziehen einander an,
2. A und C stoßen einander ab,
3. B und C ziehen einander an.

Diese Ergebnisse mögen geläufig sein und als selbstverständlich erscheinen, sind es jedoch keineswegs. Hätten wir es z.B. mit Gravitations- oder Kernkräften zu tun, so würden unsere Experimente ganz anders verlaufen. Genau betrachtet sind unsere Behauptungen auch nur unter der zunächst stillschweigend gemachten Voraussetzung richtig, daß die elektrischen Kräfte größer sind als eventuell überlagerte Kräfte anderer Art wie Gravitationskräfte oder Kernkräfte. Diese Einschränkung spielt im Naturgeschehen eine große Rolle. Alle Atomkerne bestehen zum Teil aus Teilchen, die einander elektrisch abstoßen. Der Atomkern würde zerplatzen, gäbe es nicht die Teilchen zusammenhaltende, die abstoßenden elektrischen Kräfte überkompensierende Kernkräfte. Die Gravitation wirkt auch anziehend, wäre jedoch zu schwach, das Auseinanderfliegen zu verhindern. Wir müssen uns dieser Tatsache bewußt bleiben, wenn wir im folgenden Aussagen über rein elektrische Kräfte machen.

Die Erfahrungen mit elektrisch geladenen Körpern kann man wie folgt zusammenfassen:

1. *Es gibt zwei Arten elektrischer Ladung. Wir können die eine positiv und die andere negativ nennen.*
2. *Gleichartige Ladungen üben aufeinander abstossende, ungleichartige anziehende Kräfte aus.*

Diese qualitativen Aussagen genügen jedoch noch nicht. Wir wollen letzten Endes quantitative Gesetzmäßigkeiten formulieren. Dazu kann folgendes experimentelle Ergebnis dienen: Zunächst kann man die zwischen geladenen Körpern wirkende Kraft (z.B. mit Hilfe von Federn) messen. Wir messen also die durch A auf B ausgeübte und ebenso die durch A auf C ausgeübte Kraft. Dann fügen wir die Körper B und C zusammen und messen die durch A auf den Gesamtkörper (B und C) ausgeübte Kraft. Wir finden dafür die Summe der vorher gemessenen Einzelkräfte.

Das ist eine wesentliche Erkenntnis, deren Konsequenzen weit reichen. Zunächst wollen wir daraus nur die Berechtigung folgern, nicht nur qualitativ von Ladungen, sondern auch quantitativ von Ladungsmengen sprechen zu dürfen. Wir bezeichnen die Ladungsmenge mit Q. Die Frage der Einheiten, in denen Q zu messen ist, wollen wir später erörtern. Wir nehmen an, wir hätten eine Einheit definiert und verfügten auch über ein Verfahren, Ladungsmengen Q in dieser Einheit zu messen. Dann können wir auch die zwischen zwei gemessenen Ladungen Q_1 und Q_2 wirkenden Kräfte messen und nach diesen Messungen das *Coulombsche Gesetz* formulieren:

1. *Die Kraft zwischen zwei Ladungen Q_1 und Q_2 ist Q_1 und Q_2 proportional und dem Quadrat des Abstandes (r_{12}^2) der beiden Ladungen voneinander umgekehrt*

proportional:

$$F_{12} \sim \frac{Q_1 Q_2}{r_{12}^2}. \tag{1.1}$$

2. *Die Kraft liegt in der Verbindungslinie der beiden Ladungen, ist abstossend bei gleichartigen, anziehend bei ungleichartigen Ladungen.*

Die Feststellung, daß F_{12} proportional zu $1/r_{12}^2$ ist, ist von großer Bedeutung. Wir werden auf die Konsequenzen zurückkommen. Im übrigen teilen die elektrischen Kräfte diese Eigenschaft mit den Gravitationskräften.

Kräfte sind vektorielle Größen. Eine beliebige Kraft **F** ist deshalb durch ihre drei Komponenten, z.B. in einem kartesischen Koordinatensystem, gegeben:

$$\mathbf{F} = (F_x, F_y, F_z). \tag{1.2}$$

Befindet sich die Ladung Q_1 am Ort $\mathbf{r}_1$

$$\mathbf{r}_1 = (x_1, y_1, z_1), \tag{1.3}$$

die Ladung Q_2 am Ort $\mathbf{r}_2$

$$\mathbf{r}_2 = (x_2, y_2, z_2), \tag{1.4}$$

dann kann man das Coulombsche Gesetz in der folgenden, alle Aussagen zusammenfassenden Form ausdrücken:

$$\boxed{\mathbf{F}_{12} = \frac{Q_1 Q_2}{4\pi\varepsilon_0} \frac{\mathbf{r}_2 - \mathbf{r}_1}{|\mathbf{r}_2 - \mathbf{r}_1|^3}}. \tag{1.5}$$

$\mathbf{F}_{12}$ ist dabei die durch Q_1 auf Q_2 ausgeübte Kraft. Umgekehrt ist die durch Q_2 auf Q_1 ausgeübte Kraft

$$\mathbf{F}_{21} = \frac{Q_1 Q_2}{4\pi\varepsilon_0} \frac{\mathbf{r}_1 - \mathbf{r}_2}{|\mathbf{r}_1 - \mathbf{r}_2|^3}. \tag{1.6}$$

Aus beiden Beziehungen folgt

$$\mathbf{F}_{12} + \mathbf{F}_{21} = 0. \tag{1.7}$$

$4\pi\varepsilon_0$ ist eine zunächst noch willkürliche Proportionalitätskonstante, da wir über die zu wählenden Einheiten von Kräften, Ladungen und Längen noch nicht verfügt haben. Später werden wir uns festlegen und dadurch auch die Naturkonstante ε_0, die sogenannte *Dielektrizitätskonstante des Vakuums*, eindeutig definieren. Wir betrachten im Augenblick eine äußerst einfache Welt, die nur aus Ladungen im sonst leeren Raum (Vakuum) besteht.

1.3 Die elektrische Feldstärke E und die dielektrische Verschiebung D

Befindet sich im leeren Raum zunächst nur eine einzige Ladung, so bewirkt sie in diesem gewisse Veränderungen. Eine zweite in den Raum gebrachte Ladung erfährt an jedem Punkt des Raumes eine Kraft, die wir dem Coulombschen Gesetz entnehmen können und die diesem entsprechend von Ort zu Ort variiert. An dieser Stelle ist es nützlich und der Anschauung förderlich, den Begriff des *elektrischen Feldes* einzuführen. Es ist der Inbegriff aller möglichen Kraftwirkungen an den verschiedenen Orten des Raumes, die allerdings erst dann offensichtlich werden, wenn eine Ladung dorthin gebracht wird.

Allgemeiner versteht man unter einem Feld irgendeine vom Ort (möglicherweise auch von der Zeit) abhängige Größe beliebiger Art. Es kann sich um Vektoren oder um skalare Größen handeln. Auch im vorliegenden Buch werden Felder recht verschiedener Art auftreten.

Das elektrische Feld wird durch die sogenannte *elektrische Feldstärke* **E** beschrieben. Sie ist definiert als die im elektrischen Feld pro Ladung wirkende Kraft, d.h.

$$\boxed{\mathbf{E} = \frac{\mathbf{F}}{Q}} \quad . \tag{1.8}$$

Diese Definition ist sinnvoll, weil die Kraft **F** nach dem Coulombschen Gesetz Q proportional ist und **E** dadurch von Q unabhängig wird.

Das Coulombsche Gesetz sagt auch, daß eine Ladung Q_1, die sich am Ort $\mathbf{r}_1$ befindet, an einem beliebigen Ort $\mathbf{r}$ die Feldstärke

$$\boxed{\mathbf{E}(\mathbf{r}) = \frac{Q_1}{4\pi\varepsilon_0} \frac{\mathbf{r}-\mathbf{r}_1}{|\mathbf{r}-\mathbf{r}_1|^3}} \quad . \tag{1.9}$$

erzeugt. Aus Gründen, die erst später zu verstehen sein werden, definieren wir, zunächst nur für das Vakuum, den Vektor der *dielektrischen Verschiebung* **D**:

$$\boxed{\mathbf{D} = \varepsilon_0 \mathbf{E}} \quad . \tag{1.10}$$

1.4 Der elektrische Fluß

Mit Hilfe von **D** und Bild 1.1 definieren wir nun den elektrischen Fluß:

$$\boxed{\Omega = \int_A \mathbf{D} \cdot d\mathbf{A} = \int_A D_n \, dA} \quad . \tag{1.11}$$

Bild 1.1

D_n ist die zur Fläche senkrechte (normale) Komponente von **D**. Der Punkt zwischen zwei Vektoren soll hier und im folgenden bedeuten, daß es sich um ein Skalarprodukt handelt. d**A** ist ein Vektor, der senkrecht auf dem jeweils betrachteten Flächenelement dA der Fläche A steht und dessen Betrag gleich der Fläche dieses Flächenelementes ist, d.h.

$$|\mathrm{d}\mathbf{A}| = \mathrm{d}A. \tag{1.12}$$

Der Name elektrischer Fluß rührt von der Analogie zu einer strömenden Flüssigkeit her. In dieser hat man ein Strömungsfeld

$$\mathbf{v}(\mathbf{r}, t).$$

Ist die Flüssigkeit inkompressibel, so ist die pro Zeiteinheit durch eine Fläche A hindurchtretende Flüssigkeitsmenge

$$\int_A \mathbf{v} \cdot \mathrm{d}\mathbf{A}.$$

Sie wird als Fluß durch die Fläche bezeichnet. Diese Analogie wird oft zur Definition von Flüssen verschiedenster Art benutzt. Wir wollen uns nun die Frage vorlegen, welcher elektrische Fluß durch irgendeine geschlossene Fläche hindurchgeht, wenn sich irgendwo im Raum, d.h. außerhalb oder innerhalb dieser Fläche, Ladungen befinden.

Die Frage ist sehr leicht zu beantworten, wenn man den Spezialfall einer Kugelfläche (Radius r_0) betrachtet, in deren Mittelpunkt sich die Ladung Q_1 befindet (d**A** sei bei geschlossenen Flächen stets nach außen gerichtet, s. Bild 1.2):

$$\Omega = \oint D_n \mathrm{d}A = \oint \frac{Q_1}{4\pi r_0^2} \mathrm{d}A = \frac{Q_1}{4\pi r_0^2} \oint \mathrm{d}A = \frac{Q_1}{4\pi r_0^2} 4\pi r_0^2 = Q_1. \tag{1.13}$$

Dabei wird die Tatsache benutzt, daß aus Symmetriegründen $D_n = D = |\mathbf{D}|$ ist. In diesem Fall ist also der Fluß gleich der Ladung selbst. Was passiert nun, wenn man statt der Kugel eine beliebige geschlossene Fläche um die Ladung legt? Eine formale Berechnung des Flusses durch das angegebene Integral, (1.11), könnte äußerst schwierig werden. Durch einen kleinen Trick läßt sich das Problem jedoch sofort auf das eben behandelte zurückführen. Wir umgeben die Ladung gleichzeitig mit einer beliebig großen Kugelfläche A_1, deren Mittelpunkt am Ort der Ladung Q_1 sitzt, und mit der beliebigen geschlossenen Fläche A_2. Dann ist

$$\mathbf{D}_1 \cdot \mathrm{d}\mathbf{A}_1 = \mathbf{D}_2 \cdot \mathrm{d}\mathbf{A}_2$$

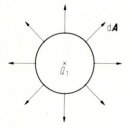

Bild 1.2

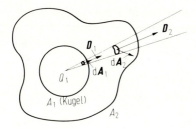

Bild 1.3

für jeden kleinen Kegel entsprechend Bild 1.3. Das ergibt sich aus

$$\mathbf{D} \cdot d\mathbf{A} = D \, dA_t, \tag{1.14}$$

wo dA_t die zu **D** parallele Komponente von $d\mathbf{A}$ ist, und aus der Tatsache, daß zwar D wie $1/r^2$ abnimmt, dA_t jedoch wie r^2 zunimmt, wenn r der Abstand von der Ladung ist. Also geht unabhängig von ihrer Form durch die Fläche A_2 derselbe Fluß wie durch die Kugelfläche A_1. Wir wollen noch den Fluß durch eine geschlossene Fläche untersuchen, wenn sich die Ladung außerhalb dieser Fläche befindet. Die eben gebrauchten Argumente, angewandt auf Bild 1.4, zeigen, daß in diesem Fall der Fluß durch die geschlossene Fläche verschwindet. Jeder eintretende Fluß tritt auch wieder aus. Wir können alles zusammenfassen, indem wir schreiben:

$$\boxed{\Omega = \begin{Bmatrix} Q_1 \\ 0 \end{Bmatrix} \text{ wenn } Q_1 \begin{Bmatrix} \text{innerhalb} \\ \text{außerhalb} \end{Bmatrix} \begin{matrix} \text{der} \\ \text{geschlossenen} \\ \text{Fläche} \end{matrix}} \tag{1.15}$$

Wir fragen nun weiter, was passiert, wenn man mehrere Ladungen im Raum verteilt. Dazu ist zunächst festzustellen, daß man die von verschiedenen Ladungen auf eine Ladung ausgeübten Kräfte addieren darf (wie Kräfte, d.h. vektoriell), um die von allen gleichzeitig ausgeübte Kraft zu erhalten. Das gilt dann auch für die elektrischen Feldstärken. Dieser nur scheinbar selbstverständliche Sachverhalt hat einen eigenen Namen bekommen:

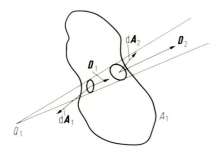

Bild 1.4

8   1 Die Maxwellschen Gleichungen

Überlagerungsprinzip oder Prinzip der Superponierbarkeit elektrischer Felder.

Wir haben es bei der Einführung des Begriffs der Ladungsmenge bereits benutzt. Es sei betont: Der Inhalt des Überlagerungsprinzips ist nicht, daß man die verschiedenen Kräfte vektoriell addieren darf. Daß dies so ist, gehört zu den Grundlagen der Mechanik und macht den Gebrauch von Vektoren erst sinnvoll. Der wesentliche Punkt ist, daß die zwischen zwei Ladungen wirkende Kraft von der Existenz weiterer Ladungen in der Umgebung der beiden Ladungen nicht verändert wird. Eben das ist nicht selbstverständlich und vermutlich gar nicht immer richtig (nämlich nicht bei sehr, sehr starken Feldern).

Hat man also n Ladungen Q_i an Punkten $\mathbf{r}_i$, so ist demnach

$$\mathbf{E}(\mathbf{r}) = \sum_{i=1}^{n} \mathbf{E}_i = \sum_{i=1}^{n} \frac{Q_i}{4\pi\varepsilon_0} \frac{\mathbf{r} - \mathbf{r}_i}{|\mathbf{r} - \mathbf{r}_i|^3}. \tag{1.16}$$

Für den Fluß Ω durch eine beliebige geschlossene Fläche erhält man damit

$$\Omega = \oint \mathbf{D} \cdot d\mathbf{A} = \oint \sum \mathbf{D}_i \cdot d\mathbf{A} = \sum \oint \mathbf{D}_i \cdot d\mathbf{A} = \sum_{\text{innen}} Q_i,$$

d.h. also

$$\Omega = \sum_{\text{innen}} Q_i. \tag{1.17}$$

Ω ist gleich der Summe aller Ladungen im Innern der Fläche. Wir können statt einzelner Punktladungen auch kontinuierlich im Raum verteilte Ladungen untersuchen. Dazu definiert man die räumliche Ladungsdichte $\rho(\mathbf{r}, t)$. Sie ist definiert als Differentialquotient

$$\rho = \lim_{d\tau \to 0} \frac{dQ}{d\tau}, \tag{1.18}$$

wo dQ die im Volumenelement $d\tau$ vorhandene Ladungsmenge ist. Die in einem Volumen V vorhandene Ladung ist damit

$$Q = \int_V \rho \, d\tau. \tag{1.19}$$

Diese wiederum ist gleich dem durch die Oberfläche dieses Volumens tretenden elektrischen Fluß, d.h. es gilt für jedes beliebige Volumen (Bild 1.5)

$$\oint_A \mathbf{D} \cdot d\mathbf{A} = \int_V \rho \, d\tau. \tag{1.20}$$

Damit haben wir eine ganz fundamentale Beziehung gewonnen. Es ist die integrale

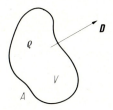

Bild 1.5

Form einer der (insgesamt vier) Maxwellschen Gleichungen. Ihre weitere Diskussion setzt einige Begriffe voraus, die im nächsten Abschnitt erläutert werden sollen.

1.5 Die Divergenz eines Vektorfeldes und der Gaußsche Integralsatz

Die Gleichung (1.20) gilt für ein beliebiges, insbesondere auch für ein beliebig kleines Volumen. Dafür können wir schreiben

$$\int_V \rho \, d\tau = \rho V = \oint_A \mathbf{D} \cdot d\mathbf{A}$$

bzw.

$$\rho = \lim_{V \to 0} \frac{\oint_A \mathbf{D} \cdot d\mathbf{A}}{V}. \qquad (1.21)$$

Genau dieser Ausdruck spielt nun in der Vektoranalysis eine wichtige Rolle. Für ein beliebiges Vektorfeld **a(r)** definiert man als dessen *Divergenz*, div **a**, den Grenzwert

$$\boxed{\operatorname{div} \mathbf{a} = \lim_{V \to 0} \frac{\oint_A \mathbf{a} \cdot d\mathbf{A}}{V}}. \qquad (1.22)$$

Der Vergleich von (1.21) mit (1.22) ergibt

$$\boxed{\operatorname{div} \mathbf{D} = \rho}. \qquad (1.23)$$

Das ist die der Gleichung (1.20) entsprechende differentielle Form der Maxwellschen Gleichung. Daß es sich um eine Differentialgleichung handelt, werden wir gleich noch sehen können.

Die Art und Weise, wie wir diese Gleichung gewonnen haben, zeigt ihre anschauliche Bedeutung. Im Bild einer inkompressiblen strömenden Flüssigkeit ist $\oint_A \mathbf{v} \cdot d\mathbf{A}$ und damit div **v** nur dann von Null verschieden, wenn Flüssigkeit aus dem Volumenelement herausströmt ("Quelle") oder hineinströmt ("Senke"). Angewandt auf die Feldlinien **E** oder **D** kann man ebenso sagen, daß diese nur dort entspringen oder enden können, wo sich elektrische Ladung befindet (Bild 1.6).

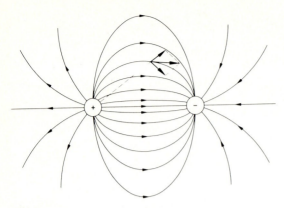

Bild 1.6

Die elektrischen Ladungen sind die Quellen oder Senken des elektrischen Feldes.

Die Divergenz ist ein diesem Sachverhalt angepaßter mathematischer Begriff, ein Maß für die Quellstärke des Feldes.

An dieser Stelle sollte man sich vergegenwärtigen, woher unsere Folgerungen letzten Endes rühren. Sie sind eine Folge des Coulombschen Gesetzes, genauer gesagt, der in ihm enthaltenen Abhängigkeit $1/r^2$. Wäre die Abhängigkeit vom Abstand eine andere, so wäre $\oint \mathbf{D} \cdot d\mathbf{A} \neq Q$ bzw. $\operatorname{div} \mathbf{D} \neq \rho$. Im Bilde der strömenden Flüssigkeit sind unsere Ergebnisse angesichts dieser Abhängigkeit eigentlich trivial. Eine punktförmige, nach allen Seiten gleichmäßig Wasser abgebende Quelle produziert ein rein radiales Strömungsfeld mit $v_r \sim 1/r^2$. Der Fluß $\oint_A \mathbf{v} \cdot d\mathbf{A}$ durch eine die Quelle nicht umschließende Fläche muß Null sein. Umgekehrt ist natürlich zu sagen, daß jede auch noch so kleine Abweichung vom Coulombschen Gesetz zu einer wesentlich anderen Elektrodynamik führen würde. Es war deshalb wichtig und interessant, durch Messungen nachzuprüfen, ob solche Abweichungen vorhanden sind. Auch die genauesten bisher möglichen Messungen haben keine Abweichung ergeben. Es ist aber nicht auszuschließen, daß noch genauere Messungen eines Tages Abweichungen zeigen und eine Modifikation der Theorie in gewissen Bereichen erzwingen könnten. Diese Fragen reichen weit in die Quantentheorie und in die Relativitätstheorie hinein. Sie sind z.B. mit der Frage verknüpft, ob die Ruhmasse der Photonen wirklich verschwindet oder nicht. Diese Frage wird im Anhang A.1 weiter erörtert.

Aus der obigen Definition der Divergenz ergibt sich ein für uns sehr wichtiger Satz. Wir wollen die $\operatorname{div} \mathbf{a}$ eines Vektorfeldes $\mathbf{a}$ über das in Bild 1.7 angedeutete Volumen integrieren. Dabei ist

$$\int_V \operatorname{div} \mathbf{a} \, d\tau = \sum_i \left[\lim_{V_i \to 0} \frac{\oint \mathbf{a} \cdot d\mathbf{A}}{V_i} \right] V_i.$$

Wir müssen also das Volumen in viele kleine Volumenelemente unterteilen und für jedes die Divergenz durch den entsprechenden Grenzwert berechnen. Dabei

1.5 Die Divergenz eines Vektorfeldes und der Gaußsche Integralsatz

Bild 1.7

kompensieren sich die Flächenintegrale über alle inneren Flächen gegenseitig weg, da jedes innere Flächenelement zweimal vorkommt, jedoch mit jeweils entgegengesetzter Orientierung von d**A**. Übrig bleibt nur das Oberflächenintegral über die äußere Fläche des ganzen Volumens, d.h.

$$\boxed{\int_V \operatorname{div} \mathbf{a} \, d\tau = \oint_A \mathbf{a} \cdot d\mathbf{A}} \,. \tag{1.24}$$

Das ist der *Gaußsche Integralsatz*.

Damit ergibt sich der Zusammenhang zwischen den beiden Gleichungen (1.20) und (1.23) auf rein formale Weise. Aus (1.20) folgt mit (1.24)

$$\oint_A \mathbf{D} \cdot d\mathbf{A} = \int_V \rho \, d\tau = \int_V \operatorname{div} \mathbf{D} \, d\tau.$$

Da dies für jedes beliebige Volumen gilt, müssen die Integranden gleich sein, d.h.

$$\operatorname{div} \mathbf{D} = \rho,$$

d.h. aus (1.20) folgt (1.23). Aus (1.23) folgt umgekehrt

$$\int_V \operatorname{div} \mathbf{D} \, d\tau = \int_V \rho \, d\tau = \oint_A \mathbf{D} \cdot d\mathbf{A}$$

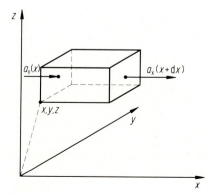

Bild 1.8

und damit (1.20). Wir können also sagen daß der Gaußsche Integralsatz unsere früheren anschaulichen Schlußfolgerungen formalisiert.

Die Definition (1.22) der Divergenz ist begrifflich sehr vorteilhaft, jedoch wenig zum praktischen Rechnen geeignet. Wir wollen deshalb div **a** aus den kartesischen Komponenten von **a** berechnen:

$$\mathbf{a} = [a_x(x,y,z), a_y(x,y,z), a_z(x,y,z)]. \tag{1.25}$$

Dazu bilden wir das entsprechende Oberflächenintegral und lassen das Volumen gegen Null gehen (Bild 1.8),

$$\operatorname{div} \mathbf{a} = \lim_{V \to 0} \frac{\oint \mathbf{a} \cdot d\mathbf{A}}{V}$$

$$= \lim_{dx,dy,dz \to 0} \frac{[a_x(x+dx) - a_x(x)]\,dy\,dz + [a_y(y+dy) - a_y(y)]\,dx\,dz + [a_z(z+dz) - a_z(z)]\,dx\,dy}{dx\,dy\,dz}$$

$$= \lim_{dx,dy,dz \to 0} \frac{\left[a_x(x) + \dfrac{\partial a_x}{\partial x}dx - a_x(x)\right]dy\,dz + \cdots}{dx\,dy\,dz}$$

$$= \lim_{dx,dy,dz \to 0} \frac{\dfrac{\partial a_x}{\partial x}dx\,dy\,dz + \dfrac{\partial a_y}{\partial y}dx\,dy\,dz + \dfrac{\partial a_z}{\partial z}dx\,dy\,dz}{dx\,dy\,dz}$$

$$= \frac{\partial a_x}{\partial x} + \frac{\partial a_y}{\partial y} + \frac{\partial a_z}{\partial z},$$

d.h.

$$\boxed{\operatorname{div} \mathbf{a} = \frac{\partial a_x}{\partial x} + \frac{\partial a_y}{\partial y} + \frac{\partial a_z}{\partial z} = \mathbf{\nabla} \cdot \mathbf{a}}. \tag{1.26}$$

Die Divergenz ist eine skalare Größe. Formal läßt sie sich als Skalarprodukt von **a** mit dem formalen Vektoroperator **∇** (Nabla) auffasssen:

$$\mathbf{\nabla} = \left(\frac{\partial}{\partial x}, \frac{\partial}{\partial y}, \frac{\partial}{\partial z}\right). \tag{1.27}$$

1.6 Arbeit im elektrischen Feld

Befindet sich eine Ladung Q in einem elektrischen Feld, so wird sie sich, falls man sie nicht festhält, unter dem Einfluß der Kräfte $Q\mathbf{E}$ bewegen. Das Feld leistet dabei Arbeit an der Ladung. Umgekehrt muß man Arbeit leisten, will man eine Ladung gegen die Feldkräfte verschieben. Bewegt man eine Ladung z.B. längs der Kurve C_1 (Bild 1.9) von einem Anfangspunkt P_A zu einem Endpunkt P_E, so ist die dabei insgesamt zu leistende Arbeit

$$A_1 = -\int_{C_1} \mathbf{F} \cdot d\mathbf{s} = -Q \int_{C_1} \mathbf{E} \cdot d\mathbf{s}, \tag{1.28}$$

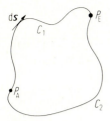

Bild 1.9

da dA_1 für das Wegelement d**s**

$$dA_1 = -\mathbf{F}\cdot d\mathbf{s} \tag{1.29}$$

ist. Man kann die Ladung ebenso längs C_2 verschieben und erhält dann

$$A_2 = -\int_{C_2} \mathbf{F}\cdot d\mathbf{s} = -Q\int_{C_2} \mathbf{E}\cdot d\mathbf{s}. \tag{1.30}$$

Wir wollen uns zunächst nur mit zeitunabhängigen Feldern beschäftigen. Stellen wir uns nun vor, die beiden Arbeiten A_1 und A_2 wären nicht gleich, so könnten wir das zum Bau eines Perpetuum mobile (1. Art) ausnützen. Wäre z.B. $A_2 > A_1$, dann könnten wir die Ladung bei P_A beginnend über den Weg C_1 nach P_E verschieben und auf dem Weg C_2 nach P_A zurücklaufen lassen. Wir müßten dazu die Arbeit A_1 aufwenden, würden jedoch die Arbeit $+A_2$ zurückbekommen. Insgesamt würden wir die Arbeit $A_2 - A_1 > 0$ pro Umlauf gewinnen. Bei periodischer Führung des Prozesses wäre das ein Perpetuum mobile. Andererseits haben wir allen Grund zur Annahme, daß so etwas nicht möglich ist. Wir können nur im Einklang mit dem Energiesatz bleiben, wenn wir annehmen:

$$A_1 = A_2, \tag{1.31}$$

d.h.

$$\int_{C_1} \mathbf{E}\cdot d\mathbf{s} - \int_{C_2} \mathbf{E}\cdot d\mathbf{s} = 0 \tag{1.32}$$

bzw.

$$\boxed{\oint \mathbf{E}\cdot d\mathbf{s} = 0}. \tag{1.33}$$

Wir haben diese wichtige Beziehung ohne Benutzung unserer bisherigen Kenntnisse über elektrische Felder aus dem Energiesatz gewonnen. Es bleibt zu prüfen, ob die elektrischen Felder diese Bedingung tatsächlich erfüllen. Dabei handelt es sich nur um die zeitunabhängigen Felder ruhender Ladungen. Wir werden uns erst später mit dem Fall zeitabhängiger Felder befassen und finden, daß dafür (1.33) nicht gilt. Andererseits gilt Gleichung (1.33) für beliebige Verteilungen ruhender Ladungen, wenn sie für das Feld einer einzigen ruhenden Punktladung gilt. Der Grund dafür liegt im Überlagerungsprinzip. Wir wollen deshalb (1.33) nur für eine Punktladung beweisen.

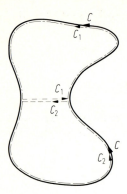

Bild 1.10

Ehe wir das tun, wollen wir eine einfache Eigenschaft von Linienintegralen über geschlossene Kurven kennenlernen. Bild 1.10 zeigt eine geschlossene Kurve C, die durch ein Kurvenstück in zwei geschlossene Kurven zerlegt ist, C_1 und C_2. Dann ist

$$\oint_C \mathbf{a} \cdot d\mathbf{s} = \int_{C_1} \mathbf{a} \cdot d\mathbf{s} + \int_{C_2} \mathbf{a} \cdot d\mathbf{s},$$

da ja die neu hinzukommenden Integrale sich gegenseitig kompensieren. Die Unterteilung kann weitergetrieben werden, indem man die Integrale über C_1 und C_2 wieder unterteilt etc. Geben wir uns nun eine beliebige geschlossene Kurve im Feld einer Punktladung vor, so können wir das Integral $\oint \mathbf{E} \cdot d\mathbf{s}$ auf Integrale über Kurven der in Bild 1.11 gezeigten Art zurückführen. Dafür ist

$$\oint \mathbf{E} \cdot d\mathbf{s} = \left(\int_{P_1}^{P_2} + \int_{P_2}^{P_3} + \int_{P_3}^{P_4} + \int_{P_4}^{P_1} \right) \mathbf{E} \cdot d\mathbf{s} = 0.$$

Auf den beiden Wegen von P_2 nach P_3 und von P_4 nach P_1 (Kreisbögen) stehen $\mathbf{E}$ und $d\mathbf{s}$ ja senkrecht aufeinander,

$$\int_{P_2}^{P_3} \mathbf{E} \cdot d\mathbf{s} = \int_{P_4}^{P_1} \mathbf{E} \cdot d\mathbf{s} = 0.$$

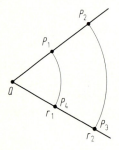

Bild 1.11

Auf den beiden übrigen Wegen von P_1 nach P_2 und von P_3 nach P_4 dagegen sind **E** und d**s** parallel bzw. antiparallel zueinander, d.h.

$$\int_{P_1}^{P_2} \mathbf{E} \cdot d\mathbf{s} = \int_{P_1}^{P_2} E\, dr = - \int_{P_3}^{P_4} E\, dr = \int_{P_3}^{P_4} - \mathbf{E} \cdot d\mathbf{s}.$$

Damit ist der gewünschte Beweis erbracht. Leider ist das Perpetuum mobile tatsächlich nicht möglich. Die Beziehung (1.33) wird sich noch als sehr folgenreich erweisen. Dazu müssen wir jedoch noch einige im nächsten Abschnitt diskutierte Begriffe kennenlernen.

1.7 Die Rotation eines Vektorfeldes und der Stokessche Integralsatz

Es sei ein beliebiges Vektorfeld **a(r)** gegeben. Für beliebige geschlossene Kurven können wir dann die Linienintegrale $\oint \mathbf{a} \cdot d\mathbf{s}$ bilden. Insbesondere können wir auch beliebig kleine Flächenelemente betrachten und die Linienintegrale über deren Berandung erstrecken. Werden die Flächenelemente immer kleiner, so werden auch die Linienintegrale immer kleiner, um in der Grenze zu verschwinden. Das Verhältnis des Linienintegrals zur berandeten Fläche jedoch strebt einem Grenzwert zu. Wir definieren nun ein neues Vektorfeld—wir nennen es die zu **a** gehörige Rotation (rot **a**)—in folgender Weise:

Wir wählen drei aufeinander senkrechte, sonst jedoch beliebige Flächenelemente $d\mathbf{A}_1, d\mathbf{A}_2, d\mathbf{A}_3$ mit einem gemeinsamen Mittelpunkt im Raum. Miteinander bilden sie ein Rechtssystem. Damit werden die Grenzwerte

$$\lim_{dA_i \to 0} \frac{\oint \mathbf{a} \cdot d\mathbf{s}}{dA_i} = r_i \quad (i = 1, 2, 3) \tag{1.34}$$

gebildet, wobei das Linienintegral im Zähler über die Berandung des Flächenelements zu erstrecken ist und der Umlaufsinn dieses Linienintegrals zusammen mit dem Vektor $d\mathbf{A}_i$ eine Rechtsschraube bildet (Bild 1.12). Die Grenzwerte r_i sind die Komponenten eines Vektors, der sogenannten Rotation des Vektorfeldes **a**, kurz rot **a**, in dem durch die drei Flächenelemente definierten

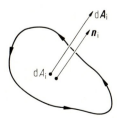

Bild 1.12

Koordinatensystem. Ist

$$\mathbf{n}_i = \frac{d\mathbf{A}_i}{dA_i} \left(\text{mit } \mathbf{n}_i \cdot \mathbf{n}_k = \delta_{ik} = \begin{cases} 1 & \text{für } i = k \\ 0 & \text{für } i \neq k \end{cases} \right)$$

der auf dem Flächenelement dA_i senkrecht stehende Einheitsvektor, so ist demnach

$$\text{rot } \mathbf{a} = r_1 \mathbf{n}_1 + r_2 \mathbf{n}_2 + r_3 \mathbf{n}_3 = (r_1, r_2, r_3)$$

bzw.

$$\mathbf{n}_i \cdot \text{rot } \mathbf{a} = r_i = (\text{rot } \mathbf{a})_i.$$

Es ist nicht selbstverständlich, daß man die r_i als Komponenten eines Vektors auffassen darf. Es wäre noch zu beweisen, daß sie sich bei einem Übergang zu einem anderen Koordinatensystem, d.h. wenn man von anderen (natürlich wieder aufeinander senkrechten) Flächenelementen ausgeht, wie die Komponenten eines Vektors transformieren. Dieser Beweis sei hier jedoch nicht geführt, sondern der Vektoranalysis überlassen. Aus dieser Definition von rot $\mathbf{a}$ ergibt sich beinahe unmittelbar der sogenannte *Stokessche Integralsatz*. Wir geben uns eine beliebige Fläche A vor und berechnen den Fluß von rot $\mathbf{a}$ durch diese Fläche. Wir können die Fläche in viele beliebig kleine Teilflächen zerlegen und für diese Teilflächen auf die eben gegebene Definition der Rotation zurückgreifen. Wir erhalten so eine Summe von Linienintegralen, in der sich—wie im Abschn. 1.6 anhand von Bild 1.10 diskutiert—alle inneren Anteile kompensieren und nur ein Linienintegral über den äußeren Rand übrigbleibt:

$$\boxed{\int_A \text{rot } \mathbf{a} \cdot d\mathbf{A} = \oint \mathbf{a} \cdot d\mathbf{s}}. \tag{1.35}$$

Flächenorientierung und Umlaufssinn des Linienintegrals müssen wegen der obigen Definition auch hier eine Rechtsschraube bilden. Wendet man diesen Satz auf das elektrische Feld an, so ergibt sich wegen der Beziehung (1.33)

$$\oint \mathbf{E} \cdot d\mathbf{s} = \int \text{rot } \mathbf{E} \cdot d\mathbf{A} = 0.$$

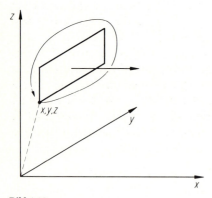

Bild 1.13

Dies muß für beliebige Kurven bzw. von ihnen umschlossene Flächen gelten, d.h. es muß gelten:

$$\boxed{\operatorname{rot} \mathbf{E} = 0} \,. \tag{1.36}$$

Umgekehrt folgt aus den beiden Gleichungen (1.35) and (1.36) auch die Beziehung (1.33). Wir haben ja

$$\oint \mathbf{E} \cdot \mathrm{d}\mathbf{s} = \int \operatorname{rot} \mathbf{E} \cdot \mathrm{d}\mathbf{A} = 0,$$

d.h. die Gleichungen (1.33) und (1.36) sind gleichwertig, jede der beiden folgt aus der anderen.

> Wir können hier unsere bisher wesentlichen Ergebnisse kurz zusammenfassen. Wir haben zwei wichtige integrale Beziehungen gefunden, nämlich (1.20) und (1.33):
>
> $$\oint_A \mathbf{D} \cdot \mathrm{d}\mathbf{A} = \int_V \rho \, \mathrm{d}\tau,$$
>
> $$\oint \mathbf{E} \cdot \mathrm{d}\mathbf{s} = 0.$$
>
> Ihnen stehen zwei gleichwertige differentielle Beziehungen gegenüber, (1.23) und (1.36):
>
> $$\operatorname{div} \mathbf{D} = \rho,$$
>
> $$\operatorname{rot} \mathbf{E} = 0.$$
>
> Der Zusammenhang ist durch die beiden Integralsätze, (1.24) und (1.35), gegeben:
>
> $$\int_V \operatorname{div} \mathbf{a} \, \mathrm{d}\tau = \oint \mathbf{a} \cdot \mathrm{d}\mathbf{A} \quad \text{(Gauß)},$$
>
> $$\int_A \operatorname{rot} \mathbf{a} \cdot \mathrm{d}\mathbf{A} = \oint \mathbf{a} \cdot \mathrm{d}\mathbf{s} \quad \text{(Stokes)}.$$

Beide Paare von Beziehungen wurden abgeleitet für ruhende Ladungen. Wenn wir später auch zeitabhängige Probleme untersuchen, werden wir aus noch zu erläuternden Gründen eine der Beziehungen (div $\mathbf{D} = \rho$ bzw. die entsprechende integrale Formulierung) unverändert übernehmen können, die andere jedoch (rot $\mathbf{E} = 0$ bzw. die entsprechende integrale Formulierung) abändern müssen.

Will man mit der Rotation eines Vektorfeldes tatsächlich rechnen, so ist die oben gegebene Definition recht unhandlich. Wir wollen deshalb für ein durch seine kartesischen Koordinaten gegebenes Feld $\mathbf{a}$ die Rotation angeben (Bild 1.13). Dabei genügt es, die x-Komponente von rot $\mathbf{a}$ zu berechnen. Das Ergebnis läßt sich dann leicht verallgemeinern. Entsprechend der Definition (1.34) und der zusätzlichen Forderung, daß der Umlaufsinn mit der Richtung von rot $\mathbf{a}$ eine Rechtsschraube ergeben soll, ist

$$(\operatorname{rot} \mathbf{a})_x = \lim_{\mathrm{d}y, \mathrm{d}z \to 0} \frac{a_y(z)\mathrm{d}y + a_z(y+\mathrm{d}y)\mathrm{d}z - a_y(z+\mathrm{d}z)\mathrm{d}y - a_z(y)\mathrm{d}z}{\mathrm{d}y\,\mathrm{d}z}$$

$$= \lim_{dy,dz \to 0} \frac{a_y(z)dy + a_z(y)dz + \frac{\partial a_z}{\partial y}dy\,dz - a_y(z)dy - \frac{\partial a_y}{\partial z}dy\,dz - a_z(y)dz}{dy\,dz}$$

$$= \lim_{dy,dz \to 0} \frac{\left(\frac{\partial a_z}{\partial y} - \frac{\partial a_y}{\partial z}\right)dy\,dz}{dy\,dz} = \frac{\partial a_z}{\partial y} - \frac{\partial a_y}{\partial z}.$$

Also ist

$$\boxed{\operatorname{rot} \mathbf{a} = \left(\frac{\partial a_z}{\partial y} - \frac{\partial a_y}{\partial z}, \frac{\partial a_x}{\partial z} - \frac{\partial a_z}{\partial x}, \frac{\partial a_y}{\partial x} - \frac{\partial a_x}{\partial y}\right)}. \qquad (1.37)$$

Man kann dies auch als Vektorprodukt mit dem Vektoroperator Nabla schreiben:

$$\boxed{\operatorname{rot} \mathbf{a} = \nabla \times \mathbf{a} = \begin{vmatrix} \mathbf{e}_x & \mathbf{e}_y & \mathbf{e}_z \\ \frac{\partial}{\partial x} & \frac{\partial}{\partial y} & \frac{\partial}{\partial z} \\ a_x & a_y & a_z \end{vmatrix}}. \qquad (1.38)$$

Hier wurde die in der Vektorrechnung übliche Darstellung des Vektorprodukts durch eine Determinante benutzt. Die Vektoren $\mathbf{e}_x, \mathbf{e}_y, \mathbf{e}_z$ sind die drei Einheitsvektoren in x-, y- und z-Richtung:

$$\left.\begin{array}{l} \mathbf{e}_x = (1, 0, 0) \\ \mathbf{e}_y = (0, 1, 0) \\ \mathbf{e}_z = (0, 0, 1) \end{array}\right\}. \qquad (1.39)$$

Eine im Grunde nötige ausführlichere Erörterung des Begriffs der Rotation wollen wir unterlassen und dazu auf die Vektorrechnung verweisen. Es sei jedoch bemerkt, daß aus $\operatorname{rot} \mathbf{a} = \nabla \times \mathbf{a}$ nicht geschlossen werden darf, $\operatorname{rot} \mathbf{a}$ stehe senkrecht auf $\mathbf{a}$ und ∇. Dem Vektoroperator ∇ kann—im Gegensatz zu einem normalen Vektor—keine Richtung zugeordnet werden. Darüber hinaus kann der Vektor $\operatorname{rot} \mathbf{a}$ bezogen auf $\mathbf{a}$ jede beliebige Richtung haben. Er kann senkrecht auf $\mathbf{a}$ stehen, kann aber z.B. auch parallel dazu sein. Der Leser sollte sich durch die Betrachtung von Beispielen davon überzeugen.

Für eine beliebige geschlossene Fläche ist wegen des Gaußschen Satzes

$$\oint \operatorname{rot} \mathbf{a} \cdot d\mathbf{A} = \int_V \operatorname{div} \operatorname{rot} \mathbf{a}\, d\tau.$$

Andererseits ist wegen des Stokesschen Satzes

$$\oint \operatorname{rot} \mathbf{a} \cdot d\mathbf{A} = 0,$$

da (Bild 1.14) sich das zunächst rechts stehende Linienintegral beim Übergang von einer offenen zu einer geschlossenen Fläche verkleinert und gegen Null geht.

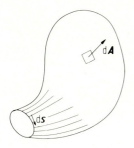

Bild 1.14

Demnach ist für ein beliebiges Volumen

$$\int_V \operatorname{div} \operatorname{rot} \mathbf{a} \, d\tau = 0,$$

und damit verschwindet auch der Integrand selbst:

$$\boxed{\operatorname{div} \operatorname{rot} \mathbf{a} = 0}. \tag{1.40}$$

Das ist eine wichtige Beziehung. Sie besagt, daß die Rotation eines beliebigen Vektorfeldes keine Quellen hat. Diese Beziehung läßt sich natürlich auch durch unmittelbare Anwendung der Gleichungen (1.26) und (1.37) beweisen:

$$\operatorname{div} \operatorname{rot} \mathbf{a} = \frac{\partial}{\partial x}\left(\frac{\partial a_z}{\partial y} - \frac{\partial a_y}{\partial z}\right) + \frac{\partial}{\partial y}\left(\frac{\partial a_x}{\partial z} - \frac{\partial a_z}{\partial x}\right) + \frac{\partial}{\partial z}\left(\frac{\partial a_y}{\partial x} - \frac{\partial a_x}{\partial y}\right)$$
$$= 0.$$

Die Divergenz eines Vektorfeldes hängt ganz anschaulich mit den Quellen bzw. Senken des Feldes zusammen. Auch die Rotation hat eine anschauliche Bedeutung. Betrachten wir z.B. einen starr rotierenden Körper (Bild 1.15). Ist ω seine Winkelgeschwindigkeit, so hat ein Punkt im Abstand r von der Achse die

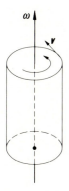

Bild 1.15

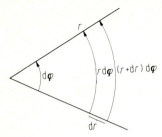

Bild 1.16

Geschwindigkeit

$$v = |\mathbf{v}| = \omega r.$$

Die Winkelgeschwindigkeit wird oft als Vektor aufgefaßt, dessen Betrag ω ist und dessen Richtung im Sinne einer Rechtsschraube die der Drehachse ist. Die Rotation von $\mathbf{v}$ hat ebenfalls die Richtung der Achse, ist also $\boldsymbol{\omega}$ proportional.

Dabei ist (s. Bild 1.16)

$$|\operatorname{rot} \mathbf{v}| = \lim_{d\varphi, dr \to 0} \frac{\omega(r+dr)(r+dr)d\varphi - \omega r r d\varphi}{r d\varphi dr}$$

$$= \lim_{d\varphi, dr \to 0} \frac{2\omega r dr d\varphi + \omega dr^2 d\varphi}{r d\varphi dr}$$

$$= 2\omega,$$

d.h.

$$\operatorname{rot} \mathbf{v} = 2\boldsymbol{\omega}. \tag{1.41}$$

In der Hydrodynamik nennt man Strömungen, deren Rotation nicht verschwindet *Wirbel*. Diesen anschaulichen Sprachgebrauch verallgemeinernd nennt man Vektorfelder *wirbelfrei*, wenn ihre Rotation verschwindet, und *wirbelbehaftet* bzw. *Wirbelfelder*, wenn sie dies nicht tut. *Demnach hat das elektrostatische, d.h. zeitunabhängige elektrische Feld zwar Quellen, jedoch keine Wirbel.*

1.8 Potential und Spannung

Das elektrostatische Feld kann durch verschiedene gleichwertige Aussagen beschrieben werden:

— Es ist wirbelfrei.
— Das Integral $\oint \mathbf{E} \cdot d\mathbf{s}$ verschwindet.
— Das Integral $\oint_{P_A}^{P_E} \mathbf{E} \cdot d\mathbf{s}$ hängt nur von den Punkten P_A und P_E, jedoch nicht von dem zwischen diesen Punkten gewählten Weg ab.

Dadurch wird es möglich, das Feld durch eine eindeutige skalare Funktion zu beschreiben, die eng mit der früher durch ein Linienintegral gegebenen Arbeit zusammenhängt. Wir hatten in Abschn. 1.6 gefunden:

$$\int_{C_1} \mathbf{E} \cdot d\mathbf{s} = \int_{C_2} \mathbf{E} \cdot d\mathbf{s}.$$

Das gilt für beliebige Wege C_1 bzw. C_2 zwischen den Punkten P_A und P_E (Bild 1.9). Man kann deshalb eine *Potentialfunktion* (oder einfach *Potential*) definieren, nämlich

$$\boxed{\varphi(\mathbf{r}) = \varphi_0 - \int_{\mathbf{r}_0}^{\mathbf{r}} \mathbf{E}(\mathbf{r}) \cdot d\mathbf{s}} \qquad (1.42)$$

Die Wahl des Anfangspunktes $\mathbf{r}_0$, an dem das Potential den wählbaren Wert φ_0 annimmt, ist dabei willkürlich. Das spielt jedoch keine wesentliche Rolle. Im Grunde kommt es nämlich nur auf *Potentialdifferenzen* (die sogenannten *Spannungen*) an. Demnach ist die Spannung zwischen zwei Punkten $P_2(\mathbf{r}_2)$ und $P_1(\mathbf{r}_1)$ gegeben durch

$$U_{21} = \varphi_2 - \varphi_1 = \varphi_0 - \int_{\mathbf{r}_0}^{\mathbf{r}_2} \mathbf{E} \cdot d\mathbf{s} - \varphi_0 + \int_{\mathbf{r}_0}^{\mathbf{r}_1} \mathbf{E} \cdot d\mathbf{s} \qquad (1.43)$$

$$= \int_{\mathbf{r}_2}^{\mathbf{r}_1} \mathbf{E}(\mathbf{r}) \cdot d\mathbf{s}$$

bzw. etwas kompakter formuliert

$$\boxed{U_{21} = \varphi_2 - \varphi_1 = \int_2^1 \mathbf{E} \cdot d\mathbf{s}} \qquad (1.44)$$

U_{21} ist die Arbeit, die pro Ladung gewonnen wird, wenn man sie von P_2 nach P_1 verschiebt. Dementsprechend ist die Dimension von U_{21} Energie durch Ladung. Zwischen zwei eng benachbarten Punkten ist

$$d\varphi = -\mathbf{E} \cdot d\mathbf{s}$$
$$= -(E_x dx + E_y dy + E_z dz)$$
$$= \left(\frac{\partial \varphi}{\partial x} dx + \frac{\partial \varphi}{\partial y} dy + \frac{\partial \varphi}{\partial z} dz\right) \qquad (1.45)$$
$$= (\text{grad } \varphi) \cdot d\mathbf{s}.$$

Dabei ist der sogenannte Gradient einer Funktion f ein Vektor, der in folgender Weise gebildet wird:

$$\boxed{\text{grad } f(\mathbf{r}) = \left(\frac{\partial f}{\partial x}, \frac{\partial f}{\partial y}, \frac{\partial f}{\partial z}\right) = \nabla f} \qquad (1.46)$$

Aus der Beziehung (1.45) kann man ablesen, daß

$$\boxed{\mathbf{E} = -\operatorname{grad} \varphi} \tag{1.47}$$

Die skalare Funktion φ beschreibt das Feld vollständig, denn durch Gradientenbildung gewinnt man daraus alle Komponenten des Feldes. Die Funktion φ wird deshalb bevorzugt zur Beschreibung des Feldes benutzt, da man nur eine Funktion und nicht drei Funktionen (die drei Komponenten) braucht.

Natürlich ist

$$\boxed{\operatorname{rot} \operatorname{grad} \varphi = 0} \;. \tag{1.48}$$

Das gilt für jede beliebige Funktion φ. Das Verschwinden der Rotation des Feldes ist gerade die Voraussetzung für die Definierbarkeit einer eindeutigen Potentialfunktion. Es gibt zu jedem Potential ein Vektorfeld, jedoch nicht umgekehrt zu jedem Vektorfeld ein eindeutiges Potential (obwohl man auch in Wirbelfeldern u.U. nicht eindeutige Potentiale definieren kann und das manchmal auch tut). Im übrigen läßt sich die Allgemeingültigkeit von (1.48) durch die Beziehungen (1.46) und (1.37) beweisen, z.B. für die x-Komponente:

$$\frac{\partial}{\partial y}\frac{\partial \varphi}{\partial z} - \frac{\partial}{\partial z}\frac{\partial \varphi}{\partial y} = 0.$$

Das Potential ist die *Arbeitsfähigkeit* eines Teilchens an dem entsprechenden Ort im Feld. Befindet sich ein geladenes Teilchen am Punkt $\mathbf{r}$, so gilt die *Bewegungsgleichung*

$$m\ddot{\mathbf{r}} = Q\mathbf{E}. \tag{1.49}$$

Multipliziert man diese Gleichung skalar mit $\dot{\mathbf{r}}$, so erhält man:

$$m\ddot{\mathbf{r}} \cdot \dot{\mathbf{r}} = Q\mathbf{E} \cdot \dot{\mathbf{r}}.$$

Dann ist

$$\frac{\mathrm{d}}{\mathrm{d}t}(\tfrac{1}{2}m\dot{\mathbf{r}}^2) = -Q\frac{\mathrm{d}\varphi}{\mathrm{d}t}$$

bzw.

$$\frac{\mathrm{d}}{\mathrm{d}t}(\tfrac{1}{2}m\dot{\mathbf{r}}^2 + Q\varphi) = 0$$

und

$$\boxed{\tfrac{1}{2}m\dot{\mathbf{r}}^2 + Q\varphi = \mathrm{const}} \;. \tag{1.50}$$

Das ist der Energiesatz. Er besagt, daß die Summe der kinetischen und der potentiellen Energie des Teilchens konstant ist. Läßt man z.B. ein Teilchen mit der Geschwindigkeit $\dot{\mathbf{r}} = \mathbf{v} = 0$ am Punkt $\mathbf{r}_0$ mit dem Potential φ_0 loslaufen, so gilt

$$\tfrac{1}{2}mv^2 + Q\varphi = Q\varphi_0$$

bzw.

$$v = \sqrt{\frac{2Q}{m}(\varphi_0 - \varphi)} = \sqrt{\frac{2Q}{m}U}, \qquad (1.51)$$

wo U die vom Teilchen "durchfallene" Spannung ist. Dieser Zusammenhang zwischen Geschwindigkeit und durchfallener Spannung hat viele Anwendungen (Röntgenröhren, Elektronenoptik etc.).

In einem Potentialfeld definiert man als *Äquipotentialflächen* die Flächen, auf denen φ konstant ist. Für ein Wegelement $d\mathbf{s}$ in der Äquipotentialfläche ist

$$d\varphi = -\mathbf{E} \cdot d\mathbf{s} = 0. \qquad (1.52)$$

$\mathbf{E}$ steht demnach senkrecht auf $d\mathbf{s}$, d.h. $\mathbf{E}$ steht senkrecht auf der Äquipotentialfläche. Äquipotentialflächen und Feldlinien sind wichtig bei der Veranschaulichung von Feldern (Bild 1.17). Sehr oft faßt man mehrere Feldlinien zu sogenannten Flußröhren zusammen (Bild 1.18). Im ladungsfreien Raum ist

$$\operatorname{div} \mathbf{D} = 0$$

bzw.

$$\oint \mathbf{D} \cdot d\mathbf{A} = 0.$$

Wenden wir das auf ein Stück der Flußröhre an, so ergibt sich:

$$\oint \mathbf{D} \cdot d\mathbf{A} = \int_{A_1} \mathbf{D} \cdot d\mathbf{A}_1 + \int_{\text{Mantel}} \mathbf{D} \cdot d\mathbf{A} + \int_{A_2} \mathbf{D} \cdot d\mathbf{A}_2 = 0.$$

Auf der Mantelfläche ist

$$\mathbf{D} \cdot d\mathbf{A} = 0.$$

Man erhält also

$$\int_{A_1} \mathbf{D} \cdot d\mathbf{A}_1 + \int_{A_2} \mathbf{D} \cdot d\mathbf{A}_2 = 0.$$

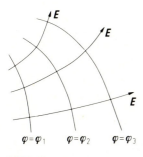

Bild 1.17

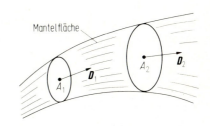

Bild 1.18

Bei differentiell kleinem Querschnitt heißt das—wenn die Flächenelemente senkrecht auf den Feldern stehen—

$$-D_1 dA_1 + D_2 dA_2 = 0$$

bzw.

$$\frac{D_1}{D_2} = \frac{dA_2}{dA_1}.$$

Sind die Komponenten des Feldes Funktionen des Ortes,

$$E_x = E_x(x, y, z),$$
$$E_y = E_y(x, y, z),$$
$$E_z = E_z(x, y, z),$$

so kann man die Gleichungen der Feldlinien aus den Differentialgleichungen

$$E_x : E_y : E_z = dx : dy : dz$$

berechnen.

1.9 Elektrischer Strom und Magnetfeld: das Durchflutungsgesetz

Die Entdeckung elektrischer Kräfte zwischen elektrisch geladenen Körpern hat zu den bisher diskutierten Begriffen der Elektrostatik geführt. Daneben kennt man seit sehr langer Zeit eine andere Art von Kräften, die sogenannten *magnetischen Kräfte*, deren enge Beziehung zu den elektrischen Kräften jedoch eine recht späte Entdeckung ist.

Die Erde z.B. ist von einen merkwürdigen Feld umgeben bzw. von ihm durchdrungen, das sich darin äußert, daß ganz bestimmte Stoffe in ihm Kräfte erfahren. Dieses Feld bzw. diese Kräfte haben seltsame Eigenschaften. Es zeigt sich z.B., daß sie eine *Magnetnadel* in eine bestimmte Richtung einzustellen versuchen, jedoch keine oder nur eine geringe resultierende Kraft auf die Magnetnadel als ganze ausüben. In erster Linie entstehen *Drehmomente* und erst in zweiter Linie geringe, u.U. auch ganz verschwindende *resultierende Kräfte*.

Eine früher oft benützte Erklärung dieser Phänomene geht von "magnetischen Ladungen" aus, die sich an den magnetischen Polen eines Magneten befinden. Wir wollen diesen eher irreführenden als dem Verständnis dienenden Sprachgebrauch in dieser Form nicht einführen. Die magnetischen Kräfte sind—soweit wir dies heute wissen—anderer Natur als die elektrostatischen, mit denen wir es bisher zu tun hatten. Wir wollen deshalb auf die nur scheinbare Analogie magnetischer Felder, die von magnetischen Ladungen ausgehen, verzichten. *Nach unserem heutigen Wissen gibt es keine magnetischen Ladungen. Die Ursache von Magnetfeldern ist vielmehr in elektrischen Strömen*, d.h. *in bewegten elektrischen Ladungen zu suchen.* Experimentell findet man, daß in der Umgebung eines stromdurchflossenen Drahtes ein auf eine Magnetnadel wirkendes Magnetfeld existiert. Ehe wir das weiter ausführen können, müssen wir den *elektrischen Strom*

1.9 Elektrischer Strom und Magnetfeld: das Durchflutungsgesetz

und die *elektrische Stromdichte* definieren. Wir betrachten ein kleines Flächenelement dA, durch das in der Zeit dt die Ladung d^2Q hindurchtritt und das senkrecht auf der Strömungsrichtung der Ladungen steht. Dann ist der Vektor der Stromdichte definiert als

$$\boxed{\mathbf{g} = \frac{d^2Q}{dt\, dA} \frac{d\mathbf{A}}{dA}}. \tag{1.53}$$

Der Fluß von **g** durch eine Fläche A wird als elektrischer Strom I bezeichnet:

$$\boxed{I = \int_A \mathbf{g} \cdot d\mathbf{A} = \int_A \frac{d^2Q}{dt} = \frac{d}{dt}\int_A dQ = \frac{dQ}{dt}}, \tag{1.54}$$

d.h. I ist die gesamte pro Zeiteinheit durch die Fläche tretende Ladung.

Es gibt Stoffe, in denen Ladungen sich bewegen können, die sogenannten *Leiter*, zum Unterschied von den *Isolatoren*, in denen das bei normalen Bedingungen nicht möglich ist (oder nur in äußerst geringem Maße). In einem Leiter kann also ein Strom fließen. Er ist dann von einem Magnetfeld umgeben. Am einfachsten werden die Verhältnisse, wenn man sich diesen Leiter geradlinig und unendlich lang vorstellt. In diesem Fall findet man, daß die auf Magnetnadeln ausgeübten Kräfte umgekehrt proportional dem Abstand vom Draht sind (also mit zunehmender Entfernung wie $1/r$ abnehmen) und daß Magnetnadeln sich tangential zu den den Leiter konzentrisch umgebenden Kreisen einstellen (Bild 1.19). Zur Beschreibung führen wir einen Vektor, die sogenannte *magnetische Feldstärke* **H**, ein. Das zugehörige Feld umgibt den unendlich langen und geraden von Strom durchflossenen Leiter in Form von geschlossenen Kreisen. Wir wollen das Integral $\oint \mathbf{H} \cdot d\mathbf{s}$ für beliebige geschlossene Kurven berechnen. Betrachten wir zunächst eine Kurve, die den Strom I nicht umfaßt. Wie wir schon früher sahen, können wir Integrale über solche Kurven zurückführen auf Integrale über Kurven der in

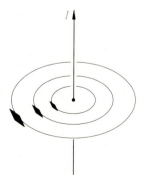

Bild 1.19

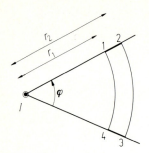

Bild 1.20

Bild 1.20 angedeuteten Art. Dafür ist

$$\oint \mathbf{H} \cdot d\mathbf{s} = \left(\int_1^2 + \int_2^3 + \int_3^4 + \int_4^1 \right) \mathbf{H} \cdot d\mathbf{s},$$

wobei

$$\int_1^2 \mathbf{H} \cdot d\mathbf{s} = \int_3^4 \mathbf{H} \cdot d\mathbf{s} = 0$$

und

$$\int_2^3 \mathbf{H} \cdot d\mathbf{s} = -\int_4^1 \mathbf{H} \cdot d\mathbf{s}.$$

Denn

$$\int_2^3 \mathbf{H} \cdot d\mathbf{s} = -\frac{C}{r_2} r_2 \varphi = -C\varphi$$

und

$$\int_4^1 \mathbf{H} \cdot d\mathbf{s} = +\frac{C}{r_1} r_1 \varphi = C\varphi.$$

C ist eine zunächst noch unbestimmt bleibende Konstante. Also ist für einen Weg, der keinen Strom umfaßt:

$$\oint \mathbf{H} \cdot d\mathbf{s} = 0.$$

Nun betrachten wir einen den Leiter umfassenden Weg C. Fügen wir noch einen den Strom ebenfalls umfassenden Kreis hinzu, den wir in der angegebenen Weise (Bild 1.21) mit der zu untersuchenden Kurve verbinden, so entsteht insgesamt eine den Strom nicht umfassende Kurve, für die $\oint \mathbf{H} \cdot d\mathbf{s}$ verschwindet. Da sich die Integrale über das in beiden Richtungen durchlaufene Verbindungsstück kompensieren, ist damit die Summe des Linienintegrals über die Kurve C und des Linienintegrals über den im negativen Sinn durchlaufenden Kreis ebenfalls Null

$$\oint_C \mathbf{H} \cdot d\mathbf{s} + \oint_K \mathbf{H} \cdot d\mathbf{s} = 0$$

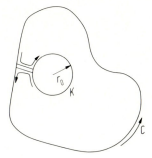

Bild 1.21

bzw.

$$\oint_C \mathbf{H}\cdot d\mathbf{s} = \oint_K \mathbf{H}\cdot d\mathbf{s} = \frac{C}{r_0} 2\pi r_0 = 2\pi C.$$

Alle solchen Linienintegrale haben also denselben von Null verschiedenen Wert. Weiterhin können wir experimentell feststellen, daß alle Kräfte und damit auch Felder der Stromstärke proportional sind. Deshalb ist die eingeführte Konstante C ebenfalls der Stromstärke proportional. Hat man mehrere Ströme, so addieren sie sich zum Gesamtstrom, auf den es allein ankommt. Wir können also sagen, daß für einen beliebigen Weg

$$\oint \mathbf{H}\cdot d\mathbf{s} \sim I$$

ist, wo I die Summe aller vom gewählten Weg umfaßten Ströme ist. Wir können die Proportionalitätskonstante willkürlich festlegen, wenn wir darauf verzichten, die Einheiten für Strom I, Feld $\mathbf{H}$ und Länge $d\mathbf{s}$ alle noch frei wählen zu können, d.h. wir können z.B. setzen

$$\boxed{\oint \mathbf{H}\cdot d\mathbf{s} = I}. \tag{1.55}$$

Das ist das sogenannte *Durchflutungsgesetz*. Es gilt nicht nur für die hier zunächst betrachteten geradlinigen Ströme, sondern ganz allgemein für beliebige Ströme, wie man experimentell nachweisen kann. Es enthält im Grunde alles, was man über den Zusammenhang zwischen zeitunabhängigen Strömen und Magnetfeldern sagen kann. Für den zeitabhängigen Fall werden allerdings noch Ergänzungen nötig sein. Wir können unsere Gleichung umformen:

$$\oint \mathbf{H}\cdot d\mathbf{s} = \int_A \operatorname{rot}\mathbf{H}\cdot d\mathbf{A} = I = \int_A \mathbf{g}\cdot d\mathbf{A}.$$

Das gilt für jede beliebige Fläche. Dann müssen die Integranden der beiden Flächenintegrale selbst einander gleich sein, d.h. es muß gelten

$$\boxed{\operatorname{rot}\mathbf{H} = \mathbf{g}}. \tag{1.56}$$

Die beiden Formeln (1.55) und (1.56) sind gleichwertig. Die eine folgt aus der

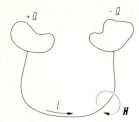

Bild 1.22

anderen. Beide besagen, daß Ströme die Ursachen magnetischer Felder sind. Sie haben eine ähnliche Bedeutung wie die Gleichungen (1.20) und (1.23) für den Zusammenhang zwischen elektrischen Feldern und Ladungen. Es besteht jedoch—um es anschaulich auszudrücken—ein großer Unterschied: Ladungen verursachen Quellen des elektrischen Feldes, Ströme Wirbel des magnetischen Feldes. Dafür sind elektrostatische Felder wirbelfrei, während wir noch sehen werden, daß magnetische Felder stets quellenfrei sind (genauer gesagt, daß die noch einzuführende Feldgröße **B** stets quellenfrei ist).

Wenn wir unsere Ergebnisse (1.55) oder (1.56) näher betrachten, ergeben sich jedoch Schwierigkeiten und Widersprüche, die uns zeigen, daß sie, so wie sie da stehen, für zeitabhängige Probleme nicht richtig sein können. Stellen wir uns entsprechend Bild 1.22 zwei geladene Körper vor mit den Ladungen Q und $-Q$. Diese Ladungen üben anziehende Kräfte aufeinander aus. Verbinden wir die beiden Körper durch einen leitenden Draht miteinander, so können die Ladungen den Kräften (dem elektrischen Feld) folgen. Es entsteht ein elektrischer Strom von dem positiv geladenen zu dem negativ geladenen Körper. Versuchen wir z.B., (1.55) auf diese Situation anzuwenden, so ist, da der Leiter weder geschlossen ist noch ins Unendliche verläuft, völlig unklar, ob ein gewählter Weg den Leiter umschließt oder nicht. Eine zweite Schwierigkeit wird sichtbar, wenn man die Divergenz von (1.56) bildet. Es ergibt sich

$$\text{div rot } \mathbf{H} = \text{div } \mathbf{g} = 0, \tag{1.57}$$

d.h. die Stromdichte wäre quellenfrei. Das ist offensichtlich falsch. Die Stromdichte entspringt ja bei den geladenen Körpern, deren bei dem Vorgang sich ändernde Ladung durch den Strom wegtransportiert wird. Um darüber mehr sagen zu können, sei im Abschn. 1.10 das Prinzip der Ladungserhaltung diskutiert.

1.10 Das Prinzip der Ladungserhaltung und die 1. Maxwellsche Gleichung

Wir untersuchen ein beliebiges Volumen. In ihm enthaltene Ladungen können abfließen, oder Ladungen können von außen einfließen. Nur dadurch kann sich seine Gesamtladung ändern, es sei denn, daß Ladungen plötzlich verschwinden oder entstehen. Nach unseren Erfahrungen kann das jedoch nicht vorkommen. Das ist das *Prinzip der Erhaltung der elektrischen Ladung*.

1.10 Das Prinzip der Ladungserhaltung und die 1. Maxwellsche Gleichung

Etwas allgemeiner formuliert lautet es so, daß die im Weltall vorhandene Ladung unveränderlich (vermutlich Null) ist. Es gibt zwar Prozesse, bei denen Ladungen neu entstehen. Dadurch wird jedoch die gesamte Ladung nicht verändert, da stets gleich viel positive und negative Ladung entsteht. Nach unseren bisherigen Erfahrungen treten Ladungen in der Natur nur als Vielfache einer ganz bestimmten Elementarladung auf, wie sie z.B. negativ durch die Ladung eines Elektrons, positiv durch die eines Protons gegeben ist. Es kann nun vorkommen, daß aus einem Lichtteilchen (Photon) ein Paar entgegengesetzt geladener Teilchen entsteht (Teilchen und Antiteilchen, z.B. Elektron und Positron oder Proton und Antiproton). Es gibt übrigens Theorien, die die Existenz von Elementarteilchen mit Ladungen, die ein oder zwei Drittel der Elementarladung betragen, behaupten. Trotz eifrigen Nachforschens hat man diese Teilchen (die Quarks) bisher jedenfalls noch nicht direkt nachweisen können. Auch sie würden aber das Ladungserhaltungsprinzip nicht berühren.

Mathematisch formuliert lautet dieses so:

$$\oint \mathbf{g} \cdot d\mathbf{A} = -\frac{\partial}{\partial t} \int \rho \, d\tau = \int \text{div} \, \mathbf{g} \, d\tau.$$

Daraus folgt

$$\boxed{\text{div}\,\mathbf{g} + \frac{\partial \rho}{\partial t} = 0}. \tag{1.58}$$

Diese Gleichung, die sog. *Kontinuitätsgleichung*, drückt den Erhaltungssatz aus. Andererseits ist

$$\rho = \text{div}\,\mathbf{D}$$

und deshalb

$$\text{div}\left(\mathbf{g} + \frac{\partial \mathbf{D}}{\partial t}\right) = 0. \tag{1.59}$$

Die Vektorsumme $\mathbf{g} + \partial \mathbf{D}/\partial t$ muß also quellenfrei sein. Man kann sie deshalb als Rotation eines geeignet gewählten Vektorfeldes ausdrücken, da nach (1.40) die Divergenz jeder Rotation verschwindet:

$$\text{rot}\,\mathbf{a} = \mathbf{g} + \frac{\partial \mathbf{D}}{\partial t}. \tag{1.60}$$

An dieser Stelle liegt es nahe, den Vektor **a** mit dem Magnetfeld **H** zu identifizieren. Im zeitunabhängigen Fall jedenfalls würde das richtig zum Durchflutungsgesetz, (1.55), führen. Es war Maxwell, der erkannt hat, daß das auch allgemein richtig ist. Wir bekommen so die sogenannte *1. Maxwellsche Gleichung* als richtige Verallgemeinerung des Durchflutungsgesetzes für zeitabhängige Vorgänge:

$$\boxed{\text{rot}\,\mathbf{H} = \mathbf{g} + \frac{\partial \mathbf{D}}{\partial t}}. \tag{1.61}$$

Man bezeichnet $\mathbf{g} + \partial \mathbf{D}/\partial t$ als *Gesamtstromdichte*, die aus zwei Anteilen besteht, der *Leitungsstromdichte* $\mathbf{g}$ und der *Verschiebungsstromdichte* $\partial \mathbf{D}/\partial t$.

Mit der 1. Maxwellschen Gleichung sind die Schwierigkeiten, die uns am Schluß des vorher gefundenen Abschnitts beschäftigt haben, behoben. Zwischen den geladenen Körpern besteht ein elektrisches Feld. Wenn ein Strom fließt, ändert sich dieses elektrische Feld, es entsteht also ein Verschiebungsstrom, der den Stromkreis schließt. Für jeden beliebigen geschlossenen Weg gilt dann

$$\boxed{\oint \mathbf{H} \cdot d\mathbf{s} = \int_A \operatorname{rot} \mathbf{H} \cdot d\mathbf{A} = \int_A \left(\mathbf{g} + \frac{\partial \mathbf{D}}{\partial t} \right) \cdot d\mathbf{A}} . \tag{1.62}$$

Das Ergebnis der Integration wird eindeutig, d.h. es hängt bei gegebenem Weg nicht von der gewählten Fläche ab. Wäre dies nicht so, so gäbe es keinen Stokesschen Satz. Im übrigen läßt es sich mit dem Gaußschen Satz und der Beziehung div rot $\mathbf{a} = 0$ beweisen.

Wir haben zur Herleitung von (1.59) die Beziehung div $\mathbf{D} = \rho$ benützt und damit eine Verallgemeinerung vorgenommen, die nicht selbstverständlich ist und nicht ganz stillschweigend gemacht werden soll. Wir haben die Gleichung div $\mathbf{D} = \rho$ aus dem Coulombschen Gesetz für ruhende Ladungen hergeleitet. Man beachte an dieser Stelle, daß die Umkehrung dieses Schlusses nicht möglich ist. Man kann aus div $\mathbf{D} = \rho$ das Coulombsche Gesetz nicht ohne weiteres wieder gewinnen. Von einer Ladung können ja $\mathbf{D}$-Linien ganz unsymmetrisch ausgehen, so daß der gesamte Fluß immer noch gleich der Ladung ist, aber kein Coulombsches Gesetz mehr gilt. Für eine ruhende Ladung ist aus Symmetriegründen so etwas nicht anzunehmen, da ja keine Richtung ausgezeichnet ist. Deshalb gilt für ruhende Ladungen das Coulombsche Gesetz. Um es zu bekommen, müssen wir zu div $\mathbf{D} = \rho$ die Annahme der Symmetrie hinzunehmen. Für bewegte Ladungen liegen die Dinge jedoch komplizierter. Das Symmetrieargument fällt weg und das Feld einer bewegten Ladung ist tatsächlich nicht kugelsymmetrisch. Das Coulombsche Gesetz gilt nicht mehr. Immer noch ist jedoch div $\mathbf{D} = \rho$ bzw. $\oint \mathbf{D} \cdot d\mathbf{A} = Q$. Obwohl wir vom Coulombschen Gesetz ausgingen als einer Grundtatsache, finden wir jetzt, daß die Beziehung div $\mathbf{D} = \rho$ allgemeiner und grundlegender ist, ja geradezu als die eigentliche Definition der Ladung aufgefaßt werden kann. Denn zu jeder

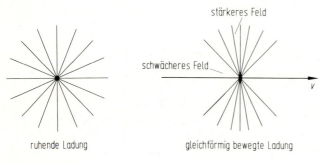

Bild 1.23

1.10 Das Prinzip der Ladungserhaltung und die 1. Maxwellsche Gleichung

Ladung, bewegt oder unbewegt, gehört der entsprechende elektrische Fluß, und es gibt keinen Fluß ohne Ladung. Bild 1.23 zeigt qualitativ das Feld einer ruhenden und einer gleichförmig bewegten Ladung. Das Feld der gleichförmig bewegten Ladung kann man sich aus dem der ruhenden Ladung durch Lorentz-Kontraktion entstanden denken. Die durch die Bewegung der Ladung bewirkte Feldverzerrung ist jedenfalls nur im Rahmen der Relativitätstheorie zu verstehen. Dennoch ist diese Verzerrung auch in der klassischen Elektrodynamik richtig beschrieben. Die von bewegten Ladungen verursachten magnetischen Kräfte sind genau die Folgen der erwähnten Verzerrung des elektrischen Feldes. Die magnetischen Kräfte sind also ebenfalls elektrischer Natur, sie sind die durch die Bewegung auftretenden Veränderungen der elektrischen Kräfte. Die Verzerrung des Feldes einer bewegten Ladung ist ein relativistischer Effekt, d.h. ein Effekt, der bei sehr großen Teilchengeschwindigkeiten nahe der Lichtgeschwindigkeit besonders in Erscheinung tritt und verschwinden würde, wäre die Lichtgeschwindigkeit nicht endlich. Dann gäbe es auch keinen Magnetismus. Weil die klassische Elektrodynamik auch den Magnetismus, der eigentlich ein relativistischer Effekt ist, bereits enthält, konnte sie das in der Physik durch die Relativitätstheorie ausgelöste Umdenken unverändert überleben. Es sei an dieser Stelle noch bemerkt, daß das Feld einer bewegten Ladung nicht wirbelfrei ist. (Eine sehr lesenswerte Diskussion der hier erwähnten Probleme findet man in [1]).

Neben dem Vektor **H** führt man auch noch einen zweiten Vektor **B**, die sog. *magnetische Induktion*, ein. Im Vakuum ist

$$\boxed{\mathbf{B} = \mu_0 \mathbf{H}}. \tag{1.63}$$

Die von Magnetfeldern ausgeübten Kräfte ergeben sich aus **B**. Eigentlich sollte man **B** als magnetische Feldstärke bezeichnen, was manche Autoren auch tun. μ_0 ist die sog. *Permeabilität des Vakuums*. Der Schlüssel zum Verständnis der anfänglich beschriebenen magnetischen Kräfte liegt in der Erkenntnis, daß sie nur auf bewegte Ladungen ausgeübt werden, und zwar gilt

$$\boxed{\mathbf{F} = Q\mathbf{v} \times \mathbf{B}}. \tag{1.64}$$

Das ist die sogenannte *Lorentz-Kraft*. Wirkt außerdem noch ein elektrisches Feld, so ist im ganzen

$$\mathbf{F} = Q(\mathbf{E} + \mathbf{v} \times \mathbf{B}). \tag{1.65}$$

Die Lorentz-Kraft steht senkrecht auf **v** und **B**. Das hat merkwürdige Effekte zur Folge. So ziehen parallele Ströme einander an (Bild 1.24). Der Strom I_1 (I_2) bewirkt am Ort des Leiters I_2 (I_1) ein Feld $\mathbf{B}_1$ ($\mathbf{B}_2$) und dieses eine Lorentz-Kraft $\mathbf{F}_{12}$ ($\mathbf{F}_{21}$). Interessant ist die Kraftwirkung auf eine stromdurchflossene Schleife im Feld eines anderen Stromes (Bild 1.25). Der Strom I erzeugt am Ort der Schleife S mit dem Strom I_s das Feld **B**. Die Lorentz-Kraft wirkt nur auf die zu **B** senkrechten Ströme und bewirkt ein Drehmoment, wie wir es für eine Magnetnadel beschrieben haben. Soweit wir heute wissen, sind alle magnetischen Körper durch in ihnen kreisende

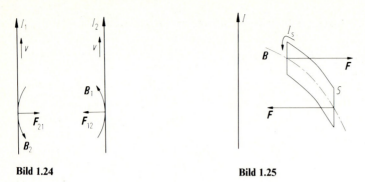

Bild 1.24 **Bild 1.25**

Ströme gekennzeichnet (*Ampèresche Molekularströme*), abgesehen von den mit einer elementaren Eigenschaft von Elementarteilchen, dem Spin, verknüpften Erscheinungen. Der Spin dieser Teilchen führt dazu, daß sie sich verhalten, als trügen sie kreisende Ströme, obwohl sie das nicht wirklich tun. Es gibt demnach keine magnetischen Ladungen, und alle magnetischen Kräfte sind letzten Endes Lorentz-Kräfte (abgesehen wiederum von den Effekten des Spins der Elementarteilchen).

1.11 Das Induktionsgesetz

Zu all dem kommt noch eine weitere grundlegende Erfahrung. Das oft nach *Faraday* benannte *Induktionsgesetz* formuliert sie wie folgt:

Wenn sich der eine geschlossene Kurve durchsetzende magnetische Fluß zeitlich ändert, so wird in dieser Kurve eine der magnetischen Flußänderung proportionale Spannung induziert.

Unter magnetischem Fluß wollen wir dabei den Fluß der magnetischen Induktion **B** verstehen:

$$\boxed{\phi = \int \mathbf{B} \cdot d\mathbf{A}} \quad . \tag{1.66}$$

Die in einer geschlossenen Kurve auftretende Spannung (oft *Ringspannung* genannt) ist natürlich gegeben durch das Integral

$$\oint \mathbf{E} \cdot d\mathbf{s},$$

das im elektrostatischen Fall verschwindet. Jetzt ist das nicht mehr der Fall. Wir haben vielmehr

$$\boxed{\oint \mathbf{E} \cdot d\mathbf{s} = -\frac{\partial}{\partial t}\phi} \quad , \tag{1.67}$$

wobei wir schon benutzt haben, daß eine denkbare Proportionalitätskonstante dimensionslos ist und sich zu 1 ergibt. Wir können auch schreiben

$$\oint \mathbf{E} \cdot d\mathbf{s} = \int_A \operatorname{rot} \mathbf{E} \cdot d\mathbf{A} = -\frac{\partial}{\partial t} \int_A \mathbf{B} \cdot d\mathbf{A}$$

$$= -\int_A \frac{\partial \mathbf{B}}{\partial t} \cdot d\mathbf{A}.$$

Da dies für jede beliebige Fläche A gilt, ist

$$\boxed{\operatorname{rot} \mathbf{E} = -\frac{\partial \mathbf{B}}{\partial t}}. \tag{1.68}$$

Die beiden gleichwertigen Beziehungen (1.67) und (1.68) stellen die sogenannte 2. *Maxwellsche Gleichung* in integraler bzw. differentieller Formulierung dar.

Wir bilden die Divergenz beider Seiten von (1.68) und finden

$$\operatorname{div} \operatorname{rot} \mathbf{E} = -\operatorname{div} \frac{\partial \mathbf{B}}{\partial t} = -\frac{\partial}{\partial t} \operatorname{div} \mathbf{B} = 0.$$

Die div $\mathbf{B}$ kann demnach nur eine zeitunabhängige Ortsfunktion sein:

$$\operatorname{div} \mathbf{B} = f(\mathbf{r}). \tag{1.69}$$

Nach unseren Erfahrungen ist

$$f(\mathbf{r}) \equiv 0 \tag{1.70}$$

und deshalb

$$\boxed{\operatorname{div} \mathbf{B} = 0}. \tag{1.71}$$

Die Feldlinien der magnetischen Induktion sind also frei von Quellen oder Senken. Das bedeutet, was wir auch schon früher festgestellt haben, daß es nämlich keine magnetischen Ladungen gibt, an denen die Feldlinien beginnen oder enden könnten. Oft wird behauptet, daraus folge, daß magnetische Feldlinien sich entweder schließen oder ins Unendliche verlaufen müßten. Diese Behauptung ist jedoch falsch. Es gibt durchaus Beispiele für Felder, deren Linien weder das eine noch das andere tun (in Kap. 5, Magnetostatik, werden wir dies genauer diskutieren, s. Abschnitt 5.11.2).

1.12 Die Maxwellschen Gleichungen

In den vorhergehenden Abschnitten haben wir nun alle Maxwellschen Gleichungen kennengelernt. Jede der Gleichungen kann in differentieller oder in integraler Form angegeben werden. Wir wollen sie hier in beiden Formen nebeneinanderstellen:

differentiell	integral	
$\operatorname{rot} \mathbf{H} = \mathbf{g} + \dfrac{\partial \mathbf{D}}{\partial t}$	$\oint \mathbf{H} \cdot d\mathbf{s} = \int_A \left(\mathbf{g} + \dfrac{\partial \mathbf{D}}{\partial t} \right) \cdot d\mathbf{A}$	
$\operatorname{rot} \mathbf{E} = -\dfrac{\partial \mathbf{B}}{\partial t}$	$\oint \mathbf{E} \cdot d\mathbf{s} = -\dfrac{\partial}{\partial t} \int_A \mathbf{B} \cdot d\mathbf{A}$	(1.72)
$\operatorname{div} \mathbf{B} = 0$	$\oint \mathbf{B} \cdot d\mathbf{A} = 0$	
$\operatorname{div} \mathbf{D} = \rho$	$\oint \mathbf{D} \cdot d\mathbf{A} = \int_V \rho \, d\tau$	

Das sind zwei vektorielle und zwei skalare Gleichungen für fünf vektorielle Größen (**E**, **D**, **H**, **B**, **g**) und eine skalare Größe (ρ). Offensichtlich hat man somit mehr Unbekannte (5 mal 3 + 1 = 16) als Gleichungen (2 mal 3 + 2 = 8), da jede vektorielle Gleichung drei skalaren Gleichungen und jede vektorielle Unbekannte drei skalaren Unbekannten entspricht. Berücksichtigen wir noch, daß (wie wir im vorhergehenden Abschnitt sahen) die Gleichung div **B** = 0 aus der zweiten Maxwellschen Gleichung folgt bzw. daß, etwas genauer gesagt, die Gleichung div **B** = 0 nur die Rolle einer Anfangsbedingung im System der Maxwellschen Gleichungen spielen kann, so wird die Diskrepanz noch größer: Wir haben 7 Gleichungen für 16 Unbekannte. Wir müssen demnach die Maxwellschen Gleichungen durch 9 weitere Gleichungen ergänzen. Einige der dazu nötigen Gleichungen haben wir mindestens für das Vakuum bereits kennengelernt:

$$\left. \begin{array}{l} \mathbf{D} = \varepsilon_o \mathbf{E}, \\ \mathbf{B} = \mu_0 \mathbf{H}. \end{array} \right\} \qquad (1.73)$$

Haben wir es mit anderen Medien zu tun, so müssen wir in irgendeiner Weise **D** als Funktion von **E** und **B** als Funktion von **H** angeben (was wir später ausführlicher erörtern müssen):

$$\left. \begin{array}{l} \mathbf{D} = \mathbf{D}(\mathbf{E}), \\ \mathbf{B} = \mathbf{B}(\mathbf{H}). \end{array} \right\} \qquad (1.74)$$

Eine weitere Gleichung gewinnen wir aus der Tatsache, daß elektrische Ströme in Leitern von elektrischen Feldern verursacht werden und deshalb irgendwie vom elektrischen Feld abhängen werden:

$$\mathbf{g} = \mathbf{g}(\mathbf{E}). \qquad (1.75)$$

Im einfachsten und oft wichtigen Fall ist **g** dem Feld **E** proportional (*Ohmsches Gesetz*):

$$\mathbf{g} = \kappa \mathbf{E}. \qquad (1.76)$$

Der Koeffizient κ wird als spezifische elektrische *Leitfähigkeit* bezeichnet. Zusammenfassend können wir also sagen, daß (1.74) und (1.75) die Maxwellschen Gleichungen (1.72) zu einem vollständigen System von Gleichungen ergänzen.

Als Folge des Überlagerungsprinzips sowohl der elektrischen als auch der magnetischen Felder (für die magnetischen Felder steckt es in den Überlegungen, die zu (1.55) führen) sind die Maxwellschen Gleichungen linear. Die Linearität ist der formale Ausdruck für das Überlagerungsprinzip. Die Linearität ist auch sehr wichtig für die Anwendungen, d.h. für die Lösung konkreter Probleme. Lineare Gleichungen sind viel leichter zu lösen als nichtlineare. Diese Linearität geht verloren, wenn die ergänzenden "Materialgleichungen" (1.74) und (1.75) nichtlinear sind, was durchaus vorkommen kann.

Die Maxwellschen Gleichungen zeigen ein hohes Maß an Symmetrie, das ihnen einen oft beschworenen geradezu ästhetischen Reiz verleiht. Die Symmetrie wird besonders deutlich für den Fall des Vakuums ohne Ladungen und ohne Ströme. Dafür ist

$$\left.\begin{array}{l} \operatorname{rot} \mathbf{H} = \dfrac{\partial \mathbf{D}}{\partial t}, \\[2mm] \operatorname{rot} \mathbf{E} = -\dfrac{\partial \mathbf{B}}{\partial t}, \quad \mathbf{D} = \varepsilon_0 \mathbf{E}, \\[2mm] \operatorname{div} \mathbf{B} = 0, \quad \mathbf{B} = \mu_0 \mathbf{H}, \\[2mm] \operatorname{div} \mathbf{D} = 0. \end{array}\right\} \quad (1.77)$$

Es zeigt sich, daß diese Symmetrie bedeutsame Konsequenzen hat. Ein sich änderndes elektrisches Feld ($\partial \mathbf{D}/\partial t$) erzeugt ein magnetisches Wirbelfeld (rot $\mathbf{H}$). Dieses ist selbst zeitlich veränderlich ($\partial \mathbf{B}/\partial t$) und erzeugt dadurch ein elektrisches Wirbelfeld (rot $\mathbf{E}$) etc. Das ist der Mechanismus der Entstehung und Fortpflanzung elektromagnetischer Wellen (Bild 1.26), dem Radiowellen, Licht, Wärmestrahlen etc. ihre Existenz verdanken.

Mit Strömen und Ladungen geht diese Symmetrie etwas verloren. Das hat etwas Unbefriedigendes an sich. Die Unsymmetrie liegt darin, daß es (wie schon wiederholt bemerkt) nach heutigem Wissen keine magnetischen Ladungen als Quellen von Magnetfeldern gibt. Es gibt eine Reihe von Naturwissenschaftlern, die nicht glauben können, daß damit das letzte Wort gesprochen sei. Tatsächlich ist es denkbar, daß magnetische Ladungen existieren, bisher jedoch noch nicht entdeckt worden sind. Deshalb wird nach magnetischen Ladungen gesucht, und möglicherweise werden eines Tages welche gefunden. In diesem Fall wären die Maxwellschen Gleichungen abzuändern. Es ist eine nützliche kleine Übung, sich zu überlegen, wie dies zu geschehen hätte. Neben der räumlichen Dichte elektrischer

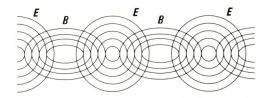

Bild 1.26

Ladungen (ρ_e) gäbe es dann die der magnetischen Ladungen (ρ_m). Beide könnten Ströme bewirken ($\mathbf{g}_e, \mathbf{g}_m$). Neben das Prinzip der Erhaltung der elektrischen Ladung

$$\operatorname{div} \mathbf{g}_e + \frac{\partial \rho_e}{\partial t} = 0 \tag{1.78}$$

müßte wohl das der magnetischen Ladung treten,

$$\operatorname{div} \mathbf{g}_m + \frac{\partial \rho_m}{\partial t} = 0. \tag{1.79}$$

Dabei wäre

$$\operatorname{div} \mathbf{D} = \rho_e \tag{1.80}$$

und

$$\operatorname{div} \mathbf{B} = \rho_m. \tag{1.81}$$

Damit erhält man

$$\operatorname{div}\left(\mathbf{g}_e + \frac{\partial \mathbf{D}}{\partial t}\right) = 0,$$

$$\operatorname{div}\left(\mathbf{g}_m + \frac{\partial \mathbf{B}}{\partial t}\right) = 0.$$

Diese Gleichungen sind zu erfüllen durch die Ansätze

$$\operatorname{rot} \mathbf{a} = \mathbf{g}_m + \frac{\partial \mathbf{B}}{\partial t},$$

$$\operatorname{rot} \mathbf{b} = \mathbf{g}_e + \frac{\partial \mathbf{D}}{\partial t}.$$

Wie wir wissen, ist $\mathbf{b}$ mit $\mathbf{H}$ zu identifizieren. Ähnlich müßten wir $\mathbf{a}$ mit $-\mathbf{E}$ identifizieren, um für $\mathbf{g}_m = 0$ die zweite Maxwellsche Gleichung richtig zu bekommen. Insgesamt wäre also:

$$\left.\begin{aligned}\operatorname{rot} \mathbf{H} &= \mathbf{g}_e + \frac{\partial \mathbf{D}}{\partial t}, \\ \operatorname{rot} \mathbf{E} &= -\mathbf{g}_m - \frac{\partial \mathbf{B}}{\partial t}, \\ \operatorname{div} \mathbf{B} &= \rho_m, \\ \operatorname{div} \mathbf{D} &= \rho_e.\end{aligned}\right\} \tag{1.82}$$

Sollten also eines Tages magnetische Ladungen entdeckt werden, so wären die Maxwellschen Gleichungen in dieser Form anzuwenden. Einige weitere Bemerkungen zum Problem magnetischer Ladungen finden sich im Anhang A. 2.

Wir kehren zu den normalen Maxwellschen Gleichungen ohne magnetische Ladungen zurück. Sie beschreiben eine ganz unglaubliche Fülle von Erscheinungen, mit denen wir uns im folgenden beschäftigen müssen. Das geschieht im allgemeinen schrittweise, und auch wir werden so vorgehen, d.h. wir werden nicht von Anfang an das volle System der Maxwellschen Gleichungen zu lösen versuchen. Zunächst sollen Felder betrachtet werden, die keinerlei Zeitabhängigkeit haben. Dafür ist

$$\operatorname{rot} \mathbf{H} = \mathbf{g},$$
$$\operatorname{rot} \mathbf{E} = 0,$$
$$\operatorname{div} \mathbf{B} = 0,$$
$$\operatorname{div} \mathbf{D} = \rho.$$

Zwei dieser Gleichungen hängen nur mit elektrostatischen Größen zusammen, die uns schon bekannten Gleichungen

$$\operatorname{rot} \mathbf{E} = 0,$$
$$\operatorname{div} \mathbf{D} = \rho.$$

Sie definieren die *Elektrostatik*, mit der wir uns zuerst beschäftigen werden — natürlich muß $\mathbf{D} = \mathbf{D}(\mathbf{E})$ hinzugenommen werden. Die beiden anderen Gleichungen,

$$\operatorname{rot} \mathbf{H} = \mathbf{g},$$
$$\operatorname{div} \mathbf{B} = 0$$

definieren die *Magnetostatik*, wenn man noch den Zusammenhang zwischen **B** und **H** dazunimmt. Sie wird den zweiten Hauptteil des Buches ausmachen. Erst im letzten, dritten Hauptteil werden wir zu den mehr oder weniger vollständigen Maxwellschen Gleichungen kommen und zeitabhängige Probleme (z.B. Skineffektprobleme, Wellenausbreitung, Strahlung von Antennen etc.) behandeln.

Bei all dem haben wir es mit unserem gegenwärtigen, nicht notwendigerweise endgültigen Wissen zu tun. Es ist denkbar, daß eines Tages Dinge bekannt werden, die eine Erweiterung unserer Vorstellungen und Theorien erzwingen. Wir sind ja auf eine ganze Reihe von Fragen gestoßen, auf die es noch keine endgültigen Antworten gibt, z.B. ob das Coulombsche Gesetz wirklich genau gilt, ob es wirklich keine magnetischen Ladungen gibt etc. Das gehört zum Wesen der Wissenschaft. Außerdem sind auch die vielleicht nur vorläufigen Antworten interessant und wichtig genug.

1.13 Das Maßsystem

Wir haben die praktisch wichtige Frage, welche Einheiten für die verschiedenen Größen benutzt werden sollen, d.h. welches Maßsystem eingeführt werden soll, zunächst offengelassen. Das ist nun nachzuholen.

Es gibt recht verschiedene Maßsysteme, und es gibt viele Erörterungen, welches dieser Maßsysteme aus welchen Gründen besonders gut sei. Solche Erörterungen sind nicht sehr nützlich und sollen deshalb hier unterbleiben. Wir wollen uns hier auf ein einziges Maßsystem beschränken und dieses konsequent benützen, und zwar das heute international übliche und inzwischen auch gesetzlich verankerte *MKSA-System*.

Jedes Maßsystem beruht auf Grundeinheiten und aus daraus abgeleiteten Einheiten. Das MKSA-System hat seinen Namen daher, daß Meter, Kilogramm, Sekunde and Ampere als Grundeinheiten gewählt werden. Jede Grundeinheit muß natürlich hinreichend genau definiert sein, d.h. sie muß durch ein "Normal" festgelegt sein. Dieses muß begrifflich klar definiert and meßtechnisch möglichst gut reproduzierbar sein. Es kann sich dabei um einen künstlich hergestellten *Prototyp* oder auch um ein *naturgegebenes Normal* handeln. Im Falle des von uns benutzten MKSA-Systems werden die vier Grundeinheiten wie folgt definiert:

1. 1 Meter (m) wird seit 1983 durch die Laufzeit des Lichtes definiert, und zwar als die Länge der Strecke, die Licht im Vakuum während der Dauer von

$$\frac{1}{299792458}\,\text{s}$$

durchläuft. Früher (1889–1960) war ein Meter definiert als die Länge eines in Paris aufbewahrten Prototyps (Urmeter) aus 90% Platin und 10% Iridium, der seinerseits der zehnmillionste Teil eines Erdmeridianquadranten sein sollte (jedoch nicht genau war). Von 1960 bis 1983 erfolgte die Definition spektroskopisch mit Hilfe der Wellenlänge einer bestimmten von Kryptonatomen emittierten Spektrallinie.

2. 1 Sekunde (s) wird neuerdings auch spektroskopisch definiert, nämlich als die Dauer von

    9192631770   Perioden

    einer bestimmten von Cäsium emittierten Strahlung. Früher war 1 Sekunde definiert als der 86400. Teil eines mittleren Sonnentages des Jahres 1900.

3. 1 Kilogramm (kg) war und ist auch heute noch definiert als die Masse eines in Paris aufbewahrten Platin-Iridium-Prototyps (Urkilogramm).

4. 1 Ampere (A) war definiert als der zeitlich genau konstante Strom, der in 1 s aus wässriger Silbernitratlösung $1{,}118\,\text{mg} = 1{,}118 \cdot 10^{-6}\,\text{kg}$ Silber abscheidet. Die so definierte Einheit (die heute als *internationales Ampere* bezeichnet wird) unterscheidet sich jedoch etwas von dem sog. *absoluten Ampere*, das heute als Grundeinheit definiert wird. Zum Verständnis der Definition müssen wir uns an die in Abschn. 1.10 bereits erwähnte anziehende Kraft zwischen Leitern mit zueinander parallelen Strömen erinnern (siehe auch Bild 1.24). Betrachten wir zwei unendlich lange und parallele Leiter mit den Strömen I_1 und I_2 im Abstand r voneinander, so ist die magnetische Induktion, die der Strom I_1 am Ort des Stromes I_2 erzeugt,

$$B_1 = \mu_0 H_1 = \mu_0 \frac{I_1}{2\pi r}. \tag{1.83}$$

Das ergibt sich aus der Definition von **B** durch (1.63) und wegen der Symmetrie aus den Gleichungen (1.55) oder (1.56). Gehen wir z.B. von (1.55) aus, so ist nämlich

$$\oint \mathbf{H} \cdot d\mathbf{s} = 2\pi r H_1 = I_1,$$

d.h.

$$H_1 = \frac{I_1}{2\pi r}.$$

Aus (1.83) zusammen mit (1.64) ergibt sich dann die auf den zweiten Leiter ausgeübte Kraft. Der Strom in einem Leiter beruht ja auf Ladungen, die sich in ihm bewegen. Die Kraft auf eine einzelne Ladung Q mit der Geschwindigkeit v im Leiter 2 ist

$$F = Q \cdot v \cdot \frac{\mu_0 I_1}{2\pi r},$$

und die Kraft auf den ganzen Leiter ist

$$F_g = \sum_i Q_i v_i \frac{\mu_0 I_1}{2\pi r}, \tag{1.84}$$

wobei die Summation über alle Ladungsträger im Leiter 2 zu erstrecken ist. Die Summe wird unendlich, da der Leiter unendlich lang ist und damit auch unendlich viele bewegte Ladungen enthält. Die Kraft pro Längeneinheit bleibt jedoch endlich,

$$\frac{F_g}{L} = \frac{\mu_0 I_1}{2\pi r} \cdot \frac{\sum_i Q_i v_i}{L}. \tag{1.85}$$

Der Ausdruck $(\sum_i Q_i v_i)/L$ ist nun nichts anderes als die Stromstärke I_2:

$$\frac{\sum_i Q_i v_i}{L} = I_2. \tag{1.86}$$

Die Stromstärke ist ja definiert als die pro Zeiteinheit durch den Leiterquerschnitt hindurchgehende Ladung. Insgesamt ist also

$$\boxed{\frac{F}{L} = \frac{\mu_0 I_1 I_2}{2\pi r}}. \tag{1.87}$$

Wir betrachten nun zwei unendlich lange, unendlich dünne, geradlinige und im Abstand von 1 m parallele Leiter, in denen gleich starke Ströme $I = I_1 = I_2$ fließen. Übt dann jeder der beiden Leiter auf den anderen eine Kraft von $2 \cdot 10^{-7}$ Newton pro Meter Länge aus, so sind die zugehörigen Stromstärken $I = I_1 = I_2 = 1$ Ampere (1A). Dabei ist 1 Newton die Einheit der Kraft im MKS-System,

$$1\,\text{N} = 1\,\text{Newton} = 1\,\frac{\text{m\,kg}}{\text{s}^2}.$$

Wir bekommen also

$$2 \cdot 10^{-7} \frac{\text{N}}{\text{m}} = \frac{\mu_0}{2\pi} \frac{\text{A}^2}{\text{m}}.$$

Demnach ist die eben gegebene Definition der Grundeinheit Ampere aufzufassen als Festlegung von μ_0:

$$\boxed{\mu_0 = 4\pi \cdot 10^{-7} \frac{\text{N}}{\text{A}^2}} \quad . \tag{1.88}$$

Damit sind vier Grundeinheiten eingeführt. Aus ihnen sind nun die abgeleiteten Einheiten aufzubauen. Hier sind zunächst die rein mechanischen Einheiten zu nennen. Einheit der Kraft ist —wie schon erwähnt—

$$1 \text{ Newton} = 1 \text{ N} = 1 \frac{\text{mkg}}{\text{s}^2},$$

Einheit der Energie

$$1 \text{ Joule} = 1 \text{ J} = 1 \text{ Nm} = 1 \frac{\text{m}^2\text{kg}}{\text{s}^2},$$

und Einheit der Leistung

$$1 \text{ Watt} = 1 \text{ W} = 1 \frac{\text{Nm}}{\text{s}} = 1 \frac{\text{J}}{\text{s}} = 1 \frac{\text{m}^2\text{kg}}{\text{s}^3}.$$

Kommen wir nun zu den elektrischen Einheiten: Aus der Definition der Stromstärke,

$$I = \frac{dQ}{dt}$$

gewinnen wir als Einheit der Ladung

$$1 \text{ Coulomb} = 1 \text{ C} = 1 \text{ As}.$$

Obwohl also die Ladung rein theoretisch von sehr grundlegender Bedeutung ist und der eigentliche Ausgangspunkt unserer Überlegungen war, ist sie im Maßsystem eine abgeleitete Größe. In der Natur kommen (von den Quarks abgesehen) Ladungen immer nur als Vielfache der sog. *Elementarladung* vor. Diese ist sehr klein und nur ein winziger Bruchteil von einem Coulomb, nämlich

$$\boxed{e \approx 1{,}6 \cdot 10^{-19} \text{ C}} \quad . \tag{1.89}$$

Wenn e in dieser Weise definiert wird, dann ist die Ladung z.B. eines Elektrons $-e$, die eines Protons oder eines Positrons $+e$. Wegen

$$\mathbf{F} = Q\mathbf{E}$$

ist die Einheit der elektrischen Feldstärke 1 N/C und damit die des Potentials bzw. der Spannung 1 Nm/C ($\mathbf{E} = -\text{grad}\,\varphi$). Sie wird mit 1 Volt (V) bezeichnet:

$$1 \text{ Volt} = 1 \text{ V} = 1 \frac{\text{Nm}}{\text{C}} = 1 \frac{\text{J}}{\text{C}} = 1 \frac{\text{W}}{\text{A}}.$$

Also ist auch

$$1\,V\cdot 1\,A = 1\,W,$$
$$1\,V\cdot 1\,C = 1\,J.$$

Aus dem Coulombschen Gesetz,

$$|\mathbf{F}| = \frac{Q_1 Q_2}{4\pi\varepsilon_0 r^2},$$

können wir die Dimension von ε_0, $[\varepsilon_0]$, gewinnen:

$$[\varepsilon_0] = \frac{C^2}{Nm^2} = \frac{C^2}{Jm} = \frac{C^2}{CVm} = \frac{C}{Vm} = \frac{As}{Vm}.$$

Der Zahlenwert ist einer Messung zu entnehmen. Er hängt natürlich vom gewählten Maßsystem ab. Man findet

$$\boxed{\varepsilon_0 = 8{,}855\cdot 10^{-12}\,\frac{As}{Vm}}. \tag{1.90}$$

Die schon erwähnte Einheit der elektrischen Feldstärke, $1\,N/C$, kann auch als $1\,V/m$ ausgedrückt werden. Damit wird die der dielektrischen Verschiebung

$$1\,\frac{As}{Vm}\cdot\frac{V}{m} = 1\,\frac{As}{m^2} = 1\,\frac{C}{m^2},$$

was auch an der Beziehung

$$\oint \mathbf{D}\cdot d\mathbf{A} = Q$$

zu erkennen ist.

Mit diesen Definitionen können wir auch die Dimension von μ_0 noch in anderer Form angeben:

$$[\mu_0] = \frac{N}{A^2} = \frac{VC}{mA^2} = \frac{VAs}{A^2 m} = \frac{Vs}{Am},$$

d.h.

$$\boxed{\mu_0 = 1{,}2566\cdot 10^{-6}\,\frac{Vs}{Am}}. \tag{1.91}$$

Beim Vergleich der beiden Definitionen (1.90) und (1.91) fällt auf, daß das Produkt von ε_0 und μ_0 eine rein mechanische Dimension hat:

$$[\varepsilon_0 \mu_0] = \frac{As}{Vm}\cdot\frac{Vs}{Am} = \left(\frac{s}{m}\right)^2.$$

Zahlenmäßig ergibt sich

$$\boxed{\frac{1}{\varepsilon_0 \mu_0} = 9\cdot 10^{16}\left(\frac{m}{s}\right)^2 = c^2}, \tag{1.92}$$

das Quadrat der Lichtgeschwindigkeit. Das ist kein Zufall. Historisch war es ein erster Hinweis auf die elektromagnetische Natur des Lichtes, die uns in einem späteren Abschnitt noch beschäftigen wird.

Die Einheit der Stromdichte ist $1\,A/m^2$. Wegen der 1. Maxwellschen Gleichung (1.61) ist dann die Einheit der magnetischen Feldstärke $1\,A/m$. Mit $\mathbf{B} = \mu_0 \mathbf{H}$ ergibt sich daraus die Einheit von B als $1\,Vs/Am \cdot 1\,A/m = 1\,Vs/m^2$. Sie wird 1 Tesla genannt:

$$1\,\text{Tesla} = 1\,T = 1\,\frac{Vs}{m^2}.$$

Die Einheit des magnetischen Flusses, die sich daraus ergibt, wird auch als 1 Weber bezeichnet:

$$1\,\frac{Vs}{m^2} \cdot 1\,m^2 = 1\,Vs = 1\,\text{Weber} = 1\,Wb.$$

Weitere abgeleitete Einheiten sind für den Widerstand

$$1\,\text{Ohm} = 1\,\Omega = 1\,\frac{V}{A},$$

für die Kapazität

$$1\,\text{Farad} = 1\,F = 1\,\frac{C}{V} = 1\,\frac{As}{V} = 1\,\frac{s}{\Omega}$$

und für die Induktivität

$$1\,\text{Henry} = 1\,H = 1\,\frac{Vs}{A} = 1\,\Omega s.$$

Diese Begriffe werden wir später noch einzuführen haben. Die Definitionen der Einheiten 1 Henry und 1 Farad werden auch benützt, um μ_0 in Henry pro Meter (H/m) und ε_0 in Farad pro Meter (F/m) anzugeben.

Jede physikalische Größe ist als Produkt aufzufassen aus einem Zahlenwert und einer Einheit:

$$\text{Größe} = \text{Zahlenwert} \cdot \text{Einheit}.$$

Beispiele dafür sind die Formeln (1.88), (1.89), (1.90) und (1.92) dieses Abschnitts. Dabei sind die üblichen Rechenregeln auf diese Produkte anwendbar, was auch unserem Vorgehen bei der Ableitung der obigen Zusammenhänge entspricht.

Zum Abschluß dieses Abschnitts seien noch einige Umrechnungsfaktoren für andere oft gebrauchte Einheiten angegeben:

$$1\,\text{Tesla} = 1\,T = 10^4\,\text{Gauß},$$
$$1\,\text{Maxwell} = 1\,M = 10^{-8}\,\text{Weber},$$
$$1\,\text{Elektronenvolt} = 1\,eV = 1{,}6 \cdot 10^{-19}\,\text{Joule}.$$

2 Die Grundlagen der Elektrostatik

2.1 Grundlegende Beziehungen

Die für die Elektrostatik grundlegenden Beziehungen haben wir bereits in Kap. 1 kennengelernt. Wir wollen sie am Beginn unserer Erörterung der Elektrostatik noch einmal zusammenstellen. Zunächst gilt für die Kraft zwischen zwei Ladungen Q_1 und Q_2 das Coulombsche Gesetz

$$\mathbf{F}_{12} = \frac{Q_1 Q_2}{4\pi\varepsilon_0} \cdot \frac{\mathbf{r}_2 - \mathbf{r}_1}{|\mathbf{r}_2 - \mathbf{r}_1|^3}. \tag{2.1}$$

Daraus wiederum ergibt sich, daß eine Ladung Q_1, die sich am Ort $\mathbf{r}_1$ befindet, am Ort $\mathbf{r}$ die Feldstärke

$$\mathbf{E} = \frac{Q_1}{4\pi\varepsilon_0} \cdot \frac{\mathbf{r} - \mathbf{r}_1}{|\mathbf{r} - \mathbf{r}_1|^3} \tag{2.2}$$

bzw. die dielektrische Verschiebung

$$\mathbf{D} = \varepsilon_0 \mathbf{E} = \frac{Q_1}{4\pi} \cdot \frac{\mathbf{r} - \mathbf{r}_1}{|\mathbf{r} - \mathbf{r}_1|^3} \tag{2.3}$$

erzeugt. Als Folge davon gilt für beliebige Ladungsverteilungen

$$\oint \mathbf{D} \cdot d\mathbf{A} = Q = \int_V \rho \, d\tau \tag{2.4}$$

bzw.

$$\operatorname{div} \mathbf{D} = \rho. \tag{2.5}$$

Ferner ist für ruhende Ladungen (nur damit haben wir es in diesem Teil zu tun)

$$\oint \mathbf{E} \cdot d\mathbf{s} = 0 \tag{2.6}$$

bzw.

$$\operatorname{rot} \mathbf{E} = 0. \tag{2.7}$$

Das erlaubt die Definition des Potentials

$$\varphi(\mathbf{r}) = \varphi_0 - \int_{\mathbf{r}_0}^{\mathbf{r}} \mathbf{E} \cdot d\mathbf{s}. \tag{2.8}$$

Dadurch ist umgekehrt

$$\mathbf{E} = -\operatorname{grad} \varphi. \tag{2.9}$$

Wegen (2.5) gilt auch

$$\operatorname{div} \mathbf{E} = \frac{\rho}{\varepsilon_0}. \tag{2.10}$$

Mit (2.9) ergibt sich daraus

$$\operatorname{div}(-\operatorname{grad} \varphi) = \frac{\rho}{\varepsilon_0}$$

bzw.

$$\boxed{\operatorname{div} \operatorname{grad} \varphi = \Delta \varphi = -\frac{\rho}{\varepsilon_0}}. \tag{2.11}$$

Das ist die sog. *Poissonsche Gleichung*, die uns noch oft beschäftigen wird. Für den Spezialfall $\rho = 0$ erhält man die sog. *Laplacesche Gleichung*

$$\boxed{\Delta \varphi = 0}. \tag{2.12}$$

In kartesischen Koordinaten ist

$$\operatorname{div} \operatorname{grad} \varphi = \Delta \varphi = \frac{\partial}{\partial x}\frac{\partial \varphi}{\partial x} + \frac{\partial}{\partial y}\frac{\partial \varphi}{\partial y} + \frac{\partial}{\partial z}\frac{\partial \varphi}{\partial z} = \frac{\partial^2 \varphi}{\partial x^2} + \frac{\partial^2 \varphi}{\partial y^2} + \frac{\partial^2 \varphi}{\partial z^2},$$

d.h.

$$\Delta = \frac{\partial^2}{\partial x^2} + \frac{\partial^2}{\partial y^2} + \frac{\partial^2}{\partial z^2}. \tag{2.13}$$

Δ wird auch als *Laplace-Operator* bezeichnet.

2.2 Feldstärke und Potential für gegebene Ladungsverteilungen

Von einer Punktladung Q_1 am Ort $\mathbf{r}_1$ geht die Feldstärke

$$\mathbf{E}(\mathbf{r}) = \frac{Q_1}{4\pi\varepsilon_0} \frac{\mathbf{r} - \mathbf{r}_1}{|\mathbf{r} - \mathbf{r}_1|^3} \tag{2.14}$$

aus, d.h. ausführlich geschrieben:

$$\left.\begin{aligned}
E_x &= \frac{Q_1}{4\pi\varepsilon_0} \frac{x - x_1}{\sqrt{(x-x_1)^2 + (y-y_1)^2 + (z-z_1)^2}^3}, \\
E_y &= \frac{Q_1}{4\pi\varepsilon_0} \frac{y - y_1}{\sqrt{(x-x_1)^2 + (y-y_1)^2 + (z-z_1)^2}^3}, \\
E_z &= \frac{Q_1}{4\pi\varepsilon_0} \frac{z - z_1}{\sqrt{(x-x_1)^2 + (y-y_1)^2 + (z-z_1)^2}^3}.
\end{aligned}\right\} \tag{2.15}$$

2.2 Feldstärke und Potential für gegebene Ladungsverteilungen

Zur Berechnung des Potentials gehen wir nun von der allgemeinen Definition aus:

$$\varphi = \varphi_B - \int_{\mathbf{r}_B}^{\mathbf{r}} \mathbf{E} \cdot d\mathbf{s}. \tag{2.16}$$

φ_B ist dabei das willkürlich wählbare Potential an einem ebenfalls willkürlich wählbaren Bezugspunkt $\mathbf{r}_B$. Zur Berechnung von φ müssen wir also das Linienintegral längs irgendeines Weges von $\mathbf{r}_B$ nach $\mathbf{r}$ auswerten. Wir können dabei jeden beliebigen, uns bequem erscheinenden Weg benutzen, da der Wert des Integrals vom gewählten Weg unabhängig ist, wie wir früher bewiesen haben (Abschnitte 1.6–1.8).

Von dieser Freiheit wollen wir auch Gebrauch machen, um uns die sonst schwierigere Aufgabe leicht zu machen. Wir wählen den Weg nach Bild 2.1. Vom Bezugspunkt $\mathbf{r}_B$ gehen wir zunächst auf die Ladung Q_1 am Ort $\mathbf{r}_1$ zu, und zwar bis wir auf die Q_1 konzentrisch umgebende Kugelschale kommen, auf der auch der Punkt $\mathbf{r}$ liegt, an dem das Potential berechnet werden soll. Wir erreichen sie bei $\mathbf{r}'$, wobei

$$|\mathbf{r} - \mathbf{r}_1| = |\mathbf{r}' - \mathbf{r}_1|$$

ist. Von hier gehen wir auf der Kugelschale zum Aufpunkt $\mathbf{r}$. Wir bekommen so

$$\varphi(\mathbf{r}) = \varphi_B - \int_{\mathbf{r}_B}^{\mathbf{r}'} \mathbf{E} \cdot d\mathbf{s} - \int_{\mathbf{r}'}^{\mathbf{r}} \mathbf{E} \cdot d\mathbf{s}$$

$$= \varphi_B - \int_{\mathbf{r}_B}^{\mathbf{r}'} \mathbf{E} \cdot d\mathbf{s} = \varphi_B - \int_{|\mathbf{r}_B - \mathbf{r}_1|}^{|\mathbf{r}' - \mathbf{r}_1|} \frac{Q_1}{4\pi\varepsilon_0 x^2} dx$$

$$= \varphi_B + \frac{Q_1}{4\pi\varepsilon_0 |\mathbf{r}' - \mathbf{r}_1|} - \frac{Q_1}{4\pi\varepsilon_0 |\mathbf{r}_B - \mathbf{r}_1|},$$

$$\varphi(\mathbf{r}) = \varphi_B + \frac{Q_1}{4\pi\varepsilon_0 |\mathbf{r} - \mathbf{r}_1|} - \frac{Q_1}{4\pi\varepsilon_0 |\mathbf{r}_B - \mathbf{r}_1|}. \tag{2.17}$$

Wählen wir speziell $\varphi_B = 0$ für einen im Unendlichen liegenden Punkt, so ist

$$\boxed{\varphi = \frac{Q_1}{4\pi\varepsilon_0 |\mathbf{r} - \mathbf{r}_1|} = \frac{Q_1}{4\pi\varepsilon_0 \sqrt{(x-x_1)^2 + (y-y_1)^2 + (z-z_1)^2}}}. \tag{2.18}$$

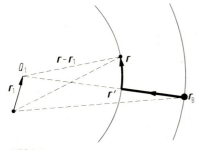

Bild 2.1

Berechnen wir daraus die Feldstärke

$$\mathbf{E} = -\operatorname{grad} \varphi,$$

so ergeben sich genau die Feldkomponenten entsprechend (2.15).

Hat man viele Punktladungen $Q_1, Q_2, \ldots, Q_i, \ldots$ an den Orten $\mathbf{r}_1, \mathbf{r}_2, \ldots, \mathbf{r}_i, \ldots$, so gilt wegen des Überlagerungsprinzips (das nicht nur für die Feldstärken, sondern auch für die Potentiale gilt)

$$\varphi = \sum_i \frac{Q_i}{4\pi\varepsilon_0 |\mathbf{r} - \mathbf{r}_i|}. \tag{2.19}$$

Im allgemeinen hat man es mit kontinuierlich verteilten Ladungen zu tun. Ist die Ladungsdichte als Funktion des Ortes $\mathbf{r}$ gegeben, so ist

$$\boxed{\varphi(\mathbf{r}) = \frac{1}{4\pi\varepsilon_0} \int \frac{dQ'}{|\mathbf{r} - \mathbf{r}'|} = \frac{1}{4\pi\varepsilon_0} \int \frac{\rho(\mathbf{r}')\,d\tau'}{|\mathbf{r} - \mathbf{r}'|}}. \tag{2.20}$$

$d\tau'$ ist das Volumenelement im Raum der Vektoren $\mathbf{r}'$, d.h.

$$d\tau' = dx'\,dy'\,dz'. \tag{2.21}$$

Die zugehörige Feldstärke ist natürlich

$$\mathbf{E} = -\operatorname{grad} \varphi(\mathbf{r}) = -\frac{1}{4\pi\varepsilon_0} \int \nabla_\mathbf{r} \frac{\rho(\mathbf{r}')\,d\tau'}{|\mathbf{r} - \mathbf{r}'|}. \tag{2.22}$$

Hier ist zu beachten, daß die Gradientenbildung sich nur auf die $\mathbf{r}$-Abhängigkeit bezieht, jedoch nichts mit der $\mathbf{r}'$-Abhängigkeit zu tun hat. Um dies klar zu machen, ist der Nabla-Operator im Integranden von (2.22) mit dem Index $\mathbf{r}$ gekennzeichnet. Da nun

$$\nabla_\mathbf{r} \frac{1}{|\mathbf{r} - \mathbf{r}'|} = \nabla_{(x,y,z)} \frac{1}{\sqrt{(x-x')^2 + (y-y')^2 + (z-z')^2}}$$

$$= -\frac{2(\mathbf{r} - \mathbf{r}')}{2\sqrt{(x-x')^2 + (y-y')^2 + (z-z')^2}^3} = -\frac{\mathbf{r} - \mathbf{r}'}{|\mathbf{r} - \mathbf{r}'|^3} \tag{2.23}$$

ist, ergibt sich

$$\boxed{\mathbf{E}(\mathbf{r}) = \frac{1}{4\pi\varepsilon_0} \int \frac{\rho(\mathbf{r}')(\mathbf{r} - \mathbf{r}')}{|\mathbf{r} - \mathbf{r}'|^3}\,d\tau'}. \tag{2.24}$$

Manchmal hat man Ladungen, die auf Flächen oder Linien verteilt sind (*Flächenladungen, Linienladungen*). Als Flächenladungsdichte σ definiert man die Ladung pro Flächeneinheit,

$$\sigma = \frac{dQ}{dA}. \tag{2.25}$$

Dazu gehört dann das Potential

$$\varphi(\mathbf{r}) = \frac{1}{4\pi\varepsilon_0} \int \frac{\sigma(\mathbf{r}')\,dA'}{|\mathbf{r}-\mathbf{r}'|} \tag{2.26}$$

bzw. die Feldstärke

$$\mathbf{E}(\mathbf{r}) = \frac{1}{4\pi\varepsilon_0} \int \frac{\sigma(\mathbf{r}')(\mathbf{r}-\mathbf{r}')\,dA'}{|\mathbf{r}-\mathbf{r}'|^3}. \tag{2.27}$$

Die Linienladungsdichte q ist definiert als Ladung pro Längeneinheit,

$$q = \frac{dQ}{dl}. \tag{2.28}$$

Das zugehörige Potential ist

$$\varphi = \frac{1}{4\pi\varepsilon_0} \int \frac{q(\mathbf{r}')\,dl'}{|\mathbf{r}-\mathbf{r}'|} \tag{2.29}$$

bzw. die Feldstärke ist

$$\mathbf{E}(\mathbf{r}) = \frac{1}{4\pi\varepsilon_0} \int \frac{q(\mathbf{r}')(\mathbf{r}-\mathbf{r}')\,dl'}{|\mathbf{r}-\mathbf{r}'|^3}. \tag{2.30}$$

Damit ist man im Prinzip in der Lage, das Potential und die elektrische Feldstärke für beliebige Verteilungen von Punkt-, Linien-, Flächen- und Raumladungen bzw. auch von Kombinationen davon zu berechnen. Praktisch ist das jedoch keineswegs immer leicht. Die mathematischen Schwierigkeiten können erheblich sein. Oft kann man sie jedoch durch geschickte Ausnutzung z.B. vorhandener Symmetrieeigenschaften umgehen. Beispiele sollen im nächsten Abschnitt behandelt werden.

2.3 Spezielle Ladungsverteilungen

2.3.1 Eindimensionale, ebene Ladungsverteilungen

In diesem Fall ist ρ als Funktion nur einer kartesischen Koordinate (z.B. x) gegeben,

$$\rho = \rho(x).$$

Es ist besser, gar nicht von den allgemeinen Integralen des letzten Abschnitts auszugehen, sondern sich zunächst zu überlegen, daß aus Symmetriegründen **E** und **D** auch nur von x abhängen werden und darüber hinaus auch nur x-Komponenten haben können. Auch das Potential kann nur von x abhängen. Damit können wir die Beziehungen

$$\operatorname{div}\mathbf{D} = \frac{\partial D_x}{\partial x} = \rho(x) \tag{2.31}$$

und
$$\Delta \varphi = \frac{\partial^2}{\partial x^2}\varphi = -\frac{\rho(x)}{\varepsilon_0} \qquad (2.32)$$

zum Ausgangspunkt machen und D_x bzw. φ durch ein- bzw. zweimalige Integration berechnen, z.B. also D_x

$$D_x(x) = D_x(a) + \int_a^x \rho(x')\,dx' = \frac{1}{2}\int_{-\infty}^x \rho(x')\,dx' - \frac{1}{2}\int_x^\infty \rho(x')\,dx'. \qquad (2.33)$$

Der Leser überlege sich, wie die Integrationskonstante $D_x(a)$ zu wählen ist und wie sich daraus das angegebene Resultat ergibt.

2.3.2 Kugelsymmetrische Verteilungen

Hängt eine Ladungsverteilung nur vom Abstand r von einem Zentrum ab,
$$r = \sqrt{x^2 + y^2 + z^2}, \qquad (2.34)$$
so nennt man sie kugelsymmetrisch:
$$\rho = \rho(r).$$

Die direkte Anwendung der allgemeinen Integrale zur Berechnung von φ bzw. **E** würde große Schwierigkeiten bereiten. Die Ausnutzung der vorhandenen Symmetrie vereinfacht das Problem jedoch erheblich. Wir dürfen nämlich annehmen, daß **E** und **D** lediglich vom Zentrum weg- oder auf dieses hinweisende Komponenten (radiale Komponenten E_r bzw. D_r) haben und daß diese auch nur von r abhängen. Umgeben wir nun das Symmetriezentrum mit einer konzentrischen Kugel, so können wir auf diese Kugel die Beziehung (1.20) anwenden und dadurch unser Problem sofort lösen:

$$\oint \mathbf{D} \cdot d\mathbf{A} = \int_V \rho \, d\tau,$$

d.h.
$$\oint D_r(r)\,dA = D_r 4\pi r^2 = \int_0^r \rho(r')4\pi r'^2\,dr'$$

bzw.
$$D_r(r) = \frac{1}{r^2}\int_0^r \rho(r')r'^2\,dr' \qquad (2.35)$$

und
$$E_r(r) = \frac{1}{\varepsilon_0 r^2}\int_0^r \rho(r')r'^2\,dr'. \qquad (2.36)$$

Schließlich ist
$$\varphi(r) = -\int_\infty^r \frac{1}{\varepsilon_0 r'^2}\left(\int_0^{r'} \rho(r'')r''^2\,dr''\right)dr', \qquad (2.37)$$

wenn wir wiederum $\varphi = 0$ für $r \to \infty$ setzen. Umgekehrt ist

$$\frac{\partial \varphi(r)}{\partial r} = -\frac{1}{\varepsilon_0 r^2} \int_0^r \rho(r'') r''^2 \, dr'',$$

$$r^2 \frac{\partial \varphi}{\partial r} = -\frac{1}{\varepsilon_0} \int_0^r \rho(r'') r''^2 \, dr'',$$

$$\frac{\partial}{\partial r}\left(r^2 \frac{\partial \varphi}{\partial r}\right) = -\frac{1}{\varepsilon_0} \rho(r) r^2$$

und deshalb

$$\boxed{\frac{1}{r^2} \frac{\partial}{\partial r}\left(r^2 \frac{\partial}{\partial r} \varphi(r)\right) = -\frac{\rho(r)}{\varepsilon_0}}. \qquad (2.38)$$

Das ist nichts anderes als die Poissonsche Differentialgleichung für den hier erörterten speziellen Fall. In dem späteren Abschnitt über Koordinatentransformation werden wir sehen, daß $(1/r^2)(\partial/\partial r)r^2(\partial/\partial r)$ der sogenannte radiale Anteil des Laplace-Operators Δ ist, der im Fall der Kugelsymmetrie allein übrig bleibt, während die anderen Ableitungen dann verschwinden.

Ein einfaches Beispiel diene zur Illustration. Eine Kugel vom Radius r_0 sei mit konstanter Ladungsdichte ρ_0 erfüllt. Andere Ladungen soll es nicht geben. Dann ist die Feldstärke

für $r \leq r_0$: $\quad E_r = \frac{1}{\varepsilon_0 r^2} \int_0^r \rho_0 r'^2 \, dr' = \frac{1}{\varepsilon_0 r^2} \rho_0 \frac{r^3}{3} = \frac{\rho_0}{3\varepsilon_0} r,$

für $r \geq r_0$: $\quad E_r = \frac{1}{\varepsilon_0 r^2} \int_0^{r_0} \rho_0 r'^2 \, dr' = \frac{1}{\varepsilon_0 r^2} \rho_0 \frac{r_0^3}{3} = \frac{\rho_0 r_0^3}{3\varepsilon_0} \frac{1}{r^2}$

und das Potential

für $r \leq r_0$: $\quad \varphi = -\int_\infty^r E_r(r') \, dr' = -\int_\infty^{r_0} \frac{\rho_0 r_0^3}{3\varepsilon_0} \frac{1}{r'^2} \, dr' - \int_{r_0}^r \frac{\rho_0}{3\varepsilon_0} r' \, dr'$

$$= \frac{\rho_0 r_0^3}{3\varepsilon_0} \frac{1}{r_0} - \frac{\rho_0}{3\varepsilon_0} \frac{(r^2 - r_0^2)}{2} = \frac{\rho_0}{3\varepsilon_0} \frac{3r_0^2 - r^2}{2},$$

für $r \geq r_0$: $\quad \varphi = \frac{\rho_0}{3\varepsilon_0} \frac{r_0^3}{r}.$

Insgesamt ergeben sich die in Bild 2.2 dargestellten Zusammenhänge.

Man kann natürlich auch umgekehrt das Potential vorgeben und nach der zugehörigen Ladungsdichte fragen. Welche Ladungsdichte gehört z.B. zu dem kugelsymmetrischen Potential $(Q_0/4\pi\varepsilon_0 r)$? Wenn wir rein formal vorgehen, so können wir z.B. die Beziehung (2.38) benutzen, um $\rho(r)$ zu berechnen:

$$\frac{Q_0}{4\pi\varepsilon_0} \frac{1}{r^2} \frac{\partial}{\partial r} r^2 \frac{\partial}{\partial r}\left(\frac{1}{r}\right) = \frac{Q_0}{4\pi\varepsilon_0} \frac{1}{r^2} \frac{\partial}{\partial r} r^2 \left(-\frac{1}{r^2}\right) = -\frac{Q_0}{4\pi\varepsilon_0} \frac{1}{r^2} \frac{\partial}{\partial r} 1 = 0.$$

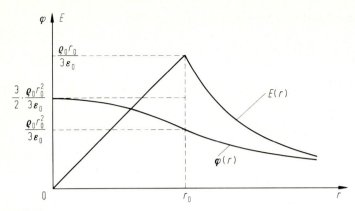

Bild 2.2

Wir finden so also $\rho = 0$. Das ist natürlich nicht ganz richtig. Um differenzieren zu können, müssen wir den Ursprung $r = 0$ ausschließen. Gerade dort muß sich aber eine Ladung $Q = Q_0$ befinden, denn diese erzeugt, wie wir wissen, gerade das gegebene Potential. Das Beispiel zeigt, daß man mit Punktladungen mathematisch vorsichtig umgehen muß. In einem späteren Abschnitt werden wir deshalb die sog. δ-Funktion einführen. Sie wird die systematische Behandlung auch von Punktladungen ermöglichen. Die Punktladung kann etwas verborgener sein als in unserem sehr trivialen Beispiel. Nehmen wir z.B. das Potential

$$\varphi(r) = \frac{Q_0}{4\pi\varepsilon_0 r}\exp\left(-\frac{r}{r_D}\right).$$

Das ist das sog. *abgeschirmte Coulomb-Potential* (zum Unterschied vom gewöhnlichen Coulomb-Potential ($Q_0/4\pi\varepsilon_0 r$)). Es spielt eine Rolle in der Theorie von Elektrolyten und Plasmen, die uns hier nicht beschäftigen soll. Berechnen wir für dieses die Raumladung, so ergibt sich

$$\rho(r) = -\varepsilon_0 \frac{1}{r^2}\frac{\partial}{\partial r}r^2\frac{\partial}{\partial r}\left[\frac{Q_0}{4\pi\varepsilon_0 r}\exp\left(-\frac{r}{r_D}\right)\right]$$

$$= -\frac{Q_0}{4\pi r^2}\frac{\partial}{\partial r}r^2\left[-\frac{1}{r^2}\exp\left(-\frac{r}{r_D}\right) - \frac{1}{rr_D}\exp\left(-\frac{r}{r_D}\right)\right]$$

$$= -\frac{Q_0}{4\pi r r_D^2}\exp\left(-\frac{r}{r_D}\right).$$

Wir können daraus z.B. die Ladung innerhalb einer Kugel vom Radius r berechnen. Sie ist

$$\int_0^r \rho(r')4\pi r'^2\,\mathrm{d}r' = \int_0^r -\frac{Q_0}{4\pi r' r_D^2}4\pi r'^2\exp\left(-\frac{r'}{r_D}\right)\mathrm{d}r'$$

$$= Q_0\left(1 + \frac{r}{r_D}\right)\exp\left(-\frac{r}{r_D}\right) - Q_0.$$

2.3 Spezielle Ladungsverteilungen

Wir können auch die Feldstärke berechnen:

$$E_r = -\frac{\partial \varphi(r)}{\partial r} = \frac{Q_0}{4\pi\varepsilon_0}\left(\frac{1}{r^2} + \frac{1}{rr_D}\right)\exp\left(-\frac{r}{r_D}\right).$$

Daraus ergibt sich als Ladung innerhalb einer Kugel vom Radius r:

$$4\pi\varepsilon_0 r^2 E_r = Q_0\left(1 + \frac{r}{r_D}\right)\exp\left(-\frac{r}{r_D}\right).$$

Damit scheint ein Widerspruch vorhanden zu sein. Die Integration der Ladungsdichte führt zu einer um Q_0 kleineren Ladung. Die Erklärung ergibt sich, wenn wir E_r für sehr kleine Radien betrachten:

$$E_r = \frac{Q_0\left(1 + \dfrac{r}{r_0}\right)\exp\left(-\dfrac{r}{r_D}\right)}{4\pi\varepsilon_0 r^2} \Rightarrow \frac{Q_0}{4\pi\varepsilon_0 r^2},$$

d.h. für sehr kleine Radien ergibt sich das Feld einer Punktladung im Ursprung (bzw. das Potential ($Q_0/4\pi\varepsilon_0 r$) einer Punktladung im Ursprung). Diese Punktladung ist in unserem Ausdruck für ρ und im Integral darüber nicht enthalten. Diese Feststellung beseitigt den scheinbaren Widerspruch. Erneut ist jedoch zu sehen, daß man vorsichtig sein muß. Im übrigen ist die gesamte Ladung außerhalb des Ursprungs gerade $-Q_0$, die Gesamtladung also 0. Die Außenladung kompensiert die Punktladung gerade und schirmt sie ab, woher der erwähnte Begriff des abgeschirmten Coulomb-Potentials kommt.

2.3.3 Zylindersymmetrische Verteilungen

Hängt die Ladungsdichte nur vom Abstand r von einer Achse ab, so nennt man die Verteilung zylindersymmetrisch (Bild 2.3),

$$\rho = \rho(r) \tag{2.39}$$

mit

$$r = \sqrt{x^2 + y^2}. \tag{2.40}$$

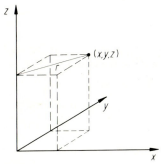

Bild 2.3

Wenn man die konzentrische Kugel von Abschn. 2.3.2 durch einen mit der Achse koaxialen Zylinder ersetzt, kann man im wesentlichen wie dort vorgehen. Man erhält aus

$$\oint \mathbf{D} \cdot d\mathbf{A} = \int \rho \, d\tau$$

nun, bezogen auf die Länge,

$$2\pi r D_r = \int_0^r \rho(r') 2\pi r' \, dr'$$

bzw.

$$D_r = \frac{1}{r} \int_0^r \rho(r') r' \, dr', \tag{2.41}$$

wobei D_r die von der Achse radial wegweisende Komponente von $\mathbf{D}$ ist. Sie ist die einzige Komponente von $\mathbf{D}$, was aus der Symmetrie des Problems folgt. Daraus ergibt sich

$$E_r = \frac{1}{\varepsilon_0 r} \int_0^r \rho(r') r' \, dr' \tag{2.42}$$

und

$$\varphi = -\frac{1}{\varepsilon_0} \int_{r_B}^r \frac{1}{r'} \left(\int_0^{r'} \rho(r'') r'' \, dr'' \right) dr', \tag{2.43}$$

wenn $\varphi = 0$ für $r = r_B$.

Damit ist

$$\frac{\partial \varphi}{\partial r} = -\frac{1}{\varepsilon_0 r} \int_0^r \rho(r'') r'' \, dr'',$$

$$r \frac{\partial \varphi}{\partial r} = -\frac{1}{\varepsilon_0} \int_0^r \rho(r'') r'' \, dr'',$$

$$\frac{\partial}{\partial r}\left(r \frac{\partial \varphi}{\partial r} \right) = -\frac{1}{\varepsilon_0} \rho(r) r,$$

d.h.

$$\boxed{\frac{1}{r} \frac{\partial}{\partial r}\left(r \frac{\partial \varphi}{\partial r} \right) = -\frac{\rho}{\varepsilon_0}}. \tag{2.44}$$

Wiederum ist das die *Poissonsche Gleichung* für diesen speziellen Fall. Als Beispiel nehmen wir einen Zylinder vom Radius r_0 mit konstanter Ladungsdichte ρ_0. Andere Ladungen gebe es nicht. Dann ist die Feldstärke

$$\text{für } r \leqslant r_0: \quad E_r = \frac{1}{\varepsilon_0 r} \int_0^r \rho_0 r' \, dr' = \frac{\rho_0}{2\varepsilon_0} r,$$

$$\text{für } r \geqslant r_0: \quad E_r = \frac{1}{\varepsilon_0 r} \int_0^{r_0} \rho_0 r' \, dr' = \frac{\rho_0 r_0^2}{2\varepsilon_0} \frac{1}{r}$$

und das Potential unter der Annahme $r_B > r_0$

für $r \leqslant r_0$: $\varphi = -\int_{r_B}^{r} E_r(r')\,dr' = -\int_{r_B}^{r_0} E_r(r')\,dr' - \int_{r_0}^{r} E_r(r')\,dr'$

$$= -\frac{\rho_0 r_0^2}{2\varepsilon_0}\ln\frac{r_0}{r_B} - \frac{\rho_0}{2\varepsilon_0}\left(\frac{r^2 - r_0^2}{2}\right)$$

$$\varphi = -\frac{\rho_0 r_0^2}{2\varepsilon_0}\left(\ln\frac{r_0}{r_B} + \frac{\left(\frac{r}{r_0}\right)^2 - 1}{2}\right),$$

für $r \geqslant r_0$: $\varphi = -\int_{r_B}^{r} E_r(r')\,dr' = -\frac{\rho_0 r_0^2}{2\varepsilon_0}\ln\frac{r}{r_B}.$

Diese Ergebnisse sind in Bild 2.4 skizziert.

Ein interessanter Grenzfall ist der der Linienladung auf der Achse. In diesem Fall geht r_0 gegen 0, jedoch so, daß $\rho_0 r_0^2 \pi = q$ endlich bleibt. ρ_0 muß also unendlich werden. In diesem Fall ist

$$E_r = \frac{q}{2\pi\varepsilon_0 r} \tag{2.45}$$

und

$$\varphi = -\frac{q}{2\pi\varepsilon_0}\ln\frac{r}{r_B}. \tag{2.46}$$

r_B ($0 < r_B < \infty$) ist der Radius, an dem φ verschwindet. φ wird als *logarithmisches Potential* bezeichnet und ist typisch für die gerade und homogene Linienladung. Das nicht für alle r logarithmische Potential in Bild 2.4 ist in diesem Sinne kein logarithmisches Potential.

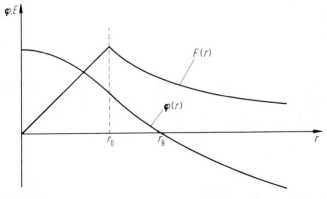

Bild 2.4

2.4 Das Feld von zwei Punktladungen

Das Feld von zwei Punktladungen ergibt sich als spezieller Fall aus dem Potential entsprechend (2.19),

$$\varphi = \frac{1}{4\pi\varepsilon_0}\left[\frac{Q_1}{\sqrt{(x-x_1)^2+(y-y_1)^2+(z-z_1)^2}} + \frac{Q_2}{\sqrt{(x-x_2)^2+(y-y_2)^2+(z-z_2)^2}}\right], \qquad (2.47)$$

durch Gradientenbildung:

$$\mathbf{E} = -\operatorname{grad}\varphi = \begin{cases} \dfrac{1}{4\pi\varepsilon_0}\left[\dfrac{Q_1(x-x_1)}{\sqrt{(x-x_1)^2+(y-y_1)^2+(z-z_1)^2}^{\,3}} + \dfrac{Q_2(x-x_2)}{\sqrt{(x-x_2)^2+(y-y_2)^2+(z-z_2)^2}^{\,3}}\right] \\[1em] \dfrac{1}{4\pi\varepsilon_0}\left[\dfrac{Q_1(y-y_1)}{\sqrt{(x-x_1)^2+(y-y_1)^2+(z-z_1)^2}^{\,3}} + \dfrac{Q_2(y-y_2)}{\sqrt{(x-x_2)^2+(y-y_2)^2+(z-z_2)^2}^{\,3}}\right] \\[1em] \dfrac{1}{4\pi\varepsilon_0}\left[\dfrac{Q_1(z-z_1)}{\sqrt{(x-x_1)^2+(y-y_1)^2+(z-z_1)^2}^{\,3}} + \dfrac{Q_2(z-z_2)}{\sqrt{(x-x_2)^2+(y-y_2)^2+(z-z_2)^2}^{\,3}}\right] \end{cases}. \qquad (2.48)$$

Wir wollen das Koordinatensystem entsprechend Bild 2.5 festlegen und diese

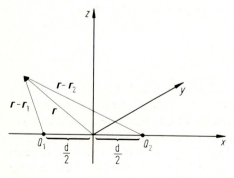

Bild 2.5

Ausdrücke dementsprechend etwas vereinfachen. Wir haben also

$$\left.\begin{aligned} \mathbf{r}_1 &= \left(-\frac{d}{2}, 0, 0\right), \\ \mathbf{r}_2 &= \left(+\frac{d}{2}, 0, 0\right) \end{aligned}\right\} \quad (2.49)$$

und

$$\left.\begin{aligned} E_x &= \frac{1}{4\pi\varepsilon_0} \left[\frac{Q_1\left(x+\frac{d}{2}\right)}{\sqrt{\left(x+\frac{d}{2}\right)^2 + y^2 + z^2}^{\,3}} + \frac{Q_2\left(x-\frac{d}{2}\right)}{\sqrt{\left(x-\frac{d}{2}\right)^2 + y^2 + z^2}^{\,3}} \right] \\ E_y &= \frac{1}{4\pi\varepsilon_0} \left[\frac{Q_1 y}{\sqrt{\left(x+\frac{d}{2}\right)^2 + y^2 + z^2}^{\,3}} + \frac{Q_2 y}{\sqrt{\left(x-\frac{d}{2}\right)^2 + y^2 + z^2}^{\,3}} \right] \\ E_z &= \frac{1}{4\pi\varepsilon_0} \left[\frac{Q_1 z}{\sqrt{\left(x+\frac{d}{2}\right)^2 + y^2 + z^2}^{\,3}} + \frac{Q_2 z}{\sqrt{\left(x-\frac{d}{2}\right)^2 + y^2 + z^2}^{\,3}} \right] \end{aligned}\right\}. \quad (2.50)$$

Es ist bemerkenswert, daß es einen Punkt gibt, an dem das Feld verschwindet. Er spielt eine ausgezeichnete Rolle und wird wegen der schon wiederholt benutzten Analogie zu Strömungsproblemem als *Staupunkt* oder auch als *Stagnationspunkt* bezeichnet. Zur Berechnug seiner Koordinaten x_s, y_s, z_s setzt man alle drei Komponenten von **E** in den Beziehungen (2.50) Null und löst die so entstehenden Gleichungen nach $x = x_s, y = y_s, z = z_s$ auf. Wir übergehen die einfache Rechnung und geben gleich das Ergebnis an:

$$x_s = \begin{cases} \dfrac{d}{2} \dfrac{\sqrt{|Q_1|} + \sqrt{|Q_2|}}{\sqrt{|Q_1|} - \sqrt{|Q_2|}} & \text{für Ladungen ungleichen Vorzeichens,} \\[2ex] \dfrac{d}{2} \dfrac{\sqrt{|Q_1|} - \sqrt{|Q_2|}}{\sqrt{|Q_1|} + \sqrt{|Q_2|}} & \text{für Ladungen gleichen Vorzeichens,} \end{cases} \quad (2.51)$$

$y_s = 0,$
$z_s = 0.$

Der Stagnationspunkt befindet sich also in jedem Fall auf der Verbindungslinie der beiden Ladungen. Für Ladungen gleichen Vorzeichens liegt er zwischen den Ladungen und näher an der absolut kleineren Ladung. Für Ladungen ungleichen Vorzeichens liegt er außerhalb auf der Seite der absolut kleineren Ladung.

Der Staupunkt hat die merkwürdige Eigenschaft, daß sich in ihm Kraftlinien schneiden können, was eben nur deshalb möglich ist, weil das Feld in ihm verschwindet.

Die Kenntnis des Staupunktes ist sehr nützlich, wenn man das Feld mindestens qualitativ darstellen will. Betrachten wir in Bild 2.6 zunächst den Fall ungleichartiger Ladungen, wobei z.B. $Q_1 > 0$, $Q_2 < 0$, $|Q_1| > |Q_2|$ sei. Ein Teil der Kraftlinien, die bei Q_1 beginnen, endet bei Q_2. Da jedoch $|Q_2| < |Q_1|$ ist, können dies nicht alle tun. Die es nicht können, müssen ins Unendliche laufen. Aus sehr großer Entfernung betrachtet muß die ganze Konfiguration ja auch näherungsweise wie eine Punktladung $(Q_1 + Q_2)$ wirken. Es gibt also zwei Arten von Kraftlinien, solche die bei Q_2 und solche, die im Unendlichen enden. Sie erfüllen verschiedene Gebiete des Bildes 2.6, das bei Rotation um die x-Achse die gesamte Konfiguration im Raum liefern würde. Diese beiden Gebiete werden begrenzt von Kraftlinien, die durch den Stagnationspunkt laufen und die man von dort aus nicht mehr eindeutig weiterverfolgen kann. Diese Grenzkraftlinien werden oft als *Separatrices* bezeichnet, d.h. eben als Linien, die verschiedene Gebiete voneinander trennen. Es ist auch interessant, die zugehörigen Äquipotentialflächen zu betrachten, Bild 2.7. Wiederum spielt die durch den Stagnationspunkt gehende Äquipotentialfläche eine besondere Rolle. Auch sie wird als Separatrix bezeichnet. Sie trennt den gesamten

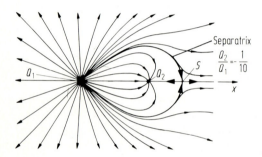

Bild 2.6

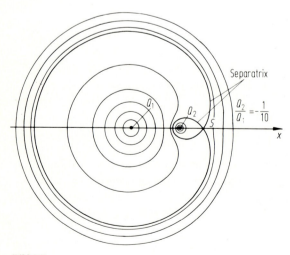

Bild 2.7

Raum in drei verschiedene Bereiche. In dem ersten umschließen die Äquipotentialflächen nur die eine, im zweiten nur die andere Ladung und im dritten beide Ladungen.

Bei gleichartigen Ladungen ergeben sich die Kraftlinien des Bildes 2.8 und die Äquipotentialflächen des Bildes 2.9.

Man kann übrigens zeigen, daß der Winkel, den die durch den Stagnationspunkt gehende Äquipotentialfläche mit der x-Achse bildet, in beiden Fällen und für alle Ladungen derselbe ist. Es ergibt sich

$$\tan \alpha = \sqrt{2}, \quad \alpha = 55°.$$

Dies gilt sogar für rotationssymmetrische Ladungsverteilungen aller Art, nicht nur für den hier behandelten Fall von zwei Punktladungen.

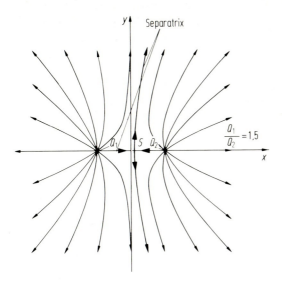

Bild 2.8

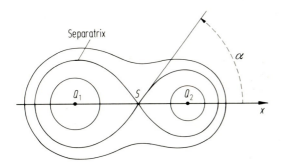

Bild 2.9

Bei mehr als zwei Ladungen ergeben sich u.U. sehr komplizierte Konfigurationen. Die Kenntnis der Stagnationspunkte ist jedoch gerade dann ein sehr nützliches Hilfsmittel zum Verständnis der Struktur des Feldes.

Zum Zwecke späterer Anwendung wollen wir für den Fall von zwei ungleichartigen Ladungen die spezielle Äquipotentialfläche $\varphi = 0$ untersuchen. Für sie ist

$$0 = \frac{1}{4\pi\varepsilon_0}\left[\frac{Q_1}{\sqrt{\left(x+\frac{d}{2}\right)^2 + y^2 + z^2}} + \frac{Q_2}{\sqrt{\left(x-\frac{d}{2}\right)^2 + y^2 + z^2}}\right]$$

bzw.

$$\frac{|Q_1|}{\sqrt{\left(x+\frac{d}{2}\right)^2 + y^2 + z^2}} = \frac{|Q_2|}{\sqrt{\left(x-\frac{d}{2}\right)^2 + y^2 + z^2}}.$$

Durch Quadrieren ergibt sich

$$Q_1^2\left(x^2 - xd + \frac{d^2}{4} + y^2 + z^2\right) = Q_2^2\left(x^2 + xd + \frac{d^2}{4} + y^2 + z^2\right)$$

bzw.

$$\left(x - \frac{d}{2}\frac{Q_1^2 + Q_2^2}{Q_1^2 - Q_2^2}\right)^2 + y^2 + z^2 = \frac{d^2 Q_1^2 Q_2^2}{(Q_1^2 - Q_2^2)^2},$$

und das ist die Gleichung einer Kugel. Ihre Eigenschaften sind durch Bild 2.10 beschrieben. Wie vorher ist dabei $|Q_1| > |Q_2|$ angenommen. Die Abstände der Ladungen vom Kugelmittelpunkt sind

$$r_1 = x_K + \frac{d}{2} = d\frac{Q_1^2}{Q_1^2 - Q_2^2} \tag{2.52}$$

und

$$r_2 = x_K - \frac{d}{2} = d\frac{Q_2^2}{Q_1^2 - Q_2^2}. \tag{2.53}$$

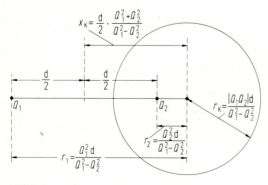

Bild 2.10

Daraus ergibt sich

$$\frac{r_1}{r_2} = \frac{Q_1^2}{Q_2^2} \tag{2.54}$$

und

$$r_1 r_2 = \frac{d^2 Q_1^2 Q_2^2}{(Q_1^2 - Q_2^2)^2} = r_K^2, \tag{2.55}$$

d.h. das Produkt der beiden Abstände ist das Quadrat des Kugelradius. Im Zusammenhang mit dem Problem der Bildladungen bzw. mit der Methode der Spiegelung werden wir diese Beziehungen noch benötigen.

Interessant ist auch der spezielle Fall ungleichartiger Ladungen, die dem Betrag nach gleich sind,

$$|Q_1| = |Q_2| = Q,$$

d.h.

$$Q_2 = -Q_1.$$

Entsprechend (2.51) liegt der Stagnationspunkt nun im Unendlichen. Alle von Q_1 ausgehenden Kraftlinien (wenn Q_1 positiv ist) enden bei Q_2. Es entsteht das in Bild 2.11 angedeutete Feld. Es wird als *Dipolfeld* bezeichnet. Man ordnet den Ladungen auch ein sog. *Dipolmoment* zu, Bild 2.12. Es ist ein von der negativen zur positiven Ladung weisender Vektor, dessen Betrag

$$|Q||d| = |Q||\mathbf{r}_+ - \mathbf{r}_-|$$

ist:

$$\mathbf{p} = |Q|(\mathbf{r}_+ - \mathbf{r}_-), \tag{2.56}$$

$$p = |\mathbf{p}| = |Q|d, \tag{2.57}$$

$$d = |\mathbf{r}_+ - \mathbf{r}_-|. \tag{2.58}$$

Läßt man Q so gegen unendlich, d so gegen Null gehen, daß p endlich bleibt, so entsteht ein sog. *idealer Dipol*. Er soll im nächsten Abschnitt ausführlich diskutiert werden.

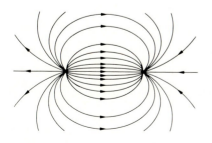

Bild 2.11

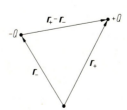

Bild 2.12

2.5 Ideale Dipole

2.5.1 Der ideale Dipol und sein Potential

Wir betrachten eine negative Ladung $-Q$ am Ort $\mathbf{r}_1$ und eine positive Ladung $+Q$ am Ort $(\mathbf{r}_1 + \mathrm{d}\mathbf{r}_1)$. Das zugehörige Dipolmoment ist, siehe Bild 2.12,

$$\mathbf{p} = Q\mathrm{d}\mathbf{r}_1.$$

Wir lassen nun Q sehr groß und $\mathrm{d}\mathbf{r}_1$ sehr klein werden, jedoch so, daß $\mathbf{p}$ unverändert bleibt. Das zugehörige Potential ist

$$\varphi = \frac{Q}{4\pi\varepsilon_0}\left[\frac{1}{|\mathbf{r}-(\mathbf{r}_1+\mathrm{d}\mathbf{r}_1)|} - \frac{1}{|\mathbf{r}-\mathbf{r}_1|}\right].$$

Wir entwickeln den ersten Summanden in eine Taylor–Reihe:

$$\frac{1}{|\mathbf{r}-(\mathbf{r}_1+\mathrm{d}\mathbf{r}_1)|} = \frac{1}{|\mathbf{r}-\mathbf{r}_1|} + \mathrm{d}x_1 \frac{\partial}{\partial x_1}\frac{1}{|\mathbf{r}-\mathbf{r}_1|}$$

$$+ \mathrm{d}y_1 \frac{\partial}{\partial y_1}\frac{1}{|\mathbf{r}-\mathbf{r}_1|} + \mathrm{d}z_1 \frac{\partial}{\partial z_1}\frac{1}{|\mathbf{r}-\mathbf{r}_1|} + \cdots$$

$$= \frac{1}{|\mathbf{r}-\mathbf{r}_1|} + \mathrm{d}\mathbf{r}_1 \cdot \mathrm{grad}_{\mathbf{r}_1}\frac{1}{|\mathbf{r}-\mathbf{r}_1|} + \cdots$$

Der Gradientenoperator ist mit dem Index $\mathbf{r}_1$ gekennzeichnet. Damit soll zum Ausdruck gebracht werden, daß es sich um Ableitungen nach den Komponenten von $\mathbf{r}_1$ handelt. Das Potential ist nun

$$\varphi = \frac{Q}{4\pi\varepsilon_0}\mathrm{d}\mathbf{r}_1 \cdot \mathrm{grad}_{\mathbf{r}_1}\frac{1}{|\mathbf{r}-\mathbf{r}_1|}$$

$$= -\frac{Q}{4\pi\varepsilon_0}\mathrm{d}\mathbf{r}_1 \cdot \mathrm{grad}_{\mathbf{r}}\frac{1}{|\mathbf{r}-\mathbf{r}_1|},$$

weil

$$\mathrm{grad}_{\mathbf{r}_1}\frac{1}{|\mathbf{r}-\mathbf{r}_1|} = -\mathrm{grad}_{\mathbf{r}}\frac{1}{|\mathbf{r}-\mathbf{r}_1|}.$$

Wir erhalten also

$$\boxed{\varphi(\mathbf{r}) = -\frac{\mathbf{p}\cdot\mathrm{grad}_{\mathbf{r}}\dfrac{1}{|\mathbf{r}-\mathbf{r}_1|}}{4\pi\varepsilon_0} = \frac{\mathbf{p}\cdot(\mathbf{r}-\mathbf{r}_1)}{4\pi\varepsilon_0|\mathbf{r}-\mathbf{r}_1|^3}}. \qquad (2.59)$$

$\mathbf{r}$ ist der Aufpunkt und $\mathbf{r}_1$ der Ort, an dem sich der Dipol $\mathbf{p}$ befindet. Mit dem

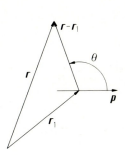
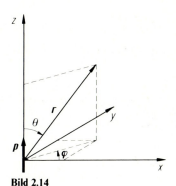

Bild 2.13 **Bild 2.14**

Winkel θ zwischen **p** und $(\mathbf{r} - \mathbf{r}_1)$ laut Bild 2.13 können wir auch schreiben:

$$\varphi = \frac{p \cos \theta}{4\pi\varepsilon_0 |\mathbf{r} - \mathbf{r}_1|^2}. \qquad (2.60)$$

Das Dipolfeld soll noch etwas genauer diskutiert werden. Es ist rotationssymmetrisch um die zu **p** parallele Achse. Wir wählen sie als z-Achse eines kartesischen Koordinatensystems (Bild 2.14). Dann ist

$$\varphi = \frac{p \cos \theta}{4\pi\varepsilon_0 r^2} = \frac{pz}{4\pi\varepsilon_0 (x^2 + y^2 + z^2)^{3/2}},$$

da

$$\cos \theta = \frac{z}{r} = \frac{z}{\sqrt{x^2 + y^2 + z^2}}.$$

Daraus folgt

$$\left.\begin{aligned}
E_x &= -\frac{\partial \varphi}{\partial x} = \frac{3pxz}{4\pi\varepsilon_0 (x^2 + y^2 + z^2)^{5/2}} \\
E_y &= -\frac{\partial \varphi}{\partial y} = \frac{3pyz}{4\pi\varepsilon_0 (x^2 + y^2 + z^2)^{5/2}} \\
E_z &= -\frac{\partial \varphi}{\partial z} = \frac{p}{4\pi\varepsilon_0 (x^2 + y^2 + z^2)^{3/2}} \left(3 \frac{z^2}{x^2 + y^2 + z^2} - 1\right)
\end{aligned}\right\}. \qquad (2.61)$$

Wegen der Rotationssymmetrie genügt es, das Feld in einer Ebene, z.B. in der $x - z$-Ebene ($y = 0$), zu betrachten (Bild 2.15):

$$\left.\begin{aligned}
E_x &= \frac{3pxz}{4\pi\varepsilon_0 (x^2 + z^2)^{5/2}} = \frac{3p \cos \theta \sin \theta}{4\pi\varepsilon_0 r^3}, \\
E_y &= 0, \\
E_z &= \frac{p(3 \cos^2 \theta - 1)}{4\pi\varepsilon_0 r^3}.
\end{aligned}\right\} \qquad (2.62)$$

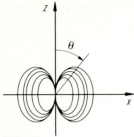

Bild 2.15

Geht man zu Kugelkoordinaten (r, θ, φ) über, so verschwindet die azimutale Komponente E_φ. Die beiden übrigen Komponenten sind:

$$\left.\begin{aligned} E_r &= E_x \sin\theta + E_z \cos\theta = \frac{2p\cos\theta}{4\pi\varepsilon_0 r^3}, \\ E_\theta &= E_x \cos\theta - E_z \sin\theta = \frac{p\sin\theta}{4\pi\varepsilon_0 r^3}. \end{aligned}\right\} \quad (2.63)$$

Alle Kraftlinien gehen durch den Ursprung. Das mag zunächst überraschend klingen, ist jedoch durchaus anschaulich, wenn man sich Bild 2.15 durch den beschriebenen Grenzübergang aus Bild 2.11 entstanden denkt.

Sehr oft hat man es nicht mit einzelnen Dipolen zu tun, sondern mit Volumen, Flächen oder Linien, die mit Dipolen mehr order weniger dicht erfüllt sind. Wie man die Potentiale von Volumen-, Flächen- oder Linienladungen wegen des Überlagerungsprinzips durch die Integration der Potentiale von Punktladungen gewinnt, benützt man auch hier die Überlagerung der Potentiale (2.59) des "Punktdipols".

2.5.2 Volumenverteilungen von Dipolen

Wenn in einem Volumen Dipole verteilt sind, so definiert man als Volumendichte die Größe

$$\mathbf{P} = \frac{d\mathbf{p}}{d\tau}.$$

Sie wird als *Polarisation* bezeichnet und noch eine große Rolle spielen. Die Verteilung erzeugt dann das Potential

$$\boxed{\begin{aligned} \varphi &= -\int \frac{\mathbf{P}(\mathbf{r}') \cdot \operatorname{grad}_{\mathbf{r}} \frac{1}{|\mathbf{r}-\mathbf{r}'|}}{4\pi\varepsilon_0} d\tau' \\ &= +\int \frac{\mathbf{P}(\mathbf{r}') \cdot \operatorname{grad}_{\mathbf{r}'} \frac{1}{|\mathbf{r}-\mathbf{r}'|}}{4\pi\varepsilon_0} d\tau' \end{aligned}} \quad (2.64)$$

Dieser Ausdruck erlaubt eine interessante Umformung. Dazu betrachten wir zunächst das Integral

$$\frac{1}{4\pi\varepsilon_0} \int \text{div}_{\mathbf{r}'} \left[\mathbf{P}(\mathbf{r}') \frac{1}{|\mathbf{r}-\mathbf{r}'|} \right] d\tau'$$

$$= \frac{1}{4\pi\varepsilon_0} \int \frac{\text{div}_{\mathbf{r}'} \mathbf{P}(\mathbf{r}')}{|\mathbf{r}-\mathbf{r}'|} d\tau' + \frac{1}{4\pi\varepsilon_0} \int \mathbf{P}(\mathbf{r}') \cdot \text{grad}_{\mathbf{r}'} \frac{1}{|\mathbf{r}-\mathbf{r}'|} d\tau'$$

$$= \frac{1}{4\pi\varepsilon_0} \oint \frac{\mathbf{P}(\mathbf{r}') \cdot d\mathbf{A}'}{|\mathbf{r}-\mathbf{r}'|},$$

wobei die Gleichung

$$\text{div}(f\mathbf{a}) = f \, \text{div} \, \mathbf{a} + \mathbf{a} \cdot \text{grad} \, f$$

benutzt wurde.

Demnach ist

$$\boxed{\varphi = -\frac{1}{4\pi\varepsilon_0} \int \frac{\text{div}_{\mathbf{r}'} \mathbf{P}(\mathbf{r}') d\tau'}{|\mathbf{r}-\mathbf{r}'|} + \frac{1}{4\pi\varepsilon_0} \oint \frac{\mathbf{P}(\mathbf{r}') \cdot d\mathbf{A}'}{|\mathbf{r}-\mathbf{r}'|}}. \tag{2.65}$$

Vergleicht man diese Beziehung mit den Gleichungen (2.20) und (2.26), so stellt man fest, daß man sich das Potential der Volumenverteilung von Dipolen entstanden denken kann durch Überlagerung einer Volumenverteilung von Ladungen und einer Flächenverteilung von Ladungen, und zwar durch

$$\boxed{\rho(\mathbf{r}') = -\text{div} \, \mathbf{P}(\mathbf{r}')} \tag{2.66}$$

und

$$\boxed{\sigma(\mathbf{r}') = \frac{\mathbf{P}(\mathbf{r}') \cdot d\mathbf{A}'}{dA'}}. \tag{2.67}$$

Dieses wichtige Ergebnis kann man sich auch anschaulich klar machen. Betrachten wir zunächst eine Scheibe mit im Volumen konstanter Polarisation **P** (Bild 2.16).

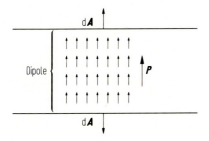

Bild 2.16

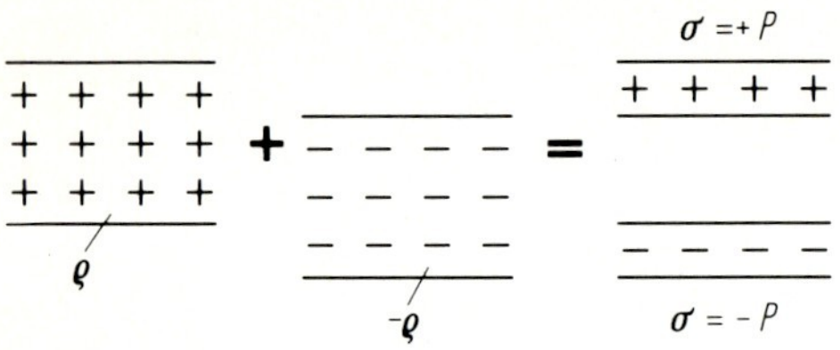

64   2 Die Grundlagen der Elektrostatik

Bild 2.17

Im Volumen kompensieren sich die Ladungen der Dipole, nicht jedoch an der Oberfläche. An der oberen Oberfläche hat man positive, an der unteren Oberfläche negative Flächenladungen. Man kann sich das Ganze entstanden denken aus zwei Scheiben homogener positiver bzw. negativer Raumladung, die etwas gegeneinander verschoben wurden (Bild 2.17). Sind die Raumladungen ρ und $-\rho$, und ist die Verschiebung d, so ergibt sich die Polarisation $P = \rho d$, und auch die Flächenladungen sind $\pm \rho \cdot d = \pm P$. Das liegt daran, daß **P** senkrecht auf den Oberflächen der Scheibe steht. Im allgemeinen Fall (Bild 2.18) ist die Flächenladung

$$\sigma = \frac{\rho d \, dA \cos\gamma}{dA} = \frac{\mathbf{P} \cdot d\mathbf{A}}{dA},$$

was sich oben auch rein formal ergab. Ist die Polarisation nicht homogen, so kompensieren sich die Ladungen im Inneren nicht gegenseitig weg, d.h. es bleibt eine resultierende Raumladung übrig. Bild 2.19 zeigt ein Volumen und dort vorhandene Dipolvektoren. Am Ende solcher Vektoren befindet sich eine positive, am Anfang eine negative Ladung. Dabei ist

$$\oint \mathbf{P} \cdot d\mathbf{A} = -Q = -\int_V \rho \, d\tau,$$

d.h. der gesamte Fluß der Polarisation **P** durch die Oberfläche entspricht der negativen Ladung im Volumen (ein nach außen führender Vektor **P** bewirkt eine

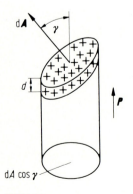

Bild 2.18

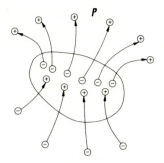

Bild 2.19

negative Ladung im Innern). Andererseits ist

$$\oint \mathbf{P} \cdot d\mathbf{A} = \int_V \operatorname{div} \mathbf{P} \, d\tau,$$

und ein Vergleich zeigt, daß

$$\rho = -\operatorname{div} \mathbf{P}$$

sein muß. Damit ist auch der andere Teil unserer obigen Behauptung erklärt.

2.5.3 Flächenverteilungen von Dipolen (Doppelschichten)

Belegt man eine Fläche mit Dipolen, so entsteht eine sog. Doppelschicht. Dieser Name rührt daher, daß sie zwei entgegengesetzt geladenen Flächen entspricht. Entsprechend Bild 2.20 habe **p** die Richtung von d**A**′. Wir definieren dafür die Flächendichte des Dipolmoments

$$\tau = \frac{dp}{dA'}. \tag{2.68}$$

Das Potential ist nach (2.60)

$$\varphi = \int_A \frac{\tau(\mathbf{r}')\cos\theta}{4\pi\varepsilon_0 |\mathbf{r} - \mathbf{r}'|^2} dA'. \tag{2.69}$$

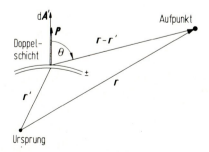

Bild 2.20

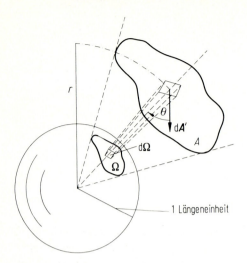

Bild 2.21

Dabei ist

$$d\Omega = \frac{\cos\theta\, dA'}{|\mathbf{r} - \mathbf{r}'|^2} \qquad (2.70)$$

das Raumwinkelelement, unter dem das Flächenelement dA' vom Aufpunkt aus gesehen wird. Wie aus Bild 2.21 hervorgeht, ist das Element des Raumwinkels $d\Omega$ das auf die Einheitskugel um den Aufpunkt projizierte Flächenelement, das sich entsprechend (2.70) berechnet. $d\Omega$ bzw. Ω sind demnach dimensionslose Größen. Diese Definition ist der des "ebenen" Winkels ganz analog (siehe dazu Abschn. 2.5.4 über Liniendipole, insbesondere das zu Bild 2.21 analoge Bild 2.29). Damit ergibt sich

$$\boxed{\varphi = \frac{1}{4\pi\varepsilon_0}\int \tau\, d\Omega} \; . \qquad (2.71)$$

Insbesondere ist für eine Fläche mit konstanter Flächendichte τ des Dipolmoments

$$\boxed{\varphi = \frac{\tau}{4\pi\varepsilon_0}\Omega} \; , \qquad (2.72)$$

wo Ω der Raumwinkel ist, unter dem die homogene Doppelschicht vom Aufpunkt aus erscheint. Eine Verwechslung mit dem elektrischen Fluß (der auch mit Ω bezeichnet wurde) dürfte nicht zu befürchten sein.

Als Beispiel diene eine Kugel, deren Oberfläche mit nach außen gerichteten Dipolen gleichmäßig belegt ist. Die so entstehende homogene Doppelschicht können wir uns auch vorstellen als zwei konzentrische Kugelflächen, die mit

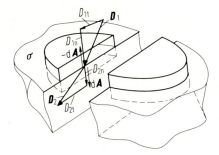

Bild 2.22

ungleichartigen Ladungen homogen belegt sind, wobei die Ladungen sehr groß sind und die Radiendifferenz sehr klein ist. Im Kugelinneren ist für alle Punkte $\Omega = -4\pi$ (das negative Vorzeichen ergibt sich aus der Definition von θ in Bild 2.20). Für alle äußeren Punkte dagegen ist $\Omega = 0$. Also ist (für nach außen gerichtete Dipole)

$$\varphi = \begin{cases} -\dfrac{\tau}{\varepsilon_0} & \text{innen,} \\ 0 & \text{außen.} \end{cases} \tag{2.73}$$

Geht man von innen nach außen durch die Doppelschicht hindurch, so erhöht sich das Potential sprunghaft um τ/ε_0.

Dieses Ergebnis kann man verallgemeinern. Es gilt für eine Doppelschicht beliebiger Form, und es gilt auch unabhängig davon, ob τ konstant ist oder nicht. Geht man in Dipolrichtung durch eine Doppelschicht hindurch, so erhöht sich beim Durchgang das Potential um τ/ε_0, wobei es auf den Wert von τ an der Durchgangsstelle ankommt. Wir wollen diese verallgemeinerte Behauptung beweisen. Dazu gehen wir von einer Fläche aus, die mit elektrischer Ladung belegt ist. Die Flächendichte am betrachteten Ort sei σ. Die dielektrische Verschiebung darüber sei $\mathbf{D}_1$, die darunter $\mathbf{D}_2$. Wir können uns $\mathbf{D}_1$ und $\mathbf{D}_2$ in die zur Fläche parallelen (tangentialen) bzw. senkrechten (normalen) Komponenten D_t und D_n zerlegt denken (Bild 2.22). Wir wenden nun (2.4) auf den in Bild 2.22 eingezeichneten kleinen Zylinder an, dessen Ausdehnung senkrecht zur Fläche so klein sein soll, daß die Mantelfläche keinen Beitrag liefert. Wir erhalten dann

$$(D_{2n} - D_{1n}) \mathrm{d}A = \sigma \mathrm{d}A$$

bzw.

$$\boxed{D_{2n} - D_{1n} = \sigma} \ . \tag{2.74}$$

Über die tangentialen Komponenten ist damit nichts gesagt. In einem späteren Abschnitt werden wir uns auch damit beschäftigen. Betrachten wir nun zwei eng benachbarte, zueinander parallele Flächen mit Flächenladungen entgegengesetzten

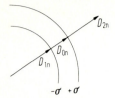

Bild 2.23

Vorzeichens (Bild 2.23), so finden wir:

$$D_{0n} - D_{1n} = -\sigma,$$
$$D_{2n} - D_{0n} = \sigma.$$

Aus diesen beiden Gleichungen folgt

$$D_{2n} = D_{1n} = D_n$$

und

$$D_{0n} = D_n - \sigma.$$

Die Normalkomponente von **D** wird durch die Doppelschicht demnach nicht geändert. Innerhalb der Schicht ist die Normalkomponente von **D** um den Wert σ kleiner. Die Spannung beim Durchlaufen der Schicht in zu ihr senkrechter, positiver Richtung ist

$$\delta\varphi = -E_{0n}d = -\frac{D_{0n}}{\varepsilon_0}d = -\frac{(D_n - \sigma)}{\varepsilon_0}d. \tag{2.75}$$

Als positiv gilt, wie bisher, die Richtung des Dipolmoments. D_n ist endlich, d jedoch beliebig klein und σ so groß, daß σd endlich ist, nämlich gerade

$$\sigma d = \tau. \tag{2.76}$$

Damit folgt aus (2.75)

$$\delta\varphi = \frac{\sigma d}{\varepsilon_0} = \frac{\tau}{\varepsilon_0}, \tag{2.77}$$

womit die Behauptung bewiesen ist.

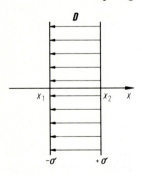

Bild 2.24

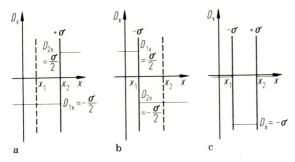

a   b   c

Bild 2.25

Besonders einfach und auch bei endlichem Abstand in Strenge berechenbar ist der Fall von zwei unendlich ausgedehnten, homogen geladenen parallelen Ebenen, (Bild 2.24). Aus Symmetriegründen hat **D** dann nur eine x-Komponente, die auch nur von x abhängen kann. Bild 2.25 zeigt a) das Feld einer Fläche mit der Flächenladung σ, b) das Feld einer Fläche mit der Flächenladung $-\sigma$ und c) die Überlagerung beider Felder. Für den Fall a) gilt

$$D_{2x} - D_{1x} = \sigma.$$

Ebenfalls aus Symmetriegründen ist auch noch

$$D_{2x} = -D_{1x},$$

d.h.

$$D_{2x} = -D_{1x} = \frac{\sigma}{2}. \tag{2.78}$$

Für b) ergibt sich in analoger Weise

$$D_{2x} = -D_{1x} = -\frac{\sigma}{2}. \tag{2.79}$$

Die Überlagerung ergibt dann ein von Null verschiedenes Feld nur zwischen den beiden Ebenen, das von der positiv geladenen zur negativ geladenen Ebene gerichtet ist (Bild 2.24),

$$D_x = -\sigma. \tag{2.80}$$

Demnach ist

$$E_x = -\frac{\sigma}{\varepsilon_0} \tag{2.81}$$

und

$$\delta\varphi = -E_x d = \frac{\sigma d}{\varepsilon_0} = \frac{\tau}{\varepsilon_0}. \tag{2.82}$$

Diese Gleichung gilt streng auch für endliche Abstände d, während im allgemeinen Fall, d.h. bei der Ableitung von Gleichung (2.75) verschwindend kleine Abstände d vorausgesetzt werden müssen.

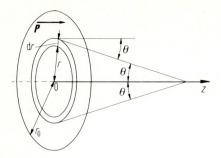

Bild 2.26

Als weiteres Beispiel der Anwendung von (2.72) berechnen wir das Potential einer gleichmäßig mit Dipolen belegten Kreisscheibe auf deren Achse (Bild 2.26). Zunächst ist der Raumwinkel Ω zu berechnen. Aus (2.70) folgt für $z > 0$:

$$\Omega = \int d\Omega = \int_0^{r_0} \frac{2\pi r}{r^2 + z^2} \cos\theta \, dr$$

$$= \int_0^{r_0} \frac{2\pi r}{r^2 + z^2} \frac{z \, dr}{\sqrt{r^2 + z^2}} = 2\pi z \int_0^{r_0} \frac{r}{\sqrt{r^2 + z^2}^3} \, dr.$$

Wir führen nun r^2 als neue Variable ein. Dabei ist $dr^2 = 2r \, dr$ und deshalb

$$\Omega = \pi z \int_0^{r_0^2} \frac{dr^2}{\sqrt{r^2 + z^2}^3} = \pi z \left[-\frac{2}{\sqrt{r^2 + z^2}} \right]_0^{r_0^2}$$

$$= 2\pi \left(1 - \frac{z}{\sqrt{r_0^2 + z^2}} \right) = 2\pi (1 - \cos\theta_0).$$

Für $z < 0$ dagegen wird

$$\Omega = -2\pi \left(1 - \frac{|z|}{\sqrt{r_0^2 + z^2}} \right) = 2\pi \left(-1 - \frac{z}{\sqrt{r_0^2 + z^2}} \right).$$

Demnach ist

$$\varphi = \begin{cases} \dfrac{\tau}{2\varepsilon_0} \left(1 - \dfrac{z}{\sqrt{r_0^2 + z^2}} \right) & \text{für } z > 0 \\[2ex] \dfrac{\tau}{2\varepsilon_0} \left(-1 - \dfrac{z}{\sqrt{r_0^2 + z^2}} \right) & \text{für } z < 0. \end{cases}$$

Bei $z = 0$ springt φ von $-(\tau/2\varepsilon_0)$ auf $\tau/2\varepsilon_0$, d.h. wie es sein muß um insgesamt τ/ε_0. Die Feldstärken auf der Achse ergeben sich aus

$$E_z = -\frac{\partial \varphi}{\partial z}$$

zu
$$E_z = \frac{\tau}{2\varepsilon_0} \frac{r_0^2}{\sqrt{r_0^2 + z^2}^3}.$$

E_z verschwindet, wenn r_0 gegen unendlich geht. Auch das muß so sein. Wir kommen so zum Fall des Bildes 2.24 zurück, bei dem das Feld nur im Inneren der Schicht von Null verschieden ist.

2.5.4 Liniendipole

Man kann auch irgendwelche Linien mit Dipolen belegen. Wir wollen uns hier auf ein einfaches Beispiel beschränken. Das Potential einer unendlich langen, geraden Linienladung ist nach (2.46)

$$\varphi = -\frac{q}{2\pi\varepsilon_0} \ln \frac{r}{r_B}.$$

Zwei eng benachbarte und zueinander parallele Linienladungen ergeben einen Liniendipol (Bild 2.27). Er erzeugt das Potential

$$\varphi = -\frac{q}{2\pi\varepsilon_0} \ln \frac{r_+}{r_B} + \frac{q}{2\pi\varepsilon_0} \ln \frac{r_-}{r_B}$$
$$= -\frac{q}{2\pi\varepsilon_0} \ln \frac{r_+}{r_-} = -\frac{q}{2\pi\varepsilon_0} \ln \frac{r_- - \delta}{r_-}$$
$$= -\frac{q}{2\pi\varepsilon_0} \ln \left(1 - \frac{\delta}{r_-}\right),$$

wenn für den Bezugspunkt

$$r_{B1} = r_{B2} = r_B \text{ gilt.}$$

Nun sei
$$d \ll r_+$$
und
$$d \ll r_-.$$

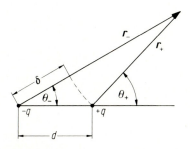

Bild 2.27

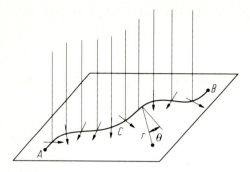

Bild 2.28

Dann ist $\theta_+ \approx \theta_- \approx \theta$, $\delta = r_- - r_+ \approx d \cdot \cos\theta \ll r_-$, ferner $r_+ \approx r_- \approx r$ und wegen der Reihenentwicklung $\ln(1-x) = -(x + x^2/2 + \cdots)$ für $(-1 \leqslant x < 1)$

$$\boxed{\varphi \approx +\frac{q}{2\pi\varepsilon_0}\frac{\delta}{r} \approx +\frac{(qd)\cos\theta}{2\pi\varepsilon_0 r}}. \tag{2.83}$$

(qd) ist die Liniendipoldichte (Dipolmoment pro Längeneinheit) und φ das Potential des unendlich langen Liniendipols. Das Ergebnis ist mit der Gleichung (2.60) zu vergleichen, die das Potential eines Dipols darstellt: p ist ersetzt durch (qd), an die Stelle von 4π tritt 2π und an die Stelle von r^2 tritt r; $\mathbf{r}_1 = 0$ in (2.60). Dabei ist jedoch nicht zu vergessen, daß r in (2.60) die Entfernung vom Dipol und in (2.83) den senkrechten Abstand vom Liniendipol bedeutet.

Aus zueinander parallelen Liniendipolen kann man *zylindrische Doppelschichten* aufbauen (Bilder 2.28 und 2.29). Als Flächendichte des Dipolmoments ergibt sich

$$\tau(s) = \frac{d(qd)}{ds},$$

und damit wird das Potential

$$\varphi = \int_C \frac{\tau\cos\theta\, ds}{2\pi\varepsilon_0 r},$$

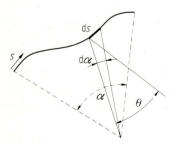

Bild 2.29

wobei dieses Integral längs der Kurve C von A nach B zu nehmen ist. Nun ist

$$d\alpha = \frac{\cos\theta \, ds}{r}$$

das Winkelelement, unter dem das Kurvenstück ds vom Aufpunkt aus erscheint. Also ist

$$\boxed{\varphi = \frac{1}{2\pi\varepsilon_0} \int \tau \, d\alpha} \, . \tag{2.84}$$

Ist τ konstant, so ergibt sich

$$\boxed{\varphi = \frac{\tau\alpha}{2\pi\varepsilon_0}} \, . \tag{2.85}$$

Diese beiden Beziehungen sind den beiden Beziehungen (2.71) bzw. (2.72) analog. Dort handelt es sich um das allgemeine räumliche Problem, hier um den *zylindrischen Fall*, der wegen der Unabhängigkeit von einer Raumkoordinate auch als *ebener Fall* bezeichnet wird.

Ist C eine geschlossene Kurve, so entsteht ein geschlossener Zylinder. Ist in diesem Fall τ konstant und zeigen die Dipole nach außen, so ist

$$\alpha = \begin{cases} -2\pi & \text{innen} \\ 0 & \text{außen} \end{cases}$$

und damit

$$\varphi = \begin{cases} -\dfrac{\tau}{\varepsilon_0} & \text{innen} \\ 0 & \text{außen.} \end{cases}$$

Wie es sein muß, gibt das wieder den Potentialsprung τ/ε_0.

2.6 Das Verhalten eines Leiters im elektrischen Feld

Man findet in der Natur zwei ganz verschiedene Arten von Stoffen vor, solche, in denen frei bewegliche elektrische Ladungen vorhanden sind, und solche, in denen das nicht der Fall ist. Die einen nennt man *Leiter*, die anderen *Isolatoren* (oder *Dielektrika*). An sich ist diese Einteilung zu grob, und es wären noch einige Einschränkungen und zusätzliche Bemerkungen dazu nötig. Wir wollen uns dennoch an dieser Stelle mit dem Gesagten begnügen und die Konsequenzen betrachten, zunächst für Leiter im elektrischen Feld und im übernächsten Abschnitt für Dielektrika im elektrischen Feld.

Befindet sich ein Leiter in einem elektrischen Feld, so wirken Kräfte auf die im Leiter beweglichen Ladungen. Sie setzen sich dadurch in Bewegung, und diese

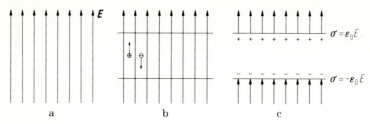

Bild 2.30

Bewegung kann erst dann zum Stillstand kommen, wenn im Leiter überall

$$\mathbf{E} = 0$$

bzw.

$$\boxed{\varphi = \text{const}} \tag{2.86}$$

ist. Die Leiteroberfläche muß überall dasselbe Potential haben, d.h. sie muß eine Äquipotentialfläche sein. Außerhalb des Leiters wird **E** nicht verschwinden. An der Leiteroberfläche jedoch muß die tangentiale Feldkomponente verschwinden,

$$\boxed{\mathbf{E}_t = 0}, \tag{2.87}$$

denn sonst wäre die Oberfläche keine Äquipotentialfläche. Die Normalkomponente von **E** dagegen, E_n, wird nicht verschwinden. Auf den Oberflächen bilden sich Flächenladungen so aus, daß die äußeren Felder nicht ins Innere des Leiters eindringen können, d.h. entsprechend Gleichung (2.74) muß

$$\boxed{D_n = \varepsilon_0 E_n = \sigma} \tag{2.88}$$

sein.

Um ein sehr einfaches Beispiel zu betrachten, wählen wir eine unendlich ausgedehnte leitfähige Platte in einem homogenen elektrischen Feld, das senkrecht auf den Oberflächen der Platte steht (Bild 2.30). Die frei beweglichen Ladungen bewegen sich je nach ihrem Vorzeichen in Feldrichtung oder gegen die Feldrichtung bis an die Oberfläche der Platte. Unabhängig davon, ob nur negative oder nur positive oder negative und positive Ladungen frei beweglich sind, entsteht so an einer Oberfläche eine negative, an der anderen Oberfläche eine positive Flächenladung. Das Innere ist feldfrei, wenn $\sigma = \pm \varepsilon_0 E$ ist. Das Feld der Oberflächenladungen allein existiert nur im Inneren. Es beginnt bei den positiven Ladungen (Quellen) und endet bei den negativen Ladungen (Senken), d.h. es verläuft genau umgekehrt wie das von außen angelegte Feld, hat jedoch denselben Betrag. Das äußere Feld wird also gerade kompensiert. Es handelt sich um die Überlagerung der Felder in Bild 2.30b und Bild 2.24, die das Feld von Bild 2.30c liefert.

Die so entstehenden Oberflächenladungen werden auch als *Influenzladungen* bezeichnet. Man kann sie zur Ausmessung von elektrischen Feldern nach Betrag

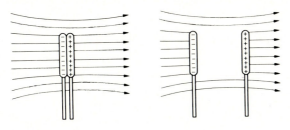

Bild 2.31

und Richtung benutzen. Dazu dient ein Paar leitfähiger Platten, die man einander berührend ins Feld bringt und dann trennt, wobei man die Orientierung aufsuchen muß, die zur maximalen Aufladung der Platten führt (Bild 2.31).

Das Problem der Berechnung des Feldes, das ein Leiter zusammen mit einem von außen angelegten Feld erzeugt, ist im allgemeinen schwierig. Wir wollen im folgenden einige Probleme behandeln, die sich im Gegensatz dazu leicht lösen lassen.

2.6.1 Metallkugel im Feld einer Punktladung

Wir haben schon eine Reihe von verschiedenen Feldern berechnet und wir kennen im Prinzip jedenfalls auch deren Äquipotentialflächen. Wir können uns jede dieser Äquipotentialflächen als Oberfläche eines entsprechenden Leiters vorstellen. So gesehen haben wir schon viele Probleme dieser Art gelöst. Insbesondere haben wir in Abschn. 2.4 gefunden, daß die zu zwei Punktladungen verschiedenen Vorzeichens gehörige Äquipotentialfläche $\varphi = 0$ eine Kugel ist (Bild 2.10). Nehmen wir nun eine Kugel vom Radius r_K an, deren Mittelpunkt im Ursprung eines kartesischen Koordinatensystems sein soll und eine Ladung Q_1 am Ort $(0, 0, z_1)$. Zusammen mit einer Ladung Q_2 am Ort $(0, 0, z_2)$ wird die Kugel eine Äquipotentialfläche, wenn, wegen der beiden Beziehungen (2.54) und (2.55),

$$z_2 = \frac{r_K^2}{z_1}, \tag{2.89}$$

$$Q_2 = -Q_1 \sqrt{\frac{z_2}{z_1}}. \tag{2.90}$$

Die Ladung Q_2 am Ort $(0, 0, z_2)$ ist dabei fiktiver Natur. Sie liefert zusammen mit der Ladung Q_1 am Ort $(0, 0, z_1)$ außerhalb der Kugel genau das Feld, das unser Problem löst. Im Inneren der Kugel gibt es kein Feld. Dieses endet ja auf der Kugeloberfläche an entsprechenden Oberflächenladungen, die sich aus der Beziehung (2.88) ergeben und aufintegriert allerdings gerade die Ladung Q_2 liefern. Auf der Oberfläche enden ja genau alle die Feldlinien, die ohne Kugel auf der Ladung Q_2, der sog. *Bildladung*, enden würden. Die entstehende Konfiguration ist in Bild 2.32 skizziert. Man bezeichnet den Ort $(0, 0, z_2 = r_K^2/z_1)$ als Spiegelbild des Ortes $(0, 0, z_1)$ an der Kugel. Daher kommt das Wort Bildladung, und diese Methode, solche Probleme zu lösen, wird auch als *Spiegelungsmethode* bezeichnet.

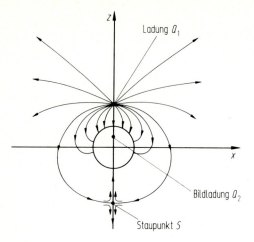

Bild 2.32

Wir können das Problem etwas abändern und verlangen, daß die Kugel eine vorgegebene Ladung Q habe. Die Lösung ergibt sich aus der Feststellung, daß man eine beliebige Ladung im Zentrum der Kugel anbringen kann und deren Oberfläche immer noch Äquipotentialfläche bleibt. Man muß also dem Feld des Bildes 2.32 das Feld einer Punktladung $(Q - Q_2)$ im Zentrum überlagern.

Als Grenzfall können wir eine elektrische Ladung vor einer leitfähigen ebenen Wand betrachten. Sie entspricht einer Kugel mit unendlich werdendem Radius r_K. Aus Gleichung (2.89) ergibt sich dann, daß die Bildladung sich ebenso weit hinter der Wand wie die Ladung vor ihr, d.h. im Spiegelpunkt, befindet und daß $Q_2 = -Q_1$ ist. Denn laut Bild 2.33 ist

$$z_1 = r_K + d_1,$$
$$z_2 = r_K - d_2$$

und damit nach Gleichung (2.89)

$$z_2 = r_K - d_2 = \frac{r_K^2}{r_K + d_1}$$
$$= \frac{r_K}{1 + \dfrac{d_1}{r_K}}.$$

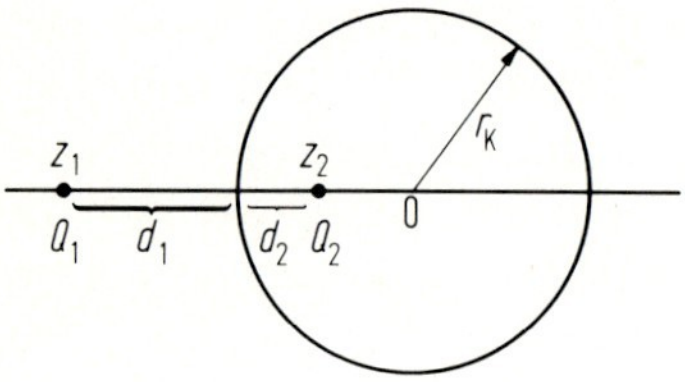

Bild 2.33

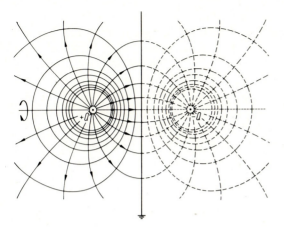

Bild 2.34

Wird nun $r_K \gg d_1$, so ist in 1. Ordnung

$$z_2 = r_K - d_2 \approx r_K\left(1 - \frac{d_1}{r_K}\right) = r_K - d_1,$$

d.h.

$$d_1 \approx d_2.$$

Es ist auch anschaulich klar, daß gerade dadurch die Randbedingung konstanten Potentials bzw. verschwindender tangentialer Feldkomponenten an der Wand erfüllt wird (Bild 2.34). Man kann die Methode z.B. auch auf eine Ladung in einem Winkel entsprechend Bild 2.35 anwenden. Dort hat man Ladungen $+Q$ bei z.B. $(a, b, 0)$ und $(-a, -b, 0)$ und Ladungen $-Q$ bei $(-a, b, 0)$ und $(a, -b, 0)$. Das Feld in dem 1. Quadranten (in den übrigen drei Quadranten verschwindet es) kann man sich durch diese vier Ladungen erzeugt denken, und man kann leicht nachprüfen, daß xz- und yz-Ebene Äquipotentialflächen sind, was auch anschaulich klar ist.

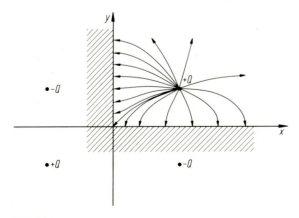

Bild 2.35

Man kann natürlich gleichzeitig mehrere Ladungen in die Nähe z.B. der Kugel in Bild 2.32 bringen. Man hat dann auch mehrere Bildladungen, und man muß alle entsprechenden Felder überlagern. Man kann insbesondere neben der Ladung Q_1 bei $(0,0,z_1)$ eine Ladung $-Q_1$ bei $(0,0,-z_1)$ haben. Man hat dann zwei Bildladungen zu berücksichtigen, Q_2 bei $(0,0,z_2)$ und noch einmal $-Q_2$ bei $(0,0,-z_2)$. Läßt man nun Q_1 und z_1 gegen unendlich gehen, so geht Q_2 ebenfalls gegen unendlich, z_2 jedoch gegen Null, d.h. die beiden Bildladungen geben bei entsprechendem Grenzübergang einen idealen Dipol. Das Feld der beiden Ladungen $\pm Q_1$ kann in der Umgebung der Kugel als homogen betrachtet werden. Wir können also vermuten, daß wir das Problem einer Kugel in einem homogenen Feld mit Hilfe eines fiktiven Dipols im Zentrum der Kugel lösen können. Dies bringt uns zum nächsten Beispiel.

2.6.2 Metallkugel im homogenen elektrischen Feld

Entsprechend der eben erwähnten Vermutung und mit den Größen aus Bild 2.36 machen wir den folgenden Ansatz:

$$\varphi = \frac{p \cos \theta}{4\pi\varepsilon_0 r^2} - E_{a,\infty} z$$

$$= \frac{p \cos \theta}{4\pi\varepsilon_0 r^2} - E_{a,\infty} r \cos \theta.$$

$E_{a,\infty}$ ist das von außen angelegte äußere Feld, das in hinreichender Entfernung von der Metallkugel durch diese nicht gestört ist. Das Potential entsteht aus dem Dipolanteil nach (2.60) und aus dem Anteil, der zum homogenen Außenfeld gehört. Die oben geäußerte Vermutung ist bestätigt, wenn wir p so wählen können, daß φ für $r = r_K$ konstant wird:

$$\varphi = \varphi_0 = \frac{p \cos \theta}{4\pi\varepsilon_0 r_K^2} - E_{a,\infty} r_K \cos \theta.$$

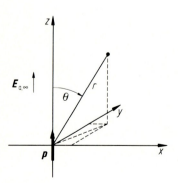

Bild 2.36

φ wird für $r = r_K$ tatsächlich konstant, wenn man
$$p = 4\pi\varepsilon_0 r_K^3 E_{a,\infty}$$
wählt. Damit ist
$$\varphi = E_{a,\infty} \cos\theta \left(\frac{r_K^3}{r^2} - r\right). \tag{2.91}$$

Daraus kann man die Komponenten von **E** berechnen:
$$E_r = E_{a,\infty} \cos\theta \left(2\frac{r_K^3}{r^3} + 1\right), \tag{2.92}$$
$$E_\theta = E_{a,\infty} \sin\theta \left(\frac{r_K^3}{r^3} - 1\right). \tag{2.93}$$

Auf der Kugeloberfläche, $r = r_K$, ist $E_\theta = 0$. E_r definiert die Flächenladung:
$$\sigma = \varepsilon_0 (E_r)_{r=r_K} = (D_r)_{r=r_K} = 3\varepsilon_0 E_{a,\infty} \cos\theta. \tag{2.94}$$

Die Konfiguration ist in Bild 2.37 skizziert. Das maximale Feld $E = 3E_{a,\infty}$ tritt an den beiden Polen der Kugel auf. Merkwürdig ist das Verhalten des Feldes am Äquator. Er besteht aus lauter Staupunkten, bildet also eine Linie von Staupunkten, eine sog. *Staulinie*. Die Feldlinien bilden dort eine Spitze, d.h. sie haben keine eindeutige Richtung, was natürlich nur an Staupunkten möglich ist. Im übrigen kann man zeigen, daß sie dort mit der Äquatorebene einen Winkel von 45° bilden (Bild 2.38).

Wieder kann man das Problem verallgemeinern und die Frage aufwerfen, wie sich das Bild ändert, wenn die Kugel eine vorgegebene Ladung Q trägt. Bisher wurde der Effekt der Kugel durch einen fiktiven Dipol simuliert, d.h. die Ladung der Kugel im obigen Fall verschwindet, was sich auch bei der Integration von σ über die Oberfläche, (2.94), zeigt. Man braucht also lediglich eine zusätzliche Ladung Q ins Zentrum der Kugel zu setzen. Sie löst das Problem, da auch sie ein konstantes zusätzliches Potential auf der Kugel bewirkt. An die Stelle von (2.91)

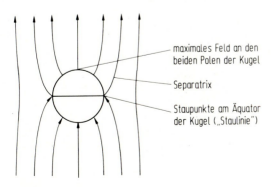

Bild 2.37

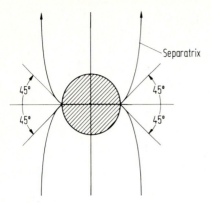

Bild 2.38

tritt dann

$$\varphi = E_{a,\infty} \cos\theta \left(\frac{r_K^3}{r^2} - r \right) + \frac{Q}{4\pi\varepsilon_0 r}.$$

Je nachdem wie groß Q ist, entstehen ganz verschiedene Feldkonfigurationen. Sie seien hier ohne Beweis angegeben.

1. Ist

$$\left| \frac{Q}{4\pi\varepsilon_0 r_K^2 \cdot 3 E_{a,\infty}} \right| < 1,$$

so hat man Staulinien auf *Breitenkreisen* der Kugel entsprechend Bild 2.39.

2. Ist

$$\left| \frac{Q}{4\pi\varepsilon_0 r_K^2 \cdot 3 E_{a,\infty}} \right| = 1,$$

so degenerieren die Staulinien von Bild 2.39 in Staupunkte an den entsprechenden Polen der Kugel.

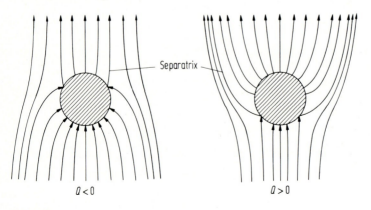

Bild 2.39

2.6 Das Verhalten eines Leiters im elektrischen Feld

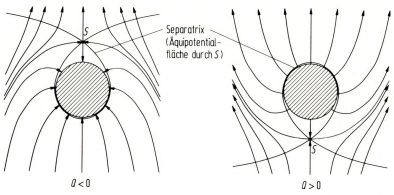

Bild 2.40

3. Ist

$$\left|\frac{Q}{4\pi\varepsilon_0 r_K^2 \cdot 3E_{a,\infty}}\right| > 1,$$

so lösen sich diese Staupunkte von der Kugel ab und wandern längs der durch die Pole gehenden Achse ins Feld hinaus (Bild 2.40).

2.6.3 Metallzylinder im Feld einer Linienladung

Ein Metallzylinder befinde sich im Feld einer zu seiner Achse parallelen homogenen Linienladung (Bild 2.41). Das Gesamtfeld kann man sich im Außenraum erzeugt denken durch die gegebene Linienladung q (außerhalb des Zylinders) und deren Spiegelbild, ebenfalls eine Linienladung $-q$. Das Produkt der Achsenabstände der beiden Linienladungen ist dabei gleich dem Quadrat des Zylinderradius, d.h. die Durchstoßpunkte der beiden Linienladungen entstehen auseinander durch Spiegelung am Kreis $r = r_z$ (r_z ist der Zylinderradius). Also ist

$$x_1 \cdot x_2 = r_z^2.$$

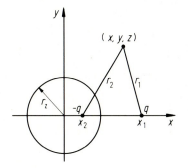

Bild 2.41

Der Beweis ist leicht zu erbringen. Zunächst ist das Potential der beiden Linienladungen an einem Aufpunkt (x, y, z) nach (2.46)

$$\varphi = -\frac{q}{2\pi\varepsilon_0}\ln\frac{r_1}{r_B} + \frac{q}{2\pi\varepsilon_0}\ln\frac{r_2}{r_B} = \frac{q}{2\pi\varepsilon_0}\ln\frac{r_2}{r_1}.$$

Dabei ist

$$r_1^2 = (x - x_1)^2 + y^2$$

und

$$r_2^2 = (x - x_2)^2 + y^2 = \left(x - \frac{r_z^2}{x_1}\right)^2 + y^2.$$

Auf dem Zylinder ist

$$x^2 + y^2 = r_z^2$$

und damit

$$\frac{r_2^2}{r_1^2} = \frac{x^2 - 2x\frac{r_z^2}{x_1} + \frac{r_z^4}{x_1^2} + y^2}{x^2 - 2xx_1 + x_1^2 + y^2}$$

$$= \frac{r_z^2 - 2x\frac{r_z^2}{x_1} + \frac{r_z^4}{x_1^2}}{r_z^2 - 2xx_1 + x_1^2} = \frac{r_z^2}{x_1^2} = \text{const.}$$

Also ist r_2/r_1 und damit auch φ auf dem Zylinder konstant. In der Geometrie sind die geometrischen Orte aller Punkte, die entsprechend Bild 2.41 konstante Abstandsverhältnisse r_1/r_2 aufweisen, als Kreise des *Apollonius* bekannt. Der kreisförmige Querschnitt des Zylinders wird also durch einen dieser Kreise gebildet.

2.7 Der Kondensator

Befinden sich im Raume zwei Leiter (z.B. Metallkörper) mit entgegengesetzt gleichen Ladungen (Q bzw $-Q$), so bildet sich zwischen ihnen ein elektrisches Feld aus, dessen Kraftlinien auf der Oberfläche des einen Körpers entspringen und auf der des anderen enden. Beide Oberflächen sind Äquipotentialflächen, d.h.

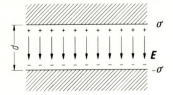

Bild 2.42

zwischen den beiden Körpern herrscht eine wohldefinierte Spannung U. Diese Spannung ist der Ladung Q proportional. Das Verhältnis $|Q|/|U|$ ist ein reiner Geometriefaktor und wird als *Kapazität C* bezeichnet. Die ganze Anordnung nennt man einen *Kondensator*.

Besonders einfach ist die Berechnung der Kapazität für den ebenen *Plattenkondensator*, wenn man diesen näherungsweise so behandelt, als ob er unendlich ausgedehnt wäre (Bild 2.42). Dann ist nämlich

$$E = \frac{\sigma}{\varepsilon_0}$$

und

$$|U| = \frac{\sigma d}{\varepsilon_0}.$$

Die Ladung ist

$$Q = \pm \sigma A,$$

wenn A die Plattenfläche ist. Also ist

$$\boxed{C = \frac{|Q|}{|U|} = \frac{\varepsilon_0 A}{d}}. \tag{2.95}$$

Man kann eine Kapazität auch für nur einen Leiter definieren mit Hilfe seiner Spannung gegen das Unendliche. Betrachten wir z.B. eine Kugel vom Radius r, so ist die Spannung zwischen ihrer Oberfläche und dem Unendlichen

$$U = \frac{Q}{4\pi\varepsilon_0 r},$$

so daß

$$\boxed{C = \frac{|Q|}{|U|} = 4\pi\varepsilon_0 r} \tag{2.96}$$

ist.

Zwei konzentrische Kugeln bilden einen *Kugelkondensator* (Bild 2.43). Für ihn

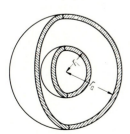

Bild 2.43

ist
$$U = \frac{Q}{4\pi\varepsilon_0}\left(\frac{1}{r_i} - \frac{1}{r_a}\right)$$

und deshalb

$$\boxed{C = \frac{|Q|}{|U|} = 4\pi\varepsilon_0 \frac{r_i r_a}{r_a - r_i}} \quad . \tag{2.97}$$

Macht man r_i und r_a sehr groß, $r_a - r_i = d$ dagegen sehr klein, so ergibt sich

$$C = 4\pi\varepsilon_0 \frac{r^2}{d} = \frac{\varepsilon_0 A}{d}$$

wie im ebenen Fall.

Zwei konzentrische Zylinder bilden einen *Zylinderkondensator*. Dafür ist

$$U = -\frac{Q}{2\pi\varepsilon_0 l}\ln\frac{r_i}{r_B} + \frac{Q}{2\pi\varepsilon_0 l}\ln\frac{r_a}{r_B} = \frac{Q}{2\pi\varepsilon_0 l}\ln\frac{r_a}{r_i}$$

und deshalb

$$\boxed{C = \frac{|Q|}{|U|} = 2\pi\varepsilon_0 l \left(\ln\frac{r_a}{r_i}\right)^{-1}} \quad . \tag{2.98}$$

Das gilt in Strenge natürlich nur bei unendlicher Länge l der Zylinder, und C wäre dann unendlich. Deshalb ist es u.U. besser, die Kapazität pro Längeneinheit anzugeben,

$$\frac{C}{l} = 2\pi\varepsilon_0 \left(\ln\frac{r_a}{r_i}\right)^{-1} .$$

In Kugel- bzw. Zylinderkondensatoren ist die Feldstärke ortsabhängig, nämlich nach (2.2) bzw. (2.45):

$$E = \frac{Q}{4\pi\varepsilon_0 r^2} \quad \text{bzw.} \quad E = \frac{Q}{2\pi\varepsilon_0 l r}.$$

An der inneren Elektrode ist E maximal:

$$E_{max} = \frac{Q}{4\pi\varepsilon_0 r_i^2} \quad \text{bzw.} \quad E_{max} = \frac{Q}{2\pi\varepsilon_0 l r_i}.$$

Das kann man auch wie folgt schreiben:

$$E_{max} = \frac{CU}{4\pi\varepsilon_0 r_i^2} = \frac{U r_a}{r_i(r_a - r_i)} \quad \text{bzw.} \quad E_{max} = \frac{CU}{2\pi\varepsilon_0 l r_i} = \frac{U}{r_i \ln\frac{r_a}{r_i}}.$$

Bei gegebener Spannung und gegebenem Außenradius r_a wird die maximale Feldstärke E_{max} möglichst klein, wenn $\partial E_{max}/\partial r_i = 0$, d.h. für

$$r_i = \frac{r_a}{2} \quad \text{bzw.} \quad r_i = \frac{r_a}{e} = \frac{r_a}{2{,}718\ldots}.$$

Das ist von praktischer Bedeutung bei der Optimierung von Kondensatorkonstruktionen.

Kapazitäten werden in Farad gemessen. Aus der Definition von C ergibt sich, daß

$$1\,\text{F} = \frac{1\,\text{C}}{1\,\text{V}} = 1\,\frac{\text{As}}{\text{V}},$$

wie bereits in Abschn. 1.13 angegeben wurde.

Zwei Leiter bilden auch dann einen Kondensator, wenn sie nicht durch Vakuum, sondern durch einen Isolator voneinander getrennt sind. In diesem Fall stellt man jedoch fest, daß die Kapazität sich durch die Gegenwart des Isolators im Zwischenraum um einen bestimmten für den Isolator charakteristischen Faktor erhöht. Bei gleicher Ladung bedeutet das eine verkleinerte Spannung bzw. eine verkleinerte Feldstärke. In einem Leiter verschwindet die Feldstärke ganz. In einem Isolator wird sie verkleinert. Beides hat ähnliche Gründe. Auch in einem Isolator sind Ladungen vorhanden, die jedoch nicht frei beweglich sind. Eine begrenzte Beweglichkeit ist jedoch auch hier vorhanden. Sie führt zu einer wenn auch beschränkten Abschirmung äußerer elektrischer Felder. Dies wird im nächsten Abschnitt behandelt.

Der Begriff der Kapazität kann für den Fall von Systemen, die aus mehreren Leitern bestehen, verallgemeinert werden. Darauf werden wir in Kap. 3 zurückkommen.

2.8 E und D im Dielektrikum

Alle Materie besteht aus Atomen, die ihrerseits aus positiv geladenen Atomkernen und negativ geladenen Elektronen bestehen. In einem Leiter sind einige der Elektronen frei beweglich, was zu den in den beiden letzten Abschnitten erwähnten Effekten führt. In einem Isolator (Dielektrikum) ist das nicht der Fall. Aber auch hier ist eine gewisse Verschiebung der positiven gegen die negative Ladung möglich. Fallen in einem Atom des Mediums (bzw. in einem Molekül) die Schwerpunkte der positiven und negativen Ladungen nicht zusammen, so hat es ein Dipolmoment. Zwei verschiedene Fälle sind von Bedeutung:

1. Vielfach haben die Atome bzw. Moleküle zunächst, d.h. solange kein elektrisches Feld von außen angelegt wird, kein Dipolmoment. Beim Anlegen eines äußeren Feldes jedoch wirken auf die Ladungen Kräfte, die die Atome (Moleküle) deformieren und dadurch ein Dipolmoment bewirken (Bild 2.44). Der so entstehende Dipol hat selbst ein Feld, durch welches das von außen angelegte Feld geschwächt wird. Diesen Vorgang nennt man die *Polarisation* des Mediums

86   2 Die Grundlagen der Elektrostatik

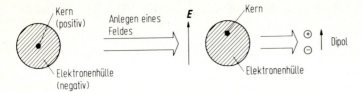

Bild 2.44

(vergl. Abschn. 2.5.2). Als quantitatives Maß führt man das pro Volumeneinheit bewirkte Dipolmoment ein. Man nimmt dabei im allgemeinen an, daß die Polarisation der elektrischen Feldstärke proportional ist:

$$\boxed{\mathbf{P} = \varepsilon_0 \chi \mathbf{E}}. \tag{2.99}$$

Dies ist nicht unbedingt ganz richtig, stellt aber oft eine brauchbare Näherung dar, vorausgesetzt daß die elektrische Feldstärke nicht zu groß ist.

2. Die Atome bzw. Moleküle können auch ein "natürliches Dipolmoment" haben, d.h. ihre Ladungsschwerpunkte fallen auch ohne Feld nicht zusammen. Im allgemeinen ist das Medium jedoch trotzdem nicht polarisiert, solange kein Feld angelegt wird. Das liegt daran, daß die natürlichen Dipole in diesen Medien rein statistisch verteilt sind, d.h. in beliebige Richtungen zeigen und sich so gegenseitig kompensieren. Legt man nun ein elektrisches Feld an, so wird auf die Dipole ein Drehmoment ausgeübt, das sie in Feldrichtung zu drehen versucht. Dies gelingt nicht vollständig. Die Temperaturbewegung sucht die durch das Feld bewirkte Ordnung immer wieder zu zerstören, d.h. die Ausrichtung wird umso unvollständiger sein, je größer die Temperatur ist. Wiederum ergibt sich jedoch eine der Feldstärke näherungsweise proportionale Polarisation, d.h. auch hier gilt (2.99). Es gibt jedoch auch den Fall, daß die Dipole sogar ohne Feld ausgerichtet bleiben. Ein solches Medium nennt man *permanent polarisiert*. Man spricht dann—in Anlehnung an den Begriff des Magneten—auch von *Elektreten*.

Den in (2.99) auftretenden Faktor χ bezeichnet man als *elektrische Suszeptibilität*. Sie ist für den zweiten Fall natürlicher Dipolmomente von der Temperatur abhängig, im ersten Fall dagegen keine Funktion der Temperatur.

Betrachten wir nun eine polarisierte ebene Platte (Bild 2.45). Wir legen von außen das auf ihr senkrecht stehende Feld $\mathbf{E}_a$ an. Im Inneren wird ein Gegenfeld

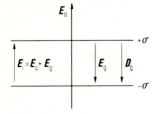

Bild 2.45

$\mathbf{E}_g$ erzeugt. Dadurch entsteht im Inneren das geschwächte Feld

$$\mathbf{E}_i = \mathbf{E}_a + \mathbf{E}_g.$$

Wegen der einfachen ebenen Geometrie sind alle diese Felder homogen. Deshalb ist auch die Polarisation

$$\mathbf{P} = \varepsilon_0 \chi \mathbf{E}_i$$

homogen. Hier ist $\mathbf{E}_i$ zu nehmen, da es in (2.99) auf das insgesamt resultierende Feld am betrachteten Ort ankommt. Das homogen polarisierte Medium trägt auf seinen Oberflächen Flächenladungen $\sigma = \pm P_n$, was in Abschn. 2.5.2 behandelt wurde. Also ist, wenn wir nur Beträge betrachten,

$$D_g = +\sigma = +P$$

bzw.

$$E_g = \frac{D_g}{\varepsilon_0} = +\frac{P}{\varepsilon_0} = +\frac{\varepsilon_0 \chi E_i}{\varepsilon_0} = +\chi E_i,$$

so daß

$$E_i = E_a - \chi E_i,$$

d.h.

$$\boxed{E_i = \frac{E_a}{1 + \chi}} \tag{2.100}$$

und

$$E_g = \frac{\chi}{1 + \chi} E_a. \tag{2.101}$$

Wir können nun schreiben

$$\varepsilon_0 \mathbf{E}_a = \varepsilon_0 (1 + \chi) \mathbf{E}_i = \varepsilon_0 \varepsilon_r \mathbf{E}_i = \varepsilon \mathbf{E}_i. \tag{2.102}$$

Hierbei ist ε die sog. *Dielektrizitätskonstante* des Isolators und ε_r die sog. *relative Dielektrizitätskonstante*

$$\boxed{\varepsilon = \varepsilon_r \varepsilon_0}. \tag{2.103}$$

ε_r ist also dimensionslos und definiert durch

$$\boxed{\varepsilon_r = 1 + \chi}, \quad (\varepsilon_r > 1). \tag{2.104}$$

Wir können nun unsere Definition von **D**, die bisher nur für das Vakuum geschah, vervollständigen. Für lineare Medien gilt:

$$\boxed{\mathbf{D} = \varepsilon \mathbf{E}}. \tag{2.105}$$

Dann ist wegen der Beziehung (2.102) $\mathbf{D}_a = \mathbf{D}_i$. Im allgemeinen Fall, d.h. wenn $\mathbf{E}$ nicht senkrecht auf der Isolatorfläche steht, müssen wir diese Aussage auf die zur Oberfläche senkrechten Komponenten von $\mathbf{D}$ beschränken:

$$\boxed{D_{na} = D_{ni}}. \tag{2.106}$$

Das ist eine wichtige Aussage. Sie offenbart den tieferen Sinn der Definition von $\mathbf{D}$. An den Grenzflächen von Isolatoren ändert sich das elektrische Feld sprunghaft, jedoch so, daß die Normalkomponente von $\mathbf{D}$ immer stetig bleibt. Damit ist der Einfluß der Polarisation auf das Feld automatisch berücksichtigt.

Man müßte nicht unbedingt zwischen $\mathbf{E}$ und $\mathbf{D}$ unterscheiden. Es gibt im Prinzip auch die Möglichkeit, $\mathbf{D}$ überhaupt nicht einzuführen und lediglich mit den Beziehungen für das Vakuum zu arbeiten. Dabei müssen dann alle Ladungen, auch die durch die Polarisation entstandenen Oberflächenladungen, explizit berücksichtigt werden. Diese Oberflächenladungen bewirken einen Sprung in der Normalkomponente von $\mathbf{E}$. In der obigen Definition von $\mathbf{D}$ sind im Gegensatz dazu die von der Polarisation herrührenden Effekte bereits berücksichtigt. Sollten allerdings zusätzliche, nicht von der Polarisation bewirkte Oberflächenladungen auftreten, so müssen diese nach wie vor explizit berücksichtigt werden. Man spricht in diesem Zusammenhang von zwei Arten von Ladungen, nämlich von *freien Ladungen* und von *gebundenen Ladungen*. Die gebundenen Ladungen sind die von der Polarisation herrührenden. Dementsprechend führt man auch verschiedene Dichten ein:

$$\rho = \rho_{\text{frei}} + \rho_{\text{gebunden}}. \tag{2.107}$$

Nun ist

$$\mathbf{D} = \varepsilon \mathbf{E} = \varepsilon_0 \varepsilon_r \mathbf{E} = \varepsilon_0 (1 + \chi) \mathbf{E}$$
$$= \varepsilon_0 \mathbf{E} + \varepsilon_0 \chi \mathbf{E} = \varepsilon_0 \mathbf{E} + \mathbf{P},$$

d.h.

$$\boxed{\mathbf{D} = \varepsilon_0 \mathbf{E} + \mathbf{P}}. \tag{2.108}$$

Dieser Zusammenhang soll nun ganz allgemein gelten, d.h. man definiert $\mathbf{D}$ in jedem Fall entsprechend (2.108), z.B. auch bei permanenter Polarisation (Elektret). Im speziellen Fall linearer Medien ergibt sich aus der allgemeingültigen Definition (2.108) wieder (2.105). Bildet man die Divergenz von (2.108), so ergibt sich

$$\text{div}(\varepsilon_0 \mathbf{E}) = \rho = \rho_{\text{frei}} + \rho_{\text{geb}} = \text{div } \mathbf{D} - \text{div } \mathbf{P},$$

d.h., entsprechend (2.66),

$$\boxed{\text{div } \mathbf{P} = -\rho_{\text{geb}}} \tag{2.109}$$

und

$$\boxed{\text{div } \mathbf{D} = \rho_{\text{frei}}}. \tag{2.110}$$

Zur Vermeidung von Irrtümern ist also nötig, stets klar zu unterscheiden zwischen freien und gebundenen Ladungen. Dabei gibt es—um das zu wiederholen—zwei Arten des Vorgehens. Entweder berechnet man unter Berücksichtigung aller Ladungen die elektrische Feldstärke, oder man berechnet unter Berücksichtigung nur der freien Ladungen die dielektrische Verschiebung.

Es geht hier nur um elektrostatische (d.h. zeitunabhängige) Probleme. Dennoch sei darauf hingewiesen, daß beim Anlegen eines Feldes die Einstellung des beschriebenen Zustandes eine gewisse Zeit in Anspruch nimmt. Legt man elektrische Wechselfelder an, so ist bei hinreichend hoher Frequenz die Einstellung des Gleichgewichts nicht mehr möglich. χ bzw. ε sind also im Grunde Funktionen der Frequenz. Hier handelt es sich nur um den Grenzwert von χ bzw. ε für gegen Null gehende Frequenz.

Ferner ist zu sagen, daß sehr viele Dielektrika nicht isotrop sind, d.h. daß die Polarisation von der Richtung des angelegten elektrischen Feldes, bezogen auf gewisse Vorzugsrichtungen des Dielektrikums, abhängt. Dann ist ε kein skalarer Faktor, sondern ein Tensor. An die Stelle von (2.105) tritt dann der kompliziertere Zusammenhang

$$D_x = \varepsilon_{xx}E_x + \varepsilon_{xy}E_y + \varepsilon_{xz}E_z,$$
$$D_y = \varepsilon_{yx}E_x + \varepsilon_{yy}E_y + \varepsilon_{yz}E_z, \tag{2.111}$$
$$D_z = \varepsilon_{zx}E_x + \varepsilon_{zy}E_y + \varepsilon_{zz}E_z$$

bzw. in der Schreibweise der Tensorrechnung

$$\mathbf{D} = \boldsymbol{\varepsilon} \cdot \mathbf{E}. \tag{2.112}$$

ε ist eine neunkomponentige Größe, deren einzelne Komponenten sich wie Produkte von Vektorkomponenten verhalten (z.B. bei Transformationen). Die skalare Multiplikation eines Tensors zweiter Stufe (das ist ε) mit einem Vektor erzeugt wiederum einen Vektor. Der Tensor ε ist symmetrisch, d.h. es gilt

$$\varepsilon_{ik} = \varepsilon_{ki}. \tag{2.113}$$

Setzt man in (2.100) $\chi = \infty$, so erhält man $E_i = 0$. In gewisser Weise verhalten sich also Leiter wie dielektrische Medien mit unendlicher Suszeptibilität. Der anschauliche Grund dafür ist, daß es in Leitern frei bewegliche Ladungsträger gibt, wodurch beim Anlegen von elektrischen Feldern beliebig große Dipolmomente erzeugt werden.

2.9 Der Kondensator mit Dielektrikum

Wir sind nun in der Lage zu verstehen, warum ein Dielektrikum die Kapazität eines Kondensators vergrößert. Auf den Platten des Kondensators nach Bild 2.46 befinden sich die freien Ladungen $\pm Q$, und der Raum zwischen den Platten ist mit einem Dielektrikum der Dielektrizitätskonstante ε erfüllt. Dann ist

$$|\sigma| = \frac{|Q|}{A} = D = \varepsilon E = \varepsilon \frac{|U|}{d}$$

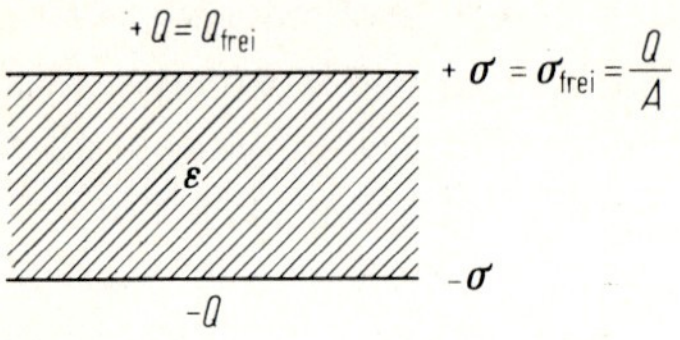

90 2 Die Grundlagen der Elektrostatik

Bild 2.46

und deshalb

$$\boxed{C = \frac{|Q|}{|U|} = \frac{\varepsilon A}{d} = \frac{\varepsilon_0 \varepsilon_r A}{d}}. \tag{2.114}$$

Der Vergleich mit der Gleichung (2.95) zeigt, daß C gerade um den Faktor ε_r größer geworden ist. Anschaulich kommt das daher, daß z.B. bei gegebener Ladung der Kondensatorplatten die durch Polarisation an der Oberfläche des Dielektrikums gebildeten gebundenen Ladungen die Gesamtladung und damit auch die Feldstärke verringern.

Als weiteres Beispiel sei noch der ebene Kondensator mit geschichtetem Medium betrachtet (Bild 2.47). Die Spannung ist

$$|U| = \sum_i E_i d_i.$$

Andererseits ist

$$\varepsilon_i E_i = D$$

überall gleich. Demnach ist

$$|U| = \sum_i \frac{D}{\varepsilon_i} d_i = D \sum_i \frac{d_i}{\varepsilon_i}$$

$$= \sigma \sum_i \frac{d_i}{\varepsilon_i} = \frac{|Q|}{A} \sum_i \frac{d_i}{\varepsilon_i},$$

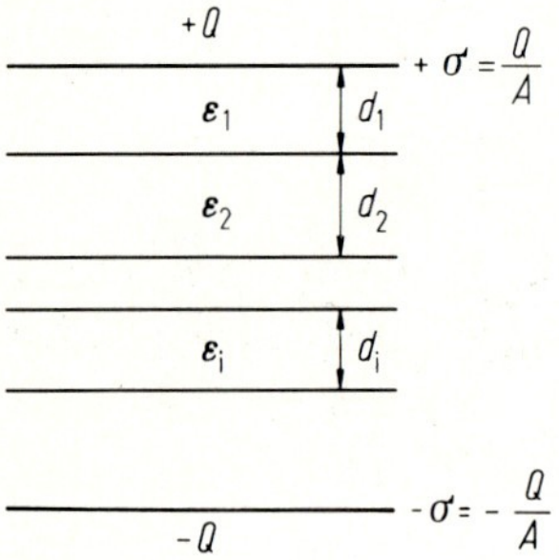

Bild 2.47

d.h.

$$\boxed{C = \frac{|Q|}{|U|} = \frac{A}{\sum_i \dfrac{d_i}{\varepsilon_i}}}. \tag{2.115}$$

2.10 Randbedingungen für E und D und die Brechung von Kraftlinien

Wir betrachten eine Grenzfläche, die zwei beliebige Gebiete voneinander trennt. Möglicherweise ist es die Grenzfläche zwischen zwei verschiedenen Medien verschiedener Dielektrizitätskonstanten, möglicherweise trägt sie eine Flächenladung etc. Aus den Maxwellschen Gleichungen ergeben sich Bedingungen, die an solchen Grenzflächen stets erfüllt sein müssen. Zunächst gehen wir von dem Induktionsgesetz aus, Gleichung (1.68),

$$\operatorname{rot} \mathbf{E} = -\frac{\partial \mathbf{B}}{\partial t}.$$

Wir integrieren sie über die kleine in Bild 2.48 eingezeichnete Fläche und bekommen

$$\int_A \operatorname{rot} \mathbf{E} \cdot d\mathbf{A} = \oint \mathbf{E} \cdot d\mathbf{s}$$

$$= ds(E_{2t} - E_{1t})$$

$$= -\frac{\partial}{\partial t} \int \mathbf{B} \cdot d\mathbf{A} = 0,$$

weil die Fläche beliebig klein wird, wenn man ihre Ausdehnung senkrecht zur Grenzfläche gegen Null gehen läßt. Vorausgesetzt ist dabei, daß längs dieser

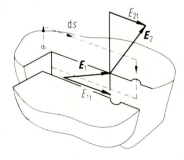

Bild 2.48

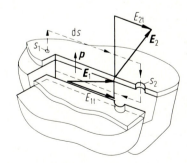

Bild 2.49

verschwindenden Wegstrecken senkrecht zur Grenzfläche keine Spannung auftritt. An einer Doppelschicht ist diese Voraussetzung jedoch nicht erfüllt. In diesem Fall (Bild 2.49) findet man:

$$\oint \mathbf{E} \cdot d\mathbf{s} = E_{2t} ds + \frac{\tau(s_2)}{\varepsilon_0} - E_{1t} ds - \frac{\tau(s_1)}{\varepsilon_0}$$
$$= 0,$$

da auf die Richtung von **p** bezogen an einer Doppelschicht ein Potentialsprung τ/ε_0 auftritt (2.77). Also ist

$$ds(E_{2t} - E_{1t}) = \frac{\tau(s_1) - \tau(s_2)}{\varepsilon_0} = \frac{\tau(s_1) - \tau(s_1 + ds)}{\varepsilon_0}$$
$$= -\frac{1}{\varepsilon_0} \frac{d\tau}{ds} ds,$$

d.h.

$$E_{2t} - E_{1t} = -\frac{1}{\varepsilon_0} \frac{d\tau}{ds}. \tag{2.116}$$

Das ist ein spezieller Fall. Er bezieht sich auf eine auf der Doppelschicht vorgegebene Richtung, nämlich gerade die in Bild 2.49 gezeichnete Schnittkurve mit der Doppelschicht. $E_{1,2t}$ sind die Komponenten der tangentialen Feldstärken in dieser Richtung, und $d\tau/ds$ ist die Komponente von grad τ in dieser Richtung, wobei unter grad τ ein zweidimensionaler Gradient auf der Doppelschicht zu verstehen ist. Wir können uns von dieser Beschränkung frei machen und schreiben

$$\boxed{\mathbf{E}_{2t} - \mathbf{E}_{1t} = -\frac{1}{\varepsilon_0} \operatorname{grad} \tau}. \tag{2.117}$$

(2.116) entsteht daraus durch skalare Multiplikation mit dem Einheitsvektor in der gewählten Richtung.

Trägt die Grenzfläche keine Doppelschicht, so ergibt sich, wie schon zu Beginn dieses Abschnitts,

$$\boxed{\mathbf{E}_{2t} = \mathbf{E}_{1t}}. \tag{2.118}$$

Die Tangentialkomponente von **E** muß also an Grenzflächen immer stetig sein, sofern sie keine Doppelschicht aufweisen.

Aus der Beziehung (1.23) oder aus der damit gleichwertigen Beziehung (1.20) ergibt sich, wie schon in Abschn. 2.5.3 abgeleitet, eine entsprechende Randbedingung für **D**, nämlich die Beziehung (2.74):

$$\boxed{D_{2n} - D_{1n} = \sigma}. \tag{2.119}$$

Entsprechend der Diskussion in Abschn. 2.8 gilt dies ganz allgemein, wenn σ nur

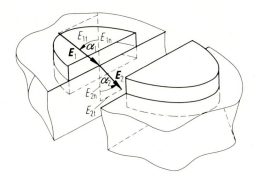

Bild 2.50

die freien, jedoch keine gebundenen Ladungen umfaßt. Die Normalkomponente von **D** ist stetig, falls $\sigma = 0$ ist. Andernfalls erleidet sie einen Sprung.

Die Randbedingungen für **D** und **E** führen dazu, daß elektrische Kraftlinien beim Eintritt in ein anderes Medium bzw. beim Durchgang durch eine Doppelschicht oder eine Flächenladung geknickt ("gebrochen") werden. Aus Bild 2.50 folgt:

$$E_{2t} = E_{1t} - \frac{1}{\varepsilon_0} \frac{d\tau}{ds}$$

und

$$E_{2n} = \frac{D_{2n}}{\varepsilon_2} = \frac{D_{1n} + \sigma}{\varepsilon_2}$$

$$= \frac{\varepsilon_1 E_{1n} + \sigma}{\varepsilon_2}.$$

Demnach ist

$$\tan \alpha_2 = \frac{E_{2t}}{E_{2n}} = \frac{E_{1t} - \dfrac{1}{\varepsilon_0}\dfrac{d\tau}{ds}}{\dfrac{\varepsilon_1}{\varepsilon_2} E_{1n} + \dfrac{\sigma}{\varepsilon_2}}$$

und

$$\tan \alpha_1 = \frac{E_{1t}}{E_{1n}},$$

d.h.

$$\frac{\tan \alpha_2}{\tan \alpha_1} = \frac{1 - \dfrac{1}{\varepsilon_0 E_{1t}}\dfrac{d\tau}{ds}}{\dfrac{\varepsilon_1}{\varepsilon_2} + \dfrac{\sigma}{\varepsilon_2 E_{1n}}}. \qquad (2.120)$$

94 2 Die Grundlagen der Elektrostatik

Spezialfälle davon sind

1. die Brechung an einer Mediengrenze mit $\varepsilon_1 \neq \varepsilon_2, \sigma = 0$

$$\frac{\tan \alpha_2}{\tan \alpha_1} = \frac{\varepsilon_2}{\varepsilon_1}, \qquad (2.121)$$

2. die Brechung durch eine freie Oberflächenladung ($\varepsilon_1 = \varepsilon_2 = \varepsilon_0$)

$$\frac{\tan \alpha_2}{\tan \alpha_1} = \frac{1}{1 + \dfrac{\sigma}{\varepsilon_0 E_{1n}}}. \qquad (2.122)$$

Im Fall einer Doppelschicht wird das elektrische Feld im allgemeinen nicht nur gebrochen, sondern auch aus der Einfallsebene um den Winkel β herausgedreht. Dabei ist nach (2.117) und Bild 2.51

$$\mathbf{E}_{2t} = \mathbf{E}_{1t} - \frac{1}{\varepsilon_0} \operatorname{grad} \tau$$

und deshalb

$$E_{2t\parallel} = E_{1t} - \frac{1}{\varepsilon_0} (\operatorname{grad} \tau)_\parallel,$$

$$E_{2t\perp} = -\frac{1}{\varepsilon_0} (\operatorname{grad} \tau)_\perp.$$

Daraus ergibt sich

$$\tan \beta = \frac{E_{2t\perp}}{E_{2t\parallel}}$$

und

$$\tan \alpha_2 = \frac{E_{2t}}{E_{2n}}.$$

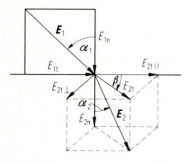

Bild 2.51

2.11 Die Punktladung in einem Dielektrikum

2.11.1 Homogenes Dielektrikum

Zunächst sei eine Punktladung betrachtet, die sich im Zentrum einer Hohlkugel aus dielektrischem Material befindet (Bild 2.52). Im ganzen Raum ist

$$\mathbf{D} = \frac{Q}{4\pi r^3}\mathbf{r}.$$

Im Vakuum ist also

$$\mathbf{E} = \frac{Q}{4\pi\varepsilon_0 r^3}\mathbf{r},$$

und in der dielektrischen Hohlkugel ist

$$\mathbf{E} = \frac{Q}{4\pi\varepsilon r^3}\mathbf{r} = \frac{Q}{4\pi\varepsilon_0\varepsilon_r r^3}\mathbf{r}.$$

Die zugehörige Polarisation ist

$$\mathbf{P} = \varepsilon_0\chi\mathbf{E} = \frac{\varepsilon_r - 1}{\varepsilon_r}\frac{Q}{4\pi r^3}\mathbf{r}$$

und, wie erst später in (3.42) gezeigt wird,

$$\rho_{\text{geb}} = -\operatorname{div}\mathbf{P} = -\frac{1}{r^2}\frac{\partial}{\partial r}\left(r^2\frac{\varepsilon_r - 1}{\varepsilon_r}\frac{Q}{4\pi r^3}r\right) = 0,$$

d.h. es gibt keine gebundenen Raumladungen im Inneren des Dielektrikums. Wohl aber gibt es gebundene Flächenladungen, nämlich

$$\sigma = \begin{cases} -\dfrac{\varepsilon_r - 1}{\varepsilon_r}\dfrac{Q}{4\pi r_1^2} & \text{für} \quad r = r_1, \\ +\dfrac{\varepsilon_r - 1}{\varepsilon_r}\dfrac{Q}{4\pi r_2^2} & \text{für} \quad r = r_2. \end{cases}$$

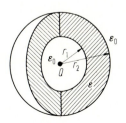

Bild 2.52

96 2 Die Grundlagen der Elektrostatik

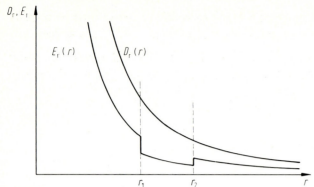

Bild 2.53

Bild 2.53 zeigt das Verhalten von **D** und **E** als Funktion von r. Nun gehe r_1 gegen Null und r_2 gegen unendlich. Dann ergibt sich im Inneren die Nettoladung

$$Q' = Q - \frac{\varepsilon_r - 1}{\varepsilon_r} \frac{Q}{4\pi r_1^2} 4\pi r_1^2 = Q - \frac{\varepsilon_r - 1}{\varepsilon_r} Q = \frac{Q}{\varepsilon_r}.$$

Die Ladung erscheint also durch die gebundenen Ladungen um den Faktor ε_r verkleinert. Das Feld im ganzen, nun mit dem Dielektrikum erfüllten Raum ist

$$\mathbf{E} = \frac{Q}{4\pi\varepsilon_0\varepsilon_r r^3} \mathbf{r}$$

$$= \frac{Q'}{4\pi\varepsilon_0 r^3} \mathbf{r},$$

d.h. es ist im Vergleich zum Vakuumfeld um denselben Faktor ε_r kleiner geworden wie die Ladung.

2.11.2 Ebene Grenzfläche zwischen zwei Dielektrika

Eine Punktladung Q befinde sich in einem Raum, der von zwei verschiedenen dielektrischen Medien erfüllt wird, die ihrerseits durch eine ebene Grenzfläche

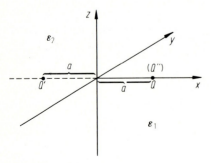

Bild 2.54

2.11 Die Punktladung in einem Dielektrikum

voneinander getrennt sind (Bild 2.54). Das Medium 1 (ε_1) erfüllt den Halbraum $x > 0$, das Medium 2 (ε_2) den Halbraum $x < 0$. Man kann folgendes zeigen:

1. Das Feld im Halbraum 1 läßt sich darstellen durch die Überlagerung des Feldes von Q und des Feldes einer fiktiven Ladung (Bildladung) Q' im Halbraum 2, die den gleichen Abstand von der Grenzfläche hat wie $Q(a)$.
2. Das Feld im Halbraum 2 läßt sich darstellen als Feld einer fiktiven Ladung Q'' am Ort der Ladung Q.

Demnach können wir die folgenden Ansätze machen:

$$\varphi_1 = \frac{1}{4\pi\varepsilon_1}\left(\frac{Q}{\sqrt{(x-a)^2+y^2+z^2}} + \frac{Q'}{\sqrt{(x+a)^2+y^2+z^2}}\right),$$

$$\varphi_2 = \frac{1}{4\pi\varepsilon_2}\frac{Q''}{\sqrt{(x-a)^2+y^2+z^2}}.$$

Daraus ergeben sich die elektrischen Felder

$$\mathbf{E}_1 = -\operatorname{grad}\varphi_1 = \frac{1}{4\pi\varepsilon_1}\begin{bmatrix}\dfrac{Q(x-a)}{\sqrt{(x-a)^2+y^2+z^2}^3} + \dfrac{Q'(x+a)}{\sqrt{(x+a)^2+y^2+z^2}^3}\\[6pt]\dfrac{Qy}{\sqrt{(x-a)^2+y^2+z^2}^3} + \dfrac{Q'y}{\sqrt{(x+a)^2+y^2+z^2}^3}\\[6pt]\dfrac{Qz}{\sqrt{(x-a)^2+y^2+z^2}^3} + \dfrac{Q'z}{\sqrt{(x+a)^2+y^2+z^2}^3}\end{bmatrix},$$

$$\mathbf{E}_2 = -\operatorname{grad}\varphi_2 = \frac{1}{4\pi\varepsilon_2}\begin{bmatrix}\dfrac{Q''(x-a)}{\sqrt{(x-a)^2+y^2+z^2}^3}\\[6pt]\dfrac{Q''y}{\sqrt{(x-a)^2+y^2+z^2}^3}\\[6pt]\dfrac{Q''z}{\sqrt{(x-a)^2+y^2+z^2}^3}\end{bmatrix}.$$

An der Grenzfläche $x = 0$ müssen die Tangentialkomponenten von $\mathbf{E}$, also E_y und E_z, und die Normalkomponente von $\mathbf{D}$, also εE_x, stetig sein. E_y und E_z sind stetig, wenn

$$\frac{Q+Q'}{\varepsilon_1} = \frac{Q''}{\varepsilon_2},$$

und εE_x ist stetig, wenn

$$Q' + Q'' = Q.$$

Die Richtigkeit der Ansätze zeigt sich daran, daß durch die richtige Wahl von Q'

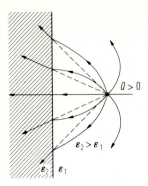 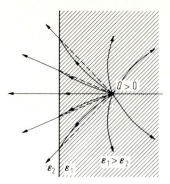

Bild 2.55   **Bild 2.56**

und Q'' die Randbedingungen auf der ganzen Grenzfläche $x = 0$, d.h. für alle y und z, erfüllt werden können, was keineswegs selbstverständlich ist. Bestimmen wir Q' und Q'' aus den beiden Gleichungen, so ergibt sich

$$Q' = Q \frac{\varepsilon_1 - \varepsilon_2}{\varepsilon_1 + \varepsilon_2},$$

$$Q'' = Q \frac{2\varepsilon_2}{\varepsilon_1 + \varepsilon_2}.$$

Q'' hat stets das Vorzeichen von Q, während Q' beide Vorzeichen haben kann. Ist insbesondere $\varepsilon_1 = \varepsilon_2$, so ist $Q' = 0$ und $Q'' = Q$, wie zu erwarten ist. Geht ε_2 gegen unendlich, so ergibt sich, wie bei der Spiegelung an einer leitfähigen Ebene, $Q' = -Q$. Ein Leiter verhält sich, wie bereits erwähnt, in mancher Beziehung wie ein Dielektrikum mit unendlicher Dielektrizitätskonstante. Wir kommen in einem späteren Abschnitt darauf zurück.

Die sich ergebenden Feldkonfigurationen sind in den Bildern 2.55 ($\varepsilon_1 < \varepsilon_2$) und Vorzeichen von Q' zusammen. Für $\varepsilon_1 < \varepsilon_2$ und $Q > 0$ ist $Q' < 0$, d.h. Q und Q' ziehen sich an, was Feldlinien wie in Bild 2.55 ergibt. Für $\varepsilon_1 > \varepsilon_2$ und $Q > 0$ ist dagegen $Q' > 0$, d.h. Q und Q' stoßen sich ab, was die Feldlinien von Bild 2.56 bewirkt.

2.12 Dielektrische Kugel im homogenen elektrischen Feld

2.12.1 Das Feld einer homogen polarisierten Kugel

Als Vorbereitung zur Lösung des Problems einer dielektrischen Kugel in einem homogenen elektrischen Feld sei zunächst das von einer homogen polarisierten Kugel erzeugte elektrische Feld berechnet. Ist r_k der Kugelradius und P die in

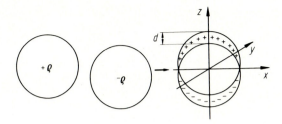

Bild 2.57

der Kugel konstante Polarisation, so ist das gesamte Dipolmoment

$$p = PV = \frac{4\pi r_k^3}{3} P. \tag{2.123}$$

Man kann sich die homogen polarisierte Kugel erzeugt denken durch leichtes gegenseitiges Verschieben entgegengesetzt geladener Kugeln (Bild 2.57). Ist $\pm \rho$ deren Raumladung und d die Verschiebung, so ist

$$P = \rho d.$$

Außerhalb der Kugel ist das Feld das eines Dipols **p** im Ursprung, nämlich

$$\varphi = \frac{p \cos \theta}{4\pi \varepsilon_0 r^2} = \frac{P r_k^3 \cos \theta}{3 \varepsilon_0 r^2}. \tag{2.124}$$

Auch auf der Kugeloberfläche ist das noch richtig, d.h. dort ist

$$\varphi = \varphi_k = \frac{P r_k \cos \theta}{3 \varepsilon_0} = \frac{Pz}{3 \varepsilon_0}. \tag{2.125}$$

Mit Hilfe von Sätzen über die Eindeutigkeit der Lösungen von Potentialproblemen, die wir erst in Kap. 3 erörtern werden, kann man daraus schließen, daß auch im Kugelinneren

$$\varphi = \frac{Pz}{3 \varepsilon_0} \tag{2.126}$$

sein muß. Wir wollen jedoch, um auf diese Sätze noch verzichten zu können, den Beweis dafür anders führen. Die Komponenten von **E** an der äußeren Kugeloberfläche sind

$$\left. \begin{array}{l} E_r = \dfrac{2p \cos \theta}{4\pi \varepsilon_0 r_k^3} = \dfrac{2P \cos \theta}{3 \varepsilon_0}, \\[2mm] E_\theta = \dfrac{p \sin \theta}{4\pi \varepsilon_0 r_k^3} = \dfrac{P \sin \theta}{3 \varepsilon_0}, \\[2mm] E_\varphi = 0, \end{array} \right\} \tag{2.127}$$

was sich aus den Beziehungen (2.63) ergibt. Die Flächenladung auf der

Kugeloberfläche (gebundene Ladungen wegen der Polarisation) ist nach (2.67)

$$\sigma_{geb} = P \cos \theta. \tag{2.128}$$

E_r muß deshalb an der Kugeloberfläche, von außen nach innen gehend, um $P \cos \theta / \varepsilon_0$ abnehmen, während die anderen Komponenten sich nicht ändern. An der Innenseite der Kugeloberfläche ist deshalb

$$\left.\begin{aligned} E_r &= -\frac{P \cos \theta}{3\varepsilon_0}, \\ E_\theta &= \frac{P \sin \theta}{3\varepsilon_0}, \\ E_\varphi &= 0. \end{aligned}\right\} \tag{2.129}$$

Dementsprechend sind dort die kartesischen Komponenten von **E**

$$\left.\begin{aligned} E_x &= E_r \sin \theta \cos \varphi + E_\theta \cos \theta \cos \varphi = 0, \\ E_y &= E_r \sin \theta \sin \varphi + E_\theta \cos \theta \sin \varphi = 0, \\ E_z &= E_r \cos \theta - E_\theta \sin \theta = -\frac{P}{3\varepsilon_0}. \end{aligned}\right\} \tag{2.130}$$

Man hat dort also nur eine z-Komponente von **E**, die noch dazu überall dieselbe ist. Da der Innenraum der Kugel frei von (gebundenen) Raumladungen ist, muß man annehmen, daß er mit demselben Feld erfüllt ist. Das zugehörige Potential ist $\varphi = (Pz/3\varepsilon_0)$, wie schon oben behauptet wurde. Im Zusammenhang mit Gleichung (2.128) sei daran erinnert, daß eine leitfähige Kugel im homogenen elektrischen Feld auch eine Oberflächenladung proportional zu $\cos \theta$ trägt, s. (2.94). Offensichtlich kompensiert deren Feld gerade das äußere homogene Feld, d.h. sie erzeugt selbst ein homogenes Feld im Inneren der Kugel. Außen erzeugt sie, wie wir bei der leitfähigen Kugel ebenfalls sahen, ein Dipolfeld. Überträgt man diese Ergebnisse auf den vorliegenden Fall, so erhält man wieder die eben beschriebenen Ergebnisse.

> Zusammenfassend können wir also sagen, daß eine homogen polarisierte Kugel (Polarisation **P**) in ihrem Außenraum ein elektrisches Dipolfeld und in ihrem Innenraum ein homogenes elektrisches Feld $-(\mathbf{P}/3\varepsilon_0)$ erzeugt.

Damit ist z.B. das Feld einer homogenen permanent polarisierten Kugel (d.h. eines homogenen Elektrets) gegeben. In seinem Inneren ist

$$\mathbf{D} = \mathbf{P} + \varepsilon_0 \mathbf{E} = \mathbf{P} - \frac{\mathbf{P}}{3} = \frac{2}{3}\mathbf{P}.$$

D und **E** haben hier (Bild 2.58) verschiedene Richtungen, sie sind antiparallel und nicht, wie es normalerweise der Fall ist, parallel. Es ist außerdem bemerkenswert, daß **E**, wie immer in der Elektrostatik, zwar wirbelfrei, jedoch nicht quellenfrei ist, wohingegen **D** zwar quellenfrei, jedoch nicht wirbelfrei ist.

2.12 Dielektrische Kugel im homogenen elektrischen Feld

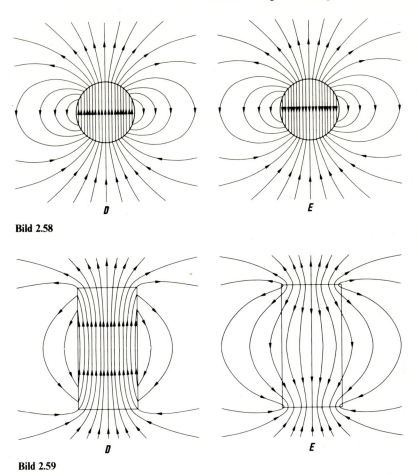

Bild 2.58

Bild 2.59

Neben kugelförmigen Körpern haben nur noch Ellipsoide so einfache Eigenschaften. Im allgemeinen ist der Zusammenhang zwischen **P** und **E** bzw. zwischen **D** und **E** recht kompliziert. Insbesondere haben **D** und **E** dann ganz verschiedene Richtungen. Bild 2.59 z.B. zeigt die Felder eines homogen polarisierten Quaders. In seinem Inneren haben die Linien von **D** und **E** ganz verschiedene Formen. Im Außenraum besteht natürlich der übliche Vakuumzusammenhang zwischen **E** und **D**; also $\mathbf{D} = \varepsilon_0 \mathbf{E}$.

Wir haben in diesem Abschnitt zunächst nicht nach der Ursache der Polarisation gefragt. Sie könnte in einer permanenten Polarisation zu suchen sein, was dann Feldbilder wie in den Bildern 2.58 und 2.59 ergibt. Ursache kann jedoch auch ein äußeres homogenes Feld sein, das dann mitbetrachtet werden muß.

2.12.2 Äußeres homogenes Feld als Ursache der Polarisation

Bringt man eine dielektrische Kugel in ein homogenes Feld, so entsteht durch deren Polarisation ein diesem zu überlagerndes zusätzliches Feld. Bei homogener

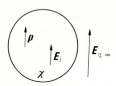

Bild 2.60

Polarisation ist es, wie wir eben sahen, im Inneren ebenfalls homogen. Homogene Polarisation würde also auch ein homogenes Gesamtfeld im Inneren bewirken, dieses wiederum eine homogene Polarisation. Wir können deshalb sagen, daß eine dielektrische Kugel durch ein homogenes elektrisches Feld homogen polarisiert wird. Wir können deshalb mit den Beziehungen aus Bild 2.60 schreiben

$$E_i = E_{a,\infty} - \frac{P}{3\varepsilon_0} = E_{a,\infty} - \frac{\varepsilon_0 \chi E_i}{3\varepsilon_0},$$

woraus sich

$$\boxed{E_i = E_{a,\infty} \frac{3}{3+\chi} = E_{a,\infty} \frac{3}{2+\varepsilon_r}} \tag{2.131}$$

ergibt. Ferner ist

$$D_i = D_{a,\infty} \frac{3\varepsilon_r}{2+\varepsilon_r} \tag{2.132}$$

und

$$P = E_{a,\infty} \frac{3\varepsilon_0 \chi}{2+\varepsilon_r} = E_{a,\infty} 3\varepsilon_0 \frac{\varepsilon_r - 1}{\varepsilon_r + 2}. \tag{2.133}$$

2.12.3 Dielektrische Kugel (ε_i) und dielektrischer Außenraum (ε_a)

Das eben behandelte Problem sei noch etwas verallgemeinert. Der Außenraum sei nun auch ein Dielektrikum. Das Feld im Außenraum besteht aus einem Dipolfeld noch unbekannter Stärke und dem homogenen Feld $E_{a,\infty}$, d.h. wir können ansetzen

$$\left. \begin{array}{l} E_{ra} = \dfrac{2C\cos\theta}{4\pi\varepsilon_0 r^3} + E_{a,\infty}\cos\theta, \\[2mm] E_{\theta a} = \dfrac{C\sin\theta}{4\pi\varepsilon_0 r^3} - E_{a,\infty}\sin\theta, \\[2mm] E_{\varphi a} = 0. \end{array} \right\} \tag{2.134}$$

Die Konstante C bleibt zunächst unbestimmt. Sie hängt mit der Polarisation sowohl des Außen- als auch des Innenraumes zusammen. Im Innenraum hat man ein noch unbestimmtes homogenes Feld $\mathbf{E}_i$, d.h.

$$\left.\begin{array}{l}E_{ri} = E_i \cos\theta,\\ E_{\theta i} = -E_i \sin\theta,\\ E_{\varphi i} = 0.\end{array}\right\} \tag{2.135}$$

Man kann nun zeigen, daß man alle Randbedingungen an der Kugeloberfläche $r = r_k$ durch passende Wahl von C und E_i erfüllen kann. Das erst rechtfertigt die Ansätze (2.134) und (2.135) wirklich. Für $r = r_k$ muß E_θ stetig sein, d.h.

$$\frac{C \sin\theta}{4\pi\varepsilon_0 r_k^3} - E_{a,\infty} \sin\theta = -E_i \sin\theta.$$

Ferner muß, ebenfalls für $r = r_k$, $D_r = \varepsilon E_r$ stetig sein, d.h.

$$\varepsilon_a \frac{2C \cos\theta}{4\pi\varepsilon_0 r_k^3} + \varepsilon_a E_{a,\infty} \cos\theta = \varepsilon_i E_i \cos\theta.$$

Die Lösung dieser beiden Gleichungen liefert

$$\boxed{E_i = \frac{3\varepsilon_a}{\varepsilon_i + 2\varepsilon_a} E_{a,\infty}} \tag{2.136}$$

und

$$C = 4\pi\varepsilon_0 \frac{\varepsilon_i - \varepsilon_a}{\varepsilon_i + 2\varepsilon_a} E_{a,\infty} r_k^3. \tag{2.137}$$

(2.136) verallgemeinert (2.131) und geht für $\varepsilon_a = \varepsilon_0$ in diese Beziehung über.

Die Polarisation im Innenraum ist

$$P_i = \varepsilon_0 \chi_i E_i = (\varepsilon_i - \varepsilon_0) E_i = 3\varepsilon_a \frac{\varepsilon_i - \varepsilon_0}{\varepsilon_i + 2\varepsilon_a} E_{a,\infty} \tag{2.138}$$

und homogen in z-Richtung. Die Polarisation im Außenraum ist nicht homogen, jedoch divergenzfrei, so daß auch im Außenraum keine gebundenen Raumladungen entstehen:

$$\rho_{geb\,a} = -\operatorname{div}\mathbf{P}_a = -(\varepsilon_a - \varepsilon_0)\operatorname{div}\mathbf{E}_a$$
$$= -(\varepsilon_a - \varepsilon_0)\left(\frac{1}{r^2}\frac{\partial}{\partial r}r^2 E_{ra} + \frac{1}{r\sin\theta}\frac{\partial}{\partial \theta}\sin\theta E_{\theta a}\right)$$
$$= 0.$$

Der hier benutzte Ausdruck für die Divergenz in Kugelkoordinaten wird später abgeleitet werden. Gebundene Ladungen gibt es nur an der Kugeloberfläche, und zwar

$$\sigma_{geb} = \sigma_{gebi} + \sigma_{geba}$$
$$= (\varepsilon_0 \chi_i E_{ri} - \varepsilon_0 \chi_a E_{ra})_{r=r_k}$$
$$= (\varepsilon_i - \varepsilon_0) E_i \cos\theta - (\varepsilon_a - \varepsilon_0)\left(\frac{2C}{4\pi\varepsilon_0 r_k^3} + E_{a,\infty}\right) \cos\theta$$
$$= 3\varepsilon_0 \frac{\varepsilon_i - \varepsilon_a}{\varepsilon_i + 2\varepsilon_a} E_{a,\infty} \cos\theta.$$

Sie bewirken außerhalb der Kugel ein Dipolfeld, das dem Dipolmoment

$$p = \left(\frac{4\pi}{3} r_k^3\right)\left(3\varepsilon_0 \frac{\varepsilon_i - \varepsilon_a}{\varepsilon_i + 2\varepsilon_a} E_{a,\infty}\right)$$
$$= 4\pi\varepsilon_0 \frac{\varepsilon_i - \varepsilon_a}{\varepsilon_i + 2\varepsilon_a} E_{a,\infty} r_k^3$$

entspricht. Man beachte dabei (2.67) und (2.123). Die Konstante C unseres Ansatzes ist also gerade das durch die Polarisation von Außen- und Innenraum bewirkte Dipolmoment, was sowohl den Ansatz (2.134) rechtfertigt, als auch das formale Ergebnis (2.137) anschaulich macht.

Dipolfeld und homogenes Feld zusammen bewirken im Außenraum das Potential

$$\varphi_a = E_{a,\infty} \cos\theta \left(\frac{r_k^3}{r^2} \frac{\varepsilon_i - \varepsilon_a}{\varepsilon_i + 2\varepsilon_a} - r\right). \tag{2.139}$$

Es ist interessant, dieses Potential mit dem einer leitfähigen Kugel in einem homogenen elektrischen Feld zu vergleichen, das durch (2.91) gegeben ist. Es entsteht aus dem gegenwärtigen Potential durch den Grenzübergang $\varepsilon_a/\varepsilon_i$ gegen Null. Wir können auch sonst feststellen, daß sich ein leitfähiges Medium in gewisser Hinsicht verhält wie ein Dielektrikum mit gegen unendlich gehender Dielektrizitätskonstante. Das Brechungsgesetz (2.121) macht diese Tatsache anschaulich. Die Kraftlinien müssen auf der Leiteroberfläche senkrecht stehen. Bei einem Dielektrikum mit unendlicher Dielektrizitätskonstante ist dies nach dem Brechungsgesetz auch der Fall.

Mit E_i, Gleichung (2.136), ist auch D_i gegeben,

$$\boxed{D_i = \frac{3\varepsilon_i}{\varepsilon_i + 2\varepsilon_a} D_{a,\infty}}. \tag{2.140}$$

Damit können wir die Felder in den Bildern 2.61 ($\varepsilon_a > \varepsilon_i$) und 2.62 ($\varepsilon_a < \varepsilon_i$) skizzieren. **D** ist in allen Fällen divergenzfrei. **E** ist nicht divergenzfrei wegen der gebundenen Flächenladungen. Im Fall von Bild 2.61, d.h. für $\varepsilon_a > \varepsilon_i$, ist $E_i > E_{a,\infty}$ und $D_i < D_{a,\infty}$, während im Fall von Bild 2.62, d.h. für $\varepsilon_a < \varepsilon_i$, im Gegensatz dazu $E_i < E_{a,\infty}$ und $D_i > D_{a,\infty}$ ist.

2.12 Dielektrische Kugel im homogenen elektrischen Feld 105

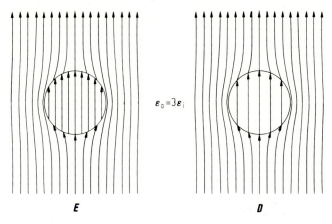

Bild 2.61

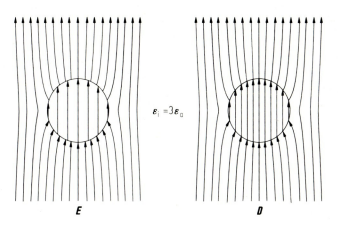

Bild 2.62

2.12.4 Verallgemeinerung: Ellipsoide

Im Fall einer ebenen und senkrecht zur Oberfläche homogen polarisierten Scheibe ergab sich in Abschn. 2.8

$$E_i = E_a - \frac{P}{\varepsilon_0}. \tag{2.141}$$

Für eine Kugel fanden wir eben

$$E_i = E_{a,\infty} - \frac{P}{3\varepsilon_0}. \tag{2.142}$$

Wir können noch den trivialen Fall einer ebenen parallel zu ihrer Oberfläche polarisierten Scheibe hinzufügen (Bild 2.63), wo die Randbedingung (2.118)

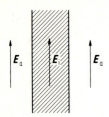

Bild 2.63

bewirkt, daß

$$E_i = E_a - 0 \cdot P = E_a \tag{2.143}$$

ist. Der Faktor vor P in allen diesen Beziehungen heißt *Entelektrisierungs-Faktor*. In den genannten Fällen ist er also der Reihe nach $1/\varepsilon_0$, $1/3\varepsilon_0$ und 0.

Wir haben schon betont, daß beliebig geformte homogen polarisierte Körper keineswegs ein homogenes Feld im Innenraum erzeugen. Dies ist nur der Fall bei Ellipsoiden und ihren Grenzfällen (ebenen Platten, Zylindern, Kugeln), obwohl das hier nicht bewiesen werden soll. Die Gleichung eines Ellipsoids ist

$$\frac{x^2}{a^2} + \frac{y^2}{b^2} + \frac{z^2}{c^2} = 1.$$

Geht z.B. $c \to \infty$, so entsteht ein i.allg. elliptischer Zylinder,

$$\frac{x^2}{a^2} + \frac{y^2}{b^2} = 1.$$

Ist hier $a = b$, so entsteht natürlich ein Kreiszylinder,

$$x^2 + y^2 = a^2.$$

Ist beim Ellipsoid $a = b = c$, so ergibt sich eine Kugel,

$$x^2 + y^2 + z^2 = a^2.$$

Gehen zwei Halbachsen gegen unendlich, z.B. a und b, so ergeben sich parallele Ebenen (Platten):

$$z^2 = c^2,$$

d.h.

$$z = \pm c.$$

Der Fall eines Ellipsoides soll hier nicht im Detail durchgerechnet werden. Es soll lediglich das Ergebnis angegeben werden, das man z.B. mit Hilfe eines von *Dirichlet* stammenden Ansatzes finden kann, daß nämlich eine homogene Polarisation

$$\mathbf{P} = (P_x, P_y, P_z) \tag{2.144}$$

ein homogenes Innenfeld erzeugt,

$$\mathbf{E} = (-AP_x, -BP_y, -CP_z). \tag{2.145}$$

Die Vektoren **P** und **E** haben demnach im allgemeinen verschiedene Richtungen. (2.145) kann auch in folgender Form geschrieben werden:

$$\mathbf{E} = -\begin{pmatrix} A & 0 & 0 \\ 0 & B & 0 \\ 0 & 0 & C \end{pmatrix} \mathbf{P} \tag{2.146}$$

Die drei Konstanten A, B, C sind die *Entelektrisierungs-Faktoren des Ellipsoides*. Für ein dreiachsiges Ellipsoid sind A, B, C verschieden voneinander und durch gewisse Integrale gegeben, z.B.

$$A = \frac{abc}{2\varepsilon_0} \int_0^\infty \frac{\mathrm{d}\xi}{(a^2 + \xi)^{3/2}(b^2 + \xi)^{1/2}(c^2 + \xi)^{1/2}}.$$

Für B und C ergeben sich natürlich analoge Ausdrücke. Interessant ist, daß in jedem Fall gilt

$$\boxed{A + B + C = \frac{1}{\varepsilon_0}}. \tag{2.147}$$

Aus Symmetriegründen muß deshalb für eine Kugel $A = B = C = 1/3\varepsilon_0$ sein in Übereinstimmung mit unserem früheren Resultat. Für einen Kreiszylinder, dessen Achse parallel zur z-Achse orientiert ist, ist $C = 0$ und $A = B = 1/2\varepsilon_0$. Dieses Ergebnis kann übrigens leicht hergeleitet werden mit der Methode, die weiter oben für die Kugel benutzt wurde. Man kann sich leicht klarmachen, daß das Feld außerhalb des Zylinders das eines Liniendipols auf der Achse des Zylinders ist. Für eine ebene Platte, deren Normale parallel zur z-Achse liegt, ist $A = B = 0$ und $C = 1/\varepsilon_0$, was wiederum im Einklang mit unseren früheren Resultaten ist.

Später werden wir ähnlichen Faktoren im Zusammenhang mit Problemen des Magnetismus als *Entmagnetisierungs-Faktoren* begegnen.

2.13 Der Polarisationsstrom

An sich gehört der Polarisationsstrom nicht in ein Kapitel über elektrostatische Probleme. Wir haben jedoch hier den Begriff der Polarisation eingeführt und wollen im Anschluß daran auch den Polarisationsstrom kennenlernen, der sich bei zeitabhängiger Polarisation ergibt. Zunächst ist

$$\operatorname{div} \mathbf{P} = -\rho_{\mathrm{geb}}.$$

Wenn **P** von der Zeit abhängt, dann hängt auch ρ_{geb} von der Zeit ab. Auch für die gebundenen Ladungen gilt der Ladungserhaltungssatz. Nennen wir die zugehörige Stromdichte $\mathbf{g}_{\mathrm{geb}}$, so ist deshalb nach (1.58) auch

$$\operatorname{div} \mathbf{g}_{\mathrm{geb}} + \frac{\partial \rho_{\mathrm{geb}}}{\partial t} = 0 \tag{2.148}$$

bzw.

$$\operatorname{div} \mathbf{g}_{\text{geb}} - \operatorname{div} \frac{\partial \mathbf{P}}{\partial t} = 0, \tag{2.149}$$

d.h.

$$\boxed{\mathbf{g}_{\text{geb}} = \frac{\partial \mathbf{P}}{\partial t}}, \tag{2.150}$$

wenn man annimmt, daß ein nach (2.149) noch möglicher divergenzfreier Zusatzterm verschwindet. Diese Stromdichte der gebundenen Ladungen wird als Polarisationsstromdichte bezeichnet.

Die gesamte Ladungsdichte ist

$$\rho = \rho_{\text{geb}} + \rho_{\text{frei}},$$

und die gesamte Stromdichte ist

$$\mathbf{g} = \mathbf{g}_{\text{geb}} + \mathbf{g}_{\text{frei}} = \frac{\partial \mathbf{P}}{\partial t} + \mathbf{g}_{\text{frei}}.$$

Zur Vermeidung von Mißverständnissen sei noch erörtert, wie sich das z.B. auf die erste Maxwellsche Gleichung (1.61) auswirkt,

$$\operatorname{rot} \mathbf{H} = \mathbf{g} + \frac{\partial \mathbf{D}}{\partial t}.$$

Wir haben zwei Möglichkeiten des Vorgehens. Entweder betrachten wir explizit alle Ladungen und behandeln den Raum als Vakuum, oder wir betrachten nur die freien Ladungen und behandeln den Raum als Dielektrikum. Im ersten Fall ist

$$\mathbf{g} = \mathbf{g}_{\text{geb}} + \mathbf{g}_{\text{frei}} = \mathbf{g}_{\text{frei}} + \frac{\partial \mathbf{P}}{\partial t}$$

und

$$\mathbf{D} = \varepsilon_0 \mathbf{E},$$

d.h.

$$\operatorname{rot} \mathbf{H} = \mathbf{g}_{\text{frei}} + \frac{\partial \mathbf{P}}{\partial t} + \frac{\partial}{\partial t} \varepsilon_0 \mathbf{E}.$$

Im zweiten Fall ist

$$\mathbf{g} = \mathbf{g}_{\text{frei}}$$

und

$$\mathbf{D} = \mathbf{P} + \varepsilon_0 \mathbf{E},$$

d.h.

$$\operatorname{rot} \mathbf{H} = \mathbf{g}_{\text{frei}} + \frac{\partial \mathbf{P}}{\partial t} + \frac{\partial}{\partial t}\varepsilon_0 \mathbf{E}.$$

Beide Möglichkeiten führen zum selben Ergebnis. Man muß jedoch sehr darauf achten, nicht beide Betrachtungsweisen zu vermischen. Das würde zu Fehlern Anlaß geben.

2.14 Der Energiesatz

2.14.1 Der Energiesatz in allgemeiner Formulierung

Der Energiesatz der Elektrostatik ist nur ein Spezialfall des allgemeinen Energiesatzes der Elektrodynamik, den wir hier behandeln wollen, obwohl er eigentlich nicht zur Elektrostatik gehört. Ausgangspunkt sind die beiden Maxwellschen Gleichungen

$$\operatorname{rot} \mathbf{H} = \mathbf{g} + \frac{\partial \mathbf{D}}{\partial t}, \tag{2.151}$$

$$\operatorname{rot} \mathbf{E} = -\frac{\partial \mathbf{B}}{\partial t}. \tag{2.152}$$

Wir definieren nun den sogenannten *Poyntingschen Vektor*

$$\boxed{\mathbf{S} = \mathbf{E} \times \mathbf{H}}, \tag{2.153}$$

dessen Bedeutung wir im folgenden erkennen werden. Wir bilden seine Divergenz,

$$\operatorname{div} \mathbf{S} = \operatorname{div}(\mathbf{E} \times \mathbf{H}) = \mathbf{H} \cdot \operatorname{rot} \mathbf{E} - \mathbf{E} \cdot \operatorname{rot} \mathbf{H}, \tag{2.154}$$

und formen sie mit Hilfe der Maxwellschen Gleichungen um:

$$\operatorname{div} \mathbf{S} = -\mathbf{H} \cdot \frac{\partial \mathbf{B}}{\partial t} - \mathbf{E} \cdot \frac{\partial \mathbf{D}}{\partial t} - \mathbf{E} \cdot \mathbf{g}. \tag{2.155}$$

Die Bedeutung dieser Gleichung wird durch Integration über ein Volumen V anschaulicher:

$$\int_V \operatorname{div} \mathbf{S} \, d\tau = \oint_A \mathbf{S} \cdot d\mathbf{A} = -\int_V \left(\mathbf{H} \cdot \frac{\partial \mathbf{B}}{\partial t} + \mathbf{E} \cdot \frac{\partial \mathbf{D}}{\partial t} \right) d\tau - \int_V \mathbf{E} \cdot \mathbf{g} \, d\tau. \tag{2.156}$$

Obwohl diese Gleichung dadurch an Allgemeingültigkeit verliert, wollen wir sie noch mit Hilfe der Beziehungen

$$\left. \begin{array}{l} \mathbf{D} = \varepsilon \mathbf{E}, \\ \mathbf{B} = \mu \mathbf{H}, \\ \mathbf{g} = \kappa \mathbf{E} \end{array} \right\} \tag{2.157}$$

weiter umformen. Die Gleichung $\mathbf{B} = \mu\mathbf{H}$ haben wir bisher nur für das Vakuum, $\mu = \mu_0$, kennengelernt. Dennoch sei hier die später noch zu diskutierende Verallgemeinerung benutzt. Damit wird

$$\left.\begin{aligned} \mathbf{E} \cdot \frac{\partial \mathbf{D}}{\partial t} &= \frac{\partial}{\partial t}\left(\frac{1}{2}\varepsilon E^2\right), \\ \mathbf{H} \cdot \frac{\partial \mathbf{B}}{\partial t} &= \frac{\partial}{\partial t}\left(\frac{1}{2}\mu H^2\right), \\ \mathbf{E} \cdot \mathbf{g} &= \kappa E^2 = \frac{g^2}{\kappa} \end{aligned}\right\} \tag{2.158}$$

und schließlich aus (2.156)

$$\boxed{\frac{\partial}{\partial t}\int_V \left(\frac{\varepsilon E^2}{2} + \frac{\mu H^2}{2}\right) d\tau + \int_V \frac{g^2}{\kappa} d\tau + \oint_A \mathbf{S} \cdot d\mathbf{A} = 0}, \tag{2.159}$$

bzw. aus (2.155)

$$\boxed{\frac{\partial}{\partial t}\left(\frac{\varepsilon E^2}{2} + \frac{\mu H^2}{2}\right) + \frac{g^2}{\kappa} + \operatorname{div} \mathbf{S} = 0}. \tag{2.160}$$

Diese beiden einander gleichwertigen Beziehungen stellen den Energiesatz in integraler bzw. in differentieller Form dar. Um ihn interpretieren zu können, sei die folgende Überlegung angestellt.

Wir betrachten irgendein System, das in irgendeiner Form die Energie W enthält. Diese Energie ist irgendwie über den Raum verteilt, und zwar mit der räumlichen Dichte (*Energiedichte*)

$$w = \frac{dW}{d\tau}.$$

Zu verschiedenen Zeiten kann die Energie verschieden verteilt sein, d.h. sie kann im Raum von einem Ort zu einem anderen Ort strömen. Die pro Zeit- und Flächeneinheit durch ein Flächenelement hindurchströmende Energie wird *Energieflußdichte* genannt. Sie ist ein Vektor und sei mit **v** bezeichnet. Die Energie W ist nicht notwendigerweise eine Erhaltungsgröße, nämlich dann nicht, wenn ein Teil der Energie z.B. in eine andere Energieform umgewandelt wird. Natürlich muß dieser Teil in anderer Form nach wie vor vorhanden sein. Die pro Zeit- und Volumeneinheit umgewandelte Energie sei mit u bezeichnet. Die Energiebilanz sieht dann wie folgt aus:

$$\oint_A \mathbf{v} \cdot d\mathbf{A} + \int_V u \, d\tau = -\frac{\partial}{\partial t}\int_V w \, d\tau, \tag{2.161}$$

d.h. die dem ganzen Volumen verlorengehende Energie setzt sich aus zwei Anteilen zusammen, einer strömt durch die Oberfläche weg ($\oint \mathbf{v} \cdot d\mathbf{A}$) und einer wird in eine andere Energieform umgewandelt ($\int_V u \, d\tau$). Diese Gleichung ist mit (2.159) vergleichbar. Sie kann auch in differentieller Form geschrieben und mit (2.160) verglichen werden. Zunächst bekommt man mit Hilfe des Gaußschen Satzes

$$\int_V \left(\operatorname{div} \mathbf{v} + u + \frac{\partial w}{\partial t} \right) d\tau = 0$$

und deshalb

$$\operatorname{div} \mathbf{v} + u + \frac{\partial w}{\partial t} = 0. \tag{2.162}$$

Der Vergleich erlaubt nun die Identifizierung der verschiedenen Terme:

1. **S** ist die Energieflußdichte der elektromagnetischen Energie im Feld.
2. $\varepsilon E^2/2 + \mu H^2/2$ ist die elektromagnetische Energiedichte, die wiederum in einen elektrischen ($\varepsilon E^2/2$) und einen magnetischen Anteil ($\mu H^2/2$) zerfällt.
3. g^2/κ ist die pro Volumen- und Zeiteinheit verlorengehende elektromagnetische Energie, nichts anderes als die sog. *Stromwärme*, wie wir noch zeigen werden.

Betrachten wir einen zylindrischen Leiter konstanter Leitfähigkeit κ. Er habe die Länge l, den Querschnitt A und sei von einem Strom konstanter Dichte **g** durchflossen. Dann ist die in seinem ganzen Volumen umgewandelte Leistung

$$\begin{aligned}\int_V \frac{g^2}{\kappa} d\tau &= \frac{g^2}{\kappa} Al = (gA)^2 \frac{l}{\kappa A} = I^2 R \\ &= (gA)\left(\frac{g}{\kappa} l\right) = (gA)(El) = IU,\end{aligned} \tag{2.163}$$

denn der Gesamtstrom ist

$$I = gA,$$

und die Spannung ist

$$U = lE.$$

Außerdem haben wir gesetzt

$$R = \frac{l}{\kappa A}. \tag{2.164}$$

R ist der in Ohm (Ω) gemessene Widerstand des Leiters (Abschn. 1.13). $I^2 R = IU$ ist die in ihm umgesetzte, d.h. in Stromwärme verwandelte Leistung. Damit ist unsere Behauptung bestätigt. Wir bekommen hier auch das übliche Ohmsche Gesetz

$$U = IR. \tag{2.165}$$

Es ist die integrale Form der von uns als Ohmsches Gesetz eingeführten Beziehung

$$\mathbf{g} = \kappa \mathbf{E}$$

bzw.

$$g = \kappa E = \frac{I}{A} = \kappa \frac{U}{l}.$$

Multiplikation mit l/κ gibt gerade $IR = U$.

Es ist wichtig, festzuhalten, daß die Gleichungen (2.155) und (2.156) sehr viel allgemeiner gelten als die durch die Ansätze (2.157) gewonnen Gleichungen (2.159) und (2.160). Sie gelten sowohl für nichtlineare Medien wie auch für Ladungsbewegungen (Stromdichten) beliebiger Art, die u.U. gar nicht durch ein leitfähiges Medium verursacht werden.

2.14.2 Die elektrostatische Energie

Gegenwärtig sei nur die elektrostatische Energie ausführlicher diskutiert. Ihre räumliche Dichte hat sich eben zu

$$w = \frac{\varepsilon E^2}{2} = \frac{\mathbf{E} \cdot \mathbf{D}}{2}$$

ergeben, und zwar auf eine recht formale Weise. Es muß jedoch auch möglich sein, diesen Ausdruck aus rein elektrostatischen Betrachtungen zu gewinnen.

Eine Punktladung Q_1 am Ort $\mathbf{r}_1$ erzeugt nach (2.18) das Potential

$$\varphi = \frac{Q_1}{4\pi\varepsilon_0 |\mathbf{r} - \mathbf{r}_1|}.$$

Bringt man eine zweite Ladung Q_2 aus dem Unendlichen an den Ort $\mathbf{r}_2$, so ist die dadurch gespeicherte Energie

$$W_{12} = \frac{Q_1 Q_2}{4\pi\varepsilon_0 |\mathbf{r}_2 - \mathbf{r}_1|} = \frac{Q_1 Q_2}{4\pi\varepsilon_0 r_{12}}, \qquad (2.166)$$

wenn

$$r_{12} = |\mathbf{r}_2 - \mathbf{r}_1|$$

gesetzt wird. Das von beiden Ladungen erzeugte Potential ist

$$\varphi = \frac{Q_1}{4\pi\varepsilon_0 |\mathbf{r} - \mathbf{r}_1|} + \frac{Q_2}{4\pi\varepsilon_0 |\mathbf{r} - \mathbf{r}_2|}.$$

Bringt man nun eine dritte Ladung Q_3 aus dem Unendlichen an den Punkt $\mathbf{r}_3$, so wird dadurch zusätzlich die Energie

$$W_{13} + W_{23} = \frac{Q_1 Q_3}{4\pi\varepsilon_0 r_{13}} + \frac{Q_2 Q_3}{4\pi\varepsilon_0 r_{23}}$$

gespeichert usw. Die gesamte gespeicherte Energie ist also

$$W = \frac{Q_1 Q_2}{4\pi\varepsilon_0 r_{12}} + \frac{Q_1 Q_3}{4\pi\varepsilon_0 r_{13}} + \frac{Q_2 Q_3}{4\pi\varepsilon_0 r_{23}}$$

bzw. bei mehr Ladungen

$$W = \frac{Q_1 Q_2}{4\pi\varepsilon_0 r_{12}} + \frac{Q_1 Q_3}{4\pi\varepsilon_0 r_{13}} + \cdots + \frac{Q_1 Q_n}{4\pi\varepsilon_0 r_{1n}}$$
$$+ \frac{Q_2 Q_3}{4\pi\varepsilon_0 r_{23}} + \cdots + \frac{Q_2 Q_n}{4\pi\varepsilon_0 r_{2n}}$$
$$+ \cdots\cdots\cdots$$
$$+ \frac{Q_{n-1} Q_n}{4\pi\varepsilon_0 r_{n-1,n}}.$$

Setzt man, die Beziehung (2.166) verallgemeinernd, zur Abkürzung

$$W_{ik} = \frac{Q_i Q_k}{4\pi\varepsilon_0 r_{ik}}, \tag{2.167}$$

so ist

$$\boxed{W = \frac{1}{2} \sum_{i \neq k} W_{ik}}. \tag{2.168}$$

Die Summation ist über alle Indices i und k zu erstrecken, wobei jedoch i und k verschieden sein müssen. Für $i = k$ bekäme man wegen $r_{ii} = 0$ unendliche Beiträge. Im Grunde hat jede Punktladung eine unendliche Energie in ihrem Feld gespeichert, die wir jedoch weglassen. Das bedeutet lediglich eine bestimmte Normierung der Energie. Wir haben nur die Beiträge berücksichtigt, die von der Wechselwirkung der verschiedenen Punktladungen miteinander herrühren. Der Faktor $\frac{1}{2}$ ist nötig, weil wir sonst alle Beiträge doppelt zählen würden. Die Summe enthält ja neben W_{12} auch $W_{21} = W_{12}$, obwohl nur W_{12} oder W_{21} vorkommen darf.

Im Falle einer räumlichen Verteilung von Ladungen ergibt sich statt der Summe das Integral

$$W = \frac{1}{2} \int_V \int_V \frac{dQ(\mathbf{r}')\, dQ(\mathbf{r}'')}{4\pi\varepsilon_0 |\mathbf{r}' - \mathbf{r}''|} \tag{2.169}$$

bzw. mit

$$dQ(\mathbf{r}') = \rho(\mathbf{r}')\, d\tau' = \rho(\mathbf{r}')\, dx'\, dy'\, dz',$$
$$dQ(\mathbf{r}'') = \rho(\mathbf{r}'')\, d\tau'' = \rho(\mathbf{r}'')\, dx''\, dy''\, dz''$$

$$\boxed{W = \int_V \int_V \frac{\rho(\mathbf{r}')\rho(\mathbf{r}'')}{8\pi\varepsilon_0 |\mathbf{r}' - \mathbf{r}''|}\, d\tau'\, d\tau''}. \tag{2.170}$$

Nach (2.20) ist

$$\varphi(\mathbf{r}'') = \frac{1}{4\pi\varepsilon_0} \int_V \frac{\rho(\mathbf{r}')\, d\tau'}{|\mathbf{r}'' - \mathbf{r}'|},$$

d.h. wir können (2.170) umschreiben:

$$W = \frac{1}{2}\int_V \rho(\mathbf{r}'')\varphi(\mathbf{r}'')\,d\tau'' = \frac{1}{2}\int_V \varphi(\mathbf{r})\,\text{div}\,\mathbf{D}\,d\tau \quad . \tag{2.171}$$

Weil

$$\text{div}(\mathbf{D}\varphi) = \mathbf{D}\cdot\text{grad}\,\varphi + \varphi\,\text{div}\,\mathbf{D},$$

ist auch

$$W = -\frac{1}{2}\int_V \mathbf{D}\cdot\text{grad}\,\varphi\,d\tau + \frac{1}{2}\int_V \text{div}(\mathbf{D}\varphi)\,d\tau$$

$$= \frac{1}{2}\int_V \mathbf{E}\cdot\mathbf{D}\,d\tau + \frac{1}{2}\oint \varphi\mathbf{D}\cdot d\mathbf{A}.$$

Betrachten wir den ganzen Raum, dessen Oberfläche ins Unendliche gerückt ist, wo $\varphi = 0$ ist, so ergibt sich

$$W = \frac{1}{2}\int_V \mathbf{E}\cdot\mathbf{D}\,d\tau \quad , \tag{2.172}$$

d.h. man bekommt gerade das Volumenintegral über die elektrostatische Energiedichte.

Natürlich kann man auch Flächenladungen dazunehmen. Dann tritt an die Stelle von (2.171)

$$W = \frac{1}{2}\int_V \varphi(\mathbf{r})\rho(\mathbf{r})\,d\tau + \frac{1}{2}\int_A \varphi(\mathbf{r})\sigma(\mathbf{r})\,dA \tag{2.173}$$

bzw., falls nur Flächenladungen vorhanden sind,

$$W = \frac{1}{2}\int_A \varphi(\mathbf{r})\sigma(\mathbf{r})\,dA.$$

So ist z.B. für einen ebenen Kondensator (Bild 2.64)

$$W = \frac{1}{2}\int \varphi_1 \sigma\,dA + \frac{1}{2}\int \varphi_2(-\sigma)\,dA$$

$$= \frac{\varphi_1 - \varphi_2}{2}\sigma A = \frac{QU}{2}.$$

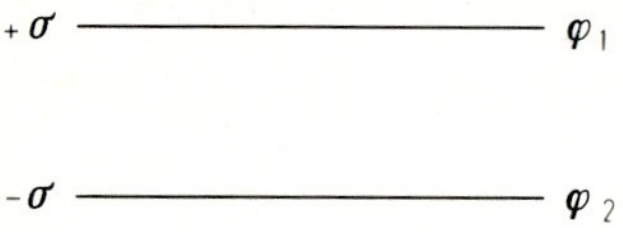

$+\sigma$ ──────────── φ_1

$-\sigma$ ──────────── φ_2

Bild 2.64

Da $Q = CU$ ist, (2.95), kann man die im Feld eines Kondensators gespeicherte Energie auf mehrere Arten ausdrücken:

$$\boxed{W = \frac{1}{2}QU = \frac{1}{2}CU^2 = \frac{1}{2}\frac{Q^2}{C}}.$$ (2.174)

Andererseits ist natürlich

$$W = \int_V \frac{\varepsilon E^2}{2} \, d\tau = \frac{\varepsilon}{2}\left(\frac{U}{d}\right)^2 Ad = \frac{1}{2}U^2\frac{\varepsilon A}{d} = \frac{1}{2}CU^2.$$

Man bekommt so also — wie es sein muß — dasselbe Ergebnis.

2.15 Kräfte im elektrischen Feld

2.15.1 Kräfte auf die Platten eines Kondensators

Es sei z.B. ein Kondensator mit der Ladung Q betrachtet, der von seiner Umgebung isoliert ist (d.h. die Ladung Q muß konstant bleiben). Befindet sich eine Ladung Q im Feld $\mathbf{E}$, so wirkt auf sie die Kraft

$\mathbf{F} = Q\mathbf{E}$.

Dabei ist jedoch $\mathbf{E}$ das Feld, das ohne die Ladung Q vorhanden ist. Im Kondensator hat man das elektrische Feld

$$E = \frac{1}{\varepsilon}D = \frac{1}{\varepsilon}|\sigma| = \frac{1}{\varepsilon}\frac{|Q|}{A}.$$

Es wäre jedoch falsch anzunehmen, daß die von der einen auf die andere Platte ausgeübte Kraft sich aus dieser Feldstärke berechne. Diese Feldstärke entspricht dem von den Ladungen auf beiden Platten erzeugten Feld. Aus der Diskussion von Bild 2.25 ist jedoch zu entnehmen, daß die von der einen geladenen Platte am Ort der anderen Platte erzeugte Feldstärke gerade halb so groß ist, nämlich $|\sigma|/2\varepsilon$. Deshalb ist der Betrag der Kraft

$$F = |Q|\frac{|\sigma|}{2\varepsilon} = |Q|\frac{|Q|}{2\varepsilon A} = \frac{Q^2}{2\varepsilon A}.$$ (2.175)

Da die Ladungen auf beiden Platten verschiedenes Vorzeichen haben, ist diese Kraft anziehend.

Man kann dieses Problem auch auf eine andere Art behandeln. Wir betrachten einen Kondensator mit dem variablen Plattenabstand x. Seine Energie ist — als Funktion von x betrachtet —

$$W = \frac{Q^2}{2C} = \frac{Q^2}{2\varepsilon A}x.$$

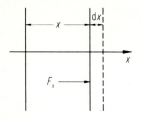

Bild 2.65

Zur Vergrößerung des Plattenabstandes ist eine Kraft erforderlich, d.h. man muß mechanische Energie aufwenden, wenn man den Plattenabstand vergrößern will. Wenn man Reibungsverluste vernachlässigen kann, muß sich die aufgewandte Energie nachher als Feldenergie im Kondensator wiederfinden lassen. Bei einer *virtuellen Verrückung* dx ist also (Bild 2.65)

$$-F_x \, dx = dW = \frac{Q^2}{2\varepsilon A} dx,$$

d.h.

$$\boxed{F_x = -\frac{Q^2}{2\varepsilon A} = -\frac{dW}{dx}}. \qquad (2.176)$$

Abgesehen vom Vorzeichen, das die anziehende Richtung der Kraft zum Ausdruck bringt, bestätigt das den obigen Ausdruck. Die beiden Methoden sind also gleichwertig. Oft ist die zweite Methode jedoch brauchbarer. Etwas anders geschrieben ist

$$F_x = -\frac{\sigma^2 A^2}{2\varepsilon A} = -\frac{1}{2} A \sigma \frac{\sigma}{\varepsilon} = -\frac{1}{2} AED$$

bzw. pro Flächeneinheit

$$\boxed{\frac{F_x}{A} = -\frac{1}{2} ED}. \qquad (2.177)$$

2.15.2 Kondensator mit zwei Dielektrika

Ein Kondensator sei entsprechend Bild 2.66 mit zwei verschiedenen Dielektrika erfüllt. Die Frage ist, ob die Dielektrika irgendwelche Kräfte aufeinander ausüben oder nicht. Das Problem ist leicht mit der Methode der virtuellen Verrückung behandelbar. Wie oben sei die Ladung Q festgehalten, d.h. der Kondensator sei isoliert. Dann ist

$$W = \frac{Q^2}{2C}$$

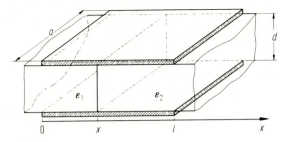

Bild 2.66

mit

$$Q = (\varepsilon_1 E)ax + (\varepsilon_2 E)a(l-x)$$

und

$$U = Ed.$$

Also ist

$$C = \frac{Q}{U} = \frac{\varepsilon_1 ax + \varepsilon_2 a(l-x)}{d}$$

und

$$W = \frac{Q^2 d}{2[\varepsilon_1 ax + \varepsilon_2 a(l-x)]}.$$

Daraus ergibt sich

$$F_x = -\left(\frac{dW}{dx}\right)_{Q=\text{const}} = \frac{Q^2 d}{2[\varepsilon_1 ax + \varepsilon_2 a(l-x)]^2} a(\varepsilon_1 - \varepsilon_2)$$

$$= \frac{E^2 [\varepsilon_1 ax + \varepsilon_2 a(l-x)]^2 d}{2[\varepsilon_1 ax + \varepsilon_2 a(l-x)]^2} a(\varepsilon_1 - \varepsilon_2)$$

$$= ad\frac{E^2}{2}(\varepsilon_1 - \varepsilon_2),$$

d.h. es wirkt eine Kraft in positiver x-Richtung, wenn $\varepsilon_1 > \varepsilon_2$ ist, in negativer x-Richtung, wenn $\varepsilon_1 < \varepsilon_2$ ist. Pro Flächeneinheit ergibt sich die Kraft

$$\boxed{\frac{F_x}{ad} = \frac{1}{2}E^2(\varepsilon_1 - \varepsilon_2) = \frac{1}{2}E_1 D_1 - \frac{1}{2}E_2 D_2}, \qquad (2.178)$$

wobei natürlich $E_1 = E_2$ ist.

Die Ergebnisse (2.177) und (2.178) zeigen beide mechanische Spannungen bzw. Druckkräfte von der Form $\frac{1}{2}ED$. Wir können sagen, daß elektrische Felder parallel zu ihrer Richtung mechanische Spannungen $\frac{1}{2}ED$, senkrecht zu ihrer Richtung Druckkräfte $\frac{1}{2}ED$ bewirken.

3 Die formalen Methoden der Elektrostatik

Nachdem im Kapitel 2 die Grundbegriffe der Elektrostatik eingeführt worden sind, ist es nun nötig, die formalen Methoden zu erörtern, mit deren Hilfe elektrostatische Probleme behandelt werden können. Zwar wurden auch in Kap. 2 bereits einige Probleme als Beispiele durchgerechnet. Sie waren jedoch von solcher Art, daß sie entweder durch Symmetriebetrachtungen oder durch plausible Ansätze formal sehr vereinfacht werden konnten. Im allgemeinen geht das jedoch nicht, und man muß dann auf formale Methoden allgemeinerer Anwendbarkeit zurückgreifen. Sehr oft sind auch diese nicht ausreichend, und man ist dann auf numerische Methoden angewiesen (siehe Kapitel 8). Hier sollen jedoch nur die analytischen Methoden diskutiert werden, von denen wir uns auf die zwei für uns wesentlichsten konzentrieren wollen:

1. die Methode der Separation der Variablen,
2. die funktionentheoretische Methode für den Fall ebener Felder.

Sie werden hier zunächst im Rahmen der Elektrostatik behandelt, obwohl sie von viel allgemeinerer Bedeutung und die Grundlage auch der folgenden Teile über Strömungsfelder, Magnetostatik und zeitabhängige Probleme sind.

Der erste Schritt zur Anwendung der Separationsmethode ist die Wahl eines Koordinatensystems, das eine möglichst einfache Formulierung der Randbedingungen erlaubt. Das macht die Durchführung von Koordinatentransformationen erforderlich. Von wenigen Ausnahmen abgesehen wurden bisher nur kartesische Koordinaten benutzt. Auch wurden die Operatoren der Vektoranalysis (grad, div, rot, Δ) nur in kartesischen Koordinaten ausgedrückt. Deshalb müssen diese Fragen in den nächsten Abschnitten erörtert werden, ehe wir wieder zu den eigentlich elektrostatischen Problemen zurückkehren können.

3.1 Koordinatentransformation

Ausgehend von einem kartesischen Koordinatensystem x, y, z wird ein Satz neuer Koordinaten definiert:

$$\left.\begin{aligned} u_1 &= u_1(x, y, z), \\ u_2 &= u_2(x, y, z), \\ u_3 &= u_3(x, y, z) \end{aligned}\right\} \quad (3.1)$$

bzw. nach x, y, z aufgelöst:

$$\left.\begin{array}{l} x = x(u_1, u_2, u_3), \\ y = y(u_1, u_2, u_3), \\ z = z(u_1, u_2, u_3). \end{array}\right\} \quad (3.2)$$

Hält man z.B. den Wert von u_1 fest, so ergibt sich die Gleichung einer Fläche

$$u_1(x, y, z) = c_1. \quad (3.3)$$

Hält man gleichzeitig noch eine zweite neue Koordinate, z.B. u_2, fest, so ist dadurch eine weitere Fläche definiert. Die Schnittkurve beider Flächen ist durch die beiden gleichzeitig zu erfüllenden Gleichungen

$$\left.\begin{array}{l} u_1(x, y, z) = c_1, \\ u_2(x, y, z) = c_2 \end{array}\right\} \quad (3.4)$$

definiert. Auf ihr ist nur u_3 noch veränderlich. Ihre Parameterdarstellung ist

$$\left.\begin{array}{l} x = x(c_1, c_2, u_3), \\ y = y(c_1, c_2, u_3), \\ z = z(c_1, c_2, u_3). \end{array}\right\} \quad (3.5)$$

Halten wir auf dieser Kurve auch noch u_3 fest ($u_3 = \bar{c}_3$), so ist dadurch ein Punkt gegeben,

$$\left.\begin{array}{l} u_1(x, y, z) = c_1, \\ u_2(x, y, z) = c_2, \\ u_3(x, y, z) = c_3. \end{array}\right\} \quad (3.6)$$

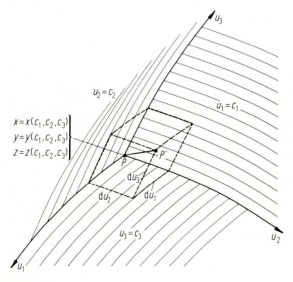

Bild 3.1

Man kann ihn als Ursprung eines lokalen, im allgemeinen nicht kartesischen Koordinatensystems betrachten (Bild 3.1). Wir wollen nun den Abstand zwischen diesem Punkt $P(u_1, u_2, u_3)$ und einem Punkt $P'(u_1 + du_1, u_2 + du_2, u_3 + du_3)$ berechnen. In kartesischen Koordinaten ist

$$ds^2 = dx^2 + dy^2 + dz^2. \tag{3.7}$$

Dabei ist natürlich

$$\left.\begin{aligned} dx &= \frac{\partial x}{\partial u_1} du_1 + \frac{\partial x}{\partial u_2} du_2 + \frac{\partial x}{\partial u_3} du_3, \\ dy &= \frac{\partial y}{\partial u_1} du_1 + \frac{\partial y}{\partial u_2} du_2 + \frac{\partial y}{\partial u_3} du_3, \\ dz &= \frac{\partial z}{\partial u_1} du_1 + \frac{\partial z}{\partial u_2} du_2 + \frac{\partial z}{\partial u_3} du_3. \end{aligned}\right\} \tag{3.8}$$

Setzt man (3.8) in (3.7) ein, so erhält man nach entsprechender Ordnung der verschiedenen Glieder

$$\left.\begin{aligned} ds^2 =& \left[\left(\frac{\partial x}{\partial u_1}\right)^2 + \left(\frac{\partial y}{\partial u_1}\right)^2 + \left(\frac{\partial z}{\partial u_1}\right)^2\right] du_1^2 \\ &+ \left[\left(\frac{\partial x}{\partial u_2}\right)^2 + \left(\frac{\partial y}{\partial u_2}\right)^2 + \left(\frac{\partial z}{\partial u_2}\right)^2\right] du_2^2 \\ &+ \left[\left(\frac{\partial x}{\partial u_3}\right)^2 + \left(\frac{\partial y}{\partial u_3}\right)^2 + \left(\frac{\partial z}{\partial u_3}\right)^2\right] du_3^2 \\ &+ 2\left[\begin{aligned} &\left(\frac{\partial x}{\partial u_1}\frac{\partial x}{\partial u_2} + \frac{\partial y}{\partial u_1}\frac{\partial y}{\partial u_2} + \frac{\partial z}{\partial u_1}\frac{\partial z}{\partial u_2}\right) du_1 \, du_2 \\ &+ \left(\frac{\partial x}{\partial u_1}\frac{\partial x}{\partial u_3} + \frac{\partial y}{\partial u_1}\frac{\partial y}{\partial u_3} + \frac{\partial z}{\partial u_1}\frac{\partial z}{\partial u_3}\right) du_1 \, du_3 \\ &+ \left(\frac{\partial x}{\partial u_2}\frac{\partial x}{\partial u_3} + \frac{\partial y}{\partial u_2}\frac{\partial y}{\partial u_3} + \frac{\partial z}{\partial u_2}\frac{\partial z}{\partial u_3}\right) du_2 \, du_3 \end{aligned}\right]. \end{aligned}\right\} \tag{3.9}$$

Diesen umständlichen Ausdruck werden wir nicht in voller Allgemeinheit brauchen. Wir wollen uns nämlich auf sogenannte *orthogonale Koordinaten* beschränken. Sie sind dadurch gekennzeichnet, daß die drei Koordinatenlinien des Bildes 3.1 im beliebigen Punkt P senkrecht aufeinander stehen. Dazu definieren wir die Tangentenvektoren $\mathbf{t}_1, \mathbf{t}_2, \mathbf{t}_3$. Z.B. ist der Tangentenvektor an die u_3-Linie, die durch die Gleichungen (3.5) gegeben ist:

$$\mathbf{t}_3 = \left(\frac{\partial x}{\partial u_3}, \frac{\partial y}{\partial u_3}, \frac{\partial z}{\partial u_3}\right). \tag{3.10}$$

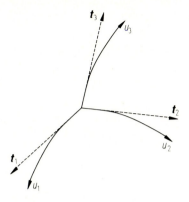

Bild 3.2

Analog ist

$$t_1 = \left(\frac{\partial x}{\partial u_1}, \frac{\partial y}{\partial u_1}, \frac{\partial z}{\partial u_1}\right),$$
$$t_2 = \left(\frac{\partial x}{\partial u_2}, \frac{\partial y}{\partial u_2}, \frac{\partial z}{\partial u_2}\right).$$
(3.11)

Bild 3.2 zeigt das Koordinatensystem des Bildes 3.1 mit seinen Tangentenvektoren. Das Koordinatensystem ist orthogonal, wenn für alle Punkte gilt:

$$\begin{aligned} t_1 \cdot t_2 &= 0, \\ t_2 \cdot t_3 &= 0, \\ t_3 \cdot t_1 &= 0. \end{aligned}$$
(3.12)

Der Vektor von P nach P' ist

$$d\mathbf{r} = \mathbf{t}_1 \, du_1 + \mathbf{t}_2 \, du_2 + \mathbf{t}_3 \, du_3.$$
(3.13)

Deshalb ist

$$\begin{aligned} ds^2 &= (d\mathbf{r} \cdot d\mathbf{r}) \\ &= t_1^2 \, du_1^2 + t_2^2 \, du_2^2 + t_3^2 \, du_3^2 \\ &\quad + 2\mathbf{t}_1 \cdot \mathbf{t}_2 \, du_1 \, du_2 \\ &\quad + 2\mathbf{t}_1 \cdot \mathbf{t}_3 \, du_1 \, du_3 \\ &\quad + 2\mathbf{t}_2 \cdot \mathbf{t}_3 \, du_2 \, du_3. \end{aligned}$$
(3.14)

Damit haben wir eine kürzere Schreibweise für Gleichung (3.9) gewonnen. Für ein orthogonales Koordinatensystem ist dann wegen (3.12):

$$\boxed{ds^2 = t_1^2 \, du_1^2 + t_2^2 \, du_2^2 + t_3^2 \, du_3^2}.$$
(3.15)

Der Unterschied zu dem entsprechenden Ausdruck in kartesischen Koordinaten, (3.7), liegt also nur in dem Auftreten der Maßstabsfaktoren t_1, t_2, t_3, die jedoch

122 3 Die formalen Methoden der Elektrostatik

von Ort zu Ort verschieden sind. Ein Volumenelement, das durch du_1, du_2, du_3 gekennzeichnet ist, hat die Seiten $t_1 du_1, t_2 du_2, t_3 du_3$ und deshalb das Volumen

$$\boxed{d\tau = t_1 t_2 t_3 \, du_1 \, du_2 \, du_3.} \tag{3.16}$$

Ein Linienelement ds hat die Komponenten

$$\boxed{ds_i = t_i \, du_i} \qquad (i = 1, 2, 3) \tag{3.17}$$

und ein Flächenelement dA die Komponenten

$$\boxed{dA_i = t_k t_l \, du_k \, du_l} \qquad (i, k, l \text{ verschieden}). \tag{3.18}$$

Die Faktoren t_i^2 sind die Diagonalelemente des sogenannten metrischen Tensors, der für nichtorthogonale Koordinaten auch nichtdiagonale Elemente aufweist.

3.2 Vektoranalysis für krummlinige, orthogonale Koordinaten

3.2.1 Der Gradient

Ausgehend von der Definition

$$(\text{grad } \varphi)_{u_1} = \lim_{\Delta u_1 \to 0} \frac{\varphi(u_1 + \Delta u_1, u_2, u_3) - \varphi(u_1, u_2, u_3)}{\Delta s_1}$$

findet man wegen

$$\Delta s_1 = t_1 \cdot \Delta u_1$$

$$(\text{grad } \varphi)_{u_1} = \frac{1}{t_1} \lim_{\Delta u_1 \to 0} \frac{\varphi(u_1 + \Delta u_1, u_2, u_3) - \varphi(u_1, u_2, u_3)}{\Delta u_1}$$

$$= \frac{1}{t_1} \frac{\partial \varphi}{\partial u_1}.$$

Analoges ergibt sich für die übrigen beiden Komponenten, so daß

$$\boxed{\text{grad } \varphi = \left(\frac{1}{t_1} \frac{\partial \varphi}{\partial u_1}, \frac{1}{t_2} \frac{\partial \varphi}{\partial u_2}, \frac{1}{t_3} \frac{\partial \varphi}{\partial u_3} \right).} \tag{3.19}$$

3.2.2 Die Divergenz

Als Ausgangspunkt dient hier die Definition der Divergenz als Grenzwert eines Oberflächenintegrals entsprechend unserer Beziehung (1.22). Damit und mit den Bezeichnungen von Bild 3.3 ist für den Vektor **a** mit den Komponenten a_1, a_2, a_3

3.2 Vektoranalysis für krummlinige, orthogonale Koordinaten

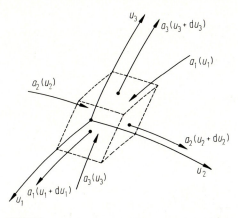

Bild 3.3

$$\text{div } \mathbf{a} = \lim_{V \to 0} \frac{1}{V} \oint \mathbf{a} \cdot d\mathbf{A},$$

$$\text{div } \mathbf{a} = \lim_{du_1 du_2 du_3 \to 0} \frac{1}{t_1 t_2 t_3 \, du_1 \, du_2 \, du_3} \cdot$$

$$\begin{bmatrix}
a_1(u_1 + du_1)t_2(u_1 + du_1)t_3(u_1 + du_1) \, du_2 \, du_3 \\
- a_1(u_1)t_2(u_1)t_3(u_1) \, du_2 \, du_3 \\
+ a_2(u_2 + du_2)t_1(u_2 + du_2)t_3(u_2 + du_2) \, du_1 \, du_3 \\
- a_2(u_2)t_1(u_2)t_3(u_2) \, du_1 \, du_3 \\
+ a_3(u_3 + du_3)t_1(u_3 + du_3)t_2(u_3 + du_3) \, du_1 \, du_2 \\
- a_3(u_3)t_1(u_3)t_2(u_3) \, du_1 \, du_2
\end{bmatrix}$$

$$= \lim_{du_1 du_2 du_3 \to 0} \frac{\left[\dfrac{\partial}{\partial u_1}(a_1 t_2 t_3) + \dfrac{\partial}{\partial u_2}(a_2 t_1 t_3) + \dfrac{\partial}{\partial u_3}(a_3 t_1 t_2)\right] du_1 \, du_2 \, du_3}{t_1 t_2 t_3 \, du_1 \, du_2 \, du_3},$$

d.h.

$$\boxed{\text{div } \mathbf{a} = \frac{1}{t_1 t_2 t_3}\left[\frac{\partial}{\partial u_1}(a_1 t_2 t_3) + \frac{\partial}{\partial u_2}(a_2 t_1 t_3) + \frac{\partial}{\partial u_3}(a_3 t_1 t_2)\right]}. \qquad (3.20)$$

3.2.3 Der Laplace-Operator

Da

$$\Delta \varphi = \text{div grad } \varphi$$

ist, kann man den Laplace-Operator aus den beiden Beziehungen (3.19) und (3.20) gewinnen. Man bekommt

$$\Delta\varphi = \frac{1}{t_1 t_2 t_3}\left[\frac{\partial}{\partial u_1}\left(\frac{t_2 t_3}{t_1}\frac{\partial\varphi}{\partial u_1}\right) + \frac{\partial}{\partial u_2}\left(\frac{t_1 t_3}{t_2}\frac{\partial\varphi}{\partial u_2}\right) + \frac{\partial}{\partial u_3}\left(\frac{t_1 t_2}{t_3}\frac{\partial\varphi}{\partial u_3}\right)\right].$$

(3.21)

3.2.4 Die Rotation

Zur Berechnung der Rotation gehen wir von Beziehung (1.34) zusammen mit der Regel für den Zusammenhang zwischen Richtung der Rotation und Umlaufsinn des Linienintegrals aus (Abschn. 1.7). Aus Bild 3.4 ergibt sich dann

$$(\text{rot }\mathbf{a})_{u_1} = \lim_{du_2, du_3 \to 0} \frac{1}{t_2 t_3 \, du_2 \, du_3}$$

$$\cdot \begin{bmatrix} a_2(u_3) t_2(u_3) \, du_2 + a_3(u_2 + du_2) t_3(u_2 + du_2) \, du_3 \\ - a_2(u_3 + du_3) t_2(u_3 + du_3) \, du_2 \\ - a_3(u_2) t_3(u_2) \, du_3 \end{bmatrix}$$

$$= \lim_{du_2, du_3 \to 0} \frac{\left[\dfrac{\partial}{\partial u_2}(a_3 t_3) - \dfrac{\partial}{\partial u_3}(a_2 t_2)\right] du_2 \, du_3}{t_2 t_3 \, du_2 \, du_3}$$

$$= \frac{1}{t_2 t_3}\left[\frac{\partial}{\partial u_2}(a_3 t_3) - \frac{\partial}{\partial u_3}(a_2 t_2)\right].$$

Die übrigen beiden Komponenten ergeben sich auf ganz analoge Weise. Insgesamt

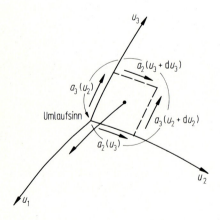

Bild 3.4

ist dann

$$\text{rot } \mathbf{a} = \begin{bmatrix} \dfrac{1}{t_2 t_3}\left[\dfrac{\partial}{\partial u_2}(a_3 t_3) - \dfrac{\partial}{\partial u_3}(a_2 t_2)\right] \\ \dfrac{1}{t_3 t_1}\left[\dfrac{\partial}{\partial u_3}(a_1 t_1) - \dfrac{\partial}{\partial u_1}(a_3 t_3)\right] \\ \dfrac{1}{t_1 t_2}\left[\dfrac{\partial}{\partial u_1}(a_2 t_2) - \dfrac{\partial}{\partial u_2}(a_1 t_1)\right] \end{bmatrix}. \tag{3.22}$$

Versteht man unter $\mathbf{e}_{u_1}, \mathbf{e}_{u_2}, \mathbf{e}_{u_3}$ die Einheitsvektoren in den Koordinatenrichtungen,

$$\mathbf{e}_{u_1} = \frac{\mathbf{t}_1}{t_1},$$

$$\mathbf{e}_{u_2} = \frac{\mathbf{t}_2}{t_2},$$

$$\mathbf{e}_{u_3} = \frac{\mathbf{t}_3}{t_3},$$

so kann man rot $\mathbf{a}$ auch in folgender Form schreiben:

$$\text{rot } \mathbf{a} = \begin{vmatrix} \dfrac{\mathbf{e}_{u_1}}{t_2 t_3} & \dfrac{\mathbf{e}_{u_2}}{t_3 t_1} & \dfrac{\mathbf{e}_{u_3}}{t_1 t_2} \\ \dfrac{\partial}{\partial u_1} & \dfrac{\partial}{\partial u_2} & \dfrac{\partial}{\partial u_3} \\ a_1 t_1 & a_2 t_2 & a_3 t_3 \end{vmatrix} \tag{3.23}$$

bzw.

$$\text{rot } \mathbf{a} = \frac{1}{t_1 t_2 t_3} \begin{vmatrix} \mathbf{t}_1 & \mathbf{t}_2 & \mathbf{t}_3 \\ \dfrac{\partial}{\partial u_1} & \dfrac{\partial}{\partial u_2} & \dfrac{\partial}{\partial u_3} \\ a_1 t_1 & a_2 t_2 & a_3 t_3 \end{vmatrix}. \tag{3.24}$$

3.3 Einige wichtige Koordinatensysteme

Von den vielen interessanten Koordinatensystemen sollen im Rahmen dieses Buches nur drei Verwendung finden, kartesische Koordinaten, Zylinderkoordinaten und Kugelkoordinaten. Die Beziehungen, die sich aufgrund der vorhergehenden Abschnitte für sie ergeben, sind hier kurz zusammengestellt.

3.3.1 Kartesische Koordinaten

Für kartesische Koordinaten ist natürlich $t_1 = t_2 = t_3 = 1$, und man erhält aus (3.19) bis (3.24) die schon bekannten Ausdrücke

$$\operatorname{grad} \varphi = \left(\frac{\partial \varphi}{\partial x}, \frac{\partial \varphi}{\partial y}, \frac{\partial \varphi}{\partial z}\right),$$

$$\operatorname{div} \mathbf{a} = \frac{\partial a_x}{\partial x} + \frac{\partial a_y}{\partial y} + \frac{\partial a_z}{\partial z},$$

$$\Delta \varphi = \frac{\partial^2 \varphi}{\partial x^2} + \frac{\partial^2 \varphi}{\partial y^2} + \frac{\partial^2 \varphi}{\partial z^2},$$

$$\operatorname{rot} \mathbf{a} = \begin{vmatrix} \mathbf{e}_x & \mathbf{e}_y & \mathbf{e}_z \\ \dfrac{\partial}{\partial x} & \dfrac{\partial}{\partial y} & \dfrac{\partial}{\partial z} \\ a_x & a_y & a_z \end{vmatrix} = \begin{bmatrix} \dfrac{\partial a_z}{\partial y} - \dfrac{\partial a_y}{\partial z} \\ \dfrac{\partial a_x}{\partial z} - \dfrac{\partial a_z}{\partial x} \\ \dfrac{\partial a_y}{\partial x} - \dfrac{\partial a_x}{\partial y} \end{bmatrix}.$$

3.3.2 Zylinderkoordinaten

In diesem Fall ist, wie in Bild 3.5 angedeutet,

$$\left.\begin{aligned} u_1 &= r, \\ u_2 &= \varphi, \\ u_3 &= z, \end{aligned}\right\} \tag{3.25}$$

bzw.

$$\left.\begin{aligned} x &= r \cos \varphi, \\ y &= r \sin \varphi, \\ z &= z. \end{aligned}\right\} \tag{3.26}$$

Daraus ergibt sich mit (3.10) und (3.11)

$$\left.\begin{aligned} \mathbf{t}_1 &= (\cos \varphi, \sin \varphi, 0), \\ \mathbf{t}_2 &= (-r \sin \varphi, r \cos \varphi, 0), \\ \mathbf{t}_3 &= (0, 0, 1), \end{aligned}\right\} \tag{3.27}$$

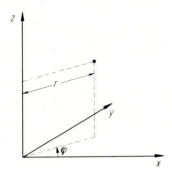

Bild 3.5

d.h.

$$\left.\begin{array}{l} t_1^2 = 1, \\ t_2^2 = r^2, \\ t_3^2 = 1, \end{array}\right\} \tag{3.28}$$

so daß

$$d\tau = r\, dr\, d\varphi\, dz, \tag{3.29}$$

$$ds^2 = dr^2 + r^2\, d\varphi^2 + dz^2 \tag{3.30}$$

und weiter

$$\operatorname{grad} \phi = \left(\frac{\partial}{\partial r}, \frac{1}{r}\frac{\partial}{\partial \varphi}, \frac{\partial}{\partial z}\right)\phi, \tag{3.31}$$

$$\operatorname{div} \mathbf{a} = \frac{1}{r}\frac{\partial}{\partial r} r a_r + \frac{1}{r}\frac{\partial}{\partial \varphi} a_\varphi + \frac{\partial}{\partial z} a_z, \tag{3.32}$$

$$\Delta \phi = \left(\frac{1}{r}\frac{\partial}{\partial r} r \frac{\partial}{\partial r} + \frac{1}{r^2}\frac{\partial^2}{\partial \varphi^2} + \frac{\partial^2}{\partial z^2}\right)\phi, \tag{3.33}$$

$$\operatorname{rot} \mathbf{a} = \begin{bmatrix} (\operatorname{rot} \mathbf{a})_r \\ (\operatorname{rot} \mathbf{a})_\varphi \\ (\operatorname{rot} \mathbf{a})_z \end{bmatrix} = \begin{bmatrix} \dfrac{1}{r}\dfrac{\partial}{\partial \varphi} a_z - \dfrac{\partial}{\partial z} a_\varphi \\ \dfrac{\partial}{\partial z} a_r - \dfrac{\partial}{\partial r} a_z \\ \dfrac{1}{r}\dfrac{\partial}{\partial r}(r a_\varphi) - \dfrac{1}{r}\dfrac{\partial}{\partial \varphi} a_r \end{bmatrix}. \tag{3.34}$$

Der Winkel φ sollte nicht mit dem Potential verwechselt werden, das wir bisher auch mit φ bezeichnet haben. Wo Verwechslungen zu befürchten sind, werden wir das Potential jeweils durch ein anderes Symbol kennzeichnen.

3.3.3 Kugelkoordinaten

Hier ist (Bild 3.6)

$$\begin{aligned} u_1 &= r, \\ u_2 &= \theta, \\ u_3 &= \varphi \end{aligned} \tag{3.35}$$

bzw.

$$\left. \begin{aligned} x &= r \sin \theta \cos \varphi, \\ y &= r \sin \theta \sin \varphi, \\ z &= r \cos \theta. \end{aligned} \right\} \tag{3.36}$$

Deshalb ist

$$\left. \begin{aligned} \mathbf{t}_1 &= (\sin \theta \cos \varphi, \sin \theta \sin \varphi, \cos \theta), \\ \mathbf{t}_2 &= (r \cos \theta \cos \varphi, r \cos \theta \sin \varphi, -r \sin \theta), \\ \mathbf{t}_3 &= (-r \sin \theta \sin \varphi, r \sin \theta \cos \varphi, 0) \end{aligned} \right\} \tag{3.37}$$

und

$$\left. \begin{aligned} t_1^2 &= 1, \\ t_2^2 &= r^2, \\ t_3^2 &= r^2 \sin^2 \theta. \end{aligned} \right\} \tag{3.38}$$

Man hat also jetzt

$$d\tau = r^2 \sin \theta \, dr \, d\theta \, d\varphi, \tag{3.39}$$

$$ds^2 = dr^2 + r^2 d\theta^2 + r^2 \sin^2 \theta \, d\varphi^2, \tag{3.40}$$

$$\operatorname{grad} \phi = \left(\frac{\partial}{\partial r}, \frac{1}{r} \frac{\partial}{\partial \theta}, \frac{1}{r \sin \theta} \frac{\partial}{\partial \varphi} \right) \phi, \tag{3.41}$$

$$\operatorname{div} \mathbf{a} = \frac{1}{r^2} \frac{\partial}{\partial r} r^2 a_r + \frac{1}{r \sin \theta} \frac{\partial}{\partial \theta} \sin \theta a_\theta + \frac{1}{r \sin \theta} \frac{\partial}{\partial \varphi} a_\varphi, \tag{3.42}$$

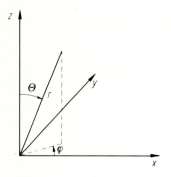

Bild 3.6

$$\Delta\phi = \left(\frac{1}{r^2}\frac{\partial}{\partial r}r^2\frac{\partial}{\partial r} + \frac{1}{r^2 \sin\theta}\frac{\partial}{\partial \theta}\sin\theta\frac{\partial}{\partial \theta} + \frac{1}{r^2 \sin^2\theta}\frac{\partial^2}{\partial \varphi^2}\right)\phi, \qquad (3.43)$$

$$\operatorname{rot} \mathbf{a} = \begin{bmatrix} (\operatorname{rot} \mathbf{a})_r \\ (\operatorname{rot} \mathbf{a})_\theta \\ (\operatorname{rot} \mathbf{a})_\varphi \end{bmatrix} = \begin{bmatrix} \dfrac{1}{r\sin\theta}\dfrac{\partial}{\partial \theta}\sin\theta\, a_\varphi - \dfrac{1}{r\sin\theta}\dfrac{\partial}{\partial \varphi}a_\theta \\ \dfrac{1}{r\sin\theta}\dfrac{\partial}{\partial \varphi}a_r - \dfrac{1}{r}\dfrac{\partial}{\partial r}r a_\varphi \\ \dfrac{1}{r}\dfrac{\partial}{\partial r}r a_\theta - \dfrac{1}{r}\dfrac{\partial}{\partial \theta}a_r \end{bmatrix}. \qquad (3.44)$$

3.4 Einige Eigenschaften der Poissonschen und der Laplaceschen Gleichung (Potentialtheorie)

Die Poissonsche bzw. die Laplacesche Gleichung, (2.11) bzw. (2.12), sind die Ausgangspunkte der formalen Behandlung der Elektrostatik.

3.4.1 Die Problemstellung

Eine große Klasse elektrostatischer Probleme ist in folgender Weise gestellt: Gegeben ist ein beliebig geformtes Gebiet und in diesem eine beliebige Verteilung von Raumladungen $\rho(\mathbf{r})$. Auf den Rändern ist das Potential φ oder die auf dem Rand senkrechte Feldstärke, d.h. $(\operatorname{grad}\varphi)_n = \partial\varphi/\partial n$, vorgeschrieben. Ist $\partial\varphi/\partial n$ vorgeschrieben, so spricht man vom *Neumannschen Randwertproblem*. Ist dagegen φ vorgeschrieben, so handelt es sich um das *Dirichletsche Randwertproblem*. Daneben gibt es auch sogenannte *gemischte Probleme*, bei denen auf einem Teil des Randes φ, auf dem übrigen Teil des Randes $\partial\varphi/\partial n$ vorgegeben ist.

Das zur Diskussion stehende Gebiet kann durch beliebig viele Oberflächen in beliebig komplizierter Weise begrenzt sein.

Im folgenden ist nun zu beweisen, daß diese Randwertprobleme der Potentialtheorie eindeutig lösbar sind. Zur Durchführung des Beweises benötigt man die oft nützlichen *Greenschen Integralsätze*, die zunächst herzuleiten sind.

3.4.2 Die Greenschen Sätze

Ausgangspunkt ist der Gaußsche Integralsatz,

$$\int_V \operatorname{div} \mathbf{a}\, d\tau = \oint \mathbf{a} \cdot d\mathbf{A},$$

in dem wir

$$\mathbf{a} = \psi \operatorname{grad} \phi$$

setzen, wo ψ und ϕ beliebige skalare Funktionen sind. Man erhält so

$$\int_V \operatorname{div} \mathbf{a}\, d\tau = \int_V \operatorname{div}(\psi \operatorname{grad} \phi)\, d\tau = \int_V (\psi \operatorname{div} \operatorname{grad} \phi + \operatorname{grad} \psi \cdot \operatorname{grad} \phi)\, d\tau$$
$$= \oint \psi \operatorname{grad} \phi \cdot d\mathbf{A}. \qquad (3.45)$$

Man kann ψ und ϕ miteinander vertauschen und bekommt

$$\int_V \operatorname{div}(\phi \operatorname{grad} \psi)\, d\tau = \int_V (\phi \operatorname{div} \operatorname{grad} \psi + \operatorname{grad} \phi \cdot \operatorname{grad} \psi)\, d\tau$$
$$= \oint \phi \operatorname{grad} \psi \cdot d\mathbf{A}. \qquad (3.46)$$

Nun ist

$$\operatorname{div} \operatorname{grad} \psi = \Delta \psi$$

und

$$\operatorname{div} \operatorname{grad} \phi = \Delta \phi.$$

Ferner ist

$$\operatorname{grad} \psi \cdot d\mathbf{A} = \operatorname{grad} \psi \cdot \mathbf{n}\, dA = (\operatorname{grad} \psi)_n\, dA$$
$$= \frac{\partial \psi}{\partial n}\, dA$$

bzw. auch

$$\operatorname{grad} \phi \cdot d\mathbf{A} = \frac{\partial \phi}{\partial n}\, dA.$$

Unter Verwendung dieser Beziehungen ergibt sich durch Subtraktion der beiden Gleichungen (3.45) und (3.46) einer der sog. Greenschen Integralsätze,

$$\boxed{\int_V (\psi \Delta \phi - \phi \Delta \psi)\, d\tau = \oint \left(\psi \frac{\partial \phi}{\partial n} - \phi \frac{\partial \psi}{\partial n} \right) dA.} \qquad (3.47)$$

Setzt man hingegen in einer der beiden Gleichungen (3.45) und (3.46) $\phi = \psi$, so ergibt sich ein anderer der Greenschen Sätze,

$$\boxed{\int_V [\phi \Delta \phi + (\operatorname{grad} \phi)^2]\, d\tau = \oint \phi \frac{\partial \phi}{\partial n}\, dA.} \qquad (3.48)$$

Für Funktionen ψ und ϕ, die nur von zwei Variablen abhängen, reduzieren sich die Gleichungen (3.47) und (3.48) auf

$$\int_A (\psi \Delta \phi - \phi \Delta \psi)\, dA = \oint \left(\psi \frac{\partial \phi}{\partial n} - \phi \frac{\partial \psi}{\partial n} \right) ds$$

und

$$\int_A [\phi \Delta \phi + (\operatorname{grad} \phi)^2]\, dA = \oint \phi \frac{\partial \phi}{\partial n}\, ds.$$

Im eindimensionalen Fall ergibt sich

$$\int_{x_1}^{x_2} (\psi\phi'' - \phi\psi'')\,dx = [\psi\phi' - \phi\psi']_{x_1}^{x_2}$$

und

$$\int_{x_1}^{x_2} (\phi\phi'' + \phi'^2)\,dx = [\phi\phi']_{x_1}^{x_2}.$$

Das sind einfach partielle Integrationen. Die Greenschen Integralsätze sind also nichts anderes als die Verallgemeinerungen der partiellen Integration auf zwei oder drei Dimensionen.

3.4.3 Der Eindeutigkeitsbeweis

Nehmen wir an, es gäbe für unser (Neumannsches oder Dirichletsches oder gemischtes) Randwertproblem zwei Lösungen, φ_1 und φ_2, d.h. es sei

$$\Delta\varphi_1(\mathbf{r}) = -\frac{\rho(\mathbf{r})}{\varepsilon_0},$$

$$\Delta\varphi_2(\mathbf{r}) = -\frac{\rho(\mathbf{r})}{\varepsilon_0}$$

und die Randbedingungen seien ebenfalls erfüllt.
  Wir definieren die Differenzfunktion

$$\tilde{\varphi} = \varphi_1 - \varphi_2.$$

Für diese ist

$$\Delta\tilde{\varphi} = \Delta\varphi_1 - \Delta\varphi_2 = 0,$$

d.h. $\tilde{\varphi}$ genügt der Laplaceschen Gleichung. Ferner ist längs des Randes

$$\tilde{\varphi} = 0$$

oder

$$\frac{\partial \tilde{\varphi}}{\partial n} = 0$$

oder—im Falle eines gemischten Problems—längs eines Teils des Randes das eine, längs des Restes das andere gegeben. Wenden wir nun den Greenschen Satz in der Form (3.48) auf $\tilde{\varphi}$ an, so ergibt sich

$$\int_V (\operatorname{grad} \tilde{\varphi})^2\,d\tau = 0.$$

Da $(\operatorname{grad} \tilde{\varphi})^2$ stets positiv ist, ist das jedoch nur möglich, wenn überall

$$\operatorname{grad} \tilde{\varphi} = 0$$

bzw.

$$\tilde{\varphi} = \text{const}$$

ist.

Im Dirichletschen bzw. auch im gemischten Fall muß damit überall $\tilde{\varphi} = 0$ sein. Im Neumannschen Fall ist $\tilde{\varphi}$ bis auf eine noch frei wählbare, physikalisch jedoch unerhebliche Konstante bestimmt.

Das Problem wird u.U. in einer etwas anderen Weise gestellt. Gegeben ist die Ladung eines im Feld befindlichen Leiters. Dann ist

$$\frac{\partial \varphi}{\partial n} = -E_n = \frac{\sigma}{\varepsilon_0}.$$

($E_n = -\sigma/\varepsilon_0$ weil die Normale aus dem mit Feld erfüllten Gebiet heraus, d.h. in den Leiter hineinweist). Deshalb ist

$$Q = \int \sigma \, dA = \varepsilon_0 \int \frac{\partial \varphi}{\partial n} \, dA.$$

Gegeben ist also in diesem Fall nicht $\partial \varphi / \partial n$ längs der das Gebiet begrenzenden Fläche, sondern das Integral $\int (\partial \varphi / \partial n) \, dA$. Außerdem ist φ auf der Fläche konstant, wobei die Konstante jedoch nicht bekannt ist. Haben wir nun zwei Lösungen φ_1 und φ_2, so gilt für beide und für ihre Differenz $\tilde{\varphi}$ die Laplacesche Gleichung, und für beide ist über den Rand integriert

$$Q = \varepsilon_0 \int \frac{\partial \varphi_1}{\partial n} \, dA = \varepsilon_0 \int \frac{\partial \varphi_2}{\partial n} \, dA.$$

Deshalb ist

$$\int_V (\operatorname{grad} \tilde{\varphi})^2 \, d\tau = \int \tilde{\varphi} \left(\frac{\partial \tilde{\varphi}}{\partial n} \right) dA$$

$$= \int (\varphi_1 - \varphi_2) \frac{\partial (\varphi_1 - \varphi_2)}{\partial n} \, dA = (\varphi_1 - \varphi_2) \int \frac{\partial (\varphi_1 - \varphi_2)}{\partial n} \, dA$$

$$= (\varphi_1 - \varphi_2) \left(\frac{Q - Q}{\varepsilon_0} \right) = 0,$$

wie vorher auch. Wiederum ist also

$$\operatorname{grad} \tilde{\varphi} = 0$$

und

$$\tilde{\varphi} = \text{const.}$$

Die gegebenen Eindeutigkeitsbeweise laufen formal gesehen auf die aus (3.48) folgende Aussage hinaus, daß mit $\Delta \varphi = 0$ und $\varphi = 0$ am Rand φ überall 0 sein muß. Dies zu verstehen ist auch anschaulich möglich. *Man kann nämlich beweisen, daß φ in einem Gebiet, in dem $\Delta \varphi = 0$ ist, weder ein Maximum noch ein Minimum haben kann.* Gäbe es nämlich ein Maximum (bzw. ein Minimum) von φ an einem Ort im Gebiet, so müßten in seiner Umgebung alle Linien grad φ zu ihm hinzeigen (bzw. von ihm wegzeigen). Eine das Maximum (bzw. Minimum) umgebende kleine Fläche wäre dann von einem nicht verschwindenden elektrischen Fluß durchdrungen. Das wäre jedoch nur möglich, wenn dort eine Raumladung vorhanden und damit $\Delta\varphi \neq 0$ wäre. Die Annahme eines Maximums oder Minimums im Inneren des Gebietes führt also auf einen Widerspruch. Ist nun am Rande $\varphi = 0$, so kann φ im Inneren des Gebietes nirgends größer, aber auch nirgends kleiner als Null sein, d.h. es muß überall $\varphi = 0$ sein. Man kann den obigen Satz auch so formulieren: *ist in einem Gebiet $\Delta\varphi = 0$, so kann die Funktion φ ihre maximalen und minimalen Werte nur am Rand des Gebietes annehmen.* Die Eindeutigkeit der Lösung des Dirichlet-Problems ist eine unmittelbare Folge dieses Satzes.

3.4.4 Modelle

Die Gleichung $\Delta\varphi = 0$ kommt in den Naturwissenschaften sehr oft vor und sie beschreibt viele verschiedene Probleme. Alle Situationen, für die sie eine Rolle spielt, können deshalb als Analogmodelle elektrostatischer Situationen aufgefaßt werden. Die zweidimensionale Laplace–Gleichung

$$\left(\frac{\partial^2}{\partial x^2} + \frac{\partial^2}{\partial y^2}\right)\varphi = 0$$

beschreibt unter anderem auch die als klein vorausgesetzte Auslenkung einer auf einen Rahmen gespannten Membran. Am Rand (Rahmen) ist φ vorgegeben, und im Inneren ist $\Delta\varphi = 0$. Eine solche Membran kann deshalb als Modell für ein entsprechendes zweidimensionales elektrostatisches Problem betrachtet werden.

3.4.5 Die Diracsche δ-Funktion

Im folgenden wird sich die δ-Funktion als sehr nützlich erweisen, weshalb wir sie hier kurz einführen wollen. Es sei jedoch betont, daß die folgenden Bemerkungen eine mathematisch fundierte Einführung nicht ersetzen können.

Grob anschaulich gesprochen ist die δ-Funktion dadurch gekennzeichnet, daß sie überall verschwindet außer für einen ganz bestimmten Wert (nämlich 0) ihres Argumentes, dort aber unendlich wird, und zwar so stark, daß ihr Integral gerade 1 wird:

$$\boxed{\delta(x - x') = \begin{cases} 0 & \text{für } x \neq x' \\ \infty & \text{für } x = x' \end{cases}}, \qquad (3.49)$$

$$\boxed{\int_{-\infty}^{+\infty} \delta(x - x')\,dx = 1}. \qquad (3.50)$$

Die δ-Funktion ist keine Funktion im üblichen Sinne des Wortes. Sie gehört einer allgemeineren Klasse von Funktionen an, die man manchmal als *uneigentliche Funktionen* oder auch als *Distributionen* bezeichnet. Man kann sich die δ-Funktion vorstellen als Grenzwert einer Folge von Funktionen, und zwar in verschiedener Weise, z.B.

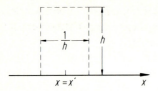

Bild 3.7

1. als Grenzwert einer Folge von Rechteckfunktionen entsprechend Bild 3.7. Dabei ist

$$g_h(x) = \begin{cases} h & \text{für } |x-x'| \leq \dfrac{1}{2h} \\ 0 & \text{sonst} \end{cases}$$

und

$$\delta(x-x') = \lim_{h \to \infty} g_h(x);$$

2. als Grenzwert einer Folge von Gauß-Funktionen (Bild 3.8). In diesem Fall ist

$$f_a(x) = \frac{1}{a\sqrt{\pi}} \exp\left[-\frac{(x-x')^2}{a^2}\right],$$

wo

$$\int_{-\infty}^{+\infty} f_a(x)\,dx = 1$$

und

$$\delta(x-x') = \lim_{a \to 0} f_a(x).$$

Von den Anwendungen aus betrachtet ist die δ-Funktion natürlich eine Idealisierung. In der Natur gibt es keine δ-Funktionen. Dennoch ist sie sehr nützlich. Das beruht darauf, daß sie genau das formale Analogon zu der ja auch idealisierenden Einführung einer Punktladung darstellt. Diese kann man ja

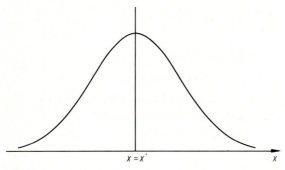

Bild 3.8

mindestens formal durch eine Ladungsdichte ρ beschreiben, die überall verschwindet außer an einem Ort, dort allerdings unendlich ist. Dazu wollen wir die zunächst nur eindimensional definierte δ-Funktion verallgemeinern:

$$\boxed{\delta(\mathbf{r}-\mathbf{r}') = \delta(x-x')\delta(y-y')\delta(z-z')}. \tag{3.51}$$

Damit kann man nun eine Punktladung Q am Ort $\mathbf{r}'$ kennzeichnen durch

$$\rho(\mathbf{r}) = Q\delta(\mathbf{r}-\mathbf{r}').$$

Integration über den ganzen Raum gibt

$$\int_V \rho(\mathbf{r})\,d\tau = \int Q\delta(x-x')\delta(y-y')\delta(z-z')\,dx\,dy\,dz$$
$$= Q\int \delta(x-x')\,dx \int \delta(y-y')\,dy \int \delta(z-z')\,dz$$
$$= Q\cdot 1\cdot 1\cdot 1 = Q,$$

wie es sein muß.

Aus dem oben Gesagten ergibt sich eine wichtige Eigenschaft der δ-Funktion:

$$\boxed{\int_{-\infty}^{+\infty} f(x)\delta(x-x')\,dx = f(x')}. \tag{3.52}$$

Die δ-Funktion hat also die Eigenschaft, einen Funktionswert "auszublenden". Wir können ja schreiben:

$$\int_{-\infty}^{+\infty} f(x)\delta(x-x')\,dx = \int_{-\infty}^{+\infty} f(x')\delta(x-x')\,dx$$
$$= f(x') \int_{-\infty}^{+\infty} \delta(x-x')\,dx = f(x')\cdot 1.$$

Analog gilt für eine im Raum definierte Funktion $f(\mathbf{r})$

$$\boxed{\int_{\substack{\text{ganzer}\\\text{Raum}}} f(\mathbf{r})\delta(\mathbf{r}-\mathbf{r}')\,d\tau = f(\mathbf{r}')}, \tag{3.53}$$

was sich durch mehrfache Anwendung von (3.52) ergibt.

Die δ-Funktion ist symmetrisch

$$\boxed{\delta(x-x') = \delta(-[x-x']) = \delta(x'-x)}. \tag{3.54}$$

Man kann die δ-Funktion auch differenzieren und integrieren. Ihr unbestimmtes Integral ist die *Heavisidesche Sprungfunktion*:

$$\boxed{H(x-x') = \begin{cases} 0 & \text{für } x < x' \\ 1 & \text{für } x > x' \end{cases}}. \tag{3.55}$$

Tatsächlich ist ja

$$\int_{-\infty}^{x} \delta(x'' - x')\,dx'' = \begin{cases} 0 & \text{für } x < x' \\ 1 & \text{für } x > x' \end{cases},$$

d.h.

$$\int_{-\infty}^{x} \delta(x'' - x')\,dx'' = H(x - x').$$

Umgekehrt ist

$$\frac{dH(x - x')}{dx} = \delta(x - x'),$$

d.h. beim Differenzieren der (im Bereich gewöhnlicher Funktionen nicht differenzierbaren) Sprungfunktion ergibt sich die δ-Funktion.

Zur Vermeidung von Mißverständnissen in bezug auf Dimensionen sei bemerkt, daß nach Gleichung (3.50) die δ-Funktion eine Dimension trägt, und zwar die des Kehrwerts ihres Arguments, d.h. die von x^{-1}. Ist das Argument der δ-Funktion eine vektorielle Größe, so ergibt sich die Dimension z.B. für den dreidimensionalen Fall aus der Definition (3.51) als die von x^{-3}.

3.4.6 Punktladung und δ-Funktion

Für eine Punktladung gilt die Poissonsche Gleichung

$$\Delta \varphi = -\frac{\rho}{\varepsilon_0},$$

wo

$$\rho(\mathbf{r}) = Q\delta(\mathbf{r} - \mathbf{r}'),$$

d.h.

$$\Delta \varphi = -\frac{Q}{\varepsilon_0}\delta(\mathbf{r} - \mathbf{r}').$$

Die Lösung kennen wir bereits:

$$\varphi = \frac{Q}{4\pi\varepsilon_0}\frac{1}{|\mathbf{r} - \mathbf{r}'|},$$

d.h. wir können für alle Orte, auch für den der Punktladung (was uns früher nicht möglich war), schreiben

$$\Delta \frac{Q}{4\pi\varepsilon_0|\mathbf{r} - \mathbf{r}'|} = \frac{-Q}{\varepsilon_0}\delta(\mathbf{r} - \mathbf{r}')$$

bzw.

$$\boxed{\Delta \frac{1}{|\mathbf{r} - \mathbf{r}'|} = -4\pi\delta(\mathbf{r} - \mathbf{r}')}. \tag{3.56}$$

In Abschn. 2.3 mußten wir die Orte von Punktladungen aus der Betrachtung ausschließen. Wir konnten dort nicht differenzieren etc. Diese Schwierigkeit wird durch den Gebrauch der δ-Funktion behoben.

Für eine beliebige Ladungsverteilung $\rho(\mathbf{r})$ haben wir früher durch Überlagerung

$$\varphi(\mathbf{r}) = \frac{1}{4\pi\varepsilon_0} \int \frac{\rho(\mathbf{r}')}{|\mathbf{r}-\mathbf{r}'|} d\tau'$$

gewonnen. Es ist interessant, dies auch formal zu beweisen. Anwendung des Laplace-Operators auf diese Beziehung gibt

$$\Delta\varphi(\mathbf{r}) = \frac{1}{4\pi\varepsilon_0} \int \Delta_r \frac{\rho(\mathbf{r}')}{|\mathbf{r}-\mathbf{r}'|} d\tau'$$

$$= \frac{1}{4\pi\varepsilon_0} \int \rho(\mathbf{r}') \Delta_r \frac{1}{|\mathbf{r}-\mathbf{r}'|} d\tau'$$

$$= \frac{1}{4\pi\varepsilon_0} \int \rho(\mathbf{r}')(-4\pi)\delta(\mathbf{r}-\mathbf{r}') d\tau'$$

$$= -\frac{\rho(\mathbf{r})}{\varepsilon_0},$$

d.h. der Ausdruck für φ erfüllt die Poisson–Gleichung und ist damit als richtig erwiesen.

Aus Vollständigkeitsgründen sei noch bemerkt, daß eine etwas allgemeinere Lösung (jedoch keineswegs schon die allgemeine Lösung) von

$$\Delta\varphi = -\frac{Q\delta(\mathbf{r}-\mathbf{r}')}{\varepsilon_0},$$

$$\varphi = \frac{Q}{4\pi\varepsilon_0|\mathbf{r}-\mathbf{r}'|} + \text{const}$$

ist. Erst die Randbedingung $\varphi = 0$ im Unendlichen macht die Lösung eindeutig und läßt die Konstante verschwinden.

3.4.7 Das Potential in einem begrenzten Gebiet

Betrachtet man den ganzen Raum mit allen seinen Ladungen, so ist φ durch das übliche Integral

$$\varphi(\mathbf{r}) = \frac{1}{4\pi\varepsilon_0} \int \frac{\rho(\mathbf{r}')}{|\mathbf{r}-\mathbf{r}'|} d\tau'$$

gegeben. Betrachtet man statt dessen nur ein endliches Gebiet und nur die in ihm befindlichen Ladungen, so kann man gewisse Aussagen mit Hilfe des Greenschen Satzes (3.47) machen. Dazu setzen wir in (3.47)

$$\phi = \varphi \quad \text{mit} \quad \Delta\varphi = -\frac{\rho}{\varepsilon_0}$$

und

$$\psi = \frac{1}{|\mathbf{r}-\mathbf{r}'|}.$$

Das gibt

$$\int_V \left(\frac{\Delta\varphi}{|\mathbf{r}-\mathbf{r}'|} - \varphi\Delta\frac{1}{|\mathbf{r}-\mathbf{r}'|}\right) d\tau = \int_V \left[-\frac{\rho(\mathbf{r})}{\varepsilon_0|\mathbf{r}-\mathbf{r}'|} + \varphi(\mathbf{r})4\pi\delta(\mathbf{r}-\mathbf{r}')\right] d\tau$$

$$= -\int_V \frac{\rho(\mathbf{r})\,d\tau}{\varepsilon_0|\mathbf{r}-\mathbf{r}'|} + 4\pi\varphi(\mathbf{r}')$$

$$= \oint \left(\frac{1}{|\mathbf{r}-\mathbf{r}'|}\frac{\partial\varphi}{\partial n} - \varphi\frac{\partial}{\partial n}\frac{1}{|\mathbf{r}-\mathbf{r}'|}\right) dA.$$

Dabei wurde vorausgesetzt, daß sich der Punkt $\mathbf{r}'$ im Inneren des betrachteten Volumens befindet. Befindet er sich auf der Oberfläche, so tritt an die Stelle des Faktors 4π (bei "glatter Oberfläche", siehe dazu Abschnitt 8.2.1) der Faktor 2π, befindet er sich außerhalb des Volumens, der Faktor 0. Nach Vertauschung von $\mathbf{r}$ und $\mathbf{r}'$ kann man das umformen zu

$$\boxed{\varphi(\mathbf{r}) = \frac{1}{4\pi\varepsilon_0}\int_V \frac{\rho(\mathbf{r}')\,d\tau'}{|\mathbf{r}-\mathbf{r}'|} + \frac{1}{4\pi}\oint \frac{\frac{\partial\varphi(\mathbf{r}')}{\partial n'}}{|\mathbf{r}-\mathbf{r}'|}\,dA' - \frac{1}{4\pi}\oint \varphi(\mathbf{r}')\frac{\partial}{\partial n'}\frac{1}{|\mathbf{r}-\mathbf{r}'|}\,dA'}.$$

(3.57)

Das ist ein sehr merkwürdiges Resultat, das manchmal als Kirchhoffscher Satz oder als Greensche Formel bezeichnet wird. Es besagt, daß φ neben dem üblichen Beitrag

$$\frac{1}{4\pi\varepsilon_0}\int_V \frac{\rho(\mathbf{r}')\,d\tau'}{|\mathbf{r}-\mathbf{r}'|}$$

von den Ladungen im betrachteten Volumen V noch Beiträge von den Rändern enthält. Sie repräsentieren offensichtlich die eventuell außerhalb des betrachteten Volumens noch befindlichen Ladungen. Die zunächst ganz formal gewonnenen Anteile von den Oberflächen haben eine gewisse anschauliche Bedeutung:

1) Der Term

$$\frac{1}{4\pi}\oint \frac{\frac{\partial\varphi(\mathbf{r}')}{\partial n'}}{|\mathbf{r}-\mathbf{r}'|}\,dA'$$

läßt sich interpretieren als Potential einer Verteilung von Oberflächenladungen, vgl. (2.26),

$$\frac{1}{4\pi\varepsilon_0}\oint \frac{\sigma(\mathbf{r}')\,dA'}{|\mathbf{r}-\mathbf{r}'|}$$

mit

$$\sigma = \varepsilon_0 \frac{\partial \varphi}{\partial n}.$$

2) Der Term

$$-\frac{1}{4\pi} \oint \varphi(\mathbf{r}') \frac{\partial}{\partial n'} \frac{1}{|\mathbf{r} - \mathbf{r}'|} dA'$$

läßt sich interpretieren als Potential einer Doppelschicht, siehe (2.69),

$$\frac{1}{4\pi\varepsilon_0} \oint \tau \frac{\partial}{\partial n'} \frac{1}{|\mathbf{r} - \mathbf{r}'|} dA'$$

mit

$$\tau = -\varepsilon_0 \varphi.$$

Durch passend gewählte Doppelschicht und Oberflächenladungen kann man also alle Effekte möglicher äußerer Ladungen für das Innere des Gebietes ersetzen. Im Außenraum ist das jedoch nicht der Fall. Ganz im Gegenteil bewirkt die Doppelschicht, daß an der Außenfläche $\varphi_a = 0$ ist, und die Oberflächenladung bewirkt, daß an der Außenfläche $(\partial\varphi/\partial n)_a = 0$ ist. Kennzeichnen wir die Größen an der Innenseite durch den Index i, die an der Außenseite durch den Index a, so ist ja

$$D_a - D_i = \sigma = -\varepsilon_0 \left(\frac{\partial\varphi}{\partial n}\right)_a + \varepsilon_0 \left(\frac{\partial\varphi}{\partial n}\right)_i,$$

und da

$$\sigma = \varepsilon_0 \left(\frac{\partial\varphi}{\partial n}\right)_i$$

folgt daraus, wie behauptet,

$$\left(\frac{\partial\varphi}{\partial n}\right)_a = 0.$$

Ferner ist

$$\varphi_a - \varphi_i = \frac{\tau}{\varepsilon_0}.$$

Wegen

$$\tau = -\varepsilon_0 \varphi_i$$

ist dann, wie eben behauptet,

$$\varphi_a = 0.$$

Die durch Flächenladungen bzw. Doppelschichten verursachten Unstetigkeiten von $\partial\varphi/\partial n$ bzw. φ spielen in der Feldtheorie ein grundlegende Rolle. Darauf werden wir später noch ausführlicher eingehen (Abschnitte 8.2.1 und 8.2.2).

Diese Dinge hängen sehr eng mit der bereits diskutierten Methode der Bildladungen zusammen. Dort wurde—in Umkehrung der gegenwärtigen

Gedankengänge—der Effekt von Flächen mit Flächenladungen durch entsprechende Bildladungen ersetzt.

Abschließend sei noch vor einer Fehlinterpretation der Gleichung (3.57) gewarnt. Sie besagt keinesfalls, daß man neben $\rho(\mathbf{r})$ im Gebiet auch noch φ und $\partial\varphi/\partial n$ auf der Oberfläche frei wählen und dann φ nach (3.57) berechnen könne. Gäbe man nämlich φ und $\partial\varphi/\partial n$ auf der Oberfläche unabhängig voneinander vor, so wäre das Problem überbestimmt. Die Vorgabe einer der beiden Größen macht ja, wie bewiesen wurde, das Problem bereits eindeutig, d.h. man darf nur eine der beiden Größen vorgeben, die andere ergibt sich dann. Die Gleichung (3.57) besagt also nur, daß φ von dieser Form ist, wenn die Werte von φ und $\partial\varphi/\partial n$ am Rand miteinander verträglich sind. Dennoch kann man diese Beziehung zum Ausgangspunkt von Lösungsmethoden machen, wenn man mit Hilfe passend gewählter *Greenscher Funktionen* entweder den einen oder den anderen der beiden Oberflächenterme eliminiert. Wir wollen diese Dinge hier übergehen, werden jedoch an anderer Stelle auf die Greenschen Funktionen für konkrete Fälle zurückkommen. Gleichung (3.57) stellt eine wichtige Grundlage für analytische und numerische Methoden zur Lösung von Randwertproblemen dar, insbesondere für die Randelementmethoden (Abschnitte 8.2 und 8.8).

Gleichung (3.57) hängt auch mit dem sog. Helmholtzschen Theorem zusammen. Wir werden im Anhang A.5 darauf zurückkommen und dabei noch deutlicher sehen können, welche Bedeutung die beiden Oberflächenintegrale in dieser Gleichung haben.

Zunächst jedoch wollen wir nach diesen allgemeinen Bemerkungen zum Potentialproblem die Laplacesche Gleichung durch Separation der Variablen lösen.

3.5 Separation der Laplaceschen Gleichung in kartesischen Koordinaten

3.5.1 Die Separation

In den folgenden Abschnitten wird die Laplacesche Gleichung für verschiedene Koordinatensysteme durch Separation zu lösen sein. Hier sei die Methode am einfachsten Beispiel, dem der kartesischen Koordinaten, demonstriert. Zu lösen ist also die Gleichung

$$\Delta\varphi = \left(\frac{\partial^2}{\partial x^2} + \frac{\partial^2}{\partial y^2} + \frac{\partial^2}{\partial z^2}\right)\varphi = 0. \tag{3.58}$$

Wir schreiben φ als Produkt

$$\varphi = X(x)Y(y)Z(z) \tag{3.59}$$

und setzen dies in (3.58) ein. Wir bekommen

$$YZ\frac{\partial^2}{\partial x^2}X(x) + XZ\frac{\partial^2}{\partial y^2}Y(y) + XY\frac{\partial^2}{\partial z^2}Z(z) = 0.$$

3.5 Separation der Laplaceschen Gleichung in Kartesischen Koordinaten

Division dieser Gleichung durch $\varphi = XYZ$ gibt

$$\frac{1}{X}\frac{\partial^2}{\partial x^2}X(x) + \frac{1}{Y}\frac{\partial^2}{\partial y^2}Y(y) + \frac{1}{Z}\frac{\partial^2}{\partial z^2}Z(z) = 0. \tag{3.60}$$

Wichtig ist nun, daß der erste Summand nur von x, der zweite nur von y und der dritte nur von z abhängt. Ihre Summe verschwindet. Das ist nur möglich, wenn jeder der drei Summanden konstant ist. Wir können also z.B. setzen:

$$\left.\begin{aligned}\frac{1}{X}\frac{\partial^2}{\partial x^2}X(x) &= -k^2, \\ \frac{1}{Y}\frac{\partial^2}{\partial y^2}Y(y) &= -l^2, \\ \frac{1}{Z}\frac{\partial^2}{\partial z^2}Z(z) &= k^2 + l^2.\end{aligned}\right\} \tag{3.61}$$

Hier treten zwei willkürliche Konstanten auf, die sog. *Separationskonstanten*. Etwas anders geschrieben hat man

$$\left.\begin{aligned}\frac{\partial^2}{\partial x^2}X(x) &= -k^2 X(x), \\ \frac{\partial^2}{\partial y^2}Y(y) &= -l^2 Y(y), \\ \frac{\partial^2}{\partial z^2}Z(z) &= (k^2 + l^2)Z(z).\end{aligned}\right\} \tag{3.62}$$

Das sind nun drei gewöhnliche Differentialgleichungen. Ihre allgemeinen Lösungen sind:

$$\left.\begin{aligned}X &= A\cdot\cos kx + B\cdot\sin kx, \\ Y &= C\cdot\cos ly + D\cdot\sin ly, \\ Z &= E\cdot\cosh\sqrt{k^2+l^2}z + F\cdot\sinh\sqrt{k^2+l^2}z.\end{aligned}\right\} \tag{3.63}$$

Daraus ergibt sich

$$\begin{aligned}\varphi = (A\cos kx + B\sin kx)(C\cos ly + D\sin ly) \\ (E\cosh\sqrt{k^2+l^2}z + F\cdot\sinh\sqrt{k^2+l^2}z).\end{aligned} \tag{3.64}$$

Dabei kann man die Separationskonstanten k und l willkürlich wählen. Die gegebene Lösung für φ ist also nur eine sehr spezielle Lösung. Die allgemeine Lösung kann man jedoch durch Überlagerung aller denkbaren Lösungen (d.h. mit allen möglichen Werten von k und l) gewinnen.

Freiheit hat man auch in der Wahl der Basisfunktionen, aus denen man die allgemeine Lösung dann durch Überlagerung aufbaut, d.h. statt cos und sin bzw. cosh und sinh kann man auch $\exp(ikx)$ und $\exp(-ikx)$ bzw. $\exp(kx)$ und $\exp(-kx)$

benutzen und X, Y, Z statt wie oben in folgender Form schreiben:

$$\left. \begin{array}{l} X = \bar{A}\exp(\mathrm{i}kx) + \bar{B}\exp(-\mathrm{i}kx), \\ Y = \bar{C}\exp(\mathrm{i}ly) + \bar{D}\exp(-\mathrm{i}ly), \\ Z = \bar{E}\exp(\sqrt{k^2 + l^2}\,z) + \bar{F}\exp(-\sqrt{k^2 + l^2}\,z). \end{array} \right\} \quad (3.65)$$

Wegen der Zusammenhänge

$$\left. \begin{array}{l} \exp(\pm \mathrm{i}kx) = \cos kx \pm \mathrm{i}\sin kx, \\ \exp(\pm kz) = \cosh kz \pm \sinh kz \end{array} \right\} \quad (3.66)$$

ergibt sich so jedoch nichts wesentlich Neues.

Ob man φ durch Überlagerung von Funktionen des Types (3.63) oder (3.65) bildet, spielt also eine untergeordnete Rolle. Es kann jedoch in konkreten Fällen Gründe geben, die eine oder die andere Form vorzuziehen. Je nach der Art des Problems sind dabei Funktionen für alle Wertepaare (k, l) oder nur für konkrete Werte von k und l zu benutzen. Das werden wir im Zusammenhang mit Beispielen weiter erörtern.

In besonders einfachen Fällen wird man auf die Separation verzichten und einen schnelleren Weg finden können. Es sei z.B. die Aufgabe gestellt, das Potential zwischen zwei unendlich ausgedehnten und zueinander parallelen ebenen Platten zu bestimmen, deren Potential gegebene Konstanten sind (Bild 3.9). Man kann wie folgt vorgehen: Zunächst ist klar, daß φ nur von x abhängt. Deshalb ist

$$\Delta \varphi = \frac{\partial^2 \varphi}{\partial x^2} = 0$$

mit der allgemeinen Lösung

$$\varphi = A + Bx.$$

Die Integrationskonstanten A und B ergeben sich aus

$$\varphi_1 = A + B \cdot 0,$$
$$\varphi_2 = A + B \cdot d,$$

d.h.

$$A = \varphi_1,$$
$$B = \frac{\varphi_2 - \varphi_1}{d}$$

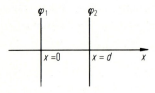

Bild 3.9

und
$$\varphi = \varphi_1 + \frac{\varphi_2 - \varphi_1}{d} x$$
bzw.
$$E_x = -\frac{\partial \varphi}{\partial x} = -\frac{\varphi_2 - \varphi_1}{d},$$

womit dieses sehr einfache Problem gelöst ist. Natürlich kann man rein formal auch vom Separationsansatz ausgehen, d.h. man kann ansetzen

$$\varphi = \tilde{A} \cos kx + \tilde{B} \sin kx, \quad k \to 0.$$

k muß gegen Null gehen, weil wegen der Unabhängigkeit von y und z sowohl l wie auch $l^2 + k^2$ gegen Null gehen muß. D.h. jedoch:

$$\varphi = \tilde{A} + \tilde{B}kx = A + Bx,$$

wenn man $A = \tilde{A}$ und $B = \tilde{B}k$ setzt. B kann auch für $k \to 0$ durchaus endlich sein, denn $\tilde{B}$ darf alle, auch beliebig große Werte annehmen.

Wir werden die Separationsmethode auch auf Probleme mit anderen Koordinaten anwenden. Es sei jedoch bemerkt, daß die Separationsmethode keineswegs ganz allgemein anwendbar ist. Es ist eine besondere Eigenschaft bestimmter orthogonaler Systeme von Koordinaten, daß man bestimmte Gleichungen in diesen Koordinaten separieren kann. Neben den kartesischen Koordinaten, Zylinderkoordinaten und Kugelkoordinaten gibt es noch 8 andere, insgesamt also 11 orthogonale Koordinatensysteme, die die Separation der dreidimensionalen Laplace-Gleichung und der später zu diskutierenden Helmholtz-Gleichung gestatten. Darüber hinaus gibt es beliebig viele weitere Koordinatensysteme, in denen die zweidimensionale ebene Laplace-Gleichung separierbar ist. Schließlich gibt es noch die Möglichkeit, den Begriff der Separierbarkeit zu erweitern (*R-Separierbarkeit* zum Unterschied von *einfacher Separierbarkeit*), um dadurch die Separation der dreidimensionalen Laplace-Gleichung in einigen weiteren Koordinatensystemen zu erreichen. Eine sehr nützliche Zusammenfassung aller dieser Probleme existiert in [2]. Hier wollen wir darauf nicht näher eingehen und statt dessen einige Beispiele betrachten.

3.5.2 Beispiele

3.5.2.1 *Ein Dirichletsches Randwertproblem ohne Ladungen im Gebiet*

Zu bestimmen ist das elektrische Potential im Inneren eines Quaders der Seitenlängen a, b, c (in x-, y-, z-Richtung nach Bild 3.10) mit den Randbedingungen

$\varphi = 0 \quad$ auf allen Seitenflächen außer einer (z.B. der oberen Seitenfläche $z = c$),

$\varphi = \varphi_c(x, y) \quad$ auf dieser Seitenfläche $z = c$.

Im Inneren befinden sich keine Ladungen. Entsprechend den Gleichungen (3.63)

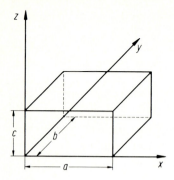

Bild 3.10

machen wir für die x-Abhängigkeit den Ansatz

$$X = A_k \cos kx + B_k \sin kx \quad \text{für} \quad k \neq 0,$$
$$X = A_0 + B_0 x \quad \text{für} \quad k = 0.$$

Für $x = 0$ muß $\varphi = 0$ sein, sodaß $A_k = 0$ und $A_0 = 0$ wird, und man hat deshalb

$$\left.\begin{array}{ll} X = B_k \sin kx & \text{für} \quad k \neq 0 \\ X = B_0 x & \text{für} \quad k = 0. \end{array}\right\} \quad (3.67)$$

Auch für $x = a$ soll $\varphi = 0$ sein, d.h.

$$B_k \sin ka = 0$$
$$B_0 \cdot a = 0.$$

Daraus folgt

$$B_0 = 0 \quad (3.68)$$

und

$$ka = n\pi, \quad k = \frac{n\pi}{a},$$

wo n eine ganze Zahl ist. Hier ergibt sich also aus den Randbedingungen, daß k nur ganz bestimmte Werte

$$k = k_n = \frac{n\pi}{a} \quad (3.69)$$

annehmen kann. Diese Werte werden oft als *Eigenwerte* des Problems bezeichnet. Nimmt man all das zusammen, so ist

$$X = B_n \sin \frac{n\pi x}{a}, \quad n = 1, 2, 3, \ldots \quad (3.70)$$

In ganz analoger Weise ergibt sich

$$Y = D_m \sin \frac{m\pi y}{b}, \quad m = 1, 2, 3, \ldots \quad (3.71)$$

Für die z-Abhängigkeit gehen wir von dem Ansatz

$$Z = E \cosh \sqrt{k^2 + l^2}\, z + F \sinh \sqrt{k^2 + l^2}\, z$$

aus. Für $z = 0$ muß $\varphi = 0$ sein, weshalb $E = 0$ sein muß. Also ist

$$Z = F_{nm} \sinh\left[\sqrt{\left(\frac{n\pi}{a}\right)^2 + \left(\frac{m\pi}{b}\right)^2}\, z\right]. \tag{3.72}$$

Setzt man

$$B_n D_m F_{nm} = C_{nm},$$

so ist

$$\varphi = C_{nm} \sin\frac{n\pi x}{a} \sin\frac{m\pi y}{b} \sinh\left[\sqrt{\left(\frac{n\pi}{a}\right)^2 + \left(\frac{m\pi}{b}\right)^2}\, z\right], \tag{3.73}$$

wobei n und m ganze Zahlen und größer als Null sind. Dies stellt keine Einschränkung der Allgemeinheit dar, da negative Werte von n und m wegen der Antisymmetrie der Sinusfunktion nichts Neues bringen. Die allgemeine Lösung ist demnach

$$\varphi = \sum_{n,m=1}^{\infty} C_{nm} \sin\frac{n\pi x}{a} \sin\frac{m\pi y}{b} \sinh\left[\sqrt{\left(\frac{n\pi}{a}\right)^2 + \left(\frac{m\pi}{b}\right)^2}\, z\right]. \tag{3.74}$$

Sie erfüllt alle Randbedingungen außer der für $z = c$. Dafür muß gelten:

$$\varphi_c(x, y) = \sum_{n,m=1}^{\infty} C_{nm} \sin\frac{n\pi x}{a} \sin\frac{m\pi y}{b} \sinh\left[\sqrt{\left(\frac{n\pi}{a}\right)^2 + \left(\frac{m\pi}{b}\right)^2}\, c\right]. \tag{3.75}$$

Das Problem ist also, die Koeffizienten C_{nm} so zu bestimmen, daß diese Bedingung erfüllt ist. Das ist ein bekanntes Problem, nämlich die Entwicklung von $\varphi_c(x, y)$ in eine zweidimensionale Fourier–Reihe. Dazu ist vielleicht ein Wort der Erklärung nötig. An sich hat man in einer Fourier–Reihe sin- und cos-Funktionen, nach denen man eine in einem Intervall gegebene und sich im übrigen periodisch wiederholende Funktion entwickeln kann. In diesem Intervall kann die Funktion für spezielle Fälle symmetrisch oder antisymmetrisch in bezug auf den Mittelpunkt des Intervalls sein. Im symmetrischen Fall werden nur die cos-Funktionen auftreten, im antisymmetrischen nur die sin-Funktionen. In unserem Fall können wir z.B. für x das Intervall $-a \leqslant x \leqslant a$ zugrunde legen, obwohl wir uns nur für $0 \leqslant x \leqslant a$ interessieren. Wir können uns die zu entwickelnde Funktion periodisch und antisymmetrisch im Intervall vorstellen und deshalb in der oben angegebenen Weise entwickeln. Dasselbe gilt für die y-Abhängigkeit im Intervall $-b \leqslant y \leqslant b$.

Zur Bestimmung der Koeffizienten C_{nm} benutzen wir die sog. *Orthogonalitätsrelationen*

$$\left.\begin{array}{l}\displaystyle\int_0^a \sin\frac{n\pi x}{a} \sin\frac{n'\pi x}{a}\, \mathrm{d}x = \frac{a}{2}\delta_{nn'}, \qquad n, n' \geqslant 1, \\[2ex] \displaystyle\int_0^b \sin\frac{m\pi y}{b} \sin\frac{m'\pi y}{b}\, \mathrm{d}y = \frac{b}{2}\delta_{mm'}, \qquad m, m' \geqslant 1.\end{array}\right\} \tag{3.76}$$

δ_{nm} ist das sog. *Kronecker-Symbol*:

$$\delta_{nm} = \begin{cases} 1 & n = m \\ 0 & n \neq m \end{cases}.$$

Wir multiplizieren (3.75) mit

$$\sin\frac{n'\pi x}{a} \sin\frac{m'\pi y}{b}$$

und integrieren über x von 0 bis a und über y von 0 bis b:

$$\int_0^a \int_0^b \varphi_c(x,y) \sin\frac{n'\pi x}{a} \sin\frac{m'\pi y}{b} \, dx \, dy$$

$$= \sum_{n,m} C_{nm} \sinh\left[\sqrt{\left(\frac{n\pi}{a}\right)^2 + \left(\frac{m\pi}{b}\right)^2} \, c\right]$$

$$\cdot \int_0^a \sin\frac{n\pi x}{a} \sin\frac{n'\pi x}{a} \, dx \int_0^b \sin\frac{m\pi y}{b} \sin\frac{m'\pi y}{b} \, dy$$

$$= \sum_{n,m} C_{nm} \sinh\left[\sqrt{\left(\frac{n\pi}{a}\right)^2 + \left(\frac{m\pi}{b}\right)^2} \, c\right] \delta_{nn'} \delta_{mm'} \frac{ab}{4}$$

$$= \frac{ab}{4} \sinh\left[\sqrt{\left(\frac{n'\pi}{a}\right)^2 + \left(\frac{m'\pi}{b}\right)^2} \, c\right] C_{n'm'}.$$

Damit ist C_{nm} berechnet:

$$C_{nm} = \frac{4 \int_0^a \int_0^b \varphi_c(x,y) \sin\frac{n\pi x}{a} \sin\frac{m\pi y}{b} \, dx \, dy}{ab \sinh\left[\sqrt{\left(\frac{n\pi}{a}\right)^2 + \left(\frac{m\pi}{b}\right)^2} \, c\right]}, \quad (3.77)$$

d.h. die Lösung unseres Problems ist

$$\varphi(x,y,z) = \sum_{n,m=1}^{\infty} \frac{4}{ab} \int_0^a \int_0^b \varphi_c(x',y') \sin\frac{n\pi x'}{a} \sin\frac{m\pi y'}{b} \, dx' dy'$$

$$\cdot \sin\frac{n\pi x}{a} \sin\frac{m\pi y}{b} \frac{\sinh\left[\sqrt{\left(\frac{n\pi}{a}\right)^2 + \left(\frac{m\pi}{b}\right)^2} \, z\right]}{\sinh\left[\sqrt{\left(\frac{n\pi}{a}\right)^2 + \left(\frac{m\pi}{b}\right)^2} \, c\right]}. \quad (3.78)$$

Die so bestimmte Funktion φ erfüllt die Laplace–Gleichung und alle Randbedingungen. Sie ist auch die einzige Lösung, wie wir aufgrund unseres allgemeinen Eindeutigkeitsbeweises wissen. Für $z = c$ muß sich natürlich wieder

$\varphi_c(x, y)$ ergeben, was man wie folgt schreiben kann:

$$\varphi(x, y, c) = \varphi_c(x, y) = \frac{4}{ab} \int_0^a \int_0^b \varphi_c(x', y')$$
$$\cdot \left(\sum_{n=1}^{\infty} \sin \frac{n\pi x'}{a} \sin \frac{n\pi x}{a} \right) \left(\sum_{m=1}^{\infty} \sin \frac{m\pi y'}{b} \sin \frac{m\pi y}{b} \right) dx' \, dy'. \quad (3.79)$$

Andererseits ist

$$\varphi_c(x, y) = \int_0^a \int_0^b \varphi_c(x', y') \delta(x - x') \delta(y - y') dx' \, dy', \quad (3.80)$$

da ja x und y im Integrationsintervall liegen. Vergleicht man diese beiden Gleichungen für $\varphi_c(x, y)$ miteinander, so stellt man fest, daß in den Intervallen $0 \leq x \leq a$ und $0 \leq y \leq b$

$$\boxed{\begin{aligned} \frac{2}{a} \sum_{n=1}^{\infty} \sin \frac{n\pi x}{a} \sin \frac{n\pi x'}{a} &= \delta(x - x'), \\ \frac{2}{b} \sum_{m=1}^{\infty} \sin \frac{m\pi y}{b} \sin \frac{m\pi y'}{b} &= \delta(y - y') \end{aligned}} \quad (3.81)$$

ist. Diese wichtigen Beziehungen heißen *Vollständigkeitsrelationen*. Warum sie so heißen, wird noch erörtert werden. Man kann sie auch auf andere Weise herleiten. Es sei die Aufgabe gestellt, die δ-Funktion in eine Fourier-Reihe zu entwickeln. Man macht den Ansatz

$$\delta(x - x') = \sum_{n=1}^{\infty} C_n(x') \sin \frac{n\pi x}{a}$$

und bestimmt $C_n(x')$ mit Hilfe der Orthogonalitätsbeziehung (3.76),

$$\int_0^a \delta(x - x') \sin \frac{n'\pi x}{a} dx = \sum_{n=1}^{\infty} \int_0^a C_n(x') \sin \frac{n\pi x}{a} \sin \frac{n'\pi x}{a} dx$$
$$= \frac{a}{2} \sum_{n=1}^{\infty} C_n(x') \delta_{nn'} = \frac{a}{2} C_{n'}(x'),$$

d.h.

$$C_n(x') = \frac{2}{a} \int_0^a \delta(x - x') \sin \frac{n\pi x}{a} dx = \frac{2}{a} \sin \frac{n\pi x'}{a}$$

und deshalb

$$\delta(x - x') = \frac{2}{a} \sum_{n=1}^{\infty} \sin \frac{n\pi x}{a} \sin \frac{n\pi x'}{a},$$

wie behauptet. Als Funktion aller x betrachtet stellt diese Summe natürlich eine im Intervall $-a \leq x \leq a$ antisymmetrische Funktion dar, die sich als Funktion von x periodisch wiederholt, d.h. man hat positive δ-Funktionen bei allen Werten

$x' + 2pa$ und negative δ-Funktionen bei $-x' + 2pa$, wo p ganzzahlig, sonst jedoch beliebig ist, d.h. genau genommen ist, wenn man sich nicht auf $0 \leq x \leq a$ beschränkt

$$\frac{2}{a}\sum_{n=1}^{\infty} \sin\frac{n\pi x}{a} \sin\frac{n\pi x'}{a} = \sum_{p=-\infty}^{+\infty} [\delta(x - x' - 2pa) - \delta(x + x' - 2pa)].$$

Das allgemeinere Dirichlet-Problem, bei dem das Potential auf der ganzen Oberfläche beliebig vorgeschrieben ist, läßt sich auf das behandelte Problem zurückführen. Zunächst läßt sich der Fall, daß das Potential auf irgendeiner anderen der sechs Seitenflächen vorgeschrieben (ungleich Null) ist und Null auf den übrigen fünf Seitenflächen, ganz ähnlich behandeln. Insgesamt gibt es also sechs Lösungen dieser Art, und die Lösung des allgemeinen Problems ergibt sich durch deren Überlagerung.

Die Methoden, mit denen das gegenwärtige Beispiel behandelt wurde, lassen sich im wesentlichen auf andere Probleme vom Neumannschen oder gemischten Typ übertragen.

3.5.2.2 Dirichletsches Randwertproblem mit Ladungen im Gebiet

Zu bestimmen ist das elektrische Potential im Inneren eines Quaders der Seitenlängen a, b, c (Bild 3.11) mit der Bedingung $\varphi = 0$ auf der ganzen Oberfläche und mit Flächenladungen $\sigma(x, y)$ auf der Ebene $z = z_0$ im Inneren des Quaders, $(0 < z_0 < c)$.

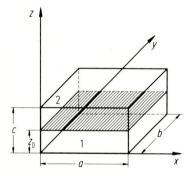

Bild 3.11

Hier müssen wir getrennte Ansätze für $0 \leq z \leq z_0$ und für $z_0 \leq z \leq c$ machen. Dabei gilt im wesentlichen das für das vorhergegangene Beispiel Gesagte, d.h. man kann φ entsprechend (3.74) ansetzen, und zwar in folgender Weise: im Gebiet 1 $(0 \leq z \leq z_0)$ ist

$$\varphi_1 = \sum_{n,m=1}^{\infty} C_{nm} \sin\frac{n\pi x}{a} \sin\frac{m\pi y}{b} \frac{\sinh\left[\sqrt{\left(\frac{n\pi}{a}\right)^2 + \left(\frac{m\pi}{b}\right)^2}\, z\right]}{\sinh\left[\sqrt{\left(\frac{n\pi}{a}\right)^2 + \left(\frac{m\pi}{b}\right)^2}\, z_0\right]}, \quad (3.82)$$

3.5 Separation der Laplaceschen Gleichung in Kartesischen Koordinaten

und im Gebiet 2 ($z_0 \leq z \leq c$) ist

$$\varphi_2 = \sum_{n,m=1}^{\infty} C_{nm} \sin\frac{n\pi x}{a} \sin\frac{m\pi y}{b} \frac{\sinh\left[\sqrt{\left(\frac{n\pi}{a}\right)^2 + \left(\frac{m\pi}{b}\right)^2}(c-z)\right]}{\sinh\left[\sqrt{\left(\frac{n\pi}{a}\right)^2 + \left(\frac{m\pi}{b}\right)^2}(c-z_0)\right]}. \quad (3.83)$$

Diese Ansätze erfüllen die Randbedingung $\varphi = 0$ auf der ganzen Oberfläche. Sie haben außerdem die Eigenschaft, daß φ an der Fläche $z = z_0$ stetig ist. Deshalb ist

$$\left(\frac{\partial \varphi_1}{\partial x}\right)_{z=z_0} = \left(\frac{\partial \varphi_2}{\partial x}\right)_{z=z_0}$$

und

$$\left(\frac{\partial \varphi_1}{\partial y}\right)_{z=z_0} = \left(\frac{\partial \varphi_2}{\partial y}\right)_{z=z_0},$$

d.h. die tangentialen Feldstärkekomponenten sind, wie es sein muß, stetig. Außerdem ist

$$\left(\frac{\partial \varphi_1}{\partial z} - \frac{\partial \varphi_2}{\partial z}\right)_{z=z_0} = \frac{\sigma(x,y)}{\varepsilon_0} \quad (3.84)$$

zu fordern, woraus sich die Koeffizienten C_{nm} berechnen lassen. Zu diesem Zweck ist auch $\sigma(x, y)$ zu entwickeln:

$$\sigma(x,y) = \sum_{n,m=1}^{\infty} \sigma_{nm} \sin\frac{n\pi x}{a} \sin\frac{m\pi y}{b}. \quad (3.85)$$

Mit Hilfe der Orthogonalitätsbeziehungen (3.76) berechnet man

$$\int_0^a \int_0^b \sigma(x,y) \sin\frac{n'\pi x}{a} \sin\frac{m'\pi y}{b} \, dx \, dy$$

$$= \sum_{n,m=1}^{\infty} \sigma_{nm} \int_0^a \sin\frac{n\pi x}{a} \sin\frac{n'\pi x}{a} dx \int_0^b \sin\frac{n\pi y}{b} \sin\frac{m'\pi y}{b} dy$$

$$= \sum_{n,m=1}^{\infty} \sigma_{nm} \cdot \frac{a}{2} \delta_{nn'} \cdot \frac{b}{2} \delta_{mm'} = \sigma_{n'm'} \frac{ab}{4},$$

d.h.

$$\sigma_{nm} = \frac{4}{ab} \int_0^a \int_0^b \sigma(x',y') \sin\frac{n\pi x'}{a} \sin\frac{m\pi y'}{b} dx' \, dy'. \quad (3.86)$$

Die Bedingung (3.84) lautet damit

$$\sum_{n,m=1}^{\infty} C_{nm} \sin\frac{n\pi x}{a} \sin\frac{m\pi y}{b} \left[\frac{\sqrt{\left(\frac{n\pi}{a}\right)^2 + \left(\frac{m\pi}{b}\right)^2} \cosh\left[\sqrt{\left(\frac{n\pi}{a}\right)^2 + \left(\frac{m\pi}{b}\right)^2} z_0\right]}{\sinh\left[\sqrt{\left(\frac{n\pi}{a}\right)^2 + \left(\frac{m\pi}{b}\right)^2} z_0\right]} + \right.$$

$$+\frac{\sqrt{\left(\frac{n\pi}{a}\right)^2+\left(\frac{m\pi}{b}\right)^2}\cosh\left[\sqrt{\left(\frac{n\pi}{a}\right)^2+\left(\frac{m\pi}{b}\right)^2}(c-z_0)\right]}{\sinh\left[\sqrt{\left(\frac{n\pi}{a}\right)^2+\left(\frac{m\pi}{b}\right)^2}(c-z_0)\right]}$$

$$=\sum_{n,m=1}^{\infty}\frac{\sigma_{nm}}{\varepsilon_0}\sin\frac{n\pi x}{a}\sin\frac{m\pi y}{b},$$

und durch Koeffizientenvergleich ergibt sich daraus

$$C_{nm}=\frac{\sigma_{nm}}{\varepsilon_0}\frac{\sinh\left[\sqrt{\left(\frac{n\pi}{a}\right)^2+\left(\frac{m\pi}{b}\right)^2}z_0\right]\sinh\left[\sqrt{\left(\frac{n\pi}{a}\right)^2+\left(\frac{m\pi}{b}\right)^2}(c-z_0)\right]}{\sqrt{\left(\frac{n\pi}{a}\right)^2+\left(\frac{m\pi}{b}\right)^2}\sinh\left[\sqrt{\left(\frac{n\pi}{a}\right)^2+\left(\frac{m\pi}{b}\right)^2}c\right]},$$

(3.87)

wobei die auftretenden Hyperbelfunktionen etwas umgeformt wurden unter Benutzung der Gleichung $\sinh(x+y) = \sinh x \cosh y + \cosh x \sinh y$.

Von besonderem Interesse ist ein Spezialfall dieses Ergebnisses. Wir nehmen an, daß sich an der Stelle x_0, y_0, z_0 eine Punktladung Q befinde. Das entspricht einer Flächenladung

$$\sigma = Q\delta(x-x_0)\delta(y-y_0). \tag{3.88}$$

Dafür ist nach (3.86)

$$\sigma_{nm}=\frac{4Q}{ab}\sin\frac{n\pi x_0}{a}\sin\frac{m\pi y_0}{b}. \tag{3.89}$$

Zusammen mit den Gleichungen (3.82), (3.83) und (3.87) findet man dann

$$\varphi_{1,2}=\frac{4Q}{ab\varepsilon_0}\sum_{n,m=1}^{\infty}\sin\frac{n\pi x}{a}\sin\frac{n\pi x_0}{a}\sin\frac{m\pi y}{b}\sin\frac{m\pi y_0}{b}$$

$$\cdot\frac{1}{\sqrt{\left(\frac{n\pi}{a}\right)^2+\left(\frac{m\pi}{b}\right)^2}\sinh\left[\sqrt{\left(\frac{n\pi}{a}\right)^2+\left(\frac{m\pi}{b}\right)^2}c\right]}$$

$$\cdot\begin{cases}\sinh\left[\sqrt{\left(\frac{n\pi}{a}\right)^2+\left(\frac{m\pi}{b}\right)^2}z\right]\sinh\left[\sqrt{\left(\frac{n\pi}{a}\right)^2+\left(\frac{m\pi}{b}\right)^2}(c-z_0)\right] & \text{für Gebiet 1}\\ \sinh\left[\sqrt{\left(\frac{n\pi}{a}\right)^2+\left(\frac{m\pi}{b}\right)^2}(c-z)\right]\sinh\left[\sqrt{\left(\frac{n\pi}{a}\right)^2+\left(\frac{m\pi}{b}\right)^2}z_0\right] & \text{für Gebiet 2}\end{cases}$$

(3.90)

3.5 Separation der Laplaceschen Gleichung in Kartesischen Koordinaten

Diese etwas umständliche, aber im Prinzip einfache Funktion $\varphi = \varphi_{1,2}$ ist die Lösung der Poissonschen Gleichung

$$\Delta \frac{\varphi}{Q} = -\frac{\delta(x-x_0)\delta(y-y_0)\delta(z-z_0)}{\varepsilon_0} = -\frac{\delta(\mathbf{r}-\mathbf{r}_0)}{\varepsilon_0} \tag{3.91}$$

mit der Randbedingung $\varphi = 0$ auf der ganzen Oberfläche des Quaders. Sie wird als dessen *Greensche Funktion* bezeichnet:

$$\frac{\varphi}{Q} = G(\mathbf{r};\mathbf{r}_0) = G(x,y,z;x_0,y_0,z_0). \tag{3.92}$$

Ihre Bedeutung liegt darin, daß man das Problem für beliebige Ladungsverteilungen $\rho(\mathbf{r})$ im Quader darauf zurückführen kann, denn dafür ist

$$\boxed{\varphi(\mathbf{r}) = \int_V G(\mathbf{r};\mathbf{r}_0)\rho(\mathbf{r}_0)d\tau_0}. \tag{3.93}$$

Das ist wegen des Überlagerungsprinzips unmittelbar klar, kann jedoch durch Einsetzen in die Poisson–Gleichung

$$\Delta\varphi = -\frac{\rho}{\varepsilon_0}$$

auch formal bewiesen werden:

$$\Delta\varphi = \Delta \int_V G(\mathbf{r};\mathbf{r}_0)\rho(\mathbf{r}_0)d\tau_0$$

$$= \int_V \Delta_\mathbf{r} G(\mathbf{r};\mathbf{r}_0)\rho(\mathbf{r}_0)d\tau_0$$

$$= -\int_V \frac{\delta(\mathbf{r}-\mathbf{r}_0)}{\varepsilon_0}\rho(\mathbf{r}_0)d\tau_0$$

$$= -\frac{\rho(\mathbf{r})}{\varepsilon_0}.$$

Die Greensche Funktion $G(\mathbf{r};\mathbf{r}_0)$ hat noch eine andere, sehr interessante Eigenschaft. Im Greenschen Satz (3.47) wählen wir

$$\phi = G \text{ mit } \Delta G = -\frac{\delta(\mathbf{r}-\mathbf{r}_0)}{\varepsilon_0}, \quad G = 0 \text{ auf dem Rand,}$$

und

$$\psi = \varphi \text{ mit } \Delta\varphi = 0, \; \varphi \text{ beliebig auf dem Rand.}$$

Damit ergibt sich aus (3.47)

$$\int_V (\varphi\Delta G - G\Delta\varphi)d\tau = \oint \left(\varphi\frac{\partial G}{\partial n} - G\frac{\partial \varphi}{\partial n}\right)dA$$

bzw.

$$-\int_V \varphi \frac{\delta(\mathbf{r}-\mathbf{r}_0)}{\varepsilon_0} d\tau = \oint \varphi \frac{\partial G}{\partial n} dA,$$

da G auf der Oberfläche verschwindet. Also ist

$$\boxed{\varphi(\mathbf{r}_0) = -\varepsilon_0 \oint \varphi(\mathbf{r}) \frac{\partial G(\mathbf{r};\mathbf{r}_0)}{\partial n} dA}. \tag{3.94}$$

Die Greensche Funktion löst also gleichzeitig auch das Dirichletsche Randwertproblem für die Laplace–Gleichung. φ in Gleichung (3.94) ist ja eine Lösung der Laplace–Gleichung. Schreibt man nun auf der Oberfläche beliebige Werte φ vor, so kann man φ im ganzen Volumen durch die Beziehung (3.94) berechnen. Es ist interessant, sie mit der früher abgeleiteten Beziehung (3.57) zu vergleichen. Wegen $\rho(\mathbf{r}) = 0$ verschwindet in dieser natürlich das erste Glied. Der Unterschied liegt jedoch darin, daß (3.57) neben dem Oberflächenintegral mit φ auch noch das mit $\partial\varphi/\partial n$ enthält, was bei (3.94) nicht der Fall ist. Deshalb ist (3.57) wie schon dort ausgeführt, nicht zur Lösung des Randwertproblems geeignet. Mit (3.94) können wir auch die Behandlung des Beispiels in Abschn. 3.5.2.1 auf die im gegenwärtigen Abschn. 3.5.2.2 abgeleitete Greensche Funktion zurückführen. Tatsächlich kann man nachprüfen, daß die Gleichung (3.94) mit der Greenschen Funktion $G = \varphi_{1,2}/Q$ entsprechend Gleichung (3.90) für das Beispiel in Abschn. 3.5.2.1 dessen dort angegebene Lösung (3.78) liefert.

Die Ergebnisse dieses Beispiels lassen sich auf beliebige Beispiele dieser Art verallgemeinern. Die Ableitung von (3.94) ist nicht auf das spezielle Beispiel bezogen, sie ist für beliebige Oberflächen gültig, vorausgesetzt, daß G zu der Oberfläche passend gewählt wurde.

Die Greensche Funktion (genauer die Greensche Funktion des Dirichletschen Problems) spielt ganz allgemein eine merkwürdige Doppelrolle. Sie vermittelt die Lösung der Poisson–Gleichung für ein auf der ganzen Oberfläche verschwindendes Potential und der Laplace-Gleichung für ein auf der ganzen Oberfläche beliebig vorgegebenes Potential, das eine durch die Gleichung (3.93), das andere durch die Gleichung (3.94).

In weitgehender Analogie dazu gibt es auch eine Greensche Funktion für das Neumannsche Problem, die ebenfalls eine solche Doppelrolle spielt. Dies wollen wir hier noch beweisen und dabei die Beziehungen für beide Fälle nebeneinanderstellen.

Gegeben ist ein Gebiet mit beliebiger Oberfläche, deren Flächeninhalt mit A bezeichnet sei. Im Inneren des Gebietes befindet sich eine Einheitsladung am Punkt $\mathbf{r}_0$. Die Lösung der entsprechenden Poisson–Gleichung mit der Randbedingung, daß das Potential auf der ganzen Oberfläche verschwinden, bzw. daß die Normalableitung des Potentials $\partial\varphi/\partial n$ auf der ganzen Oberfläche konstant sein soll, wird Greensche Funktion erster Art bzw. zweiter Art genannt oder auch

Greensche Funktion des Dirichlet- bzw. des Neumann-Problems. Demnach gilt

$$\Delta_\mathbf{r} G_D(\mathbf{r};\mathbf{r}_0) = -\frac{\delta(\mathbf{r}-\mathbf{r}_0)}{\varepsilon_0} \quad \bigg| \quad \Delta_\mathbf{r} G_N(\mathbf{r};\mathbf{r}_0) = -\frac{\delta(\mathbf{r}-\mathbf{r}_0)}{\varepsilon_0} \qquad (3.95)$$

$$G_D(\mathbf{r};\mathbf{r}_0) = 0 \quad \bigg| \quad \frac{\partial G_N(\mathbf{r};\mathbf{r}_0)}{\partial n} = -\frac{1}{\varepsilon_0 A} \qquad (3.96)$$

für $\mathbf{r}$ auf der Oberfläche $\quad\bigg|\quad$ für $\mathbf{r}$ auf der Oberfläche.

Soll die Normalableitung von G_N auf der Oberfläche konstant sein, so muß sie (beim inneren Neumann-Problem) genau den angegebenen Wert haben. Denn es ist $1/Q \int \mathbf{D} \cdot d\mathbf{A} = -\varepsilon_0 \int (\partial G_N/\partial n) \, dA = 1$, was durch die gewählte Konstante gerade erreicht wird. Die Lösung der allgemeinen Poisson-Gleichung

$$\Delta\varphi(\mathbf{r}) = -\frac{\rho(\mathbf{r})}{\varepsilon_0} \qquad (3.97)$$

zu den entsprechenden Randbedingungen ist dann

$$\varphi(\mathbf{r}) = \int_V \rho(\mathbf{r}_0) G_D(\mathbf{r};\mathbf{r}_0) d\tau_0 \quad \bigg| \quad \varphi(\mathbf{r}) = \int_V \rho(\mathbf{r}_0) G_N(\mathbf{r};\mathbf{r}_0) d\tau_0. \qquad (3.98)$$

Die Lösung der Laplace–Gleichung

$$\Delta\varphi(\mathbf{r}) = 0 \qquad (3.99)$$

mit auf der Oberfläche vorgeschriebenen Werten von

$$\varphi(\mathbf{r}) \quad \bigg| \quad \frac{\partial\varphi(\mathbf{r})}{\partial n}, \quad \oint \frac{\partial\varphi(\mathbf{r})}{\partial n} dA = 0 \qquad (3.100)$$

ist ebenfalls aus den Greenschen Funktionen zu berechnen, und zwar ist

$$\varphi(\mathbf{r}) = -\varepsilon_0 \oint \varphi(\mathbf{r}_0) \frac{\partial G_D(\mathbf{r}_0;\mathbf{r})}{\partial n_0} dA_0 \quad \bigg| \quad \varphi(\mathbf{r}) = \varepsilon_0 \oint \frac{\partial\varphi(\mathbf{r}_0)}{\partial n_0} G_N(\mathbf{r}_0;\mathbf{r}) dA_0 + C. \qquad (3.101)$$

Die Werte von $\partial\varphi/\partial n$ können beim inneren Neumann-Problem nicht ganz willkürlich vorgeschrieben werden. Da das Volumen keine Ladung enthält, muß der elektrische Fluß durch die Oberfläche verschwinden, was die angegebene Zusatzbedingung verursacht. Während die Gleichung (3.101) für den Dirichletschen Fall schon bewiesen ist, ist sie für den Neumannschen Fall noch zu beweisen. Dazu benutzt man ebenfalls den Greenschen Satz (3.47) mit

$$\phi = G_N$$

und

$$\psi = \varphi$$

wobei für φ die Beziehungen (3.99) und (3.100) gelten. So ergibt sich

$$\int_V (\varphi\Delta_\mathbf{r} G_N - G_N \Delta\varphi) d\tau = \oint \left(\varphi \frac{\partial G_N}{\partial n} - G_N \frac{\partial\varphi}{\partial n} \right) dA,$$

d.h., nach (3.95) und (3.96),

$$-\frac{1}{\varepsilon_0}\int_V \varphi(\mathbf{r})\delta(\mathbf{r}-\mathbf{r}_0)d\tau = -\oint_A \frac{\varphi(\mathbf{r})}{\varepsilon_0 A}dA - \oint \frac{\partial \varphi(\mathbf{r})}{\partial n} G_N(\mathbf{r};\mathbf{r}_0)dA$$

$$-\frac{\varphi(\mathbf{r}_0)}{\varepsilon_0} = -\frac{1}{\varepsilon_0 A}\oint \varphi(\mathbf{r})dA - \oint \frac{\partial \varphi(\mathbf{r})}{\partial n} G_N(\mathbf{r};\mathbf{r}_0)dA,$$

woraus sich (3.101) ergibt, wenn man noch $\mathbf{r}_0$ und $\mathbf{r}$ vertauscht. Die Konstante C ergibt sich zu

$$C = \frac{\oint \varphi(\mathbf{r})dA}{A}.$$

3.5.2.3 Punktladung im unendlich ausgedehnten Raum

Zunächst seien Flächenladungen $\sigma(x,y)$ auf der unendlich ausgedehnten Ebene $z = z_0$ betrachtet. Etwas vereinfachend sei noch angenommen, daß $\sigma(x,y)$ in bezug auf den Punkt x_0, y_0 in x und y symmetrisch sei, d.h. es sei

$$\left.\begin{aligned}\sigma(x-x_0,y) &= \sigma(x_0-x,y),\\ \sigma(x,y-y_0) &= \sigma(x,y_0-y).\end{aligned}\right\} \quad (3.102)$$

Wir wählen nun folgenden Ansatz für das Potential

$$\varphi_{1,2} = \int_0^\infty \int_0^\infty f(k,l)\cos[k(x-x_0)]\cos[l(y-y_0)]$$

$$\cdot \exp[-\sqrt{k^2+l^2}|z-z_0|]\,dk\,dl. \quad (3.103)$$

Die beiden cos-Funktionen sind eine Folge der für $\sigma(x,y)$ angenommenen Symmetrie. Wegen der unendlichen Ausdehnung gibt es keine k-, bzw. l-Werte, die eine ausgezeichnete Rolle spielen. Man muß alle Werte k,l zulassen, d.h. an die Stelle der Summe tritt ein Integral bzw. wegen der zwei Dimensionen ein Doppelintegral (Fourier-Integral). Der Ansatz für die z-Abhängigkeit ist gerade so gewählt, daß φ für $z \to \pm\infty$ verschwindet, wie es sein muß. Deshalb sind hier die Exponentialfunktionen bequemer als die auch verwendbaren Hyperbelfunktionen. Auch hier handelt es sich—wie im Abschn. 3.5.2.2—um zwei Gebiete, um das Gebiet 1 mit $z \leq z_0$ und das Gebiet 2 mit $z \geq z_0$. Für $z = z_0$ sind gewisse Randbedingungen zu erfüllen, wobei zu beachten ist, daß

$$|z-z_0| = \left\{\begin{aligned}z-z_0 &\text{ für } z \geq z_0 \text{ (Gebiet 2)},\\ z_0-z &\text{ für } z \leq z_0 \text{ (Gebiet 1)}.\end{aligned}\right\} \quad (3.104)$$

Die Stetigkeit der Tangentialkomponenten der elektrischen Feldstärke ist durch den Ansatz (3.103) bereits gewährleistet. Außerdem muß die Normalkomponente von **D** einen der Flächenladung entsprechenden Sprung machen, d.h. es muß gelten

$$\left(\frac{\partial \varphi_1}{\partial z}\right)_{z=z_0} - \left(\frac{\partial \varphi_2}{\partial z}\right)_{z=z_0} = \frac{\sigma(x,y)}{\varepsilon_0}. \quad (3.105)$$

3.5 Separation der Laplaceschen Gleichung in Kartesischen Koordinaten

Dazu ist zunächst $\sigma(x, y)$ zu entwickeln:

$$\sigma(x, y) = \int_0^\infty \int_0^\infty \tilde{\sigma}(k, l) \cos[k(x - x_0)] \cos[l(y - y_0)] \, dk \, dl. \tag{3.106}$$

Hier benötigt man die Orthogonalitätsrelation

$$\boxed{\int_{-\infty}^{+\infty} \cos[k(x - x_0)] \cos[k'(x - x_0)] \, dx = \pi \delta(k - k') + \pi \delta(k + k')} .$$

$$\tag{3.107}$$

Man erhält aus (3.106) und (3.107)

$$\int_{-\infty}^{+\infty} \int_{-\infty}^{+\infty} \sigma(x, y) \cos[k'(x - x_0)] \cos[l'(y - y_0)] \, dx \, dy$$

$$= \int_{-\infty}^{+\infty} \int_{-\infty}^{+\infty} \left\{ \int_0^\infty \int_0^\infty \tilde{\sigma}(k, l) \cos[k(x - x_0)] \cos[l(y - y_0)] \, dk \, dl \right\}$$

$$\cdot \cos[k'(x - x_0)] \cos[l'(y - y_0)] \, dx \, dy$$

$$= \int_0^\infty \int_0^\infty \tilde{\sigma}(k, l) \left\{ \int_{-\infty}^\infty \cos[k(x - x_0)] \cos[k'(x - x_0)] \, dx \right.$$

$$\left. \cdot \int_{-\infty}^{+\infty} \cos[l(y - y_0)] \cos[l'(y - y_0)] \, dy \right\} dk \, dl$$

$$= \int_0^\infty \int_0^\infty \tilde{\sigma}(k, l) \pi^2 [\delta(k - k') + \delta(k + k')][\delta(l - l') + \delta(l + l')] \, dk \, dl$$

$$= \pi^2 \tilde{\sigma}(k', l')$$

und mit $k = k'$, $l = l'$

$$\tilde{\sigma}(k, l) = \frac{1}{\pi^2} \int_{-\infty}^{+\infty} \int_{-\infty}^{+\infty} \sigma(x, y) \cos[k(x - x_0)] \cos[l(y - y_0)] \, dx \, dy. \tag{3.108}$$

Wir wollen uns auf eine Punktladung Q am Ort x_0, y_0, z_0 beschränken. Dafür ist

$$\tilde{\sigma}(k, l) = \frac{Q}{\pi^2} \int_{-\infty}^{+\infty} \int_{-\infty}^{+\infty} \delta(x - x_0) \delta(y - y_0) \cos[k(x - x_0)] \cos[l(y - y_0)] \, dx \, dy$$

$$= \frac{Q}{\pi^2}. \tag{3.109}$$

Die Randbedingung (3.105) nimmt deshalb die folgende Form an:

$$\int_0^\infty \int_0^\infty f(k, l) \cos[k(x - x_0)] \cos[l(y - y_0)] \sqrt{k^2 + l^2} \, 2 \, dk \, dl$$

$$= \frac{Q}{\pi^2 \varepsilon_0} \int_0^\infty \int_0^\infty \cos[k(x - x_0)] \cos[l(y - y_0)] \, dk \, dl,$$

d.h.

$$f(k,l) = \frac{Q}{2\pi^2\varepsilon_0\sqrt{k^2+l^2}}.$$ (3.110)

Damit ist das Problem gelöst:

$$\boxed{\varphi_{1,2} = \frac{Q}{2\pi^2\varepsilon_0}\int_0^\infty\int_0^\infty \frac{\cos[k(x-x_0)]\cos[l(y-y_0)]\exp[-\sqrt{k^2+l^2}|z-z_0|]}{\sqrt{k^2+l^2}}\,dk\,dl}.$$

(3.111)

Natürlich ist auch

$$\varphi = \frac{Q}{4\pi\varepsilon_0\sqrt{(x-x_0)^2+(y-y_0)^2+(z-z_0)^2}},$$

so daß ein Vergleich

$$\boxed{\begin{aligned}&\frac{1}{\sqrt{(x-x_0)^2+(y-y_0)^2+(z-z_0)^2}}\\&=\frac{2}{\pi}\int_0^\infty\int_0^\infty \frac{\cos[k(x-x_0)]\cos[l(y-y_0)]\exp[-\sqrt{k^2+l^2}|z-z_0|]}{\sqrt{k^2+l^2}}\,dk\,dl\end{aligned}}.$$

(3.112)

ergibt. Das ist die Fourier-Entwicklung des reziproken Abstandes.

Wir haben hier ein sehr einfaches Problem mit relativ komplizierten Mitteln gelöst. Das Potential einer Punktladung im unendlichen Raum war uns ja bereits bekannt und früher auf wesentlich einfachere Weise berechnet worden. Das Beispiel sollte im wesentlichen die Methode illustrieren. Als Nebenprodukt bekommen wir so allerdings auch die oft wichtige Beziehung (3.112), für die eine einfachere Ableitung wohl nicht existiert.

3..5.2.4 Anhang zu Abschnitt 3.5: Fourier-Reihen und Fourier-Integrale

Bei der Separation der Laplace-Gleichung in kartesischen Koordinaten sind wir ganz automatisch auf Fourier-Reihen bzw. Fourier-Integrale in bezug auf eine oder zwei der Koordinaten geführt worden. Es handelt sich um spezielle Fälle der Entwicklung von Funktionen nach gewissen orthogonalen und vollständigen Systemen von Funktionen, deren Auftreten typisch für Probleme dieser Art ist. Im folgenden Abschn. 3.6 sollen zunächst einige allgemeine Aussagen über solche Systeme von Funktionen gemacht werden, die auch die Rolle der Fourier-Reihen und Fourier-Integrale nachträglich noch von einem allgemeineren Prinzip her beleuchten sollen. Die Abschnitte 3.7 und 3.8 werden dann weitere Beispiele solcher Entwicklungen nach orthogonalen Systemen von Funktionen bringen. Vorher

3.5 Separation der Laplaceschen Gleichung in Kartesischen Koordinaten

sollen jedoch die wichtigsten Formeln zu den Fourier-Reihen bzw. Fourier-Integralen hier zusammengestellt werden.

a) Fourier–Reihen

Eine periodische Funktion $f(x)$ kann als Fourier–Reihe dargestellt werden. Ist c ihre Periode, so ist darunter die folgende Reihe zu verstehen:

$$\boxed{f(x) = \sum_{n=0}^{\infty} a_n \cos\left(\frac{2\pi n}{c}x\right) + \sum_{n=1}^{\infty} b_n \sin\left(\frac{2\pi n}{c}x\right)}. \qquad (3.113)$$

Außer an Unstetigkeitsstellen von $f(x)$ stellt sie den Funktionswert $f(x)$ dar. An Unstetigkeitsstellen gilt

$$\boxed{\sum_{n=0}^{\infty} a_n \cos\left(\frac{2\pi n}{c}x\right) + \sum_{n=1}^{\infty} b_n \sin\left(\frac{2\pi n}{c}x\right) = \lim_{\varepsilon \to 0} \frac{f(x-\varepsilon) + f(x+\varepsilon)}{2}},$$

$$(3.114)$$

d.h. dort nimmt die Reihe den Mittelwert aus links- und rechtsseitigem Grenzwert an.

Die Koeffizienten a_n und b_n der Reihenentwicklung (3.113) kann man mit Hilfe der Orthogonalitätsbeziehungen bestimmen, die für die Winkelfunktionen gelten:

$$\boxed{\begin{aligned} \int_0^c \cos\left(\frac{2\pi n}{c}x\right)\cos\left(\frac{2\pi m}{c}x\right)dx &= \begin{cases} \dfrac{c}{2}\delta_{nm} & \text{für } n \text{ oder } m \geq 1, \\ c & \text{für } n = m = 0, \end{cases} \\ \int_0^c \sin\left(\frac{2\pi n}{c}x\right)\sin\left(\frac{2\pi m}{c}x\right)dx &= \begin{cases} \dfrac{c}{2}\delta_{nm} & \text{für } n \text{ oder } m \geq 1, \\ 0 & \text{für } n = m = 0. \end{cases} \end{aligned}} \qquad \begin{aligned}(3.115)\\ \\ (3.116)\end{aligned}$$

Die Integration hat stets über eine Periode zu erfolgen, d.h. sie kann auch von x_0 bis $x_0 + c$ statt von 0 bis c laufen. Multipliziert man den Entwicklungsansatz (3.113) mit $\cos(2\pi m/c)x$ bzw. $\sin(2\pi m/c)x$ und integriert die entstehende Gleichung dann über eine Periode, so findet man wegen (3.115) und (3.116)

$$\boxed{a_n = \begin{cases} \dfrac{2}{c}\int_0^c f(x)\cos\left(\dfrac{2\pi n}{c}x\right)dx & \text{für } n \geq 1, \\ \dfrac{1}{c}\int_0^c f(x)\,dx & \text{für } n = 0, \end{cases}} \qquad (3.117)$$

$$b_n = \frac{2}{c}\int_0^c f(x) \sin\left(\frac{2\pi n}{c}x\right) dx \quad \text{für} \quad n \geq 1 \quad . \tag{3.118}$$

Ist insbesondere $f(x)$ eine "gerade" oder "symmetrische" Funktion [$f(x) = f(-x)$], so sind nach (3.118) alle $b_n = 0$, d.h. man erhält eine reine "cosinus-Reihe". Ist umgekehrt $f(x)$ eine "ungerade" oder "antisymmetrische" Funktion [$f(x) = -f(-x)$], so sind alle $a_n = 0$, und man erhält eine reine "sinus-Reihe":

$$f(x) = \sum_{n=0}^{\infty} a_n \cos\left(\frac{2\pi n}{c}x\right) \quad [f(x) \text{ gerade}], \tag{3.119}$$

$$f(x) = \sum_{n=1}^{\infty} b_n \sin\left(\frac{2\pi n}{c}x\right) \quad [f(x) \text{ ungerade}]. \tag{3.120}$$

Man kann $f(x)$ auch in die sogenannte komplexe Fourier–Reihe entwickeln:

$$f(x) = \sum_{n=-\infty}^{+\infty} d_n \exp\left(i\frac{2\pi n}{c}x\right) \quad . \tag{3.121}$$

Wegen

$$\exp(i\alpha) = \cos\alpha + i\sin\alpha$$

ist damit

$$f(x) = \sum_{-\infty}^{+\infty} \left[d_n \cos\left(\frac{2\pi n}{c}x\right) + i d_n \sin\left(\frac{2\pi n}{c}x\right) \right]$$

$$= d_0 + \sum_{n=1}^{\infty} (d_n + d_{-n}) \cos\left(\frac{2\pi n}{c}x\right) + \sum_{n=1}^{\infty} i(d_n - d_{-n}) \sin\left(\frac{2\pi n}{c}x\right).$$

Damit ist der Zusammenhang zwischen den Entwicklungen (3.113) und (3.121) gegeben:

$$\left.\begin{array}{r} d_0 = a_0 \\ d_n + d_{-n} = a_n \\ i(d_n - d_{-n}) = b_n \end{array}\right\} n \geq 1 \tag{3.122}$$

bzw. umgekehrt

$$\left.\begin{array}{l} a_0 = d_0 \\ \\ d_{-n} = \dfrac{a_n + ib_n}{2} \\ \\ d_{+n} = \dfrac{a_n - ib_n}{2} = d^*_{-n} \end{array}\right\} n \geq 1. \tag{3.123}$$

3.5 Separation der Laplaceschen Gleichung in Kartesischen Koordinaten

Die direkte Berechnung der Koeffizienten d_n erfolgt aus dem Ansatz (3.121) mit Hilfe der Orthogonalitätsbeziehung

$$\int_0^c \exp\left(i\frac{2\pi n}{c}x\right)\exp\left(-i\frac{2\pi m}{c}x\right)dx = c\delta_{nm} \quad , \tag{3.124}$$

woraus sich

$$d_n = \frac{1}{c}\int_0^c f(x)\exp\left(-i\frac{2\pi n}{c}x\right)dx \tag{3.125}$$

ergibt.

b) Fourier-Integral

Eine Funktion kann unter gewissen recht allgemeinen und hier nicht zu diskutierenden Voraussetzungen als Fourier-Integral dargestellt werden:

$$f(x) = C\int_{-\infty}^{+\infty} \tilde{f}(k)\exp(ikx)\,dk \quad . \tag{3.126}$$

Wir haben hier einen willkürlichen Faktor C eingeführt, da das Fourier-Integral in der Literatur mit unterschiedlichen Faktoren definiert wird. Umgekehrt ist die zu $f(x)$ gehörige Fourier-Transformierte dann

$$\tilde{f}(k) = \frac{1}{2\pi C}\int_{-\infty}^{+\infty} f(x)\exp(-ikx)\,dx \quad . \tag{3.127}$$

Sie ergibt sich aus (3.126) mit Hilfe der Orthogonalitätsbeziehung

$$\int_{-\infty}^{+\infty} \exp(ikx)\exp(-ik'x)\,dx = 2\pi\delta(k-k') \quad . \tag{3.128}$$

Multipliziert man nämlich (3.126) mit $\exp(-ik'x)$ und integriert man über x von $-\infty$ bis $+\infty$, so erhält man mit (3.128) gerade (3.127).

Ist $f(x) = f(-x)$, d.h. $f(x)$ gerade, so ist

$$\tilde{f}(k) = \frac{1}{2\pi C}\int_{-\infty}^{+\infty} f(x)\cos(kx)\,dx,$$

d.h.

$$\tilde{f}(k) = \frac{1}{\pi C}\int_0^\infty f(x)\cos(kx)\,dx \tag{3.129}$$

und

$$f(x) = 2C \int_0^\infty \tilde{f}(k) \cos(kx)\,dk \quad . \tag{3.130}$$

Ist umgekehrt $f(x) = -f(-x)$, d.h. $f(x)$ ungerade, so ist

$$\tilde{f}(k) = -\frac{i}{2\pi C} \int_{-\infty}^{+\infty} f(x)\sin(kx)\,dx,$$

d.h.

$$\tilde{f}(k) = -\frac{i}{\pi C} \int_0^\infty f(x)\sin(kx)\,dx \tag{3.131}$$

mit

$$f(x) = 2iC \int_0^\infty \tilde{f}(k)\sin(kx)\,dk \quad . \tag{3.132}$$

Es gibt also im Grunde drei Fourier-Integrale,
1. das exponentielle Fourier-Integral (3.126) mit der Umkehrung (3.127),
2. das cos-Integral (3.130) mit der Umkehrung (3.129) und
3. das sin-Integral (3.132) mit der Umkehrung (3.131).

Dabei kann man mit Hilfe der Orthogonalitätsbeziehungen

$$\int_0^\infty \cos(kx)\cos(k'x)\,dx = \frac{\pi}{2}\delta(k-k') + \frac{\pi}{2}\delta(k+k') \tag{3.133}$$

$$\int_0^\infty \sin(kx)\sin(k'x)\,dx = \frac{\pi}{2}\delta(k-k') - \frac{\pi}{2}\delta(k+k') \tag{3.134}$$

die Gleichungspaare (3.130), (3.129) bzw. (3.132), (3.131) direkt herleiten.

Die Wahl des Faktors C unterliegt allein Gründen der Bequemlichkeit. Sehr oft wird in (3.126) $C = 1$ gesetzt, was in (3.127) den Faktor $1/2\pi$ bewirkt. Vielfach wird jedoch $C = \sqrt{1/2\pi}$ gesetzt, was die beiden Beziehungen (3.126), (3.127) "symmetrisch" macht, d.h. auch in (3.127) entsteht so der Faktor $\sqrt{1/2\pi}$. Auch die cos- und sin-Transformationen werden nicht einheitlich definiert. Oft macht man mit $C = 1/2$ den Faktor in (3.130) zu eins, bzw. mit $C = -i/2$ den in (3.132) zu eins. Für die Praxis ist es wegen der uneinheitlichen Definitionen ratsam, sich nicht festzulegen. Alle Irrtümer werden ausgeschlossen, wenn man, von einem passenden

Ansatz (mit beliebigem Faktor) ausgehend, die Koeffizienten jeweils über die Orthogonalitätsbeziehung berechnet.

3.6 Vollständige orthogonale Systeme von Funktionen

Ehe wir in den folgenden Abschnitten die Separation in Zylinder- und Kugelkoordinaten durchführen, sollen in diesem Abschnitt die an speziellen Beispielen gewonnenen Begriffe verallgemeinert werden, und es soll auch versucht werden, sie durch die in ihnen zunächst versteckt enthaltene Analogie zur Vektorrechnung anschaulicher zu machen. Die Lösung von Randwertproblemen führt unter geeigneten Voraussetzungen auf Systeme von Funktionen, die aufeinander senkrecht stehen und vollständig in dem Sinne sind, daß man alle möglichen im betrachteten Gebiet definierten Funktionen aus ihnen durch Überlagerung aufbauen kann. Hier sei nur eine Dimension betrachtet. Mehr Dimensionen ändern die Zusammenhänge, um die es hier geht, nicht.

Eine Funktion $f(x)$, definiert in einem Intervall $c \leqslant x \leqslant d$, kann man auch als einen Vektor auffassen. x ist sozusagen ein kontinuierlicher Index, der die verschiedenen Komponenten des Vektors $f(x)$ kennzeichnet. Ein Integral

$$\int_c^d f^*(x)g(x)\,dx = \langle f|g\rangle \tag{3.135}$$

können wir als Skalarprodukt der beiden Vektoren $f(x)$ und $g(x)$ auffassen. f^* ist die zu f konjugiert komplexe Funktion. Wir haben es oft mit reellen Funktionen zu tun. In diesem Spezialfall ist natürlich

$$\int_c^d f^*(x)g(x)\,dx = \langle f|g\rangle = \int_c^d f(x)g(x)\,dx.$$

In der Vektorrechnung führt man je nach der Zahl der Raumdimensionen eine entsprechende Anzahl von Basisvektoren ein, aus denen man jeden Vektor aufbauen kann:

$$\mathbf{a} = \sum_{i=1}^n a_i \cdot \mathbf{e}_i. \tag{3.136}$$

Das Basissystem ist orthogonal und normiert, wenn

$$\mathbf{e}_i \cdot \mathbf{e}_k = \delta_{ik} \tag{3.137}$$

ist. Die Entwicklung des Vektors $\mathbf{a}$ nach dem Basissystem $\mathbf{e}_i$ erfolgt durch skalare Multiplikation der Gleichung (3.136) mit $\mathbf{e}_k$. Man bekommt

$$\mathbf{a} \cdot \mathbf{e}_k = \sum_{i=1}^n a_i \mathbf{e}_i \cdot \mathbf{e}_k = \sum_{i=1}^n a_i \delta_{ik} = a_k,$$

d.h.

$$a_k = \mathbf{a} \cdot \mathbf{e}_k \tag{3.138}$$

und damit

$$\mathbf{a} = \sum_{i=1}^{n} (\mathbf{a} \cdot \mathbf{e}_i)\mathbf{e}_i = \sum_{i=1}^{n} \mathbf{e}_i \mathbf{e}_i \cdot \mathbf{a}. \tag{3.139}$$

Es ist interessant, die Summanden dieser Beziehung zu untersuchen.

$\mathbf{e}_i \mathbf{e}_i \cdot \mathbf{a}$

ist die Projektion von **a** auf die durch $\mathbf{e}_i$ gegebene Richtung. Man kann auch das *unbestimmte Produkt* (oft wird es *dyadisches Produkt* genannt) $\mathbf{e}_i \mathbf{e}_i$ als einen Operator auffassen, der aus **a** einen anderen Vektor macht, nämlich den auf die Richtung $\mathbf{e}_i$ projizierten Vektor. $\mathbf{e}_i \mathbf{e}_i$ heißt deshalb auch *Projektionsoperator*. Der entstehende Vektor ist

$$\mathbf{a}_i = a_i \mathbf{e}_i = \mathbf{a} \cdot \mathbf{e}_i \mathbf{e}_i = \mathbf{e}_i \mathbf{e}_i \cdot \mathbf{a}. \tag{3.140}$$

Die Summe aller Projektionen muß natürlich den Vektor selbst geben, vorausgesetzt, daß das Basissystem vollständig ist. In diesem Fall muß also die Summe aller Projektionsoperatoren gerade den Einheitsoperator (Einheitstensor) geben:

$$\sum_{i=1}^{n} \mathbf{e}_i \mathbf{e}_i = \mathbf{1}. \tag{3.141}$$

Das ist die *Vollständigkeitsrelation*. Die Beziehungen (3.139) und (3.141) sind gleichwertig und beide Ausdruck der Vollständigkeit des Basissystems. Das dyadische Produkt ist ein Operator, der in Komponentenschreibweise die Form einer Matrix annimmt. Und zwar hat das dyadische Produkt **ab** die Komponenten (*Matrixelemente*)

$$(\mathbf{ab})_{ik} = (a_i b_k).$$

Die Einheitsvektoren eines dreidimensionalen kartesischen Koordinatensystems sind z.B.

$\mathbf{e}_1 = (1, 0, 0)$
$\mathbf{e}_2 = (0, 1, 0)$
$\mathbf{e}_3 = (0, 0, 1).$

Damit ergeben sich die drei Projektionsoperatoren

$$\mathbf{e}_1 \mathbf{e}_1 = \begin{pmatrix} 1 & 0 & 0 \\ 0 & 0 & 0 \\ 0 & 0 & 0 \end{pmatrix}$$

$$\mathbf{e}_2 \mathbf{e}_2 = \begin{pmatrix} 0 & 0 & 0 \\ 0 & 1 & 0 \\ 0 & 0 & 0 \end{pmatrix}$$

$$\mathbf{e}_3 \mathbf{e}_3 = \begin{pmatrix} 0 & 0 & 0 \\ 0 & 0 & 0 \\ 0 & 0 & 1 \end{pmatrix}.$$

Ihre Summe ist tatsächlich der Einheitsoperator (δ_{ik})

$$\sum_{i=1}^{3} \mathbf{e}_i \mathbf{e}_i = \begin{pmatrix} 1 & 0 & 0 \\ 0 & 1 & 0 \\ 0 & 0 & 1 \end{pmatrix} = (\delta_{ik}) = \mathbf{1}.$$

Angewandt auf einen Vektor

$$\mathbf{a} = (a_1, a_2, a_3)$$

ergibt z.B.

$$\mathbf{e}_1 \mathbf{e}_1 \cdot \mathbf{a} = \begin{pmatrix} 1 & 0 & 0 \\ 0 & 0 & 0 \\ 0 & 0 & 0 \end{pmatrix} \begin{pmatrix} a_1 \\ a_2 \\ a_3 \end{pmatrix} = (a_1, 0, 0),$$

d.h. eben die entsprechende Projektion. Alles das kann man für Funktionen als Vektoren eines unendlichdimensionalen Raumes ebenfalls machen. Zunächst bauen wir $f(x)$ auf aus einem vollständigen System orthogonaler Funktionen. Dabei sind verschiedene Fälle denkbar, je nachdem ob die Eigenwerte diskret oder kontinuierlich sind (oder, wie man sich oft ausdrückt, ein *diskretes Spektrum* oder ein *kontinuierliches Spektrum* bilden). Beispiele für beides sind in Abschn. 3.5 gegeben.

Wir haben deshalb die folgenden Entwicklungen von $f(x)$:

$$f(x) = \sum_{n=1}^{\infty} a_n \varphi_n(x), \quad \bigg| \quad f(x) = \int a(k) \varphi(k; x) \, dk, \tag{3.142}$$

wobei die Integration im kontinuierlichen Fall über das Spektrum aller möglichen k-Werte zu erstrecken ist. Die Entwicklungen beruhen auf den Orthogonalitätsbeziehungen für die als normiert angenommenen Basisfunktionen:

$$\int_c^d \varphi_n(x) \varphi_m^*(x) \, dx = \delta_{nm}, \quad \bigg| \quad \int_c^d \varphi(k; x) \varphi^*(k'; x) \, dx = \delta(k - k'), \tag{3.143}$$

wobei

$$\int_c^d f(x) \varphi_m^*(x) \, dx \quad \bigg| \quad \int_c^d f(x) \varphi^*(k'; x) \, dx$$

$$= \sum_{n=1}^{\infty} a_n \int \varphi_n(x) \varphi_m^*(x) \, dx \quad \bigg| \quad = \iint_c^d a(k) \varphi(k; x) \varphi^*(k'; x) \, dk \, dx$$

$$= \sum_{n=1}^{\infty} a_n \delta_{nm} = a_m, \quad \bigg| \quad = \int a(k) \delta(k - k') \, dk = a(k'),$$

$$a_n = \int_c^d f(x) \varphi_n^*(x) \, dx \quad \bigg| \quad a(k) = \int_c^d f(x) \varphi^*(k; x) \, dx$$

$$= \langle \varphi_n(x) | f(x) \rangle. \quad \bigg| \quad = \langle \varphi(k; x) | f(x) \rangle. \tag{3.144}$$

164   3 Die formalen Methoden der Elektrostatik

Damit sind die Entwicklungskoeffizienten, sozusagen die Komponenten des Vektors $f(x)$, bestimmt, wobei die beiden Beziehungen (3.144) der Gleichung (3.138) völlig analog sind. Als Projektion auf die "Richtung" von $\varphi_n(x)$ bzw. $\varphi(k; x)$ ergibt sich nun

$$a_n \varphi_n(x) \qquad\qquad\qquad\qquad a(k)\varphi(k;x)$$
$$= \int_c^d \varphi_n(x)\varphi_n^*(x') f(x')\,dx' \qquad = \int_c^d \varphi(k;x)\varphi^*(k;x') f(x')\,dx'$$
$$= \varphi_n(x) \langle \varphi_n(x') | f(x') \rangle. \qquad = \varphi(k;x) \langle \varphi(k;x') | f(x') \rangle.$$

Die Summe aller Projektionen muß natürlich im Falle der Vollständigkeit die Funktion selbst ergeben, d.h.

$$f(x) = \sum_{n=1}^{\infty} a_n \varphi_n(x) \qquad\qquad f(x) = \int a(k)\varphi(k;x)\,dk$$
$$= \int_c^d \sum_{n=1}^{\infty} \varphi_n(x)\varphi_n^*(x') f(x')\,dx'. \qquad = \iint_c^d \varphi(k;x)\varphi^*(k;x')\,dk\,f(x')\,dx'.$$

Gleichzeitig ist aber auch

$$f(x) = \int_c^d \delta(x-x') f(x')\,dx'.$$

Wir erhalten also durch Vergleich die Vollständigkeitsrelationen

$$\sum_{n=1}^{\infty} \varphi_n(x)\varphi_n^*(x') = \delta(x-x'). \quad \Big| \quad \int \varphi(k;x)\varphi^*(k;x')\,dk = \delta(x-x'). \qquad (3.145)$$

Umgekehrt kann man die Vollständigkeitsrelation zum Berechnen der Entwicklungskoeffizienten benutzen. Zunächst kann man auf jede Funktion den Einheitsoperator, d.h. hier im wesentlichen die δ-Funktion, anwenden, man kann also schreiben

$$f(x) = \int_c^d \delta(x-x') f(x')\,dx'.$$

Nun ersetzt man

$$f(x) = \int_c^d \sum_{n=1}^{\infty} \varphi_n(x)\varphi_n^*(x') f(x')\,dx', \qquad f(x) = \int_c^d \int \varphi(k;x)\varphi^*(k;x')\,dk\,f(x')\,dx',$$

was das sofortige Ablesen der Entwicklungskoeffizienten erlaubt:

$$a_n = \int_c^d \varphi_n^*(x') f(x')\,dx'. \qquad\qquad a(k) = \int_c^d \varphi^*(k;x') f(x')\,dx'.$$

Betrachten wir nun zwei Funktionen $f(x)$ und $g(x)$, deren Skalarprodukt wir bilden wollen. $f(x)$ habe die Komponenten

$$a_n, \quad | \quad a(k),$$

und $g(x)$ habe die Komponenten

$$b_n, \quad | \quad b(k),$$

d.h. es gilt

$$f(x) = \sum_{n=1}^{\infty} a_n \varphi_n(x), \quad \bigg| \quad f(x) = \int a(k) \varphi(k;x) \, dk,$$

$$g(x) = \sum_{n=1}^{\infty} b_n \varphi_n(x). \quad \bigg| \quad g(x) = \int b(k) \varphi(k;x) \, dk.$$

Deshalb ist

$$\langle g|f \rangle = \int_c^d f(x)g^*(x)\,dx \quad \bigg| \quad \langle g|f \rangle = \int_c^d f(x)g^*(x)\,dx = \iiint_c a(k)b^*(k').$$

$$= \sum_{n,m=1}^{\infty} \int_c^d a_n b_m^* \varphi_n(x)\varphi_m^*(x)\,dx \quad \cdot \varphi(k;x)\varphi^*(k';x)\,dx\,dk\,dk'$$

$$= \sum_{n,m=1}^{\infty} a_n b_m^* \delta_{nm} \quad = \iint a(k)b^*(k')\delta(k-k')\,dk\,dk'$$

$$= \sum_{n=1}^{\infty} a_n b_n^* \quad \bigg| \quad = \int a(k)b^*(k)\,dk \qquad (3.146)$$

in vollkommener Analogie zur Vektorrechnung, insbesondere für den Fall des diskreten Spektrums.

Diesen Abschnitt beschließend sollen noch einige Worte über Integraloperatoren gesagt werden. In den verschiedenen Greenschen Funktionen des vorhergehenden Abschnitts 3.5 sind wir solchen Integraloperatoren bereits begegnet. Sie bewirken die Abbildung einer Funktion $f(x)$ auf eine andere Funktion $\tilde{f}(x)$ in Form einer Integraltransformation:

$$\tilde{f}(x) = \int_c^d O(x,x') f(x')\,dx'. \qquad (3.147)$$

Ein Integraloperator ist auch die δ-Funktion. Sie bildet eine Funktion auf sich selbst ab. Die Bildfunktion $\tilde{f}(x)$ ist gleich der Funktion $f(x)$:

$$\tilde{f}(x) = \int \delta(x-x') f(x')\,dx' = f(x).$$

Die δ-Funktion spielt also die Rolle des Einheitsoperators. Die Funktion $O(x,x')$ nennt man den Kern der Integraltransformation. Man kann auch Kerne entwickeln, z.B. im diskreten Fall

$$O(x,x') = \sum_{i,k=1}^{\infty} O_{ik} \varphi_i(x) \varphi_k^*(x'). \qquad (3.148)$$

Man bekommt

$$\int_c^d \int_c^d O(x,x')\varphi_{i'}^*(x)\varphi_{k'}(x')\,\mathrm{d}x\,\mathrm{d}x'$$

$$= \sum_{i,k=1}^{\infty} O_{ik} \int_c^d \varphi_i(x)\varphi_{i'}^*(x)\,\mathrm{d}x \int_c^d \varphi_k^*(x')\varphi_{k'}(x')\,\mathrm{d}x'$$

$$= \sum_{i,k=1}^{\infty} O_{ik}\delta_{ii'}\delta_{kk'} = O_{i'k'},$$

d.h.

$$O_{ik} = \int_c^d \int_c^d O(x,x')\varphi_i^*(x)\varphi_k(x')\,\mathrm{d}x\,\mathrm{d}x'. \tag{3.149}$$

Deshalb ist einerseits

$$\tilde{f}(x) = \int_c^d O(x,x')f(x')\,\mathrm{d}x'$$

$$= \int_c^d \left[\sum_{i,k=1}^{\infty} O_{ik}\varphi_i(x)\varphi_k^*(x')\right]\left[\sum_{l=1}^{\infty} a_l\varphi_l(x')\right]\mathrm{d}x'$$

$$= \sum_{i,k,l} O_{ik}\varphi_i(x)a_l\delta_{kl} = \sum_{i,k} O_{ik}a_k\varphi_i(x),$$

andererseits kann man $\tilde{f}(x)$ entwickeln:

$$\tilde{f}(x) = \sum_i \tilde{a}_i\varphi_i(x).$$

Die Komponenten von $\tilde{f}$ ergeben sich also aus denen von f in folgender Weise:

$$\tilde{a}_i = \sum_k O_{ik}a_k, \tag{3.150}$$

d.h. durch Matrixmultiplikation, wieder in vollkommener Analogie zur Vektorrechnung. Im Falle eines kontinuierlichen Spektrums ist ganz ähnlich

$$O(x,x') = \int\int O(k,k')\varphi(k;x)\varphi^*(k';x')\,\mathrm{d}k\,\mathrm{d}k' \tag{3.151}$$

mit

$$O(k,k') = \int_c^d \int_c^d O(x,x')\varphi^*(k;x)\varphi(k';x')\,\mathrm{d}x\,\mathrm{d}x', \tag{3.152}$$

und die Abbildung von $f(x)$ auf $\tilde{f}(x)$ erfolgt durch

$$\tilde{a}(k) = \int O(k,k')a(k')\,\mathrm{d}k', \tag{3.153}$$

d.h. im kontinuierlichen Fall ist auch das wieder eine Integraltransformation. Integraltransformationen sind die kontinuierlichen Analoga von Matrixmultiplikationen.

3.7 Separation der Laplaceschen Gleichung in Zylinderkoordinaten

3.7.1 Die Separation

Nach Gleichung (3.33) lautet die Laplace–Gleichung für das Potential F

$$\left(\frac{1}{r}\frac{\partial}{\partial r}r\frac{\partial}{\partial r} + \frac{1}{r^2}\frac{\partial^2}{\partial \varphi^2} + \frac{\partial^2}{\partial z^2}\right)F = 0. \tag{3.154}$$

Zu ihrer Lösung machen wir den Ansatz

$$F(r, \varphi, z) = R(r)\phi(\varphi)Z(z) \tag{3.155}$$

und erhalten damit

$$\frac{1}{R(r)}\frac{1}{r}\frac{\partial}{\partial r}r\frac{\partial}{\partial r}R(r) + \frac{1}{r^2\phi(\varphi)}\frac{\partial^2}{\partial \varphi^2}\phi(\varphi) + \frac{1}{Z(z)}\frac{\partial^2 Z(z)}{\partial z^2} = 0. \tag{3.156}$$

Die ersten beiden Glieder hängen nur von r und φ, das letzte nur von z ab. Deshalb kann man mit der Separationskonstanten k^2 setzen:

$$\frac{1}{Z(z)}\frac{\partial^2 Z(z)}{\partial z^2} = k^2. \tag{3.157}$$

Die Lösung kann in verschiedener Weise angegeben werden, z.B.

$$Z = A_1 \cosh kz + A_2 \sinh kz \tag{3.158}$$

oder

$$Z = \tilde{A}_1 \exp(kz) + \tilde{A}_2 \exp(-kz). \tag{3.159}$$

Damit nimmt der $r - \varphi$-abhängige Teil von (3.156) die Form

$$\frac{1}{R(r)}\frac{1}{r}\frac{\partial}{\partial r}r\frac{\partial}{\partial r}R(r) + \frac{1}{r^2\phi(\varphi)}\frac{\partial^2}{\partial \varphi^2}\phi(\varphi) + k^2 = 0$$

an. Durch Multiplikation mit r^2 entsteht daraus

$$\frac{r}{R(r)}\frac{\partial}{\partial r}r\frac{\partial}{\partial r}R(r) + k^2 r^2 + \frac{1}{\phi(\varphi)}\frac{\partial^2}{\partial \varphi^2}\phi(\varphi) = 0.$$

Man kann also weiter separieren. Setzt man

$$\frac{1}{\phi}\frac{\partial^2}{\partial \varphi^2}\phi = -m^2, \tag{3.160}$$

so ist

$$\phi = B_1 \cos m\varphi + B_2 \sin m\varphi \tag{3.161}$$

oder auch

$$\phi = \tilde{B}_1 \exp(im\varphi) + \tilde{B}_2 \exp(-im\varphi). \tag{3.162}$$

Wegen der notwendigen Periodizität in φ muß m eine ganze Zahl sein. Für R bleibt die Gleichung

$$r\frac{\partial}{\partial r} r \frac{\partial R}{\partial r} + (k^2 r^2 - m^2) R = 0$$

bzw., nach Division durch $k^2 r^2$ und nach Einführung der dimensionslosen Koordinate

$$\xi = kr, \tag{3.163}$$

$$\boxed{\frac{1}{\xi}\frac{\partial}{\partial \xi} \xi \frac{\partial}{\partial \xi} R(\xi) + \left(1 - \frac{m^2}{\xi^2}\right) R(\xi) = 0} \, . \tag{3.164}$$

Das ist eine der berühmtesten Gleichungen der mathematischen Physik, die sog. *Besselsche Differentialgleichung*. Ihre allgemeine Lösung ist eine Linearkombination von zwei verschiedenen linear unabhängigen Lösungsfunktionen, sogenannten *Zylinderfunktionen*, die man auf verschiedene Art wählen kann. Ein solches Paar von Funktionen besteht z.B. aus der sog. *Besselschen Funktion* $J_m(\xi) = J_m(kr)$ und aus der sog. *Neumannschen Funktion* $N_m(\xi) = N_m(kr)$, d.h.

$$\boxed{R(r) = C_1 J_m(kr) + C_2 N_m(kr)} \, . \tag{3.165}$$

Man kann bei der Separation auch etwas anders vorgehen und setzen:

$$\frac{1}{Z}\frac{\partial^2 Z}{\partial z^2} = -k^2, \tag{3.166}$$

so daß

$$Z = A_1 \cos kz + A_2 \sin kz \tag{3.167}$$

bzw.

$$Z = \tilde{A}_1 \exp(ikz) + \tilde{A}_2 \exp(-ikz). \tag{3.168}$$

Dann ergibt sich als Gleichung für R mit der dimensionslosen Variablen

$$\eta = ikr \tag{3.169}$$

wieder die Besselsche Differentialgleichung

$$\frac{1}{\eta}\frac{\partial}{\partial \eta} \eta \frac{\partial}{\partial \eta} R(\eta) + \left(1 - \frac{m^2}{\eta^2}\right) R(\eta) = 0$$

mit der Lösung

$$\boxed{R(r) = C_1 J_m(ikr) + C_2 N_m(ikr)} \, . \tag{3.170}$$

Es hängt von der Art des Problems ab, welche Art der Separation günstiger ist. Wir werden das im Zusammenhang mit verschiedenen Beispielen erörtern. Im Prinzip sind beide Arten gleichwertig. Man kann ja stets von der einen zur anderen Art übergehen, indem man k durch ik ersetzt oder umgekehrt. Für z-unabhängige Probleme ist $k = 0$. Dieser Sonderfall führt zu elementaren Funktionen $R(r)$, die in Abschn. 3.7.3.5 behandelt werden, Gleichungen (3.263) und (3.264).

Die Funktionen $J_m(kr)$, $N_m(kr)$ haben wesentlich andere Eigenschaften als die Funktionen $J_m(ikr)$, $N_m(ikr)$. Das Argument (ikr) kommt so oft vor, daß man speziell dafür die sogenannten modifizierten Besselfunktionen eingeführt hat. Die *modifizierte Bessel-Funktion erster Art* ist definiert durch

$$I_m(x) = i^{-m} J_m(ix) \qquad (3.171)$$

und die *modifizierte Bessel-Funktion zweiter Art* durch

$$K_m(x) = \frac{\pi}{2} i^{m+1} [J_m(ix) + i N_m(ix)]. \qquad (3.172)$$

Man kann deshalb die allgemeine Lösung (3.170) auch in der Form

$$\boxed{R(r) = \tilde{C}_1 I_m(kr) + \tilde{C}_2 K_m(kr)}. \qquad (3.173)$$

angeben.

Es sei noch darauf hingewiesen, daß für spezielle Probleme die Separationskonstanten u.U. anders gewählt werden müssen, z.B. wenn man das Potential auf Flächen $\varphi = $ const vorgeben will, worauf hier jedoch nicht näher eingegangen werden soll. Es sei lediglich bemerkt, daß m dann nicht ganzzahlig zu wählen ist.

3.7.2 Einige Eigenschaften von Zylinderfunktionen

Hier können nur einige der wichtigsten Eigenschaften von Zylinderfunktionen skizziert werden. Es gibt jedoch Formelsammlungen, in denen alles Wissenswerte über Zylinderfunktionen zusammengestellt ist. Sehr nützlich sind [3–7].

Für sehr kleine Argumente verhält sich $J_m(x)$ wie x^m,

$$J_m(x) \approx \left(\frac{x}{2}\right)^m \frac{1}{m!} \quad \text{für} \quad |x| \ll 1, \qquad (3.174)$$

während $N_m(x)$ für sehr kleine Argumente divergiert, nämlich

$$N_m(x) \approx -\frac{(m-1)!}{\pi} \left(\frac{2}{x}\right)^m \cdot \text{für} \quad |x| \ll 1 \quad \text{und} \quad m = 1, 2, \ldots, \qquad (3.175)$$

$$N_0(x) \approx \frac{2}{\pi} \ln \frac{\gamma x}{2} \approx \frac{2}{\pi} \ln x \quad \text{für} \quad |x| \ll 1, \quad (\gamma \approx 1{,}781). \qquad (3.176)$$

Der Verlauf einiger Funktionen ist in den Bildern 3.12 bis 3.15 skizziert.

Für sehr große Argumente dagegen verhalten sich J_m und N_m im wesentlichen

170   3 Die formalen Methoden der Elektrostatik

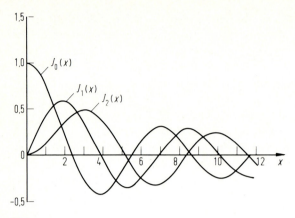

Bild 3.12

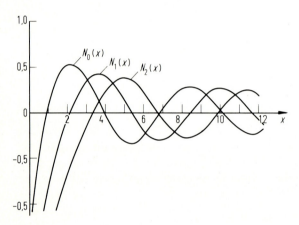

Bild 3.13

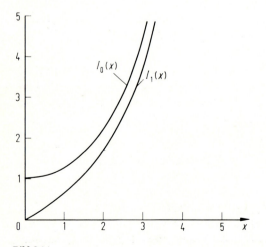

Bild 3.14

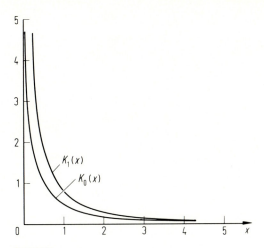

Bild 3.15

wie gedämpfte Winkelfunktionen, d.h.

$$\left.\begin{array}{l} J_m(x) \approx \sqrt{\dfrac{2}{\pi x}} \cos\left(x - \dfrac{\pi}{4} - \dfrac{m\pi}{2}\right) \\[2ex] N_m(x) \approx \sqrt{\dfrac{2}{\pi x}} \sin\left(x - \dfrac{\pi}{4} - \dfrac{m\pi}{2}\right) \end{array}\right\} \quad \text{für} \quad x \to \infty. \quad (3.177)$$

Die modifizierten Bessel-Funktionen verhalten sich für kleine Argumente ähnlich wie J_m und N_m. Es gilt nämlich

$$I_m(x) \approx \left(\frac{x}{2}\right)^m \frac{1}{m!} \qquad \text{für} \quad 0 < x \ll 1, \qquad (3.178)$$

$$K_m(x) \approx \frac{(m-1)!}{2}\left(\frac{2}{x}\right)^m \quad \text{für} \quad 0 < x \ll 1 \quad \text{und} \quad m = 1, 2, \ldots, \qquad (3.179)$$

$$K_0(x) \approx -\ln\frac{\gamma x}{2} \approx -\ln x \quad \text{für} \quad 0 < x \leqslant 1, \quad (\gamma \simeq 1{,}781). \qquad (3.180)$$

Für große Argumente unterscheiden sie sich jedoch wesentlich von J_m und N_m und verhalten sich wie Exponentialfunktionen, nämlich

$$\left.\begin{array}{l} I_m(x) \approx \dfrac{\exp(x)}{\sqrt{2\pi x}} \\[2ex] K_m(x) \approx \dfrac{\sqrt{\pi}\exp(-x)}{\sqrt{2x}} \end{array}\right\} \quad \text{für} \quad x \to \infty. \qquad (3.181)$$

Das verschiedene Verhalten von J_m, N_m (wie Winkelfunktionen) und I_m, K_m (wie Exponentialfunktionen) für sehr große Argumente ist wichtig und wird in den folgenden Beispielen eine Rolle spielen. Wichtig wird dabei auch sein, daß die Funktionen J_m bzw. I_m am Ursprung endlich sind, während die Funktionen N_m und K_m dort divergieren. Abschließend seien hier noch einige wichtige Beziehungen für Zylinderfunktionen angegeben:

$$J_{n-1}(x) + J_{n+1}(x) = \frac{2n}{x} J_n(x),$$

$$J_{n-1}(x) - J_{n+1}(x) = 2 J_n'(x),$$

$$J_{-n}(x) = (-1)^n J_n(x),$$

$$\frac{d}{dx} J_n(x) = -\frac{n}{x} J_n(x) + J_{n-1}(x),$$

$$\int x^{n+1} J_n(x)\, dx = x^{n+1} J_{n+1}(x),$$

$$\int x^{-n+1} J_n(x)\, dx = -x^{-n+1} J_{n-1}(x),$$

Speziell: $J_0'(x) = -J_1(x),$

$$N_{n-1}(x) + N_{n+1}(x) = \frac{2n}{x} N_n(x),$$

$$N_{n-1}(x) - N_{n+1}(x) = 2 N_n'(x),$$

$$N_{-n}(x) = (-1)^n N_n(x),$$

$$\frac{d}{dx} N_n(x) = -\frac{n}{x} N_n(x) + N_{n-1}(x),$$

$$\int x^{n+1} N_n(x)\, dx = x^{n+1} N_{n+1}(x),$$

$$\int x^{-n+1} N_n(x)\, dx = -x^{-n+1} N_{n-1}(x),$$

Speziell: $N_0'(x) = -N_1(x),$

$$J_n(x) N_{n+1}(x) - J_{n+1}(x) N_n(x) = -\frac{2}{\pi x},$$

$$I_{n-1}(x) + I_{n+1}(x) = 2 I_n'(x),$$

$$I_{n-1}(x) - I_{n+1}(x) = \frac{2n}{x} I_n(x),$$

$$I_{-n}(x) = I_n(x),$$

$$\frac{d}{dx} I_n(x) = I_{n-1}(x) - \frac{n}{x} I_n(x),$$

$$\int x^{n+1} I_n(x)\, dx = x^{n+1} I_{n+1}(x),$$

$$\int x^{-n+1} I_n(x)\, dx = x^{-n+1} I_{n-1}(x),$$

Speziell: $I'_0(x) = I_1(x)$,

$$K_{n+1}(x) - K_{n-1}(x) = \frac{2n}{x} K_n(x),$$

$$K_{n-1}(x) + K_{n+1}(x) = -2K'_n(x),$$

$$K_{-n}(x) = K_n(x),$$

$$\frac{d}{dx} K_n(x) = -K_{n-1}(x) - \frac{n}{x} K_n(x),$$

$$\int x^{n+1} K_n(x) dx = -x^{n+1} K_{n+1}(x),$$

$$\int x^{-n+1} K_n(x) dx = -x^{-n+1} K_{n-1}(x),$$

Speziell: $K'_0(x) = -K_1(x)$,

$$K_n(x) I_{n+1}(x) + K_{n+1}(x) I_n(x) = \frac{1}{x}.$$

3.7.3 Beispiele

3.7.3.1 Zylinder mit Flächenladungen

Ein unendlich langer Kreiszylinder vom Radius r_0 (Bild 3.16) trägt auf seiner Oberfläche rotationssymmetrisch und spiegelsymmetrisch in bezug auf die x-y-Ebene ($z=0$) verteilte Oberflächenladungen, d.h.

$$\sigma(z) = \sigma(-z). \tag{3.182}$$

Gesucht ist das dadurch erzeugte Potential. Die Laplace–Gleichung ist deshalb im Gebiet 1 (innerhalb der Zylinderoberfläche) und im Gebiet 2 (außerhalb der Zylinderoberfläche) zu lösen. Die Lösungen von beiden Gebieten sind dann unter Beachtung der Randbedingungen aneinanderzufügen. Wegen der Rotationssymmetrie der Ladungen hängt auch das Potential nicht vom Azimutwinkel ab;

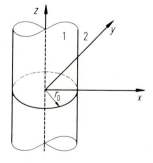

Bild 3.16

m, die eine der beiden Separationskonstanten, verschwindet deshalb,

$$m = 0. \tag{3.183}$$

Wir haben es nur noch mit den Abhängigkeiten von z und r zu tun, und wir wählen die folgenden Ansätze entsprechend (3.167) und (3.173):

$$\left. \begin{array}{l} Z = A_1 \cos(kz) + A_2 \sin(kz) \\ R = C_1 I_0(kr) + C_2 K_0(kr). \end{array} \right\} \tag{3.184}$$

Aus Symmetriegründen ist $A_2 = 0$, d.h. wir kommen mit den cos-Anteilen allein aus. Es gibt jedoch keine Einschränkungen für k. Im Gebiet 1 muß C_2 verschwinden, da wegen der Divergenz von K_0 am Ursprung das Potential sonst ebenfalls divergieren würde. Umgekehrt muß im Gebiet 2 C_1 verschwinden, da I_0 das Potential im Unendlichen divergieren ließe. Insgesamt kommen wir also zu den folgenden Ansätzen:

$$\left. \begin{array}{l} \varphi_1 = \int\limits_0^\infty f_1(k) \cos(kz) I_0(kr) \, dk, \\ \varphi_2 = \int\limits_0^\infty f_2(k) \cos(kz) K_0(kr) \, dk. \end{array} \right\} \tag{3.185}$$

An der Oberfläche $r = r_0$ muß nun

$$(E_{z1})_{r=r_0} = (E_{z2})_{r=r_0},$$

d.h.

$$\left(\frac{\partial \varphi_1}{\partial z} \right)_{r=r_0} - \left(\frac{\partial \varphi_2}{\partial z} \right)_{r=r_0} = 0 \tag{3.186}$$

sein und

$$(D_{r2})_{r=r_0} - (D_{r1})_{r=r_0} = \sigma,$$

d.h.

$$\left(\frac{\partial \varphi_1}{\partial r} \right)_{r=r_0} - \left(\frac{\partial \varphi_2}{\partial r} \right)_{r=r_0} = \frac{\sigma}{\varepsilon_0}. \tag{3.187}$$

Die Bedingung (3.186) gibt

$$\int\limits_0^\infty k \sin(kz) [f_2(k) K_0(kr_0) - f_1(k) I_0(kr_0)] \, dk = 0, \tag{3.188}$$

und die Bedingung (3.187) gibt unter Benutzung von

$$I_0'(\xi) = \frac{d}{d\xi} I_0(\xi) = + I_1(\xi) \tag{3.189}$$

und

$$K_0'(\xi) = \frac{d}{d\xi} K_0(\xi) = - K_1(\xi): \tag{3.190}$$

3.7 Separation der Laplaceschen Gleichung in Zylinderkoordinaten

$$\int_0^\infty k\cos(kz)[f_1(k)I_1(kr_0) + f_2(k)K_1(kr_0)]\,dk = \frac{\sigma}{\varepsilon_0}. \tag{3.191}$$

Zur weiteren Behandlung benötigt man die Fourier-Transformation von $\sigma(z)$,

$$\sigma(z) = \int_0^\infty \tilde{\sigma}(k)\cos(kz)\,dk. \tag{3.192}$$

Aus (3.188) folgt

$$f_1(k)I_0(kr_0) - f_2(k)K_0(kr_0) = 0,$$

und aus (3.191) folgt mit (3.192)

$$f_1(k)I_1(kr_0) + f_2(k)K_1(kr_0) - \frac{\tilde{\sigma}(k)}{\varepsilon_0 k} = 0,$$

woraus man f_1 und f_2 bekommt:

$$f_1(k) = \frac{\tilde{\sigma}(k)K_0(kr_0)}{\varepsilon_0 k[K_0(kr_0)I_1(kr_0) + K_1(kr_0)I_0(kr_0)]},$$

$$f_2(k) = \frac{\tilde{\sigma}(k)I_0(kr_0)}{\varepsilon_0 k[K_0(kr_0)I_1(kr_0) + K_1(kr_0)I_0(kr_0)]}.$$

Mit Hilfe der Beziehung (s. Abschn. 3.7.2)

$$K_0(kr_0)I_1(kr_0) + K_1(kr_0)I_0(kr_0) = \frac{1}{kr_0} \tag{3.193}$$

vereinfacht sich das zu

$$\left.\begin{aligned} f_1(k) &= \frac{\tilde{\sigma}(k)r_0 K_0(kr_0)}{\varepsilon_0}, \\ f_2(k) &= \frac{\tilde{\sigma}(k)r_0 I_0(kr_0)}{\varepsilon_0}. \end{aligned}\right\} \tag{3.194}$$

Damit ist unser Problem im Prinzip gelöst:

$$\left.\begin{aligned} \varphi_1 &= \frac{r_0}{\varepsilon_0}\int_0^\infty \tilde{\sigma}(k)\cos(kz)K_0(kr_0)I_0(kr)\,dk, \\ \varphi_2 &= \frac{r_0}{\varepsilon_0}\int_0^\infty \tilde{\sigma}(k)\cos(kz)I_0(kr_0)K_0(kr)\,dk. \end{aligned}\right\} \tag{3.195}$$

Die weitere Behandlung ist im allgemeinen nur mit numerischen Methoden möglich. Das sehr allgemeine Ergebnis enthält interessante Spezialfälle, z.B. den eines homogen geladenen Kreisrings, für den gilt

$$\sigma(z) = q\delta(z). \tag{3.196}$$

q ist seine Linienladung (C/m). Zur Berechnung von $\tilde{\sigma}(k)$ benutzen wir die

Orthogonalitätsrelation (3.107) und bekommen

$$\int_{-\infty}^{+\infty} \sigma(z)\cos(k'z)\,dz = \int_{-\infty}^{+\infty}\int_{0}^{+\infty} \tilde{\sigma}(k)\cos(kz)\cos(k'z)\,dk\,dz$$

$$= \pi\int_{0}^{\infty} \tilde{\sigma}(k)\delta(k-k')\,dk = \pi\tilde{\sigma}(k'),$$

d.h.

$$\tilde{\sigma}(k) = \frac{1}{\pi}\int_{-\infty}^{+\infty} \sigma(z)\cos(kz)\,dz$$

$$= \frac{1}{\pi}\int_{-\infty}^{+\infty} q\delta(z)\cos(kz)\,dz = \frac{q}{\pi}\cos 0 = \frac{q}{\pi} \quad (3.197)$$

und

$$q\delta(z) = \frac{q}{\pi}\int_{0}^{\infty} \cos(kz)\,dk$$

bzw.

$$\delta(z) = \frac{1}{\pi}\int_{0}^{\infty} \cos(kz)\,dk. \quad (3.198)$$

Wir sehen hier eine wichtige Tatsache: Die Fourier-Transformierte der δ-Funktion ist eine Konstante (d.h. ihr Spektrum enthält alle Frequenzen mit gleicher Amplitude). Dies kommt in Gleichung (3.198) zum Ausdruck, die gleichzeitig eine interessante und wichtige Darstellung der δ-Funktion gibt. Aus den Gleichungen (3.197) und (3.195) ergibt sich das Potential des homogen geladenen Kreisrings:

$$\left.\begin{aligned}\varphi_1 &= \frac{qr_0}{\pi\varepsilon_0}\int_{0}^{\infty} \cos(kz)K_0(kr_0)I_0(kr)\,dk, \\ \varphi_2 &= \frac{qr_0}{\pi\varepsilon_0}\int_{0}^{\infty} \cos(kz)I_0(kr_0)K_0(kr)\,dk.\end{aligned}\right\} \quad (3.199)$$

An sich kann das Potential des homogen geladenen Kreisrings auch wesentlich einfacher berechnet werden, und zwar bekommt man durch die Integration nach (2.29)

$$\varphi = \frac{r_0 q}{2\pi\varepsilon_0}\frac{l}{\sqrt{rr_0}}K\left(\frac{\pi}{2},l\right), \quad (3.200)$$

wo $K\left(\frac{\pi}{2},l\right)$ das vollständige elliptische Integral 1. Art

$$K\left(\frac{\pi}{2},l\right) = \int_{0}^{\pi/2} \frac{d\psi}{\sqrt{1-l^2\sin^2\psi}} \quad (3.201)$$

und

$$l^2 = \frac{4rr_0}{r^2 + z^2 + r_0^2 + 2rr_0} \quad (3.202)$$

ist. Tatsächlich läßt sich zeigen, daß die beiden Ergebnisse (3.199) und (3.200) identisch sind. Die Behauptung läuft darauf hinaus, daß die Fourier-Transformation von $K_0 I_0$ im wesentlichen das elliptische Integral 1. Art liefert (siehe z.B. [5], Band I, Formel (46), S. 49).

Man kann das Problem weiter spezialisieren. Läßt man $r_0 \to 0$ und $q \to \infty$ gehen, und zwar so, daß $2\pi r_0 q = Q$ ist, so muß sich natürlich das Potential einer Punktladung Q am Ursprung ergeben (und zwar aus φ_2, während φ_1 keine Rolle mehr spielt):

$$\varphi = \frac{Q}{2\pi^2 \varepsilon_0} \int_0^\infty \cos(kz) K_0(kr) \, dk \quad . \tag{3.203}$$

Andererseits muß natürlich

$$\varphi = \frac{Q}{4\pi\varepsilon_0 \sqrt{r^2 + z^2}}$$

sein, d.h. es muß gelten

$$\frac{1}{\sqrt{r^2 + z^2}} = \frac{2}{\pi} \int_0^\infty \cos(kz) K_0(kr) \, dk \quad . \tag{3.204}$$

Diese beiden Beziehungen (3.203) und (3.204) entsprechen den analogen Beziehungen (3.111) und (3.112). In beiden Fällen ist es kein überflüssiger Luxus, ein einfaches und bekanntes Potential auch noch auf viel kompliziertere Weise auszudrücken. Zur Lösung bestimmter Probleme ist es nötig, die entsprechenden Entwicklungen zur Verfügung zu haben. Im folgenden Beispiel wird sich das zeigen.

3.7.3.2 Punktladung auf der Achse eines dielektrischen Zylinders

Gesucht ist das Potential, das von einer Punktladung Q verursacht wird, die sich auf der Achse eines dielektrischen Kreiszylinders befindet (ε_1). Der restliche Raum

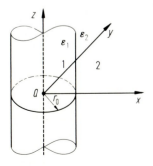

Bild 3.17

werde von einem anderen Dielektrikum eingenommen (Bild 3.17). Dieses keineswegs triviale Problem läßt sich mit Hilfe der Ergebnisse, die wir bei der Behandlung des vorhergehenden Beispiels erhielten, behandeln. Im Gebiet 2 ist die Laplacesche Gleichung zu lösen, was in jedem Fall mit einem Ansatz ähnlich (3.185) möglich ist:

$$\varphi_2 = \frac{Q}{2\pi^2 \varepsilon_1} \int_0^\infty \cos(kz) K_0(kr) g_2(k) \, dk. \tag{3.205}$$

Der Faktor dient lediglich der Bequemlichkeit und kann als ein Teil von $g_2(k)$ aufgefaßt werden. Im Gebiet 1 ist die Poissonsche Gleichung für die Punktladung zu lösen. Das kann durch einen Ansatz geschehen, bei dem das Potential der Punktladung nach (3.203) und die allgemeine Lösung der Laplace–Gleichung nach (3.185) einander überlagert werden, d.h. durch

$$\varphi_1 = \frac{Q}{2\pi^2 \varepsilon_1} \int_0^\infty \cos(kz)[K_0(kr) + I_0(kr) g_1(k)] \, dk. \tag{3.206}$$

Die allgemeine Lösung der inhomogenen (Poissonschen) Gleichung ist ja gegeben durch die Überlagerung einer speziellen Lösung der inhomogenen Gleichung und der allgemeinen Lösung der homogenen (Laplaceschen) Gleichung. Hier wird also wesentlich, daß man das Potential der Punktladung in der hier benötigten Form kennt. Man kann die beiden Ansätze (3.205) und (3.206) auch als eine Überlagerung des Potentials der Punktladung und des Potentials der an der Zylinderoberfläche entstehenden gebundenen Flächenladungen sehen. Für $r = r_0$ müssen die Randbedingungen

$$\left(\frac{\partial \varphi_1}{\partial z}\right)_{r=r_0} - \left(\frac{\partial \varphi_2}{\partial z}\right)_{r=r_0} = 0$$

$$\left(\varepsilon_1 \frac{\partial \varphi_1}{\partial r}\right)_{r=r_0} - \left(\varepsilon_2 \frac{\partial \varphi_2}{\partial r}\right)_{r=r_0} = 0$$

gelten. Sie geben

$$\frac{Q}{2\pi^2 \varepsilon_1} \int_0^\infty k \sin(kz)[K_0(kr_0) + I_0(kr_0) g_1(k) - K_0(kr_0) g_2(k)] \, dk = 0$$

und

$$\frac{Q}{2\pi^2 \varepsilon_1} \int_0^\infty k \cos(kz)[-\varepsilon_1 K_1(kr_0) + \varepsilon_1 I_1(kr_0) g_1(k) + \varepsilon_2 K_1(kr_0) g_2(k)] \, dk = 0$$

bzw.

$$K_0(kr_0) + I_0(kr_0) g_1(k) - K_0(kr_0) g_2(k) = 0,$$
$$-\varepsilon_1 K_1(kr_0) + \varepsilon_1 I_1(kr_0) g_1(k) + \varepsilon_2 K_1(kr_0) g_2(k) = 0.$$

3.7 Separation der Laplaceschen Gleichung in Zylinderkoordinaten 179

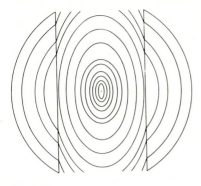

Bild 3.18

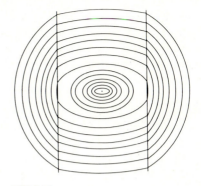

Bild 3.19

Aufgelöst nach g_1 und g_2 hat man

$$\left.\begin{aligned}g_1(k) &= \frac{\left(1 - \dfrac{\varepsilon_2}{\varepsilon_1}\right)kr_0 K_1(kr_0)K_0(kr_0)}{1 + \left(\dfrac{\varepsilon_2}{\varepsilon_1} - 1\right)kr_0 I_0(kr_0)K_1(kr_0)}, \\ g_2(k) &= \frac{1}{1 + \left(\dfrac{\varepsilon_2}{\varepsilon_1} - 1\right)kr_0 I_0(kr_0)K_1(kr_0)}.\end{aligned}\right\} \qquad (3.207)$$

Hier wurden wieder die Beziehungen (3.189), (3.190) und (3.193) benutzt. Für $\varepsilon_2 = \varepsilon_1$ ergibt sich $g_1(k) = 0$ und $g_2(k) = 1$, d.h. $\varphi_1 = \varphi_2 = \varphi$ entsprechend (3.203), wie es sein muß.

Die durch Einsetzen von (3.207) in (3.205) und (3.206) entstehende Lösung ist numerisch auszuwerten. Qualitativ ergeben sich die Äquipotentialflächen der Bilder 3.18 ($\varepsilon_2 > \varepsilon_1$) und 3.19 ($\varepsilon_2 < \varepsilon_1$). Man vergleiche sie mit den Bildern 2.55 und 2.56, beachte dabei jedoch, daß dort die Feldlinien, hier die Äquipotentialflächen gezeichnet sind.

3.7.3.3 Ein Dirichletsches Randwertproblem und die Fourier–Bessel–Reihen

Gegeben ist der in Bild 3.20 gezeigte Zylinder vom Radius r_0 und der Höhe h. Gesucht ist das Potential im ladungsfreien Inneren des Zylinders bei folgenden Randbedingungen:

$\varphi = \varphi_h(r)$ für $z = h$,

$\varphi = 0$ auf der restlichen Oberfläche.

Es handelt sich um das zylindrische Analogon zum Beispiel in Abschn. 3.5.2.1. Aus Gründen der Rotationssymmetrie ist wiederum $m = 0$. Für den radialen Teil R können wir J_0 oder I_0 ansetzen, da mit N_0 oder K_0 das Potential auf der Achse divergieren würde. Nun muß das Potential auch bei $r = r_0$ verschwinden. J_0 hat für

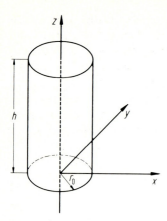

Bild 3.20

reelle Argumente Nullstellen, I_0 nicht. Wir wählen deshalb J_0. Den z-abhängigen Teil können wir dann z.B. entsprechend (3.158) wählen, wobei wegen des Verschwindens von φ bei $z = 0$ der sinh allein in Frage kommt. Wir nehmen also an, daß wir φ durch Überlagerung von Ausdrücken der Form

$$J_0(kr)\sinh(kz)$$

bilden. Dabei muß nun

$$J_0(kr_0) = 0 \tag{3.208}$$

sein. J_0 hat unendlich viele Nullstellen, ähnlich wie eine Winkelfunktion, in die es für große Argumente im wesentlichen auch übergeht. Liegen die Nullstellen bei λ_{0n}, d.h. ist

$$J_0(\lambda_{0n}) = 0, \quad n = 1, 2, \ldots \tag{3.209}$$

mit

$$\lambda_{01} < \lambda_{02} < \lambda_{03} < \cdots, \tag{3.210}$$

so ist

$$kr_0 = \lambda_{0n}$$

bzw.

$$k = k_n = \frac{\lambda_{0n}}{r_0}. \tag{3.211}$$

Dadurch sind die Eigenwerte unseres Problems gegeben. Man beachte auch hier die Analogie zum Beispiel von Abschn. 3.5.2.1, insbesondere zur Gleichung (3.69). Damit ist der Ansatz für das Potential gegeben:

$$\varphi = \sum_{n=1}^{\infty} C_n J_0(k_n r) \sinh(k_n z). \tag{3.212}$$

3.7 Separation der Laplaceschen Gleichung in Zylinderkoordinaten

Damit begegnen wir neuartigen Reihenentwicklungen, d.h. Entwicklungen nach den Funktionen $J_0(k_n r)$, die für zylindrische Probleme ebenso typisch sind, wie Fourier–Reihen für kartesische Probleme. Man nennt sie *Fourier–Bessel–Reihen*, ein gut gewählter Name, der gleichzeitig die Analogie zu Fourier–Reihen und die Beziehung zu Zylinderproblemen zum Ausdruck bringt.

Ehe wir mit der Lösung des Problems fortfahren, soll hier einiges über Fourier–Bessel–Reihen gesagt werden. Im allgemeinen versteht man darunter Reihenentwicklungen der im Intervall $0 \leq x \leq 1$ definierten Funktion $f(x)$ von der Form

$$f(x) = \sum_{n=1}^{\infty} C_n J_m(\lambda_{mn} x) \;, \tag{3.213}$$

wo λ_{mn} die n-te Nullstelle von J_m ist. Eine solche Entwicklung ist natürlich nur sinnvoll, wenn die Funktionen $J_m(\lambda_{mn} x)$ für das genannte Intervall ein vollständiges System bilden. Das ist der Fall. Sie sind auch orthogonal zueinander im folgenden Sinne:

$$\int_0^1 x J_m(\lambda_{mn} x) J_m(\lambda_{mn'} x)\, dx = \tfrac{1}{2} [J'_m(\lambda_{mn})]^2 \delta_{nn'} \;. \tag{3.214}$$

Genau genommen sind es also die Funktionen $\sqrt{x} J_m(\lambda_{mn} x)$, die orthogonal zueinander sind. Man sagt auch, die Funktionen $J_m(\lambda_{mn} x)$ seien im Intervall $0 \leq x \leq 1$ orthogonal mit der Gewichtsfunktion x. Durch (3.214) sind wir in der Lage, die Koeffizienten C_n der Entwicklung (3.213) zu berechnen:

$$\int_0^1 f(x) x J_m(\lambda_{mn'} x)\, dx = \sum_{n=1}^{\infty} C_n \int_0^1 x J_m(\lambda_{mn} x) J_m(\lambda_{mn'} x)\, dx$$

$$= \sum_{n=1}^{\infty} C_n \tfrac{1}{2} [J'_m(\lambda_{mn})]^2 \delta_{nn'}$$

$$= C_{n'} \tfrac{1}{2} [J'_m(\lambda_{mn'})]^2,$$

d.h.

$$C_n = \frac{2 \int_0^1 x f(x) J_m(\lambda_{mn} x)\, dx}{[J'_m(\lambda_{mn})]^2} \;. \tag{3.215}$$

Durch Einsetzen von C_n in die Entwicklung (3.213) und Vergleich mit $f(x) = \int \delta(x - x') f(x')\, dx'$ ergibt sich die Vollständigkeitsrelation. Sie lautet hier

$$\sum_{n=1}^{\infty} \frac{2 x' J_m(\lambda_{mn} x) J_m(\lambda_{mn} x')}{[J'_m(\lambda_{mn})]^2} = \delta(x - x') \;. \tag{3.216}$$

Damit kehren wir zu unserem Beispiel zurück, d.h. zum Ansatz (3.212). Er erfüllt alle Randbedingungen bis auf die für $z = h$. Dort soll $\varphi = \varphi_h(r)$ sein:

$$\varphi_h(r) = \sum_{n=1}^{\infty} C_n J_0(k_n r) \sinh(k_n h)$$

$$= \sum_{n=1}^{\infty} C_n J_0\left(\lambda_{0n}\frac{r}{r_0}\right) \sinh\left(\lambda_{0n}\frac{h}{r_0}\right).$$

Mit

$$\xi = \frac{r}{r_0}$$

ist

$$\varphi_h(r_0 \xi) = \sum_{n=1}^{\infty} C_n \sinh\left(\lambda_{0n}\frac{h}{r_0}\right) J_0(\lambda_{0n}\xi),$$

wo $0 \leq r \leq r_0$, d.h. $0 \leq \xi \leq 1$. Nach (3.215) ist nun

$$C_n \sinh\left(\frac{\lambda_{0n}h}{r_0}\right) = \frac{2\int_0^1 \xi' J_0(\lambda_{0n}\xi') \varphi_h(r_0\xi') \,d\xi'}{[J_0'(\lambda_{0n})]^2}.$$

Weil

$$J_0' = -J_1, \tag{3.217}$$

ist insgesamt

$$\varphi(\xi, z) = \sum_{n=1}^{\infty} \frac{2\left[\int_0^1 \xi' J_0(\lambda_{0n}\xi') \varphi_h(r_0\xi') \,d\xi'\right] J_0(\lambda_{0n}\xi) \sinh\frac{\lambda_{0n}z}{r_0}}{[J_1(\lambda_{0n})]^2 \sinh\frac{\lambda_{0n}h}{r_0}}. \tag{3.218}$$

Ein einfacher Spezialfall ist beispielsweise:

$$\varphi_h(r) = \varphi_0.$$

Dafür ist das Integral

$$\varphi_0 \int_0^1 \xi' J_0(\lambda_{0n}\xi') \,d\xi' = \frac{\varphi_0}{\lambda_{0n}^2} \int_0^{\lambda_{0n}} z J_0(z) \,dz = \frac{\varphi_0}{\lambda_{0n}^2}[z J_1(z)]_0^{\lambda_{0n}} = \frac{\varphi_0}{\lambda_{0n}^2} \lambda_{0n} J_1(\lambda_{0n})$$

$$= \frac{\varphi_0 J_1(\lambda_{0n})}{\lambda_{0n}}$$

zu bilden. Dabei wurde die Beziehung $\int z J_0(z) \,dz = z J_1(z)$ verwendet. Schließlich ergibt sich

$$\varphi(r,z) = \varphi_0 \sum_{n=1}^{\infty} \frac{2J_0\left(\lambda_{0n}\dfrac{r}{r_0}\right) \sinh\left(\dfrac{\lambda_{0n}z}{r_0}\right)}{\lambda_{0n} J_1(\lambda_{0n}) \sinh\left(\dfrac{\lambda_{0n}h}{r_0}\right)}. \tag{3.219}$$

Tabelle 3.1 gibt die ersten vier Nullstellen von J_0 und die zugehörigen Werte von J_1:

Tabelle 3.1.

n	λ_{on}	$J_1(\lambda_{on})$
1	2,4048	+0,5191
2	5,5201	−0,3403
3	8,6537	+0,2715
4	11,7915	−0,2325

Aus (3.177) ist im übrigen zu entnehmen, daß für größere Argumente gilt:

$$\lambda_{0n} \approx (n - \tfrac{1}{4})\pi \tag{3.220}$$

mit

$$J_1(\lambda_{0n}) \approx (-1)^{n-1} \sqrt{\frac{2}{\pi \lambda_{0n}}}, \tag{3.221}$$

was z.B. für $n = 4$ schon sehr gut stimmt.

3.7.3.4 Rotationssymmetrische Flächenladungen in der Ebene $z = 0$ und die Hankel-Transformation

In der Ebene $z = 0$ seien rotationssymmetrische Flächenladungen $\sigma(r)$ angebracht. Gesucht ist das von ihnen erzeugte Potential. Es darf für $z \to \pm \infty$ nicht exponentiell divergieren, und es darf für $r = 0$ nicht divergieren. Die Ansätze

$$\left.\begin{aligned}\varphi_1 &= \int_0^\infty f_1(k) J_0(kr) \exp(+kz)\,dk \quad \text{für} \quad z < 0, \\ \varphi_2 &= \int_0^\infty f_2(k) J_0(kr) \exp(-kz)\,dk \quad \text{für} \quad z > 0\end{aligned}\right\} \tag{3.222}$$

erfüllen diese Bedingungen. Für $z = 0$ muß gelten

$$\left(\frac{\partial \varphi_1}{\partial r}\right)_{z=0} - \left(\frac{\partial \varphi_2}{\partial r}\right)_{z=0} = 0,$$

$$\left(\frac{\partial \varphi_1}{\partial z}\right)_{z=0} - \left(\frac{\partial \varphi_2}{\partial z}\right)_{z=0} = \left(\frac{D_2 - D_1}{\varepsilon_0}\right)_{z=0} = \frac{\sigma(r)}{\varepsilon_0}.$$

Die erste dieser Bedingungen liefert sofort

$$f_1(k) = f_2(k) = f(k).$$

Damit ergibt sich aus der zweiten Bedingung

$$\int_0^\infty f(k) J_0(kr) 2k \, dk = \frac{\sigma(r)}{\varepsilon_0}. \tag{3.223}$$

Das Problem besteht nun darin, aus dieser Gleichung $f(k)$ zu berechnen, d.h. $f(k)$ durch $\sigma(r)$ auszudrücken. In einem früheren Beispiel hatten wir ein analoges, jedoch auf kartesische Koordinaten bezogenes Problem (Abschn. 3.5.2.3, s. aber auch Abschn. 3.7.3.1), das sich durch Fourier-Transformation lösen ließ. Die Integralgleichung (3.223), darum handelt es sich ja, ist so nicht behandelbar. Auf der anderen Seite konnten wir jedoch endliche Probleme dieser Art, die im kartesischen Fall auf Fourier–Reihen führen, im zylindrischen Fall durch die dazu analogen Fourier–Bessel–Reihen lösen. Es sollte deshalb auch eine zur Fourier-Transformation analoge Integraltransformation für zylindrische Probleme geben, bei der z.B. Bessel–Funktionen an die Stelle von Exponentialfunktionen treten. Das ist in der Tat der Fall. Es handelt sich um die sogenannten *Hankel-Transformationen*. Dieser Zusammenhang kommt in dem allerdings selten gebrauchten Namen Fourier–Bessel-Transformation besser zum Ausdruck. Durch die Hankel-Transformation wird einer Funktion $f(x)$ die Funktion $\tilde{f}(k)$ (Hankel-Transformierte) zugeordnet, und zwar in folgender Weise:

$$\boxed{\tilde{f}(k) = \int_0^\infty x f(x) J_m(kx) \, dx}, \tag{3.224}$$

wobei umgekehrt

$$\boxed{f(x) = \int_0^\infty k \tilde{f}(k) J_m(kx) \, dk} \tag{3.225}$$

ist. Dieser Zusammenhang beruht auf der Orthogonalitätsbeziehung

$$\boxed{\int_0^\infty kx J_m(kx) J_m(k'x) \, dx = \delta(k - k')}. \tag{3.226}$$

Multipliziert man (3.225) mit $xJ_m(k'x)$ und integriert man dann von 0 bis ∞, so ergibt sich

$$\int_0^\infty f(x) x J_m(k'x) \, dx = \int_0^\infty \int_0^\infty k \tilde{f}(k) J_m(kx) x J_m(k'x) \, dk \, dx$$

$$= \int_0^\infty \tilde{f}(k) \delta(k - k') \, dk = \tilde{f}(k'),$$

d.h. gerade (3.224). Entwicklet man insbesondere die δ-Funktion $\delta(x-x')$, so ergibt sich dafür

$$\tilde{f}(k) = x' J_m(kx')$$

und deshalb

$$\boxed{\delta(x-x') = \int_0^\infty kx' J_m(kx') J_m(kx)\, dk}, \qquad (3.227)$$

d.h. gerade die Vollständigkeitsbeziehung. Wie schon bei der Fourier-Transformation handelt es sich auch hier um ein Beispiel für die Entwicklung nach einem Basissystem mit kontinuierlichem Eigenwertspektrum. Den allgemeinen Formalismus dazu haben wir in Abschn. 3.6 erläutert. Es sei noch erwähnt, daß die Hankel-Transformation auch etwas anders, d.h. mit anderen Faktoren, definiert werden kann und wird. Hier wurde eine Definition gewählt, die die beiden Beziehungen (3.224) und (3.225) völlig symmetrisch macht.

Jetzt können wir die Gleichung (3.223) lösen. Wir multiplizieren sie mit $rJ_0(k'r)$ und integrieren über r von 0 bis ∞:

$$\int_0^\infty \int_0^\infty f(k) J_0(kr) 2kr J_0(k'r)\, dk\, dr = \frac{1}{\varepsilon_0} \int_0^\infty \sigma(r) r J_0(k'r)\, dr,$$

d.h.

$$\int_0^\infty f(k) 2\delta(k-k')\, dk = 2f(k') = \frac{1}{\varepsilon_0} \tilde{\sigma}(k'),$$

$$f(k) = \frac{\tilde{\sigma}(k)}{2\varepsilon_0},$$

d.h.

$$\left.\begin{array}{l} \varphi_{1,2} = \dfrac{1}{2\varepsilon_0} \int_0^\infty \tilde{\sigma}(k) J_0(kr) \exp(-k|z|)\, dk, \\[2mm] \tilde{\sigma}(k) = \int_0^\infty r\sigma(r) J_0(kr)\, dr, \end{array}\right\} \qquad (3.228)$$

womit das Problem gelöst ist.

Als einfaches Anwendungsbeispiel wählen wir wiederum den homogen geladenen Kreisring mit

$$\sigma(r) = q\delta(r - r_0),$$

wo q seine Linienladung ist. Dafür ist

$$\tilde{\sigma}(k) = q \int_0^\infty r\delta(r-r_0) J_0(kr)\, dr = q r_0 J_0(k r_0)$$

und

$$\boxed{\varphi_{1,2} = \frac{qr_0}{2\varepsilon_0} \int_0^\infty J_0(kr_0) J_0(kr) \exp(-k|z|) \, dk} \quad . \tag{3.229}$$

Dieses Potential haben wir auch schon auf andere Weise berechnet. Wie schon (3.199) ist auch (3.229) mit (3.200) identisch (siehe [5], Band II, Formel (17), S. 14). Wir können auch hier zur Punktladung übergehen ($Q = 2\pi r_0 q$, $r_0 \to 0$, $q \to \infty$) und finden dafür

$$\varphi_{1,2} = \frac{Q}{4\pi\varepsilon_0} \int_0^\infty J_0(kr) \exp(-k|z|) \, dk, \tag{3.230}$$

weil

$$J_0(0) = 1.$$

Daraus wiederum folgt, daß

$$\boxed{\frac{1}{\sqrt{r^2 + z^2}} = \int_0^\infty J_0(kr) \exp(-k|z|) \, dk} \tag{3.231}$$

sein muß (siehe [5], Band II, Formel (18), S. 9).

3.7.3.5 Nichtrotationssymmetrische Ladungsverteilungen

Die bisher beschriebenen Beispiele behandelten rotationssymmetrische Probleme. Deshalb war dort überall $m = 0$. Nun wollen wir das Potential nichtrotationssymmetrischer Ladungsverteilungen durch Separation in Zylinderkoordinaten behandeln. Wir betrachten einen Zylinder vom Radius r_0 mit der Flächenladungsdichte

$$\sigma(\varphi, z) = \frac{Q}{r_0} \delta(z) \delta(\varphi - \varphi_0), \tag{3.232}$$

d.h. mit einer Punktladung bei $z = 0$, $\varphi = \varphi_0$. Wir können dafür das Potential F in der Form

$$F_{i,a} = \sum_{m=0}^{\infty} \int_0^\infty \begin{Bmatrix} I_m(kr) K_m(kr_0) \\ I_m(kr_0) K_m(kr) \end{Bmatrix} \cdot [f_m(k) \cos m\varphi + g_m(k) \sin m\varphi] \cos(kz) \, dk \tag{3.233}$$

ansetzen. Der obere Ausdruck gilt für $r \leq r_0$, der untere für $r \geq r_0$. Der Ansatz ist so gewählt, daß F bei $r = r_0$ zusammen mit der tangentialen Komponente des elektrischen Feldes stetig ist. Weiter muß nun

$$(E_{ar} - E_{ir})_{r=r_0} = \left(\frac{\partial F_i}{\partial r} - \frac{\partial F_a}{\partial r} \right)_{r=r_0} = \frac{Q}{\varepsilon_0 r_0} \delta(z) \delta(\varphi - \varphi_0) \tag{3.234}$$

sein, d.h.

$$\sum_{m=0}^{\infty} \int_0^{\infty} k \cos kz [I'_m(kr_0)K_m(kr_0) - I_m(kr_0)K'_m(kr_0)]$$

$$\cdot [f_m(k) \cos m\varphi + g_m(k) \sin m\varphi] \, dk = \frac{Q}{\varepsilon_0 r_0} \delta(z)\delta(\varphi - \varphi_0). \tag{3.235}$$

Mit Hilfe der Beziehungen von Abschn. 3.7.2 findet man

$$[I'_m(kr_0)K_m(kr_0) - I_m(kr_0)K'_m(kr_0)] = \frac{1}{kr_0}. \tag{3.236}$$

Multipliziert man nun (3.235) mit $\cos k'z \cos m'\varphi$ bzw. mit $\cos k'z \sin m'\varphi$ und integriert über z und φ, so findet man mit Hilfe der Orthogonalitätsbeziehungen

$$f_0(k) = \frac{Q}{2\pi^2 \varepsilon_0}, \tag{3.237}$$

$$f_m(k) = \frac{Q}{\pi^2 \varepsilon_0} \cos m\varphi_0, \quad m \geqslant 1 \tag{3.238}$$

$$g_m(k) = \frac{Q}{\pi^2 \varepsilon_0} \sin m\varphi_0. \tag{3.239}$$

Ersetzt man noch z durch $z - z_0$, d.h. befindet sich die Ladung bei $\mathbf{r}_0(r_0, \varphi_0, z_0)$, so ergibt sich dann mit diesen Koeffizienten

$$\boxed{F_{i,a}(\mathbf{r}) = \frac{Q}{2\pi^2 \varepsilon_0} \sum_{m=0}^{\infty} \int_0^{\infty} \begin{Bmatrix} I_m(kr)K_m(kr_0) \\ I_m(kr_0)K_m(kr) \end{Bmatrix} \cos[k(z-z_0)](2-\delta_{0m}) \cos[m(\varphi-\varphi_0)] \, dk}. \tag{3.240}$$

Für den reziproken Abstand zwischen den beiden Punkten $\mathbf{r}(r, \varphi, z)$ und $\mathbf{r}_0(r_0, \varphi_0, z_0)$ ergibt sich daraus

$$\boxed{\frac{1}{|\mathbf{r} - \mathbf{r}_0|} = \frac{2}{\pi} \sum_{m=0}^{\infty} \int_0^{\infty} \begin{Bmatrix} I_m(kr)K_m(kr_0) \\ I_m(kr_0)K_m(kr) \end{Bmatrix} \cos[k(z-z_0)] \cos[m(\varphi-\varphi_0)](2-\delta_{0m}) \, dk}. \tag{3.241}$$

Diese Beziehung verallgemeinert das früher gefundene Ergebnis, Gleichung (3.204). Sie geht für $r_0 = 0$, $z_0 = 0$ in dieses über, da $I_m(0) = 0$ für $m \geqslant 1$ und $I_0(0) = 1$, d.h. $I_m(0) = \delta_{0m}$ und da jetzt nur der untere Ausdruck von Interesse ist ($r \geqslant r_0 = 0$).

Wir können auch anders vorgehen. Wir betrachten die Ebene $z = 0$ mit der Punktladung Q bei $\mathbf{r}_0 = (r_0, \varphi_0, 0)$, d.h. mit der Flächenladungsdichte

$$\sigma(r, \varphi) = \frac{Q}{r_0} \delta(r - r_0)\delta(\varphi - \varphi_0). \tag{3.242}$$

3. Die formalen Methoden der Elektrostatik

Der Ansatz für das Potential lautet nun

$$F = \sum_{m=0}^{\infty} \int_0^{\infty} J_m(kr)[f_m(k)\cos m\varphi + g_m(k)\sin m\varphi] \exp[-k|z|] \, dk. \quad (3.243)$$

Der Ansatz ist wiederum so gewählt, daß F an der Grenzfläche $z = 0$ zusammen mit der tangentialen Ableitung stetig ist. Weiter ist nun

$$[E_z(z>0) - E_z(z<0)]_{z=0} = \sum_{m=0}^{\infty} \int_0^{\infty} 2kJ_m(kr)[f_m(k)\cos m\varphi + g_m(k)\sin m\varphi] \, dk$$

$$= \frac{Q}{\varepsilon_0 r_0} \delta(r - r_0)\delta(\varphi - \varphi_0). \quad (3.244)$$

Wir multiplizieren mit $r \cdot J_{m'}(k'r)\cos(m'\varphi)$ bzw. $r \cdot J_{m'}(k'r)\sin m'\varphi$ und integrieren über r und φ, benutzen die Orthogonalitätsbeziehungen und erhalten schließlich

$$f_0(k) = \frac{Q}{4\pi\varepsilon_0} J_0(kr_0), \quad (3.245)$$

$$f_m(k) = \frac{Q}{2\pi\varepsilon_0} J_m(kr_0)\cos m\varphi_0, \quad m \geq 1 \quad (3.246)$$

$$g_m(k) = \frac{Q}{2\pi\varepsilon_0} J_m(kr_0)\sin m\varphi_0. \quad (3.247)$$

Für eine Ladung am Punkt $\mathbf{r}_0(r_0, \varphi_0, z_0)$ ist noch z durch $z - z_0$ zu ersetzen. Mit den eben berechneten Koeffizienten erhält man so

$$\boxed{F(\mathbf{r}) = \frac{Q}{4\pi\varepsilon_0} \sum_{m=0}^{\infty} \int_0^{\infty} (2 - \delta_{0m}) J_m(kr) J_m(kr_0) \exp[-k|z - z_0|] \cos[m(\varphi - \varphi_0)] \, dk}. $$

$$(3.248)$$

und den reziproken Abstand

$$\boxed{\frac{1}{|\mathbf{r} - \mathbf{r}_0|} = \sum_{m=0}^{\infty} \int_0^{\infty} (2 - \delta_{0m}) J_m(kr) J_m(kr_0) \exp[-k|z - z_0|] \cos[m(\varphi - \varphi_0)] \, dk}.$$

$$(3.249)$$

Diese Beziehungen verallgemeinern die früher gefundenen Gleichungen (3.230), (3.231). Sie gehen für $r_0 = z_0 = 0$ in diese über, da $J_m(kr_0) = J_m(0) = \delta_{0m}$ ist.

Wir haben uns hier sehr kurz fassen können, da die Vorgehensweise der in den früheren Beispielen in Abschn. 3.7.3.1 und 3.7.3.4 entspricht. Dividiert man die Potentiale (3.240) bzw. (3.248) durch Q, so entstehen die entsprechenden Greenschen Funktionen $G(\mathbf{r}, \mathbf{r}_0)$. Sind auf den Zylindern $r = r_0$ bzw. auf den ebenen Flächen $z = z_0$ beliebige Flächenladungen

$$\sigma = \sigma(z, \varphi) \quad (3.250)$$

bzw.

$$\sigma = \sigma(r, \varphi) \quad (3.251)$$

3.7 Separation der Laplaceschen Gleichung in Zylinderkoordinaten 189

vorgegeben, so sind die zugehörigen Potentiale

$$F(\mathbf{r}) = \int G(\mathbf{r},\mathbf{r}_0)\sigma(\mathbf{r}_0)\,dA_0, \tag{3.252}$$

wobei diese Integrale über die Zylinderflächen oder die Ebenen mit

$$dA_0 = r_0\,d\varphi_0\,dz_0 \tag{3.253}$$

bzw.

$$dA_0 = r_0\,d\varphi_0\,dr_0 \tag{3.254}$$

zu erstrecken sind. Selbstverständlich sind die rotationssymmetrischen Verteilungen in Abschn. 3.7.3.1 und 3.7.3.4 hier als Spezialfälle mit enthalten. Hier sei ein anderer Spezialfall als Beispiel behandelt. Auf dem Zylinder $r = r_0$ soll

$$\sigma = \sigma_0 \cos n\varphi \tag{3.255}$$

sein. Man kann dafür $F_{i,a}(\mathbf{r})$ ausgehend von (3.240) berechnen. Man erhält so

$$F_{i,a} = \int_0^{2\pi} d\varphi_0 \int_{-\infty}^{+\infty} dz_0 \int_0^{\infty} dk \sum_{m=0}^{\infty} \frac{\sigma_0}{2\pi^2 \varepsilon_0} \begin{Bmatrix} I_m(kr)K_m(kr_0) \\ I_m(kr_0)K_m(kr) \end{Bmatrix}$$
$$\cdot \cos[k(z-z_0)]\cos[m(\varphi-\varphi_0)](2-\delta_{0m})r_0\cos n\varphi_0. \tag{3.256}$$

Da die Ladungsverteilung (3.255) von z_0 unabhängig ist, gibt die Integration über z_0

$$\int_{-\infty}^{+\infty} \cos[k(z-z_0)]\,dz_0 = 2\pi\delta(k), \tag{3.257}$$

und man muß die modifizierten Bessel-Funktionen für verschwindende Argumente untersuchen. Mit den Beziehungen (3.178) bis (3.180) findet man

$$\left.\begin{aligned}\lim_{k \to 0} I_n(kr)K_n(kr_0) &= \frac{1}{2n}\left(\frac{r}{r_0}\right)^n \\ \lim_{k \to 0} I_n(kr_0)K_n(kr) &= \frac{1}{2n}\left(\frac{r_0}{r}\right)^n\end{aligned}\right\} \text{für } n \neq 0 \tag{3.258}$$

und

$$\left.\begin{aligned}\lim_{k \to 0} I_0(kr)K_0(kr_0) &= C - \ln r_0 \\ \lim_{k \to 0} I_0(kr_0)K_0(kr) &= C - \ln r\end{aligned}\right\} \text{für } n = 0, \tag{3.259}$$

wobei C zwar unendlich groß wird, dennoch aber unwesentlich ist und beliebig gewählt werden kann. Wir erhalten letzten Endes

$$F_{i,a} = \frac{\sigma_0 r_0}{2n\varepsilon_0} \begin{Bmatrix} \left(\dfrac{r}{r_0}\right)^n \\ \left(\dfrac{r_0}{r}\right)^n \end{Bmatrix} \cos n\varphi \quad \text{für } n \neq 0 \tag{3.260}$$

und

$$F_{i,a} = -\frac{\sigma_0 r_0}{\varepsilon_0} \begin{Bmatrix} 0 \\ \ln \dfrac{r}{r_0} \end{Bmatrix} \quad \text{für} \quad n = 0, \tag{3.261}$$

wobei wir $C = \ln r_0$ gewählt haben. Im vorliegenden Fall ist es einfacher, dieses Ergebnis nicht aus den allgemeinen Beziehungen dieses Beispiels herzuleiten. Da das Problem von z unabhängig ist, können wir direkt von der Differentialgleichung

$$r \frac{\partial}{\partial r} r \frac{\partial}{\partial r} R(r) = m^2 R(r) \tag{3.262}$$

ausgehen, die sich aus den Gleichungen (3.156) und (3.160) mit $k = 0$ ergibt. Ihre Lösungen kann man sofort angeben:

$$R = A r^m + B \frac{1}{r^m} \quad \text{für} \quad m \neq 0, \tag{3.263}$$

$$R = A + B \ln r \quad \text{für} \quad m = 0. \tag{3.264}$$

Also ist für einen Zylinder mit dem Radius r_0 (auf dem sich beliebige Flächenladungen befinden können)

$$F_i = \sum_{m=1}^{\infty} \left(\frac{r}{r_0}\right)^m (A_m \cos m\varphi + B_m \sin m\varphi) + 0, \tag{3.265}$$

$$F_a = \sum_{m=1}^{\infty} \left(\frac{r_0}{r}\right)^m (A_m \cos m\varphi + B_m \sin m\varphi) + A_0 \ln \frac{r}{r_0}. \tag{3.266}$$

Wiederum sind die Koeffizienten so gewählt, daß das Potential und damit auch das tangentiale elektrische Feld an der Zylinderfläche $r = r_0$ stetig ist. Ist die Flächenladung (3.255) vorgegeben, so muß sein

$$(E_{ra} - E_{ri})_{r=r_0} = \left(\frac{\partial F_i}{\partial r} - \frac{\partial F_a}{\partial r}\right)_{r=r_0} = \sum_{m=0}^{\infty} \frac{2m}{r_0} (A_m \cos m\varphi + B_m \sin m\varphi) - \frac{A_0}{r_0}$$

$$= \frac{\sigma_0}{\varepsilon_0} \cos n\varphi. \tag{3.267}$$

Offensichtlich verschwinden alle A_m und B_m bis auf A_n:

$$A_n = \frac{\sigma_0 r_0}{2n\varepsilon_0} \quad \text{für} \quad n \neq 0, \tag{3.268}$$

$$A_0 = -\frac{\sigma_0 r_0}{\varepsilon_0} \quad \text{für} \quad n = 0, \tag{3.269}$$

was gerade zu den schon oben angegebenen Potentialen (3.260) und (3.261) führt. Wir sehen, daß die direkte Berechnung dieser Potentiale tatsächlich einfacher ist als die Verwendung der allgemeinen Beziehungen. Das liegt daran, daß die modifizierten Bessel-Funktionen im vorliegenden Fall in die elementaren Lösungen (3.263) für $m \neq 0$ und (3.264) für $m = 0$ übergehen, wie man an den Gleichungen (3.178) bis (3.180) erkennt. Für $n = 0$ erhalten wir natürlich das uns schon bekannte logarithmische Potential außen, konstantes Potential innen, wobei der Bezugspunkt hier so gewählt ist, daß er auf der Zylinderoberfläche $r = r_0$ liegt, d.h. daß das Potential dort verschwindet. Da

$$2\pi r_0 \sigma_0 = q \tag{3.270}$$

ist, ist ja

$$F_a = -\frac{\sigma_0 r_0}{\varepsilon_0} \ln \frac{r}{r_0} = -\frac{q}{2\pi\varepsilon_0} \ln \frac{r}{r_0}. \tag{3.271}$$

3.8 Separation der Laplaceschen Gleichung in Kugelkoordinaten

3.8.1 Die Separation

Nach Gleichung (3.43) ist die Potentialgleichung für das Potential F in Kugelkoordinaten

$$\left(\frac{1}{r^2}\frac{\partial}{\partial r}r^2\frac{\partial}{\partial r} + \frac{1}{r^2 \sin\theta}\frac{\partial}{\partial \theta}\sin\theta\frac{\partial}{\partial \theta} + \frac{1}{r^2 \sin^2\theta}\frac{\partial^2}{\partial \varphi^2}\right)F = 0. \tag{3.272}$$

Zu ihrer Lösung dient der Separationsansatz

$$F(r, \theta, \varphi) = R(r)D(\theta)\phi(\varphi). \tag{3.273}$$

Durch Multiplikation von (3.272) mit

$$\frac{r^2 \sin^2\theta}{RD\phi}$$

ergibt sich

$$\frac{\sin^2\theta}{R(r)}\frac{\partial}{\partial r}r^2\frac{\partial}{\partial r}R(r) + \frac{\sin\theta}{D(\theta)}\frac{\partial}{\partial \theta}\sin\theta\frac{\partial}{\partial \theta}D(\theta) + \frac{1}{\phi(\varphi)}\frac{\partial^2}{\partial \varphi^2}\phi(\varphi) = 0. \tag{3.274}$$

Die beiden ersten Glieder hängen nur von r und θ, das letzte nur von φ ab. Man kann also separieren und z.B. setzen

$$\frac{1}{\phi}\frac{\partial^2 \phi}{\partial \varphi^2} = -m^2 \tag{3.275}$$

mit der allgemeinen Lösung

$$\phi = A_1 \exp(im\varphi) + A_2 \exp(-im\varphi) \tag{3.276}$$

oder auch

$$\phi = \tilde{A}_1 \cos(m\varphi) + \tilde{A}_2 \sin(m\varphi). \tag{3.277}$$

m ist dabei eine ganze Zahl, wenn die Abhängigkeit von φ periodisch mit der Periode 2π angenommen wird. Damit erhält man aus (3.274) nach Division durch $\sin^2 \theta$

$$\frac{1}{R(r)}\frac{\partial}{\partial r}r^2\frac{\partial}{\partial r}R(r) + \frac{1}{\sin\theta D(\theta)}\frac{\partial}{\partial\theta}\sin\theta\frac{\partial}{\partial\theta}D(\theta) - \frac{m^2}{\sin^2\theta} = 0. \tag{3.278}$$

Hier hängt das erste Glied nur von r, die übrigen hängen nur von θ ab. Also können wir z.B. setzen

$$\frac{1}{R}\frac{\partial}{\partial r}r^2\frac{\partial}{\partial r}R = n(n+1), \tag{3.279}$$

woraus sich die allgemeine Lösung

$$R(r) = B_1 r^n + \frac{B_2}{r^{n+1}} \tag{3.280}$$

ergibt, was durch Einsetzen sofort geprüft werden kann. Setzt man (3.279) in (3.278) ein und multipliziert man noch mit $D(\theta)$, so ergibt sich

$$\boxed{\frac{1}{\sin\theta}\frac{\partial}{\partial\theta}\sin\theta\frac{\partial}{\partial\theta}D(\theta) + \left[n(n+1) - \frac{m^2}{\sin^2\theta}\right]D(\theta) = 0}. \tag{3.281}$$

Die Lösungen dieser wichtigen Differentialgleichung sind die *zugeordneten Kugelfunktionen* bzw. für den Spezialfall $m = 0$ die Kugelfunktionen. Als Differentialgleichung zweiter Ordnung hat sie natürlich zwei linear unabhängige Lösungen, z.B. die sog. zugeordneten Kugelfunktionen erster Art und die zweiter Art. Nur die erster Art sind auf der ganzen Kugel, d.h. für alle Werte von θ endlich, während die zweiter Art an den Polen (d.h. für $\theta = 0$ und $\theta = \pi$) divergieren. Für Probleme in Gebieten, die auch die Pole enthalten, sind deshalb die zugeordneten Kugelfunktionen zweiter Art auszuschließen, da sie das Potential divergieren ließen. Wir wollen sie deshalb nicht betrachten. Damit schließen wir auch gewisse Randwertprobleme aus, nämlich die für Gebiete, die die Pole $\theta = 0$ bzw. $\theta = \pi$ nicht enthalten. (Auch in der Wahl ganzzahliger Werte von m steckt eine Einschränkung der Allgemeinheit, d.h. wir betrachten den ganzen Winkelraum $0 \leqslant \varphi \leqslant 2\pi$ und nicht etwa nur einen Ausschnitt davon). Wir betrachten also nur die zugeordneten Kugelfunktionen erster Art. Auch sie sind nur endlich für ganze Zahlen n. Man bezeichnet sie mit P_n^m, d.h. wir haben

$$D(\theta) = P_n^m(\cos\theta) \tag{3.282}$$

und speziell für $m = 0$

$$D(\theta) = P_n^0(\cos\theta) = P_n(\cos\theta). \tag{3.283}$$

Oft wird die Variable

$$\xi = \cos\theta, \, d\xi = -\sin\theta \, d\theta \tag{3.284}$$

eingeführt. Damit ist die Differentialgleichung (3.281)

$$\frac{\partial}{\partial \xi}(1-\xi^2)\frac{\partial}{\partial \xi}D(\xi) + \left[n(n+1) - \frac{m^2}{1-\xi^2}\right]D(\xi) = 0 \qquad (3.285)$$

und

$$D(\xi) = P_n^m(\xi). \qquad (3.286)$$

Die Funktionen

$$P_n^m(\cos\theta)\cos(m\varphi) \qquad (3.287)$$

bzw.

$$P_n^m(\cos\theta)\sin(m\varphi) \qquad (3.288)$$

heißen *Kugelflächenfunktionen*. Auch die Funktionen

$$Y_n^m = P_n^m(\cos\theta)\exp(im\varphi) \qquad (3.289)$$

werden so bezeichnet. Der Name rührt daher, daß bei festgehaltenem r durch die Winkel θ, φ alle Punkte auf der Kugel $r = \text{const}$ erfaßt werden. Die verschiedenen Arten von Kugelflächenfunktionen sind alle Lösungen der Differentialgleichung

$$\left[\frac{1}{\sin\theta}\frac{\partial}{\partial\theta}\sin\theta\frac{\partial}{\partial\theta} + n(n+1) + \frac{1}{\sin^2\theta}\frac{\partial^2}{\partial\varphi^2}\right]F(\theta,\varphi) = 0, \qquad (3.290)$$

die aus (3.274) entsteht, wenn man zunächst nur den radialen Teil absepariert.

Die P_n^m lassen sich wie folgt darstellen:

$$P_n^m(\xi) = \frac{(1-\xi^2)^{m/2}}{2^n n!}\frac{d^{n+m}}{d\xi^{n+m}}(\xi^2-1)^n. \qquad (3.291)$$

Demnach sind die einfachsten Kugelfunktionen (Legendresche Polynome)

$$\left.\begin{array}{l}P_0^0 = P_0 = 1 \\ P_1^0 = P_1 = \xi = \cos\theta \\ P_2^0 = P_2 = (1/2)(3\xi^2 - 1) = (1/2)(3\cos^2\theta - 1) = (1/4)(3\cos 2\theta + 1)\end{array}\right\} \qquad (3.292)$$

usw. Die einfachsten zugeordneten Kugelfunktionen sind

$$\left.\begin{array}{l}P_1^1 = \sqrt{1-\xi^2} = \sin\theta \\ P_2^1 = 3\xi\sqrt{1-\xi^2} = 3\sin\theta\cos\theta = (3/2)\sin 2\theta \\ P_2^2 = 3(1-\xi^2) = 3\sin^2\theta = (3/2)(1-\cos 2\theta)\end{array}\right\} \qquad (3.293)$$

usw. Es ist nur nötig, m-Werte in Betracht zu ziehen, die höchstens gleich n sind, da

$$P_n^m = 0 \text{ für } m > n. \qquad (3.294)$$

Man kann beliebige Funktionen in einem Intervall $-1 \leqslant \xi \leqslant 1$ nach den P_n^m entwickeln. Dazu dient die Orthogonalitätsbeziehung

$$\boxed{\int_{-1}^{+1} P_n^m(\xi)P_{n'}^m(\xi)d\xi = \frac{2(n+m)!}{(2n+1)(n-m)!}\delta_{nn'}}. \qquad (3.295)$$

Auch die Winkelfunktionen sind, wie wir schon früher sahen, orthogonal. Für das hier betrachtete Intervall $0 \leq \varphi \leq 2\pi$ lauten die Orthogonalitätsbeziehungen

$$\begin{aligned}
\int_0^{2\pi} \cos(m\varphi)\cos(m'\varphi)\mathrm{d}\varphi &= \begin{cases} 2\pi\delta_{mm'} & \text{für} \quad m=0 \\ \pi\delta_{mm'} & \text{für} \quad m=1,2,\ldots \end{cases} \\
\int_0^{2\pi} \sin(m\varphi)\sin(m'\varphi)\mathrm{d}\varphi &= \pi\delta_{mm'} \qquad \text{für} \quad m=1,2,\ldots \\
\int_0^{2\pi} \cos(m\varphi)\sin(m'\varphi)\mathrm{d}\varphi &= 0
\end{aligned} \qquad (3.296)$$

Ebenso sind die Exponentialfunktionen $\exp(im\varphi)$ orthogonal,

$$\int_0^{2\pi} \exp(im\varphi)\exp(-im'\varphi)\mathrm{d}\varphi = 2\pi\delta_{mm'} \,. \qquad (3.297)$$

Hier ist daran zu erinnern, daß im Skalarprodukt entsprechend der Definition (3.135) für komplexe Funktionen die konjugiert komplexe Funktion auftaucht, d.h. $\exp(-im'\varphi)$ und nicht $\exp(im'\varphi)$. Die Beziehungen (3.296) und (3.297) kann man wegen

$$\exp(\pm im\varphi) = \cos(m\varphi) \pm i\sin(m\varphi)$$

aufeinander zurückführen. Die Beziehung (3.297) hat natürlich ein kontinuierliches Analogon, das hier zum Vergleich auch angegeben sei:

$$\int_{-\infty}^{+\infty} \exp(ikx)\exp(-ik'x)\mathrm{d}x = \int_{-\infty}^{+\infty} \exp[i(k-k')x]\mathrm{d}x = 2\pi\delta(k-k'). \qquad (3.298)$$

Diese Beziehung ist die Grundlage der exponentiellen Fourier-Transformation. Sie bringt auch eine wichtige Darstellungsmöglichkeit der δ-Funktion zum Ausdruck:

$$\delta(k-k') = \frac{1}{2\pi}\int_{-\infty}^{+\infty} \exp[i(k-k')x]\mathrm{d}x. \qquad (3.299)$$

Daraus wiederum ergibt sich wegen der Symmetrie der cos-Funktion bzw. wegen der Antisymmetrie der sin-Funktion

$$\begin{aligned}
\delta(k-k') &= \frac{1}{2\pi}\int_{-\infty}^{+\infty} \{\cos[(k-k')x] + i\sin[(k-k')x]\}\mathrm{d}x \\
&= \frac{1}{2\pi}\int_{-\infty}^{+\infty} \cos[(k-k')x]\mathrm{d}x = \frac{1}{\pi}\int_0^{\infty} \cos[(k-k')x]\mathrm{d}x,
\end{aligned}$$

eine in etwas anderer Form schon benutzte Gleichung, (3.198).

Aus den Gleichungen (3.295) bis (3.297) folgt die Orthogonalität auch der entsprechenden Produktfunktionen, d.h. der Kugelflächenfunktionen. Zum

3.8 Separation der Laplaceschen Gleichung in Kugelkoordinaten 195

Beispiel ist

$$\int_0^{2\pi} \cos(m\varphi)\cos(m'\varphi)\,d\varphi \int_{-1}^{+1} P_n^m(\xi)P_{n'}^{m'}(\xi)\,d\xi$$

$$= \int_0^{2\pi}\int_{-1}^{+1} \cos(m\varphi)P_n^m(\cos\theta)\cos(m'\varphi)P_{n'}^{m'}(\cos\theta)\,d\varphi\,d(\cos\theta)$$

$$= \int_0^{2\pi}\int_0^{\pi} \cos(m\varphi)P_n^m(\cos\theta)\cos(m'\varphi)P_{n'}^{m'}(\cos\theta)\sin\theta\,d\theta\,d\varphi$$

$$= \int \cos(m\varphi)P_n^m(\cos\theta)\cos(m'\varphi)P_{n'}^{m'}(\cos\theta)\,d\Omega$$

$$= \begin{cases} \dfrac{2\pi}{2n+1}\cdot\dfrac{(n+m)!}{(n-m)!}\delta_{nn'}\delta_{mm'} & \text{für } m \geq 1 \\[2mm] \dfrac{4\pi}{2n+1}\cdot\dfrac{(n+m)!}{(n-m)!}\delta_{nn'}\delta_{mm'} & \text{für } m = 0 \end{cases} = \dfrac{2\pi(1+\delta_{0m})}{2n+1}\cdot\dfrac{(n+m)!}{(n-m)!}\cdot\delta_{nn'}\delta_{mm'}.$$

(3.300)

Dabei ist

$$\sin\theta\,d\theta\,d\varphi = d\Omega \tag{3.301}$$

das Raumwinkelelement auf der Kugelfläche. Ebenso ist, integriert über den gesamten Raumwinkel,

$$\int Y_n^m Y_{n'}^{m'*}\,d\Omega = \dfrac{4\pi(n+m)!}{(2n+1)(n-m)!}\delta_{nn'}\delta_{mm'}. \tag{3.302}$$

Die allgemeine Lösung für das Potential kann man in der Form

$$F = \sum_{n=0}^{\infty}\sum_{m=0}^{n}\left(A_n r^n + B_n \dfrac{1}{r^{n+1}}\right)P_n^m(\cos\theta)[C_{nm}\cos(m\varphi) + D_{nm}\sin(m\varphi)]$$

(3.303)

oder auch in der Form

$$F = \sum_{n=0}^{\infty}\sum_{m=-n}^{+n}\left(A_{nm}r^n + B_{nm}\dfrac{1}{r^{n+1}}\right)Y_n^m(\theta,\varphi) \tag{3.304}$$

ansetzen.

Die Eigenschaften der Kugelfunktionen sind in den schon früher genannten Büchern, Abschn. 3.7.2, zusammengestellt [3–7].

3.8.2 Beispiele

3.8.2.1 Dielektrische Kugel im homogenen elektrischen Feld

Wir wollen uns zunächst mit einem sehr einfachen und uns schon bekannten Beispiel befassen (Abschn. 2.12), nämlich dem Problem einer Kugel in einem homogenen elektrischen Feld (Bild 3.21). Das Potential des von außen angelegten Feldes $E_{a,\infty}$ ist

$$F_{a,\infty} = -E_{a,\infty}z = -E_{a,\infty}r\cos\theta. \tag{3.305}$$

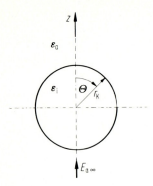

Bild 3.21

Dazu kommt noch das Potential der gebundenen Ladungen an der Kugeloberfläche. Dafür können wir im Innenraum ansetzen

$$F_i = \sum_{n=0}^{\infty} A_n r^n P_n(\cos\theta). \qquad (3.306)$$

Das ergibt sich aus dem Ansatz (3.303), weil hier aus Gründen der Rotationssymmetrie $m = 0$ ist und weil $B_n = 0$ sein muß, damit F nicht am Kugelmittelpunkt divergiert. Im Außenraum ist umgekehrt

$$F_a = \sum_{n=0}^{\infty} B_n \frac{1}{r^{n+1}} P_n(\cos\theta) + F_{a,\infty}.$$

Ein Vergleich mit (3.292) zeigt uns, daß $\cos\theta = P_1$ ist, d.h. wir können auch schreiben:

$$F_a = \sum_{n=0}^{\infty} \left(\frac{B_n}{r^{n+1}} - \delta_{n1} E_{a,\infty} r \right) P_n(\cos\theta). \qquad (3.307)$$

Bei $r = r_k$ muß φ stetig sein, damit die Tangentialkomponenten von **E** dort stetig sind, d.h. es muß sein

$$A_n r_k^n = B_n \frac{1}{r_k^{n+1}} - \delta_{n1} E_{a,\infty} r_k. \qquad (3.308)$$

Ferner muß die Normalkomponente von **D** stetig sein, d.h. es muß gelten

$$\varepsilon_i \frac{\partial F_i}{\partial r} = \varepsilon_a \frac{\partial F_a}{\partial r},$$

d.h.

$$\varepsilon_i n A_n r_k^{n-1} = -\varepsilon_a(n+1) B_n \frac{1}{r_k^{n+2}} - \varepsilon_a \delta_{n1} E_{a,\infty}. \qquad (3.309)$$

Für $n \neq 1$ hat man also das Gleichungspaar

$$A_n r_k^n = B_n \frac{1}{r_k^{n+1}},$$

$$A_n \varepsilon_i n r_k^{n-1} = -B_n \varepsilon_a (n+1) \frac{1}{r_k^{n+2}}.$$

Es hat nur die triviale Lösung

$$A_n = 0, \quad B_n = 0.$$

Für $n = 1$ dagegen ist

$$A_1 r_k = B_1 \frac{1}{r_k^2} - E_{a,\infty} r_k$$

$$\varepsilon_i A_1 = -2\varepsilon_a B_1 \frac{1}{r_k^3} - \varepsilon_a E_{a,\infty},$$

woraus sich

$$\left. \begin{array}{l} A_1 = -E_{a,\infty} \dfrac{3\varepsilon_a}{\varepsilon_i + 2\varepsilon_a}, \\[2ex] B_1 = E_{a,\infty} r_k^3 \dfrac{\varepsilon_i - \varepsilon_a}{\varepsilon_i + 2\varepsilon_a} \end{array} \right\} \tag{3.310}$$

ergibt. Damit wird das Potential im Inneren

$$F_i = -E_{a,\infty} \frac{3\varepsilon_a}{\varepsilon_i + 2\varepsilon_a} r \cos\theta$$

$$= -E_{a,\infty} \frac{3\varepsilon_a}{\varepsilon_i + 2\varepsilon_a} z$$

bzw. das elektrische Feld im Inneren

$$E_i = E_{a,\infty} \frac{3\varepsilon_a}{\varepsilon_i + 2\varepsilon_a} \tag{3.311}$$

in Übereinstimmung mit dem früheren Ergebnis (2.136). Für F_a ergibt sich

$$F_a = E_{a,\infty} \cos\theta \left(\frac{r_k^3}{r^2} \frac{\varepsilon_i - \varepsilon_a}{\varepsilon_i + 2\varepsilon_a} - r \right) \tag{3.312}$$

in Übereinstimmung mit (2.139).

3.8.2.2 Kugel mit beliebiger Oberflächenladung

Wir betrachten eine Kugel mit dem Radius r_0 und der Oberflächenladung

$$\sigma = \sigma(\theta, \varphi). \tag{3.313}$$

Für die Potentiale innen und außen gilt nach Gleichung (3.303)

$$F_{i,a} = \sum_{n=0}^{\infty} \sum_{m=0}^{n} \begin{Bmatrix} \left(\dfrac{r}{r_0}\right)^n \\ \left(\dfrac{r_0}{r}\right)^{n+1} \end{Bmatrix} P_n^m(\cos\theta)(A_{nm}\cos m\varphi + B_{nm}\sin m\varphi). \qquad (3.314)$$

Dabei sind die Koeffizienten so gewählt, daß für die Kugeloberfläche bei $r = r_0$ das Potential bereits stetig ist,

$$F_i(r_0, \theta, \varphi) = F_a(r_0, \theta, \varphi). \qquad (3.315)$$

Damit ist auch die tangentiale Komponente der Feldstärke stetig. Nun muß noch die Randbedingung

$$(E_{r_a} - E_{r_i})_{r=r_0} = \left(\frac{\partial F_i}{\partial r} - \frac{\partial F_a}{\partial r}\right)_{r=r_0} = \frac{\sigma(\theta, \varphi)}{\varepsilon_0} \qquad (3.316)$$

erfüllt werden. Also ist:

$$\sum_{n=0}^{\infty} \sum_{m=0}^{n} P_n^m(\cos\theta) \frac{2n+1}{r_0}(A_{nm}\cos m\varphi + B_{nm}\sin m\varphi) = \frac{\sigma(\theta, \varphi)}{\varepsilon_0}. \qquad (3.317)$$

Durch Multiplikation dieser Gleichung mit $P_{n'}^{m'}(\cos\theta)\cos m'\varphi$ bzw. $P_{n'}^{m'}(\cos\theta)\sin m'\varphi$ und Integration über den Raumwinkel, $\int \sin\theta d\theta d\varphi$, erhält man mit Hilfe der Orthogonalitätsbeziehungen (3.300) die Koeffizienten A_{nm} bzw. B_{nm} und damit die Lösung des Problems. Wir begnügen uns mit dem Beispiel

$$\sigma(\theta, \varphi) = \frac{Q}{r_0^2 \sin\theta_0} \delta(\theta - \theta_0)\delta(\varphi - \varphi_0), \qquad (3.318)$$

d.h. mit einer Punktladung Q am Ort $(r_0, \theta_0, \varphi_0)$ auf der Kugeloberfläche. Das liefert uns die Greensche Funktion des Problems, auf die wir den allgemeinen Fall zurückführen können. Dafür ergibt sich

$$\sum_{n=0}^{\infty} \sum_{m=0}^{n} \frac{2n+1}{r_0} \oint P_n^m(\cos\theta) P_{n'}^{m'}(\cos\theta')$$

$$\cdot (A_{nm}\cos m\varphi + B_{nm}\sin m\varphi) \begin{Bmatrix} \cos m'\varphi \\ \sin m'\varphi \end{Bmatrix} \sin\theta d\theta d\varphi$$

$$= \frac{Q}{\varepsilon_0 r_0^2} \oint \delta(\theta - \theta_0)\delta(\varphi - \varphi_0) P_{n'}^{m'}(\cos\theta) \begin{Bmatrix} \cos m'\varphi \\ \sin m'\varphi \end{Bmatrix} d\theta d\varphi$$

$$= \frac{Q}{\varepsilon_0 r_0^2} P_{n'}^{m'}(\cos\theta_0) \begin{Bmatrix} \cos m'\varphi_0 \\ \sin m'\varphi_0 \end{Bmatrix}.$$

Für $m = 0$ ist dann

$$A_{n0} = \frac{Q}{4\pi\varepsilon_0 r_0} P_n^0(\cos\theta_0), \qquad (3.319)$$

während B_{n0} keine Rolle spielt. Für $m \neq 0$ ist

$$A_{nm} = \frac{Q}{2\pi\varepsilon_0 r_0} \frac{(n-m)!}{(n+m)!} P_n^m(\cos\theta_0) \cos m\varphi_0, \qquad (3.320)$$

$$B_{nm} = \frac{Q}{2\pi\varepsilon_0 r_0} \frac{(n-m)!}{(n+m)!} P_n^m(\cos\theta_0) \sin m\varphi_0. \qquad (3.321)$$

Damit erhält man schließlich

$$\boxed{\begin{aligned} F_{i,a} = \frac{Q}{4\pi\varepsilon_0 r_0} \sum_{n=0}^{\infty} \sum_{m=0}^{n} (2-\delta_{0m}) & \left\{\begin{array}{c} \left(\dfrac{r}{r_0}\right)^n \\ \left(\dfrac{r_0}{r}\right)^{n+1} \end{array}\right\} \\ \cdot \frac{(n-m)!}{(n+m)!} P_n^m(\cos\theta) P_n^m(\cos\theta_0) & \cos[m(\varphi - \varphi_0)] \end{aligned}} \qquad (3.322)$$

da

$$\cos m\varphi \cdot \cos m\varphi_0 + \sin m\varphi \cdot \sin m\varphi_0 = \cos m(\varphi - \varphi_0)$$

ist. Der Faktor $(2 - \delta_{0m})$ sorgt dafür, daß der Sonderfall $m = 0$ richtig berücksichtigt wird. Der in den Gleichungen (3.314), (3.322) obere Faktor gilt für $r \leq r_0$, der untere für $r \geq r_0$. Selbstverständlich ist

$$F_{ia} = \frac{Q}{4\pi\varepsilon_0 |\mathbf{r} - \mathbf{r}_0|}$$

$$= \frac{Q}{\sqrt{r^2 + r_0^2 - 2rr_0[\sin\theta\sin\theta_0\cos(\varphi-\varphi_0) + \cos\theta\cos\theta_0]}}. \qquad (3.323)$$

Für den reziproken Abstand gilt also die oft nützliche Entwicklung nach Kugelflächenfunktionen:

$$\boxed{\begin{aligned} \frac{1}{|\mathbf{r}-\mathbf{r}_0|} = \frac{1}{r_0} \sum_{n=0}^{\infty} \sum_{m=0}^{n} (2-\delta_{0m}) & \left\{\begin{array}{c} \left(\dfrac{r}{r_0}\right)^n \\ \left(\dfrac{r_0}{r}\right)^{n+1} \end{array}\right\} \\ \cdot \frac{(n-m)!}{(n+m)!} P_n^m(\cos\theta) P_n^m(\cos\theta_0) & \cos[m(\varphi - \varphi_0)] \end{aligned}} \qquad (3.324)$$

Liegt der Punkt $\mathbf{r}$ auf der positiven z-Achse, so ist $\theta = 0$, $\cos(\theta) = 1$, d.h.

$$P_n^m(\cos\theta) = P_n^m(1) = 0 \quad \text{für} \quad m \geq 1, \quad P_n^0(1) = 1, \qquad (3.325)$$

und der Ausdruck (3.324) vereinfacht sich:

$$\frac{1}{|\mathbf{r}-\mathbf{r}_0|} = \frac{1}{r_0}\sum_{n=0}^{\infty}\left\{\begin{array}{c}\left(\dfrac{r}{r_0}\right)^n \\ \left(\dfrac{r_0}{r}\right)^{n+1}\end{array}\right\} P_n^0(\cos\theta_0). \qquad (3.326)$$

Dividiert man $F_{i,a}$, Gleichung (3.322), durch Q, so ergibt sich die Greensche Funktion $G(\mathbf{r},\mathbf{r}_0)$. Für eine beliebige Verteilung von Oberflächenladungen (3.313) ist damit

$$F(\mathbf{r}) = \oint G(\mathbf{r},\mathbf{r}_0)\sigma(\mathbf{r}_0) r_0^2 \sin\theta_0 \, d\theta_0 \, d\varphi_0. \qquad (3.327)$$

Ein besonders einfaches Beispiel ist das einer konstanten Flächenladung

$$\sigma = \sigma_0. \qquad (3.328)$$

Dafür bleibt nur das Glied mit $P_0^0 = 1$ übrig, und man bekommt

$$F_{i,a} = \frac{1}{4\pi\varepsilon_0 r_0}\sigma_0 r_0^2 \left\{\begin{array}{c}1 \\ \dfrac{r_0}{r}\end{array}\right\} \oint \sin\theta_0 \, d\theta_0 \, d\varphi_0 = \frac{\sigma_0 r_0}{\varepsilon_0}\left\{\begin{array}{c}1 \\ \dfrac{r_0}{r}\end{array}\right\}$$

$$F_{i,a} = \begin{cases} \dfrac{\sigma_0 r_0}{\varepsilon_0} = \dfrac{Q}{4\pi\varepsilon_0 r_0} & \text{für } r \leqslant r_0 \\ \dfrac{\sigma_0 r_0^2}{\varepsilon_0 r} = \dfrac{Q}{4\pi\varepsilon_0 r} & \text{für } r \geqslant r_0, \end{cases} \qquad (3.329)$$

wie es sein muß.

Die Entwicklung des inversen Abstands nach Kugelflächenfunktionen ist in der elektromagnetischen Feldtheorie von erheblichem Interesse. Wir betrachten z.B. eine beliebige Verteilung von Raumladungen. Wir wollen das Potential an einem beliebigen Punkt außerhalb der vorgegebenen Raumladungen angeben. Dieser Punkt soll, was ohne Einschränkung der Allgemeinheit angenommen werden kann, auf der z-Achse liegen, d.h. es soll $\theta = 0$ sein (Bild 3.22). Dafür ist wegen (3.326)

$$F(r) = \frac{1}{4\pi\varepsilon_0 r}\sum_{n=0}^{\infty}\int_V\left(\frac{r_0}{r}\right)^n \rho(\mathbf{r}_0) P_n^0(\cos\theta_0) \, d\tau_0$$

$$= \frac{1}{4\pi\varepsilon_0 r}\int_V \rho(\mathbf{r}_0) \, d\tau_0 + \frac{1}{4\pi\varepsilon_0 r^2}\int_V r_0 \rho(\mathbf{r}_0) P_1^0(\cos\theta_0) \, d\tau_0$$

$$+ \frac{1}{4\pi\varepsilon_0 r^3}\int_V r_0^2 \rho(\mathbf{r}_0) P_2^0(\cos\theta_0) \, d\tau_0 + \cdots. \qquad (3.330)$$

Das ist die sog. *Multipolentwicklung* des Potentials einer Ladungsverteilung. Sie ordnet dieses nach Beiträgen, die mit $r^{-(n+1)}$ abnehmen. Sie werden der Reihe

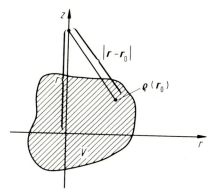

Bild 3.22

nach als Monopol-, Dipol-, Quadrupol-, Oktopolanteile etc. bezeichnet. Ist die Gesamtladung 0, d.h. ist

$$\int \rho(\mathbf{r}_0)\,d\tau_0 = 0, \tag{3.331}$$

dann wird der Dipolanteil zum führenden Glied der Reihe, falls er nicht auch verschwindet. Haben wir z.B. einen Dipol mit Ladungen $\pm Q$ bei $r_0 = d/2$, $\theta_0 = 0$ bzw. $\theta_0 = \pi$, so wird der Dipolanteil

$$F = \frac{1}{4\pi\varepsilon_0 r^2}\left[\frac{d}{2}Q + \left(-\frac{d}{2}\right)\cdot(-Q)\right] = \frac{Qd}{4\pi\varepsilon_0 r^2} = \frac{p}{4\pi\varepsilon_0 r^2}, \tag{3.332}$$

wie es für einen Punkt auf der Achse, $\cos\theta = 1$, auch sein muß. Verschwindet auch der Dipolanteil, so wird der Quadrupolanteil wesentlich usw. Man beachte auch, daß eine einzelne Punktladung Multipolanteile aufweist, wenn sie sich nicht am Ursprung befindet. Für eine Punktladung ergibt sich ja aus (3.330) das Potential

$$F = \frac{Q}{4\pi\varepsilon_0 r}\sum_{n=0}^{\infty}\left(\frac{r_0}{r}\right)^n \cdot P_n^0(\cos\theta_0), \tag{3.333}$$

das dem reziproken Abstand (3.326) für $r > r_0$ entspricht.

Liegt der Punkt, an dem das Potential berechnet werden soll, nicht auf der z-Achse, so ist für den reziproken Abstand die Gleichung (3.324) zu verwenden, was zu umständlicheren Ausdrücken für die verschiedenen Multipolanteile führt.

3.8.2.3 Das Dirichletsche Randwertproblem der Kugel

Im Inneren einer Kugel mit dem Radius r_k befinde sich am Punkt $\mathbf{r}_0$ eine Punktladung $Q(r_0 < r_k)$. Auf der Kugeloberfläche soll das Potential $F = 0$ sein. Ohne Einschränkung der Allgemeinheit können wir annehmen, daß sich die Ladung auf der z-Achse ($\theta_0 = 0$) befindet. Wir können das Potential in der Kugel durch Überlagerung einer speziellen Lösung der inhomogenen Poissonschen Gleichung und der allgemeinen Lösung der homogenen Laplaceschen Gleichung gewinnen, d.h. wir können ansetzen

$$F = \frac{Q}{4\pi\varepsilon_0 r_0} \sum_{n=0}^{\infty} \left\{ \begin{array}{c} \left(\dfrac{r}{r_0}\right)^n \\ \left(\dfrac{r_0}{r}\right)^{n+1} \end{array} \right\} P_n^0(\cos\theta) + \sum_{n=0}^{\infty} A_n \left(\frac{r}{r_k}\right)^n P_n^0(\cos\theta). \quad (3.334)$$

Das erste Glied stellt das Potential der Punktladung im unendlichen Raum für $r \geqslant r_0$ und $r \leqslant r_0$ im vorliegenden Fall, $\theta_0 = 0$, dar, (3.322) mit (3.325). Auf der Kugeloberfläche wird $F = 0$, wenn

$$A_n = -\frac{Q}{4\pi\varepsilon_0 r_0} \left(\frac{r_0}{r_k}\right)^{n+1}. \quad (3.335)$$

Also ist

$$F = \frac{Q}{4\pi\varepsilon_0} \sum_{n=0}^{\infty} \left[\frac{1}{r_0} \left\{ \begin{array}{c} \left(\dfrac{r}{r_0}\right)^n \\ \left(\dfrac{r_0}{r}\right)^{n+1} \end{array} \right\} - \frac{r_0^n r^n}{r_k^{2n+1}} \right] P_n^0(\cos\theta). \quad (3.336)$$

Das zweite Glied in (3.334) ist die Lösung der Laplaceschen Gleichung für das Kugelinnere ($r \leqslant r_k$). Es berücksichtigt bereits die Rotationssymmetrie des Feldes, die durch die Ladung auf der z-Achse gegeben ist. Dieses zweite Glied stellt den Effekt der Flächenladungen auf der Kugeloberfläche dar. Für sich allein betrachtet ist dieses Glied mit (3.335) gegeben durch

$$F_\sigma = -\frac{Q\dfrac{r_k}{r_0}}{4\pi\varepsilon_0} \cdot \frac{1}{\dfrac{r_k^2}{r_0}} \sum_{n=0}^{\infty} \left(\frac{r}{\dfrac{r_k^2}{r_0}}\right)^n P_n^0(\cos\theta) = -\frac{Q}{4\pi\varepsilon_0} \sum_{n=0}^{\infty} \frac{r_0^n r^n}{r_k^{2n+1}} P_n^0(\cos\theta), \quad (3.337)$$

d.h. es ist nichts anderes als das Potential einer Ladung

$$Q' = -Q\frac{r_k}{r_0}, \quad (3.338)$$

die sich am Ort

$$r_0' = \frac{r_k^2}{r_0} \quad (3.339)$$

auf der z-Achse befindet. Wie es sein muß, finden wir hier wiederum, daß das Problem mit Hilfe dieser Bildladung gelöst werden kann. Das radiale elektrische Feld auf der Kugeloberfläche ist

$$(E_r)_{r=r_k} = -\left(\frac{\partial F}{\partial r}\right)_{r=r_k} = \frac{Q}{4\pi\varepsilon_0} \sum_{n=0}^{\infty} \frac{r_0^n}{r_k^{n+2}} (2n+1) P_n^0(\cos\theta). \quad (3.340)$$

Die dadurch gegebenen Flächenladungen sind

$$\sigma = -\frac{Q}{4\pi}\sum_{n=0}^{\infty}\frac{r_0^n}{r_k^{n+2}}(2n+1)P_n^0(\cos\theta). \tag{3.341}$$

Sie erzeugen im Inneren der Kugel, für sich allein betrachtet, nach (3.327) das Potential

$$F_\sigma = -\frac{Q}{4\pi\varepsilon_0}\sum_{n=0}^{\infty}\frac{r_0^n r^n}{r_k^{2n+1}}P_n^0(\cos\theta), \tag{3.342}$$

d.h. genau das durch (3.337) gegebene zusätzliche Potential der Bildladung.

3.9 Vielleitersysteme

In den vorhergehenden Abschnitten wurde die Separationsmethode zur Lösung elektrostatischer Probleme an einigen Beispielen erörtert. Obwohl es noch eine Reihe weiterer separierbarer Koordinatensysteme gibt, ist doch klar geworden, daß man sehr viele Probleme nicht auf diese Weise lösen kann. Im allgemeinen, für Systeme aus vielen geladenen Leitern komplizierter Geometrie z.B., führen analytische Methoden überhaupt nicht zum Ziel. Dennoch kann man über beliebige Vielleitersysteme einige allgemeine Aussagen machen. Bild 3.23 zeigt ein solches System mit z.B. 5 Leitern. Wir betrachten nun ein System aus n Leitern. Sie sollen Ladungen $Q_i (i = 1\ldots n)$ tragen, und ihre Oberflächen sollen das Potential $\varphi_i (i = 1\ldots n)$ haben. Dann ist z.B.

$$\varphi_k = \frac{1}{4\pi\varepsilon_0}\sum_{i=1}^{n}\oint_{A_i}\frac{\sigma_i}{r_{ik}}\mathrm{d}A_i, \tag{3.343}$$

wo r_{ik} der Abstand zwischen dem laufenden Punkt auf der Oberfläche des Leiters i und einem festgehaltenen Punkt auf der Oberfläche des Leiters k ist. Weiter ist

$$\oint_{A_k}\varphi_k\sigma_k\mathrm{d}A_k = \varphi_k\oint_{A_k}\sigma_k\mathrm{d}A_k = \varphi_k Q_k = \frac{1}{4\pi\varepsilon_0}\sum_{i=1}^{n}\oint_{A_i}\oint_{A_k}\frac{\sigma_i\sigma_k}{r_{ik}}\mathrm{d}A_i\mathrm{d}A_k$$

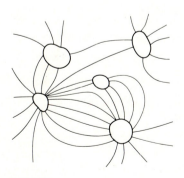

Bild 3.23

bzw.

$$\varphi_k = \sum_{i=1}^{n} \frac{1}{4\pi\varepsilon_0 Q_i Q_k} \oint_{A_i} \oint_{A_k} \frac{\sigma_i \sigma_k}{r_{ik}} \mathrm{d}A_i \mathrm{d}A_k Q_i.$$

Definiert man

$$p_{ki} = \frac{1}{4\pi\varepsilon_0 Q_i Q_k} \oint_{A_i} \oint_{A_k} \frac{\sigma_i \sigma_k}{r_{ik}} \mathrm{d}A_i \mathrm{d}A_k, \tag{3.344}$$

so ist

$$\boxed{\varphi_k = \sum_{i=1}^{n} p_{ki} Q_i}. \tag{3.345}$$

Die Koeffizienten p_{ki} dieses linearen Zusammenhangs hängen nicht von den Ladungen ab, sondern nur von der Geometrie der Leiter. Ihre Definition zeigt, daß sie symmetrisch und nicht negativ sind:

$$\left.\begin{array}{l} p_{ki} = p_{ik} \\ p_{ik} \geq 0. \end{array}\right\} \tag{3.346}$$

$p_{ik} \geq 0$ ist an Gleichung (3.344) nicht unmittelbar zu erkennen. Betrachtet man jedoch ein System mehrerer Leiter, von denen nur einer Ladung trägt (z.B. der k-te), alle anderen nicht, so zeigt sich

$$p_{ik} \geq 0.$$

Die p_{ik} heißen *Potentialkoeffizienten*. Man kann sich die lineare Beziehung (3.345) nach den Ladungen aufgelöst denken:

$$\boxed{Q_i = \sum_{k=1}^{n} c_{ik} \varphi_k}, \tag{3.347}$$

wo

$$c_{ik} = \frac{P_{ik}}{\Delta}. \tag{3.348}$$

Δ ist dabei die Determinante der Koeffizienten p_{ik} und P_{ik} ist die zu p_{ki} gehörige Unterdeterminante; d.i. das $(-1)^{i+k}$-fache der Determinante, die aus $\Delta = |p_{ki}|$ durch Streichen der k-ten Zeile und der i-ten Spalte entsteht. Die Symmetrie überträgt sich dadurch von den p_{ik} auch auf die c_{ik}, die sogenannten *Influenzkoeffizienten*,

$$c_{ik} = c_{ki}. \tag{3.349}$$

Im übrigen unterscheiden sie sich jedoch von den p_{ik} durch folgende Eigenschaften:

$$\left.\begin{array}{l} c_{ii} \geq 0 \\ c_{ik} \leq 0 \quad \text{für} \quad i \neq k \\ \sum_{i=1}^{n} c_{ik} \geq 0. \end{array}\right\} \tag{3.350}$$

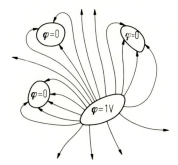

Bild 3.24

Dies kann man sich wie folgt überlegen. Alle Leiter bis auf einen (z.B. den i-ten Leiter) sollen das Potential $\varphi_k = 0$ ($k \neq i$) haben, der i-te Leiter dagegen habe z.B. das Potential $\varphi_i = 1$ Volt. Da das Potential im ladungsfreien Raum keine Extremwerte haben kann (Abschn. 3.4), muß sich eine Konfiguration wie in Bild 3.24 skizziert ergeben. Alle vom Leiter i ausgehenden Kraftlinien enden an einem der anderen Leiter, oder sie gehen ins Unendliche. Jedoch können keine Kraftlinien von einem Leiter des Potentials 0 zu einem anderen des Potentials 0 verlaufen. Der Leiter i trägt positive Ladung Q_i. Alle anderen Ladungen sind negativ. Nun ist nach (3.347)

$$Q_k = c_{ki}\varphi_i \leq 0, \quad (i \neq k),$$

d.h.

$$c_{ki} \leq 0, \quad (i \neq k),$$

wie behauptet. Andererseits ist

$$Q_i = c_{ii}\varphi_i \geq 0$$

und deshalb wie behauptet

$$c_{ii} \geq 0.$$

Die Gesamtladung ist ebenfalls positiv, d.h.

$$\sum_{k=1}^{n} Q_k = \sum_{k=1}^{n} c_{ki}\varphi_i = \varphi_i \sum_{k=1}^{n} c_{ki} \geq 0,$$

d.h.

$$\sum_{k=1}^{n} c_{ki} \geq 0,$$

womit die letzte der Behauptungen (3.350) bewiesen ist, da die Koeffizienten nicht von den Ladungen, sondern nur von der Geometrie abhängen. Etwas ausführlicher geschrieben ist

$$Q_1 = c_{11}\varphi_1 + c_{12}\varphi_2 + c_{13}\varphi_3 + \cdots$$
$$Q_2 = c_{21}\varphi_1 + c_{22}\varphi_2 + c_{23}\varphi_3 + \cdots$$
$$Q_3 = c_{31}\varphi_1 + c_{32}\varphi_2 + c_{33}\varphi_3 + \cdots$$
$$\vdots$$

Man kann das auch etwas umschreiben:
$$Q_1 = (c_{11} + c_{12} + c_{13} + \cdots)\varphi_1 + c_{12}(\varphi_2 - \varphi_1) + c_{13}(\varphi_3 - \varphi_1) + \cdots$$
$$Q_2 = c_{21}(\varphi_1 - \varphi_2) + (c_{22} + c_{21} + c_{23} + \cdots)\varphi_2 + c_{23}(\varphi_3 - \varphi_2) + \cdots$$
$$Q_3 = c_{31}(\varphi_1 - \varphi_3) + c_{32}(\varphi_2 - \varphi_3) + (c_{33} + c_{31} + c_{32} + \cdots)\varphi_3 + \cdots$$
$$\ldots\ldots\ldots$$

bzw.
$$\left.\begin{aligned} Q_1 &= C_{11}\varphi_1 + C_{12}(\varphi_1 - \varphi_2) + C_{13}(\varphi_1 - \varphi_3) + \cdots \\ Q_2 &= C_{21}(\varphi_2 - \varphi_1) + C_{22}\varphi_2 + C_{23}(\varphi_2 - \varphi_3) + \cdots \\ Q_3 &= C_{31}(\varphi_3 - \varphi_1) + C_{32}(\varphi_3 - \varphi_2) + C_{33}\varphi_3 + \cdots, \\ &\ldots\ldots\ldots\ldots\ldots \end{aligned}\right\} \tag{3.351}$$

wo
$$\left.\begin{aligned} C_{ii} &= \sum_{k=1}^{n} c_{ik} \geq 0 \\ C_{ik} &= -c_{ik} \geq 0, \quad (i \neq k). \end{aligned}\right\} \tag{3.352}$$

Die Beziehung (3.351) stellt einen Zusammenhang zwischen den Ladungen und den Potentialdifferenzen (Spannungen) her. Die C_{ik} heißen deshalb *Kapazitätskoeffizienten*. Sie stellen eine Verallgemeinerung des in Abschn. 2.7 definierten Begriffs der Kapazität eines Kondensators dar.

Die elektrostatische Energie der Leiteranordnung kann man wie folgt berechnen. Nach (2.173) ist

$$W = \sum_{i=1}^{n} \frac{1}{2} \oint_{A_i} \varphi_i \sigma_i \, dA_i = \frac{1}{2} \sum_{i=1}^{n} \varphi_i Q_i,$$

so daß man mit (3.345) bzw. mit (3.347)

$$\boxed{W = \frac{1}{2} \sum_{i,k=1}^{n} p_{ik} Q_i Q_k = \frac{1}{2} \sum_{i,k=1}^{n} c_{ik} \varphi_i \varphi_k} \tag{3.353}$$

erhält.

Eine weitere interessante Anwendung der Influenzkoeffizienten führt wegen deren Symmetrie zu einem nützlichen Theorem, das manchmal als *Reziprozitätstheorem* bezeichnet wird. Wir betrachten zwei verschiedene Zustände des Systems, das aus n Leitern besteht. Zu den Ladungen Q_i sollen die Potentiale φ_i gehören, zu den Ladungen $\tilde{Q}_i$ dagegen die Potentiale $\tilde{\varphi}_i$. Dann ist

$$\sum_{i=1}^{n} \tilde{\varphi}_i Q_i = \sum_{i=1}^{n} \tilde{\varphi}_i \sum_{k=1}^{n} c_{ik}\varphi_k = \sum_{i,k=1}^{n} c_{ki}\varphi_k\tilde{\varphi}_i = \sum_{i,k=1}^{n} c_{ik}\varphi_i\tilde{\varphi}_k$$
$$= \sum_{i=1}^{n} \varphi_i \sum_{k=1}^{n} c_{ik}\tilde{\varphi}_k = \sum_{i=1}^{n} \varphi_i \tilde{Q}_i,$$

d.h.

$$\sum_{i=1}^{n} Q_i \tilde{\varphi}_i = \sum_{i=1}^{n} \tilde{Q}_i \varphi_i \quad . \tag{3.354}$$

Als einfache Anwendung sei das folgende Beispiel betrachtet. Im Abstand r vom Mittelpunkt einer Kugel vom Radius $r_k (r > r_k)$ befinde sich die Ladung Q_1 auf einer beliebig klein gedachten Kugel. Welche Influenzladung befindet sich auf der großen Kugel, wenn diese geerdet ist? Wir bezeichnen diese Influenzladung mit Q_2. Wir betrachten weiter zwei verschiedene Zustände unseres Zweileitersystems. Der erste Zustand ist ein im Grunde willkürlich wählbarer Vergleichszustand, der jedoch leicht berechenbar sein soll. Der zweite Zustand ist der gesuchte.

1. $\tilde{Q}_1 = 0, \quad \tilde{Q}_2 = \tilde{Q}_2$

$$\tilde{\varphi}_1 = \frac{\tilde{Q}_2}{4\pi\varepsilon_0 r}, \quad \tilde{\varphi}_2 = \frac{\tilde{Q}_2}{4\pi\varepsilon_0 r_k}$$

2. $Q_1 = Q_1, \quad Q_2 = Q_2$

$$\varphi_1 = \varphi_1, \quad \varphi_2 = 0.$$

Nach (3.354) ist nun

d.h.
$$\left.\begin{array}{l} \tilde{Q}_1 \varphi_1 + \tilde{Q}_2 \varphi_2 = 0 = Q_1 \tilde{\varphi}_1 + Q_2 \tilde{\varphi}_2, \\[1em] Q_2 = -Q_1 \dfrac{\tilde{\varphi}_1}{\tilde{\varphi}_2} = -Q_1 \dfrac{r_k}{r}. \end{array}\right\} \tag{3.355}$$

Damit ist das Problem bereits gelöst. Q_2 ist natürlich die aus Abschn. 2.6 bekannte Bildladung entsprechend Gleichung (2.90) mit $z_1 = r$. Für den Fall $r < r_k$ wird das Problem trivial. Die Influenzladung muß dann $Q_2 = -Q_1$ sein, da alle Kraftlinien auf der geerdeten Kugel enden müssen (Bild 3.25). Formal ergibt sich dies, weil nun gilt

$$\tilde{\varphi}_1 = \tilde{\varphi}_2 = \frac{\tilde{Q}_2}{4\pi\varepsilon_0 r_k}.$$

Bild 3.25

3.10 Ebene elektrostatische Probleme und die Stromfunktion

Vielfach hat man mit Problemen zu tun, die nur von zwei kartesischen Koordinaten abhängen, z.B. von x und y, nicht jedoch von z. Solche Probleme werden als "eben" bezeichnet. Sie haben eine Reihe besonderer Eigenschaften, die in diesem Abschnitt erörtert werden sollen.

Wenn das Feld **E** nicht von z abhängt, so verschwinden alle Ableitungen nach z, d.h. rein formal können wir, angewandt auf **E**, setzen

$$\frac{\partial}{\partial z} = 0. \tag{3.356}$$

Damit wird

$$\text{rot } \mathbf{E} = \left(\frac{\partial E_z}{\partial y} - \frac{\partial E_y}{\partial z}, \frac{\partial E_x}{\partial z} - \frac{\partial E_z}{\partial x}, \frac{\partial E_y}{\partial x} - \frac{\partial E_x}{\partial y} \right)$$

$$= \left(\frac{\partial E_z}{\partial y}, -\frac{\partial E_z}{\partial x}, \frac{\partial E_y}{\partial x} - \frac{\partial E_x}{\partial y} \right) = 0,$$

d.h. insbesondere ist

$$\frac{\partial E_z}{\partial y} = \frac{\partial E_z}{\partial x} = 0$$

bzw.

$$E_z = \text{const}. \tag{3.357}$$

Die Komponente E_z ist demnach ohne besonderes Interesse. E_z kann zwar einen beliebigen Wert annehmen, muß jedoch räumlich konstant sein. Eine interessante Gleichung ergibt sich nun für die dritte Komponente von rot **E**, nämlich

$$\frac{\partial E_y}{\partial x} - \frac{\partial E_x}{\partial y} = 0. \tag{3.358}$$

Diese Gleichung ist mit einer beliebigen Funktion φ erfüllt, wenn wir setzen

$$\left. \begin{array}{l} E_x = -\dfrac{\partial \varphi}{\partial x} \\[6pt] E_y = -\dfrac{\partial \varphi}{\partial y}. \end{array} \right\} \tag{3.359}$$

Das ist natürlich nicht überraschend. Es zeigt nur, daß das elektrostatische Feld wie im allgemeineren dreidimensionalen Fall auch im ebenen Fall aus dem Potential φ gewonnen werden kann.

Im ladungsfreien Raum gilt außerdem noch

$$\text{div } \mathbf{E} = \frac{\partial E_x}{\partial x} + \frac{\partial E_y}{\partial y} = 0. \tag{3.360}$$

Setzt man nun mit einer beliebigen skalaren Funktion ψ

$$\left.\begin{aligned} E_x &= -\frac{\partial \psi}{\partial y}, \\ E_y &= \frac{\partial \psi}{\partial x}, \end{aligned}\right\} \qquad (3.361)$$

so ist die Gleichung (3.360) offensichtlich erfüllt:

$$\frac{\partial}{\partial x}\left(-\frac{\partial \psi}{\partial y}\right) + \frac{\partial}{\partial y}\left(\frac{\partial \psi}{\partial x}\right) = 0.$$

Die hier auftretende Funktion ψ wird als *Stromfunktion* bezeichnet. Man kann also das Feld sowohl aus dem Potential φ wie aus der Stromfunktion ψ berechnen. φ und ψ gehören zu demselben Feld, wenn—nach (3.359) und (3.361)—gilt:

$$\boxed{\begin{aligned} \frac{\partial \varphi}{\partial x} &= \frac{\partial \psi}{\partial y} \\ \frac{\partial \varphi}{\partial y} &= -\frac{\partial \psi}{\partial x} \end{aligned}} \qquad (3.362)$$

Das sind die sog. *Cauchy–Riemannschen Differentialgleichungen*. Ihre grundlegende Bedeutung für die Funktionentheorie werden wir im nächsten Abschnitt erläutern. Dabei wird sich auch zeigen, welche erheblichen Konsequenzen es hat, daß φ und ψ diese Gleichungen erfüllen. Vorher seien jedoch einige Eigenschaften der Stromfunktion erwähnt.

1) Aus den Gleichungen (3.359) und (3.360) ergibt sich im ladungsfreien Raum

$$\frac{\partial}{\partial x}\left(-\frac{\partial \varphi}{\partial x}\right) + \frac{\partial}{\partial y}\left(-\frac{\partial \varphi}{\partial y}\right) = -\Delta \varphi = 0,$$

d.h.

$$\Delta \varphi = 0, \qquad (3.363)$$

was uns bereits aus Abschn. 2.1 bekannt ist. Ebenso—und das ist neu—folgt aus den Gleichungen (3.358) und (3.361)

$$\frac{\partial}{\partial x}\left(\frac{\partial \psi}{\partial x}\right) - \frac{\partial}{\partial y}\left(-\frac{\partial \psi}{\partial y}\right) = \Delta \psi = 0. \qquad (3.364)$$

Sowohl φ als auch ψ erfüllen die Laplacesche Gleichung, sind also—wie man auch sagt—*harmonische Funktionen*.

2) ψ ist längs einer Kraftlinie konstant. Es gilt nämlich

$$\begin{aligned} \mathbf{E} \cdot \operatorname{grad} \psi &= E_x \frac{\partial \psi}{\partial x} + E_y \frac{\partial \psi}{\partial y} \\ &= E_x E_y + E_y(-E_x) = 0. \end{aligned} \qquad (3.365)$$

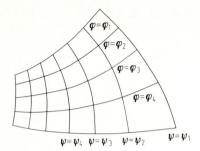

Bild 3.26

Der Vektor **E** steht also auf dem Vektor grad ψ senkrecht. grad ψ steht senkrecht auf der Fläche $\psi = $ const, **E** muß also in dieser Fläche liegen, womit die Behauptung bewiesen ist. **E** wiederum steht senkrecht auf den Flächen $\varphi = $ const, d.h. die Flächen $\varphi = $ const und $\psi = $ const schneiden einander überall unter rechten Winkeln (Bild 3.26). Die Flächen $\varphi = $ const und $\psi = $ const bilden z.B. in der Ebene $z = 0$ miteinander ein *orthogonales Netz* zweier aufeinander senkrechter Kurvenscharen (*Orthogonaltrajektorien*).

3) Die Stromfunktion hat ihren Namen u.a. auch daher, daß sie eng zusammenhängt mit dem zwischen zwei Punkten der Ebene "hindurchströmenden" elektrischen Fluß (Strom) (Bild 3.27). Die Punkte A und B sind durch irgendeine Kurve miteinander verbunden. Der hindurchtretende Fluß ist pro Längeneinheit

$$\frac{\Omega}{L} = \varepsilon_0 \int_A^B E_\perp \, ds = \varepsilon_0 \int_A^B (\mathbf{E} \times d\mathbf{s})_z = \varepsilon_0 \int_A^B (E_x \, dy - E_y \, dx)$$

$$= \varepsilon_0 \int_A^B \left(-\frac{\partial \psi}{\partial y} dy - \frac{\partial \psi}{\partial x} dx \right) = -\varepsilon_0 \int_A^B d\psi,$$

$$\frac{\Omega}{L} = -\varepsilon_0 [\psi(B) - \psi(A)]. \tag{3.366}$$

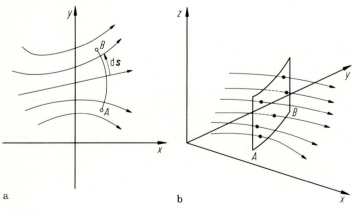

a b

Bild 3.27

3.10 Ebene elektrostatische Probleme und die Stromfunktion

Bis auf den Faktor $-\varepsilon_0$ stellt also die Differenz der Stromfunktion an zwei verschiedenen Punkten den zwischen ihnen (pro Längeneinheit in z-Richtung) hindurchtretenden elektrischen Fluß dar.

Formal gesehen wurde die Stromfunktion nur zur Lösung der Gleichung (3.360) durch den Ansatz (3.361) eingeführt. So etwas ist nicht nur bei ebenen Problemen möglich, sondern allgemeiner bei Problemen, die durch irgendeine vorhandene Symmetrie zweidimensional sind. Betrachten wir z.B. ein zylindrisches Problem, das rotationssymmetrisch (d.h. unabhängig vom Azimutwinkel) ist, so gilt

$$\varphi = \varphi(r, z) \tag{3.367}$$

mit

$$\left.\begin{array}{l} E_r = -\dfrac{\partial \varphi}{\partial r}, \\[2mm] E_z = -\dfrac{\partial \varphi}{\partial z}. \end{array}\right\} \tag{3.368}$$

Ferner ist, nach (3.32),

$$\operatorname{div} \mathbf{E} = \frac{1}{r}\frac{\partial}{\partial r} r E_r + \frac{\partial}{\partial z} E_z = 0. \tag{3.369}$$

Mit dem Ansatz

$$\left.\begin{array}{l} E_r = -\dfrac{1}{r}\dfrac{\partial \psi}{\partial z}, \\[2mm] E_z = \dfrac{1}{r}\dfrac{\partial \psi}{\partial r} \end{array}\right\} \tag{3.370}$$

ist Gleichung (3.369) für jedes ψ erfüllt. Vergleicht man (3.368) und (3.370), so findet man

$$\left.\begin{array}{l} E_r = -\dfrac{\partial \varphi}{\partial r} = -\dfrac{1}{r}\dfrac{\partial \psi}{\partial z}, \\[2mm] E_z = -\dfrac{\partial \varphi}{\partial z} = +\dfrac{1}{r}\dfrac{\partial \psi}{\partial r}. \end{array}\right\} \tag{3.371}$$

Diese Gleichungen treten an die Stelle von (3.362). Trotz weitgehender Analogie gibt es doch einen sehr wesentlichen Unterschied darin, daß sich nur im ebenen Fall die Cauchy–Riemannschen Gleichungen ergeben. Das hat zur Folge, daß die im nächsten Abschnitt zu diskutierenden funktionentheoretischen Methoden nur auf ebene Probleme angewandt werden können, was eine bedauerliche Beschränkung darstellt.

3.11 Analytische Funktionen und konforme Abbildungen

Der Punkt (x,y) einer Ebene kann "eineindeutig" (d.h. eindeutig in beiden Richtungen) durch die komplexe Zahl

$$z = x + iy$$

gekennzeichnet werden. z hat also hier und im folgenden nichts mit der dritten kartesischen Koordinate zu tun, die für ebene Probleme auch keine Rolle spielt. Die komplexe Zahl ist eine zweidimensionale Größe und hat Eigenschaften, die denen eines Vektors im zweidimensionalen Raum ganz analog sind. Man kann durchaus auch z mit dem Vektor (x,y) identifizieren (Bild 3.28):

$$z = x + iy \Leftrightarrow (x,y) = \mathbf{r}. \tag{3.372}$$

Die komplexe Zahl z und der Vektor $\mathbf{r}$ kennzeichnen jedenfalls denselben Punkt. Man kann auch die Operationen der Vektorrechnung ebensogut mit komplexen Zahlen durchführen, wobei diese in gewisser Hinsicht sogar einfacher werden. So ist z.B. das Skalarprodukt zweier Vektoren

$$\mathbf{r}_1 \cdot \mathbf{r}_2 = (x_1, y_1) \cdot (x_2, y_2) = x_1 x_2 + y_1 y_2, \tag{3.373}$$

und das Vektorprodukt, genauer gesagt dessen einzige im ebenen Fall nicht verschwindende Komponente, ist

$$\mathbf{r}_1 \times \mathbf{r}_2 = (x_1, y_1) \times (x_2, y_2) = x_1 y_2 - y_1 x_2. \tag{3.374}$$

Betrachten wir nun zwei komplexe Zahlen,

$$z_1 = x_1 + iy_1$$

und

$$z_2 = x_2 + iy_2,$$

so ist

$$\begin{aligned} z_1^* z_2 &= (x_1 - iy_1)(x_2 + iy_2) \\ &= x_1 x_2 + y_1 y_2 + i(x_1 y_2 - y_1 x_2) \\ &= \mathbf{r}_1 \cdot \mathbf{r}_2 + i\mathbf{r}_1 \times \mathbf{r}_2. \end{aligned} \tag{3.375}$$

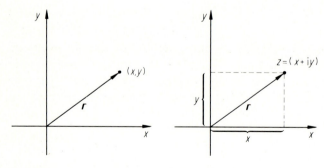

Bild 3.28

3.11 Analytische Funktionen und konforme Abbildungen

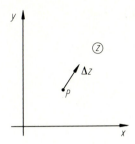

Bild 3.29

Unter z^* ist dabei die zu z konjugiert komplexe Zahl zu verstehen, d.h.

$$z^* = x - \mathrm{i}y. \tag{3.376}$$

Die Gleichung (3.375) besagt dann, daß das Produkt $z_1^* z_2$ als Realteil das Skalarprodukt und als Imaginärteil das Vektorprodukt der beiden "Vektoren" z_1 und z_2 hat.

Man kann nun beliebige Funktionen komplexer Zahlen, d.h. komplexe Funktionen untersuchen, z.B.

$$f(z) = z^2 = x^2 - y^2 + \mathrm{i}2xy$$

oder

$$f(z) = z^* = x - \mathrm{i}y$$

usw. Jede solche Funktion kann man in ihren Realteil und ihren Imaginärteil "zerlegen", d.h. man kann sie, wie eben, stets in der Form schreiben

$$f(z) = u(x,y) + \mathrm{i}v(x,y). \tag{3.377}$$

Das Differenzieren solcher Funktionen ist jedoch nicht unter allen Umständen in eindeutiger Weise möglich. Zunächst definieren wir den Differentialquotienten, wie wir es von reellen Funktionen gewöhnt sind (Bild 3.29):

$$f'(z) = \frac{\mathrm{d}f(z)}{\mathrm{d}z}$$

$$= \lim_{\Delta z \to 0} \frac{f(z + \Delta z) - f(z)}{\Delta z}. \tag{3.378}$$

Im allgemeinen wird das Ergebnis von der Richtung des Vektors Δz abhängen. Jedenfalls folgt aus der Definition (3.378)

$$f'(z) = \lim_{\Delta x, \Delta y \to 0} \frac{u(x+\Delta x, y+\Delta y) + \mathrm{i}v(x+\Delta x, y+\Delta y) - u(x,y) - \mathrm{i}v(x,y)}{\Delta x + \mathrm{i}\Delta y}$$

$$= \lim_{\Delta x, \Delta y \to 0} \frac{u(x,y) + \dfrac{\partial u}{\partial x}\Delta x + \dfrac{\partial u}{\partial y}\Delta y + \mathrm{i}v(x,y) + \mathrm{i}\dfrac{\partial v}{\partial x}\Delta x + \mathrm{i}\dfrac{\partial v}{\partial y}\Delta y - u(x,y) - \mathrm{i}v(x,y)}{\Delta x + \mathrm{i}\Delta y}$$

3 Die formalen Methoden der Elektrostatik

$$= \lim_{\Delta x, \Delta y \to 0} \frac{\left(\frac{\partial u}{\partial x} + i\frac{\partial v}{\partial x}\right)\Delta x + \left(\frac{\partial u}{\partial y} + i\frac{\partial v}{\partial y}\right)\Delta y}{\Delta x + i\Delta y}.$$

Ist nun

$$\Delta y = c\Delta x$$

so ist durch den Parameter c die Richtung festgelegt, in der wir beim Differenzieren vom Punkt P aus weitergehen. Man bekommt jetzt

$$f'(z) = \lim_{\Delta x \to 0} \frac{\left(\frac{\partial u}{\partial x} + i\frac{\partial v}{\partial x}\right)\Delta x + \left(\frac{\partial u}{\partial y} + i\frac{\partial v}{\partial y}\right)c\Delta x}{\Delta x + ic\Delta x}$$

$$= \lim_{\Delta x \to 0} \frac{\left(\frac{\partial u}{\partial x} + i\frac{\partial v}{\partial x}\right) + \left(-i\frac{\partial u}{\partial y} + \frac{\partial v}{\partial y}\right)ic}{1 + ic}.$$

Sind nun die beiden Klammerausdrücke im Zähler einander gleich, so gilt

$$f'(z) = \frac{\partial u}{\partial x} + i\frac{\partial v}{\partial x} = -i\frac{\partial u}{\partial y} + \frac{\partial v}{\partial y}, \tag{3.379}$$

und $f'(z)$ hängt nicht von c, d.h. nicht von der Richtung ab. Man kann sich leicht überlegen, daß die Gleichung (3.379) auch notwendig für die Unabhängigkeit von der Richtung ist. Aus (3.379) folgen deshalb als notwendige und hinreichende Bedingungen für eindeutige Differenzierbarkeit die schon erwähnten *Cauchy-Riemannschen Differentialgleichungen*:

$$\boxed{\begin{aligned}\frac{\partial u}{\partial x} &= \frac{\partial v}{\partial y}, \\ \frac{\partial u}{\partial y} &= -\frac{\partial v}{\partial x}\end{aligned}} \tag{3.380}$$

Sind sie erfüllt, so ist die Funktion $u + iv$ eindeutig differenzierbar. Die Funktion $f(z) = u + iv$ wird in diesem Fall als *analytische Funktion* bezeichnet. Dabei muß jedoch $f'(z) \neq 0$ und endlich sein. Wenn an sogenannten *singulären Punkten* $f'(z) = 0$ oder $f'(z) \Rightarrow \infty$ gilt, so ist die Funktion an diesen Punkten nicht analytisch.

Beispielsweise ist die Funktion z^2 analytisch, da

$$\frac{\partial u}{\partial x} = \frac{\partial(x^2 - y^2)}{\partial x} = 2x = \frac{\partial v}{\partial y},$$

$$\frac{\partial u}{\partial y} = \frac{\partial(x^2 - y^2)}{\partial y} = -2y = -\frac{\partial v}{\partial x},$$

wobei jedoch der Ursprung als singulärer Punkt auszunehmen ist. Die Funktion

z^* hingegen ist nicht analytisch, da

$$\frac{\partial u}{\partial x} = 1 \neq \frac{\partial v}{\partial y} = -1$$

ist. Auch das Betragsquadrat zz^* ist keine analytische Funktion:

$$zz^* = x^2 + y^2,$$

d.h.
$$u(x, y) = x^2 + y^2$$
$$v(x, y) = 0$$

und

$$\frac{\partial u}{\partial x} = 2x \neq \frac{\partial v}{\partial y} = 0,$$

$$\frac{\partial u}{\partial y} = 2y \neq -\frac{\partial v}{\partial x} = 0.$$

Eine komplexe Funktion $f(z)$, analytisch oder nicht, kann als Abbildung der komplexen Ebene z auf die komplexe Ebene f oder umgekehrt aufgefaßt werden. Zur Erläuterung wählen wir das Beispiel

$$f(z) = z^2 = x^2 - y^2 + 2ixy$$

mit
$$u(x, y) = x^2 - y^2,$$
$$v(x, y) = 2xy.$$

Der Geraden $x = x_i$ in der z-Ebene entspricht in der f-Ebene (Bild 3.30) eine Kurve,

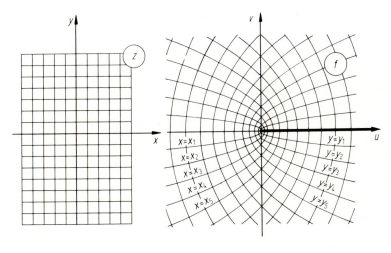

Bild 3.30

deren Parameterdarstellung

$$u = x_i^2 - y^2,$$
$$v = 2x_i y$$

ist. Elimination von y gibt die Gleichung der Kurve

$$u = x_i^2 - v^2/(4x_i^2).$$

Das ist die Gleichung einer sich nach links öffnenden Parabel, deren Brennpunkt im Ursprung liegt. Umgekehrt entspricht der Geraden $y = y_i$ die Kurve

$$u = x^2 - y_i^2,$$
$$v = 2xy_i$$

bzw.

$$u = \frac{v^2}{4y_i^2} - y_i^2,$$

d.h. jetzt findet man eine sich nach rechts öffnende Parabel, deren Brennpunkt ebenfalls im Ursprung liegt. Insgesamt erhält man also zwei Scharen von Parabeln. Alle haben ihren Brennpunkt im Ursprung, sie sind *konfokal*. Es sei nur am Rande bemerkt, daß u und v zusammen mit z ein krummliniges orthogonales Koordinatensystem bilden, in dem die dreidimensionale Laplace–Gleichung separierbar ist. Diese sog. "Koordinaten des parabolischen Zylinders" bilden eines der 11 "separierbaren" Koordinatensysteme. Die beiden Parabelscharen schneiden einander unter rechten Winkeln, was, wie wir sehen werden, kein Zufall ist. Die Abbildung hat eine Reihe von merkwürdigen Eigenschaften. Jede Hälfte der x-Achse geht in den positiven Teil der u-Achse über, jede Hälfte der y-Achse in ihren negativen Teil. Die Abbildung nur der halben x-y-Ebene führt bereits zu einer vollen Überdeckung der u-v-Ebene. Man kann sich das Bild in der u-v-Ebene entstanden denken durch eine Verzerrung der x-y-Ebene, die dadurch bewirkt wird, daß man die negative x-Achse zur positiven hinüberbiegt.

Umgekehrt gehen die Linien $u = u_i$ in Hyperbeln

$$x^2 - y^2 = u_i$$

und die Linien $v = v_i$ ebenfalls in Hyperbeln über (Bild 3.31), wobei die ganze u-v-Ebene (f-Ebene) auf die eine Hälfte der x-y-Ebene abgebildet wird. Was dabei wirklich passiert, werden wir später noch etwas anders diskutieren (s. Abschn. 3.12, Beispiel 5). Die v-Achse $u = 0$ geht in das Geradenpaar

$$x^2 - y^2 = (x+y)(x-y) = 0,$$

d.h.

$$x = \mp y$$

über und die u-Achse $v = 0$ in das Geradenpaar

$$x \cdot y = 0,$$

d.h.

$$x = 0$$

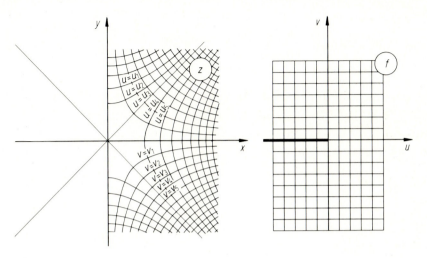

Bild 3.31

oder

$$y = 0.$$

Ist die abbildende Funktion wie in dem eben diskutierten Beispiel analytisch, so nennt man die durch sie erzeugte Abbildung *konform*. Damit soll eine sehr wichtige Eigenschaft solcher Abbildungen zum Ausdruck gebracht werden, nämlich ihre *Winkeltreue*. Zum Beweis benutzen wir die Tatsache, daß jede komplexe Zahl in der Form

$$z = x + \mathrm{i}y = r(\cos\varphi + \mathrm{i}\sin\varphi) = r\exp(\mathrm{i}\varphi) \tag{3.381}$$

geschrieben werden kann. Dabei ist

$$\left.\begin{array}{l} |z| = r = \sqrt{x^2 + y^2}, \\ \tan\varphi = \dfrac{y}{x}. \end{array}\right\} \tag{3.382}$$

Hat man nun zwei komplexe Zahlen,

$$z_1 = r_1 \exp(\mathrm{i}\varphi_1)$$

und

$$z_2 = r_2 \exp(\mathrm{i}\varphi_2),$$

so ist deren Produkt

$$z_1 z_2 = r_1 r_2 \exp[\mathrm{i}(\varphi_1 + \varphi_2)]. \tag{3.383}$$

Nennt man r den *Betrag* und φ das *Argument* einer komplexen Zahl, so führt die Multiplikation komplexer Zahlen zur Multiplikation ihrer Beträge und zur Addition ihrer Argumente:

$$\left.\begin{array}{l} |z_1 z_2| = r_1 r_2, \\ \arg(z_1 z_2) = \varphi_1 + \varphi_2. \end{array}\right\} \tag{3.384}$$

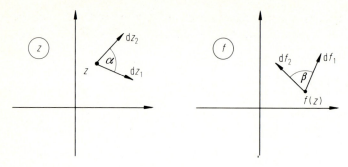

Bild 3.32

Betrachten wir nun in Bild 3.32 einen Punkt und seine Umgebung vor und nach der konformen Abbildung, so ist

$$df_1 = f' dz_1,$$
$$df_2 = f' dz_2,$$

weil die Abbildung konform ist, d.h. f' für alle Richtungen denselben Wert hat. Nun ist

$$\alpha = \arg(dz_2) - \arg(dz_1)$$

und

$$\begin{aligned}\beta &= \arg(df_2) - \arg(df_1) \\ &= \arg(f' dz_2) - \arg(f' dz_1) \\ &= \arg(f') + \arg(dz_2) - \arg(f') - \arg(dz_1) \\ &= \arg(dz_2) - \arg(dz_1),\end{aligned}$$

d.h.

$$\boxed{\alpha = \beta}. \tag{3.385}$$

Damit ist die Winkeltreue bewiesen. Außerdem zeigt sich jetzt, warum die beiden Parabelscharen von Bild 3.30 bzw. die beiden Hyperbelscharen von Bild 3.31 einander rechtwinklig schneiden.

Die Winkeltreue hat zur Folge, daß konforme Abbildungen "im kleinen" ähnlich sind, d.h. daß infinitesimal kleine Figuren bei der Transformation (Abbildung) in ähnliche überführt werden, die in ihren Lineardimensionen um einen Faktor $|f'(z)|$, in ihrer Fläche um einen Faktor $|f'(z)|^2$ vergrößert oder verkleinert sind. Kleine Quadrate gehen also in kleine Quadrate über. Rechte Winkel bleiben rechte Winkel. Ein orthogonales Netz gibt wiederum ein orthogonales Netz, wie z.B. in den Bildern 3.30 und 3.31. Trotz der Ähnlichkeit "im kleinen" kann von Ähnlichkeit "im großen" keine Rede sein, was ebenfalls in den Bildern 3.30 und 3.31 sichtbar wird. Endliche Figuren werden nicht ähnlich sondern verzerrt abgebildet.

Realteil und Imaginärteil einer analytischen Funktion sind harmonische Funktionen. Das folgt aus den Cauchy–Riemannschen Gleichungen (3.380). Denn

$$\Delta u = \frac{\partial}{\partial x}\left(\frac{\partial u}{\partial x}\right) + \frac{\partial}{\partial y}\left(\frac{\partial u}{\partial y}\right)$$

$$= \frac{\partial}{\partial x}\left(\frac{\partial v}{\partial y}\right) + \frac{\partial}{\partial y}\left(-\frac{\partial v}{\partial x}\right) = 0 \quad (3.386)$$

und

$$\Delta v = \frac{\partial}{\partial x}\left(\frac{\partial v}{\partial x}\right) + \frac{\partial}{\partial y}\left(\frac{\partial v}{\partial y}\right)$$

$$= \frac{\partial}{\partial x}\left(-\frac{\partial u}{\partial y}\right) + \frac{\partial}{\partial y}\left(\frac{\partial u}{\partial x}\right) = 0. \quad (3.387)$$

Man kann durch eine Koordinatentransformation

$$\left. \begin{array}{l} u = u(x, y) \\ v = v(x, y) \end{array} \right\} \quad (3.388)$$

in der Ebene ein neues Koordinatensystem einführen. Erfüllen u und v dabei die Cauchy–Riemannschen Gleichungen, so sind die neuen Koordinaten orthogonal. Ohne den Beweis zu führen, bemerken wir noch, daß sich aus den Cauchy–Riemannschen Gleichungen auch ergibt, daß die Laplace–Gleichung

$$\frac{\partial^2 \varphi}{\partial x^2} + \frac{\partial^2 \varphi}{\partial y^2} = 0 \quad (3.389)$$

übergeht in

$$\frac{\partial^2 \varphi}{\partial u^2} + \frac{\partial^2 \varphi}{\partial v^2} = 0, \quad (3.390)$$

d.h. ihre Form beibehält. Offensichtlich ist also die Laplace–Gleichung in u und v ebenso separierbar wie in den kartesischen Koordinaten x und y. Damit ist die Behauptung, daß die ebene zweidimensionale Laplace–Gleichung in beliebig vielen Koordinatensystemen separierbar ist (Abschn. 3.5) gerechtfertigt. Jede analytische Funktion stellt ein solches System von Koordinaten zur Verfügung. Das ist deshalb bemerkenswert, weil die Situation für den dreidimensionalen Raum ganz anders ist. Hier gibt es nur, wie erwähnt, 11 "separierbare" Koordinatensysteme.

3.12 Das komplexe Potential

Vergleicht man die Aussagen der beiden letzten Abschnitte untereinander, so stellt man fest, daß Realteil und Imaginärteil einer analytischen Funktion sich genau so verhalten wie Potential und Stromfunktion eines ebenen elektrostatischen Felds. Dazu vergleiche man die Gleichungen (3.362) und (3.380) bzw. (3.363), (3.364) und

(3.386), (3.387) miteinander. Wir dürfen den Schluß ziehen, daß jede analytische Funktion elektrostatisch interpretiert werden kann. Ihr Realteil u kann mit dem Potential φ identifiziert werden, ihr Imaginärteil v mit der Stromfunktion ψ des zugehörigen Feldes. Angesichts dieser Deutungsmöglichkeit bezeichnet man die analytische Funktion $w(z)$ als *komplexes Potential*:

$$\boxed{\begin{array}{ccc} w(z) = & u(x,y) & + & iv(x,y) \\ & \updownarrow & & \updownarrow \\ & \text{Potential} & & \text{Stromfunktion} \end{array}} . \quad (3.391)$$

Das zugehörige Feld ist

$$\left.\begin{array}{l} E_x = -\dfrac{\partial u}{\partial x} = -\dfrac{\partial v}{\partial y}, \\[2mm] E_y = -\dfrac{\partial u}{\partial y} = +\dfrac{\partial v}{\partial x}. \end{array}\right\} \quad (3.392)$$

Mit $w(z)$ ist natürlich auch $iw(z)$ eine analytische Funktion. Dafür ist

$$\boxed{\begin{array}{ccc} \tilde{w}(z) = iw(z) = & -v(x,y) & + & iu(x,y) \\ & \updownarrow & & \updownarrow \\ & \text{Potential} & & \text{Stromfunktion} \end{array}} . \quad (3.393)$$

Dazu gehört dann das Feld

$$\left.\begin{array}{l} \tilde{E}_x = \dfrac{\partial v}{\partial x} = -\dfrac{\partial u}{\partial y}, \\[2mm] \tilde{E}_y = \dfrac{\partial v}{\partial y} = \dfrac{\partial u}{\partial x}. \end{array}\right\} \quad (3.394)$$

Die Multiplikation mit i führt also im wesentlichen (d.h. vom Vorzeichen abgesehen) einfach zur Vertauschung von Potential und Stromfunktion. Das drückt sich auch darin aus, daß

$$\mathbf{E} \cdot \tilde{\mathbf{E}} = 0 \quad (3.395)$$

ist, d.h. darin, daß $\mathbf{E}$ senkrecht auf $\tilde{\mathbf{E}}$ steht. Wir können also jede komplexe Funktion zweifach deuten:

$$\boxed{\begin{array}{l} 1. \quad u \leftrightarrow \text{Potential}, \quad v \leftrightarrow \text{Stromfunktion} \\ 2. \quad -v \leftrightarrow \text{Potential}, \quad u \leftrightarrow \text{Stromfunktion} \end{array}} .$$

Man kann auch eine komplexe Feldstärke definieren:

$$E = E_x + iE_y. \quad (3.396)$$

Damit gilt wegen $\partial z/\partial x = 1$:

$$\frac{dw(z)}{dz} = \frac{\partial w(z)}{\partial x} = \frac{\partial u}{\partial x} + i\frac{\partial v}{\partial x}$$
$$= -E_x + iE_y = -E^*$$

bzw.

$$\frac{dw^*(z)}{dz^*} = \frac{\partial u}{\partial x} - i\frac{\partial v}{\partial x} = -E_x - iE_y = -E$$

und

$$\boxed{\frac{dw(z)}{dz}\frac{dw^*(z)}{dz^*} = EE^* = |E|^2}. \tag{3.397}$$

Singuläre Punkte des komplexen Potentials sind also auch singuläre Punkte des elektrischen Feldes. Insbesondere wird das elektrische Feld unendlich an Stellen unendlicher Ableitung $w' = dw/dz$.

Jede analytische Funktion, d.h. jedes komplexe Potential löst also eine Schar von elektrostatischen Problemen. Im folgenden soll eine Reihe von komplexen Potentialen untersucht werden. Es ist leicht, auf diese Art einen Katalog von komplexen Potentialen mit den zugehörigen Feldern (die man sich aus dem homogenen Feld durch entsprechende konforme Abbildungen entstanden denken kann) zu gewinnen und zu sehen, welche Randwertprobleme dadurch gelöst werden. Der umgekehrte Weg, von einem gegebenen Randwertproblem ausgehend das dieses lösende komplexe Potential zu suchen, ist wesentlich schwieriger. Wir wollen uns deshalb darauf beschränken, mit den folgenden Beispielen einen kleinen Katalog von interessanten Abbildungen zu geben.

Beispiel 1:

$$w = -\frac{q}{2\pi\varepsilon_0}\ln\frac{z}{z_B}.$$

Mit

$$z = r\exp(i\varphi), \quad z_B = r_B\exp(i\varphi_B)$$

ergibt sich

$$w = -\frac{q}{2\pi\varepsilon_0}\ln[r\exp(i\varphi)] + \frac{q}{2\pi\varepsilon_0}\ln z_B$$

bzw.

$$w = -\frac{q}{2\pi\varepsilon_0}\ln r - \frac{q}{2\pi\varepsilon_0}\ln\exp(i\varphi)$$
$$+ \frac{q}{2\pi\varepsilon_0}\ln r_B + \frac{q}{2\pi\varepsilon_0}\ln\exp(i\varphi_B)$$

$$w = -\frac{q}{2\pi\varepsilon_0}\ln\frac{r}{r_B} - i\frac{q}{2\pi\varepsilon_0}(\varphi - \varphi_B),$$

d.h.
$$u = -\frac{q}{2\pi\varepsilon_0}\ln\frac{r}{r_B},$$
$$v = -\frac{q}{2\pi\varepsilon_0}(\varphi - \varphi_B).$$

Das ist das uns bereits bekannte Feld einer homogenen geraden Linienladung q. Die Äquipotentiallinien sind Kreise um die Linienladung, und die Feldlinien gehen radial von ihr aus:
$$\mathbf{E} = -\operatorname{grad} u,$$
d.h.
$$E_r = -\frac{\partial u}{\partial r} = \frac{q}{2\pi\varepsilon_0 r},$$
$$E_\varphi = -\frac{1}{r}\frac{\partial u}{\partial \varphi} = 0.$$

Andererseits ist
$$\frac{dw}{dz} = -\frac{q}{2\pi\varepsilon_0 z} = -E_x + iE_y$$
$$= -\frac{qz^*}{2\pi\varepsilon_0 zz^*} = -\frac{q}{2\pi\varepsilon_0}\frac{x-iy}{x^2+y^2},$$
d.h.
$$E_x = \frac{q}{2\pi\varepsilon_0}\frac{x}{x^2+y^2} = \frac{q}{2\pi\varepsilon_0}\frac{x}{r^2},$$
$$E_y = \frac{q}{2\pi\varepsilon_0}\frac{y}{x^2+y^2} = \frac{q}{2\pi\varepsilon_0}\frac{y}{r^2},$$
woraus sich ebenfalls
$$E_r = E_x\cos\varphi + E_y\sin\varphi$$
$$= E_x\frac{x}{r} + E_y\frac{y}{r}$$
$$= \frac{q}{2\pi\varepsilon_0}\left(\frac{x^2}{r^3} + \frac{y^2}{r^3}\right) = \frac{q}{2\pi\varepsilon_0}\frac{1}{r}$$
ergibt.

Bild 3.33 zeigt einige Eigenschaften der konformen Abbildung $w(z)$. Dabei wird zur Vereinfachung $\varphi_B = 0$ gesetzt. Damit ist
$$u = -\frac{q}{2\pi\varepsilon_0}\ln\frac{r}{r_B}, \quad \frac{r}{r_B} = \exp\left(-\frac{2\pi\varepsilon_0 u}{q}\right),$$

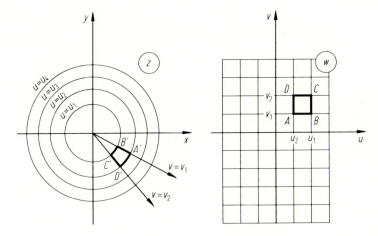

Bild 3.33

$$v = -\frac{q}{2\pi\varepsilon_0}\varphi.$$

Das Viereck $ABCD$ in der w-Ebene geht dann in die Figur $A'B'C'D'$ der z-Ebene über. Dabei schließt sich diese zu einem vollen Kreisring, wenn $v_2 - v_1 = q/\varepsilon_0$ wird. Wächst die Differenz $v_2 - v_1$ weiter an, so wird der Kreisring unter Umständen mehrfach überdeckt. In Bezug auf u liegen die Verhältnisse einfacher. Für $u_1 \to -\infty$ geht $r \to \infty$ und für $u_1 \to +\infty$ geht $r \to 0$. Insgesamt entsteht also aus der u-v-Ebene eine beliebig oft überdeckte x-y-Ebene. Jeder Streifen

$$\left.\begin{array}{c}-\infty < u_1 < +\infty \\ v_1 \leqslant v \leqslant v_1 + q/\varepsilon_0\end{array}\right\} \tag{3.398}$$

erzeugt die ganze x-y-Ebene. Die insgesamt entstehende sozusagen um den Ursprung beliebig oft sich herumschraubende Fläche wird als *Riemannsche Fläche* der betrachteten Abbildung bezeichnet, der Ursprung als ihr *Verzweigungspunkt* (Bild 3.34). In ihm ist die Abbildung nicht konform.

Beispiel 2:

$$w(z) = iC \ln(z/r_B)$$

Bild 3.34

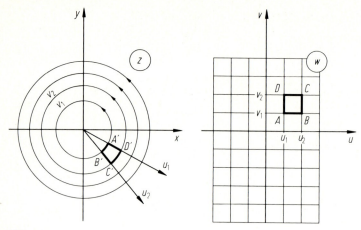

Bild 3.35

Jetzt ist

$$u = -C\varphi,$$
$$v = C \ln r/r_B,$$

woraus sich

$$E_r = 0,$$
$$E_\varphi = C/r$$

ergibt (Bild 3.35). Im Vergleich zum Beispiel 1 sind Potential und Stromfunktion miteinander vertauscht. Felder mit diesen Eigenschaften sind durchaus möglich. Dazu sind lediglich Äquipotentialflächen (das sind hier Flächen mit konstanten Winkeln φ) zu materiellen Leiteroberflächen zu machen.

Beispiel 3:

$$w = \frac{q}{2\pi\varepsilon_0} \ln \frac{z + \frac{d}{2}}{z - \frac{d}{2}}$$

Es handelt sich um das Feld von zwei Linienladungen, einer positiven (q) am Ort ($x = d/2, y = 0$) und einer negativen ($-q$) am Ort ($x = -d/2, y = 0$). Dafür ist ja

$$w(z) = -\frac{q}{2\pi\varepsilon_0} \ln \frac{z - \frac{d}{2}}{z_B} + \frac{q}{2\pi\varepsilon_0} \ln \frac{z + \frac{d}{2}}{z_B}$$

$$= \frac{q}{2\pi\varepsilon_0} \ln \frac{z + \frac{d}{2}}{z - \frac{d}{2}}.$$

Zur Trennung von Real- und Imaginärteil formen wir um:

$$w(z) = \frac{q}{2\pi\varepsilon_0}\ln\frac{\left(x+\frac{d}{2}\right)+iy}{\left(x-\frac{d}{2}\right)+iy} = \frac{q}{2\pi\varepsilon_0}\left\{\begin{array}{l}\ln\left[\sqrt{\left(x+\frac{d}{2}\right)^2+y^2}\exp(i\varphi_-)\right]\\-\ln\left[\sqrt{\left(x-\frac{d}{2}\right)^2+y^2}\exp(i\varphi_+)\right]\end{array}\right\}$$

$$= \frac{q}{2\pi\varepsilon_0}\ln\sqrt{\frac{\left(x+\frac{d}{2}\right)^2+y^2}{\left(x-\frac{d}{2}\right)^2+y^2}} + i\frac{q}{2\pi\varepsilon_0}(\varphi_- - \varphi_+),$$

wo φ_+ und φ_- in Bild 3.36 gegeben sind. Demnach ist

$$u = \frac{q}{4\pi\varepsilon_0}\ln\frac{\left(x+\frac{d}{2}\right)^2+y^2}{\left(x-\frac{d}{2}\right)^2+y^2}$$

und

$$v = \frac{q}{2\pi\varepsilon_0}(\varphi_- - \varphi_+).$$

Die Äquipotentialflächen $u = u_i$ sind Kreise (Apollonius–Kreise). Denn aus

$$u_i = \frac{q}{4\pi\varepsilon_0}\ln\frac{\left(x+\frac{d}{2}\right)^2+y^2}{\left(x-\frac{d}{2}\right)^2+y^2}$$

folgt

$$\frac{\left(x+\frac{d}{2}\right)^2+y^2}{\left(x-\frac{d}{2}\right)^2+y^2} = \exp\frac{4\pi\varepsilon_0 u_i}{q} = C_i,$$

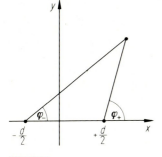

Bild 3.36

woraus sich mit

$$\left[x + \frac{d(1+C_i)}{2(1-C_i)}\right]^2 + y^2 = \frac{d^2 C_i}{(1-C_i)^2}$$

die Gleichung eines Kreises ergibt, dessen Mittelpunkt sich auf der x-Achse befindet. Aus $v = v_i$ folgt

$$\frac{1}{d_i} = \tan\frac{2\pi\varepsilon_0 v_i}{q} = \tan(\varphi_- - \varphi_+)$$

$$= \frac{\tan\varphi_- - \tan\varphi_+}{1 + \tan\varphi_+ \cdot \tan\varphi_-} = \frac{\dfrac{y}{x+d/2} - \dfrac{y}{x-d/2}}{1 + \dfrac{y^2}{x^2 - \dfrac{d^2}{4}}} = \frac{-yd}{x^2 + y^2 - \dfrac{d^2}{4}}$$

bzw.

$$x^2 + \left(y + \frac{d_i d}{2}\right)^2 = \frac{d^2}{4}(1 + d_i^2),$$

d.h. die Gleichung eines Kreises, dessen Mittelpunkt sich auf der y-Achse befindet. Beide Kurvenscharen bestehen also aus Kreisen (Bild 3.37). Das dadurch beschriebene Feld hat viele Anwendungen. Durch passende Wahl der Parameter kann man daraus das Feld z.B. eines exzentrischen Zylinderkondensators gewinnen (Bild 3.38a) oder das einer Leitung aus zwei Zylindern (Bild 3.38b). Es handelt sich hier um das schon früher diskutierte Problem der Spiegelung einer Linienladung an einem Zylinder (Abschn. 2.6.3).

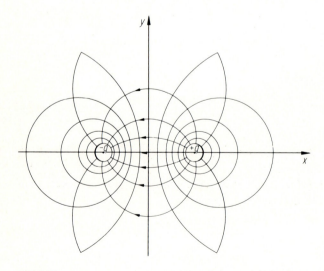

Bild 3.37

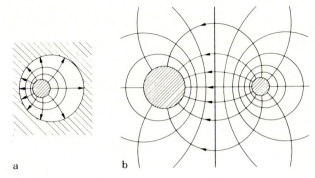

Bild 3.38

Beispiel 4:

$$w = \frac{qd}{2\pi\varepsilon_0 z}$$

Geht man vom Beispiel 3 aus und macht man dort den Grenzübergang zum Liniendipol, so ergibt sich ($d \Rightarrow 0$, $q \Rightarrow \infty$, qd endlich):

$$w(z) = \frac{q}{2\pi\varepsilon_0} \ln \frac{1 + \frac{d}{2z}}{1 - \frac{d}{2z}} \Rightarrow \frac{q}{2\pi\varepsilon_0} \ln\left(1 + \frac{d}{2z}\right)\left(1 + \frac{d}{2z}\right)$$

$$\Rightarrow \frac{q}{2\pi\varepsilon_0} \ln\left(1 + \frac{d}{z}\right) \Rightarrow \frac{qd}{2\pi\varepsilon_0 z},$$

d.h. es handelt sich um das komplexe Potential des Liniendipols.

$$w(z) = \frac{qd}{2\pi\varepsilon_0 z} = \frac{qdz^*}{2\pi\varepsilon_0 zz^*} = \frac{qd(x - iy)}{2\pi\varepsilon_0(x^2 + y^2)},$$

$$u(x, y) = \frac{qd}{2\pi\varepsilon_0} \frac{x}{x^2 + y^2},$$

$$v(x, y) = -\frac{qd}{2\pi\varepsilon_0} \frac{y}{x^2 + y^2}.$$

Daraus ergeben sich die Äquipotentiallinien als Kreise durch den Ursprung (Mittelpunkte auf der *x*-Achse) und die Stromlinien ebenfalls als Kreise durch den Ursprung (Mittelpunkte auf der *y*-Achse) entsprechend Bild 3.39 (das sich auch durch Grenzübergang aus Bild 3.37 verstehen läßt).

Beispiel 5:

$$w = Cz^p$$

$$w = Cz^p = C(x + iy)^p = C[r\exp(i\varphi)]^p = Cr^p \exp(ip\varphi),$$

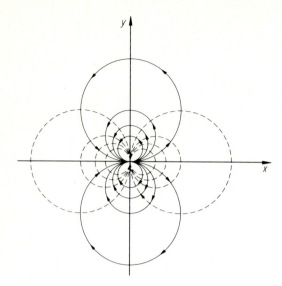

Bild 3.39

d.h.
$$u = Cr^p \cos(p\varphi),$$
$$v = Cr^p \sin(p\varphi).$$

Die Linien $\cos(p\varphi) = 0$, d.h.
$$p\varphi = \frac{2n-1}{2}\pi,$$

charakterisieren spezielle Äquipotentialflächen ($u = 0$), also z.B. für $n = 0$ und $n = 1$

$$\varphi = \pm \frac{\pi}{2p}.$$

Die Linien $\sin(p\varphi) = 0$, d.h.
$$p\varphi = n\pi,$$

sind spezielle Stromlinien ($v = 0$), also z.B.

$$\varphi = 0.$$

Man kann die Äquipotentialflächen durch die Oberflächen eines Leiters realisieren und bekommt dann Felder wie in Bild 3.40 ($p > 1$) oder Bild 3.41 ($p < 1$).

Im Fall von Bild 3.41 ($p < 1$) ist

$$\frac{dw}{dz} = Cpz^{p-1} = \frac{Cp}{z^{1-p}}$$

am Ursprung unendlich. Deshalb wird dort auch das elektrische Feld unendlich. Das ist typisch für Spitzen und ist auch von großer praktischer Bedeutung.

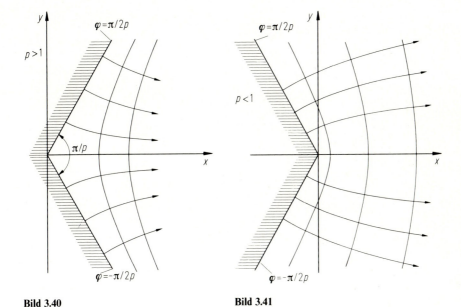

Bild 3.40   **Bild 3.41**

Die Abbildungen der Bilder 3.30 und 3.31 sind Spezialfälle mit $p = 1/2$ bzw. $p = 2$.

Beispiel 6:

$$w(z) = \frac{q}{2\pi\varepsilon_0} \ln \frac{z^p + z_0^{*p}}{z^p - z_0^p}$$

Man kann mehrere konforme Abbildungen nacheinander ausführen. Wir wollen z.B. das Feld einer Linienladung im Inneren eines keilförmigen Bereiches wie in Bild 3.40 berechnen. Ist 2π ein geradzahliges Vielfaches des Öffnungswinkels, so läßt sich das Problem durch mehrfache Spiegelung lösen, wie es für Punktladungen mit den Öffnungswinkeln π und $\pi/2$ in den Bildern 2.34 und 2.35 angedeutet ist. Für beliebige Winkel führt die Spiegelungsmethode nicht zum Ziel. Jedoch kann man in diesem Fall wie folgt vorgehen: Zunächst bekommt man durch

$$w(z) = \frac{q}{2\pi\varepsilon_0} \ln \frac{\zeta + \zeta_0^*}{\zeta - \zeta_0}$$

in der ζ-Ebene das Feld von zwei Linienladungen, die sich von denen des Beispiels 3 nur durch eine Verschiebung parallel zur η-Achse unterscheiden (Bild 3.42), wobei die η-Achse als Äquipotentiallinie (Leiteroberfläche) und $-q$ als Bildladung aufzufassen ist. Wendet man nun darauf noch die Abbildung z^p des Beispiels 5 an, so hat man das Problem bereits gelöst (Bild 3.43):

$$\zeta = z^p$$

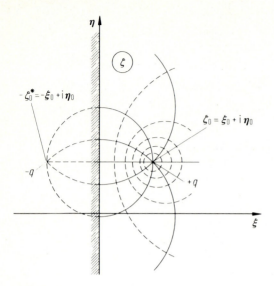

Bild 3.42

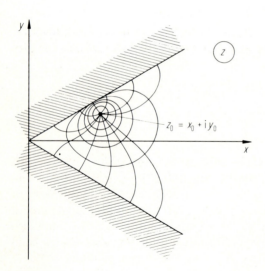

Bild 3.43

und
$$w(z) = \frac{q}{2\pi\varepsilon_0} \ln \frac{z^p + z_0^{*p}}{z^p - z_0^p},$$
wo
$$\zeta_0 = z_0^p$$
der Ort der Linienladung in Bild 3.42 und z_0 ihr Ort in Bild 3.43 ist.

Beispiel 7:

$$z = a \cosh w/w_0$$

$$\cosh w/w_0 = \cosh(u + iv) = \tfrac{1}{2}[\exp(u + iv) + \exp(-u - iv)]$$
$$= \tfrac{1}{2}\{\exp(u)[\cos v + i\sin v] + \exp(-u)[\cos v - i\sin v]\}$$
$$= \cos v \cosh u + i \sin v \sinh u,$$

d.h.

$$z = x + iy = a \cos v \cosh u + ia \sin v \sinh u$$

bzw.

$$x = a \cos v \cosh u,$$
$$y = a \sin v \sinh u,$$

so daß

$$\cos^2 v + \sin^2 v = 1 = \frac{x^2}{a^2 \cosh^2 u} + \frac{y^2}{a^2 \sinh^2 u}$$

und

$$\cosh^2 u - \sinh^2 u = 1 = \frac{x^2}{a^2 \cos^2 v} - \frac{y^2}{a^2 \sin^2 v}.$$

Daraus ist zu entnehmen, daß die Äquipotentialflächen ($u = $ const) elliptische Zylinder und die Stromlinien ($v = $ const) hyperbolische Zylinder sind. Sie sind alle konfokal, denn für die Ellipsen ist

$$e^2 = a^2 \cosh^2 u - a^2 \sinh^2 u = a^2,$$

und für die Hyperbeln ist

$$e^2 = a^2 \cos^2 v + a^2 \sin^2 v = a^2.$$

Die Abbildung ist in Bild 3.44 gegeben. Spezielle Realisierungen sind z.B. das Feld zwischen zwei gegeneinanderstehenden Kanten (Bild 3.45) oder das Feld einer Kante gegenüber einer Ebene (Bild 3.46).

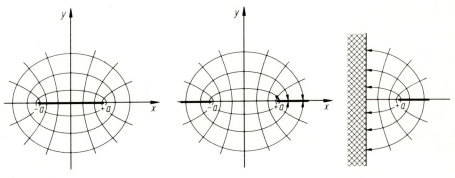

Bild 3.44 **Bild 3.45** **Bild 3.46**

232 3 Die formalen Methoden der Elektrostatik

Die Abbildung

$$u = u(x, y)$$
$$v = v(x, y)$$

ist auch deshalb bemerkenswert, weil u und v zusammen mit z im Dreidimensionalen ein orthogonales Koordinatensystem ergeben, das die Separation der Laplace-Gleichung erlaubt (*Koordinaten des elliptischen Zylinders*).

Beispiel 8: $w = \sqrt{z^2 + B^2}$

Diese zunächst sehr einfach erscheinende Abbildung hat merkwürdige Eigenschaften und sie soll hier als ein Beispiel für viele ähnlicher Art erläutert werden. Quadriert erhält man

$$w^2 = u^2 - v^2 + i2uv = z^2 + B^2 = x^2 - y^2 + B^2 + i2xy,$$

d.h.
$$u^2 - v^2 = x^2 - y^2 + B^2$$

und
$$uv = xy.$$

Ist nun $v = 0$ (u-Achse), so ergibt sich

$$\left.\begin{array}{l} 0 \leqslant u^2 = x^2 - y^2 + B^2 \\ x \cdot y = 0 \end{array}\right\}.$$

Es muß also entweder $x = 0$ oder $y = 0$ sein. Ist $x = 0$, so gilt

$$0 \leqslant -y^2 + B^2$$
$$y^2 \leqslant B^2 \qquad (x = 0),$$

und ist $y = 0$, so gilt

$$0 \leqslant x^2 + B^2 \quad (y = 0),$$

was automatisch erfüllt ist. Daraus ergibt sich nun ein merkwürdiges Verhalten

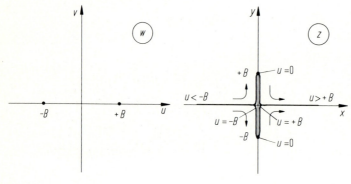

Bild 3.47

der u-Achse in der z-Ebene. Für $-\infty < u \leqslant -B$ (d.h. für diesen Teil der negativen u-Achse) bekommt man die negative x-Achse, $-\infty < x \leqslant 0$. Ähnlich ergibt sich aus $B \leqslant u < +\infty$ die positive x-Achse, $0 \leqslant x < +\infty$. $u = \pm B$ gibt den Ursprung. Der zwischen $-B$ und $+B$ gelegene Teil der u-Achse jedoch wird auf den zwischen $-B$ und $+B$ gelegenen Teil der y-Achse abgebildet. Dabei läuft der Bildpunkt für $-B \leqslant u \leqslant 0$ vom Ursprung längs der y-Achse bis $+B$ oder bis $-B$ und dann für $0 \leqslant u \leqslant +B$ wieder zum Ursprung zurück (Bild 3.47).

Ist umgekehrt $u = 0$ (v-Achse), so gilt

$$\left.\begin{array}{l} 0 \geqslant -v^2 = x^2 - y^2 + B^2 \\ x \cdot y = 0 \end{array}\right\}.$$

Dabei kann jedoch nicht $y = 0$ sein, da dann

$$-v^2 = x^2 + B^2$$

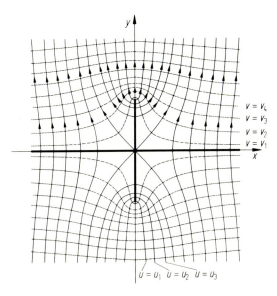

Bild 3.48

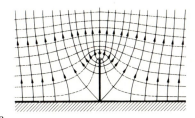

a   b

Bild 3.49

sein müßte, was unmöglich ist. Also ist $x = 0$ und
$$-v^2 = -y^2 + B^2,$$
d.h.
$$y^2 = B^2 + v^2 \geqslant B^2$$
also entweder
$$y > B$$
oder
$$y < -B.$$
Die v-Achse wird also auf die y-Achse ohne das Stück von $-B$ bis $+B$ abgebildet. Die vorliegende konforme Abbildung ist ein spezielles Beispiel einer interessanten Klasse von Abbildungen (Schwarz–Christoffel–Abbildungen).

Bild 3.48 gibt die so entstehende Konfiguration wieder. Daraus kann man z.B. den Feldverlauf an einer mehr oder weniger scharfen Kante auf einer Ebene gewinnen (Bild 3.49).

4 Das stationäre Strömungsfeld

Im folgenden Teil soll das Feld stationärer elektrischer Ströme, genauer gesagt das Feld der Stromdichten **g**, behandelt werden. Unter gewissen vereinfachenden Voraussetzungen lassen sich diese Strömungsprobleme auf die in den Kapiteln 2 und 3 behandelten elektrostatischen Probleme zurückführen.

4.1 Die grundlegenden Gleichungen

Als Ursache elektrischer Ströme müssen nach dem Ohmschen Gesetz elektrische Felder vorhanden sein, d.h. es gilt

$$\mathbf{g} = \kappa \mathbf{E}, \tag{4.1}$$

wenn κ die sog. elektrische Leitfähigkeit ist. Es ist jedoch darauf hinzuweisen, daß dieses einfache Ohmsche Gesetz keineswegs immer gilt. Sehr oft ist es durch wesentlich kompliziertere Zusammenhänge zu ersetzen. Selbst wenn es in der Form (4.1) anwendbar ist, wird κ im allgemeinen eine Funktion des Ortes sein, z.B. in einem inhomogenen Leitermaterial oder sogar in einem homogenen Leitermaterial, wenn das Magnetfeld inhomogen ist. Magnetfelder können ja die Leitfähigkeit beeinflussen, ein Effekt, der vielfach auch zur Messung von Magnetfeldern herangezogen wird. Von all dem sei hier abgesehen. Es sei angenommen, daß κ mindestens gebietsweise konstant ist.

Wie wir früher gesehen haben, gilt der Ladungserhaltungssatz (1.58)

$$\operatorname{div} \mathbf{g} + \frac{\partial \rho}{\partial t} = 0, \tag{4.2}$$

woraus sich im stationären Fall

$$\operatorname{div} \mathbf{g} = 0 \tag{4.3}$$

ergibt. Aus (4.1) und (4.3) folgt dann

$$\operatorname{div}(\kappa \mathbf{E}) = 0.$$

Ist κ konstant und

$$\mathbf{E} = -\operatorname{grad} \varphi,$$

Bild 4.1

so gilt weiter

$$\kappa \operatorname{div} \mathbf{E} = - \kappa \operatorname{div} \operatorname{grad} \varphi = 0,$$

d.h.

$$\Delta \varphi = 0. \tag{4.4}$$

Für ein beliebiges Volumen gilt

$$\int_V \operatorname{div} \mathbf{g} \, d\tau = \oint_A \mathbf{g} \cdot d\mathbf{A} = 0, \tag{4.5}$$

d.h. die Summe aller aus einem Volumen austretenden Ströme muß im stationären Fall verschwinden. Daraus ergibt sich als Spezialfall der sog. 1. *Kirchhoffsche Satz* (Bild 4.1):

$$\sum_{i=1}^{n} I_i = 0. \tag{4.6}$$

Er spielt in der Theorie der Netzwerke eine fundamentale Rolle.

An dieser Stelle stellt sich die Frage, ob es stationäre Ströme überhaupt geben kann. Nach unseren bisherigen Kenntnissen der Elektrostatik könnte man den Eindruck gewinnen, daß diese Frage zu verneinen sei. Stellen wir uns z.B. einen geladenen Kondensator vor, in dessen Inneres wir plötzlich einen Leiter bringen (Bild 4.2). Das zunächst in dem eingebrachten Leiter vorhandene elektrische Feld

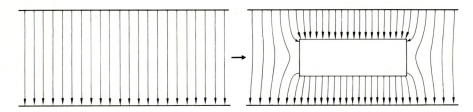

Bild 4.2

erzeugt in diesem Ströme. Dadurch werden Ladungsbewegungen hervorgerufen, die erst dann enden, wenn das Feld im Inneren des Leiters verschwunden ist, d.h. es treten die entsprechenden Influenzladungen auf. Der Strom im Leiter klingt also ab. Je nach der Leitfähigkeit ist die zugehörige Abklingzeit (*Relaxationszeit*, siehe Abschn. 4.2) verschieden groß. Ähnliche Überlegungen führen in jeder rein "elektrostatischen" Situation zum Abklingen eines eventuellen Stromes. Es gilt ja

bzw.
$$\text{rot } \mathbf{E} = 0$$

$$\oint \mathbf{E} \cdot d\mathbf{s} = 0, \tag{4.7}$$

d.h. auch

$$\oint \mathbf{g} \cdot d\mathbf{s} = 0, \tag{4.8}$$

was in einem geschlossenen und stationären Stromkreis nur mit

$$\mathbf{g} = 0 \tag{4.9}$$

verträglich ist. Das folgt aus dem Helmholtzschen Theorem (das in Anhang A.5 behandelt wird).

Die Erzeugung stationärer Ströme ist jedoch möglich mit Hilfe von sogenannten *eingeprägten Feldstärken*, wie sie z.B. durch eine Batterie erzeugt werden können. Dafür ist

$$U = \oint \mathbf{E}_e \cdot d\mathbf{s} \neq 0, \tag{4.10}$$

d.h. es muß eine Spannungsquelle vorhanden sein, die eine *Urspannung U* (früher oft als EMK = *elektromotorische Kraft* bezeichnet) erzeugt. Insgesamt gilt dann

$$\mathbf{g} = \kappa(\mathbf{E} + \mathbf{E}_e) \tag{4.11}$$

und damit

$$\oint \mathbf{g} \cdot d\mathbf{s} = \kappa \oint \mathbf{E} \cdot d\mathbf{s} + \kappa \oint \mathbf{E}_e \cdot d\mathbf{s},$$

d.h.

$$U = \frac{1}{\kappa} \oint \mathbf{g} \cdot d\mathbf{s}. \tag{4.12}$$

Nun ist

$$\frac{1}{\kappa} \oint \mathbf{g} \cdot d\mathbf{s} = IR, \tag{4.13}$$

wobei diese Gleichung als Definition des Widerstandes R aufgefaßt werden kann. R ist ein vom Strom unabhängiger Geometrie- und Materialfaktor. Man zerlegt den Widerstand in den äußeren Widerstand R_a und den inneren Widerstand der Spannungsquelle R_i:

$$U = IR = I(R_a + R_i). \tag{4.14}$$

Weil per definitionem

$$I = \int_A \mathbf{g} \cdot d\mathbf{A} \tag{4.15}$$

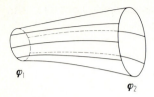

Bild 4.3

ist, erhält man aus Gleichung (4.13)

$$R = \frac{1}{\kappa} \frac{\oint \mathbf{g} \cdot d\mathbf{s}}{\int_A \mathbf{g} \cdot d\mathbf{A}}. \tag{4.16}$$

Integriert man nicht über den geschlossenen Stromkreis, sondern nur über den Außenkreis außerhalb der Spannungsquelle, so ergibt sich R_a zu

$$R_a = \frac{1}{\kappa} \frac{\int_a \mathbf{g} \cdot d\mathbf{s}}{\int_A \mathbf{g} \cdot d\mathbf{A}}. \tag{4.17}$$

Entsprechend Bild 4.3 spielt es dabei kein Rolle, welcher Weg bei der Integration gewählt wird, da in jedem Fall

$$\frac{1}{\kappa} \int_a \mathbf{g} \cdot d\mathbf{s} = \int_1^2 \mathbf{E} \cdot d\mathbf{s} = \varphi_1 - \varphi_2$$

ist. Ebenso spielt es keine Rolle, welcher Querschnitt gewählt wird, da im stationären Fall der Strom

$$I = \int_A \mathbf{g} \cdot d\mathbf{A}$$

durch alle Querschnitte derselbe ist. In dem einfachen Fall eines Leiters mit konstantem Querschnitt und konstanter Stromdichte ist

$$R_a = \frac{1}{\kappa} \frac{\int_a dl}{\int_A dA} = \frac{l}{\kappa A}, \tag{4.18}$$

d.h. man erhält die übliche Widerstandsformel.

Mit Hilfe einer Spannungsquelle kann man also eine stationäre elektrische Strömung erzeugen. Die Tatsache, daß dies für viele Spannungsquellen (wenn sie sich nämlich erschöpfen) nicht in aller Strenge richtig ist, ist praktisch unerheblich. Es genügt, daß die Strömung für Zeiten aufrecht erhalten werden kann, die größer sind als andere charakteristische Zeiten des Systems, insbesondere die im nächsten Abschnitt diskutierten (für gute Leiter extrem kleinen) Relaxationszeiten.

Die Einheit des Widerstandes im MKSA-Maßsystem ist ein Ohm (1Ω):

$$1\Omega = \frac{1V}{1A}. \tag{4.19}$$

Aus (4.18) ergibt sich als Einheit der Leitfähigkeit

$$\frac{1m}{1\Omega\, 1m^2} = \frac{1}{1\Omega\, 1m}. \tag{4.20}$$

Sehr gute Leiter sind z.B. Silber und Kupfer mit

$$\kappa_{Ag} = 6{,}17 \cdot 10^7 \,(\Omega m)^{-1},$$
$$\kappa_{Cu} = 5{,}80 \cdot 10^7 \,(\Omega m)^{-1}.$$

4.2 Die Relaxationszeit

Befinden sich in einem leitfähigen Medium Raumladungen und deren Felder, so klingen sie ab. Im rein elektrostatischen Fall wird ein Zustand angestrebt, bei dem das Innere des Leiters feldfrei ist und Ladungen sich nur an den Oberflächen befinden. ρ ist deshalb eine Funktion von $\mathbf{r}$ und t,

$$\rho = \rho(\mathbf{r}, t).$$

Wegen

$$\operatorname{div}\mathbf{g} + \frac{\partial \rho}{\partial t} = 0,$$

$$\mathbf{g} = \kappa \mathbf{E} = \frac{\kappa \mathbf{D}}{\varepsilon}$$

und

$$\operatorname{div}\mathbf{D} = \rho$$

gilt

$$\frac{\kappa}{\varepsilon}\rho + \frac{\partial \rho}{\partial t} = 0. \tag{4.21}$$

Hier kann man die dimensionslose Zeit

$$\tau = t\frac{\kappa}{\varepsilon} = \frac{t}{\frac{\varepsilon}{\kappa}} = \frac{t}{t_r} \tag{4.22}$$

einführen, d.h. man kann die Zeit in Einheiten der sog. *Relaxationszeit*

$$t_r = \frac{\varepsilon}{\kappa} \tag{4.23}$$

messen. Damit ist

$$\rho + \frac{\partial \rho}{\partial \tau} = 0. \tag{4.24}$$

Mit dem Ansatz

$$\rho = h(\mathbf{r})f(\tau)$$

ergibt sich

$$f(\tau) + \frac{\partial f(\tau)}{\partial \tau} = 0,$$

d.h.

$$f(\tau) = C\exp(-\tau)$$

und

$$\rho = Ch(\mathbf{r})\exp(-\tau).$$

Für $\tau = 0$ ist

$$\rho(\mathbf{r},0) = Ch(\mathbf{r}),$$

d.h.

$$\rho(\mathbf{r},t) = \rho(\mathbf{r},0)\exp(-\tau) = \rho(\mathbf{r},0)\exp(-t/t_r). \tag{4.25}$$

Die Ladungen klingen also mit der Relaxationszeit t_r ab. Je nach dem Medium kann t_r sehr verschiedene Werte annehmen, wie es die folgenden Beispiele zeigen:

gute Leiter: $(\varepsilon = \varepsilon_0)$ $\begin{cases} \text{Silber} & t_r \approx 1{,}4\cdot 10^{-19}\,\text{s}, \\ \text{Kupfer} & t_r \approx 1{,}5\cdot 10^{-19}\,\text{s}, \end{cases}$

ein schlechter Leiter: destilliertes Wasser $t_r \approx 10^{-6}\,$s,
ein Isolator: Quarz, geschmolzen, $t_r \approx 10^6\,$s $\approx 10\,$Tage.

4.3 Die Randbedingungen

An der Grenzfläche zweier Medien ergibt sich aus dem Erhaltungssatz für die Ladungen (4.2) ein Zusammenhang zwischen den senkrechten Komponenten von **g** und der Flächenladung (Bild 4.4). Integriert man nämlich diese Gleichung über ein kleines scheibenförmiges Volumen, so ergibt sich

$$g_{2n}\,\text{d}A - g_{1n}\,\text{d}A + \frac{\partial \sigma}{\partial t}\text{d}A = 0,$$

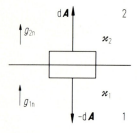

Bild 4.4

bzw. gekürzt

$$\boxed{g_{2n} - g_{1n} + \frac{\partial \sigma}{\partial t} = 0} \,. \tag{4.26}$$

Dabei ist vorausgesetzt, daß in der Grenzfläche kein Strombelag (Flächenstrom) auftreten kann, d.h. daß alle Leitfähigkeiten endlich sind.

Im stationären Fall ist

$$\frac{\partial \sigma}{\partial t} = 0$$

und deshalb

$$\boxed{g_{2n} = g_{1n}} \,. \tag{4.27}$$

Man beachte, daß dabei durchaus σ selbst von 0 verschieden sein kann, und wie wir gleich noch sehen werden, unter Umständen sogar sein muß. Aus (4.27) folgt nun

$$\kappa_2 E_{2n} = \kappa_1 E_{1n}. \tag{4.28}$$

Ferner muß stets gelten

$$E_{2t} = E_{1t}. \tag{4.29}$$

Beides zusammen gibt das Brechungsgesetz für die **g**- bzw. E-Linien (Bild 4.5):

$$\frac{\tan \alpha_1}{\tan \alpha_2} = \frac{\dfrac{E_{1t}}{E_{1n}}}{\dfrac{E_{2t}}{E_{2n}}} = \frac{E_{2n}}{E_{1n}},$$

bzw.

$$\boxed{\frac{\tan \alpha_1}{\tan \alpha_2} = \frac{\kappa_1}{\kappa_2}} \,. \tag{4.30}$$

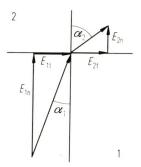

Bild 4.5

4 Das stationäre Strömungsfeld

Andererseits ist nach Gleichung (2.120) mit $\dfrac{d\tau}{ds} = 0$

$$\frac{\tan \alpha_1}{\tan \alpha_2} = \frac{\varepsilon_1}{\varepsilon_2} + \frac{\sigma}{\varepsilon_2 E_{1n}}, \tag{4.31}$$

wenn sich auf der Grenzfläche zwischen den beiden Medien 1 und 2 eine Flächenladung σ befindet. Die beiden Gleichungen (4.30) und (4.31) sind demnach nur dann miteinander verträglich, wenn

$$\boxed{\frac{\kappa_1}{\kappa_2} = \frac{\varepsilon_1}{\varepsilon_2} + \frac{\sigma}{\varepsilon_2 E_{1n}}}$$

ist, d.h. wenn gilt:

$$\sigma = \varepsilon_2 E_{1n}\left(\frac{\kappa_1}{\kappa_2} - \frac{\varepsilon_1}{\varepsilon_2}\right) = \frac{\varepsilon_2}{\kappa_1} g_{1n}\left(\frac{\kappa_1}{\kappa_2} - \frac{\varepsilon_1}{\varepsilon_2}\right),$$

$$\boxed{\sigma = g_{1n}\left(\frac{\varepsilon_2}{\kappa_2} - \frac{\varepsilon_1}{\kappa_1}\right) = g_{1n}(t_{r_2} - t_{r_1})}. \tag{4.32}$$

Das ist ein recht merkwürdiges Ergebnis. Nur wenn die beiden Relaxationszeiten gleich sind, ist ein stationärer Zustand ohne Flächenladung auf der Grenzfläche möglich. Umgekehrt kann sich, wenn $t_{r_1} \neq t_{r_2}$ ist, ein stationärer Zustand erst ausbilden, wenn σ den durch Gleichung (4.32) gegebenen Wert annimmt, sollte er zunächst davon verschieden sein. Die dazu benötigte Zeit wird von der Geometrie der Anordnung und von den Größen ε_1, ε_2, κ_1 und κ_2 abhängen. Vorher wird das Brechungsgesetz (4.30) nicht gelten, sondern die Gleichung (4.31) mit dem jeweiligen Wert von σ. Dies sei zur Verdeutlichung an einem Beispiel illustriert (Bild 4.6). Eine für $t \geqslant 0$ konstante Spannung U werde zur Zeit $t = 0$ plötzlich an einen unendlich ausgedehnten geschichteten Widerstand gelegt. Die Flächenladung sei zu Beginn $\sigma(0) = 0$. Es gelten die folgenden drei Gleichungen:

$$aE_1(t) + bE_2(t) = U, \tag{4.33}$$

$$-\varepsilon_1 E_1(t) + \varepsilon_2 E_2(t) = \sigma(t), \tag{4.34}$$

$$-\kappa_1 E_1(t) + \kappa_2 E_2(t) + \frac{\partial \sigma(t)}{\partial t} = 0. \tag{4.35}$$

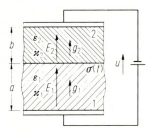

Bild 4.6

Berechnet man aus den beiden ersten Gleichungen, (4.33), (4.34), $E_1(t)$ und $E_2(t)$, so ergibt sich

$$\left.\begin{aligned} E_1(t) &= \frac{U\varepsilon_2 - b\sigma(t)}{a\varepsilon_2 + b\varepsilon_1}, \\ E_2(t) &= \frac{U\varepsilon_1 + a\sigma(t)}{a\varepsilon_2 + b\varepsilon_1}. \end{aligned}\right\} \tag{4.36}$$

Setzt man dies in die Gleichung (4.35) ein, so erhält man die Differentialgleichung

$$\frac{\partial \sigma}{\partial t} + \frac{\sigma}{t_{12}} = U \frac{\varepsilon_2 \kappa_1 - \varepsilon_1 \kappa_2}{a\varepsilon_2 + b\varepsilon_1}, \tag{4.37}$$

wo

$$t_{12} = \frac{a\varepsilon_2 + b\varepsilon_1}{a\kappa_2 + b\kappa_1}, \tag{4.38}$$

mit der Lösung

$$\sigma(t) = U \frac{\varepsilon_2 \kappa_1 - \varepsilon_1 \kappa_2}{a\kappa_2 + b\kappa_1} \left[1 - \exp\left(-\frac{t}{t_{12}}\right) \right]. \tag{4.39}$$

Für sehr große Zeiten wird

$$\sigma_\infty = U \frac{\varepsilon_2 \kappa_1 - \varepsilon_1 \kappa_2}{a\kappa_2 + b\kappa_1}.$$

Die zugehörigen elektrischen Felder sind nach (4.36)

$$\left.\begin{aligned} E_{1\infty} &= U \frac{\kappa_2}{a\kappa_2 + b\kappa_1}, \\ E_{2\infty} &= U \frac{\kappa_1}{a\kappa_2 + b\kappa_1}, \end{aligned}\right\} \tag{4.40}$$

und die zugehörige Stromdichte ist

$$g_\infty = g_{1\infty} = g_{2\infty} = \frac{U\kappa_1 \kappa_2}{a\kappa_2 + b\kappa_1}. \tag{4.41}$$

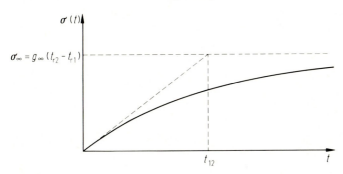

Bild 4.7

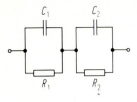

Bild 4.8

Damit wird (Bild 4.7)

$$\sigma(t) = g_\infty \left(\frac{\varepsilon_2}{\kappa_2} - \frac{\varepsilon_1}{\kappa_1} \right) \left[1 - \exp\left(-\frac{t}{t_{12}} \right) \right]$$

$$= g_\infty (t_{r2} - t_{r1}) \left[1 - \exp\left(-\frac{t}{t_{12}} \right) \right]. \quad (4.42)$$

Erst wenn dieser Relaxationsvorgang mit der typischen Zeit t_{12} abgeklungen ist, hat man den stationären Zustand erreicht, der durch die Gleichungen (4.27), (4.30) und (4.32) beschrieben wird. Man kann die hier ablaufenden Vorgänge durch eine Schaltung aus Kapazitäten und Widerständen entsprechend Bild 4.8 simulieren, wobei

$$\left.\begin{aligned} R_1 &= \frac{a}{\kappa_1 A}, \\ R_2 &= \frac{b}{\kappa_2 A}, \\ C_1 &= \frac{\varepsilon_1 A}{a}, \\ C_2 &= \frac{\varepsilon_2 A}{b} \end{aligned}\right\} \quad (4.43)$$

ist, wenn A die als sehr groß angenommene Querschnittsfläche des geschichteten Widerstandes (oder geschichteten Kondensators) von Bild 4.6 ist. Die Berechnung der Schaltung in Bild 4.8 führt zu denselben Ergebnissen, die oben feldtheoretisch abgeleitet wurden. Ohne dies hier im einzelnen auszuführen, sei lediglich bemerkt, daß man für die Relaxationszeit den Ausdruck

$$t_{12} = \frac{C_1 + C_2}{\frac{1}{R_1} + \frac{1}{R_2}} = \frac{\frac{\varepsilon_1 A}{a} + \frac{\varepsilon_2 A}{b}}{\frac{\kappa_1 A}{a} + \frac{\kappa_2 A}{b}} = \frac{\varepsilon_1 b + \varepsilon_2 a}{\kappa_1 b + \kappa_2 a} \quad (4.44)$$

bekommt, d.h. gerade wieder die Gleichung (4.38).

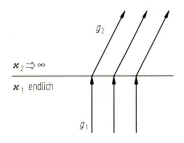

Bild 4.9   **Bild 4.10**

Ein wichtiger Spezialfall des Brechungsgesetzes (4.30) ergibt sich für

$$\frac{\kappa_1}{\kappa_2} \Rightarrow 0,$$

d.h. wenn $\kappa_2 \Rightarrow \infty$ geht und κ_1 endlich bleibt. Dann ist auch $\tan\alpha_1 = 0$, die **g**-Linien stehen im Leiter endlicher Leitfähigkeit senkrecht auf der Grenzfläche (Bild 4.9). Ist hingegen $\kappa_2 = 0$, so verlaufen die **g**-Linien parallel zur Grenzfläche (Bild 4.10). Die Grenzfläche zu einem Leiter unendlicher Leitfähigkeit ist demnach eine Äquipotentialfläche, d.h. auf ihr ist

$$\varphi = \text{const.} \tag{4.45}$$

Die Grenzfläche gegen einen Nichtleiter dagegen ist durch

$$\frac{\partial \varphi}{\partial n} = 0 \tag{4.46}$$

gekennzeichnet.

4.4 Die formale Analogie zwischen D und g

Zunächst ist

$$\mathbf{E} = -\operatorname{grad} \varphi.$$

Ferner gilt

$\mathbf{D} = \varepsilon \mathbf{E}$	$\mathbf{g} = \kappa \mathbf{E}$
$\mathbf{D} = -\varepsilon \operatorname{grad} \varphi.$	$\mathbf{g} = -\kappa \operatorname{grad} \varphi.$

Im ladungsfreien Raum ist | Im stationären Fall ist

$$\operatorname{div} \mathbf{D} = 0 \quad | \quad \operatorname{div} \mathbf{g} = 0,$$

d.h. im homogenen Raum ist

$$\Delta \varphi = 0.$$

An Grenzflächen sind dann die Normalkomponenten stetig

$$D_{2n} = D_{1n} \quad | \quad g_{2n} = g_{1n},$$

während sich für die Tangentialkomponenten wegen

$$\mathbf{E}_{2t} = \mathbf{E}_{1t}$$

$$\frac{D_{2t}}{\varepsilon_2} = \frac{D_{1t}}{\varepsilon_1} \quad \bigg| \quad \frac{g_{2t}}{\kappa_2} = \frac{g_{1t}}{\kappa_1}$$

ergibt. Das führt zum Brechungsgesetz:

$$\frac{\tan \alpha_1}{\tan \alpha_2} = \frac{\varepsilon_1}{\varepsilon_2}. \quad \bigg| \quad \frac{\tan \alpha_1}{\tan \alpha_2} = \frac{\kappa_1}{\kappa_2}.$$

Es besteht also eine formal vollständige Analogie zwischen elektrostatischen Feldern **D** auf der einen und stationären Strömungsfeldern **g** auf der anderen Seite. Das ist wichtig, weil man deshalb die Ergebnisse der Kap. 2 und 3 auf Strömungsfelder weitgehend übertragen darf. Das gilt insbesondere auch für die in Kap. 3 entwickelten formalen Methoden, die man unverändert zur Lösung von Randwertproblemen für Strömungsfelder heranziehen kann (Separation, konforme Abbildung). Dabei ergeben sich nach den Gleichungen (4.45) und (4.46) bei Leitern, die durch unendlich gute Leiter begrenzt werden, Dirichletsche Randwertprobleme und bei solchen, die durch Nichtleiter begrenzt werden, Neumannsche Randwertprobleme bzw., wenn beides der Fall ist, gemischte Probleme.

4.5 Einige Strömungsfelder

4.5.1 Die punktförmige Quelle im Raum

Geht eine elektrische Strömung **g** von einer punktförmigen Quelle in einem unendlich ausgedehnten und homogenen Medium aus, so gilt (Bild 4.11) aus Symmetriegründen

$$\int_A \mathbf{g} \cdot d\mathbf{A} = 4\pi r^2 g_r = I,$$

Bild 4.11

d.h.

$$g_r = \frac{I}{4\pi r^2} \tag{4.47}$$

und

$$E_r = \frac{g_r}{\kappa} = \frac{I}{4\pi\kappa r^2}. \tag{4.48}$$

Alle anderen Komponenten von **g** bzw. **E** verschwinden. Wegen der Stromzuführung stellt die Annahme der Kugelsymmetrie natürlich eine Idealisierung dar. Für das Potential gilt

$$\varphi(r) = \frac{I}{4\pi\kappa r}. \tag{4.49}$$

Mit Hilfe der Spiegelungsmethode kann man auch den Fall einer punktförmigen Quelle in einem Raum diskutieren, der aus zwei Halbräumen verschiedener Leitfähigkeit besteht (Bild 4.12). Wir können versuchen, das Problem für das Gebiet 1 mit der Quelle I und einer fiktiven Bildquelle I' im Gebiet 2 und für das Gebiet 2 mit einer fiktiven Bildquelle I'' im Gebiet 1 zu lösen. Demnach setzen wir an:

$$\varphi_1 = \frac{1}{4\pi\kappa_1}\left(\frac{I}{\sqrt{(x-a)^2 + y^2 + z^2}} + \frac{I'}{\sqrt{(x+a)^2 + y^2 + z^2}}\right),$$

$$\varphi_2 = \frac{1}{4\pi\kappa_2}\left(\frac{I''}{\sqrt{(x-a)^2 + y^2 + z^2}}\right).$$

Man beachte, daß dieser Ansatz dem von Abschn. 2.11.2 völlig analog ist. Deshalb ergibt sich—wenn man nur ε durch κ ersetzt—

$$I' = I\frac{\kappa_1 - \kappa_2}{\kappa_1 + \kappa_2}, \tag{4.50}$$

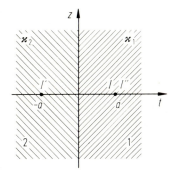

Bild 4.12

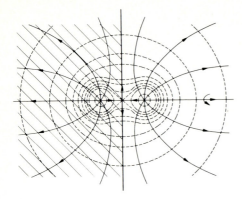

Bild 4.13

$$I'' = I \frac{2\kappa_2}{\kappa_1 + \kappa_2}. \tag{4.51}$$

Die Strömungsfelder entsprechen den elektrischen Feldern der Bilder von Abschn. 2.11.2. Zwei Grenzfälle sind besonders wichtig. Befindet sich im Gebiet 2 ein Nichtleiter, $\kappa_2 = 0$, so gilt:

$$\left.\begin{array}{l} I' = I \\ I'' = 0 \end{array}\right\}.$$

Dieser Fall ist in Bild 4.13 angedeutet. Ist dagegen das Gebiet 2 von einem unendlich leitfähigen Medium erfüllt (Bild 4.14), so ergibt sich aus $\kappa_2 \to \infty$

$$\left.\begin{array}{l} I' = -I \\ I'' = 2I \end{array}\right\}.$$

Bild 4.13 entspricht der Neumannschen Randbedingung $\partial \varphi / \partial n = 0$ und Bild 4.14 der Dirichletschen Randbedingung $\varphi = \text{const}$.

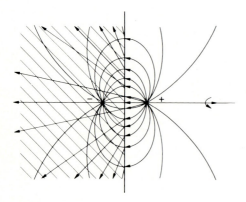

Bild 4.14

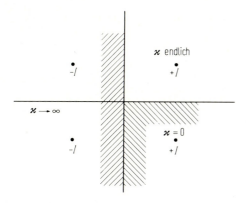

Bild 4.15

Von diesen Ergebnissen ausgehend kann man durch passende Überlagerung verschiedener Quellen eine Fülle von Problemen lösen. Bild 4.15 z.B. deutet an, wie man das Problem einer Punktquelle in einem Quadranten behandelt, dessen eine Seitenfläche an ein unendlich leitfähiges und dessen andere Seite an ein überhaupt nicht leitfähiges Medium grenzt. Sind dagegen beide Medien unendlich leitfähig, so wird man entsprechend Bild 4.16 vorgehen.

Durch Grenzübergang kann man zur *Dipolquelle* übergehen und zum Beispiel durch Überlagerung von Dipolströmung und homogener Strömung das Problem einer in ein homogenes Medium eingebetteten Kugel anderer Leitfähigkeit lösen (in Analogie zu Abschn. 2.12).

4.5.2 Linienquellen

Für Linienquellen gilt im wesentlichen das über Linienladungen Gesagte. Ist r der senkrechte Abstand von einer homogenen Linienquelle I/l, so ist im unendlichen

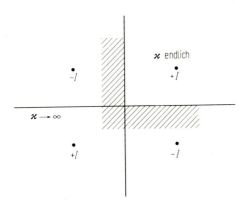

Bild 4.16

250 4 Das stationäre Strömungsfeld

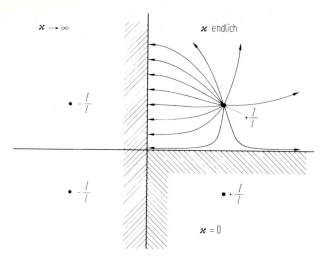

Bild 4.17

homogenen Raum

$$g_r = \frac{I}{2\pi l r}, \tag{4.52}$$

$$E_r = \frac{I}{2\pi \kappa l r} \tag{4.53}$$

bzw.

$$\varphi(r) = -\frac{I}{2\pi \kappa l}\ln\frac{r}{r_B}. \tag{4.54}$$

Im übrigen kann man alle Beispiele, die unter 4.5.1 aufgeführt wurden, auf Linienquellen übertragen, wenn man in den entsprechenden Bildern 4.12 bis 4.16 I durch I/l ersetzt. Dies gilt auch für die beiden Gleichungen (4.50) und (4.51).

Die so entstehenden Konfigurationen können zum Ausgangspunkt der Lösung weiterer ebener Probleme durch konforme Abbildung gemacht werden. So entsteht

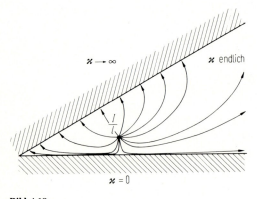

Bild 4.18

z.B. aus dem Feld von Bild 4.17 durch die Abbildung $\zeta = z^p$ das Feld von Bild 4.18 (analog zum Beispiel 6 von Abschn. 3.12).

4.5.3 Ein gemischtes Randwertproblem

Als Beispiel für die Anwendung der Separationsmethode sei ein der Einfachheit wegen ebenes gemischtes Randwertproblem der Laplace-Gleichung $\Delta\varphi = 0$ behandelt. Ein rechteckiges Stück eines homogenen Leiters mit den Seitenlängen a und b sei entsprechend Bild 4.19 an eine Spannungsquelle gelegt. Die beiden Seiten $y = 0$ und $y = b$ seien mit einem Rand aus sehr gut leitendem Material versehen (z.B. versilbert) und geerdet. Die Seite $x = a$ sei ebenfalls versilbert, und das Potential sei dort $\varphi = \varphi_0$. Am Rand $x = 0$ sei keine Stromableitung angebracht, d.h. dort müssen die Stromlinien parallel zum Rand verlaufen, $\partial\varphi/\partial n = 0$. Wir können die Randbedingungen wie folgt zusammenfassen:

$$\left.\begin{array}{ll} \varphi = 0 & \text{für } y = 0 \\ & \text{und } y = b, \\ \varphi = \varphi_0 & \text{für } x = a, \\ \dfrac{\partial\varphi}{\partial n} = \dfrac{\partial\varphi}{\partial x} = 0 & \text{für } x = 0. \end{array}\right\} \qquad (4.55)$$

Um die Randbedingungen in bezug auf y zu erfüllen, setzt man die y-Abhängigkeit in folgender Form an:

$$A\cos(ky) + B\sin(ky).$$

Damit ist dann auch die Form der x-Abhängigkeit festgelegt, da das Problem von z nicht abhängt:

$$C\cosh(kx) + D\sinh(kx).$$

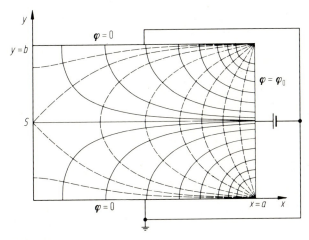

Bild 4.19

Zur Erfüllung der Bedingungen $\varphi = 0$ für $y = 0$ müssen wir $A = 0$ setzen. Dann muß für $y = b$

$$\sin(kb) = 0,$$

d.h.

$$kb = n\pi$$

bzw.

$$k = k_n = \frac{n\pi}{b}$$

sein. Ferner wird $\partial\varphi/\partial x = 0$ bei $x = 0$, wenn wir $D = 0$ setzen. Damit ist

$$\varphi(x, y) = \sum_{n=1}^{\infty} C_n \sin\left(\frac{n\pi y}{b}\right) \cosh\left(\frac{n\pi x}{b}\right). \tag{4.56}$$

Für $k = 0$ könnte noch der Summand $(A + By)(C + Dx)$ zusätzlich auftreten. Er verschwindet jedoch auf Grund der Randbedingungen. Der Ansatz (4.56) erfüllt, wie man unmittelbar sieht, alle Randbedingungen bis auf die bei $x = a$. Diese ist nun noch zu erfüllen. Wir müssen dazu die Koeffizienten C_n so wählen, daß gilt:

$$\varphi_0 = \sum_{n=1}^{\infty} C_n \cosh\left(\frac{n\pi a}{b}\right) \sin\left(\frac{n\pi y}{b}\right). \tag{4.57}$$

Wir multiplizieren diese Gleichung mit $\sin(n'\pi y/b)$ und integrieren über y von 0 bis b:

$$\int_0^b \varphi_0 \sin\left(\frac{n'\pi y}{b}\right) dy = \sum_{n=1}^{\infty} C_n \cosh\left(\frac{n\pi a}{b}\right) \int_0^b \sin\left(\frac{n\pi y}{b}\right) \sin\left(\frac{n'\pi y}{b}\right) dy.$$

Mit der Orthogonalitätsbeziehung (3.76) folgt daraus

$$\frac{b}{2} C_{n'} \cosh\left(\frac{n'\pi a}{b}\right) = \varphi_0 \int_0^b \sin\left(\frac{n'\pi y}{b}\right) dy.$$

Nun ist

$$\int_0^b \sin\left(\frac{n'\pi y}{b}\right) dy = \frac{b}{n'\pi}[\cos 0 - \cos(n'\pi)]$$

$$= \frac{b}{n'\pi}[1 - (-1)^{n'}].$$

Damit wird

$$C_n = \frac{2\varphi_0}{n\pi \cosh\left(\frac{n\pi a}{b}\right)}[1 - (-1)^n], \tag{4.58}$$

d.h.

$$C_n = \begin{cases} \dfrac{4\varphi_0}{n\pi \cosh\left(\dfrac{n\pi a}{b}\right)} & \text{für} \quad n = 1, 3, 5, \ldots \\ 0 & \text{für} \quad n = 2, 4, 6, \ldots \end{cases}. \quad (4.59)$$

Letzten Endes ergibt sich damit aus (4.56) die Lösung

$$\varphi(x, y) = \frac{4\varphi_0}{\pi} \sum_{n=0}^{\infty} \frac{1}{2n+1} \frac{\cosh\left(\dfrac{(2n+1)\pi x}{b}\right)}{\cosh\left(\dfrac{(2n+1)\pi a}{b}\right)} \sin\left(\frac{(2n+1)\pi y}{b}\right). \quad (4.60)$$

Das hier behandelte Problem kann auch als Randwertproblem für ψ aufgefaßt werden, denn auch für ψ gilt

$$\Delta \psi = 0, \quad (4.61)$$

wobei die Randbedingungen andere als die für φ, (4.55), sind, nämlich (Bild 4.20):

$$\begin{rcases} \dfrac{\partial \psi}{\partial y} = -E_x = 0 & \text{für} \quad y = 0 \\ & \text{und} \quad y = b \\ & \text{und} \quad x = 0, \\ \dfrac{\partial \psi}{\partial x} = E_y = 2\varphi_0[\delta(y-b) - \delta(y)] & \text{für} \quad x = a. \end{rcases} \quad (4.62)$$

Der Faktor $2\varphi_0$ vor den δ-Funktionen dieser Formel rührt von dem Verhalten des Potentials längs $x = a$ her. Betrachtet man dieses nämlich als Funktion von

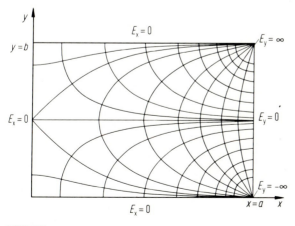

Bild 4.20

y, so ist

$$\varphi(a, y) = \varphi_0 \quad \text{für} \quad 0 < y < b$$
$$\varphi(a, y) = -\varphi_0 \quad \text{für} \quad b < y < 2b, \quad -b < y < 0,$$

d.h. sowohl bei $y = 0$ als auch bei $y = b$ springt das Potential um den Wert $2\varphi_0$. Der Ansatz

$$\psi(x, y) = \sum_{n=1}^{\infty} d_n \cos\left(\frac{n\pi y}{b}\right) \sinh\left(\frac{n\pi x}{b}\right) \qquad (4.63)$$

erfüllt die ersten drei die Bedingungen (4.62), jedoch nicht die letzte. Dazu muß

$$\sum_{n=1}^{\infty} d_n \frac{n\pi}{b} \cos\left(\frac{n\pi y}{b}\right) \cosh\left(\frac{n\pi a}{b}\right) = 2\varphi_0 [\delta(y - b) - \delta(y)]$$

sein, woraus sich

$$d_n = \frac{2\varphi_0}{n\pi \cosh\left(\frac{n\pi a}{b}\right)} [(-1)^n - 1] \qquad (4.64)$$

ergibt. Damit wird

$$\psi(x, y) = -\frac{4\varphi_0}{\pi} \sum_{n=0}^{\infty} \frac{1}{2n+1} \frac{\sinh\left(\frac{(2n+1)\pi x}{b}\right)}{\cosh\left(\frac{(2n+1)\pi a}{b}\right)} \cos\left(\frac{(2n+1)\pi y}{b}\right). \qquad (4.65)$$

Die beiden Ergebnisse (4.60) und (4.65) sind gleichwertig. Aus beiden kann man das Feld gewinnen. φ und ψ müssen dazu die Cauchy-Riemannschen Gleichungen befriedigen,

$$\frac{\partial \varphi}{\partial x} = +\frac{\partial \psi}{\partial y},$$
$$\frac{\partial \varphi}{\partial y} = -\frac{\partial \psi}{\partial x},$$

was auch der Fall ist. Natürlich hätte man ψ mit Hilfe dieser Gleichungen auch aus φ berechnen können, was einfacher als die nochmalige Lösung des Randwertproblems ist.

Wenn man φ und ψ kennt, kann man das komplexe Potential des Feldes angeben:

$$w(z) = \varphi(x, y) + i\psi(x, y).$$

Weil

$$\sinh(z) = \sinh(x + iy) = \sinh(x)\cosh(iy) + \cosh(x)\sinh(iy)$$
$$= \sinh(x)\cos(y) + i\cosh(x)\sin(y),$$

wird

$$w(z) = \frac{4\varphi_0}{\pi} \cdot \sum_{n=0}^{\infty} \frac{\cosh\frac{(2n+1)\pi x}{b}\sin\frac{(2n+1)\pi y}{b} - i\sinh\frac{(2n+1)\pi x}{b}\cos\frac{(2n+1)\pi y}{b}}{(2n+1)\cosh\frac{(2n+1)\pi a}{b}},$$

d.h.

$$w(z) = -\frac{4\varphi_0 i}{\pi} \sum_{n=0}^{\infty} \frac{\sinh\left(\frac{(2n+1)\pi z}{b}\right)}{(2n+1)\cosh\left(\frac{(2n+1)\pi a}{b}\right)}. \tag{4.66}$$

Damit ist auch die konforme Abbildung gegeben, die das gegebene Problem lösen würde.

Mit Hilfe der Stromfunktion läßt sich nun auch der Widerstand der Anordnung berechnen, bzw. dessen Kehrwert, der Leitwert:

$$G = \frac{1}{R} = \frac{I}{U} = \frac{I}{\varphi_0 - 0}.$$

Dabei ist (mit der Dicke d der leitfähigen Schicht)

$$I = \left| d \int_{(a,0)}^{(a,b)} g_n \, dy \right| = \left| d\kappa \int_{(a,0)}^{(a,b)} E_x \, dy \right|$$

$$= \left| -d\kappa \int_{(a,0)}^{(a,b)} \frac{\partial \psi}{\partial y} \, dy \right| = \left| -d\kappa \int_{(a,0)}^{(a,b)} d\psi \right|$$

$$= | -d\kappa [\psi(a,b) - \psi(a,0)] |$$

$$I = \frac{4\kappa d\varphi_0}{\pi} \sum_{n=0}^{\infty} 2\frac{1}{2n+1} \tanh\left(\frac{(2n+1)\pi a}{b}\right),$$

d.h.

$$G = \frac{8\kappa d}{\pi} \sum_{n=0}^{\infty} \frac{\tanh\left(\frac{(2n+1)\pi a}{b}\right)}{(2n+1)} \Rightarrow \infty. \tag{4.67}$$

Der Leitwert G wird also unendlich groß. Das ist eine Folge der Idealisierung des Problems. An den Ecken $x = a$, $y = 0$ bzw. $y = b$ hat das Potential Sprungstellen. Das führt zu den dort unendlich werdenden Feldstärken, die uns schon in der Randbedingung (4.62) begegnet sind. Ebenso werden dort die Stromdichte und sogar der integrierte Gesamtstrom unendlich, d.h. $\psi(a,b)$ und $\psi(a,0)$ sind nicht endlich. Diese Divergenz wird beseitigt, wenn man kleine Stücke von den Ecken wegnimmt, und dabei einer Stromlinie folgt (Bild 4.21).

256 4 Das stationäre Strömungsfeld

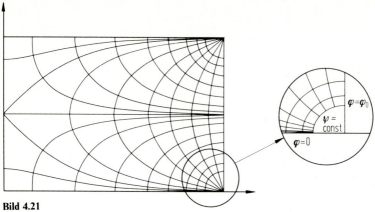

Bild 4.21

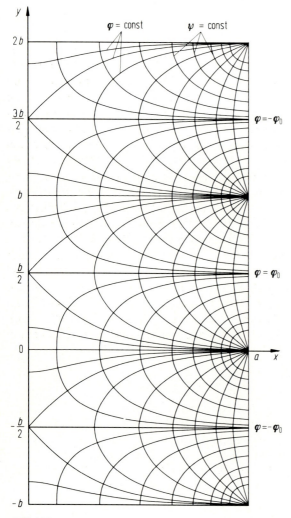

Bild 4.22

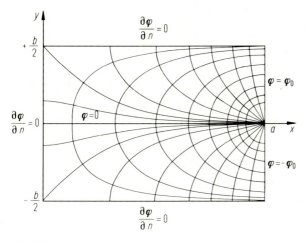

Bild 4.23

Es ist noch zu bemerken, daß wir mit der Lösung unseres Problems auch eine Reihe von anderen Problemen als gelöst betrachten können. Dazu ist in Bild 4.22 das Feld über einen größeren Bereich skizziert. Bild 4.22 erlaubt nun eine ganze Reihe verschiedener Interpretationen. Zum Beispiel kann man den Abschnitt von $y = -b/2$ bis $y = +b/2$ herausgreifen und entsprechend Bild 4.23 als Lösung eines anderen Randwertproblems auffassen. Nimmt man nur den Abschnitt von 0 bis $b/2$, so ergibt sich Bild 4.24. Außerdem kann man diesen Bildern auch durch Vertauschung der Rollen von φ und ψ eine neue Deutung geben. Dadurch entsteht z.B. aus Bild 4.23 das Feld einer punktförmigen Stromzuführung bei $x = a, y = 0$, wobei der Strom an den drei Seiten $y = \pm b/2$ und $x = 0$ wieder abgeführt wird, während die Seite $x = a$ an einen Nichtleiter grenzt (von der punktförmigen Zuführung abgesehen), siehe Bild 4.25. Berechnet man in diesem Fall den Widerstand, so findet man, daß dieser divergiert, d.h. unendlich wird. Das liegt an der Singularität der Einspeisung des Stromes bei $x = a$, $y = 0$. Wir haben das schon im Zusammenhang mit dem Unendlichwerden des Leitwerts entsprechend (4.67) diskutiert. In der jetzigen Interpretation bleibt der Strom endlich, während die hier als Potential zu interpretierende Größe $\psi(a, 0)$ divergiert. Endlicher Strom bei unendlicher Spannung bedeutet aber unendlichen Widerstand. Dieses Unendlichwerden ist also wie vorher das des Leitwertes formaler Natur und kann durch

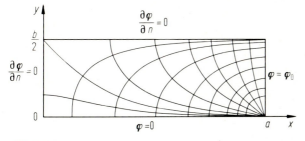

Bild 4.24

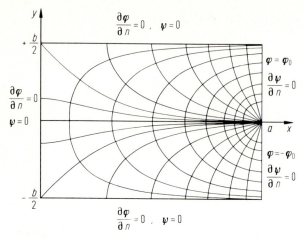

Bild 4.25

das Wegnehmen eines kleinen Stücks längs einer Linie $\psi = $ const (die hier Äquipotentiallinie ist) beseitigt werden (Bild 4.21). Wenn hier von "Äquipotentiallinien" die Rede ist, so sind damit die Schnittkurven der Äquipotentialflächen mit der betrachteten Ebene gemeint. Dies ist bei ebenen Problemen gerechtfertigt, weil diese Äquipotentiallinien die ganzen Äquipotentialflächen eindeutig charakterisieren.

5 Die Grundlagen der Magnetostatik

5.1 Grundgleichungen

In Kap. 1 wurden die Maxwellschen Gleichungen, (1.72), eingeführt. Betrachtet man nur zeitunabhängige Probleme, so zerfällt das System der Maxwellschen Gleichungen in zwei elektrostatische und in zwei magnetostatische Gleichungen. Die letzten bestehen aus dem Durchflutungsgesetz und aus der Aussage, daß das Feld **B** stets quellenfrei ist:

$$\boxed{\operatorname{rot} \mathbf{H} = \mathbf{g}}, \tag{5.1}$$

$$\boxed{\operatorname{div} \mathbf{B} = 0}. \tag{5.2}$$

Darüber hinaus muß ein Zusammenhang zwischen **B** und **H** hergestellt werden,

$$\mathbf{B} = \mathbf{B}(\mathbf{H}). \tag{5.3}$$

Im Vakuum ist

$$\mathbf{B} = \mu_0 \mathbf{H}. \tag{5.4}$$

Das Feld **B** macht sich dadurch bemerkbar, daß es auf geladene Teilchen eine geschwindigkeitsabhängige Kraft ausübt (*Lorentz-Kraft*). Ist gleichzeitig ein elektrisches Feld **E** vorhanden, so ist

$$\mathbf{F} = Q(\mathbf{E} + \mathbf{v} \times \mathbf{B}). \tag{5.5}$$

Integriert man Gleichung (5.1) über eine beliebige Fläche, so ergibt sich deren Integralform,

$$\int_A \operatorname{rot} \mathbf{H} \cdot d\mathbf{A} = \int_A \mathbf{g} \cdot d\mathbf{A},$$

bzw. unter Anwendung des Stokeschen Satzes

$$\boxed{\oint \mathbf{H} \cdot d\mathbf{s} = I}, \tag{5.6}$$

wenn I der durch die Fläche hindurchgehende Strom ist.

In den folgenden Abschnitten wird es vielfach darauf ankommen, die Magnetfelder gegebener Anordnungen von Strömen zu berechnen. In besonders einfachen Fällen hoher Symmetrie kann man die Magnetfelder mit Hilfe der Gleichung (5.6) fast direkt angeben. Vielfach muß man jedoch zu etwas umständlicheren formalen Methoden greifen. Dabei spielt das sog. *Vektorpotential* **A** eine besonders wichtige Rolle. Da für jeden beliebigen Vektor

$$\text{div rot } \mathbf{a} = 0$$

gilt, kann man **B** in der Form

$$\boxed{\mathbf{B} = \text{rot } \mathbf{A}} \tag{5.7}$$

darstellen. Damit ist Gleichung (5.2) automatisch erfüllt. Ist **A** bekannt, so ergibt sich daraus **B** in eindeutiger Weise. Umgekehrt gehört zu einem gegebenen Feld **B** jedoch nicht nur ein Vektorpotential **A**. Offensichtlich bekommt man ja aus

$$\mathbf{A}$$

und aus

$$\mathbf{A}' = \mathbf{A} + \text{grad } \phi \tag{5.8}$$

dasselbe Feld **B**, da

$$\text{rot } \mathbf{A}' = \text{rot } \mathbf{A} + \text{rot grad } \phi = \text{rot } \mathbf{A}$$

ist, wobei wir die für jede beliebige Funktion ϕ gültige Beziehung

$$\text{rot grad } \phi = 0$$

benutzt haben. Ein and dasselbe Feld **B** ist also durch unendlich viele verschiedene Vektorpotentiale **A** darstellbar. Das gibt uns die Freiheit, an **A** noch zusätzliche Bedingungen zu stellen. Man kann sie durch passende Wahl von ϕ erfüllen, d.h. man kann das Vektorpotential nach geeigneten Vorschriften "eichen". Der Übergang von **A** zu **A**' nach Gleichung (5.8) wird als *Eichtransformation* des Vektorpotentials bezeichnet. **B** bleibt dabei unverändert, d.h. **B** ist, wie man sagt, *eichinvariant*. Für statische Probleme ist die sog. *Coulomb-Eichung* sehr geeignet:

$$\boxed{\text{div } \mathbf{A} = 0}. \tag{5.9}$$

Für zeitabhängige Probleme dagegen wird sehr oft die sog. *Lorentz-Eichung* benutzt:

$$\boxed{\text{div } \mathbf{A} + \mu\varepsilon\frac{\partial \varphi}{\partial t} = 0}. \tag{5.10}$$

Sie wird in späteren Teilen des Buches eine Rolle spielen.

Aus den Gleichungen (5.1), (5.4), (5.7) folgt nun für Ströme im Vakuum

$$\operatorname{rot} \mathbf{H} = \operatorname{rot} \frac{\mathbf{B}}{\mu_0} = \operatorname{rot} \frac{1}{\mu_0} \operatorname{rot} \mathbf{A} = \frac{1}{\mu_0} \operatorname{rot} \operatorname{rot} \mathbf{A} = \mathbf{g}.$$

Mit Hilfe der Vektorbeziehung

$$\operatorname{rot} \operatorname{rot} \mathbf{A} = \operatorname{grad} \operatorname{div} \mathbf{A} - \Delta \mathbf{A} \tag{5.11}$$

und mit (5.9) ist dann

$$\boxed{\Delta \mathbf{A} = - \mu_0 \mathbf{g}}. \tag{5.12}$$

> An dieser Stelle ist Vorsicht erforderlich, da die Anwendung des Laplaceoperators auf Vektoren nur für kartesische Koordinaten den Vektor gibt, den man einfach durch Anwendung auf die Komponenten selbst erhält. Dies kann man mit Hilfe der Ausdrücke für den Gradienten, die Divergenz und die Rotation in krummlinigen Koordinaten (die wir in den Abschnitten 3.1 bis 3.3 erörtert haben) überprüfen, wenn man (5.11) zur Berechnung von $\Delta \mathbf{A}$ benutzt, d.h. wenn man
>
> $$\Delta \mathbf{A} = \operatorname{grad} \operatorname{div} \mathbf{A} - \operatorname{rot} \operatorname{rot} \mathbf{A}$$
>
> bildet. Bei Verwendung krummliniger Koordinaten empfiehlt es sich allgemein, $\Delta \mathbf{A}$ auf diese Weise zu eliminieren.

In kartesischen Koordinaten ergibt sich

$$\boxed{\begin{aligned} \Delta A_x(\mathbf{r}) &= - \mu_0 g_x(\mathbf{r}) \\ \Delta A_y(\mathbf{r}) &= - \mu_0 g_y(\mathbf{r}) \\ \Delta A_z(\mathbf{r}) &= - \mu_0 g_z(\mathbf{r}) \end{aligned}}, \tag{5.13}$$

wobei Δ der normale Laplace-Operator ist,

$$\Delta = \frac{\partial^2}{\partial x^2} + \frac{\partial^2}{\partial y^2} + \frac{\partial^2}{\partial z^2}.$$

In Zylinderkoordinaten dagegen ergibt sich z.B.

$$\boxed{\begin{aligned} \Delta A_r - \frac{2}{r^2} \frac{\partial A_\varphi}{\partial \varphi} - \frac{A_r}{r^2} &= - \mu_0 g_r \\ \Delta A_\varphi + \frac{2}{r^2} \frac{\partial A_r}{\partial \varphi} - \frac{A_\varphi}{r^2} &= - \mu_0 g_\varphi \\ \Delta A_z \phantom{+ \frac{2}{r^2} \frac{\partial A_r}{\partial \varphi} - \frac{A_\varphi}{r^2}} &= - \mu_0 g_z \end{aligned}}, \tag{5.14}$$

wo wiederum Δ der normale Laplace-Operator ist, dessen Form in Zylinderkoordinaten durch Gleichung (3.33) gegeben ist:

$$\Delta = \frac{1}{r}\frac{\partial}{\partial r}r\frac{\partial}{\partial r} + \frac{1}{r^2}\frac{\partial^2}{\partial \varphi^2} + \frac{\partial^2}{\partial z^2}.$$

Man sieht also, daß es ganz falsch wäre, die Gleichung (5.12) etwa in der Form

$$\left.\begin{array}{l}\Delta A_r = -\mu_0 g_r \\ \Delta A_\varphi = -\mu_0 g_\varphi \\ \Delta A_z = -\mu_0 g_z\end{array}\right\} \quad \text{FALSCH!}$$

in ihre zylindrischen Komponenten zerlegen zu wollen. Der Grund für all dies ist in der Tatsache zu suchen, daß in krummlinigen Koordinaten die Basisvektoren selbst Funktionen des Ortes sind, also z.B. in Zylinderkoordinaten $\mathbf{e}_\varphi$ und $\mathbf{e}_r$ (nicht jedoch $\mathbf{e}_z$), was beim Differenzieren zusätzliche Glieder gibt. Für kartesische Koordinaten ist

$$\Delta \mathbf{A} = \Delta(A_x\mathbf{e}_x + A_y\mathbf{e}_y + A_z\mathbf{e}_z) = \mathbf{e}_x\Delta A_x + \mathbf{e}_y\Delta A_y + \mathbf{e}_z\Delta A_z,$$

während für Zylinderkoordinaten z.B.

$$\Delta \mathbf{A} = \Delta(A_r\mathbf{e}_r + A_\varphi\mathbf{e}_\varphi + A_z\mathbf{e}_z) = \mathbf{e}_r(\Delta \mathbf{A})_r + \mathbf{e}_\varphi(\Delta \mathbf{A})_\varphi + \mathbf{e}_z(\Delta \mathbf{A})_z$$

mit

$$(\Delta \mathbf{A})_r \neq \Delta A_r, \quad (\Delta \mathbf{A})_\varphi \neq \Delta A_\varphi.$$

Sind die Ströme $\mathbf{g}(\mathbf{r})$ gegeben, so ist zur Berechnung des zugehörigen Feldes die Gleichung (5.12) zu lösen, die in kartesischen Koordinaten den drei skalaren Gleichungen (5.13), in Zylinderkoordinaten den drei skalaren Gleichungen (5.14) entspricht usw. Aus formalen Gründen wollen wir uns, zunächst jedenfalls, auf die Benutzung von kartesischen Koordinaten festlegen. Die Lösung der drei Gleichungen (5.13) kennen wir nämlich schon. Es handelt sich ja um drei skalare Poissonsche Gleichungen. In der Elektrostatik haben wir gezeigt, daß die Gleichung

$$\Delta \varphi(\mathbf{r}) = -\frac{\rho(\mathbf{r})}{\varepsilon_0}$$

durch das Potential

$$\varphi(\mathbf{r}) = \frac{1}{4\pi\varepsilon_0} \int_V \frac{\rho(\mathbf{r}')}{|\mathbf{r}-\mathbf{r}'|} d\tau'$$

gelöst wird, vergl. (2.20). Analog dazu folgt aus (5.13):

$$\boxed{\begin{aligned}A_x(\mathbf{r}) &= \frac{\mu_0}{4\pi} \int_V \frac{g_x(\mathbf{r}')}{|\mathbf{r}-\mathbf{r}'|} d\tau' \\ A_y(\mathbf{r}) &= \frac{\mu_0}{4\pi} \int_V \frac{g_y(\mathbf{r}')}{|\mathbf{r}-\mathbf{r}'|} d\tau' \\ A_z(\mathbf{r}) &= \frac{\mu_0}{4\pi} \int_V \frac{g_z(\mathbf{r}')}{|\mathbf{r}-\mathbf{r}'|} d\tau'\end{aligned}}. \quad (5.15)$$

Diese drei Gleichungen kann man natürlich wieder zu einer Vektorgleichung zusammenfassen,

$$\boxed{\mathbf{A}(\mathbf{r}) = \frac{\mu_0}{4\pi} \int_V \frac{\mathbf{g}(\mathbf{r}')}{|\mathbf{r} - \mathbf{r}'|} d\tau'}, \tag{5.16}$$

man darf jedoch nicht vergessen, *daß sie nur mit kartesischen Komponenten benutzt werden darf.*

Es ist noch zu beweisen, daß das durch (5.16) gegebene Vektorpotential unserer Eichung entsprechend, (5.9), tatsächlich quellenfrei ist. Es gilt

$$\operatorname{div} \mathbf{A}(\mathbf{r}) = \frac{\mu_0}{4\pi} \int_V \mathbf{g}(\mathbf{r}') \cdot \operatorname{grad}_{\mathbf{r}} \frac{1}{|\mathbf{r} - \mathbf{r}'|} d\tau',$$

da

$$\operatorname{div}(\mathbf{a} f) = \mathbf{a} \cdot \operatorname{grad} f + f \operatorname{div} \mathbf{a},$$

und weil $\mathbf{g}(\mathbf{r}')$ nicht vom Aufpunkt $\mathbf{r}$ abhängt. Weiter ist dann

$$\operatorname{div} \mathbf{A}(\mathbf{r}) = -\frac{\mu_0}{4\pi} \int_V \mathbf{g}(\mathbf{r}') \cdot \operatorname{grad}_{\mathbf{r}'} \frac{1}{|\mathbf{r} - \mathbf{r}'|} d\tau'$$

$$= \frac{-\mu_0}{4\pi} \int_V \left[\operatorname{div}_{\mathbf{r}'} \frac{\mathbf{g}(\mathbf{r}')}{|\mathbf{r} - \mathbf{r}'|} - \frac{1}{|\mathbf{r} - \mathbf{r}'|} \operatorname{div}_{\mathbf{r}'} \mathbf{g}(\mathbf{r}') \right] d\tau',$$

$$\operatorname{div} \mathbf{A}(\mathbf{r}) = -\frac{\mu_0}{4\pi} \int_V \operatorname{div}_{\mathbf{r}'} \frac{\mathbf{g}(\mathbf{r}')}{|\mathbf{r} - \mathbf{r}'|} d\tau',$$

weil für stationäre Ströme

$$\operatorname{div} \mathbf{g} = 0$$

ist. Schließlich wird wegen des Gaußschen Satzes

$$\operatorname{div} \mathbf{A}(\mathbf{r}) = -\frac{\mu_0}{4\pi} \oint \frac{\mathbf{g}(\mathbf{r}')}{|\mathbf{r} - \mathbf{r}'|} \cdot d\mathbf{a}' = 0,$$

weil über den ganzen Raum zu integrieren ist und durch eine hinreichend weit entfernte Oberfläche keine Ströme fließen. Überall dort, wo Verwechslungen mit dem Vektorpotential **A** zu befürchten sind, wird das Flächenelement mit d**a** bezeichnet werden.

Hier ist vor einem Trugschluß zu warnen, dem man manchmal begegnet. Wir sahen, daß div **A** = 0 wird, wenn div **g** = 0 ist. Das bedeutet jedoch keinesfalls, daß wir zwangsläufig die Coulomb-Eichung zu wählen haben, wenn wir ein magnetostatisches Problem betrachten, für das natürlich div **g** = 0 sein muß. Es bedeutet lediglich, daß unsere Vorgehensweise in sich widerspruchslos ist. Wir hatten die Coulomb-Eichung angenommen, div **A** = 0. Käme jetzt etwas anderes heraus, so wäre das ein Widerspruch. Wählen wir allerdings nicht quellenfreie Stromdichten, div **g** ≠ 0, so entsteht dadurch ein Widerspruch. Weil in jedem Fall

$$\operatorname{rot} \operatorname{rot} \mathbf{A} = \mu_0 \mathbf{g}$$

ist, gilt auch

$$\operatorname{div}(\operatorname{rot} \operatorname{rot} \mathbf{A}) = 0 = \mu_0 \operatorname{div} \mathbf{g},$$
$$\operatorname{div} \mathbf{g} = 0.$$

Wir dürfen uns dann auch nicht wundern, wenn wir für $\operatorname{div} \mathbf{g} \neq 0$ ein falsches Vektorpotential mit

$$\operatorname{div} \mathbf{A} \neq 0$$

bekommen. Wählen wir eine andere Eichung, so wird das zu vorgegebenen Strömen berechnete Vektorpotential diese andere Eichbedingung ebenfalls dann und nur dann erfüllen, wenn $\operatorname{div} \mathbf{g} = 0$.

Im Prinzip haben wir damit das Problem der Berechnung von Magnetfeldern beliebiger Ströme gelöst. Praktisch ist dies jedoch oft sehr schwierig.

Man kann statt des Vektorpotentials auch das Feld selbst durch ein Integral ausdrücken. Aus den Gleichungen (5.16) und (5.7) ergibt sich ja

$$\mathbf{B} = \operatorname{rot} \mathbf{A} = \operatorname{rot} \left[\frac{\mu_0}{4\pi} \int_V \frac{\mathbf{g}(\mathbf{r}')}{|\mathbf{r} - \mathbf{r}'|} d\tau' \right],$$

bzw.

$$\mathbf{B} = \frac{\mu_0}{4\pi} \int_V \operatorname{rot}_\mathbf{r} \frac{\mathbf{g}(\mathbf{r}')}{|\mathbf{r} - \mathbf{r}'|} d\tau'.$$

Nun ist

$$\operatorname{rot}_\mathbf{r} \frac{\mathbf{g}(\mathbf{r}')}{|\mathbf{r} - \mathbf{r}'|} = \frac{1}{|\mathbf{r} - \mathbf{r}'|} \operatorname{rot}_\mathbf{r} \mathbf{g}(\mathbf{r}') - \mathbf{g}(\mathbf{r}') \times \operatorname{grad}_\mathbf{r} \frac{1}{|\mathbf{r} - \mathbf{r}'|}$$

$$= -\mathbf{g}(\mathbf{r}') \times \left(-\frac{\mathbf{r} - \mathbf{r}'}{|\mathbf{r} - \mathbf{r}'|^3} \right)$$

$$= \mathbf{g}(\mathbf{r}') \times \frac{(\mathbf{r} - \mathbf{r}')}{|\mathbf{r} - \mathbf{r}'|^3},$$

d.h.

$$\boxed{\mathbf{B}(\mathbf{r}) = \frac{\mu_0}{4\pi} \int_V \frac{\mathbf{g}(\mathbf{r}') \times (\mathbf{r} - \mathbf{r}')}{|\mathbf{r} - \mathbf{r}'|^3} d\tau'}. \tag{5.17}$$

Das ist das sogenannte *Biot-Savartsche Gesetz* in seiner allgemeinsten Form. Hat man nur Ströme in relativ dünnen Leitern, so ist näherungsweise (Bild 5.1)

$$\mathbf{g}(\mathbf{r}') d\tau' = \mathbf{g}(\mathbf{r}') dA' ds' = I d\mathbf{s}'.$$

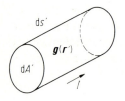

Bild 5.1

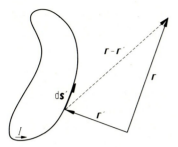

Bild 5.2

Damit nehmen die Gleichungen (5.16), (5.17) die folgende Form an:

$$\boxed{\mathbf{A}(\mathbf{r}) = \frac{\mu_0 I}{4\pi} \oint \frac{\mathrm{d}\mathbf{s}'}{|\mathbf{r} - \mathbf{r}'|}}, \tag{5.18}$$

$$\boxed{\mathbf{B}(\mathbf{r}) = -\frac{\mu_0 I}{4\pi} \oint \frac{(\mathbf{r} - \mathbf{r}') \times \mathrm{d}\mathbf{s}'}{|\mathbf{r} - \mathbf{r}'|^3}}. \tag{5.19}$$

Diese Integrale sind über den gesamten geschlossenen Stromkreis bzw. die gesamten geschlossenen Stromkreise (Bild 5.2) zu erstrecken. Häufig wird gesagt, das Linienelement $\mathrm{d}\mathbf{s}'$ des Stromkreises erzeuge das Feld

$$\mathrm{d}\mathbf{B} = -\frac{\mu_0 I}{4\pi} \frac{(\mathbf{r} - \mathbf{r}') \times \mathrm{d}\mathbf{s}'}{|\mathbf{r} - \mathbf{r}'|^3}. \tag{5.20}$$

Auch diese Aussage wird oft als Biot-Savartsches Gesetz bezeichnet. Leider jedoch ist sie in dieser Form mißverständlich, ja falsch. Das durch (5.20) gegebene Feld ist zwar ein durchaus mögliches Magnetfeld, da es quellenfrei ist. Das zugehörige Strömungsfeld ergibt sich aus

$$\mathbf{g} = \operatorname{rot} \mathbf{H}.$$

Durch Divergenzbildung beider Seiten dieser Gleichung sieht man, daß es auf jeden Fall quellenfrei sein muß,

$$\operatorname{div} \mathbf{g} = \operatorname{div} \operatorname{rot} \mathbf{H} = 0.$$

Der Strom I im Linienelement $\mathrm{d}\mathbf{s}'$ ist jedoch nicht quellenfrei. Offensichtlich ist das ein Widerspruch. Man kann aber das richtige Strömungsfeld sofort berechnen. Zur Vereinfachung und zum besseren Verständnis betrachten wir ein Linienelement $\mathrm{d}\mathbf{s}'$, das sich am Ursprung befindet und die Richtung der positiven z-Achse hat. In Kugelkoordinaten hat dann $\mathrm{d}\mathbf{B}$ bzw. $\mathrm{d}\mathbf{H}$ nur eine φ-Komponente,

$$\mathrm{d}H_\varphi = \frac{I \, \mathrm{d}s' \sin\theta}{4\pi r^2}.$$

Dann ist

$$\mathrm{d}\mathbf{g} = \operatorname{rot} \mathrm{d}\mathbf{H} = \begin{cases} \mathrm{d}g_r = \dfrac{I\,\mathrm{d}s'}{4\pi r^3} 2\cos\theta \\[2mm] \mathrm{d}g_\theta = \dfrac{I\,\mathrm{d}s'}{4\pi r^3}\sin\theta \\[2mm] \mathrm{d}g_\varphi = 0. \end{cases}$$

Das elektrostatische Analogon dieses Feldes ist sehr bekannt, es ist das durch die Gleichungen (2.63) gegebene Dipolfeld. Es handelt sich also um den Strom I im Linienelement mit punktförmigen isotropen Stromquellen $+I$ an seinem oberen und $-I$ an seinem unteren Ende, d.h. um eine den ganzen Raum erfüllende "Dipolströmung". Sie ist rotationssymmetrisch. Man kann deshalb mit Hilfe des Durchflutungsgesetzes auf elementare Weise zeigen, daß diese Strömung genau das gegebene Magnetfeld erzeugt. Weiterhin ist auch klar, daß bei der Integration über einen geschlossenen Weg sich alle positiven und negativen Punktquellen gegenseitig kompensieren und so nur der Strom I in dem sich schließenden Leiter übrigbleibt. Damit ist auch das integrale Ergebnis, (5.19), das wir zunächst auf formale Weise gewonnen hatten, anschaulich völlig klar.

Man kann das Problem auch, den Rahmen der Magnetostatik überschreitend, als zeitabhängiges Problem behandeln. Dann sind auch quellenbehaftete Ströme zulässig, die jedoch wegen der Ladungserhaltung (Kontinuitätsgleichung) mit zeitabhängigen Raumladungen verknüpft sind. Neben den Magnetfeldern sind dann auch zeitabhängige elektrische Felder und damit Verschiebungsstromdichten zu berücksichtigen, d.h. an die Stelle der oben gegebenen Stromdichten können sie ersetzende Verschiebungsstromdichten treten. Darauf wollen wir hier jedoch nicht weiter eingehen.

In der Magnetostatik sollte man das Biot-Savartsche Gesetz grundsätzlich in seiner integralen Form, (5.19), benutzen. Natürlich kann man auch von der differentiellen Form, (5.20), ausgehen, wenn man sie in der eben beschriebenen Weise richtig interpretiert.

Das Vektorpotential ist vielfach auch zur Berechnung des magnetischen Flusses nützlich, denn es gilt

$$\phi = \int_a \mathbf{B}\cdot\mathrm{d}\mathbf{a} = \int_a \operatorname{rot}\mathbf{A}\cdot\mathrm{d}\mathbf{a},$$

d.h. nach dem Stokesschen Satz:

$$\boxed{\phi = \oint \mathbf{A}\cdot\mathrm{d}\mathbf{s}}\ . \tag{5.21}$$

Das Vektorpotential wurde hier als eine Hilfsgröße zur Berechnung von $\mathbf{B}$ eingeführt. In diesem Zusammenhang wird oft gesagt, reale Bedeutung habe lediglich $\mathbf{B}$, während $\mathbf{A}$ über seine Rolle als Hilfsgröße hinaus keine Bedeutung habe. Dies trifft jedoch nicht zu. In der Quantenmechanik wird $\mathbf{A}$ als ein echtes Feld unbedingt benötigt. Das in der Quantenmechanik interpretierte Experiment

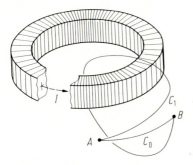

Bild 5.3

von *Bohm* und *Aharonov* zeigt z.B., daß das Feld **A** sogar dann wichtig ist, wenn in gewissen Gebieten (z.B. außerhalb unendlich langer Spulen, s. Abschn. 5.2.3) $\mathbf{A} \neq 0$, jedoch $\mathbf{B} = 0$ ist. Das Bohm-Aharonov-Experiment soll hier nicht diskutiert werden. Details dazu finden sich im Anhang A.3.

Neben dem Vektorpotential führt man auch ein *skalares magnetisches Potential* ein, dessen Brauchbarkeit zur Beschreibung von Magnetfeldern jedoch auf stromfreie Gebiete beschränkt ist. Ist nämlich in einem Gebiet $\mathbf{g} = 0$, so ist

rot $\mathbf{H} = 0$,

und **H** ist deshalb aus einem skalaren Potential ψ durch Gradientenbildung gewinnbar (ψ hat nichts mit der früher definierten Stromfunktion zu tun):

$$\boxed{\mathbf{H} = -\operatorname{grad} \psi}. \tag{5.22}$$

In einfach zusammenhängenden Gebieten ist ψ eine eindeutige Funktion und hat im wesentlichen dieselben Eigenschaften wie das elektrostatische Potential φ. Bei mehrfach zusammenhängenden Gebieten, die stromführende Bereiche umschließen, wird ψ jedoch mehrdeutig (Bild 5.3). In einem ringförmigen Gebiet fließen Ströme. Wir betrachten nun zwei Punkte A und B im stromfreien Gebiet und zwei verschiedene Wege C_0 und C_1 von A nach B. C_0 und C_1 zusammen führen dabei um das den Strom I tragende Gebiet herum. Nach dem Durch-

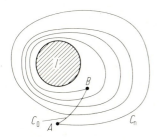

Bild 5.4

flutungsgesetz (5.6) ist

$$\int\limits_{B \atop (C_1)}^{A} \mathbf{H} \cdot d\mathbf{s} + \int\limits_{A \atop (C_0)}^{B} \mathbf{H} \cdot d\mathbf{s} = I,$$

d.h.

$$\int\limits_{A \atop (C_1)}^{B} \mathbf{H} \cdot d\mathbf{s} = \int\limits_{A \atop (C_0)}^{B} \mathbf{H} \cdot d\mathbf{s} - I.$$

Etwas allgemeiner kann man einen n-mal um den Strom I herumführenden Weg betrachten (Bild 5.4) und feststellen, daß dann gilt:

$$\int\limits_{A \atop (C_n)}^{B} \mathbf{H} \cdot d\mathbf{s} = \int\limits_{A \atop (C_0)}^{B} \mathbf{H} \cdot d\mathbf{s} - nI. \tag{5.23}$$

Definiert man das skalare Potential

$$\psi(B) = \psi(A) - \int\limits_{A}^{B} \mathbf{H} \cdot d\mathbf{s}, \tag{5.24}$$

so ist ψ damit nur bis auf ganzzahlige Vielfache von I festgelegt. Man kann ψ jedoch eindeutig machen, wenn man den Raum so aufschneidet, daß ein einfach zusammenhängendes Gebiet entsteht (Bild 5.5). Dieser Schnitt stellt dann eine Trennfläche dar, durch die nicht hindurch integriert werden darf. Längs zulässiger Wege ist dann nach dem Durchflutungsgesetz

$$\oint \mathbf{H} \cdot d\mathbf{s} = 0,$$

und damit ist ψ eindeutig. Das skalare Potential ist sehr nützlich, da es die Zurückführung vieler magnetostatischer Probleme auf Probleme erlaubt, die in der Elektrostatik schon gelöst wurden. Die formale Analogie zwischen Magnetostatik und Elektrostatik wird im folgenden noch deutlicher zum Ausdruck kommen. Insbesondere gilt auch jetzt die Laplace–Gleichung:

$$\operatorname{div} \mathbf{B} = \operatorname{div} \mu_0 \mathbf{H} = - \operatorname{div} \mu_0 \operatorname{grad} \psi = 0,$$

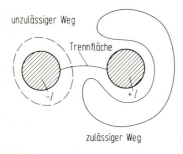

Bild 5.5

d.h.

$$\boxed{\Delta\psi = 0}. \tag{5.25}$$

Die im Zusammenhang mit der Elektrostatik schon recht ausführlich erörterten formalen Methoden (Separationsmethode, konforme Abbildung) sind deshalb auch in der Magnetostatik sehr wichtig.

5.2 Einige Magnetfelder

5.2.1 Das Feld eines geradlinigen, konzentrierten Stromes

Entsprechend Bild 5.6 fließe ein Strom z.B. längs der z-Achse eines kartesischen Koordinatensystems. Die in der Magnetostatik betrachteten Ströme sind grundsätzlich quellenfrei. Das ist hier zunächst nicht der Fall. Man kann sich den Strom jedoch im Unendlichen irgendwie geschlossen denken, was keinen Beitrag zum Feld liefert. Das zugehörige Magnetfeld soll hier zur Illustration der Methoden des vorhergehenden Abschnitts auf drei Arten berechnet werden, über das Vektorpotential, über das *Biot-Savartsche Gesetz* und über das Durchflutungsgesetz. Zunächst ist die Stromdichte

$$\mathbf{g} = \begin{cases} g_x = 0 \\ g_y = 0 \\ g_z = I\delta(x)\delta(y). \end{cases} \tag{5.26}$$

Aus (5.15) folgt deshalb

$$A_x = A_y = 0$$

und

$$A_z = \frac{\mu_0 I}{4\pi} \int_V \frac{\delta(x')\delta(y')\,dx'\,dy'\,dz'}{\sqrt{(x-x')^2 + (y-y')^2 + (z-z')^2}}$$

$$= \frac{\mu_0 I}{4\pi} \int \frac{dz'}{\sqrt{x^2 + y^2 + (z-z')^2}}.$$

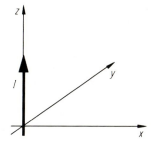

Bild 5.6

5 Die Grundlagen der Magnetostatik

Der längs der z-Achse fließende Strom kann Teil eines Stromkreises sein, der die z-Achse von z.B. $z = a$ bis $z = b$ enthält. Der Strom kann jedoch auch von $-\infty$ nach $+\infty$ fließen. Jedenfalls ist das Integral

$$\int_a^b \frac{dz'}{\sqrt{x^2 + y^2 + (z-z')^2}}$$

zu berechnen. Mit $z - z' = \zeta$ ergibt sich dafür

$$-\int_{z-a}^{z-b} \frac{d\zeta}{\sqrt{x^2 + y^2 + \zeta^2}} = -\left[\ln(\zeta + \sqrt{x^2 + y^2 + \zeta^2})\right]_{z-a}^{z-b}$$

$$= \ln \frac{z - a + \sqrt{x^2 + y^2 + (z-a)^2}}{z - b + \sqrt{x^2 + y^2 + (z-b)^2}}.$$

Für $a \to -\infty$, $b \to +\infty$ erhält man daraus den Grenzwert

$$\lim_{\substack{a \to -\infty \\ b \to +\infty}} \ln \frac{z - a + \sqrt{x^2 + y^2 + (z-a)^2}}{z - b + \sqrt{x^2 + y^2 + (z-b)^2}} = \lim_{\substack{a \to -\infty \\ b \to +\infty}} \ln \frac{-a + |a|\sqrt{1 + \frac{x^2 + y^2}{a^2}}}{-b + |b|\sqrt{1 + \frac{x^2 + y^2}{b^2}}}$$

$$= \lim_{\substack{a \to -\infty \\ b \to +\infty}} \ln \frac{-a - a\sqrt{1 + \frac{x^2 + y^2}{a^2}}}{-b + b\sqrt{1 + \frac{x^2 + y^2}{b^2}}}$$

$$= \lim_{\substack{a \to -\infty \\ b \to +\infty}} \ln \frac{-2a}{-b + b + \frac{x^2 + y^2}{2b}}$$

$$= \ln \frac{4(-a)b}{x^2 + y^2}.$$

Also ist mit beliebigen Werten x_0 und y_0

$$A_z = \frac{\mu_0 I}{4\pi} \ln \frac{4(-a)b}{x^2 + y^2} = \frac{\mu_0 I}{4\pi} \ln \left[\frac{4(-a)b}{x_0^2 + y_0^2}\right] - \frac{\mu_0 I}{4\pi} \ln \left[\frac{x^2 + y^2}{x_0^2 + y_0^2}\right].$$

Bis auf eine sehr große, trotzdem jedoch unerhebliche Konstante ist für den "unendlich langen Strom":

$$A_z = -\frac{\mu_0 I}{4\pi} \ln\left(\frac{x^2 + y^2}{x_0^2 + y_0^2}\right)$$

und damit

$$\boxed{\mathbf{A} = \left\{0, 0, -\frac{\mu_0 I}{4\pi} \ln\left(\frac{x^2 + y^2}{x_0^2 + y_0^2}\right)\right\}}. \tag{5.27}$$

Daraus folgt:

$$\begin{aligned}
B_x &= \frac{\partial A_z}{\partial y} - \frac{\partial A_y}{\partial z} = \frac{\partial A_z}{\partial y} = -\frac{\mu_0 I}{2\pi} \frac{y}{x^2+y^2}, \\
B_y &= \frac{\partial A_x}{\partial z} - \frac{\partial A_z}{\partial x} = -\frac{\partial A_z}{\partial x} = +\frac{\mu_0 I}{2\pi} \frac{x}{x^2+y^2}, \\
B_z &= \frac{\partial A_y}{\partial x} - \frac{\partial A_x}{\partial y} = 0.
\end{aligned}$$ (5.28)

Das kann man auch mit Hilfe des Biot-Savartschen Gesetzes, (5.17), berechnen. Zunächst ist

$$\mathbf{g}(\mathbf{r}') \times (\mathbf{r}-\mathbf{r}') = \begin{vmatrix} \mathbf{e}_x & \mathbf{e}_y & \mathbf{e}_z \\ 0 & 0 & I\delta(x')\delta(y') \\ x-x' & y-y' & z-z' \end{vmatrix}$$

$$= \{-(y-y'), (x-x'), 0\} I\delta(x')\delta(y'),$$

und deshalb bekommt man

$$\begin{aligned}
B_x &= -\frac{\mu_0 I}{4\pi} \int_V \frac{\delta(x')\delta(y')(y-y')\, dx'\, dy'\, dz'}{\sqrt{(x-x')^2+(y-y')^2+(z-z')^2}^3} \\
&= -\frac{\mu_0 I y}{4\pi} \int_{-\infty}^{+\infty} \frac{dz'}{\sqrt{x^2+y^2+(z-z')^2}^3} = -\frac{\mu_0 I y}{4\pi} \int_{-\infty}^{+\infty} \frac{d\zeta}{\sqrt{x^2+y^2+\zeta^2}^3} \\
&= -\frac{\mu_0 I y}{4\pi} \left[\frac{\zeta}{(x^2+y^2)\sqrt{x^2+y^2+\zeta^2}}\right]_{-\infty}^{+\infty} = -\frac{\mu_0 I y}{4\pi} \frac{2}{x^2+y^2},
\end{aligned}$$

d.h.

$$B_x = -\frac{\mu_0 I}{2\pi} \frac{y}{x^2+y^2},$$

wie oben. Die Berechnung von B_y führt in ganz ähnlicher Weise auch auf das oben schon angegebene Resultat.

Wir können auch die Feldkomponenten in Zylinderkoordinaten berechnen:

$$\begin{aligned}
B_r &= B_x \cos\varphi + B_y \sin\varphi, \\
B_\varphi &= -B_x \sin\varphi + B_y \cos\varphi,
\end{aligned}$$

wobei

$$\cos\varphi = \frac{x}{r} = \frac{x}{\sqrt{x^2+y^2}}$$

und

$$\sin\varphi = \frac{y}{r} = \frac{y}{\sqrt{x^2+y^2}}$$

272   5 Die Grundlagen der Magnetostatik

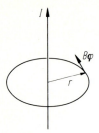

Bild 5.7

ist. Damit ergibt sich

$$\left.\begin{array}{l} B_r = 0, \\ B_\varphi = \dfrac{\mu_0 I}{2\pi r}, \\ B_z = 0. \end{array}\right\} \qquad (5.29)$$

Das Magnetfeld **B** hat also nur eine azimutale Komponente B_φ, was wir schon in Kap. 1 benutzt haben. Dies ist eine Folge der Symmetrie dieses besonders einfachen Problems. Wenn man bereits weiß bzw. aus Symmetriegründen annimmt, daß nur die azimutale Komponente existiert, dann kann man diese sehr einfach aus dem Durchflutungsgesetz berechnen (Bild 5.7). B_φ kann nicht von φ abhängen, d.h. es muß gelten

$$\mu_0 \oint \mathbf{H} \cdot d\mathbf{s} = \oint \mathbf{B} \cdot d\mathbf{s} = \mu_0 I,$$

d.h.

$$B_\varphi 2\pi r = \mu_0 I$$

und

$$B_\varphi = \frac{\mu_0 I}{2\pi r},$$

wie schon oben bewiesen wurde.

Man kann das Feld auch durch ein skalares Potential beschreiben. Mit

$$H_\varphi = \frac{I}{2\pi r}$$

ergibt sich unter Verwendung von (5.24)

$$\boxed{\psi = -\frac{I}{2\pi}(\varphi - \varphi_0)}, \qquad (5.30)$$

d.h. die von der z-Achse ausgehenden Halbebenen $\varphi = $ const sind Äquipotentialflächen. Denn daraus ergibt sich umgekehrt wieder

$$H_\varphi = -\frac{1}{r}\frac{\partial \psi}{\partial \varphi} = \frac{I}{2\pi r}.$$

Wählt man ein kartesisches Koordinatensystem so, daß

$$\tan(\varphi - \varphi_0) = \frac{y}{x}$$

ist, dann gilt:

$$\boxed{\psi = -\frac{I}{2\pi}\arctan\frac{y}{x}}, \qquad (5.31)$$

woraus sich ebenfalls

$$B_x = \mu_0 H_x = -\mu_0 \frac{\partial \psi}{\partial x} = -\frac{\mu_0 I}{2\pi}\frac{y}{x^2 + y^2},$$

$$B_y = \mu_0 H_y = -\mu_0 \frac{\partial \psi}{\partial y} = +\frac{\mu_0 I}{2\pi}\frac{x}{x^2 + y^2},$$

$$B_z = 0$$

ergibt.

A_z läßt sich auch in der Form

$$A_z = -\frac{\mu_0 I}{4\pi}\ln\left(\frac{r}{r_0}\right)^2 = -\frac{\mu_0 I}{2\pi}\ln\frac{r}{r_0} \qquad (5.32)$$

schreiben. Offenbar ist A_z auf Kreisen, die den Strom konzentrisch umgeben, konstant ($r = $ const). Diese sind gleichzeitig die Feldlinien. Sie stehen ihrerseits senkrecht auf den Äquipotentialflächen $\psi = $ const. A_z kann demnach als Stromfunktion betrachtet werden. Die Linien $A_z = $ const und die Linien $\psi = $ const bilden auf den zur $x-y$-Ebene parallelen Flächen ein orthogonales Netz. Das ist kein Zufall, sondern eine Eigenschaft aller "ebenen Felder", die in Analogie zur Elektrostatik die Einführung eines komplexen Potentials und die Anwendung von konformen Abbildungen erlaubt. Definiert man

$$w(z) = \frac{A_z}{\mu_0} + i\psi, \qquad (5.33)$$

so ergibt sich für den gegenwärtigen Fall

$$w(z) = -\frac{I}{2\pi}\ln\left(\frac{z}{z_0}\right). \qquad (5.34)$$

Bild 5.8

Daraus ergibt sich nämlich gerade

$$w(z) = -\frac{I}{2\pi} \ln \frac{r \exp(i\varphi)}{r_0 \exp(i\varphi_0)}$$

$$= -\frac{I}{2\pi} \ln \frac{r}{r_0} - \frac{I}{2\pi} \ln \exp[i(\varphi - \varphi_0)]$$

$$= -\frac{I}{2\pi} \ln \frac{r}{r_0} - i\frac{I}{2\pi}(\varphi - \varphi_0).$$

Man könnte natürlich auch umgekehrt ψ als Realteil und A_z/μ_0 als Imaginärteil eines komplexen Potentials einführen.

Die Analogie zwischen dem komplexen Potential (5.34) und dem der elektrischen Linienladung (Abschn. 3.12, Beispiel 1) ist offensichtlich. Es ist jedoch zu beachten, daß Feldlinien und Äquipotentialflächen ihre Rollen vertauschen.

Natürlich kann man die Felder mehrerer Ströme dieser Art überlagern, z.B. das Feld eines zur z-Achse parallelen Stromes I_1, der die x-y-Ebene bei $x = d/2$, $y = 0$ durchstößt, und eines zweiten ebenfalls zur z-Achse parallelen Stromes I_2, der die x-y-Ebene bei $x = -d/2, y = 0$ durchstößt (Bild 5.8). Dafür ist nach (5.28)

$$B_x = -\frac{\mu_0}{2\pi}\left[\frac{I_1 y}{\left(x-\frac{d}{2}\right)^2 + y^2} + \frac{I_2 y}{\left(x+\frac{d}{2}\right)^2 + y^2}\right],$$

$$B_y = +\frac{\mu_0}{2\pi}\left[\frac{I_1\left(x-\frac{d}{2}\right)}{\left(x-\frac{d}{2}\right)^2 + y^2} + \frac{I_2\left(x+\frac{d}{2}\right)}{\left(x+\frac{d}{2}\right)^2 + y^2}\right].$$

Wie auch in der Elektrostatik ist es nützlich, die Stagnationspunkte des Feldes aufzusuchen, für die

$$B_x = B_y = 0$$

ist. Die ganze Konfiguration hängt nicht von z ab. Es gibt deshalb nicht nur einen Stagnationspunkt, sondern eine ebenfalls zur z-Achse parallele "Stagnationslinie",

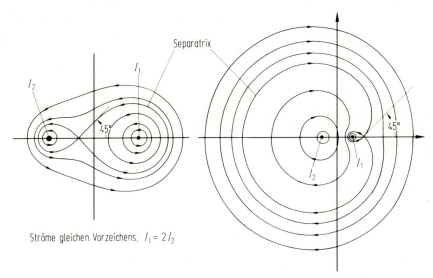

Ströme gleichen Vorzeichens, $I_1 = 2I_2$

Ströme ungleichen Vorzeichens, $I_2 = -3I_1$

Bild 5.9

die aus lauter Stagnationspunkten besteht. Sie hat die Koordinaten

$$x_s = \frac{d}{2}\frac{I_2 - I_1}{I_2 + I_1},$$
$$y_s = 0.$$

Für Ströme gleichen Vorzeichens liegt der Stagnationspunkt zwischen den beiden Strömen, für solche ungleichen Vorzeichens links oder rechts von beiden Leitern (Bild 5.9). Das Feld ist im übrigen identisch mit dem von zwei entsprechenden Linienladungen, wobei jedoch wiederum Feldlinien und Äquipotentialflächen ihre Rollen tauschen. Die magnetischen Feldlinien von Bild 5.9 entsprechen den elektrischen Äquipotentialflächen der Linienladungen. Längs der magnetischen Feldlinien ist wiederum A_z konstant, d.h. A_z kann als Stromfunktion betrachtet werden:

$$\mathbf{B} \cdot \text{grad}\, A_z = B_x \frac{\partial A_z}{\partial x} + B_y \frac{\partial A_z}{\partial y}$$
$$= B_x(-B_y) + B_y B_x = 0.$$

Das komplexe Potential ist nun

$$w(z) = -\frac{I_1}{2\pi}\ln\frac{z - d/2}{z_0} - \frac{I_2}{2\pi}\ln\frac{z + d/2}{z_0},$$

was sich durch Überlagerung von zwei Potentialen des Typs (5.34) nach entsprechender Verschiebung des Nullpunkts nach $x = \pm d/2$, $y = 0$ ergibt.

5.2.2 Das Feld rotationssymmetrischer Stromverteilungen in zylindrischen Leitern

In einem zylindrischen Leiter entsprechend Bild 5.10 fließen Ströme der Dichte

$$g_z = g_z(r).$$

Das erzeugte Magnetfeld hat nur eine azimutale Komponente und hängt nur von r ab. Aus dem Durchflutungsgesetz ergibt sich für

$$r \leqslant r_0 : \mu_0 I(r) = \mu_0 \int_0^r g_z(r') 2\pi r' \, dr'$$

$$= 2\pi r B_\varphi(r),$$

$$B_\varphi(r) = \frac{\mu_0}{r} \int_0^r g_z(r') r' \, dr' \qquad (5.35)$$

und für

$$r \geqslant r_0 : B_\varphi(r) = \frac{\mu_0 \int_0^{r_0} g_z(r') r' \, dr'}{r} = \frac{\mu_0 I}{2\pi r}. \qquad (5.36)$$

$I(r)$ ist dabei der innerhalb eines Zylinders vom Radius r fließende Strom. Ist insbesondere die Stromdichte im Leiter konstant, dann gilt für

$$r \leqslant r_0 : B_\varphi(r) = \frac{\mu_0 g_z r^2}{r \, 2} = \frac{\mu_0 g_z r}{2} = \frac{\mu_0 I r}{2\pi r_0^2} \qquad (5.37)$$

und für

$$r \geqslant r_0 : B_\varphi(r) = \frac{\mu_0 I}{2\pi r}. \qquad (5.38)$$

Im Leiterinneren steigt das Feld linear mit dem Radius an und im Außenraum fällt es wie $1/r$ ab (Bild 5.11).

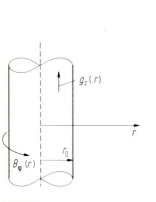

Bild 5.10

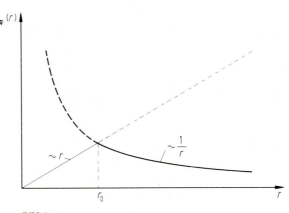

Bild 5.11

5.2.3 Das Feld einfacher Spulen

Das Feld einer unendlich langen und ideal dicht gewickelten Spule läßt sich ebenfalls mit Hilfe des Durchflutungsgesetzes leicht berechnen. Zunächst kann man sich überlegen, daß das Feld parallel zur Spulenachse und unabhängig von z und φ sein muß, d.h. nur H_z ist von Null verschieden. Für den geschlossenen Weg C_1 des Bildes 5.12 ist die Durchflutung Null, d.h.

$$\oint_{C_1} \mathbf{H} \cdot d\mathbf{s} = 0 = [H_{za}(r_1) - H_{za}(r_2)] \cdot d s.$$

Das Außenfeld ist demnach konstant, d.h. es hängt nicht vom Radius ab. Dasselbe läßt sich durch Integration längs des Wegs C_2 für das Innenfeld sagen. Auch H_{zi} hängt nicht von r ab. Dann muß jedoch H_{za} überhaupt verschwinden, da H_{za} jedenfalls für $r \Rightarrow \infty$ verschwinden muß. Schließlich ergibt sich durch Integration längs der geschlossenen Kurve C_3

$$H_{zi} ds = n\, ds I,$$

wenn n die Zahl der Windungen pro Längeneinheit und I der Strom in jeder Windung ist, d.h.

$$H_{zi} = nI. \qquad (5.39)$$

Das Vektorpotential hat nur eine azimutale Komponente A_φ. Wir können sie leicht aus (5.21) berechnen:

$$A_\varphi(r) = \frac{\phi(r)}{2\pi r}.$$

Im Spuleninneren gilt für den Fluß innerhalb eines Kreises vom Radius r

$$\phi(r) = nI\mu_0 r^2 \pi$$

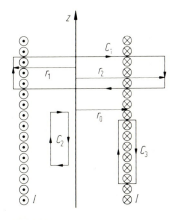

Bild 5.12

und deshalb

$$A_\varphi(r) = \frac{\mu_0 nI}{2} r.$$

Außen dagegen ist

$$\phi(r) = \mu_0 nI r_0^2 \pi$$

und

$$A_\varphi(r) = \frac{\mu_0 nI r_0^2}{2r}.$$

Der radiale Verlauf von B_z und A_φ ist in Bild 5.13 skizziert.

Außerhalb der Spule ist zwar $B_z = 0$, A_φ jedoch ist von Null verschieden. Wir haben schon erwähnt, daß das Außenfeld dennoch eine Rolle spielt und z.B. in der Quantenmechanik mit berücksichtigt werden muß (s. Anhang A.3).

Auch das Feld einer dichtgewickelten toroidalen Spule wie in Bild 5.14 läßt sich leicht angeben. Für einen kreisförmigen Weg im Inneren der Spule, konzentrisch zu deren Achse, ist

$$\oint \mathbf{H} \cdot d\mathbf{s} = 2\pi r H_{\varphi_i} = NI,$$

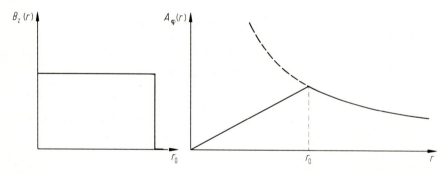

Bild 5.13

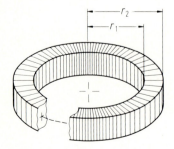

Bild 5.14

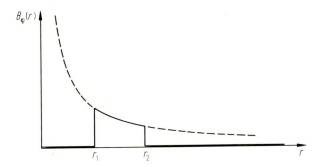

Bild 5.15

d.h.

$$H_{\varphi i} = \frac{NI}{2\pi r}, \qquad (5.40)$$

wenn N die Gesamtzahl der Windungen ist und jede den Strom I trägt. Alle Außenfelder verschwinden, wenn man idealisierend annimmt, daß kein Strom in azimutaler Richtung längs der Spule vorhanden ist. Der Verlauf des Feldes im Inneren als Funktion von r ist in Bild 5.15 gegeben. Das alles gilt völlig unabhängig von der Form des Spulenquerschnitts.

5.2.4 Das Feld eines Kreisstromes und der magnetische Dipol

Ein azimutaler Strom I fließe in einem kreisförmigen Leiter, der entsprechend Bild 5.16 in der $x-y$-Ebene liegen soll. Seine Stromdichte ist

$$g_\varphi = I\delta(r-r_0)\delta(z). \qquad (5.41)$$

Zur Berechnung des Vektorpotentials gehen wir zu kartesischen Koordinaten über, um die Gleichungen (5.15) verwenden zu können:

$$\left.\begin{array}{l} g_x = -g_\varphi \sin\varphi, \\ g_y = g_\varphi \cos\varphi. \end{array}\right\} \qquad (5.42)$$

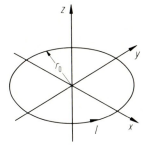

Bild 5.16

Damit wird nach (5.15)

$$A_x = \frac{\mu_0 I}{4\pi} \int_V \frac{-\sin\varphi'\delta(r'-r_0)\delta(z')r'\,d\varphi'\,dr'\,dz'}{\sqrt{(r\cos\varphi - r'\cos\varphi')^2 + (r\sin\varphi - r'\sin\varphi')^2 + (z-z')^2}}$$

$$= \frac{\mu_0 I r_0}{4\pi} \int_0^{2\pi} \frac{-\sin\varphi'\,d\varphi'}{\sqrt{r^2 + r_0^2 + z^2 - 2rr_0\cos(\varphi - \varphi')}}$$

und ähnlich

$$A_y = \frac{\mu_0 I r_0}{4\pi} \int_0^{2\pi} \frac{\cos\varphi'\,d\varphi'}{\sqrt{r^2 + r_0^2 + z^2 - 2rr_0\cos(\varphi - \varphi')}}.$$

Nun können wir auch wieder zu den Komponenten in Zylinderkoordinaten übergehen:

$$A_r = A_x \cos\varphi + A_y \sin\varphi,$$
$$A_\varphi = -A_x \sin\varphi + A_y \cos\varphi,$$

d.h.

$$A_r = \frac{\mu_0 I r_0}{4\pi} \int_0^{2\pi} \frac{\sin(\varphi - \varphi')\,d\varphi'}{\sqrt{r^2 + r_0^2 + z^2 - 2rr_0\cos(\varphi - \varphi')}} = 0, \tag{5.43}$$

$$A_\varphi = \frac{\mu_0 I r_0}{4\pi} \int_0^{2\pi} \frac{\cos(\varphi - \varphi')\,d\varphi'}{\sqrt{r^2 + r_0^2 + z^2 - 2rr_0\cos(\varphi - \varphi')}}. \tag{5.44}$$

Man kann auch von $-\pi$ bis $+\pi$ integrieren. A_r verschwindet wegen des ungeraden Integranden, A_φ jedoch nicht. Wir können hier noch einmal demonstrieren, daß man bei Verwendung der Gleichungen (5.15) von kartesischen Koordinaten ausgehen muß. Würde man A_φ aus g_φ wie im kartesischen Fall aus (5.15) berechnen wollen, so erhielte man nicht das richtige Ergebnis (5.44), sondern ein davon abweichendes, falsches Ergebnis (nämlich das Integral ohne den Faktor $\cos(\varphi - \varphi')$ im Zähler des Integranden). A_φ nach (5.44) kann nicht geschlossen integriert werden. Das Integral hängt jedoch mit den vollständigen elliptischen Integralen zusammen. Um das zu sehen, müssen wir (5.44) umformen. Zunächst führen wir die Variable ψ ein:

$$\psi = \frac{\pi - (\varphi - \varphi')}{2}$$

bzw.

$$\varphi - \varphi' = \pi - 2\psi$$

mit

$$\cos(\varphi - \varphi') = 2\sin^2\psi - 1.$$

Ferner definieren wir den Parameter

$$k^2 = \frac{4rr_0}{(r+r_0)^2 + z^2}. \tag{5.45}$$

Damit wird

$$A_\varphi = \frac{\mu_0 I r_0}{4\pi\sqrt{(r+r_0)^2 + z^2}} \int_{\pi/2 - \varphi/2}^{3\pi/2 - \varphi/2} \frac{2\sin^2\psi - 1}{\sqrt{1 - k^2\sin^2\psi}} 2\,d\psi.$$

Offensichtlich spielt der Winkel φ gar keine Rolle, da in jedem Fall über eine ganze Periode von $\sin^2\psi$ integriert wird. Auch aus Symmetriegründen darf A_φ gar nicht von φ abhängen. Wir können deshalb z.B. $\varphi = 2\pi$ setzen. Die Integration läuft dann von $\psi = -\pi/2$ bis $\psi = \pi/2$:

$$A_\varphi = \frac{\mu_0 I r_0}{2\pi\sqrt{(r+r_0)^2 + z^2}} \int_{-\pi/2}^{\pi/2} \frac{2\sin^2\psi - 1}{\sqrt{1 - k^2\sin^2\psi}}\,d\psi$$

$$= \frac{\mu_0 I r_0}{\pi\sqrt{(r+r_0)^2 + z^2}} \int_0^{\pi/2} \frac{2\sin^2\psi - 1}{\sqrt{1 - k^2\sin^2\psi}}\,d\psi$$

$$= \frac{\mu_0 I r_0}{\pi\sqrt{(r+r_0)^2 + z^2}} \int_0^{\pi/2} \frac{2\sin^2\psi - 1 + \left(\dfrac{2}{k^2} - \dfrac{2}{k^2}\right)}{\sqrt{1 - k^2\sin^2\psi}}\,d\psi$$

$$= \frac{\mu_0 I r_0}{\pi\sqrt{(r+r_0)^2 + z^2}} \left\{ -\frac{2}{k^2}\int_0^{\pi/2} \frac{1 - k^2\sin^2\psi}{\sqrt{1 - k^2\sin^2\psi}}\,d\psi + \left(\frac{2}{k^2} - 1\right)\int_0^{\pi/2} \frac{d\psi}{\sqrt{1 - k^2\sin^2\psi}} \right\}$$

$$= \frac{\mu_0 I r_0}{\pi\sqrt{(r+r_0)^2 + z^2}} \left\{ \left(\frac{2}{k^2} - 1\right)\int_0^{\pi/2} \frac{d\psi}{\sqrt{1 - k^2\sin^2\psi}} - \frac{2}{k^2}\int_0^{\pi/2} \sqrt{1 - k^2\sin^2\psi}\,d\psi \right\}.$$

Die beiden hier auftretenden Integrale werden als *vollständige elliptische Integrale erster und zweiter Art* bezeichnet:

$$K\left(\frac{\pi}{2}, k\right) = \int_0^{\pi/2} \frac{d\psi}{\sqrt{1 - k^2\sin^2\psi}}, \tag{5.46}$$

$$E\left(\frac{\pi}{2}, k\right) = \int_0^{\pi/2} \sqrt{1 - k^2\sin^2\psi}\,d\psi. \tag{5.47}$$

Damit läßt sich A_φ in folgender Form schreiben:

$$\boxed{A_\varphi = \frac{\mu_0 I}{2\pi r}\sqrt{(r+r_0)^2 + z^2}\left\{\left(1 - \frac{k^2}{2}\right)K\left(\frac{\pi}{2}, k\right) - E\left(\frac{\pi}{2}, k\right)\right\}}. \tag{5.48}$$

Zur Berechnung der Felder aus A_φ muß man die Ableitungen von K und E kennen:

$$\left.\begin{aligned}\frac{dK\left(\frac{\pi}{2},k\right)}{dk} &= \frac{E\left(\frac{\pi}{2},k\right)}{k(1-k^2)} - \frac{K\left(\frac{\pi}{2},k\right)}{k}, \\ \frac{dE\left(\frac{\pi}{2},k\right)}{dk} &= \frac{E\left(\frac{\pi}{2},k\right) - K\left(\frac{\pi}{2},k\right)}{k}.\end{aligned}\right\} \quad (5.49)$$

Wir wollen im folgenden lediglich den Fall untersuchen, daß der Abstand des Aufpunkts vom Ursprung viel größer als der Radius r_0 ist:

$$\sqrt{r^2+z^2} \gg r_0.$$

Dafür wird wegen (5.45) $k \ll 1$, und man kann K und E durch die ersten Glieder ihrer Reihenentwicklungen

$$\left.\begin{aligned}K\left(\frac{\pi}{2},k\right) &= \frac{\pi}{2}\left[1 + 2\frac{k^2}{8} + 9\left(\frac{k^2}{8}\right)^2 + \cdots\right] \\ E\left(\frac{\pi}{2},k\right) &= \frac{\pi}{2}\left[1 - 2\frac{k^2}{8} - 3\left(\frac{k^2}{8}\right)^2 - \cdots\right]\end{aligned}\right\} \quad (5.50)$$

ersetzen. Die gegebenen Terme der beiden Reihen lassen sich im übrigen durch Entwickeln der Integranden in (5.46), (5.47) und anschließende gliedweise Integration beweisen. Mit (5.50) erhält man aus (5.48) für kleine Werte von k

$$A_\varphi = \frac{\mu_0 I}{2\pi r}\sqrt{(r+r_0)^2+z^2}\,.$$

$$\cdot\frac{\pi}{2}\left\{\left(1-\frac{k^2}{2}\right)\left(1+\frac{2k^2}{8}+\frac{9}{64}k^4+\cdots\right) - \left(1 - 2\frac{k^2}{8} - \frac{3}{64}k^4 - \cdots\right)\right\},$$

d.h.

$$A_\varphi \approx \frac{\mu_0 I}{4r}\sqrt{(r+r_0)^2+z^2}\,\frac{k^4}{16} \approx \frac{\mu_0 I}{4r}\frac{r^2 r_0^2}{(r^2+z^2)^{3/2}}.$$

Führen wir nun Kugelkoordinaten R, θ, φ ein (Bild 5.17), so ist

$$R = \sqrt{r^2+z^2}$$

und

$$\sin\theta = \frac{r}{\sqrt{r^2+z^2}},$$

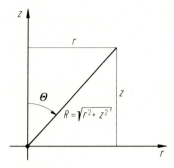

Bild 5.17

d.h.
$$A_\varphi \approx \frac{\mu_0 I r_0^2 \pi}{4\pi} \frac{\sin\theta}{R^2}.$$

Mit
$$\mathbf{B} = \operatorname{rot} \mathbf{A}$$
entsteht daraus
$$B_R = \frac{1}{R\sin\theta}\frac{\partial}{\partial\theta}(\sin\theta\, A_\varphi) = \frac{\mu_0 I r_0^2 \pi}{4\pi}\frac{2\cos\theta}{R^3},$$
$$B_\theta = -\frac{1}{R}\frac{\partial}{\partial R}(R A_\varphi) = \frac{\mu_0 I r_0^2 \pi}{4\pi}\frac{\sin\theta}{R^3},$$
$$B_\varphi = 0.$$

Führen wir nun das sogenannte *magnetische Dipolmoment m*,
$$\boxed{m = \mu_0 I r_0^2 \pi = \mu_0 I a}, \tag{5.51}$$

bzw. den entsprechenden Vektor
$$\boxed{\mathbf{m} = \mu_0 I \mathbf{a}} \tag{5.52}$$

ein, wobei Stromrichtung und Flächenelement eine Rechtsschraube bilden müssen, so ist
$$\boxed{A_\varphi = \frac{m}{4\pi}\frac{\sin\theta}{R^2}} \tag{5.53}$$

und

$$B_R = \frac{2m}{4\pi} \frac{\cos\theta}{R^3}$$
$$B_\theta = \frac{m}{4\pi} \frac{\sin\theta}{R^3}$$
$$B_\varphi = 0$$

(5.54)

Zur Definition von **m** ist noch zu sagen, daß sie leider nicht einheitlich vorgenommen wird. Vielfach wird **m** ohne den Faktor μ_0 eingeführt. Die Feldkomponenten (5.54) verhalten sich als Funktionen des Ortes genau so wie die des elektrischen Dipolfeldes (2.63). Diese beiden Beziehungen gehen ineinander über, wenn man nur p/ε_0 und m miteinander vertauscht. Von dieser Analogie kommt auch der Name des magnetischen Dipols.

Wie der ideale elektrische Dipol, so ist auch der ideale magnetische Dipol im Sinne eines Grenzübergangs zu verstehen: I wird beliebig groß, r_0^2 dagegen beliebig klein, jedoch so, daß $\mu_0 I r_0^2 \pi$ endlich bleibt. Man kann dabei auch von einer nicht kreisförmigen Fläche ausgehen. In der Grenze verschwindender Fläche spielt deren Form keine Rolle für die Felder. Es kommt nur auf den Flächeninhalt an, was in den Definitionen (5.51), (5.52) bereits berücksichtigt wurde (Bild 5.18).

Das Feld eines elektrischen Dipols läßt sich auch aus einem skalaren Potential gewinnen, (2.60). Das läßt sich natürlich auf den magnetischen Dipol übertragen, für den

$$\psi = \frac{m\cos\theta}{4\pi\mu_0|\mathbf{r}-\mathbf{r}_1|^2} = \frac{\mathbf{m}\cdot(\mathbf{r}-\mathbf{r}_1)}{4\pi\mu_0|\mathbf{r}-\mathbf{r}_1|^3}$$

(5.55)

gilt mit den durch Bild 5.19 erläuterten Bezeichnungen. Beim Vergleich der Beziehungen (5.54) und (5.55) beachte man, daß $\mathbf{H} = -\operatorname{grad}\psi$ und $\mathbf{B} = \mu_0 \mathbf{H}$ ist. ψ ist hier in einer vom Koordinatensystem unabhängigen Schreibweise gegeben. Auch das Vektorpotential (5.53) läßt sich in einer vom Koordinatensystem unabhängigen Weise angeben:

$$\mathbf{A} = \frac{\mathbf{m}\times(\mathbf{r}-\mathbf{r}_1)}{4\pi|\mathbf{r}-\mathbf{r}_1|^3} = -\frac{\mathbf{m}}{4\pi}\times\operatorname{grad}_\mathbf{r}\frac{1}{|\mathbf{r}-\mathbf{r}_1|} = \frac{1}{4\pi}\operatorname{rot}_\mathbf{r}\frac{\mathbf{m}}{|\mathbf{r}-\mathbf{r}_1|}$$

(5.56)

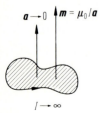

Bild 5.18

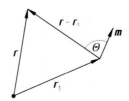

Bild 5.19

Dabei wurde die Beziehung

$$\operatorname{rot}(\mathbf{b}\varphi) = \varphi \operatorname{rot} \mathbf{b} - \mathbf{b} \times \operatorname{grad} \varphi$$

benutzt. Geht man von (5.56) aus, so ergibt sich für $\mathbf{m} = m\mathbf{e}_z$ und $\mathbf{r}_1 = 0$ gerade A_φ entsprechend (5.53). Das Feld eines Kreisstromes, der eine endliche Fläche umfaßt, ist in Bild 5.20 gezeigt. In hinreichend großem Abstand ist es von dem elektrischen Feld zweier entgegengesetzt gleich großer elektrischer Ladungen nicht zu unterscheiden. Das magnetische Feld des idealen magnetischen Dipols entspricht ganz dem elektrischen Feld des idealen elektrischen Dipols (siehe Bild 2.15).

Mit dem magnetischen Dipol haben wir einen der wichtigsten Begriffe der Magnetostatik kennengelernt. Er wird im Zentrum einiger der folgenden Abschnitte stehen. Deshalb sollen die wesentlichen Formeln hier noch einmal zusammengestellt und dabei auch den analogen elektrostatischen Formeln gegenübergestellt werden.

Befindet sich ein idealer Dipol, der in der positiven z-Richtung orientiert ist, am Ursprung des Koordinatensystems, so gilt in Kugelkoordinaten R, θ, φ:

elektrisch	magnetisch
$E_R = \dfrac{2p\cos\theta}{4\pi\varepsilon_0 R^3}$	$H_R = \dfrac{2m\cos\theta}{4\pi\mu_0 R^3}$
$E_\theta = \dfrac{p\sin\theta}{4\pi\varepsilon_0 R^3}$	$H_\theta = \dfrac{m\sin\theta}{4\pi\mu_0 R^3}$
$E_\varphi = 0$	$H_\varphi = 0$
$\mathbf{D} = \varepsilon_0 \mathbf{E}$	$\mathbf{B} = \mu_0 \mathbf{H}$
$\mathbf{E} = -\operatorname{grad}\varphi$	$\mathbf{H} = -\operatorname{grad}\psi$
$\varphi = \dfrac{p\cos\theta}{4\pi\varepsilon_0 R^2}$	$\psi = \dfrac{m\cos\theta}{4\pi\mu_0 R^2}$
	$\mathbf{B} = \operatorname{rot}\mathbf{A}$
	$A_R = 0$ $A_\theta = 0$ $A_\varphi = \dfrac{m\sin\theta}{4\pi R^2}.$

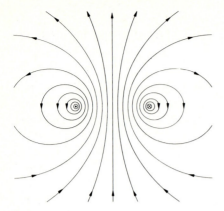

Bild 5.20

Für einen Dipol (**p** bzw. **m**) am Ort $\mathbf{r}_1$ gilt unabhängig vom Koordinatensystem

$$\varphi = \frac{\mathbf{p}\cdot(\mathbf{r}-\mathbf{r}_1)}{4\pi\varepsilon_0|\mathbf{r}-\mathbf{r}_1|^3} \qquad \psi = \frac{\mathbf{m}\cdot(\mathbf{r}-\mathbf{r}_1)}{4\pi\mu_0|\mathbf{r}-\mathbf{r}_1|^3}$$

$$\mathbf{A} = \frac{\mathbf{m}\times(\mathbf{r}-\mathbf{r}_1)}{4\pi|\mathbf{r}-\mathbf{r}_1|^3}$$

$$= -\frac{\mathbf{m}}{4\pi}\times\operatorname{grad}_r\frac{1}{|\mathbf{r}-\mathbf{r}_1|}$$

$$= \frac{1}{4\pi}\operatorname{rot}_r\frac{\mathbf{m}}{|\mathbf{r}-\mathbf{r}_1|}.$$

Die folgende Diskussion vorwegnehmend sei noch das Potential einer homogenen Doppelschicht angegeben:

$$\varphi = \frac{\tau}{4\pi\varepsilon_0}\Omega \qquad \psi = \frac{\frac{dm}{da}}{4\pi\mu_0}\Omega = \frac{I}{4\pi}\Omega$$

$$\left(\tau = \frac{dp}{da}\right) \qquad \left(\text{weil } \frac{dm}{da} = I\mu_0 \text{ ist}\right).$$

5.2.5 Das Feld einer beliebigen Stromschleife

Eine beliebige Stromschleife wie in Bild 5.21 kann man sich aus vielen Dipolen zusammengesetzt denken. Wenn dabei alle Ströme gleich sind (I), so heben sie sich auch bei beliebig feiner Unterteilung im Inneren überall auf. Als Strom am Rand bleibt gerade der Strom I übrig. Die Stromschleife ist also einer *magnetischen*

Doppelschicht äquivalent, d.h. einer Schicht, die mit magnetischen Dipolen belegt ist (in Analogie zur elektrischen Doppelschicht von Abschn. 2.5.3). Die Flächendichte des Dipolmomentes ist dabei

$$\frac{dm}{da} = \frac{\mu_0 I da}{da} = \mu_0 I, \tag{5.57}$$

d.h. sie ist konstant. Es handelt sich also um eine homogene Doppelschicht. Damit ist in Analogie zur Gleichung (2.72)

$$\psi = \frac{\mu_0 I}{4\pi\mu_0} \Omega = \frac{I}{4\pi} \Omega, \tag{5.58}$$

wenn Ω der Raumwinkel ist, unter dem die Stromschleife vom Aufpunkt aus gesehen wird. Nach Gleichung (2.73) ändert sich beim Durchgang durch eine elektrische Doppelschicht in positiver Richtung das Potential φ um τ/ε_0. Analog dazu ändert sich ψ beim Durchgang durch die magnetische Doppelschicht in positiver Richtung um I. Dieses Ergebnis ist uns in anderer Form bereits bekannt (siehe dazu die Diskussion des skalaren magnetischen Potentials ψ in Abschn. 5.1; die dort eingeführte Trennfläche entpuppt sich jetzt als magnetische Doppelschicht).

Trotz der formal perfekten Analogie besteht ein erheblicher Unterschied zwischen elektrischen und magnetischen Doppelschichten. Elektrische Doppelschichten sind eine physikalische Realität, magnetische Doppelschichten sind als Ersatz für endliche Leiterschleifen rein formal-fiktiver Natur. Dies zeigt sich auch daran, daß sie mehr oder weniger beliebig angebracht werden können, da ja nur die Berandung vorgegeben ist (Bild 5.22). Damit ist jedoch das Feld selbst immer

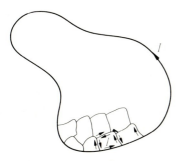

Bild 5.21

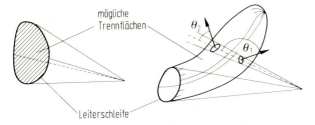

Bild 5.22

noch eindeutig gegeben, da der Raumwinkel Ω nicht von der Wahl der Trennfläche abhängt. Positive und negative Raumwinkelelemente $d\Omega$ können sich ja gegenseitig kompensieren. Man beachte, daß $d\Omega$ das Vorzeichen von $\cos\theta$ trägt.

Hat man Ströme nur in z-Richtung, so entstehen "zylindrische" Doppelschichten [auch in Analogie zu zylindrischen elektrischen Doppelschichten, siehe Abschn. 2.5.4]. Aus Bild 5.23 kann man den Winkel α entnehmen, mit dem in Analogie zur Gleichung (2.85)

$$\psi = \frac{I}{2\pi}\alpha \tag{5.59}$$

ist. Dies folgt auch aus Gleichung (5.58), weil für den Fall von Bild 5.23

$$\Omega = 4\pi\frac{\alpha}{2\pi} = 2\alpha \tag{5.60}$$

ist. Die zu zylindrischen Doppelschichten gehörigen Felder sind ebene, d.h. von z unabhängige Felder.

Als Beispiel für die Anwendung von Gleichung (5.58) sei das Feld auf der Achse eines Kreisstromes laut Bild 5.24 berechnet. Dazu können wir den hier benötigten Raumwinkel Ω dem Beispiel von Abschn. 2.5.3 entnehmen:

$$\Omega = 2\pi - \frac{2\pi z}{\sqrt{r_0^2 + z^2}} \quad (\text{für } z > 0).$$

Damit ist

$$\psi = \frac{I}{4\pi}\Omega = \frac{I}{2} - \frac{Iz}{2\sqrt{r_0^2 + z^2}}$$

und auf der Achse

$$B_z = -\mu_0\frac{\partial\psi}{\partial z} = \frac{\mu_0 I}{2}\frac{r_0^2}{\sqrt{r_0^2 + z^2}^3}. \tag{5.61}$$

Dieses Ergebnis kann man natürlich auch aus A_φ, (5.48), herleiten. Nahe der Achse

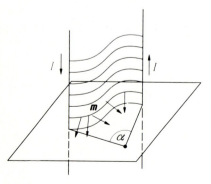

Bild 5.23

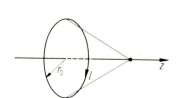

Bild 5.24

ist $r \ll r_0$, $k^2 \ll 1$ und deshalb

$$A_\varphi \approx \frac{\mu_0 I r_0^2}{4} \frac{r}{\sqrt{r_0^2 + z^2}^3}$$

und

$$B_z = \frac{1}{r}\frac{\partial}{\partial r}(r A_\varphi) = \frac{\mu_0 I r_0^2}{4r} \frac{2r}{\sqrt{r_0^2 + z^2}^3}$$

$$= \frac{\mu_0 I}{2} \frac{r_0^2}{\sqrt{r_0^2 + z^2}^3},$$

wie oben. Insbesondere ist im Mittelpunkt des Kreises ($r = 0$, $z = 0$):

$$B_z = \frac{\mu_0 I}{2r_0}. \tag{5.62}$$

5.2.6 Das Feld ebener Leiterschleifen in der Schleifenebene

Als einfache und manchmal nützliche Anwendung des Biot-Savartschen Gesetzes sei das Magnetfeld in der Ebene einer ebenen Leiterschleife berechnet (Bild 5.25). Aus

$$\mathbf{B} = -\frac{\mu_0 I}{4\pi} \oint \frac{(\mathbf{r} - \mathbf{r}') \times d\mathbf{s}'}{|\mathbf{r} - \mathbf{r}'|^3}$$

folgt zunächst, daß **B** senkrecht auf der Schleifenebene (= Zeichenebene) steht. Dem Betrag nach ist ferner

$$|(\mathbf{r} - \mathbf{r}') \times d\mathbf{s}'| = |\mathbf{r} - \mathbf{r}'|^2 \, d\alpha.$$

Damit wird der Betrag von **B**

$$B = \frac{\mu_0 I}{4\pi} \oint \frac{d\alpha}{|\mathbf{r} - \mathbf{r}'|} = \frac{\mu_0 I}{4\pi} \oint \frac{d\alpha}{a}, \tag{5.63}$$

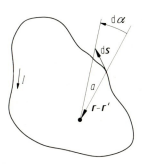

Bild 5.25

290 5 Die Grundlagen der Magnetostatik

wo
$$a = |\mathbf{r} - \mathbf{r}'|$$

ist. Besteht z.B. der Stromkreis aus geraden Leiterstücken, die ein Vieleck bilden, so sind die Anteile der verschiedenen geraden Teilstücke zu addieren. Für das einzelne Teilstück ergibt sich der folgende Beitrag (Bild 5.26):

$$B = \frac{\mu_0 I}{4\pi} \int_{\alpha_a}^{\alpha_e} \frac{d\alpha}{a} = \frac{\mu_0 I}{4\pi} \int_{\alpha_a}^{\alpha_e} \frac{\cos\alpha\, d\alpha}{a_s},$$

da
$$a \cos\alpha = a_s$$

ist. Also wird

$$B = \frac{\mu_0 I}{4\pi a_s} \int_{\alpha_a}^{\alpha_e} \cos\alpha\, d\alpha = \frac{\mu_0 I}{4\pi a_s} [\sin\alpha]_{\alpha_a}^{\alpha_e},$$

d.h.

$$B = \frac{\mu_0 I}{4\pi a_s} (\sin\alpha_e - \sin\alpha_a). \tag{5.64}$$

Für den unendlichen Leiter ist

$$\alpha_e = 90°, \quad \alpha_a = -90°$$

und

$$B = \frac{\mu_0 I}{4\pi a_s} \cdot 2 = \frac{\mu_0 I}{2\pi a_s}$$

in Übereinstimmung mit unserem früheren Ergebnis. Im Mittelpunkt eines regelmäßigen n-Ecks mit dem Inkreisradius a_s (Bild 5.27) z.B. ist

$$B = n \frac{\mu_0 I}{4\pi a_s} 2 \sin\left(\frac{\pi}{n}\right) = \frac{n \mu_0 I}{2\pi a_s} \sin\left(\frac{\pi}{n}\right).$$

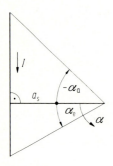

Bild 5.26

Bild 5.27

Für $n \gg 1$ ergibt sich daraus

$$B = \frac{\mu_0 I}{2a_s}.$$

Das entspricht dem Kreis und ist uns schon bekannt: $a_s = r_0$ in (5.62). Man kann dieses Ergebnis auch unmittelbar hinschreiben:

$$B = \frac{\mu_0 I}{4\pi} \oint \frac{d\alpha}{a} = \frac{\mu_0 I}{4\pi r_0} \oint d\alpha = \frac{\mu_0 I}{4\pi r_0} 2\pi = \frac{\mu_0 I}{2r_0}.$$

5.3 Der Begriff der Magnetisierung

Schon mehrfach wurde festgestellt, daß es nach unserem heutigen Wissen keine "magnetischen Ladungen" gibt, weshalb das **B**-Feld quellenfrei ist:

$$\text{div } \mathbf{B} = 0.$$

Allerdings werden wir aus rein formalen Gründen fiktive magnetische Ladungen einführen, da diese die Lösung von gewissen Problemen erleichtern können. Physikalisch betrachtet haben statische Magnetfelder jedoch immer in elektrischen Strömen, d.h. in bewegten elektrischen Ladungen, ihre Ursache (von den Effekten des Spins der Teilchen abgesehen). Alle solchen Felder kann man sich, wie wir gesehen haben, auch durch die geeignete Überlagerung von Dipolfeldern entstanden denken. Auch der Spin der Elementarteilchen führt dazu, daß diese ein klassisch nicht erklärbares magnetisches Moment besitzen. *Wir können deshalb sagen, dass alle statischen Magnetfelder letzten Endes von magnetischen Dipolen herrühren.* Magnetische Dipole spielen auch eine fundamentale Rolle im Zusammenhang mit der Frage nach der Wechselwirkung zwischen Materie und Magnetfeldern. Auch diese werden wir diskutieren müssen. Dabei wird sich wiederum eine formal sehr weitgehende Analogie zwischen den elektrostatischen und magnetostatischen Erscheinungen zeigen (Abschn. 5.5). Zunächst wollen wir uns mit dem Feld einer Volumenverteilung von magnetischen Dipolen befassen und dazu die Volumendichte des magnetischen Moments, die sogenannte *Magnetisierung*

$$\mathbf{M} = \frac{d\mathbf{m}}{d\tau} \tag{5.65}$$

einführen. Sie stellt das magnetische Analogon zur elektrostatischen Polarisation **P** dar. Ausgehend von (5.56) können wir sagen, daß eine Volumenverteilung von Dipolen der Dichte $\mathbf{M}(\mathbf{r})$ das Vektorpotential

$$\mathbf{A}(\mathbf{r}) = \frac{1}{4\pi} \int_V \frac{\mathbf{M}(\mathbf{r}') \times (\mathbf{r} - \mathbf{r}')}{|\mathbf{r} - \mathbf{r}'|^3} d\tau' \tag{5.66}$$

erzeugt, bzw. etwas anders geschrieben,

$$\mathbf{A}(\mathbf{r}) = \frac{1}{4\pi} \int_V \mathbf{M}(\mathbf{r}') \times \mathrm{grad}_{\mathbf{r}'} \frac{1}{|\mathbf{r}-\mathbf{r}'|} \, d\tau', \tag{5.67}$$

wo nun der grad-Operator auf $\mathbf{r}'$ wirken soll, was den Vorzeichenwechsel gegenüber (5.56) verursacht. Unter Benutzung von

$$\mathrm{rot}\,(\mathbf{b}\varphi) = \varphi\,\mathrm{rot}\,\mathbf{b} - \mathbf{b} \times \mathrm{grad}\,\varphi$$

bekommt man

$$\mathbf{A}(\mathbf{r}) = -\frac{1}{4\pi} \int_V \mathrm{rot}_{\mathbf{r}'} \left(\frac{\mathbf{M}(\mathbf{r}')}{|\mathbf{r}-\mathbf{r}'|} \right) d\tau' + \frac{1}{4\pi} \int_V \frac{\mathrm{rot}_{\mathbf{r}'}(\mathbf{M}(\mathbf{r}'))}{|\mathbf{r}-\mathbf{r}'|} \, d\tau'.$$

Das erste dieser beiden Integrale kann mit Hilfe des folgenden Integralsatzes weiter umgeformt werden:

$$\int_V \mathrm{rot}\,\mathbf{c}\,d\tau = -\oint \mathbf{c} \times d\mathbf{a}. \tag{5.68}$$

Es handelt sich um eine Variante des Gaußschen Satzes,

$$\int_V \mathrm{div}\,\mathbf{b}\,d\tau = \oint \mathbf{b} \cdot d\mathbf{a},$$

die sich aus diesem ergibt, wenn man

$$\mathbf{b} = \mathbf{c} \times \mathbf{d}$$

setzt, wo $\mathbf{c}$ ein ortsabhängiger, $\mathbf{d}$ jedoch ein ortsunabhängiger Vektor sein soll:

$$\int_V \mathrm{div}\,(\mathbf{c} \times \mathbf{d})\,d\tau = \int_V \mathbf{d} \cdot \mathrm{rot}\,\mathbf{c}\,d\tau - \int_V \mathbf{c} \cdot \mathrm{rot}\,\mathbf{d}\,d\tau$$

$$= \mathbf{d} \cdot \int_V \mathrm{rot}\,\mathbf{c}\,d\tau = \oint \mathbf{c} \times \mathbf{d} \cdot d\mathbf{a}$$

$$= -\oint \mathbf{d} \cdot \mathbf{c} \times d\mathbf{a} = -\mathbf{d} \cdot \oint \mathbf{c} \times d\mathbf{a},$$

d.h. für jeden Vektor $\mathbf{d}$ gilt

$$\mathbf{d} \cdot \int_V \mathrm{rot}\,\mathbf{c}\,d\tau = -\mathbf{d} \cdot \oint \mathbf{c} \times d\mathbf{a},$$

womit der Satz (5.68) bewiesen ist. Damit ist schließlich

$$\boxed{\mathbf{A}(\mathbf{r}) = \frac{1}{4\pi} \int_V \frac{\mathrm{rot}_{\mathbf{r}'}\mathbf{M}(\mathbf{r}')}{|\mathbf{r}-\mathbf{r}'|}\,d\tau' + \frac{1}{4\pi} \oint \frac{\mathbf{M}(\mathbf{r}') \times d\mathbf{a}'}{|\mathbf{r}-\mathbf{r}'|}} . \tag{5.69}$$

Damit haben wir ein sehr wichtiges Ergebnis gewonnen. Vergleicht man (5.69) mit (5.16), so sieht man, daß die Volumenverteilung von Dipolen einer Verteilung von Strömen

$$\boxed{\mathbf{g}_{\mathrm{magn}}(\mathbf{r}) = \frac{1}{\mu_0} \mathrm{rot}\,\mathbf{M}(\mathbf{r})} \tag{5.70}$$

und einer zusätzlichen Verteilung von *Flächenstromdichten*

$$\boxed{\mathbf{k}_{\text{magn}} = \frac{1}{\mu_0}\mathbf{M}(\mathbf{r}) \times \frac{d\mathbf{a}}{da} = \frac{1}{\mu_0}\mathbf{M} \times \mathbf{n}}\qquad(5.71)$$

gleichwertig ist. Die der Magnetisierung **M** entsprechende Stromdichte $1/\mu_0$ rot **M** wird als *Magnetisierungsstromdichte* bezeichnet. Von Flächenstromdichten spricht man, wenn in einer Oberfläche Ströme unendlicher Stromdichte fließen, dabei jedoch der Strom pro Längeneinheit endlich ist. Man kann sich das durch einen Grenzübergang (Bild 5.28) veranschaulichen. In einer dünnen Schicht der Dicke d fließt ein Strom der Dichte g, senkrecht zur Zeichenebene. In einem Abschnitt der Länge l fließt dann der Strom

$$gdl$$

und pro Längeneinheit der Strom

$$gd.$$

Läßt man nun $g \Rightarrow \infty$ und $d \Rightarrow 0$ gehen, so daß gd endlich bleibt, so entsteht ein Flächenstrom mit der Flächenstromdichte

$$k = gd, \quad [k] = \frac{A}{m}.$$

Flächenströme werden oft auch als *Strombeläge* bezeichnet.

Die eben gewonnenen formalen Ergebnisse sind auch anschaulich zu verstehen. Bild 5.29 zeigt ein "magnetisiertes" Volumen, d.h. ein mit Dipolen erfülltes Volumen. **M** soll dabei senkrecht auf der unteren und der oberen Oberfläche stehen. Ist **M** im ganzen Volumen konstant, so heben sich alle inneren Ströme gegenseitig auf (5.29b). Nur auf der Oberfläche bleibt ein Flächenstrom übrig, der die Richtung des Vektorpodukts von **M** und **n** hat. Ist die Magnetisierung inhomogen, so resultieren darüber hinaus auch Volumenströme im Inneren des Volumens, die eben mit rot **M** zusammenhängen.

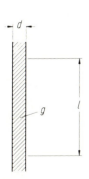

Bild 5.28

a

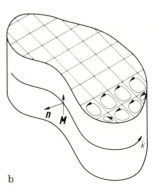

b

Bild 5.29

Ein einfaches Beispiel stellt ein unendlich langer Kreiszylinder dar, der homogen mit parallel zur Achse orientierten Dipolen erfüllt ist. In seinem Inneren fließen keine resultierenden Ströme. Seine Oberfläche trägt jedoch einen Strombelag. Es handelt sich um rein azimutale Flächenströme. Das Problem ist identisch mit dem der idealen unendlich langen Spule von Abschn. 5.2.3, Bild 5.12. Ist M die Magnetisierung, so ist der Strombelag in azimutaler Richtung

$$k_{\varphi\text{magn}} = \frac{M}{\mu_0},$$

und das innere Feld ist

$$H_{zi} = k_{\varphi\text{magn}} = \frac{M}{\mu_0},$$

bzw.

$$B_{zi} = \mu_0 H_{zi} = M.$$

Wir können auch das skalare Potential einer Volumenverteilung von Dipolen berechnen. Nach (5.55) ist

$$\psi = \frac{1}{4\pi\mu_0} \int_V \frac{\mathbf{M}(\mathbf{r}') \cdot (\mathbf{r} - \mathbf{r}')}{|\mathbf{r} - \mathbf{r}'|^3} d\tau'$$

bzw.

$$\psi = \frac{1}{4\pi\mu_0} \int_V \mathbf{M}(\mathbf{r}') \cdot \text{grad}_{\mathbf{r}'} \frac{1}{|\mathbf{r} - \mathbf{r}'|} d\tau'.$$

Wegen

$$\text{div}(\mathbf{b}\varphi) = \mathbf{b} \cdot \text{grad}\,\varphi + \varphi\,\text{div}\,\mathbf{b}$$

ist weiter

$$\psi = \frac{1}{4\pi\mu_0} \int_V \text{div}_{\mathbf{r}'} \frac{\mathbf{M}(\mathbf{r}')}{|\mathbf{r} - \mathbf{r}'|} d\tau' - \frac{1}{4\pi\mu_0} \int_V \frac{1}{|\mathbf{r} - \mathbf{r}'|} \text{div}_{\mathbf{r}'} \mathbf{M}(\mathbf{r}')\, d\tau'$$

und wegen des Gaußschen Satzes schließlich

$$\boxed{\psi = \frac{1}{4\pi\mu_0} \left[\oint \frac{\mathbf{M}(\mathbf{r}') \cdot d\mathbf{a}'}{|\mathbf{r} - \mathbf{r}'|} - \int_V \frac{\text{div}_{\mathbf{r}'} \mathbf{M}(\mathbf{r}')}{|\mathbf{r} - \mathbf{r}'|} d\tau' \right]}. \tag{5.72}$$

Diese Gleichung ist formal (2.65) vollkommen analog. Man kann sie deshalb auch so interpretieren, daß es sich um das Potential magnetischer Raumladungen und Flächenladungen handelt. Dabei handelt es sich um fiktive Ladungen, denen nur formale Bedeutung, jedoch keine physikalische Realität zuzusprechen ist. In Analogie zu den Gleichungen (2.66), (2.67) kann man die *magnetische Raumladungsdichte*

$$\boxed{\rho_{\text{magn}} = -\,\text{div}\,\mathbf{M}} \tag{5.73}$$

5.3 Der Begriff der Magnetisierung

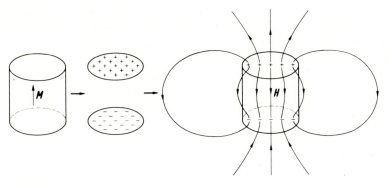

Bild 5.30

und die *magnetische Flächenladungsdichte*

$$\boxed{\sigma_{\text{magn}} = \mathbf{M} \cdot \frac{d\mathbf{a}}{da} = \mathbf{M} \cdot \mathbf{n}} \tag{5.74}$$

definieren. Rein formal kann man mit diesen Begriffen die ganze Magnetostatik in völliger Analogie zur Elektrostatik aufbauen. Man kann nämlich jetzt magnetische Ladungen

$$Q_{\text{magn}} = \int_v \rho_{\text{magn}} \, d\tau$$

definieren und für diese auch ein Coulombsches Gesetz formulieren:

$$F = \frac{Q_{\text{magn 1}} Q_{\text{magn 2}}}{4\pi r^2 \mu_0}$$

bzw. zeigen, daß im magnetischen Feld

$$\mathbf{F} = Q_{\text{magn}} \mathbf{H}$$

ist usw. Während die Beziehungen (5.72) bis (5.74) wertvolle Hilfsmittel für Feldberechnungen darstellen, sind die weiteren Analogien, z.B. das Coulombsche Gesetz, auch formal nicht sehr relevant und sollen deshalb hier nicht ausführlicher behandelt werden.

Betrachten wir als Beispiel einen mit Dipolen homogen erfüllten Zylinder endlicher Länge, so gibt es keine magnetischen Volumenladungen, jedoch Flächenladungen an den Stirnseiten. Sie erzeugen ein **H**-Feld, das dem elektrischen Feld gleicht, das von zwei homogen geladenen Kreisscheiben erzeugt wird (Bild 5.30). Es hat jedoch in dieser Form nur im Raum außerhalb des Zylinders Sinn. Das Feld im Inneren wird noch zu diskutieren sein.

Zum Abschluß dieses Abschnitts seien wiederum die wesentlichen Ergebnisse zuammengefaßt und den entsprechenden Ergebnissen der Elektrostatik gegenübergestellt:

Elektrostatik	Magnetostatik
P	M
$\varphi = \dfrac{1}{4\pi\varepsilon_0} \oint \dfrac{\mathbf{P}\cdot\mathbf{n}'}{|\mathbf{r}-\mathbf{r}'|} da'$ $\quad - \dfrac{1}{4\pi\varepsilon_0} \int_V \dfrac{\operatorname{div}_{\mathbf{r}'} \mathbf{P}(\mathbf{r}')}{|\mathbf{r}-\mathbf{r}'|} d\tau'$	$\psi = \dfrac{1}{4\pi\mu_0} \oint \dfrac{\mathbf{M}(\mathbf{r}')\cdot\mathbf{n}'}{|\mathbf{r}-\mathbf{r}'|} da'$ $\quad - \dfrac{1}{4\pi\mu_0} \int_V \dfrac{\operatorname{div}_{\mathbf{r}'} \mathbf{M}(\mathbf{r}')}{|\mathbf{r}-\mathbf{r}'|} d\tau'$
$-\operatorname{div} \mathbf{P} = \rho$ $\mathbf{P}\cdot\mathbf{n} = \sigma$	$-\operatorname{div} \mathbf{M} = \rho_{\text{magn}}$ $\mathbf{M}\cdot\mathbf{n} = \sigma_{\text{magn}}$
	$\mathbf{A} = \dfrac{1}{4\pi} \int_V \dfrac{\operatorname{rot}_{\mathbf{r}'} \mathbf{M}(\mathbf{r}')}{|\mathbf{r}-\mathbf{r}'|} d\tau'$ $\quad + \dfrac{1}{4\pi} \oint \dfrac{\mathbf{M}(\mathbf{r}')\times\mathbf{n}'}{|\mathbf{r}-\mathbf{r}'|} da'$ $\dfrac{1}{\mu_0} \operatorname{rot} \mathbf{M} = \mathbf{g}_{\text{magn}}$ $\dfrac{1}{\mu_0} \mathbf{M} \times \mathbf{n} = \mathbf{k}_{\text{magn}}$

Zur Vermeidung von Mißverständnissen sei am Ende dieses Abschnitts darauf hingewiesen, daß einige der verwendeten Begriffe in der Literatur nicht einheitlich eingeführt werden. Oft wird das magnetische Dipolmoment ohne den Faktor μ_0 in der Gleichung (5.52) definiert. Das wirkt sich auch bei der Magnetisierung aus, d.h. auch bei dieser fehlt der Faktor μ_0, wenn man sie als Volumendichte des magnetischen Dipolmoments auffaßt. Die mit μ_0 multiplizierte Größe wird dann oft als magnetische Polarisation bezeichnet (sie entspricht der bei uns eingeführten Magnetisierung). Die Unterscheidung von Magnetisierung und magnetischer Polarisation ist überflüssig. Sie hängt mit der ebenfalls überflüssigen (wenn auch historisch verständlichen) Unterscheidung zwischen einer "Elementarstromtheorie" und einer "Mengentheorie" des Magnetismus zusammen. Die erste beruht auf den Gleichungen (5.69) bis (5.71), die zweite auf den Gleichungen (5.72) bis (5.74) dieses Abschnitts. Für uns sind das keine zwei verschiedenen Theorien des Magnetismus, sondern zwei verschiedene äquivalente formale Konsequenzen derselben Theorie bzw. derselben dadurch beschriebenen physikalischen Wirklichkeit. Es handelt sich um die manchmal sogenannte *Äquivalenz von Wirbelring und Doppelschicht*, die uns schon mehrfach begegnet ist (so konnten wir z.B. in Abschn. 5.2.5 das Feld einer Stromschleife als das einer magnetischen Doppelschicht auffassen). Es ist diese Äquivalenz, die uns sehr oft erlaubt, magnetostatische Probleme wie elektrostatische zu behandeln und auch umgekehrt (denn wir können auch umgekehrt eine elektrische Doppelschicht als Stromschleife mit einem Strom fiktiver magnetischer Ladungen auffassen).

5.4 Kraftwirkungen auf Dipole in Magnetfeldern

Bewegt sich eine Ladung Q in einem Magnetfeld, so ist die ausgeübte Kraft

$$\mathbf{F} = Q\mathbf{v} \times \mathbf{B}.$$

Handelt es sich um die Bewegung von Ladungsdichteverteilungen $\rho(\mathbf{r})$, so ergibt sich die Kraft pro Volumeneinheit, die sogenannte *Kraftdichte*, als

$$\mathbf{f} = \rho \mathbf{v} \times \mathbf{B}.$$

Nun ist

$$\rho \mathbf{v} = \mathbf{g}$$

gerade die Stromdichte, d.h.:

$$\mathbf{f} = \mathbf{g} \times \mathbf{B}.$$

Integriert man diese Gleichung über einen stromführenden Leiterquerschnitt, so ergibt sich die Kraft pro Längeneinheit an einer Stelle des Leiters

$$\frac{\mathbf{F}(\mathbf{r})}{l} = \mathbf{I}(\mathbf{r}) \times \mathbf{B}(\mathbf{r}),$$

wenn $\mathbf{I}$ dem Betrag nach gleich dem Gesamtstrom I ist und die Richtung des betrachteten Leiterelementes hat (Bild 5.31). Betrachten wir nun zunächst einen Dipol, d.h. eine Leiterschleife, in einem homogenen Magnetfeld (Bild 5.32). Man kann anschaulich einsehen, daß alle Kräfte sich gegenseitig kompensieren. Die Gesamtkraft verschwindet. Es entsteht jedoch ein Kräftepaar, dessen Drehmoment **m** parallel zu **B** einzustellen versucht. Ohne Beweis sei angegeben, daß sich dieses

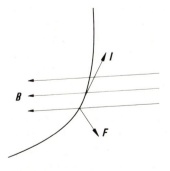

Bild 5.31

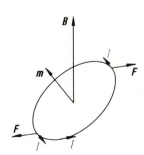

Bild 5.32

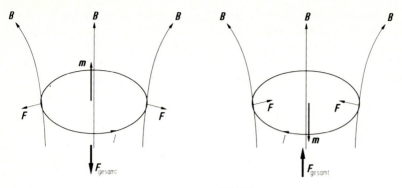

Bild 5.33 **Bild 5.34**

Drehmoment zu

$$\frac{1}{\mu_0} \mathbf{m} \times \mathbf{B} \tag{5.75}$$

ergibt. In einem inhomogenen Feld resultiert neben dem Drehmoment auch eine Kraft. Bild 5.33 zeigt, daß sich eine Kraft in Richtung zunehmenden Feldes ergibt, wenn **m** parallel zu **B** orientiert ist. Ist dagegen **m** antiparallel zu **B** orientiert, so resultiert eine Gesamtkraft in Richtung abnehmenden Feldes (Bild 5.34). Auch ohne Beweis sei noch bemerkt, daß die auf einen Dipol **m** in einem Feld **B** wirkende Kraft

$$\mathbf{F}_{gesamt} = \frac{(\mathbf{m} \cdot \mathrm{grad}) \mathbf{B}}{\mu_0} = \frac{1}{\mu_0} \mathrm{grad}\, (\mathbf{m} \cdot \mathbf{B}) \tag{5.76}$$

ist (wenn rot **B** = 0).

5.5 B und H in magnetisierbaren Medien

Bisher wurden nur Vakuumfelder diskutiert, wie sie durch vorgegebene Ströme oder Dipolverteilungen erzeugt werden. Bringt man irgendeine Materie in ein vorhandenes "äußeres" Magnetfeld, bzw. erzeugt man ein Magnetfeld in einem mit Materie erfüllten Raum, so wird diese dadurch im allgemeinen "magnetisiert" und übt nun auch ihrerseits Einfluß auf das resultierende Magnetfeld aus. Es gibt verschiedene Effekte, die zusammenwirken und ein insgesamt recht kompliziertes Bild ergeben. Im Rahmen einer phänomenologischen und makroskopischen Theorie können diese Dinge nur in groben Zügen angedeutet werden.

Alle Materie besteht aus Atomen, Molekülen usw., und in diesen bewegen sich die Elektronen der Hüllen nach bestimmten (nicht klassisch, sondern quantenmechanisch verstehbaren) Gesetzen um die Kerne. Diese bewegten Ladungen bewirken also Ströme und magnetische Momente. Je nach dem inneren Bau des Materials können sich die verschiedenen magnetischen Momente gegenseitig kompensieren oder nicht, d.h. je nach dem Material können dessen

Bausteine auch ohne Einwirkung eines äußeren Feldes bereits resultierende magnetische Momente haben oder auch nicht.

Hier ist noch hinzuzufügen, daß es neben den von uns diskutierten magnetischen Momenten zirkulierender Ströme auch noch elementare und nur quantenmechanisch interpretierbare (d.h. nach unserem Wissen nicht mit zirkulierenden Strömen zusammenhängende) magnetische Dipolmomente gibt, die mit dem ebenfalls nur quantenmechanisch interpretierbaren *Spin* von Elementarteilchen (insbesondere Elektronen), einer Art von elementarem Drehimpuls, zusammenhängen.

Zu Beginn sei ein Material betrachtet, in dem zunächst (d.h. ohne äußeres Feld) keine resultierenden magnetischen Dipolmomente vorhanden sind. Solche Medien werden als *diamagnetisch* bezeichnet. Läßt man nun ein äußeres Magnetfeld zeitlich ansteigen, so werden nach dem Induktionsgesetz (siehe Abschn. 1.11) Spannungen induziert, die ihrerseits Ströme und damit auch Dipolmomente hervorrufen. Das Medium wird also magnetisiert. Ähnlich wie bei der elektrostatischen Polarisation (siehe dazu Abschn. 2.8) kann man auch hier in erster Näherung einen linearen Zusammenhang zwischen Magnetfeld und dadurch bewirkter Magnetisierung annehmen. Aus dem Induktionsgesetz ergibt sich dabei, daß die von einem Magnetfeld bewirkte Magnetisierung das verursachende Feld **B** schwächt (Bild 5.35). Formal betrachtet ist das eine Folge des negativen Vorzeichens im Induktionsgesetz (1.67), die oft als *Lenzsche Regel* bezeichnet wird. Makroskopische induzierte Ströme klingen im allgemeinen aufgrund des Ohmschen Widerstandes, den ein Medium normalerweise hat, nach einiger Zeit wieder ab. Eine Ausnahme bilden die supraleitenden Medien. Die die Magnetisierung bewirkenden mikroskopischen Ströme (*Amperesche Molekularströme*) klingen jedoch nicht ab. Sie fließen widerstandslos und bleiben erhalten, solange das äußere Feld vorhanden ist. Nur deshalb gibt es einen eindeutigen Zusammenhang zwischen Magnetisierung und Feld, den wir wie folgt ansetzen:

$$\mathbf{M} = \mu_0 \chi_m \mathbf{H}. \tag{5.77}$$

χ_m wird als *magnetische Suszeptibilität* bezeichnet. Wegen der *Lenzschen Regel* ist χ_m negativ. Durch den Ansatz (5.77) ist χ_m dimensionslos. Die Magnetisierung **M** ist antiparallel zu **B** orientiert, so daß man ein diamagnetisches Material daran erkennen kann, daß es in einem inhomogenen Magnetfeld in Richtung abnehmenden Feldes gedrängt wird.

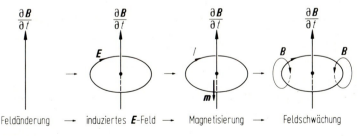

Bild 5.35

In den sogenannten *paramagnetischen* Medien haben die Moleküle resultierende magnetische Momente bereits ohne äußeres Feld. Solange kein äußeres Feld wirkt, gibt es jedoch keine Vorzugsrichtung und deshalb auch keine Magnetisierung. Die verschiedenen Dipole zeigen rein statistisch in alle Richtungen und kompensieren sich gegenseitig im räumlichen und zeitlichen Mittel. Sie sind dabei wegen der Temperatur in ständiger Bewegung. Wird nun ein äußeres Feld angelegt, so wirken auf die Dipole Drehmomente, die versuchen, sie parallel zum Feld einzustellen. Die Temperaturbewegung wirkt dem jedoch entgegen, und zwar umso stärker, je höher die Temperatur ist. Dennoch wird eine teilweise Orientierung in Feldrichtung erreicht. Gleichzeitig wirken die diamagnetischen Induktionseffekte, die die Magnetisierung zu verkleinern suchen. Wenn er überhaupt vorhanden ist, dann überwiegt der Paramagnetismus jedoch den Diamagnetismus, und man kann wieder den Ansatz (5.77) machen, wobei jetzt χ_m positiv ist. In einem inhomogenen Feld wird deshalb paramagnetisches Material in Richtung zunehmenden Feldes gezogen. Im diamagnetischen Fall ist χ_m nicht von der Temperatur abhängig, im paramagnetischen Fall ist χ_m von der Temperatur abhängig.

Es gibt noch viele andere magnetische Erscheinungen. Besonders wichtig, insbesondere auch für die Elektrotechnik, ist der *Ferromagnetismus*. Er hängt mit dem Spin der Elektronen zusammen und kann qualitativ wie der Paramagnetismus durch die Ausrichtung der damit verbundenen magnetischen Dipolmomente beschrieben werden. Er unterscheidet sich von diesem jedoch dadurch, daß die Magnetisierung um viele Größenordnungen stärker ist und daß der Zusammenhang zwischen Magnetisierung und Feld nicht linear und nicht einmal eindeutig ist, d.h. die Magnetisierung hängt nicht nur von dem angelegten äußeren Feld, sondern auch von der Vorgeschichte ab (d.h. von der Art und Weise, wie der momentane Zustand hergestellt wurde). Will man trotz des nicht linearen Zusammenhangs Ferromagnetika durch Suszeptibilitäten kennzeichnen, so hängen diese vom momentanen Zustand ab und sind deshalb theoretisch nicht unbedingt sehr sinnvoll. Zahlenmäßig werden dabei Werte bis zu einigen 10^4 erreicht, während für Diamagnetika und Paramagnetika $|\chi_m| \ll 1$ ist. Um einige Beispiele anzugeben, seien die folgenden Zahlen genannt:

Sauerstoff (O_2)	bei 18°C	$\chi_m = 1{,}8 \cdot 10^{-6}$	paramagnetisch
Palladium	bei 18°C	$\chi_m = 782 \cdot 10^{-6}$	
Stickstoff (N_2)		$\chi_m = -0{,}07 \cdot 10^{-6}$	diamagnetisch
Wismuth		$\chi_m = -160 \cdot 10^{-6}$	

Beim Vergleich mit anderen Quellen achte man auf die leider nicht einheitliche Definition von χ_m.

Die Tatsache, daß der Ferromagnetismus nicht durch lineare Beziehungen beschrieben werden kann, hat formal schwerwiegende Konsequenzen. Die behandelten formalen Methoden sind nur für lineare Probleme brauchbar. Für nichtlineare Probleme sind brauchbare mathematische Methoden analytischer Art kaum vorhanden. Man ist dann im allgemeinen auf numerische Methoden angewiesen.

5.5 B und H in magnetisierbaren Medien

In Gegenwart magnetisierter Medien kann man das Magnetfeld wie im Vakuum berechnen, wenn man alle Ströme, d.h. auch die von der Magnetisierung herrührenden "gebundenen" Ströme (Magnetisierungsströme), explizit berücksichtigt. Es gilt also

$$\operatorname{rot} \mathbf{B} = \mu_0 \mathbf{g}$$

mit

$$\mathbf{g} = \mathbf{g}_{\text{frei}} + \mathbf{g}_{\text{geb}} = \mathbf{g}_{\text{frei}} + \frac{1}{\mu_0} \operatorname{rot} \mathbf{M}.$$

Also ist

$$\operatorname{rot} \mathbf{B} = \mu_0 \mathbf{g}_{\text{frei}} + \operatorname{rot} \mathbf{M},$$

bzw.

$$\boxed{\operatorname{rot} \frac{\mathbf{B} - \mathbf{M}}{\mu_0} = \mathbf{g}_{\text{frei}}}. \tag{5.78}$$

Nun definieren wir für magnetisierbare Medien

$$\boxed{\mathbf{H} = \frac{\mathbf{B} - \mathbf{M}}{\mu_0}}. \tag{5.79}$$

Für $\mathbf{M} = 0$ führt das zu unserem bisherigen Zusammenhang zwischen $\mathbf{H}$ und $\mathbf{B}$ im Vakuum zurück. Umgekehrt gilt

$$\boxed{\mathbf{B} = \mu_0 \mathbf{H} + \mathbf{M}}. \tag{5.80}$$

Diese Beziehungen gelten für jedes beliebige Medium, z.B. auch für einen Permanentmagneten, bei dem eine Magnetisierung ohne äußeres Feld vorhanden ist und erhalten bleibt. Aus (5.78) und (5.79) folgt

$$\boxed{\operatorname{rot} \mathbf{H} = \mathbf{g}_{\text{frei}}}, \tag{5.81}$$

d.h. $\mathbf{H}$ ist wirbelfrei, wenn nur gebundene Ströme vorhanden sind. $\mathbf{B}$ ist dann jedoch nicht wirbelfrei. Vielmehr ist dann

$$\operatorname{rot} \mathbf{B} = \operatorname{rot} \mathbf{M}.$$

Für "lineare Medien" folgt aus (5.80)

$$\mathbf{B} = \mu_0 \mathbf{H} + \mu_0 \chi_m \mathbf{H} = \mu_0 (1 + \chi_m) \mathbf{H}.$$

Mit der sogenannten *relativen Permeabilität*

$$\boxed{\mu_r = 1 + \chi_m} \tag{5.82}$$

und der *Permeabilität*

$$\boxed{\mu = \mu_0 \mu_r} \tag{5.83}$$

ergibt sich also

$$\boxed{\mathbf{B} = \mu \mathbf{H}}. \tag{5.84}$$

Bei der Berechnung von **H** spielen nur die freien Ströme eine Rolle, während der Anteil der gebundenen Ströme in den Zusammenhang zwischen **B** und **H** gesteckt wurde. Dieses Vorgehen ähnelt dem in der Elektrostatik. Dort sind bei der Berechnung von **D** nur die freien Ladungen von Bedeutung, und der Einfluß der gebundenen Ladungen ist im Zusammenhang zwischen **D** und **E** verborgen.

Das Feld **B** ist stets quellenfrei, d.h. es gilt stets

$$\text{div } \mathbf{B} = 0.$$

Daraus folgt, daß **H** nicht unbedingt quellenfrei ist, nämlich dann nicht, wenn div **M** ≠ 0 ist:

$$\text{div } \mathbf{H} = \text{div } \frac{\mathbf{B} - \mathbf{M}}{\mu_0} = -\frac{1}{\mu_0} \text{div } \mathbf{M}.$$

Nun haben wir − div **M** als fiktive magnetische Ladung eingeführt, Gleichung (5.73),

$$-\text{div } \mathbf{M} = \rho_{\text{magn}},$$

d.h.

$$\boxed{\text{div } \mathbf{H} = \frac{1}{\mu_0} \rho_{\text{magn}}}. \tag{5.85}$$

Das Feld **H** entspringt oder endet demnach an den gebundenen magnetischen Ladungen. Wegen

$$\mathbf{H} = -\text{grad } \psi$$

können wir auch

$$\text{div}(-\text{grad } \psi) = -\Delta \psi = +\frac{1}{\mu_0} \rho_{\text{magn}},$$

d.h.

$$\boxed{\Delta \psi = -\frac{\rho_{\text{magn}}}{\mu_0}} \tag{5.86}$$

setzen. Das ist die *magnetische Poisson-Gleichung*.

Die etwas verwirrenden Eigenschaften von **B** und **H** unter verschiedenen Umständen seien in Tabelle 5.1 kurz zusammengefaßt:

5.5 B und H in magnetisierbaren Medien

Tabelle 5.1

Felder freier Ströme	Felder magnetisierter Materie	Felder freier Ströme und Felder magnetisierter Materie
H und **B** quellenfrei, jedoch nicht wirbelfrei:	**H** wirbelfrei, jedoch nicht quellenfrei, **B** quellenfrei, jedoch nicht wirbelfrei:	**H** weder wirbelfrei noch quellenfrei, **B** quellenfrei, jedoch nicht wirbelfrei:
rot $\mathbf{H} = \mathbf{g}_{frei}$ div $\mathbf{H} = 0$ div $\mathbf{B} = 0$ rot $\mathbf{B} = \mu_0 \mathbf{g}_{frei}$	rot $\mathbf{H} = 0$ div $\mathbf{H} = \rho_{magn}/\mu_0$ div $\mathbf{B} = 0$ rot $\mathbf{B} = $ rot $\mathbf{M}$	rot $\mathbf{H} = \mathbf{g}_{frei}$ div $\mathbf{H} = \rho_{magn}/\mu_0$ div $\mathbf{B} = 0$ rot $\mathbf{B} = \mu_0 \mathbf{g}_{frei} + $ rot $\mathbf{M}$

Als Beispiel sei das Feld eines zylindrischen, homogen magnetisierten Permanentmagneten diskutiert. Das **H**-Feld kann man berechnen wie das elektrische Feld von zwei Kreisplatten mit Flächenladungen. Dabei ist

$$\sigma_{magn} = \mathbf{M} \cdot \mathbf{n}.$$

Das **B**-Feld kann man berechnen wie das einer endlich langen Spule mit dem Strombelag

$$\mathbf{k} = k_\varphi \mathbf{e}_\varphi = \frac{1}{\mu_0} \mathbf{M} \times \mathbf{n}$$

oder auch, indem man

$$\mathbf{B} = \mu_0 \mathbf{H} + \mathbf{M}$$

berechnet (Bilder 5.36 und 5.37). Dabei ist das Feld **H** in Bild 5.37a zwar wirbelfrei, hat jedoch an der oberen bzw. an der unteren Fläche Quellen bzw. Senken in

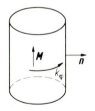 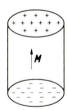

Bild 5.36

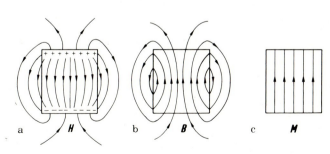

Bild 5.37

gebundenen magnetischen Ladungen. **B** in Bild 5.37b ist quellenfrei, hat jedoch Wirbel in den gebundenen azimutalen Strömen der Mantelfläche. **M** in 5.37c ist weder wirbelfrei noch quellenfrei. Die Wirbel befinden sich an der Mantelfläche (wie die von **B**) und die Quellen an der oberen bzw. an der unteren Fläche (wie die von **H**). Es sei noch bemerkt, daß Bild 5.30 noch nichts mit einem magnetisierten Medium zu tun hat. Es handelt sich um das von vorgegebenen Dipolen erzeugte Vakuumfeld, das nur außerhalb des Zylinders aus ψ berechnet werden kann. Bild 5.37 jedoch beruht auf der inzwischen verallgemeinerten Definition (5.79) von **H**. Erst dadurch ist **H** im Inneren eines magnetisierbaren Mediums definiert.

Es gibt auch anisotrope lineare Medien, für die χ_m bzw. μ ein Tensor ist. In diesem Fall gilt

$$\left. \begin{array}{l} B_x = \mu_{xx}H_x + \mu_{xy}H_y + \mu_{xz}H_z \\ B_y = \mu_{yx}H_x + \mu_{yy}H_y + \mu_{yz}H_z \\ B_z = \mu_{zx}H_x + \mu_{zy}H_y + \mu_{zz}H_z \end{array} \right\} \tag{5.87}$$

bzw. kürzer geschrieben

$$\mathbf{B} = \boldsymbol{\mu} \cdot \mathbf{H}. \tag{5.88}$$

Der Tensor $\boldsymbol{\mu}$ ist symmetrisch, d.h.

$$\mu_{ik} = \mu_{ki}. \tag{5.89}$$

5.6 Der Ferromagnetismus

Ferromagnetismus tritt bei Eisen, Kobalt, Nickel und außerdem bei gewissen Legierungen auf. Der Zusammenhang zwischen **M** und **H** bzw. **B** und **H** ist bei diesen Materialien recht kompliziert. Er ist, wie schon erwähnt wurde, weder linear noch eindeutig. Er hängt von der Vorgeschichte des Mediums ab und ist außerdem z.B. für verschiedene Eisensorten recht unterschiedlich. Der Zusammenhang muß durch Messungen festgestellt werden. Im Prinzip kann die Messung entsprechend Bild 5.38 erfolgen. Der Einfachheit wegen sei dabei angenommen, daß der ferromagnetische Ring sehr schlank sei. Dann erzeugt der erregende Strom im Ring

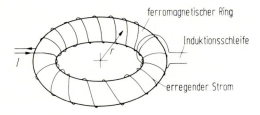

Bild 5.38

das Feld

$$H = \frac{NI}{2\pi r},$$

wobei N die Gesamtzahl der Windungen ist. Die dadurch an der Induktionsschleife erzeugte Spannung ist dem Betrag nach

$$U_i = \dot{\phi} = \dot{B}A.$$

Integriert man die Spannung über die Zeit, so ergibt sich

$$\int U_i \, dt = BA.$$

Mißt man zusammengehörige Werte von I und U_i, so erhält man daraus die zusammengehörigen Werte von B und H. Trägt man sie auf, so bekommt man die sogenannte *Hysteresekurve* (Bild 5.39).

Setzt man ein zunächst unmagnetisiertes Material einem von 0 ansteigenden Feld H aus, so durchläuft B die sogenannte *Neukurve* (auch *jungfräuliche Kurve* genannt) und geht dabei schließlich in den Bereich der sogenannten *Sättigung* über, der dadurch gekennzeichnet ist, daß die zugehörige Magnetisierung nicht mehr weiter ansteigt. Die Magnetisierung ist in Bild 5.40 ebenfalls aufgetragen.

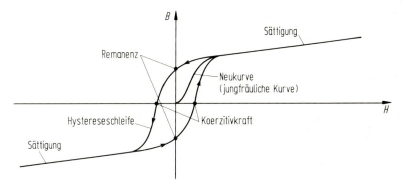

Bild 5.39

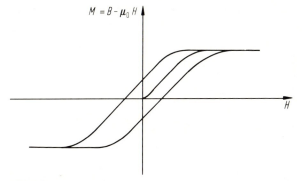

Bild 5.40

Läßt man nun H wieder abnehmen, so wird keineswegs dieselbe Kurve rückwärts durchlaufen. B bzw. M nehmen weniger ab als sie beim Anstieg von H zunahmen. Dies hat zur Folge, daß auch beim Verschwinden von H B nun nicht verschwindet, sondern einen endlichen Wert hat (*Remanenz*). Man muß ein Gegenfeld anlegen (die sog. *Koerzitivkraft*), um B wieder zum Verschwinden zu bringen. Hinreichend starke Gegenfelder führen in die negative Sättigung. Läßt man H nun wieder anwachsen, so wird der andere Teil der Hystereseschleife durchlaufen, der schließlich wieder zur positiven Sättigung führt. Kleinere Hystereseschleifen werden umfahren, wenn man jeweils nicht bis zur Sättigung geht (Bild 5.41). Je nach dem verwendeten Material kann die Hystereseschleife breit oder schmal sein, mehr schräg oder nahezu rechteckig verlaufen. Für die vielen Anwendungen des Ferromagnetismus in der Elektrotechnik sind dabei jeweils Stoffe mit speziellen Eigenschaften der Hysteresekurve mehr oder weniger geeignet. Ein wichtiger Gesichtspunkt ist oft die von der Hystereseschleife umfahrene Fläche, da diese mit den Verlusten bei der Ummagnetisierung zusammenhängt. Dies kann man wie folgt einsehen: Die pro Zeiteinheit aufgewandte Energie, d.h. die Leistung zur Erzeugung des Feldes ist für die Anordnung in Bild 5.38

$$\frac{dW}{dt} = I U_e,$$

wo U_e die Spannung an den erzeugenden Windungen ist,

$$U_e = N \dot{\phi} = N A \frac{dB}{dt}.$$

Also ist

$$\frac{dW}{dt} = I N A \frac{dB}{dt} = \frac{IN}{2\pi r} A 2\pi r \frac{dB}{dt} = H V \frac{dB}{dt}.$$

V ist das Volumen des ferromagnetischen Ringes. Demnach ist die pro Volumen-

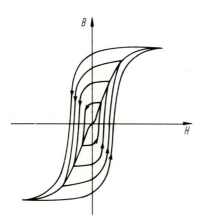

Bild 5.41

einheit aufzubringende Leistung

$$\frac{1}{V}\frac{dW}{dt} = H\frac{dB}{dt}$$

oder auch

$$\frac{1}{V}dW = H\,dB, \qquad (5.90)$$

bzw.

$$\frac{W}{V} = \int_{B_1}^{B_2} H\,dB.$$

Dabei ist W die Energie, die man benötigt, um vom Feld B_1 ausgehend das Feld B_2 aufzubauen. Sie entspricht pro Volumeneinheit der in Bild 5.42 eingezeichneten Fläche.

Bei einem ganzen Umlauf ist (Bild 5.43)

$$\frac{W}{V} = \oint H\,dB = \oint H(\mu_0\,dH + dM) = \oint H\,dM \qquad (5.91)$$

gegeben durch die umfahrene Fläche. Das heißt eine breite Hysteresekurve, wie man sie bei sog. "harten Material" hat, führt zu großen Verlusten beim Ummagnetisieren. Hartes Material ist demnach für Transformatoren z.B. ungeeignet. Hier ist "weiches Material" mit schlanker Hysteresekurve angebracht.

Obwohl der Zusammenhang zwischen **B** und **H** recht kompliziert ist, kann man rein formal **B** in der Form

$$\mathbf{B} = \mu_0 \mu_r \mathbf{H} = \mu \mathbf{H}$$

angeben, wo nun μ_r bzw. μ Funktionen von H bzw. auch der Vorgeschichte sind. Wenn im folgenden diese Schreibweise benutzt wird, soll dadurch keinesfalls ein linearer Zusammenhang suggeriert werden. Es soll lediglich der spezielle Zustand durch einen entsprechenden Faktor gekennzeichnet werden.

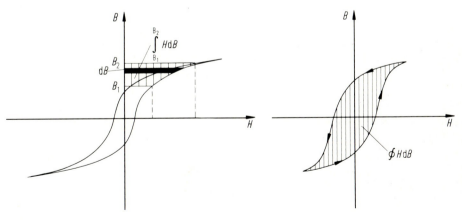

Bild 5.42   **Bild 5.43**

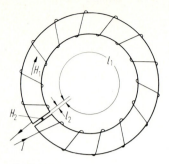

Bild 5.44

Als Beispiel sei zunächst ein Elektromagnet betrachtet, der einen ferromagnetischen Kern mit einem sehr kleinen Luftspalt enthält (Bild 5.44). Ist der Torus hinreichend schlank und der Schlitz hinreichend dünn, so können wir die Felder H_1 im Kern und H_2 im Luftspalt als näherungsweise homogen ansehen und auch die Längenunterschiede der verschiedenen Kraftlinien vernachlässigen. Dann gilt

$$\oint \mathbf{H} \cdot d\mathbf{s} = H_1 l_1 + H_2 l_2 = NI.$$

Ferner ist

$$B_1 = B_2 = B,$$

weil—wie wir im nächsten Abschnitt zeigen werden—die senkrechte Komponente von **B** an Grenzflächen stetig sein muß. Also ist

$$\mu_1 H_1 = \mu_0 H_2 = B$$

und deshalb

$$\frac{B}{\mu_1} l_1 + \frac{B}{\mu_0} l_2 = NI$$

bzw.

$$B = \frac{NI}{\dfrac{l_1}{\mu_1} + \dfrac{l_2}{\mu_0}}. \tag{5.92}$$

Wir haben hier ein besonders einfaches Beispiel eines sogenannten *magnetischen Kreises* vor uns. Im allgemeinen kann er aus verschiedenen Teilen unterschiedlicher Länge, unterschiedlichen Querschnitts und unterschiedlicher Permeabilität zusammengesetzt sein (Bild 5.45): l_i, A_i, μ_i. Näherungsweise kann man annehmen, daß der Fluß durch alle Teile derselbe ist, d.h. etwaige "Streuflüsse" werden vernachlässigt. Dann ist

$$NI = \sum_{i=1}^{n} H_i l_i,$$

$$H_i = \frac{B_i}{\mu_i} = \frac{\phi}{A_i \mu_i}$$

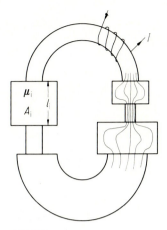

Bild 5.45

und

$$NI = \sum_{i=1}^{n} \phi \frac{l_i}{A_i \mu_i}$$

bzw.

$$NI = \phi \sum_{i=1}^{n} \frac{l_i}{A_i \mu_i}. \tag{5.93}$$

Schreiben wir zum Vergleich das Ohmsche Gesetz für einen Kreis mehrerer in Serie geschalteter Widerstände darunter, so fällt eine weitgehende formale Analogie auf:

$$U = I \sum_{i=1}^{n} \frac{l_i}{A_i \kappa_i}. \tag{5.94}$$

NI, die Durchflutung, tritt an die Stelle der Spannung und wird deshalb auch manchmal als magnetische Spannung bezeichnet. Der Fluß ϕ vertritt die Stromstärke I. Die Summe

$$\sum_{i=1}^{n} \frac{l_i}{A_i \mu_i}$$

vertritt den Widerstand und wird deshalb auch als *magnetischer Widerstand* R_{magn} bezeichnet. Für das einzelne Element ist

$$R_{magn,i} = \frac{l_i}{A_i \mu_i}. \tag{5.95}$$

Die Permeabilität spielt hier die Rolle der Leitfähigkeit und kann deshalb als *magnetische Leitfähigkeit* interpretiert werden. Diese Analogie läßt sich noch viel weiter führen und auf ganze Netzwerke auch sich verzweigender magnetischer

"Ströme" ausdehnen. Man muß sich dabei jedoch bewußt bleiben, daß es sich um Näherungen handelt, die nicht unbedingt gut sind. Auch ist ihre Genauigkeit im Einzelfall schwer abzuschätzen. Trotzdem sind solche Näherungen wichtig und berechtigt, da die feldtheoretisch exakte Behandlung von vielen Problemen dieser Art auf beinahe unüberwindliche Schwierigkeiten stößt.

5.7 Randbedingungen für B und H und die Brechung magnetischer Kraftlinien

Es gilt stets

$$\operatorname{rot} \mathbf{H} = \mathbf{g}_{\text{frei}},$$
$$\operatorname{div} \mathbf{B} = 0.$$

Daraus lassen sich die Randbedingungen ableiten, die **H** und **B** an Grenzflächen zu erfüllen haben.

Betrachten wir zunächst ein Flächenelement d**A**, der Art, daß d**A** in die Grenzfläche fällt, d.h. die Fläche dA die Grenzfläche senkrecht durchdringt (Bild 5.46). Zunächst ist

$$\int_A \operatorname{rot} \mathbf{H} \cdot d\mathbf{A} = \oint_C \mathbf{H} \cdot d\mathbf{s}$$

$$= \mathbf{H}_2 \cdot \frac{\mathbf{n}_2 \times d\mathbf{A}}{dA} ds$$

$$- \mathbf{H}_1 \cdot \frac{\mathbf{n}_2 \times d\mathbf{A}}{dA} ds$$

$$= \int_A \mathbf{g}_{\text{frei}} \cdot d\mathbf{A}$$

$$= \mathbf{k}_{\text{frei}} \cdot \frac{d\mathbf{A}}{dA} ds,$$

wenn $\mathbf{k}_{\text{frei}}$ der freie Flächenstrom (Strombelag) in der Grenzfläche ist, d.h. wenn

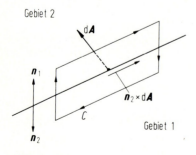

Bild 5.46

5.7 Randbedingungen für B und H und die Brechung magnetischer Kraftlinien

k_{frei} keine Magnetisierungsströme enthält. Also ist

$$(\mathbf{H}_2 - \mathbf{H}_1) \cdot \frac{\mathbf{n}_2 \times d\mathbf{A}}{dA} ds = \mathbf{k}_{frei} \cdot \frac{d\mathbf{A}}{dA} ds$$

bzw.

$$(\mathbf{H}_2 - \mathbf{H}_1) \times \mathbf{n}_2 \cdot d\mathbf{A} = \mathbf{k}_{frei} \cdot d\mathbf{A}.$$

Dies gilt für jedes Flächenelement $d\mathbf{A}$ (sofern nur $d\mathbf{A}$ in der Grenzfläche liegt). Deshalb ist auch

$$\boxed{(\mathbf{H}_2 - \mathbf{H}_1) \times \mathbf{n}_2 = \mathbf{k}_{frei}}. \tag{5.96}$$

Ist speziell $\mathbf{k}_{frei} = 0$, d.h. fließt in der Grenzfläche kein Flächenstrom, so ist

$$(\mathbf{H}_2 - \mathbf{H}_1) \times \mathbf{n}_2 = 0$$

bzw.

$$\boxed{H_{2t} = H_{1t}}, \tag{5.97}$$

d.h. dann sind die Tangentialkomponenten von $\mathbf{H}$ stetig, während ein Flächenstrom einen Sprung dieser Komponenten bewirkt.

Untersuchen wir nun ein kleines scheibenförmiges Volumen entsprechend Bild 5.47, so finden wir

$$\int \text{div}\, \mathbf{B}\, d\tau = \oint \mathbf{B} \cdot d\mathbf{A}$$
$$= (\mathbf{B}_2 - \mathbf{B}_1) \cdot \mathbf{n}_1\, dA = 0,$$

d.h.

$$(\mathbf{B}_2 - \mathbf{B}_1) \cdot \mathbf{n}_1 = 0$$

bzw.

$$\boxed{B_{2n} = B_{1n}}. \tag{5.98}$$

Die Normalkomponenten von $\mathbf{B}$ sind immer stetig.

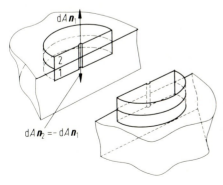

Bild 5.47

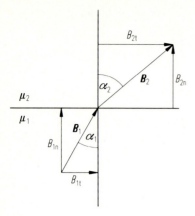

Bild 5.48

Aus den Beziehungen (5.97), (5.98) folgt das Brechungsgesetz für magnetische Feldlinien. Der Einfachheit wegen sei nämlich angenommen, daß in der Oberfläche kein freier Strom fließe. Entsprechend Bild 5.48 ist

$$\frac{\tan \alpha_1}{\tan \alpha_2} = \frac{\dfrac{B_{1t}}{B_{1n}}}{\dfrac{B_{2t}}{B_{2n}}} = \frac{B_{1t}}{B_{2t}} = \frac{\mu_1 H_{1t}}{\mu_2 H_{2t}},$$

d.h.

$$\boxed{\frac{\tan \alpha_1}{\tan \alpha_2} = \frac{\mu_1}{\mu_2}}. \tag{5.99}$$

Ist $\mu_1 \ll \mu_2$ (z.B. an der Grenze zwischen Ferromagnetikum und Vakuum), so ist entweder $\alpha_2 \approx 90°$ oder $\alpha_1 \approx 0°$, d.h. die Kraftlinien treffen entweder senkrecht auf das Ferromagnetikum oder sie verlaufen in diesem tangential zur Oberfläche (Bild 5.49).

Die oben abgeleiteten Beziehungen berücksichtigen nicht die Effekte eventueller magnetischer Doppelschichten. Wie schon im elektrostatischen Fall verändern

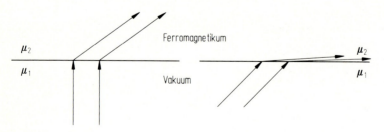

Bild 5.49

Doppelschichten die Randbedingungen, worauf wir jedoch nicht weiter eingehen wollen.

Manchmal benötigt man auch Randbedingungen für **A**. Weil

und
$$\text{div } \mathbf{A} = 0$$
$$\text{rot } \mathbf{A} = \mathbf{B}$$

ist, ergibt sich aus den obigen analogen Betrachtungen, daß sowohl die Tangentialkomponenten als auch die Normalkomponenten von **A** an Grenzflächen stetig sind:

$$\boxed{\begin{aligned} A_{1n} &= A_{2n} \\ \mathbf{A}_{1t} &= \mathbf{A}_{2t} \end{aligned}}. \tag{5.100}$$

In den folgenden Abschnitten wird die Anwendung der Randbedingungen an verschiedenen Beispielen noch verdeutlicht werden.

5.8 Platte, Kugel und Hohlkugel im homogenen Magnetfeld

5.8.1 Die ebene Platte

Eine ebene Platte aus magnetischem Material (μ) befindet sich in einem homogenen Feld $\mathbf{H}_a$, das auf ihren Oberflächen senkrecht steht (Bild 5.50). Dadurch entsteht in der Platte eine ebenfalls homogene Magnetisierung

$$\mathbf{M} = \mu_0 \chi_m \mathbf{H}_i,$$

und **M** bewirkt in der Platte ein Gegenfeld $\mathbf{H}_g$ (genauer gesagt: bei Ferro- bzw. Paramagneten handelt es sich um ein das Außenfeld $\mathbf{H}_a$ schwächendes Gegenfeld; bei Diamagneten wird das Feld $\mathbf{H}_a$ verstärkt). $\mathbf{H}_i$, das resultierende Innenfeld, ist

$$\mathbf{H}_i = \mathbf{H}_a + \mathbf{H}_g.$$

Also ist

$$\mathbf{M} = \mu_0 \chi_m \mathbf{H}_a + \mu_0 \chi_m \mathbf{H}_g.$$

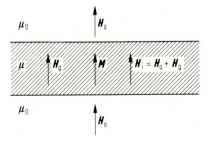

Bild 5.50

Nun ist das durch **M** bewirkte Feld $\mathbf{H}_g$ anzugeben. **M** bewirkt an den Oberflächen fiktive magnetische Ladungen $\pm M$ (z.B. beim Paramagnetismus oben $+$, unten $-$). Dadurch entsteht z.B. im Falle des Paramagnetismus ein von oben nach unten gerichtetes Feld

$$H_g = \frac{M}{\mu_0}.$$

In jedem Fall gilt

$$\mathbf{H}_g = -\frac{\mathbf{M}}{\mu_0}. \tag{5.101}$$

Also ist

$$\mathbf{M} = \mu_0 \chi_m \mathbf{H}_a - \chi_m \mathbf{M},$$

d.h.

$$\mathbf{M} = \frac{\mu_0 \chi_m \mathbf{H}_a}{1 + \chi_m} \tag{5.102}$$

und

$$\mathbf{H}_i = \mathbf{H}_a - \frac{\mathbf{M}}{\mu_0}. \tag{5.103}$$

In Analogie zur Definition des Entelektrisierungsfaktors in Abschn. 2.12.4, Gleichung (2.141), können wir den *Entmagnetisierungsfaktor* der Platte definieren ($1/\mu_0$). Nach (5.103) ist

$$\mathbf{H}_i = \mathbf{H}_a - \frac{\mathbf{M}}{\mu_0} = \mathbf{H}_a - \frac{\chi_m \mathbf{H}_a}{1+\chi_m} = \frac{\mathbf{H}_a}{1+\chi_m},$$

d.h.

$$\mathbf{H}_i = \frac{\mathbf{H}_a}{\mu_r}. \tag{5.104}$$

Hier ist zu sehen, daß, wie schon oben behauptet, für eine paramagnetische Platte ($\mu_r > 1$) $H_i < H_a$ ist und für eine diamagnetische Platte ($\mu_r < 1$) $H_i > H_a$ ist. Ferner ist

$$B_i = \mu H_i = \mu_r \mu_0 H_i = \mu_r \mu_0 \frac{H_a}{\mu_r} = \mu_0 H_a = B_a,$$

d.h. B ist, wie es sein muß, stetig. Wir hätten diese Tatsache natürlich benützen können, um (5.104) direkt herzuleiten.

5.8.2 Die Kugel

Betrachten wir nun eine Kugel (μ_i) in einem Außenraum (μ_a) und in einem im Unendlichen homogenen Außenfeld $\mathbf{H}_{a,\infty}$ (Bild 5.51). Wie im elektrostatischen Fall kann man das Problem durch die Überlagerung eines Dipolfeldes im Außenraum und mit einem homogenen Innenfeld lösen. Diese Lösung ist auch die einzig

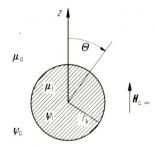

Bild 5.51

mögliche. Wir setzen also an:

$$\left.\begin{array}{l}\psi_a = -H_{a,\infty} r \cos\theta + \dfrac{C\cos\theta}{r^2}, \\ \psi_i = -H_i r \cos\theta.\end{array}\right\} \quad (5.105)$$

Dieser Ansatz enthält zwei noch zu bestimmende Konstanten, H_i und C. Sie ergeben sich aus den Randbedingungen an der Kugeloberfläche $r = r_k$. Dort muß B_r und H_θ stetig sein. Nun ist

$$H_\theta = -\frac{1}{r}\frac{\partial \psi}{\partial \theta},$$

d.h.

$$\left.\begin{array}{l}H_{\theta a} = -H_{a,\infty}\sin\theta + \dfrac{C\sin\theta}{r^3}, \\ H_{\theta i} = -H_i \sin\theta\end{array}\right\}$$

und

$$B_r = -\mu \frac{\partial \psi}{\partial r},$$

d.h.

$$\left.\begin{array}{l}B_{ra} = +\mu_a H_{a,\infty}\cos\theta + 2\mu_a \dfrac{C\cos\theta}{r^3}, \\ B_{ri} = +\mu_i H_i \cos\theta.\end{array}\right\}$$

Also sind die beiden Randbedingungen

$$\left.\begin{array}{l}-H_{a,\infty} + \dfrac{C}{r_k^3} = -H_i, \\ \mu_a H_{a,\infty} + 2\mu_a \dfrac{C}{r_k^3} = +\mu_i H_i.\end{array}\right\}$$

Nach Elimination von C ergibt sich H_i zu

$$H_i = \frac{3\mu_a}{2\mu_a + \mu_i} H_{a,\infty} \quad (5.106)$$

bzw.

$$B_i = \frac{3\mu_i}{2\mu_a + \mu_i} B_{a,\infty}.$$ (5.107)

Diese Ergebnisse sind denen der Elektrostatik wiederum völlig analog. Man hat lediglich μ durch ε zu ersetzen, um zu unseren früheren elektrostatischen Ergebnissen zurückzukommen. Das Innenfeld ist wiederum homogen, was nur für Ellipsoide und ihre Grenzfälle zutrifft.

Ist $\mu_i \gg \mu_a$ (ferromagnetische Kugel im Vakuum), so ist (Bild 5.52)

$$B_i \approx 3 B_{a,\infty},$$

d.h. das Feld B wird um den Faktor 3 verstärkt. H_i dagegen wird sehr klein,

$$H_i \approx 3 \frac{\mu_a}{\mu_i} H_{a,\infty}.$$

Die Kraftlinien treffen von außen senkrecht auf die Kugel. Das Feld entspricht dem elektrischen Feld einer leitfähigen Kugel, die in ein homogenes äußeres Feld gebracht wird.

Befindet sich die Kugel im Vakuum, d.h. ist $\mu_a = \mu_0$, so kann man H_i in der Form

$$H_i = H_{a,\infty} - \frac{1}{3\mu_0} M$$ (5.108)

schreiben, wo natürlich

$$M = \mu_0 \chi_{mi} H_i = \mu_0 (\mu_{ri} - 1) H_i$$
$$= (\mu_i - \mu_0) H_i$$

ist. Der Entmagnetisierungsfaktor der Kugel ist demnach $(1/3\mu_0)$. Dies hängt natürlich damit zusammen, daß das von einer homogen polarisierten Kugel (**M**) für sich allein erzeugte Feld im Inneren

$$\mathbf{H} = \frac{-\mathbf{M}}{3\mu_0}$$

ist.

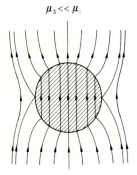

Bild 5.52

5.8.3 Die Hohlkugel

In ähnlicher Weise kann man auch das Problem einer Hohlkugel in einem homogenen Außenfeld $\mathbf{H}_{a,\infty}$ behandeln (Bild 5.53). Wir haben drei Bereiche mit den Permeabilitäten μ_a, μ_m, μ_i, für die wir die Potentiale ψ_a, ψ_m, ψ_i wie folgt ansetzen können:

$$\left.\begin{aligned}\psi_a &= -H_{a,\infty} r \cos\theta + \frac{C \cos\theta}{r^2}, \\ \psi_m &= -H_m r \cos\theta + \frac{D \cos\theta}{r^2}, \\ \psi_i &= -H_i r \cos\theta.\end{aligned}\right\} \tag{5.109}$$

Die vier noch unbestimmten Konstanten C, D, H_m, H_i sind durch zwei Randbedingungen bei $r = r_1$ und zwei bei $r = r_2$ in der üblichen Weise festgelegt. Sie geben die folgenden vier Gleichungen:

$$\left.\begin{aligned}-H_{a,\infty} + \frac{C}{r_2^3} &= -H_m + \frac{D}{r_2^3}, \\ -H_m + \frac{D}{r_1^3} &= -H_i, \\ \mu_a H_{a,\infty} + 2\mu_a \frac{C}{r_2^3} &= \mu_m H_m + 2\mu_m \frac{D}{r_2^3}, \\ \mu_m H_m + 2\mu_m \frac{D}{r_1^3} &= \mu_i H_i.\end{aligned}\right\} \tag{5.110}$$

Mit Hilfe der Cramerschen Regel z.B. kann man daraus H_i berechnen. Die etwas

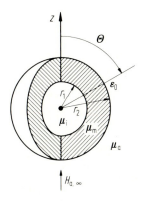

Bild 5.53

umständliche, aber triviale Zwischenrechnung sei übergangen. Jedenfalls ergibt sich

$$H_i = H_{a,\infty} \frac{1}{\dfrac{2}{3} + \dfrac{\mu_i}{3\mu_a} + \dfrac{2(\mu_m - \mu_i)(\mu_m - \mu_a)}{9\mu_m \mu_a}\left[1 - \left(\dfrac{r_1}{r_2}\right)^3\right]}. \tag{5.111}$$

Der vorher behandelte Fall der Kugel ist natürlich ein Spezialfall davon. Setzt man $r_1 = r_2$, so ergibt sich wiederum (5.106). Interessant ist auch der spezielle Fall $\mu_i = \mu_a = \mu_0$ (Vakuum), $\mu_m \neq \mu_0$. Dafür ist:

$$H_i = \frac{H_{a,\infty}}{1 + \dfrac{2\left(\dfrac{\mu_m}{\mu_0} - 1\right)^2}{9\dfrac{\mu_m}{\mu_0}}\left[1 - \left(\dfrac{r_1}{r_2}\right)^3\right]}.$$

Für eine ferromagnetische Hohlkugel ist $\mu_m \gg \mu_0$ und

$$H_i \approx \frac{9 H_{a,\infty}}{2\dfrac{\mu_m}{\mu_0}\left[1 - \left(\dfrac{r_1}{r_2}\right)^3\right]}.$$

Ist außerdem noch $(r_1/r_2)^3 \ll 1$, so ist

$$H_i \approx \frac{9 H_{a,\infty}}{2\dfrac{\mu_m}{\mu_0}}.$$

Das ist ein auch praktisch wichtiges Ergebnis. μ_m kann Werte von der Größenordnung einiger $10^4 \mu_0$ annehmen, d.h. H_i ist um 3 bis 4 Größenordnungen kleiner als das Außenfeld $H_{a,\infty}$. Man kann also durch hochpermeable Medien

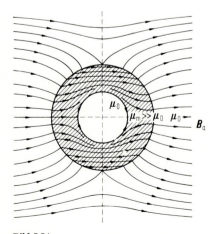

Bild 5.54

äußere Felder abschirmen (Bild 5.54). Natürlich ist auch

$$B_i \approx \frac{9B_{a,\infty}}{2\frac{\mu_m}{\mu_0}}.$$

5.9 Spiegelung an der Ebene

Es soll das Magnetfeld eines unendlich langen und geradlinigen stromführenden Leiters berechnet werden, der einer ebenen Grenzfläche parallel gegenübersteht, die zwei Medien verschiedener Permeabilität trennt (Bild 5.55). Wenn man sich von der weitgehenden Analogie zwischen Elektrostatik und Magnetostatik leiten läßt, die in den vorhergehenden Abschnitten immer wieder auffiel, so kann man vermuten, daß sich das Problem mit Hilfe von "Bildströmen" I' und I'' lösen lassen könnte (man vergleiche dazu die Abschn. 2.11.2 und 4.5.1). Wir wollen deshalb den Ansatz machen (und ihn auch als richtig erweisen), daß sich das Feld im Gebiet 1 darstellen läßt durch Überlagerung der Felder von I und I' und im Gebiet 2 als Feld von I''. Nach Gleichung (5.28) gehört zum Strom $I(x = a, y = 0)$ das Feld

$$\mathbf{H} = \frac{I}{2\pi[(x-a)^2 + y^2]}(-y, x-a, 0),$$

zum Strom $I'(x = -a, y = 0)$ das Feld

$$\mathbf{H'} = \frac{I'}{2\pi[(x+a)^2 + y^2]}(-y, x+a, 0)$$

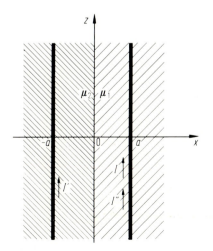

Bild 5.55

und zum Strom $I''(x=a, y=0)$ das Feld

$$\mathbf{H}'' = \frac{I''}{2\pi[(x-a)^2 + y^2]}(-y, x-a, 0).$$

Deshalb setzen wir für das Gebiet 1 an:

$$\left.\begin{aligned} H_{1x} &= -\frac{Iy}{2\pi[(x-a)^2 + y^2]} - \frac{I'y}{2\pi[(x+a)^2 + y^2]}, \\ H_{1y} &= +\frac{I(x-a)}{2\pi[(x-a)^2 + y^2]} + \frac{I'(x+a)}{2\pi[(x+a)^2 + y^2]}, \end{aligned}\right\} \quad (5.112)$$

und für das Gebiet 2:

$$\left.\begin{aligned} H_{2x} &= -\frac{I''y}{2\pi[(x-a)^2 + y^2]}, \\ H_{2y} &= +\frac{I''(x-a)}{2\pi[(x-a)^2 + y^2]}. \end{aligned}\right\} \quad (5.113)$$

Für $x = 0$ muß H_y und $B_x = \mu H_x$ stetig sein, d.h. es muß gelten:

$$-\frac{Ia}{2\pi(a^2 + y^2)} + \frac{I'a}{2\pi(a^2 + y^2)} = -\frac{I''a}{2\pi(a^2 + y^2)},$$

$$-\frac{Iy\mu_1}{2\pi(a^2 + y^2)} - \frac{I'y\mu_1}{2\pi(a^2 + y^2)} = -\frac{I''y\mu_2}{2\pi(a^2 + y^2)}$$

bzw. gekürzt

$$\left.\begin{aligned} I'' &= I - I', \\ \mu_2 I'' &= \mu_1(I + I'). \end{aligned}\right\} \quad (5.114)$$

Nach I' und I'' aufgelöst erhält man daraus

$$\left.\begin{aligned} I' &= \frac{\mu_2 - \mu_1}{\mu_2 + \mu_1} I, \\ I'' &= \frac{2\mu_1}{\mu_2 + \mu_1} I. \end{aligned}\right\} \quad (5.115)$$

Beim Vergleich mit dem entsprechenden elektrostatischen Problem (in Abschn. 2.11.2) beachte man, daß die Beziehungen ineinander übergehen, wenn man ε durch $1/\mu$ (nicht etwa μ) ersetzt.

Das Feld im Gebiet 1 ist das von zwei Strömen, wie es in Abschn. 5.2.1, Bild 5.9, diskutiert wurde. Für $\mu_2 > \mu_1$ handelt es sich um parallele, für $\mu_2 < \mu_1$ um antiparallele Ströme I und I'. Im Gebiet 2 sind die Feldlinien konzentrische Kreisbögen. Die Felder sind eben, d.h. sie hängen nicht von z ab, und die Feldlinien verlaufen in den zur Ebene $z = 0$ parallelen Ebenen. Die Bilder 5.56 bis 5.58 zeigen Beispiele solcher Felder. Dabei sind die an den Grenzflächen quellenfreien Linien des **B**-Feldes gezeichnet.

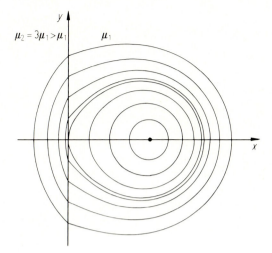

Bild 5.56

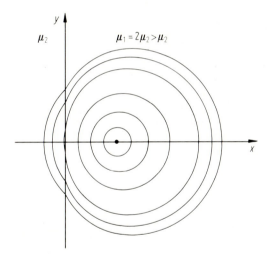

Bild 5.57

Wir haben das Problem von den Ansätzen (5.112), (5.113) ausgehend durch formale Anwendung der Randbedingungen gelöst. Dadurch wird verschleiert, was in Wirklichkeit geschieht. Durch das Feld des Stromes I werden beide Medien magnetisiert. Dadurch entstehen an den Mediengrenzen bei $x = 0$ und auch in der Nähe des Stromes I Magnetisierungsströme.

Wir betrachten zunächst die Mediengrenze $x = 0$. Wegen der Gleichung (5.77)

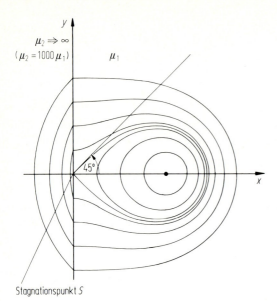

Stagnationspunkt S

Bild 5.58

und mit den Feldern entsprechend (5.112), (5.113) ist an der Grenzfläche

$$\left.\begin{aligned} M_{1x} &= -\frac{(\mu_1-\mu_0)y}{2\pi(a^2+y^2)}(I+I') \\ M_{1y} &= -\frac{(\mu_1-\mu_0)a}{2\pi(a^2+y^2)}(I-I') \\ M_{1z} &= 0 \end{aligned}\right\} \quad (5.116)$$

und

$$\left.\begin{aligned} M_{2x} &= -\frac{(\mu_2-\mu_0)y}{2\pi(a^2+y^2)}I'' \\ M_{2y} &= -\frac{(\mu_2-\mu_0)a}{2\pi(a^2+y^2)}I'' \\ M_{2z} &= 0. \end{aligned}\right\} \quad (5.117)$$

Nach (5.71) ergibt sich daraus die Flächenstromdichte des Magnetisierungsstromes in der Oberfläche

$$\mathbf{k} = \frac{1}{\mu_0}(\mathbf{M}_1 \times \mathbf{n}_1 + \mathbf{M}_2 \times \mathbf{n}_2).$$

Dabei ist

$$\mathbf{n}_1 = (-1, 0, 0)$$

und

$$\mathbf{n}_2 = (+1, 0, 0).$$

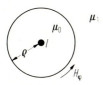

Bild 5.59

k hat demnach nur eine z-Komponente, nämlich

$$k_z(y) = \frac{\mu_1 a I'}{\mu_0 \pi (a^2 + y^2)}. \qquad (5.118)$$

Kommen wir nun zur Umgebung des Stromes I selbst. Er fließe im Zentrum eines kleinen zylindrischen Vakuums, das aus dem umgebenden Medium (μ_1) ausgespart ist (Bild 5.59). An der Medienoberfläche ist

$$H_\varphi = \frac{I}{2\pi\rho}$$

bzw.

$$M_\varphi = \frac{(\mu_1 - \mu_0) I}{2\pi\rho}.$$

Damit ist die Flächenstromdichte

$$k_z = \frac{\mu_1 - \mu_0}{\mu_0 2\pi\rho} I,$$

und der gesamte Magnetisierungsstrom ist

$$k_z 2\pi\rho = \left(\frac{\mu_1}{\mu_0} - 1\right) I.$$

Einschließlich des Stromes I ergibt sich als Gesamtstrom

$$I_{\text{eff}} = \frac{\mu_1}{\mu_0} I = \mu_r I. \qquad (5.119)$$

Daran ändert sich nichts, auch wenn der Radius ρ gegen Null geht. Man vergleiche dieses Ergebnis mit der effektiven Ladung $Q' = Q_{\text{eff}} = Q/\varepsilon_r$, die wir in Abschn. 2.11.1 erhielten. Wieder tritt μ an die Stelle von $1/\varepsilon$.

Mit (5.118) und (5.119) sind alle Ströme gegeben. Man kann das zu ihnen gehörige Magnetfeld **B** berechnen. Es wird sich genau als das oben, d.h. in (5.112), (5.113), (5.115) gegebene Feld erweisen. Zunächst sei das von den Flächenströmen k_z erzeugte Feld berechnet. Nach (5.28) und (5.118) ist

$$\left. \begin{array}{l} B_x = \dfrac{\mu_1 a I'}{2\pi^2} \displaystyle\int_{-\infty}^{+\infty} \dfrac{-(y-y')\,dy'}{[x^2+(y'-y)^2][a^2+y'^2]}, \\[2ex] B_y = \dfrac{\mu_1 a I' x}{2\pi^2} \displaystyle\int_{-\infty}^{+\infty} \dfrac{dy'}{[x^2+(y'-y)^2][a^2+y'^2]}. \end{array} \right\} \qquad (5.120)$$

Die beiden hier auftretenden Integrale können nach den üblichen Methoden der Integralrechnung berechnet werden. Die etwas umständliche Zwischenrechnung gibt

$$\int_{-\infty}^{+\infty} \frac{(y'-y)\,dy'}{[x^2+(y'-y)^2][a^2+y'^2]} = -\frac{\pi y}{a[y^2+(a+|x|)^2]}, \quad (5.121)$$

$$\int_{-\infty}^{+\infty} \frac{dy'}{[x^2+(y'-y)^2][a^2+y'^2]} = \frac{\pi(a+|x|)}{a|x|[y^2+(a+|x|)^2]}. \quad (5.122)$$

Damit schließlich ist für $x > 0$

$$\left.\begin{array}{l} B_x = -\dfrac{\mu_1 I'}{2\pi} \dfrac{y}{y^2+(x+a)^2}, \\[2mm] B_y = +\dfrac{\mu_1 I'}{2\pi} \dfrac{x+a}{y^2+(x+a)^2}, \end{array}\right\} \quad (5.123)$$

und für $x < 0$

$$\left.\begin{array}{l} B_x = -\dfrac{\mu_1 I'}{2\pi} \dfrac{y}{y^2+(x-a)^2}, \\[2mm] B_y = +\dfrac{\mu_1 I'}{2\pi} \dfrac{x-a}{y^2+(x-a)^2}. \end{array}\right\} \quad (5.124)$$

Dazu kommt nun noch das Feld des Stromes $(\mu_1/\mu_0)I$ bei $x=a$, $y=0$, nämlich nach (5.28):

$$\left.\begin{array}{l} B_x = -\dfrac{\mu_1 I y}{2\pi[y^2+(x-a)^2]}, \\[2mm] B_y = +\dfrac{\mu_1 I(x-a)}{2\pi[y^2+(x-a)^2]}. \end{array}\right\} \quad (5.125)$$

Im Gebiet 1 ($x > 0$) ist das Gesamtfeld also

$$B_{1x} = -\mu_1 \left\{ \frac{I'y}{2\pi[y^2+(x+a)^2]} + \frac{Iy}{2\pi[y^2+(x-a)^2]} \right\} = \mu_1 H_{1x},$$

$$B_{1y} = +\mu_1 \left\{ \frac{I'(x+a)}{2\pi[y^2+(x+a)^2]} + \frac{I(x-a)}{2\pi[y^2+(x-a)^2]} \right\} = \mu_1 H_{1y},$$

und im Gebiet 2 ($x < 0$) bekommt man unter Verwendung von (5.114)

$$B_{2x} = -\frac{\mu_1(I'+I)y}{2\pi[y^2+(x-a)^2]} = -\frac{\mu_2 I''y}{2\pi[y^2+(x-a)^2]} = \mu_2 H_{2x},$$

$$B_{2y} = +\frac{\mu_1(I'+I)(x-a)}{2\pi[y^2+(x-a)^2]} = +\frac{\mu_2 I''(x-a)}{2\pi[y^2+(x-a)^2]} = \mu_2 H_{2y},$$

d.h. genau die oben berechneten Felder, wie es sein muß, Gleichungen (5.112), (5.113), (5.115).

5.9 Spiegelung an der Ebene

Formal können wir uns auch der fiktiven magnetischen Ladungen bedienen, die durch die Magnetisierung hervorgerufen werden. Wir können uns vorstellen, daß das Gesamtfeld erzeugt wird durch den Strom I einerseits und fiktive magnetische Ladungen andererseits, die sich ausschließlich an der Trennfläche $x = 0$ befinden. Nach (5.74) befinden sich dort die fiktiven Flächenladungen

$$\sigma_{\text{magn}} = (\mathbf{M}_1 \cdot \mathbf{n}_1 + \mathbf{M}_2 \cdot \mathbf{n}_2) = -\mu_0 \frac{I'y}{\pi(a^2 + y^2)}. \tag{5.126}$$

Man kann sie als zueinander parallele Linienladungen in z-Richtung auffassen. Die einzelne Linienladung $\sigma_{\text{magn}}(y')\,dy'$ erzeugt das Feld

$$\left.\begin{aligned}dH_x &= \frac{\sigma_{\text{magn}}(y')\,dy'}{2\pi\mu_0} \frac{x}{[x^2 + (y - y')^2]}, \\ dH_y &= \frac{\sigma_{\text{magn}}(y')\,dy'}{2\pi\mu_0} \frac{(y - y')}{[x^2 + (y - y')^2]},\end{aligned}\right\} \tag{5.127}$$

wie sich wegen (5.85) und aus Symmetriegründen und ganz analog zur Elektrostatik beweisen läßt (s. Abschn. 2.3, insbesondere 2.3.3). Damit ergibt sich insgesamt

$$\left.\begin{aligned}H_x &= -\frac{I'x}{2\pi^2} \int_{-\infty}^{+\infty} \frac{y'\,dy'}{[x^2 + (y' - y)^2][a^2 + y'^2]}, \\ H_y &= -\frac{I'}{2\pi^2} \int_{-\infty}^{+\infty} \frac{(y - y')y'\,dy'}{[x^2 + (y' - y)^2][a^2 + y'^2]}.\end{aligned}\right\} \tag{5.128}$$

Die hier auftretenden Integrale können im wesentlichen auf die früheren, (5.121), (5.122), zurückgeführt werden:

$$\int_{-\infty}^{+\infty} \frac{y'\,dy'}{[x^2 + (y' - y)^2][a^2 + y'^2]} = \frac{\pi y}{|x|[y^2 + (a + |x|)^2]}, \tag{5.129}$$

$$\int_{-\infty}^{+\infty} \frac{y'(y - y')\,dy'}{[x^2 + (y' - y)^2][a^2 + y'^2]} = -\frac{\pi(a + |x|)}{[y^2 + (a + |x|)^2]}. \tag{5.130}$$

Damit ist das von den fiktiven Ladungen allein erzeugte Feld für $x > 0$

$$\left.\begin{aligned}H_x &= -\frac{I'y}{2\pi[y^2 + (x + a)^2]}, \\ H_y &= +\frac{I'(x + a)}{2\pi[y^2 + (x + a)^2]},\end{aligned}\right\} \tag{5.131}$$

und für $x < 0$

$$\left.\begin{aligned}H_x &= +\frac{I'y}{2\pi[y^2 + (x - a)^2]}, \\ H_y &= -\frac{I'(x - a)}{2\pi[y^2 + (x - a)^2]}.\end{aligned}\right\} \tag{5.132}$$

Das Feld des Stromes I ist

$$H_x = -\frac{Iy}{2\pi[y^2 + (x-a)^2]},$$

$$H_y = +\frac{I(x-a)}{2\pi[y^2 + (x-a)^2]}.$$

Nimmt man alle Felder zusammen, so ergibt sich wiederum das obige Feld (5.112), (5.113), (5.115).

Damit haben wir an diesem Beispiel gezeigt, daß sich (im Einklang mit der allgemeinen Theorie) der Einfluß des magnetisierten Mediums entweder durch Magnetisierungsströme oder durch fiktive magnetische Ladungen beschreiben läßt.

Es sei bemerkt, daß auch der Fall $\mu_2 = 0$ mindestens formal eine interessante Deutung zuläßt. Wir greifen dabei der Diskussion des *Skin-Effektes* (Kap. 6) vor. Befindet sich im Gebiet 2 ein unendlich leitfähiges Medium, so können in dieses keinerlei **B**-Felder von außen eindringen (es könnten allerdings von vornherein vorhandene **B**-Felder existieren). Erzeugt man außen plötzlich den Strom I, so werden in der Oberfläche $x = 0$ (eines unendlich leitfähigen Mediums im Gebiet 2) Ströme induziert, die gerade so beschaffen sind, daß sie im Inneren alle Felder, die der äußere Strom dort erzeugen würde, exakt kompensieren. Bei endlicher Leitfähigkeit klingen diese Ströme allmählich ab, und das bewirkt ein entsprechend allmähliches Eindringen der Felder von außen. Bei unendlicher Leitfähigkeit jedoch klingen die Ströme nicht ab, und die Felder bleiben ausgeschlossen. Der Beweis dieser Behauptungen wird in Kap. 6 erfolgen. Wir können jedoch bereits an dieser Stelle das entsprechende Spiegelproblem diskutieren. Obwohl das unendlich leitfähige Medium eine beliebige Permeabilität μ_2 besitzen kann, können wir rein formal die Bedingung, daß alle **B**-Felder im Gebiet 2 verschwinden müssen, dadurch befriedigen, daß wir im obigen Ergebnis $\mu_2 = 0$ setzen. Dadurch ergibt sich aus (5.115)

$$I' = -I \tag{5.133}$$

und aus (5.118) mit $\mu_1 = \mu_0$

$$k_z(y) = -\frac{aI}{\pi(a^2 + y^2)}, \tag{5.134}$$

wobei

$$\int_{-\infty}^{+\infty} k_z(y)\,dy = -\frac{aI}{\pi}\int_{-\infty}^{+\infty}\frac{dy}{a^2 + y^2} = -I \tag{5.135}$$

ist. In Wirklichkeit fließt natürlich im Gebiet 2 kein Strom. Es fließen lediglich in der Oberfläche $x = 0$ die Flächenströme (5.134), die sich entsprechend (5.135) gerade zum Bildstrom $-I$ aufsummieren. Berechnet man das Feld der Ströme $k_z(y)$ im Gebiet 2, so findet man nach (5.124) und (5.133) und mit $\mu_1 = \mu_0$

$$B_x = \frac{\mu_0 I y}{2\pi[y^2 + (x-a)^2]},$$

$$B_y = -\frac{\mu_0 I(x-a)}{2\pi[y^2+(x-a)^2]},$$

wodurch das Feld des Stromes I,

$$B_x = -\frac{\mu_0 I y}{2\pi[y^2+(x-a)^2]},$$

$$B_y = +\frac{\mu_0 I(x-a)}{2\pi[y^2+(x-a)^2]},$$

in der Tat genau kompensiert wird.

5.10 Ebene Probleme

Für eine beliebige Verteilung von Strömen in z-Richtung,

$$\mathbf{g} = [0, 0, g_z(x, y)], \tag{5.136}$$

ist nach (5.15)

$$\mathbf{A} = [0, 0, A_z(x, y)]. \tag{5.137}$$

Das zugehörige **B**-Feld ist

$$\mathbf{B} = \operatorname{rot} \mathbf{A} = \left(\frac{\partial A_z}{\partial y}, -\frac{\partial A_z}{\partial x}, 0\right). \tag{5.138}$$

A_z ist längs einer Kraftlinie konstant, d.h. A_z kann die Rolle einer Stromfunktion spielen:

$$\begin{aligned}\mathbf{B}\cdot\operatorname{grad} A_z &= B_x\frac{\partial A_z}{\partial x} + B_y\frac{\partial A_z}{\partial y} + B_z\frac{\partial A_z}{\partial z}\\ &= \frac{\partial A_z}{\partial y}\frac{\partial A_z}{\partial x} - \frac{\partial A_z}{\partial x}\frac{\partial A_z}{\partial y} + 0 = 0.\end{aligned} \tag{5.139}$$

Andererseits ist außerhalb von stromdurchflossenen Bereichen

$$\mathbf{H} = -\operatorname{grad}\psi, \tag{5.140}$$

mit

$$\psi = \psi(x, y). \tag{5.141}$$

Die Linien $\psi = $ const stehen senkrecht auf den Feldlinien. Die Linien $\psi = $ const und $A_z = $ const bilden deshalb miteinander ein orthogonales Netz (siehe die Abschnitte 3.10 bis 3.12). Es gilt

$$\left.\begin{aligned}H_x &= \frac{1}{\mu_0}\frac{\partial A_z}{\partial y} = -\frac{\partial\psi}{\partial x},\\ H_y &= -\frac{1}{\mu_0}\frac{\partial A_z}{\partial x} = -\frac{\partial\psi}{\partial y}.\end{aligned}\right\} \tag{5.142}$$

Die Funktionen $(1/\mu_0)A_z(x, y)$ und $\psi(x, y)$ erfüllen also die Cauchy–Riemannschen Gleichungen (3.380) und können deshalb als Real- bzw. Imaginärteil eines komplexen Potentials $w(z)$ aufgefaßt werden; siehe auch (5.33):

$$w(z) = \frac{A_z(x, y)}{\mu_0} + i\psi(x, y). \tag{5.143}$$

Das führt dazu, daß man auch in der Magnetostatik die Methoden der konformen Abbildung anwenden kann.

Ein Beispiel, das komplexe Potential des unendlich langen, geraden Stromes, haben wir bereits in Abschn. 5.2.1, (5.34), kennengelernt.

5.11 Zylindrische Randwertprobleme

5.11.1 Separation

Auch für die Lösung magnetostatischer Probleme spielt die Separationsmethode eine große Rolle. Wir wollen uns mit der Diskussion einiger Beispiele in Zylinderkoordinaten begnügen.

Wir haben uns in Abschn. 5.1 zunächst auf kartesische Koordinaten beschränkt, um die schon bekannte Lösung der skalaren Poisson–Gleichung auch für die vektorielle Poisson–Gleichung (5.12) benutzen zu können. Man kann jedoch auch krummlinige Koordinaten verwenden, z.B. Zylinderkoordinaten. Es handelt sich dann darum, das System von Gleichungen (5.14) zu lösen. Zur Vereinfachung wollen wir uns auf rotationssymmetrische Felder beschränken und annehmen, daß wir es zunächst mit azimutalen Strömen

$$\mathbf{g} = [0, g_\varphi(r, z), 0] \tag{5.144}$$

zu tun haben. Aus Abschn. 5.2.4 können wir entnehmen, daß dann auch $\mathbf{A}$ nur eine azimutale Komponente hat:

$$\mathbf{A} = [0, A_\varphi(r, z), 0]. \tag{5.145}$$

Nach (5.14) gilt für A_φ:

$$\Delta A_\varphi(r, z) - \frac{A_\varphi(r, z)}{r^2} = -\mu_0 g_\varphi(r, z). \tag{5.146}$$

Insbesondere ist im stromfreien Raum

$$\Delta A_\varphi - \frac{A_\varphi}{r^2} = 0$$

bzw. ausführlich geschrieben nach (3.33):

$$\frac{1}{r}\frac{\partial}{\partial r}r\frac{\partial}{\partial r}A_\varphi(r, z) + \frac{\partial^2 A_\varphi(r, z)}{\partial z^2} - \frac{A_\varphi(r, z)}{r^2} = 0. \tag{5.147}$$

Wenn wir diese Gleichung durch Separation lösen wollen, so machen wir den

Ansatz
$$A_\varphi(r,z) = R(r)Z(z) \tag{5.148}$$
wie in Abschn. 3.7. Wir bekommen
$$\frac{\partial^2 Z(z)}{\partial z^2} = k^2 Z \tag{5.149}$$
und
$$\frac{1}{r}\frac{\partial}{\partial r}r\frac{\partial}{\partial r}R(r) + \left(k^2 - \frac{1}{r^2}\right)R(r) = 0 \tag{5.150}$$
mit den Lösungen
$$Z(z) = A_1 \cosh(kz) + A_2 \sinh(kz) \tag{5.151}$$
oder
$$Z(z) = \tilde{A}_1 \exp(kz) + \tilde{A}_2 \exp(-kz) \tag{5.152}$$
und
$$R(r) = C_1 J_1(kr) + C_2 N_1(kr). \tag{5.153}$$
Wir können auch ansetzen
$$\frac{\partial^2 Z(z)}{\partial z^2} = -k^2 Z, \tag{5.154}$$
um
$$Z(z) = A_1 \cos(kz) + A_2 \sin(kz) \tag{5.155}$$
und
$$R(r) = C_1 I_1(kr) + C_2 K_1(kr) \tag{5.156}$$
zu bekommen.

Man kann auch das skalare Potential ψ berechnen. Dafür gilt im stromfreien Raum
$$\Delta \psi = 0 \tag{5.157}$$
bzw.
$$\frac{1}{r}\frac{\partial}{\partial r}r\frac{\partial}{\partial r}\psi + \frac{\partial^2 \psi}{\partial z^2} = 0. \tag{5.158}$$
Mit dem Separationsansatz
$$\psi(r,z) = R(r)Z(z) \tag{5.159}$$
ergibt sich alles wie oben für A_φ mit dem einzigen Unterschied, daß überall Zylinderfunktionen zum Index 0 statt 1 auftreten.

Man hat also entweder Z entsprechend (5.151) oder (5.152) zu wählen mit
$$R(r) = C_1 J_0(kr) + C_2 N_0(kr) \tag{5.160}$$
oder Z entsprechend (5.155) mit
$$R(r) = C_1 I_0(kr) + C_2 K_0(kr). \tag{5.161}$$

Ehe wir nun im folgenden einige Randwertprobleme als Beispiele im Detail diskutieren wollen, seien noch ein paar Bemerkungen zur Struktur rotationssymmetrischer Felder eingefügt.

5.11.2 Die Struktur rotationssymmetrischer Magnetfelder

Die Funktion $rA_\varphi(r,z)$ ist auf Feldlinien konstant. Aus

$$\mathbf{B} = \operatorname{rot} \mathbf{A}$$

folgt nach (5.145)

$$\mathbf{B} = \left(-\frac{\partial A_\varphi}{\partial z}, 0, \frac{1}{r}\frac{\partial}{\partial r}(rA_\varphi)\right).$$

Deshalb ist bei Rotationssymmetrie ($\partial/\partial\varphi = 0$):

$$\mathbf{B} \cdot \operatorname{grad}(rA_\varphi) = B_r \frac{\partial}{\partial r}(rA_\varphi) + B_z \frac{\partial}{\partial z}(rA_\varphi)$$

$$= -\frac{\partial A_\varphi}{\partial z}\frac{\partial}{\partial r}(rA_\varphi) + \frac{1}{r}\frac{\partial}{\partial r}(rA_\varphi)\frac{\partial}{\partial z}(rA_\varphi) = 0.$$

$rA_\varphi(r,z)$ ist also die Stromfunktion des rotationssymmetrischen Feldes. Die Linien $rA_\varphi(r,z) = \text{const}$ sind die in den $r-z$-Ebenen ($\varphi = \text{const}$) liegenden Feldlinien.

Das zunächst zugrunde gelegte zu $\mathbf{g}$ nach (5.144) gehörige Feld ist nicht das allgemeinste rotationssymmetrische Feld. Dieses ist gekennzeichnet durch

$$\mathbf{g} = [g_r(r,z), g_\varphi(r,z), g_z(r,z)],$$

woraus sich

$$\mathbf{B} = [B_r(r,z), B_\varphi(r,z), B_z(r,z)]$$

ergibt. Beide Vektorfelder sind quellenfrei:

$$\operatorname{div} \mathbf{g} = \frac{1}{r}\frac{\partial}{\partial r}rg_r + \frac{\partial g_z}{\partial z} = 0,$$

$$\operatorname{div} \mathbf{B} = \frac{1}{r}\frac{\partial}{\partial r}rB_r + \frac{\partial B_z}{\partial z} = 0.$$

Beide Bedingungen sind erfüllt, wenn wir aus zwei beliebigen Funktionen $F(r,z)$ und $G(r,z)$ die r- und z-Komponenten von $\mathbf{g}$ und $\mathbf{B}$ wie folgt berechnen:

$$\left.\begin{aligned}g_r &= -\frac{1}{r}\frac{\partial F}{\partial z}, & g_z &= \frac{1}{r}\frac{\partial F}{\partial r}, \\ B_r &= -\frac{1}{r}\frac{\partial G}{\partial z}, & B_z &= \frac{1}{r}\frac{\partial G}{\partial r}.\end{aligned}\right\} \quad (5.162)$$

Wir können nun berechnen:

$$\mathbf{g} \cdot \text{grad}\, F = -\frac{1}{r}\frac{\partial F}{\partial z}\frac{\partial F}{\partial r} + g_\varphi \cdot 0 + \frac{1}{r}\frac{\partial F}{\partial r}\frac{\partial F}{\partial z} = 0,$$

$$\mathbf{B} \cdot \text{grad}\, G = -\frac{1}{r}\frac{\partial G}{\partial z}\frac{\partial G}{\partial r} + B_\varphi \cdot 0 + \frac{1}{r}\frac{\partial G}{\partial r}\frac{\partial G}{\partial z} = 0.$$

Demnach ist G längs der Feldlinien und F längs der Strömungslinien $\mathbf{g}$ konstant. Aus

$$\mathbf{B} = \text{rot}\,\mathbf{A},$$

$$\mathbf{g} = \frac{1}{\mu_0}\text{rot}\,\mathbf{B}$$

folgt weiter, daß

$$\left.\begin{aligned} G(r,z) &= rA_\varphi(r,z), \\ F(r,z) &= \frac{1}{\mu_0}rB_\varphi(r,z) \end{aligned}\right\} \tag{5.163}$$

ist. $2\pi G$ kann man auch als magnetischen Fluß durch eine Kreisfläche auffassen, die senkrecht zur z-Achse orientiert ist und den Radius r hat, $2\pi F$ als Strom durch diese Fläche:

$$\left.\begin{aligned} \phi &= \int_A B_z\,dA = \int_0^r B_z 2\pi r'\,dr' = \int_0^r 2\pi r'\frac{1}{r'}\frac{\partial G}{\partial r'}\,dr' = 2\pi G(r,z), \\ I &= \int_A g_z\,dA = \int_0^r g_z 2\pi r'\,dr' = \int_0^r 2\pi r'\frac{1}{r'}\frac{\partial F}{\partial r'}\,dr' = 2\pi F(r,z). \end{aligned}\right\}$$

Deshalb ist nun wegen des Durchflutungsgesetzes

$$B_\varphi = \frac{\mu_0 I}{2\pi r} = \frac{\mu_0 2\pi F}{2\pi r} = \frac{\mu_0 F}{r}$$

und wegen

$$A_\varphi = \frac{\phi}{2\pi r} = \frac{2\pi G}{2\pi r} = \frac{G}{r},$$

was die Beziehungen (5.163) anschaulich macht.

Die Feldlinien verlaufen ganz in den Flächen $G(r,z) = \text{const}$, d.h. auf schlauchförmigen toroidalen, rotationssymmetrischen Flächen entsprechend geformten Querschnittes (Bild 5.60). Eine gegebene Kraftlinie verläßt diese Fläche also nie. Ist $F(r,z) = 0$, so existiert kein azimutales Magnetfeld, und die Feldlinien liegen in den Ebenen $\varphi = \text{const}$. Überlagert man nun noch azimutale Felder ($F \neq 0$), so schrauben sich die Feldlinien um die schlauchförmige (toroidale) Fläche $G(r,z) = \text{const}$. Dabei kann es passieren, daß die Feldlinien sich nach einer gewissen Anzahl von Umläufen um den Schlauch schließen. Dies ist jedoch eher als

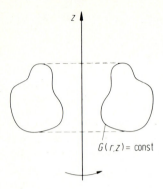

Bild 5.60

Ausnahme anzusehen und keineswegs immer der Fall. *Diese Feststellung ist deshalb wichtig, weil sehr oft fälschlich behauptet wird, als Folge der Quellenfreiheit von **B** müßten sich die **B**-Feldlinien entweder schließen oder ins Unendliche laufen. Das stimmt nicht.* Feldlinien können durchaus im Endlichen bleiben ohne sich je zu schließen, z.B. also auf einer toroidalen Fläche entsprechend Bild 5.60 laufen und diese beliebig dicht erfüllen. Man kann geradezu sagen, daß die Feldlinie, wenn sie sich nicht schließt, die toroidale Fläche erzeuge (sog. *magnetische Fläche*). Allerdings ist auch zu sagen, daß eine Feldlinie, die man von einem beliebigen Ausgangspunkt an verfolgt, diesem Ausgangspunkt nach hinreichend vielen Umläufen wieder beliebig nahekommt, sich also, wenn man das so ausdrücken will, "beinahe" schließt.

5.11.3 Beispiele

5.11.3.1 Zylinder mit azimutalen Flächenströmen

Ein Zylinder vom Radius r_0 trage azimutale Flächenströme $k_\varphi(z)$, wobei

$$k_\varphi(z) = k_\varphi(-z) \tag{5.164}$$

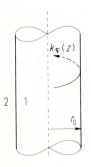

Bild 5.61

gelten soll. Wir können dann A_φ in den beiden Gebieten 1 und 2, Bild 5.61, wie folgt ansetzen:

$$\left.\begin{array}{l} A_\varphi^{(1)} = \int\limits_0^\infty f_1(k) I_1(kr) \cos(kz) \, dk, \\ A_\varphi^{(2)} = \int\limits_0^\infty f_2(k) K_1(kr) \cos(kz) \, dk. \end{array}\right\} \quad (5.165)$$

Zur Begründung dieses Ansatzes dienen Argumente der in Abschn. 3.7 benutzten Art. Die Verwendung des $\cos(kz)$ allein ohne den $\sin(kz)$ ist eine Folge der Symmetrie (5.164). Ferner ist zu beachten, daß K_1 am Ursprung und I_1 im Unendlichen divergiert. Die noch freien Funktionen f_1 und f_2 bestimmen sich aus den Randbedingungen bei $r = r_0$. Dort muß

$$B_r = -\frac{\partial A_\varphi}{\partial z}$$

stetig sein, und die z-Komponenten der Felder müssen zum Strom passen, d.h. nach (5.96) muß gelten:

$$\left(\frac{1}{r}\frac{\partial}{\partial r} r A_\varphi^{(1)} - \frac{1}{r}\frac{\partial}{\partial r} r A_\varphi^{(2)}\right)_{r=r_0} = B_{z1} - B_{z2} = \mu_0 k_\varphi(z). \quad (5.166)$$

Die Stetigkeit von B_r gibt

$$\int\limits_0^\infty [f_1(k) I_1(kr_0) - f_2(k) K_1(kr_0)] k \sin(kz) \, dk = 0,$$

d.h.

$$f_1(k) I_1(kr_0) = f_2(k) K_1(kr_0). \quad (5.167)$$

Aus (5.166) folgt mit

$$\frac{d}{dz}(z I_1(z)) = z I_0(z), \quad (5.168)$$

$$\frac{d}{dz}(z K_1(z)) = -z K_0(z) \quad (5.169)$$

$$\int\limits_0^\infty [f_1(k) I_0(kr_0) + f_2(k) K_0(kr_0)] k \cos(kz) \, dk$$

$$= \mu_0 k_\varphi(z) = \mu_0 \int\limits_0^\infty \tilde{k}_\varphi(k) \cos(kz) \, dk,$$

wo $\tilde{k}_\varphi(k)$ die Fourier-Transformierte zu $k_\varphi(z)$ ist. Also ist

$$f_1(k) I_0(kr_0) + f_2(k) K_0(kr_0) = \frac{\mu_0 \tilde{k}_\varphi(k)}{k}. \quad (5.170)$$

Aus den beiden Gleichungen (5.167), (5.170) sind die beiden Funktionen $f_1(k)$ und

$f_2(k)$ zu berechnen. Ist speziell—s. (3.198)—

$$k_\varphi(z) = I\delta(z) = \frac{I}{\pi} \int_0^\infty \cos(kz)\,dk, \tag{5.171}$$

so ist

$$\tilde{k}_\varphi(k) = \frac{I}{\pi}. \tag{5.172}$$

Damit erhält man unter Verwendung von

$$I_0(z)K_1(z) + K_0(z)I_1(z) = \frac{1}{z}:$$

$$f_1 = \frac{\mu_0 I r_0}{\pi} K_1(kr_0),$$

$$f_2 = \frac{\mu_0 I r_0}{\pi} I_1(kr_0)$$

und damit

$$\left.\begin{array}{l} A_\varphi^{(1)} = \dfrac{\mu_0 I r_0}{\pi} \displaystyle\int_0^\infty K_1(kr_0)I_1(kr)\cos(kz)\,dk, \\[2mm] A_\varphi^{(2)} = \dfrac{\mu_0 I r_0}{\pi} \displaystyle\int_0^\infty I_1(kr_0)K_1(kr)\cos(kz)\,dk. \end{array}\right\} \tag{5.173}$$

Ganz ähnliche Betrachtungen gestatten auch die Berechnung des skalaren Potentials. Die Berechnung sei dem Leser als Übung überlassen. Für den Ringstrom (5.171) ergibt sich:

$$\left.\begin{array}{l} \psi^{(1)} = -\dfrac{I r_0}{\pi} \displaystyle\int_0^\infty K_1(kr_0)I_0(kr)\sin(kz)\,dk, \\[2mm] \psi^{(2)} = +\dfrac{I r_0}{\pi} \displaystyle\int_0^\infty I_1(kr_0)K_0(kr)\sin(kz)\,dk. \end{array}\right\} \tag{5.174}$$

Die Verträglichkeit beider Ergebnisse ist leicht nachzuprüfen. Es muß ja gelten

$$\left.\begin{array}{l} B_r = -\dfrac{\partial A_\varphi}{\partial z} = -\mu_0 \dfrac{\partial \psi}{\partial r}, \\[2mm] B_z = \dfrac{1}{r}\dfrac{\partial}{\partial r} r A_\varphi = -\mu_0 \dfrac{\partial \psi}{\partial z}. \end{array}\right\} \tag{5.175}$$

Tatsächlich ergibt sich sowohl aus A_φ als auch aus ψ

$$\left.\begin{array}{l} B_r^{(1)} = +\dfrac{\mu_0 I}{\pi} \displaystyle\int_0^\infty K_1(kr_0)I_1(kr)kr_0 \sin(kz)\,dk, \\[2mm] B_r^{(2)} = +\dfrac{\mu_0 I}{\pi} \displaystyle\int_0^\infty I_1(kr_0)K_1(kr)kr_0 \sin(kz)\,dk, \end{array}\right\} \tag{5.176a}$$

$$\left.\begin{aligned}B_z^{(1)} &= +\frac{\mu_0 I}{\pi}\int_0^\infty K_1(kr_0)I_0(kr)kr_0\cos(kz)\,dk,\\ B_z^{(2)} &= -\frac{\mu_0 I}{\pi}\int_0^\infty I_1(kr_0)K_0(kr)kr_0\cos(kz)\,dk,\end{aligned}\right\} \quad (5.176b)$$

wobei man neben den beiden Beziehungen (5.168) und (5.169) noch die Gleichungen

$$\frac{d}{dz}I_0(z) = I_1(z), \quad (5.177)$$

$$\frac{d}{dz}K_0(z) = -K_1(z) \quad (5.178)$$

braucht. An den Feldern (5.176) ist auch zu sehen, daß sie das richtige Symmetrieverhalten in bezug auf z haben. Die radialen Komponenten sind für symmetrische Stromverteilungen antisymmetrisch, und die longitudinalen Komponenten sind symmetrisch. Dieses Verhalten ergibt sich aufgrund der Beziehungen (5.175) gerade, wenn man A_φ symmetrisch und ψ antisymmetrisch ansetzt.

Der ausgeführte Spezialfall (5.171) entspricht natürlich dem früher ausführlich behandelten Ringstrom (Abschn. 5.2.4). Das Vektorpotential (5.173) ist zunächst nur eine recht komplizierte Fourier-Darstellung des dort abgeleiteten Vektorpotentials (5.48). Diese beiden Formeln sind an sich gleichwertig. Zur Lösung von Randwertproblemen ist jedoch die Fourier-Entwicklung (5.173) viel nützlicher als die an sich handlichere Beziehung (5.48). Wir werden das an einem Beispiel illustrieren (Abschn. 5.11.3.3). Zunächst sei jedoch im folgenden Beispiel, Abschn. 5.11.3.2, noch eine andere Darstellung desselben Potentials hergeleitet.

5.11.3.2 Azimutale Flächenströme in der x-y-Ebene

Nun sei angenommen, daß in der Ebene $z=0$ azimutale Flächenströme fließen, die nur von r abhängen sollen (Bild 5.62). Dies gibt uns Gelegenheit, die andere der beiden Entwicklungen (5.151) bis (5.153) bzw. (5.155), (5.156) zu benutzen. Im Beispiel von Abschn. 5.11.3.1 war die zweite Art nötig, da auf einem Zylinder eine

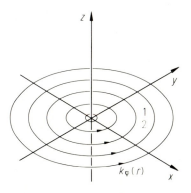

Bild 5.62

Funktion von z vorgegeben war, was eine Fourier-Transformation bezüglich z erforderlich machte und damit den die Winkelfunktionen enthaltenden Ansatz. Im gegenwärtigen Beispiel ist eine Funktion von r vorgegeben. Dadurch wird eine Hankel-Transformation nötig sein, die durch den ersten der beiden Ansätze ermöglicht wird. Um die Randbedingungen für $z \Rightarrow \pm \infty$ zu erfüllen (dort müssen alle Felder verschwinden), machen wir den Ansatz

$$\left. \begin{array}{l} A_\varphi^{(1)} = \int_0^\infty f_1(k) J_1(kr) \exp(-kz) \, dk, \\ A_\varphi^{(2)} = \int_0^\infty f_2(k) J_1(kr) \exp(+kz) \, dk, \end{array} \right\} \tag{5.179}$$

wo sich der Index 1 auf das Gebiet $z \geq 0$ und der Index 2 auf das Gebiet $z \leq 0$ bezieht. Zunächst muß für $z = 0$

$$B_z^{(1)} = B_z^{(2)}$$

sein, woraus sich

$$f_1(k) = f_2(k) = f(k) \tag{5.180}$$

ergibt. Das ermöglicht es, die beiden Ansätze zusammenzufassen:

$$A_\varphi = \int_0^\infty f(k) J_1(kr) \exp(-k|z|) \, dk. \tag{5.181}$$

$f(k)$ ist nun so zu bestimmen, daß für $z = 0$

$$B_r^{(1)} - B_r^{(2)} = \mu_0 k_\varphi(r) \tag{5.182}$$

ist; s. (5.96). Wir führen hier entsprechend (3.224) die Hankel-transformierte Funktion ein:

$$\tilde{k}_\varphi(k) = \int_0^\infty r k_\varphi(r) J_1(kr) \, dr, \tag{5.183}$$

wobei nach (3.225)

$$k_\varphi(r) = \int_0^\infty k \tilde{k}_\varphi(k) J_1(kr) \, dk \tag{5.184}$$

ist. Also ist für $z = 0$

$$B_r^{(1)} - B_r^{(2)} = \mu_0 \int_0^\infty k \tilde{k}_\varphi(k) J_1(kr) \, dk. \tag{5.185}$$

Mit

$$B_r = -\frac{\partial A_\varphi}{\partial z}$$

ergibt sich daraus für $z = 0$

$$\int_0^\infty [f(k) J_1(kr) k + f(k) J_1(kr) k] \, dk = \mu_0 \int_0^\infty k \tilde{k}_\varphi(k) J_1(kr) \, dk$$

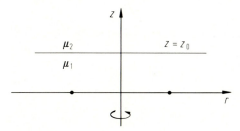

Bild 5.63

bzw.
$$2f(k) = \mu_0 \tilde{k}_\varphi(k). \tag{5.186}$$

Ist insbesondere im Falle eines einzelnen Ringstromes I bei $r = r_0$

$$k_\varphi(r) = I\delta(r - r_0), \tag{5.187}$$

so ist nach (5.183)

$$\tilde{k}_\varphi(k) = \int_0^\infty rI\delta(r - r_0)J_1(kr)\,dr = Ir_0 J_1(kr_0)$$

und damit in diesem Fall

$$f(k) = \frac{\mu_0 I r_0 J_1(kr_0)}{2}, \tag{5.188}$$

d.h.

$$A_\varphi = \frac{\mu_0 I r_0}{2} \int_0^\infty J_1(kr_0) J_1(kr) \exp(-k|z|)\,dk. \tag{5.189}$$

Damit ist eine weitere Darstellung des Potentials eines Ringstromes gegeben, die den beiden anderen, (5.48) und (5.173), wiederum gleichwertig ist. Sie ist erforderlich zur Lösung gewisser Randwertprobleme. Ein solches Problem wäre z.B. das eines Ringstromes, der einer ebenen Grenzfläche ($z = z_0$) zwischen zwei Medien verschiedener Permeabilität (μ_1, μ_2) gegenübersteht und dessen Ebene parallel zur Grenzfläche liegt (Bild 5.63). Wir wollen hier jedoch dieses Beispiel nicht behandeln. Im Prinzip kann es auf ganz ähnliche Art und Weise gelöst werden, wie das Problem des nächsten Beispiels.

5.11.3.3 Ringstrom und magnetisierbarer Zylinder

Der Raum enthält zwei Medien verschiedener Permeabilität. Im Gebiet 1, $r > r_1$, hat man μ_1 und im Gebiet 2, $r < r_1$, hat man μ_2. Im Gebiet 1 befindet sich eine Stromschleife mit dem Ringstrom I. Ihr Radius ist r_0 (Bild 5.64). Wir fragen uns nach dem Verhalten der Felder in beiden Gebieten.

Im Gebiet 2 fließen keine Ströme. Man hat dort also ein Vakuumfeld. Man kann es wie folgt ansetzen:

$$A_\varphi^{(2)} = \frac{\mu_1 I r_0}{\pi} \int_0^\infty [\varphi_2(k) + K_1(kr_0)] I_1(kr) \cos(kz)\,dk. \tag{5.190}$$

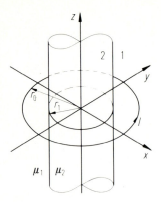

Bild 5.64

Im Gebiet 1 hat man den Strom I zu berücksichtigen, d.h. man hat die inhomogene Gleichung (5.146) zu lösen. Die dem Ringstrom I entsprechende spezielle Lösung der inhomogenen Gleichung kennen wir. Die allgemeine Lösung der inhomogenen Gleichung entsteht daraus durch Überlagerung der allgemeinen Lösung der homogenen Gleichung, d.h. der allgemeinen Vakuumlösung. Man kann deshalb schreiben:

$$A_\varphi^{(1)} = \frac{\mu_1 I r_0}{\pi} \int_0^\infty [\varphi_1(k) K_1(kr) + K_1(kr_0) I_1(kr)] \cos(kz) \, dk \quad (r_1 \leq r \leq r_0) \tag{5.191}$$

$$A_\varphi^{(1)} = \frac{\mu_1 I r_0}{\pi} \int_0^\infty [\varphi_1(k) K_1(kr) + I_1(kr_0) K_1(kr)] \cos(kz) \, dk \quad (r_0 \leq r) \tag{5.192}$$

Für $\varphi_1 = \varphi_2 = 0$ erhält man genau das Feld des Stromes I allein, d.h. φ_1 und φ_2 beschreiben den Effekt, der von der Existenz des zweiten Mediums (μ_2) herrührt. Anders ausgedrückt: durch φ_1 und φ_2 werden die Magnetisierungsströme in der Grenzfläche $r = r_1$ berücksichtigt. φ_1 und φ_2 bestimmen sich aus den Randbedingungen bei $r = r_1$. Dort muß nämlich

$$B_r^{(2)} = B_r^{(1)} \tag{5.193}$$

und

$$\frac{1}{\mu_2} B_z^{(2)} = \frac{1}{\mu_1} B_z^{(1)} \tag{5.194}$$

sein. Daraus folgt

$$\varphi_2(k) I_1(kr_1) + K_1(kr_0) I_1(kr_1) = \varphi_1(k) K_1(kr_1) + K_1(kr_0) I_1(kr_1) \tag{5.195}$$

und

$$\frac{1}{\mu_2}[\varphi_2(k)I_0(kr_1) + K_1(kr_0)I_0(kr_1)] = \frac{1}{\mu_1}[K_1(kr_0)I_0(kr_1) - \varphi_1(k)K_0(kr_1)].$$

(5.196)

Auflösung nach φ_1 und φ_2 gibt:

$$\varphi_1 = \frac{\left(\dfrac{\mu_2}{\mu_1} - 1\right)K_1(kr_0)I_0(kr_1)I_1(kr_1)}{K_1(kr_1)I_0(kr_1) + \dfrac{\mu_2}{\mu_1}K_0(kr_1)I_1(kr_1)},$$

(5.197)

$$\varphi_2 = \frac{\left(\dfrac{\mu_2}{\mu_1} - 1\right)K_1(kr_0)I_0(kr_1)K_1(kr_1)}{K_1(kr_1)I_0(kr_1) + \dfrac{\mu_2}{\mu_1}K_0(kr_1)I_1(kr_1)}.$$

(5.198)

Damit ist unser Problem im Prinzip gelöst. Natürlich ergibt sich im Grenzfall $\mu_1 = \mu_2$ mit $\varphi_1 = \varphi_2 = 0$ das Feld der Leiterschleife in einem homogenen Medium.

Wie in Abschn. 5.9 kann man auch hier die in der Oberfläche $r = r_1$ fließenden Magnetisierungsströme berechnen, und man kann auch hier zeigen, daß sie das durch φ_1 und φ_2 gegebene Zusatzfeld erzeugen. Wir wollen uns damit begnügen, die Flächenströme in der Grenzfläche anzugeben. Zunächst ist

$$k_\varphi(z) = \left(\frac{M_z^{(2)} - M_z^{(1)}}{\mu_0}\right)_{r=r_1} = \left(\frac{\mu_2 - \mu_0}{\mu_2\mu_0}B_z^{(2)} - \frac{\mu_1 - \mu_0}{\mu_1\mu_0}B_z^{(1)}\right)_{r=r_1}$$

$$= \left[\frac{1}{\mu_0}(B_z^{(2)} - B_z^{(1)})\right]_{r=r_1}.$$

Mit

$$B_z = \frac{1}{r}\frac{\partial}{\partial r}rA_\varphi$$

(5.199)

und mit der schon mehrfach benutzten Beziehung

$$K_1(z)I_0(z) + K_0(z)I_1(z) = \frac{1}{z}$$

(5.200)

findet man

$$k_\varphi(z) = \frac{(\mu_2 - \mu_1)Ir_0}{\pi\mu_0 r_1}\int_0^\infty \frac{K_1(kr_0)I_0(kr_1)\cos(kz)}{K_1(kr_1)I_0(kr_1) + \dfrac{\mu_2}{\mu_1}K_0(kr_1)I_1(kr_1)}\,dk.$$

(5.201)

Das Integral ist, wie man beweisen kann, positiv. Demnach ist k_φ positiv für $\mu_2 > \mu_1$ und negativ für $\mu_2 < \mu_1$ (bei positivem Strom I). Die Magnetisierungsströme sind also dem Ringstrom parallel bzw. antiparallel für $\mu_2 > \mu_1$ bzw. $\mu_2 < \mu_1$. Im ersten Fall üben sie anziehende Kräfte aufeinander aus, im zweiten abstoßende.

Befindet sich die äußere Stromschleife im Vakuum ($\mu_1 = \mu_0$), so wird sie von einem paramagnetischen Zylinder angezogen, von einem diamagnetischen abgestoßen. Das gilt auch für anders geformte Körper und Stromschleifen. Der gesamte Magnetisierungsstrom ist

$$\int_{-\infty}^{+\infty} k_\varphi(z)\,dz = \frac{(\mu_2-\mu_1)Ir_0}{\pi\mu_0 r_1}\int_0^\infty \frac{K_1(kr_0)I_0(kr_1)\int_{-\infty}^{+\infty}\cos(kz)\,dz}{K_1(kr_1)I_0(kr_1)+\dfrac{\mu_2}{\mu_1}K_0(kr_1)I_1(kr_1)}\,dk$$

$$= \frac{(\mu_2-\mu_1)Ir_0}{\pi\mu_0 r_1}\int_0^\infty \frac{K_1(kr_0)I_0(kr_1)2\pi\delta(k)}{K_1(kr_1)I_0(kr_1)+\dfrac{\mu_2}{\mu_1}K_0(kr_1)I_1(kr_1)}\,dk,$$

$$\int_{-\infty}^{+\infty} k_\varphi(z)\,dz = \frac{(\mu_2-\mu_1)Ir_0}{\mu_0 r_1}\lim_{k\to 0}\frac{K_1(kr_0)I_0(kr_1)}{K_1(kr_1)I_0(kr_1)+\dfrac{\mu_2}{\mu_1}K_0(kr_1)I_1(kr_1)}.$$

Nach (3.178) bis (3.180) ist der Grenzwert r_1/r_0 und deshalb

$$\int_{-\infty}^{+\infty} k_\varphi(z)\,dz = \frac{\mu_2-\mu_1}{\mu_0}I. \tag{5.202}$$

Den Fall der Abschirmung des äußeren Feldes durch einen unendlich leitfähigen Zylinder kann man auch hier formal durch $\mu_2 = 0$ beschreiben. Mit $\mu_1 = \mu_0$ ist dann

$$k_\varphi(z) = -\frac{Ir_0}{\pi r_1}\int_0^\infty \frac{K_1(kr_0)}{K_1(kr_1)}\cos(kz)\,dk \tag{5.203}$$

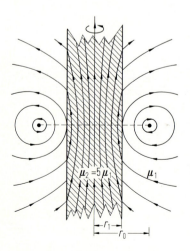

mit dem Gesamtstrom

$$\int_{-\infty}^{+\infty} k_\varphi(z)\,dz = -I. \tag{5.204}$$

Der gesamte Flächenstrom ist in diesem Fall gerade $-I$, d.h. so groß wie der Strom in der Schleife, jedoch antiparallel. Das muß auch so sein. Andernfalls müßte im Zylinder schon wegen des Durchflutungsgesetzes ein Magnetfeld auftreten.

Bild 5.65 gibt ein Beispiel für den Verlauf der Feldlinien mit $\mu_2 = 5\mu_1$.

5.12 Magnetische Energie, magnetischer Fluß und Induktivitätskoeffizienten

5.12.1 Die magnetische Energie

Schon in Abschnitt 2.14.1 haben wir gefunden, daß die in einem magnetischen Feld gespeicherte potentielle Energiedichte $\frac{1}{2}\mu H^2 = \frac{1}{2}\mathbf{H}\cdot\mathbf{B}$ ist. Dann ist die Gesamtenergie

$$W = \frac{1}{2}\int_V \mathbf{H}\cdot\mathbf{B}\,d\tau.$$

Nach (5.7) ist dann

$$W = \frac{1}{2}\int_V \mathbf{H}\cdot\operatorname{rot}\mathbf{A}\,d\tau.$$

Nun gilt

$$\operatorname{div}(\mathbf{A}\times\mathbf{H}) = \mathbf{H}\cdot\operatorname{rot}\mathbf{A} - \mathbf{A}\cdot\operatorname{rot}\mathbf{H},$$

d.h.

$$W = \frac{1}{2}\int_V \operatorname{div}(\mathbf{A}\times\mathbf{H})\,d\tau + \frac{1}{2}\int_V \mathbf{A}\cdot\operatorname{rot}\mathbf{H}\,d\tau$$

bzw.

$$W = \frac{1}{2}\oint(\mathbf{A}\times\mathbf{H})\cdot d\mathbf{a} + \frac{1}{2}\int_V \mathbf{A}\cdot\operatorname{rot}\mathbf{H}\,d\tau.$$

Das Oberflächenintegral ist dabei über alle etwa vorhandenen Grenzflächen zu erstrecken. Eine unendlich fern liegende Kugl bringt wegen des hinreichend raschen Abfalls von $\mathbf{A}\times\mathbf{H}$ ($\sim R^{-3}$) mit zunehmendem Abstand R keinen Beitrag. Dies läßt sich z.B. aus den Gleichungen (5.16), (5.17) schließen. Innere Flächen—sie müssen von beiden Seiten her in Betracht gezogen werden—liefern keinen Beitrag, solange $(\mathbf{A}\times\mathbf{H})\cdot d\mathbf{a}$ an den Grenzflächen stetig ist. Dies ist, wie sich gleich noch zeigen wird, der Fall, solange keine Flächenströme in den Grenzflächen fließen. Dann gilt:

$$\boxed{W = \frac{1}{2}\int_V \mathbf{A}\cdot\mathbf{g}\,d\tau}. \tag{5.205}$$

Dieses interessante Ergebnis sollte man mit einer ähnlichen Gleichung für die elektrostatische Energie, (2.171), vergleichen:

$$W = \frac{1}{2}\int_V \rho\varphi\, d\tau.$$

Fließen in den Grenzflächen jedoch Flächenströme, so gibt auch das Oberflächenintegral einen Beitrag, nämlich:

$$W_a = \frac{1}{2}\oint (\mathbf{A}\times\mathbf{H})\cdot d\mathbf{a} = \frac{1}{2}\sum_i \int_{a_i} [\mathbf{A}\times(\mathbf{H}_2-\mathbf{H}_1)]\cdot\mathbf{n}_2\, da_i$$

$$= \frac{1}{2}\sum_i \int_{a_i} \mathbf{A}\cdot[(\mathbf{H}_2-\mathbf{H}_1)\times\mathbf{n}_2]\, da_i.$$

Nach (5.96) ist das

$$W_a = \frac{1}{2}\sum_i \int_{a_i} \mathbf{A}\cdot\mathbf{k}\, da_i.$$

Diese von Flächenströmen herrührenden Anteile können wir uns als in dem Ausdruck (5.205) enthalten vorstellen. Wir müssen dort nur alle Ströme berücksichtigen, auch die Flächenströme. Für diese ist zwar $\mathbf{g}$ unendlich, $\mathbf{g}\, d\tau$ jedoch endlich.

Nach (5.16) und (5.205) schließlich ist

$$\boxed{W = \frac{\mu_0}{8\pi}\int_V \int_{V'} \frac{\mathbf{g}(\mathbf{r})\cdot\mathbf{g}(\mathbf{r}')\, d\tau\, d\tau'}{|\mathbf{r}-\mathbf{r}'|}}. \tag{5.206}$$

Nun sei angenommen, daß wir es mit einem System zu tun haben, das aus n geschlossenen Leitern mit Strömen $\mathbf{g}_i(\mathbf{r})$, $(i=1,2,\ldots,n)$ besteht. Dann ist

$$\mathbf{g}(\mathbf{r}) = \sum_{i=1}^{n} \mathbf{g}_i(\mathbf{r})$$

und

$$W = \frac{\mu_0}{8\pi}\sum_{i,j=1}^{n} \int_V \int_{V'} \frac{\mathbf{g}_i(\mathbf{r})\cdot\mathbf{g}_j(\mathbf{r}')\, d\tau\, d\tau'}{|r-r'|}$$

$$= \frac{\mu_0}{8\pi}\sum_{i,j=1}^{n} I_i I_j \int_V \int_{V'} \frac{\mathbf{g}_i(\mathbf{r})\cdot\mathbf{g}_j(\mathbf{r}')\, d\tau\, d\tau'}{I_i I_j |\mathbf{r}-\mathbf{r}'|},$$

d.h.

$$\boxed{W = \frac{1}{2}\sum_{i,j=1}^{n} L_{ij} I_i I_j}, \tag{5.207}$$

5.12 Magnetische Energie, magnetischer Fluß und Induktivitätskoeffizienten

wenn wir die sog. *Induktivitätskoeffizienten* L_{ij} definieren durch

$$L_{ij} = \frac{\mu_0}{4\pi I_i I_j} \int_V \int_{V'} \frac{\mathbf{g}_i(\mathbf{r}) \cdot \mathbf{g}_j(\mathbf{r}') \, d\tau \, d\tau'}{|\mathbf{r} - \mathbf{r}'|} \quad (5.208)$$

Die Reziprozität (Symmetrie) dieser Koeffizienten

$$L_{ij} = L_{ji} \quad (5.209)$$

ergibt sich unmittelbar aus der Definition (5.208). Für $i = j$ nennt man die Koeffizienten (L_{ii}) *Selbstinduktivitätskoeffizienten*.

Man kann die L_{ij} auf zwei Arten berechnen, entweder nach (5.208) oder durch Berechnung von W und Vergleich mit (5.207), was oft der bequemere Weg ist. Dies sei an zwei einfachen Beispielen gezeigt:

1) Das Koaxialkabel (Bild 5.66)
Besteht das Kabel aus sehr dünnen Leitern (oder sind sie unendlich leitfähig), so ergeben sich die in Bild 5.66 skizzierten Verhältnisse. Dabei ist

$$B_\varphi(r) = \frac{\mu_0 I}{2\pi r},$$

$$H_\varphi(r) = \frac{I}{2\pi r},$$

$$\tfrac{1}{2}\mathbf{H} \cdot \mathbf{B} = \frac{\mu_0 I^2}{8\pi^2 r^2}.$$

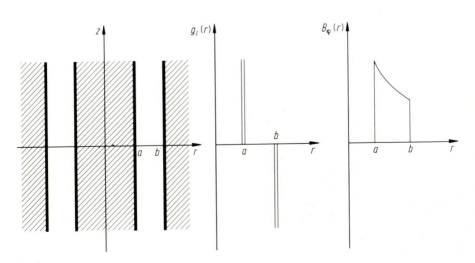

Bild 5.66

Die Gesamtenergie ist bei unendlicher Länge natürlich ebenfalls unendlich. Pro Längeneinheit ergibt sich jedoch ein endlicher Wert:

$$\frac{W}{l} = \frac{\mu_0}{8\pi^2}\int_a^b \frac{I^2}{r^2} 2\pi r\,dr = \frac{\mu_0 I^2}{4\pi}\int_a^b \frac{dr}{r}$$

$$= \frac{\mu_0 I^2}{4\pi}\ln\frac{b}{a} = \frac{1}{l}\frac{1}{2}L_{11}I^2,$$

woraus sich der Selbstinduktivitätskoeffizient pro Längeneinheit,

$$\frac{1}{l}L = \frac{1}{l}L_{11} = \frac{\mu_0}{2\pi}\ln\frac{b}{a}, \qquad (5.210)$$

ergibt, ein häufig benutztes und praktisch wichtiges Ergebnis.

2) Zwei unendlich lange Spulen (Bild 5.67)
In den Spulen mit n_1 bzw. n_2 Windungen pro Längeneinheit fließen die Ströme I_1 bzw I_2. Damit ist im Inneren der Spule 1 das Feld

$$H_{z1} = n_1 I_1 + n_2 I_2$$

und im Inneren der Spule 2, jedoch außerhalb der Spule 1,

$$H_{z2} = n_2 I_2.$$

Demnach ist

$$\frac{1}{l}W = \frac{\mu_0(n_1 I_1 + n_2 I_2)^2}{2}r_1^2 \pi + \frac{\mu_0 n_2^2 I_2^2}{2}(r_2^2 - r_1^2)\pi$$

$$= \frac{\mu_0 \pi}{2}[n_1^2 I_1^2 r_1^2 + 2n_1 n_2 I_1 I_2 r_1^2 + n_2^2 I_2^2 r_2^2]$$

$$= \frac{1}{2}\frac{L_{11}}{l}I_1^2 + \frac{1}{2}\frac{L_{12}}{l}I_1 I_2 + \frac{1}{2}\frac{L_{21}}{l}I_1 I_2 + \frac{1}{2}\frac{L_{22}}{l}I_2^2$$

$$= \frac{1}{2}\frac{L_{11}}{l}I_1^2 + \frac{L_{12}}{l}I_1 I_2 + \frac{1}{2}\frac{L_{22}}{l}I_2^2,$$

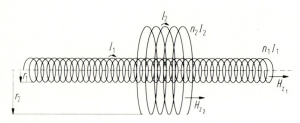

Bild 5.67

5.12 Magnetische Energie, magnetischer Fluß und Induktivitätskoeffizienten 345

d.h.

$$\left.\begin{aligned}\frac{1}{l}L_{11} &= \mu_0 \pi r_1^2 n_1^2, \\ \frac{1}{l}L_{12} &= \frac{1}{l}L_{21} = \mu_0 \pi r_1^2 n_1 n_2, \\ \frac{1}{l}L_{22} &= \mu_0 \pi r_2^2 n_2^2.\end{aligned}\right\} \qquad (5.211)$$

Man beachte, daß die Ströme $I_{1,2}$ ein Vorzeichen tragen. Die gemischten Terme (hier $\sim I_1 I_2$) können deshalb sowohl positiv wie auch negativ sein.

5.12.2 Der magnetische Fluß

Wir betrachten einen oder mehrere Stromkreise, deren magnetische Energie

$$W = \frac{\mu_0}{2} \int_V \mathbf{H}^2 \, d\tau$$

ist. Im Außenraum, d.h. außerhalb der stromführenden Leiter, kann man das Feld mit Hilfe des skalaren Potentials ψ darstellen:

$$\mathbf{H} = -\operatorname{grad} \psi.$$

Wir nehmen nun an, daß die Leiterausdehnungen im Vergleich zum Außenraum vernachlässigbar sind, d.h. wir nehmen an, daß es genügt, das Volumenintegral über den Außenraum zu erstrecken und daß der innere Anteil auch der magnetischen Energie vernachlässigbar ist. Wir erhalten so

$$W = \frac{\mu_0}{2} \int_V (\operatorname{grad} \psi)^2 \, d\tau.$$

Weil

$$\operatorname{div}(\psi \operatorname{grad} \psi) = \psi \Delta \psi + (\operatorname{grad} \psi)^2$$

ist

$$W = \frac{\mu_0}{2} \int_V [\operatorname{div}(\psi \operatorname{grad} \psi) - \psi \Delta \psi] \, d\tau.$$

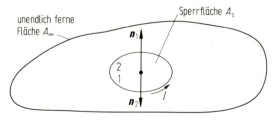

Bild 5.68

Mit
$$\Delta\psi = 0$$
und wegen des Gaußschen Integralsatzes ist
$$W = \frac{\mu_0}{2}\int_A \psi\,\text{grad}\,\psi\cdot d\mathbf{A}.$$

Betrachten wir zunächst nur einen Leiter, so ist (Bild 5.68)
$$W = \frac{\mu_0}{2}\int_{A_\infty} \psi\,\text{grad}\,\psi\cdot d\mathbf{A} + \frac{\mu_0}{2}\int_{A_s} \psi\,\text{grad}\,\psi\cdot d\mathbf{A}$$
$$= 0 + \frac{\mu_0}{2}\int_{A_s} \psi\,\text{grad}\,\psi\cdot d\mathbf{A}$$
$$= \frac{\mu_0}{2}\int_{A_s}\left[\psi_1\left(\frac{\partial\psi}{\partial x}\right)_{1n} - \psi_2\left(\frac{\partial\psi}{\partial x}\right)_{2n}\right]dA_1.$$

Nun ist
$$\mu_0\left(\frac{\partial\psi}{\partial x}\right)_n = -B_n$$
stetig, d.h.
$$\mu_0\left(\frac{\partial\psi}{\partial x}\right)_{1n} = \mu_0\left(\frac{\partial\psi}{\partial x}\right)_{2n} = \mu_0\left(\frac{\partial\psi}{\partial x}\right)_n = -B_n$$
und deshalb
$$W = \frac{\mu_0}{2}\int_{A_s}(\psi_1 - \psi_2)\left(\frac{\partial\psi}{\partial x}\right)_n dA_1$$
$$= \frac{1}{2}\int_{A_s}(\psi_2 - \psi_1)B_n\,dA_1.$$

Nach (5.58) und in Analogie zur elektrischen Doppelschicht (s. Abschn. 2.5.3) ist $\psi_2 - \psi_1$ längs der ganzen Sperrfläche konstant,
$$\psi_2 - \psi_1 = I,$$
und damit
$$W = \tfrac{1}{2}I\phi, \qquad (5.212)$$
weil ja
$$\int_{A_s} B_n\,dA = \phi$$
der die Sperrfläche durchsetzende magnetische Fluß ist. Andererseits ist
$$W = \tfrac{1}{2}L_{11}\cdot I^2 = \tfrac{1}{2}(L_{11}I)I,$$

d.h. es gilt auch

$$\phi = L_{11}I. \tag{5.213}$$

Dieses Ergebnis kann man auf beliebig viele Leiter ausdehnen:

$$\boxed{W = \frac{1}{2}\sum_{i=1}^{n} I_i \phi_i} \, . \tag{5.214}$$

Weil andererseits

$$W = \frac{1}{2}\sum_{i,k=1}^{n} L_{ik} I_i I_k = \frac{1}{2}\sum_{i=1}^{n} I_i \sum_{k=1}^{n} L_{ik} I_k$$

ist

$$\boxed{\phi_i = \sum_{k=1}^{n} L_{ik} I_k} \, . \tag{5.215}$$

Der eine Leiterschleife durchsetzende Fluß ist also eine lineare Funktion aller Ströme:

$$\phi_1 = L_{11}I_1 + L_{12}I_2 + L_{13}I_3 + \cdots$$
$$\phi_2 = L_{21}I_1 + L_{22}I_2 + L_{23}I_3 + \cdots$$
$$\cdots\cdots\cdots\cdots\cdots\cdots\cdots\cdots\cdots\cdots\cdots$$

Sind die Ströme zeitlich veränderlich, so sind auch die magnetischen Flüsse zeitlich veränderlich. Nach dem Induktionsgesetz ist deren zeitliche Änderung, $\partial \phi_i/\partial t$, bis auf das Vorzeichen gleich der in der entsprechenden Leiterschleife induzierten Spannung. Deshalb spielen die Induktivitätskoeffizienten eine große Rolle für die in Netzwerken induzierten Spannungen, was auch ihren Namen erklärt.

Die Gleichung (5.215) gibt uns eine weitere Möglichkeit, die Induktivitätskoeffizienten zu berechnen. Nehmen wir z.B. die oben behandelten zwei Spulen,

 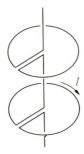

Bild 5.69   **Bild 5.70**

so ist

$$\frac{1}{l}\phi_1 = n_1(r_1^2\pi\mu_0 n_1 I_1 + r_1^2\pi\mu_0 n_2 I_2),$$

$$\frac{1}{l}\phi_2 = n_2(r_1^2\pi\mu_0 n_1 I_1 + r_2^2\pi\mu_0 n_2 I_2),$$

woraus sich in Übereinstimmung mit (5.211)

$$\frac{1}{l}L_{11} = \mu_0\pi r_1^2 n_1^2,$$

$$\frac{1}{l}L_{12} = \frac{1}{l}L_{21} = \mu_0\pi r_1^2 n_1 n_2,$$

$$\frac{1}{l}L_{22} = \mu_0\pi r_2^2 n_2^2$$

ergibt.

Die Tatsache, daß z.B. L_{11} proportional n_1^2 ist, sei noch etwas anschaulicher erläutert. Ein Faktor n_1 rührt davon her, daß die magnetische Induktion der Zahl der Windungen pro Längeneinheit proportional ist. Der zweite Faktor n_1 ergibt sich aus der in Bild 5.69 gezeigten von der Spule begrenzten Fläche, die die einzelnen Windungen der Spule wendeltreppenartig verbindet. Die Projektion dieser Fläche auf eine zur Spulenachse senkrechte Fläche ergibt das n_1-fache des Spulenquerschnittes. Bild 5.70 zeigt eine schematisierte Darstellung desselben Sachverhalts.

6 Zeitabhängige Probleme I (Quasistationäre Näherung)

In Kap. 1 haben wir die Maxwellschen Gleichungen eingeführt, sie bisher jedoch—von Ausnahmen abgesehen—nicht in ihrer vollen Form diskutiert. Im allgemeinen wurden nur zeitunabhängige Probleme behandelt, die der Elektrostatik (Kap. 2 und 3), der stationären Strömungen (Kap. 4) und der Magnetostatik (Kap. 5). Nun sollen zeitabhängige Probleme erörtert werden, und zwar in zwei Schritten. Die zeitabhängigen Maxwellschen Gleichungen unterscheiden sich von den stationären Gleichungen durch zwei Glieder, durch den Verschiebungsstrom $\partial \mathbf{D}/\partial t$ in der ersten und durch den Induktionsterm $-\partial \mathbf{B}/\partial t$ in der zweiten Maxwellschen Gleichung. Dieser Tatsache soll unser schrittweises Vorgehen Rechnung tragen. Vielfach kann man nämlich den Verschiebungsstrom näherungsweise weglassen, muß jedoch das volle Induktionsgesetz berücksichtigen. In dieser Näherung kann man allerdings keine Wellenerscheinungen beschreiben, da diese mit der Vernachlässigung des Verschiebungsstromes verloren gehen. Dagegen kann man auch ohne Verschiebungsstrom den Skineffekt, Wirbelströme und ähnliche Erscheinungen behandeln. Voraussetzung für die Anwendbarkeit dieser sogenannten *quasistationären Näherung* ist, daß die zeitlichen Änderungen nicht allzu rasch erfolgen. Erst im nächsten Kap. 7 über elektromagnetische Wellen werden wir die vollen Maxwellschen Gleichungen unter Einschluß des Verschiebungsstromes untersuchen.

6.1 Das Induktionsgesetz

6.1.1 Induktion durch zeitliche Veränderung von B

Gegeben sei ein zeitlich veränderliches Magnetfeld $\mathbf{B}(\mathbf{r}, t)$ und eine ortsfeste Kurve C, möglicherweise bestehend aus unendlich dünnem, leitfähigem Material. Ist A die von ihr umfaßte Fläche, so ist nach unserer Definition (1.66) der sie durchsetzende magnetische Fluß

$$\phi = \int_A \mathbf{B}(\mathbf{r}, t) \cdot d\mathbf{A}. \tag{6.1}$$

In dem veränderlichen Feld $\mathbf{B}(\mathbf{r}, t)$ wird ein elektrisches Feld $\mathbf{E}(\mathbf{r}, t)$ induziert, für das nach (1.68)

$$\operatorname{rot} \mathbf{E}(\mathbf{r}, t) = -\frac{\partial \mathbf{B}(\mathbf{r}, t)}{\partial t} \tag{6.2}$$

gilt. Das Linienintegral der elektrischen Feldstärke,

$$\oint_C \mathbf{E} \cdot d\mathbf{s} = \int_A \operatorname{rot} \mathbf{E} \cdot d\mathbf{A} = -\int_A \frac{\partial \mathbf{B}}{\partial t} \cdot d\mathbf{A}$$

$$= -\frac{\partial}{\partial t} \int_A \mathbf{B} \cdot d\mathbf{A} = -\frac{\partial \phi}{\partial t}, \tag{6.3}$$

ist also durch die zeitliche Ableitung des magnetischen Flusses ϕ gegeben. Man kann statt dessen auch schreiben

$$U_i = \oint_C \mathbf{E} \cdot d\mathbf{s} = -\frac{\partial \phi}{\partial t}, \tag{6.4}$$

wobei U_i die im geschlossenen Stromkreis C induzierte Urspannung ist. Bild 6.1 zeigt die Richtung des induzierten Feldes bei zunehmendem bzw. abnehmendem Feld **B**.

6.1.2 Induktion durch Bewegung des Leiters

In einem magnetischen Feld **B** wirkt auf ein Teilchen der Ladung **Q** und der Geschwindigkeit **v** die *Lorentz-Kraft*,

$$\mathbf{F} = Q\mathbf{v} \times \mathbf{B}. \tag{6.5}$$

Man kann diese auch als die Wirkung einer elektrischen Feldstärke **E** auffassen, die das Teilchen in einem bewegten Bezugssystem erfährt, wobei dann

$$\mathbf{E} = \mathbf{v} \times \mathbf{B} \tag{6.6}$$

ist. Bewegen wir nun eine geschlossene Leiterschleife (aus unendlich dünnem Draht)

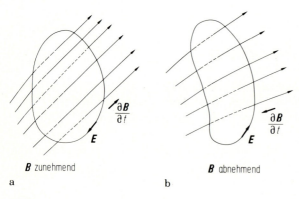

Bild 6.1

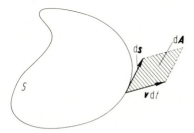

Bild 6.2

in einem zeitlich konstanten Magnetfeld, so gilt für das Linienintegral längs der Schleife S (Bild 6.2)

$$\oint_S \mathbf{E}\cdot d\mathbf{s} = \oint_S (\mathbf{v}\times\mathbf{B})\cdot d\mathbf{s} = -\oint_S \mathbf{B}\cdot(\mathbf{v}\times d\mathbf{s}).$$

Dabei ist

$$\mathbf{v}\times d\mathbf{s}\, dt = d\mathbf{A}$$

das von dem Wegelement $d\mathbf{s}$ in der Zeit dt überstrichene Flächenelement $d\mathbf{A}$ (Bild 6.2). Deshalb ist

$$U_i = \oint_S \mathbf{E}\cdot d\mathbf{s} = -\oint_S \mathbf{B}\cdot\frac{d\mathbf{A}}{dt} = -\frac{d}{dt}\int_A \mathbf{B}\cdot d\mathbf{A} = -\frac{d\phi}{dt}, \qquad (6.7)$$

wenn hier nur der Anteil der Flußänderung berücksichtigt wird, der von der Bewegung der Schleife im zeitlich konstanten Feld $\mathbf{B}$ herrührt. Eine zeitliche Änderung von $\mathbf{B}$ selbst, wie sie bereits diskutiert wurde, sei hier zunächst ausgeschlossen. Die Lorentz-Kraft führt also für eine geschlossene Schleife wiederum dazu, daß das Linienintegral $\oint \mathbf{E}\cdot d\mathbf{s}$ durch die zeitliche Änderung des magnetischen Flusses ϕ gegeben ist (man vergleiche die Formeln (6.3) und (6.7) miteinander).

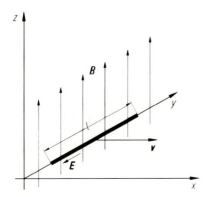

Bild 6.3

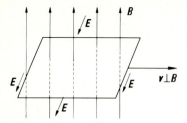

Bild 6.4

Man muß nicht unbedingt eine geschlossene Leiterschleife betrachten. Man kann z.B. ein Drahtstück quer zu einem Magnetfeld bewegen (Bild 6.3). Dadurch entsteht im Leiter zunächst eine induzierte Feldstärke $\mathbf{E} = \mathbf{v} \times \mathbf{B}$, deren Betrag

$$E = vB \tag{6.8}$$

ist. Als Folge davon fließen im Leiter elektrische Ströme, und zwar solange, bis das Feld innerhalb des Leiters $\mathbf{E} = 0$ geworden ist. Sie transportieren Ladungen auf die Leiteroberfläche, deren elektrostatisches Feld das im Leiterinneren induzierte Feld letzten Endes kompensiert. Außerhalb des Leiters hat man schließlich das diesem Endzustand entsprechende elektrostatische Feld, dessen Spannung zwischen den Enden des bewegten Drahtes genau gleich der anfänglich im Leiter induzierten Spannung ist. Ihr Betrag ist

$$|U| = vBl. \tag{6.9}$$

Bewegt man eine ganze Leiterschleife quer zu einem homogenen Magnetfeld (Bild 6.4), so wird keine Spannung induziert, da die Teilspannungen sich gegenseitig wegkompensieren. Der die Schleife durchsetzende Fluß bleibt ja auch unverändert. Bewegt man jedoch nur ein Teilstück (Bild 6.5) der Schleife im Kontakt mit dieser, so wird eine Ringspannung vom Betrag vBl hervorgerufen. Dies ergibt sich wie vorher nach (6.9) und entspricht auch der zeitlichen Flußänderung, denn es gilt

mit
$$\phi = Bla(t) = Bl(a_0 + v \cdot t)$$

$$U_i = -\frac{d\phi}{dt} = -vBl. \tag{6.10}$$

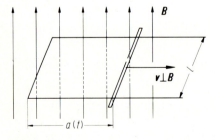

Bild 6.5

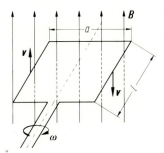

Bild 6.6

Das Induktionsgesetz ist von sehr großer Bedeutung für viele technische Anwendungen. So beruhen die meisten Generatoren, d.h. stromerzeugenden Maschinen, auf der Spannung, die in einer Leiterschleife erzeugt wird, wenn man diese in einem Magnetfeld rotieren läßt. In diesem wichtigen Energiewandlungsprozeß wird mechanische Energie in elektrische Energie umgewandelt (Bild 6.6). Ist ω die Winkelgeschwindigkeit, so ist der zur Zeit t umfaßte Fluß

$$\Phi = Bal \cos \omega t \tag{6.11}$$

und damit die induzierte Spannung

$$U_i = \oint \mathbf{E} \cdot \mathbf{ds} = -\dot{\phi} = B\omega al \sin \omega t. \tag{6.12}$$

Das ist das Prinzip des Wechselstromgenerators. Mit Hilfe von Stromwendern (Kommutatoren) kann man auch Gleichspannungen erzeugen, worauf wir hier jedoch nicht näher eingehen wollen.

6.1.3 Induktion durch gleichzeitige Änderung von B und Bewegung des Leiters

Die beiden (unter 6.1.1 und 6.1.2 behandelten) Effekte können auch gleichzeitig auftreten und sind dann zu addieren, d.h. dann gilt

$$\oint \mathbf{E} \cdot \mathbf{ds} = -\frac{\partial}{\partial t} \int_A \mathbf{B} \cdot \mathbf{dA} - \oint \mathbf{B} \cdot (\mathbf{v} \times \mathbf{ds}),$$

$$\boxed{\oint \mathbf{E} \cdot \mathbf{ds} = -\frac{d}{dt}\phi} . \tag{6.13}$$

Hier ist mit d/dt der Operator der "totalen Zeitableitung" gemeint, d.h. der Zeitableitung des Gesamtflusses, unabhängig davon, ob seine Änderung durch Änderungen des Magnetfeldes oder durch Bewegungen des Leiters verursacht wird. Mit dem Vektorpotential **A** gilt (wobei das Flächenelement nun **da** und die Fläche

a sei)

$$\oint \mathbf{E}\cdot d\mathbf{s} = -\frac{\partial}{\partial t}\int_a \operatorname{rot} \mathbf{A}\cdot d\mathbf{a} + \oint(\mathbf{v}\times\mathbf{B})\cdot d\mathbf{s}$$

$$= -\frac{\partial}{\partial t}\int_a \operatorname{rot} \mathbf{A}\cdot d\mathbf{a} + \int_a \operatorname{rot}(\mathbf{v}\times\mathbf{B})\cdot d\mathbf{a}$$

bzw.

$$\int_a \operatorname{rot}\left(\mathbf{E} + \frac{\partial \mathbf{A}}{\partial t} - \mathbf{v}\times\mathbf{B}\right)\cdot d\mathbf{a} = 0.$$

Da dies für jede beliebige Fläche gilt, ist auch

$$\operatorname{rot}\left(\mathbf{E} + \frac{\partial \mathbf{A}}{\partial t} - \mathbf{v}\times\mathbf{B}\right) = 0.$$

Mit einer geeigneten skalaren Funktion φ muß dann gelten

$$\mathbf{E} + \frac{\partial \mathbf{A}}{\partial t} - \mathbf{v}\times\mathbf{B} = -\operatorname{grad} \varphi. \tag{6.14}$$

Hier ist $\mathbf{E}$ das Feld, das ein mit dem Leiter bewegter Beobachter "sehen" würde. Ein ruhender Beobachter sieht natürlich das Feld

$$\mathbf{E} = -\operatorname{grad} \varphi - \frac{\partial \mathbf{A}}{\partial t}, \tag{6.15}$$

eine Beziehung, auf die wir an anderer Stelle noch einzugehen haben. Sie stellt eine Verallgemeinerung der Beziehung (1.47) für zeitabhängige Probleme dar. Im statischen Fall reduziert sie sich auf diese.

Gleichung (6.13) besagt, daß die in einer Leiterschleife induzierte Spannung, sei diese nun beweglich oder nicht, stets durch die (negative) totale Zeitableitung des magnetischen Gesamtflusses gegeben ist. Es mag merkwürdig erscheinen, daß zwei zunächst so wesensverschieden erscheinende Effekte—zeitliche Veränderung des Feldes und Bewegung bzw. Formveränderung einer geschlossenen Leiterschleife—sich in so einfacher Weise zusammenfassen lassen. Man kann sich das plausibler machen, wenn man sich die einzelnen Kraftlinien identifizierbar vorstellt. Dann kann man z.B. ein zeitlich zunehmendes Feld betrachten als ein Feld, bei dem zusätzliche Kraftlinien von außen in das Innere einer geschlossenen Kurve hereingezogen werden. Wandern umgekehrt Feldlinien nach außen ab, so führt das zu einer zeitlichen Abnahme des Feldes. Die von außen hereingezogenen bzw. nach außen abwandernden Kraftlinien bewegen sich in bezug auf den für diese Betrachtung zunächst ruhend gedachten Leiter. Bewegt sich nun eine bestimmte Kraftlinie in einer bestimmten Richtung durch den Leiter hindurch, so ist der Effekt derselbe wie bei der Bewegung des Leiters in umgekehrter Richtung bezüglich der nun ruhenden Kraftlinie. Das soll hier nicht im einzelnen ausgeführt werden. Die eben angedeutete Vorstellung kann auch quantitativ durchgeführt werden und erlaubt dann eine einheitliche Auffassung der beiden zunächst verschiedenen Effekte.

Bild 6.7

Sehr oft betrachtet man keine geschlossene, sondern eine offene Leiterschleife. Betrachtet man einen geschlossenen Weg, der teilweise durch den Leiter und teilweise durch das Vakuum führt, so gilt dafür (Bild 6.7)

$$\oint \mathbf{E} \cdot d\mathbf{s} = -\oint \operatorname{grad} \varphi \cdot d\mathbf{s} - \frac{d\phi}{dt}.$$

Dabei ist berücksichtigt, daß die durch Ströme verursachten Raumladungen (bzw. sonstige, schon vorher vorhandene Raumladungen) dem induzierten elektrischen Feld $\mathbf{E}_i$ ein elektrostatisches Feld $\mathbf{E}_s$ überlagern, das aus dem Potential φ ableitbar ist. Letzteres ist natürlich wirbelfrei, d.h.

mit
$$\mathbf{E} = \mathbf{E}_s + \mathbf{E}_i$$

$$\operatorname{rot} \mathbf{E}_s = 0$$

bzw.
$$\oint \mathbf{E}_s \cdot d\mathbf{s} = -\oint \operatorname{grad} \varphi \cdot d\mathbf{s} = 0.$$

Also ist in jedem Fall

$$\oint \mathbf{E} \cdot d\mathbf{s} = -\frac{d\phi}{dt}.$$

Die oben abgeleitete Gleichung (6.13) wird also durch die Überlagerung elektrostatischer Felder, gleichgültig ob diese eine Folge der induzierten Ströme sind oder nicht, in keiner Weise berührt.

An dieser Stelle ist jedoch auch vor möglichen und tatsächlich immer wieder vorkommenden Fehlinterpretationen der Gleichung (6.13) zu warnen. Sie lassen sich am besten an speziellen Beispielen diskutieren. Dazu soll im folgenden zunächst die *Unipolarmaschine*, anschließend der *Heringsche Versuch* beschrieben und gedeutet werden.

6.1.4 Die Unipolarmaschine

Entsprechend Bild 6.8 dreht sich ein Rad aus leitfähigem Material mit konstanter Winkelgeschwindigkeit ω in einem der Einfachheit wegen als homogen und parallel zur Drehachse angenommenen Magnetfeld. Zwei Schleifkontakte stellen eine leitfähige Verbindung zwischen dem äußeren, nicht mitbewegten, ein Meßinstrument

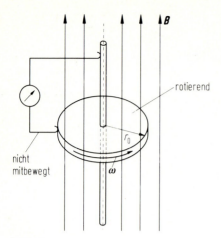

Bild 6.8

enthaltenden Teil des elektrischen Kreises und dem Umfang bzw. der Mitte des Rades her. Dadurch wird in diesem Kreis, der sich über die Achse und das Rad schließt, eine Spannung induziert, die sich wie folgt berechnen läßt:
Am Radius r ist

$$v_\varphi(r) = \omega r. \tag{6.16}$$

Mit (6.6) folgt daraus

$$E_r(r) = \omega B r \tag{6.17}$$

und

$$U_i = \oint \mathbf{E}(r) \cdot d\mathbf{s} = \int_{r_0}^{0} E_r(r)\, dr = -\frac{\omega B r_0^2}{2}. \tag{6.18}$$

Das Problem läßt sich also auf sehr einfache Weise behandeln. Geht man jedoch von dem magnetischen Fluß aus, der den Stromkreis durchsetzt, so ergeben sich Schwierigkeiten. Zunächst ist gar nicht klar, wie groß dieser Fluß eigentlich ist. Man könnte z.B. sagen, der Fluß sei ständig $\phi = 0$ (Bild 6.9a). Die induzierte

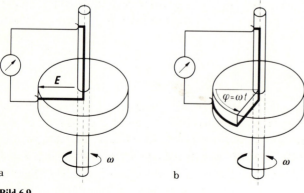

Bild 6.9

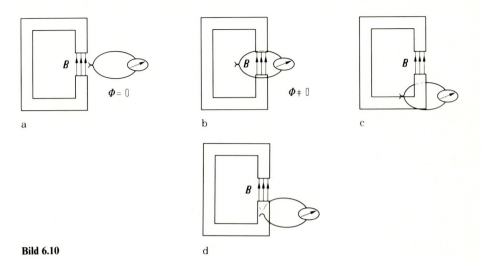

Bild 6.10

Spannung müßte dann auch verschwinden, eine offensichtlich falsche Schlußfolgerung. Man kann sich den Stromkreis z.B. aber auch entsprechend Bild 6.9b vorstellen, was

$$\phi = \frac{r_0^2 \varphi}{2} B = \frac{r_0^2 \omega t B}{2},$$

d.h.

$$U_i = -\frac{d\phi}{dt} = -\frac{r_0^2 \omega B}{2},$$

gerade also die richtige induzierte Spannung ergeben würde. Das ist jedoch keine überzeugende Erklärung. Man kann bezüglich ϕ auch andere Behauptungen aufstellen, es gibt jedoch keine vernünftige und eindeutige Methode, ϕ wirklich festzulegen. Die Methode von Bild 6.9b ist zwar so gemacht, daß sie das richtige Ergebnis liefert, sie beweist jedoch nichts. Die Beziehung

$$\mathbf{E} = \mathbf{v} \times \mathbf{B}$$

ist jedoch immer richtig und ein geeigneter Ausgangspunkt zur Berechnung der Spannung, während die Betrachtung des Flusses hier und in anderen ähnlichen Fällen im Grunde keinen Sinn hat.

6.1.5 Der Versuch von Hering

Bild 6.10 zeigt einen als streuflußlos angenommenen Magneten, dessen Spalt von einem Magnetfeld durchsetzt wird. Außerhalb des Magneten befindet sich ein Leiterkreis, der durch federnde Kontakte geschlossen ist und in dem sich ein Spannungsmeßgerät befindet. Wir bringen den Leiterkreis von der Lage, die in Bild 6.10a gezeigt ist, in die von Bild 6.10b. Dabei wird ein Spannungsstoß

$$\int U \, dt = -\Delta \phi$$

358   6 Zeitabhängige Probleme I (Quasistationäre Näherung)

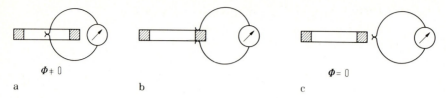

a $\Phi \neq 0$ b   c $\Phi = 0$

Bild 6.11

angezeigt. Die federnden Kontakte bleiben dabei stets geschlossen. Nun wird die Schleife in die Position von Bild 6.10c gebracht. Dabei passiert nichts, d.h. es wird keinerlei Spannung induziert. Zuletzt wird die Schleife über den Magneten hinweg nach außen abgezogen (Bild 6.10d). Dabei müssen sich die Federkontakte öffnen und am Magneten entlangschleifen.

Die letzten Phasen des ganzen Vorgangs sind noch einmal in Bild 6.11 gezeigt. Die Frage ist nun, welche Spannungen beim Übergang vom Zustand von Bild 6.11a in den von Bild 6.11c induziert werden. Zweifellos ist der anfänglich die Schleife durchsetzende Fluß $\phi \neq 0$, während er zuletzt verschwindet. Dennoch werden—wie man z.B. auch experimentell feststellen kann—keine Spannungen induziert. Das mag im ersten Augenblick paradox und als Widerspruch zur Beziehung (6.13) erscheinen. Wesentlich ist jedoch, daß die erwähnte Flußänderung mit der Bewegung des Leiters eigentlich nichts zu tun hat. Gehen wir—und das ist auch hier eine sichere Basis—von der Beziehung für die lokal induzierte elektrische Feldstärke aus,

$$\mathbf{E} = \mathbf{v} \times \mathbf{B},$$

so sehen wir sofort, daß diese überall verschwindet. An Bild 6.11b wird nämlich klar, daß während dieser Phase des Vorgangs im Inneren des Magneten zwar $\mathbf{B} \neq 0$, jedoch $\mathbf{v} = 0$ ist, während außerhalb zwar $\mathbf{v} \neq 0$, jedoch $\mathbf{B} = 0$ ist (wegen der idealisierenden Annahme, daß kein Streufeld vorhanden ist, die natürlich nicht ganz stimmt). Wenn jedoch $\mathbf{E}$ überall verschwindet, muß auch das Integral $\oint \mathbf{E} \cdot d\mathbf{s}$ verschwinden. So wird also das zunächst paradox erscheinende Ergebnis des Heringschen Versuchs geradezu selbstverständlich. Die scheinbare Paradoxie ist lediglich eine Folge der Verwendung des Induktionsgesetzes in der hier illegitimen Form (6.13).

Die Beziehung (6.13) gilt nur für eine während der Bewegung bzw. Verformung ihre Identität bewahrende Leiterschleife, die also materiell stets dieselbe bleibt und von einem eindeutig definierbaren magnetischen Fluß durchsetzt wird. Das ist weder bei der Unipolarmaschine noch beim Heringschen Versuch der Fall. Rein äußerlich ist so etwas schon wegen der in beiden Fällen vorhandenen, zunächst vielleicht nebensächlich erscheinenden Schleifkontakte zu vermuten. Wo solche auftreten, ist Vorsicht geboten. In Zweifelsfällen gehe man auf die elementaren Grundgesetze zurück. Dieser Rat gilt nicht nur im Umkreis des Induktionsgesetzes. Die Anwendung zu einfacher und summarischer Rezepte auf komplexe Probleme kann wie anderswo Fehler und Widersprüche verursachen.

6.2 Die Diffusion von elektromagnetischen Feldern

6.2.1 Die Gleichungen für E, g, B und A

Die Maxwellschen Gleichungen lauten, wenn man den Verschiebungsstrom vernachlässigt, die Induktion jedoch berücksichtigt:

$$\text{rot } \mathbf{E} = -\frac{\partial \mathbf{B}}{\partial t}, \qquad (6.19)$$

$$\text{rot } \mathbf{H} = \mathbf{g}, \qquad (6.20)$$

$$\text{div } \mathbf{B} = 0, \qquad (6.21)$$

$$\text{div } \mathbf{D} = \rho. \qquad (6.22)$$

Um diese Gleichungen lösen zu können, benötigt man noch die Beziehungen

$$\mathbf{D} = \varepsilon \mathbf{E}, \qquad (6.23)$$

$$\mathbf{B} = \mu \mathbf{H}, \qquad (6.24)$$

$$\mathbf{g} = \kappa \mathbf{E}. \qquad (6.25)$$

ε, μ, κ seien vom Ort unabhängige Faktoren. Ist $\rho = 0$, so ergibt sich aus (6.22) und (6.23)

$$\text{div } \mathbf{E} = 0. \qquad (6.26)$$

Aus (6.19), (6.24), (6.20), (6.25) folgt

$$\text{rot rot } \mathbf{E} = -\frac{\partial}{\partial t} \text{rot } \mathbf{B} = -\frac{\partial}{\partial t} \mu \text{ rot } \mathbf{H} = -\frac{\partial}{\partial t} \mu \mathbf{g} = -\frac{\partial}{\partial t} \mu \kappa \mathbf{E}.$$

Nun ist wegen (6.26) und nach (5.11)

$$\text{rot rot } \mathbf{E} = \text{grad div } \mathbf{E} - \text{div grad } \mathbf{E} = \text{grad div } \mathbf{E} - \Delta \mathbf{E}$$
$$= -\Delta \mathbf{E},$$

d.h.

$$\boxed{\Delta \mathbf{E} = \mu \kappa \frac{\partial \mathbf{E}}{\partial t}}. \qquad (6.27)$$

Mit (6.25) folgt daraus auch

$$\boxed{\Delta \mathbf{g} = \mu \kappa \frac{\partial \mathbf{g}}{\partial t}}. \qquad (6.28)$$

In ähnlicher Weise erhalten wir für **B** aus den Gleichungen (6.20), (6.25), (6.19), (6.24) und (6.21)

$$\text{rot rot } \mathbf{H} = \text{rot } \mathbf{g} = \text{rot } \kappa \mathbf{E} = \kappa \text{ rot } \mathbf{E}$$

$$= -\kappa \frac{\partial \mathbf{B}}{\partial t} = +\frac{1}{\mu} \text{rot rot } \mathbf{B}$$

$$= -\frac{1}{\mu} \text{div grad } \mathbf{B} = -\frac{1}{\mu} \Delta \mathbf{B},$$

d.h.

$$\boxed{\Delta \mathbf{B} = \mu \kappa \frac{\partial \mathbf{B}}{\partial t}}. \tag{6.29}$$

Wegen

$$\mathbf{B} = \text{rot } \mathbf{A}$$

folgt aus (6.29) bei geeigneter Eichung von $\mathbf{A}$ auch

$$\boxed{\Delta \mathbf{A} = \mu \kappa \frac{\partial \mathbf{A}}{\partial t}}. \tag{6.30}$$

Bildet man die Rotation beider Seiten von (6.30), so findet man wieder (6.29).

Wir erhalten also für alle diese Größen, $\mathbf{E}$, $\mathbf{g}$, $\mathbf{B}$, $\mathbf{A}$, denselben Typ von Gleichung. Natürlich sind diese Größen dennoch verschieden voneinander, entsprechend ihrer physikalischen Bedeutung. Formal drückt sich ihre Verschiedenheit jedoch nicht in den Gleichungen, sondern in den Anfangs- und Randbedingungen aus, die zur Lösung der Gleichungen auch nötig sind.

6.2.2 Der physikalische Inhalt der Gleichungen

Mit den Gleichungen (6.27) bis (6.30) haben wir für $\mathbf{E}$, $\mathbf{g}$, $\mathbf{B}$, $\mathbf{A}$ dieselbe typische Gleichung gefunden, eine Gleichung, die in der ganzen Physik eine große Rolle spielt, die sogenannte *Diffusionsgleichung*. Der Name rührt daher, daß sie (als skalare Gleichung) die Diffusion von Teilchen beschreibt. Sie ist, thermodynamisch betrachtet, typisch für irreversible (d.h. die Entropie erhöhende) Prozesse. Auch die Wärmeleitungsgleichung ist von diesem Typ. Die Wärmeleitung ist das bekannteste Schulbeispiel eines irreversiblen Prozesses. Der Unterschied zwischen der skalaren Diffusions-bzw. der Wärmeleitungsgleichung und den Gleichungen (6.27) bis (6.30) besteht eigentlich nur darin, daß wir es hier nicht mit skalaren, sondern mit *Vektordiffusionsgleichungen* zu tun haben. Rein formal sei in diesem Zusammenhang an das früher (in Abschn. 5.1) zur Anwendung des Δ-Operators auf Vektoren Gesagte erinnert. Im übrigen haben wir es aber auch hier mit typischen irreversiblen Prozessen zu tun. Man stelle sich z.B. einen geschlossenen Leiter vor, in dem zur Zeit $t = 0$ ein Strom fließt. Der Leiter habe die Leitfähigkeit κ. Eine Spannungsquelle sei nicht vorhanden. Der anfangs fließende Strom könnte z.B. durch Induktion erzeugt worden sein oder durch eine nach der

Bild 6.12

Erzeugung des Stromes kurzgeschlossene äußere Spannungsquelle (Bild 6.12). Überläßt man diesen stromführenden Leiter nun sich selbst, so wird der Strom allmählich abklingen. Verantwortlich dafür ist der Widerstand (R) des Leiters, der irreversibel Wärme (pro Zeiteinheit RI^2) erzeugt, solange ein Strom (I) fließt. Aus Gründen der Energieerhaltung muß diese Energie aus einem anderen Energiereservoir stammen, dessen Energieinhalt dadurch ständig verringert wird. Es handelt sich um die Energie des magnetischen Feldes. Strom und Magnetfeld werden also abnehmen müssen. Der Vorgang ist beendet, wenn die gesamte Feldenergie in Wärme verwandelt ist.

Der Energiesatz würde auch die Umkehrung dieses Prozesses zulassen. Man könnte sich, wenn man allein die Energiebilanz betrachtet, vorstellen, daß ein zunächst nicht vorhandener Strom in einem geschlossenen Leiter zu fließen anfängt, wobei die dazu nötige Energie aus dem Wärmeinhalt des Leiters stammen müßte. Er müßte sich also abkühlen. So etwas wurde jedoch noch nie beobachtet. Die Thermodynamik kennt neben dem 1. Hauptsatz (Energiesatz oder auch Satz von der Unmöglichkeit eines Perpetuum mobile erster Art) den 2. Hauptsatz (Entropiesatz, Satz von der Unmöglichkeit eines Perpetuum mobile zweiter Art). Es ist dieser 2. Hauptsatz, der den oben geschilderten Prozeß zwar nicht völlig verbietet, jedoch für so unwahrscheinlich erklärt, daß man nicht hoffen kann, ihn je zu beobachten. Es handelt sich hier um Wahrscheinlichkeitsbetrachtungen. Wegen der großen Zahl der an solchen Prozessen beteiligten Elementarteilchen kann man aus ihnen recht zuverlässige Aussagen gewinnen. Im vorliegenden Fall ist es z.B. sehr unwahrscheinlich, daß sich die im leitfähigen Medium vorhandenen Ladungsträger rein zufällig so bewegen, daß ein makroskopischer Strom I entsteht (zufällig soll heißen: ohne durch ein äußeres elektrisches Feld gezwungen zu sein). Viel wahrscheinlicher ist, daß sie sich so ungeordnet in allen möglichen Richtungen mit außerdem noch ganz verschiedenen Geschwindigkeiten bewegen, daß ein Strom im räumlichen und zeitlichen Mittel nicht beobachtet wird. Macht man allerdings hinreichend genaue Messungen (d.h. mit hinreichender räumlicher und zeitlicher Auflösung), so kann man kleine, fluktuierende Ströme sehr wohl beobachten, die ein ständiges *Rauschen* als Hintergrund des makroskopischen Geschehens bewirken. Die Probleme des Rauschens sind theoretisch interessant und auch von großer praktischer Bedeutung (z.B. weil sie bei sehr genauen Messungen oft die Grenze der erreichbaren Genauigkeit festlegen), können hier jedoch nicht weiter diskutiert werden. Hier wollen wir lediglich festhalten, daß wir es mit makroskopisch irreversiblen Vorgängen zu tun haben, die durch die obigen Gleichungen (6.27) bis (6.30) beschrieben werden. Rein formal drückt sich die

Irreversibilität in diesen Gleichungen im Vorkommen einer ersten Zeitableitung aus. Ersetzt man t durch $-t$, so ändert sich die Gleichung, sie ist—wie man sagt—gegen *Zeitumkehr* nicht *invariant*. Es macht also einen Unterschied, ob die Zeit zu- oder abnimmt. Man kann den Prozeß also nicht einfach rückwärts ablaufen lassen.

In Kap. 7 über elektromagnetische Wellen wird die sog. *Wellengleichung* zu diskutieren sein. Für **E** z.B. hat sie die Form

$$\Delta \mathbf{E} = \mu\varepsilon \frac{\partial^2 \mathbf{E}}{\partial t^2}. \tag{6.31}$$

Der einzige wesentliche Unterschied zur Gleichung (6.27) liegt darin, daß sie die zweite Zeitableitung enthält. Dies macht sie gegen Zeitumkehr invariant. Sie beschreibt Vorgänge (wie wir sehen werden: Wellen), die ebenso rückwärts wie vorwärts in der Zeit ablaufen können.

Man kann sich den Unterschied vergegenwärtigen, wenn man sich solche irreversiblen Vorgänge (z.B. Diffusionsprozesse) oder reversiblen Vorgänge (z.B. Wellenerscheinungen) irgendwie sichtbar gemacht und gefilmt vorstellt. Die Filme könnte man auch rückwärts laufen lassen. Im Fall einer Welle (genauer gesagt: einer ungedämpften, d.h. nicht irreversibel Energie verlierenden Welle) würde der rückwärts laufende Film einen ebenso natürlichen Prozeß darstellen wie der vorwärts laufende. Bei irreversiblen Vorgängen jedoch würde der rückwärts laufende Film ausgesprochen unnatürlich und höchst rätselhaft wirken.

Zum Formalen sei noch folgendes bemerkt: In der Mathematik unterscheidet man drei Typen von partiellen Differentialgleichungen 2. Ordnung. Sie werden als *elliptisch*, *parabolisch* und *hyperbolisch* bezeichnet. Genau diese drei Typen spielen auch in den Naturwissenschaften (und damit in der Elektrotechnik) eine ausgezeichnete Rolle, wobei die formalen Unterschiede sich auch als praktisch wesentlich erweisen, d.h. die drei Typen von Gleichungen beschreiben wesentlich verschiedene Naturerscheinungen. Betrachten wir nur zwei unabhängige Variable (x, y oder x, t), so ist die Gleichung

$$\frac{\partial^2 \varphi}{\partial x^2} + \frac{\partial^2 \varphi}{\partial y^2} = -\frac{\rho}{\varepsilon_0} \tag{6.32}$$

eine elliptische Gleichung. Von den Anwendungen aus betrachtet handelt es sich um eine Potentialgleichung (Poisson–Gleichung). Die Gleichung

$$\frac{\partial^2 \varphi}{\partial x^2} = \frac{\partial \varphi}{\partial t} \tag{6.33}$$

ist eine parabolische Gleichung. Wir haben sie als (skalare) Diffusionsgleichung bezeichnet. Die Gleichung

$$\frac{\partial^2 \varphi}{\partial x^2} = \frac{\partial^2 \varphi}{\partial t^2} \tag{6.34}$$

ist eine hyperbolische Gleichung. Wir erkennen in ihr den Typ der eben erwähnten

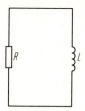

Bild 6.13

skalaren Wellengleichung. Man kann dies wie folgt zusammenstellen:

Gleichung	mathematische Bezeichnung	Bezeichnung in den Anwendungen
(6.32)	elliptische Gl.	Potentialgleichung
(6.33)	parabolische Gl.	Diffusionsgleichung
(6.34)	hyperbolische Gl.	Wellengleichung

Das oben schon diskutierte Beispiel des in einem Leiter abklingenden Stromes (Bild 6.12) kann man näherungsweise und summarisch, auf die feldtheoretischen Einzelheiten verzichtend, im Bild eines einfachen *RL*-Netzwerks, Bild 6.13, interpretieren. Es gilt

$$RI(t) + L\frac{dI(t)}{dt} = 0 \tag{6.35}$$

mit der allgemeinen Lösung

$$I(t) = C \exp\left(-\frac{R}{L}t\right).$$

Ist zur Zeit $t = 0$ der Strom $I = I_0$, so ist

$$C = I_0$$

und

$$I(t) = I_0 \exp\left(-\frac{R}{L}t\right). \tag{6.36}$$

Wir bekommen also einen abklingenden Strom, wie es nach dem 2. Hauptsatz der Thermodynamik sein muß. Multipliziert man (6.35) mit I, so ergibt sich

$$RI^2 + LI\frac{dI}{dt} = 0.$$

Integriert man diese Gleichung nach der Zeit, so erhält man

$$\int_0^t RI^2 \, dt + \tfrac{1}{2}LI^2 = \tfrac{1}{2}LI_0^2. \tag{6.37}$$

Das ist nichts anderes als der 1. Hauptsatz der Thermodynamik (der Energiesatz), angewandt auf unser Problem. Gleichung (6.37) besagt ja, daß die in der Zeit von 0 bis t produzierte Stromwärme,

$$\int_0^t RI^2\,dt,$$

dem magnetischen Energiespeicher entnommen wird. Während anfangs die magnetische Energie $1/2\,LI_0^2$ vorhanden war, ist zur Zeit t nur noch die magnetische Energie

$$\tfrac{1}{2}LI^2 = \tfrac{1}{2}LI_0^2 - \int_0^t RI^2\,dt$$

vorhanden. Zusammen mit dem Strom klingt auch das Magnetfeld ab, das dieser Strom erzeugt.

Will man diesen Vorgang der "Felddiffusion", wie man wegen der formalen Analogie zum Diffusionsvorgang auch sagt, im Detail beschreiben, so muß man die entsprechende Gleichung

$$\Delta \mathbf{B} = \mu\kappa\frac{\partial \mathbf{B}}{\partial t}$$

mit den entsprechenden Rand- und Anfangsbedingungen lösen. Das ist natürlich erheblich schwieriger als die Lösung der Differentialgleichung (6.35). In den folgenden Abschnitten werden einige Probleme (*Skineffekt-* und *Wirbelstromprobleme*) als Beispiele für solche Rand- und Anfangswertprobleme zu behandeln sein. Ein wesentliches mathematisches Hilfsmittel stellt dabei die *Laplace-Transformation* der. Einige wichtige Formeln und Sätze dazu sollen in Abschn. 6.3 zum Gebrauch zusammengestellt werden.

6.2.3 Abschätzungen und Ähnlichkeitsgesetze

Ehe wir auf diese Dinge näher eingehen, soll in dem gegenwärtigen Abschnitt noch gezeigt werden, wie man grobe, jedoch durchaus brauchbare Abschätzungen zu Diffusionsproblemen fast ohne Rechnung gewinnen kann. Wir bringen z.B. einen

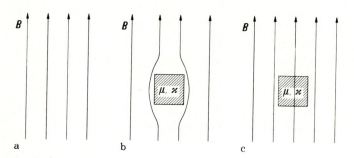

Bild 6.14

Leiter plötzlich in ein Magnetfeld. Sein Inneres ist zunächst feldfrei. Erst allmählich kann das äußere Feld, in das er gebracht wurde, in das Leiterinnere eindringen, hineindiffundieren. Wir wollen abschätzen, nach welcher Zeit das Feld eingedrungen sein wird (Bild 6.14).

Die typischen Längen des Leiters (der z.B. würfelförmig sein könnte) seien von der Größenordnung l. Die Diffusionszeit sei etwa t_0. Dann kann man—ganz grob—Gleichung (6.29) in der Form schreiben

da
$$\frac{B}{l^2} \approx \mu\kappa\frac{B}{t_0}, \tag{6.38}$$

$$\Delta B \approx \frac{B}{l^2}$$

und

$$\frac{\partial B}{\partial t} \approx \frac{B}{t_0}$$

ist. Demzufolge ist

$$\boxed{t_0 \approx \mu\kappa l^2}. \tag{6.39}$$

Es ist ganz typisch für Diffusionsvorgänge, daß die Zeiten nicht etwa proportional zu l, sondern proportional zu l^2 sind. Das ist eine Folge davon, daß solche Prozesse auf Zufallserscheinungen beruhen (*stochastische Prozesse*). Im Falle der Felddiffusion handelt es sich um den Widerstand des Leiters, der mit dem statistischen Verhalten der Ladungsträger zu tun hat, d.h. mit den in statistischer Weise erfolgenden Stößen.

Zum Vergleich sei angedeutet, was eine ähnliche Betrachtung im Falle der Wellengleichung liefern würde. Für **B** nimmt diese, wie wir noch sehen werden, die Form

$$\Delta \mathbf{B} = \varepsilon\mu\frac{\partial^2 \mathbf{B}}{\partial t^2} \tag{6.40}$$

an. Daraus würde folgen

$$\frac{B}{l^2} \approx \varepsilon\mu\frac{B}{t_0^2}$$

bzw.

$$\boxed{t_0 \approx \sqrt{\varepsilon\mu}\, l}, \tag{6.41}$$

d.h. ein linearer Zusammenhang zwischen l und t_0, wie er für geordnete Bewegungen typisch ist. Diesem Zusammenhang entspricht die Geschwindigkeit

$$\frac{l}{t_0} \approx \frac{1}{\sqrt{\varepsilon\mu}}, \tag{6.42}$$

die wir später als Ausbreitungsgeschwindigkeit (Phasengeschwindigkeit) elektromagnetischer Wellen kennenlernen werden. Der Unterschied zwischen den beiden Beziehungen (6.39) und (6.41) geht formal wieder auf die erste bzw. zweite Zeitableitung in den entsprechenden Gleichungen zurück.

Man kann (6.39) auch im Hinblick auf den Skineffekt interpretieren. Wird z.B. an einer Leiteroberfläche ein magnetisches Feld für eine gewisse Zeit t_0 erzeugt, so kann es in dieser Zeit etwa bis in eine Tiefe l des Leiters in diesen hinein vordringen, wobei nach (6.39)

$$l \approx \sqrt{\frac{t_0}{\mu\kappa}} \tag{6.43}$$

ist. Handelt es sich um ein Wechselfeld der Frequenz v, so ist

$$t_0 \approx \frac{1}{v} = \frac{2\pi}{\omega},$$

d.h. von reinen Zahlenfaktoren abgesehen, die hier ohnehin offen bleiben müssen, ist

$$\boxed{l \approx \frac{1}{\sqrt{\mu\kappa\omega}}}. \tag{6.44}$$

Diese Formel ist auf sehr einfache Weise gewonnen worden. Der Unterschied zu exakten Ergebnissen, die auf detaillierten Berechnungen unter Berücksichtigung von Rand- und Anfangsbedingungen gewonnen werden, drückt sich jedoch nur in Zahlenfaktoren aus, die für eine erste Abschätzung meist unerheblich sind. Die Abhängigkeit der Eindringtiefe (=Skintiefe) von μ, κ und ω jedoch wird durch die Form unserer Beziehung exakt beschrieben.

Bei der Lösung z.B. der Diffusionsgleichung für das Magnetfeld,

$$\left(\frac{\partial^2}{\partial x^2} + \frac{\partial^2}{\partial y^2} + \frac{\partial^2}{\partial z^2}\right)\mathbf{B}(x,y,z,t) = \mu\kappa\frac{\partial \mathbf{B}(x,y,z,t)}{\partial t}, \tag{6.45}$$

geht man, um das deutlich zu machen und auch um das ständige Mitführen von vielen Koeffizienten zu vermeiden, oft zu neuen, dimensionslosen Variablen über, wie man das auch bei anderen Problemen vielfach mit Vorteil tut. Man führt also z.B. mit irgendeiner mehr oder weniger willkürlichen Länge l ein:

$$\left.\begin{aligned}\xi &= \frac{x}{l}, \\ \eta &= \frac{y}{l}, \\ \zeta &= \frac{z}{l}, \\ \tau &= \frac{t}{t_0} = \frac{t}{\mu\kappa l^2},\end{aligned}\right\} \tag{6.46}$$

und erhält so

$$\left(\frac{\partial^2}{\partial \xi^2} + \frac{\partial^2}{\partial \eta^2} + \frac{\partial^2}{\partial \zeta^2}\right)\mathbf{B} = \frac{\partial \mathbf{B}}{\partial \tau}, \tag{6.47}$$

d.h. eine Gleichung ohne die ursprünglichen Parameter μ und κ. Bei der Lösung der Gleichung kommt es auf diese zunächst also gar nicht an. Wenn man ein Problem dieser Art für bestimmte Werte von κ und μ gelöst hat, so kann man durch Ähnlichkeitstransformationen (d.h. Maßstabsänderungen) entsprechend den Gleichungen (6.46) daraus auch die Lösungen für andere Werte dieser Parameter gewinnen. Man sagt dann, daß sich die Ergebnisse *skalieren* lassen, bzw. daß man *Ähnlichkeitsgesetze* angeben kann. Wegen der Freiheit in der Wahl der Länge l kann man auch das Verhalten von Feldern in einander ähnlichen Leitern verschiedener Ausdehnung durch Ähnlichkeitstransformationen aufeinander zurückführen.

6.3 Die Laplace-Transformation

Die Laplace-Transformation ist ein oft sehr wertvolles Hilfsmittel zur Lösung von Anfangswertproblemen. In der Theorie der Netzwerke führt man mit ihrer Hilfe gewöhnliche Differentialgleichungen, deren unabhängige Variable die Zeit ist, auf algebraische Gleichungen zurück. In der Feldtheorie hat man es mit partiellen Differentialgleichungen z.B. in x, y, z und t zu tun. Die Anwendung der Laplace-Transformation führt dann zu einer partiellen Differentialgleichung in x, y und z, wobei auch die Anfangsbedingung automatisch berücksichtigt wird. Das Problem ist damit auf ein rein räumliches Randwertproblem zurückgeführt, das dann mit den Methoden behandelt werden kann, die bereits Gegenstand ausführlicher Diskussionen (Kap. 3) waren. Im einfachsten Fall ist das räumliche Problem eindimensional, z.B. ein nur von x abhängiges ebenes oder ein nur von r abhängiges zylindrisches Problem. In solchen Fällen bewirkt die Laplace-Transformation bezüglich t, daß aus der ursprünglich partiellen Differentialgleichung in x und t bzw. in r und t eine gewöhnliche Differentialgleichung in x bzw. r wird. Zu diesem Zweck sollen hier einige wichtige Beziehungen über die Laplace-Transformation zusammengestellt werden, wobei keinerlei Begründungen oder Ableitungen gegeben werden sollen. Erst recht wird keine Vollständigkeit angestrebt. Vielmehr wird nur angegeben, was im folgenden unmittelbar benötigt wird.

Die zu einer Funktion $f(t)$ gehörige (einseitige) Laplace-transformierte Funktion $\tilde{f}(p)$ ist durch das Integral

$$\boxed{\tilde{f}(p) = \int_0^\infty f(t) \exp(-pt)\,dt} \tag{6.48}$$

definiert. $\mathscr{L}$ soll als Symbol für die Anwendung der Laplace-Transformation auf eine Zeitfunktion dienen. $\mathscr{L}^{-1}$ soll die Rücktransformation kennzeichnen. Wir

Tabelle 6.1

$f(t) = \mathscr{L}^{-1}\{\tilde{f}(p)\}$	$\tilde{f}(p) = \mathscr{L}\{f(t)\}$	Konvergenzgebiet
t^α	$\dfrac{\alpha!}{p^{\alpha+1}}$	$\operatorname{Re} p > 0$
$\delta(t)$	1	
$\sin(\omega t)$	$\dfrac{\omega}{p^2 + \omega^2}$	$\operatorname{Re} p > |\operatorname{Im} \omega|$
$\cos(\omega t)$	$\dfrac{p}{p^2 + \omega^2}$	$\operatorname{Re} p > |\operatorname{Im} \omega|$
$\exp(\alpha t)$	$\dfrac{1}{p - \alpha}$	$\operatorname{Re} p > \operatorname{Re} \alpha$
$\dfrac{1}{\sqrt{4\pi t}} \exp\left(-\dfrac{x^2}{4t}\right)$	$\dfrac{1}{2\sqrt{p}} \exp(-|x|\sqrt{p})$	$\operatorname{Re} p > 0$
$\dfrac{x}{\sqrt{4\pi t^3}} \exp\left(-\dfrac{x^2}{4t}\right)$	$\exp(-|x|\sqrt{p})$	$\operatorname{Re} p \geq 0$
$f(t) = \begin{cases} 0 & \text{für } t < t' \\ g(t - t') & \text{für } t > t' \end{cases}$	$\tilde{g}(p) \exp(-pt')$	$\operatorname{Re} p \geq 0$

(Verschiebungssatz)

werden also oft

$$\mathscr{L}\{f(t)\} = \tilde{f}(p) \tag{6.49}$$

bzw.

$$\mathscr{L}^{-1}\{\tilde{f}(p)\} = f(t) \tag{6.50}$$

schreiben. p ist eine komplexe Zahl. Voraussetzung bei alledem ist natürlich, daß das in (6.48) rechts stehende Integral existiert, womit wir uns jedoch hier nicht weiter auseinandersetzen wollen.

Einige zusammengehörige Paare von Funktionen $f(t)$ und $\tilde{f}(p)$, sind in Tabelle 6.1 angegeben. Zum Teil lassen sie sich durch unmittelbare Anwendung von (6.48) sofort gewinnen, zum Teil werden sie im Zusammenhang mit den Problemen der folgenden Abschnitte zu diskutieren sein. Man kann sie zum Großteil auch Tafeln entnehmen, die es zur Laplace-Transformation gibt. Eine besonders ausführliche Tafel sowohl für die Laplace-Transformation selbst wie auch für die inverse Laplace-Transformation findet man in [5], Band I.

Im Zusammenhang mit Anfangswertproblemen ist besonders wichtig, daß für die $n-te$ Zeitableitung einer Funktion $f(t)$ gilt:

$$\mathscr{L}\left\{\frac{d^n f(t)}{dt^n}\right\} = p^n \tilde{f}(p) - p^{(n-1)} f(0) - p^{(n-2)} f'(0)$$
$$- p^{(n-3)} f''(0) - \cdots - p f^{(n-2)}(0) - f^{(n-1)}(0). \tag{6.51}$$

Dabei ist $f'(0)$ die erste, $f''(0)$ die zweite, $f^{(k)}(0)$ die $k-te$ Zeitableitung von $f(t)$ für $t=0$. Der Beweis dieser wichtigen Beziehung kann, ausgehend von der Definition (6.48), durch mehrfache partielle Integration geführt werden. Dies gilt auch für die folgende Beziehung zur Transformation von mehrfachen Zeitintegralen:

$$\mathscr{L}\left\{\int_0^t dt_n \int_0^{t_n} dt_{n-1} \int_0^{t_{n-1}} dt_{n-2} \cdots \int_0^{t_3} dt_2 \int_0^{t_2} dt_1 f(t_1)\right\} = \frac{\tilde{f}(p)}{p^n}. \quad (6.52)$$

Von den die Anfangswerte $f(0)$, $f'(0)$ etc. enthaltenden Gliedern abgesehen, bewirkt also jede Differentiation einen Faktor p, jede Integration einen Faktor $1/p$. Das bringt die Tatsache, daß Differentiation und Integration zueinander inverse Prozesse sind, sehr sinnfällig zum Ausdruck. Auch zeigt sich an dieser Stelle, daß bzw. warum man mit Hilfe der Laplace-Transformation Differentialgleichungen und auch Integralgleichungen unter gewissen Voraussetzungen auf algebraische Gleichungen zurückführen kann.

Im folgenden wird sich das sog. *Faltungstheorem* als nützlich erweisen. Wir betrachten zwei Zeitfunktionen $f_1(t)$ und $f_2(t)$ und deren Laplace-Transformierte $\tilde{f}_1(p)$ und $\tilde{f}_2(p)$. Ist nun

$$F(t) = \int_0^t f_1(t_0) f_2(t-t_0) dt_0$$

$$= \int_0^t f_2(t_0) f_1(t-t_0) dt_0 \quad (6.53)$$

das sog. *Faltungsintegral* der beiden Funktionen $f_1(t)$ und $f_2(t)$, so gilt

$$\mathscr{L}\{F(t)\} = \tilde{F}(p) = \tilde{f}_1(p) \cdot \tilde{f}_2(p). \quad (6.54)$$

Bei der Lösung irgendwelcher Probleme mit Hilfe der Laplace-Transformation erhält man das Ergebnis zunächst im p-Bereich. Dieses muß dann wieder in den Zeitbereich zurücktransformiert werden, d.h. man muß die Laplace-Transformation wieder umkehren, "invertieren". In einfachen Fällen läßt sich das mit Hilfe von Tafeln bewerkstelligen. Im allgemeinen muß man die Umkehrung jedoch selbst vornehmen. Als Umkehrformel ergibt sich dabei ein Integral in der komplexen p-Ebene, wie man mit Hilfe der von den Fourier-Transformationen her bekannten Formeln beweisen kann:

$$\boxed{f(t) = \frac{1}{2\pi i} \int_{\sigma - i\infty}^{\sigma + i\infty} \tilde{f}(p) \exp(pt) dp} . \quad (6.55)$$

Das ist der sog. *Fourier-Mellinsche Satz*. Bild 6.15 zeigt die komplexe p-Ebene mit dem Integrationsweg von $\sigma - i\infty$ bis $\sigma + i\infty$, der also im Abstand σ parallel zur imaginären Achse verläuft. Er ist so zu wählen, daß er rechts von allen Singularitäten der zu invertierenden Funktion $\tilde{f}(p)$ liegt. σ ist also nicht ganz frei wählbar. Zur Berechnung des Umkehrintegrals (6.55) nimmt man oft die Funktionentheorie zu Hilfe. Wenn der Integrand im Unendlichen verschwindet, kann man das Integral (6.55) nämlich durch ein Integral längs eines geschlossenen

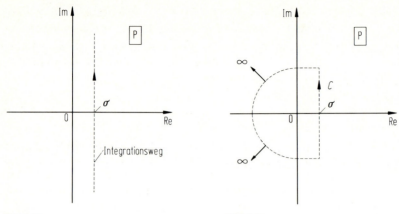

Bild 6.15   **Bild 6.16**

Weges nach Bild 6.16 ersetzen, wobei sich dieser Weg im Unendlichen schließen soll. Dann bringt der zusätzliche Weg keinen Beitrag, und es gilt:

$$f(t) = \frac{1}{2\pi i} \oint_C \tilde{f}(p) \exp(pt) \, dp. \tag{6.56}$$

Ein solches Integral nun läßt sich nach den Sätzen der Funktionentheorie berechnen, wenn man alle Singularitäten des Integranden im Inneren des von der geschlossenen Kurve (hier also der Kurve C aus Bild 6.16) umfahrenen Gebietes und die Residuen des Integranden an diesen Singularitäten kennt. Dazu müssen hier einige Begriffe aus der Funktionentheorie kurz erläutert werden. In einem ringförmigen Gebiet um die Stelle z_0 der komplexen z-Ebene kann eine dort analytische Funktion in eine sog. *Laurent-Reihe* entwickelt werden:

$$f(z) = \sum_{n=-\infty}^{+\infty} a_n (z - z_0)^n. \tag{6.57}$$

Wenn negative Potenzen ($n < 0$) auftreten, wird $f(z)$ an der Stelle z_0 unendlich, d.h. $f(z)$ hat an der Stelle z_0 eine Singularität. Treten unendlich viele Terme dieser Art auf, so nennt man die Singularität eine *wesentliche Singularität*. Endet die Entwicklung zu negativen Potenzen hin mit dem Term $a_{-m}(z - z_0)^{-m}$ (d.h. ist $a_{-m} \neq 0$, $a_{-m-\nu} = 0$ für $\nu \geq 1$), so wird die Singularität als *Pol der Ordnung m* bezeichnet. Der Koeffizient a_{-1} der Laurent-Reihe spielt nun eine ganz besondere Rolle. Er wird das *Residuum* der Funktion $f(z)$ an der Stelle z_0 genannt. Die besondere Bedeutung des Residuums a_{-1} (also des "Übrigbleibenden", wie der Name andeuten soll) ergibt sich daraus, daß

$$\oint f(z) \, dz = 2\pi i a_{-1} \tag{6.58}$$

ist, wenn man das Integral über eine geschlossene Kurve erstreckt, deren Inneres nur die eine Singularität bei z_0 enthält (mit dem Residuum a_{-1}), die sonst jedoch völlig beliebig gewählt sein darf. Umfaßt ein geschlossener Weg mehrere Singularitäten (z_k), so hat man die Beiträge aller Singularitäten zu addieren, d.h. dann gilt

$$\oint f(z)\,dz = 2\pi i \sum_k a^{(k)}_{-1}. \tag{6.59}$$

Damit läßt sich die Umkehrung der Laplace-Transformation auf die Berechnung der Residuen an allen etwa vorhandenen Polen und wesentlichen Singularitäten zurückführen. Nach (6.56) und (6.59) ist

$$\boxed{f(t) = \sum \text{aller Residuen von } [\tilde{f}(p)\exp(pt)]}. \tag{6.60}$$

Man muß also alle Singularitäten kennen und dazu die Residuen berechnen. Aus der Laurent-Reihe (6.57) sieht man, daß das Residuum von $f(z)$ an einem Pol der Ordnung 1

$$a_{-1} = \lim_{z \to z_0} f(z)(z - z_0) \tag{6.61}$$

ist. Für einen Pol der Ordnung m ergibt sich ebenfalls aus der Laurent-Reihe

$$a_{-1} = \frac{1}{(m-1)!} \lim_{z \to z_0} \frac{d^{m-1}}{dz^{m-1}} [f(z)(z-z_0)^m]. \tag{6.62}$$

Im Fall einer wesentlichen Singularität, d.h. wenn m gegen unendlich geht, hilft die Beziehung (6.62) nicht weiter. Man muß dann auf die Laurent-Reihe selbst zurückgehen. Die zur Berechnung von Residuen nach (6.61) oder (6.62) nötigen Grenzwertbildungen können oft vorteilhaft mit Hilfe der de l'Hospitalschen Regel erfolgen. Danach ist

$$\lim_{x \to a} \frac{f(x)}{g(x)} = \frac{f'(a)}{g'(a)}, \tag{6.63}$$

wenn $f(a) = g(a) = 0$, jedoch $g'(a) \neq 0$ oder $f'(a) \neq 0$ ist. Ist auch $f'(a) = g'(a) = 0$, so kann man die Prozedur wiederholen:

$$\lim_{x \to a} \frac{f(x)}{g(x)} = \lim_{x \to 0} \frac{f'(x)}{g'(x)} = \frac{f''(a)}{g''(a)} \tag{6.64}$$

usw.

6.4 Felddiffusion im beiderseits unendlichen Raum

Wir wollen das Verhalten eines Magnetfeldes $B_z(x,t)$ in einem homogenen leitfähigen Medium (κ, μ) untersuchen. Es erfüllt die Diffusionsgleichung

$$\frac{\partial^2 B_z(x,t)}{\partial x^2} = \mu\kappa \frac{\partial B_z(x,t)}{\partial t}. \tag{6.65}$$

Mit der dimensionslosen Zeit

$$\tau = \frac{t}{t_0} = \frac{t}{\mu\kappa l^2} \tag{6.66}$$

und der dimensionslosen Ortskoordinate

$$\xi = \frac{x}{l}, \tag{6.67}$$

wo l irgendeine willkürlich wählbare Länge ist, gilt

$$\frac{\partial^2 B_z(\xi,\tau)}{\partial \xi^2} = \frac{\partial B_z(\xi,\tau)}{\partial \tau}. \tag{6.68}$$

Eine Lösung dieser Gleichung ist z.B.

$$B_z(\xi,\tau) = B_0 \frac{\exp\left[-\frac{(\xi-\xi')^2}{4\tau}\right]}{\sqrt{4\pi\tau}}, \tag{6.69}$$

was sich durch Einsetzen leicht nachprüfen läßt. Diese Lösung ist physikalisch sinnvoll, weil sie sowohl für $\xi \to +\infty$ als auch für $\xi \to -\infty$ endlich bleibt (nämlich verschwindet). Es handelt sich um eine Gauß-Kurve, deren Breite von der Zeit abhängt, genauer gesagt mit zunehmender Zeit immer größer wird. Für kleine Zeiten ist sie sehr schmal und dafür sehr hoch. Ihr Integral von $\xi = -\infty$ bis $\xi = +\infty$ ist zu jeder Zeit B_0:

$$B_0 \int_{-\infty}^{+\infty} \frac{1}{\sqrt{4\pi\tau}} \exp\left[-\frac{(\xi-\xi')^2}{4\tau}\right] d\xi = B_0. \tag{6.70}$$

Von dem Faktor B_0 abgesehen, handelt es sich für $\tau \to 0$ um eine δ-Funktion, die man ja als Grenzwert einer Gauß-Kurve definieren kann (s. Abschn. 3.4.5):

$$\lim_{\tau \to 0} \frac{\exp\left[-\frac{(\xi-\xi')^2}{4\tau}\right]}{\sqrt{4\pi\tau}} = \delta(\xi-\xi'). \tag{6.71}$$

Demnach ist

$$B_z(\xi,0) = B_0 \delta(\xi-\xi'). \tag{6.72}$$

Wir können also sagen, daß $B_z(\xi,\tau)$ entsprechend (6.69) die Lösung des Felddiffusionsproblems im unendlichen Raum mit der Anfangsbedingung (6.72) darstellt. Das anfänglich lokalisierte Feld fließt zeitlich mehr und mehr auseinander (Bild 6.17). Dieses Verhalten ist auch aus der formal völlig analogen Theorie der Wärmeleitung gut bekannt. Die hier gegebene spezielle Lösung gibt uns—und darin liegt ihre Bedeutung—die Lösung eines viel allgemeineren Problems in die Hand. Ist das Anfangsfeld in beliebiger Weise vorgegeben,

$$B_z(\xi,0) = h(\xi), \tag{6.73}$$

so können wir uns dieses als Überlagerung vieler δ-Funktionen vorstellen. Es gilt ja

$$B_z(\xi,0) = h(\xi) = \int_{-\infty}^{\infty} h(\xi_0) \delta(\xi-\xi_0) d\xi_0, \tag{6.74}$$

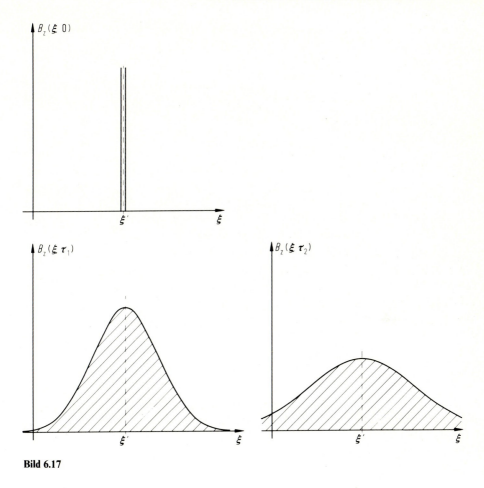

Bild 6.17

d.h. das Anfangsfeld setzt sich aus Anteilen

$$dB_z(\xi, 0) = \delta(\xi - \xi_0) h(\xi_0) \, d\xi_0 \tag{6.75}$$

zusammen. Der Beitrag dieses Anteils zu späterer Zeit ist

$$dB_z(\xi, \tau) = h(\xi_0) \frac{\exp\left[-\dfrac{(\xi - \xi_0)^2}{4\tau}\right]}{\sqrt{4\pi\tau}} \, d\xi_0. \tag{6.76}$$

Das gesamte Feld erhält man durch Überlagerung aller Beiträge, d.h. als Integral

$$\boxed{B_z(\xi, \tau) = \int_{-\infty}^{\infty} h(\xi_0) \frac{\exp\left[-\dfrac{(\xi - \xi_0)^2}{4\tau}\right]}{\sqrt{4\pi\tau}} \, d\xi_0} \;, \tag{6.77}$$

bzw., wieder in den dimensionsbehafteten Größen x und t ausgedrückt,

$$B_z(x,t) = \int_{-\infty}^{\infty} h(x_0) \frac{\exp\left[-\dfrac{(x-x_0)^2\mu\kappa}{4t}\right]}{\sqrt{4\pi t}} \sqrt{\mu\kappa}\, dx_0 \ . \tag{6.78}$$

Die Gleichung (6.77)—(6.78)—ist von ganz besonderem Interesse, weil sie das Problem in voller Allgemeinheit für jede beliebige Anfangsbedingung löst. $B_z(\xi,\tau)$ wird sozusagen durch eine Integraltransformation aus $B_z(\xi,0)$ gewonnen, wobei die zur δ-Funktion als Anfangsbedingung gehörige Lösung (6.69) als Integralkern auftritt. Sie spielt die Rolle der *Greenschen Funktion* unseres Problems.

Die Gleichung (6.74) kann als Entwicklung der Funktion $h(\xi)$ nach dem vollständigen orthogonalen und normierten Funktionensystem $\delta(\xi - \xi_0)$ aufgefaßt werden. Die Orthogonalitätsbeziehung ist

$$\int_{-\infty}^{+\infty} \delta(\xi - \xi_0)\delta(\xi - \xi'_0)\, d\xi = \delta(\xi_0 - \xi'_0).$$

Mit dem Ansatz

$$h(\xi) = \int_{-\infty}^{+\infty} g(\xi_0)\delta(\xi - \xi_0)\, d\xi_0$$

liefert sie

$$g(\xi_0) = h(\xi_0),$$

d.h. als Koeffizientenfunktion ergibt sich die zu entwickelnde Funktion selbst, was nichts anderes als eine ungewohnte, jedoch nützliche Interpretation der Ausblendeigenschaft der δ-Funktion ist. Weil bzw. wenn das Problem für die Basisfunktionen gelöst ist, so ist damit das Problem für beliebige danach entwickelbare Funktionen gelöst. Deshalb kann man mit Hilfe der δ-Funktion die Greensche Funktion des Problems gewinnen, wie dies auch für andere Probleme (z.B. in der Elektrostatik) geschah.

Wir hätten auch auf andere, systematischere Weise vorgehen können. Die spezielle Lösung (6.69) haben wir einfach angegeben, und das ist eigentlich nicht sehr befriedigend. Wir wollen nun beschreiben, wie wir sie, von den Rand- und Anfangsbedingungen ausgehend, herleiten können. Dazu betrachten wir statt $B_z(\xi,\tau)$ das Laplace-transformierte Feld $\tilde{B}_z(\xi,p)$. Dafür gilt nach (6.51) statt (6.68) die Gleichung

$$\frac{\partial^2 \tilde{B}_z(\xi,p)}{\partial \xi^2} = p\tilde{B}_z(\xi,p) - h(\xi), \tag{6.79}$$

d.h. aus der partiellen Differentialgleichung in ξ und τ ist eine gewöhnliche Differentialgleichung in ξ geworden, in der die Anfangsbedingung bereits enthalten ist. Wir suchen nun die Lösung dieser Gleichung, die sowohl für $\xi \to \infty$ als auch für $\xi \to -\infty$ endlich bleibt. Das sind die (oft stillschweigend angenommenen)

6.4 Felddiffusion im beiderseits unendlichen Raum

Randbedingungen, die nötig sind, damit die Lösung eindeutig wird. Die allgemeine Lösung von (6.79) ergibt sich, wenn man zur allgemeinen Lösung der entsprechenden homogenen Gleichung eine spezielle Lösung der inhomogenen Gleichung addiert. Die spezielle Lösung der inhomogenen Gleichung gewinnt man aus der allgemeinen Lösung der homogenen Gleichung mit Hilfe der Methode der Variation der Konstanten. Unter Übergehung der Einzelheiten sei die allgemeine Lösung von (6.79) angegeben:

$$\tilde{B}_z(\xi,p) = A_1 \exp[-\sqrt{p}\xi] + A_2 \exp[+\sqrt{p}\xi] - \int_{-\infty}^{\xi} h(\xi_0) \frac{\sinh[\sqrt{p}(\xi-\xi_0)]}{\sqrt{p}} d\xi_0. \tag{6.80}$$

Das Integral ist eine spezielle Lösung der inhomogenen Gleichung (6.79). Dabei kann die untere Grenze durch eine beliebige andere Konstante ersetzt werden. Das neue Integral ist wiederum eine Lösung der inhomogenen Gleichung. Die Differenz der beiden Integrale ist natürlich eine Lösung der homogenen Gleichung, d.h. sie kann mit den beiden Exponentialfunktionen durch eine geeignete Überlagerung dargestellt werden. Anders gesagt, die Lösung (6.80) bleibt unverändert, wenn man die untere Grenze des Integrals und gleichzeitig die Entwicklungskoeffizienten A_1 und A_2 geeignet ändert.

Ist insbesondere

$$h(\xi) = B_0 \delta(\xi - \xi'), \tag{6.81}$$

so folgt mit $C_{1/2} = A_{1/2}/B_0$:

$$\frac{\tilde{B}_z(\xi,p)}{B_0} = \begin{cases} C_1 \exp[-\sqrt{p}\xi] + C_2 \exp[+\sqrt{p}\xi] & \text{für } \xi < \xi' \\ C_1 \exp[-\sqrt{p}\xi] + C_2 \exp[+\sqrt{p}\xi] - \frac{\sinh[\sqrt{p}(\xi-\xi')]}{\sqrt{p}} & \text{für } \xi > \xi'. \end{cases} \tag{6.82}$$

Damit $\tilde{B}_z$ für $\xi \to -\infty$ nicht divergiert, muß

$$C_1 = 0 \tag{6.83}$$

sein. Für sehr große Werte von ξ ist

$$\frac{\tilde{B}_z(\xi,p)}{B_0} \approx C_2 \exp[\sqrt{p}\xi] - \frac{1}{2\sqrt{p}} \exp[\sqrt{p}(\xi-\xi')]. \tag{6.84}$$

Damit dies für $\xi \to +\infty$ endlich bleibt, muß

$$C_2 = \frac{1}{2\sqrt{p}} \exp[-\sqrt{p}\xi'] \tag{6.85}$$

sein. Aus (6.82), (6.83), (6.85) schließlich ergibt sich

$$\frac{\tilde{B}_z(\xi,p)}{B_0} = \frac{1}{2\sqrt{p}} \exp[-\sqrt{p}|\xi-\xi'|]. \tag{6.86}$$

Durch Benutzung des Betrages von $\xi - \xi'$, $|\xi - \xi'|$, kann man nämlich die durch die Fallunterscheidung in (6.82) zunächst entstehenden beiden Formeln in eine zusammenfassen. Dabei ist

$$|\xi - \xi'| = \begin{cases} \xi - \xi' & \text{für } \xi > \xi' \\ \xi' - \xi & \text{für } \xi < \xi'. \end{cases} \tag{6.87}$$

Aus Symmetriegründen ist auch ein Ergebnis wie (6.86) zu erwarten, da sich das Feld rechts und links von der Stelle $\xi = \xi'$ in gleicher Weise verhalten muß. Das Ergebnis darf tatsächlich nur von $|\xi - \xi'|$ abhängen. Kehren wir in den Zeitbereich zurück, so ergibt sich aus (6.86)

$$B_z(\xi, \tau) = B_0 \frac{\exp\left[-\frac{(\xi - \xi')^2}{4\tau}\right]}{\sqrt{4\pi\tau}}, \tag{6.88}$$

da nämlich

$$\mathscr{L}^{-1}\left\{\frac{1}{2\sqrt{p}}\exp(-\sqrt{p}|\xi - \xi'|)\right\} = \frac{\exp\left[-\frac{(\xi - \xi')^2}{4\tau}\right]}{\sqrt{4\pi\tau}} \tag{6.89}$$

ist. Das Ergebnis (6.88) ist mit unserem früheren Ergebnis (6.69) identisch, das damit noch einmal und nun auf systematische Weise hergeleitet ist. Die allgemeine Lösung (6.77) folgt aus (6.88) wie vorher.

6.5 Felddiffusion im Halbraum

6.5.1 Allgemeine Lösung

Wir betrachten nun das Problem der Felddiffusion im Halbraum $\xi > 0$ (Bild 6.18). Es handelt sich wiederum um die Lösung der Gleichung

$$\frac{\partial^2 B_z(\xi, \tau)}{\partial \xi^2} = \frac{\partial B_z(\xi, \tau)}{\partial \tau}, \tag{6.90}$$

nun mit den Randbedingungen

$$[B_z(\xi, \tau)]_{\xi = 0_+} = B_z(0, \tau) = f(\tau) \tag{6.91}$$

$$[B_z(\xi, \tau)]_{\xi \to \infty} = B_z(\infty, \tau) = \text{endlich} \tag{6.92}$$

und der Anfangsbedingung

$$[B_z(\xi, \tau)]_{\tau = 0} = B_z(\xi, 0) = h(\xi). \tag{6.93}$$

Für $\tilde{B}_z(\xi, p)$ gilt nach wie vor (6.79),

$$\frac{\partial^2 \tilde{B}_z(\xi, p)}{\partial \xi^2} = p\tilde{B}_z(\xi, p) - h(\xi), \tag{6.94}$$

6.5 Felddiffusion im Halbraum

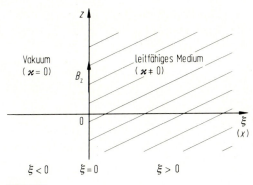

Bild 6.18

deren allgemeine Lösung ähnlich (6.80) auch in der Form

$$\tilde{B}_z(\xi,p) = A_1 \exp[-\sqrt{p}\,\xi] + A_2 \exp[+\sqrt{p}\,\xi] - \int_0^\xi h(\xi_0) \frac{\sinh[\sqrt{p}(\xi-\xi_0)]}{\sqrt{p}} d\xi_0 \qquad (6.95)$$

geschrieben werden kann. Dabei wurde lediglich als untere Grenze des Integrals hier $\xi_0 = 0$ gewählt statt $\xi_0 = -\infty$ in (6.80), da wir es hier nur mit dem Halbraum zu tun haben. Wählen wir wiederum

$$h(\xi) = B_0 \delta(\xi - \xi'), \qquad (6.96)$$

so wird in Analogie zu (6.82)

$$\frac{\tilde{B}_z(\xi,p)}{B_0} = \begin{cases} C_1 \exp[-\sqrt{p}\,\xi] + C_2 \exp[+\sqrt{p}\,\xi] & \text{für } 0 \leqslant \xi < \xi' \\ C_1 \exp[-\sqrt{p}\,\xi] + C_2 \exp[\sqrt{p}\,\xi] - \dfrac{\sinh[\sqrt{p}(\xi-\xi')]}{\sqrt{p}} & \text{für } 0 \leqslant \xi' < \xi. \end{cases} \qquad (6.97)$$

Daraus und aus den beiden Randbedingungen (6.91), (6.92) folgt jetzt

$$B_0(C_1 + C_2) = \tilde{f}(p) \qquad (6.98)$$

bzw.

$$C_2 = \frac{1}{2\sqrt{p}} \exp[-\sqrt{p}\,\xi'], \qquad (6.99)$$

ganz in Übereinstimmung mit (6.85). Eliminiert man C_2 aus (6.98), so ergibt sich

$$C_1 = \frac{\tilde{f}(p)}{B_0} - \frac{1}{2\sqrt{p}} \exp[-\sqrt{p}\,\xi']. \qquad (6.100)$$

Aus (6.97), (6.99), (6.100) schließlich folgt

$$\tilde{B}_z(\xi, p) = \tilde{f}(p) \exp[-\sqrt{p}\,\xi] + \frac{B_0}{2\sqrt{p}} \{-\exp[-\sqrt{p}(\xi + \xi')]$$

$$+ \exp[-\sqrt{p}|\xi - \xi'|]\}. \qquad (6.101)$$

Damit ist das Problem gelöst, wenn auch zunächst nur im p-Bereich. Das Ergebnis ist nun zu interpretieren. Dabei wollen wir die beiden Terme von $\tilde{B}_z(\xi, p)$ getrennt behandeln, da sie völlig verschiedene Ursachen haben. Wäre nämlich $B_0 = 0$, d.h. wäre kein Anfangsfeld vorhanden ($h(\xi) = 0$), so wäre

$$\tilde{B}_z(\xi, p) = \tilde{f}(p) \exp[-\sqrt{p}\,\xi]. \qquad (6.102)$$

Diese Gleichung beschreibt den Anteil des Feldes, der aufgrund der Randbedingung bei $\xi = 0$ von der Oberfläche her in den Halbraum hineindiffundiert. Er soll in Abschn. 6.5.2 erläutert werden. Wäre umgekehrt $\tilde{f}(p) = 0$, jedoch $B_0 \neq 0$, so wäre

$$\tilde{B}(\xi, p) = \frac{B_0}{2\sqrt{p}} \{-\exp[-\sqrt{p}(\xi + \xi')] + \exp[-\sqrt{p}|\xi - \xi'|]\}. \qquad (6.103)$$

Damit ist der Anteil des Feldes gegeben, der auf der Anfangsbedingung beruht und an der Oberfläche $\xi = 0$ die Randbedingung $\tilde{B}_z(0, p) = 0$ erfüllt. Er wird in Abschn. 6.5.3 diskutiert.

6.5.2 Die Diffusion des Feldes von der Oberfläche ins Innere des Halbraumes (Einfluß der Randbedingung)

Wenn wir den von der Anfangsbedingung herrührenden Feldanteil abtrennen, so bleibt

$$\tilde{B}_z(\xi, p) = \tilde{f}(p) \exp[-\sqrt{p}\,\xi] \qquad (6.104)$$

übrig. Betrachten wir zunächst den Spezialfall einer δ-Funktion,

$$f(\tau) = B_1 \delta(\tau - \tau'), \qquad (6.105)$$

so ist

$$\tilde{f}(p) = B_1 \int_0^\infty \delta(\tau - \tau') \exp(-p\tau)\,d\tau = B_1 \exp(-p\tau') \qquad (6.106)$$

und

$$\tilde{B}_z(\xi, p) = B_1 \exp[-p\tau' - \sqrt{p}\,\xi]. \qquad (6.107)$$

Dies kann man in den Zeitbereich zurücktransformieren (s. Tabelle 6.1):

$$B_z(\xi, \tau) = \begin{cases} 0 & \text{für } \tau < \tau' \\ \dfrac{B_1 \xi \exp\left[-\dfrac{\xi^2}{4(\tau - \tau')}\right]}{2\sqrt{\pi}\sqrt{(\tau - \tau')^3}} & \text{für } \tau > \tau' \geq 0. \end{cases} \qquad (6.108)$$

Das ist die Lösung für ein an der Oberfläche zur Zeit τ' sehr kurzzeitig wirkendes, sehr großes Feld. Man kann nun eine allgemeine Randbedingung $f(\tau)$ betrachten und sich diese als Überlagerung vieler δ-Funktionen vorstellen:

$$f(\tau) = \int_0^\infty f(\tau_0)\delta(\tau - \tau_0)\,\mathrm{d}\tau_0. \tag{6.109}$$

Jede entwickelt sich entsprechend dem Ergebnis (6.108), so daß man insgesamt

$$\boxed{B_z(\xi,\tau) = \int_0^\tau f(\tau_0) \frac{\xi \exp\left[-\dfrac{\xi^2}{4(\tau-\tau_0)}\right]}{2\sqrt{\pi}\sqrt{(\tau-\tau_0)^3}}\,\mathrm{d}\tau_0} \tag{6.110}$$

bzw.

$$\boxed{B_z(x,t) = \int_0^t f(t_0) \frac{x\sqrt{\mu\kappa} \exp\left[-\dfrac{x^2\mu\kappa}{4(t-t_0)}\right]}{2\sqrt{\pi}\sqrt{(t-t_0)^3}}\,\mathrm{d}t_0} \tag{6.111}$$

erhält. Damit ist das Problem einer völlig allgemeinen Randbedingung auf eine Integraltransformation zurückgeführt, die das Feld an der Oberfläche auf das Feld im Inneren abbildet, und zwar mit der durch (6.108) gegebenen Greenschen Funktion.

Wir haben zunächst eine δ-Funktion als Randbedingung gewählt und das Resultat (6.110) durch Überlagerung vieler δ-Funktionen bekommen. Man kann auch formaler vorgehen und (6.110) direkt aus (6.104) mit Hilfe des Faltungstheorems (6.53), (6.54) herleiten, da nämlich (s. Tabelle 6.1)

$$\mathscr{L}^{-1}\{\exp[-\sqrt{p}\,\xi]\} = \frac{\xi \exp\left[-\dfrac{\xi^2}{4\tau}\right]}{2\sqrt{\pi}\sqrt{\tau^3}} \tag{6.112}$$

ist. Das Faltungstheorem besorgt also gerade die von uns zunächst anschaulich vorgenommene Überlagerung der einzelnen δ-Impulse, aus denen wir uns die Funktion $f(\tau)$ zusammengesetzt denken können. Gleichung (6.110) gibt den raumzeitlichen Verlauf des Feldes im Halbraum für beliebig vorgegebenes Feld an der Oberfläche, wenn der Halbraum zu Beginn des Vorgangs feldfrei ist. Als einfaches Beispiel sei der Fall eines zur Zeit $\tau = 0$ sprunghaft ansteigenden, dann konstant bleibenden Feldes betrachtet:

$$f(\tau) = \begin{cases} 0 & \text{für } \tau < 0 \\ B_0 & \text{für } \tau \geq 0. \end{cases} \tag{6.113}$$

Dafür ist

$$B_z(\xi,\tau) = B_0 \int_0^\tau \frac{\xi \exp\left[-\dfrac{\xi^2}{4(\tau-\tau_0)}\right]}{2\sqrt{\pi}\sqrt{(\tau-\tau_0)^3}} d\tau_0. \tag{6.114}$$

Mit der neuen Variablen

$$u = \frac{\xi}{2\sqrt{\tau-\tau_0}} \tag{6.115}$$

ist

$$\frac{du}{d\tau_0} = \frac{\xi}{4\sqrt{(\tau-\tau_0)^3}} \tag{6.116}$$

und

$$\begin{aligned}
B_z(\xi,\tau) &= B_0 \frac{2}{\sqrt{\pi}} \int_{\xi/2\sqrt{\tau}}^\infty \exp(-u^2)\,du \\
&= B_0 \frac{2}{\sqrt{\pi}} \left[\int_0^\infty \exp(-u^2)\,du - \int_0^{\xi/2\sqrt{\tau}} \exp(-u^2)\,du \right] \\
&= B_0 \left[1 - \frac{2}{\sqrt{\pi}} \int_0^{\xi/2\sqrt{\tau}} \exp(-u^2)\,du \right] \\
&= B_0 \left[1 - \operatorname{erf}\left(\frac{\xi}{2\sqrt{\tau}}\right) \right] \\
&= B_0 \operatorname{erfc}\left(\frac{\xi}{2\sqrt{\tau}}\right),
\end{aligned}$$

d.h.:

$$B_z(x,t) = B_0 \operatorname{erfc}\left(\frac{x\sqrt{\mu\kappa}}{2\sqrt{t}}\right). \tag{6.117}$$

Hier haben wir die sogenannte Fehlerfunktion (= error function, erf) und die komplementäre Fehlerfunktion (= error function complement, erfc) eingeführt (Bild 6.19):

$$\operatorname{erf}(x) = \frac{2}{\sqrt{\pi}} \int_0^x \exp(-u^2)\,du \tag{6.118}$$

$$\operatorname{erfc}(x) = 1 - \operatorname{erf}(x) = \frac{2}{\sqrt{\pi}} \int_x^\infty \exp(-u^2)\,du. \tag{6.119}$$

Daraus ergibt sich, wie das zur Zeit $t=0$ an der Oberfläche angelegte und später dort konstant gehaltene Magnetfeld in den Halbraum eindringt (Bild 6.20). Es ist bemerkenswert und ein Beispiel für die früher erwähnten Ähnlichkeitsgesetze

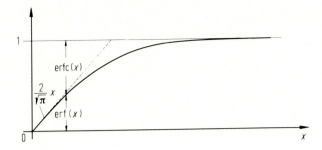

Bild 6.19

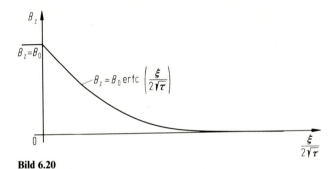

Bild 6.20

(Abschn. 6.2.3), daß das Feld nur von $\xi/2\sqrt{\tau}$ abhängt und nicht von ξ und τ getrennt. Der Feldverlauf bleibt die ganze Zeit in seiner Form erhalten (Bild 6.20), er wird lediglich mit zunehmender Zeit räumlich mehr und mehr gedehnt. Für

$$\frac{\xi}{2\sqrt{\tau}} \approx 0{,}48$$

ist

$$\mathrm{erfc}\left(\frac{\xi}{2\sqrt{\tau}}\right) = \frac{1}{2}.$$

Grob können wir deshalb sagen, das Feld B_z sei zur Zeit τ bis zum Ort

$$\xi \approx 2 \cdot 0{,}48 \sqrt{\tau} \approx \sqrt{\tau} \tag{6.120}$$

vorgedrungen (Halbwertsbreite). Kehren wir zu den natürlichen dimensionsbehafteten Variablen x und t zurück, so ist nach (6.66), (6.67)

$$x \simeq \sqrt{\frac{t}{\mu\kappa}} \tag{6.121}$$

der Ort, bis zu dem das Feld (genauer das halbe Feld) bis zur Zeit t eingedrungen ist, bzw. umgekehrt

$$t \approx \mu\kappa x^2 \tag{6.122}$$

die Zeit, die benötigt wird, um bis zum Ort x vorzudringen. Das entspricht den früher vorgenommenen Abschätzungen (6.39), (6.43). Wir wollen uns an dieser Stelle mit diesem sehr einfachen Beispiel begnügen, in einem späteren Unterabschnitt jedoch das Problem des *Skineffekts* für den Fall eines zeitlich periodischen Feldes bzw. Stromes untersuchen (Abschn. 6.5.4).

6.5.3 Die Diffusion des Anfangsfeldes im Halbraum (Einfluß der Anfangsbedingung)

Nun gilt nach (6.103)

$$\tilde{B}_z(\xi, p) = -\frac{B_0 \exp[-\sqrt{p}(\xi + \xi')]}{2\sqrt{p}} + \frac{B_0 \exp[-\sqrt{p}|\xi - \xi'|]}{2\sqrt{p}}. \quad (6.123)$$

Betrachten wir zunächst das zweite Glied. Es ist uns aus Abschn. 6.4 (6.86) bereits gut bekannt. Die zugehörige Funktion im Zeitbereich ist nach (6.88)

$$B_z(\xi, \tau) = B_0 \frac{\exp\left[-\frac{(\xi - \xi')^2}{4\tau}\right]}{\sqrt{4\pi\tau}}. \quad (6.124)$$

Das erste Glied in (6.123) ist, mindestens was seinen Effekt im Gebiet $\xi > 0$, $\xi' > 0$ betrifft, von genau derselben Art. Es beschreibt im positiven Halbraum ein Feld, das man sich von einem δ-funktionsartigen Anfangsfeld bei $\xi = -\xi'$ ausgehend vorstellen kann:

$$B_z(\xi, \tau) = -B_0 \frac{\exp\left[-\frac{(\xi + \xi')^2}{4\tau}\right]}{\sqrt{4\pi\tau}}. \quad (6.125)$$

Bei $\xi = 0$ kompensieren sich die beiden Felder gegenseitig, wodurch die Randbedingung erfüllt wird. Wir haben hier ein Beispiel für ein "Bildfeld", das man benötigt, um eine Randbedingung zu erfüllen, wenn auch von anderer Art als bisher. Zur Zeit $\tau = 0$ hat man das Feld

$$B_z(\xi, 0) = B_0 \delta(\xi - \xi') \quad (6.126)$$

im positiven Halbraum und das Bildfeld

$$B_z(\xi, 0) = -B_0 \delta(\xi + \xi') \quad (6.127)$$

im negativen Halbraum ($\xi = -\xi'$), das natürlich fiktiver Natur ist.

Beide Felder verbreitern sich mit der Zeit zu Gauß-Kurven zunehmender Breite (Bild 6.21). Zur Zeit τ ergibt sich als Gesamtfeld in der positiven Halbebene

$$B_z(\xi, \tau) = \frac{B_0}{\sqrt{4\pi\tau}} \left\{ \exp\left[-\frac{(\xi - \xi')^2}{4\tau}\right] - \exp\left[-\frac{(\xi + \xi')^2}{4\tau}\right] \right\}. \quad (6.128)$$

In der negativen Halbebene spielt dieses Feld nur die Rolle eines fiktiven Bildfeldes.

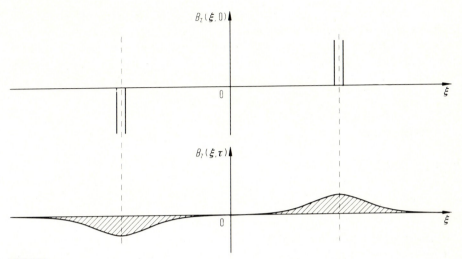

Bild 6.21

Das tatsächliche Feld ist dort $B_z = 0$. Ist ein beliebiges Anfangsfeld, $h(\xi)$, vorhanden, so ergibt sich nach Überlagerung aller Anteile (in Analogie zur Diskussion Abschn. 6.4):

$$B_z(\xi,\tau) = \int_0^\infty \frac{h(\xi_0)}{\sqrt{4\pi\tau}} \left\{ \exp\left[-\frac{(\xi-\xi_0)^2}{4\tau}\right] - \exp\left[-\frac{(\xi+\xi_0)^2}{4\tau}\right] \right\} d\xi_0 ,$$

(6.129)

womit auch dieses Problem allgemein gelöst ist.

Betrachten wir wieder einen einfachen Spezialfall:

$$h(\xi) = B_0.$$
(6.130)

Mit

$$u = \frac{\xi \pm \xi_0}{2\sqrt{\tau}}$$
(6.131)

ist

$$\frac{du}{d\xi_0} = \pm \frac{1}{2\sqrt{\tau}}$$
(6.132)

und

$$B_z(\xi,\tau) = -\frac{B_0}{\sqrt{\pi}} \left\{ \int_{\xi/2\sqrt{\tau}}^{-\infty} \exp(-u)^2 \, du + \int_{\xi/2\sqrt{\tau}}^{+\infty} \exp(-u^2) \, du \right\}$$

$$= \frac{B_0}{\sqrt{\pi}} \left\{ \int_{-\infty}^{\xi/2\sqrt{\tau}} \exp(-u^2) \, du - \int_{\xi/2\sqrt{\tau}}^{\infty} \exp(-u^2) \, du \right\}$$

$$= \frac{2B_0}{\sqrt{\pi}} \int_0^{\xi/2\sqrt{\tau}} \exp(-u^2) \, du = B_0 \operatorname{erf}\left(\frac{\xi}{2\sqrt{\tau}}\right),$$

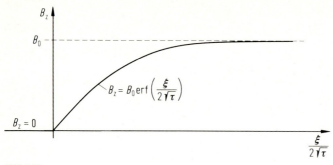

Bild 6.22

d.h.

$$B_z(x,t) = B_0 \operatorname{erf}\left(\frac{x\sqrt{\mu\kappa}}{2\sqrt{t}}\right). \tag{6.133}$$

Das muß auch so sein. Man kann sich leicht überlegen, daß das sich ergebende Feld das im vorhergehenden Abschnitt berechnete Feld (6.117) zu B_0 ergänzen muß. Hat man ein Anfangsfeld B_0 und legt man außerdem an der Oberfläche das Feld B_0 an, so darf im Endeffekt gar nichts passieren. Legt man jedoch an der Oberfläche kein Feld an, so beschreibt Gleichung (6.133) das im Halbraum allmählich ablingende Feld. Der Feldverlauf bleibt dabei stets ähnlich (Bild 6.22).

6.5.4 Periodisches Feld und Skineffekt

Zurückkehrend zu Abschn. 6.5.2 erzeugen wir nun an der Oberfläche des Halbraumes ein zeitlich periodisches Feld. Zur Vereinfachung benutzen wir die komplexe Schreibweise, die sehr nützlich bei der Behandlung periodischer Vorgänge ist. Wir setzen

$$B_z(0,\tau) = f(\tau) = B_0[\cos(\Omega\tau) + i\sin(\Omega\tau)] = B_0 \exp(i\Omega\tau). \tag{6.134}$$

Wenn wir jeweils nur den Realteil betrachten, entspricht das dem an der Oberfläche gegebenen realen Feld $B_0 \cos(\Omega\tau)$. Damit ist

$$\tilde{f}(p) = \frac{B_0}{p - i\Omega} \tag{6.135}$$

und nach (6.104)

$$\tilde{B}_z(\xi,p) = \frac{B_0}{p - i\Omega} \exp[-\sqrt{p}\,\xi]. \tag{6.136}$$

Ω ist die dimensionslose Kreisfrequenz, wobei

$$\Omega\tau = \omega t = \Omega \frac{t}{\mu\kappa l^2},$$

d.h.
$$\Omega = \omega\mu\kappa l^2 \tag{6.137}$$

ist. Der schon genannten Tafel der Laplace-Transformationen kann man die zu (6.136) gehörige Zeitfunktion entnehmen [5]:

$$B_z(\xi,\tau) = \frac{B_0}{2}\exp(\mathrm{i}\Omega\tau)\left\{\exp\left[-(1+\mathrm{i})\sqrt{\frac{\Omega\xi^2}{2}}\right]\mathrm{erfc}\left[\frac{\xi}{2\sqrt{\tau}}-(1+\mathrm{i})\sqrt{\frac{\Omega\tau}{2}}\right]\right.$$
$$\left.+\exp\left[+(1+\mathrm{i})\sqrt{\frac{\Omega\xi^2}{2}}\right]\mathrm{erfc}\left[\frac{\xi}{2\sqrt{\tau}}+(1+\mathrm{i})\sqrt{\frac{\Omega\tau}{2}}\right]\right\}. \tag{6.138}$$

Für sehr große Zeiten ($\tau \to \infty$) wird

$$\mathrm{erfc}\left[\frac{\xi}{2\sqrt{\tau}}-(1+\mathrm{i})\sqrt{\frac{\Omega\tau}{2}}\right] = 2,$$

$$\mathrm{erfc}\left[\frac{\xi}{2\sqrt{\tau}}+(1+\mathrm{i})\sqrt{\frac{\Omega\tau}{2}}\right] = 0,$$

$$B_z(\xi,\tau) = B_0 \exp\left[\mathrm{i}\left(\Omega\tau - \sqrt{\frac{\Omega\xi^2}{2}}\right)\right]\exp\left[-\sqrt{\frac{\Omega\xi^2}{2}}\right]$$

und das reale Feld im Halbraum

$$\boxed{B_z(\xi,\tau) = B_0 \cos\left[\Omega\tau - \sqrt{\frac{\Omega\xi^2}{2}}\right]\exp\left[-\sqrt{\frac{\Omega\xi^2}{2}}\right]}. \tag{6.139}$$

Nach dem Abklingen der von den Anfangsbedingungen herrührenden Effekte (hier des anfangs im Leiter verschwindenden Feldes) bleibt der durch (6.139) gegebene sogenannte *eingeschwungene Zustand* übrig. Er allein würde—zur Zeit $\tau = 0$ betrachtet—die Anfangsbedingung nicht befriedigen. Eine andere Anfangsbedingung würde zusätzliche, jedoch mit der Zeit ebenfalls abklingende Terme verursachen. Als eingeschwungener Zustand würde sich in jedem Fall nur (6.139) ergeben. Mit ihm allein wollen wir uns hier beschäftigen. Er hat die Periodizität des an der Oberfläche wirkenden Anregungsvorganges, wobei jedoch eine vom Ort ξ abhängige Phasenverschiebung auftritt und außerdem eine Abnahme der Amplitude (Dämpfung) ins Innere des Halbraumes hinein. Beides ist auch rein anschaulich zu erwarten.

Interessiert man sich von vornherein nur für den eingeschwungenen Zustand, so kann man diesen relativ leicht berechnen. Macht man in der Gleichung

$$\frac{\partial^2 B_z(\xi,\tau)}{\partial \xi^2} = \frac{\partial B_z(\xi,\tau)}{\partial \tau} \tag{6.140}$$

den Ansatz

$$B_z(\xi,\tau) = B_0 \exp[\mathrm{i}(\Omega\tau - k\xi)], \tag{6.141}$$

so ergibt sich

$$-k^2 = i\Omega$$

bzw.

$$k = \sqrt{\Omega}\sqrt{-i} = \pm\sqrt{\Omega}\frac{1-i}{\sqrt{2}}. \tag{6.142}$$

Man erhält also zwei Lösungen:

$$B_z(\xi,\tau) = B_0 \exp\left[i\left(\Omega\tau \mp \sqrt{\frac{\Omega}{2}}\xi^2\right) \mp \sqrt{\frac{\Omega}{2}}\xi^2\right]. \tag{6.143}$$

Nur das obere Vorzeichen führt zu einer physikalisch sinnvollen Lösung. Das untere Vorzeichen würde zu einem Feld führen, das für $\xi \to \infty$ unendlich wird. Diese Lösung ist zwar formal richtig, aus physikalischen Gründen jedoch auszuschließen. Wir haben also

$$B_z(\xi,\tau) = B_0 \exp\left[i\left(\Omega\tau - \sqrt{\frac{\Omega}{2}}\xi^2\right) - \sqrt{\frac{\Omega}{2}}\xi^2\right]. \tag{6.144}$$

Sowohl Realteil als auch Imaginärteil können als Lösung betrachtet werden. Der Realteil entspricht gerade der schon angegebenen Lösung (6.139). Kehren wir zu dimensionsbehafteten Variablen zurück, so ist

$$B_z(x,t) = B_0 \exp\left[-\sqrt{\frac{\mu\kappa\omega}{2}}x\right]\cos\left[\omega t - \sqrt{\frac{\mu\kappa\omega}{2}}x\right]. \tag{6.145}$$

Die Phase ist konstant für

$$\omega t - \sqrt{\frac{\mu\kappa\omega}{2}}x = \text{const},$$

d.h. für

$$\omega\,dt - \sqrt{\frac{\mu\kappa\omega}{2}}\,dx = 0,$$

$$\frac{dx}{dt} = \sqrt{\frac{2\omega}{\mu\kappa}}. \tag{6.146}$$

Das ist die Phasengeschwindigkeit, mit der der an der Oberfläche von außen her erzeugte Wellenvorgang ins Innere des Halbraums hinein vordringt. Die Eindringtiefe, d.h. die Tiefe, in der die Amplitude auf 1/e abfällt, ist gegeben durch

$$\sqrt{\frac{\mu\kappa\omega}{2}}\,d = 1,$$

d.h. es gilt

$$d = \sqrt{\frac{2}{\mu\kappa\omega}}, \qquad (6.147)$$

ganz im Einklang mit der Abschätzung (6.44), abgesehen von dem Faktor $\sqrt{2}$, der von der groben, auf die spezielle geometrische Anordnung gar keine Rücksicht nehmenden Betrachtung von Abschn. 6.2 auch nicht erwartet werden kann.

Aus

$$\text{rot } \mathbf{H} = \mathbf{g}$$

ergibt sich der zugehörige Strom

$$g_y(x, t) = -\frac{\partial H_z(x, t)}{\partial x}$$

$$= H_0 \sqrt{\mu\kappa\omega} \exp\left[-\sqrt{\frac{\mu\kappa\omega}{2}} x\right] \cos\left[\omega t - \sqrt{\frac{\mu\kappa\omega}{2}} x + \frac{\pi}{4}\right], \qquad (6.148)$$

wobei benutzt wurde, daß

$$\cos \alpha - \sin \alpha = \sqrt{2} \cos\left(\alpha + \frac{\pi}{4}\right)$$

ist. Der zeitliche Mittelwert des Quadrates der Stromdichte ist

$$\overline{g_y(x)^2} = \frac{H_0^2 \mu\kappa\omega}{2} \exp[-\sqrt{2\mu\kappa\omega}\, x]. \qquad (6.149)$$

Die Leistung, die pro Flächeneinheit der Oberfläche des Halbraums umgesetzt wird, ist deshalb im zeitlichen Mittel

$$\int_0^\infty \frac{\overline{g_y(x)^2}}{\kappa} dx = H_0^2 \frac{\mu\omega}{2} \int_0^\infty \exp[-\sqrt{2\mu\kappa\omega}\, x]\, dx$$

$$= \frac{H_0^2 \mu\omega}{2\sqrt{2\mu\kappa\omega}} = \frac{H_0^2 \sqrt{\mu\omega}}{2\sqrt{2\kappa}}. \qquad (6.150)$$

Nach (6.148) ist

$$\int_a^b g_y(x)\, dx = -\int_a^b \frac{\partial H_z(x)}{\partial x} dx = H_z(a) - H_z(b), \qquad (6.151)$$

d.h. der Gesamtstrom pro Längeneinheit der Oberfläche ist

$$\int_0^\infty g_y(x)\, dx = H_z(0) - H_z(\infty) = H_0 \cos \omega t. \qquad (6.152)$$

Der zeitliche Mittelwert des Quadrates davon ist

$$\overline{\left(\int_0^\infty g_y(x)\,dx\right)^2} = \frac{H_0^2}{2}. \tag{6.153}$$

Stellt man sich vor, daß dieser Strom innerhalb der Tiefe d nach (6.147) fließt, so entspricht dem pro Flächeneinheit die Leistung

$$\frac{H_0^2}{2} \cdot R = \frac{H_0^2}{2} \cdot \frac{1}{\kappa \cdot d} = \frac{H_0^2}{2\kappa \sqrt{\dfrac{2}{\mu\kappa\omega}}} = \frac{H_0^2 \sqrt{\mu\omega}}{2\sqrt{2\kappa}}. \tag{6.154}$$

Das ist gerade die in (6.150) berechnete Leistung. Man kann sich also modellmäßig vorstellen, daß der effektive Gesamtstrom in einer oberflächlichen Schicht der Dicke d mit konstanter Stromdichte fließt. In Bild 6.23 wird die tatsächliche Stromdichteverteilung, z.B. für $t = 0$, (Bild 6.23a), mit der Modellverteilung, (Bild 6.23b), verglichen.

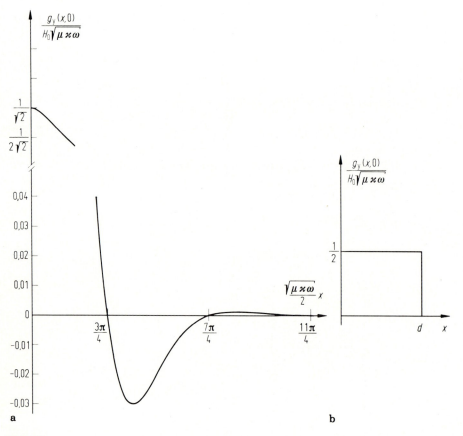

Bild 6.23

6.6 Felddiffusion in der ebenen Platte

6.6.1 Allgemeine Lösung

Nun sei das Problem einer ebenen Platte der Dicke d diskutiert, wie sie in Bild 6.24 angedeutet ist. Die Gleichung

$$\frac{\partial^2 B_z(\xi,\tau)}{\partial \xi^2} = \frac{\partial B_z(\xi,\tau)}{\partial \tau} \tag{6.155}$$

ist nun mit den Randbedingungen

$$B_z(0,\tau) = f_1(\tau), \tag{6.156}$$

$$B_z(1,\tau) = f_2(\tau) \tag{6.157}$$

und mit der Anfangsbedingung

$$B_z(\xi,0) = h(\xi) \tag{6.158}$$

zu lösen.

Dabei ist die früher beliebige Länge l durch die Dicke d der Platte ersetzt, d.h. jetzt ist

$$\tau = \frac{t}{\mu\kappa d^2} \tag{6.159}$$

und

$$\xi = \frac{x}{d} \quad (0 \leq \xi \leq 1). \tag{6.160}$$

Für $\tilde{B}_z(\xi,p)$ gilt wiederum die Gleichung

$$\frac{\partial^2 \tilde{B}_z(\xi,p)}{\partial \xi^2} = p\tilde{B}_z(\xi,p) - h(\xi), \tag{6.161}$$

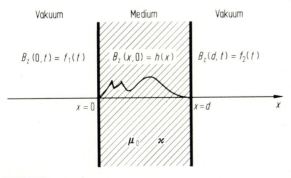

Bild 6.24

deren allgemeine Lösung nach (6.95)

$$\tilde{B}_z(\xi,p) = C_1 \exp[-\sqrt{p}\,\xi] + C_2 \exp[+\sqrt{p}\,\xi]$$
$$- \int_0^\xi h(\xi_0) \frac{\sinh[\sqrt{p}(\xi-\xi_0)]}{\sqrt{p}} d\xi_0 \tag{6.162}$$

ist. Sie muß nach (6.156), (6.157) die Randbedingungen

$$\tilde{B}_z(0,p) = \tilde{f}_1(p), \tag{6.163}$$
$$\tilde{B}_z(1,p) = \tilde{f}_2(p) \tag{6.164}$$

erfüllen. Mit den dadurch bestimmten Konstanten C_1 und C_2 erhält man

$$\begin{aligned}\tilde{B}_z(\xi,p) &= \tilde{f}_1(p) \frac{\sinh[\sqrt{p}(1-\xi)]}{\sinh[\sqrt{p}]} + \tilde{f}_2(p) \frac{\sinh[\sqrt{p}\,\xi]}{\sinh[\sqrt{p}]} \\ &+ \frac{\sinh[\sqrt{p}\,\xi]}{\sinh[\sqrt{p}]} \int_0^1 h(\xi_0) \frac{\sinh[\sqrt{p}(1-\xi_0)]}{\sqrt{p}} d\xi_0 \\ &- \int_0^\xi h(\xi_0) \frac{\sinh[\sqrt{p}(\xi-\xi_0)]}{\sqrt{p}} d\xi_0.\end{aligned} \tag{6.165}$$

Es handelt sich um drei getrennt diskutierbare Anteile, je einen von jeder der beiden Randbedingungen und einen von der Anfangsbedingung. Im übrigen ist die Richtigkeit dieser Lösung durch Einsetzen in (6.161) sofort nachprüfbar. Man sieht auch unmittelbar ein, daß die beiden Randbedingungen (6.163), (6.164) erfüllt sind.

6.6.2 Die Diffusion des Anfangsfeldes (Einfluß der Anfangsbedingung)

Zunächst seien nur die letzten beiden von $h(\xi)$ herrührenden Glieder des Feldes (6.165) diskutiert. Wie wir schon früher sahen, genügt es zunächst, den Spezialfall

$$h(\xi) = B_0 \delta(\xi - \xi') \tag{6.166}$$

zu behandeln, da der allgemeine Fall darauf zurückgeführt werden kann. Lassen wir also zunächst die $\tilde{f}_1(p)$ und $\tilde{f}_2(p)$ proportionalen Anteile weg, so ist

$$\tilde{B}_z(\xi,p) = \begin{cases} B_0 \dfrac{\sinh[\sqrt{p}\,\xi]\sinh[\sqrt{p}(1-\xi')]}{\sqrt{p}\sinh[\sqrt{p}]} & \text{für } \xi' > \xi \\ B_0 \dfrac{\sinh[\sqrt{p}\,\xi']\sinh[\sqrt{p}(1-\xi)]}{\sqrt{p}\sinh[\sqrt{p}]} & \text{für } \xi > \xi'. \end{cases} \tag{6.167}$$

Dabei wurde benutzt, daß

$$\sinh[\sqrt{p}\,\xi]\sinh[\sqrt{p}(1-\xi')] - \sinh[\sqrt{p}]\sinh[\sqrt{p}(\xi-\xi')]$$
$$= \sinh[\sqrt{p}\,\xi']\sinh[\sqrt{p}(1-\xi)]$$

ist. Die Rücktransformation von (6.167) gibt

$$B_z(\xi, \tau) = 2B_0 \sum_{n=1}^{\infty} \sin(n\pi\xi)\sin(n\pi\xi')\exp[-n^2\pi^2\tau]. \tag{6.168}$$

Der Beweis soll an das Ende von Abschn. 6.6.2 verschoben werden. Damit können wir auch die allgemeine Lösung für ein beliebiges Anfangsfeld angeben:

$$B_z(\xi, \tau) = 2 \sum_{n=1}^{\infty} \sin(n\pi\xi) \left(\int_0^1 h(\xi_0)\sin(n\pi\xi_0)\,d\xi_0 \right) \exp[-n^2\pi^2\tau] \;. \tag{6.169}$$

Wir erhalten das Ergebnis in Form einer Fourier-Reihe. Wir hätten es auch ohne Benutzung der Laplace-Transformation durch den Ansatz in Form einer Fourier-Reihe herleiten können. Es ist auch zu sehen, daß die Beziehung (6.169) unser Problem löst. Zunächst erfüllt jedes einzelne Glied davon die Differentialgleichung (6.155) und die Randbedingungen $B_z(\xi, \tau) = 0$ für $\xi = 0$ und $\xi = 1$. Ferner ist zur Zeit $\tau = 0$

$$B_z(\xi, 0) = \int_0^1 h(\xi_0) \left[\sum_{n=1}^{\infty} 2\sin(n\pi\xi_0)\sin(n\pi\xi) \right] d\xi_0$$

$$= \int_0^1 h(\xi_0)\delta(\xi - \xi_0)\,d\xi_0$$

$$= h(\xi), \tag{6.170}$$

d.h. die Anfangsbedingung ist erfüllt. Wesentlich ist dabei die Vollständigkeitsbeziehung (3.81), die eben benutzt wurde.

Als spezielles Beispiel wählen wir

$$h(\xi) = B_0 \tag{6.171}$$

und erhalten dafür zunächst

$$B_0 \int_0^1 \sin(n\pi\xi_0)\,d\xi_0 = \frac{B_0}{n\pi}[1 - (-1)^n] \tag{6.172}$$

und damit

$$B_z(\xi, \tau) = \sum_{n=1}^{\infty} \frac{2B_0}{n\pi}[1 - (-1)^n]\sin(n\pi\xi)\exp[-n^2\pi^2\tau]. \tag{6.173}$$

Das Ergebnis in Form einer unendlichen Reihe konvergiert für nicht allzu kleine Zeiten außerordentlich gut. Für hinreichend große Zeiten stellt bereits das erste Glied allein eine recht brauchbare Näherung dar. Ist nämlich

$$\tau = \frac{t}{\mu\kappa d^2} \gg \frac{1}{\pi^2} \tag{6.174}$$

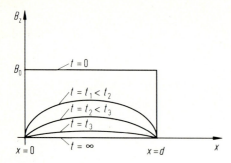

Bild 6.25

bzw.

$$t \gg \frac{\mu\kappa d^2}{\pi^2}, \tag{6.175}$$

so gilt

$$B_z(x,t) \approx \frac{4B_0}{\pi} \sin\frac{\pi x}{d} \exp\left[-\frac{\pi^2 t}{\mu\kappa d^2}\right], \tag{6.176}$$

d.h. das Feld verhält sich etwa wie in Bild 6.25 angedeutet. Für sehr kleine Zeiten konvergiert die Reihe (6.173) keineswegs sehr gut. Nur am Rande sei hierzu bemerkt, daß Reihen dieser Art eng mit den sogenannten θ-Funktionen zusammenhängen. Es gibt Beziehungen zwischen θ-Funktionen, die es erlauben, schlecht konvergierende Reihen obiger Art in gut konvergierende umzuformen.

An dieser Stelle bleibt noch zu beweisen, daß, wie oben in den Gleichungen (6.167), (6.168) behauptet,

$$\boxed{\begin{aligned}\mathscr{L}\left[2\sum_{n=1}^{\infty} \sin(n\pi\xi)\sin(n\pi\xi')\exp[-n^2\pi^2\tau]\right] \\ = \begin{cases} \dfrac{\sinh[\sqrt{p}\,\xi]\sinh[\sqrt{p}(1-\xi')]}{\sqrt{p}\sinh[\sqrt{p}]} & \text{für } \xi' > \xi \\ \dfrac{\sinh[\sqrt{p}\,\xi']\sinh[\sqrt{p}(1-\xi)]}{\sqrt{p}\sinh(\sqrt{p})} & \text{für } \xi > \xi' \end{cases}\end{aligned}} \tag{6.177}$$

Wir können uns auf einen der beiden Fälle beschränken. Wir betrachten zum Beispiel den Fall $\xi' > \xi$. Dann erfüllt der zugehörige Ausdruck die zur Inversion der Laplace-Transformation mit Hilfe des Residuensatzes nach Abschn 6.3 nötigen Voraussetzungen. Nach (6.60) benötigen wir die Residuen von

$$\tilde{f}(p)\exp[p\tau] = \frac{\sinh[\sqrt{p}\,\xi]\sinh[\sqrt{p}(1-\xi')]\exp[p\tau]}{\sqrt{p}\sinh[\sqrt{p}]}. \tag{6.178}$$

Mit
$$\sinh(z) = -i\sin(iz) \tag{6.179}$$
können wir auch schreiben
$$\tilde{f}(p)\exp(p\tau) = -i\frac{\sin[i\sqrt{p}\xi]\sin[i\sqrt{p}(1-\xi')]\exp[p\tau]}{\sqrt{p}\sin[i\sqrt{p}]}. \tag{6.180}$$
Die Nullstellen des Nenners liegen bei
$$i\sqrt{p} = n\pi. \tag{6.181}$$
Man beachte jedoch, daß man für $n = 0$, d.h. $p = 0$, keinen Pol hat, da für $p = 0$ auch der Zähler verschwindet und $[\tilde{f}(p)\exp(p\tau)]_{p\to 0}$ einen endlichen Grenzwert hat. Die Pole liegen also bei
$$i\sqrt{p} = n\pi, \quad n \geq 1 \tag{6.182}$$
bzw.
$$p = -n^2\pi^2, \quad n \geq 1. \tag{6.183}$$
Es handelt sich um Pole 1. Ordnung. Weitere Pole gibt es nicht. Die zugehörigen Residuen sind
$$R_n = \lim_{p \to -n^2\pi^2} \frac{-i\sin(n\pi\xi)\sin[n\pi(1-\xi')]\exp(-n^2\pi^2\tau)(p+n^2\pi^2)}{\frac{n\pi}{i}\sin(i\sqrt{p})}.$$

Nach der de l'Hospitalschen Regel, (6.63), ist
$$\lim_{p \to -n^2\pi^2} \frac{p + n^2\pi^2}{\sin(i\sqrt{p})} = \lim_{p \to -n^2\pi^2} \frac{1}{\frac{i}{2\sqrt{p}}\cos(i\sqrt{p})} = -\frac{2n\pi}{\cos(n\pi)}, \tag{6.184}$$
und für das Residuum erhält man
$$R_n = \frac{-2\sin(n\pi\xi)[\sin(n\pi)\cos(n\pi\xi') - \cos(n\pi)\sin(n\pi\xi')]\exp(-n^2\pi^2\tau)}{\cos n\pi}$$
$$= 2\sin(n\pi\xi')\sin(n\pi\xi)\exp(-n^2\pi^2\tau). \tag{6.185}$$
Summiert man alle diese Residuen von $n = 1$ bis $n = \infty$, so ergibt sich gerade die Behauptung (6.177).

6.6.3 Der Einfluß der Randbedingungen

Untersuchen wir nun den Einfluß der Randbedingungen bei $\xi = 0$ und $\xi = 1$ ($x = 0$ und $x = d$), so ist nach (6.165)
$$\tilde{B}_z(\xi, p) = \tilde{f}_1(p)\frac{\sinh[\sqrt{p}(1-\xi)]}{\sinh[\sqrt{p}]} + \tilde{f}_2(p)\frac{\sinh[\sqrt{p}\xi]}{\sinh[\sqrt{p}]}. \tag{6.186}$$

Mit Hilfe des Faltungstheorems können wir die Lösung im Zeitbereich angeben, wenn es uns gelingt, die beiden Funktionen

$$\frac{\sinh[\sqrt{p}(1-\xi)]}{\sinh[\sqrt{p}]} = \frac{\sin[i\sqrt{p}(1-\xi)]}{\sin[i\sqrt{p}]}$$

und

$$\frac{\sinh[\sqrt{p}\xi]}{\sinh[\sqrt{p}]} = \frac{\sin[i\sqrt{p}\xi]}{\sin[i\sqrt{p}]}$$

zu invertieren. Beide haben Pole 1. Ordnung bei

$$i\sqrt{p} = n\pi, \quad n \geq 1 \tag{6.187}$$

bzw.

$$p = -n^2\pi^2, \quad n \geq 1, \tag{6.188}$$

jedoch keinen Pol bei $p = 0$, da dort beide Funktionen einen endlichen Grenzwert haben. Wir haben nun die Residuen der beiden Funktionen

$$\frac{\sin[i\sqrt{p}(1-\xi)]\exp(p\tau)}{\sin[i\sqrt{p}]} \tag{6.189}$$

und

$$\frac{\sin[i\sqrt{p}\xi]\exp(p\tau)}{\sin[i\sqrt{p}]} \tag{6.190}$$

zu berechnen. Im ersten Fall erhält man zunächst

$$R_n = \lim_{p \to -n^2\pi^2} \frac{\sin[n\pi(1-\xi)]\exp(-n^2\pi^2\tau)(p+n^2\pi^2)}{\sin[i\sqrt{p}]}$$

und nach (6.184)

$$R_n = \frac{-2\pi n \sin[n\pi(1-\xi)]\exp(-n^2\pi^2\tau)}{\cos(n\pi)}$$

$$= \frac{-2\pi n[\sin(n\pi)\cos(n\pi\xi) - \cos(n\pi)\sin(n\pi\xi)]\exp(-n^2\pi^2\tau)}{\cos(n\pi)},$$

$$R_n = 2\pi n \sin(n\pi\xi)\exp(-n^2\pi^2\tau). \tag{6.191}$$

Im zweiten Fall erhält man auf dieselbe Weise

$$R_n = \lim_{p \to -n^2\pi^2} \frac{\sin(n\pi\xi)\exp(-n^2\pi^2\tau)(p+n^2\pi^2)}{\sin(i\sqrt{p})}$$

$$= -\frac{2n\pi \sin(n\pi\xi)\exp(-n^2\pi^2\tau)}{\cos(n\pi)}$$

$$= -2n\pi(-1)^n \sin(n\pi\xi)\exp(-n^2\pi^2\tau). \tag{6.192}$$

Die Residuen (6.191) gehören zur Funktion (6.189), die Residuen (6.192) zur Funktion (6.190). Wir können also schreiben:

$$\mathscr{L}\left[\sum_{n=1}^{\infty} 2n\pi \sin(n\pi\xi) \exp(-n^2\pi^2\tau)\right] = \frac{\sinh[\sqrt{p}(1-\xi)]}{\sinh[\sqrt{p}]} \qquad (6.193)$$

$$\mathscr{L}\left[\sum_{n=1}^{\infty} -2n\pi(-1)^n \sin(n\pi\xi) \exp(-n^2\pi^2\tau)\right] = \frac{\sinh[\sqrt{p}\,\xi]}{\sinh[\sqrt{p}]}. \qquad (6.194)$$

An sich genügt eine der beiden Beziehungen, da sie wegen

$$\sin[n\pi(1-\xi)] = \sin(n\pi)\cdot\cos(n\pi\xi) - \cos(n\pi)\cdot\sin(n\pi\xi) = -(-1)^n \sin(n\pi\xi)$$

gleichwertig sind.

Damit und mit Hilfe des Faltungstheorems (6.54) ergibt sich aus (6.186), d.h. für $h(\xi) = 0$,

$$B_z(\xi,\tau) = \int_0^\tau f_1(\tau_0) \sum_{n=1}^{\infty} 2\pi n \sin(n\pi\xi) \exp[-n^2\pi^2(\tau-\tau_0)] d\tau_0$$

$$- \int_0^\tau f_2(\tau_0) \sum_{n=1}^{\infty} 2\pi n (-1)^n \sin(n\pi\xi) \exp[-n^2\pi^2(\tau-\tau_0)] d\tau_0$$

bzw. etwas anders geschrieben

$$B_z(\xi,\tau) = 2 \sum_{n=1}^{\infty} n\pi \sin(n\pi\xi) \exp(-n^2\pi^2\tau)$$

$$\cdot \int_0^\tau [f_1(\tau_0) - (-1)^n f_2(\tau_0)] \exp[n^2\pi^2\tau_0] d\tau_0 \qquad (6.195)$$

Damit ist das Problem für beliebige Randbedingungen gelöst. Die Lösung des Gesamtproblems geschieht durch Addition des von der Anfangsbedingung herrührenden Anteils, (6.169), und des eben berechneten, von den Randbedingungen herrührenden Anteils, (6.195).

An dieser Stelle sei ein einfaches Beispiel behandelt:

$$f_1(\tau) = 0, \qquad (6.196)$$

$$f_2(\tau) = \begin{cases} B_2 \\ 0 \end{cases} \text{für} \quad \begin{matrix} \tau \geq 0 \\ \tau < 0 \end{matrix}. \qquad (6.197)$$

Dafür ist

$$\tilde{f}_1(p) = 0, \qquad (6.198)$$

$$\tilde{f}_2(p) = \frac{B_2}{p}, \qquad (6.199)$$

und damit, nach (6.186),

$$\tilde{B}_z(\xi, p) = \frac{B_2}{p} \frac{\sinh[\sqrt{p}\xi]}{\sinh[\sqrt{p}]}. \tag{6.200}$$

Man kann das Problem sowohl durch Rücktransformation von (6.200) wie auch durch Anwendung von (6.195) lösen. Hier sei beides getan. Die Rücktransformation von (6.200) geschieht ganz ähnlich wie bei den obigen Beispielen. Der Unterschied liegt im wesentlichen darin, daß nun auch bei $p = 0$ ein Pol vorhanden ist und außerdem bei den übrigen Residuen der zusätzliche Faktor $p = -n^2\pi^2$ ($n \geq 1$) im Nenner auftritt. Als Residuum von

$$\frac{B_2}{p} \frac{\sinh[\sqrt{p}\xi]}{\sinh[\sqrt{p}]} \exp(p\tau)$$

am Pol $p = 0$ ergibt sich

$$R_0 = B_2 \xi,$$

und insgesamt ist dann

$$B_z(\xi, \tau) = B_2 \xi + 2B_2 \sum_{n=1}^{\infty} \frac{(-1)^n \sin(n\pi\xi) \exp(-n^2\pi^2\tau)}{n\pi}. \tag{6.201}$$

Geht man von (6.195) aus, so erhält man

$$B_z(\xi, \tau) = 2 \sum_{n=1}^{\infty} n\pi \sin(n\pi\xi) \exp(-n^2\pi^2\tau)$$

$$\cdot B_2 \int_0^\tau \exp(n^2\pi^2\tau_0) \, d\tau_0 [-(-1)^n]$$

$$= 2B_2 \sum_{n=1}^{\infty} n\pi \sin(n\pi\xi) \exp(-n^2\pi^2\tau) \frac{\exp(n^2\pi^2\tau) - 1}{n^2\pi^2} [-(-1)^n]$$

$$= 2B_2 \sum_{n=1}^{\infty} [-(-1)^n] \frac{\sin(n\pi\xi)}{n\pi} + 2B_2 \sum_{n=1}^{\infty} \frac{(-1)^n \sin(n\pi\xi) \exp(-n^2\pi^2\tau)}{n\pi}$$

$$= B_2 \xi + 2B_2 \sum_{n=1}^{\infty} \frac{(-1)^n \sin(n\pi\xi) \exp(-n^2\pi^2\tau)}{n\pi},$$

also dasselbe Ergebnis, wobei zu beachten ist, daß gilt

$$\xi = \sum_{n=1}^{\infty} 2[-(-1)^n] \frac{\sin(n\pi\xi)}{n\pi} \quad \text{für} \quad -1 < \xi < +1. \tag{6.202}$$

Das läßt sich z.B. mit Hilfe der Beziehungen (3.118), (3.120) beweisen. Beide Methoden führen also zu demselben Ergebnis. Es läßt sich teilweise auch noch auf eine andere Weise verstehen. Betrachten wir nämlich den Grenzfall großer Zeiten, so gilt

$$\lim_{\tau \to \infty} B_z(\xi, \tau) = B_2 \xi \tag{6.203}$$

bzw.

$$\lim_{t \to \infty} B_z(x,t) = B_2 \frac{x}{d}. \tag{6.204}$$

Die zeitunabhängigen Randbedingungen (6.196), (6.197) müssen für große Zeiten zu einem zeitunabhängigen Feld führen. Für dieses muß

$$\frac{\partial^2 B_z(x)}{\partial x^2} = 0 \tag{6.205}$$

gelten. Die allgemeine Lösung ist

$$B_z(x) = ax + b. \tag{6.206}$$

Aus (6.196) folgt

$$b = 0, \tag{6.207}$$

und aus (6.197) folgt

$$a = B_2/d, \tag{6.208}$$

was zur Lösung (6.204) führt. Die vollständige Lösung (6.201) beschreibt, wie sich der stationäre Zustand (6.204) allmählich einstellt. Qualitativ ist dies in Bild 6.26 angedeutet. Betrachtet man den Strom, so gilt

$$g_y(x,t) = -\frac{\partial H_z(x,t)}{\partial x} = -\frac{1}{\mu_0}\frac{\partial B_z(x,t)}{\partial x}. \tag{6.209}$$

Zu Beginn des Vorgangs fließt ein Flächenstrom,

$$g_y = -\frac{1}{\mu_0} B_2 \delta(x-d), \tag{6.210}$$

der dann allmählich auseinanderfließt, um im stationären Endzustand den ganzen ihm zur Verfügung stehenden Raum mit konstanter Dichte gleichmäßig zu erfüllen:

$$g_y = -\frac{B_2}{\mu_0 d}. \tag{6.211}$$

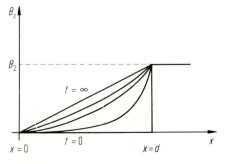

Bild 6.26

Der Gesamtstrom pro Längeneinheit

$$\frac{I}{l} = \int_0^d g_y(x)\mathrm{d}x = -\frac{B_2}{\mu_0} \qquad (6.212)$$

ändert sich dabei nicht. Er wird durch die in diesem Beispiel gewählten Randbedingungen ja gerade festgehalten.

6.7 Das zylindrische Diffusionsproblem

6.7.1 Die Grundgleichungen

Wir wollen hier nur praktisch besonders wichtige, sehr einfache Spezialfälle behandeln, z.B. das Problem des Skineffekts in einem zylindrischen Draht. Der betrachtete Draht sei ein unendlich langer, rotationssymmetrischer Kreiszylinder. Das ihn umgebende bzw. in ihm vorhandene Magnetfeld soll nur von r abhängen. Alle Ableitungen nach φ und z müssen demnach verschwinden (r, φ, z sind die für das Problem natürlichen Zylinderkoordinaten). Unter diesen Umständen erfordert die Quellenfreiheit von **B**, daß die radiale Komponente B_r verschwindet. Sonst würde sie nämlich auf der Achse divergieren. Nach (3.32) ist

$$\operatorname{div} \mathbf{B} = \frac{1}{r}\frac{\partial}{\partial r}(rB_r) = 0, \qquad (6.213)$$

woraus

$$B_r = \mathrm{const}/r \qquad (6.214)$$

folgt. Wir können also ansetzen

$$\mathbf{B} = (0, B_\varphi(r,t), B_z(r,t)). \qquad (6.215)$$

Die Diffusionsgleichung

$$\Delta \mathbf{B} = \mu\kappa \frac{\partial \mathbf{B}}{\partial t} \qquad (6.216)$$

lautet unter den gemachten Voraussetzungen und nach (5.14)

$$\left(\frac{1}{r}\frac{\partial}{\partial r}r\frac{\partial}{\partial r} - \frac{1}{r^2}\right)B_\varphi(r,t) = \mu\kappa \frac{\partial}{\partial t}B_\varphi(r,t), \qquad (6.217)$$

$$\left(\frac{1}{r}\frac{\partial}{\partial r}r\frac{\partial}{\partial r}\right)B_z(r,t) = \mu\kappa \frac{\partial}{\partial t}B_z(r,t). \qquad (6.218)$$

Wir haben also für B_φ und B_z verschiedene Gleichungen zu lösen. Im folgenden sollen die Feldkomponenten gesondert behandelt werden, wobei der Einfachheit halber nur Vollzylinder (Radius r_0) betrachtet werden sollen. Wir beschränken uns auch auf den Fall verschwindenden Anfangsfeldes, d.h. es soll sein

$$[\mathbf{B}(r,t)]_{t=0} = \mathbf{B}(r,0) = 0. \qquad (6.219)$$

Es sei jedoch bemerkt, daß sich das allgemeine Anfangswertproblem für beliebiges Anfangsfeld auch ohne besondere Schwierigkeiten behandeln läßt, z.B. mit Hilfe der Fourier-Bessel-Entwicklung des Anfangsfeldes. Als Randbedingungen haben wir

$$[\mathbf{B}(r,t)]_{r=r_0} = \mathbf{B}(r_0,t) = \mathbf{f}(t), \tag{6.220}$$

$$[\mathbf{B}(r,t)]_{r=0} = \mathbf{B}(0,t) = \text{endlich}. \tag{6.221}$$

Auch hier führen wir dimensionslose Variable ein:

$$x = r/r_0 \tag{6.222}$$

und

$$\tau = \frac{t}{\mu \kappa r_0^2}. \tag{6.223}$$

Damit lauten die Gleichungen für B_φ und B_z

$$\left(\frac{1}{x}\frac{\partial}{\partial x}x\frac{\partial}{\partial x} - \frac{1}{x^2}\right)B_\varphi(x,\tau) = \frac{\partial}{\partial \tau}B_\varphi(x,\tau), \tag{6.224}$$

$$\left(\frac{1}{x}\frac{\partial}{\partial x}x\frac{\partial}{\partial x}\right)B_z(x,\tau) = \frac{\partial}{\partial \tau}B_z(x,\tau), \tag{6.225}$$

mit

$$\mathbf{B}(x,0) = 0 \tag{6.226}$$

und

$$\mathbf{B}(1,\tau) = \mathbf{f}(\tau), \tag{6.227}$$

$$\mathbf{B}(0,\tau) = \text{endlich}. \tag{6.228}$$

In dieser Form sollen die Gleichungen (6.224), (6.225) nun mit den Bedingungen (6.226) bis (6.228) gelöst werden, wobei zunächst das longitudinale Feld B_z und dann das azimutale Feld B_φ behandelt wird.

6.7.2 Das longitudinale Feld B_z

Ein unendlich langer Zylinder befindet sich in einem Raum, in dem ein homogenes Magnetfeld parallel zur Zylinderachse erzeugt wird:

$$B_z(\tau) = f_z(\tau). \tag{6.229}$$

Befindet sich in dem Zylinder anfangs kein Feld, so haben wir das oben definierte Problem zu lösen. Führen wir statt $B_z(x,\tau)$ das Laplace-transformierte Feld $\tilde{B}_z(x,p)$ ein, so ergibt sich aus (6.225) mit der Anfangsbedingung (6.226) die Gleichung

$$\left[\frac{1}{x}\frac{\partial}{\partial x}x\frac{\partial}{\partial x} - p\right]\tilde{B}_z(x,p) = 0, \tag{6.230}$$

die mit den Randbedingungen

$$\tilde{B}_z(1,p) = \tilde{f}_z(p), \tag{6.231}$$

$$\tilde{B}_z(0,p) = \text{endlich} \tag{6.232}$$

zu lösen ist. Wir haben früher, Gleichung (3.164), die Besselsche Differentialgleichung

$$\left[\frac{1}{\xi}\frac{\partial}{\partial \xi}\xi\frac{\partial}{\partial \xi} + \left(1 - \frac{m^2}{\xi^2}\right)\right]Z_m(\xi) = 0 \tag{6.233}$$

kennengelernt. Setzt man in Gleichung (6.230)

$$\xi = xi\sqrt{p}, \tag{6.234}$$

so entsteht die Gleichung

$$\left[\frac{1}{\xi}\frac{\partial}{\partial \xi}\xi\frac{\partial}{\partial \xi} + 1\right]\tilde{B}_z(\xi,p) = 0, \tag{6.235}$$

d.h. die Besselsche Differentialgleichung zum Index 0.
Also ist

$$\tilde{B}_z(x,p) = AJ_0(xi\sqrt{p}) + BN_0(xi\sqrt{p}), \tag{6.236}$$

wo die Größen A und B von p, jedoch nicht von x abhängen können. Wegen der Randbedingung (6.232) ist

$$B = 0, \tag{6.237}$$

und wegen der Randbedingung (6.231) ist

$$A = \frac{\tilde{f}_z(p)}{J_0(i\sqrt{p})}. \tag{6.238}$$

Damit ist

$$\tilde{B}_z(x,p) = \tilde{f}_z(p)\frac{J_0(xi\sqrt{p})}{J_0(i\sqrt{p})}. \tag{6.239}$$

Daraus läßt sich die allgemeine Lösung für eine beliebige Randbedingung auch im Zeitbereich gewinnen, wenn man $J_0(xi\sqrt{p})/J_0(i\sqrt{p})$ in den Zeitbereich zurücktransformieren kann. Das gelingt mit Hilfe des Residuensatzes. Man beachte die weitgehende Analogie zu dem Problem von Abschn. 6.6.3.

Zur Rücktransformation benötigen wir die Residuen der Funktion

$$\frac{J_0(xi\sqrt{p})}{J_0(i\sqrt{p})}\exp(p\tau). \tag{6.240}$$

Sie hat unendlich viele Pole 1. Ordnung. Bezeichnen wir wie schon in Abschn. 3.7.3.3, Gleichung (3.209), die Nullstellen von J_0 mit λ_{0n}, so gilt für die

Pole

$$i\sqrt{p} = \lambda_{0n} \tag{6.241}$$

bzw.

$$p = -\lambda_{0n}^2. \tag{6.242}$$

Das zugehörige Residuum der Funktion (6.240) ist

$$R_n = \lim_{p \to -\lambda_{0n}^2} \frac{J_0(\lambda_{0n}x) \exp(-\lambda_{0n}^2 \tau)(p + \lambda_{0n}^2)}{J_0(i\sqrt{p})}$$

$$= \lim_{p \to -\lambda_{0n}^2} \frac{J_0(\lambda_{0n}x) \exp(-\lambda_{0n}^2 \tau)}{\dfrac{i}{2\sqrt{p}} J_0'(i\sqrt{p})}.$$

Mit

$$J_0' = -J_1$$

folgt

$$R_n = \frac{2\lambda_{0n} J_0(\lambda_{0n}x) \exp(-\lambda_{0n}^2 \tau)}{J_1(\lambda_{0n})} \tag{6.243}$$

und

$$\boxed{\mathscr{L}\left[\sum_{n=1}^{\infty} \frac{2\lambda_{0n} J_0(\lambda_{0n}x) \exp(-\lambda_{0n}^2 \tau)}{J_1(\lambda_{0n})}\right] = \frac{J_0(xi\sqrt{p})}{J_0(i\sqrt{p})}}. \tag{6.244}$$

Die Anwendung des Faltungstheorems auf Gleichung (6.239) gibt dann:

$$B_z(x,\tau) = \int_0^\tau f_z(\tau_0) \sum_{n=1}^{\infty} \frac{2\lambda_{0n} J_0(\lambda_{0n}x) \exp[-\lambda_{0n}^2(\tau-\tau_0)]}{J_1(\lambda_{0n})} d\tau_0$$

bzw.

$$\boxed{B_z(x,\tau) = \sum_{n=1}^{\infty} \frac{2\lambda_{0n} J_0(\lambda_{0n}x) \exp(-\lambda_{0n}^2 \tau)}{J_1(\lambda_{0n})} \int_0^\tau f_z(\tau_0) \exp(\lambda_{0n}^2 \tau_0) d\tau_0}.$$

$$\tag{6.245}$$

Das Resultat hat die Form einer Fourier-Bessel-Reihe entsprechend (3.213). Die Koeffizienten sind Funktionen der Zeit:

$$C_n = C_n(\tau) = \frac{2\lambda_{0n} \exp(-\lambda_{0n}^2 \tau)}{J_1(\lambda_{0n})} \int_0^\tau f_z(\tau_0) \exp(\lambda_{0n}^2 \tau_0) d\tau_0. \tag{6.246}$$

Gleichung (6.245) hat eine ganz ähnliche Struktur wie die entsprechende ebene Gleichung (6.195).

Für den Strom im Zylinder gilt

$$g_\varphi(r) = -\frac{\partial H_z}{\partial r} = -\frac{1}{\mu_0}\frac{\partial B_z}{\partial r} = -\frac{1}{\mu_0 r_0}\frac{\partial B_z}{\partial x}$$

$$= \sum_{n=1}^{\infty} \frac{2\lambda_{0n}^2 J_1(\lambda_{0n}x)\exp(-\lambda_{0n}^2\tau)}{\mu_0 r_0 J_1(\lambda_{0n})} \int_0^\tau f_z(\tau_0)\exp(\lambda_{0n}^2\tau_0)d\tau_0. \tag{6.247}$$

Es ist bemerkenswert, daß das keine Fourier–Bessel-Reihe ist. Es handelt sich vielmehr um eine sogenannte *Dini-Reihe*, worauf wir hier jedoch nicht näher eingehen wollen. Details zu den verschiedenen Typen von Reihen mit Bessel-Funktionen, darunter auch zu den Dini-Reihen, finden sich in [7].

Betrachten wir als Beispiel wiederum die einfache Randbedingung

$$f_z(\tau) = B_0 \tag{6.248}$$

bzw.

$$\tilde{f}_z(p) = B_0/p. \tag{6.249}$$

Damit ist nach (6.239)

$$\tilde{B}_z(x,p) = \frac{B_0 J_0(xi\sqrt{p})}{p J_0(i\sqrt{p})}. \tag{6.250}$$

Die Rücktransformation mit Hilfe des Residuensatzes geschieht ganz ähnlich wie oben für die Funktion $J_0(xi\sqrt{p})/J_0(i\sqrt{p})$. Unter Beachtung des zusätzlichen Pols bei $p = 0$ und des zusätzlichen Faktors $p = -\lambda_{0n}^2$ im Nenner ergibt sich

$$B_z(x,\tau) = B_0\left[1 - \sum_{n=1}^{\infty} \frac{2J_0(\lambda_{0n}x)\exp(-\lambda_{0n}^2\tau)}{\lambda_{0n}J_1(\lambda_{0n})}\right] \tag{6.251}$$

und

$$g_\varphi(x,\tau) = -\frac{1}{\mu_0 r_0}\frac{\partial B_z}{\partial x}$$

$$= -\frac{2B_0}{\mu_0 r_0}\sum_{n=1}^{\infty} \frac{J_1(\lambda_{0n}x)\exp(-\lambda_{0n}^2\tau)}{J_1(\lambda_{0n})}. \tag{6.252}$$

Man kann auch von der allgemeinen Lösung (6.245) ausgehen, um

$$B_z(x,\tau) = B_0 \sum_{n=1}^{\infty} \frac{2\lambda_{0n}J_0(\lambda_{0n}x)\exp(-\lambda_{0n}^2\tau)}{J_1(\lambda_{0n})} \frac{\exp(\lambda_{0n}^2\tau)-1}{\lambda_{0n}^2}$$

$$= B_0 \sum_{n=1}^{\infty} \frac{2J_0(\lambda_{0n}x)}{\lambda_{0n}J_1(\lambda_{0n})} - B_0 \sum_{n=1}^{\infty} \frac{2J_0(\lambda_{0n}x)\exp(-\lambda_{0n}^2\tau)}{\lambda_{0n}J_1(\lambda_{0n})}$$

$$= B_0\left[1 - \sum_{n=1}^{\infty} \frac{2J_0(\lambda_{0n}x)\exp(-\lambda_{0n}^2\tau)}{\lambda_{0n}J_1(\lambda_{0n})}\right] \tag{6.253}$$

zu erhalten, da

$$\sum_{n=1}^{\infty} \frac{2J_0(\lambda_{0n}x)}{\lambda_{0n}J_1(\lambda_{0n})} = 1 \qquad (6.254)$$

die Fourier–Bessel-Reihe für die Funktion 1 ist (im Bereich $0 \leqslant x < 1$). Dies sei noch bewiesen. Dazu wird der Ansatz

$$1 = \sum_{n=1}^{\infty} c_n J_0(\lambda_{0n}x)$$

mit $xJ_0(\lambda'_{0n}x)$ multipliziert und über x von 0 bis 1 integriert:

$$\int_0^1 xJ_0(\lambda'_{0n}x)\mathrm{d}x = \sum_{n=1}^{\infty} c_n \int_0^1 xJ_0(\lambda_{0n}x)J_0(\lambda'_{0n}x)\mathrm{d}x$$

$$= \sum_{n=1}^{\infty} \frac{c_n}{2}[J_1(\lambda_{0n})]^2 \delta_{nn'} = \frac{c_{n'}}{2}[J_1(\lambda'_{0n})]^2.$$

Der letzte Schritt beruht auf der Orthogonalität (3.214). Weiter gilt nach der Formelsammlung für Zylinderfunktionen in Abschn. 3.7.2

$$\int_0^1 xJ_0(\lambda'_{0n}x)\mathrm{d}x = \frac{J_1(\lambda'_{0n})}{\lambda'_{0n}}.$$

Also ist

$$c'_n = \frac{2}{\lambda'_{0n}J_1(\lambda'_{0n})},$$

womit die Behauptung (6.254) bewiesen ist. Die Ergebnisse (6.251) und (6.253) stimmen also miteinander überein. Die Entwicklung (6.254) macht das Ergebnis (6.251) verständlich. Für $\tau = 0$ ist nach (6.251)

$$B_z(x,0) = B_0 \left[1 - \sum_{n=1}^{\infty} \frac{2J_0(\lambda_{0n}x)}{\lambda_{0n}J_1(\lambda_{0n})} \right] = B_0[1-1] = 0,$$

wie es die Anfangsbedingung fordert.

Für sehr große Zeiten kann man die exponentiellen Glieder weglassen, und man erhält einfach

$$[B_z(x,\tau)]_{\tau \to \infty} = B_0.$$

Dies muß natürlich so sein. Für große Zeiten erfüllt das homogene Magnetfeld den ganzen Raum, auch das Innere des Zylinders. Die das Feld zunächst abschirmenden Ströme klingen mit der Zeit ab. Die zum Abklingen nötige Zeit ist von der Größenordnung

$$\lambda_{01}^2 \tau = \frac{\lambda_{01}^2 t}{\mu \kappa r_0^2} \approx 1,$$

$$t \approx \frac{\mu \kappa r_0^2}{\lambda_{01}^2} = \frac{\mu \kappa r_0^2}{(2{,}40)^2}, \qquad (6.255)$$

wie dies bis auf den Faktor $(2,40)^2$ unserer groben Abschätzung, (6.39), entspricht.

6.7.3 Das azimutale Feld B_φ

Die Behandlung des azimutalen Feldes erfolgt in Analogie zu der des longitudinalen Feldes. Erzeugen wir an der Oberfläche des Zylinders ein Feld

$$[B_\varphi(x,\tau)]_{x=1} = B_\varphi(1,\tau) = f_\varphi(\tau), \tag{6.256}$$

und ist kein Anfangsfeld im Inneren des Zylinders vorhanden, so gilt für $B_\varphi(x,\tau)$ die Gleichung (6.224). Für $\tilde{B}_\varphi(x,p)$ ergibt sich daraus

$$\left(\frac{1}{x}\frac{\partial}{\partial x} x \frac{\partial}{\partial x} - \frac{1}{x^2} - p\right)\tilde{B}_\varphi(x,p) = 0. \tag{6.257}$$

Die Randbedingungen sind

$$\tilde{B}_\varphi(1,p) = \tilde{f}_\varphi(p) \tag{6.258}$$

$$\tilde{B}_\varphi(0,p) = \text{endlich.} \tag{6.259}$$

Der einzige Unterschied zum Fall des longitudinalen Feldes ist, daß an die Stelle von J_0 nun J_1 tritt. Als Lösung erhält man in Analogie zu (6.239)

$$\tilde{B}_\varphi(x,p) = \tilde{f}_\varphi(p)\frac{J_1(xi\sqrt{p})}{J_1(i\sqrt{p})}. \tag{6.260}$$

Zur Inversion benötigen wir die Residuen der Funktion

$$\frac{J_1(xi\sqrt{p})}{J_1(i\sqrt{p})}\exp(p\tau). \tag{6.261}$$

Die Pole liegen bei

$$i\sqrt{p} = \lambda_{1n} \quad (n \geq 1) \tag{6.262}$$

bzw.

$$p = -\lambda_{1n}^2 \quad (n \geq 1). \tag{6.263}$$

Die Nullstelle $p = 0$ von $J_1(i\sqrt{p})$ ist kein Pol. Der Zähler verschwindet dort ebenfalls, und das Verhältnis $J_1(xi\sqrt{p})/J_1(i\sqrt{p})$ bleibt endlich ($= x$). Die zugehörigen Residuen sind

$$R_n = \lim_{p \to -\lambda_{1n}^2} \frac{J_1(\lambda_{1n}x)\exp(-\lambda_{1n}^2\tau)(p+\lambda_{1n}^2)}{J_1(i\sqrt{p})}$$

$$= \lim_{p \to -\lambda_{1n}^2} \frac{J_1(\lambda_{1n}x)\exp(-\lambda_{1n}^2\tau)}{\dfrac{i}{2\sqrt{p}}J_1'(i\sqrt{p})}.$$

Wegen
$$J'_1(z) = J_0(z) - \frac{1}{z}J_1(z)$$
ist
$$J'_1(\lambda_{1n}) = J_0(\lambda_{1n})$$
und
$$R_n = -\frac{2\lambda_{1n}J_1(\lambda_{1n}x)\exp(-\lambda_{1n}^2\tau)}{J_0(\lambda_{1n})} \qquad (6.264)$$

und schließlich—ähnlich (6.244)—

$$\boxed{\mathscr{L}\left[-\sum_{n=1}^{\infty}\frac{2\lambda_{1n}J_1(\lambda_{1n}x)\exp(-\lambda_{1n}^2\tau)}{J_0(\lambda_{1n})}\right] = \frac{J_1(xi\sqrt{p})}{J_1(i\sqrt{p})}} \qquad (6.265)$$

Damit liefert die Anwendung des Faltungstheorems auf die Gleichung (6.260)

$$\boxed{B_\varphi(x,\tau) = -\sum_{n=1}^{\infty}\frac{2\lambda_{1n}J_1(\lambda_{1n}x)\exp(-\lambda_{1n}^2\tau)}{J_0(\lambda_{1n})}\int_0^\tau f_\varphi(\tau_0)\exp(\lambda_{1n}^2\tau_0)d\tau_0}$$

(6.266)

Als Beispiel sei auch hier der Spezialfall
$$f_\varphi(\tau) = B_0 \qquad (6.267)$$
bzw.
$$\tilde{f}_\varphi(p) = \frac{B_0}{p} \qquad (6.268)$$
diskutiert. Dafür ist
$$\tilde{B}_\varphi(x,p) = \frac{B_0 J_1(xi\sqrt{p})}{pJ_1(i\sqrt{p})}. \qquad (6.269)$$

Neben den Polen bei $p = -\lambda_{1n}^2$ hat die Funktion

$$\frac{B_0 J_1(xi\sqrt{p})\exp(p\tau)}{pJ_1(i\sqrt{p})}$$

nun auch einen Pol bei $p = 0$. Das Residuum an dieser Stelle findet man am bequemsten mit Hilfe des Beginns der Reihenentwicklung für J_1. Nach (3.174) ist für dem Betrag nach sehr kleine Argumente

$$J_1(xi\sqrt{p}) \approx \frac{xi\sqrt{p}}{2}$$

und deshalb das Residuum

$$R_0 = \lim_{p \to 0} \frac{B_0 J_1(xi\sqrt{p})\exp(p\tau)p}{pJ_1(i\sqrt{p})} = B_0 \frac{\frac{xi\sqrt{p}}{2}}{\frac{i\sqrt{p}}{2}} = B_0 x. \tag{6.270}$$

Für die übrigen Residuen findet man ähnlich (6.264) wegen des zusätzlichen Faktors $p = -\lambda_{1n}^2$ im Nenner

$$R_n = B_0 \frac{2J_1(\lambda_{1n}x)\exp(-\lambda_{1n}^2\tau)}{\lambda_{1n}J_0(\lambda_{1n})}. \tag{6.271}$$

Also ist

$$B_\varphi(x,\tau) = B_0 \left[x + \sum_{n=1}^\infty \frac{2J_1(\lambda_{1n}x)\exp(-\lambda_{1n}^2\tau)}{\lambda_{1n}J_0(\lambda_{1n})} \right]. \tag{6.272}$$

Dasselbe Ergebnis läßt sich auch aus der allgemeinen Lösung (6.266) herleiten:

$$\begin{aligned} B_\varphi(x,\tau) &= -\sum_{n=1}^\infty \frac{2B_0\lambda_{1n}J_1(\lambda_{1n}x)\exp(-\lambda_{1n}^2\tau)}{J_0(\lambda_{1n})} \frac{\exp(\lambda_{1n}^2\tau)-1}{\lambda_{1n}^2} \\ &= -\sum_{n=1}^\infty \frac{2B_0 J_1(\lambda_{1n}x)}{\lambda_{1n}J_0(\lambda_{1n})} + \sum_{n=1}^\infty \frac{2B_0 J_1(\lambda_{1n}x)\exp(-\lambda_{1n}^2\tau)}{\lambda_{1n}J_0(\lambda_{1n})} \\ &= B_0\left[x + \sum_{n=1}^\infty \frac{2J_1(\lambda_{1n}x)\exp(-\lambda_{1n}^2\tau)}{\lambda_{1n}J_0(\lambda_{1n})} \right]. \end{aligned} \tag{6.273}$$

Dabei ist zu verwenden, daß

$$x = -\sum_{n=1}^\infty \frac{2J_1(\lambda_{1n}x)}{\lambda_{1n}J_0(\lambda_{1n})} \tag{6.274}$$

die Fourier–Bessel-Reihe für x im Bereich $0 \leq x < 1$ ist. Der Beweis mit Hilfe der Formeln von Abschn. 3.7.3.3 sei dem Leser als Übung überlassen. Die beiden Lösungsmethoden liefern also dasselbe Ergebnis. Zur Zeit $\tau = 0$ folgt aus (6.272) und (6.274)

$$B_\varphi(x,0) = B_0\left[x + \sum_{n=1}^\infty \frac{2J_1(\lambda_{1n}x)}{\lambda_{1n}J_0(\lambda_{1n})} \right] = B_0[x - x] = 0,$$

d.h. die Anfangsbedingung verschwindenden Feldes im Zylinder ist tatsächlich erfüllt. Für sehr große Zeiten ist

$$[B_\varphi(x,\tau)]_{\tau\to\infty} = B_0 x = B_0 \frac{r}{r_0}, \tag{6.275}$$

wie es sein muß. Die Vorgabe von B_φ am Rande des Zylinders bedeutet, daß der

Gesamtstrom I im Zylinder festgelegt ist:

$$I = \int_0^{r_0} g_z(r) 2\pi r \, dr = \frac{1}{\mu_0} 2\pi r_0 B_0. \quad (6.276)$$

Der Strom I bleibt während des ganzen Diffusionsvorgangs konstant, lediglich die Stromdichten $g_z(r, \tau)$ ändern sich mit der Zeit. Anfangs fließt der Strom nur in der Zylinderoberfläche, zuletzt mit konstanter Dichte im ganzen Zylinder. Diesem Endzustand enspricht natürlich das linear mit dem Radius zunehmende Feld (6.275). Man kann diesen stationären Endzustand sofort aus (6.217) direkt ableiten. Im stationären Fall folgt daraus ja

$$\left(\frac{1}{r} \frac{\partial}{\partial r} r \frac{\partial}{\partial r} - \frac{1}{r^2} \right) B_\varphi(r) = 0 \quad (6.277)$$

mit der allgemeinen Lösung

$$B_\varphi(r) = Ar + \frac{B}{r}. \quad (6.278)$$

Um die Divergenz bei $r = 0$ zu vermeiden, muß man

$$B = 0$$

setzen, und die Randbedingung bei $r = r_0$ wird durch

$$A = B_0/r_0$$

erfüllt. Also ist — wie behauptet — $B_\varphi(r) = B_0 r/r_0$.

6.7.4 Der Skineffekt im zylindrischen Draht

Als weiteren Spezialfall der Diffusion des azimutalen Feldes $B_\varphi(x, \tau)$ wollen wir den Skineffekt in einem zylindrischen Draht behandeln. In diesem sei anfangs kein Magnetfeld vorhanden. Beginnend mit der Zeit $t = 0 (\tau = 0)$ sei er von einem Strom

$$I = I_0 \cos(\Omega \tau) \quad (6.279)$$

durchflossen. Dazu gehört an der Oberfläche ($r = r_0$) ein Feld

$$B_\varphi = \frac{\mu_0 I_0}{2\pi r_0} \cos(\Omega \tau) = B_0 \cos(\Omega \tau), \quad (6.280)$$

$$B_0 = \frac{\mu_0 I_0}{2\pi r_0}. \quad (6.281)$$

Wir haben es also mit der Randbedingung

$$f_\varphi(\tau) = B_0 \cos(\Omega \tau), \quad (6.282)$$

$$\tilde{f}_\varphi(p) = B_0 \frac{p}{p^2 + \Omega^2} \quad (6.283)$$

zu tun. Nach (6.260) ist dann

$$\tilde{B}_\varphi(x,p) = \frac{B_0 p J_1(xi\sqrt{p})}{(p^2+\Omega^2)J_1(i\sqrt{p})} = \frac{B_0 p J_1(xi\sqrt{p})}{(p+i\Omega)(p-i\Omega)J_1(i\sqrt{p})}. \tag{6.284}$$

Die Funktion

$$\frac{B_0 p J_1(xi\sqrt{p})\exp(p\tau)}{(p+i\Omega)(p-i\Omega)J_1(i\sqrt{p})} \tag{6.285}$$

hat Pole 1. Ordnung bei

$$i\sqrt{p} = \lambda_{1n}, \tag{6.286}$$

$$p = -\lambda_{1n}^2 \tag{6.287}$$

und außerdem bei

$$p = \pm i\Omega. \tag{6.288}$$

Ihre Residuen an den Stellen $p = -\lambda_{1n}^2$ sind

$$R_n = \frac{2B_0 \lambda_{1n}^3 J_1(\lambda_{1n}x)\exp(-\lambda_{1n}^2\tau)}{(\lambda_{1n}^4+\Omega^2)J_0(\lambda_{1n})}. \tag{6.289}$$

Das ergibt sich aus den Residuen (6.264) wegen des Faktors

$$\frac{B_0 p}{p^2+\Omega^2} = -\frac{B_0\lambda_{1n}^2}{\lambda_{1n}^4+\Omega^2}.$$

Für $p = \pm i\Omega$ erhält man

$$R_\pm = \frac{B_0(\pm i\Omega)J_1(xi\sqrt{\pm i\Omega})\exp(\pm i\Omega\tau)}{2(\pm i\Omega)J_1(i\sqrt{\pm i\Omega})}$$

$$= \frac{B_0}{2}\frac{J_1(xi\sqrt{\pm i\Omega})}{J_1(i\sqrt{\pm i\Omega})}\exp(\pm i\Omega\tau). \tag{6.290}$$

Also ist

$$B_\varphi(x,\tau) = \frac{B_0}{2}\left[\frac{J_1(x\sqrt{-i\Omega})}{J_1(\sqrt{-i\Omega})}\exp(i\Omega\tau) + \frac{J_1(x\sqrt{i\Omega})}{J_1(\sqrt{i\Omega})}\exp(-i\Omega\tau)\right]$$

$$+ B_0 \sum_{n=1}^{\infty} \frac{2\lambda_{1n}^3 J_1(\lambda_{1n}x)\exp(-\lambda_{1n}^2\tau)}{(\lambda_{1n}^4+\Omega^2)J_0(\lambda_{1n})}. \tag{6.291}$$

Für große Zeiten spielen die exponentiell abklingenden Glieder der Summe keine Rolle mehr, und man erhält für diese großen Zeiten den "eingeschwungenen Zustand"

$$B_\varphi(x,\tau) = \frac{B_0}{2}\left[\frac{J_1(x\sqrt{-i\Omega})}{J_1(\sqrt{-i\Omega})}\exp(i\Omega\tau) + \frac{J_1(x\sqrt{i\Omega})}{J_1(\sqrt{i\Omega})}\exp(-i\Omega\tau)\right]. \tag{6.292}$$

Insbesondere ist für $x = 1$ $(r = r_0)$

$$B_\varphi(1,\tau) = \frac{B_0}{2}[\exp(i\Omega\tau) + \exp(-i\Omega\tau)] = B_0 \cos(\Omega\tau)$$

im Einklang mit der Randbedingung. Die Funktionen $J_1(x\sqrt{\mp i\Omega})$ haben komplexe Werte, können jedoch in ihre Real- und Imaginärteile zerlegt werden. Diese sind so wichtig, daß man dafür eigene Funktionen, die *Kelvinschen Funktionen* "ber" (= Bessel-Realteil) und "bei" (= Bessel-Imaginärteil), eingeführt hat:

$$\begin{aligned}J_\nu(x\sqrt{\mp i\Omega}) &= J_\nu(x\sqrt{\Omega}\sqrt{\mp i}) \\ &= \text{ber}_\nu(x\sqrt{\Omega}) \pm i\,\text{bei}_\nu(x\sqrt{\Omega}).\end{aligned} \quad (6.293)$$

Mit Hilfe der Kelvinschen Funktionen kann man $B_\varphi(x, \tau)$ nach (6.292) oder (6.291) in reeller Form schreiben. Darauf sei jedoch nicht weiter eingegangen. Wir wollen uns auf eine kurze Diskussion von zwei Grenzfällen (sehr kleine und sehr große Frequenz) beschränken.

1) Der Grenzfall sehr kleiner Frequenz ($\Omega \ll 1$)

Ist $\Omega \ll 1$, so sind auch die Argumente der Bessel-Funktionen in (6.292) dem Betrag nach sehr klein gegen 1, da ja $0 \leq x < 1$ ist. Dann ist aber

$$\frac{J_1(x\sqrt{\pm i\Omega})}{J_1(\sqrt{\pm i\Omega})} \approx x \quad (6.294)$$

und deshalb

$$B_\varphi(x,\tau) \approx \frac{B_0}{2}[x\exp(i\Omega\tau) + x\exp(-i\Omega\tau)]$$

$$= B_0 x \cos\Omega\tau. \quad (6.295)$$

Das ist nicht überraschend. Das Feld ist überall phasengleich, da bei der angenommen kleinen Frequenz die Periode des Feldes sehr groß gegenüber der Eindringzeit in den Zylinder ist. Aus

$$\Omega = \omega\mu\kappa r_0^2 \ll 1 \quad (6.296)$$

folgt ja

$$\frac{1}{\omega} \gg \mu\kappa r_0^2. \quad (6.297)$$

Dazu beachte man (6.137) mit $l = r_0$. Die Amplitude des Feldes nimmt linear mit x (d.h. linear mit dem Radius) zu. Die Stromdichte im Zylinder ist also zu allen Zeiten räumlich konstant, oszilliert jedoch mit $\cos(\Omega\tau)$. Man hat also im Grunde das Verhalten eines Gleichstromes, der sich zeitlich nur langsam (langsam gemessen an der typischen Eindringzeit des Zylinders, $\mu\kappa r_0^2$) ändert.

2) Der Grenzfall sehr großer Frequenz ($\Omega \gg 1$)

Für sehr große Argumente gilt in allergröbster Näherung

$$\text{ber}_1(x\sqrt{\Omega}) \approx \frac{\exp\left(x\sqrt{\frac{\Omega}{2}}\right)\cos\left(x\sqrt{\frac{\Omega}{2}} + \frac{3\pi}{8}\right)}{\sqrt{2\pi x\sqrt{\Omega}}}, \qquad (6.298)$$

$$\text{bei}_1(x\sqrt{\Omega}) \approx \frac{\exp\left(x\sqrt{\frac{\Omega}{2}}\right)\sin\left(x\sqrt{\frac{\Omega}{2}} + \frac{3\pi}{8}\right)}{\sqrt{2\pi x\sqrt{\Omega}}}. \qquad (6.299)$$

Aus (6.293) und (6.292) erhält man damit

$$B_\varphi(x, \tau) \approx \frac{B_0 \exp\left[-(1-x)\sqrt{\frac{\Omega}{2}}\right]\cos\left[\Omega\tau - (1-x)\sqrt{\frac{\Omega}{2}}\right]}{\sqrt{x}}, \qquad (6.300)$$

wobei dieser Ausdruck nur für $x\sqrt{\Omega} \gg 1$ verwendbar ist (d.h. auch bei großer Frequenz Ω nur für nicht zu kleine Werte von x, nicht zu nahe an der Achse also). Betrachtet man den Ausdruck (6.300) in der Nähe der Zylinderoberfläche, $r \approx r_0$, $x \approx 1$, so sieht man, daß das Feld sich praktisch wie im ebenen Fall verhält. Dazu vergleiche man das gegenwärtige Resultat, (6.300), mit dem des Halbraumes, (6.139), und beachte dabei, daß der Abstand ξ von der Oberfläche des Halbraumes hier dem Abstand von der Zylinderoberfläche $r_0 - r$ bzw. dimensionslos $(r_0 - r)/r_0 = 1 - r/r_0 = 1 - x$ entspricht. Aus

$$\omega\mu\kappa r_0^2 = \Omega \gg 1$$

folgt

$$r_0 \gg \frac{1}{\sqrt{\mu\kappa\omega}},$$

d.h. die Eindringtiefe ist sehr klein gegen den Zylinderradius. Es ist auch anschaulich klar, daß unter diesen Umständen die Diffusion wie im ebenen Fall erfolgt. Das gilt nicht nur für den Zylinder, sondern für beliebig geformte Leiter bei genügend hoher Frequenz bzw. genügend kleiner Eindringtiefe. In dieser Hinsicht ist das Ergebnis (6.139) von sehr allgemeiner Bedeutung.

Zusammenfassend läßt sich also sagen, daß sich der Fall sehr kleiner Frequenz auf den Gleichstromfall zurückführen läßt und der Fall sehr großer Frequenz auf den Fall der ebenen Diffusion. Für dazwischenliegende mittlere Frequenzen läßt sich keine so einfache Aussage machen. Qualitativ (jedoch nicht quantitativ) ergibt sich jedoch auch dafür ein Verhalten wie wir es im ebenen Fall (Abschn. 6.5.4) studiert haben: Die Welle dringt gedämpft und mit einer gewissen Phasenverschiebung in das Medium ein.

6.8 Grenzen der quasistationären Theorie

Die quasistationäre Theorie ist eine Näherung, die auf der Vernachlässigung des Verschiebungsstromes in den Maxwellschen Gleichungen beruht. Wir haben schon erwähnt, daß damit insbesondere auch die mit elektromagnetischen Wellen verknüpften Erscheinungen vernachlässigt sind. Es mag wie ein Widerspruch zu dieser Behauptung erscheinen, daß wir wellenartigen Vorgängen im Zusammenhang mit den Problemen des Skineffektes begegnet sind. Man beachte jedoch, daß diese Vorgänge durch die Randbedingungen erzwungen sind und nichts mit den später zu diskutierenden elektromagnetischen Wellen zu tun haben.

Es ist typisch für die Ausbreitung von Wellen, daß sie mit einer bestimmten endlichen Geschwindigkeit erfolgt. Wir müssen das im nächsten Teil ausführlich erörtern. Darüber hinaus ist eines der Grundpostulate der Relativitätstheorie und damit der Naturwissenschaften überhaupt, daß es keine Signalgeschwindigkeit geben kann, die über der Lichtgeschwindigkeit des Vakuums, $c_0 \approx 3 \cdot 10^8 \text{ ms}^{-1}$, liegt. Betrachten wir nun z.B. die Ausbreitung eines zunächst δ-funktionsartigen Feldes im unendlichen Raum, wie wir sie in Abschn. 6.4 diskutiert haben. Sie wird durch (6.69) beschrieben. Diese Gleichung zeigt etwas sehr Merkwürdiges. Zur Zeit $\tau = 0$ ist das Feld an nur einem Ort vorhanden, dort jedoch unendlich groß. Nach beliebig kurzer Zeit τ erfüllt das Feld bereits den ganzen unendlichen Raum, wobei es allerdings in großem Abstand vom Ausgangspunkt sehr klein ist. Es sieht also so aus, als ob es eine unendliche Signalgeschwindigkeit gäbe. In der Tat könnte man die schon nach sehr kurzer Zeit in sehr großem Abstand erzeugten sehr kleinen Felder mit hinreichend empfindlichen Instrumenten, im Prinzip jedenfalls, nachweisen und auch zur Übertragung von Signalen benutzen, wenn sie wirklich vorhanden wären. Dies ist jedoch gar nicht der Fall. Die hier auftretende unendliche Signalgeschwindigkeit ist zwar typisch für "Diffusionsvorgänge", d.h. für die durch Diffusionsgleichungen beschriebenen Prozesse, physikalisch jedoch nicht real. Formal betrachtet ist—wie wir noch sehen werden—die Vernachlässigung des Verschiebungsstromes der Annahme einer unendlichen Signalgeschwindigkeit gleichwertig.

Es sei noch ein weiteres von uns behandeltes Beispiel angeführt. In einem leitfähigen Halbraum befindet sich anfangs kein Feld. Zur Zeit $\tau = 0$ wird an der Oberfläche plötzlich ein dann konstantes Feld B_0 erzeugt. Nach (6.117) bzw. nach Bild 6.20 erfüllt dieses Feld ebenfalls bereits nach beliebig kurzer Zeit den ganzen Halbraum.

All das bedeutet jedoch nicht, daß die so berechneten Felder sinnlos bzw. völlig falsch wären. Die quasistationäre Theorie stellt unter geeigneten Voraussetzungen eine ausgezeichnete Näherung an das tatsächliche Verhalten der Felder dar. Dabei spielt die enorme Größe der Lichtgeschwindigkeit eine erhebliche Rolle. Felder breiten sich mit dieser sehr großen Geschwindigkeit aus, und für viele Probleme spielen die von der Ausbreitung noch nicht erfaßten, weit entfernten Gebiete keine Rolle, ganz abgesehen davon, daß die von der quasistationären Theorie dort angegebenen Felder zwar nicht verschwinden, jedoch vielfach so klein sind, daß sie ebenfalls keine Rolle mehr spielen. Aus dem Gesagten folgt bereits qualitativ, daß die quasistationäre Theorie nur für hinreichend große Zeiten, anders ausgedrückt für hinreichend langsame oder hinreichend niederfrequente Vorgänge als Näherung brauchbar ist. Um zu einer quantitativen Aussage zu kommen, kehren wir zum Beispiel der Felddiffusion im unendlichen Raum zurück. Im Gegensatz zur Gleichung (6.69) muß das Feld verschwinden, wenn

$$(x' - x)^2 = l^2(\xi' - \xi)^2 \stackrel{>}{\sim} c^2 t^2 = \frac{t^2}{\mu\varepsilon}$$

ist. Das spielt jedoch praktisch keine Rolle, wenn

$$\exp\left(-\frac{(\xi' - \xi)^2}{4\tau}\right) = \exp\left(-\frac{(x' - x)^2}{4t}\mu\kappa\right) \ll 1 \quad \text{für} \quad (x' - x)^2 = \frac{t^2}{\mu\varepsilon}$$

ist, d.h., wenn

$$(x' - x)^2 \frac{\mu\kappa}{t} \gg 1 \quad \text{für} \quad (x' - x)^2 = \frac{t^2}{\mu\varepsilon}$$

ist. Es muß also gelten:

$$\frac{\mu\kappa}{\mu\varepsilon} t \gg 1,$$

$$t \gg \frac{\varepsilon}{\kappa} = t_r.$$

Dabei ist t_r die in Abschn. 4.2 behandelte Relaxationszeit. Im Fall des Skineffekts wird man entsprechend voraussetzen müssen, daß die Frequenz

$$\omega = \frac{2\pi}{t} \ll \frac{1}{t_r} = \frac{\kappa}{\varepsilon}$$

sei usw.

Von solchen Voraussetzungen und den entsprechenden Näherungen ist man frei, wenn man den Verschiebungsstrom berücksichtigt, wie dies in Kap. 7 geschieht. Insbesondere werden wir in Abschn. 7.12 auf die hier diskutierten Probleme zurückkommen und einige davon vom Standpunkt der exakten Wellentheorie aus betrachten. Dabei werden sich die Grenzen der quasistationären Theorie deutlicher zeigen. Man wird an diesen Beispielen auch sehen können, wie die Lösungen der quasistationären Näherung in die der Wellentheorie übergehen und umgekehrt.

7 Zeitabhängige Probleme II (Elektromagnetische Wellen)

7.1 Die Wellengleichungen und ihre einfachsten Lösungen

7.1.1 Die Wellengleichungen

Wir gehen von den vollen Maxwellschen Gleichungen und von den Materialgleichungen für ein als homogen angenommenes Medium aus, d.h. ε, μ, und κ sollen im ganzen betrachteten Raum konstant sein:

$$\text{rot } \mathbf{H} = \mathbf{g} + \frac{\partial \mathbf{D}}{\partial t}, \qquad g = j \tag{7.1}$$

$$\text{rot } \mathbf{E} = -\frac{\partial \mathbf{B}}{\partial t}, \tag{7.2}$$

$$\text{div } \mathbf{B} = 0, \tag{7.3}$$

$$\text{div } \mathbf{D} = \rho, \tag{7.4}$$

$$\mathbf{D} = \varepsilon \mathbf{E}, \tag{7.5}$$

$$\mathbf{g} = \kappa \mathbf{E}, \tag{7.6}$$

$$\mathbf{B} = \mu \mathbf{H}. \tag{7.7}$$

Durch Bildung der Rotation von (7.2) und mit Hilfe von (7.7), (7.1), (7.6), (7.5) findet man

$$\text{rot rot } \mathbf{E} = -\frac{\partial}{\partial t} \text{rot } \mathbf{B} = -\mu \frac{\partial}{\partial t} \text{rot } \mathbf{H} = -\mu \frac{\partial}{\partial t}\left(\mathbf{g} + \frac{\partial \mathbf{D}}{\partial t}\right)$$

$$= -\mu \frac{\partial}{\partial t}\left(\kappa \mathbf{E} + \frac{\partial}{\partial t}\varepsilon \mathbf{E}\right) = -\mu\kappa \frac{\partial \mathbf{E}}{\partial t} - \mu\varepsilon \frac{\partial^2 \mathbf{E}}{\partial t^2}.$$

Andererseits ist

$$\text{rot rot } \mathbf{E} = \text{grad div } \mathbf{E} - \Delta \mathbf{E}$$

und deshalb

$$\boxed{\Delta \mathbf{E} - \text{grad div } \mathbf{E} = \mu\kappa \frac{\partial \mathbf{E}}{\partial t} + \mu\varepsilon \frac{\partial^2 \mathbf{E}}{\partial t^2}}. \tag{7.8}$$

Bildet man dagegen die Rotation von (7.1), so bekommt man mit Hilfe von (7.6), (7.5), (7.2), (7.7)

$$\operatorname{rot}\operatorname{rot}\mathbf{H} = \operatorname{rot}\mathbf{g} + \frac{\partial}{\partial t}\operatorname{rot}\mathbf{D} = \kappa\operatorname{rot}\mathbf{E} + \varepsilon\frac{\partial}{\partial t}\operatorname{rot}\mathbf{E}$$

$$= -\kappa\frac{\partial \mathbf{B}}{\partial t} - \varepsilon\frac{\partial^2}{\partial t^2}\mathbf{B} = \frac{1}{\mu}\operatorname{rot}\operatorname{rot}\mathbf{B}$$

$$= \frac{1}{\mu}(\operatorname{grad}\operatorname{div}\mathbf{B} - \Delta\mathbf{B}),$$

bzw. mit (7.3)

$$\boxed{\Delta\mathbf{B} = \mu\kappa\frac{\partial \mathbf{B}}{\partial t} + \mu\varepsilon\frac{\partial^2\mathbf{B}}{\partial t^2}}. \tag{7.9}$$

Die beiden Gleichungen (7.8), (7.9) sind die sog. Wellengleichungen für **E** und **B** in ihrer für homogene Medien allgemeinsten Form.

In einem ladungsfreien und nichtleitenden Dielektrikum, insbesondere z.B. im Vakuum, ist:

$\rho = 0,$

$\mathbf{g} = 0,$

$\kappa = 0,$

und man erhält die spezielleren Wellengleichungen

$$\boxed{\Delta\mathbf{E} = \mu\varepsilon\frac{\partial^2\mathbf{E}}{\partial t^2}}, \tag{7.10}$$

$$\boxed{\Delta\mathbf{B} = \mu\varepsilon\frac{\partial^2\mathbf{B}}{\partial t^2}}. \tag{7.11}$$

7.1.2 Der einfachste Fall: Ebene Wellen im Isolator

Zunächst seien nur die einfachsten Lösungen der Wellengleichungen (7.10), (7.11) untersucht. Dazu sei angenommen, daß **E** und **B** von nur einer der drei kartesischen Koordinaten, z.B. von z, und außerdem noch von der Zeit abhängen:

$$\mathbf{E} = \mathbf{E}(z,t) = (E_x(z,t), E_y(z,t), E_z(z,t)), \tag{7.12}$$

$$\mathbf{B} = \mathbf{B}(z,t) = (B_x(z,t), B_y(z,t), B_z(z,t)). \tag{7.13}$$

Beide Felder müssen quellenfrei sein ($\rho = 0$), d.h. es muß gelten

$$\operatorname{div}\mathbf{E} = \frac{\partial E_z(z,t)}{\partial z} = 0, \tag{7.14}$$

$$\text{div } \mathbf{B} = \frac{\partial B_z(z,t)}{\partial z} = 0. \tag{7.15}$$

Daraus folgt

$$E_z = E_z(t), \tag{7.16}$$

$$B_z = B_z(t). \tag{7.17}$$

Wir werden später noch sehen, daß E_z und B_z auch nicht von t abhängen können. Möglicherweise ist also im Raum ein von Ort und Zeit unabhängiges Feld E_z bzw. B_z vorhanden, das uns jedoch nicht interessiert. Wir nehmen deshalb an:

$$E_z = 0, \tag{7.18}$$

$$B_z = 0. \tag{7.19}$$

Felder, die bei geeignet gewähltem Koordinatensystem von nur einer kartesischen Koordinate und der Zeit abhängen, bezeichnen wir als *ebene Wellen*. Wir können dann sagen, daß ebene Wellen keine Feldkomponenten in ihrer Ausbreitungsrichtung (hier der z-Richtung) haben können, d.h. es handelt sich notwendigerweise um *transversale Wellen*. Dies ist eine Folge des oben angenommenen Verschwindens der Raumladungen. Beim Vorhandensein von Raumladungen sind durchaus auch ebene Wellen mit Komponenten des elektrischen Feldes in Ausbreitungsrichtung, sog. *longitudinale Wellen*, möglich. Die sog. "Plasmawellen", die in Plasmen und Festkörpern eine erhebliche Rolle spielen, sind von dieser Art. Im folgenden sollen jedoch nur transversale Wellen behandelt werden. Wir haben es dann nur mit den transversalen Feldkomponenten E_x, E_y, B_x und B_y zu tun. Für sie gilt z.B.

$$\frac{\partial^2 E_x}{\partial z^2} = \varepsilon\mu \frac{\partial^2 E_x}{\partial t^2}, \tag{7.20}$$

$$\frac{\partial^2 E_y}{\partial z^2} = \varepsilon\mu \frac{\partial^2 E_y}{\partial t^2}. \tag{7.21}$$

Man kann beinahe unmittelbar sehen, daß mit ganz beliebigen Funktionen f_x und g_x z.B.

$$\boxed{E_x = f_x(z - ct) + g_x(z + ct)} \tag{7.22}$$

die zugehörige Wellengleichung löst, wobei

$$c = \frac{1}{\sqrt{\varepsilon\mu}} \tag{7.23}$$

die Lichtgeschwindigkeit im betrachteten Medium ist (*d'Alembertsche Lösung* der Wellengleichung).

Der Beweis ist einfach. Zunächst gilt

$$\frac{\partial E_x}{\partial z} = f'_x + g'_x,$$

$$\frac{\partial^2 E_x}{\partial z^2} = f''_x + g''_x,$$

während

$$\frac{\partial E_x}{\partial t} = -cf'_x + cg'_x,$$

$$\frac{\partial^2 E_x}{\partial t^2} = c^2 f''_x + c^2 g''_x = c^2 \frac{\partial^2 E_x}{\partial z^2} = \frac{1}{\varepsilon\mu} \frac{\partial^2 E_x}{\partial z^2},$$

d.h. (7.20) ist erfüllt. Analoges gilt natürlich für E_y und für die Komponenten von **B**, B_x und B_y. Andererseits sind die Komponenten von **E** und **B** nicht unabhängig voneinander. Aus (7.2) folgt

$$\text{rot } \mathbf{E} = \begin{vmatrix} \mathbf{e}_x & \mathbf{e}_y & \mathbf{e}_z \\ 0 & 0 & \frac{\partial}{\partial z} \\ E_x & E_y & E_z \end{vmatrix} = \left(-\frac{\partial E_y}{\partial z}, \frac{\partial E_x}{\partial z}, 0\right)$$

$$= -\left(\frac{\partial B_x}{\partial t}, \frac{\partial B_y}{\partial t}, \frac{\partial B_z}{\partial t}\right).$$

Daraus ergibt sich, daß B_z auch zeitlich konstant sein muß, wie wir oben, vorwegnehmend, schon behauptet haben. Im übrigen ist

$$\frac{\partial B_x}{\partial t} = \frac{\partial E_y}{\partial z} = f'_y(z - ct) + g'_y(z + ct),$$

$$\frac{\partial B_y}{\partial t} = -\frac{\partial E_x}{\partial z} = -f'_x(z - ct) - g'_x(z + ct)$$

bzw., nach der Zeit integriert,

$$B_x = -\frac{1}{c} f_y(z - ct) + \frac{1}{c} g_y(z + ct) + F_x(z), \tag{7.24}$$

$$B_y = \frac{1}{c} f_x(z - ct) - \frac{1}{c} g_x(z + ct) + F_y(z). \tag{7.25}$$

Aus (7.1) dagegen folgt im Isolator für **g** = 0:

$$\text{rot } \mathbf{H} = \begin{vmatrix} \mathbf{e}_x & \mathbf{e}_y & \mathbf{e}_z \\ 0 & 0 & \frac{\partial}{\partial z} \\ H_x & H_y & H_z \end{vmatrix} = \left(-\frac{\partial H_y}{\partial z}, \frac{\partial H_x}{\partial z}, 0\right)$$

$$= \left(\frac{\partial D_x}{\partial t}, \frac{\partial D_y}{\partial t}, \frac{\partial D_z}{\partial t}\right).$$

Demnach ist D_z bzw. auch E_z nicht von t abhängig, wie schon oben behauptet wurde. Weiter ist

$$\frac{\partial B_x}{\partial z} = \mu\varepsilon \frac{\partial E_y}{\partial t} = \frac{1}{c^2}[-cf'_y(z-ct) + cg'_y(z+ct)]$$

$$= -\frac{1}{c}f'_y(z-ct) + \frac{1}{c}g'_y(z+ct),$$

$$\frac{\partial B_y}{\partial z} = -\mu\varepsilon \frac{\partial E_x}{\partial t} = -\frac{1}{c^2}[-cf'_x(z-ct) + cg'_x(z+ct)]$$

$$= \frac{1}{c}f'_x(z-ct) - \frac{1}{c}g'_x(z+ct).$$

Integration nach z liefert

$$B_x = -\frac{1}{c}f_y(z-ct) + \frac{1}{c}g_y(z+ct) + G_x(t), \tag{7.26}$$

$$B_y = \frac{1}{c}f_x(z-ct) - \frac{1}{c}g_x(z+ct) + G_y(t). \tag{7.27}$$

Vergleicht man die Gleichungen (7.24) bis (7.27) miteinander, so sieht man, daß für die "Integrationskonstanten" gelten muß:

$$\begin{aligned} F_x(z) &= G_x(t), \\ F_y(z) &= G_y(t), \end{aligned} \tag{7.28}$$

d.h. sie können weder von z noch von t abhängen, sie müssen räumlich und zeitlich konstant sein. Abgesehen von solchen konstanten Feldern gilt dann für das Feld der ebenen Welle:

$$\left.\begin{aligned} E_x &= f_x(z-ct) + g_x(z+ct) \\ E_y &= f_y(z-ct) + g_y(z+ct) \\ E_z &= 0 \\ B_x &= -\frac{1}{c}f_y(z-ct) + \frac{1}{c}g_y(z+ct) \\ B_y &= \frac{1}{c}f_x(z-ct) - \frac{1}{c}g_x(z+ct) \\ B_z &= 0. \end{aligned}\right\} \tag{7.29}$$

Diese ebene Welle besteht aus einem Anteil, der ohne Formänderung in positiver z-Richtung läuft:

$$E_x = f_x(z - ct)$$
$$E_y = f_y(z - ct)$$
$$E_z = 0$$
$$B_x = -\frac{1}{c} f_y(z - ct)$$
$$B_y = \frac{1}{c} f_x(z - ct)$$
$$B_z = 0.$$

(7.30)

Mit der zugehörigen Ausbreitungsrichtung

$$\mathbf{e}_a = (0, 0, 1)$$

kann man dies auch in der Form

$$\boxed{\mathbf{B} = \frac{\mathbf{e}_a \times \mathbf{E}}{c}} \tag{7.31}$$

schreiben, bzw.

$$\boxed{\mathbf{H} = \frac{\mathbf{e}_a \times \mathbf{E}}{\mu c} = \frac{\mathbf{e}_a \times \mathbf{E}}{\sqrt{\frac{\mu}{\varepsilon}}} = \frac{\mathbf{e}_a \times \mathbf{E}}{Z}}, \tag{7.32}$$

wo

$$\boxed{Z = \sqrt{\frac{\mu}{\varepsilon}}} \tag{7.33}$$

der sogenannte *Wellenwiderstand* des Mediums ist. Der andere Anteil läuft mit ebenso unveränderter Form in Richtung der negativen z-Achse:

$$E_x = g_x(z + ct)$$
$$E_y = g_y(z + ct)$$
$$E_z = 0$$
$$B_x = \frac{1}{c} g_y(z + ct)$$
$$B_y = -\frac{1}{c} g_x(z + ct)$$
$$B_z = 0.$$

Mit
$$\mathbf{e}_a = (0, 0, -1)$$
läßt sich auch das in Form der Gleichungen (7.31) bis (7.33) schreiben. Diese Gleichungen gelten also ganz allgemein für jede ebene Welle. Sie sind auch nicht an das hier speziell gewählte Koordinatensystem gebunden. In einem gedrehten kartesischen Koordinatensystem würden die Wellen nicht mehr in der positiven oder negativen z-Richtung laufen, die obigen Gleichungen (7.31) (7.32) würden jedoch immer noch gelten. Umgekehrt gilt auch

$$\boxed{\mathbf{E} = c(\mathbf{B} \times \mathbf{e}_a) = Z(\mathbf{H} \times \mathbf{e}_a)}, \qquad (7.34)$$

d.h. die drei Vektoren $\mathbf{E}, \mathbf{B}$ (oder $\mathbf{H}$) und $\mathbf{e}_a$ bilden (in dieser Reihenfolge) ein Rechtssystem. Multipliziert man nämlich (7.31) vektoriell mit $\mathbf{e}_a$, so folgt zunächst

$$(\mathbf{B} \times \mathbf{e}_a) = \frac{\mathbf{e}_a \times \mathbf{E}}{c} \times \mathbf{e}_a = -\mathbf{e}_a \frac{(\mathbf{e}_a \cdot \mathbf{E})}{c} + \frac{\mathbf{E}(\mathbf{e}_a \cdot \mathbf{e}_a)}{c}.$$

Mit
$$\mathbf{e}_a \cdot \mathbf{E} = 0$$
und
$$\mathbf{e}_a \cdot \mathbf{e}_a = 1$$
ergibt sich daraus die Behauptung.

Für das Vakuum ist der Wellenwiderstand

$$Z = Z_0 = \sqrt{\frac{\mu_0}{\varepsilon_0}} = \sqrt{\frac{4\pi \cdot 10^{-7} \frac{\mathrm{Vs}}{\mathrm{Am}}}{8{,}855 \cdot 10^{-12} \frac{\mathrm{As}}{\mathrm{Vm}}}} \approx 377\,\Omega \approx 120\pi\,\Omega. \qquad (7.35)$$

Ist in den Gleichungen (7.29) $E_x = 0$ (und damit auch $B_y = 0$) bzw. $E_y = 0$ (und damit auch $B_x = 0$), so schwingt das elektrische Feld (und damit auch das magnetische Feld) nur in einer Ebene. Solche Wellen nennt man *linear polarisiert*. Die allgemeine ebene Welle kann man aus zwei zueinander senkrecht polarisierten Wellen zusammensetzen, d.h. eben zu der durch (7.29) gegebenen Welle. Die beiden Bilder 7.1 und 7.2 zeigen Beispiele der beiden linear polarisierten Typen ebener Wellen.

7.1.3 Harmonische ebene Wellen

Wellen der in den Bildern 7.1 und 7.2 gezeigten Art werden auch als "Wellenzüge" oder "Wellenpakete" bezeichnet. Man kann sie nämlich durch die Überlagerung geeigneter sinus- bzw. cosinusartiger Wellen mit bestimmten Wellenlängen zusammensetzen. Formal bedeutet das, daß man eine beliebige Funktion als Fourier-Integral, d.h. durch die Überlagerung von sog. harmonischen Wellen

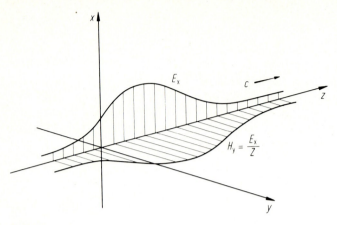

Bild 7.1

darstellen kann, z.B.

$$\left.\begin{aligned} E_x(z,t) &= E_{x0} \cos(\omega t - kz + \varphi) \\ H_y(z,t) &= H_{y0} \cos(\omega t - kz + \varphi) \\ H_{y0} &= \frac{E_{x0}}{Z}. \end{aligned}\right\} \qquad (7.36)$$

Diese Welle ist in Bild 7.3 angedeutet.

E_{x0} und H_{y0} sind die Amplituden der Felder. φ ist ein von der Wahl des Zeitnullpunktes und des Koordinatenursprungs abhängiger Phasenwinkel. ω ist die Kreisfrequenz der Welle, k ihre Wellenzahl. Ist v deren Frequenz, τ ihre Periode und λ ihre Wellenlänge, so gelten die Beziehungen

$$\omega = 2\pi v = \frac{2\pi}{\tau}, \qquad (7.37)$$

$$k = \frac{2\pi}{\lambda}. \qquad (7.38)$$

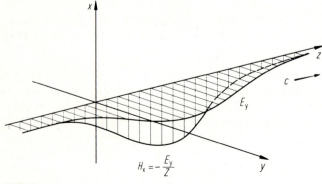

Bild 7.2

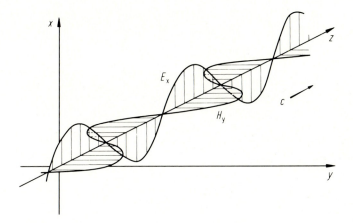

Bild 7.3

Die "Phasengeschwindigkeit" der Welle ist

$$c = \frac{1}{\sqrt{\varepsilon\mu}} = \lambda v = \frac{2\pi}{k} \cdot \frac{\omega}{2\pi} = \frac{\omega}{k}. \tag{7.39}$$

Dies ergibt sich auch aus der Wellengleichung (7.10), wenn man den Ansatz (7.36) in diese einsetzt. Man erhält

$$-k^2 E_x = -\frac{1}{c^2}\omega^2 E_x,$$

woraus sich wieder (7.39) ergibt. Im übrigen kann die Welle (7.36) als ein Spezialfall von (7.22) aufgefaßt werden, weil ja

$$\cos(\omega t - kz + \varphi) = \cos\left[\varphi - k\left(z - \frac{\omega}{k}t\right)\right]$$
$$= \cos[\varphi - k(z - ct)],$$

d.h. eine Funktion von $(z - ct)$ ist.

Nach (7.39) ist

$$\boxed{\omega = ck}. \tag{7.40}$$

Diese Beziehung zwischen ω und k wird als *Dispersionsbeziehung* bezeichnet, hier als die ebener elektromagnetischer Wellen in einem idealen Isolator. In anderen Fällen ergeben sich unter Umständen andere Zusammenhänge zwischen ω und k, d.h. es ergibt sich eine andere Dispersionsbeziehung, etwa

$$\boxed{\omega = \omega(k)}. \tag{7.41}$$

In diesem allgemeinen Fall muß man einer Welle verschiedene Geschwindigkeiten zuordnen. Nach wie vor definiert man die Geschwindigkeit, mit der sich die Phasen der Welle fortpflanzen, als deren *Phasengeschwindigkeit*. Die Phase

$$\omega(k)t - kz + \varphi$$

bleibt für

$$z = z_0 + \frac{\omega(k)}{k}t$$

konstant:

$$\omega(k)t - kz_0 - \omega(k)t + \varphi = \varphi - kz_0.$$

Die Phasengeschwindigkeit c_{ph} ist also allgemein

$$\boxed{v_{ph} = \frac{\omega(k)}{k}}. \tag{7.42}$$

Unter Dispersion versteht man die Tatsache, daß die Phasengeschwindigkeit nach (7.42) eine Funktion der Frequenz (Wellenlänge) sein kann. Gilt speziell eine Dispersionsbeziehung der Form (7.40), so ist die Phasengeschwindigkeit für alle Frequenzen (Wellenlängen) dieselbe ("dispersionsfreier" Fall).

Daneben spielt die sogenannte *Gruppengeschwindigkeit* v_G eine große Rolle. Sie wird definiert durch

$$\boxed{v_G = \frac{d\omega(k)}{dk}}. \tag{7.43}$$

In dem speziellen, hier vorliegenden Fall der Dispersionsbeziehung (7.40) fallen die beiden Geschwindigkeiten zusammen, sie sind beide gleich c:

$$v_{ph} = \frac{\omega}{k} = c = \frac{d\omega}{dk} = v_G. \tag{7.44}$$

Wir werden später auch anderen Dispersionsbeziehungen begegnen, für die das nicht gilt. In solchen Fällen ist die Gruppengeschwindigkeit für die Übertragung von Signalen oder für den Energietransport wesentlich und nicht die Phasengeschwindigkeit. Sie bezieht sich auf eine Wellengruppe (ein Wellenpaket), das aus Wellen verschiedener Frequenz aufgebaut ist. Im Fall der Dispersionsbeziehung (7.40) bewegen sich alle Teilwellen mit derselben Phasengeschwindigkeit $v_{ph} = c$ vorwärts. Es ist einzusehen, daß das Wellenpaket unter diesen Umständen seine Gestalt trotz der Fortbewegung unverändert beibehält, wie sich das für diesen Fall auch unmittelbar aus der Wellengleichung ergibt und an deren d'Alembertscher Lösung besonders deutlich wird. Die Dinge werden jedoch viel komplizierter, wenn sich die verschiedenen Teilwellen mit unterschiedlichen Phasengeschwindigkeiten fortpflanzen. Allgemeine Aussagen über das Verhalten eines Wellenpaketes sind dann nicht mehr möglich. Es wird seine Gestalt zeitlich unter Umständen wesentlich ändern, und als Folge davon wird seine Bewegung

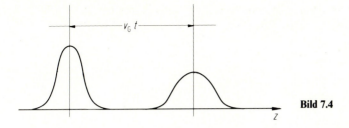

Bild 7.4

überhaupt nicht mehr durch die Angabe nur *einer* Geschwindigkeit beschreibbar sein. Im Fall eines "schmalbandigen" Wellenpakets sind jedoch gewisse Aussagen möglich. Schmalbandig soll dabei heißen, daß die im Paket vertretenen Frequenzen aus einem relativ schmalen Frequenzintervall, $(\omega, \omega + \Delta\omega)$ mit $\Delta\omega \ll \omega$, stammen. In diesem Fall bewegt sich das Maximum des Wellenpakets mit der Gruppengeschwindigkeit v_G (Bild 7.4). Gleichzeitig tritt eine gewisse Gestaltänderung während der Bewegung ein. Überträgt man ein Signal mit Hilfe von Wellen, so ist dazu ein Wellenpaket erforderlich, und als Signalgeschwindigkeit tritt dann, wie schon erwähnt, die entsprechende Gruppengeschwindigkeit auf. Allerdings ist Vorsicht geboten. Nicht immer ist $d\omega/dk$ als Signalgeschwindigkeit zu interpretieren.

Die harmonischen ebenen Wellen sind theoretisch von grundlegender Bedeutung, weil man alle denkbaren Wellen aus ihnen durch Überlagerung zusammensetzen kann. Im folgenden werden wir eine Reihe von Beispielen kennenlernen.

Eine ebene harmonische Welle kann sich in einer beliebigen Richtung des Raumes ausbreiten. Im allgemeinen kennzeichnet man eine vorgegebene Ausbreitungsrichtung durch den *Wellenzahlvektor* (*Ausbreitungsvektor, Wellenvektor*) **k**. Seine Richtung ist die Ausbreitungsrichtung und für seinen Betrag gilt wie bisher

$$|\mathbf{k}| = k = \frac{2\pi}{\lambda}. \tag{7.45}$$

Eine ebene harmonische Welle ist dann z.B. durch

$$\mathbf{E} = \mathbf{E}_0 \cdot \cos(\omega t - \mathbf{k}\cdot\mathbf{r} + \varphi) \quad \text{mit } \mathbf{E}_0 \cdot \mathbf{k} = 0 \tag{7.46}$$

gegeben. Die Phasen sind dabei konstant, wenn für einen festgehaltenen Zeitpunkt

$$\mathbf{k}\cdot\mathbf{r} = \text{const.} \tag{7.47}$$

ist. Das sind die Gleichungen von Ebenen, auf denen **k** senkrecht steht (Bild 7.5). Es handelt sich also tatsächlich um ebene Wellen, die sich in der durch **k** gegebenen Richtung ausbreiten.

7.1.4 Elliptische Polarisation

Wir überlagern zwei linear polarisierte Wellen gleicher Frequenz, jedoch unterschiedlicher Amplitude, die sich in z-Richtung ausbreiten und einen

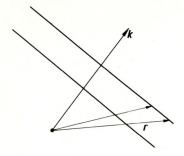

Bild 7.5

Phasenunterschied φ aufweisen:

$$E_x = E_{x0} \cos(\omega t - kz), \tag{7.48}$$

$$\begin{aligned} E_y &= E_{y0} \cos(\omega t - kz + \varphi) \\ &= E_{y0}[\cos(\omega t - kz)\cos\varphi - \sin(\omega t - kz)\sin\varphi]. \end{aligned} \tag{7.49}$$

Eliminiert man $\cos(\omega t - kz)$ bzw. $\sin(\omega t - kz)$, so ergibt sich wegen

$$\cos(\omega t - kz) = \frac{E_x}{E_{x0}}$$

und

$$\sin(\omega t - kz) = \sqrt{1 - \frac{E_x^2}{E_{x0}^2}}$$

$$\frac{E_x^2}{E_{x0}^2} + \frac{E_y^2}{E_{y0}^2} - \frac{2E_x E_y}{E_{x0} E_{y0}} \cos\varphi = \sin^2\varphi. \tag{7.50}$$

Als Gleichung für E_x, E_y aufgefaßt, ist das die Gleichung einer Ellipse, d.h. in den Ebenen $z = $ const beschreiben die Spitzen des Vektors **E** elliptische Bahnen. Man nennt eine solche Welle deshalb *elliptisch polarisiert*. Ist insbesondere

$$\varphi = \frac{\pi}{2} \tag{7.51}$$

oder allgemeiner

$$\varphi = \frac{2n+1}{2}\pi, \tag{7.52}$$

so ergibt sich

$$\frac{E_y^2}{E_{y0}^2} + \frac{E_x^2}{E_{x0}^2} = 1, \tag{7.53}$$

d.h. eine Ellipse, deren Hauptachsenrichtungen parallel zur x- bzw. y-Richtung liegen. Ist noch spezieller

$$E_{x0} = E_{y0} = E_0, \tag{7.54}$$

so erhält man mit

$$E_x^2 + E_y^2 = E_0^2 \tag{7.55}$$

die Gleichung eines Kreises. Das ist der Fall der *zirkularen Polarisation*. Für $\varphi = n\pi$ erhält man *linear polarisierte* Wellen.

7.1.5 Stehende Wellen

Laufen zwei ebene Wellen gleicher Amplitude, Wellenlänge und Polarisation einander entgegen, so ergibt sich

$$\left. \begin{aligned} E_x(z,t) &= E_{x0} \cos(\omega t - kz + \varphi_1) + E_{x0} \cos(\omega t + kz + \varphi_2), \\ H_y(z,t) &= \frac{E_{x0}}{Z} \cos(\omega t - kz + \varphi_1) - \frac{E_{x0}}{Z} \cos(\omega t + kz + \varphi_2) \end{aligned} \right\} \tag{7.56}$$

Wegen

$$\left. \begin{aligned} \cos\alpha + \cos\beta &= 2\cos\frac{\alpha+\beta}{2}\cos\frac{\alpha-\beta}{2}, \\ \cos\alpha - \cos\beta &= -2\sin\frac{\alpha+\beta}{2}\sin\frac{\alpha-\beta}{2} \end{aligned} \right\} \tag{7.57}$$

folgt daraus

$$\left. \begin{aligned} E_x(z,t) &= 2E_{x0}\cos\left(\omega t + \frac{\varphi_1+\varphi_2}{2}\right)\cos\left(-kz + \frac{\varphi_1-\varphi_2}{2}\right), \\ H_y(z,t) &= -\frac{2E_{x0}}{Z}\sin\left(\omega t + \frac{\varphi_1+\varphi_2}{2}\right)\sin\left(-kz + \frac{\varphi_1-\varphi_2}{2}\right) \end{aligned} \right\} \tag{7.58}$$

Das ist eine *stehende Welle*, die sozusagen "auf der Stelle" schwingt (Bild 7.6). Durch passende Wahl der Nullpunkte von z und t kann man $\varphi_1 = \varphi_2 = 0$ machen und hat dann

$$\left. \begin{aligned} E_x(z,t) &= 2E_{x0}\cos kz \cos \omega t \\ H_y(z,t) &= \frac{2E_{x0}}{Z}\sin kz \sin \omega t \end{aligned} \right\} \tag{7.59}$$

Bild 7.6 zeigt die Ortsabhängigkeit der Amplituden des schwingenden Feldes. Die Nullstellen des elektrischen Feldes E_x (die man als seine *Knoten* bezeichnet) liegen bei

$$kz = \frac{2n+1}{2}\pi,$$

$$z = \frac{(2n+1)\pi}{2k} = \frac{2n+1}{4}\lambda,$$

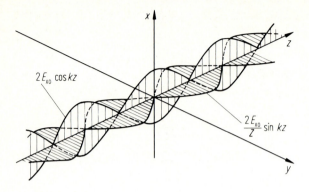

Bild 7.6

also

$$z = \pm \frac{\lambda}{4}, \pm \frac{3\lambda}{4}, \pm \frac{5\lambda}{4}, \ldots$$

Die Knoten des magnetischen Feldes sind bei

$$kz = n\pi,$$

$$z = \frac{n\pi}{k} = \frac{n}{2}\lambda,$$

also

$$z = 0, \pm \frac{\lambda}{2}, \pm \lambda, \pm \frac{3}{2}\lambda, \ldots$$

Zur Zeit $t = 0$ z.B. ist $H_y = 0$, während E_x seinen maximalen Wert annimmt. Zur Zeit $t = \tau/4$ hingegen ist $E_x = 0$ und H_y maximal usw.

7.1.6 TE- und TM-Wellen

Entsprechend Bild 7.7 sollen zwei ebene Wellen gleicher Frequenz, Amplitude und Polarisation, jedoch unterschiedlicher Ausbreitungsrichtung überlagert werden, nämlich

1) $\mathbf{E}_1 = \mathbf{E}_0 \cos(\omega t - \mathbf{k}_1 \cdot \mathbf{r})$,
   $\mathbf{B}_1 = \mathbf{B}_{01} \cos(\omega t - \mathbf{k}_1 \cdot \mathbf{r})$

mit

$$\mathbf{k}_1 = (0, -k_y, k_z),$$
$$\mathbf{E}_0 = (E_{x0}, 0, 0),$$
$$\mathbf{B}_{01} = \frac{\mathbf{e}_{a1} \times \mathbf{E}_0}{c} = \frac{\mathbf{k}_1 \times \mathbf{E}_0}{k_1 c} = \frac{\mathbf{k}_1 \times \mathbf{E}_0}{\omega} = \frac{E_{x0}}{\omega}(0, k_z, k_y)$$

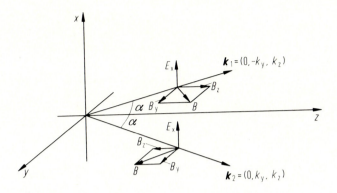

Bild 7.7

und

2) $\mathbf{E}_2 = \mathbf{E}_0 \cos(\omega t - \mathbf{k}_2 \cdot \mathbf{r})$,
$\mathbf{B}_2 = \mathbf{B}_{02} \cos(\omega t - \mathbf{k}_2 \cdot \mathbf{r})$

mit

$\mathbf{k}_2 = (0, k_y, k_z)$,
$\mathbf{E}_0 = (E_{x0}, 0, 0)$,
$\mathbf{B}_{02} = \dfrac{\mathbf{e}_{a2} \times \mathbf{E}_0}{c} = \dfrac{\mathbf{k}_2 \times \mathbf{E}_0}{\omega} = \dfrac{E_{x0}}{\omega}(0, k_z, -k_y)$.

Ihre Überlagerung ergibt nach (7.57)

$\mathbf{E} = \mathbf{E}_0 \cos(\omega t + k_y y - k_z z) + \mathbf{E}_0 \cos(\omega t - k_y y - k_z z)$
$= 2\mathbf{E}_0 \cos(\omega t - k_z z) \cos(k_y y)$

und

$\mathbf{B} = \mathbf{B}_{01} \cos(\omega t - \mathbf{k}_1 \cdot \mathbf{r}) + \mathbf{B}_{02} \cos(\omega t - \mathbf{k}_2 \cdot \mathbf{r})$

bzw.

$$\left. \begin{array}{l} E_x = 2E_{x0} \cos(\omega t - k_z z) \cos k_y y, \\ E_y = 0, \\ E_z = 0 \end{array} \right\} \quad (7.60)$$

und

$$\left. \begin{array}{l} B_x = 0, \\ B_y = 2E_{x0} \dfrac{k_z}{\omega} \cos(\omega t - k_z z) \cos k_y y, \\ B_z = -2E_{x0} \dfrac{k_y}{\omega} \sin(\omega t - k_z z) \sin k_y y. \end{array} \right\} \quad (7.61)$$

Die durch (7.60), (7.61) gegebene Welle ist keine ebene Welle. Sie breitet sich in z-Richtung aus, wobei die Phasengeschwindigkeit

$$v_{\text{ph}} = \frac{\omega}{k_z} \quad (7.62)$$

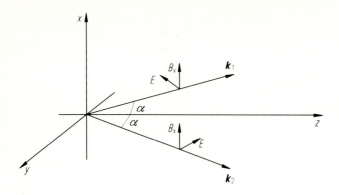

Bild 7.8

ist. Sie besitzt außer den transversalen Feldkomponenten E_x und B_y auch eine longitudinale Komponente des Magnetfeldes, B_z. Sie ist also in bezug auf das elektrische Feld transversal, nicht jedoch in bezug auf das magnetische Feld. Man nennt eine solche Welle eine *transversale elektrische Welle*, abgekürzt *TE-Welle* (*H-Welle*). Die Amplituden hängen von y ab.

In ganz ähnlicher Weise können wir den Fall von Bild 7.8 behandeln. Jetzt werden die beiden folgenden ebenen Wellen überlagert:

1) $\mathbf{B}_1 = \mathbf{B}_0 \cos(\omega t - \mathbf{k}_1 \cdot \mathbf{r})$,
   $\mathbf{E}_1 = \mathbf{E}_{01} \cos(\omega t - \mathbf{k}_1 \cdot \mathbf{r})$

mit

$\mathbf{k}_1 = (0, -k_y, k_z)$,
$\mathbf{B}_0 = (B_{x0}, 0, 0)$,

$$\mathbf{E}_{01} = c\mathbf{B}_0 \times \mathbf{e}_a = c\mathbf{B}_0 \times \frac{\mathbf{k}_1}{k_1} = -\frac{cB_{x0}}{k_1}(0, k_z, k_y)$$

und

2) $\mathbf{B}_2 = \mathbf{B}_0 \cos(\omega t - \mathbf{k}_2 \cdot \mathbf{r})$,
   $\mathbf{E}_2 = \mathbf{E}_{02} \cos(\omega t - \mathbf{k}_2 \cdot \mathbf{r})$

mit

$\mathbf{k}_2 = (0, k_y, k_z)$,
$\mathbf{B}_0 = (B_{x0}, 0, 0)$,

$$\mathbf{E}_{02} = -\frac{cB_{x0}}{k_2}(0, k_z, -k_y).$$

Die Überlagerung ergibt

$$\left. \begin{array}{l} B_x = 2B_{x0}\cos(\omega t - k_z z)\cos k_y y, \\ B_y = 0, \\ B_z = 0, \end{array} \right\} \quad (7.63)$$

und

$$E_x = 0,$$
$$E_y = -\frac{2cB_{x0}k_z}{k}\cos(\omega t - k_z z)\cos k_y y,$$
$$E_z = \frac{2cB_{x0}k_y}{k}\sin(\omega t - k_z z)\sin k_y y.$$
(7.64)

Dabei ist

$$k_1 = \sqrt{k_y^2 + k_z^2} = k_2 = k.$$

Die Welle (7.63), (7.64) ist wiederum keine ebene Welle. Ihre Fortpflanzung erfolgt in z-Richtung. Sie ist transversal in bezug auf **B**, nicht jedoch in bezug auf **E**. Es handelt sich um *eine transversale magnetische Welle*, abgekürzt als *TM*- oder als *E-Welle* bezeichnet.

Wellen wie die hier behandelten spielen z.B. im Zusammenhang mit Hohlleitern eine wichtige Rolle, worauf wir noch zurückkommen werden. Für beide Arten (TE- und TM-Wellen) gilt

$$v_{\text{ph}} = \frac{\omega}{k_z}$$

und

$$k^2 = k_y^2 + k_z^2 = \mu\varepsilon\omega^2 = \frac{\omega^2}{c^2}.$$

Also ist

$$k_z = \sqrt{\frac{\omega^2}{c^2} - k_y^2}$$
(7.65)

und

$$v_{\text{ph}} = \frac{\omega}{\sqrt{\frac{\omega^2}{c^2} - k_y^2}} = \frac{c}{\sqrt{1 - \frac{k_y^2 c^2}{\omega^2}}} \geqslant c.$$
(7.66)

Diese Wellen sind nicht dispersionsfrei. Ihre Phasengeschwindigkeit liegt über der Lichtgeschwindigkeit des betreffenden Mediums, im Vakuum also über der Vakuumlichtgeschwindigkeit. Das ist durchaus möglich und stellt keinen Widerspruch zur Relativitätstheorie dar, nach der keine Signalgeschwindigkeit die Vakuumlichtgeschwindigkeit übertreffen kann. Als Signalgeschwindigkeit kommt die Gruppengeschwindigkeit in Frage. Diese ist

$$v_G = \frac{d\omega}{dk_z} = \frac{1}{\frac{dk_z}{d\omega}} = c^2 \frac{\sqrt{\frac{\omega^2}{c^2} - k_y^2}}{\omega} = \frac{c^2}{v_{\text{ph}}}.$$
(7.67)

Somit ist

$$v_G v_{\text{ph}} = c^2 \tag{7.68}$$

und

$$v_G \leq c, \tag{7.69}$$

wie es sein muß. Gleichung (7.68) kann unmittelbar aus der Dispersionsbeziehung durch Differenzieren nach k_z gewonnen werden:

$$k_y^2 + k_z^2 = \varepsilon\mu\omega^2 = \frac{1}{c^2}\omega^2,$$

$$2k_z = \frac{1}{c^2} 2\omega \frac{d\omega}{dk_z},$$

$$\frac{\omega \, d\omega}{k_z \, dk_z} = v_{\text{ph}} v_G = c^2.$$

Im Grenzfall $k_y = 0$ gehen die Wellen (7.60), (7.61) bzw. (7.63), (7.64) in ebene Wellen über. Die longitudinalen Komponenten B_z bzw. E_z verschwinden dabei.

Im anderen Grenzfall $k_z = 0$ erhält man stehende Wellen von der vorher diskutierten Art (Abschn. 7.1.5).

7.1.7 Energiedichte in und Energietransport durch Wellen

Betrachten wir zunächst die ebene Welle

$$E_x = E_{x0} \cos(\omega t - kz), \tag{7.70}$$

$$H_y = H_{y0} \cos(\omega t - kz) = \frac{E_{x0}}{Z} \cos(\omega t - kz), \tag{7.71}$$

so ist der in Abschn. 2.14 diskutierte Poynting-Vektor nach (2.153)

$$\mathbf{S} = \mathbf{E} \times \mathbf{H} = (0, 0, E_x H_y) = \left(0, 0, \frac{E_x^2}{Z}\right). \tag{7.72}$$

S ist die Energieflußdichte, d.h. die pro Zeit- und Flächeneinheit durch eine Fläche hindurchtransportierte elektromagnetische Energie. Andererseits ist die im Feld der Welle gespeicherte Energiedichte

$$\frac{\varepsilon E^2}{2} + \frac{\mu H^2}{2} = \frac{\varepsilon E_x^2}{2} + \frac{\mu E_x^2}{2Z^2} = \frac{\varepsilon E_x^2}{2} + \frac{\varepsilon E_x^2}{2} = \varepsilon E_x^2. \tag{7.73}$$

Multipliziert man diese mit c, so ergibt sich gerade S_z:

$$\varepsilon E_x^2 c = \varepsilon E_x^2 \frac{1}{\sqrt{\varepsilon\mu}} = \frac{E_x^2}{Z}. \tag{7.74}$$

Man kann also sagen, daß die im Feld vorhandene Energie mit Lichtgeschwindigkeit in z-Richtung transportiert wird.

Ein interessantes Beispiel stellen die vorher behandelten TE- und TM-Wellen dar. Wir beschränken uns auf die Diskussion der durch die beiden Gleichungen (7.60), (7.61) beschriebenen TE-Welle. Dafür ist

$$\mathbf{S} = \mathbf{E} \times \mathbf{H} = (0, -E_x H_z, E_x H_y). \tag{7.75}$$

Wenn wir nur zeitliche Mittelwerte betrachten, so stellen wir fest, daß im zeitlichen Mittel keine Energie in y-Richtung transportiert wird. Es erfolgt jedoch ein Transport von Energie in z-Richtung, da der zeitliche Mittelwert von $E_x H_y$ nicht verschwindet. Er ist

$$S_{z\,\text{eff}} = \frac{2E_{x0}^2 k_z \cos^2(k_y y)}{\mu \omega}. \tag{7.76}$$

Mitteln wir auch noch über die Ortsabhängigkeit, so ist

$$\overline{S_{z\,\text{eff}}} = \frac{E_{x0}^2 k_z}{\mu \omega} = \frac{\varepsilon E_{x0}^2 k_z}{\varepsilon \mu \omega} = \frac{\varepsilon E_{x0}^2 c^2 k_z}{\omega} = \varepsilon E_{x0}^2 v_G. \tag{7.77}$$

Andererseits ist die räumlich und zeitlich gemittelte Energiedichte

$$\frac{\varepsilon E_{x0}^2}{2} + \frac{E_{x0}^2 (k_z^2 + k_y^2)}{2\mu \omega^2} = \frac{\varepsilon E_{x0}^2}{2} + \frac{E_{x0}^2}{2\mu c^2} = \varepsilon E_{x0}^2. \tag{7.78}$$

Vergleicht man die beiden letzten Beziehungen, so sieht man, daß die im zeitlichen und räumlichen Mittel vorhandene Energie mit der Gruppengeschwindigkeit v_G (und nicht etwa der in diesem Fall über der Lichtgeschwindigkeit c liegenden Phasengeschwindigkeit v_{ph}) in z-Richtung transportiert wird.

Hinweis: Sollten die Felder in komplexer Schreibweise gegeben sein, so empfiehlt es sich, vor der Berechnung der Energiedichten bzw. des Poynting-Vektors zu den reellen Feldern zurückzukehren.

7.2 Ebene Wellen in einem leitfähigen Medium

7.2.1 Wellengleichungen und Dispersionsbeziehung

Nun seien ebene Wellen in einem leitfähigen Medium untersucht, in dem keine Raumladungen existieren sollen. Dann gelten nach (7.8), (7.9) die beiden Gleichungen

$$\Delta \mathbf{E} = \mu \kappa \frac{\partial \mathbf{E}}{\partial t} + \mu \varepsilon \frac{\partial^2 \mathbf{E}}{\partial t^2}, \tag{7.79}$$

$$\Delta \mathbf{B} = \mu \kappa \frac{\partial \mathbf{B}}{\partial t} + \mu \varepsilon \frac{\partial^2 \mathbf{B}}{\partial t^2}. \tag{7.80}$$

Zur Abwechslung und zur Vereinfachung wollen wir uns der komplexen Schreibweise bedienen und die ebenen Wellen in folgender Weise ansetzen:

$$\mathbf{E} = \mathbf{E}_0 \exp[i(\omega t - \mathbf{k} \cdot \mathbf{r})], \tag{7.81}$$

$$\mathbf{B} = \mathbf{B}_0 \exp[i(\omega t - \mathbf{k}\cdot\mathbf{r})]. \tag{7.82}$$

Die eigentlichen Felder sind durch die Realteile davon (oder auch durch die Imaginärteile) gegeben. Mit diesen Ansätzen ergibt sich aus beiden Gleichungen (7.79), (7.80) dieselbe Dispersionsbeziehung:

$$(-ik_x)^2 + (-ik_y)^2 + (-ik_z)^2 = \mu\kappa(i\omega) + \mu\varepsilon(i\omega)^2$$

bzw.

$$\boxed{\mu\varepsilon\omega^2 - \mu\kappa i\omega - k^2 = 0}. \tag{7.83}$$

In Anwendung auf Ansätze der Art (7.81), (7.82) lassen sich die Operatoren der Vektoranalysis durch multiplikative Operatoren ausdrücken; z.B. ist

$$\begin{aligned}\operatorname{div}\mathbf{E} &= -ik_x E_x - ik_y E_y - ik_z E_z \\ &= -i\mathbf{k}\cdot\mathbf{E}.\end{aligned} \tag{7.84}$$

Weiter ist

$$\operatorname{rot}\mathbf{E} = \begin{vmatrix} \mathbf{e}_x & \mathbf{e}_y & \mathbf{e}_z \\ \dfrac{\partial}{\partial x} & \dfrac{\partial}{\partial y} & \dfrac{\partial}{\partial z} \\ E_x & E_y & E_z \end{vmatrix} = \begin{vmatrix} \mathbf{e}_x & \mathbf{e}_y & \mathbf{e}_z \\ -ik_x & -ik_y & -ik_z \\ E_x & E_y & E_z \end{vmatrix}$$

$$= -i\mathbf{k}\times\mathbf{E}. \tag{7.85}$$

Beide Aussagen lassen sich durch

$$\boxed{\nabla = -i\mathbf{k}} \tag{7.86}$$

ausdrücken. Daraus folgt nämlich sofort

$$\operatorname{div}\mathbf{E} = \nabla\cdot\mathbf{E} = -i\mathbf{k}\cdot\mathbf{E}$$

und

$$\operatorname{rot}\mathbf{E} = \nabla\times\mathbf{E} = -i\mathbf{k}\times\mathbf{E}.$$

Auch ist

$$\Delta = \nabla\cdot\nabla = (-i\mathbf{k})\cdot(-i\mathbf{k}) = -k^2. \tag{7.87}$$

Damit liefern die Ansätze (7.81), (7.82) mit den Wellengleichungen (7.79), (7.80) wiederum die Dispersionsbeziehung (7.83). Nun wollen wir die Maxwellschen Gleichungen auf die Ansätze (7.81), (7.82) anwenden. Beginnen wir mit (7.4), so folgt für $\rho = 0$

$$\operatorname{div}\mathbf{D} = \varepsilon\operatorname{div}\mathbf{E} = -i\varepsilon\mathbf{k}\cdot\mathbf{E} = 0. \tag{7.88}$$

$\mathbf{k}$ und $\mathbf{E}$ müssen senkrecht aufeinander stehen, d.h. die Welle muß in bezug auf $\mathbf{E}$ transversal sein. Sie muß es auch in bezug auf $\mathbf{B}$ sein, da aus (7.3)

$$\operatorname{div}\mathbf{B} = -i\mathbf{k}\cdot\mathbf{B} = 0 \tag{7.89}$$

folgt. Weiter ergibt sich aus (7.2)

$$\text{rot } \mathbf{E} = -i\mathbf{k} \times \mathbf{E} = -\frac{\partial \mathbf{B}}{\partial t} = -i\omega \mathbf{B},$$

also

$$\mathbf{B} = \frac{\mathbf{k} \times \mathbf{E}}{\omega}. \tag{7.90}$$

In dieser Beziehung ist die früher viel mühsamer abgeleitete Beziehung (7.31) als Spezialfall enthalten. Die Verallgemeinerung liegt darin, daß entsprechend (7.83) **k** im allgemeinen kein reeller Vektor ist. Schließlich ist noch (7.1) zu berücksichtigen, woraus sich unter Benutzung von (7.6)

$$-i\mathbf{k} \times \mathbf{B} = \mu\kappa\mathbf{E} + \mu\varepsilon i\omega\mathbf{E}. \tag{7.91}$$

ergibt. Eliminiert man hier **B** durch (7.90), so folgt

$$-i\mathbf{k} \times \left(\frac{\mathbf{k} \times \mathbf{E}}{\omega}\right) = -\frac{i}{\omega}[\mathbf{k}(\mathbf{k} \cdot \mathbf{E}) - \mathbf{E}(\mathbf{k} \cdot \mathbf{k})]$$

$$= \mu\kappa\mathbf{E} + \mu\varepsilon i\omega\mathbf{E}.$$

Wegen (7.88) findet man schließlich die Gleichung

$$\frac{iEk^2}{\omega} = \mu\kappa\mathbf{E} + \mu\varepsilon i\omega\mathbf{E}, \tag{7.92}$$

d.h. wieder die Dispersionsbeziehung (7.83)

Damit haben wir die Eigenschaften von ebenen Wellen auch für den Spezialfall eines Isolators ($\kappa = 0$) noch einmal und auf eine formal viel kürzere und elegantere Weise als früher hergeleitet. Die gegenwärtige Herleitung macht auch besonders deutlich, daß die Transversalität bezüglich **E** eine Folge der Quellenfreiheit von **E** ist. Es wurde ja $\rho = 0$ angenommen. Die Tatsache, daß **E** und **B** senkrecht aufeinander stehen, (7.90), wiederum erweist sich als unmittelbare Folge des Induktionsgesetzes.

Für den Fall $\kappa = 0$ reduziert sich die Dispersionsbeziehung (7.83) auf die schon bekannte Beziehung

$$k^2 = \mu\varepsilon\omega^2 = \frac{\omega^2}{c^2}$$

bzw.

$$\omega = ck.$$

Im leitfähigen Medium ist der Zusammenhang komplizierter. Man kann verschiedene Fälle unterscheiden. Hier sollen lediglich zwei Grenzfälle untersucht werden.

7.2.2 Der Vorgang ist harmonisch im Raum

Für einen im Raum harmonischen Vorgang ist k reell, was zur Folge hat, daß ω komplex ist. Bezeichnen wir den Realteil von ω mit η, den Imaginärteil mit σ_1, so

ist
$$\omega = \eta + i\sigma_1. \tag{7.93}$$

Gleichung (7.83) lautet dann
$$\mu\varepsilon(\eta^2 + 2\eta\sigma_1 i - \sigma_1^2) - \mu\kappa(i\eta - \sigma_1) - k^2 = 0.$$

Realteil und Imaginärteil der linken Seite dieser Gleichung müssen für sich verschwinden:
$$-k^2 + \mu\kappa\sigma_1 + \mu\varepsilon\eta^2 - \mu\varepsilon\sigma_1^2 = 0, \tag{7.94}$$
$$-\mu\kappa\eta + 2\mu\varepsilon\eta\sigma_1 = 0. \tag{7.95}$$

Nach (7.95) ist
$$\sigma_1 = \frac{\mu\kappa\eta}{2\mu\varepsilon\eta} = \frac{\kappa}{2\varepsilon}. \tag{7.96}$$

Mit (7.94) gibt das
$$\eta = \pm\sqrt{\frac{k^2 + \mu\varepsilon\sigma_1^2 - \mu\kappa\sigma_1}{\mu\varepsilon}} = \pm\sqrt{\frac{k^2}{\mu\varepsilon} - \frac{\kappa^2}{4\varepsilon^2}}. \tag{7.97}$$

η muß nach Voraussetzung reell sein. Dies ist nur der Fall, wenn
$$k^2 \geq \frac{\kappa^2 \mu}{4\varepsilon} \tag{7.98}$$

ist. Die Welle hat dann die Form
$$\begin{aligned}\mathbf{E} &= \mathbf{E}_0 \exp\left[i(\eta + i\sigma_1)t - i\mathbf{k}\cdot\mathbf{r}\right] \\ &= \mathbf{E}_0 \exp\left[i(\eta t - \mathbf{k}\cdot\mathbf{r})\right]\exp\left[-\sigma_1 t\right].\end{aligned} \tag{7.99}$$

η ist also die reelle Kreisfrequenz der Welle, und σ_1 bewirkt ein zeitliches Abklingen (eine Dämpfung) der Welle.

Ist umgekehrt
$$k^2 < \frac{\kappa^2 \mu}{4\varepsilon}, \tag{7.100}$$

so wird ω rein imaginär, etwa
$$\omega = i\sigma_2, \tag{7.101}$$

was mit (7.83)
$$-\mu\varepsilon\sigma_2^2 + \mu\kappa\sigma_2 - k^2 = 0 \tag{7.102}$$

gibt. Die beiden Lösungen dieser quadratischen Gleichung für σ_2 sind
$$\sigma_2 = \frac{\kappa}{2\varepsilon} \pm \sqrt{\frac{\kappa^2}{4\varepsilon^2} - \frac{k^2}{\mu\varepsilon}}. \tag{7.103}$$

Die Welle nimmt damit die Form

$$\mathbf{E} = \mathbf{E}_0 \exp[-i(\mathbf{k}\cdot\mathbf{r})]\cdot\exp(-\sigma_2 t) \tag{7.104}$$

an.

Es ist interessant, die beiden Wellenarten (7.99) und (7.104) miteinander zu vergleichen. Während sich für hinreichend große Wellenzahlen, (7.98), eine Wellenausbreitung ergibt, ist dies bei zu kleinen Wellenzahlen, (7.100), nicht der Fall. Die tiefere Ursache für dieses merkwürdige Verhalten liegt darin, daß hier Diffusionseffekte und Wellenausbreitungseffekte miteinander in Konkurrenz treten. Betrachten wir die Wellengleichung in der hier zugrunde gelegten Form (7.79) oder (7.80), so finden wir für einen Ansatz der Form (7.81), (7.82), daß sich der Diffusionsterm im wesentlichen wie

$$\mu\kappa\omega$$

und der Wellenausbreitungsterm wie

$$\mu\varepsilon\omega^2$$

verhält. Ist nun z.B. κ sehr klein, ε sehr groß, so wird die Diffusion vernachlässigbar. Nach (7.98) bekommt man dann auch für fast alle Wellenzahlen k (außer ganz kleinen) mit der Phasengeschwindigkeit η/k laufende Wellen. Ist im umgekehrten Fall κ sehr groß und ε sehr klein, so dominieren die Effekte der Diffusion das Geschehen. Man bekommt dann für fast alle Wellenzahlen k (außer ganz großen) nur ein nach dem Ausdruck (7.104) exponentiell in sich zusammenfallendes Feld und keine fortlaufende Welle.

7.2.3 Der Vorgang ist harmonisch in der Zeit

Ist der Vorgang in der Zeit harmonisch, und das ist der praktisch wichtigere Fall, so ist ω reell und k dafür im allgemeinen komplex. Wir können

$$k = \beta - i\alpha \tag{7.105}$$

setzen und erhalten damit aus Gleichung (7.83)

$$\mu\varepsilon\omega^2 - \mu\kappa\omega i - (\beta^2 - 2\alpha\beta i - \alpha^2) = 0$$

bzw. nach der Trennung von Real- und Imaginärteil

$$-\beta^2 + \alpha^2 + \mu\varepsilon\omega^2 = 0, \tag{7.106}$$

$$2\alpha\beta - \mu\kappa\omega = 0. \tag{7.107}$$

Daraus folgt zunächst

$$\alpha = \frac{\mu\kappa\omega}{2\beta}$$

und damit eine quadratische Gleichung für β^2:

$$\beta^4 - \mu\varepsilon\omega^2\beta^2 - \frac{\mu^2\kappa^2\omega^2}{4} = 0. \tag{7.108}$$

Ihre Lösungen sind

$$\beta = \pm \omega \sqrt{\frac{\mu\varepsilon}{2}\left(1 \pm \sqrt{1 + \frac{\kappa^2}{\omega^2 \varepsilon^2}}\right)}.$$

β muß reell sein. Von den beiden Vorzeichen unter der Wurzel kommt deshalb nur das positive in Betracht, d.h. es gilt

$$\boxed{\beta = \pm \omega \sqrt{\frac{\mu\varepsilon}{2}\left(\sqrt{1 + \frac{\kappa^2}{\omega^2 \varepsilon^2}} + 1\right)}}. \qquad (7.109)$$

Mit den Gleichungen (7.106), (7.107) ergibt sich daraus

$$\boxed{\alpha = \pm \omega \sqrt{\frac{\mu\varepsilon}{2}\left(\sqrt{1 + \frac{\kappa^2}{\omega^2 \varepsilon^2}} - 1\right)}}. \qquad (7.110)$$

Es sei noch bemerkt, daß man imaginäre Werte von β auch zulassen kann. Dann wird jedoch α ebenfalls imaginär, und es ergibt sich kein im Vergleich zu (7.105) neuer Ansatz. α und β vertauschen lediglich ihre Rollen.

Mit den Gleichungen (7.105), (7.109), (7.110) ergibt sich aus dem Ansatz (7.81):

$$\mathbf{E} = \mathbf{E}_0 \exp[i(\omega t - \beta z)] \exp[-\alpha z], \qquad (7.111)$$

wenn wir **k** als einen Vektor in z-Richtung annehmen. Dann ist der Realteil von k, nämlich β, für die Ausbreitung der Welle, der Imaginärteil, α, für ihre räumliche Dämpfung verantwortlich. α heißt deshalb *Dämpfungskonstante* und β *Phasenkonstante*. Es handelt sich um eine gedämpfte ebene Welle. Die Ebenen $z = $ const sind sowohl Ebenen konstanter Phase wie auch Ebenen konstanter Amplitude. Eine Welle mit dieser Eigenschaft bezeichnet man auch als *homogene Welle*.

Das ist jedoch keineswegs der allgemeinste mögliche Fall. Dieser ergibt sich, wenn man statt (7.105)

$$\mathbf{k} = \boldsymbol{\beta} - i\boldsymbol{\alpha} \qquad (7.112)$$

schreibt, wo $\boldsymbol{\beta}$ und $\boldsymbol{\alpha}$ zwei Vektoren sind, die der Dispersionsbeziehung genügen müssen, d.h. es muß gelten

$$\mu\varepsilon\omega^2 - \mu\kappa i\omega - (\boldsymbol{\beta}^2 - 2i\boldsymbol{\alpha}\cdot\boldsymbol{\beta} - \boldsymbol{\alpha}^2) = 0. \qquad (7.113)$$

Sind die beiden Vektoren $\boldsymbol{\alpha}$ und $\boldsymbol{\beta}$ einander parallel, so kommen wir bei entsprechender Wahl des Koordinatensystems zu dem Ausdruck (7.111) und damit zu einer homogenen Welle im eben definierten Sinn. Die Ebenen konstanter Phase stehen senkrecht auf $\boldsymbol{\beta}$, die Ebenen konstanter Amplitude senkrecht auf $\boldsymbol{\alpha}$. Haben diese beiden Vektoren verschiedene Richtungen, so bekommt man eine sog. *inhomogene Welle*. Um ein einfaches Beispiel angeben zu können, setzen wir in (7.113) $\kappa = 0$. Dann muß $\boldsymbol{\alpha}$ senkrecht auf $\boldsymbol{\beta}$ stehen. Wir können z.B. annehmen, es sei

$$\mathbf{k} = (b, 0, -ia), \qquad (7.114)$$

woraus sich
$$\mathbf{E} = \mathbf{E}_0 \exp[i(\omega t - bx)]\exp[-az] \qquad (7.115)$$
ergibt. Für den Zusammenhang zwischen b und a gilt
$$-b^2 + a^2 + \mu\varepsilon\omega^2 = 0. \qquad (7.116)$$

Inhomogene Wellen sind nicht transversal wie man an (7.90) sehen kann. Sie sind auch im Sinne unserer Definition keine ebenen Wellen, weil in den Ebenen konstanter Phase die Amplituden nicht konstant sind. Trotzdem sind inhomogene Wellen wichtig. Sie sind vielfach zur Erfüllung von Randbedingungen, z.B. bei Reflexionsproblemen nötig, worauf wir noch eingehen werden.

Das zur Welle (7.111) gehörige Magnetfeld ergibt sich aus (7.90). $\mathbf{B}$ steht senkrecht auf $\mathbf{E}$. Weil jedoch $\mathbf{k}$ ein komplexer Vektor ist, tritt hier ein Phasenunterschied zwischen $\mathbf{B}$ und $\mathbf{E}$ auf. Im idealen Isolator ($\kappa = 0$) dagegen gab es keinen Phasenunterschied. Ist
$$\mathbf{E}_0 = (E_{x0}, 0, 0),$$
so ergibt sich
$$\mathbf{B} = \frac{(0, 0, \beta - i\alpha)}{\omega} \times (E_{x0}, 0, 0) \exp[i(\omega t - \beta z)]\exp(-\alpha z)$$
$$= (0, (\beta - i\alpha)E_{x0}, 0)\frac{\exp[i(\omega t - \beta z)]\exp(-\alpha z)}{\omega}.$$

Es tritt also nur eine y-Komponente von $\mathbf{B}$ auf:
$$B_y = \frac{(\beta - i\alpha)E_{x0}}{\omega}\exp[i(\omega t - \beta z)]\exp(-\alpha z).$$

Ist E_{x0} reell, so ist in reeller Schreibweise
$$E_x = E_{x0}\cos(\omega t - \beta z)\exp(-\alpha z) \qquad (7.117)$$
und
$$B_y = \mathrm{Re}\left\{\frac{E_{x0}}{\omega}(\beta - i\alpha)[\cos(\omega t - \beta z) + i\sin(\omega t - \beta z)]\exp(-\alpha z)\right\},$$
d.h.
$$B_y = \frac{E_{x0}}{\omega}[\beta\cos(\omega t - \beta z) + \alpha\sin(\omega t - \beta z)]\exp(-\alpha z)$$
$$= \frac{E_{x0}}{\omega}\sqrt{\alpha^2 + \beta^2}\left[\frac{\beta}{\sqrt{\alpha^2 + \beta^2}}\cos(\omega t - \beta z)\right.$$
$$\left. + \frac{\alpha}{\sqrt{\alpha^2 + \beta^2}}\sin(\omega t - \beta z)\right]\exp(-\alpha z).$$

Setzt man nun

$$\frac{\alpha}{\sqrt{\alpha^2+\beta^2}} = \sin\varphi,$$

$$\frac{\beta}{\sqrt{\alpha^2+\beta^2}} = \cos\varphi,$$

d.h.
$$\tan\varphi = \frac{\alpha}{\beta}, \tag{7.118}$$

so findet man

$$B_y = B_{y0}\cos(\omega t - \beta z - \varphi)\exp(-\alpha z), \tag{7.119}$$

wo

$$B_{y0} = \frac{E_{x0}}{\omega}\sqrt{\alpha^2+\beta^2} = E_{x0}\sqrt{\mu\varepsilon}\sqrt[4]{1+\frac{\kappa^2}{\omega^2\varepsilon^2}} \tag{7.120}$$

bzw.

$$H_{y0} = \frac{E_{x0}}{Z}\sqrt[4]{1+\frac{\kappa^2}{\omega^2\varepsilon^2}}. \tag{7.121}$$

Für $\kappa = 0$ ergibt sich der früher behandelte Fall des idealen Isolators.

Man kann zwei Grenzfälle diskutieren. Ist

$$\kappa \gg \omega\varepsilon \quad | \quad \kappa \ll \omega\varepsilon$$

bzw., wenn man dies mit Hilfe der Relaxationszeit t_r ausdrückt, die in Abschn. 4.2, Gleichung (4.23), definiert wurde, ist

$$\omega t_r \ll 1, \quad | \quad \omega t_r \gg 1,$$

so dominiert in der Wellengleichung

der Diffusionsterm. | der Wellenausbreitungsterm.

Man erhält dann aus (7.109), (7.110)

$$\alpha \approx \beta \approx \pm\sqrt{\frac{\mu\kappa\omega}{2}} \quad \Bigg| \quad \alpha \approx \pm\frac{\kappa}{2}\sqrt{\frac{\mu}{\varepsilon}}$$

$$\beta \approx \pm\omega\sqrt{\mu\varepsilon}\left(1+\frac{\kappa^2}{8\omega^2\varepsilon^2}\right)$$

und damit die Phasengeschwindigkeit

$$v_{\text{ph}} = \frac{\omega}{\beta} \approx \pm\sqrt{\frac{2\omega}{\mu\kappa}}. \quad \Bigg| \quad v_{\text{ph}} \approx \frac{\pm 1}{\sqrt{\mu\varepsilon}\left(1+\frac{\kappa^2}{8\omega^2\varepsilon^2}\right)}$$

$$\approx \frac{\pm\left(1-\frac{\kappa^2}{8\omega^2\varepsilon^2}\right)}{\sqrt{\mu\varepsilon}}.$$

In diesem Fall dominieren die

　　　　Leitereigenschaften, | Isolatoreigenschaften,

und man bezeichnet das Medium deshalb auch als

　　　　　　Leiter | nichtidealen Isolator.

Die Frage, ob ein Medium bezüglich einer Welle mehr als Leiter oder mehr als Isolator anzusehen ist, hängt also nicht nur von den Materialkonstanten κ und ε des Mediums, sondern auch von der Frequenz der betrachteten Welle ab. Die

　　　　Leitereigenschaften | Isolatoreigenschaften

zeigen sich dabei bei hinreichend

　　　　　　kleinen | großen

Frequenzen. Rein anschaulich rührt das daher, daß die oszillierenden elektrischen Felder im Fall

　　　　　　kleiner | großer

Frequenzen durch entsprechende Ladungsbewegungen und daraus resultierende Raumladungsfelder

　　　　hinreichend schnell | nicht hinreichend schnell

kompensiert werden können.

Elektrostatische Felder können in einem Leiter überhaupt nicht existieren (Abschn. 2.6). Langsam oszillierende Felder können nur ganz wenig in den Leiter hinein vordringen. Sie werden schon auf nur einer Wellenlänge um den Faktor $\exp(-2\pi) \approx 2 \cdot 10^{-3}$ gedämpft, wie sich für $\alpha = \beta$ aus (7.111) ergibt. Im übrigen sind die Ergebnisse, die wir hier für den Grenzfall kleiner Frequenzen bekommen, mit denen von Abschn. 6.5.4 identisch. Man beachte dazu (6.145).

Die durch die Dämpfung den Wellen verlorengehende Energie wird in Stromwärme verwandelt. Dies läßt sich mit Hilfe des Energiesatzes im einzelnen nachweisen, worauf hier jedoch verzichtet sei.

7.3 Reflexion und Brechung von Wellen

7.3.1 Reflexion und Brechung bei Isolatoren

Fällt eine ebene Welle auf die als eben betrachtete Grenzfläche zwischen zwei verschiedenen Isolatoren ("Mediengrenze"), so müssen an dieser Grenzfläche die verschiedenen Randbedingungen in bezug auf **E**, **D**, **H**, **B** erfüllt sein. Entsprechend Bild 7.9 ist die Erfüllung der Randbedingungen möglich, wenn man annimmt, daß neben der einfallenden Welle ($\mathbf{k}_e$) eine ins Medium 1 zurückreflektierte Welle ($\mathbf{k}_r$) und eine ins Medium 2 laufende sog. gebrochene Welle ($\mathbf{k}_g$) auftritt. Wenn man von dem später zu erörternden Fall der Totalreflexion absieht, handelt es sich um

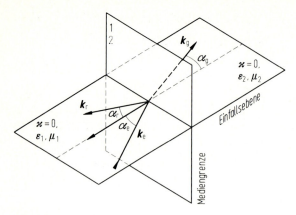

Bild 7.9

ebene Wellen der folgenden Form:

$$\mathbf{E}_e = \mathbf{E}_{e0} \exp\left[i(\omega_e t - \mathbf{k}_e \cdot \mathbf{r})\right], \tag{7.122}$$

$$\mathbf{E}_r = \mathbf{E}_{r0} \exp\left[i(\omega_r t - \mathbf{k}_r \cdot \mathbf{r})\right], \tag{7.123}$$

$$\mathbf{E}_g = \mathbf{E}_{g0} \exp\left[i(\omega_g t - \mathbf{k}_g \cdot \mathbf{r})\right]. \tag{7.124}$$

An der Mediengrenze müssen gewisse Feldkomponenten stetig sein. Dazu müssen bestimmte Beziehungen zwischen $\mathbf{E}_{e0}$, $\mathbf{E}_{r0}$, $\mathbf{E}_{g0}$ bestehen. Weil aber die Randbedingungen für alle Zeiten t und für alle Punkte $\mathbf{r}_M$ der Mediengrenze erfüllt sein müssen, müssen die Phasen in den Exponentialfunktionen der Felder (7.122) bis (7.124) dieselben sein. Insbesondere muß

$$\omega_e = \omega_r = \omega_g = \omega \tag{7.125}$$

sein. Es gibt also nur eine Frequenz. Ohne Einschränkung der Allgemeinheit kann man annehmen, daß der Ursprung des Koordinatensystems in der Mediengrenze liegt. Dann liegen die Ortsvektoren $\mathbf{r}_M$ der verschiedenen Punkte der Mediengrenze in dieser selbst. Es muß nun gelten:

$$\mathbf{k}_e \cdot \mathbf{r}_M = \mathbf{k}_r \cdot \mathbf{r}_M = \mathbf{k}_g \cdot \mathbf{r}_M. \tag{7.126}$$

Daraus folgt zunächst:

$$(\mathbf{k}_e - \mathbf{k}_r) \cdot \mathbf{r}_M = 0. \tag{7.127}$$

Der Vektor $(\mathbf{k}_e - \mathbf{k}_r)$ steht demnach senkrecht auf der Mediengrenze, d.h. man kann z.B. schreiben:

$$\mathbf{k}_e - \mathbf{k}_r = A\mathbf{n}, \tag{7.128}$$

wo A eine passende Konstante ist. Die drei Vektoren $\mathbf{k}_e$, $\mathbf{k}_r$ und $\mathbf{n}$ liegen also in einer Ebene, der sog. *Einfallsebene*, sie sind *komplanar*. Im übrigen sind die beiden Vektoren $\mathbf{k}_e$ und $\mathbf{k}_r$ dem Betrag nach gleich, da sie ja zur selben Frequenz $\omega = \omega_e = \omega_r$ im Medium 1 gehören. Die zur Mediengrenze parallelen Komponenten von $\mathbf{k}_e$ und $\mathbf{k}_r$ sind offensichtlich gleich groß. Demnach gilt für die beiden Winkel:

$$\boxed{\alpha_e = \alpha_r = \alpha_1} \,. \tag{7.129}$$

Das ist das bekannte *Reflexionsgesetz*. Weiter gilt:

$$(\mathbf{k}_e - \mathbf{k}_g) \cdot \mathbf{r}_M = 0. \tag{7.130}$$

Deshalb liegt neben $\mathbf{k}_e$, $\mathbf{k}_r$, $\mathbf{n}$ auch $\mathbf{k}_g$ in der Einfallsebene. $\mathbf{k}_e$ und $\mathbf{k}_g$ sind jedoch dem Betrag nach verschiedene Vektoren. Es gilt ja die Dispersionsbeziehung (7.39), d.h.

$$\frac{\omega}{k_e} = \frac{1}{\sqrt{\varepsilon_1 \mu_1}}, \tag{7.131}$$

$$\frac{\omega}{k_g} = \frac{1}{\sqrt{\varepsilon_2 \mu_2}}. \tag{7.132}$$

Aus (7.130) folgt, daß die Tangentialkomponenten von $\mathbf{k}_e$ und $\mathbf{k}_g$ gleich sind, d.h.

$$k_e \sin \alpha_e = k_g \sin \alpha_g$$

bzw. nach (7.131), (7.132)

$$\frac{\sin \alpha_g}{\sin \alpha_e} = \frac{k_e}{k_g} = \frac{\omega \sqrt{\mu_1 \varepsilon_1}}{\omega \sqrt{\mu_2 \varepsilon_2}} = \sqrt{\frac{\mu_1 \varepsilon_1}{\mu_2 \varepsilon_2}}.$$

Setzt man noch:

$$\alpha_g = \alpha_2 \tag{7.133}$$

und

$$n = \frac{c_0}{c} = \sqrt{\frac{\mu \varepsilon}{\mu_0 \varepsilon_0}} = \sqrt{\varepsilon_r \mu_r}, \tag{7.134}$$

so ergibt sich das *Snelliussche Brechungsgesetz*:

$$\boxed{\frac{\sin \alpha_2}{\sin \alpha_1} = \frac{n_1}{n_2} = \frac{c_2}{c_1}} \,. \tag{7.135}$$

7.3.2 Die Fresnelschen Beziehungen für Isolatoren

Nun sind noch die Beziehungen zwischen den Amplituden der Wellen (7.122) bis (7.124) aus den Randbedingungen für die Felder herzuleiten. Dabei muß man zwei Fälle unterscheiden, je nachdem ob die elektrische Feldstärke der Welle in der Einfallsebene liegt oder senkrecht auf dieser steht. Jede Welle kann in zwei Anteile zerlegt werden, für die entweder das eine oder das andere zutrifft. Wir nennen den

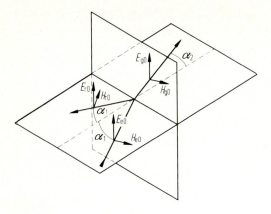

Bild 7.10

einen Fall den der parallelen, den anderen den der senkrechten Polarisation. Die Diskussion sei mit dem Fall senkrechter Polarisation (Bild 7.10) begonnen. Die zur Mediengrenze parallelen Komponenten von **E** und **H** müssen an dieser stetig ineinander übergehen, d.h. es muß gelten:

$$E_{e0} + E_{r0} = E_{g0} \tag{7.136}$$

und

$$H_{e0} \cos \alpha_1 - H_{r0} \cos \alpha_1 = H_{g0} \cos \alpha_2. \tag{7.137}$$

Dabei ist nach (7.32), (7.33)

$$H_0 = E_0/Z, \tag{7.138}$$

womit sich aus (7.137)

$$(E_{e0} - E_{r0})\frac{\cos \alpha_1}{Z_1} = E_{g0}\frac{\cos \alpha_2}{Z_2} \tag{7.139}$$

ergibt. Mit (7.136), (7.139) hat man zwei Gleichungen für E_{r0} und E_{g0} (E_{e0} wird als gegeben betrachtet). Man erhält aus ihnen:

$$\left(\frac{E_{r0}}{E_{e0}}\right)_\perp = \frac{\dfrac{\cos \alpha_1}{Z_1} - \dfrac{\cos \alpha_2}{Z_2}}{\dfrac{\cos \alpha_1}{Z_1} + \dfrac{\cos \alpha_2}{Z_2}} = \frac{Z_2 \cos \alpha_1 - Z_1 \cos \alpha_2}{Z_2 \cos \alpha_1 + Z_1 \cos \alpha_2} \tag{7.140}$$

$$\left(\frac{E_{g0}}{E_{e0}}\right)_\perp = \frac{2\dfrac{\cos \alpha_1}{Z_1}}{\dfrac{\cos \alpha_1}{Z_1} + \dfrac{\cos \alpha_2}{Z_2}} = \frac{2Z_2 \cos \alpha_1}{Z_2 \cos \alpha_1 + Z_1 \cos \alpha_2}. \tag{7.141}$$

Das sind die *Fresnelschen Beziehungen* für den Fall senkrechter Polarisation. Sie wurden allein aus den Randbedingungen für die parallelen Komponenten von **E** und **H** abgeleitet. Daneben müssen aber auch noch die senkrechten Komponenten von **D** und **B** stetig sein. Die senkrechten Komponenten von **D** verschwinden und sind damit stetig. Die Stetigkeit der senkrechten Komponenten von **B** ist gegeben, wenn

$$\mu_1(H_{e0} + H_{r0})\sin\alpha_1 = \mu_2 H_{g0}\sin\alpha_2 \tag{7.142}$$

bzw.

$$\frac{\mu_1 \sin\alpha_1}{Z_1}(E_{e0} + E_{r0}) = \frac{\mu_2 \sin\alpha_2}{Z_2}E_{g0}$$

gilt. Nach (7.136) ist dann

$$\frac{\mu_1 \sin\alpha_1}{Z_1} = \frac{\mu_2 \sin\alpha_2}{Z_2}$$

bzw.

$$\sqrt{\varepsilon_1\mu_1}\sin\alpha_1 = \sqrt{\varepsilon_2\mu_2}\sin\alpha_2,$$

d.h. die Stetigkeit der senkrechten Komponenten von **B** wird durch das Brechungsgesetz und durch die Stetigkeit der parallelen Komponenten von **E** gewährleistet.

Multipliziert man (7.136) und (7.139) miteinander, so findet man:

$$(E_{e0}^2 - E_{r0}^2)\frac{\cos\alpha_1}{Z_1} = E_{g0}^2 \frac{\cos\alpha_2}{Z_2}. \tag{7.143}$$

Mit (7.72) ergibt sich daraus.

$$S_e \cos\alpha_1 - S_r \cos\alpha_1 = S_g \cos\alpha_2. \tag{7.144}$$

Durch diese Gleichung wird die Erhaltung der Energie zum Ausdruck gebracht. Die eingestrahlte Feldenergie findet sich zum Teil in der reflektierten Welle und zum Teil in der gebrochenen Welle wieder.

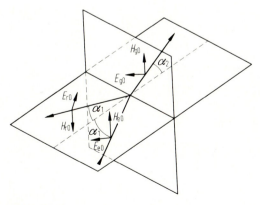

Bild 7.11

Wir kommen jetzt zum Fall der parallelen Polarisation (Bild 7.11). Nun gilt:

$$H_{e0} - H_{r0} = H_{g0} \tag{7.145}$$

bzw.

$$(E_{e0} - E_{r0})/Z_1 = E_{g0}/Z_2. \tag{7.146}$$

Damit sind die parallelen Komponenten von **H** stetig. Die von **E** müssen ebenfalls stetig sein:

$$(E_{e0} + E_{r0})\cos\alpha_1 = E_{g0}\cos\alpha_2. \tag{7.147}$$

Daraus ergeben sich nun die Fresnelschen Gleichungen für den Fall der parallelen Polarisation:

$$\left(\frac{E_{r0}}{E_{e0}}\right)_\parallel = \frac{\dfrac{\cos\alpha_2}{Z_1} - \dfrac{\cos\alpha_1}{Z_2}}{\dfrac{\cos\alpha_2}{Z_1} + \dfrac{\cos\alpha_1}{Z_2}} = \frac{Z_2\cos\alpha_2 - Z_1\cos\alpha_1}{Z_2\cos\alpha_2 + Z_1\cos\alpha_1} \tag{7.148}$$

$$\left(\frac{E_{g0}}{E_{e0}}\right)_\parallel = \frac{2\dfrac{\cos\alpha_1}{Z_1}}{\dfrac{\cos\alpha_1}{Z_2} + \dfrac{\cos\alpha_2}{Z_1}} = \frac{2Z_2\cos\alpha_1}{Z_1\cos\alpha_1 + Z_2\cos\alpha_2}. \tag{7.149}$$

Die senkrechten Komponenten von **B** verschwinden und sind dadurch stetig. Die Stetigkeit der senkrechten Komponenten von **D** ist durch das Brechungsgesetz und durch die Stetigkeit der parallelen Komponenten von **H** verbürgt:

$$\varepsilon_1(E_{e0} - E_{r0})\sin\alpha_1 = \varepsilon_2 E_{g0}\sin\alpha_2. \tag{7.150}$$

Daraus ergibt sich nach (7.146):

$$\varepsilon_1 \sin\alpha_1 Z_1 = \varepsilon_2 \sin\alpha_2 Z_2$$

bzw.

$$\sqrt{\varepsilon_1\mu_1}\sin\alpha_1 = \sqrt{\varepsilon_2\mu_2}\sin\alpha_2$$

in Übereinstimmung mit dem Brechungsgesetz.

Multipliziert man (7.146) und (7.147) miteinander, so ergibt sich der Energiesatz wie vorher mit (7.143), (7.144).

7.3.3 Nichtmagnetische Medien

In dem speziellen Fall

$$\mu_1 = \mu_2 = \mu_0$$

vereinfachen sich die Fresnelschen Gleichungen (7.140), (7.141), (7.148), (7.149).

Mit

$$\frac{Z_1}{Z_2} = \frac{\sqrt{\frac{\mu_0}{\varepsilon_1}}}{\sqrt{\frac{\mu_0}{\varepsilon_2}}} = \sqrt{\frac{\varepsilon_2\mu_0}{\varepsilon_1\mu_0}} = \frac{\sin\alpha_1}{\sin\alpha_2} \qquad (7.151)$$

ergibt sich jetzt

$$\left(\frac{E_{r0}}{E_{e0}}\right)_\perp = \frac{\sin\alpha_2\cos\alpha_1 - \sin\alpha_1\cos\alpha_2}{\sin\alpha_2\cos\alpha_1 + \sin\alpha_1\cos\alpha_2} = \frac{\sin(\alpha_2 - \alpha_1)}{\sin(\alpha_2 + \alpha_1)} \qquad (7.152)$$

$$\left(\frac{E_{g0}}{E_{e0}}\right)_\perp = \frac{2\sin\alpha_2\cos\alpha_1}{\sin\alpha_2\cos\alpha_1 + \sin\alpha_1\cos\alpha_2} = \frac{2\sin\alpha_2\cos\alpha_1}{\sin(\alpha_2 + \alpha_1)} \qquad (7.153)$$

bzw.

$$\left(\frac{E_{r0}}{E_{e0}}\right)_\parallel = \frac{\sin\alpha_2\cos\alpha_2 - \sin\alpha_1\cos\alpha_1}{\sin\alpha_2\cos\alpha_2 + \sin\alpha_1\cos\alpha_1} = \frac{\sin 2\alpha_2 - \sin 2\alpha_1}{\sin 2\alpha_2 + \sin 2\alpha_1}$$

$$= \frac{\sin(\alpha_2 - \alpha_1)\cos(\alpha_2 + \alpha_1)}{\sin(\alpha_2 + \alpha_1)\cos(\alpha_2 - \alpha_1)} = \frac{\tan(\alpha_2 - \alpha_1)}{\tan(\alpha_2 + \alpha_1)} \qquad (7.154)$$

$$\left(\frac{E_{g0}}{E_{e0}}\right)_\parallel = \frac{2\sin\alpha_2\cos\alpha_1}{\sin\alpha_1\cos\alpha_1 + \sin\alpha_2\cos\alpha_2} = \frac{2\sin\alpha_2\cos\alpha_1}{\sin(\alpha_1 + \alpha_2)\cos(\alpha_1 - \alpha_2)}. \qquad (7.155)$$

Für $\alpha_1 = \alpha_2$ ist keine Mediengrenze vorhanden, und es passiert eigentlich gar nichts, d.h. die einfallende Welle läuft weiter. Eine Reflexion tritt nicht auf. Deshalb ergibt sich dafür:

$$\left(\frac{E_{r0}}{E_{e0}}\right)_\perp = \left(\frac{E_{r0}}{E_{e0}}\right)_\parallel = 0,$$

$$\left(\frac{E_{g0}}{E_{e0}}\right)_\perp = \left(\frac{E_{g0}}{E_{e0}}\right)_\parallel = 1.$$

Weniger selbstverständlich ist, daß auch für

$$\alpha_1 + \alpha_2 = \frac{\pi}{2} \qquad (7.156)$$

im Falle paralleler Polarisation keine reflektierte Welle auftritt, wie aus (7.154) folgt:

$$\left(\frac{E_{r0}}{E_{e0}}\right)_\parallel = 0 \quad \text{für} \quad \alpha_1 + \alpha_2 = \frac{\pi}{2}. \qquad (7.157)$$

Nach dem Brechungsgesetz ist

$$\frac{\sin\alpha_1}{\sin\alpha_2} = \sqrt{\frac{\varepsilon_2}{\varepsilon_1}} = \frac{n_2}{n_1} = \frac{\sin\alpha_1}{\cos\left(\frac{\pi}{2} - \alpha_2\right)} = \frac{\sin\alpha_1}{\cos\alpha_1} = \tan\alpha_1.$$

Der dadurch definierte Winkel α_1,

$$\tan\alpha_1 = \frac{n_2}{n_1} = \sqrt{\frac{\varepsilon_2}{\varepsilon_1}}, \qquad (7.158)$$

ist der sogenannte *Brewster–Winkel*. Er wird oft auch als *Polarisationswinkel* bezeichnet. Läßt man nämlich unpolarisiertes Licht bzw. irgendeine unpolarisierte elektromagnetische Strahlung unter dem Brewster–Winkel reflektieren, so ist die reflektierte Strahlung senkrecht polarisiert, da parallel polarisiertes Licht unter diesem Winkel voll durchgelassen wird. Für $\mu_1 \neq \mu_2$ wäre die Gleichung (7.158) zu modifizieren. Außerdem gibt es dann auch einen Polarisationswinkel für die senkrecht polarisierte Welle. Beides soll hier nicht weiter erörtert werden.

Dividiert man (7.143) durch $E_{e0}^2(\cos\alpha_1/Z_1)$, so ergibt sich:

$$1 - \left(\frac{E_{r0}}{E_{e0}}\right)^2 = \left(\frac{E_{g0}}{E_{e0}}\right)^2 \frac{Z_1 \cos\alpha_2}{Z_2 \cos\alpha_1}. \qquad (7.159)$$

$(E_{r0}/E_{e0})^2$ ist der Bruchteil der ankommenden Energie, der reflektiert wird. $(E_{g0}/E_{e0})^2 (Z_1 \cos\alpha_2/Z_2 \cos\alpha_1)$ dagegen ist der durchgelassene Bruchteil der ankommenden Energie. Man definiert deshalb die beiden Größen

$$R = \left(\frac{E_{r0}}{E_{e0}}\right)^2 \qquad (7.160)$$

und

$$D = \left(\frac{E_{g0}}{E_{e0}}\right)^2 \frac{Z_1 \cos\alpha_2}{Z_2 \cos\alpha_1}. \qquad (7.161)$$

R wird als *Reflexionskoeffizient* und D als *Durchlässigkeitskoeffizient* bezeichnet. Natürlich ist

$$R + D = 1. \qquad (7.162)$$

Zum Beispiel ist im unmagnetischen Fall und für senkrechten Einfall, d.h. für

$$\alpha_1 = \alpha_2 = 0,$$
$$\cos\alpha_1 = \cos\alpha_2 = 1, \qquad (7.163)$$

nach (7.140) bzw. nach (7.148) und mit (7.151)

$$\left(\frac{E_{r0}}{E_{e0}}\right)_\perp = \left(\frac{E_{r0}}{E_{e0}}\right)_\parallel = \frac{Z_2 - Z_1}{Z_2 + Z_1} = \frac{1 - \dfrac{Z_1}{Z_2}}{1 + \dfrac{Z_1}{Z_2}} = \frac{1 - \sqrt{\dfrac{\varepsilon_2}{\varepsilon_1}}}{1 + \sqrt{\dfrac{\varepsilon_2}{\varepsilon_1}}} \qquad (7.164)$$

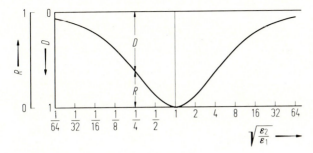

Bild 7.12

und nach (7.141) bzw. nach (7.149) und mit (7.151)

$$\left(\frac{E_{g0}}{E_{e0}}\right)_\perp = \left(\frac{E_{g0}}{E_{e0}}\right)_\parallel = \frac{2Z_2}{Z_1+Z_2} = \frac{2}{1+\frac{Z_1}{Z_2}} = \frac{2}{1+\sqrt{\frac{\varepsilon_2}{\varepsilon_1}}}. \tag{7.165}$$

Demzufolge ist:

$$R_\perp = R_\parallel = R = \left(\frac{\sqrt{\frac{\varepsilon_2}{\varepsilon_1}}-1}{\sqrt{\frac{\varepsilon_2}{\varepsilon_1}}+1}\right)^2 \tag{7.166}$$

und

$$D_\perp = D_\parallel = D = \frac{4\sqrt{\frac{\varepsilon_2}{\varepsilon_1}}}{\left(\sqrt{\frac{\varepsilon_2}{\varepsilon_1}}+1\right)^2}. \tag{7.167}$$

Für $\varepsilon_1 = \varepsilon_2$ ist natürlich $R=0$ und $D=1$. Im übrigen ist der Verlauf von R und D für senkrechten Einfall in Bild 7.12 gezeigt.

7.3.4 Totalreflexion

Nach dem Brechungsgesetz ist

$$\frac{\sin\alpha_2}{\sin\alpha_1} = \sqrt{\frac{\varepsilon_1\mu_1}{\varepsilon_2\mu_2}} = \frac{n_1}{n_2} = \frac{c_2}{c_1}. \tag{7.168}$$

Das Medium mit der relativ kleineren Lichtgeschwindigkeit wird als "optisch dichter", das mit der größeren als "optisch dünner" bezeichnet. Dem optisch dünneren Medium entspricht der größere Winkel, dem optisch dichteren der kleinere Winkel. Beim Übergang in ein optisch dichteres Medium erfolgt die Brechung "zum Lot hin", beim Übergang in ein optisch dünneres Medium "vom

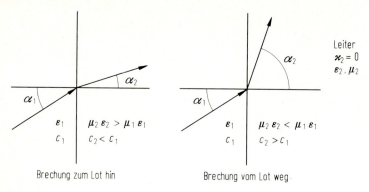

Bild 7.13

Lot weg" (Bild 7.13). Bei der Brechung vom Lot weg ist:

$$\sin \alpha_2 = \sin \alpha_1 \frac{c_2}{c_1} > \sin \alpha_1. \tag{7.169}$$

Es kann nun passieren, daß für gewisse Winkel α_1 der $\sin \alpha_2 > 1$ sein müßte. Das ist für reelle Winkel nicht möglich. In diesem Fall wird die gesamte einfallende Strahlungsenergie reflektiert. Es gibt keine gebrochene ebene Welle. Die Grenze zwischen der normalen Reflexion und dieser sog. *Totalreflexion*, d.h. der größte Winkel α_1, für den normale Reflexion und Brechung gerade noch möglich sind, ist durch

$$\sin \alpha_2 = 1 = \sin \alpha_{1G} \frac{c_2}{c_1},$$

d.h. durch

$$\sin \alpha_{1G} = \frac{c_1}{c_2} \tag{7.170}$$

gegeben. α_{1G} wird als *Grenzwinkel* der Totalreflexion bezeichnet.

Es ist jedoch zu betonen, daß auch im Falle der Totalreflexion das Medium 2 keineswegs frei von Wellen ist. Es handelt sich jedoch nicht um eine ebene (homogene), sondern um eine inhomogene Welle. Diese inhomogene Welle ist zur Erfüllung der Randbedingungen nötig. Es handelt sich hier um eine Welle, die parallel zur Mediengrenze läuft und senkrecht dazu in ihrer Amplitude abnimmt, d.h. um eine Welle von der in Abschn. 7.2.3, Gleichung (7.115), behandelten Art. Mit entsprechenden Ansätzen und unter Berücksichtigung der Randbedingungen kann man das Problem behandeln und die Welle im Medium 2 einschließlich ihrer Amplitude, Phasenkonstante und Dämpfungskonstante berechnen. Das ist nicht schwierig, jedoch etwas umständlich und soll deshalb hier unterbleiben. Formal kann man dabei vom normalen Brechungsgesetz ausgehen. Wenn $\sin \alpha_2 > 1$ wird, so wird der Winkel α_2 komplex, und die gebrochene Welle wird inhomogen.

Von grundsätzlichem Interesse ist der etwas abgewandelte Fall von Bild 7.14. Hier ist ganz schematisch angedeutet, daß eine dünne Schicht, die an sich

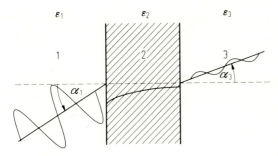

Bild 7.14

totalreflektierend wirken sollte ($\alpha_1 > \alpha_{1G}$), doch einen gewissen Bruchteil der einfallenden Strahlungsleistung durchläßt. Die ankommende Welle erzeugt im totalreflektierenden Medium einen von der Oberfläche weg exponentiell abklingenden Wellenvorgang. An der gegenüberliegenden Grenzfläche ist dieser noch nicht ganz abgeklungen. Er sorgt dort, unter geeigneten Voraussetzungen, für die Ausstrahlung einer Welle ins Medium 3, deren Amplitude allerdings je nach der Dicke der totalreflektierenden Schicht sehr klein sein kann. Diese Welle ist zur Erfüllung der Randbedingungen an der Grenze zwischen den Medien 2 und 3 nötig. Formal stellt das Ganze eine Analogie zum berühmten *Tunneleffekt* der Quantenmechanik dar, der wegen seiner Bedeutung für die Eigenschaften von Halbleitern auch in der Elektrotechnik wichtig ist. Bild 7.14 zeigt schematisch das Verhalten der gebrochenen Welle für den Fall

$$\sqrt{\frac{\mu_3\varepsilon_3}{\mu_1\varepsilon_1}} > \sin\alpha_1 > \sqrt{\frac{\mu_2\varepsilon_2}{\mu_1\varepsilon_1}},$$

d.h. α_1 liegt über dem Grenzwinkel für Totalreflexion für das Medium 2, jedoch unter dem für das Medium 3. Für die Medien 1 und 3 gilt dann das Brechungsgesetz so, als ob das Medium 2 gar nicht vorhanden wäre, d.h.

$$\frac{\sin\alpha_3}{\sin\alpha_1} = \sqrt{\frac{\mu_1\varepsilon_1}{\mu_3\varepsilon_3}}.$$

7.3.5 Reflexion an einem leitfähigen Medium

Auch in diesem Fall, den wir nur kurz erwähnen, jedoch nicht durchrechnen wollen, ist zur Erfüllung der Randbedingungen an der Mediengrenze zwischen dem Isolator, aus dem die Welle kommt, und dem Leiter neben einer reflektierten Welle im Isolator eine inhomogene Welle im Leiter nötig (Bild 7.15). Diese inhomogene Welle ist von solcher Art, daß sie sich in der durch ein Brechungsgesetz gegebenen Richtung fortpflanzt und gleichzeitig in der zur Grenzfläche senkrechten Richtung exponentiell abklingt.

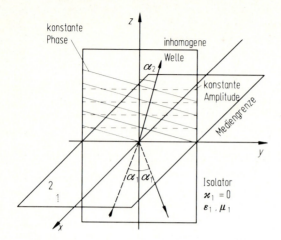

Bild 7.15

Mit dem durch Bild 7.15 definierten Koordinatensystem kann der folgende Ansatz zur Lösung des Problems dienen:

$$\mathbf{E}_e = \mathbf{E}_{e0} \exp\left[i(\omega t - k_1 y \sin\alpha_1 - k_1 z \cos\alpha_1)\right], \tag{7.171}$$

$$\mathbf{E}_r = \mathbf{E}_{r0} \exp\left[i(\omega t - k_1 y \sin\alpha_1 + k_1 z \cos\alpha_1)\right], \tag{7.172}$$

$$\mathbf{E}_g = \mathbf{E}_{g0} \exp\left[i(\omega t - \beta_2 y \sin\alpha_2 - \beta_2 z \cos\alpha_2)\right] \exp(-\gamma_2 z). \tag{7.173}$$

Neben den Materialkonstanten ε_1, μ_1, ε_2, μ_2 und κ_2 sind die Größen ω, k_1 und α_1 als gegeben zu betrachten. α_2, β_2, γ_2 dagegen sind in geeigneter Weise zu bestimmen, was mit Hilfe der Dispersionsbeziehung der Welle (7.173) und mit Hilfe der aus den obigen Phasen folgenden Beziehung

$$k_1 \sin\alpha_1 = \beta_2 \sin\alpha_2, \tag{7.174}$$

dem Brechungsgesetz in der hier gültigen Form, gelingt. Will man noch die Amplituden $\mathbf{E}_{r0}$ und $\mathbf{E}_{g0}$ bestimmen, so benutzt man dazu die für die verschiedenen Feldkomponenten gültigen Randbedingungen und geht dabei wie in Abschn. 7.3.2 vor. Auf die etwas umständlichen Details dieser Berechnung sei jedoch verzichtet.

7.4 Die Potentiale und ihre Wellengleichungen

7.4.1 Die inhomogenen Wellengleichungen für A und φ

Ausgangspunkt sind auch hier die Maxwellschen Gleichungen:

$$\operatorname{rot} \mathbf{E} = -\frac{\partial \mathbf{B}}{\partial t}, \tag{7.175}$$

$$\operatorname{rot} \mathbf{H} = \mathbf{g} + \frac{\partial \mathbf{D}}{\partial t}, \tag{7.176}$$

$$\text{div } \mathbf{B} = 0, \qquad (7.177)$$

$$\text{div } \mathbf{D} = \rho. \qquad (7.178)$$

Wegen (7.177) kann man

$$\mathbf{B} = \text{rot } \mathbf{A} \qquad (7.179)$$

setzen. Dabei ist $\mathbf{A}$ ein vom Ort $\mathbf{r}$ und der Zeit t abhängiger Vektor

$$\mathbf{A} = \mathbf{A}(\mathbf{r}, t), \qquad (7.180)$$

der jedoch nicht eindeutig festgelegt ist. Liefert nämlich ein anderes Vektorpotential $\mathbf{A}_e$ dasselbe Feld $\mathbf{B}$, so gilt:

$$\mathbf{B} = \text{rot } \mathbf{A} = \text{rot } \mathbf{A}_e,$$

d.h.

$$\text{rot}(\mathbf{A} - \mathbf{A}_e) = 0.$$

Demnach ist mit einer beliebigen skalaren Funktion ψ

$$\mathbf{A} - \mathbf{A}_e = -\text{grad } \psi. \qquad (7.181)$$

Mit (7.179) erhält man aus (7.175)

$$\text{rot } \mathbf{E} + \frac{\partial}{\partial t} \text{rot } \mathbf{A} = \text{rot}\left(\mathbf{E} + \frac{\partial \mathbf{A}}{\partial t}\right) = 0,$$

bzw.

$$\mathbf{E} + \frac{\partial \mathbf{A}}{\partial t} = -\text{grad } \varphi(\mathbf{r}, t). \qquad (7.182)$$

Man kann also $\mathbf{B}$ und $\mathbf{E}$ aus $\mathbf{A}$ und φ berechnen, wobei nach (7.179), (7.182)

$$\boxed{\begin{aligned} \mathbf{B} &= \text{rot } \mathbf{A} \\ \mathbf{E} &= -\text{grad } \varphi - \frac{\partial \mathbf{A}}{\partial t} \end{aligned}} \qquad \begin{aligned} (7.183) \\ (7.184) \end{aligned}$$

gilt. Auch φ ist nicht eindeutig festgelegt. Statt von $\mathbf{A}$ und φ ausgehend kann man $\mathbf{B}$ und $\mathbf{E}$ auch von $\mathbf{A}_e$ und φ_e ausgehend berechnen, wenn

$$\mathbf{E} = -\text{grad } \varphi_e - \frac{\partial \mathbf{A}_e}{\partial t} = -\text{grad } \varphi - \frac{\partial \mathbf{A}}{\partial t}$$

$$= -\text{grad } \varphi - \frac{\partial \mathbf{A}_e}{\partial t} + \frac{\partial}{\partial t} \text{grad } \psi,$$

d.h., wenn

$$\varphi - \varphi_e = \frac{\partial \psi}{\partial t} \qquad (7.185)$$

ist. Zwischen $\mathbf{A}$, φ und $\mathbf{A}_e$, φ_e bestehen also die durch die beiden Gleichungen (7.181), (7.185) gegebenen Zusammenhänge. ψ ist eine willkürlich wählbare Funktion. Man hat demnach in der Wahl der Potentiale $\mathbf{A}$ und φ ein erhebliches Maß an Freiheit. Wir benutzen sie, um zu fordern, daß $\mathbf{A}$ und φ die folgende Gleichung erfüllen sollen:

$$\boxed{\operatorname{div} \mathbf{A} + \mu\varepsilon \frac{\partial \varphi}{\partial t} = 0}. \tag{7.186}$$

Das ist die sogenannte *Lorentz–Eichung*. Für zeitunabhängige Probleme geht sie in die früher, (5.9), eingeführte Coulomb–Eichung über. Sind Potentiale gegeben, die der Lorentz–Eichung nicht entsprechen, so kann man mit Hilfe einer passend gewählten Funktion ψ stets solche finden, die dies tun.

Durch die Felder nach (7.183), (7.184) werden zwei der Maxwellschen Gleichungen, (7.175) und (7.177), automatisch erfüllt. Für die Erfüllung der beiden übrigen ist noch zu sorgen. Wir nehmen zunächst (7.176):

$$\operatorname{rot} \mathbf{H} = \operatorname{rot} \frac{1}{\mu} \operatorname{rot} \mathbf{A} = \mathbf{g} - \varepsilon \operatorname{grad} \frac{\partial \varphi}{\partial t} - \varepsilon \frac{\partial^2 \mathbf{A}}{\partial t^2},$$

$$\operatorname{rot} \operatorname{rot} \mathbf{A} + \mu\varepsilon \operatorname{grad} \frac{\partial \varphi}{\partial t} + \mu\varepsilon \frac{\partial^2 \mathbf{A}}{\partial t^2} = \mu\mathbf{g},$$

$$\operatorname{grad} \operatorname{div} \mathbf{A} - \Delta \mathbf{A} + \mu\varepsilon \operatorname{grad} \frac{\partial \varphi}{\partial t} + \mu\varepsilon \frac{\partial^2 \mathbf{A}}{\partial t^2} = \mu\mathbf{g}.$$

Mit (7.186) ist dann

$$\boxed{\Delta \mathbf{A} - \mu\varepsilon \frac{\partial^2 \mathbf{A}}{\partial t^2} = -\mu\mathbf{g}}. \tag{7.187}$$

Aus (7.178) dagegen ergibt sich

$$\operatorname{div} \varepsilon \left(-\operatorname{grad} \varphi - \frac{\partial \mathbf{A}}{\partial t} \right) = \rho,$$

$$-\varepsilon \operatorname{div} \operatorname{grad} \varphi - \varepsilon \frac{\partial}{\partial t} \operatorname{div} \mathbf{A} = \rho.$$

Mit (7.186) schließlich ist

$$\boxed{\Delta \varphi - \mu\varepsilon \frac{\partial^2 \varphi}{\partial t^2} = -\frac{\rho}{\varepsilon}}. \tag{7.188}$$

Diese beiden Gleichungen, (7.187), (7.188), sind die Wellengleichungen, denen $\mathbf{A}$ und φ gehorchen. Sie sind inhomogen wenn Ströme fließen oder Ladungen vorhanden sind. Die beiden *inhomogenen Wellengleichungen* sind den vier Maxwellschen Gleichungen äquivalent. Sie dienen der Berechnung der Potentiale **A** und φ, wenn Stromdichten **g**(**r**, t) und Ladungsdichten ρ(**r**, t) vorgegeben sind. Diese sind weitgehend, jedoch nicht ganz willkürlich wählbar. Wie aus den Maxwellschen Gleichungen, so folgt auch aus den inhomogenen Wellengleichungen der Ladungserhaltungssatz

$$\text{div}\,\mathbf{g} + \frac{\partial \rho}{\partial t} = 0.$$

Das sieht man sofort, wenn man div **g** aus (7.187), $\partial \rho/\partial t$ aus (7.188) berechnet und außerdem die vorausgesetzte Lorentz–Eichung, (7.186), beachtet. Versucht man die Gleichungen (7.187), (7.188) mit nicht vereinbaren Stromdichten **g**(**r**, t) und Ladungsdichten ρ(**r**, t) zu lösen, so ergeben sich Widersprüche, z.B. gehorchen die berechneten Potentiale dann nicht, wie es sein müßte, der Lorentz–Eichung.

Als besonders einfaches Beispiel sei das Problem der ebenen Welle behandelt. Für **g** = 0 und $\rho = 0$ ergeben sich als spezielle Lösungen der Wellengleichungen (7.187), (7.188) die folgenden ebenen Wellen:

$$\mathbf{A} = \mathbf{A}_0 \exp[\mathrm{i}(\omega t - \mathbf{k}\cdot\mathbf{r})],$$
$$\varphi = \varphi_0 \exp[\mathrm{i}(\omega t - \mathbf{k}\cdot\mathbf{r})],$$

wobei

$$\frac{\omega^2}{k^2} = c^2 = \frac{1}{\varepsilon\mu}$$

sein muß. Die Lorentz–Eichung fordert

$$-\mathrm{i}\mathbf{k}\cdot\mathbf{A}_0 + \frac{1}{c^2}\mathrm{i}\omega\varphi_0 = 0.$$

Zerlegt man $\mathbf{A}_0$ in einen zu **k** parallelen und in einen dazu senkrechten Anteil,

$$\mathbf{A}_0 = \mathbf{A}_{0\parallel} + \mathbf{A}_{0\perp},$$

so gilt

$$-\mathrm{i}k A_{0\parallel} + \frac{1}{c^2}\mathrm{i}\omega\varphi_0 = 0,$$

d.h.

$$\varphi_0 = \frac{kc^2}{\omega} A_{0\parallel} = c A_{0\parallel}.$$

Die Gleichung (7.184) gibt dann

$$\mathbf{E} = (\mathrm{i}\mathbf{k}\varphi_0 - \mathrm{i}\omega\mathbf{A}_0)\exp[\mathrm{i}(\omega t - \mathbf{k}\cdot\mathbf{r})],$$

bzw.

$$\mathbf{E} = (\mathrm{i}\mathbf{k}\varphi_0 - \mathrm{i}\omega\mathbf{A}_{0\parallel} - \mathrm{i}\omega\mathbf{A}_{0\perp})\exp[\mathrm{i}(\omega t - \mathbf{k}\cdot\mathbf{r})]$$
$$= -\mathrm{i}\omega\,\mathbf{A}_{0\perp}\exp[\mathrm{i}(\omega t - \mathbf{k}\cdot\mathbf{r})],$$

während sich aus (7.183) in Analogie zu (7.85)

$$\mathbf{B} = \text{rot}\, \mathbf{A} = -i\mathbf{k} \times \mathbf{A} = -i\mathbf{k} \times \mathbf{A}_{0\perp} \exp[i(\omega t - \mathbf{k}\cdot\mathbf{r})]$$

ergibt. $\mathbf{A}_{0\|}$ spielt also letzten Endes gar keine Rolle und kann weggelassen werden. Mit $\mathbf{A}_{0\|} = 0$ ist dann $\varphi = 0$, und man erhält die Felder aus $\mathbf{A}$ allein:

$$\mathbf{E} = -i\omega \mathbf{A}$$

$$\mathbf{B} = -i\mathbf{k} \times \mathbf{A} = \frac{\mathbf{k} \times \mathbf{E}}{\omega}.$$

Man kann also ebene Wellen mit Hilfe eines Vektorpotentials $\mathbf{A}$ beschreiben, das dem elektrischen Feld der Welle proportional ist:

$$\mathbf{A} = \frac{i}{\omega}\mathbf{E}.$$

7.4.2 Die Lösung der inhomogenen Wellengleichungen (Retardierung)

Sind Ladungen bzw. Ströme vorhanden, so werden die Wellengleichungen für $\mathbf{A}$ und φ inhomogen. Zunächst taucht die Frage nach deren Lösung auf, die wir am Beispiel der Gleichung (7.188) für φ diskutieren wollen. Das Resultat können wir dann auf ähnliche Gleichungen übertragen, z.B. auf die drei Komponenten von (7.187), vorausgesetzt, daß wir dabei kartesische Koordinaten benutzen. Zunächst haben wir es jedoch mit der Gleichung

$$\Delta\varphi(\mathbf{r},t) - \mu\varepsilon\frac{\partial^2\varphi(\mathbf{r},t)}{\partial t^2} = -\frac{\rho(\mathbf{r},t)}{\varepsilon} \tag{7.189}$$

zu tun. Dabei wollen wir von dem Spezialfall einer zeitabhängigen Punktladung am Ursprung ausgehen, um ihn später zu verallgemeinern:

$$\rho(\mathbf{r},t) = Q(t)\delta(\mathbf{r}). \tag{7.190}$$

Dieses Problem ist kugelsymmetrisch. Außerdem ist für $r > 0$ keine Raumladung vorhanden. Demnach gilt für $r > 0$, nach (3.43),

$$\frac{1}{r^2}\frac{\partial}{\partial r}r^2\frac{\partial}{\partial r}\varphi(r,t) - \frac{1}{c^2}\frac{\partial^2\varphi(r,t)}{\partial t^2} = 0.$$

Das kann umgeschrieben werden zu:

$$\frac{\partial^2}{\partial r^2}[r\varphi(r,t)] - \frac{1}{c^2}\frac{\partial^2}{\partial t^2}[r\varphi(r,t)] = 0.$$

Die allgemeine d'Alembertsche Lösung dieser Gleichung ist

$$r\varphi(r,t) = f_1\left(t - \frac{r}{c}\right) + f_2\left(t + \frac{r}{c}\right). \tag{7.191}$$

f_1 beschreibt einen vom Ursprung ausgehenden, f_2 einen in diesen einlaufenden Vorgang. Man kann auch sagen: f_1 beschreibt eine Wirkung, die, vom Ursprung ausgehend, zu einem Punkt im Abstand r vom Ursprung mit Lichtgeschwindigkeit läuft und dort nach der Zeit

$$t = \frac{r}{c}$$

eintrifft. Man nennt f_1 deshalb die *retardierte* (= verzögerte) *Lösung*. f_2 hingegen kann nicht durch Vorgänge am Ursprung verursacht sein, da die Wirkung bereits vor der Ursache vorhanden wäre (nämlich zur Zeit $t = -r/c$). Man nennt f_2 deshalb die *avancierte Lösung*. Sie widerspricht dem Kausalitätsprinzip und kann deshalb nicht berücksichtigt werden. Nur f_1 hat physikalischen Sinn. Diese Zusatzbedingung wird als *Ausstrahlungsbedingung* bezeichnet. Das Potential muß also von der Form

$$\varphi(r,t) = \frac{f_1\left(t - \frac{r}{c}\right)}{r} \tag{7.192}$$

sein. Andererseits muß für $r \to 0$

$$\varphi(r,t) = \frac{Q(t)}{4\pi\varepsilon r} \tag{7.193}$$

gelten. Insgesamt erhält man also

$$\varphi(r,t) = \frac{Q\left(t - \frac{r}{c}\right)}{4\pi\varepsilon r} \tag{7.194}$$

als Potential der zeitabhängigen Ladung am Ursprung. Das Potential einer beliebigen Ladungsverteilung läßt sich nun daraus durch Überlagerung gewinnen. Für die Raumladungen

$$\rho(\mathbf{r}, t)$$

bewirkt der Anteil im Volumenelement $d\tau'$ um den Ort $\mathbf{r}'$,

$$dQ(\mathbf{r}', t) = \rho(\mathbf{r}', t)\,d\tau',$$

einen Beitrag zum Potential, der durch

$$d\varphi = \frac{\rho\left(\mathbf{r}', t - \frac{|\mathbf{r} - \mathbf{r}'|}{c}\right) d\tau'}{4\pi\varepsilon|\mathbf{r} - \mathbf{r}'|}$$

gegeben ist. Insgesamt ist dann

$$\boxed{\varphi = \int \frac{\rho\left(\mathbf{r}', t - \frac{|\mathbf{r} - \mathbf{r}'|}{c}\right) d\tau'}{4\pi\varepsilon|\mathbf{r} - \mathbf{r}'|}}. \tag{7.195}$$

In ganz analoger Weise ist natürlich

$$
\boxed{\begin{aligned}
A_x &= \int \frac{\mu g_x\left(\mathbf{r}', t - \frac{|\mathbf{r} - \mathbf{r}'|}{c}\right)}{4\pi |\mathbf{r} - \mathbf{r}'|} d\tau' \\
A_y &= \int \frac{\mu g_y\left(\mathbf{r}', t - \frac{|\mathbf{r} - \mathbf{r}'|}{c}\right)}{4\pi |\mathbf{r} - \mathbf{r}'|} d\tau' \\
A_z &= \int \frac{\mu g_z\left(\mathbf{r}', t - \frac{|\mathbf{r} - \mathbf{r}'|}{c}\right)}{4\pi |\mathbf{r} - \mathbf{r}'|} d\tau'
\end{aligned}}
\quad . \tag{7.196}
$$

Es sei noch einmal darauf hingewiesen, daß die Größen $\mathbf{g}(\mathbf{r}, t)$ und $\rho(\mathbf{r}, t)$ in den Lösungen (7.195), (7.196) der Kontinuitätsgleichung (Ladungserhaltung) genügen müssen. Ist das der Fall, dann befriedigen die entsprechend (7.195), (7.196) berechneten Potentiale die Lorentz–Eichung. Andernfalls entsteht ein Widerspruch dadurch, daß sie das nicht tun. Ähnlich wie im Falle der Magnetostatik (s. Abschn. 5.1) bedeutet dies jedoch keineswegs, daß die Lorentz–Eichung eine Folge der Ladungserhaltung sei (wie dies manchmal behauptet wurde). Bei jeder Eichung entsteht ein Widerspruch, wenn man die Potentiale aus Strömen und Ladungen berechnet, die die Kontinuitätsgleichung verletzen.

Betrachtet man speziell ein geladenes Teilchen, das sich auf einer vorgegebenen Bahn $\mathbf{r}_0(t)$ bewegt, so ist

$$\rho(t) = Q\delta[\mathbf{r} - \mathbf{r}_0(t)]$$

und

$$\mathbf{g}(t) = Q\mathbf{v}_0(t)\delta[\mathbf{r} - \mathbf{r}_0(t)].$$

Damit geben die Gleichungen (7.195) und (7.196) die sog. Liénard–Wiechertschen Potentiale, die in Anhang A.4 diskutiert werden.

7.4.3 Der elektrische Hertzsche Vektor

Die Lorentz–Eichung, (7.186), läßt es überflüssig erscheinen, mit zwei Potentialen $\mathbf{A}$ und φ zu arbeiten. Im Prinzip kann man ja φ mit Hilfe dieser Gleichung eliminieren. Dazu definieren wir einen Vektor $\mathbf{\Pi}_e$, den *elektrischen Hertzschen Vektor*, durch:

$$\boxed{\mu\varepsilon \frac{\partial \mathbf{\Pi}_e}{\partial t} = \mathbf{A}} \quad . \tag{7.197}$$

Dann folgt aus (7.186)

$$\mu\varepsilon\frac{\partial}{\partial t}(\operatorname{div}\mathbf{\Pi}_e) + \mu\varepsilon\frac{\partial\varphi}{\partial t} = 0,$$

und man kann

$$\boxed{\varphi = -\operatorname{div}\mathbf{\Pi}_e} \tag{7.198}$$

setzen. Man kann also φ und $\mathbf{A}$ durch $\mathbf{\Pi}_e$ ausdrücken. Nach (7.183), (7.184) ergeben sich damit die Felder

$$\boxed{\mathbf{B} = \mu\varepsilon\operatorname{rot}\frac{\partial\mathbf{\Pi}_e}{\partial t}}, \tag{7.199}$$

$$\boxed{\mathbf{E} = \operatorname{grad}\operatorname{div}\mathbf{\Pi}_e - \mu\varepsilon\frac{\partial^2\mathbf{\Pi}_e}{\partial t^2}}. \tag{7.200}$$

7.4.4 Vektorpotential für D und magnetischer Hertzscher Vektor

In einem raumladungsfreien Gebiet ist nach (7.178)

$$\operatorname{div}\mathbf{D} = 0,$$

und deshalb ist dort $\mathbf{D}$ als

$$\boxed{\mathbf{D} = -\operatorname{rot}\mathbf{A}^*}. \tag{7.201}$$

darstellbar. ($\mathbf{A}^*$ ist ein elektrisches Vektorpotential. Der Stern soll es von dem magnetischen Vektorpotential $\mathbf{A}$ unterscheiden. Er hat hier nichts mit dem Übergang zum konjugiert Komplexen zu tun. Entsprechendes gilt auch für die weiter unten eingeführte Größe φ^*.) Ist das Gebiet auch stromfrei, so gilt nach (7.176):

$$\operatorname{rot}\mathbf{H} = \frac{\partial\mathbf{D}}{\partial t} = \frac{\partial}{\partial t}(-\operatorname{rot}\mathbf{A}^*),$$

$$\operatorname{rot}\left(\mathbf{H} + \frac{\partial\mathbf{A}^*}{\partial t}\right) = 0,$$

d.h.

$$\boxed{\mathbf{H} = -\operatorname{grad}\varphi^* - \frac{\partial\mathbf{A}^*}{\partial t}}. \tag{7.202}$$

Die beiden Gleichungen (7.201), (7.202) stehen in Analogie zu den Gleichungen

(7.183), (7.184). $\mathbf{A}^*$ ist ein neuartiges Vektorpotential und φ^* ein skalares Potential für $\mathbf{H}$, das uns mit anderer Bezeichnung bereits begegnet ist, Abschn. 5.1, insbesondere (5.22). Die Gleichungen (7.176), (7.178) sind mit den Feldern (7.201), (7.202) automatisch erfüllt. Aber auch die beiden übrigen Maxwellschen Gleichungen, (7.175), (7.177), sind zu berücksichtigen. Man erhält z.B. aus (7.175):

$$\operatorname{rot}\left(-\frac{1}{\varepsilon}\operatorname{rot}\mathbf{A}^*\right) = \mu\operatorname{grad}\frac{\partial \varphi^*}{\partial t} + \mu\frac{\partial^2 \mathbf{A}^*}{\partial t^2}$$

bzw.

$$-\operatorname{grad}\operatorname{div}\mathbf{A}^* + \Delta\mathbf{A}^* = \mu\varepsilon\operatorname{grad}\frac{\partial \varphi^*}{\partial t} + \mu\varepsilon\frac{\partial^2 \mathbf{A}^*}{\partial t^2}.$$

In bezug auf $\mathbf{A}^*$, φ^* haben wir ganz ähnliche Freiheiten wie in bezug auf $\mathbf{A}$, φ. Wir können deshalb auch hier eine Eichung vornehmen. Wir wählen wiederum die Lorentz–Eichung,

$$\boxed{\operatorname{div}\mathbf{A}^* + \mu\varepsilon\frac{\partial \varphi^*}{\partial t} = 0}, \qquad (7.203)$$

womit sich

$$\boxed{\Delta\mathbf{A}^* - \mu\varepsilon\frac{\partial^2 \mathbf{A}^*}{\partial t^2} = 0} \qquad (7.204)$$

ergibt. Aus (7.177) schließlich folgt

$$\operatorname{div}\left(-\mu\operatorname{grad}\varphi^* - \mu\frac{\partial\mathbf{A}^*}{\partial t}\right) = -\mu\Delta\varphi^* + \mu\mu\varepsilon\frac{\partial^2\varphi^*}{\partial t^2} = 0,$$

d.h.

$$\boxed{\Delta\varphi^* - \mu\varepsilon\frac{\partial^2\varphi^*}{\partial t^2} = 0}. \qquad (7.205)$$

Die Lorentz–Eichung (7.203) bewirkt also, daß aus den Maxwellschen Gleichungen (7.175), (7.177) die beiden homogenen Wellengleichungen (7.204), (7.205) für $\mathbf{A}^*$ und φ^* entstehen.

Wir setzen nun

$$\boxed{\mathbf{A}^* = \mu\varepsilon\frac{\partial \mathbf{\Pi}_m}{\partial t}} \qquad (7.206)$$

und

$$\boxed{\varphi^* = -\operatorname{div}\mathbf{\Pi}_m}. \qquad (7.207)$$

Dadurch wird die Lorentz-Eichung (7.203) erfüllt. Die Felder (7.201), (7.202) kann man damit wie folgt berechnen:

$$\boxed{\mathbf{H} = \operatorname{grad} \operatorname{div} \mathbf{\Pi}_m - \mu\varepsilon \frac{\partial^2 \mathbf{\Pi}_m}{\partial t^2}}, \qquad (7.208)$$

$$\boxed{\mathbf{D} = -\mu\varepsilon \operatorname{rot} \frac{\partial \mathbf{\Pi}_m}{\partial t}}. \qquad (7.209)$$

Diese beiden Ausdrücke sind mit (7.199), (7.200) zu vergleichen. Der hier eingeführte Vektor $\mathbf{\Pi}_m$ heißt *magnetischer Hertzscher Vektor* oder auch *Fitzgerald-Vektor*.

Wegen der weitgehenden Analogie zu den vorhergehenden Abschnitten konnten wir uns hier kurz fassen. Es sei noch einmal betont, daß jede Formel dieses Abschnitts einer dazu "dualen" Formel der früheren Abschnitte entspricht.

Die Hertzschen Vektoren gestatten nach (7.197), (7.198) bzw. nach (7.206), (7.207) die Berechung der Potentiale $\mathbf{A}$, φ bzw. $\mathbf{A}^*$, φ^*. Sie stellen sozusagen Potentiale zur Berechnung der Potentiale dar, was ihnen auch den manchmal benutzten Namen *Superpotentiale* eingetragen hat.

7.4.5 Hertzsche Vektoren und Dipolmomente

Die beiden Hertzschen Vektoren stellen ein sehr nützliches Hilfsmittel für viele Feldberechnungen dar, von dem wir auch in diesem Buch noch Gebrauch machen werden.

Im allgemeinen Fall kann man Felder aus $\mathbf{\Pi}_e$ und aus $\mathbf{\Pi}_m$ berechnen und diese einander überlagern, so daß nach (7.199), (7.200), (7.208), (7.209) gilt:

$$\mathbf{H} = \varepsilon \operatorname{rot} \frac{\partial \mathbf{\Pi}_e}{\partial t} + \operatorname{grad} \operatorname{div} \mathbf{\Pi}_m - \mu\varepsilon \frac{\partial^2 \mathbf{\Pi}_m}{\partial t^2} \qquad (7.210)$$

$$\mathbf{E} = -\mu \operatorname{rot} \frac{\partial \mathbf{\Pi}_m}{\partial t} + \operatorname{grad} \operatorname{div} \mathbf{\Pi}_e - \mu\varepsilon \frac{\partial^2 \mathbf{\Pi}_e}{\partial t^2}. \qquad (7.211)$$

Wir wollen nun, von diesen Feldern ausgehend, den Fall betrachten, daß neben den durch ε bzw. μ beschriebenen Polarisations- bzw. Magnetisierungseffekten auch zusätzliche "permanente" elektrische oder magnetische Dipole vorhanden sind. Die "permanenten" Dipolmomente können dabei durchaus zeitabhängig sein. Das Wort "permanent" soll hier nur andeuten, daß es sich nicht um Dipole handelt, die durch die angelegten elektrischen oder magnetischen Felder "induziert" werden. Es gelten also die Maxwellschen Gleichungen (7.175) bis (7.178) mit

$$\mathbf{B} = \mu\mathbf{H} + \mathbf{M}, \qquad (7.212)$$

$$\mathbf{D} = \varepsilon\mathbf{E} + \mathbf{P}. \qquad (7.213)$$

Die induzierten Polarisations- bzw. Magnetisierungseffekte sind in den Konstanten ε und μ enthalten. $\mathbf{M}$ und $\mathbf{P}$ stellen die permanenten Anteile dar. Damit nehmen die

Maxwellschen Gleichungen die folgende Form an:

$$\operatorname{rot} \mathbf{E} = -\mu \frac{\partial \mathbf{H}}{\partial t} - \frac{\partial \mathbf{M}}{\partial t}, \tag{7.214}$$

$$\operatorname{rot} \mathbf{H} = \mathbf{g} + \varepsilon \frac{\partial \mathbf{E}}{\partial t} + \frac{\partial \mathbf{P}}{\partial t}, \tag{7.215}$$

$$\mu \operatorname{div} \mathbf{H} + \operatorname{div} \mathbf{M} = 0, \tag{7.216}$$

$$\varepsilon \operatorname{div} \mathbf{E} + \operatorname{div} \mathbf{P} = \rho. \tag{7.217}$$

Diese Form der Maxwellschen Gleichungen ist recht interessant. Hier erscheint der Polarisationsstrom $\partial \mathbf{P}/\partial t$, der sich aus der Verschiebungsstromdichte $\partial \mathbf{D}/\partial t$ ergibt, wenn man $\mathbf{D}$ entsprechend (7.213) wählt. Wie wir in Abschn. 2.13 sahen, muß das jedoch nicht unbedingt so sein. Der Polarisationsstrom könnte einen quellenfreien Zusatzterm enthalten. Anschaulich würde das bedeuten, daß die Ladungsbewegung bei der Polarisation nicht auf dem kürzesten Weg erfolgt. Interessant sind auch die Glieder $+\partial \mathbf{M}/\partial t$ und div $\mathbf{M}$. Wenn man sich der Vorstellung fiktiver magnetischer Ladungen bedient, hängen diese Glieder mit $\mathbf{g}_m$ und ρ_m in den Maxwellschen Gleichungen (1.82) zusammen, d.h. mit magnetischen Stromdichten und Ladungen. Obwohl sie nur fiktiver Natur sind, kann ihre Benutzung sinnvoll sein.

Wir wollen nun feststellen, ob diese Gleichungen durch die Felder entsprechend den Gleichungen (7.210), (7.211) erfüllt werden können. Wir setzen diese ein und erhalten nach einigen Umformungen, die wir übergehen können, der Reihe nach:

$$\frac{\partial}{\partial t}\left(\Delta \mathbf{\Pi}_m - \mu\varepsilon \frac{\partial^2 \mathbf{\Pi}_m}{\partial t^2} + \frac{\mathbf{M}}{\mu}\right) = 0, \tag{7.218}$$

$$\frac{\partial}{\partial t}\left(\Delta \mathbf{\Pi}_e - \mu\varepsilon \frac{\partial^2 \mathbf{\Pi}_e}{\partial t^2} + \frac{\mathbf{P}}{\varepsilon}\right) = 0, \tag{7.219}$$

$$\operatorname{div}\left(\Delta \mathbf{\Pi}_m - \mu\varepsilon \frac{\partial^2 \mathbf{\Pi}_m}{\partial t^2} + \frac{\mathbf{M}}{\mu}\right) = 0, \tag{7.220}$$

$$\operatorname{div}\left(\Delta \mathbf{\Pi}_e - \mu\varepsilon \frac{\partial^2 \mathbf{\Pi}_e}{\partial t^2} + \frac{\mathbf{P}}{\varepsilon}\right) = 0, \tag{7.221}$$

vorausgesetzt, daß wir

$$\rho = 0$$

und

$$\mathbf{g} = 0$$

annehmen. Es gibt also keine freien Ladungen und keine freien Ströme (wohl aber gebundene Ladungen, Polarisationsströme und Magnetisierungsströme). Aus (7.218), (7.220) wäre zunächst zu schließen, daß

$$\Delta \mathbf{\Pi}_m(\mathbf{r},t) - \mu\varepsilon \frac{\partial^2 \mathbf{\Pi}_m(\mathbf{r},t)}{\partial t^2} + \frac{\mathbf{M}(\mathbf{r},t)}{\mu} = \operatorname{rot} \mathbf{C}(\mathbf{r})$$

ist. **C** ist dabei irgendein *zeitunabhängiger* Vektor. Betrachtet man eine *zeitabhängige* Magnetisierung **M** als einzige Ursache eventuell vorhandener (durch $\mathbf{\Pi}_m$ beschriebener) Felder, so ergibt sich, daß **C(r)** verschwinden muß. Analoges gilt für die beiden Gleichungen (7.219), (7.221) und man findet insgesamt:

$$\boxed{\Delta \mathbf{\Pi}_m - \mu\varepsilon \frac{\partial^2 \mathbf{\Pi}_m}{\partial t^2} = -\frac{\mathbf{M}}{\mu}}, \qquad (7.222)$$

$$\boxed{\Delta \mathbf{\Pi}_e - \mu\varepsilon \frac{\partial^2 \mathbf{\Pi}_e}{\partial t^2} = -\frac{\mathbf{P}}{\varepsilon}}. \qquad (7.223)$$

Man sieht hier, daß auch für die Hertzschen Vektoren Wellengleichungen gelten. Als Inhomogenitäten treten elektrische Polarisation oder "magnetische Polarisation" (= Magnetisierung) auf. Die Hertzschen Vektoren heißen deshalb auch *Polarisationspotentiale*. Die Lösung der Gleichungen (7.222), (7.223) erfolgt bei gegebenem **M** oder **P** wie es in Abschn. 7.4.2 beschrieben wurde, d.h. in Analogie zu den Ergebnissen (7.195), (7.196).

In Gebieten, für die **M** und **P** verschwinden, gelten die homogenen Wellengleichungen:

$$\Delta \mathbf{\Pi}_m - \mu\varepsilon \frac{\partial^2 \mathbf{\Pi}_m}{\partial t^2} = \operatorname{grad} \operatorname{div} \mathbf{\Pi}_m - \operatorname{rot} \operatorname{rot} \mathbf{\Pi}_m - \mu\varepsilon \frac{\partial^2 \mathbf{\Pi}_m}{\partial t^2} = 0,$$

$$\Delta \mathbf{\Pi}_e - \mu\varepsilon \frac{\partial^2 \mathbf{\Pi}_e}{\partial t^2} = \operatorname{grad} \operatorname{div} \mathbf{\Pi}_e - \operatorname{rot} \operatorname{rot} \mathbf{\Pi}_e - \mu\varepsilon \frac{\partial^2 \mathbf{\Pi}_e}{\partial t^2} = 0,$$

d.h.

$$\operatorname{grad} \operatorname{div} \mathbf{\Pi}_m - \mu\varepsilon \frac{\partial^2 \mathbf{\Pi}_m}{\partial t^2} = \operatorname{rot} \operatorname{rot} \mathbf{\Pi}_m,$$

$$\operatorname{grad} \operatorname{div} \mathbf{\Pi}_e - \mu\varepsilon \frac{\partial^2 \mathbf{\Pi}_e}{\partial t^2} = \operatorname{rot} \operatorname{rot} \mathbf{\Pi}_e.$$

Damit kann man statt (7.210), (7.211)

$$\mathbf{H} = \operatorname{rot} \operatorname{rot} \mathbf{\Pi}_m + \varepsilon \operatorname{rot} \frac{\partial \mathbf{\Pi}_e}{\partial t} \qquad (7.224)$$

$$\mathbf{E} = \operatorname{rot} \operatorname{rot} \mathbf{\Pi}_e - \mu \operatorname{rot} \frac{\partial \mathbf{\Pi}_m}{\partial t} \qquad (7.225)$$

schreiben (vorausgesetzt, daß dort **M** = 0 und **P** = 0 ist).

In den folgenden Abschnitten soll die Strahlung eines schwingenden elektrischen Dipols (Dipolantenne) bzw. die eines schwingenden magnetischen Dipols (Rahmenantenne) behandelt werden. Ferner soll die Wellenausbreitung in zylindrischen Hohlleitern untersucht werden. Bei all dem werden sich die hier benutzten Methoden und Begriffe als äußerst nützlich erweisen.

7.4.6 Potentiale für homogene leitfähige Medien ohne Raumladungen

Wir haben in den vorhergehenden Abschnitten die Maxwellschen Gleichungen für vorgegebene Stromdichten **g** und Raumladungsdichten ρ behandelt. Für Felder in einem homogenen leitfähigen Medium sind die Stromdichten nicht vorgebbar, vielmehr wird—wenn wir das Ohmsche Gesetz annehmen—

$$\mathbf{g} = \kappa \mathbf{E}$$

sein. Raumladungen werden andererseits sehr schnell abgebaut. Sie sollen deshalb hier vernachlässigt werden. Wir nehmen also die Maxwellschen Gleichungen in der folgenden Form an:

$$\operatorname{rot} \mathbf{E} = -\frac{\partial \mathbf{B}}{\partial t}, \tag{7.226}$$

$$\operatorname{rot} \mathbf{H} = \kappa \mathbf{E} + \frac{\partial \mathbf{D}}{\partial t}, \tag{7.227}$$

$$\operatorname{div} \mathbf{B} = 0, \tag{7.228}$$

$$\operatorname{div} \mathbf{D} = 0. \tag{7.229}$$

Mit den Ansätzen:

$$\mathbf{B} = \operatorname{rot} \mathbf{A}, \tag{7.230}$$

$$\mathbf{E} = -\operatorname{grad} \varphi - \frac{\partial \mathbf{A}}{\partial t} \tag{7.231}$$

sind die Gleichungen (7.226), (7.228) erfüllt. Die beiden Gleichungen (7.227), (7.229) liefern mit der Eichbedingung

$$\operatorname{div} \mathbf{A} + \mu\kappa\varphi + \mu\varepsilon\frac{\partial \varphi}{\partial t} = 0 \tag{7.232}$$

die homogenen Gleichungen

$$\Delta \mathbf{A} - \mu\kappa\frac{\partial \mathbf{A}}{\partial t} - \mu\varepsilon\frac{\partial^2 \mathbf{A}}{\partial t^2} = 0, \tag{7.233}$$

$$\Delta \varphi - \mu\kappa\frac{\partial \varphi}{\partial t} - \mu\varepsilon\frac{\partial^2 \varphi}{\partial t^2} = 0. \tag{7.234}$$

Setzen wir nun

$$\mathbf{A} = \left(\mu\kappa + \mu\varepsilon\frac{\partial}{\partial t}\right)\mathbf{\Pi}_e, \tag{7.235}$$

$$\varphi = -\operatorname{div} \mathbf{\Pi}_e, \tag{7.236}$$

so ist die Eichbedingung (7.232) erfüllt. Die Wellengleichungen (7.233), (7.234) liefern damit

$$\left(\mu\kappa + \mu\varepsilon\frac{\partial}{\partial t}\right)\left[\Delta\mathbf{\Pi}_e - \mu\kappa\frac{\partial \mathbf{\Pi}_e}{\partial t} - \mu\varepsilon\frac{\partial^2 \mathbf{\Pi}_e}{\partial t^2}\right] = 0,$$

$$\operatorname{div}\left[\Delta\mathbf{\Pi}_e - \mu\kappa\frac{\partial \mathbf{\Pi}_e}{\partial t} - \mu\varepsilon\frac{\partial^2 \mathbf{\Pi}_e}{\partial t^2}\right] = 0,$$

was sicher erfüllt ist, wenn

$$\boxed{\Delta\mathbf{\Pi}_e - \mu\kappa\frac{\partial \mathbf{\Pi}_e}{\partial t} - \mu\varepsilon\frac{\partial^2 \mathbf{\Pi}_e}{\partial t^2} = 0}. \tag{7.237}$$

Damit wiederum können wir **B** und **E** wie folgt aus $\mathbf{\Pi}_e$ berechnen:

$$\boxed{\begin{aligned}\mathbf{B} &= \left(\mu\kappa + \mu\varepsilon\frac{\partial}{\partial t}\right)\operatorname{rot}\mathbf{\Pi}_e \\ \mathbf{E} &= \operatorname{grad}\operatorname{div}\mathbf{\Pi}_e - \left(\mu\kappa\frac{\partial}{\partial t} + \mu\varepsilon\frac{\partial^2}{\partial t^2}\right)\mathbf{\Pi}_e = \operatorname{rot}\operatorname{rot}\mathbf{\Pi}_e\end{aligned}}. \tag{7.238, 7.239}$$

Wir können auch anders vorgehen. Mit den Ansätzen

$$\mathbf{D} = -\operatorname{rot}\mathbf{A}^*, \tag{7.240}$$

$$\mathbf{H} = -\operatorname{grad}\varphi^* - \left(\frac{\kappa}{\varepsilon} + \frac{\partial}{\partial t}\right)\mathbf{A}^* \tag{7.241}$$

sind die beiden Gleichungen (7.227), (7.229) erfüllt, während sich mit der Eichbedingung

$$\operatorname{div}\mathbf{A}^* + \mu\varepsilon\frac{\partial \varphi^*}{\partial t} = 0 \tag{7.242}$$

aus den beiden anderen Gleichungen (7.226), (7.228)

$$\Delta\mathbf{A}^* - \mu\kappa\frac{\partial \mathbf{A}^*}{\partial t} - \mu\varepsilon\frac{\partial^2 \mathbf{A}^*}{\partial t^2} = 0, \tag{7.243}$$

$$\Delta\varphi^* - \mu\kappa\frac{\partial \varphi^*}{\partial t} - \mu\varepsilon\frac{\partial^2 \varphi^*}{\partial t} = 0 \tag{7.244}$$

ergibt. Mit

$$\mathbf{A}^* = \mu\varepsilon\frac{\partial \mathbf{\Pi}_m}{\partial t}, \tag{7.245}$$

$$\varphi^* = -\operatorname{div}\mathbf{\Pi}_m \tag{7.246}$$

ist die Eichbedingung (7.242) erfüllt, und die Wellengleichungen (7.243), (7.244) geben

$$\frac{\partial}{\partial t}\left[\Delta\mathbf{\Pi}_m - \mu\kappa\frac{\partial \mathbf{\Pi}_m}{\partial t} - \mu\varepsilon\frac{\partial^2 \mathbf{\Pi}_m}{\partial t^2}\right] = 0,$$

$$\operatorname{div}\left[\Delta\mathbf{\Pi}_m - \mu\kappa\frac{\partial \mathbf{\Pi}_m}{\partial t} - \mu\varepsilon\frac{\partial^2 \mathbf{\Pi}_m}{\partial t^2}\right] = 0,$$

$$\boxed{\Delta\mathbf{\Pi}_m - \mu\kappa\frac{\partial \mathbf{\Pi}_m}{\partial t} - \mu\varepsilon\frac{\partial^2 \mathbf{\Pi}_m}{\partial t^2} = 0}. \tag{7.247}$$

Damit wird schließlich

$$\boxed{\begin{aligned}\mathbf{D} &= -\mu\varepsilon\frac{\partial}{\partial t}\operatorname{rot}\mathbf{\Pi}_m, \\ \mathbf{H} &= \operatorname{grad}\operatorname{div}\mathbf{\Pi}_m - \left(\mu\kappa\frac{\partial}{\partial t} + \mu\varepsilon\frac{\partial^2}{\partial t^2}\right)\mathbf{\Pi}_m = \operatorname{rot}\operatorname{rot}\mathbf{\Pi}_m\end{aligned}}. \tag{7.248, 7.249}$$

7.5 Der Hertzsche Dipol

7.5.1 Die Felder des schwingenden Dipols

Wir betrachten einen am Ursprung befindlichen Dipol, der zeitliche Schwingungen ausführt und in z-Richtung orientiert ist:

$$\mathbf{p} = \mathbf{e}_z p_0 \sin \omega t. \tag{7.250}$$

Die zugehörige Polarisation, definiert als die räumliche Dichte des Dipolmoments, ist:

$$\mathbf{P} = p_0 \sin \omega t\, \delta(\mathbf{r})\mathbf{e}_z. \tag{7.251}$$

Die zeitliche Änderung des Dipolmoments ist mit Strömen verknüpft. Entsprechend Bild 7.16 ist

$$p = lQ \tag{7.252}$$

bzw.

$$\frac{dp}{dt} = l\frac{dQ}{dt} = lI = \omega p_0 \cos \omega t \tag{7.253}$$

und damit

$$I = \frac{\omega p_0}{l}\cos \omega t = I_0 \cos \omega t \tag{7.254}$$

Bild 7.16

mit

$$I_0 = \frac{\omega p_0}{l}. \tag{7.255}$$

Zur Berechnung des Feldes, das von dem schwingenden Dipol erzeugt wird, benutzen wir Gleichung (7.223), die wir in Analogie zu (7.188) mit der Lösung (7.195) behandeln können. Demnach ergibt sich, da **P** nur eine z-Komponente hat, der zugehörige elektrische Hertzsche Vektor als:

$$\Pi_{ex} = 0 \tag{7.256}$$

$$\Pi_{ey} = 0 \tag{7.257}$$

$$\Pi_{ez} = \frac{1}{4\pi\varepsilon} \int \frac{P_z\left(\mathbf{r}', t - \frac{|\mathbf{r} - \mathbf{r}'|}{c}\right)}{|\mathbf{r} - \mathbf{r}'|} d\tau'$$

$$= \frac{1}{4\pi\varepsilon} \int \frac{p_0 \sin\left[\omega\left(t - \frac{|\mathbf{r} - \mathbf{r}'|}{c}\right)\right] \delta(\mathbf{r}')}{|\mathbf{r} - \mathbf{r}'|} d\tau',$$

$$\Pi_{ez} = \frac{p_0 \sin\left[\omega\left(t - \frac{r}{c}\right)\right]}{4\pi\varepsilon r}. \tag{7.258}$$

r ist dabei der Abstand des Aufpunkts vom Ursprung und damit vom schwingenden Dipol. Es empfiehlt sich, zu Kugelkoordinaten überzugehen. Dafür ist:

$$\boxed{\Pi_{er} = \Pi_{ez} \cos\theta = \frac{p_0 \cos\theta}{4\pi\varepsilon r} \sin\left[\omega\left(t - \frac{r}{c}\right)\right],} \tag{7.259}$$

$$\Pi_{e\theta} = -\Pi_{ez} \sin\theta = -\frac{p_0 \sin\theta}{4\pi\varepsilon r} \sin\left[\omega\left(t - \frac{r}{c}\right)\right], \tag{7.260}$$

$$\Pi_{e\varphi} = 0. \tag{7.261}$$

Nach (7.210), (7.211) bzw. (7.224), (7.225) berechnet man daraus die Felder

$$\mathbf{H} = \varepsilon \operatorname{rot} \frac{\partial \mathbf{\Pi}_e}{\partial t} \tag{7.262}$$

$$\mathbf{E} = \operatorname{grad} \operatorname{div} \mathbf{\Pi}_e - \mu\varepsilon \frac{\partial^2 \mathbf{\Pi}_e}{\partial t^2} = \operatorname{rot} \operatorname{rot} \mathbf{\Pi}_e, \tag{7.263}$$

wobei der ganz rechts in (7.263) stehende Ausdruck nur für Stellen mit $\mathbf{P} = 0$ (d.h. hier außerhalb des Ursprungs) gilt. Mit Hilfe der Formeln von Abschn. 3.3.3 ergibt sich nach einigen hier unterdrückten Umformungen:

$$\mathbf{E} = \begin{bmatrix} E_r \\ E_\theta \\ E_\varphi \end{bmatrix} = \begin{bmatrix} \dfrac{2p_0 \cos\theta}{4\pi\varepsilon} \left\{ \dfrac{1}{r^3} \sin\left[\omega\left(t - \dfrac{r}{c}\right)\right] + \dfrac{\omega}{cr^2} \cos\left[\omega\left(t - \dfrac{r}{c}\right)\right] \right\} \\ \dfrac{p_0 \sin\theta}{4\pi\varepsilon} \left\{ \left(\dfrac{1}{r^3} - \dfrac{\omega^2}{rc^2}\right) \sin\left[\omega\left(t - \dfrac{r}{c}\right)\right] + \dfrac{\omega}{cr^2} \cos\left[\omega\left(t - \dfrac{r}{c}\right)\right] \right\} \\ 0 \end{bmatrix}, \tag{7.264}$$

$$\mathbf{H} = \begin{bmatrix} H_r \\ H_\theta \\ H_\varphi \end{bmatrix} = \begin{bmatrix} 0 \\ 0 \\ \dfrac{\omega p_0 \sin\theta}{4\pi} \left\{ -\dfrac{\omega}{cr} \sin\left[\omega\left(t - \dfrac{r}{c}\right)\right] + \dfrac{1}{r^2} \cos\left[\omega\left(t - \dfrac{r}{c}\right)\right] \right\} \end{bmatrix}. \tag{7.265}$$

Nach (7.197) (7.198) kann man natürlich auch $\mathbf{A}$ und φ berechnen:

$$\mathbf{A} = \mu\varepsilon \frac{\partial \mathbf{\Pi}_e}{\partial t} = \begin{bmatrix} A_r \\ A_\theta \\ A_\varphi \end{bmatrix} = \begin{bmatrix} \dfrac{\mu p_0 \omega \cos\theta}{4\pi r} \cos\left[\omega\left(t - \dfrac{r}{c}\right)\right] \\ -\dfrac{\mu p_0 \omega \sin\theta}{4\pi r} \cos\left[\omega\left(t - \dfrac{r}{c}\right)\right] \\ 0 \end{bmatrix}, \tag{7.266}$$

$$\varphi = -\operatorname{div} \mathbf{\Pi}_e = \frac{p_0 \cos\theta}{4\pi\varepsilon} \left\{ \frac{1}{r^2} \sin\left[\omega\left(t - \frac{r}{c}\right)\right] + \frac{\omega}{cr} \cos\left[\omega\left(t - \frac{r}{c}\right)\right] \right\}. \tag{7.267}$$

Die Effekte der Retardierung stecken in dem hier überall auftretenden Argument $(t - r/c)$. Wäre die Lichtgeschwindigkeit unendlich, so gäbe es keine Retardierung. Es ist interessant festzustellen, welche Felder sich in diesem Grenzfall (d.h. für

$c \to \infty$) ergeben würden. Man findet dafür

$$\mathbf{E} = \begin{bmatrix} E_r \\ E_\theta \\ E_\varphi \end{bmatrix} = \begin{bmatrix} \dfrac{2p_0 \cos\theta \sin\omega t}{4\pi\varepsilon r^3} \\ \dfrac{p_0 \sin\theta \sin\omega t}{4\pi\varepsilon r^3} \\ 0 \end{bmatrix} = \begin{bmatrix} \dfrac{2p\cos\theta}{4\pi\varepsilon r^3} \\ \dfrac{p\sin\theta}{4\pi\varepsilon r^3} \\ 0 \end{bmatrix} \tag{7.268}$$

und

$$\mathbf{H} = \begin{bmatrix} H_r \\ H_\theta \\ H_\varphi \end{bmatrix} = \begin{bmatrix} 0 \\ 0 \\ \dfrac{\omega p_0 \sin\theta \cos\omega t}{4\pi r^2} \end{bmatrix}. \tag{7.269}$$

Ein Vergleich mit den Gleichungen (2.63) zeigt, daß wir in diesem Grenzfall das "statische" Dipolfeld bekommen. Es folgt in seiner Zeitabhängigkeit genau der des Dipols am Ursprung, d.h. alle Änderungen des Dipolmoments machen sich augenblicklich im ganzen Raum bemerkbar, wie es bei unendlicher Lichtgeschwindigkeit zu erwarten ist. Zum besseren Verständnis von (7.269) formen wir H_φ noch etwas um. Mit den Gleichungen (7.254), (7.255) ergibt sich

$$H_\varphi = \frac{I_0 l \sin\theta \cos\omega t}{4\pi r^2} = \frac{Il \sin\theta}{4\pi r^2}. \tag{7.270}$$

Nach (5.20) kann dies als das Feld des Stromes I im Leiterelement $l\mathbf{e}_z$ aufgefaßt werden, d.h. es handelt sich hier um das dem Biot-Savartschen Gesetz entsprechende Feld, das sich auch augenblicklich im ganzen Raum bemerkbar macht. Wir sind hier, anders als in der Magnetostatik, berechtigt, stromdurchflossene Linienelemente (d.h. Ströme mit Quellen) zu betrachten, da ja auch die damit verbundenen zeitabhängigen Ladungen (das ist im vorliegenden Fall gerade der zeitabhängige Dipol) berücksichtigt werden.

Nach (7.265) hat das Magnetfeld nur eine azimutale Komponente. Die magnetischen Feldlinien sind also Kreise um die z-Achse. Die elektrischen Feldlinien liegen in den Meridianebenen $\varphi = \text{const}$. Ihre Gleichungen lassen sich angeben, wobei eine Analogie zu den Ausführungen in Abschn. 5.11 nützlich ist. Nach (7.263) ist

$$\mathbf{E} = \text{rot}\,\mathbf{C}, \tag{7.271}$$

wenn

$$\mathbf{C} = \text{rot}\,\mathbf{\Pi}_e = \begin{bmatrix} C_r \\ C_\theta \\ C_\varphi \end{bmatrix} = \begin{bmatrix} 0 \\ 0 \\ \dfrac{p_0 \sin\theta}{4\pi\varepsilon r} \left\{ \dfrac{1}{r}\sin\left[\omega\left(t - \dfrac{r}{c}\right)\right] + \dfrac{\omega}{c}\cos\left[\omega\left(t - \dfrac{r}{c}\right)\right] \right\} \end{bmatrix} \tag{7.272}$$

ist. **C** hat nur eine azimutale Komponente, woraus

$$\mathbf{E} = \begin{bmatrix} E_r \\ E_\theta \\ E_\varphi \end{bmatrix} = \begin{bmatrix} \dfrac{1}{r\sin\theta}\dfrac{\partial}{\partial\theta}(\sin\theta\, C_\varphi) \\ -\dfrac{1}{r}\dfrac{\partial}{\partial r}(rC_\varphi) \\ 0 \end{bmatrix} \tag{7.273}$$

folgt. Betrachten wir nun die Funktion $(r\sin\theta\, C_\varphi)$ (sie entspricht der in Abschn. 5.11 betrachteten Funktion rA_φ, wobei dort Zylinderkoordinaten, hier jedoch Kugelkoordinaten benutzt werden, weshalb hier $(r\sin\theta)$ an die Stelle von r tritt). Ihr Gradient ist nach (3.41):

$$\operatorname{grad}(r\sin\theta\, C_\varphi) = \begin{bmatrix} \dfrac{\partial}{\partial r}(r\sin\theta\, C_\varphi) \\ \dfrac{1}{r}\dfrac{\partial}{\partial \theta}(r\sin\theta\, C_\varphi) \\ 0 \end{bmatrix} = \begin{bmatrix} \sin\theta\,\dfrac{\partial(rC_\varphi)}{\partial r} \\ \dfrac{\partial}{\partial\theta}(\sin\theta\, C_\varphi) \\ 0 \end{bmatrix}, \tag{7.274}$$

so daß

$$\mathbf{E}\cdot \operatorname{grad}(r\sin\theta\, C_\varphi) = 0$$

ist. **E** steht also senkrecht auf dem Gradienten von $(r\sin\theta\, C_\varphi)$, d.h. **E** liegt in den Linien der Meridianebenen, längs deren $(r\sin\theta\, C_\varphi)$ konstant ist. Mit anderen Worten: Die Funktion $(r\sin\theta\, C_\varphi)$ kann als Stromfunktion aufgefaßt werden. Mit

$$\frac{\omega}{c} = k \tag{7.275}$$

kann man schreiben:

$$r\sin\theta\, C_\varphi = \frac{p_0 k}{4\pi\varepsilon}\sin^2\theta\left\{\frac{1}{kr}\sin(\omega t - kr) + \cos(\omega t - kr)\right\}$$

$$= \frac{p_0 k}{4\pi\varepsilon}\sin^2\theta\sqrt{\frac{1}{(kr)^2}+1}\,\sin[\omega t - kr + \arctan(kr)].$$

Den unwesentlichen Faktor $p_0 k/4\pi\varepsilon$ weglassend können wir die Gleichungen der Feldlinien in der Form

$$\sin^2\theta\sqrt{\frac{1}{(kr)^2}+1}\,\sin[\omega t - kr + \arctan(kr)] = \text{const} \tag{7.276}$$

angeben. In Bild 7.17 sind einige Feldlinienbilder für den Dipol gezeigt.

Die Dipolfelder der Gleichungen (7.264), (7.265) kann man auf viele Arten schreiben. Manchmal ist die folgende Schreibweise nützlich:

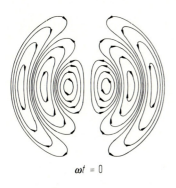
$\omega t = 0$

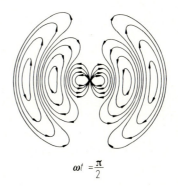
$\omega t = \dfrac{\pi}{2}$

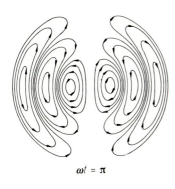
$\omega t = \pi$

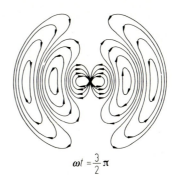
$\omega t = \dfrac{3}{2}\pi$

Bild 7.17

$$E_r = \frac{2p_0 \cos\theta \sqrt{1+(kr)^2}}{4\pi\varepsilon r^3} \sin(\omega t - kr + \chi_r), \tag{7.277}$$

$$E_\theta = \frac{p_0 \sin\theta \sqrt{1-(kr)^2+(kr)^4}}{4\pi\varepsilon r^3} \sin(\omega t - kr + \chi_\theta), \tag{7.278}$$

$$H_\varphi = \frac{\omega p_0 \sin\theta \sqrt{1+(kr)^2}}{4\pi r^2} \cos(\omega t - kr + \chi_\varphi), \tag{7.279}$$

wo

$$\chi_r = \chi_\varphi = \arctan(kr), \tag{7.280}$$

$$\chi_\theta = \arctan\left[\frac{kr}{1-(kr)^2}\right] \tag{7.281}$$

ist. Man beachte, daß die Phasenwinkel χ_r, χ_θ und χ_φ Funktionen von r sind.

7.5.2 Das Fernfeld und die Strahlungsleistung

Die Dipolfelder, gegeben durch die Gleichungen (7.264), (7.265), sind etwas unübersichtlich. Wir werden jedoch feststellen können, daß nur wenige der vorkommenden Glieder von wesentlichem Interesse sind, mindestens was die Abstrahlung elektromagnetischer Wellen durch den schwingenden Dipol betrifft. Die Komponenten von **E** enthalten Glieder, die mit r^{-1}, r^{-2} und r^{-3} gehen, H_φ solche, die mit r^{-1} und r^{-2} gehen. Das ist ein äußerst merkwürdiges und wichtiges Ergebnis und eine Folge der Retardierung, d.h. eine Folge der Endlichkeit von c. Im "statischen" Fall, d.h. wenn die Lichtgeschwindigkeit unendlich wäre, würde **E** mit r^{-3} und **H** mit r^{-2} gehen, d.h. für große Entfernungen sehr klein werden.

Betrachtet man den Energiefluß durch eine große Kugeloberfläche hindurch, in deren Zentrum der Dipol schwingt, so können offensichtlich nur die mit r^{-1} gehenden Anteile von **E** und **H** einen auch für große Radien nicht verschwindenden Anteil bewirken, da der ihnen entsprechende Anteil des Poynting-Vektors mit r^{-2} und die Kugeloberfläche mit r^2 geht. Alle anderen Anteile des Poynting-Vektors fallen schneller (nämlich mit r^{-3}, r^{-4}, r^{-5}) ab. Aus diesem Grunde interessieren wir uns im folgenden nur für das sog. *Fernfeld* des schwingenden Dipols:

$$\mathbf{E} = \begin{bmatrix} E_r \\ E_\theta \\ E_\varphi \end{bmatrix} = \begin{bmatrix} 0 \\ -\dfrac{p_0 \omega^2 \sin\theta}{4\pi\varepsilon c^2 r}\sin(\omega t - kr) \\ 0 \end{bmatrix}, \qquad (7.282)$$

$$\mathbf{H} = \begin{bmatrix} H_r \\ H_\theta \\ H_\varphi \end{bmatrix} = \begin{bmatrix} 0 \\ 0 \\ -\dfrac{p_0 \omega^2 \sin\theta}{4\pi c r}\sin(\omega t - kr) \end{bmatrix} = \begin{bmatrix} 0 \\ 0 \\ \dfrac{E_\theta}{Z} \end{bmatrix}. \qquad (7.283)$$

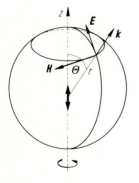

Bild 7.18   **Bild 7.19**

7.5 Der Hertzsche Dipol

Das ist nun ein sehr überschaubares Feld, das sich weitgehend wie das einer ebenen Welle verhält (Bild 7.18). Es ist rein transversal, **E** steht senkrecht auf **H** etc. Von einer ebenen Welle unterscheidet es sich durch die r- bzw. θ-Abhängigkeit. Die durch $\sin\theta$ gegebene Winkelverteilung ist im Polardiagramm von Bild 7.19 dargestellt. In z-Richtung, d.h. in Dipolrichtung, verschwindet die Amplitude. Man kann leicht nachrechnen, daß die $\sin\theta$ entsprechenden Endpunkte den Kreis

$$(\rho - \tfrac{1}{2})^2 + z^2 = \tfrac{1}{4} \tag{7.284}$$

bilden.

Der Poynting-Vektor des Fernfeldes ist

$$\mathbf{S} = \mathbf{E} \times \mathbf{H} = \begin{vmatrix} \mathbf{e}_r & \mathbf{e}_\theta & \mathbf{e}_\varphi \\ 0 & E_\theta & 0 \\ 0 & 0 & H_\varphi \end{vmatrix} = (E_\theta H_\varphi, 0, 0), \tag{7.285}$$

er hat also nur eine r-Komponente. Diese ist:

$$\begin{aligned} S_r = E_\theta H_\varphi &= \frac{E_\theta^2}{Z} = \frac{p_0^2 \omega^4 \sin^2\theta \sin^2(\omega t - kr)}{Z 16\pi^2 \varepsilon^2 c^4 r^2} \\ &= \frac{p_0^2 \omega^4 \sin^2\theta \sin^2(\omega t - kr)}{16\pi^2 \varepsilon c^3 r^2}. \end{aligned} \tag{7.286}$$

S_r ist die pro Zeit- und Flächeneinheit ausgestrahlte Energie, d.h. die Strahlungsleistung pro Flächeneinheit. Sie hängt mit $\sin^2\theta$ von der Richtung ab. Zur Ermittlung der gesamten Strahlungsleistung P wird S_r über eine Kugeloberfläche integriert:

$$P = \int_{\text{Kugeloberfläche}} \mathbf{S} \cdot d\mathbf{A} = \int_{\text{Kugeloberfläche}} S_r \, dA. \tag{7.287}$$

Mit

$$dA = r^2 \sin\theta \, d\theta \, d\varphi \tag{7.288}$$

ergibt sich zunächst

$$P = \frac{p_0^2 \omega^4 \sin^2(\omega t - kr)}{16\pi^2 \varepsilon c^3} \int_0^{2\pi} d\varphi \int_0^\pi \sin^3\theta \, d\theta.$$

Nun ist

$$\int_0^{2\pi} d\varphi = 2\pi$$

und

$$\int_0^\pi \sin^3\theta \, d\theta = \int_{-1}^{+1} \sin^2\theta \, d(\cos\theta) = \int_{-1}^{+1} (1 - x^2) \, dx = \frac{4}{3}.$$

Also ist

$$P = \frac{p_0^2 \omega^4 \sin^2(\omega t - kr)}{6\pi\varepsilon c^3}. \tag{7.289}$$

P ist stets positiv. Im zeitlichen Mittel ergibt sich der Effektivwert:

$$P_{\text{eff}} = \frac{p_0^2 \omega^4}{12\pi\varepsilon c^3}. \tag{7.290}$$

Mit (7.255) kann man p_0 eliminieren und durch I_0 ausdrücken:

$$P_{\text{eff}} = \frac{I_0^2 l^2 \omega^2}{12\pi\varepsilon c^3} = \frac{I_0^2 l^2 k^2}{12\pi}\sqrt{\frac{\mu}{\varepsilon}} = \frac{I_0^2 l^2 \pi}{3\lambda^2} Z. \tag{7.291}$$

Aus

$$I_0^2 = 2 I_{\text{eff}}^2$$

folgt

$$P_{\text{eff}} = \frac{2\pi}{3} Z \left(\frac{l}{\lambda}\right)^2 I_{\text{eff}}^2. \tag{7.292}$$

Definiert man schließlich den sog. *Strahlungswiderstand* R_s durch

$$P_{\text{eff}} = R_s I_{\text{eff}}^2, \tag{7.293}$$

so ist nach (7.292)

$$R_s = \frac{2\pi}{3} Z \left(\frac{l}{\lambda}\right)^2. \tag{7.294}$$

Für das Vakuum z.B. ist R_s gegeben durch

$$R_s = \frac{2\pi}{3}\left(\frac{l}{\lambda}\right)^2 377\Omega = \left(\frac{l}{\lambda}\right)^2 790\Omega. \tag{7.295}$$

Damit ist die Strahlung eines oszillierenden Dipols, der sog. *Dipolantenne*, beschrieben.

Als Antennengewinn G definiert man das Verhältnis der maximalen richtungsabhängigen Strahlungsleitung $S_{r_{\max}}$ zu der über alle Richtungen gemittelten Strahlungsleistung $\langle S_r \rangle$. Im vorliegenden Fall erhält man aus (7.286), (7.289)

$$G = \frac{S_{r\max}}{\langle S_r \rangle} = \frac{\dfrac{p_0^2 \omega^4 \sin^2(\omega t - kr)}{16\pi^2 \varepsilon c^3 r^2}}{\dfrac{1}{4\pi r^2} \cdot \dfrac{p_0 \omega^4 \sin^2(\omega t - kr)}{6\pi \varepsilon c^3}} = \frac{3}{2}. \tag{7.296}$$

Wir gehen nun von der Dipolantenne zu der dazu dualen Rahmenantenne über.

7.6 Die Rahmenantenne

Auch ein schwingender magnetischer Dipol strahlt elektromagnetische Wellen ab. Am Ursprung befinde sich (Bild 7.20) der magnetische Dipol

$$\mathbf{m} = \mathbf{e}_z m_0 \sin \omega t. \tag{7.297}$$

Dem entspricht die Magnetisierung

$$\mathbf{M} = \mathbf{e}_z m_0 \sin \omega t \, \delta(\mathbf{r}), \tag{7.298}$$

hervorgerufen durch einen Kreisstrom

$$I = I_0 \sin \omega t, \tag{7.299}$$

wobei

$$m_0 = \mu I_0 r_0^2 \pi \tag{7.300}$$

ist. Man nennt das ganze auch *Rahmenantenne*. Ihre Behandlung erfolgt in fast vollständiger Analogie zu der der Dipolantenne im vorhergehenden Abschnitt. Wir können uns deshalb hier sehr kurz fassen. Zunächst ist die Wellengleichung

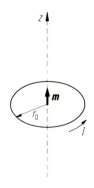

Bild 7.20

(7.222) mit der Magnetisierung (7.298) zu lösen, was in Analogie zu (7.256) bis (7.258)

$$\boxed{\begin{aligned} \Pi_{mx} &= 0 \\ \Pi_{my} &= 0 \\ \Pi_{mz} &= \frac{m_0 \sin\left[\omega\left(t - \frac{r}{c}\right)\right]}{4\pi\mu r} \end{aligned}}$$

(7.301)
(7.302)
(7.303)

gibt. Daraus sind die Felder nach (7.210), (7.211) bzw. außerhalb des Ursprungs auch nach (7.224), (7.225) zu berechnen. Es gilt demnach:

$$\mathbf{H} = \operatorname{grad} \operatorname{div} \mathbf{\Pi}_m - \mu\varepsilon \frac{\partial^2 \mathbf{\Pi}_m}{\partial t^2} = \operatorname{rot} \operatorname{rot} \mathbf{\Pi}_m, \tag{7.304}$$

$$\mathbf{E} = -\mu \operatorname{rot} \frac{\partial \mathbf{\Pi}_m}{\partial t}. \tag{7.305}$$

Das gibt nach einiger Rechnung, die übergangen sei,

$$\mathbf{H} = \begin{bmatrix} H_r \\ H_\theta \\ H_\varphi \end{bmatrix} = \begin{bmatrix} \frac{2m_0 \cos\theta}{4\pi\mu}\left\{\frac{1}{r^3}\sin\left[\omega\left(t-\frac{r}{c}\right)\right] + \frac{\omega}{cr^2}\cos\left[\omega\left(t-\frac{r}{c}\right)\right]\right\} \\ \frac{m_0 \sin\theta}{4\pi\mu}\left\{\left(\frac{1}{r^3} - \frac{\omega^2}{rc^2}\right)\sin\left[\omega\left(t-\frac{r}{c}\right)\right] + \frac{\omega}{cr^2}\cos\left[\omega\left(t-\frac{r}{c}\right)\right]\right\} \\ 0 \end{bmatrix},$$

(7.306)

$$\mathbf{E} = \begin{bmatrix} E_r \\ E_\theta \\ E_\varphi \end{bmatrix} = \begin{bmatrix} 0 \\ 0 \\ -\frac{\omega m_0 \sin\theta}{4\pi}\left\{-\frac{\omega}{cr}\sin\left[\omega\left(t-\frac{r}{c}\right)\right] + \frac{1}{r^2}\cos\left[\omega\left(t-\frac{r}{c}\right)\right]\right\} \end{bmatrix}.$$

(7.307)

Die Berechnung erfolgt vorteilhaft in Kugelkoordinaten, wie dies in Abschn. 7.5 geschah. Das Ergebnis läßt sich durch Vergleich der Gleichungen (7.304) bis (7.307) mit den analogen Gleichungen (7.262) bis (7.265) sofort nachprüfen. Offensichtlich hat man lediglich **E** und **H** miteinander zu vertauschen, m_0 durch p_0, μ durch ε zu ersetzen und den Vorzeichenwechsel beim Übergang von E_φ zu H_φ zu beachten.

7.6 Die Rahmenantenne

Wiederum kommt es im wesentlichen nur auf das Fernfeld an:

$$\mathbf{H} = \begin{bmatrix} H_r \\ H_\theta \\ H_\varphi \end{bmatrix} = \begin{bmatrix} 0 \\ -\dfrac{m_0 \omega^2 \sin\theta}{4\pi\mu c^2 r} \sin\left[\omega\left(t - \dfrac{r}{c}\right)\right] \\ 0 \end{bmatrix}, \qquad (7.308)$$

$$\mathbf{E} = \begin{bmatrix} E_r \\ E_\theta \\ E_\varphi \end{bmatrix} = \begin{bmatrix} 0 \\ 0 \\ +\dfrac{m_0 \omega^2 \sin\theta}{4\pi r c} \sin\left[\omega\left(t - \dfrac{r}{c}\right)\right] \end{bmatrix} = \begin{bmatrix} 0 \\ 0 \\ -ZH_\theta \end{bmatrix}. \qquad (7.309)$$

Der zum Fernfeld gehörige Poynting-Vektor ist:

$$\mathbf{S} = \mathbf{E} \times \mathbf{H} = \begin{bmatrix} \mathbf{e}_r & \mathbf{e}_\theta & \mathbf{e}_\varphi \\ 0 & 0 & E_\varphi \\ 0 & H_\theta & 0 \end{bmatrix} = \begin{bmatrix} -E_\varphi H_\theta \\ 0 \\ 0 \end{bmatrix}. \qquad (7.310)$$

Er besitzt nur eine radiale Komponente

$$S_r = -E_\varphi H_\theta = \dfrac{E_\varphi^2}{Z} = \dfrac{m_0^2 \omega^4 \sin^2\theta \sin^2\left[\omega\left(t - \dfrac{r}{c}\right)\right]}{Z\, 16\pi^2 c^2 r^2}$$

$$= \dfrac{m_0^2 \omega^4 \sin^2\theta \sin^2\left[\omega\left(t - \dfrac{r}{c}\right)\right]}{16\pi^2 \mu c^3 r^2}. \qquad (7.311)$$

Daraus ergibt sich die abgestrahlte Leistung nach Integration über eine Kugelfläche zu

$$\boxed{P = \dfrac{m_0^2 \omega^4 \sin^2\left[\omega\left(t - \dfrac{r}{c}\right)\right]}{6\pi\mu c^3}}, \qquad (7.312)$$

bzw. deren zeitlicher Mittelwert zu

$$\boxed{P_{\text{eff}} = \dfrac{m_0^2 \omega^4}{12\pi\mu c^3}}. \qquad (7.313)$$

Mit (7.300) gibt das

$$P_{\text{eff}} = \frac{\mu I_0^2 r_0^4 \omega^4 \pi}{12 c^3} = Z \frac{I_0^2 r_0^4 k^4 \pi}{12}$$

$$= Z(r_0 k)^4 \frac{\pi}{6} I_{\text{eff}}^2 = R_s I_{\text{eff}}^2, \tag{7.314}$$

wenn man

$$\boxed{R_s = \frac{\pi}{6} Z(r_0 k)^4 = \frac{\pi}{6} Z \left(\frac{2\pi r_0}{\lambda}\right)^4}, \tag{7.315}$$

setzt. Im Vakuum ist

$$R_s = \left(\frac{2\pi r_0}{\lambda}\right)^4 \frac{\pi}{6} 377\Omega = \left(\frac{2\pi r_0}{\lambda}\right)^4 198\Omega. \tag{7.316}$$

Wiederum ist der Antennengewinn

$$G = \tfrac{3}{2}. \tag{7.317}$$

7.7 Wellen in zylindrischen Hohlleitern

7.7.1 Grundgleichungen

In diesem Abschnitt soll die Fortpflanzung von Wellen in zylindrischen Hohlleitern beliebigen Querschnitts (Bild 7.21) behandelt werden. Der Innenraum bestehe aus einem möglicherweise nicht idealen homogenen Dielektrikum (d.h. möglicherweise ist $\kappa \neq 0$). Der Außenraum sei unendlich leitfähig. Wir suchen Wellen der Form

$$\mathbf{E} = \mathbf{E}_0(x, y) \exp[i(\omega t - k_z z)], \tag{7.318}$$

$$\mathbf{H} = \mathbf{H}_0(x, y) \exp[i(\omega t - k_z z)]. \tag{7.319}$$

Raumladungen sollen nicht vorhanden sein. Dann gelten die Maxwellschen Gleichungen in der Form

$$\operatorname{rot} \mathbf{E} = -\mu \frac{\partial \mathbf{H}}{\partial t}, \tag{7.320}$$

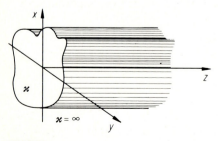

Bild 7.21

$$\operatorname{rot} \mathbf{H} = \kappa \mathbf{E} + \varepsilon \frac{\partial \mathbf{E}}{\partial t}, \tag{7.321}$$

$$\operatorname{div} \mathbf{E} = 0, \tag{7.322}$$

$$\operatorname{div} \mathbf{H} = 0. \tag{7.323}$$

Angesichts des Ansatzes (7.318), (7.319) gilt dabei:

$$\frac{\partial}{\partial z} = -\mathrm{i}k_z, \tag{7.324}$$

$$\frac{\partial}{\partial t} = \mathrm{i}\omega. \tag{7.325}$$

Damit ergibt sich aus (7.320) bis (7.323) der Reihe nach:

$$\frac{\partial E_z}{\partial y} + \mathrm{i}k_z E_y = -\mathrm{i}\omega\mu H_x, \tag{7.326}$$

$$-\frac{\partial E_z}{\partial x} - \mathrm{i}k_z E_x = -\mathrm{i}\omega\mu H_y, \tag{7.327}$$

$$\frac{\partial E_y}{\partial x} - \frac{\partial E_x}{\partial y} = -\mathrm{i}\omega\mu H_z, \tag{7.328}$$

$$\frac{\partial H_z}{\partial y} + \mathrm{i}k_z H_y = (\kappa + \mathrm{i}\omega\varepsilon)E_x, \tag{7.329}$$

$$-\frac{\partial H_z}{\partial x} - \mathrm{i}k_z H_x = (\kappa + \mathrm{i}\omega\varepsilon)E_y, \tag{7.330}$$

$$\frac{\partial H_y}{\partial x} - \frac{\partial H_x}{\partial y} = (\kappa + \mathrm{i}\omega\varepsilon)E_z, \tag{7.331}$$

$$\frac{\partial E_x}{\partial x} + \frac{\partial E_y}{\partial y} - \mathrm{i}k_z E_z = 0, \tag{7.332}$$

$$\frac{\partial H_x}{\partial x} + \frac{\partial H_y}{\partial y} - \mathrm{i}k_z H_z = 0. \tag{7.333}$$

Diesen Gleichungen ist eine Bemerkung anzufügen. Für Ansätze proportional $\exp(\mathrm{i}\omega t)$ ist

$$\operatorname{rot} \mathbf{E} = -\mathrm{i}\omega\mu\mathbf{H}, \quad \operatorname{rot} \mathbf{H} = (\kappa + \mathrm{i}\omega\varepsilon)\mathbf{E},$$

woraus durch Divergenzbildung sofort

$$\operatorname{div} \mathbf{H} = 0, \quad \operatorname{div} \mathbf{E} = 0$$

folgt. Die Gleichungen (7.322) und (7.323) bzw. (7.332) und (7.333) sind also in diesem Fall von den übrigen Gleichungen abhängig und damit eigentlich überflüssig. Man könnte sie auch streichen.

Aus den Gleichungen (7.326), (7.330) kann man E_y und H_x als Funktionen von H_z und E_z berechnen. Ähnlich kann man aus den Gleichungen (7.327), (7.329) E_x und H_y als Funktionen von H_z und E_z berechnen. Man findet so

$$E_x = \frac{-ik_z \dfrac{\partial E_z}{\partial x} - i\omega\mu \dfrac{\partial H_z}{\partial y}}{N}, \tag{7.334}$$

$$E_y = \frac{-ik_z \dfrac{\partial E_z}{\partial y} + i\omega\mu \dfrac{\partial H_z}{\partial x}}{N}, \tag{7.335}$$

$$H_x = \frac{(\kappa + i\omega\varepsilon)\dfrac{\partial E_z}{\partial y} - ik_z \dfrac{\partial H_z}{\partial x}}{N}, \tag{7.336}$$

$$H_y = \frac{-(\kappa + i\omega\varepsilon)\dfrac{\partial E_z}{\partial x} - ik_z \dfrac{\partial H_z}{\partial y}}{N}, \tag{7.337}$$

wobei in allen Gleichungen derselbe Nenner auftritt:

$$N = \omega^2 \varepsilon\mu - k_z^2 - i\omega\kappa\mu. \tag{7.338}$$

Setzt man diese Ergebnisse in die beiden Gleichungen (7.331), (7.328) ein, so erhält man für E_z und H_z sogenannte Helmholtz-Gleichungen

$$\frac{\partial^2 E_z}{\partial x^2} + \frac{\partial^2 E_z}{\partial y^2} + NE_z = 0 \tag{7.339}$$

und

$$\frac{\partial^2 H_z}{\partial x^2} + \frac{\partial^2 H_z}{\partial y^2} + NH_z = 0. \tag{7.340}$$

Diese beiden Gleichungen (7.339) und (7.340) hätte man mit den Ansätzen (7.318), (7.319) auch direkt aus (7.8), (7.9) bekommen können. Bezeichnen wir den Laplace-Operator in der x-y-Ebene mit Δ_2, so ist

$$\Delta_2 E_z + NE_z = 0, \tag{7.341}$$

$$\boxed{\Delta_2 H_z + N H_z = 0} \quad . \tag{7.342}$$

Damit ist das Problem auf die Lösung der beiden zweidimensionalen Helmholtz-Gleichungen in der x-y-Ebene reduziert. Hat man E_z und H_z aus diesen Gleichungen unter Berücksichtigung der erforderlichen Randbedingungen gewonnen, so ergeben sich alle anderen Feldkomponenten aus (7.334) bis (7.337).

Dabei ist zunächst vorauszusetzen, daß der Nenner N nicht verschwindet.

Man beachte auch, daß aus $H_z = 0$ und $E_z = 0$ nicht etwa das Verschwinden aller anderen Feldkomponenten folgt. Sie müssen in diesem Fall dann nicht verschwinden, wenn der Nenner N auch verschwindet. Mit anderen Worten: Für rein transversale Wellen, Wellen die bezüglich **E** und **H** transversal sind, sog. *TEM-Wellen*, gilt die Dispersionsbeziehung

$$\boxed{N = \omega^2 \varepsilon \mu - k_z^2 - i\omega\kappa\mu = 0}, \tag{7.343}$$

der wir für den Spezialfall ebener Wellen (die spezielle TEM-Wellen sind) bereits begegnet sind, s. Abschn. 7.2, insbesondere (7.83). Zunächst seien TEM-Wellen aus der Diskussion ausgeschlossen. Wir kommen später darauf zurück.

Ist $N \neq 0$, so muß mindestens eine der zwei Größen E_z und H_z von Null verschieden sein. Wir können jede beliebige Welle dieser Art zusammensetzen aus Wellen mit $H_z = 0$, $E_z \neq 0$ und aus solchen mit $H_z \neq 0$, $E_z = 0$. Die einen sind bezüglich **H** transversal und werden als *TM-Wellen* bezeichnet, die anderen sind bezüglich **E** transversal und werden als *TE-Wellen* bezeichnet.

Insgesamt können wir also drei Typen von Wellen unterscheiden, TM-Wellen, TE-Wellen und TEM-Wellen. Sie sollen in dieser Reihenfolge getrennt behandelt werden.

Einfache Spezialfälle von TM- bzw. TE-Wellen sind uns in Abschn. 7.1.6 begegnet.

7.7.2 TM-Wellen

Mit $H_z = 0$ gilt für E_z die Helmholtz-Gleichung (7.341), wobei sich die übrigen Feldkomponenten aus (7.334) bis (7.337) ergeben. Dasselbe Ergebnis kann man bekommen, wenn man von einem elektrischen Hertzschen Vektor ausgeht, der nur eine z-Komponente hat (Π_{ez}). Sie muß der Wellengleichung (7.237) genügen, was wiederum auf eine Gleichung vom Typ (7.341) führt:

$$\boxed{\Delta_2 \Pi_{ez} + N \Pi_{ez} = 0} \quad .. \tag{7.344}$$

Für die Felder gelten die Gleichungen (7.238), (7.239), d.h. hier

$$\mathbf{E} = \operatorname{grad}(-ik_z \Pi_{ez}) + (\mu\varepsilon\omega^2 - i\mu\kappa\omega)\Pi_{ez}\mathbf{e}_z, \tag{7.345}$$

$$\mathbf{H} = \operatorname{rot}\left[(i\omega\varepsilon + \kappa)\Pi_{ez}\mathbf{e}_z\right], \tag{7.346}$$

woraus sich ergibt:

$$\boxed{\begin{aligned} E_x &= -\mathrm{i}k_z \frac{\partial \Pi_{ez}}{\partial x} \\ E_y &= -\mathrm{i}k_z \frac{\partial \Pi_{ez}}{\partial y} \\ E_z &= N\Pi_{ez} \\ H_x &= (\kappa + \mathrm{i}\omega\varepsilon)\frac{\partial \Pi_{ez}}{\partial y} \\ H_y &= -(\kappa + \mathrm{i}\omega\varepsilon)\frac{\partial \Pi_{ez}}{\partial x} \\ H_z &= 0. \end{aligned}} \qquad (7.347)$$

Das sind genau die Felder, die man aus (7.334) bis (7.337) mit $H_z = 0$ auch bekommen würde.

Offensichtlich ist

$$\mathbf{E} \cdot \mathbf{H} = 0, \qquad (7.348)$$

d.h. **E** und **H** stehen aufeinander senkrecht.

An dem Rand zum unendlich leitfähigen Medium muß die tangentiale Komponente von **E** verschwinden, außerdem die senkrechte Komponente von **H**. Das ergibt sich aus der Forderung nach Stetigkeit dieser Komponenten und daraus, daß im unendlich leitfähigen Medium alle Felder verschwinden. Deshalb muß am Rand $E_z = 0$ sein, d.h. es muß

$$\boxed{\Pi_{ez} = 0 \quad (\text{Rand})} \qquad (7.349)$$

sein. Ist dies der Fall, so sind die anderen Bedingungen automatisch erfüllt. Aus (7.347) folgt nämlich, daß dann **E** senkrecht auf dem Rand steht, d.h. keine parallele Komponente hat. **H** wiederum steht überall senkrecht auf **E**, hat also am Rand keine auf diesem senkrechte Komponente. Wir haben also die Gleichung (7.344) mit der Randbedingung (7.349) zu lösen. Das Problem der TM-Wellen ist also ein zweidimensionales Dirchletsches Randwertproblem.

Die hier gezogenen Schlußfolgerungen haben nichts damit zu tun, daß wir kartesische Koordinaten benutzt haben. Wir können in der x-y-Ebene zu einem beliebigen anderen Koordinatensystem übergehen.

Aus den Gleichungen (7.347) folgt auch, daß Π_{ez} auf den magnetischen Feldlinien konstant und damit als deren Stromfunktion zu betrachten ist.

7.7.3 TE-Wellen

TE-Wellen lassen sich in ganz analoger Weise behandeln, wenn man von einem magnetischen Hertzschen Vektor ausgeht, der lediglich eine z-Komponente besitzt

(Π_{mz}). Sie genügt der Wellengleichung (7.247), die jetzt

$$\boxed{\Delta_2 \Pi_{mz} + N\Pi_{mz} = 0} \qquad (7.350)$$

lautet. Nach (7.248), (7.249) ist

$$\mathbf{E} = -i\omega\mu\,\mathrm{rot}\,(\Pi_{mz}\mathbf{e}_z), \qquad (7.351)$$

$$\mathbf{H} = \mathrm{grad}\,(-ik_z\Pi_{mz}) + (\mu\varepsilon\omega^2 - i\mu\kappa\omega)\Pi_{mz}\mathbf{e}_z, \qquad (7.352)$$

d.h.

$$\boxed{\begin{aligned} E_x &= -i\omega\mu\frac{\partial \Pi_{mz}}{\partial y} \\ E_y &= +i\omega\mu\frac{\partial \Pi_{mz}}{\partial x} \\ E_z &= 0 \\ H_x &= -ik_z\frac{\partial \Pi_{mz}}{\partial x} \\ H_y &= -ik_z\frac{\partial \Pi_{mz}}{\partial y} \\ H_z &= N\Pi_{mz}. \end{aligned}} \qquad (7.353)$$

Auch hier ist

$$\mathbf{E}\cdot\mathbf{H} = 0. \qquad (7.354)$$

$\mathbf{H}$ darf keine auf dem Rand senkrechte Komponente haben. Wegen (7.353) folgt daraus, daß am Rand

$$\boxed{(\mathrm{grad}\,\Pi_{mz})_n = \frac{\partial \Pi_{mz}}{\partial n} = 0 \quad (\text{Rand})} \qquad (7.355)$$

sein muß, wo der Index n die Normalkomponente bezeichnen soll. Hier ergibt sich also ein Neumannsches Randwertproblem. Das Verschwinden der zum Rand parallelen Komponente von $\mathbf{E}$ ist dadurch auch gewährleistet, da $\mathbf{E}$ und $\mathbf{H}$ senkrecht aufeinander stehen. Π_{mz} ist auf den elektrischen Feldlinien konstant und stellt deshalb deren Stromfunktion dar.

7.7.4 TEM-Wellen

Es sei nun angenommen, daß alle z-Komponenten verschwinden:

$$H_z = 0, \qquad (7.356)$$

$$E_z = 0. \qquad (7.357)$$

Dann folgt aus den Gleichungen (7.326) bis (7.333)

$$\left.\begin{aligned}
k_z E_y &= -\omega\mu H_x, \\
k_z E_x &= \omega\mu H_y, \\
\frac{\partial E_y}{\partial x} - \frac{\partial E_x}{\partial y} &= 0, \\
k_z H_y &= (\omega\varepsilon - i\kappa) E_x, \\
k_z H_x &= -(\omega\varepsilon - i\kappa) E_y, \\
\frac{\partial H_y}{\partial x} - \frac{\partial H_x}{\partial y} &= 0, \\
\frac{\partial E_x}{\partial x} + \frac{\partial E_y}{\partial y} &= 0, \\
\frac{\partial H_x}{\partial x} + \frac{\partial H_y}{\partial y} &= 0.
\end{aligned}\right\} \tag{7.358}$$

Eliminiert man z.B. E_x und E_y mit Hilfe der ersten beiden dieser Gleichungen, so stellt man fest, daß alle diese Gleichungen erfüllt sind, wenn

$$N = \omega^2 \varepsilon\mu - k_z^2 - i\omega\kappa\mu = 0 \tag{7.359}$$

ist, wie wir schon früher, (7.343), behauptet haben, und wenn außerdem

$$\frac{\partial H_x}{\partial x} + \frac{\partial H_y}{\partial y} = 0 \tag{7.360}$$

und

$$\frac{\partial H_y}{\partial x} - \frac{\partial H_x}{\partial y} = 0 \tag{7.361}$$

gilt. Diese beiden Gleichungen besagen, daß das **H**-Feld sowohl quellenfrei wie auch wirbelfrei ist. Die Wirbelfreiheit rührt daher, daß es keinerlei Ströme in z-Richtung gibt, die Wirbel erzeugen könnten. Gleichung (7.361) folgt ja aus Gleichung (7.331), in der (κE_z) den Leitungsstrom und $(i\omega\varepsilon E_z)$ den Verschiebungsstrom in z-Richtung bedeutet.

Aus (7.358) folgt, daß auch für TEM-Wellen gilt:

$$\mathbf{E} \cdot \mathbf{H} = 0. \tag{7.362}$$

Im übrigen kann man nachprüfen, daß die Felder (7.347) bzw. (7.353) die Gleichungen (7.358) erfüllen, wenn man nur $N = 0$ setzt und Π_{ez} bzw. Π_{mz} die entsprechenden Gleichungen (7.344) bzw. (7.350) erfüllen. In diesem Zusammenhang bedürfen auch die Randbedingungen (7.349), (7.355) der Überprüfung. Während (7.355) unberührt bleibt, muß Π_{ez} am Rand nicht mehr unbedingt verschwinden. Es genügt, wenn Π_{ez} konstant wird:

$$\Pi_{ez} = \text{const} \, (\text{Rand}). \tag{7.363}$$

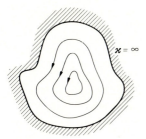

Bild 7.22

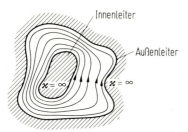

Bild 7.23

TEM-Wellen können nicht in jedem beliebigen Hohlleiter existieren. Um das einzusehen, betrachten wir einen Hohlleiter mit einem "einfach zusammenhängenden" Querschnitt (Bild 7.22). Die **H**-Linien müssen am Rand parallel zu diesem sein und qualitativ wie in Bild 7.22 gezeichnet verlaufen. Das ist andererseits gar nicht möglich. Das Integral $\oint \mathbf{H} \cdot d\mathbf{s}$ wäre von Null verschieden, obwohl nirgends Ströme fließen, die das Integral von Null verschieden machen können. Die Situation ändert sich, wenn wir Hohlleiter mit mehrfach zusammenhängendem Querschnitt betrachten (Bild 7.23). In diesem Fall können die zur Erzeugung eines nicht verschwindenden Integrals $\oint \mathbf{H} \cdot d\mathbf{s}$ nötigen Ströme durch den oder die "Innenleiter" getragen werden. Hohlleiter dieser Art treten in der Praxis häufig auf, z.B. als Koaxialkabel. Sie werden in der sog. *Leitungstheorie* mit Hilfe der *Telegraphengleichung* behandelt. Die Leitungstheorie ist jedoch nicht in der Lage, alle in einem solchen Hohlleiter möglichen Wellentypen zu beschreiben. Das ist nur der Feldtheorie möglich. Wir werden später auf den Zusammenhang zwischen Feldtheorie und Leitungstheorie zurückkommen.

Bild 7.24 zeigt qualitativ die Struktur von Magnetfeldern in Hohlleitern mit mehreren Innenleitern. In der Figur sind es drei Innenleiter. Sie können von gleichartigen (Bilder 7.24a, b) oder von ungleichartigen (Bilder 7.24c, d) Strömen durchflossen sein. Im allgemeinen wird es zwei Stagnationslinien des Feldes geben, an denen dieses verschwindet (Bilder 7.24a, c, d). Sie können für spezielle Werte der

484   7 Zeitabhängige Probleme II (Elektromagnetische Wellen)

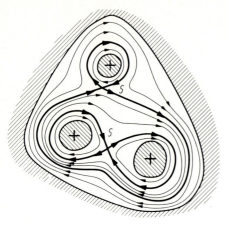

a

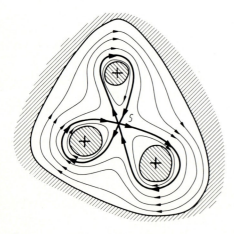

b

Bild 7.24

7.7 Wellen in zylindrischen Hohlleitern

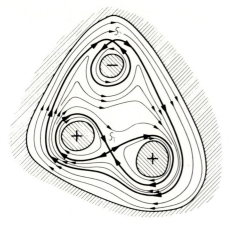

c

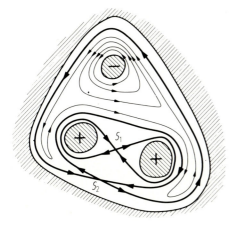

d

Bild 7.24

Ströme zusammenfallen (Bild 7.24b). Die durch die Stagnationslinien hindurchgehenden Kraftlinien (die *Separatrices*) unterteilen das Gebiet des Querschnittes in Teilgebiete mit unterschiedlicher Feldlinienstruktur, wie wir dies schon in der Elektrostatik (Abschn. 2.4) bzw. auch in der Magnetostatik (Abschn. 5.2.1) beschrieben haben. Die Bilder 7.24c und d unterscheiden sich durch positiven und negativen Gesamtstrom.

7.8 Der Rechteckhohlleiter

7.8.1 Die Separation

Als erstes Beispiel zur allgemeinen Theorie des vorhergehenden Abschnittes untersuchen wir die Wellen, die sich in einem Hohlleiter entsprechend Bild 7.25 ausbreiten können, wobei $a \geqslant b$ sein soll. Wir wollen uns dabei auf den Fall eines idealen Isolators ($\kappa = 0$) beschränken. Π_z (genauer gesagt, Π_{ez} für TM-Wellen, Π_{mz} für TE-Wellen) muß der Helmholtz-Gleichung (7.344) bzw. (7.350) genügen:

$$\left(\frac{\partial^2}{\partial x^2} + \frac{\partial^2}{\partial y^2} + \varepsilon\mu\omega^2 - k_z^2\right)\Pi_z = 0. \tag{7.364}$$

Wenn wir nun nach dem Vorbild von Abschn. 3.5 separieren, so finden wir Π_z in der Form:

$$\Pi_z = X(x) \cdot Y(y) \cdot Z(z),$$
$$\Pi_z = (C_1 \sin k_x x + C_2 \cos k_x x)(C_3 \sin k_y y + C_4 \cos k_y y) \exp[i(\omega t - k_z z)], \tag{7.365}$$

wobei C_1, C_2, C_3, C_4 zunächst noch willkürliche Konstanten sind und zur Erfüllung

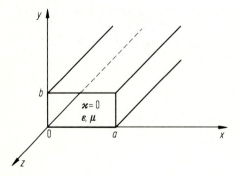

Bild 7.25

von (7.364) die Dispersionsbeziehung

$$k_x^2 + k_y^2 + k_z^2 = \varepsilon\mu\omega^2 \qquad (7.366)$$

gelten muß.

7.8.2 TM-Wellen im Rechteckhohlleiter

Entsprechend der Randbedingung (7.349) ist $\Pi_{ez} = 0$ für $x = 0$, $x = a$, $y = 0$ und $y = b$. Dazu muß man $C_2 = C_4 = 0$ wählen. Außerdem kommen nur ganz bestimmte Werte für k_x und k_y in Frage, und zwar wie schon in Abschn. 3.5.1, Gleichungen (3.70), (3.71), die Werte

$$k_x = \frac{n\pi}{a} \quad (n \text{ ganz}), \qquad (7.367)$$

$$k_y = \frac{m\pi}{b} \quad (m \text{ ganz}). \qquad (7.368)$$

Damit wird

$$\Pi_{ez} = C_e \sin k_x x \sin k_y y \exp[i(\omega t - k_z z)], \qquad (7.369)$$

woraus sich nach (7.347) die Felder

$$\left. \begin{array}{l} E_x = -ik_x k_z C_e \cos k_x x \sin k_y y \\ E_y = -ik_y k_z C_e \sin k_x x \cos k_y y \\ E_z = (k_x^2 + k_y^2) C_e \sin k_x x \sin k_y y \\ H_x = i\omega\varepsilon k_y C_e \sin k_x x \cos k_y y \\ H_y = -i\omega\varepsilon k_x C_e \cos k_x x \sin k_y y \\ H_z = 0 \end{array} \right\} \cdot \exp[i(\omega t - k_z z)] \qquad (7.370)$$

ergeben.

Dadurch sind alle möglichen TM-Wellen gegeben. Jedem möglichen Typ entsprechen zwei ganze Zahlen n und m. Die zugehörige Welle wird als TM_{nm}-Welle bezeichnet. Offensichtlich muß, damit nicht alle Felder verschwinden, $n \geq 1$ und $m \geq 1$ sein. Es gibt also keine TM_{00}-, TM_{01}- oder TM_{10}-Wellen.

Aus der Dispersionsbeziehung (7.366) ergibt sich zusammen mit (7.367), (7.368)

$$k_z^2 = \varepsilon\mu\omega^2 - k_x^2 - k_y^2 = \varepsilon\mu\omega^2 - \frac{n^2\pi^2}{a^2} - \frac{m^2\pi^2}{b^2}. \qquad (7.371)$$

Daraus wiederum folgt für die Phasengeschwindigkeiten der Wellen:

$$v_{ph} = \frac{\omega}{k_z} = \frac{\omega}{\sqrt{\frac{\omega^2}{c^2} - \frac{n^2\pi^2}{a^2} - \frac{m^2\pi^2}{b^2}}} \qquad (7.372)$$

und für ihre Gruppengeschwindigkeiten

$$v_G = \frac{d\omega}{dk_z} = \frac{c^2}{v_{ph}}, \qquad (7.373)$$

d.h.

$$v_G v_{ph} = c^2. \qquad (7.374)$$

Dieses Ergebnis haben wir in einem speziellen Fall schon früher gefunden, Gleichung (7.68). Berechnet man die mittlere Energie pro Längeneinheit des Hohlleiters und multipliziert man diese mit v_G, so erhält man gerade den Energietransport, wie er sich auch aus der z-Komponente des Poynting-Vektors im zeitlichen und räumlichen Mittel (über den Querschnitt) ergibt. Man kann also auch hier die Gruppengeschwindigkeit als Geschwindigkeit des Energietransports betrachten.

Ist λ_z die in Ausbreitungsrichtung im Hohlleiter gemessene Wellenlänge und λ die zugehörige Freiraumwellenlänge im unbegrenzten freien Raum, so ist

$$\varepsilon\mu\omega^2 = \frac{\omega^2}{c^2} = k^2 = \left(\frac{2\pi}{\lambda}\right)^2 \qquad (7.375)$$

und

$$\lambda_z = \frac{2\pi}{k_z} = \frac{2\pi}{\sqrt{\left(\frac{2\pi}{\lambda}\right)^2 - \frac{n^2\pi^2}{a^2} - \frac{m^2\pi^2}{b^2}}},$$

$$\lambda_z = \frac{\lambda}{\sqrt{1 - \left(\frac{\lambda}{2}\right)^2 \left(\frac{n^2}{a^2} + \frac{m^2}{b^2}\right)}}. \qquad (7.376)$$

λ_z ist also stets größer als λ. Für

$$\lambda = \lambda_g = \frac{2}{\sqrt{\frac{n^2}{a^2} + \frac{m^2}{b^2}}} = \frac{2ab}{\sqrt{n^2b^2 + m^2a^2}} \qquad (7.377)$$

wird λ_z sogar unendlich. Für $\lambda > \lambda_g$ wird λ_z (bzw. k_z) imaginär. Die zugehörigen Felder können sich im Hohlleiter nicht fortpflanzen. λ_g wird als *Grenzwellenlänge* der Welle TM$_{nm}$ bezeichnet. Sie ist die größte Freiraumwellenlänge, für die der zugehörige Wellentyp noch auftreten kann. Dazu gehört die *Grenzfrequenz* ω_g als die kleinste Frequenz, bei der die Ausbreitung des entsprechenden Wellentyps noch möglich ist:

$$\omega_g = \frac{2\pi c}{\lambda_g} = \pi c \sqrt{\frac{n^2}{a^2} + \frac{m^2}{b^2}}. \qquad (7.378)$$

Die größte aller möglichen Grenzwellenlängen ist die der TM$_{11}$-Welle mit

$$(\lambda_g)_{\text{TM}_{11}} = \frac{2ab}{\sqrt{a^2 + b^2}}. \qquad (7.379)$$

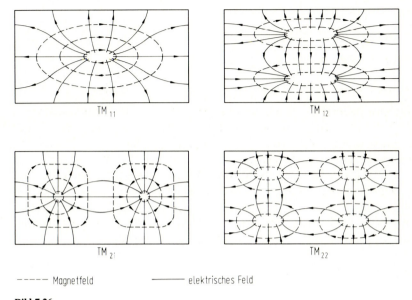

----- Magnetfeld　　——— elektrisches Feld

Bild 7.26

Bild 7.26 zeigt qualitativ die zu einigen Wellentypen gehörigen Felder, nämlich deren Projektion auf die Querschnittsfläche. Bei der Interpretation dieser Feldbilder ist zu beachten, daß die elektrischen Felder auch z-Komponenten haben. Wo die elektrischen Felder im Inneren des Hohlleiterquerschnittes Quellen oder Senken zu haben scheinen, rührt diese Täuschung daher, daß sie dort in die z-Richtung umgelenkt werden. Diese z-Felder stellen die Verschiebungsströme dar, die die magnetischen Felder der Welle erzeugen.

Die an den Oberflächen vorhandenen normalen elektrischen und tangentialen magnetischen Felder rufen dort Flächenladungen und Strombeläge hervor, die aus den Randbedingungen berechnet werden können und sich mit den Feldern zeitlich ändern. Ströme und Ladungen müssen natürlich die Kontinuitätsgleichung erfüllen. Im vorliegenden ebenen Fall nimmt sie die Form

$$\mathrm{div}_2 \mathbf{k} + \frac{\partial \sigma}{\partial t} = 0$$

an, wo div_2 der zweidimensionale Divergenzoperator in der Ebene ist. Selbstverständlich tritt $\mathbf{k}$ an die Stelle von $\mathbf{g}$ und σ an die von ρ.

7.8.3 TE-Wellen im Rechteckhohlleiter

Entsprechend der Randbedingung (7.355) muß nun $C_1 = C_3 = 0$ sein. Ferner müssen auch hier die Wellenzahlen k_x und k_y entsprechend (7.367), (7.368) gewählt werden. Also ist:

$$\Pi_{mz} = C_m \cos k_x x \cos k_y y \exp[i(\omega t - k_z z)]. \tag{7.380}$$

Aus (7.353) folgt damit für die TE$_{nm}$-Welle:

$$\left.\begin{array}{l} E_x = i\omega\mu k_y C_m \cos k_x x \sin k_y y \\ E_y = -i\omega\mu k_x C_m \sin k_x x \cos k_y y \\ E_z = 0 \\ H_x = +ik_x k_z C_m \sin k_x x \cos k_y y \\ H_y = +ik_y k_z C_m \cos k_x x \sin k_y y \\ H_z = +(k_x^2 + k_y^2) C_m \cos k_x x \cos k_y y \end{array}\right\} \cdot \exp[i(\omega t - k_z z)]. \tag{7.381}$$

Die Beziehungen (7.371) bis (7.378) sind unverändert auch für TE-Wellen gültig.

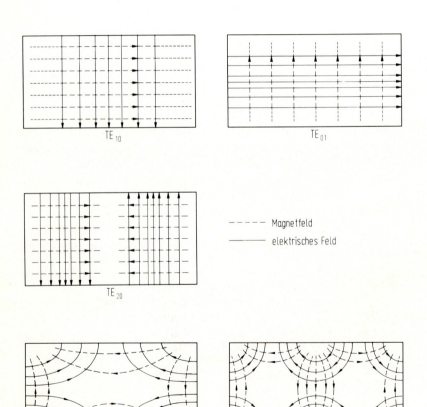

Bild 7.27

Zum Unterschied von den TM-Wellen, erhält man hier nicht verschwindende Felder, wenn wenigstens eine der beiden ganzen Zahlen n, m von Null verschieden ist, d.h. es gibt zwar keine TE_{00}-Welle, jedoch TE_{01}-bzw. TE_{10}-Wellen. Die größte aller Grenzwellenlängen gehört zur TE_{10}-Welle. Sie ist nach (7.377)

$$(\lambda_g)_{TE_{10}} = 2a, \qquad (7.382)$$

während

$$(\lambda_g)_{TE_{01}} = 2b \leqslant 2a = (\lambda_g)_{TE_{10}} \qquad (7.383)$$

ist.

Bild 7.27 zeigt einige zu TE-Wellen gehörige Feldbilder, für die das schon zu Bild 7.26 Gesagte in entsprechender Weise gilt. Natürlich haben die magnetischen Feldlinien keine Quellen oder Senken. Wo sie in der Projektion auf die Querschnittsfläche solche zu haben scheinen, liegt das an den in dieser Projektion nicht sichtbaren z-Komponenten des Feldes.

7.8.4 TEM-Wellen

Wie wir aus der allgemeinen Erörterung in Abschn. 7.7.4 wissen, können im einfach zusammenhängenden Rechteckhohlleiter (wie in jedem einfach zusammenhängenden Hohlleiter) keine TEM-Wellen auftreten. Dies ist auch aus den Gleichungen (7.370) bzw. (7.381) zu ersehen. Damit die jeweils vorhandene z-Komponente von $\mathbf{E}$ bzw. $\mathbf{H}$ verschwindet, muß

$$k_x^2 + k_y^2 = 0$$

sein. Dazu muß $k_x = k_y = 0$ sein, womit dann alle anderen Feldkomponenten auch verschwinden. Wie wir schon sahen, gibt es keine TM_{00}- bzw. TE_{00}-Welle.

In mehrfach zusammenhängenden Rechteckhohlleitern, z.B. von der Art des Bildes 7.28 gibt es TEM-Wellen. Die zugehörige Theorie ist jedoch recht kompliziert und soll hier nicht diskutiert werden. Zur Vermeidung von Mißverständnissen sei noch angemerkt, daß es zwischen unendlich ausgedehnten parallelen Platten TEM-Wellen gibt (Bild 7.29). Zum Unterschied vom normalen Rechteckhohlleiter

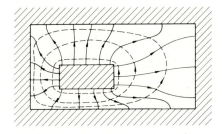

Bild 7.28

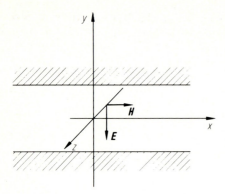

Bild 7.29

ist H_x hier keinen Beschränkungen unterworfen. Deshalb ist

$$H_x = \frac{E_0}{Z} \exp[i(\omega t - k_z z)],$$

$$E_y = -E_0 \exp[i(\omega t - k_z z)]$$

eine hier mögliche Welle, nichts anderes übrigens als eine normale ebene Welle, die in y-Richtung nicht unendlich ausgedehnt ist, d.h. in Richtung des elektrischen Vektors. Das ist möglich, weil eine senkrechte Komponente von **E** am Rand erlaubt ist. Sie erzeugt dort passende Flächenladungen. Eine andere Polarisation der Welle ist jedoch nicht möglich, da H_y und E_x am Rand verschwinden müssen. Man beachte, daß der Fall paralleler Platten nicht als Grenzfall ($a \to \infty$) des Rechteckhohlleiters aufzufassen ist, mindestens nicht soweit TEM-Wellen zur Diskussion stehen. Der normale Rechteckhohlleiter erlaubt für keine noch so große Länge a TEM-Wellen. Natürlich hat man zwischen parallelen Platten auch alle denkbaren Typen von TM- und TE-Wellen. Diese kann man durchaus durch den Grenzübergang $a \to \infty$ aus denen des einfach zusammenhängenden Rechteckhohlleiters herleiten.

7.9 Rechteckige Hohlraumresonatoren

Durch Leiter begrenzte Hohlräume sind schwingungsfähige Gebilde. Sie können zu elektromagnetischen Schwingungen angeregt werden. Die Berechnung der verschiedenen Schwingungen, die in einem solchen *Hohlraumresonator* möglich sind, ist im allgemeinen mathematisch schwierig. Im Fall eines rechteckigen Hohlraums läßt sich das Problem jedoch z.B. dadurch lösen, daß man auf den soeben diskutierten Rechteckhohlleiter zurückgeht.

7.9 Rechteckige Hohlraumresonatoren

Lassen wir in einem Hohlleiter zwei gleichartige Wellen gegeneinander laufen, so entstehen durch deren Überlagerung stehende Wellen, ganz so wie wir es in Abschn. 7.1.5 für ebene Wellen diskutiert haben.

Eine stehende TM-Welle kann z.B. durch

$$\Pi_{ez} = C_e \sin k_x x \sin k_y y \cos k_z z \exp(i\omega t) \tag{7.384}$$

beschrieben werden, eine stehende TE-Welle durch

$$\Pi_{mz} = C_m \cos k_x x \cos k_y y \sin k_z z \exp(i\omega t). \tag{7.385}$$

Π_{ez} und Π_{mz} erfüllen die entsprechenden Wellengleichungen, wenn

$$k_x^2 + k_y^2 + k_z^2 = k^2 = \mu\varepsilon\omega^2 = \frac{\omega^2}{c^2} \tag{7.386}$$

ist ($\kappa = 0$).

Die zugehörigen Felder ergeben sich nach (7.238), (7.239) bzw. (7.248), (7.249) zu:

$$\left.\begin{array}{l} E_x = -k_x k_z C_e \cos k_x x \sin k_y y \sin k_z z \\ E_y = -k_y k_z C_e \sin k_x x \cos k_y y \sin k_z z \\ E_z = (k_x^2 + k_y^2) C_e \sin k_x x \sin k_y y \cos k_z z \\ H_x = +i\omega\varepsilon k_y C_e \sin k_x x \cos k_y y \cos k_z z \\ H_y = -i\omega\varepsilon k_x C_e \cos k_x x \sin k_y y \cos k_z z \\ H_z = 0 \end{array}\right\} \cdot \exp(i\omega t) \tag{7.387}$$

bzw.

$$\left.\begin{array}{l} E_x = +i\omega\mu k_y C_m \cos k_x x \sin k_y y \sin k_z z \\ E_y = -i\omega\mu k_x C_m \sin k_x x \cos k_y y \sin k_z z \\ E_z = 0 \\ H_x = -k_x k_z C_m \sin k_x x \cos k_y y \cos k_z z \\ H_y = -k_y k_z C_m \cos k_x x \sin k_y y \cos k_z z \\ H_z = (k_x^2 + k_y^2) C_m \cos k_x x \cos k_y y \sin k_z z \end{array}\right\} \cdot \exp(i\omega t). \tag{7.388}$$

Für

$$k_x = \frac{n\pi}{a} \tag{7.389}$$

und

$$k_y = \frac{m\pi}{b} \tag{7.390}$$

erfüllen diese Felder alle am Rand des vorher betrachteten Rechteckhohlleiters erforderlichen Randbedingungen. Schneiden wir aus einem solchen Hohlleiter nun ein Stück der Länge d heraus, das bei $z = 0$ und $z = d$ durch unendlich leitfähige Wände begrenzt ist, Bild 7.30, so entsteht ein rechteckiger Hohlraumresonator. Diese zusätzlich eingezogenen Wände machen die Erfüllung zusätzlicher Randbe-

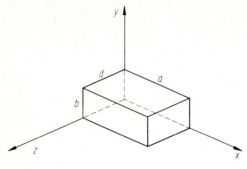

Bild 7.30

dingungen erforderlich:

$$\left.\begin{array}{l} E_x = E_y = 0 \\ H_z = 0 \end{array}\right\} \quad \begin{array}{l} \text{für} \quad z = 0 \\ \text{und} \quad z = d. \end{array}$$

Bei $z = 0$ sind diese Bedingungen bereits durch unseren Ansatz erfüllt, der schon dementsprechend gewählt wurde. Bei $z = d$ sind sie erfüllt, wenn man die Werte

$$k_z = \frac{p\pi}{d} \quad (p \text{ ganz}) \tag{7.391}$$

zuläßt. Insgesamt ergeben sich aus (7.386), (7.389) bis (7.391) die Frequenzen

$$\omega_{nmp} = c\pi \sqrt{\left(\frac{n}{a}\right)^2 + \left(\frac{m}{b}\right)^2 + \left(\frac{p}{d}\right)^2} \quad (n, m, p \text{ ganz}) \tag{7.392}$$

für die TM$_{nmp}$- bzw. für die TE$_{nmp}$-Wellen des Resonators. Die Gesamtheit aller Eigenfrequenzen erhält man dabei beim Durchlaufen aller sinnvollen Kombinationen ganzer Zahlen n, m, p. Dabei müssen mindestens zwei dieser Zahlen von Null verschieden sein. Aus (7.387) bzw. (7.388) kann man ablesen, daß es TM$_{nm0}$-(jedoch keine TE$_{nm0}$-) Wellen und TE$_{0mp}$- und TE$_{n0p}$-(jedoch keine TM$_{0mp}$- und TM$_{n0p}$-) Wellen gibt.

Ein Hohlraumresonator ähnelt in gewisser Hinsicht einem LC-Schwingkreis (wenn man die Tatsache vernachlässigt, daß dieser genau genommen Energie durch Strahlung verliert, während der Hohlraumresonator keine Energie abstrahlen kann, mindestens in der Näherung unendlicher Leitfähigkeit seiner Wandungen). Beide haben eine konstante Gesamtenergie, die sich aus elektrischer Energie (beim Schwingkreis $1/2\ CU^2$) und aus magnetischer Energie (beim Schwingkreis $\frac{1}{2}LI^2$) zusammensetzt, wobei sich diese beiden Energiearten ständig ineinander verwandeln. Für den Hohlraum ergibt sich für die TM-Wellen aus (7.387)

$$\left.\begin{array}{l} W_{\text{magn}} = W_g \sin^2 \omega t \\ W_{\text{elektr}} = W_g \cos^2 \omega t \end{array}\right\} \tag{7.393}$$

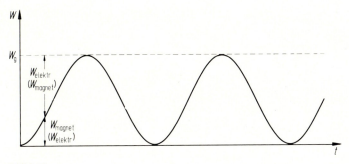

Bild 7.31

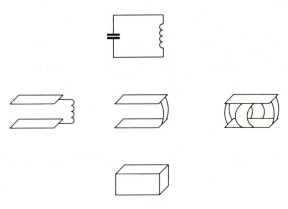

Bild 7.32

und für die TE-Wellen aus (7.388) umgekehrt

$$\left.\begin{array}{l} W_{\text{magn}} = W_g \cos^2 \omega t \\ W_{\text{elektr}} = W_g \sin^2 \omega t \end{array}\right\}. \qquad (7.394)$$

W_g ist die in beiden Fällen konstante Gesamtenergie. Dieses Verhalten ist in Bild 7.31 gezeigt.

Abgesehen davon, daß ein Hohlraumresonator unendlich viele Resonanzfrequenzen aufweist und ein *LC*-Schwingkreis nur eine, ist der Hauptunterschied, daß die Felder beim Hohlraumresonator räumlich vereinigt, beim *LC*-Schwingkreis dagegen wie auch die diskreten Bauelemente räumlich getrennt sind. Der Übergang ist jedoch fließend. Man kann einen *LC*-Schwingkreis stetig in einen Hohlraumresonator übergehen lassen (Bild 7.32).

Beim Umgang mit den stehenden Wellen dieses Abschnitts, wie sie in den Gleichungen (7.384), (7.385), (7.387), (7.388) auftreten, darf man den Differen-

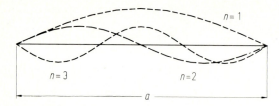

Bild 7.33

tialoperator nicht wie in vorhergehenden Abschnitten durch den Faktor $-ik_z$ ersetzen. Die stehenden Wellen entstehen ja durch die Überlagerung von beiden Funktionen, $\exp(-ik_z z)$ und $\exp(+ik_z z)$, was zu den cos-bzw. sin-Funktionen in den genannten Gleichungen führt. Deshalb konnten die Felder der Gleichungen (7.387), (7.388) nicht mit den Gleichungen (7.347), (7.353) gewonnen werden. Wir mußten vielmehr auf die allgemein gültigen Gleichungen (7.238), (7.239), (7.248), (7.249) zurückgreifen.

Es sei noch darauf hingewiesen, daß die Beziehungen (7.389), (7.390), (7.391) — wie die analogen Beziehungen für mechanische Schwingungen und Wellen — anschaulich erklärt werden können. Betrachten wir z.B. eine an beiden Enden eingespannte schwingende Saite, so ist

$$n\frac{\lambda}{2} = a,$$

wenn a die Länge und n eine ganze Zahl ist (Bild 7.33). Analoges gilt bei Hohlleiterwellen für die x- und y-Richtung, beim Hohlraumresonator für alle drei Raumrichtungen. Hohlleiterwellen sind in x- und y-Richtung stehende, in z-Richtung laufende Wellen. Die Hohlraumschwingungen sind stehende Wellen in allen drei Richtungen. Anschaulich kann man sich die stehenden Wellen durch die Überlagerung einfallender und an den Grenzflächen reflektierter Wellen entstanden denken (dabei ist auch an die Abschnitte 7.1.5, 7.1.6 zu erinnern).

7.10 Der kreiszylindrische Hohlleiter

7.10.1 Die Separation

Zur Behandlung einfach oder mehrfach zusammenhängender kreiszylindrischer Hohlleiter führt man am besten Zylinderkoordinaten ein (Bild 7.34). Nach Gleichung (3.33) nimmt Δ_2, der zweidimensionale Laplace–Operator in der x-y-Ebene, dann die Form

$$\Delta_2 = \frac{1}{r}\frac{\partial}{\partial r} r \frac{\partial}{\partial r} + \frac{1}{r^2}\frac{\partial^2}{\partial \varphi^2} \qquad (7.395)$$

an.

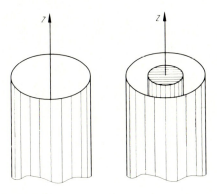

Bild 7.34

Für Π_{ez} bzw. Π_{mz} gelten die Gleichungen (7.344) bzw. (7.350), wobei N durch (7.338) definiert ist. Demnach gilt

$$\left(\frac{1}{r}\frac{\partial}{\partial r}r\frac{\partial}{\partial r} + \frac{1}{r^2}\frac{\partial^2}{\partial \varphi^2} + N\right)\Pi_z = 0. \tag{7.396}$$

Separiert man wie in Abschn. 3.7, so findet man

$$\Pi_z = Z_m(r\sqrt{N})\cos m\varphi \exp[i(\omega t - k_z z)]. \tag{7.397}$$

An der Stelle des $\cos(m\varphi)$ könnte auch der $\sin(m\varphi)$ stehen, was keinen wesentlichen Unterschied machen würde. Z_m ist eine allgemeine Zylinderfunktion:

$$Z_m = C_1 J_m + C_2 N_m. \tag{7.398}$$

Mit Hilfe der Form (7.397) von Π_z kann man eine Fülle verschiedener Probleme behandeln. Allgemein ist dabei zu beachten, daß man $C_2 = 0$ setzen muß, wenn das betrachtete Gebiet die z-Achse $r = 0$ enthält, da N_m für $r \to 0$ unendlich wird. Für Bereiche, die die z-Achse nicht enthalten, ist dagegen der volle Ansatz (7.398) zu benutzen.

Bild 7.35 zeigt eine Reihe von Anordnungen, die mit Hilfe von (7.397) behandelt werden können. Zunächst ist hier der "normale" zylindrische Hohlleiter zu erwähnen (Bild 7.35a), bei dem ein idealer Isolator von einem unendlich leitfähigen Medium (dem "Außenleiter") umgeben ist. Daraus entsteht das Koaxialkabel (Bild 7.35b), wenn man einen ebenfalls unendlich leitfähigen Innenleiter hinzufügt. Bild 7.35c zeigt den sogenannten *Sommerfeldleiter*, bei dem ein Medium endlicher Leitfähigkeit von einem idealen Isolator umgeben ist. Beim *Harms–Goubau–Leiter* (Bild 7.35d) dagegen ist das endlich leitfähige Medium im Zentrum von zwei Schichten aus idealen Isolatoren verschiedener Dielektrizitätskonstante umgeben. Interessant ist auch der Fall des sogenannten *Lichtleiters* (Bild 7.35e). Er spielt in der Optik eine große Rolle und ist auch für die Nachrichtentechnik wichtig geworden. Wir werden uns im folgenden jedoch nur mit dem normalen Hohlleiter und mit dem Koaxialkabel befassen. Die Grenzfälle idealer Isolatoren und unendlich leitfähiger

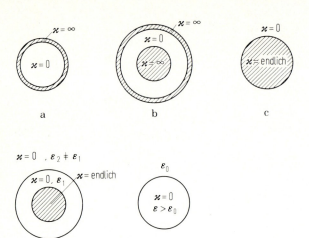

Bild 7.35

Medien sind natürlich—von supraleitenden Kabeln abgesehen—nicht oder nur näherungsweise realisierbar. Sie erleichtern jedoch die theoretische Untersuchung sehr, ohne die Ergebnisse in den wesentlichen Punkten zu verfälschen.

7.10.2 TM-Wellen im kreiszylindrischen Hohlleiter

Im normalen Hohlleiter ist in (7.398) $C_2 = 0$ zu setzen. Wollen wir TM-Wellen untersuchen, so ist deshalb nach (7.397)

$$\Pi_{ez} = C_e J_m(r\sqrt{N})\cos m\varphi \exp[i(\omega t - k_z z)]. \tag{7.399}$$

Nach (7.349) ist noch dafür zu sorgen, daß

$$(\Pi_{ez})_{\text{Rand}} = 0 \tag{7.400}$$

wird. Daraus folgt, daß $\sqrt{N}$ nicht alle Werte annehmen kann. Ist nämlich r_0 der Radius des Hohlleiters, so muß

$$J_m(r_0\sqrt{N}) = 0 \tag{7.401}$$

sein. Mit den schon in Abschn. 3.7.3.3 definierten Nullstellen λ_{mn} von J_m ist dann

$$r_0\sqrt{N} = \lambda_{mn}. \tag{7.402}$$

Betrachten wir nur ideale Isolatoren ($\kappa = 0$), so ergibt sich damit aus (7.338)

$$\varepsilon\mu\omega^2 - k_z^2 = \frac{\lambda_{mn}^2}{r_0^2}. \tag{7.403}$$

Die zugehörige Welle wird als TM$_{mn}$-Welle des Hohlleiters bezeichnet. Ihre Felder ergeben sich aus den Gleichungen (7.238), (7.239) wie folgt:

$$\left.\begin{aligned} E_r &= -\mathrm{i}k_z\sqrt{N}\,C_e J'_m(r\sqrt{N})\cos m\varphi \\ E_\varphi &= +\frac{\mathrm{i}k_z m}{r}C_e J_m(r\sqrt{N})\sin m\varphi \\ E_z &= N C_e J_m(r\sqrt{N})\cos m\varphi \\ H_r &= -\frac{\mathrm{i}\omega\varepsilon m}{r}C_e J_m(r\sqrt{N})\sin m\varphi \\ H_\varphi &= -\mathrm{i}\omega\varepsilon\sqrt{N}\,C_e J'_m(r\sqrt{N})\cos m\varphi \\ H_z &= 0 \end{aligned}\right\} \cdot \exp[\mathrm{i}(\omega t - k_z z)]. \qquad (7.404)$$

Dabei muß $N = \varepsilon\mu\omega^2 - k_z^2$ natürlich einen der nach (7.402) erlaubten Werte annehmen. Man sieht unmittelbar, daß dadurch das Verschwinden von E_φ, E_z und H_r für $r = r_0$ bewirkt wird, wie es sein muß. J'_m ist die nach ihrem Argument differenzierte Bessel-Funktion. TM$_{mn}$-Wellen existieren für $m \geq 0$, $n > 0$ (d.h. $N > 0$). $n = 0$ ($N = 0$) würde eine TEM-Welle liefern, die es im vorliegenden Fall auch nach unseren allgemeinen Folgerungen bezüglich TEM-Wellen nicht geben kann.

Aus der Dispersionsbeziehung (7.403) folgt ähnlich wie auch im Fall des Rechteckhohlleiters

$$v_{\mathrm{ph}} = \frac{\omega}{k_z} = \frac{\omega}{\sqrt{\varepsilon\mu\omega^2 - \frac{\lambda_{mn}^2}{r_0^2}}} \qquad (7.405)$$

und

$$v_G = \frac{\mathrm{d}\omega}{\mathrm{d}k_z} = \frac{c^2}{v_{\mathrm{ph}}}. \qquad (7.406)$$

Die Wellenlänge in z-Richtung im Hohlleiter ist

$$\lambda_z = \frac{2\pi}{k_z} = \frac{2\pi}{\sqrt{\frac{\omega^2}{c^2} - \left(\frac{\lambda_{mn}}{r_0}\right)^2}} = \frac{1}{\sqrt{\frac{1}{\lambda^2} - \left(\frac{\lambda_{mn}}{2\pi r_0}\right)^2}}. \qquad (7.407)$$

λ ist die zugehörige Freiraumwellenlänge. Zur TM$_{mn}$-Welle gehört als größtmögliche Freiraumwellenlänge die Grenzwellenlänge

$$\lambda_g = \frac{2\pi r_0}{\lambda_{mn}}. \qquad (7.408)$$

Einige λ_{mn}-Werte können Tabelle 7.1 entnommen werden. Man beachte, daß die doppelt indizierten Größen λ_{mn} die Nullstellen der Bessel-Funktionen darstellen. Sie sind dimensionslos und sollten nicht mit den Wellenlängen λ, λ_z, λ_g etc. verwechselt werden.

Tabelle 7.1. Die λ_{mn}-Werte, $J_m(\lambda_{mn}) = 0$

m \ n	1	2	3	4	5
0	2,40483	5,52008	8,65373	11,79153	14,93092
1	3,83171	7,01559	10,17347	13,32369	16,47063
2	5,13562	8,41724	11,61984	14,79595	17,95982
3	6,38016	9,76102	13,01520	16,22347	19,40942
4	7,58834	11,06471	14,37254	17,61597	20,82693
5	8,77148	12,33860	15,70017	18,98013	22,21780
6	9,93611	13,58929	17,00382	20,32079	23,58608

7.10.3 TE-Wellen im kreiszylindrischen Hohlleiter

Für TE-Wellen ist

$$\Pi_{mz} = C_m J_m(r\sqrt{N})\cos m\varphi \exp[i(\omega t - k_z z)] \tag{7.409}$$

mit

$$\left(\frac{\partial \Pi_{mz}}{\partial r}\right)_{r=r_0} = 0. \tag{7.410}$$

Es muß also

$$J'_m(r_0\sqrt{N}) = 0 \tag{7.411}$$

gelten. Bezeichnen wir die Nullstellen von J'_m der Reihe nach mit μ_{mn}, so erhalten wir als Dispersionsbeziehung

$$r_0\sqrt{N} = \mu_{mn} \tag{7.412}$$

bzw. für $\kappa = 0$

$$\varepsilon\mu\omega^2 - k_z^2 = \frac{\mu_{mn}^2}{r_0^2}. \tag{7.413}$$

In Analogie zu (7.405), (7.406) gilt auch hier:

$$v_{\text{ph}} \cdot v_G = c^2. \tag{7.414}$$

Die Felder der zugehörigen TE$_{mn}$-Welle sind nach (7.248), (7.249):

$$\left.\begin{aligned}
E_r &= \frac{i\omega\mu m}{r} C_m J_m(r\sqrt{N})\sin m\varphi \\
E_\varphi &= i\omega\mu\sqrt{N} C_m J'_m(r\sqrt{N})\cos m\varphi \\
E_z &= 0 \\
H_r &= -ik_z\sqrt{N} C_m J'_m(r\sqrt{N})\cos m\varphi \\
H_\varphi &= \frac{ik_z m}{r} C_m J_m(r\sqrt{N})\sin m\varphi \\
H_z &= N C_m J_m(r\sqrt{N})\cos m\varphi
\end{aligned}\right\} \cdot \exp[i(\omega t - k_z z)]. \tag{7.415}$$

7.10 Der kreiszylindrische Hohlleiter

G', C', L', R' sind der Reihe nach der Leitwert, die Kapazität, die Induktivität, der Widerstand, alle bezogen auf die Längeneinheit der Leitung. Aus Bild 7.39 folgt für $dz \to 0$:

$$G'U + C'\frac{\partial U}{\partial t} + \frac{\partial I}{\partial z} = 0, \tag{7.429}$$

$$L'\frac{\partial I}{\partial t} + R'I + \frac{\partial U}{\partial z} = 0. \tag{7.430}$$

Differenziert man die erste dieser Gleichungen nach z, so findet man:

$$G'\frac{\partial U}{\partial z} + C'\frac{\partial^2 U}{\partial t \partial z} + \frac{\partial^2 I}{\partial z^2} = 0.$$

Setzt man nun $\partial U/\partial z$ aus der zweiten Gleichung hier ein, so erhält man:

$$G'\left(-L'\frac{\partial I}{\partial t} - R'I\right) + C'\frac{\partial}{\partial t}\left(-L'\frac{\partial I}{\partial t} - R'I\right) + \frac{\partial^2 I}{\partial z^2} = 0$$

bzw. etwas anders geordnet

$$\boxed{\frac{\partial^2 I}{\partial z^2} = L'C'\frac{\partial^2 I}{\partial t^2} + (R'C' + L'G')\frac{\partial I}{\partial t} + R'G'I} \,. \tag{7.431}$$

Ähnlich ergibt sich aus der zweiten Gleichung

$$L'\frac{\partial}{\partial t}\frac{\partial I}{\partial z} + R'\frac{\partial I}{\partial z} + \frac{\partial^2 U}{\partial z^2} = 0,$$

was mit Hilfe von $\partial I/\partial z$ aus der ersten Gleichung

$$\boxed{\frac{\partial^2 U}{\partial z^2} = L'C'\frac{\partial^2 U}{\partial t^2} + (R'C' + L'G')\frac{\partial U}{\partial t} + R'G'U} \tag{7.432}$$

gibt. $I(z,t)$ und $U(z,t)$ genügen derselben sog. Telegraphengleichung.

Im einfachsten Fall ist die Leitung verlustfrei, d.h. wir haben

$$G' = 0, \tag{7.433}$$

$$R' = 0 \tag{7.434}$$

und damit

$$\frac{\partial^2 U}{\partial z^2} = L'C'\frac{\partial^2 U}{\partial t^2}, \tag{7.435}$$

$$\frac{\partial^2 I}{\partial z^2} = L'C'\frac{\partial^2 I}{\partial t^2}. \tag{7.436}$$

Man kann nun beweisen, daß in jedem Fall

$$L'C' = \varepsilon\mu \tag{7.437}$$

ist. Der allgemeine Beweis sei übergangen. Im Fall des Koaxialkabels läßt sich (7.437) mit Hilfe der Gleichungen (2.98) und (5.210) verifizieren, wenn man ε_0 bzw. μ_0 durch ε bzw. μ ersetzt.

Macht man nun z.B. für U den Ansatz

$$U(z,t) = U_0 \exp[i(\omega t - k_z z)], \tag{7.438}$$

so ergibt sich aus (7.435)

$$-k_z^2 + \varepsilon\mu\omega^2 = 0,$$

d.h. die übliche Dispersionsbeziehung für TEM-Wellen im mehrfach zusammenhängenden Hohlleiter (z.B. also im Koaxialkabel, obwohl die obigen Beziehungen keineswegs auf dieses beschränkt sind).

Der Strom I erzeugt das (im Fall des Koaxialkabels rein azimutale) Magnetfeld, die Spannung U das (im Fall des Koaxialkabels rein radiale) elektrische Feld zwischen Innen- und Außenleiter.

Wir wollen hier nicht weiter in die Leitungstheorie eindringen. Es ging lediglich darum, den Zusammenhang zwischen Leitungs- und Feldtheorie anzudeuten.

7.11 Das Problem des Hohlleiters als Variationsproblem

Die mathematische Behandlung des Hohlleiterproblems läuft auf die Lösung der Helmholtz-Gleichung

$$\Delta_2 \Pi_z(x,y) + N\Pi_z(x,y) = 0 \tag{7.439}$$

hinaus, (7.344) bzw. (7.350). Δ_2 ist der zweidimensionale Laplace-Operator,

$$\Delta_2 = \frac{\partial^2}{\partial x^2} + \frac{\partial^2}{\partial y^2}. \tag{7.440}$$

Natürlich kann man auch zu anderen Koordinaten in der Ebene übergehen. Am Rand muß für TM-Wellen nach (7.349)

$$\Pi_z = 0 \tag{7.441}$$

und für TE-Wellen nach (7.355)

$$\frac{\partial \Pi_z}{\partial n} = 0 \tag{7.442}$$

gelten.

Bei den behandelten Beispielen haben wir gefunden, daß es nur ganz bestimmte Funktionen Π_z gibt, die Gleichung und Randbedingung erfüllen. Dazu gehören dann auch nur ganz bestimmte Werte von N. Man nennt diese Funktionen *Eigenfunktionen* und die zugehörigen N-Werte *Eigenwerte* des Problems. Die

7.11 Das Problem des Hohlleiters als Variationsproblem

Eigenfunktionen bilden dabei ein vollständiges System orthogonaler Funktionen (Abschn. 3.6). Im Fall des Rechteckhohlleiters handelt es sich um die Winkelfunktionen, und im Fall des kreiszylindrischen Hohlleiters um die Besselfunktionen, mit deren Hilfe man Funktionen in Form von Fourier- bzw. Fourier-Bessel-Reihen entwickeln kann, wie wir es mehrfach in verschiedenen Abschnitten getan haben.

Wir bezeichnen nun die Eigenwerte der Reihe nach mit

$$N_1, N_2, N_3, \ldots$$

und die zugehörigen Eigenfunktionen mit

$$\Pi_1, \Pi_2, \Pi_3, \ldots,$$

wo wir den Index z der Einfachheit wegen weglassen. Die Indizierung soll so erfolgen, daß

$$N_1 < N_2 < N_3 < N_4 < \cdots \tag{7.443}$$

ist. Wir können nun zeigen, daß die verschiedenen Eigenfunktionen tatsächlich senkrecht aufeinander stehen, wenn sie zu verschiedenen Eigenwerten gehören. Es gibt auch den Fall, daß es zu einem Eigenwert mehrere Eigenfunktionen gibt, die voneinander linear unabhängig sind. Man spricht dann von "entarteten" Eigenwerten und Eigenfunktionen. Dieser Fall soll der Einfachheit wegen ausgeschlossen sein, was keinen wesentlichen Einfluß auf unsere Schlußfolgerungen hat. Betrachten wir also zwei Eigenfunktionen Π_i, Π_k mit ihren Eigenwerten N_i, N_k. Nach (7.439) gilt dann:

$$\Delta_2 \Pi_i + N_i \Pi_i = 0, \tag{7.444}$$

$$\Delta_2 \Pi_k + N_k \Pi_k = 0. \tag{7.445}$$

Multipliziert man die eine Gleichung mit Π_k, die andere mit Π_i, so erhält man

$$\Pi_k \Delta_2 \Pi_i + N_i \Pi_i \Pi_k = 0, \tag{7.446}$$

$$\Pi_i \Delta_2 \Pi_k + N_k \Pi_i \Pi_k = 0, \tag{7.447}$$

so daß

$$\int (\Pi_k \Delta_2 \Pi_i - \Pi_i \Delta_2 \Pi_k) \, dA = -(N_i - N_k) \int \Pi_i \Pi_k \, dA \tag{7.448}$$

ist, wo die Integration über den Querschnitt erfolgen soll. In Analogie zum Greenschen Satz (3.47) im dreidimensionalen Raum gibt es einen Greenschen Satz in der Ebene (den man aus dem im dreidimensionalen Raum herleiten kann). Er lautet (s. Abschnitt 3.4.2)

$$\int (\Pi_k \Delta_2 \Pi_i - \Pi_i \Delta_2 \Pi_k) \, dA = \oint \left(\Pi_k \frac{\partial \Pi_i}{\partial n} - \Pi_i \frac{\partial \Pi_k}{\partial n} \right) ds. \tag{7.449}$$

Also ist wegen der Randbedingungen (7.441) oder (7.442)

$$-(N_i - N_k) \int \Pi_i \Pi_k \, dA = \oint \left(\Pi_k \frac{\partial \Pi_i}{\partial n} - \Pi_i \frac{\partial \Pi_k}{\partial n} \right) ds = 0,$$

d.h. für $N_i \neq N_k$ ist

$$\int \Pi_i \Pi_k \, dA = 0, \tag{7.450}$$

und die beiden Funktionen Π_i und Π_k sind, wie behauptet, orthogonal zueinander.

Betrachten wir nun eine beliebige Funktion Φ, so kann diese entwickelt werden:

$$\phi = \sum_{i=1}^{\infty} a_i \Pi_i. \tag{7.451}$$

Im Falle des Rechteckhohlleiters wäre das z.B. eine zweidimensionale (x, y) Fourier–Reihe, im Falle der TM-Wellen des Kreiszylinders eine Doppelreihe, die in bezug auf die φ-Abhängigkeit eine Fourier–Reihe, in bezug auf die r-Abhängigkeit eine Fourier–Bessel–Reihe ist.

Untersuchen wir nun den folgenden Ausdruck:

$$F = -\frac{\int \phi \Delta_2 \phi \, dA}{\int \phi^2 \, dA}. \tag{7.452}$$

Mit (7.451) ergibt sich dafür:

$$F = -\frac{\int \sum_{i=1}^{\infty} a_i \Pi_i \Delta_2 \sum_{k=1}^{\infty} a_k \Pi_k \, dA}{\int \sum_{i,k=1}^{\infty} a_i a_k \Pi_i \Pi_k \, dA}$$

$$= \frac{\sum_{i,k=1}^{\infty} a_i a_k \int \Pi_i N_k \Pi_k \, dA}{\sum_{i,k=1}^{\infty} a_i a_k \int \Pi_i \Pi_k \, dA} = \frac{\sum_{i,k=1}^{\infty} a_i a_k N_k \delta_{ik} C_k}{\sum_{i,k=1}^{\infty} a_i a_k \delta_{ik} C_k}$$

$$F = \frac{\sum_{i=1}^{\infty} a_i^2 N_i C_i}{\sum_{i=1}^{\infty} a_i^2 C_i} \geq \frac{\sum_{i=1}^{\infty} a_i^2 N_1 C_i}{\sum_{i=1}^{\infty} a_i^2 C_i} = N_1. \tag{7.453}$$

Dabei haben wir benutzt, daß man wegen (7.450) schreiben kann:

$$\int \Pi_i \Pi_k \, dA = \delta_{ik} C_k. \tag{7.454}$$

C_k ist ein beliebig wählbarer Normierungsfaktor. Wir haben also gefunden

$$F \geq N_1. \tag{7.455}$$

Das Gleichheitszeichen gilt dabei dann und nur dann, wenn

$$\phi = \Pi_1$$

ist. Mit anderen Worten: N_1 ist nichts anderes als der kleinste Wert, den der Ausdruck F annehmen kann, und die Funktion ϕ, für den er diesen Wert annimmt, ist die zugehörige Eigenfunktion Π_1. Damit ist das Problem des Hohlleiters zu einem Variationsproblem geworden. Wir haben also die Funktion ϕ zu suchen, die, eine der obigen Randbedingungen erfüllend, den Ausdruck F möglichst klein macht.

Man kann, hat man Π_1 bestimmt, fortfahren und nun Π_2 bestimmen. Wir suchen nun die Funktion ϕ, die den Ausdruck F möglichst klein macht, wo ϕ eine der Randbedingungen erfüllen und außerdem auf Π_1 senkrecht stehen muß. Dann ist nämlich $a_1 = 0$ und deshalb

$$F = \frac{\sum_{i=2}^{\infty} a_i^2 N_i C_i}{\sum_{i=2}^{\infty} a_i^2 C_i} \geq \frac{\sum_{i=2}^{\infty} a_i^2 N_2 C_i}{\sum_{i=2}^{\infty} a_i^2 C_i} = N_2, \tag{7.456}$$

wobei das Gleichheitszeichen dann und nur dann gilt, wenn

$$\phi = \Pi_2$$

ist.

Mit dieser formal interessanten Anmerkung wollen wir das Problem von Wellen in Hohlleitern abschließen. Auch viele andere Probleme der Physik und insbesondere der elektromagnetischen Feldtheorie können als Variationsprobleme aufgefaßt werden. Dies ist sehr nützlich, da Variationsprobleme sehr gute Ausgangspunkte für Näherungsmethoden und numerische Rechnungen darstellen. Im Kapitel 8 werden wir darauf zurückkommen.

7.12 Rand- und Anfangswertprobleme

In Kap. 6 wurde die quasistationäre Näherung behandelt, während Kap. 7 der Behandlung der vollen Maxwellschen Gleichung gewidmet ist. Formal handelt es sich dabei im quasistationären Fall um die Lösung der Diffusionsgleichung, hier um die der Wellengleichung in dieser oder jener Form. In ihrer allgemeinen Form enthält die Wellengleichung auch den Diffusionsterm. Betrachten wir z.B. das Magnetfeld $\mathbf{B}$, so gilt nach (7.9)

$$\Delta \mathbf{B} - \mu\kappa \frac{\partial \mathbf{B}}{\partial t} - \mu\varepsilon \frac{\partial^2 \mathbf{B}}{\partial t^2} = 0, \tag{7.457}$$

woraus durch Vernachlässigung des Wellenausbreitungsterms die Diffusionsgleichung (6.29) entsteht:

$$\Delta \mathbf{B} - \mu\kappa \frac{\partial \mathbf{B}}{\partial t} = 0. \tag{7.458}$$

Wir haben an verschiedenen Stellen über die Grenzen der quasistationären Theorie und über die miteinander konkurrierenden Effekte der Diffusion und der Wellenausbreitung diskutiert (s. Abschn. 6.8 und auch Abschn. 6.2). Diese Diskussion soll hier noch einmal aufgenommen werden. Man kann z.B. mit Hilfe der Methoden, die wir in Kap. 6 zur Lösung der Diffusionsgleichung benutzt haben, auch die allgemeine Wellengleichung (7.457) lösen. Man kann dann nachträglich $\kappa \to 0$ gehen lassen und dadurch zur ungedämpften Wellenausbreitung im idealen Isolator übergehen oder umgekehrt $\varepsilon \to 0$ gehen lassen und zum Grenzfall der Diffusion übergehen.

Zu diesem Zweck sollen zwei Beispiele, die schon in Kap. 6 behandelt wurden, hier unter Einschluß des Wellenausbreitungsterms erneut behandelt werden, nämlich das Problem eines Anfangsfeldes in einem unendlichen homogenen Raum (Abschn. 6.4) und das Problem des Halbraums (Abschn. 6.5).

Die Behandlung dieser Probleme soll gleichzeitig die allgemeine Brauchbarkeit der früher benutzten Methoden zur Lösung von Anfangs- und Randwertproblemen demonstrieren.

7.12.1 Das Anfangswertproblem des unendlichen, homogenen Raumes

Das Problem von Abschn. 6.4 soll hier unter Zugrundelegung der Wellengleichung (7.457) gelöst werden. Da diese von zweiter Ordnung in der Zeit ist, wird dazu eine Anfangsbedingung mehr als dort benötigt. Wir suchen $B_z(x,t)$, wofür die Wellengleichung die Form

$$\frac{\partial^2 B_z(x,t)}{\partial x^2} - \mu\kappa \frac{\partial B_z(x,t)}{\partial t} - \mu\varepsilon \frac{\partial^2 B_z(x,t)}{\partial t^2} = 0 \tag{7.459}$$

annimmt. Weiter fordern wir als Anfangs- bzw. Randbedingungen:

$$[B_z(x,t)]_{x \to \infty} = B_z(\infty, t) = \text{endlich}, \tag{7.460}$$

$$[B_z(x,t)]_{x \to -\infty} = B_z(-\infty, t) = \text{endlich}, \tag{7.461}$$

$$B_z(x,0) = h_1(x), \tag{7.462}$$

$$\left[\frac{\partial B_z(x,t)}{\partial t}\right]_{t \to 0} = h_2(x). \tag{7.463}$$

Durch Laplace-Transformation entsteht aus (7.459)

$$\frac{\partial^2 \tilde{B}_z(x,p)}{\partial x^2} - \mu\kappa[p\tilde{B}_z(x,p) - h_1(x)] - \mu\varepsilon[p^2\tilde{B}_z(x,p) - ph_1(x) - h_2(x)] = 0, \tag{7.464}$$

wobei $\tilde{B}_z(x,p)$ den Randbedingungen

$$\tilde{B}_z(\infty, p) = \text{endlich}, \tag{7.465}$$

$$\tilde{B}_z(-\infty, p) = \text{endlich} \tag{7.466}$$

genügen muß. Der Übergang von (7.459) zu (7.464) beruht auf (6.51) und den Anfangsbedingungen (7.462), (7.463). Die allgemeine Lösung von (7.464) ergibt sich in Analogie zur Lösung von (6.79) durch (6.80) zu:

$$\tilde{B}_z(x,p) = A_1 \exp[-\sqrt{\mu\kappa p + \mu\varepsilon p^2}\, x] + A_2 \exp[+\sqrt{\mu\kappa p + \mu\varepsilon p^2}\, x]$$

$$- \int_{-\infty}^{x} [(\mu\kappa + \mu\varepsilon p)h_1(x_0) + \mu\varepsilon h_2(x_0)]$$

$$\cdot \frac{\sinh[\sqrt{\mu\kappa p + \mu\varepsilon p^2}(x - x_0)]}{\sqrt{\mu\kappa p + \mu\varepsilon p^2}} dx_0. \qquad (7.467)$$

Wir beschränken uns auf den Spezialfall

$$h_1(x) = F\delta(x), \qquad (7.468)$$

$$h_2(x) = 0. \qquad (7.469)$$

Hierzu sei bemerkt, daß h_1 die Dimension von B hat, F jedoch—wegen der δ-Funktion—die von B multipliziert mit einer Länge. Aus (7.467) ergibt sich mit (7.468), (7.469):

$$\tilde{B}_z(x,p) = \begin{cases} A_1 \exp[-\sqrt{\mu\kappa p + \mu\varepsilon p^2}\, x] + A_2 \exp[+\sqrt{\mu\kappa p + \mu\varepsilon p^2}\, x] \\ \qquad\qquad\qquad\qquad\qquad\qquad\qquad\qquad \text{für}\quad x < 0 \\ A_1 \exp[-\sqrt{\mu\kappa p + \mu\varepsilon p^2}\, x] + A_2 \exp[+\sqrt{\mu\kappa p + \mu\varepsilon p^2}\, x] \\ \quad - F\sqrt{\dfrac{\mu\kappa + \mu\varepsilon p}{p}} \sinh[\sqrt{\mu\kappa p + \mu\varepsilon p^2}\, x] \\ \qquad\qquad\qquad\qquad\qquad\qquad\qquad\qquad \text{für}\quad x > 0. \end{cases}$$
$$(7.470)$$

Zur Erfüllung der Randbedingungen (7.465), (7.466) wählt man

$$A_1 = 0, \qquad (7.471)$$

$$A_2 = \frac{F}{2}\sqrt{\frac{\mu\kappa + \mu\varepsilon p}{p}}, \qquad (7.472)$$

womit sich

$$\tilde{B}_z(x,p) = \frac{F}{2}\sqrt{\frac{\mu\kappa + \mu\varepsilon p}{p}} \exp[-\sqrt{\mu\kappa p + \mu\varepsilon p^2}\,|x|] \qquad (7.473)$$

ergibt. Die Rücktransformation führt auf die Funktion

$$B_z(x,t) = F\exp\left(-\frac{\kappa t}{2\varepsilon}\right)\Bigg\{\frac{1}{2}\delta(x-ct) + \frac{1}{2}\delta(x+ct)$$

$$+ \left[\frac{\kappa}{4\varepsilon c} I_0\left(\frac{\kappa\sqrt{c^2 t^2 - x^2}}{2\varepsilon c}\right) + \frac{\kappa t}{4\varepsilon\sqrt{c^2 t^2 - x^2}} I_1\left(\frac{\kappa\sqrt{c^2 t^2 - x^2}}{2\varepsilon c}\right)\right]$$

$$\cdot H(ct - |x|)\Bigg\}, \qquad (7.474)$$

wo H die durch (3.55) definierte *Heavisidesche Funktion* ist:

$$H(ct - |x|) = \begin{cases} 1 & \text{für} \quad -ct < x < ct \\ 0 & \text{für} \quad \begin{cases} x < -ct \\ x > +ct. \end{cases} \end{cases} \quad (7.475)$$

Der Beweis erfolgt am einfachsten dadurch, daß man durch Laplace-Transformation von (7.474) den Ausdruck (7.473) findet. Dazu benutzt man z.B. [5], Bd. I, S. 200, Gleichungen (5) und (9), und S. 129, Gleichung (5). Die letztgenannte Gleichung wird auch als "Dämpfungssatz" bezeichnet.

Betrachten wir nun verschiedene Grenzfälle der Lösung (7.474) unseres Problems:

Im Grenzfall $\kappa = 0$ bleibt nur

$$B_z(x,t) = \frac{F}{2} [\delta(x - ct) + \delta(x + ct)] \quad (7.476)$$

übrig. Das anfänglich am Ursprung lokalisierte Feld läuft zur Hälfte in positiver, zur Hälfte in negativer z-Richtung weg. Das liegt an den Anfangsbedingungen (7.468), (7.469). Für andere Anfangsbedingungen würde sich das Anfangsfeld in anderer Weise in einen nach links und einen nach rechts laufenden Anteil aufspalten. In jedem Fall laufen beide Anteile ohne Formänderung weg. Es handelt sich ja um nichts anderes als ganz gewöhnliche ebene Wellen in einem idealen Isolator im Sinne von Abschn. 7.1.2 und sie verhalten sich genau wie man das von ihnen erwartet. Die Aufteilung in einen nach links und einen nach rechts laufenden Anteil ist natürlich in beliebiger Weise möglich und wird eben durch die Anfangsbedingungen geregelt. Bild 7.40 zeigt dieses Auseinanderlaufen. Man kann auch

Bild 7.40

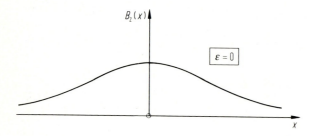

Bild 7.41

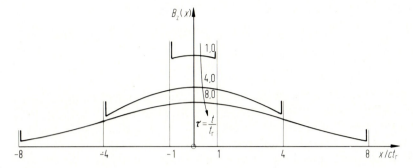

Bild 7.42

den Grenzfall der reinen Diffusion untersuchen. Dazu läßt man in (7.474) $\varepsilon \to 0$ bzw., was dasselbe bedeutet, $c \to \infty$ gehen. Mit Hilfe der asymptotischen Formeln (3.181) für I_0 und I_1 ergibt sich dafür aus (7.474), was sich auch aus (6.78) für $h(x_0) = F\delta(x_0)$ ergeben würde, nämlich:

$$B_z(x,t) = F \sqrt{\frac{\mu\kappa}{4\pi t}} \exp\left[-\frac{\mu\kappa x^2}{4t}\right]. \tag{7.477}$$

In diesem Fall fließt also das Feld zu einer immer breiter werdenden Gauß–Kurve auseinander (Bild 7.41). Damit haben wir beide Grenzfälle, Bild 7.40 und Bild 7.41, aus der allgemeinen Lösung gewonnen. Im allgemeinen Fall nun laufen gedämpfte δ-Funktionen mit Lichtgeschwindigkeit nach links und rechts. Vor ihnen gibt es noch kein Feld. Sie ziehen jedoch hinter sich einen Schleier diffundierenden Feldes her. Dies ist in Bild 7.42 zu sehen, das das Zusammenspiel von Wellenausbreitung und Diffusion veranschaulichen soll. Es stellt sozusagen einen Kompromiß der in den Bildern 7.40 und 7.41 auftretenden Tendenzen dar.

Obwohl es für praktische Zwecke sinnvoll gewesen wäre, die Rechnung mit dimensionslosen Größen durchzuführen, haben wir (im Gegensatz zur Behandlung in Abschn. 6.4) darauf verzichtet. Dadurch blieb die Abhängigkeit von dimensionsbehafteten Größen wie z.B. ε und κ unmittelbar sichtbar, was die Grenzübergänge erleichterte. Will man, um Schreibarbeit einzusparen, zu dimensionslosen Größen übergehen, so wählt man am besten

$$\tau = \frac{t}{t_r}, \tag{7.478}$$

$$\xi = \frac{x}{x_0} \tag{7.479}$$

mit

$$t_r = \frac{\varepsilon}{\kappa}, \tag{7.480}$$

$$x_0 = ct_r = \frac{\varepsilon}{\kappa\sqrt{\varepsilon\mu}} = \frac{1}{\kappa}\sqrt{\frac{\varepsilon}{\mu}}, \tag{7.481}$$

woraus sich als Wellengleichung

$$\frac{\partial^2 B_z(\xi,\tau)}{\partial \xi^2} - \frac{\partial B_z(\xi,\tau)}{\partial \tau} - \frac{\partial^2 B_z(\xi,\tau)}{\partial \tau^2} = 0 \qquad (7.482)$$

ergibt. Als sozusagen natürliche Einheit der Zeit erscheint hier die Relaxationszeit t_r und als natürliche Einheit der Länge die vom Licht in dieser Zeit zurückgelegte Weglänge.

Zur Lösung von Problemen der hier diskutierten Art ist auch die Fouriertransformation sehr geeignet. Dazu wird das anfängliche Feld (Wellenpaket) in seine Fourierkomponenten zerlegt. Durch die früher diskutierten Dispersionsbeziehungen (Abschn. 7.2) ist das Verhalten jeder einzelnen Komponente bekannt, was die Wiederüberlagerung der Komponenten zu einer späteren Zeit gestattet. Wir wollen diese Methode hier nicht weiter diskutieren. Sie ist z.B. in [8] sehr gut und ausführlich behandelt.

7.12.2 Das Randwertproblem des Halbraumes

Nun soll das Problem von Abschn. 6.5 neu betrachtet werden. Es handelt sich wiederum um die Lösung der Wellengleichung

$$\frac{\partial^2 B_z}{\partial x^2} - \mu\kappa \frac{\partial B_z}{\partial t} - \mu\varepsilon \frac{\partial^2 B_z}{\partial t^2} = 0, \qquad (7.483)$$

diesmal jedoch im Halbraum $x > 0$ mit den Randbedingungen

$$B_z(\infty, t) = \text{endlich}, \qquad (7.484)$$

$$B_z(0, t) = f(t) \qquad (7.485)$$

und den Anfangsbedingungen

$$B_z(x, 0) = 0, \qquad (7.486)$$

$$\left(\frac{\partial B_z(x,t)}{\partial t}\right)_{t=0} = 0. \qquad (7.487)$$

Das in Abschn. 6.5 behandelte Problem war in bezug auf die Anfangsbedingung etwas allgemeiner. Andererseits haben wir dort eine Anfangsbedingung weniger benötigt. Nach der Laplace-Transformation gibt (7.483):

$$\frac{\partial^2 \tilde{B}_z(x,p)}{\partial x^2} = (\mu\kappa p + \mu\varepsilon p^2)\tilde{B}_z(x,p), \qquad (7.488)$$

und aus den Randbedingungen wird:

$$\tilde{B}_z(\infty, p) = \text{endlich}, \qquad (7.489)$$

$$\tilde{B}_z(0, p) = \tilde{f}(p). \qquad (7.490)$$

Daraus folgt die Lösung

$$\tilde{B}_z(x, p) = \tilde{f}(p) \exp[-\sqrt{\mu\kappa p + \mu\varepsilon p^2}\, x]. \tag{7.491}$$

Nun wählen wir

$$f(t) = G\delta(t), \tag{7.492}$$

woraus

$$\tilde{f}(p) = G \tag{7.493}$$

und deshalb

$$\tilde{B}_z(x, p) = G \exp[-\sqrt{\mu\kappa p + \mu\varepsilon p^2}\, x] \tag{7.494}$$

folgt. Die Rücktransformation gibt:

$$B_z(x, t) = G \exp\left(-\frac{\kappa x}{2\varepsilon c}\right) \delta\left(t - \frac{x}{c}\right)$$
$$+ G \frac{\kappa x \exp\left(-\frac{\kappa t}{2\varepsilon}\right) I_1\left(\frac{\kappa \sqrt{c^2 t^2 - x^2}}{2\varepsilon c}\right) H\left(t - \frac{x}{c}\right)}{2\varepsilon \sqrt{c^2 t^2 - x^2}}. \tag{7.495}$$

Auch hier ist dies am besten durch Transformation von $B_z(x, t)$ entsprechend (7.495)

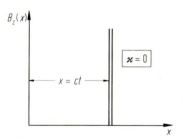

Bild 7.43

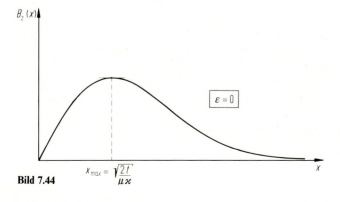

Bild 7.44

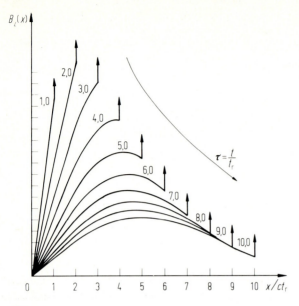

Bild 7.45

zu beweisen. Dazu benutzt man z.B. [5], Bd. I, S. 200, Gleichung (8), und S. 129, Gleichung (5), den schon früher erwähnten "Dämpfungssatz".

Ist speziell $\kappa = 0$, so ergibt sich

$$B_z(x,t) = G\delta\left(t - \frac{x}{c}\right), \qquad (7.496)$$

d.h. der zur Zeit $t = 0$ an der Oberfläche kurzzeitig erzeugte Feldimpuls läuft mit Lichtgeschwindigkeit ins Medium hinein (Bild 7.43). Ist umgekehrt $\varepsilon = 0$, so findet man durch den entsprechenden Grenzübergang mit Hilfe von (3.181)

$$B_z(x,t) = G \frac{x\sqrt{\mu\kappa} \exp\left[-\dfrac{\mu\kappa x^2}{4t}\right]}{\sqrt{4\pi t^3}}, \qquad (7.497)$$

also genau was sich aus (6.111) mit (7.492) auch ergibt. Dies entspricht dem reinen Diffusionsvorgang (Bild 7.44).

Im allgemeinen Fall bekommt man eine gedämpft laufende δ-Funktion und ein diffundierendes Feld, das sie hinter sich her schleppt. Vor ihr gibt es kein Feld. Verschiedene Stadien dieses Vorgangs sind in Bild 7.45 gezeigt. Für $t \gg 4t_r$ ergibt sich mehr und mehr das Verhalten wie in Bild 7.44.

8 Numerische Methoden

8.1 Einleitung

Wir haben zunächst die grundlegenden Begriffe der elektromagnetischen Feldtheorie, die zwischen den verschiedenen Feldgrößen bestehenden Beziehungen—insbesondere die Maxwellschen Gleichungen—und einige der zu ihrer Lösung geeigneten analytischen Methoden kennengelernt. Dabei hat sich gezeigt, daß viele Probleme mit diesen Methoden nur näherungsweise oder gar nicht gelöst werden können. Will man sie dennoch lösen, so muß man zu anderen Methoden greifen. Manchmal—nämlich dann, wenn das zu lösende Problem sich nur relativ wenig von einem exakt lösbaren unterscheidet—kann man sich der Störungsrechnung bedienen. Sie wird hier nicht behandelt. Einiges dazu ist z.B. bei Morse-Feshbach zu finden [9]. Mindestens im Prinzip allgemein brauchbar sind dagegen verschiedene numerische Methoden. Diese stellen—angesichts der schon heute bestehenden und erst recht angesichts der zukünftig zu erwartenden Möglichkeiten ihrer Anwendung mit Hilfe moderner Rechner—ein weites und fruchtbares Gebiet auch der Feldtheorie dar. Es ist so umfangreich, daß hier nur die Grundgedanken beschrieben werden können. Andererseits ist es so wichtig, daß es nicht unerwähnt bleiben soll. Im folgenden werden deshalb die wichtigsten Methoden beschrieben und teilweise an einfachen Beispielen erläutert. Obwohl meist von elektrostatischen Problemen die Rede sein wird, sind die Methoden auf die gesamte Feldtheorie anwendbar, d.h. auch auf magnetostatische und zeitabhängige Probleme. Vor allem soll deutlich werden, daß und wie die verschiedenen Methoden formal mit den analytischen Methoden und inhaltlich mit der Feldtheorie zusammenhängen. Analytische und numerische Arbeit sollte stets zusammenhängend betrieben werden. Das ist eine wichtige Voraussetzung für fruchtbare Arbeit auf diesem Gebiet. Sie führt zu einem vertieften, anschaulichen und ausreichend kritischen Verständnis der Probleme und der erzielten Ergebnisse. Eventuelle Fehler werden schneller erkennbar und das Testen erstellter Programme kann gezielter und wirkungsvoller erfolgen.

Die folgenden Abschnitte 8.2 bis 8.5 sind vorbereitender Natur, während die verschiedenen numerischen Methoden in den Abschnitten 8.6 bis 8.10 behandelt werden.

8.2 Potentialtheoretische Grundlagen

8.2.1 Randwertprobleme und Integralgleichungen

Die im Abschnitt 3.4 nur kurz behandelte Potentialtheorie gehört zu den wesentlichen Grundlagen sowohl der analytischen wie auch der numerischen Methoden. Das gilt besonders für den Kirchhoffschen Satz, Abschnitt 3.4.7, Gleichung (3.57), der weitreichende Bedeutung hat und geradezu als Hauptsatz der Potentialtheorie bezeichnet werden könnte,

$$4\pi\varphi(\mathbf{r}) = \int_V \frac{\rho(\mathbf{r}')\,d\tau'}{\varepsilon_0 |\mathbf{r}-\mathbf{r}'|} + \oint \frac{1}{|\mathbf{r}-\mathbf{r}'|}\frac{\partial\varphi(\mathbf{r}')}{\partial n'}\,dA' - \oint \varphi(\mathbf{r}')\frac{\partial}{\partial n'}\frac{1}{|\mathbf{r}-\mathbf{r}'|}\,dA' \quad . \tag{8.1}$$

Diese Gleichung gilt im dreidimensionalen Raum für einen inneren Punkt des betrachteten Gebiets. Es wurde schon betont, daß sie nicht unmittelbar, so wie sie dasteht, zur Lösung von Randwertproblemen dienen kann, indem man φ und $\partial\varphi/\partial n$ auf der Oberfläche vorgibt und damit φ im Inneren berechnet. Man darf ja nur das eine oder nur das andere vorgeben (bzw. beim gemischten Randwertproblem das eine auf einem Teil der Oberfläche, das andere auf deren Rest). Trotzdem eignet sich diese Gleichung zur (analytischen und numerischen) Lösung von Randwertproblemen. Für Punkte auf der Oberfläche gilt statt Gleichung (8.1)

$$C(\mathbf{r})\varphi(\mathbf{r}) = \int_V \frac{\rho(\mathbf{r}')\,d\tau'}{\varepsilon_0 |\mathbf{r}-\mathbf{r}'|} + \oint \frac{1}{|\mathbf{r}-\mathbf{r}'|}\frac{\partial\varphi(\mathbf{r}')}{\partial n'}\,dA' - \oint \varphi(\mathbf{r}')\frac{\partial}{\partial n'}\frac{1}{|\mathbf{r}-\mathbf{r}'|}\,dA' \quad . \tag{8.2}$$

$C(\mathbf{r})$ ist ein Faktor, der für überall glatte Oberflächen den konstanten Wert 2π hat. Diese sind durch überall eindeutig definierbare Tangentialebenen charakterisiert. So ist z.B. die Oberfläche einer Kugel eine glatte Oberfläche, nicht jedoch die eines Würfels (der an den Kanten offensichtlich nicht glatt ist) oder die eines Kegels (der an der Spitze nicht glatt ist). Man stelle sich die dreidimensionale δ-Funktion als Grenzwert einer Folge von Funktionen vor, die innerhalb einer kleinen Kugel mit dem Volumen V den konstanten Wert $1/V$ haben und außerhalb verschwinden. Damit kann man sich anschaulich klar machen, daß das bei der Ableitung von Gleichung (8.1) bzw. (3.57) im Abschnitt 3.4.7 auftretende Integral

$$\int_V \varphi(\mathbf{r})4\pi\delta(\mathbf{r}-\mathbf{r}')\,d\tau = C(\mathbf{r}')\varphi(\mathbf{r}') = \Omega\varphi(\mathbf{r}')$$

ist, wenn Ω der am Punkt $\mathbf{r}'$ der Oberfläche im Inneren des Gebietes auftretende Raumwinkel ist. Bei glatter Oberfläche ist offensichtlich $C = 2\pi$. An den Kanten eines Würfels dagegen ist $C = \Omega = \pi$ und an seinen Ecken $C = \Omega = \pi/2$. So kann man also die singulären Probleme nicht-glatter Oberflächen berücksichtigen.

Für zweidimensionale (ebene) Probleme gilt Analoges. Dafür ist die sogenannte

Fundamentallösung des dreidimensionalen Raumes,

$$\psi = \frac{1}{|\mathbf{r} - \mathbf{r}'|}, \tag{8.3}$$

das ist im wesentlichen das Coulombpotential der Punktladung, durch deren zweidimensionales Analogon, das Potential der unendlich langen, geradlinigen und homogenen Linienladung, von Faktoren abgesehen, also durch

$$\psi = -\ln|\mathbf{r} - \mathbf{r}'| \tag{8.4}$$

zu ersetzen, wobei

$$\boxed{\Delta \ln|\mathbf{r} - \mathbf{r}'| = 2\pi \delta(\mathbf{r} - \mathbf{r}')} \tag{8.5}$$

ist. Damit ergibt sich für innere Punkte des zweidimensionalen Gebietes statt Gleichung (8.1)

$$\boxed{2\pi \varphi(\mathbf{r}) = -\int_V \frac{\rho(\mathbf{r}')}{\varepsilon_0} \ln|\mathbf{r} - \mathbf{r}'| \, dA' - \oint \ln|\mathbf{r} - \mathbf{r}'| \frac{\partial \varphi(\mathbf{r}')}{\partial n'} \, ds' + \oint \varphi(\mathbf{r}') \frac{\partial}{\partial n'} \ln|\mathbf{r} - \mathbf{r}'| \, ds'}, \tag{8.6}$$

wobei die beiden letzten Integrale rechts über die Randkurve mit dem Linienelement ds' zu erstrecken sind. Auf dem Rand selbst gilt

$$\boxed{C(\mathbf{r})\varphi(\mathbf{r}) = -\int_A \frac{\rho(\mathbf{r}')}{\varepsilon_0} \ln|\mathbf{r} - \mathbf{r}'| \, dA' - \oint \ln|\mathbf{r} - \mathbf{r}'| \frac{\partial \varphi(\mathbf{r}')}{\partial n'} \, ds' + \oint \varphi(\mathbf{r}') \frac{\partial}{\partial n'} \ln|\mathbf{r} - \mathbf{r}'| \, ds'}. \tag{8.7}$$

In diesen Gleichungen, (8.4) bis (8.7), sind $\mathbf{r}$ und $\mathbf{r}'$ zweidimensionale Vektoren in der Ebene.

$C(\mathbf{r})$ in Gleichung (8.7) ist der am Punkt $\mathbf{r}$ des Randes im Inneren des Gebietes auftretende ebene Winkel. Für glatte Ränder ist $C = \pi$. An den Ecken eines Rechteckes z.B. dagegen ist $C = \pi/2$ etc.

Für eindimensionale Probleme kann man die Fundamentallösung z.B. in der Form

$$\psi(x, x') = \tfrac{1}{2}|x - x'| = \begin{cases} \tfrac{1}{2}(x' - x) & \text{für } x \leq x' \\ \tfrac{1}{2}(x - x') & \text{für } x \geq x' \end{cases} \tag{8.8}$$

wählen. Denn dafür ist

$$\psi' = \frac{d\psi}{dx} = \begin{cases} -\tfrac{1}{2} & \text{für } x < x' \\ 0 & \text{für } x = x' \\ +\tfrac{1}{2} & \text{für } x > x' \end{cases} = -\tfrac{1}{2} + H(x - x') \tag{8.9}$$

und—nach Abschnitt 3.4.5—

$$\psi'' = \Delta\psi = \delta(x - x'). \tag{8.10}$$

Die Unstetigkeit von ψ' bei $x = x'$—ähnlich wie die Unstetigkeiten von $(\partial/\partial n')\cdot (1/|\mathbf{r} - \mathbf{r}'|)$ bzw. $(\partial/\partial n')\ln|\mathbf{r} - \mathbf{r}'|$ für drei bzw. zwei Dimensionen—ist typisch und hat erhebliche Bedeutung. Der Funktionswert von ψ' an der Stelle $x = x'$ ist der Mittelwert von rechts- und linksseitigem Grenzwert.

Ist nun ein Dirichletsches oder ein Neumannsches Randwertproblem zu lösen, so kann man zunächst die auf den Rändern geltenden Gleichungen (8.2) bzw. (8.7) verwenden, um entweder die Randwerte von $\partial\varphi/\partial n$ aus denen von φ zu berechnen oder umgekehrt. So bekommt man miteinander verträgliche Wertepaare φ und $\partial\varphi/\partial n$ für alle Randpunkte. Mit diesen schließlich liefern die Gleichungen (8.1) bzw. (8.6) das Potential φ im ganzen Gebiet. Damit ist das Randwertproblem auf diese Integralgleichungen zurückgeführt.

Ist beim Dirichletschen Problem φ gegeben, so ist Gleichung (8.2) bzw. (8.7) eine sogenannte *Fredholmsche Integralgleichung 1. Art* für $\partial\varphi/\partial n$. Beim Neumannschen Randwertproblem ist Gleichung (8.2) bzw. (8.7) eine *Fredholmsche Integralgleichung 2. Art* für φ.

Man kann die Randwertprobleme auch in anderer Weise auf Integralgleichungen zurückführen. Auf der Oberfläche eines Gebietes befinden sich Ladungen mit der Flächenladungsdichte $\sigma(\mathbf{r})$. Dann gilt z.B. im dreidimensionalen Fall (ein- und zweidimensionaler Fall können analog behandelt werden) im Volumen und auf dem Rand

$$\boxed{\varphi(\mathbf{r}) = \oint \frac{\sigma(\mathbf{r}')}{4\pi\varepsilon_0 |\mathbf{r} - \mathbf{r}'|} dA'}. \tag{8.11}$$

Die senkrechte Komponente der elektrischen Feldstärke ist—wie wir früher gesehen haben, Abschnitt 2.5.3 bzw. 2.10,—an der Oberfläche unstetig. Deshalb ist an der Innenseite der Oberfläche

$$\boxed{\frac{\partial\varphi(\mathbf{r})}{\partial n} = \oint \frac{\sigma(\mathbf{r}')}{4\pi\varepsilon_0} \frac{\partial}{\partial n} \frac{1}{|\mathbf{r} - \mathbf{r}'|} dA' + \frac{\sigma(\mathbf{r})}{2\varepsilon_0}}. \tag{8.12}$$

Befindet sich auf der Oberfläche eine Doppelschicht mit der Flächendichte τ des Dipolmoments, dann ist

$$\boxed{\varphi(\mathbf{r}) = \oint \frac{\tau(\mathbf{r}')}{4\pi\varepsilon_0} \frac{\partial}{\partial n'} \frac{1}{|\mathbf{r} - \mathbf{r}'|} dA'}. \tag{8.13}$$

In diesem Fall ist—Abschnitt 2.5.3, Gleichungen (2.73), (2.82)—φ selbst an der

Oberfläche unstetig. Das Potential an der Innenseite der Doppelschicht ist

$$\varphi(\mathbf{r}) = \oint \frac{\tau(\mathbf{r}')}{4\pi\varepsilon_0} \frac{\partial}{\partial n'} \frac{1}{|\mathbf{r}-\mathbf{r}'|} \, dA' - \frac{\tau(\mathbf{r})}{2\varepsilon_0} \, . \tag{8.14}$$

Beide Unstetigkeiten sind formal betrachtet eine Folge davon, daß $(\partial/\partial n')(1/|\mathbf{r}-\mathbf{r}'|)$ an der Oberfläche unstetig ist. Die Gleichungen (8.12) und (8.14) gelten, wenn man sich von innen her der Oberfläche nähert und die Integrale auf der Oberfläche berechnet. Die Faktoren 1/2 bei den zusätzlichen Gliedern der Gleichungen (8.12) und (8.14) kommen daher, daß die Integrale auf der Oberfläche den Mittelwert der beidseitigen Grenzwerte annehmen, die gesamte Unstetigkeit σ/ε_0 bzw. τ/ε_0 sozusagen halbieren.

Auch die Gleichungen (8.11) bis (8.14) können zur Lösung von Dirichletschen oder Neumannschen (bzw. auch von gemischten) Randwertproblemen herangezogen werden. Zunächst werden nur Randpunkte betrachtet. Man kann dann für Dirichletsche Probleme entweder $\sigma(\mathbf{r}')$ aus Gleichung (8.11) oder $\tau(\mathbf{r}')$ aus Gleichung (8.14) berechnen und dann entweder wieder mit Gleichung (8.11) oder mit Gleichung (8.13) das Potential im ganzen Gebiet. Bei Neumannschen Problemen berechnet man $\sigma(\mathbf{r}')$ aus Gleichung (8.12) und das Potential im ganzen Gebiet mit Gleichung (8.11). Wiederum hat man—je nach Art des Problems—Fredholmsche Integralgleichungen 1. oder 2. Art zu lösen.

Die hier betrachteten Integralgleichungen haben fundamentale Bedeutung für die Feldtheorie. Zu den Fredholmschen Integralgleichungen existiert eine wohlausgebaute mathematische Theorie, die auch recht anschaulich ist, da sie der Theorie linearer algebraischer Gleichungssysteme völlig analog ist. Die Fredholmschen Integralgleichungen sind nichts anderes als deren kontinuierliche Analoga. So gibt es Sätze über die Existenz bzw. Nichtexistenz von Lösungen wie auch über deren Ein- oder Vieldeutigkeit, die denen über lineare Gleichungssysteme beinahe wörtlich entsprechen. Sie ermöglichen die Herleitung vieler grundlegender Sätze der Potentialtheorie, z.B. zur Existenz der Lösungen von Randwertproblemen (siehe z.B. [10 bis 16]). In manchen Fällen können die Gleichungen analytisch gelöst werden, was im folgenden an einem Beispiel gezeigt werden soll. Schließlich—und das ist hier wichtig—eignen sie sich auch für numerische Lösungen, was zur sogenannten Randelement-Methode führt (englisch boundary element method), die im Abschnitt 8.8 behandelt wird.

8.2.2 Beispiele

8.2.2.1 Das eindimensionale Problem

An diesem elementaren Beispiel soll deutlich werden, wie man in analoger Weise mit den Gleichungen (8.1) bis (8.7) auch im nicht so trivialen zwei- oder dreidimensionalen Fall umzugehen hat. Setzen wir im eindimensionalen Greenschen

8 Numerische Methoden

Integralsatz

$$\int_a^b (\psi\varphi'' - \varphi\psi'') \, dx = [\psi\varphi' - \varphi\psi']_a^b \tag{8.15}$$

ψ'' entsprechend Gleichung (8.10) ein, so ergibt sich für innere Punkte

$$\varphi(x') = \int_a^b \psi \Delta\varphi \, dx + [\varphi\psi' - \psi\varphi']_a^b, \quad a < x' < b, \tag{8.16}$$

und an der Oberfläche (d.h. bei $x' = a$ oder $x' = b$)

$$\tfrac{1}{2}\varphi(x') = \int_a^b \psi \Delta\varphi \, dx + [\varphi\psi' - \psi\varphi']_a^b. \tag{8.17}$$

Der Faktor $\tfrac{1}{2}$ entspricht den Faktoren $C = 2\pi$ bzw. $C = \pi$ in den Gleichungen (8.2) bzw. (8.7).

Wir wählen als einfaches Beispiel

$$\Delta\varphi = Ax, \quad 0 \leqslant x \leqslant 1, \tag{8.18}$$

mit Dirichletschen Randbedingungen

$$\varphi(0) = \varphi(1) = 0. \tag{8.19}$$

Die exakte Lösung dieses Problems ist

$$\varphi = \frac{Ax(x^2 - 1)}{6}. \tag{8.20}$$

Sie soll hier mit Hilfe des eindimensionalen Kirchhoffschen Satzes, Gleichungen (8.16) und (8.17), gewonnen werden. Zunächst ist nach Gleichung (8.18) und Gleichung (8.8)

$$\int_0^1 \psi \Delta\varphi \, dx = \frac{A}{12}(2x'^3 - 3x' + 2). \tag{8.21}$$

Damit und aus Gleichung (8.17) ergeben sich, da die Oberfläche nur zwei Punkte aufweist, die beiden Gleichungen

$$\tfrac{1}{2}\varphi(0) = 0 = \frac{A}{6} - [\psi(1,0)\varphi'(1) - \psi(0,0)\varphi'(0)],$$

$$\tfrac{1}{2}\varphi(1) = 0 = \frac{A}{12} - [\psi(1,1)\varphi'(1) - \psi(0,1)\varphi'(0)]$$

bzw.

$$\frac{A}{6} = [\tfrac{1}{2} \cdot \varphi'(1) - 0 \cdot \varphi'(0)],$$

$$\frac{A}{12} = [0 \cdot \varphi'(1) - \tfrac{1}{2}\varphi'(0)]$$

mit den Lösungen

$$\varphi'(0) = -\frac{A}{6}, \quad \varphi'(1) = \frac{A}{3}. \tag{8.22}$$

Damit sind aus den Randwerten von φ die Randwerte von $\partial\varphi/\partial n$ (die senkrechten Ableitungen) bestimmt. Mit Gleichung (8.16) liefern sie nun die Lösung,

$$\varphi(x') = \frac{A}{12}(2x'^3 - 3x' + 2) - \frac{A}{3} \cdot \frac{1-x'}{2} - \frac{A}{6} \cdot \frac{x'}{2} = \frac{Ax'(x'^2 - 1)}{6}$$

die schon oben, Gleichung (8.20), angegeben wurde.

Als zweites Beispiel wählen wir

$$\Delta\varphi = 0, \quad 0 \leqslant x \leqslant 1 \tag{8.23}$$

mit

$$\varphi(0) = A, \quad \varphi(1) = B. \tag{8.24}$$

Nun ergibt sich aus Gleichung (8.17)

$$\tfrac{1}{2}\varphi(0) = \frac{A}{2} = [B\psi'(1,0) - A\psi'(0,0) - \varphi'(1)\psi(1,0) + \varphi'(0)\psi(0,0)],$$

$$\tfrac{1}{2}\varphi(1) = \frac{B}{2} = [B\psi'(1,1) - A\psi'(0,1) - \varphi'(1)\psi(1,1) + \varphi'(0)\psi(0,1)].$$

Hier ist zu beachten, daß $\psi'(x,x')$ für $x = x'$ unstetig und nach Gleichung (8.9)

$$\psi'(0,0) = 0, \quad \psi'(1,1) = 0$$

ist. Also ist

$$\frac{A}{2} = \frac{B}{2} - \frac{\varphi'(1)}{2},$$

$$\frac{B}{2} = \frac{A}{2} + \frac{\varphi'(0)}{2}$$

und

$$\varphi'(0) = \varphi'(1) = B - A,$$

d.h. nach Gleichung (8.16)

$$\varphi(x') = \frac{B}{2} - (B-A)\frac{(1-x')}{2} + \frac{A}{2} + (B-A)\frac{x'}{2}$$

$$= A + (B-A)x'. \tag{8.25}$$

Wir erhalten natürlich das lineare Potential, das sich in diesem Fall ergeben muß.

Es sei noch bemerkt, daß man die Fundamentallösung auch anders wählen kann. Wesentlich ist nur, daß sie Gleichung (8.10) erfüllt. So wird oft auch die

Funktion

$$\psi(x, x') = \begin{cases} x'(1+x) & \text{für } x \leq x' \\ x(1+x') & \text{für } x \geq x' \end{cases}$$

mit

$$\psi'(x, x') = \frac{\partial \psi}{\partial x} = \begin{cases} x' & \text{für } x < x' \\ \frac{1}{2} + x' & \text{für } x = x' \\ 1 + x' & \text{für } x > x' \end{cases} = x' + H(x - x')$$

als Fundamentallösung benutzt. Die beiden eben behandelten Beispiele liefern damit natürlich dieselben Ergebnisse, wovon sich der Leser—zur Übung—selbst überzeugen möge.

8.2.2.2 Das Dirichletsche Randwertproblem der Kugel

Hier soll als Beispiel das innere Dirichletsche Randwertproblem der Kugel für die Laplace-Gleichung (also ohne Ladungen) mit Hilfe der oben diskutierten Integralgleichungen auf drei verschiedene Arten gelöst werden. Dazu ist die Fundamentallösung (d.h. der reziproke Abstand) nach Kugelfunktionen zu entwickeln. Nach Gleichung (3.324) ist

$$\frac{1}{|\mathbf{r} - \mathbf{r}_0|} = \sum_{n=0}^{\infty} \sum_{m=0}^{n} (2 - \delta_{0m}) \begin{cases} \dfrac{r^n}{r_0^{n+1}} \\ \dfrac{r_0^n}{r^{n+1}} \end{cases} \cdot \frac{(n-m)!}{(n+m)!} \cdot$$

$$\cdot P_n^m(\cos\theta) P_n^m(\cos\theta_0) \cos[m(\varphi - \varphi_0)]. \tag{8.26}$$

Dabei gilt der obere Wert für $r \leq r_0$, der untere für $r \geq r_0$. Für den senkrechten Gradienten erhält man

$$\frac{\partial}{\partial n_0} \frac{1}{|\mathbf{r} - \mathbf{r}_0|} = \sum_{n=0}^{\infty} \sum_{m=0}^{n} (2 - \delta_{0m}) \begin{cases} -(n+1) \dfrac{r^n}{r_0^{n+2}} \\ -\dfrac{1}{2r_0^2} \\ n \dfrac{r_0^{n-1}}{r^{n+1}} \end{cases} \cdot \frac{(n-m)!}{(n+m)!} \cdot$$

$$\cdot P_n^m(\cos\theta) P_n^m(\cos\theta_0) \cos[m(\varphi - \varphi_0)]. \tag{8.27}$$

Hier ist wesentlich, daß dieser Ausdruck für $r = r_0$ unstetig ist. Der obere Wert gilt für $r < r_0$, der mittlere für $r = r_0$ und der untere für $r > r_0$. Hauptsächlich dieser Unstetigkeit wegen wird das Beispiel hier gebracht. Diese Unstetigkeit ist, wie schon erwähnt, wesentlich für die Feldtheorie. Sie ist der formale Grund für die Unstetigkeit der elektrischen Feldstärke an geladenen Flächen und für die des Potentials an Doppelschichten, die wir früher (Abschnitt 2.5.3) diskutiert haben und die zu den Integralgleichungen (8.12) und (8.14) führte. Das soll am vorliegenden Beispiel noch einmal demonstriert werden. Dabei ist zu beachten, daß

$$\frac{\partial}{\partial n}\frac{1}{|\mathbf{r}-\mathbf{r}'|} = -\frac{\partial}{\partial n'}\frac{1}{|\mathbf{r}-\mathbf{r}'|}$$

ist. Wir benötigen hier auch die Vollständigkeitsbeziehung der Kugelflächenfunktionen. Sie ergibt sich durch Entwicklung von $\delta(\theta-\theta')\delta(\varphi-\varphi')$ nach Kugelflächenfunktionen mit Hilfe von Gleichung (3.300) und der entsprechenden Gleichung mit sin statt cos,

$$\sum_{n=0}^{\infty}\sum_{m=0}^{n}\frac{(2n+1)(n-m)!}{4\pi(n+m)!}(2-\delta_{0m})P_n^m(\cos\theta)P_n^m(\cos\theta')\cos[m(\varphi-\varphi')]\sin\theta'$$
$$=\delta(\theta-\theta')\delta(\varphi-\varphi').$$

Wir betrachten nun zunächst das Integral in Gleichung (8.12). Der darin enthaltene senkrechte Gradient der Fundamentallösung ist (bis auf das Vorzeichen) durch Gleichung (8.27) gegeben. Für $r = r_0$ ist damit am inneren bzw. am äußeren Rand

$$\frac{\partial}{\partial n}\frac{1}{|\mathbf{r}-\mathbf{r}'|} = -\sum_{n=0}^{\infty}\sum_{m=0}^{n}\frac{(n-m)!}{(n+m)!}(2-\delta_{0m})P_n^m(\cos\theta)P_n^m(\cos\theta')$$

$$\cdot\cos[m(\varphi-\varphi')]\begin{Bmatrix}-\dfrac{n+1}{r_0^2}\\ +\dfrac{n}{r_0^2}\end{Bmatrix}.$$

Berechnen wir nun das Integral am äußeren und am inneren Rand bzw. die Differenz beider Integrale, so ergibt sich als Unstetigkeit

$$-\oint\frac{\sigma(\mathbf{r}')}{4\pi\varepsilon_0}\sum_{n=0}^{\infty}\sum_{m=0}^{n}\frac{(n-m)!}{(n+m)!}(2-\delta_{0m})P_n^m(\cos\theta)P_n^m(\cos\theta')\cos[m(\varphi-\varphi')]$$
$$\cdot\frac{2n+1}{r_0^2}r_0^2\sin\theta'\,d\theta'\,d\varphi' = -\oint\frac{\sigma(\mathbf{r}')}{\varepsilon_0}\delta(\theta-\theta')\delta(\varphi-\varphi')\,d\theta'\,d\varphi' = -\frac{\sigma(\mathbf{r})}{\varepsilon_0}.$$

Völlig analog ergibt sich aus Gleichung (8.13) die Unstetigkeit dieses Integrals wegen des geänderten Vorzeichens zu

$$\oint\frac{\tau(\mathbf{r}')}{\varepsilon_0}\delta(\theta-\theta')\delta(\varphi-\varphi')\,d\theta'\,d\varphi' = \frac{\tau(\mathbf{r})}{\varepsilon_0}.$$

Diese Unstetigkeiten sind offenbar lokale Eigenschaften jedes einzelnen Flächenelementes. Man stelle sich z.B. vor, daß nur für ein Flächenelement der Kugeloberfläche $\sigma \neq 0$ sei. Die Ergebnisse gelten deshalb ganz allgemein für beliebige Flächen.

Ist nun $\phi(\mathbf{r})$ auf der Kugeloberfläche vorgegeben, so können diese Randwerte bei geeigneter Wahl des Koordinatensystems nach Kugelflächenfunktionen entwickelt werden,

$$\phi(\mathbf{r}) = \sum_{n=0}^{\infty} \sum_{m=0}^{n} B_{nm} P_n^m(\cos\theta) \cos(m\varphi). \tag{8.28}$$

Machen wir jetzt für $\sigma(\mathbf{r}_0)$ den Ansatz

$$\sigma(\mathbf{r}_0) = \sum_{n=0}^{\infty} \sum_{m=0}^{n} C_{nm} P_n^m(\cos\theta_0) \cos(m\varphi_0), \tag{8.29}$$

so kann $\sigma(\mathbf{r}_0)$ mit Hilfe der Gleichungen (8.11) und (8.26) und mit Hilfe der Orthogonalitätsbeziehungen (3.300) bestimmt werden. Man erhält

$$C_{nm} = \frac{(2n+1)\varepsilon_0 B_{nm}}{r_0}. \tag{8.30}$$

Damit ist das Problem gelöst. Denn Gleichung (8.11) gibt nun mit den Gleichungen (8.29) und (8.30) im Inneren der Kugel

$$\phi(\mathbf{r}) = \sum_{n=0}^{\infty} \sum_{m=0}^{n} B_{nm} \left(\frac{r}{r_0}\right)^n P_n^m(\cos\theta) \cos(m\varphi), \tag{8.31}$$

was sich nach Gleichung (8.28) natürlich ergeben muß. Es ging hier darum, zu zeigen, daß und wie die Integralgleichung (8.11) zum richtigen Ergebnis führt.

In analoger Weise können wir mit dem Ansatz

$$\tau(\mathbf{r}_0) = \sum_{n=0}^{\infty} \sum_{m=0}^{n} D_{nm} P_n^m(\cos\theta_0) \cos(m\varphi_0) \tag{8.32}$$

die Gleichung (8.14) benutzen, um D_{nm} zu bestimmen,

$$D_{nm} = -\frac{(2n+1)\varepsilon_0 B_{nm}}{n+1}, \tag{8.33}$$

womit das Problem ebenfalls gelöst ist. Wir erhalten wieder das Potential (8.31).

Schließlich können wir mit dem Ansatz

$$\left(\frac{\partial\phi}{\partial n}\right)_{\mathbf{r}=\mathbf{r}_0} = \sum_{n=0}^{\infty} \sum_{m=0}^{n} E_{nm} P_n^m(\cos\theta_0) \cos(m\varphi_0) \tag{8.34}$$

von Gleichung (8.2) mit $C = 2\pi$ ausgehen. Wir erhalten

$$E_{nm} = \frac{n}{r_0} B_{nm} \tag{8.35}$$

und mit Gleichung (8.1) wiederum das Potential (8.31).

Diese Vorgehensweisen sind natürlich auf beliebig geformte Oberflächen übertragbar. Wenn analytische Lösungen nicht existieren, kann man die Probleme numerisch lösen. Dazu wird dann die Oberfläche (der "Rand") in kleine Flächenelemente ("Randelemente") zu zerlegen sein, was zu den im Abschnitt 8.8 zu besprechenden "Randelementmethoden" führt.

8.2.3 Die Mittelwertsätze der Potentialtheorie

Aus den Kirchhoffschen Sätzen folgen u.a. auch die sogenannten Mittelwertsätze der Potentialtheorie, die wichtige Zusammenhänge verständlich und anschaulich machen. Wir betrachten ein kugelförmiges Gebiet mit dem Radius R ohne Ladungen ($\Delta\varphi = 0$), dessen Mittelpunkt sich am Ursprung befindet. Dann gilt nach Gleichung (8.1)

$$\varphi(0) = \frac{1}{4\pi}\oint \frac{1}{R}\frac{\partial \varphi(\mathbf{r}')}{\partial n'}\,dA' - \frac{1}{4\pi}\oint \varphi(\mathbf{r}')\frac{\partial}{\partial n'}\frac{1}{|\mathbf{r}'|}\,dA'.$$

Weil keine Ladungen vorhanden sind, ist

$$\oint \frac{\partial \varphi(\mathbf{r}')}{\partial n'}\,dA' = 0.$$

Außerdem ist

$$\frac{\partial}{\partial n'}\frac{1}{|\mathbf{r}'|} = -\left(\frac{\mathbf{r}'}{|\mathbf{r}'|^3}\right)_{n'} = -\frac{1}{R^2}.$$

Damit ergibt sich

$$\boxed{\varphi(0) = \frac{1}{4\pi R^2}\oint \varphi(\mathbf{r}')\,dA' = \langle \varphi \rangle_A}, \tag{8.36}$$

d.h. das Potential am Mittelpunkt einer ladungsfreien Kugel ist gleich dem Mittelwert der Potentiale auf der Oberfläche dieser Kugel. Man kann auch das ganze Kugelvolumen betrachten und diesen Mittelwertsatz auf alle in ihm enthaltenen gleichberechtigten Kugelschalen anwenden. Man erhält

$$\boxed{\varphi(0) = \frac{3}{4\pi R^3}\int_V \varphi(\mathbf{r}')\,d\tau' = \langle \varphi \rangle_V}. \tag{8.37}$$

Analoges gilt für zweidimensionale kreisförmige Gebiete. Gleichung (8.6) gibt für den Kreismittelpunkt

$$\varphi(0) = -\frac{\ln R}{2\pi}\oint \frac{\partial \varphi(\mathbf{r}')}{\partial n'}\,ds' + \frac{1}{2\pi}\oint \varphi(\mathbf{r}')\frac{\partial}{\partial n'}\ln|\mathbf{r}'|\,ds'.$$

Mit

$$\oint \frac{\partial \varphi(\mathbf{r}')}{\partial n'}\,ds' = 0$$

und

$$\frac{\partial}{\partial n'}\ln|\mathbf{r}'| = \left(\frac{1}{|\mathbf{r}'|}\frac{\mathbf{r}'}{|\mathbf{r}'|}\right)_{n'} = \frac{1}{R}$$

ist

$$\boxed{\varphi(0) = \frac{1}{2\pi R}\oint \varphi(\mathbf{r}')\,ds' = \langle \varphi \rangle_S} \qquad (8.38)$$

und für die ganze Kreisfläche

$$\boxed{\varphi(0) = \frac{1}{R^2\pi}\int \varphi(\mathbf{r}')\,dA' = \langle \varphi \rangle_A}. \qquad (8.39)$$

Im eindimensionalen Fall gelten die analogen Sätze natürlich ebenfalls.

$$\Delta\varphi(x) = 0$$

hat nur lineare Lösungen,

$$\varphi = A + Bx.$$

Für diese ist

$$\boxed{\varphi\!\left(\frac{a+b}{2}\right) = \frac{\varphi(a)+\varphi(b)}{2}} \qquad (8.40)$$

und

$$\boxed{\varphi\!\left(\frac{a+b}{2}\right) = \frac{1}{b-a}\int_a^b \varphi(x)\,dx}. \qquad (8.41)$$

Die Lösungen der Laplace-Gleichung haben also in ein-, zwei- und dreidimensionalen Gebieten die Eigenschaft, daß die am Mittelpunkt einer Strecke, eines Kreises, einer Kugel angenommenen Werte gleich den Mittelwerten über die entsprechenden Ränder und gleich den Mittelwerten über die ganze Strecke, den ganzen Kreis, die ganze Kugel sind. Diesem Sachverhalt werden wir bei der Diskussion der Methode der finiten Differenzen wieder begegnen.

8.3 Randwertprobleme als Variationsprobleme

8.3.1 Variationsintegrale und Eulersche Gleichungen

Viele durch Differentialgleichungen formulierbare Probleme können auf Variationsprobleme zurückgeführt werden. Das gilt auch für einige Probleme der elektromagnetischen Feldtheorie. Bei der Behandlung der Wellen in zylindrischen Hohlleitern sind wir bereits einem Beispiel begegnet (Abschnitt 7.11). Allgemein geht es in der Variationsrechnung darum, die Funktion (oder die Funktionen) zu bestimmen, die ein davon abhängiges Integral, ein *Funktional* (d.h. eine Funktion von Funktionen) extremal macht (machen). Wir betrachten ein solches über ein gegebenes Gebiet im Raum zu erstreckendes Integral,

$$\boxed{I(u) = \int_V F(x,y,z,u,u_x,u_y,u_z)\,d\tau = \text{Extremum}}. \tag{8.42}$$

Zunächst soll $u = u(x,y,z)$ am Rand verschwinden. Später werden wir andere Randbedingungen betrachten. u_x, u_y, u_z sind die partiellen Ableitungen von u nach x, y, z. Nun sei u die Funktion, die dem Integral einen Extremwert gibt. Wir definieren davon abweichende sogenannte *Vergleichsfunktionen*

$$\bar{u} = u + \varepsilon f, \tag{8.43}$$

wo f eine weitgehend beliebige, jedoch am Rand verschwindende und stetig differenzierbare Funktion ist. Die Vergleichsfunktionen $\bar{u}$ erfüllen also auch die von u geforderten Randbedingungen. Setzen wir $\bar{u}$ statt u in $I(u)$ ein, dann entsteht eine von ε abhängige Funktion, deren Ableitung nach ε für $\varepsilon = 0$, d.h. für $\bar{u} = u$, verschwinden muß. Zunächst ist

$$I(\varepsilon) = \int_V F(x,y,z,u+\varepsilon f, u_x+\varepsilon f_x, u_y+\varepsilon f_y, u_z+\varepsilon f_z)\,d\tau \tag{8.44}$$

und

$$\left[\frac{\partial I(\varepsilon)}{\partial \varepsilon}\right]_{\varepsilon=0} = \int_V (F_u f + F_{u_x} f_x + F_{u_y} f_y + F_{u_z} f_z)\,d\tau = 0.$$

Dabei ist

$$F_{u_x} f_x = \frac{\partial F}{\partial u_x} \cdot \frac{\partial f}{\partial x} = \frac{\partial}{\partial x}\left(f \frac{\partial F}{\partial u_x}\right) - f \frac{\partial^2 F}{\partial u_x \partial x}.$$

Analoges gilt für $F_{u_y} f_y$ und $F_{u_z} f_z$. Also ist

$$\int_V \left(F_u - \frac{\partial^2 F}{\partial u_x \partial x} - \frac{\partial^2 F}{\partial u_y \partial y} - \frac{\partial^2 F}{\partial u_z \partial z}\right) f\,d\tau +$$

$$+ \int_V \left[\frac{\partial}{\partial x}\left(f \frac{\partial F}{\partial u_x}\right) + \frac{\partial}{\partial y}\left(f \frac{\partial F}{\partial u_y}\right) + \frac{\partial}{\partial z}\left(f \frac{\partial F}{\partial u_z}\right)\right] d\tau = 0.$$

Wegen des Gaußschen Integralsatzes und wegen der Randbedingung für f ($f = 0$ am Rand) verschwindet das zweite Integral. Weil f eine weitgehend beliebige Funktion ist, muß schließlich mit dem ersten Integral auch dessen Integrand verschwinden, d.h.,

$$\boxed{\frac{\partial F}{\partial u} - \frac{\partial}{\partial x}\frac{\partial F}{\partial u_x} - \frac{\partial}{\partial y}\frac{\partial F}{\partial u_y} - \frac{\partial}{\partial z}\frac{\partial F}{\partial u_z} = 0}. \tag{8.45}$$

Das ist die sogenannte *Eulersche Differentialgleichung* (auch *Euler-Lagrangesche Gleichung* genannt). Ihre Lösung ist die Lösung des durch Gleichung (8.42) gegebenen Variationsproblems und umgekehrt.

Wir betrachten als konkretes Beispiel das Integral

$$\boxed{I = \int_V F\,d\tau = \int_V \left[\left(\frac{\partial u}{\partial x}\right)^2 + \left(\frac{\partial u}{\partial y}\right)^2 + \left(\frac{\partial u}{\partial z}\right)^2 - 2u(\mathbf{r})g(\mathbf{r}) - u^2(\mathbf{r})h(\mathbf{r})\right]d\tau}.$$

(8.46)

Die zugehörige Eulersche Gleichung ist

$$\boxed{\Delta u + g + hu = 0},$$

(8.47)

die als Spezialfälle die Laplace-Gleichung ($g = 0$, $h = 0$), die Poisson-Gleichung ($h = 0$) und die Helmholtz-Gleichung ($g = 0$, $h = $ const) enthält. Im Falle der Laplace-Gleichung z.B. hat also das Integral

$$\int_V (\operatorname{grad} u)^2\,d\tau = \int E^2\,d\tau$$

die sehr interessante Eigenschaft, einen Extremwert (nämlich ein Minimum) anzunehmen. Damit ist auch das Integral

$$\frac{\varepsilon_0}{2}\int (\operatorname{grad} u)^2\,d\tau = \int \frac{\varepsilon_0 E^2}{2}\,d\tau$$

(8.48)

minimal. Es gilt also der bemerkenswerte Satz, *daß das elektrische Feld in einem ladungsfreien Gebiet sich so einstellt, daß die in ihm gespeicherte elektrostatische Energie den kleinsten (mit den Randbedingungen verträglichen) Wert annimmt.*

Es sei daran erinnert, daß zunächst ein Dirichletsches Problem betrachtet wurde und daß die zur Minimierung des Funktionals zugelassenen miteinander konkurrierenden Vergleichsfunktionen diese Randbedingung zu erfüllen hatten. Das Ergebnis der Variation ist also nicht eine beliebige Lösung der zugehörigen Eulerschen Gleichung, sondern die Lösung, die die Dirichletsche Randbedingung erfüllt. Es bleibt die Frage, wie im Falle anderer Randbedingungen vorzugehen ist. Diese Frage führt zu der wichtigen Unterscheidung zwischen *wesentlichen Randbedingungen* und *natürlichen Randbedingungen*. Wir nehmen an, daß auf einem Teil A_1 des Randes A die wesentliche Dirichletsche Randbedingung

$$u = b(\mathbf{r})$$

(8.49)

und auf dem Rest A_2 des Randes die natürliche Randbedingung

$$\frac{\partial u}{\partial n} + d(\mathbf{r})u = e(\mathbf{r})$$

(8.50)

gilt, die für $d = 0$ in die Neumannsche Randbedingung übergeht (für $b = 0$ oder $e = 0$ nennt man diese Randbedingungen homogen, andernfalls inhomogen). Die

Unterscheidung zwischen wesentlichen und natürlichen Randbedingungen kommt daher, daß die bei der Variation benutzten Vergleichsfunktionen die wesentlichen, nicht jedoch die natürlichen Randbedingungen erfüllen müssen. Zur Erfüllung dieser natürlichen Randbedingungen ist vielmehr das Variationsintegral durch ein zusätzliches Randintegral zu ergänzen, d.h. an die Stelle von Gleichung (8.46) tritt

$$\boxed{\begin{aligned} I = &\int_V \left[(\operatorname{grad} u)^2 - 2u(\mathbf{r})g(\mathbf{r}) - u^2(\mathbf{r})h(\mathbf{r}) \right] d\tau \\ &+ \int_{A_2} \left[d(\mathbf{r})u^2(\mathbf{r}) - 2u(\mathbf{r})e(\mathbf{r}) \right] dA \end{aligned}} \quad (8.51)$$

Man beachte, daß das Randintegral nur über den Teil A_2 der Oberfläche zu erstrecken ist, auf dem die natürliche Randbedingung (8.50) gilt. Auf den Beweis soll hier verzichtet werden. Man findet ihn z.B. bei Davies [17]. Ist $d=0$ und $e=0$, so fällt das Randintegral weg, d.h. im Falle homogener Neumannscher Randbedingungen hat man nur das Volumenintegral, dessen Variation automatisch zu der Lösung führt, die die homogenen Neumannschen Randbedingungen erfüllt. Diese müssen also nicht durch die Wahl geeigneter Vergleichsfunktionen erzwungen werden, wie dies bei den wesentlichen Dirichletschen Randbedingungen der Fall ist. Wir werden diesen Unterschied an einfachen Beispielen demonstrieren.

Hier ist auch daran zu erinnern, daß Neumannsche Randbedingungen nicht ganz willkürlich vorgegeben werden dürfen. Beim inneren (nicht beim äußeren) Neumannschen Problem muß

$$\oint \mathbf{D} \cdot d\mathbf{A} = -\varepsilon_0 \oint \frac{\partial \varphi}{\partial n} dA = Q \quad (8.52)$$

sein, d.h. der elektrische Fluß muß mit der im Gebiet befindlichen gesamten Ladung Q verträglich sein (beim äußeren Problem spielt das keine Rolle, weil der elektrische Fluß durch die im Unendlichen gedachte Fläche beliebige Werte annehmen kann).

Will man die Berücksichtigung der wesentlichen Dirichletschen Randbedingungen durch geeignete Wahl der Vergleichsfunktionen vermeiden und mit zunächst noch beliebigen Funktionen arbeiten, so kann man das Variationsintegral durch entsprechende Nebenbedingungen ergänzen und diese mit Hilfe von *Lagrange-Parametern* berücksichtigen. Auch das werden wir an einem einfachen Beispiel zeigen.

Die Variationsintegrale eignen sich hervorragend zur Gewinnung sowohl exakter wie auch genäherter Lösungen der entsprechenden Probleme. Oft kann man aus ihnen schon mit einfachen Mitteln erstaunlich gute Näherungen gewinnen. Sie sind auch Ausgangspunkte für wichtige numerische Verfahren, insbesondere für die Methode der finiten Elemente (Abschnitt 8.7).

Eine für die Anwendungen sehr wichtige Methode zur Gewinnung von Näherungen der Lösung des Variationsproblems ist die sogenannte *Ritzsche Methode* (auch *Rayleigh-Ritz-Methode* genannt). Sie besteht darin, daß man die Lösung mit einer geeignet gewählten Folge linear unabhängiger Funktionen φ_i in folgender Form ansetzt:

$$u = \sum_{i=1}^{n} c_i \varphi_i, \tag{8.53}$$

diesen Ansatz in das zu variierende Integral einsetzt und die Ableitungen der so entstehenden Funktion $I(c_1, \ldots, c_n)$ nach den c_i gleich Null setzt:

$$\frac{\partial I(c_1, \ldots, c_n)}{\partial c_i} = 0, \quad i = 1, \ldots, n. \tag{8.54}$$

Handelt es sich bei den Funktionen φ_i um ein vollständiges Basissystem im Definitionsgebiet der Funktionen u, so kann man auf diese Weise auch die exakte Lösung gewinnen.

8.3.2 Beispiele

8.3.2.1 Poisson-Gleichung

Als erstes Beispiel zur Variationsrechnung soll das einfache Problem der eindimensionalen Poisson-Gleichung

$$\Delta u = -g(x) = a + bx, \quad 0 \leqslant x \leqslant 1 \tag{8.55}$$

mit der allgemeinen Lösung

$$u = A + Bx + \frac{a}{2}x^2 + \frac{b}{6}x^3 \tag{8.56}$$

behandelt werden. Die Randbedingungen sollen zunächst offen bleiben. Wir wollen das Problem im folgenden mit verschiedenen Randbedingungen lösen.

a) Zunächst soll das Problem mit Hilfe des Variationsintegrals für die Dirichletschen Randbedingungen

$$u(0) = \gamma, \quad u(1) = \delta \tag{8.57}$$

gelöst werden. Der Lösungsansatz (8.53) soll die Form

$$u(x) = A + Bx + Cx^2 + Dx^3 \tag{8.58}$$

haben. Er muß die wesentlichen Randbedingungen erfüllen. Dazu ist

$$u(x) = \gamma + (\delta - \gamma - C - D)x + Cx^2 + Dx^3 \tag{8.59}$$

zu setzen. Nun sind die Koeffizienten C und D so zu wählen, daß das Variationsintegral

$$I = \int_0^1 \{[u'(x)]^2 + 2u(x) \cdot (a + bx)\} \, dx = I(C, D) \tag{8.60}$$

minimal wird. Berechnet man es und setzt man seine Ableitungen nach C und

D gleich null, so erhält man

$$C = \frac{a}{2}, \quad D = \frac{b}{6} \tag{8.61}$$

und

$$u(x) = \gamma + \left(\delta - \gamma - \frac{a}{2} - \frac{b}{6}\right)x + \frac{a}{2}x^2 + \frac{b}{6}x^3. \tag{8.62}$$

Das ist die exakte Lösung, weil der Ansatz (8.58) flexibel genug ist und diese als Spezialfall enthält.

b) Dasselbe Problem kann auch anders gelöst werden. Die Randbedingungen werden als Nebenbedingungen bei der Variation des Integrals eingeführt und mit Hilfe der Lagrange-Parameter λ und μ berücksichtigt. Mit dem Ansatz (8.58) ergibt sich das Integral

$$I(A, B, C\,D) = B^2 + \tfrac{4}{3}C^2 + \tfrac{9}{5}D^2 + 2BC + 2BD + 3CD$$
$$+ 2[aA + \tfrac{1}{2}aB + \tfrac{1}{3}aC + \tfrac{1}{4}aD + \tfrac{1}{2}bA + \tfrac{1}{3}bB + \tfrac{1}{4}bC + \tfrac{1}{5}bD]. \tag{8.63}$$

Die den Randbedingungen entsprechenden Nebenbedingungen sind
$$A - \gamma = 0, \quad A + B + C + D - \delta = 0. \tag{8.64}$$

Das zu variierende Funktional ist deshalb

$$F(A, B, C, D) = I(A, B, C, D) + \lambda(A - \gamma) + \mu(A + B + C + D - \delta). \tag{8.65}$$

Nullsetzen der Ableitungen nach A, B, C, D, λ und μ gibt:

$$\left.\begin{aligned}
\frac{\partial F}{\partial A} &= 2a + b + \lambda + \mu = 0, \\
\frac{\partial F}{\partial B} &= 2B + 2C + 2D + a + \tfrac{2}{3}b + \mu = 0 \\
\frac{\partial F}{\partial C} &= 2B + \tfrac{8}{3}C + 3D + \tfrac{2}{3}a + \tfrac{1}{2}b + \mu = 0 \\
\frac{\partial F}{\partial D} &= 2B + 3C + \tfrac{18}{5}D + \tfrac{1}{2}a + \tfrac{2}{5}b + \mu = 0 \\
\frac{\partial F}{\partial \lambda} &= A - \gamma = 0, \\
\frac{\partial F}{\partial \mu} &= A + B + C + D - \delta = 0.
\end{aligned}\right\} \tag{8.66}$$

Man erhält daraus (nach Elimination von λ und μ)

$$A = \gamma, \quad B = \delta - \gamma - \frac{a}{2} - \frac{b}{6}, \quad C = \frac{a}{2}, \quad D = \frac{b}{6} \tag{8.67}$$

und damit natürlich wiederum die Lösung (8.62).

c) Nun soll das Neumannsche Randwertproblem behandelt werden. Wegen Gleichung (8.52) sind die Neumannschen Randbedingungen so zu wählen, daß

$$u'(1) - u'(0) = \frac{2a+b}{2} \tag{8.68}$$

ist. Wir fordern also

$$u'(1) = \beta, \quad u'(0) = \beta - \frac{2a+b}{2}. \tag{8.69}$$

Nun ist—nach Gleichung (8.51)—dem Variationsintegral der Ausdruck

$$-2\oint u \frac{\partial u}{\partial n} dA = -2[uu']_0^1$$

$$= 2A\left(\beta - \frac{2a+b}{2}\right) - 2(A+B+C+D)\beta \tag{8.70}$$

hinzuzufügen. Damit ergeben sich aus dem Funktional

$$G(A,B,C,D) = I(A,B,C,D) + 2A\left(\beta - \frac{2a+b}{2}\right) - 2(A+B+C+D)\beta \tag{8.71}$$

die Gleichungen

$$\left.\begin{aligned}
\frac{\partial G}{\partial A} &= (2a+b) + 2\beta - (2a+b) - 2\beta = 0, \\
\frac{\partial G}{\partial B} &= 2B + 2C + 2D + a + \tfrac{2}{3}b - 2\beta = 0, \\
\frac{\partial G}{\partial C} &= 2B + \tfrac{8}{3}C + 3D + \tfrac{2}{3}a + \tfrac{1}{2}b - 2\beta = 0, \\
\frac{\partial G}{\partial D} &= 2B + 3C + \tfrac{18}{5}D + \tfrac{1}{2}a + \tfrac{2}{5}b - 2\beta = 0.
\end{aligned}\right\} \tag{8.72}$$

Die erste dieser vier Gleichungen ist identisch erfüllt. Das liegt daran, daß die Neumannschen Randbedingungen in erlaubter Weise gewählt wurden. Hätten wir Gleichung (8.68) nicht beachtet, so würde dies hier nachträglich erzwungen werden. Die übrigen drei Gleichungen geben

$$B = \beta - \frac{2a+b}{2}, \quad C = \frac{a}{2}, \quad D = \frac{b}{6}, \tag{8.73}$$

während A beliebig gewählt werden kann (beim Neumannschen Problem ist u nur bis auf eine Konstante festgelegt). Also ist

$$u(x) = A + \left(\beta - \frac{2a+b}{2}\right)x + \frac{a}{2}x^2 + \frac{b}{6}x^3. \tag{8.74}$$

Das ist die exakte Lösung des Problems. Anders als bei den Dirichletschen Randbedingungen mußten die Neumannschen Randbedingungen durch das hinzuzufügende Randintegral berücksichtigt werden (wobei dieses im eindimensionalen Fall nur aus zwei Summanden besteht). Dieses Randintegral wegzulassen und die Neumannschen Randbedingungen durch sie erfüllende Vergleichsfunktionen zu berücksichtigen führt zu einem falschen Ergebnis, weil dann die falsche Größe minimiert wird. Der Leser versuche dies, um sich selbst davon zu überzeugen, daß diese Vorgehensweise nicht funktioniert.

Bei den bisherigen Beispielen wurden exakte Lösungen gefunden. Nun soll ein vereinfachter Ansatz betrachtet werden,

$$u(x) = A + Bx + Cx^2, \tag{8.75}$$

der nur Näherungslösungen erlaubt.

d) Für das Dirichletsche Randwertproblem mit den Randbedingungen (8.57) ist

$$u(x) = \gamma + (\delta - \gamma - C)x + Cx^2 \tag{8.76}$$

zu setzen. Aus dem damit gewonnenen Variationsintegral erhält man

$$C = \frac{2a+b}{4}$$

und damit

$$u(x) = \gamma + \left(\delta - \gamma - \frac{2a+b}{4}\right)x + \frac{2a+b}{4}x^2. \tag{8.77}$$

e) Für das Neumannsche Problem mit den Randbedingungen (8.69) erhält man die ersten drei der Gleichungen (8.72) mit $D = 0$ und daraus

$$A = \text{beliebig}, \quad B = \beta - \frac{12a + 7b}{12}, \quad C = \frac{2a+b}{4} \tag{8.78}$$

und

$$u(x) = A + \left(\beta - \frac{12a+7b}{12}\right)x + \frac{2a+b}{4}x^2. \tag{8.79}$$

Diese Lösung erfüllt weder die Poisson-Gleichung noch die Randbedingungen exakt, sondern nur näherungsweise.

f) Will man beim Neumannschen Problem die Randbedingungen exakt erfüllen, so kann man das durch geeignete Wahl der Vergleichsfunktionen erreichen. Man muß dann aber trotzdem bei der Variation das zusätzliche Randintegral berücksichtigen, da man sonst eine falsche Lösung erhält. Im vorliegenden Fall führt das zum Ansatz

$$u(x) = A + \left(\beta - \frac{2a+b}{2}\right)x + \frac{2a+b}{4}x^2. \tag{8.80}$$

Es gibt damit keinen zu variierenden Parameter mehr. A kann ja beliebig gewählt werden und wird von der Variation nicht berührt. Vergleicht man die beiden Näherungslösungen (8.79) und (8.80) mit der exakten Lösung (8.74), so stellt man fest, daß sich die Näherung (8.79) dieser besser anschmiegt und als die bessere Näherung zu betrachten ist. Dies läßt sich verallgemeinern. Die exakte Berücksichtigung der Neumannschen Randbedingungen durch die Vergleichsfunktionen führt—vom gleichen Ansatz ausgehend—zu einer insgesamt schlechteren Näherung. Das gilt auch dann, wenn nach Berücksichtigung der Neumannschen Randbedingungen noch variierbare Parameter übrig bleiben. Man überläßt deren Bestimmung also besser dem Variationsintegral, das die Näherung definiert, die einen optimalen Kompromiß darstellt.

8.3.2.2 Helmholtz-Gleichung

Als zweites Beispiel soll das Variationsproblem der Helmholtz-Gleichung herangezogen werden, die z.B. bei der Untersuchung von Wellen in Hohlleitern auftritt und in den Abschnitten 7.7 bis 7.11 betrachtet wurde. Das zur Helmholtz-Gleichung

$$\Delta u + Nu = 0 \tag{8.81}$$

gehörige Variationsintegral ist für homogene Randbedingungen

$$I = \int_V [(\operatorname{grad} u)^2 - Nu^2] \, d\tau. \tag{8.82}$$

Das Integral ist homogen in u, d.h. die Lösung des Variationsproblems wird nur bis auf einen konstanten Faktor definiert sein. Dividiert man die Gleichung (8.82) durch $\int u^2 \, d\tau$ (N ist konstant), so erhält man

$$\bar{I} = \frac{I}{\int u^2 \, d\tau} = \frac{\int (\operatorname{grad} u)^2 \, d\tau}{\int u^2 \, d\tau} - N = -\frac{\int u \Delta u \, d\tau}{\int u^2 \, d\tau} - N. \tag{8.83}$$

Hier tritt das Funktional F auf

$$F = -\frac{\int u \Delta u \, d\tau}{\int u^2 \, d\tau}, \tag{8.84}$$

das im Abschnitt 7.11, Gleichung (7.452) für zweidimensionale Probleme eingeführt wurde. Man kann zeigen, daß die Minimierung des Integrals (8.82) zum selben Ergebnis führt wie die des Funktionals (8.84).

Im folgenden soll das zweidimensionale Problem der Wellen in Rechteckhohlleitern betrachtet werden, wobei wir uns wegen der Separierbarkeit auf die Behandlung einer Raumkoordinate beschränken können.

a) Wir untersuchen zunächst das homogene Dirichletsche Randwertproblem mit dem Ansatz

$$u(x) = c_1 \varphi_1 + c_2 \varphi_2 = c_1 x(1-x) + c_2 x(\tfrac{1}{2} - x)(1-x), \tag{8.85}$$

der die homogenen Randbedingungen

$$u(0) = 0, \quad u(1) = 0 \tag{8.86}$$

erfüllt. Es handelt sich also um TM-Wellen, wobei wir für die Abhängigkeit von y denselben Ansatz machen könnten. Die beiden Funktionen φ_1 und φ_2 haben qualitativ die Eigenschaften, die von den Eigenfunktionen zu den beiden niedrigsten Eigenwerten zu erwarten sind: keine bzw. eine Nullstelle im Gebiet $0 < x < 1$. Mit den Integralen

$$\left. \begin{array}{l} \int_0^1 \varphi_1^2(x)\,dx = \tfrac{1}{30}, \quad \int_0^1 \varphi_2^2(x)\,dx = \tfrac{1}{840}, \\[4pt] \int_0^1 \varphi_1'^2(x)\,dx = \tfrac{1}{3}, \quad \int_0^1 \varphi_2'^2(x)\,dx = \tfrac{1}{20}, \\[4pt] \int_0^1 \varphi_1(x)\varphi_2(x)\,dx = 0, \quad \int_0^1 \varphi_1'(x)\varphi_2'(x)\,dx = 0, \end{array} \right\} \qquad (8.87)$$

ist das Integral (8.82)

$$I = c_1^2 \left(\frac{1}{3} - \frac{N}{30} \right) + c_2^2 \left(\frac{1}{20} - \frac{N}{840} \right). \qquad (8.88)$$

Daraus ergibt sich

$$\left. \begin{array}{l} \dfrac{\partial I}{\partial c_1} = 2c_1 \left(\dfrac{1}{3} - \dfrac{N}{30} \right) = 0, \\[8pt] \dfrac{\partial I}{\partial c_2} = 2c_2 \left(\dfrac{1}{20} - \dfrac{N}{840} \right) = 0. \end{array} \right\} \qquad (8.89)$$

Diese einfachen Gleichungen beruhen darauf, daß—wie die Gleichungen (8.87) zeigen—φ_1 und φ_2 orthogonal zueinander sind. Damit ist die Eigenwertgleichung von Anfang an diagonalisiert und in trivialer Weise lösber. Man erhält zwei Eigenwerte. Entweder ist

$$N = N_1 = 10, \; c_1 \text{ beliebig}, \; c_2 = 0,$$

oder (8.90)

$$N = N_2 = 42, \; c_2 \text{ beliebig}, \; c_1 = 0.$$

Die exakten Eigenfunktionen und Eigenwerte sind bekannt (Abschnitt 7.8.1),

$$\sin(\pi x) \text{ mit } N_1 = \pi^2 = 9.8696\ldots \qquad (8.91)$$

und

$$\sin(2\pi x) \text{ mit } N_2 = 4\pi^2 = 39.4784\ldots \qquad (8.92)$$

Die näherungsweise berechneten Eigenwerte sind stets zu groß (N_1 um ca 1,3%, N_2 um ca. 6,4%). $\sin(\pi x)$ wird hier durch $4x(1-x)$ und $\sin(2\pi x)$ durch $\tfrac{64}{3}x(\tfrac{1}{2}-x)(1-x)$ angenähert, wenn man c_1 und c_2 so wählt, daß $\varphi_1(\tfrac{1}{2}) = \varphi_2(\tfrac{1}{4}) = 1$ ist. Bessere Näherungen liefern bessere (d.h. kleinere) Eigenwerte.

b) Nun soll der niedrigste Eigenwert verbessert werden. Dazu wählen wir einen flexibleren Ansatz,

$$u = c_1 \varphi_1 + c_2 \varphi_2 = c_1 x(1-x) + c_2 x^2(1-x)^2. \qquad (8.93)$$

Mit

$$\left.\begin{array}{l}\int_0^1 \varphi_1^2(x)\,dx = \tfrac{1}{30},\ \int_0^1 \varphi_2^2(x)\,dx = \tfrac{1}{630},\ \int_0^1 \varphi_1(x)\varphi_2(x)\,dx = \tfrac{1}{140},\\[4pt] \int_0^1 \varphi_1'^2(x)\,dx = \tfrac{1}{3},\ \int_0^1 \varphi_2'^2(x)\,dx = \tfrac{2}{105},\ \int_0^1 \varphi_1'(x)\varphi_2'(x)\,dx = \tfrac{1}{15},\end{array}\right\} \quad (8.94)$$

ergibt sich

$$I = c_1^2\left(\frac{1}{3} - \frac{N}{30}\right) + 2c_1 c_2\left(\frac{1}{15} - \frac{N}{140}\right) + c_2^2\left(\frac{2}{105} - \frac{N}{630}\right). \quad (8.95)$$

Damit erhalten wir

$$\left.\begin{array}{l}\dfrac{\partial I}{\partial c_1} = 2c_1\left(\dfrac{1}{3} - \dfrac{N}{30}\right) + 2c_2\left(\dfrac{1}{15} - \dfrac{N}{140}\right) = 0,\\[8pt] \dfrac{\partial I}{\partial c_2} = 2c_1\left(\dfrac{1}{15} - \dfrac{N}{140}\right) + 2c_2\left(\dfrac{2}{105} - \dfrac{N}{630}\right) = 0.\end{array}\right\} \quad (8.96)$$

Nichttriviale Lösungen existieren nur, wenn die Koeffizientendeterminante verschwindet. Das gibt eine quadratische Gleichung für die Eigenwerte N. Sie hat die beiden Lösungen

$$N = 56 \pm \sqrt{2128} = 56 \pm 46{,}13025038\ldots$$

Uns interessiert nur der kleinere Eigenwert,

$$N = 9{,}869749622\ldots, \quad (8.97)$$

der eine sehr gute Näherung für den exakten Eigenwert $\pi^2 = 9{,}86960\ldots$ darstellt. Das Koeffizientenverhältnis ist

$$\frac{c_2}{c_1} = \frac{\dfrac{1}{3} - \dfrac{N}{30}}{\dfrac{1}{15} - \dfrac{N}{140}} = 1{,}133140\ldots, \quad (8.98)$$

womit die bei $x = \tfrac{1}{2}$ auf 1 normierte Eigenfunktion zum kleinsten Eigenwert

$$u = 3{,}117000\ldots\cdot[x(1-x) + 1{,}133140\ldots\cdot x^2(1-x)^2] \quad (8.99)$$

ist.

c) Nun wählen wir einen anderen Ansatz (für TE-Wellen)

$$u(x) = A + Bx + Cx^2 + Dx^3. \quad (8.100)$$

Damit wird

$$\begin{aligned}I = &\,(B^2 + \tfrac{4}{3}C^2 + \tfrac{9}{5}D^2 + 2BC + 2BD + 3CD)\\ &- N(A^2 + \tfrac{1}{3}B^2 + \tfrac{1}{5}C^2 + \tfrac{1}{7}D^2 + AB\\ &+ \tfrac{2}{3}AC + \tfrac{1}{2}AD + \tfrac{1}{2}BC + \tfrac{2}{5}BD + \tfrac{1}{3}CD)\end{aligned} \quad (8.101)$$

und

$$\left.\begin{aligned}\frac{\partial I}{\partial A} &= -N(2A + B + \tfrac{2}{3}C + \tfrac{1}{2}D) = 0 \\ \frac{\partial I}{\partial B} &= 2B + 2C + 2D - N(A + \tfrac{2}{3}B + \tfrac{1}{2}C + \tfrac{2}{5}D) = 0 \\ \frac{\partial I}{\partial C} &= 2B + \tfrac{8}{3}C + 3D - N(\tfrac{2}{3}A + \tfrac{1}{2}B + \tfrac{2}{5}C + \tfrac{1}{3}D) = 0 \\ \frac{\partial I}{\partial D} &= 2B + 3C + \tfrac{18}{5}D - N(\tfrac{1}{2}A + \tfrac{2}{5}B + \tfrac{1}{3}C + \tfrac{2}{7}D) = 0\end{aligned}\right\} \quad (8.102)$$

Die Eigenwertgleichung ist hier von 4. Ordnung. Man sieht jedoch sofort, daß ein Eigenwert $N_0 = 0$ ist. Außerdem kann man feststellen, daß ein weiterer Eigenwert $N = 60$ ist. Damit ergibt sich eine quadratische Gleichung für die beiden übrigen Eigenwerte mit den Lösungen

$$N = 90 \pm \sqrt{6420}.$$

Uns interessiert nur der kleinere davon,

$$N_1 = 9{,}87509750\ldots. \qquad (8.103)$$

Zum Eigenwert $N_0 = 0$ gehört die Eigenfunktion

$$u_0 = A \qquad (8.104)$$

mit beliebigem A. Es handelt sich um die triviale Lösung des homogenen Neumannschen Randwertproblems. Sie spielt eine Rolle bei TE_{01}- oder TE_{10}-Wellen.

Zum Eigenwert $N_1 = 9{,}87509750\ldots\ldots$ dagegen gehört die für $x = 0$ auf 1 normierte Eigenfunktion

$$u_1 = 6{,}45533624\ldots \cdot (0{,}15491059\ldots + 0{,}02351213 \cdot x - x^2 + \tfrac{2}{3}x^3). \qquad (8.105)$$

Die beiden Eigenfunktionen u_0 und u_1 stehen natürlich aufeinander senkrecht.

Wir haben bei diesem Beispiel dem Ansatz keine Randbedingungen auferlegt. Wir erhalten also Lösungen, die näherungsweise homogene Neumannsche Randbedingungen erfüllen ($u'_1(0) = u'_1(1) = 0{,}1517\ldots$). Es handelt sich also um TE-Wellen. Die exakte Lösung für u_1 ist $\cos \pi x$.

Im *Bild 8.1* werden die Näherungsfunktionen $\varphi_1 = 4x(1-x)$ und $\varphi_2 = \tfrac{64}{3}x(\tfrac{1}{2}-x)(1-x)$ entsprechend Gleichung (8.85) und die Näherungsfunktion $u(x)$ entsprechend Gleichung (8.99) mit $\sin(\pi x)$ und $\sin(2\pi x)$ verglichen, im Bild *8.2* die Näherungsfunktion $u_1(x)$ entsprechend Gleichung (8.105) mit $\cos \pi x$. Der Unterschied zwischen $\sin(\pi x)$ und $u(x)$ nach Gleichung (8.99) ist so gering, daß er im Bild 8.1 nicht erkennbar ist. Der Unterschied zwischen $\cos(\pi x)$ und $u_1(x)$ nach Gleichung (8.105) ist ebenfalls sehr klein und im Bild 8.2 gerade noch erkennbar.

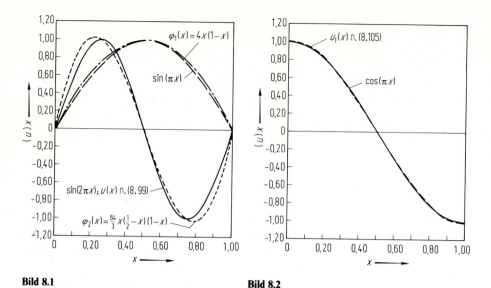

Bild 8.1   **Bild 8.2**

8.4 Die Methode der gewichteten Residuen

Die Methode der gewichteten Residuen ist eine sehr allgemeine Methode zur Gewinnung von exakten oder angenäherten Lösungen für Probleme aller Art. Die Terminologie ist uneinheitlich. Manchmal wird sie auch Momentenmethode genannt (obwohl auch eine speziellere Methode so bezeichnet wird). Residuen im hier benutzten Sinn haben nichts mit den Residuen der Funktionentheorie zu tun.

Viele Probleme können in der Form

$$Lu = f \tag{8.106}$$

geschrieben werden. L ist zunächst ein beliebiger linearer Operator, z.B. ein Differentialoperator. Ist u eine exakte Lösung der Gleichung (8.106), dann ist das *Residuum*

$$R = Lu - f = 0. \tag{8.107}$$

Ist u nur eine Näherungslösung, dann ist

$$R = Lu - f \neq 0. \tag{8.108}$$

Man kann nun auf viele Arten u durch eine Linearkombination von linear unabhängigen Funktionen φ_i anzunähern versuchen,

$$u = \sum_{i=1}^{n} c_i \varphi_i. \tag{8.109}$$

Damit ist

$$R = \sum_{i=1}^{n} c_i (L\varphi_i) - f. \tag{8.110}$$

Die Näherung ist umso besser, je kleiner R ist. R ist im allgemeinen eine Funktion des Ortes. Man wird also geeignet gewählte Mittelwerte von R betrachten, um daraus Kriterien für die bestmögliche Wahl der Koeffizienten c_i zu gewinnen, die mit den Funktionen φ_i im Ansatz (8.109)—den sogenannten *Basisfunktionen* oder *Entwicklungsfunktionen*—die gesuchte Näherung liefern. Die Methode der gewichteten Residuen besteht nun darin, daß man mindestens n sogenannte *Gewichtsfunktionen* w_k definiert und fordert, daß die damit gebildeten integralen Mittelwerte verschwinden,

$$\int_V R w_k \, d\tau = \sum_{i=1}^{n} c_i \int_V w_k L\varphi_i \, d\tau - \int_V w_k f \, d\tau = 0, \qquad (8.111)$$

wobei über das ganze Grundgebiet zu integrieren ist. Ist die Zahl der Basis- und der Gewichtsfunktionen gleich, so erhält man n lineare Gleichungen für die n Koeffizienten c_i. Ist die Zahl der Gewichtsfunktionen größer, so erhält man ein überbestimmtes und zunächst nicht lösbares Gleichungssystem (falls die Gleichungen voneinander unabhängig sind). Man wird dann wie in der Ausgleichsrechnung die Methode der kleinsten Fehlerquadrate benutzen, um die bestmöglichen Koeffizienten zu gewinnen.

Es gibt zahlreiche Varianten dieser Methode. Basis- und Gewichtsfunktionen können auch identisch sein, was zu der sogenannten *Galerkin-Methode* führt. Handelt es sich dabei um die Eigenfunktionen des betrachteten Operators und bilden diese ein vollständiges Basissystem, so ergibt sich die übliche Darstellung der Lösung durch deren Entwicklung nach diesen Funktionen (wie sie im Zusammenhang mit der Separationsmethode im 3. Kapitel ausführlich behandelt wurde). Auch die verschiedenen im folgenden zu diskutierenden numerischen Methoden können als spezielle Methoden gewichteter Residuen aufgefaßt werden (mit Ausnahme der Monte-Carlo-Methode).

Einige spezielle Verfahren sollen kurz beschrieben werden.

8.4.1 Die Kollokationsmethode

Als Gewichtsfunktionen können δ-Funktionen gewählt werden. So werden—und das ist der Vorteil—die unter Umständen schwierigen Integrationen überflüssig. Man erhält dann ein Gleichungssystem, durch das das Residuum an den sogenannten Kollokationspunkten exakt zum Verschwinden gebracht wird, nicht jedoch an den anderen Punkten. Im Normalfall ist die Zahl der δ-Funktionen und damit der Kollokationspunkte gleich der Zahl der Basisfunktionen. Ist sie größer, so spricht man von *überbestimmter Kollokation*. Eine in der Feldtheorie oft benutzte Näherungsmethode, die sogenannte Ersatzladungs- oder Bildladungsmethode, ist (einschließlich zahlreicher Verallgemeinerungen und Modifikationen) eine typische Kollokationsmethode.

Die Vorgehensweise soll an einem einfachen Beispiel gezeigt werden. Wir untersuchen die eindimensionale Poisson-Gleichung

$$\Delta u(x) = x^2, \, 0 \leqslant x \leqslant 1 \qquad (8.112)$$

mit Dirichletschen Randbedingungen,
$$u(0) = u(1) = 0. \tag{8.113}$$
Ihre exakte Lösung ist leicht anzugeben,
$$u(x) = -\frac{x(1-x^3)}{12}. \tag{8.114}$$
Wir betrachten eine aus zwei Basisfunktionen bestehende Näherungslösung,
$$u(x) = c_1 x(1-x) + c_2 x^2(1-x). \tag{8.115}$$
Beide erfüllen die Randbedingungen. Das Residuum ist
$$R(x) = \Delta u - x^2 = 2(c_2 - c_1) - 6c_2 x - x^2. \tag{8.116}$$
Wir bestimmen c_1 und c_2 durch Kollokation an den zwei Punkten $x_1 = \frac{1}{3}$ und $x_2 = \frac{2}{3}$:

$$\int_0^1 R(x)\delta(x - \tfrac{1}{3})\,dx = R(\tfrac{1}{3}) = 2(c_2 - c_1) - 2c_2 - \tfrac{1}{9} = 0,$$

$$\int_0^1 R(x)\delta(x - \tfrac{2}{3})\,dx = R(\tfrac{2}{3}) = 2(c_2 - c_1) - 4c_2 - \tfrac{4}{9} = 0,$$

d.h.
$$-2c_1 + 0c_2 = \tfrac{1}{9},$$
$$-2c_1 - 2c_2 = \tfrac{4}{9}$$

also
$$c_1 = -\tfrac{1}{18}, \quad c_2 = -\tfrac{1}{6}$$

und
$$u(x) = -\frac{x(1-x)(1+3x)}{18}. \tag{8.117}$$

Wählen wir drei Kollokationspunkte, $x_1 = \tfrac{1}{4}, x_2 = \tfrac{1}{2}, x_3 = \tfrac{3}{4}$, dann erhalten wir drei Gleichungen für c_1 und c_2,

$$\begin{aligned} -2c_1 + \tfrac{1}{2}c_2 &= \tfrac{1}{16}, \\ -2c_1 - 1c_2 &= \tfrac{1}{4}, \\ -2c_1 - \tfrac{5}{2}c_2 &= \tfrac{9}{16}. \end{aligned} \tag{8.118}$$

Wir minimieren die Summe der Fehlerquadrate,
$$(-2c_1 + \tfrac{1}{2}c_2 - \tfrac{1}{16})^2 + (-2c_1 - c_2 - \tfrac{1}{4})^2 + (-2c_1 - \tfrac{5}{2}c_2 - \tfrac{9}{16})^2 = \text{Minimum}.$$

Durch Differentiation nach c_1 und c_2 erhalten wir nun zwei Gleichungen,
$$\begin{aligned} 12c_1 + 6c_2 &= -\tfrac{14}{8}, \\ 6c_1 + \tfrac{15}{2}c_2 &= -\tfrac{13}{8}. \end{aligned} \tag{8.119}$$

Die Gleichungen (8.119) erhält man direkt aus den Gleichungen (8.118), wenn man diese in Matrixschreibweise darstellt,

$$A\begin{pmatrix}c_1\\c_2\end{pmatrix} = \begin{pmatrix}-2 & \frac{1}{2}\\-2 & -1\\-2 & -\frac{5}{2}\end{pmatrix}\begin{pmatrix}c_1\\c_2\end{pmatrix} = \begin{pmatrix}\frac{1}{16}\\\frac{1}{4}\\\frac{9}{16}\end{pmatrix}, \tag{8.120}$$

und mit der transponierten Koeffizientenmatrix $\tilde{A}$ multipliziert, also mit

$$\tilde{A} = \begin{pmatrix}-2 & -2 & -2\\\frac{1}{2} & -1 & -\frac{5}{2}\end{pmatrix}. \tag{8.121}$$

Denn die Gleichung

$$\tilde{A}A\begin{pmatrix}c_1\\c_2\end{pmatrix} = \tilde{A}\begin{pmatrix}\frac{1}{16}\\\frac{1}{4}\\\frac{9}{16}\end{pmatrix}$$

stimmt mit (8.119) überein. Schließlich ist damit

$$\begin{pmatrix}c_1\\c_2\end{pmatrix} = (\tilde{A}A)^{-1}\tilde{A}\begin{pmatrix}\frac{1}{16}\\\frac{1}{4}\\\frac{9}{16}\end{pmatrix} = \begin{pmatrix}\frac{5}{36} & -\frac{1}{9}\\-\frac{1}{9} & \frac{2}{9}\end{pmatrix}\begin{pmatrix}-\frac{14}{8}\\-\frac{13}{8}\end{pmatrix},$$

$$c_1 = -\tfrac{1}{16}, \quad c_2 = -\tfrac{1}{6}$$

und

$$u(x) = -\frac{x(1-x)(3+8x)}{48}. \tag{8.122}$$

Die hier auftretende und in der Ausgleichsrechnung oft benutzte Matrix $(\tilde{A}A)^{-1}\tilde{A}$ wird manchmal als Halbinverse bezeichnet. Mehr dazu findet man z.B. in [18].

8.4.2 Die Methode der Teilgebiete

Bei dieser unterteilt man das Grundgebiet in verschiedene Teilgebiete V_i und verlangt das Verschwinden der Integrale

$$\int_{V_i} R\,d\tau = 0, \quad i = 1,\ldots,n. \tag{8.123}$$

Die Gewichtsfunktionen sind also konstant, jedoch jeweils immer nur in einem Teilgebiet von 0 verschieden. In unserem Beispiel wählen wir zwei Teilgebiete, $0 \leq x \leq \tfrac{1}{2}$ und $\tfrac{1}{2} \leq x \leq 1$, und erhalten

$$\int_0^{1/2} R\,dx = -c_1 + \tfrac{1}{4}c_2 - \tfrac{1}{24} = 0,$$

$$\int_{1/2}^1 R\,dx = -c_1 - \tfrac{5}{4}c_2 - \tfrac{7}{24} = 0,$$

d.h.
$$c_1 = -\tfrac{1}{12}, \quad c_2 = -\tfrac{1}{6}$$
und
$$u(x) = -\frac{x(1-x)(1+2x)}{12}. \tag{8.124}$$

8.4.3 Die Momentenmethode

Bei der Momentenmethode (im engeren Sinne des Wortes) dienen die ganzzahligen Potenzen $x^0, x^1, \ldots$ als Gewichtsfunktionen, d.h. man setzt

$$\int R(x) \cdot x^i \, dx = 0, \quad i = 0, \ldots, n-1. \tag{8.125}$$

Für unser Beispiel ergibt sich mit $n = 2$

$$\int_0^1 R(x) \, dx = -2c_1 - c_2 - \tfrac{1}{3} = 0,$$

$$\int_0^1 R(x) x \, dx = -c_1 - c_2 - \tfrac{1}{4} = 0,$$

was wiederum
$$c_1 = -\tfrac{1}{12}, \quad c_2 = -\tfrac{1}{6}$$
und $u(x)$ nach Gleichung (8.124) liefert.

8.4.4 Die Methode der kleinsten Fehlerquadrate

Man kann die Methode der kleinsten Fehlerquadrate auch direkt auf R anwenden— anders als bei der überbestimmten Kollokation. Dann ist das Integral

$$I = \int R^2 \, d\tau \tag{8.126}$$

zu minimieren. Für unser Beispiel ergibt sich

$$I = 4c_1^2 + 4c_1 c_2 + 4c_2^2 + \tfrac{4}{3}c_1 + \tfrac{5}{3}c_2 + \tfrac{1}{5}$$

und

$$\frac{\partial I}{\partial c_1} = 8c_1 + 4c_2 + \tfrac{4}{3} = 0,$$

$$\frac{\partial I}{\partial c_2} = 4c_1 + 8c_2 + \tfrac{5}{3} = 0,$$

mit
$$c_1 = -\tfrac{1}{12}, \quad c_2 = -\tfrac{1}{6},$$
was zum dritten Mal die Näherungslösung (8.124) gibt.

8.4.5 Die Galerkin-Methode

Von besonderer Bedeutung ist die Galerkin-Methode, bei der Basis- und Gewichtsfunktionen identisch sind. Für Probleme, die auch als Variationsprobleme behandelt werden können, ist sie der Rayleigh-Ritz-Methode—siehe Abschnitt 8.3.1—äquivalent. Sie führt auch—mit speziell gewählten Basisfunktionen—zu der außerordentlich wichtigen Methode der finiten Elemente (Abschnitt 8.7).

Zur Illustration ziehen wir wieder das eben schon mehrfach behandelte Beispiel heran. Wir setzen

$$\int_0^1 R(x)x(1-x)\,dx = -\tfrac{1}{3}c_1 - \tfrac{1}{6}c_2 - \tfrac{1}{20} = 0,$$

$$\int_0^1 R(x)x^2(1-x)\,dx = -\tfrac{1}{6}c_1 - \tfrac{2}{15}c_2 - \tfrac{1}{30} = 0,$$

und erhalten

$$c_1 = -\tfrac{1}{15}, \quad c_2 = -\tfrac{1}{6},$$

d.h.

$$u(x) = -\frac{x(1-x)(2+5x)}{30}. \tag{8.127}$$

Behandeln wir das Problem mit der Variationsmethode nach Rayleigh-Ritz, so ist das zu minimierende Integral

$$I = \int_0^1 \left[\left(\frac{du}{dx}\right)^2 + 2ux^2\right]dx = \tfrac{1}{3}c_1^2 + \tfrac{2}{15}c_2^2 + 2(\tfrac{1}{6}c_1c_2 + \tfrac{1}{20}c_1 + \tfrac{1}{30}c_2)$$

und man erhält dasselbe Gleichungssystem wie oben,

$$\frac{\partial I}{\partial c_1} = 2(\tfrac{1}{3}c_1 + \tfrac{1}{6}c_2 + \tfrac{1}{20}) = 0,$$

$$\frac{\partial I}{\partial c_2} = 2(\tfrac{1}{6}c_1 + \tfrac{2}{15}c_2 + \tfrac{1}{30}) = 0.$$

Man kann sich leicht davon überzeugen, daß das kein Zufall ist und daß die Ergebnisse immer dieselben sind.

Als weiteres Beispiel wollen wir das obige Problem mit verallgemeinerten Randbedingungen,

$$u(0) = u_0, \quad u(1) = u_3$$

und mit anderen Basisfunktionen behandeln, nämlich

$$u = \begin{cases} (1-3x)u_0 + 3xu_1 & \text{für } 0 \leq x \leq \tfrac{1}{3}, \\ (2-3x)u_1 + (3x-1)u_2 & \text{für } \tfrac{1}{3} \leq x \leq \tfrac{2}{3}, \\ (3-3x)u_2 + (3x-2)u_3 & \text{für } \tfrac{2}{3} \leq x \leq 1, \end{cases} \tag{8.128}$$

und

$$u' = \frac{du}{dx} = \begin{cases} 3(u_1 - u_0) & \text{für } 0 \leq x \leq \frac{1}{3}, \\ 3(u_2 - u_1) & \text{für } \frac{1}{3} \leq x \leq \frac{2}{3}, \\ 3(u_3 - u_2) & \text{für } \frac{2}{3} \leq x \leq 1. \end{cases} \qquad (8.129)$$

Dieser Ansatz stellt stückweise lineare Näherungen zwischen den Funktionswerten u_0, u_1, u_2, u_3 an den Stellen $x = 0, \frac{1}{3}, \frac{2}{3}, 1$ dar. Die Funktionswerte selbst treten hier als Koeffizienten der benutzten Basisfunktionen auf. Diese Basisfunktionen sind jeweils nur in einem Teilgebiet von 0 verschieden. Das ist ein sehr einfaches Beispiel für die später ausführlicher zu diskutierende Methode der finiten Elemente mit speziellen und sehr einfach gewählten (nämlich linearen) *Formfunktionen*.

Man kann nun zur Berechnung von u_1 und u_2 (u_0 und u_3 sind durch die Randbedingungen vorgeschrieben) die Galerkin-Methode oder die Rayleigh-Ritz-Methode benutzen, was zum selben Ergebnis führen muß. Im Falle der Galerkin-Methode enthält das Residuum die zweiten Ableitungen von u, $\Delta u = u''$. Die Ableitungen u' sind nach den Gleichungen (8.129) an den Stützstellen unstetig. Die zweiten Ableitungen sind also δ-Funktionen. Man kann die erforderlichen Integrale mit diesen δ-Funktionen berechnen. Durch partielle Integration kann man sie auch vermeiden,

$$\int_0^1 u(x) u''(x) \, dx = -\int_0^1 [u'(x)]^2 \, dx + [u(x) u'(x)]_0^1. \qquad (8.130)$$

Man spricht dann vom Übergang zur "*schwachen*" *Formulierung* des Problems. Wir wollen die Variationsmethode benutzen, die von Anfang an nur $u'(x)$ benötigt, also von Anfang an die schwache Formulierung repräsentiert. Eine etwas umständliche, jedoch problemlose Rechnung gibt

$$\begin{aligned} I &= \int_0^1 \{[u'(x)]^2 + 2x^2 u(x)\} \, dx \\ &= 3(u_0^2 + 2u_1^2 + 2u_2^2 + u_3^2 - 2u_0 u_1 - 2u_1 u_2 - 2u_2 u_3) \\ &\quad + (\tfrac{1}{3})^4 (\tfrac{1}{2} u_0 + 7 u_1 + 25 u_2 + \tfrac{43}{2} u_3) \end{aligned} \qquad (8.131)$$

und

$$\left. \begin{aligned} \frac{\partial I}{\partial u_1} &= -6 u_0 + 12 u_1 - 6 u_2 + 7(\tfrac{1}{3})^4 = 0, \\ \frac{\partial I}{\partial u_2} &= -6 u_1 + 12 u_2 - 6 u_3 + 25(\tfrac{1}{3})^4 = 0, \end{aligned} \right\} \qquad (8.132)$$

d.h.

$$\begin{aligned} u_1 &= \tfrac{2}{3} u_0 + \tfrac{1}{3} u_3 - \tfrac{13}{6} (\tfrac{1}{3})^4, \\ u_2 &= \tfrac{1}{3} u_0 + \tfrac{2}{3} u_3 - \tfrac{19}{6} (\tfrac{1}{3})^4. \end{aligned} \qquad (8.133)$$

Die exakte Lösung des Problems ist

$$u = u_0 + (u_3 - u_0 - \tfrac{1}{12}) x + \tfrac{1}{12} x^4. \qquad (8.134)$$

An den beiden Stützstellen erhält man also für u_1 und u_2 die exakten Werte. Zwischen ihnen wird linear interpoliert. Für den Spezialfall

$$u_0 = u_3 = 0$$

ist

$$u_1 = -\tfrac{13}{486}, \quad u_2 = -\tfrac{19}{486}. \tag{8.135}$$

Etwas anders geschrieben lauten die beiden Gleichungen (8.132)

$$\left.\begin{array}{l} u_0 - 2u_1 + u_2 = \tfrac{7}{6}(\tfrac{1}{3})^4, \\ u_1 - 2u_2 + u_3 = \tfrac{25}{6}(\tfrac{1}{3})^4. \end{array}\right\} \tag{8.136}$$

Das hat große Ähnlichkeit mit dem, was man (wie wir später sehen weden) mit Hilfe finiter Differenzen bekommt. Mit $h = \tfrac{1}{3}$ ergibt sich nämlich aus der Gleichung (8.162) des späteren Abschnittes 8.6.1

$$\left.\begin{array}{l} u_0 - 2u_1 + u_2 = h^2(\tfrac{1}{3})^2 = (\tfrac{1}{3})^4, \\ u_1 - 2u_2 + u_3 = h^2(\tfrac{2}{3})^2 = 4(\tfrac{1}{3})^4. \end{array}\right\} \tag{8.137}$$

Der Unterschied liegt in den rechten Seiten der Gleichungen, die von der Inhomogenität x^2 herrühren. Die Gleichungen (8.137) geben

$$\left.\begin{array}{l} u_1 = \tfrac{2}{3}u_0 + \tfrac{1}{3}u_3 - 2(\tfrac{1}{3})^4, \\ u_2 = \tfrac{1}{3}u_0 + \tfrac{2}{3}u_3 - 3(\tfrac{1}{3})^4, \end{array}\right\} \tag{8.138}$$

und für $u_0 = u_3 = 0$

$$u_1 = -\tfrac{2}{81}, \quad u_2 = -\tfrac{1}{27}. \tag{8.139}$$

Damit haben wir die Gleichung (8.112) mit den Randbedingungen (8.113) auf viele Arten näherungsweise gelöst. Im *Bild 8.3* soll die exakte Lösung (8.114) mit den verschiedenen Näherungen verglichen werden, nämlich mit

—Gleichung (8.117), Kollokation,
—Gleichung (8.122), überbestimmte Kollokation,
—Gleichung (8.124), Methode der Teilgebiete, Momentenmethode und
                     Methode der kleinsten Fehlerquadrate,
—Gleichung (8.127), Galerkin-Methode, Rayleigh-Ritz-Methode,
—Gleichung (8.135), Rayleigh-Ritz-Methode mit anderen Ansatzfunktionen,
—Gleichung (8.139), Methode der finiten Differenzen.

Wie Bild 8.3 zeigt, sind diese Näherungen von unterschiedlicher Güte. Man sieht jedoch, daß man schon mit einfachen und nur wenigen Ansatzfunktionen durchaus brauchbare Näherungen bekommen kann. Im übrigen sollte man aus dem Vergleich der Näherungen im Bild 8.3 keine verallgemeinernden Schlüsse in bezug auf die Qualität der verschiedenen Methoden ziehen.

Die Methode der gewichteten Residuen kann also in zahlreichen Varianten benutzt werden. Sie kann—von den Monte-Carlo-Methoden abgesehen—als Ausgangspunkt aller numerischen Methoden betrachtet werden, die im folgenden behandelt werden sollen—nämlich der Methode der finiten Differenzen, der

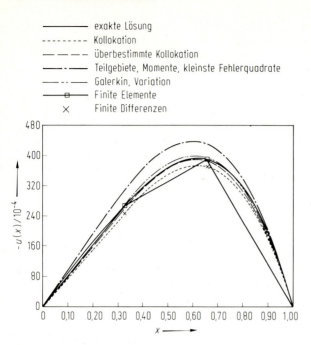

Bild 8.3

Methode der finiten Elemente, der Randelementmethode und der Ersatzladungsmethode. Lediglich die Monte-Carlo-Methoden gehen von einer völlig anderen Betrachtungsweise aus, sind aber letzten Endes für die hier zu betrachtenden feldtheoretischen Probleme der Methode der finiten Differenzen äquivalent.

8.5 Random-Walk-Prozesse

Wegen der später zu diskutierenden Monte-Carlo-Methode sollen hier einfache Random-Walk-Probleme betrachtet werden. Das sind spezielle stochastische Prozesse, die ein anschauliches und nützliches Modell für viele theoretisch und praktisch interessante Probleme der Wahrscheinlichkeitstheorie und der Physik darstellen.

Wir gehen von einem eindimensionalen diskreten Random-Walk-Prozeß aus. Dazu betrachten wir eine unendlich lange Gerade mit äquidistanten Gitterpunkten, die durch ganze Zahlen zwischen $-\infty$ und $+\infty$ gekennzeichnet werden (*Bild 8.4*). Ein Teilchen (oder eine Person) befindet sich zur Zeit $t=0$ am Punkt 0. In bestimmten Zeitabständen bewegt sich das Teilchen schrittweise nach rechts oder links mit den Wahrscheinlichkeiten p oder q, wobei natürlich

$$p + q = 1 \tag{8.140}$$

ist. Wir fragen nun, mit welcher Wahrscheinlichkeit sich das Teilchen nach n Schritten an welchem Ort befindet. Die Wahrscheinlichkeit nach n Schritten am

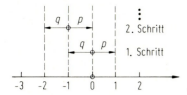

Bild 8.4

Ort $2m - n$ zu sein, ist — so wird behauptet —

$$w_{2m-n,n} = p^m q^{n-m} \binom{n}{m}. \tag{8.141}$$

Um nämlich am Ort $2m - n$ anzukommen, sind m der n Schritte nach rechts und $n - m$ Schritte nach links erforderlich. Die Reihenfolge der Schritte spielt dabei keine Rolle. Die m bzw. $n - m$ Schritte können also aus den n Schritten auf $\binom{n}{m}$ verschiedene Arten ausgewählt werden. Damit ist Gleichung (8.141) erklärt.

Es ist sehr bemerkenswert, daß – wegen Gleichung (8.140) –

$$(p+q)^n = \sum_{m=0}^{n} p^m q^{n-m} \binom{n}{m} = 1^n = 1 \tag{8.142}$$

ist. Die Funktion $(p+q)^n$ wird deshalb als erzeugende Funktion der Wahrscheinlichkeiten w bezeichnet. Gleichung (8.142) ist anschaulich dadurch zu erklären, daß die Produkte $p^m q^{n-m}$ beim Ausmultiplizieren von $(p+q)^n$ ebenso oft entstehen, wie man m bzw. $n - m$ Elemente aus n Elementen ohne Beachtung der Reihenfolge auswählen kann. Das macht den Zusammenhang mit den Wahrscheinlichkeiten klar. Gleichzeitig zeigt Gleichung (8.142), daß die Summe dieser Wahrscheinlichkeiten, wie es sein muß, 1 ist.

Die Kenntnis der erzeugenden Funktion ist hilfreich. Wir fragen z.B. nach dem Mittelwert der nach n Schritten erreichten Orte oder nach dem Mittelwert der Quadrate der Orte,

$$\left. \begin{array}{l} \langle x \rangle = \sum_{m=0}^{m} (2m-n) \binom{n}{m} p^m q^{n-m}, \\ \langle x^2 \rangle = \sum_{m=0}^{n} (2m-n)^2 \binom{n}{m} p^m q^{n-m}. \end{array} \right\} \tag{8.143}$$

Aus Gleichung 8.142 ergibt sich

$$\frac{\mathrm{d}}{\mathrm{d}p}(p+q)^n = n(p+q)^{n-1} = \sum_{m=0}^{n} m p^{m-1} q^{n-m} \binom{n}{m} = n$$

und
$$\frac{d^2}{dp^2}(p+q)^n = n(n-1)(p+q)^{n-2} = \sum_{m=0}^{n} m(m-1)p^{m-2}q^{n-m}\binom{n}{m} = n(n-1).$$

Also ist

$$\sum_{m=0}^{n} m p^m q^{n-m}\binom{n}{m} = np, \tag{8.144}$$

$$\sum_{m=0}^{n} m(m-1) p^m q^{n-m}\binom{n}{m} = n(n-1)p^2. \tag{8.145}$$

Durch Addition beider Gleichungen ergibt sich

$$\sum_{m=0}^{n} m^2 p^m q^{n-m}\binom{n}{m} = n(n-1)p^2 + np. \tag{8.146}$$

Mit den Gleichungen (8.144) und (8.146) findet man nun

$$\boxed{\langle x \rangle = n(2p-1)}, \tag{8.147}$$

$$\boxed{\langle x^2 \rangle = n^2(2p-1)^2 + 4np(1-p)}. \tag{8.148}$$

Für den symmetrischen Random-Walk ist $p = q = \frac{1}{2}$ und

$$\boxed{\langle x \rangle = 0}, \tag{8.149}$$

$$\boxed{\langle x^2 \rangle = n, \quad \sqrt{\langle x^2 \rangle} = \sqrt{n}}. \tag{8.150}$$

Das Verschwinden von $\langle x \rangle$ ist aus Symmetriegründen klar. Sehr interessant ist Gleichung (8.150). Erfolgen die Schritte in gleichen Zeitabständen, dann ist $\sqrt{n} \sim \sqrt{t}$. Die Wurzel aus dem quadratischen Mittelwert des zurückgelegten Weges nimmt also proportional $\sqrt{t}$ und nicht proportional t zu. Das ist typisch für Diffusionsprozesse, die als verallgemeinerte Random-Walk-Prozesse betrachtet werden können. Wir sind schon früher – bei der Behandlung der Diffusionsgleichung, Abschnitt 6.2.3, insbesondere Gleichung (6.39) – auf diesen Sachverhalt gestoßen. Natürlich ergibt sich andererseits im Grenzfall $p = 1$ (bzw. $p = 0$)

$$\langle x \rangle = \pm n, \langle x^2 \rangle = n^2, \tag{8.151}$$

weil in diesem Fall alle Schritte in nur einer Richtung gehen—nur nach rechts oder nur nach links. Das ist eine zielgerichtete Bewegung und kein Random-Walk.

Die Behandlung des Random-Walk-Problems kann auch rein formal durch Lösung einer Differenzengleichung für die Wahrscheinlichkeiten erfolgen. Ist $w_{i,k}$ die Wahrscheinlichkeit dafür, daß sich das Teilchen nach k Schritten am Ort i

befindet, dann ist

$$w_{i,k} = pw_{i-1,k-1} + qw_{i+1,k-1}. \tag{8.152}$$

Die Methoden zur Lösung solcher Differenzengleichungen sind denen zur Lösung von Differentialgleichungen völlig analog. In beiden Fällen sind Anfangs- und Randbedingungen erforderlich, um die Lösung eindeutig zu machen. Die oben angegebenen Wahrscheinlichkeiten (8.141) erfüllen die Differenzengleichung. Sie stellen deren einzige Lösung für den unendlich ausgedehnten eindimensionalen Raum mit im Unendlichen verschwindenden Wahrscheinlichkeiten und mit der Anfangsbedingung

$$w_{i0} = \delta_{i0} \tag{8.153}$$

dar.

Man kann statt dessen auch endliche Gebiete betrachten, die die Bewegungsmöglichkeiten des Teilchens einschränken und z.B. festlegen, daß ein bei $i=a$ oder $i=b$ ankommendes Teilchen absorbiert oder reflektiert (oder mit einer gewissen Wahrscheinlichkeit reflektiert oder absorbiert) wird. Man spricht dann von absorbierenden, reflektierenden oder teilweise absorbierenden Wänden. Aus Differenzengleichungen, Randbedingungen und Anfangsbedingungen kann man dann die verschiedenen Wahrscheinlichkeiten auf ein-, zwei- und dreidimensionalen Gittern berechnen. Das ist ein weites Feld mit vielen interessanten Ergebnissen, die hier nicht diskutiert werden sollen. Bei der Monte-Carlo-Methode zur Lösung feldtheoretischer Probleme werden jedoch ein-, zwei- oder dreidimensionale diskrete und symmetrische Random-Walk-Prozesse mit absorbierenden Wänden zur Anwendung kommen.

Zur späteren Verwendung in Beispielen sollen einige einfache Wahrscheinlichkeiten betrachtet werden. *Bild 8.5* zeigt ein endliches eindimensionales Gitter mit absorbierenden Wänden bei 0 und 4 und mit drei inneren Punkten. Ein Teilchen führt darauf einen symmetrischen Random-Walk aus, beginnend bei einem der inneren Punkte. Wir fragen mit welchen Wahrscheinlichkeiten W_{ik} ein bei i beginnendes Teilchen bei k absorbiert wird, wenn k ein Randpunkt ist bzw. wie häufig es den Punkt k passiert, wenn k ein innerer Punkt ist. Der Leser überzeuge sich selbst davon, daß sich die folgenden Wahrscheinlichkeiten ergeben:

$$\left.\begin{array}{l} W_{10} = \tfrac{3}{4},\ W_{11} = \tfrac{1}{2},\ W_{12} = 1,\ W_{13} = \tfrac{1}{2},\ W_{14} = \tfrac{1}{4}, \\ W_{20} = \tfrac{1}{2},\ W_{21} = 1,\ W_{22} = 1,\ W_{23} = 1,\ W_{24} = \tfrac{1}{2}, \\ W_{30} = \tfrac{1}{4},\ W_{31} = \tfrac{1}{2},\ W_{32} = 1,\ W_{33} = \tfrac{1}{2},\ W_{34} = \tfrac{3}{4} \end{array}\right\} \tag{8.154}$$

Bild 8.5

Bild 8.6

Zählte man die anfängliche "Passage" des Ausgangspunkts mit, dann ergäbe sich $W_{11} = \frac{3}{2}, W_{22} = 2$ und $W_{33} = \frac{3}{2}$.

Beim zwei- oder dreidimensionalen symmetrischen Random-Walk bewegen sich die Teilchen mit jeweils gleichen Wahrscheinlichkeiten von je 1/4 bzw. von je 1/6 zu einem der vier bzw. sechs Nachbarpunkte. *Bild 8.6* zeigt ein einfaches zweidimensionales Gitter mit absorbierenden Wänden. Mit welchen Wahrscheinlichkeiten W_{ik} werden nun bei i startende Teilchen am Punkt k absorbiert? Wir fragen in diesem Fall nicht (wie oben) nach der Häufigkeit, mit der innere Punkte passiert werden. Zunächst ist zur Vereinfachung zu sagen, daß es nur drei wesentlich verschiedene Randpunkte 4, 5, 6 gibt. Aus Symmetriegründen sind die Wahrscheinlichkeiten, bei 4, 4′ oder 4″ absorbiert zu werden, gleich groß. Dasselbe gilt für 5 und 5″ bzw. für 6, 6′ und 6″. Im übrigen ergibt sich (was der Leser ebenfalls selbst überprüfen möge)

$$\left. \begin{array}{l} W_{14} = W_{36} = \tfrac{15}{56}, \quad W_{15} = W_{35} = \tfrac{4}{56}, \quad W_{16} = W_{34} = \tfrac{1}{56}, \\ W_{24} = W_{26} = \tfrac{4}{56}, \quad W_{25} = \tfrac{16}{56}. \end{array} \right\} \tag{8.155}$$

Dabei gilt natürlich z.B.

$$6W_{24} + 2W_{25} = 1,$$
$$3W_{14} + 2W_{15} + 3W_{16} = 1$$

etc.

8.6 Die Methode der finiten Differenzen

8.6.1 Die grundlegenden Beziehungen

Die Methode der finiten Differenzen gehört zu den ältesten numerischen Methoden. Die Vorgehensweise soll am Beispiel der Poisson-Gleichung gezeigt werden. Zur Vereinfachung gehen wir von einem rechteckigen Gebiet aus und benutzen kartesische Koordinaten x, y, d.h. wir betrachten ein zweidimensionales (ebenes, von z unabhängiges) Problem. Wie im *Bild 8.7* gezeigt, wird das Gebiet "diskretisiert", d.h. es werden nur die an den Ecken kleiner Quadrate vorhandenen Potentiale φ_{ij} an den Gitterpunkten x_i, x_j betrachtet. Die Seitenlänge der kleinen Quadrate

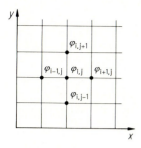

Bild 8.7

ist h. Durch Entwicklung in Taylorreihen ergibt sich

$$\varphi_{i+1,j} = \varphi_{i,j} + \frac{\partial \varphi_{i,j}}{\partial x}h + \frac{1}{2}\frac{\partial^2 \varphi_{i,j}}{\partial x^2}h^2 + O(h^3),$$

$$\varphi_{i-1,j} = \varphi_{i,j} - \frac{\partial \varphi_{i,j}}{\partial x}h + \frac{1}{2}\frac{\partial^2 \varphi_{i,j}}{\partial x^2}h^2 + O(h^3),$$

$$\varphi_{i,j+1} = \varphi_{i,j} + \frac{\partial \varphi_{i,j}}{\partial y}h + \frac{1}{2}\frac{\partial^2 \varphi_{i,j}}{\partial y^2}h^2 + O(h^3),$$

$$\varphi_{i,j-1} = \varphi_{i,j} - \frac{\partial \varphi_{i,j}}{\partial y}h + \frac{1}{2}\frac{\partial^2 \varphi_{i,j}}{\partial y^2}h^2 + O(h^3).$$

Die Addition dieser vier Gleichungen gibt, abgesehen von Gliedern höherer Ordnung,

$$4\varphi_{i,j} + h^2 \Delta \varphi_{i,j} \cong \varphi_{i+1,j} + \varphi_{i-1,j} + \varphi_{i,j+1} + \varphi_{i,j-1} \tag{8.156}$$

und mit der Poisson-Gleichung

$$\Delta \varphi_{i,j} = -g_{i,j} \tag{8.157}$$

$$\boxed{\varphi_{i,j} \cong \frac{1}{4}(\varphi_{i+1,j} + \varphi_{i-1,j} + \varphi_{i,j+1} + \varphi_{i,j-1}) + \frac{h^2 g_{i,j}}{4}}. \tag{8.158}$$

Für $g = 0$ ergibt sich daraus die sogenannte *Fünf-Punkte-Formel*,

$$\boxed{\varphi_{i,j} \cong \tfrac{1}{4}(\varphi_{i+1,j} + \varphi_{i-1,j} + \varphi_{i,j+1} + \varphi_{i,j-1})}. \tag{8.159}$$

Sie verknüpft die Potentiale an den im Bild (8.7) gezeigten fünf Punkten miteinander. Sie besagt, daß das Potential an jedem inneren Gitterpunkt (also nicht an Randpunkten) gleich dem Mittelwert der Potentiale an den vier Nachbarpunkten ist. Das ist auf Grund des entsprechenden Mittelwertsatzes (8.38) nicht überraschend. Betrachtet man den Gitterpunkt mit dem Potential φ_{ij} als Mittelpunkt eines Kreises mit dem Radius h, so werden die Potentiale auf dem Kreisumfang in der hier betrachteten Näherung durch die Potentiale an den vier betrachteten Nachbarpunkten repräsentiert, deren Mittelung das Potential am Mittelpunkt gibt. Die Fünf-Punkte-Formel ist nichts anderes als der entsprechende zweidimensionale Mittelwertsatz in diskretisierter Form.

Das läßt sich leicht auf dreidimensionale Probleme mit analog definierten Gitterpunkten x_i, y_j, z_k übertragen. Jeder Gitterpunkt hat jetzt sechs Nachbarpunkte. Die Entwicklung in Taylorreihen liefert auch sechs statt der bisher vier Summanden. Ihre Addition gibt

$$\varphi_{i,j,k} \cong \frac{1}{6}(\varphi_{i+1,j,k} + \varphi_{i-1,j,k} + \varphi_{i,j+1,k} + \varphi_{i,j-1,k} + \varphi_{i,j,k+1} + \varphi_{i,j,k-1}) + \frac{h^2 g_{i,j,k}}{6}$$

(8.160)

Für $g = 0$, d.h. für die Laplace-Gleichung, führt das zur *Sieben-Punkte-Formel*

$$\varphi_{i,j,k} \cong \tfrac{1}{6}(\varphi_{i+1,j,k} + \varphi_{i-1,j,k} + \varphi_{i,j+1,k} + \varphi_{i,j-1,k} + \varphi_{i,j,k+1} + \varphi_{i,j,k-1})$$

(8.161)

Sie stellt den dreidimensionalen Mittelwertsatz, Gleichung (8.36), in diskretisierter Form dar.

Im eindimensionalen Fall ist natürlich

$$\varphi_i \cong \frac{1}{2}(\varphi_{i+1} + \varphi_{i-1}) + \frac{h^2 g_i}{2}$$

(8.162)

bzw. für $g = 0$

$$\varphi_i \cong \tfrac{1}{2}(\varphi_{i+1} + \varphi_{i-1})$$

(8.163)

Gleichung (8.162) wurde schon in einem früheren Abschnitt—Gleichungen (8.137), $h = \tfrac{1}{3}, g = -x^2$—zum Vergleich benutzt.

Schreibt man, je nach Art des Problems, die entsprechende Gleichung—d.h. eine der Gleichungen (8.158) bis (8.163)—für alle inneren Gitterpunkte eines ein-, zwei- oder dreidimensionalen Gitters hin, so erhält man ein lineares algebraisches Gleichungssystem. Im Falle der Laplace-Gleichung ist dieses zunächst homogen. Wenn man nun die Potentiale an den Randpunkten vorschreibt, so entsteht ein eindeutig lösbares inhomogenes Gleichungssystem. Die Zahl der Gleichungen ist gleich der Zahl der inneren Gitterpunkte und damit gleich der Zahl der Unbekannten (nämlich der Potentiale an den inneren Gitterpunkten). Man kann auch beweisen, daß die Koeffizientenmatrix die dafür notwendigen Eigenschaften hat (daß nämlich ihre Determinante nicht verschwindet). Man sieht so, daß der in der Potentialtheorie bewiesene Eindeutigkeitssatz für die Lösung des Dirichletschen Randwertproblems (Abschnitt 3.4.3) auf Grund der Diskretisierung mit den Sätzen der linearen Algebra zusammenhängt.

Die Lösung Neumannscher oder gemischter Randwertprobleme gestaltet sich ähnlich, jedoch etwas umständlicher, was hier nicht erörtert werden soll.

Bei beliebig geformten Berandungen sind die angegebenen Beziehungen den dann auftretenden unterschiedlichen Abständen der Gitterpunkte vom Rand anzupassen ("*Randgebietsformeln*"), was die Vorgehensweise ebenfalls etwas komplizierter macht. Auch darauf soll hier nicht eingegangen werden.

In jedem Fall erhält man für alle derartigen Probleme eindeutig lösbare lineare Gleichungssysteme. Bei rein Neumannschen Randwertproblemen ist dazu noch eine Konstante zu fixieren, z.B. dadurch, daß man das Potential an einem Gitterpunkt festlegt. Die Ergebnisse werden (mit gewissen Grenzen) umso genauer, je feiner man diskretisiert, d.h. je kleiner man die Gitterkonstante h wählt, was natürlich wegen der zunehmenden Zahl der Unbekannten den Rechenaufwand erhöht. Dabei ist es von Vorteil, daß die auftretenden Koeffizientenmatrizen *schwach besetzt* sind, d.h. überwiegend verschwindende Elemente aufweisen. Die umfangreichen Gleichungssysteme können entweder direkt (z.B. durch Gauß-Elimination, durch Links-Rechts-Zerlegung etc.) gelöst werden oder mit Hilfe von Iterationsverfahren (z.B. mit der Jacobi-Methode, mit der Gauß-Seidel-Methode, mit der Relaxationsmethode etc.).

Die oben beschriebene Diskretisierung ist nicht die einzig mögliche. Man kann genauere Beziehungen gewinnen, wenn man mehr Punkte in die Diskretisierung z.B. des Laplace-Operators einbezieht und damit das Restglied von höherer Ordnung ist. Wir betrachten zunächst eine eindimensionale Funktion $\varphi(x)$. Für sie gilt z.B.

$$\varphi'_i \approx \frac{\varphi_{i+1} - \varphi_i}{h},$$

ebenso aber auch

$$\varphi'_i \approx \frac{\varphi_i - \varphi_{i-1}}{h}.$$

Durch Addieren entsteht daraus

$$\varphi'_i \approx \frac{\varphi_{i+1} - \varphi_{i-1}}{2h}.$$

Analog ist

$$\varphi'_i \approx \frac{\varphi_{i+2} - \varphi_{i-2}}{4h}.$$

Mischt man die letzten beiden Beziehungen mit den Gewichten a und b, dann findet man

$$\varphi'_i \approx \frac{2a(\varphi_{i+1} - \varphi_{i-1}) + b(\varphi_{i+2} - \varphi_{i-2})}{4h(a+b)}. \tag{8.164}$$

Mit $a = 4$ und $b = -1$ ergibt sich daraus die Gleichung

$$\varphi_i' \approx \frac{8(\varphi_{i+1} - \varphi_{i-1}) - (\varphi_{i+2} - \varphi_{i-2})}{12h}. \tag{8.165}$$

Analog kann man bei der zweiten Ableitung vorgehen:

$$\varphi_i'' \approx \frac{\varphi_{i+1} - 2\varphi_i + \varphi_{i-1}}{h^2},$$

$$\varphi_i'' \approx \frac{\varphi_{i+2} - 2\varphi_i + \varphi_{i-2}}{4h^2},$$

$$\varphi_i'' \approx \frac{4a(\varphi_{i+1} + \varphi_{i-1}) + b(\varphi_{i+2} + \varphi_{i-2}) - 2(4a + b)\varphi_i}{4h^2(a + b)} \tag{8.166}$$

und mit $a = 4$, $b = -1$

$$\varphi_i'' \approx \frac{16(\varphi_{i+1} + \varphi_{i-1}) - (\varphi_{i+2} + \varphi_{i-2}) - 30\varphi_i}{12h^2}. \tag{8.167}$$

Gleichung (8.167) ist schon im eindimensionalen Fall eine Fünf-Punkte-Formel, d.h. sie benutzt die Werte von φ an fünf Punkten, um φ'' auszudrücken. Im zwei- oder dreidimensionalen Fall ergeben sich so analoge 9- oder 13-Punkte-Formeln. Die jeweils beste Wahl der Faktoren a und b ergibt sich aus der Betrachtung der Restglieder in der Taylor-Reihe, die von möglichst hoher Ordnung (d.h. möglichst klein) sein sollen. Näheres dazu findet man z.B. bei Marsal [19]. Interessant ist auch die folgende Darstellung des zweidimensionalen Laplace-Operators. Für die neun Gitterpunkte im *Bild 8.8* gilt nach Gleichung (8.156)

$$\Delta \varphi_{i,j} \approx \frac{\varphi_{i+1,j} + \varphi_{i-1,j} + \varphi_{i,j+1} + \varphi_{i,j-1} - 4\varphi_{i,j}}{h^2}$$

und ebenso

$$\Delta \varphi_{i,j} \approx \frac{\varphi_{i+1,j+1} + \varphi_{i+1,j-1} + \varphi_{i-1,j+1} + \varphi_{i-1,j-1} - 4\varphi_{i,j}}{2h^2}.$$

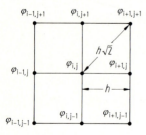

Bild 8.8

Deshalb gilt auch

$$\Delta\varphi_{i,j} \approx \frac{2a(\varphi_{i+1,j} + \varphi_{i-1,j} + \varphi_{i,j+1} + \varphi_{i,j-1}) + b(\varphi_{i+1,j+1} + \varphi_{i+1,j-1} + \varphi_{i-1,j+1} + \varphi_{i-1,j-1}) - 4(2a+b)\varphi_{i,j}}{2h^2(a+b)}$$

und mit $a = 2$, $b = 1$

$$\Delta\varphi_{i,j} \approx \frac{4(\varphi_{i+1,j} + \varphi_{i-1,j} + \varphi_{i,j+1} + \varphi_{i,j-1}) + (\varphi_{i+1,j+1} + \varphi_{i+1,j-1} + \varphi_{i-1,j+1} + \varphi_{i-1,j-1}) - 20\varphi_{i,j}}{6h^2}. \quad (8.168)$$

Ist insbesondere $\Delta\varphi = 0$, so gilt

$$\boxed{\varphi_{i,j} \approx \frac{4(\varphi_{i+1,j} + \varphi_{i-1,j} + \varphi_{i,j+1} + \varphi_{i,j-1}) + (\varphi_{i+1,j+1} + \varphi_{i+1,j-1} + \varphi_{i-1,j+1} + \varphi_{i-1,j-1})}{20}}. \quad (8.169)$$

Weiteres zu dieser und ählichen Beziehungen findet man ebenfalls bei Marsal [19].

8.6.2 Ein Beispiel

Die Methode soll auf das Dirichletsche Randwertproblem des *Bildes 8.9* als Beispiel angewendet werden. Im Inneren des quadratischen Gebietes befinden sich neun Gitterpunkte. Die Laplace-Gleichung soll mit den Randbedingungen $\varphi = 100$ am oberen Rand, $\varphi = 0$ an den drei übrigen Rändern (alles in dimensionslosen Größen) gelöst werden. Aus Symmetriegründen sind die Potentiale an einigen Gitterpunkten einander gleich, wie das im Bild 8.9 eingetragen ist. Dieses Problem kann durch Separation exakt gelöst werden. Seine Lösung ist

$$\varphi = \frac{400}{\pi} \sum_{n=1,3,5,\ldots} \frac{1}{n} \cdot \frac{\sinh\left(\frac{n\pi y}{d}\right)\sin\left(\frac{n\pi x}{d}\right)}{\sinh(n\pi)}, \quad (8.170)$$

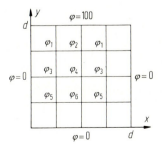

Bild 8.9

wo d die Seitenlänge des Quadrates ist. Die Auswertung dieses Ergebnisses gibt an den Gitterpunkten die folgenden Potentiale:

$$\varphi_1 = 43{,}202833\ldots, \quad \varphi_2 = 54{,}052922\ldots, \quad \varphi_3 = 18{,}202833\ldots,$$
$$\varphi_4 = 25, \quad \varphi_5 = 6{,}797166\ldots, \quad \varphi_6 = 9{,}541422\ldots \tag{8.171}$$

Die im folgenden berechneten Näherungen können damit verglichen werden.

Aus der Fünf-Punkte-Formel (8.159) ergeben sich die folgenden sechs Gleichungen:

$$\left.\begin{aligned}
\varphi_1 - \tfrac{1}{4}\varphi_2 - \tfrac{1}{4}\varphi_3 &= 25, \\
-\tfrac{1}{2}\varphi_1 + \varphi_2 \quad\quad - \tfrac{1}{4}\varphi_4 &= 25, \\
-\tfrac{1}{4}\varphi_1 \quad\quad + \varphi_3 - \tfrac{1}{4}\varphi_4 - \tfrac{1}{4}\varphi_5 &= 0, \\
-\tfrac{1}{4}\varphi_2 - \tfrac{1}{2}\varphi_3 + \varphi_4 \quad\quad - \tfrac{1}{4}\varphi_6 &= 0, \\
-\tfrac{1}{4}\varphi_3 \quad\quad + \varphi_5 - \tfrac{1}{4}\varphi_6 &= 0, \\
-\tfrac{1}{4}\varphi_4 - \tfrac{1}{2}\varphi_5 + \varphi_6 &= 0.
\end{aligned}\right\} \tag{8.172}$$

Ihre direkte Lösung liefert

$$\left.\begin{aligned}
\varphi_1 &= \tfrac{300}{7} = 42{,}85\ldots, \quad \varphi_2 = \tfrac{1475}{28} = 52{,}67\ldots, \\
\varphi_3 &= \tfrac{75}{4} = 18{,}75, \quad \varphi_4 = 25, \\
\varphi_5 &= \tfrac{50}{7} = 7{,}14\ldots, \quad \varphi_6 = \tfrac{275}{28} = 9{,}82\ldots
\end{aligned}\right\} \tag{8.173}$$

Diese Werte weichen natürlich von den exakten Werten ab, wobei der maximale relative Fehler bei knapp 5% liegt.

Man kann auch die Neun-Punkte-Formel (8.169) anwenden. Dazu benötigen wir dann auch die Werte des Potentials an den Ecken des Quadrates. An den Sprungstellen (d.h. bei $x = 0$, $y = d$ und bei $x = d$, $y = d$) ist der Mittelwert, d.h. $\varphi = 50$, zu wählen. Damit erhält man die folgenden Gleichungen:

$$\left.\begin{aligned}
\varphi_1 - \tfrac{1}{5}\varphi_2 - \tfrac{1}{5}\varphi_3 - \tfrac{1}{20}\varphi_4 &= \tfrac{55}{2}, \\
-\tfrac{2}{5}\varphi_1 + \varphi_2 - \tfrac{1}{10}\varphi_3 - \tfrac{1}{5}\varphi_4 &= 30, \\
-\tfrac{1}{5}\varphi_1 - \tfrac{1}{20}\varphi_2 + \varphi_3 - \tfrac{1}{5}\varphi_4 - \tfrac{1}{5}\varphi_5 - \tfrac{1}{20}\varphi_6 &= 0, \\
-\tfrac{1}{10}\varphi_1 - \tfrac{1}{5}\varphi_2 - \tfrac{2}{5}\varphi_3 + \varphi_4 - \tfrac{1}{10}\varphi_5 - \tfrac{1}{5}\varphi_6 &= 0, \\
-\tfrac{1}{5}\varphi_3 - \tfrac{1}{20}\varphi_4 + \varphi_5 - \tfrac{1}{5}\varphi_6 &= 0, \\
-\tfrac{1}{10}\varphi_3 - \tfrac{1}{5}\varphi_4 - \tfrac{2}{5}\varphi_5 + \varphi_6 &= 0,
\end{aligned}\right\} \tag{8.174}$$

mit den Lösungen

$$\left.\begin{aligned}
\varphi_1 &= \tfrac{25 \cdot 159}{92} = 43{,}2065\ldots, \quad \varphi_2 = \tfrac{25 \cdot 1095}{506} = 54{,}1007\ldots, \\
\varphi_3 &= \tfrac{200}{11} = 18{,}1818\ldots, \quad \varphi_4 = 25, \\
\varphi_5 &= \tfrac{625}{92} = 6{,}7934\ldots, \quad \varphi_6 = \tfrac{25 \cdot 193}{506} = 9{,}5355\ldots
\end{aligned}\right\} \tag{8.175}$$

Sie stimmen erstaunlich gut mit den exakten Werten, Gleichungen (8.170) bzw. (8.171), überein. Der maximale relative Fehler liegt bei etwa 1‰. Er ist damit etwa 50 mal kleiner als bei der Anwendung der einfacheren Fünf-Punkte-Formel. Das Potential $\varphi_4 = 25$ erhält man in beiden Fällen exakt.

Bei der direkten Lösung der Gleichungssysteme wird oft die sogenannte Gauß-Elimination benutzt, bei der man die Koeffizientenmatrix durch geeignete

Zeilenkombinationen in eine Dreiecksmatrix umformt. Das führt zu einem leicht lösbaren gestaffelten Gleichungssystem. Ein anderes Verfahren ist die sogenannte LR-Zerlegung ("Links-Rechts-Zerlegung"). Dabei wird die Matrix in ein Produkt von zwei Dreiecksmatrizen umgeformt, wonach das Gleichungssystem ebenfalls bequem gelöst werden kann.

Vielfach wird das Gleichungssystem iterativ gelöst. Dazu werden die Gitterpunkte zunächst mit Schätzwerten für die dort herrschenden Potentiale versehen. Aus diesen Schätzwerten werden dann mit Hilfe der entsprechenden Formeln neue Werte berechnet usw., d.h. aus den Potentialen des n. Iterationsschrittes ($\varphi_{i,j}^{(n)}$) werden die des $(n+1)$. Schrittes ($\varphi_{i,j}^{(n+1)}$) wie folgt berechnet:

$$\varphi_{i,j}^{(n+1)} = \tfrac{1}{4}(\varphi_{i+1,j}^{(n)} + \varphi_{i-1,j}^{(n)} + \varphi_{i,j+1}^{(n)} + \varphi_{i,j-1}^{(n)}). \tag{8.176}$$

Das ist das sogenannte *Jacobi-Verfahren*. Beim *Gauß-Seidel-Verfahren* wird eine Beschleunigung der Konvergenz der Iteration dadurch bewirkt, daß man im $(n+1)$. Schritt nicht nur die alten Werte des n. Schrittes verwendet, sondern auch schon die neuen des $(n+1)$. Schrittes, sobald und soweit solche zur Verfügung stehen. Eine weitere Beschleunigung der Konvergenz kann durch die *Relaxationsmethode* erreicht werden, die hier nur erwähnt, jedoch nicht weiter diskutiert werden soll.

Natürlich konvergiert die Iteration umso schneller, je besser die anfänglichen Schätzwerte sind. Mindestens bei dem hier behandelten Beispiel kann man leicht recht brauchbare Schätzwerte angeben, indem man von der Fünf-Punkte-Formel oder—was dasselbe ist—vom Mittelwertsatz ausgeht. Stellt man sich zunächst nur einen inneren Gitterpunkt in der Mitte vor, dann ergibt sich für diesen aus den entsprechenden Randwerten der Schätzwert $\varphi_4^{(0)} = 25$. Nun verfeinert man das Netz entsprechend Bild 8.9. Aus $\varphi_4^{(0)}$ und den Randwerten, insbesondere auch an den Eckpunkten, gewinnt man Schätzwerte für $\varphi_1^{(0)}$ und $\varphi_5^{(0)}$, nämlich $\varphi_1^{(0)} = \frac{175}{4} \approx 44$ und $\varphi_5^{(0)} = \frac{25}{4} \approx 6$. Damit kann man die übrigen Potentiale abschätzen, $\varphi_2^{(0)} \approx 53$, $\varphi_3^{(0)} \approx 19$, $\varphi_6^{(0)} \approx 9$. Man kann jetzt, von diesen Werten ausgehend, die Iteration nach Gleichung (8.176) durchführen. Sie konvergiert—wovon der Leser sich selbst überzeugen kann—natürlich gegen die Näherungswerte (8.173) und nicht gegen die exakten Werte. Das Gauß-Seidel-Verfahren—auch davon kann der Leser sich leicht überzeugen—beschleunigt die Konvergenz. Anders als beim Jacobi-Verfahren, geht die Symmetrie der Potentialwerte des hier behandelten Beispiels beim Gauß-Seidel-Verfahren zunächst verloren, obwohl natürlich auch dieses gegen die zuletzt wieder symmetrische Näherungslösung konvergiert.

Die beschriebenen Vorgehensweisen können in vielfacher Hinsicht modifiziert werden. So können die Maschenweiten für die verschiedenen Koordinatenrichtungen unterschiedlich gewählt werden. Das Gitter kann auch unregelmäßig sein, d.h. die Maschenweite kann innerhalb eines Gebietes variabel sein. Das führt zur Methode der lokalen Netzverfeinerung, wenn in Teilbereichen eine besonders feine Diskretisierung zum Erreichen der geforderten Genauigkeit notwendig ist.

Die Methode der finiten Differenzen ist natürlich auf alle Arten von Differentialgleichungen anwendbar. Bei orts- und zeitabhängigen Problemen (z.B. bei Diffusionsgleichungen oder Wellengleichungen) wird im allgemeinen auch die Zeit zu diskretisieren sein. Je nach der Vorgehensweise erhält man zwei verschiedene Arten von Differenzengleichungen. Im ersten Fall, bei den sogenannten *expliziten Verfahren*, werden alle

Größen einer bestimmten "Zeitebene" aus denen der vorhergehenden Zeitebene direkt berechnet, im zweiten Fall, bei den *impliziten Verfahren*, enthalten die Gleichungen einer Zeitebene auch Unbekannte der nächsten Zeitebene. Diese Unterscheidung ist von Bedeutung, weil die an sich einfacheren expliziten Verfahren den Nachteil haben, daß sie instabil sein können, d.h. die Fehler können instabil anwachsen und die numerischen Ergebnisse unbrauchbar machen. Der nur scheinbar geringfügige Unterschied sei am Beispiel der Diffusionsgleichung gezeigt. Wir können die Gleichung

$$\frac{\partial^2 u}{\partial x^2} = A \frac{\partial u}{\partial t} \tag{8.177}$$

in der Form

$$\frac{u_{i-1,k} - 2u_{i,k} + u_{i+1,k}}{h^2} = A \frac{u_{i,k+1} - u_{i,k}}{\Delta t}, \tag{8.178}$$

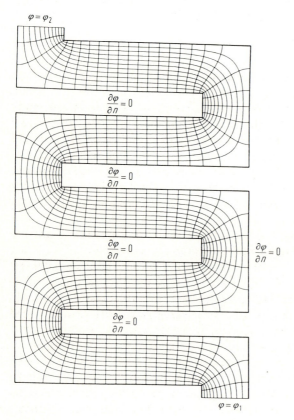

Bild 8.10

ebenso aber auch in der Form

$$\frac{u_{i-1,k+1} - 2u_{i,k+1} + u_{i+1,k+1}}{h^2} = A\frac{u_{i,k+1} - u_{i,k}}{\Delta t} \tag{8.179}$$

diskretisieren. In der expliziten Formulierung (8.178) können alle $u_{i,1}$ direkt aus den Werten $u_{i,0}$ berechnet werden, allgemein alle $u_{i,k+1}$ aus den $u_{i,k}$ usw. Die implizite Formulierung (8.179) dagegen erfordert einen größeren Rechenaufwand. Einen Kompromiß zwischen beiden Vorgehensweisen stellen die sogenannten *semi-impliziten Verfahren* dar, bei denen man die beiden Beziehungen (8.178) und (8.179) mit Gewichten α und 1 − α mischt ("*Eulerfaktor*").

Bild 8.10 zeigt ein mit der Methode der finiten Differenzen berechnetes Beispiel, das Strömungsfeld in einem mäanderförmigen Dünnschichtwiderstand. Es handelt sich um ein zweidimensionales gemischtes Randwertproblem ($\varphi = \varphi_1$ und $\varphi = \varphi_2$ an den beiden Kontakten oben und unten, $\partial \varphi / \partial n = 0$ an den übrigen Rändern). Bei diesem Beispiel wurde noch die Methode der Bereichsunterteilung (englisch domain decomposition method) benutzt. Durch diese wird ein solches Problem auf dessen Lösung in Teilgebieten zurückgeführt, wobei an den zusätzlichen Rändern Randbedingungen zunächst geschätzt werden. Das Problem wird dann iterativ gelöst. Mehr zu dieser Methode findet man z.B. bei Bader [20]. Im vorliegenden Fall wurde das Gebiet in lauter Rechtecke zerlegt.

8.7 Die Methode der finiten Elemente

Die Methode der finiten Elemente hat sehr schnell große Bedeutung gewonnen. Sie beruht auf einer im Prinzip einfachen und eleganten Idee, obwohl der Aufwand im konkreten Anwendungsfall sehr groß sein kann. Sie ist in vielen Varianten sehr flexibel auf viele Arten von Problemen anwendbar. Vielfach wird sie auch anderen Methoden überlegen sein, obwohl das nicht immer und nicht für alle Arten von Problemen so sein muß. Entsprechend ihrer Bedeutung ist die Literatur zu finiten Elementen sehr umfangreich. Als Beispiele seien die Bücher [17, 19, 21 bis 27] genannt.

Bei dieser Methode wird das Definitionsgebiet der unbekannten Funktion oder Funktionen in mehr oder weniger beliebig geformte kleine Teilbereiche—eben die finiten Elemente—zerlegt, Teilstrecken, Teilflächen, Teilvolumen, je nach der Dimension des zu diskretisierenden Gebietes. Jedem finiten Element wird eine nur in diesem von null verschiedene Näherungslösung zugeordnet, die ihrerseits aus einer Linearkombination mehrerer linear unabhängiger Basisfunktionen (den sogenannten *Formfunktionen*) besteht und eine entsprechende Anzahl zunächst noch nicht festgelegter Parameter aufweist. Diese Parameter sind die Funktionswerte selbst, die an gewissen Punkten des finiten Elementes, den sogenannten *Knotenpunkten*, angenommen werden. Die Knotenpunkte spielen also eine ähnliche Rolle wie die Gitterpunkte bei den finiten Differenzen. Der nicht ganz unerhebliche Unterschied liegt jedoch darin, daß durch die in den finiten Elementen angenommenen Näherungslösungen die gesuchte Funktion an allen Punkten und nicht nur an den Knotenpunkten definiert ist. Andererseits kann die Methode der finiten Differenzen als Spezialfall der Methode der finiten Elemente aufgefaßt werden. Außerdem kann man durch geeignete Interpolation auch bei Anwendung finiter Differenzen allen Punkten Funktionswerte zuordnen. Das ganze Gebiet ist mit finiten Elementen so auszufüllen, daß jeder Knoten an der Grenzfläche eines finiten Elementes mit einem Knoten eines seiner Nachbarelemente zusammenfällt, wobei die Funktionswerte dort natürlich dieselben sein müssen. Zusammen mit den Randbedingungen erhält man dann ein Gleichungssystem zur Bestimmung der Funktionswerte an den Knoten. Dabei geht man entweder von der Methode der gewichteten Residuen, meist in Form der Galerkin-Methode, aus oder – vorausgesetzt, daß für das vorliegende Problem ein Variationsintegral existiert – von der der Galerkin-Methode gleichwertigen Rayleigh-Ritz-Methode.

Ehe wir auf weitere Details eingehen, soll das bisher Gesagte durch ein zweidimensionales Beispiel erläutert werden. Ein besonders einfaches eindimensionales Beispiel, das einige wesentliche Schritte zeigt, wurde schon im Abschnitt 8.4.5, Gleichungen (8.128ff), behandelt. Bei zweidimensionalen Problemen können Dreiecke als finite Elemente gewählt werden, die das betrachtete Gebiet ausfüllen müssen. *Bild 8.11* zeigt eines dieser Dreiecke mit seinen Ecken P_1, P_2, P_3 und den zugehörigen Funktionswerten φ_1, φ_2, φ_3. Die Ecken sind auch die Knotenpunkte. Im Dreiecksgebiet soll nun die gesuchte Funktion durch eine Funktion der Form

$$\varphi = a + bx + cy \tag{8.180}$$

näherungsweise beschrieben werden. Für jeden Eckpunkt bzw. Knotenpunkt muß dann

$$\varphi_i = a + bx_i + cy_i, \quad i = 1, 2, 3$$

gelten. Aus diesen drei Gleichungen kann man a, b und c berechnen,

$$a = \frac{1}{D} \begin{vmatrix} \varphi_1 & x_1 & y_1 \\ \varphi_2 & x_2 & y_2 \\ \varphi_3 & x_3 & y_3 \end{vmatrix}, \quad b = \frac{1}{D} \begin{vmatrix} 1 & \varphi_1 & y_1 \\ 1 & \varphi_2 & y_2 \\ 1 & \varphi_3 & y_3 \end{vmatrix}, \quad c = \frac{1}{D} \begin{vmatrix} 1 & x_1 & \varphi_1 \\ 1 & x_2 & \varphi_2 \\ 1 & x_3 & \varphi_3 \end{vmatrix}, \tag{8.181}$$

wobei D die Koeffizientendeterminante ist,

$$D = \begin{vmatrix} 1 & x_1 & y_1 \\ 1 & x_2 & y_2 \\ 1 & x_3 & y_3 \end{vmatrix}. \tag{8.182}$$

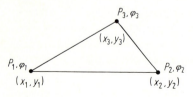

Bild 8.11

Setzt man

$$f_1(x,y) = \frac{1}{D}[(x_2 y_3 - y_2 x_3) + (y_2 - y_3)x + (x_3 - x_2)y],$$

$$f_2(x,y) = \frac{1}{D}[(x_3 y_1 - y_3 x_1) + (y_3 - y_1)x + (x_1 - x_3)y], \qquad (8.183)$$

$$f_3(x,y) = \frac{1}{D}[(x_1 y_2 - y_1 x_2) + (y_1 - y_2)x + (x_2 - x_1)y],$$

dann gilt für diese sogenannten *Formfunktionen*

$$\boxed{f_i(x_k, y_k) = \delta_{ik}} \qquad (8.184)$$

und der Ansatz (8.180) nimmt die Form

$$\boxed{\varphi = \sum_{i=1}^{3} \varphi_i f_i(x,y)} \qquad (8.185)$$

an. Mit Gleichung (8.184) ist dann, wie es sein muß,

$$\varphi_k = \sum_{i=1}^{3} \varphi_i f_i(x_k, y_k) = \sum_{i=1}^{3} \varphi_i \delta_{ik} = \varphi_k. \qquad (8.186)$$

Gleichung (8.185) stellt also den Ansatz in dem hier betrachteten finiten Element in Form einer Linearkombination der Formfunktionen mit den Funktionswerten an den Knoten als Koeffizienten dar. Diese Funktionen sind nur in diesem finiten Element von 0 verschieden. Der Ansatz für das Gesamtproblem ergibt sich schließlich durch die Überlagerung aller Ansatzfunktionen aller Elemente. Die Formfunktionen können auch als sogenannte Dreieckskoordinaten interpretiert werden. Jeder Punkt in einem Dreieck kann durch sogenannte Dreieckskoordinaten ξ_1, ξ_2, ξ_3 festgelegt werden. Diese sind, wie im Bild 8.12 angedeutet, dadurch definiert, daß längs der P_i gegenüberliegenden Seite $\xi_i = 0$ und längs der dazu

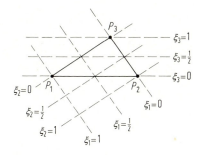

Bild 8.12

parallelen durch P_i hindurchgehenden Geraden $\xi_i = 1$ ist. Auf den dazwischen liegenden, dazu parallelen Geraden nimmt ξ_i den jeweiligen Abständen proportionale Werte an. Natürlich genügen zwei dieser drei Dreieckskoordinaten, um einen Punkt eindeutig zu charakterisieren. Demzufolge sind die drei Koordinaten nicht unabhängig voneinander, ihre Summe ist 1. Der Zusammenhang zwischen den Dreieckskoordinaten und den kartesischen Koordinaten ergibt sich natürlich aus den Koordinaten der Eckpunkte. Dabei gilt

$$\left.\begin{array}{l} x = \xi_1 x_1 + \xi_2 x_2 + \xi_3 x_3, \\ y = \xi_1 y_1 + \xi_2 y_2 + \xi_3 y_3, \\ 1 = \xi_1 + \xi_2 + \xi_3. \end{array}\right\} \quad (8.187)$$

Daraus erhält man nämlich z.B. für den Punkt P_1 mit $\xi_1 = 1$, $\xi_2 = \xi_3 = 0$ gerade $x = x_1, y = y_1$ etc. Da der Zusammenhang auch linear sein muß, ist er dadurch bewiesen. Berechnet man nun die zu einem Punkt x, y gehörigen Dreieckskoordinaten ξ_1, ξ_2, ξ_3 so erhält man genau die Formfunktionen,

$$\xi_i(x, y) = f_i(x, y). \quad (8.188)$$

Die Formfunktionen stellen also gleichzeitig auch ein lokales Koordinatensystem auf dem zugehörigen Dreieck dar. Das ist nützlich bei der Berechnung der zahlreichen Integrale, die bei der Anwendung z.B. der Galerkin- oder Rayleigh-Ritz-Methode erforderlich sind.

Die beschriebenen Dreiecke mit den linearen Formfunktionen (8.183) und dem zugehörigen Ansatz (8.185) stellen nur ein einfaches Beispiel dar. In der Praxis werden sehr verschiedenartige zwei- oder dreidimensionale finite Elemente mit unterschiedlichen Knotenzahlen und oft viel komplizierteren Formfunktionen höherer Ordnung benutzt. Die Details können dann sehr umfangreich werden und komplizierte Formen annehmen, was jedoch nichts am grundsätzlich einfachen und eleganten Prinzip ändert.

Das weitere Vorgehen soll der Einfachheit wegen an einem eindimensionalen Beispiel gezeigt werden, das so ähnlich schon im Abschnitt 8.4.5 zur Sprache kam. Wir betrachten das Gebiet $x_0 \leqslant x \leqslant x_n$ und unterteilen es nach *Bild 8.13* in n finite Elemente der Länge

$$h = \frac{x_n - x_0}{n} \quad (8.189)$$

mit den Knotenpunkten x_i ($i = 0, \ldots, n$),

$$x_{i-1} \leqslant x \leqslant x_i, x_i - x_{i-1} = h. \quad (8.190)$$

Wir gehen ganz formal vor, um die Analogie zu dem geschilderten Fall dreieckiger

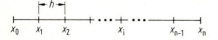

Bild 8.13

finiter Elemente deutlich zu machen. Im i. finiten Element setzen wir

$$\varphi = a + bx, \quad x_{i-1} \leq x \leq x_i, \tag{8.191}$$

wobei

$$\varphi_{i-1} = a + bx_{i-1},$$
$$\varphi_i = a + bx_i. \tag{8.192}$$

Also ist

$$a = \frac{\begin{vmatrix} \varphi_{i-1} & x_{i-1} \\ \varphi_i & x_i \end{vmatrix}}{\begin{vmatrix} 1 & x_{i-1} \\ 1 & x_i \end{vmatrix}} = \frac{x_i \varphi_{i-1} - x_{i-1} \varphi_i}{h}, \quad b = \frac{\begin{vmatrix} 1 & \varphi_{i-1} \\ 1 & \varphi_i \end{vmatrix}}{\begin{vmatrix} 1 & x_{i-1} \\ 1 & x_i \end{vmatrix}} = \frac{\varphi_i - \varphi_{i-1}}{h} \tag{8.193}$$

und

$$\varphi = f_{i1} \varphi_{i-1} + f_{i2} \varphi_i$$

mit

$$f_{i1} = \frac{x_i - x}{h}, \quad f_{i2} = \frac{x - x_{i-1}}{h}, \tag{8.194}$$

wobei offensichtlich

$$\left.\begin{array}{l} f_{i1}(x_{i-1}) = 1, \; f_{i1}(x_i) = 0, \; f_{i2}(x_{i-1}) = 0, \; f_{i2}(x_i) = 1 \\ f_{i1} + f_{i2} = 1, \; f_{i1} x_{i-1} + f_{i2} x_i = x \end{array}\right\} \tag{8.195}$$

ist. Diese Beziehungen sind den für Dreiecke diskutierten Gleichungen (8.180) bis (8.188) analog. Die Formfunktionen (8.194) stellen lokale Koordinaten im i. Element dar wie die Dreieckskoordinaten im dreieckigen finiten Element. Nun soll z.B. die Poisson-Gleichung

$$\Delta \varphi = -g(x), \quad x_0 \leq x \leq x_n \tag{8.196}$$

mit den Randbedingungen

$$\varphi(x_0) = \varphi_0, \quad \varphi(x_n) = \varphi_n \tag{8.197}$$

näherungsweise gelöst werden. Dazu ist nach Gleichung (8.46) das Integral

$$I = \int_a^b \{[\varphi'(x)]^2 - 2\varphi(x)g(x)\} \, dx \tag{8.198}$$

zu minimieren. Der vom i. finiten Element herrührende Anteil ist

$$I_i = \int_{x_{i-1}}^{x_i} \left\{ \left[-\frac{\varphi_{i-1}}{h} + \frac{\varphi_i}{h} \right]^2 - 2f_{i1}(x)g(x)\varphi_{i-1} - 2f_{i2}(x)g(x)\varphi_i \right\} dx$$

$$= \frac{1}{h}(\varphi_{i-1}^2 - 2\varphi_{i-1}\varphi_i + \varphi_i^2) - 2G_{i1}\varphi_{i-1} - 2G_{i2}\varphi_i \tag{8.199}$$

mit

$$G_{i1,2} = \int_{x_{i-1}}^{x_i} f_{i1,2}(x)g(x)\,dx. \tag{8.200}$$

Daraus ergeben sich bei der Minimierung folgende Anteile

$$\left.\begin{aligned}\frac{\partial I}{\partial \varphi_{i-1}} &= 2\left(\frac{\varphi_{i-1}}{h} - \frac{\varphi_i}{h} - G_{i1}\right), \\ \frac{\partial I}{\partial \varphi_i} &= 2\left(-\frac{\varphi_{i-1}}{h} + \frac{\varphi_i}{h} + G_{i2}\right).\end{aligned}\right\} \tag{8.201}$$

Die zugehörige Koeffizientenmatrix wird als *Elementmatrix* bezeichnet. Durch Sammlung aller Anteile aller finiten Elemente ergibt sich die Gesamtmatrix des letzten Endes zu lösenden linearen Gleichungssystems.

Wir wählen nun $x_0 = 0$, $x_n = 1$ und $g(x) = x$. Dafür ist die exakte Lösung

$$\varphi = \varphi_0 + (\varphi_n - \varphi_0)x + \frac{x - x^3}{6}. \tag{8.202}$$

Im vorliegenden Fall ist

$$x_i = \frac{i}{n}, \quad h = \frac{1}{n} \tag{8.203}$$

und

$$G_{i1} = \frac{3i - 2}{6n^2}, \quad G_{i2} = \frac{3i - 1}{6n^2}. \tag{8.204}$$

Letzten Endes ergeben sich folgende Gleichungen für $i = 1, \ldots, n - 1$:

$$\frac{\partial I}{\partial \varphi_i} = 2\left(-\frac{\varphi_{i-1}}{h} + \frac{2\varphi_i}{h} - \frac{\varphi_{i+1}}{h} - G_{i+1,1} - G_{i,2}\right) = 0. \tag{8.205}$$

Nach Gleichung (8.204) ist

$$G_{i+1,1} + G_{i2} = \frac{3i + 3 - 2 + 3i - 1}{6n^2} = \frac{i}{n^2} \tag{8.206}$$

und das Gleichungssystem (8.205) nimmt die Form

$$-\varphi_{i-1} + 2\varphi_i - \varphi_{i+1} = \frac{i}{n^3} \tag{8.207}$$

an. Seine Lösung ist

$$\varphi_i = \varphi_0 + (\varphi_n - \varphi_0)\frac{i}{n} + \frac{n^2 i - i^3}{6n^3}. \tag{8.208}$$

An den Knotenpunkten stimmt sie mit der exakten Lösung (8.202) überein. Zwischen ihnen wird durch die Formfunktionen linear interpoliert. Ein Vergleich mit Gleichung (8.162) zeigt, daß wir im vorliegenden Fall mit der Methode der finiten Differenzen dieselben Differenzengleichungen (8.207) bekommen hätten.

Trotz seiner Einfachheit zeigt dieses Beispiel die Schritte bei der Anwendung finiter Elemente:

a) Das Gebiet wird in finite Elemente zerlegt.
b) In jedem finiten Element wird die Funktion näherungsweise als Linearkombination der Formfunktionen mit den Funktionswerten an den Knoten als Koeffizienten dargestellt.
c) Durch die Auswertung der auftretenden Integrale (die eventuell numerisch erfolgen muß) wird die Elementmatrix gewonnen.
d) Aus den Elementmatrizen wird die Gesamtmatrix zusammengestellt. Dieser Schritt kann kompliziert sein. Insbesondere bei mehrdimensionalen Problemen und bei finiten Elementen mit vielen Knoten ist deren sinnvolle Indizierung wichtig. Es kommt darauf an, daß die schwach besetzte Matrix eine für die numerische Lösung geeignete Struktur erhält.
e) Schließlich ist das zugehörige Gleichungssystem zu lösen. Dies geschieht mit denselben Methoden, die teilweise schon im Abschnitt 8.6 über finite Differenzen erwähnt wurden.

Bei aller Flexibilität sind finite Elemente (wie auch finite Differenzen) nicht sehr geeignet für Probleme auf unendlichen Gebieten, also, z.B. für äußere Dirichletsche oder Neumannsche Randwertprobleme. Man benutzt dann oft nur endliche Gebiete, was jedoch zu schwer abschätzbaren Fehlern führt, da man die Randbedingungen an den künstlich eingeführten Rändern nicht kennt, sondern nur schätzen kann. Man kann dem Problem u.a. durch die Einführung sogenannter unendlicher Elemente (infiniter Elemente) begegnen. Dabei wurden bisher zwei verschiedene Wege beschritten. Einerseits hat man in den unendlichen Elementen exponentiell abklingende Formfunktionen verwendet, deren Exponent geeignet zu wählen ist. Andererseits hat man die unendlichen Elemente durch geeignete Transformationen auf endliche Elemente abgebildet. Es ist aber wohl noch eine offene Frage, ob die Verwendung unendlicher Elemente zu wirklich befriedigenden Ergebnissen führt. In jedem Fall jedoch kann man Probleme in unendlichen Gebieten mit der im nächsten Abschnitt zu behandelnden Randelement-Methode behandeln. Für diese spielt der Unterschied zwischen endlichen und unendlichen Gebieten keine Rolle. Viele Probleme können auch vorteilhaft mit einer Kopplung beider Methoden behandelt werden, wobei man finite Elemente im Inneren des Gebietes und mit diesen kompatible Randelemente auf einem beliebig wählbaren das Gebiet nach außen begrenzenden Rand anwendet.

Bild 8.14 zeigt die Ergebnisse eines mit finiten Elementen gelösten Diffusionsproblems. Es handelt sich um ein rotationssymmetrisches Magnetfeld $B_z(r, \tau)$. Gezeigt ist das Anfangsfeld und die Felder für die dimensionslosen Zeiten $\tau = 0,1$; 0,2; 0,3; 0,4; 0,5. Ein Vergleich mit der bekannten analytischen Lösung dieses Problems zeigt, daß der relative Fehler der gezeigten numerischen Lösung $< 2,38 \cdot 10^{-4}$ ist.

8.8 Die Methode der Randelemente

Die Methode der Randelemente ist die jüngste der wichtigen numerischen Methoden. Sie ist gerade für die elektromagnetische Feldtheorie sehr interessant und vielen feldtheoretischen Problemen geradezu auf den Leib geschneidert. Das liegt daran, daß sie direkt aus den Integralgleichungen der Feldtheorie durch deren Diskretisierung hervorgeht. Sowohl als eigenständige Methode wie auch als Ergänzung der Methode der finiten Elemente leistet sie wertvolle Dienste. Ausführliche Darstellungen findet man bei Brebbia bzw. Brebbia, Telles und Wrobel [28, 29].

Ausgehend von den im Abschnitt 8.2 behandelten Integralgleichungen (oder ihnen entsprechenden Integralgleichungen für magnetostatische oder zeitabhängige Probleme) werden zunächst nur die Oberflächen (Ränder) der betrachteten Gebiete untersucht. Durch die Lösung der Integralgleichungen zunächst nur auf den Rändern werden die Größen gewonnen, mit denen dann das Feld im ganzen endlichen oder unendlichen Gebiet (was hier keinen Unterschied macht) berechnet

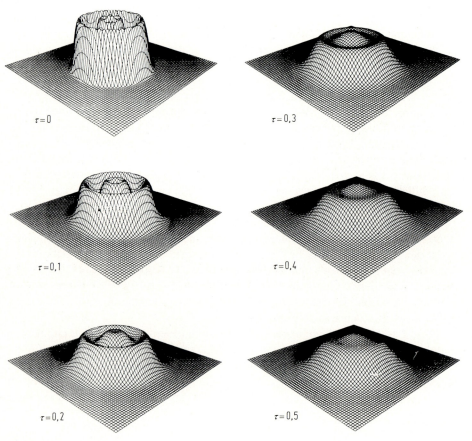

Bild 8.14

werden kann, wie dies im Abschnitt 8.2 beschrieben wurde. Manchmal wird dabei zwischen *direkten* und *indirekten Methoden* unterschieden. Die direkten Methoden gehen von den Gleichungen (8.1) und (8.2), (8.6) und (8.7) oder (im trivialen eindimensionalen Fall) (8.16) und (8.17) aus, die indirekten Methoden von Gleichungen des Typs (8.11) bis (8.14).

Die Diskretisierung erfolgt durch die Aufteilung der Ränder in Flächenelemente bzw. (im zweidimensionalen Fall) in Linienelemente, die auf vielerlei Art gewählt werden können. Auf diesen Randelementen werden die Unbekannten (also φ oder $\partial\varphi/\partial n$ bei den direkten, Flächenladungsdichte σ oder Flächendichte τ der Dipolmomente bei den indirekten Methoden) durch Ansätze mit verschiedenen Formfunktionen beschrieben. Im einfachsten Fall werden sie auf dem Randelement konstant angenommen. Im zweidimensionalen Fall z.B. kann man entsprechend *Bild 8.15* vorgehen. Die Randelemente sind hier Linienelemente der Randkurve. Als konstante Werte auf diesen werden die Werte an den Mittelpunkten angenommen, d.h. man hat pro Element nur einen Knoten (sogenanntes "konstantes Element"). Mit $C = \pi$ ergibt sich z.B. im Falle der Laplace-Gleichung (d.h. mit $\rho = 0$) aus Gleichung (8.7) für das Potential auf dem Randelement i $(i = 1 \cdots n)$

$$\pi\varphi_i = - \sum_{k=1}^{n} \left(\frac{\partial\varphi}{\partial n}\right)_k \int_{S_k} \ln|\mathbf{r}_i - \mathbf{r}_k|\,ds'_k + \sum_{k=1}^{n} \varphi_k \int_{S_k} \frac{\partial}{\partial n'} \ln|\mathbf{r}_i - \mathbf{r}_k|\,ds'. \qquad (8.209)$$

Nach Auswertung der hier auftretenden Integrale (die jeweils über die mit S_k bezeichneten Randelemente zu erstrecken sind) entsteht ein lineares Gleichungssystem der Form

$$\sum_{k=1}^{n} A_{ik}\left(\frac{\partial\varphi}{\partial n}\right)_k + \sum_{k=1}^{n} B_{ik}\varphi_k = 0, \quad i = 1,\ldots,n, \qquad (8.210)$$

bzw. in Matrixschreibweise

$$A\frac{\partial\boldsymbol{\varphi}}{\partial n} + B\boldsymbol{\varphi} = 0, \qquad (8.211)$$

wobei $\boldsymbol{\varphi}$ und $\partial\boldsymbol{\varphi}/\partial n$ die Spaltenvektoren der n Werte φ_k bzw. $(\partial\varphi/\partial n)_k$ sind und

$$A = (A_{ik}), \quad B = (B_{ik}) \qquad (8.212)$$

ist. Das Glied $\pi\varphi_i$ auf der linken Seite von Gleichung (8.209) ist natürlich in B_{ii} enthalten. Das Gleichungssystem (8.211) ist zunächst homogen in den $2n$ Größen

Bild 8.15

φ_k und $(\partial\varphi/\partial n)_k$. In jedem Fall ist die Hälfte dieser Größen gegeben (z.B. beim gemischten Randwertproblem n_1 der Werte φ_k und n_2 der Werte $(\partial\varphi/\partial n)_k$ mit $n = n_1 + n_2$). Die übrigen n Größen sind unbekannt und aus diesem Gleichungssystem zu berechnen. Sind sie gewonnen, berechnet man das Potential an ausgewählten Gitterpunkten des ganzen Gebietes mit Gleichung (8.6).

Ebenso kann man z.B. von den Gleichungen (8.11) und (8.12) ausgehen und diese in folgender Form schreiben:

$$\left.\begin{aligned}\boldsymbol{\varphi} &= \sum_{k=1}^{n} C_{ik}\sigma_k = C\boldsymbol{\sigma}, \\ \frac{\partial\boldsymbol{\varphi}}{\partial n} &= \sum_{k=1}^{n} D_{ik}\sigma_k = D\boldsymbol{\sigma},\end{aligned}\right\} \tag{8.213}$$

wo $\boldsymbol{\sigma}$ der Spaltenvektor der n Werte σ_k und

$$C = (C_{ik}), \quad D = (D_{ik}) \tag{8.214}$$

ist. Wiederum sind n der $2n$ Größen φ_i und $(\partial\varphi/\partial n)_i$ gegeben. Aus den $2n$ Gleichungen werden die zugehörigen n Gleichungen ausgewählt und nach den Werten σ_k aufgelöst. Mit diesen kann dann φ an beliebigen Punkten des ganzen Gebietes berechnet werden.

Die Randelementmethode ist der Methode der finiten Elemente darin ähnlich, daß auf den Randelementen ähnliche Ansätze wie auf den finiten Elementen durch geeignete Formfunktionen gemacht werden. Der Unterschied liegt darin, daß die Gewichtsfunktionen andere sind. Die Randelementmethode läßt sich nämlich auch als ein Spezialfall der Methode gewichteter Residuen auffassen, wobei die Fundamentallösungen der Potentialtheorie die Rolle der Gewichtsfunktionen spielen. Mehr dazu findet man bei Brebbia, Telles und Wrobel [29]. Die verschiedenen Methoden stehen also in einem gewissen inneren Zusammenhang. Man unterscheidet dabei zwischen verschiedenen Formulierungen der zu lösenden Probleme. Im Fall der Laplace-Gleichung z.B. tritt zunächst das gewichtete Residuum

$$R = \int_V \psi \Delta\varphi \, d\tau$$

mit der unbekannten Funktion φ und der Gewichtsfunktion ψ auf. Durch eine erste partielle Integration mit Hilfe des Greenschen Integralsatzes gewinnt man daraus—von Randintegralen abgesehen—die sogenannte *schwache Formulierung* des Problems mit dem Integral

$$\int_V \operatorname{grad}\psi \cdot \operatorname{grad}\varphi \, d\tau$$

und durch eine zweite partielle Integration die sogenannte *inverse Formulierung* mit dem Integral

$$\int \varphi \Delta\psi \, d\tau.$$

In diese nicht unbedingt glücklichen Bezeichnungen sollte man nicht zuviel hineininterpretieren. Es ist aber bemerkenswert und manchmal nützlich, daß bei jedem

8.8 Die Methode der Randelemente 571

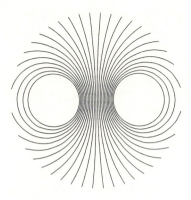

Bild 8.16

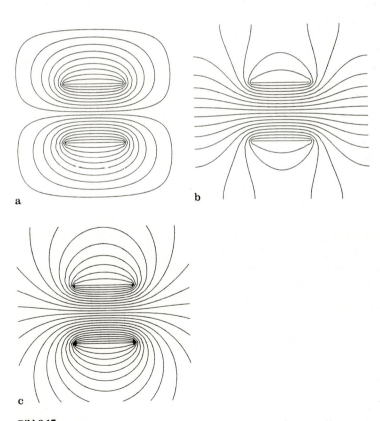

Bild 8.17

dieser Schritte bei der Ansatzfunktion φ eine Ableitung weniger, bei der Gewichtsfunktion eine Ableitung mehr erforderlich wird. Im übrigen erkennt man in der sogenannten schwachen Formulierung die Methode der Variationsintegrale und in der inversen Formulierung die Randwertmethode als Beispiele der Anwendung dieser Formulierungen. In allen drei Formulierungen sind auch andere Gewichtsfunktionen möglich. Sind z.B. bei der inversen Formulierung Basis- und Gewichtsfunktionen identisch, so kommt man zur sogenannten Trefftz-Methode, die hier jedoch nicht behandelt werden soll.

Bild 8.16 zeigt die mit der direkten Randelementmethode berechneten Äquipotentiallinien zweier paralleler leitfähiger Zylinder mit den Potentialen $\pm\varphi_0$. Man erhält das erwartete Ergebnis, nämlich die schon aus den Abschnitten 2.6.3 bzw. 3.12, Beispiel 3, bekannten Kreise des Apollonius. Es handelt sich um ein ebenes Problem, das mit den Gleichungen (8.6) und (8.7) behandelt wurde.

Die beiden Bilder 8.17 und 8.18 stellen Felder dar, die mit der schon erwähnten Kopplung von finiten Elementen und Randelementen gewonnen wurden. Bild 8.17

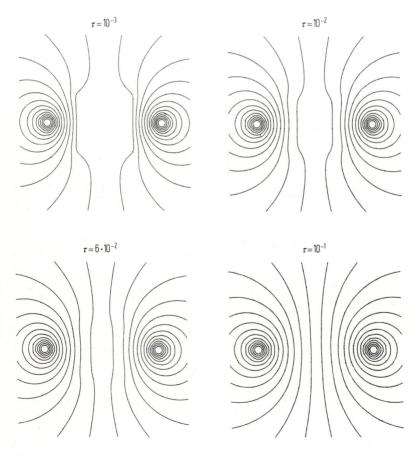

Bild 8.18

demonstriert den Vorteil, den diese Vorgehensweise gegenüber der Anwendung nur finiter Elemente für Probleme auf unendlichen Gebieten hat. Verwendet man nur finite Elemente, so löst man das Problem näherungsweise in einem nicht allzu kleinen, jedoch endlichen Gebiet, an dessen Rändern mehr oder weniger willkürlich gewählte (grob geschätzte) Randbedingungen anzunehmen sind. Die Äquipotentiallinien der Bilder 8.17a und b wurden mit finiten Elementen allein gewonnen, 8.17a mit $\varphi = 0$ und 8.17b mit $\partial\varphi/\partial n = 0$ am Rand. Bild 8.17c hingegen wurde mit gekoppelten finiten Elementen und Randelementen berechnet, die offensichtlich das weitaus beste Resultat liefern. Ebenso wurden die Felder des Bildes 8.18 mit so gekoppelten Elementen berechnet. Es handelt sich um ein ebenes Wirbelstromproblem. In den beiden unendlich langen Leitern fließt ein zeitlich konstanter Strom, dessen Magnetfeld in einen unendlich langen leitfähigen unmagnetischen Zylinder quadratischen Querschnitts eindringt. Bild 8.18a zeigt den Verlauf des Magnetfeldes kurz nach dem plötzlichen Einschalten des Stromes, d.h. zur dimensionslosen Zeit $\tau = 10^{-3}$. Die übrigen Bilder zeigen das Feld für $\tau = 10^{-2}$, $\tau = 6 \cdot 10^{-2}$ und $\tau = 10^{-1}$. Mit $\tau = 10^{-1}$ ist schon beinahe der Endzustand erreicht. Die für spätere Zeiten berechneten Felder können von dem für $\tau = 10^{-1}$ zeichnerisch kaum unterschieden werden. Die beiden Probleme der Bilder 8.17 und 8.18 wurden ebenfalls mit der sogenannten direkten Methode unter Benutzung der Gleichungen (8.6) und (8.7) behandelt. Bei der Kopplung sind die Randelemente auf dem Rand natürlich stets so zu wählen, daß sie mit den den Rand bildenden Seiten der finiten Elemente kompatibel sind und insbesondere in den Knoten übereinstimmen.

8.9 Ersatzladungsmethoden

Oft bieten sich Ersatzladungsmethoden (auch Bildladungsmethoden genannt) zur Lösung von feldtheoretischen Problemen an. Die Anregung dazu geht zunächst von einer Reihe spezieller Probleme aus, die mit Bildladungen sogar exakt gelöst werden können, wie z.B. das Problem einer Kugel im Feld einer Punktladung oder in einem homogenen Feld (Abschnitte 2.6.1 und 2.6.2), das Problem eines leitfähigen Zylinders im Feld einer homogenen Linienladung (Abschnitt 2.6.3) oder das einer Punktladung in einem dielektrischen Halbraum (Abschnitt 2.11.2). Analoge Verfahren existieren auch auf dem Gebiet stationärer Strömungen (z.B. Abschnitt 4.5), in der Magnetostatik (z.B. Abschnitt 5.9) und bei zeitabhängigen Problemen (z.B. Abschnitt 6.5.3).

Für das Gebiet der Elektrostatik ist die vielleicht allgemeinste Aussage zu dieser Thematik in dem in vielfacher Hinsicht so wichtigen Kirchhoffschen Satz, Gleichung (3.57), enthalten. Er besagt ja unter anderem auch, daß die im Inneren eines beliebigen Gebietes von beliebigen außerhalb des Gebiets befindlichen Ladungen erzeugten Felder ebenso durch geeignete an der Oberfläche angebrachte Flächenladungen oder Doppelschichten erzeugt werden könnten und umgekehrt. Das bedeutet, daß man Randwertprobleme so behandeln kann, als ob die im betrachteten Gebiet zu berechnenden Felder von geeignet verteilten Ladungen außerhalb des Gebiets verursacht wären. Dabei können diese Ladungen in beliebigen Konfigurationen auftreten und zusammen Dipole oder allgemein

Multipole bilden (wie z.B. im Fall der leitfähigen Kugel in einem homogenen elektrischen Feld zwei Bildladungen auftreten, die gemeinsam einen idealen Dipol bilden). Man darf also den Begriff Ersatzladungen nicht eng interpretieren. Es kann sich um beliebige Verteilungen von Punktladungen, Linienladungen, Raumladungen bzw. auch beliebige Verteilungen von Multipolen handeln.

Meistens bestimmt man die angenommenen Bildladungen dadurch, daß man an ausgewählten Punkten der Oberfläche die dort vorgegebenen Randbedingungen erfüllt, d.h. man benutzt die Kollokationsmethode, eventuell auch in ihrer überbestimmten Form. Es handelt sich also letzten Endes wieder um die Methode der gewichteten Residuen mit den Potentialen oder Feldern der Ersatzladungen als Basisfunktionen. An die Stelle der Kollokationsmethode können natürlich andere Methoden treten, z.B. die der kleinsten Fehlerquadrate. Die Kollokationsmethode hat allerdings den großen Vorteil, daß keine u.U. langwierigen Integrationen durchzuführen sind. Bringt man die Bildladungen in Form von Flächenladungen an den Oberflächen selbst an, dann handelt es sich um die Randelementmethode. Die Grenzen zwischen den Methoden sind also fließend.

Das Hauptproblem der verschiedenen Varianten von Ersatzladungsmethoden liegt darin, daß es keine klaren methodischen Vorgehensweisen für ihre Anwendung gibt. Der Anwender muß mit möglichst viel auf Erfahrung beruhendem intuitiven Gefühl für die Eigenarten des jeweiligen Problems Art und Ort der anzuwendenden Ersatzladungskonfigurationen festlegen. Ist das geschehen, dann ist das weitere Vorgehen allerdings besonders einfach, insbesondere dann, wenn man sich der Kollokationsmethode bedient. Betrachten wir nämlich n Ersatzladungen, dann ist der zugehörige Ansatz z.B. bei Verwendung von Potentialen

$$\varphi = \sum_{k=1}^{n} \varphi_k(\mathbf{r},\mathbf{r}_k) M_k. \tag{8.215}$$

$\mathbf{r}_k$ ist der Ort, an dem sich die k. Ersatzladung befindet, $\varphi_k(\mathbf{r},\mathbf{r}_k)$ das Potential der Einheitsladung (des Einheitsmultipols) und M_k die Ladung (das Multipolmoment). Ist nun auf der Oberfläche A mit den Punkten $\mathbf{r}_A$ z.B. die Dirichletsche Randbedingung

$$\varphi = f(\mathbf{r}_A) \tag{8.216}$$

zu erfüllen, dann sind auf dieser (mindestens) n Kollokationspunke $\mathbf{r}_{Ai}(i = 1 \cdots n)$ auszuwählen. Das gibt dann das Gleichungssystem

$$\sum_{k=1}^{n} \varphi_k(\mathbf{r}_{Ai},\mathbf{r}_k) M_k = f(\mathbf{r}_{Ai}), \quad i = 1,\ldots,n, \tag{8.217}$$

bzw. mit

$$\left. \begin{array}{l} \varphi_k(\mathbf{r}_{Ai},\mathbf{r}_k) = a_{ik}, \quad f(\mathbf{r}_{Ai}) = f_i \\[4pt] A = (a_{ik}), \quad \mathbf{M} = \begin{pmatrix} M_1 \\ \vdots \\ M_n \end{pmatrix}, \quad \mathbf{f} = \begin{pmatrix} f_1 \\ \vdots \\ f_n \end{pmatrix} \end{array} \right\} \tag{8.128}$$

$$A\mathbf{M} = \mathbf{f}. \tag{8.219}$$

Aus diesem Gleichungssystem sind die Werte M_k zu berechnen. Die so gewonnene Näherung wird vielleicht den gestellten Anforderungen nicht genügen. Sie kann dann auf viele Arten verbessert werden. Beispielsweise kann man die Zahl der Ersatzladungen vergrößern. Vor allem aber kann man die Rechnung mit veränderten Orten der Ladungen wiederholen, was erhebliche Verbesserungen bewirken kann. Man könnte auch daran denken, nicht nur die Koeffizienten M_k, sondern auch die Orte r_k als Variable zu betrachten und auch diese durch Kollokation festzulegen. Das hätte allerdings den großen Nachteil, daß die daraus resultierenden Gleichungen nichtlinear wären.

Insgesamt erscheint es fraglich, ob Ersatzladungsmethoden in Zukunft große Bedeutung haben werden. Es gibt wohl eine Reihe von Problemen, für die sie recht geeignet sind. Im allgemeinen jedoch dürften insbesondere Randelementmethoden den theoretisch besser fundierten und methodisch klarer vorgezeichneten Weg zur Lösung derartiger Probleme darstellen.

8.10 Die Monte-Carlo-Methode

Monte-Carlo-Methoden sind natürlich besonders zur Lösung tatsächlich stochastischer Probleme geeignet, wovon hier nicht die Rede sein soll. Sie können aber auch zur Lösung an sich deterministischer Probleme dienen, z.B. zur Berechnung bestimmter Integrale, zur Lösung von Extremalproblemen, zur Lösung linearer Gleichungssysteme etc. In der elektromagnetischen Feldtheorie kann man Randwertprobleme der Laplace- und der Poisson-Gleichung und Rand- und Anfangswertprobleme der Diffusionsgleichung mit Monte-Carlo-Methoden behandeln. Bei diesen Problemen handelt es sich zwar um Probleme deterministischer Natur, deren Lösungen jedoch mit gewissen Erwartungswerten geeignet gewählter stochastischer Prozesse zusammenfallen. Einen Überblick über Monte-Carlo-Methoden vermitteln beispielsweise die Bücher von Hengartner und Theodorescu oder Buslenko und Schreider [30, 31].

Hier soll zunächst das Dirichletsche Randwertproblem der Laplace-Gleichung betrachtet werden. Der Einfachheit wegen gehen wir von dem rechteckig gewählten

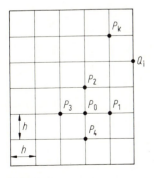

Bild 8.19

Grundgebiet des *Bildes 8.19* aus. Es wird durch kleine Quadrate der Seitenlänge h diskretisiert. Innere Punkte werden mit P, Randpunkte mit Q bezeichnet. Beim Punkt P_0 beginnt ein symmetrischer Random-Walk, wie er im Abschnitt 8.5 beschrieben wurde. Im ersten Schritt werden die Nachbarpunkte mit Wahrscheinlichkeiten von je 1/4 erreicht. Dieser Vorgang wiederholt sich so lange, bis erstmals ein Randpunkt Q_i erreicht wird. Dort endet der Random-Walk, d.h. das Teilchen wird absorbiert. Mit $W(P_j, Q_i) = W_{ji}$ beziechnen wir die Wahrscheinlichkeit dafür, daß ein bei P_j beginnender Random-Walk bei Q_i endet. Dann gilt z.B. für die im Bild 8.19 eingezeichneten Punkte P_0 bis P_4

$$W(P_0, Q_i) = \tfrac{1}{4}[W(P_1, Q_i) + W(P_2, Q_i) + W(P_3, Q_i) + W(P_4, Q_i)]. \tag{8.220}$$

Weiter gilt natürlich

$$W(Q_i, Q_j) = \delta_{ij}, \quad W(Q_i, P_j) = 0 \tag{8.221}$$

weil ein am Randpunkt Q_i befindliches Teilchen dort absorbiert wird. Nun wird die Größe

$$F(P_j) = \sum_{i=1}^{s} W(P_j, Q_i)\varphi(Q_i) \tag{8.222}$$

definiert. s ist die Gesamtzahl der Randpunkte. Damit folgt aus (8.220)

$$F(P_0) = \tfrac{1}{4}[F(P_1) + F(P_2) + F(P_3) + F(P_4)] \tag{8.223}$$

und

$$F(Q_j) = \sum_{i=1}^{s} W(Q_j, Q_i)\varphi(Q_i) = \sum_{i=1}^{s} \delta_{ji}\varphi(Q_i) = \varphi(Q_j). \tag{8.224}$$

Durch diese beiden Gleichungen ist der Zusammenhang zwischen dem Random-Walk und dem betrachteten Randwertproblem hergestellt: F ist mit dem Potential zu identifizieren. Das Ergebnis ist identisch mit dem durch finite Differenzen erzielten. Gleichung (8.223) entspricht der Fünf-Punkte-Formel (8.159) und Gleichung (8.224) stellt die zugehörige Randbedingung dar. Andererseits sehen wir, daß die Größe F, also das Potential, statistisch interpretiert und sozusagen erwürfelt werden kann. Wir starten zahlreiche Random-Walks an jedem der inneren Punkte, z.B. bei P_j. Diese enden mit verschiedenen Wahrscheinlichkeiten an verschiedenen Randpunkten Q_j, die bei der Monte-Carlo-Methode durch Simulation des Random-Walk mit dem Computer sozusagen experimentell bestimmt werden. Nach Gleichung (8.222) ist das Potential am Punkt P_j nichts anderes als der mit diesen Wahrscheinlichkeiten gebildete Mittelwert,

$$\boxed{\varphi(P_j) = \sum_{i=1}^{s} W(P_j, Q_i)\varphi(Q_i)}. \tag{8.225}$$

Wir können dasselbe auch etwas anders formulieren. Wir starten viele Random-Walks bei P_j und bilden den Mittelwert der Potentiale aller dabei erreichten

Randpunkte. Der i. Random-Walk endet bei Q_i mit φ_i. Dann ist

$$\boxed{\varphi(P_j) = \lim_{n \to \infty} \frac{1}{n} \sum_{i=1}^{1} \varphi_i} . \tag{8.226}$$

Die Poisson-Gleichung

$$\Delta \varphi = -g(r) \tag{8.227}$$

kann ähnlich behandelt werden. Hier soll nur das Ergebnis angegeben werden:

$$\boxed{\varphi(P_j) = \sum_{i=1}^{s} W(P_j, Q_i) \varphi(Q_i) + \sum_{k=1}^{r} W(P_j, P_k) \bar{g}(P_k) + \bar{g}(P_j)} . \tag{8.228}$$

Dabei ist r die Anzahl aller inneren Punkte, $W(P_j, P_k)$ die Wahrscheinlichkeit dafür, daß ein von P_j ausgehendes Teilchen den Punkt P_k passiert, und

$$\bar{g} = \frac{h^2}{4} g(\mathbf{r}). \tag{8.229}$$

Die an den passierten Punkten vorhandenen Werte $\bar{g}$ werden mit den entsprechenden Wahrscheinlichkeiten gemittelt und liefern die zweite Summe in Gleichung (8.228). Diese Summe enthält auch einen Summanden $W(P_j, P_j)\bar{g}(P_j)$. Dieser Summend ist erforderlich, weil das Teilchen seinen Ausgangspunkt nach dem Start erneut passieren kann. Das zusätzliche Glied $\bar{g}(P_j)$ kann als Produkt der Wahrscheinlichkeit 1 mit $\bar{g}(P_j)$ gedeutet werden. Die Tatsache, daß das Teilchen am Punkt P_j startet, besagt ja, daß es diesen mit Sicherheit passiert. In $W(P_j, P_j)$ ist dies nicht noch einmal zu berücksichtigen. Allerdings könnte man den Summanden $\bar{g}(P_j)$ streichen und $W(P_j, P_j)$ durch $W(P_j, P_j) + 1$ ersetzen. Verschwindet das Potential am Rand, dann ist

$$\boxed{\varphi(P_j) = \sum_{k=1}^{r} W(P_j, P_k) \bar{g}(P_k) + \bar{g}(P_j)} . \tag{8.230}$$

Dafür kann man auch schreiben

$$\boxed{\varphi(P_j) = \lim_{n \to \infty} \frac{1}{n} \sum_{i=1}^{n} \bar{g}_i} , \tag{8.231}$$

d.h. man mittelt die $\bar{g}$ an allen bei sehr vielen Random-Walks passierten inneren Punkten unter Einbeziehung des Anfangspunktes. Der Index i charakterisiert hier nicht—wie in Gleichung (8.226)—die aufeinander folgenden Random-Walks, sondern alle passierten inneren Punkte.

Die Ergebnisse hängen mit den die entsprechenden Greenschen Funktionen enthaltenden Integraldarstellungen zusammen. Der Vergleich von Gleichung (8.225) mit Gleichung (3.94) zeigt, daß $W(P_j, Q_i)$—von den auftretenden Faktoren abgesehen—die durch Diskretisierung von $-\partial G/\partial n$ entstehende Matrix ist. Ebenso zeigt Gleichung (8.230), daß $W(P_j, P_k) + \delta_{jk}$ die diskretisierte Form von G in Gleichung (3.93) ist. Die Monte-Carlo-Methode dient hier also im wesentlichen dazu, die Greenschen Funktionen durch Matrizen anzunähern, deren Elemente als Wahrscheinlichkeiten interpretiert werden können, die man entweder berechnen oder experimentell, nämlich durch Simulation des Random-Walk auf dem Computer, bestimmen kann.

Die Lösung der Diffusionsgleichung erfolgt in ähnlicher Weise. Sie soll hier nicht behandelt werden. Der interessierte Leser sei auf die Literatur verwiesen [29].

Zur Veranschaulichung sollen zwei einfache Beispiele behandelt werden. Zunächst soll das Dirichletsche Randwertproblem der Laplace-Gleichung für das durch Bild 8.6 gegebene Gebiet in der gezeigten Diskretisierung mit nur drei inneren Punkten gelöst werden. Am oberen Rand ist $\varphi = 100$ (dimensionslos) vorgegeben. Am Rest der Berandung ist $\varphi = 0$. Aus Gleichung (8.225) und mit den Wahrscheinlichkeiten (8.155) erhalten wir

$$\varphi_1 = \varphi_3 = (\tfrac{15}{56} + \tfrac{4}{56} + \tfrac{1}{56})100 = \tfrac{2000}{56} = \tfrac{250}{7},$$
$$\varphi_2 = (\tfrac{4}{56} + \tfrac{16}{56} + \tfrac{4}{56}) \cdot 100 = \tfrac{2400}{56} = \tfrac{300}{7}.$$

Wie man leicht nachrechnen kann, liefern finite Differenzen dasselbe Ergebnis.

Als weiteres Beispiel soll das eindimensionale Problem von Bild (8.5) mit

$$\Delta \varphi = x^2, \quad 0 \leqslant x \leqslant 1,$$
$$\varphi(0) = \varphi_0, \quad \varphi(1) = \varphi_4$$

behandelt werden. In diesem eindimensionale Fall ist

$$h = \frac{1}{4}, \quad \bar{g} = g\frac{h^2}{2} = \frac{g}{32} = -\frac{x^2}{32}.$$

Aus Gleichung (8.228) und den Wahrscheinlichkeiten (8.154) ergibt sich

$$\varphi_1 = \tfrac{3}{4}\varphi_0 + \tfrac{1}{4}\varphi_4 - (\tfrac{1}{2} \cdot \tfrac{1}{32 \cdot 16} + 1 \cdot \tfrac{4}{32 \cdot 16} + \tfrac{1}{2} \cdot \tfrac{9}{32 \cdot 16}) - \tfrac{1}{32 \cdot 16},$$
$$\varphi_2 = \tfrac{1}{2}\varphi_0 + \tfrac{1}{2}\varphi_4 - (1 \cdot \tfrac{1}{32 \cdot 16} + 1 \cdot \tfrac{4}{32 \cdot 16} + 1 \cdot \tfrac{9}{32 \cdot 16}) - \tfrac{4}{32 \cdot 16},$$
$$\varphi_3 = \tfrac{1}{4}\varphi_0 + \tfrac{3}{4}\varphi_4 - (\tfrac{1}{2} \cdot \tfrac{1}{32 \cdot 16} + 1 \cdot \tfrac{4}{32 \cdot 16} + \tfrac{1}{2} \cdot \tfrac{9}{32 \cdot 16}) - \tfrac{9}{32 \cdot 16},$$

bzw.

$$\varphi_1 = \tfrac{3}{4}\varphi_0 + \tfrac{1}{4}\varphi_4 - \tfrac{5}{4^4},$$
$$\varphi_2 = \tfrac{1}{2}\varphi_0 + \tfrac{1}{2}\varphi_4 - \tfrac{9}{4^4},$$
$$\varphi_3 = \tfrac{1}{4}\varphi_0 + \tfrac{3}{4}\varphi_4 - \tfrac{9}{4^4}.$$

Auch in diesem Fall liefern finite Differenzen dasselbe Resultat. Bei der praktischen Anwendung der Monte-Carlo-Methode werden die benötigten Wahrscheinlichkeiten natürlich nicht berechnet, sondern durch Simulation auf dem Computer mit Hilfe von Zufallszahlen gewonnen. Dabei sind viele Random-Walks nötig, bis die erforderlichen Wahrscheinlichkeiten zuverlässig ermittelt sind. Da diese für jeden inneren Punkt erforderlich sind, ist der Aufwand erheblich. So ist die

8.10 Die Monte-Carlo-Methode   579

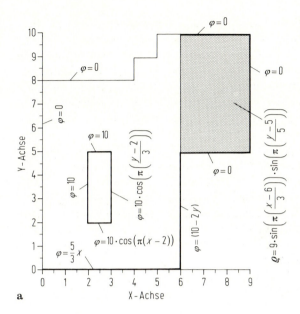

a

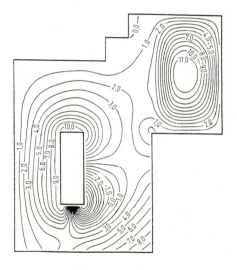

b

Bild 8.20

Monte-Carlo-Methode zwar eine reizvolle Methode, kann jedoch kaum mit anderen Methoden konkurrieren, zumal sie—in der Feldtheorie—nur für einige spezielle Probleme brauchbar ist.

Bild 8.20 zeigt ein mit Hilfe der Monte-Carlo-Methode behandeltes ebenes Dirichletsches Randwertproblem (Bild 8.20a: Problemdefinition; Bild 8.20b: Äquipotentiallinien).

Anhänge

A.1 Elektromagnetische Feldtheorie und Photonenruhmasse

A.1.1 Einleitung

Die Maxwellschen Gleichungen stellen eine wesentliche Grundlage der Naturwissenschaften und Technik dar. So ist es selbstverständlich, daß man sie immer wieder in Frage stellt und diskutiert, ob sie im Lichte neuer Erkenntnisse modifiziert werden müssen oder weiter Geltung beanspruchen dürfen. Darüber hinaus führen solche Fragen zu einem vertieften Verständnis der Voraussetzungen und Eigenarten der uns geläufigen Theorien, die oft allzu selbstverständlich hingenommen werden. Schließlich machen sie deutlich, daß die elektromagnetische Feldtheorie kein isoliertes Wissensgebiet ist, sondern eng mit der gesamten Naturwissenschaft verknüpft ist.

So mag es auf den ersten Blick merkwürdig erscheinen, daß die Frage der exakten Gültigkeit des Coulombschen Gesetzes der Elektrostatik mit der Frage zusammenhängt, ob die Ruhmasse des Lichtquants exakt verschwindet oder nicht. Dieser Frage und ihren Auswirkungen auf die elektromagnetische Feldtheorie soll dieser Anhang gewidmet sein.

Beginnen wir mit dem Energiesatz der klassischen Mechanik. Er besagt, daß die Gesamtenergie W eines Teilchens konstant ist:

$$W = \frac{1}{2}mv^2 + U = \frac{p^2}{2m} + U = \text{const.} \tag{A.1.1}$$

$\frac{1}{2}mv^2 = (p^2/2m)$ ist die kinetische, U die potentielle Energie eines Teilchens, das sich in einem "konservativen" Kraftfeld bewegt, wenn m seine Masse, v seine Geschwindigkeit und p sein Impuls ist. In der Quantenmechanik werden die physikalischen Größen durch Operatoren ersetzt, und aus dem Energiesatz wird die Schrödinger-Gleichung.

$$W \Rightarrow i\hbar \frac{\partial}{\partial t}: \quad \text{Operator der Gesamtenergie} \tag{A.1.2}$$

$$\mathbf{p} \Rightarrow -i\hbar \nabla: \quad \text{Operator des Impulses} \tag{A.1.3}$$

$$\frac{p^2}{2m} \Rightarrow -\frac{\hbar^2 \nabla^2}{2m} = -\frac{\hbar^2}{2m}\Delta: \quad \text{Operator der kinetischen Energie} \tag{A.1.4}$$

bzw.

$$i\hbar\frac{\partial}{\partial t} = -\frac{\hbar^2}{2m}\Delta + U. \tag{A.1.5}$$

Gleichung (A.1.5) ist der Energiesatz in Operatorform. Angewandt auf eine Funktion ψ erhält man so die Schrödinger-Gleichung,

$$i\hbar\frac{\partial\psi}{\partial t} = -\frac{\hbar^2}{2m}\Delta\psi + U\psi. \tag{A.1.6}$$

Für schnelle ("relativistische") Teilchen gilt—wenn m_0 die Ruhmasse ist—:

$$W^2 = c^2 p^2 + m_0^2 c^4. \tag{A.1.7}$$

Die zugehörige Wellengleichung, sozusagen die relativistische Schrödinger-Gleichung, die sog. "Klein–Gordon–Gleichung", erhält man daraus ebenso wie oben die Schrödinger–Gleichung (A.1.5):

$$\left(i\hbar\frac{\partial}{\partial t}\right)^2 = c^2(i\hbar\nabla)^2 + m_0^2 c^4$$

bzw.

$$-\hbar^2\frac{\partial^2\psi}{\partial t^2} = -c^2\hbar^2\Delta\psi + m_0^2 c^4\psi,$$

$$\boxed{\Delta\psi - \frac{1}{c^2}\frac{\partial^2\psi}{\partial t^2} - \left(\frac{m_0 c}{\hbar}\right)^2\psi = 0}. \tag{A.1.8}$$

Für $m_0 = 0$ (also z.B. für Photonen, wenn diese den üblichen Annahmen entsprechend keine Ruhmasse haben) ist

$$\Delta\psi - \frac{1}{c^2}\frac{\partial^2\psi}{\partial t^2} = 0. \tag{A.1.9}$$

Wir erhalten so die aus der klassischen elektromagnetischen Feldtheorie bekannte Wellengleichung. Sie ist als Spezialfall der Klein–Gordon–Gleichung (A.1.8) zu betrachten, und umgekehrt ist diese eine Verallgemeinerung der Wellengleichung für Teilchen, deren Ruhmasse nicht verschwindet. Einschränkend muß dazu gesagt werden, daß das nur für Teilchen mit ganzzahligem Spin gilt (Bosonen), nicht jedoch für solche mit halbzahligem Spin (Fermionen). Für Fermionen gilt eine andere, auf die Klein–Gordon–Gleichung zurückführbare Gleichung, die Dirac–Gleichung. Sie soll hier nicht diskutiert werden.

Mit der Abkürzung

$$\kappa = \frac{m_0 c}{\hbar} = \frac{2\pi}{\lambda_c} \tag{A.1.10}$$

lautet die zeitunabhängige Klein–Gordon–Gleichung

$$\Delta\psi - \kappa^2\psi = 0. \tag{A.1.11}$$

Ihre einfachste kugelsymmetrische Lösung ist das sogenannte Yukawa-Potential

$$\psi = \frac{C}{r} \exp(-\kappa r). \tag{A.1.12}$$

λ_c ist die Compton–Wellenlänge.

Mit dem radialen Teil des Laplace–Operators,

$$\Delta = \frac{1}{r^2} \frac{\partial}{\partial r} r^2 \frac{\partial}{\partial r}, \tag{A.1.13}$$

kann man das leicht durch Einsetzen beweisen. Yukawa hat das nach ihm benannte Potential in die Theorie der Kernkräfte eingeführt. Er hat aus deren kleiner Reichweite auf die Existenz eines Kernfeldes geschlossen, dessen Quanten eine Ruhmasse $m_0 \approx 200 m_e$ (m_e ist die Elektronenmasse) haben. Er nannte diese Teilchen Mesonen. Das war eine geniale Vorhersage. Die von ihm gemeinten Teilchen sind heute (nach einer anfänglichen Verwechslung mit den µ-Mesonen) als π-Mesonen bekannt.

All das gilt im Prinzip auch für Photonen. Sollten diese eine (wenn auch noch so kleine) von 0 verschiedene Ruhmasse haben, so wäre das Potential einer elektrischen Punktladung Q nicht das Coulomb-Potential

$$\varphi = \frac{Q}{4\pi\varepsilon_0 r}, \tag{A.1.14}$$

sondern das Yukawa-Potential

$$\varphi = \frac{Q}{4\pi\varepsilon_0 r} \exp(-\kappa r). \tag{A.1.15}$$

Als Folge davon wären die Maxwellschen Gleichungen nicht unerheblich abzuändern.

Das Yukawa-Potential hat nichts mit dem formal gleichartigen, in der klassischen Feldtheorie bekannten Debye–Hückel-Potential zu tun:

$$\varphi = \frac{Q}{4\pi\varepsilon_0 r} \exp\left(-\frac{r}{d}\right). \tag{A.1.16}$$

Dieses beruht auf der klassischen Feldtheorie. Der exponentielle Abfall rührt nicht von der Ladung Q her, sondern von Raumladungen entgegengesetzten Vorzeichens, die kugelsymmetrisch verteilt das Feld der Ladung Q mit zunehmender Entfernung mehr und mehr abschirmen (weshalb es auch als abgeschirmtes Coulombpotential bezeichnet wird, Abschn. 2.3.2).

Aus dem Coulomb-Potential ergibt sich

$$\text{div } \mathbf{D} = \rho. \tag{A.1.17}$$

Für Photonen mit $m_0 \neq 0$, d.h. für $\kappa \neq 0$, ergibt sich aus dem Yukawa-Potential

$$\text{div } \mathbf{D} = \rho - \varepsilon_0 \kappa^2 \varphi. \tag{A.1.18}$$

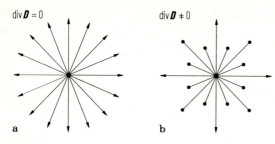

Bild A.1.1

Bild A.1.1a zeigt das Coulomb–Feld, Bild A.1.1b das Yukawa–Feld. Beim Coulomb–Feld laufen alle Feldinien ins Unendliche. Beim Yukawa–Feld nimmt die Zahl der Kraftlinien nach außen immer weiter ab, obwohl dort keine Ladungen vorhanden sind (wie dies bei dem ebenso aussehenden Debye–Hückel–Feld der Fall wäre).

Wenn das so ist, dann muß auch die Maxwellsche Gleichung

$$\text{rot}\,\mathbf{H} = \mathbf{g} + \frac{\partial \mathbf{D}}{\partial t} \tag{A.1.19}$$

modifiziert werden, da man sonst mit dem Prinzip der Ladungserhaltung in Konflikt kommt. Führt man das Vektorpotential $\mathbf{A}$ ein, mit dem nach (7.183)

$$\mathbf{B} = \text{rot}\,\mathbf{A} \tag{A.1.20}$$

ist, und verwendet man die Lorentz–Eichung (7.186),

$$\text{div}\,\mathbf{A} + \mu_0 \varepsilon_0 \frac{\partial \varphi}{\partial t} = 0, \tag{A.1.21}$$

so findet man statt (A.1.19) nun

$$\text{rot}\,\mathbf{H} = \mathbf{g} + \frac{\partial \mathbf{D}}{\partial t} - \frac{\kappa^2}{\mu_0}\mathbf{A}. \tag{A.1.22}$$

Man kann leicht sehen, daß damit die Ladungserhaltung gegeben ist. Durch Divergenzbildung entsteht aus (A.1.22)

$$\text{div}\,\text{rot}\,\mathbf{H} = \text{div}\,\mathbf{g} + \frac{\partial}{\partial t}\text{div}\,\mathbf{D} - \frac{\kappa^2}{\mu_0}\text{div}\,\mathbf{A} = 0$$

und mit (A.1.18), (A.1.21) ist dann

$$\text{div}\,\mathbf{g} + \frac{\partial}{\partial t}(\rho - \varepsilon_0 \kappa^2 \varphi) - \frac{\kappa^2}{\mu_0}\cdot\left(-\mu_0\varepsilon_0\frac{\partial \varphi}{\partial t}\right) = 0,$$

d.h.

$$\text{div}\,\dot{\mathbf{g}} + \frac{\partial \rho}{\partial t} = 0.$$

Die übrigen Maxwellschen Gleichungen bleiben unverändert, d.h. man erhält das folgende Gleichungssystem, die sog. *Proca-Gleichungen*:

$$\text{rot } \mathbf{E} = -\frac{\partial \mathbf{B}}{\partial t}, \tag{A.1.23}$$

$$\text{rot } \mathbf{H} = \mathbf{g} + \frac{\partial \mathbf{D}}{\partial t} - \frac{\kappa^2}{\mu_0}\mathbf{A}, \tag{A.1.24}$$

$$\text{div } \mathbf{D} = \rho - \varepsilon_0 \kappa^2 \varphi, \tag{A.1.25}$$

$$\text{div } \mathbf{B} = 0. \tag{A.1.26}$$

Für $\kappa = 0$ entstehen daraus natürlich wieder die Maxwellschen Gleichungen.

Zunächst ist an den Proca-Gleichungen bemerkenswert, daß sie neben den Feldern $\mathbf{E}$, $\mathbf{D}$, $\mathbf{B}$, $\mathbf{H}$, Raumladungen ρ und Stromdichten $\mathbf{g}$ auch die Potentiale $\mathbf{A}$ und φ enthalten. Sie sind damit im Rahmen dieser Theorie (d.h. bei endlicher Photonenmasse) keineswegs nachträglich eingeführte Hilfsgrößen, sondern echte, nicht eliminierbare Feldgrößen. Am Rande sei hier bemerkt: Sie sind es letzten Endes auch in der Maxwellschen Theorie, wie der Versuch von Bohm und Aharonov zeigt (s. Anhang A.3).

Die Gleichungen (A.1.23) bis (A.1.26) haben zur Folge, daß die Potentiale auch im Poyntingschen Satz vorkommen, den man in seiner verallgemeinerten Form aus diesen Gleichungen gewinnt:

$$\text{div}\left(\mathbf{E} \times \mathbf{H} + \frac{\kappa^2}{\mu_0}\varphi\mathbf{A}\right) + \frac{\partial}{\partial t}\left[\frac{B^2}{2\mu_0} + \frac{\varepsilon_0 E^2}{2} + \kappa^2\left(\frac{\varepsilon_0 \varphi^2}{2} + \frac{A^2}{2\mu_0}\right)\right] = -\mathbf{E} \cdot \mathbf{g} \tag{A.1.27}$$

Mit

$$\mathbf{S} = \mathbf{E} \times \mathbf{H} + \frac{\kappa^2}{\mu_0}\varphi\mathbf{A} \tag{A.1.28}$$

und

$$w = \frac{B^2}{2\mu_0} + \frac{\varepsilon_0 E^2}{2} + \kappa^2\left(\frac{\varepsilon_0 \varphi^2}{2} + \frac{A^2}{2\mu_0}\right) \tag{A.1.29}$$

gilt also

$$\text{div } \mathbf{S} + \frac{\partial w}{\partial t} = -\mathbf{E} \cdot \mathbf{g}. \tag{A.1.30}$$

Sowohl im Poynting-Vektor $\mathbf{S}$ wie auch in der Energiedichte kommen zusätzliche Glieder mit den Potentialen φ und $\mathbf{A}$ vor. Für $\kappa = 0$ ergeben sich natürlich die klassischen Beziehungen, wie wir sie in Abschn. 2.14 diskutiert haben.

Mit den Beziehungen

$$\mathbf{E} = -\text{grad } \varphi - \frac{\partial \mathbf{A}}{\partial t} \tag{A.1.31}$$

und

$$\mathbf{B} = \text{rot } \mathbf{A} \tag{A.1.32}$$

ergeben sich aus den Proca-Gleichungen die inhomogenen Wellengleichungen in folgender Form

$$\Delta\varphi - \frac{1}{c^2}\frac{\partial^2\varphi}{\partial t^2} - \kappa^2\varphi = -\frac{\rho}{\varepsilon_0}, \tag{A.1.33}$$

$$\Delta\mathbf{A} - \frac{1}{c^2}\frac{\partial^2\varphi}{\partial t^2} - \kappa^2\mathbf{A} = -\mu_0\mathbf{g}. \tag{A.1.34}$$

Sie unterscheiden sich von denen der klassischen Theorie durch die zusätzlichen Glieder $-\kappa^2\varphi$ und $-\kappa^2\mathbf{A}$. Im statischen Fall gilt dann für φ

$$\Delta\varphi - \kappa^2\varphi = -\frac{\rho_0}{\varepsilon_0}, \tag{A.1.35}$$

woraus sich im Falle einer Punktladung,

$$\rho = Q\delta(\mathbf{r}), \tag{A.1.36}$$

das Yukawa-Potential ergibt,

$$\varphi = \frac{Q}{4\pi\varepsilon_0 r}\exp(-\kappa r), \tag{A.1.37}$$

von dem wir ausgegangen sind. Für eine beliebige Verteilung von Raumladungen $\rho(\mathbf{r})$ ergibt sich

$$\varphi = \int \frac{\rho(\mathbf{r}')}{4\pi\varepsilon_0|\mathbf{r}-\mathbf{r}'|}\cdot\exp[-\kappa|\mathbf{r}-\mathbf{r}'|]\,d\tau' \tag{A.1.38}$$

statt der klassischen Beziehung (2.20)

$$\varphi = \int \frac{\rho(\mathbf{r}')}{4\pi\varepsilon_0|\mathbf{r}-\mathbf{r}'|}\,d\tau', \tag{A.1.39}$$

die sich hier als Spezialfall für $\kappa = 0$ ergibt.

All das hat für die Feldtheorie sehr ungewöhnliche Konsequenzen, die man an verschiedenen einfachen Beispielen demonstrieren kann. Darüber hinaus kann man diese Konsequenzen mit experimentellen Ergebnissen vergleichen, um daraus Erkenntnisse über die Natur der Lichtquanten zu gewinnen.

A.1.2 Beispiele

A.1.2.1 Gleichmäßig geladene Kugeloberfläche

Betrachten wir zunächst ein einfaches elektrostatisches Problem, das Feld einer gleichmäßig geladenen Kugeloberfläche. Die Lösung sei einfach angegeben und nicht abgeleitet. Es ist leicht, nachzuprüfen, daß es sich um die richtige Lösung handelt. Man erhält rein radiale Felder mit den Feldstärken (Bild A.1.2)

$$E_{ir} = \frac{(\kappa r_0)\sigma_0}{\varepsilon_0}\exp(-\kappa r_0)\frac{\kappa r\cosh(\kappa r) - \sinh(\kappa r)}{(\kappa r)^2}, \tag{A.1.40}$$

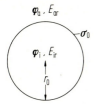

Bild A.1.2

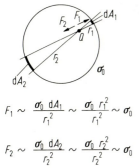

$$F_1 \sim \frac{\sigma_0\, dA_1}{r_1^2} \sim \frac{\sigma_0\, r_1^2}{r_1^2} \sim \sigma_0$$

$$F_2 \sim \frac{\sigma_0\, dA_2}{r_2^2} \sim \frac{\sigma_0\, r_2^2}{r_2^2} \sim \sigma_0$$

Bild A.1.3

$$E_{ar} = \frac{(\kappa r_0)\sigma_0}{\varepsilon_0} \sinh(\kappa r_0)\exp(-\kappa r)\frac{1+\kappa r}{(\kappa r)^2}, \tag{A.1.41}$$

bzw. mit den Potentialen

$$\varphi_i = \frac{r_0 \sigma_0}{\varepsilon_0} \cdot \frac{\exp(-\kappa r_0)\sinh(\kappa r)}{\kappa r}, \tag{A.1.42}$$

$$\varphi_a = \frac{r_0 \sigma_0}{\varepsilon_0} \cdot \frac{\exp(-\kappa r)\sinh(\kappa r_0)}{\kappa r}. \tag{A.1.43}$$

Ungewöhnlich daran ist, daß φ_i nicht konstant und deshalb $E_i \neq 0$ ist. Im Grunde ist das natürlich klar. Es ist eine einzigartige Eigenschaft des Coulomb-Feldes, d.h. des quadratischen Abstandsgesetzes, daß im Inneren einer gleichmäßig geladenen Kugeloberfläche keine Kräfte auftreten (dasselbe gilt auch im Falle der Gravitation). Jedes andere Feldgesetz führt nicht zu verschwindenden Kräften. Dies ist leicht einzusehen (Bild A.1.3). Die Suche nach einem Feld $E_i \neq 0$ im Inneren einer gleichmäßig geladenen Kugel stellt deshalb auch eine der ältesten Methoden zur Überprüfung des Coulombschen Gesetzes dar. Aus heutiger Sicht kann man sie als Versuche zur Messung der Ruhmasse des Lichtquantes interpretieren.

Nun sei ein weiteres elektrostatisches Problem betrachtet, das Feld und die Kapazität eines idealen Plattenkondensators.

A.1.2.2 Der ebene Kondensator und seine Kapazität

Entsprechend Bild A.1.4 unterscheiden wir 5 Gebiete, die durch die Indices 1 bis 5 gekennzeichnet sind, die Gebiete außerhalb des Kondensators (1, 5), die Gebiete

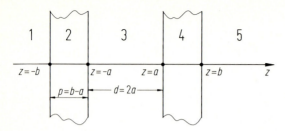

Bild A.1.4

der leitfähigen Platten (2, 4) und das Gebiet zwischen den Platten (3). Die Potentiale sind

$$\varphi_1 = -\frac{U}{2}\exp\left[\kappa(z+b)\right], \tag{A.1.44}$$

$$\varphi_2 = -\frac{U}{2}, \tag{A.1.45}$$

$$\varphi_3 = +\frac{U}{2}\frac{\sinh[\kappa z]}{\sinh[\kappa a]}, \tag{A.1.46}$$

$$\varphi_4 = +\frac{U}{2}, \tag{A.1.47}$$

$$\varphi_5 = +\frac{U}{2}\exp\left[-\kappa(z-b)\right], \tag{A.1.48}$$

wenn U die Ladespannung ist. Man kann leicht nachprüfen, daß (A.1.11) und alle erforderlichen Randbedingungen erfüllt sind. Das Ergebnis ist in mehrfacher Hinsicht ungewöhnlich:

a) φ_1 und φ_5 sind ortsabhängig, d.h. in den Gebieten 1 und 5 sind nicht verschwindende elektrische Felder vorhanden.
b) In den Platten herrscht kein Feld, und das Potential ist konstant. Gerade deshalb jedoch sind dazu Raumladungen erforderlich, die sich aus (A.1.25) ergeben:

$$\rho = \rho_0 = \varepsilon_0 \kappa^2 \varphi = \pm\frac{\varepsilon_0 \kappa^2 U}{2}. \tag{A.1.49}$$

c) Sowohl bei $z = \pm a$ wie auch bei $z = \pm b$ hat das Potential unstetige Gradienten, d.h. das elektrische Feld ist unstetig, und man hat sowohl an den inneren wie auch an den äußeren Oberflächen Flächenladungen, nämlich

$$\sigma_{\pm a} = \pm\frac{\varepsilon_0 \kappa U}{2}\coth\left(\frac{\kappa d}{2}\right), \tag{A.1.50}$$

$$\sigma_{\pm b} = \pm\frac{\varepsilon_0 \kappa U}{2}. \tag{A.1.51}$$

Aus dem Gesagten ergibt sich die Kapazität

$$C = \frac{Q}{U} = \frac{A\left[\frac{\varepsilon_0 \kappa U}{2} + \frac{\varepsilon_0 \kappa U}{2}\coth\left(\frac{\kappa d}{2}\right) + p\frac{\varepsilon_0 \kappa^2 U}{2}\right]}{U}$$

$$= C_0 \cdot \frac{\kappa d}{2}\left[1 + p\kappa + \coth\left(\frac{\kappa d}{2}\right)\right], \tag{A.1.52}$$

wo

$$C_0 = \frac{\varepsilon_0 A}{d} \tag{A.1.53}$$

die klassische Kapazität und A die Plattenfläche des Kondensators ist. Für $\kappa \Rightarrow 0$ geht $\coth(\kappa d/2) \Rightarrow 1/(\kappa d/2)$ und $C \Rightarrow C_0$. Man bekommt dasselbe Ergebnis für die Kapazität, wenn man die Gesamtenergie in allen 5 Gebieten nach (A.1.29) berechnet und addiert:

$$\tfrac{1}{2}CU^2 = W_1 + W_2 + W_3 + W_4 + W_5 = 2W_1 + 2W_2 + W_3, \tag{A.1.54}$$

da

$$W_1 = W_5 \tag{A.1.55}$$

und

$$W_2 = W_4. \tag{A.1.56}$$

Man sieht schon an diesem einfachen Beispiel, daß man sich von gewohnten Vorstellungen trennen muß.

A.1.2.3 Der ideale elektrische Dipol

Als weiteres Beispiel soll das Feld eines elektrischen Punktdipols p betrachtet werden, der sich am Ursprung befindet und in die positive z-Richtung weist. Dafür erhält man

$$\varphi = \frac{p\cos\theta}{4\pi\varepsilon_0 r^2}(1 + \kappa r)\exp(-\kappa r) \tag{A.1.57}$$

mit dem Feld

$$E_r = \frac{p\cos\theta}{4\pi\varepsilon_0 r^3}(2 + 2\kappa r + \kappa^2 r^2)\exp(-\kappa r), \tag{A.1.58}$$

$$E_\theta = \frac{p\sin\theta}{4\pi\varepsilon_0 r^3}(1 + \kappa r)\exp(-\kappa r), \tag{A.1.59}$$

$$E_\varphi = 0. \tag{A.1.60}$$

Selbstverständlich ergibt sich für $\kappa = 0$ das klassische Resultat (Abschn. 2.5), (2.60),

$$\varphi = \frac{p\cos\theta}{4\pi\varepsilon_0 r^2}. \tag{A.1.61}$$

A.1.2.4 Der ideale magnetische Dipol

Hat man einen magnetischen Dipol m (am Ursprung und in der positiven z-Richtung orientiert), so ergibt sich dafür das Vektorpotential (in Kugelkoordinaten)

$$\mathbf{A} = (0, 0, A_\varphi) \tag{A.1.62}$$

mit

$$A_\varphi = \frac{m \sin \theta}{4\pi r^2} (1 + \kappa r) \exp(-\kappa r) \tag{A.1.63}$$

und

$$B_r = \frac{m \cos \theta}{4\pi r^3} (2 + 2\kappa r) \exp(-\kappa r), \tag{A.1.64}$$

$$B_\theta = \frac{m \sin \theta}{4\pi r^3} (1 + \kappa r + \kappa^2 r^2) \exp(-\kappa r), \tag{A.1.65}$$

$$B_\varphi = 0. \tag{A.1.66}$$

Im klassischen Fall ($\kappa = 0$) kann das magnetische Dipolfeld außerhalb des Ursprungs auch als Gradient eines magnetischen skalaren Potentials gewonnen werden, Gleichung (5.55),

$$\psi = \frac{m \cos \theta}{4\pi \mu_0 r^2}. \tag{A.1.67}$$

Es hat dieselbe Form wie das klassische Potential des elektrischen Dipols, (A.1.61). Daraus ergibt sich ein magnetisches Dipolfeld, das dieselbe Form wie das elektrische Dipolfeld hat. Die beiden Felder können formal nicht unterschieden werden. Für $\kappa \neq 0$ ist das nicht mehr so. Die beiden Dipolfelder, (A.1.58) bis (A.1.60) und (A.1.64) bis (A.1.66), haben unterschiedliche Formen. Das muß so sein, weil wegen (A.1.24) das magnetische Dipolfeld auch im statischen Fall nicht wirbelfrei ist:

$$\operatorname{rot} \mathbf{H} = -\frac{\kappa^2}{\mu_0} \mathbf{A}. \tag{A.1.68}$$

Es kann deshalb nicht aus einem skalaren Potential gewonnen werden. Gleichung (A.1.68) gilt für alle magnetostatischen Felder in stromfreien Gebieten.

Das magnetische Dipolfeld kann in folgender Weise geschrieben werden:

$$\mathbf{B} = \mathbf{B}_1 + \mathbf{B}_2 \tag{A.1.69}$$

mit

$$B_{1r} = \frac{m}{4\pi} \cdot \frac{2 \cos \theta}{r^3} \left(1 + \kappa r + \frac{\kappa^2 r^2}{3}\right) \exp(-\kappa r), \tag{A.1.70}$$

$$B_{1\theta} = \frac{m}{4\pi} \cdot \frac{\sin \theta}{r^3} \left(1 + \kappa r + \frac{\kappa^2 r^2}{3}\right) \exp(-\kappa r), \tag{A.1.71}$$

$$B_{1\varphi} = 0 \tag{A.1.72}$$

und

$$B_{2r} = -\frac{m}{4\pi} \cdot \frac{\cos\theta}{r^3} \cdot \frac{2}{3}\kappa^2 r^2 \exp(-\kappa r), \quad (A.1.73)$$

$$B_{2\theta} = +\frac{m}{4\pi} \cdot \frac{\sin\theta}{r^3} \cdot \frac{2}{3}\kappa^2 r^2 \exp(-\kappa r), \quad (A.1.74)$$

$$B_{2\varphi} = 0. \quad (A.1.75)$$

Auf einer Kugeloberfläche mit festem Radius r zeigt der eine Feldanteil, $\mathbf{B}_1$, das Verhalten eines klassischen Dipolfeldes, wobei das Dipolmoment um den Faktor $(1 + \kappa r + \frac{1}{3}\kappa^2 r^2)\exp(-\kappa r)$ verändert erscheint. Das Zusatzfeld $\mathbf{B}_2$ hat überall auf der Kugeloberfläche denselben Betrag und hat dort nur eine achsenparallele Komponente,

$$B_{2z} = -\frac{m}{4\pi r^3} \cdot \frac{2\kappa^2 r^2}{3}\exp(-\kappa r). \quad (A.1.76)$$

Auf diese Tatsache werden wir noch zurückkommen.

A.1.2.5 Ebene Wellen

Interessant sind auch die Fragen der Wellenausbreitung. Auch hier gibt es erhebliche Unterschiede zur klassischen Theorie. Wir wollen nur ebene Wellen im unendlichen homogenen Raum ohne Ströme und Ladungen betrachten. Dann ergibt sich aus (A.1.33) und (A.1.34)

$$\Delta\varphi - \frac{1}{c^2}\frac{\partial^2\varphi}{\partial t^2} - \kappa^2\varphi = 0, \quad (A.1.77)$$

$$\Delta\mathbf{A} - \frac{1}{c^2}\frac{\partial^2\mathbf{A}}{\partial t^2} - \kappa^2\mathbf{A} = 0. \quad (A.1.78)$$

Für ebene Wellen, die sich in z-Richtung ausbreiten, gilt

$$\varphi = \varphi_0 \exp[i(\omega t - kz)], \quad (A.1.79)$$

$$\mathbf{A} = \mathbf{A}_0 \exp[i(\omega t - kz)]. \quad (A.1.80)$$

Setzt man dies in die Wellengleichungen (A.1.77), (A.1.78) ein, so erhält man die Dispersionsbeziehung

$$(-ik)^2 - \frac{1}{c^2}(i\omega)^2 - \kappa^2 = 0$$

bzw.

$$\frac{\omega^2}{c^2} = k^2 + \kappa^2. \quad (A.1.81)$$

Rein formal hat sie dieselbe Form wie z.B. die von Plasmawellen:

$$\frac{\omega^2}{c^2} = k^2 + \frac{\omega_p^2}{c^2} \quad \left(\omega_p^2 = \frac{ne^2}{\varepsilon_0 m_e}\right). \quad (A.1.82)$$

Die Gründe sind aber völlig verschiedener Natur. Wegen der Lorentz–Eichung, (A.1.21), gilt

$$\varphi = \frac{\omega k A_{0z}}{k^2 + \kappa^2} \exp\left[i(\omega t - kz)\right] \tag{A.1.83}$$

und man erhält die folgenden Felder:

$$B_x = +ikA_{0y}\exp\left[i(\omega t - kz)\right], \tag{A.1.84}$$

$$B_y = -ikA_{0x}\exp\left[i(\omega t - kz)\right], \tag{A.1.85}$$

$$B_z = 0 \tag{A.1.86}$$

und

$$E_x = -i\omega A_{0x}\exp\left[i(\omega t - kz)\right], \tag{A.1.87}$$

$$E_y = -i\omega A_{0y}\exp\left[i(\omega t - kz)\right], \tag{A.1.88}$$

$$E_z = -i\frac{\omega \kappa^2}{k^2 + \kappa^2} A_{0z}\exp\left[i(\omega t - kz)\right]. \tag{A.1.89}$$

Das ist ein bemerkenswertes Resultat. Wir erhalten nämlich drei (statt klassisch zwei) unabhängige Lösungen.

a) Ist nur $A_{0x} \neq 0$, so erhalten wir eine linear polarisierte TEM-Welle (mit E_x und B_y) wie in der klassischen Theorie.
b) Ist nur $A_{0y} \neq 0$, so erhalten wir eine zweite linear polarisierte TEM-Welle (mit E_y und B_x) wie in der klassischen Theorie.
c) Ist nur $A_{0z} \neq 0$, so hat die Welle ein elektrisches Feld in Ausbreitungsrichtung und kein Magnetfeld. Es handelt sich also um eine longitudinale Welle, die es in dieser Form in der klassischen Theorie nicht gibt. In der klassischen Theorie sind longitudinale Wellen nur möglich, wenn Raumladungen vorhanden sind. Klassisch ist

$$\text{div}\,\mathbf{D} = \rho,$$

und mit $\rho = 0$ gilt dann

$$\text{div}\,\mathbf{D} = 0.$$

Für eine ebene Welle

$$\mathbf{D} = \mathbf{D}_0 \exp\left[i(\omega t - \mathbf{k}\cdot\mathbf{r})\right]$$

ist also

$$\text{div}\,\mathbf{D} = -i\mathbf{k}\cdot\mathbf{D} = 0,$$

d.h. $\mathbf{k}$ und $\mathbf{D}$ stehen senkrecht aufeinander. Ebenso ergibt sich für das Magnetfeld einer ebenen Welle wegen

$$\text{div}\,\mathbf{B} = 0$$
$$\mathbf{k}\cdot\mathbf{B} = 0.$$

Für $\kappa \neq 0$ jedoch ist das wegen (A.1.25) nicht mehr so. Jetzt gilt für $\rho = 0$

$$\text{div } \mathbf{D} = -\varepsilon_0 \kappa^2 \varphi,$$

womit auch longitudinale Wellen möglich sind.

Auch die Dispersionsbeziehung, (A.1.81), hat ungewöhnliche Konsequenzen. Als Phasengeschwindigkeit erhält man

$$v_{ph} = \frac{\omega}{k} = \frac{\omega}{\sqrt{\frac{\omega^2}{c^2} - \kappa^2}} = \frac{c}{\sqrt{1 - \frac{\kappa^2 c^2}{\omega^2}}} \geqslant c. \qquad (A.1.90)$$

Für die Gruppengeschwindigkeit dagegen ergibt sich

$$v_G = \frac{d\omega}{dk} = \frac{1}{\frac{dk}{d\omega}} = c\sqrt{1 - \frac{\kappa^2 c^2}{\omega^2}} \leqslant c. \qquad (A.1.91)$$

Weiter ist

$$v_G \cdot v_{ph} = c^2. \qquad (A.1.92)$$

Anders als im klassischen Fall tritt jetzt auch bei ebenen Wellen in verlustfreien homogenen Medien (z.B. also auch im Vakuum) eine Dispersion auf, und außerdem ist nicht mehr $v_G = v_{ph}$. Ein weiterer wichtiger Punkt ist, daß die Frequenzen nicht beliebig klein werden können. Für $k \Rightarrow 0$ erhält man als kleinstmögliche Frequenz (Grenzfrequenz)

$$\omega_G = c\kappa = \frac{m_0 c^2}{\hbar}, \qquad (A.1.93)$$

worauf wir noch zurückkommen werden. Diese Zusammenhänge sind in Bild A.1.5 dargestellt. Nach Multiplikation mit $\hbar^2 c^2$ und mit (A.1.10) kann die Dispersionsbeziehung (A.1.81) in der Form

$$\hbar^2 \omega^2 = c^2(\hbar^2 k^2 + m_0^2 c^2) \qquad (A.1.94)$$

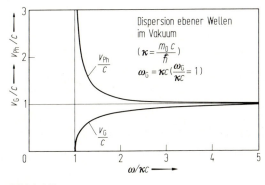

Bild A.1.5

geschrieben werden. Nun ist die Energie eines Lichtquants

$$W = \hbar\omega \qquad (A.1.95)$$

und sein Impuls

$$\mathbf{p} = \hbar\mathbf{k}, \qquad (A.1.96)$$

d.h. wir erhalten

$$W^2 = c^2 p^2 + m_0^2 c^4, \qquad (A.1.97)$$

das ist nichts anderes als die relativistische Energie eines Teilchens mit dem Impuls p, von der wir ausgegeangen sind, Gleichung (A.1.7).

Die Wellengleichung ist im Grunde nichts anderes als der Energiesatz, weshalb die daraus folgende Dispersionsbeziehung wieder den Energiesatz liefert. Dies gilt auch im klassischen Fall, $\kappa = 0$. Dann ist

$$\omega = ck,$$
$$\hbar\omega = c\hbar k,$$
$$W = cp.$$

Wir wollen die Zahl der Beispiele nicht weiter vergrößern. Es hat sich gezeigt, daß in der vorliegenden Theorie viele aus der klassischen Feldtheorie kommenden Vorstellungen nicht mehr stimmen. Es bleibt die wesentliche Frage, welche Ruhmasse das Lichtquant nun wirklich hat und ob die Maxwellschen Gleichungen zugunsten der Proca-Gleichungen aufzugeben sind oder nicht. Dazu ist zunächst zu sagen, daß das bis heute nicht klar ist. Alle bisher vorgenommenen Messungen und Interpretationen bekannter elektromagnetischer Phänomene liefern keinen Hinweis auf eine von Null verschiedene Ruhmasse m_0 des Lichtquants. Jede noch so genaue Messung erlaubt in Rahmen ihrer Genauigkeit lediglich die Angabe einer oberen Grenze für diese Ruhmasse m_0. Dies soll abschließend etwas erläutert werden.

A.1.3 Messungen und Schlußfolgerungen

A.1.3.1 Magnetfelder der Erde und des Jupiter

Aus Messungen des Erdmagnetfeldes (darunter Satellitenmessungen) ist bekannt, daß dieses, wenn überhaupt, sehr wenig von dem eines klassischen Dipolfeldes abweicht. Man kann sagen, daß das durch (A.1.76) gegebene Zusatzfeld $\mathbf{B}_2$ viel kleiner als das Feld $\mathbf{B}_1$, (A.1.70) bis (A.1.72), am Äquator ist, und zwar mindestens um den Faktor $4 \cdot 10^{-3}$, d.h.

$$B_2 = \frac{m}{4\pi r^3} \cdot \frac{2\kappa^2 r^2}{3} \exp(-\kappa r) \leqslant 4 \cdot 10^{-3} B_1 \left(\theta = \frac{\pi}{2}\right)$$

$$\approx 4 \cdot 10^{-3} \frac{m}{4\pi r^3} \exp(-\kappa r).$$

Also ist

$$\tfrac{2}{3}\kappa^2 r^2 \leqslant 4\cdot 10^{-3}$$

bzw.

$$\kappa = \frac{m_0 c}{\hbar} \leqslant \frac{\sqrt{6\cdot 10^{-3}}}{r}$$

oder

$$m_0 \leqslant \frac{\sqrt{6\cdot 10^{-3}}\,\hbar}{rc},$$

wo r der Erdradius ist. Mit

$$\hbar = \frac{h}{2\pi} = \frac{1}{2\pi} 6{,}6\cdot 10^{-34}\,\text{Js},$$

$$r = 6{,}4\cdot 10^6\,\text{m},$$

$$c = 3\cdot 10^8\,\text{m s}^{-1}$$

erhält man

$$m_0 \leqslant 4{,}2\cdot 10^{-51}\,\text{kg}, \tag{A.1.98}$$

d.h. sollte die Masse m_0 von Null verschieden sein, so kann sie dennoch nicht größer als dieser recht kleine Wert sein.

Einen noch kleineren Wert liefert die Auswertung von Satellitenmessungen am Magnetfeld des Jupiter, der bei

$$m_0 \leqslant 8\cdot 10^{-52}\,\text{kg} \tag{A.1.99}$$

liegt [32].

A.1.3.2 Schumann–Resonanzen

Nach (A.1.93) kann die Frequenz elektromagnetischer ebener Wellen in Abhängigkeit von m_0 nicht beliebig klein sein. Man hätte also nach den kleinsten Frequenzen zu suchen, um Grenzen für m_0 anzugeben. Sehr kleine Frequenzen haben natürlich sehr große Wellenlängen zur Folge, was Laboratoriumsexperimente zur Entscheidung dieser Frage ausschließt.

Nun bildet die Erde mit der Untergrenze der Ionosphäre einen sehr großräumigen hohlkugelförmigen Hohlraumresonator, dessen Resonanzfrequenzen unter dem Namen Schumann-Resonanzen bekannt sind. Die kleinste liegt bei etwa 8 Hz. Nimmt man einmal an, (A.1.93) gelte unverändert auch für Hohlraumresonatoren (was nicht ganz richtig ist, da die Dispersionsbeziehungen für Hohlraumresonatoren von der geometrischen Form des Resonators abhängige Faktoren enthalten), so erhält man

$$\omega_G = c\kappa = \frac{m_0 c^2}{\hbar} \leqslant 2\pi\cdot 8$$

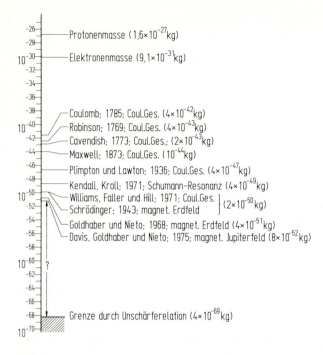

Bild A.1.6

bzw.

$$m_0 \leqslant \frac{8h}{c^2} \approx 6 \cdot 10^{-50}\,\text{kg}. \tag{A.1.100}$$

Eine etwas genauere Betrachtung, die den erwähnten Geometriefaktor berücksichtigt [33], liefert eine größere obere Grenze,

$$m_0 \leqslant 4 \cdot 10^{-49}\,\text{kg}. \tag{A.1.101}$$

Eine Zusammenfassung verschiedener Werte, die auf verschiedenen Methoden beruhen, ist in Bild A.1.6 gegeben, das auf einem ähnlichen Bild von Goldhaber und Nieto [32] beruht.

A.1.3.3 Grundsätzliche Grenzen—die Unschärferelation

Die Frage nach der Ruhmasse des Lichtquants bedarf noch einer gewissen Relativierung. Streng genommen ist die Frage, ob diese Masse exakt 0 ist oder nicht, gar nicht sinnvoll. Man kann einen Vorgang nur dann als periodisch erkennen, wenn man ihn mindestens über die Dauer einer Periode beobachtet. Zur Photonenruhmasse 0 gehört die Grenzfrequenz 0, und deren Beobachtung erfordert unendlich viel Zeit, während doch z.B. auch das Alter des Weltalls nur endlich ist. Betrachten wir dieses Alter als größtmögliche Beobachtungszeit, so könnten wir bestenfalls finden

$$m_0 \approx \frac{hv}{c^2} = \frac{h}{c^2\tau},$$

wo τ das Alter des Weltalls und $v = (1/\tau)$ ist. Dann ist

$$m_0 c^2 \cdot \tau = h$$

oder

$$W\tau = h. \tag{A.1.102}$$

Das ist im Grunde die Heisenbergsche Unschärferelation. Die Aussage ist, daß es gar keinen Sinn hat, beliebig kleine Massen messen zu wollen. Die kleinste Masse oder Massendifferenz, über die wir sprechen können, ist

$$m_0 = \frac{h}{c^2\tau} = 2{,}33 \cdot 10^{-68} \text{ kg}, \tag{A.1.103}$$

wobei wir von $\tau = 10^{10} a = 3{,}15 \cdot 10^{17}$ s ausgegangen sind. Genauere Messungen von Massen würden Meßdauern jenseits des Alters unseres Universums erfordern. Unsere Frage ist also nicht, ob m_0 exakt 0 ist oder nicht. Wenn auch nicht mathematisch, so doch physikalisch ist eine Masse von 10^{-68} kg oder kleiner mit der Masse 0 zu identifizieren bzw. von dieser nicht unterscheidbar. Bild A.1.6 zeigt allerdings, daß zwischen dem bisher Erreichten und dieser grundsätzlichen Grenze noch 17 Größenordnungen unerforschten Gebietes liegen. Geht man von der Unschärferelation selbst aus, $\Delta W \cdot \Delta t = \hbar$, so erhält man $m \geq 4 \cdot 10^{-69}$ kg, einen um 2π kleineren Wert als oben.

Die Frage, ob die Maxwellschen Gleichungen nun abzuändern sind oder nicht, ist offen geblieben. Wir können aber nach dieser Überprüfung sehen, daß wir uns im Rahmen der bis heute erreichten Meßgenauigkeit den Maxwellschen Gleichungen nach wie vor beruhigt anvertrauen dürfen. Es ist kein Phänomen bekannt, das durch die Maxwellschen Gleichungen nicht ausreichend genau beschrieben wird.

A.2 Magnetische Monopole und Maxwellsche Gleichungen

A.2.1 Einleitung

An den Maxwellschen Gleichungen (1.77) fällt auf, daß sie ohne Ladungen und Ströme symmetrisch sind, durch Hinzunahme von Ladungen und Strömen jedoch unsymmetrisch werden, Gleichungen (1.72). Das liegt daran, daß es zwar elektrische Ladungen und Ströme, nicht jedoch magnetische Ladungen und Ströme gibt, soweit wir das bisher wissen.

Oder umgekehrt: gäbe es solche, so wären die Gleichungen auch mit Ladungen und Strömen vollkommen symmetrisch. Wenn man sich das vergegenwärtigt, dann ist die Frage, ob es tatsächlich keine magnetischen Ladungen und Ströme gibt, eigentlich nicht zu vermeiden. Woher wissen wir denn, daß es keine gibt? Dazu kann man nur sagen, daß bisher keine entdeckt wurden. Das Symmetrieproblem stellt für sich allein schon einen Anlaß zur Suche nach magnetischen Ladungen dar. Es gibt jedoch auch noch andere Argumente. Sie stammen von Dirac und haben diesen in die Lage versetzt, die denkbaren Ladungen eventuell existierender magnetischer Monopole als ganzzahlige Vielfache einer elementaren, magnetischen Ladung (also eines magnetischen Elementarquantums) hypothetisch vorherzusagen. Das Argument von Dirac ist quantenmechanischer Natur und ist eine Folge der Quantisierung des Drehimpulses. Das Diracsche magnetische Elementarquantum hängt mit dem elektrischen Elementarquantum,

$$e = 1{,}6 \cdot 10^{-19}\,\text{C},$$

zusammen. Die Existenz von magnetischen Ladungen würde auf diese Weise auch erklären, warum die elektrische Ladung in Quanten auftreten muß. Sowohl magnetische wie auch elektrische Ladungen wären quantisiert, und ihre Quantisierung wäre eine Folge der Quantisierung des Drehimpulses (einer rein mechanischen Größe!). In der Tat hat das Produkt der Dimensionen elektrischer und magnetischer Ladungen die Dimension eines Drehimpulses:

$$F = \frac{Q_e \cdot Q'_e}{4\pi\varepsilon_0 r^2}, \quad \text{(Coulombsches Gesetz für elektrische Ladungen)},$$

$$F = \frac{Q_m \cdot Q'_m}{4\pi\mu_0 r^2}. \quad \text{(Coulombsches Gesetz für magnetische Ladungen)}.$$

Also ist

$$[Q_e \cdot Q_m] = [F\sqrt{\varepsilon_0\mu_0}\, r^2] = \left[\text{kg} \cdot \frac{\text{m}}{\text{s}^2} \cdot \frac{\text{s}}{\text{m}} \cdot \text{m}^2\right]$$

$$= \left[\text{kg} \cdot \frac{\text{m}}{\text{s}} \cdot \text{m}\right] = [\text{Drehimpuls}].$$

Nehmen wir einmal an, es gäbe magnetische Ladungen, und fragen wir uns, wie die Maxwellschen Gleichungen dann auszusehen hätten, so finden wir (wie in Abschn. 1.12 erläutert wurde):

$$-\operatorname{rot}\mathbf{E} = \mathbf{g}_m + \frac{\partial \mathbf{B}}{\partial t}, \tag{A.2.1}$$

$$\operatorname{rot}\mathbf{H} = \mathbf{g}_e + \frac{\partial \mathbf{D}}{\partial t}, \tag{A.2.2}$$

$$\operatorname{div}\mathbf{D} = \rho_e, \tag{A.2.3}$$

$$\operatorname{div}\mathbf{B} = \rho_m. \tag{A.2.4}$$

Neben der elektrischen Ladungsdichte, ρ_e, tritt die magnetische, ρ_m, auf. $\mathbf{B}$ ist nun nicht mehr quellenfrei. Neben der elektrischen Stromdichte, $\mathbf{g}_e$, gibt es auch eine magnetische Stromdichte, $\mathbf{g}_m$. Daß $\mathbf{g}_m$ im Induktionsgesetz, (A.2.1), auftreten muß, ist eine Folge der Ladungserhaltung, die wir nun sowohl für elektrische wie auch für magnetische Ladungen fordern müssen. Durch Divergenzbildung erhalten wir aus den Gleichungen (A.2.1), (A.2.2)

$$-\operatorname{div}\operatorname{rot}\mathbf{E} = 0 = \operatorname{div}\mathbf{g}_m + \frac{\partial}{\partial t}\operatorname{div}\mathbf{B},$$

$$+\operatorname{div}\operatorname{rot}\mathbf{H} = 0 = \operatorname{div}\mathbf{g}_e + \frac{\partial}{\partial t}\operatorname{div}\mathbf{D}.$$

Daraus ergibt sich mit den Gleichungen (A.2.3), (A.2.4)

$$\operatorname{div}\mathbf{g}_m + \frac{\partial \rho_m}{\partial t} = 0, \tag{A.2.5}$$

$$\operatorname{div}\mathbf{g}_e + \frac{\partial \rho_e}{\partial t} = 0. \tag{A.2.6}$$

Das sind die Kontinuitätsgleichungen, die die Erhaltung beider Ladungen zum Ausdruck bringen.

Letzte Instanz für alle derartigen Fragen ist natürlich nicht unser Wunsch nach Symmetrie, sondern die Wirklichkeit. Jedenfalls bedarf die Frage nach der eventuellen Existenz von magnetischen Ladunge, von magnetischen "Monopolen", der experimentellen Klärung. Einen anderen Weg kennen die Naturwissenschaften nicht. Wie steht es damit?

Zunächst ist eine begriffliche Klärung erforderlich, die es uns ermöglichen wird, die Frage hinreichend genau und sinnvoll zu stellen. Wir werden nämlich sehen, daß wir unsere Frage sehr genau formulieren müssen, wollen wir uns nicht in einer Scheinproblematik verlieren.

A.2.2 Duale Transformationen

Dazu ist festzustellen, daß in unseren nun verallgemeinerten Maxwellschen Gleichungen (A.2.1) bis (A.2.4) elektrische und magnetische Felder, Ladungen und Ströme überhaupt nicht eindeutig definierbar sind. Gehen wir nämlich von diesen Gleichungen aus und führen wir die folgende *duale Transformation* durch,

$$\left.\begin{aligned}
\mathbf{E} &= \mathbf{E}' \cos \xi + \mathbf{H}' \sin \xi \cdot f \\
\mathbf{D} &= \mathbf{D}' \cos \xi + \mathbf{B}' \sin \xi \cdot f^{-1} \\
\mathbf{H} &= -\mathbf{E}' \sin \xi \cdot f^{-1} + \mathbf{H}' \cos \xi \\
\mathbf{B} &= -\mathbf{D}' \sin \xi \cdot f + \mathbf{B}' \cos \xi \\
\rho_e &= \rho_e' \cos \xi + \rho_m' \sin \xi \cdot f^{-1} \quad \text{(analog für } Q_e = \int \rho_e \, d\tau\text{)} \\
\rho_m &= -\rho_e' \sin \xi \cdot f + \rho_m' \cos \xi \quad \text{(analog für } Q_m = \int \rho_m \, d\tau\text{)} \\
\mathbf{g}_e &= \mathbf{g}_e' \cos \xi + \mathbf{g}_m' \sin \xi \cdot f^{-1} \\
\mathbf{g}_m &= -\mathbf{g}_e' \sin \xi \cdot f + \mathbf{g}_m' \cos \xi
\end{aligned}\right\} \tag{A.2.7}$$

(ξ ist ein dimensionsloser Parameter, f ein Faktor mit der Dimension eines Widerstandes), so erhält man als neue Gleichungen für die transformierten Größen

($\mathbf{E}'$, $\mathbf{D}'$, $\mathbf{B}'$, $\mathbf{H}'$, ρ', $\mathbf{g}'$):

$$-\operatorname{rot} \mathbf{E}' = \mathbf{g}'_m + \frac{\partial \mathbf{B}'}{\partial t}, \tag{A.2.8}$$

$$+\operatorname{rot} \mathbf{H}' = \mathbf{g}'_e + \frac{\partial \mathbf{D}'}{\partial t}, \tag{A.2.9}$$

$$\operatorname{div} \mathbf{D}' = \rho'_e, \tag{A.2.10}$$

$$\operatorname{div} \mathbf{B}' = \rho'_m, \tag{A.2.11}$$

d.h. wiederum die Maxwellschen Gleichungen. ξ ist ein beliebiger Parameter. Es gibt also ein Kontinuum dualer Transformationen, denen gegenüber die Maxwellschen Gleichungen *invariant* sind. Invariant sind auch sämtliche wichtigen und beobachtbaren anderen Größen, die man aus den Feldern bilden kann, so z.B. die Energiedichten und der Poynting-Vektor:

$$\mathbf{E} \cdot \mathbf{D} + \mathbf{H} \cdot \mathbf{B} = \mathbf{E}' \cdot \mathbf{D}' + \mathbf{H}' \cdot \mathbf{B}', \tag{A.2.12}$$

$$\mathbf{E} \times \mathbf{H} = \mathbf{E}' \times \mathbf{H}', \tag{A.2.13}$$

so auch die Beziehungen für die verallgemeinerten Kräfte:

$$\mathbf{F} = Q_e(\mathbf{E} + \mathbf{v} \times \mathbf{B}) + Q_m(\mathbf{H} - \mathbf{v} \times \mathbf{D}), \tag{A.2.14}$$

$$\mathbf{F}' = Q_e(\mathbf{E}' + \mathbf{v} \times \mathbf{B}') + Q_m(\mathbf{H}' - \mathbf{v} \times \mathbf{D}') \tag{A.2.15}$$

mit

$$\mathbf{F} = \mathbf{F}'. \tag{A.2.16}$$

Q_e und Q_m (bzw. Q'_e und Q'_m) sind elektrische bzw. magnetische Ladungen, Volumenintegrale der entsprechenden Dichten ρ_e und ρ_m (bzw. ρ'_e und ρ'_m), die sich genau so transformieren wie diese. Insgesamt kann man sagen, daß es keinerlei Beobachtungen, Messungen, Experimente geben kann, die uns zwingen, das eine oder das andere System von Feldgrößen als das einzig richtige anzunehmen. Das wiederum bedeutet, daß man gar nicht absolut zwischen elektrischen und magnetischen Ladungen unterscheiden kann. Niemand kann uns daran hindern, z.B. einem Elektron nicht auch eine magnetische Ladung zuzuordnen.

Die Transformation (A.2.7) wird vielleicht verständlicher, wenn wir einige Spezialfälle betrachten.

a) Für $\xi = 0$, $\cos \xi = 1$, $\sin \xi = 0$ erhalten wir:

$$\left.\begin{aligned}
\mathbf{E} &= \mathbf{E}' \\
\mathbf{D} &= \mathbf{D}' \\
\mathbf{H} &= \mathbf{H}' \\
\mathbf{B} &= \mathbf{B}' \\
\rho_e &= \rho'_e \\
\rho_m &= \rho'_m \\
\mathbf{g}_e &= \mathbf{g}'_e \\
\mathbf{g}_m &= \mathbf{g}'_m
\end{aligned}\right\} \tag{A.2.17}$$

Es passiert also gar nichts. Es handelt sich um die "Einheitstransformation".
b) Für $\xi = \pm(\pi/2)$, $\cos\xi = 0$, $\sin\xi = \pm 1$ erhalten wir:

$$\left.\begin{aligned}
\mathbf{E} &= \pm \mathbf{H}' \cdot f \\
\mathbf{D} &= \pm \mathbf{B}' \cdot f^{-1} \\
\mathbf{H} &= \mp \mathbf{E}' \cdot f^{-1} \\
\mathbf{B} &= \mp \mathbf{D}' \cdot f \\
\rho_e &= \pm \rho'_m \cdot f^{-1} \\
\rho_m &= \mp \rho'_e \cdot f \\
\mathbf{g}_e &= \pm \mathbf{g}'_m \cdot f^{-1} \\
\mathbf{g}_m &= \mp \mathbf{g}'_e \cdot f
\end{aligned}\right\} \tag{A.2.18}$$

In diesem Fall werden alle magnetischen Größen zu elektrischen Größen und umgekehrt. In genau diesem Sinne ist z.B. das Feld (7.306), (7.307), das Feld des schwingenden magnetischen Dipols, das zum Feld (7.264), (7.265), dem Feld des schwingenden elektrischen Dipols, duale Feld. Ganz allgemein sind duale Transformationen sehr nützlich. Man kann sie dazu benutzen, aus Lösungen der Maxwellschen Gleichungen weitere Lösungen durch geeignete duale Transformationen zu gewinnen.

c) Für $\xi = \pi$, $\cos\xi = -1$, $\sin\xi = 0$ erhalten wir:

$$\left.\begin{aligned}
\mathbf{E} &= -\mathbf{E}' \\
\mathbf{D} &= -\mathbf{D}' \\
\mathbf{H} &= -\mathbf{H}' \\
\mathbf{B} &= -\mathbf{B}' \\
\rho_e &= -\rho'_e \\
\rho_m &= -\rho'_m \\
\mathbf{g}_e &= -\mathbf{g}'_e \\
\mathbf{g}_m &= -\mathbf{g}'_m
\end{aligned}\right\} \tag{A.2.19}$$

Alle Größen haben jetzt geänderte Vorzeichen. Natürlich können wir, das ist auch anschaulich zu verstehen, alle negativen Ladungen als positive bezeichnen und umgekehrt, wenn wir auch alle Feldstärken ihr Vorzeichen wechseln lassen.

Wir können also feststellen, daß die Maxwellschen Gleichungen keine absolute Unterscheidung zwischen elektrischen und magnetischen Größen erlauben.

Um das konkreter zu machen, betrachten wir ein hypothetisches Teilchen, das eine elektrische Ladung Q'_e und eine magnetische Ladung Q'_m haben soll. Nun transformieren wir:

$$Q_e = Q'_e \cos\xi + Q'_m \sin\xi \cdot f^{-1}, \tag{A.2.20}$$

$$Q_m = -Q'_e \sin\xi \cdot f + Q'_m \cos\xi, \tag{A.2.21}$$

und wählen ξ so, daß $Q_m = 0$ wird, d.h.

$$\tan\xi = \frac{Q'_m}{Q'_e \cdot f} = \frac{\sin\xi}{\cos\xi}. \tag{A.2.22}$$

Dann ist

$$Q_e \neq 0 \tag{A.2.23}$$

$$Q_m = 0. \tag{A.2.24}$$

Wir könnten auch

$$\tan \xi = \frac{\sin \xi}{\cos \xi} = -\frac{Q_e' \cdot f}{Q_m'} \tag{A.2.25}$$

wählen und erhielten

$$Q_e = 0 \tag{A.2.26}$$

$$Q_m \neq 0. \tag{A.2.27}$$

Wir können also je nach Geschmack ein und dasselbe Teilchen als nur elektrisch geladen, als nur magnetisch geladen oder auch als elektrisch und magnetisch geladen ansehen. Wir könnten also ohne weiteres alle uns bekannten Teilchen in Zukunft als gemischt elektrisch und magnetisch geladene Teilchen betrachten, und dafür gelten dann die Maxwellschen Gleichungen in ihrer vollkommen symmetrischen Form. Ist dann die Frage nach der Existenz magnetischer Ladungen mehr als eine unwesentliche Scheinfrage? Sie ist es, allerdings nur dann, wenn man sie präzise genug stellt.

Wir haben oben ein einzelnes Elementarteilchen betrachtet und z.B. durch eine geeignete Wahl das Parameters erreicht, daß $Q_m = 0$ wurde. Für mehrere verschiedene Arten von Teilchen ist das *gleichzeitig* nur dann möglich, wenn für sie alle

$$\frac{Q_m'}{Q_e'} = f \cdot \tan \xi$$

denselben Wert hat. Ist das nicht der Fall, dann können wir nicht durch eine duale Transformation das Verschwinden aller magnetischen Ladungen erreichen. Dann gibt es wesentliche magnetische Ladungen, die nicht wegtransformierbar sind. Letzten Endes ist also nur die Frage wesentlich, ob für alle Elementarteilchen das Verhältnis

$$\frac{Q_m'}{Q_e'}$$

denselben Wert hat oder nicht. Damit erst ist die Frage nach der Existenz von Monopolen richtig gestellt. Unser Ausgangspunkt, die Frage nach der Symmetrie der Maxwellschen Gleichungen, ist dabei jetzt beinahe unwesentlich geworden. Wenn wir nur wollen, können wir die Maxwellschen Gleichungen in jedem Fall symmetrisch machen, unabhängig davon ob es wesentliche oder nur unwesentliche magnetische Ladungen gibt.

Diese Klarstellung ist wichtig. Sie ist auch ein interessantes Beispiel dafür, wie präzise Fragen gestellt werden müssen, will man nicht in einen Strudel von Scheinproblemen geraten, die nutzlose Diskussionen zur Folge haben.

A.2.3 Eigenschaften von magnetischen Monopolen

Wir kommen jetzt zu dem schon erwähnten Diracschen Monopol zurück. Bei der quantenmechanischen Untersuchung der Wechselwirkung eines Teilchens mit den Ladungen $Q_e \neq 0$, $Q_m = 0$ und eines anderen Teilchens mit den Ladungen $Q_e = 0$, $Q_m \neq 0$ kam Dirac zu der Hypothese, daß

$$Q_m Q_e = nh \tag{A.2.28}$$

sein müßte, wobei n eine ganze Zahl ist. Wir haben schon oben festgestellt, daß dieses Produkt die Dimension eines Drehimpulses hat. Quantenmechanisch erscheint es als eine recht natürliche Annahme, daß es dann ebenso wie der Drehimpuls in Quanten auftreten sollte. Wenn

$$Q_e = e, \tag{A.2.29}$$

dann sollte

$$Q_m = \frac{nh}{e} \tag{A.2.30}$$

sein. Das ist eine relativ große Ladung, und zwar in folgendem Sinne. Wir betrachten die Kraft zwischen zwei solchen Ladungen,

$$F_m = \frac{n^2 h^2}{e^2 4\pi\mu_0 r^2}, \tag{A.2.31}$$

und vergleichen sie mit der Kraft zwischen zwei Elektronen gleichen Abstands,

$$F_e = \frac{e^2}{4\pi\varepsilon_0 r^2}. \tag{A.2.32}$$

Das Verhältnis der beiden Kräfte ist

$$\frac{F_m}{F_e} = \frac{n^2 h^2 \varepsilon_0}{e^4 \mu_0} = \frac{n^2}{(2\alpha)^2} = 4692 n^2, \tag{A.2.33}$$

wo

$$\alpha = \frac{e^2}{2h}\sqrt{\frac{\mu_0}{\varepsilon_0}} \approx \frac{1}{137} \tag{A.2.34}$$

eine wichtige dimensionslose Naturkonstante ist, die sogenannte Sommerfeldsche Feinstrukturkonstante. Die Ladung des Diracschen Monopols ist also in dem Sinne groß, daß die Kräfte zwischen zwei solchen Monopolen schon bei $n = 1$ rund 5000 mal größer sind als die zwischen zwei Elektronen.

Man kann das magnetische Elementarquantum auch durch den von ihm erzeugten magnetischen Fluß charakterisieren, der wegen (A.2.4), wie auch im analogen elektrischen Fall, (A.2.3), gleich der Ladung ist:

$$\phi = \frac{nh}{e} = n \cdot 4{,}135 \cdot 10^{-15} \text{ Wb}. \tag{A.2.35}$$

Das in 1 m Abstand erzeugte B-Feld kann auch zur Charakterisierung herangezogen werden,

$$B = \frac{Q_m}{4\pi\mu_0 r^2} = \frac{nh}{4\pi\mu_0 e r^2} = n \cdot 2{,}618 \cdot 10^{-10}\,\text{T} \quad (\text{für } r = 1m). \tag{A.2.36}$$

A.2.4 Die Suche nach magnetischen Monopolen

Alle diese Gedankengänge haben eine eifrige Suche nach magnetischen Polen ausgelöst. Ob es nun

a) überhaupt magnetische Ladungen gibt, und ob
b) eventuell existierende magnetische Ladungen der Diracschen Hypothese gehorchen

ist nach wie vor völlig offen. Veröffentlichungen, in denen 1975 über die Entdeckung magnetischer Monopole berichtet worden war, haben sich als nicht haltbar erwiesen.

Der Suche nach magnetischen Ladungen wird meist die Diracsche Hypothese zugrunde gelegt, um so die Effekte, nach denen man suchen muß, berechnen zu können. Die Versuche sind vielfältiger Art. Sie benutzen Beschleuniger zur eventuellen Erzeugung magnetisch geladener Teilchen, oder sie untersuchen die kosmische Strahlung als denkbare Quelle magnetisch geladener Teilchen. In irgendwelchen Proben erzeugte oder dort vorhandene Monopole können dann im Prinzip nachgewiesen werden, wenn man sie zunächst mit Magnetfeldern aus den Proben herauszieht, eventuell auch mit Magnetfeldern beschleunigt und anschließend auf ein geeignetes Nachweisgerät treffen läßt.

Zu solchen Untersuchungen wurden auch Mondgesteine und Meteoriten herangezogen, da diese lange Zeit der kosmischen Strahlung ausgesetzt waren und aus dieser Monopole aufgenommen haben könnten. Man kann die Monopole auch in der Probe nachweisen, wenn man sie mit dieser bewegt. Dadurch wird ein magnetischer Strom erzeugt, der dann entsprechend (A.2.1) ein elektrisches Feld hervorruft,

$$\text{rot}\,\mathbf{E} = -\mathbf{g}_m, \tag{A.2.37}$$

genau so wie ein magnetisches Feld durch einen elektrischen Strom hervorgerufen wird. Das ist die sogenannte Alvarez-Methode. Praktisch wird dabei eine

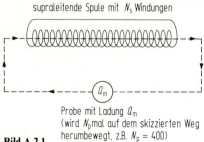

Bild A.2.1 Probe mit Ladung Q_m (wird N_p mal auf dem skizzierten Weg herumbewegt, z.B. $N_p = 400$)

supraleitende Spule benutzt. Das elektrische Feld erzeugt einen Strom, der dann durch den magnetischen Fluß nachgewiesen wird (Bild A.2.1).

In diesem Fall gilt (A.2.1) mit $\mathbf{E} = 0$, d.h. es ist

$$\mathbf{g}_m = -\frac{\partial \mathbf{B}}{\partial t}$$

bzw.

$$\int \mathbf{g}_m \cdot d\mathbf{A} = -\frac{\partial \phi}{\partial t},$$

$$|\phi| = |\int (\int \mathbf{g}_m \cdot d\mathbf{A}) dt)| = |N_s N_p Q_m|, \tag{A.2.38}$$

d.h. der in der Spule erzeugte magnetische Fluß ist der magnetischen Ladung Q_m, der Windungszahl der Spule N_s und der Zahl der Passagen der Probe N_p proportional. Es handelt sich also um eine im Prinzip sehr einfache Methode.

Man kann die Frage nach magnetischen Polen nicht nur im Hinblick auf neuartige Teilchen stellen, sondern auch im Hinblick auf die uns bekannten Teilchen. Wir können dann—das geht aus unserer Diskussion der dualen Transformation hervor—in jedem Fall annehmen, daß für Elektronen $Q_m = 0$ ist. Dadurch sind dann alle elektrischen und magnetischen Größen festgelegt. Eine Transformation ist nicht mehr möglich. Unter diesen Voraussetzungen könnten die magnetischen Ladungen anderer Teilchen, z.B. die von Nukleonen (Protonen oder Neutronen) von 0 verschieden sein. Wäre dies der Fall, so müßte auf der Erdoberfläche ein dadurch verursachtes Magnetfeld vorhanden sein. Da dieses kleiner als 1 Gauß ist, kann man abschätzen, daß die magnetische Ladung von Nukleonen

$$Q_m \leqslant 10^{-40} \text{ Wb}$$

sein müßte. Diese Ladung wäre rund $4 \cdot 10^{+25}$ mal kleiner als die kleinste nach Dirac mögliche Ladung. Entweder haben die Nukleonen also keine magnetische Ladung, oder die Diracsche Hypothese ist falsch.

Abschließend ist festzustellen, daß der Nachweis der Existenz magnetischer Teilchen bisher nicht erbracht werden konnte und daß damit diese interessante Frage nach wie vor offen ist.

A.3 Über die Bedeutung der elektromagnetischen Felder und Potentiale (Bohm–Aharonov–Effekte)

A.3.1 Einleitung

In der klassischen Feldtheorie ist die Kraft, die von einer elektrischen Ladung Q_1 am Ort $\mathbf{r}_1$ auf eine zweite Ladung Q_2 am Ort $\mathbf{r}_2$ ausgeübt wird

$$\mathbf{F} = \frac{Q_1 Q_2 (\mathbf{r}_2 - \mathbf{r}_1)}{4\pi\varepsilon_0 |\mathbf{r}_2 - \mathbf{r}_1|^3}. \tag{A.3.1}$$

Das ist das Coulombsche Gesetz, in dem die Kraft auf einer Fernwirkung zu beruhen scheint. Das ist unbefriedigend, und man geht deshalb zu einer anderen Formulierung über. Man stellt sich vor, daß eine Ladung im ganzen Raum eine vom Ort abhängige Feldstärke **E(r)** erzeugt, die dann auf andere Ladungen einwirkt, wobei

$$\mathbf{F} = m\frac{d^2\mathbf{r}}{dt^2} = Q\mathbf{E}(\mathbf{r}) \tag{A.3.2}$$

ist. Auf das Teilchen wirkt also das Feld mit der Feldstärke ein, die es am Ort des Teilchens hat. Nimmt man die magnetische Kraft, die Lorentz–Kraft, hinzu, so gilt:

$$\mathbf{F} = m\frac{d^2\mathbf{r}}{dt^2} = Q\mathbf{E}(\mathbf{r}) + Q\mathbf{v} \times \mathbf{B}(\mathbf{r}), \tag{A.3.3}$$

wo **B(r)** wiederum die magnetische Induktion am Ort des Teilchens ist. Damit ist die Bewegungsgleichung eines beliebigen Teilchens in einem beliebigen elektromagnetischen Feld gegeben, und damit ist auch die Einwirkung des Feldes auf das Teilchen im Sinne der klassischen Physik vollständig beschrieben. Es handelt sich um eine lokale Wechselwirkung und nicht um eine Fernwirkung.

In der Quantenmechanik tritt—für nichtrelativistische Teilchen—die Schrödinger-Gleichung an die Stelle der klassischen Bewegungsgleichung. Sie ergibt sich aus der Hamilton-Funktion der klassischen Mechanik. Für ein beliebiges System ist die *Hamilton–Funktion* eine Funktion der kanonischen Impuls- und Ortskoordinaten p_k und q_k,

$$H = H(p_k, q_k). \tag{A.3.4}$$

Sie wird üblicherweise mit H bezeichnet und darf nicht mit der magnetischen Feldstärke verwechselt werden. Die klassischen Bewegungsgleichungen sind in dieser Formulierung die Hamiltonschen Differentialgleichungen,

$$\frac{dp_k}{dt} = -\frac{\partial H}{\partial q_k}, \tag{A.3.5}$$

$$\frac{dq_k}{dt} = \frac{\partial H}{\partial p_k}. \tag{A.3.6}$$

Für ein Teilchen der Masse m in einem Kraftfeld mit dem Potential $U(x_1, x_2, x_3)$ ist

$$H = \frac{p^2}{2m} + U = \frac{p_1^2 + p_2^2 + p_3^2}{2m} + U(x_1, x_2, x_3). \tag{A.3.7}$$

Dabei sind die

$$p_i = m\dot{x}_i \tag{A.3.8}$$

die Komponenten des Impulses. In diesem Fall gilt

$$\frac{dp_i}{dt} = -\frac{\partial U}{\partial x_i} \tag{A.3.9}$$

und
$$\frac{dx_i}{dt} = \frac{p_i}{m}, \tag{A.3.10}$$

also

$$m\frac{d^2 x_i}{dt^2} = -\frac{\partial U}{\partial x_i}, \tag{A.3.11}$$

d.h. wir erhalten die klassische (Newtonsche) Bewegungsgleichung.

Für ein Teilchen in einem elektromagnetischen Feld ist

$$H = \frac{(\mathbf{p} - Q\mathbf{A})^2}{2m} + Q\varphi, \tag{A.3.12}$$

wo $\mathbf{A}$ und φ die elektromagnetischen Potentiale sind, aus denen sich $\mathbf{E}$ und $\mathbf{B}$ berechnen läßt,

$$\mathbf{E} = -\operatorname{grad} \varphi - \frac{\partial \mathbf{A}}{\partial t}, \tag{A.3.13}$$

$$\mathbf{B} = \operatorname{rot} \mathbf{A}. \tag{A.3.14}$$

$\mathbf{p}$ ist der kanonische Impuls,

$$\mathbf{p} = m\mathbf{v} + Q\mathbf{A}, \tag{A.3.15}$$

der nicht mit dem üblichen Impuls $m\mathbf{v}$ verwechselt werden darf, in den er allerdings für $\mathbf{A} = 0$ übergeht. Die Hamiltonschen Differentialgleichungen geben in diesem Fall die schon erwähnte Bewegungsgleichung (A.3.3), was hier nicht nachgewiesen werden soll.

Ersetzt man die physikalischen Größen durch Operatoren, wie dies schon im Anhang A.1 geschah,

$$H \Rightarrow \hat{H} = i\hbar \frac{\partial}{\partial t}, \tag{A.3.16}$$

$$\mathbf{p} \Rightarrow \hat{\mathbf{p}} = -i\hbar \nabla, \tag{A.3.17}$$

so ergibt sich die Schrödinger-Gleichung,

$$i\hbar \frac{\partial \psi}{\partial t} = \hat{H}(-i\hbar \nabla, \mathbf{q})\psi. \tag{A.3.18}$$

Insbesondere erhält man für ein Teilchen in einem elektromagnetischen Feld aus (A.3.12)

$$i\hbar \frac{\partial \psi}{\partial t} = \left[\frac{(-i\hbar \nabla - Q\mathbf{A})^2}{2m} + Q\varphi\right]\psi. \tag{A.3.19}$$

Bei der Berechnung des Quadrates ist auf die Nichtvertauschbarkeit des Impulsoperators und des Ortsoperators bzw. ortsabhängiger Größen (hier

$\mathbf{A} = \mathbf{A}(\mathbf{r}))$ zu achten. Man erhält deshalb, ausführlicher geschrieben,

$$i\hbar \frac{\partial \psi}{\partial t} = \left[\frac{-\hbar^2 \Delta + i\hbar Q \mathbf{A} \cdot \nabla + i\hbar Q \nabla \cdot \mathbf{A} + Q^2 A^2}{2m} + Q\varphi \right] \psi. \tag{A.3.20}$$

A.3.2 Die Rolle der Felder und Potentiale

In der klassischen elektromagnetischen Feldtheorie gilt also die Bewegungsgleichung

$$\boxed{\mathbf{F} = m\frac{d^2 \mathbf{r}}{dt^2} = Q\mathbf{E} + Q\mathbf{v} \times \mathbf{B}}, \tag{A.3.21}$$

in der Quantenmechanik statt dessen die Schrödinger–Gleichung,

$$\boxed{i\hbar \frac{\partial \psi}{\partial t} = \left[\frac{(-i\hbar \nabla - Q\mathbf{A})^2}{2m} + Q\varphi \right] \psi}. \tag{A.3.22}$$

Die eine Gleichung enthält die Felder $\mathbf{E}$ und $\mathbf{B}$, die andere die Potentiale $\mathbf{A}$ und φ. In der klassischen Theorie sind die Potentiale zunächst nur formal eingeführte Hilfsgrößen, die die Lösung der Maxwellschen Gleichungen erleichtern sollen und dies in erheblichem Maße auch tun. Zwei der vier Maxwellschen Gleichungen werden ja durch die Ansätze (A.3.13), (A.3.14) automatisch erfüllt, während sich aus den beiden anderen die inhomogenen Wellengleichungen (7.187), (7.188) ergeben. In der Bewegungsgleichung (A.3.21) kann man die Felder problemlos durch die Potentiale eliminieren. Es stellt sich jedoch die Frage, ob man umgekehrt in der Schrödinger–Gleichung (A.3.22) die Potentiale durch die Felder $\mathbf{E}$ und $\mathbf{B}$ ausdrücken kann. Dies geht nicht, jedenfalls nicht problemlos. Wenn man es unbedingt tun will, dann kann man von den inhomogenen Wellengleichungen (7.187), (7.188) ausgehen. Ihre Lösungen sind die retardierten Potentiale (7.195), (7.196). Weiter kann man ρ und $\mathbf{g}$ durch $\mathbf{E}$ und $\mathbf{B}$ ausdrücken,

und
$$\rho = \varepsilon_0 \, \text{div} \, \mathbf{E}$$

$$\mathbf{g} = \frac{1}{\mu_0} \text{rot} \, \mathbf{B} - \varepsilon_0 \frac{\partial \mathbf{E}}{\partial t}.$$

Damit kann man die retardierten Potentiale (7.195), (7.196) wie folgt schreiben:

$$\varphi(\mathbf{r}, t) = \int \frac{\text{div} \, \mathbf{E}\left(\mathbf{r}', t - \frac{|\mathbf{r} - \mathbf{r}'|}{c}\right)}{4\pi |\mathbf{r} - \mathbf{r}'|} d\tau', \tag{A.3.23}$$

$$\mathbf{A}(\mathbf{r}, t) = \int \frac{\left[\text{rot} \, \mathbf{B}\left(\mathbf{r}', t - \frac{|\mathbf{r} - \mathbf{r}'|}{c}\right) - \frac{1}{c^2} \frac{\partial}{\partial t} E\left(\mathbf{r}', t - \frac{|\mathbf{r} - \mathbf{r}'|}{c}\right) \right]}{4\pi |\mathbf{r} - \mathbf{r}'|} d\tau'. \tag{A.3.24}$$

Es erscheint nicht sinnvoll, das in die Schrödinger–Gleichung (A.3.22) einzusetzen.

A.3 Bedeutung der elektromagnetischen Felder und Potentiale (Bohm-Aharonov-Effekte)

Die so entstehende Gleichung wäre sehr kompliziert, ohne irgendwelche Vorteile zu bieten. Sie hätte darüber hinaus die prinzipiell unangenehme Eigenschaft, daß die Wellenfunktion $\psi(\mathbf{r})$ nicht nur durch Felder $\mathbf{E}(\mathbf{r})$ und $\mathbf{B}(\mathbf{r})$ am jeweiligen Ort $\mathbf{r}$ beeinflußt wird, sondern durch Integrale dieser Felder, die die Felder im ganzen Raum enthalten, d.h. der Vorteil einer lokalen Wechselwirkung wäre verloren gegangen. Damit wäre auch das eigentliche Motiv für die Einführung der Felder in der klassischen Theorie hinfällig geworden. Dagegen bleibt die Wechselwirkung lokal, wenn wir die Potentiale $\mathbf{A}$ und φ in der Schrödinger–Gleichung stehen lassen und sie als echte nicht ersetzbare Felder (und nicht nur als formale Hilfsgrößen) auffassen. Die folgende Diskussion wird zeigen, daß dies auch aus anderen noch tiefer liegenden Gründen erforderlich ist.

Für den späteren Gebrauch sollen an dieser Stelle noch zwei Spezialfälle der Schrödinger–Gleichung (A.3.22) betrachtet werden.

a) Für $\varphi = 0$ gilt

$$i\hbar \frac{\partial \psi}{\partial t} = \frac{(-i\hbar \nabla - Q\mathbf{A})^2}{2m} \psi. \tag{A.3.25}$$

Ist nun ψ_0 eine Lösung der Gleichung für $\mathbf{A} = 0$,

$$i\hbar \frac{\partial \psi_0}{\partial t} = \frac{(-i\hbar \nabla)^2}{2m} \psi_0, \tag{A.3.26}$$

so ist

$$\psi = \psi_0 \exp\left[i \frac{Q}{\hbar} \int_{\mathbf{r}_0}^{\mathbf{r}} \mathbf{A} \cdot d\mathbf{s} \right] \tag{A.3.27}$$

eine Lösung der Gleichung (A.3.25), weil

$$(-i\hbar \nabla - Q\mathbf{A})\psi_0 \exp\left[i \frac{Q}{\hbar} \int_{\mathbf{r}_0}^{\mathbf{r}} \mathbf{A} \cdot d\mathbf{s} \right] = \exp\left[i \frac{Q}{\hbar} \int_{\mathbf{r}_0}^{\mathbf{r}} \mathbf{A} \cdot d\mathbf{s} \right] (-i\hbar \nabla)\psi_0$$

und

$$(-i\hbar \nabla - Q\mathbf{A})^2 \psi_0 \exp\left[i \frac{Q}{\hbar} \int_{\mathbf{r}_0}^{\mathbf{r}} \mathbf{A} \cdot d\mathbf{s} \right] = \exp\left[i \frac{Q}{\hbar} \int_{\mathbf{r}_0}^{\mathbf{r}} \mathbf{A} \cdot d\mathbf{s} \right] (-i\hbar \nabla)^2 \psi_0.$$

b) Für $\mathbf{A} = 0$ und $\varphi = \varphi(t)$ (d.h. wenn φ nicht vom Ort abhängt und damit $\mathbf{E} = 0$ ist) gilt

$$i\hbar \frac{\partial \psi}{\partial t} = \left(-\frac{\hbar^2}{2m} \Delta + Q\varphi \right) \psi. \tag{A.3.28}$$

Ist ψ_0 wiederum eine Lösung der Gleichung (A.3.26), so ist

$$\psi = \psi_0 \exp\left[-i \frac{Q}{\hbar} \int_{t_0}^{t} \varphi(t')\, dt' \right] \tag{A.3.29}$$

eine Lösung der Gleichung (A.3.28). Die Voraussetzung $\varphi = \varphi(t)$ gilt z.B. dann, wenn sich ein Teilchen im Inneren eines Faraday–Käfigs bewegt, dessen Oberfläche ein zeitabhängiges Potential $\varphi(t)$ aufweist.

In beiden Fällen bewirken die Potentiale, daß ein zusätzlicher Phasenfaktor auftritt, wobei die Phasenverschiebung $(Q/\hbar) \int \mathbf{A} \cdot d\mathbf{r}$ bzw. $-(Q/\hbar) \int \varphi(t)\, dt$ ist.

A.3.3 Die Ehrenfestschen Theoreme

Trotz der erheblichen Unterschiede zwischen klassischer Mechanik und Quantenmechanik steht die klassische Mechanik nicht im Widerspruch zur Quantenmechanik. Aus der Quantenmechanik ergibt sich nämlich, daß sich die Mittelwerte physikalischer Größen, etwas vereinfacht gesagt, klassisch verhalten. Dies kommt in den Ehrenfestschen Theoremen zum Ausdruck. Bezeichnen wir den Mittelwert einer physikalischen Größe g mit $\langle g \rangle$, so ergeben sich aus der Schrödinger–Gleichung die folgenden Beziehungen:

$$\frac{d}{dt}\langle \mathbf{r} \rangle = \frac{\langle \mathbf{p} \rangle}{m}, \qquad (A.3.30)$$

$$\frac{d}{dt}\langle \mathbf{p} \rangle = -\langle \text{grad } U(\mathbf{r}) \rangle \qquad (A.3.31)$$

bzw. zusammengefaßt

$$m\frac{d^2}{dt^2}\langle \mathbf{r} \rangle = = -\langle \text{grad } U(\mathbf{r}) \rangle. \qquad (A.3.32)$$

Das ist fast die klassische Bewegungsgleichung, die hier als Konsequenz der Schrödinger–Gleichung auftritt. Bei makroskopischen Systemen sind Abweichungen von den Mittelwerten sehr unwahrscheinlich, und der Unterschied zwischen (A.3.32) und der klassischen Bewegungsgleichung ist vernachlässigbar. Für mikroskopische Systeme ist das allerdings keineswegs der Fall.

Für die Bewegung eines Teilchens in einem elektromagnetischen Feld ergibt sich aus der Schrödinger–Gleichung (A.3.22) nach einer recht umständlichen Rechnung das Ehrenfestsche Theorem in der folgenden Form:

$$m\frac{d^2}{dt^2}\langle \mathbf{r} \rangle = \left\langle Q\mathbf{E} + \frac{Q}{2}(\mathbf{v} \times \mathbf{B} - \mathbf{B} \times \mathbf{v}) \right\rangle. \qquad (A.3.33)$$

Man kann also auch in der Quantenmechanik die "mittleren" Teilchenbahnen mit Hilfe der Feldgrößen $\mathbf{E}$ und $\mathbf{B}$ berechnen, und zwar in einer der klassischen Bewegungsgleichung durchaus analogen Form. Das gilt aber nur für die Mittelwerte und nicht für die Beschreibung des detaillierten Teilchenverhaltens in elektromagnetischen Feldern. Die zunächst merkwürdige Form von (A.3.33) kommt daher, daß die Geschwindigkeit in der Quantenmechanik ein mit dem Impuls zusammenhängender Operator ist, wie dies aus (A.3.15) und (A.3.17) hervorgeht. Dieser Operator ist nicht mit dem Ortsoperator bzw. nicht mit ortsabhängigen Operatoren—z.B. nicht mit $\mathbf{A} = \mathbf{A}(\mathbf{r})$ oder $\mathbf{B} = \mathbf{B}(\mathbf{r})$—vertauschbar. Klassisch ist natürlich

$$\tfrac{1}{2}(\mathbf{v} \times \mathbf{B} - \mathbf{B} \times \mathbf{v}) = \tfrac{1}{2}(\mathbf{v} \times \mathbf{B} + \mathbf{v} \times \mathbf{B}) = \mathbf{v} \times \mathbf{B}. \qquad (A.3.34)$$

In der Quantenmechanik dagegen darf man diese Ausdrücke nicht gleichsetzen. Man sieht jedoch, daß das Ehrenfestsche Theorem in der Form von (A.3.33) beim Übergang zu klassischen Größen gerade die Lorentz-Kraft liefert.

A.3.4 Magnetfeld und Vektorpotential einer unendlich langen idealen Spule

Wir betrachten eine unendlich lange ideale Spule (Bild A.3.1). Ihr Magnetfeld kann durch das Vektorpotential **A** beschrieben werden, wobei

$$\mathbf{B} = \operatorname{rot} \mathbf{A} \tag{A.3.35}$$

ist. Für den magnetischen Fluß durch eine beliebige Fläche a gilt

$$\phi = \int_a \mathbf{B} \cdot d\mathbf{a} = \int_a \operatorname{rot} \mathbf{A} \cdot d\mathbf{a} = \oint \mathbf{A} \cdot d\mathbf{s}. \tag{A.3.36}$$

B ist eichinvariant, d.h. beim Übergang zu einem anderen Vektorpotential unterschiedlicher Eichung—die beiden Vektorpotentiale können sich nur durch den Gradienten einer beliebigen Funktion unterscheiden—ändert sich **B** nicht. Damit ist auch der Fluß ϕ invariant, was man auch unmittelbar sehen kann, da $\oint \mathbf{A} \cdot d\mathbf{s}$ sich ebenfalls nicht ändern kann ($\oint \operatorname{grad} f \cdot d\mathbf{s} = 0$). Bild A.3.1 zeigt $B_z(r)$ und $A_\varphi(r)$. In der hier angenommenen Eichung hat **A** nur eine φ-Komponente $A_\varphi(r)$. Es gilt (s. auch Abschn. 5.2.3):

$$B_z(r) = \begin{cases} B_0 & \text{für} \quad r \leqslant r_0 \\ 0 & \text{für} \quad r > r_0 \end{cases} \tag{A.3.37}$$

und

$$A_\varphi(r) = \begin{cases} \dfrac{r}{2} B_0 & \text{für} \quad r \leqslant r_0 \\[2mm] \dfrac{r_0^2 B_0}{2r} & \text{für} \quad r \geqslant r_0. \end{cases} \tag{A.3.38}$$

Im folgenden wird uns die Tatsache interessieren, daß im vorliegenden Fall das Magnetfeld außerhalb der Spule verschwindet, das Vektorpotential jedoch nicht. Wir werden die Frage diskutieren, ob dieses Vektorpotential außerhalb der Spule geladene Teilchen, deren Verhalten im Feld durch die Schrödinger-Gleichung beschrieben wird, in irgendeiner Weise beeinflußt oder nicht. Dazu sollen Experimente mit Elektronenstrahlinterferenzen am Doppelspalt betrachtet werden, wie dies von Bohm und Aharonov getan wurde [34].

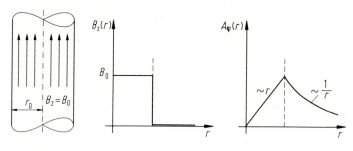

Bild A.3.1

A.3.5 Elektronenstrahlinterferenzen am Doppelspalt

Entsprechend Bild A.3.2 sollen an einem Doppelspalt Elektroneninterferenzversuche durchgeführt werden. Wenn man zunächst die hinter dem Doppelspalt befindliche Spule mit ihrem Magnetfeld wegläßt, erhält man auf dem Schirm ein Interferenzbild mit Stellen maximaler und minimaler Intensität des dort auftreffenden Elektronenstrahls. Man kann (mit den durch Bild A.3.2 definierten Größen a, d, L, r_1, r_2, x) den geometrischen Gangunterschied

$$a = r_2 - r_1 = \sqrt{L^2 + \left(x + \frac{d}{2}\right)^2} - \sqrt{L^2 + \left(x - \frac{d}{2}\right)^2} \qquad (A.3.39)$$

berechnen. Für $x \ll L$ ist

$$a \approx \frac{xd}{L}. \qquad (A.3.40)$$

Dem entspricht ein Phasenunterschied

$$\alpha = \frac{2\pi}{\lambda} \cdot \frac{xd}{L}, \qquad (A.3.41)$$

wenn λ die Wellenlänge der den Elektronen zugeordneten Materiewelle ist, die sich aus der de Broglieschen Beziehung ergibt,

$$\lambda = \frac{h}{p}. \qquad (A.3.42)$$

p ist der Impuls der Elektronen.

Wird nun dieser Versuch mit der Spule und ihrem Magnetfeld wiederholt, so bewegen sich die interferierenden Teilstrahlen im Gebiet des von der Spule erzeugten Vektorpotentials. Die Spule soll ideal sein, d.h. keinen Streufluß besitzen. Der Elektronenstrahl soll in das Spuleninnere nicht eindringen können, anders gesagt, Wellenfunktion der Elektronen und magnetische Induktion des Feldes im Spuleninneren sollen sich nicht überlappen. Dadurch ergeben sich längs der beiden

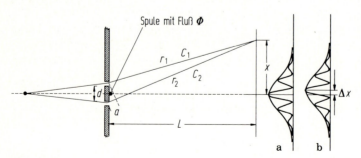

Bild A.3.2

Wege C_1 und C_2 der interferierenden Teilstrahlen zusätzliche Phasenunterschiede,

$$\beta_1 = \frac{Q}{\hbar} \int_{C_1} \mathbf{A} \cdot \mathbf{ds} \tag{A.3.43}$$

und

$$\beta_2 = \frac{Q}{\hbar} \int_{C_2} \mathbf{A} \cdot \mathbf{ds}. \tag{A.3.44}$$

Für die Interferenz ist die Differenz maßgebend,

$$\beta = \beta_1 - \beta_2 = \frac{Q}{\hbar} \oint \mathbf{A} \cdot \mathbf{ds} = \frac{Q\phi}{\hbar}, \tag{A.3.45}$$

wo ϕ der in der Spule enthaltene Fluß ist. Das ist ein sehr merkwürdiges Ergebnis. Es kommt nur auf den Fluß an, nicht jedoch darauf wie das Magnetfeld, das diesen Fluß bewirkt, räumlich verteilt ist, solange wir nur den Phasenunterschied β betrachten. Dieser bewirkt eine Verschiebung der Maxima und Minima des Interferenzbildes auf dem Schirm um die Strecke

$$\Delta x = \frac{L\lambda}{2\pi d} \cdot \beta = \frac{L\lambda}{2\pi d} \cdot \frac{Q\phi}{\hbar} = \frac{L\lambda Q\phi}{dh}. \tag{A.3.46}$$

Dies ergibt sich aus (A.3.41), wenn man dort α durch β und x durch Δx ersetzt. Bild A.3.2 zeigt a) das Interferenzbild ohne und b) mit Magnetfeld.

Eine genauere Untersuchung zeigt [35], daß die Einhüllende des Interferenzbildes durch das Magnetfeld nicht beeinflußt wird, daß sich jedoch die Maxima und Minima entsprechend (A.3.46) verschieben (wie dies in den beiden Interferenzbildern von Bild A.3.2 skizziert ist). Das ist der von Bohm und Aharonov vorhergesagte und in der Zwischenzeit auch experimentell verifizierte Effekt, zuletzt und am deutlichsten wohl durch [36]. Der Effekt ist durch das Feld **B** allein nicht erklärbar. Im Sinne der klassischen Mechanik sollte die Spule keinerlei Auswirkungen auf die vorbeigehenden Teilstrahlen haben (vorausgesetzt, daß—wie oben angenommen—keine Überlappung des Spulenfeldes **B** und der Wellenfunktion ψ vorhanden ist, was natürlich experimentell nicht ohne weiteres zu realisieren ist und deshalb der Gegenstand zahlreicher Kontroversen über den Bohm–Aharonov–Effekt war).

Es ist interessant, eine Variante des in Bild A.3.2 beschriebenen Versuches zu betrachten, die in Bild A.3.3 gezeigt ist. Das Spulenfeld wird durch eine Zone homogenen (auf der Zeichenebene senkrecht stehenden) Feldes ersetzt. Die Breite dieser Zone ist w. Ohne Magnetfeld geschieht natürlich dasselbe wie vorher. Mit Magnetfeld ist der Fluß, auf den es ankommt, näherungsweise (d.h. wenn $x \ll L$)

$$\phi = B_1 w d, \tag{A.3.47}$$

und die dadurch bewirkte Verschiebung der Minima und Maxima des Interferenzbildes ist nach (A.3.46)

$$\Delta x = \frac{L\lambda Q}{dh} B_1 w d = \frac{L\lambda Q B_1 w}{h}. \tag{A.3.48}$$

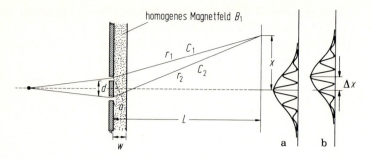

Bild A.3.3

Bild A.3.3 zeigt ähnlich wie Bild A.3.2 a) das Interferenzbild ohne und b) mit Magnetfeld. Dabei verschiebt sich jedoch—anders als im Fall von Bild A.3.2—das ganze Interferenzbild einschließlich seiner Einhüllenden um die Länge Δx in x-Richtung. Dies ist auch anschaulich und mit klassischen Vorstellungen leicht zu verstehen. Wenn $x \ll L$ ist, dann ergibt sich aus der Lorentz–Kraft

$$\Delta p_x = QvB_1\tau = QvB_1\frac{w}{v} = QB_1w, \tag{A.3.49}$$

wo τ die Zeit ist, die das Teilchen zum Durchlaufen der Zone homogenen Magnetfeldes benötigt. Ist v seine Geschwindigkeit, dann ist

$$\tau = \frac{w}{v}. \tag{A.3.50}$$

Weiter ist

$$\frac{\Delta x}{L} \approx \frac{\Delta p_x}{p} = \frac{QB_1w}{\dfrac{h}{\lambda}} = \frac{\lambda QB_1w}{h}. \tag{A.3.51}$$

Nach Multiplikation mit L entspricht das genau dem obigen Ergebnis, Gleichung (A.3.48), das auf ganz andere Weise gewonnen wurde. Alle Elektronen werden durch das Magnetfeld um den gleichen Winkel abgelenkt ($\approx \Delta x/L$), d.h. das ganze Interferenzbild wird um den entsprechenden Abstand Δx verschoben. Zum Vorzeichen ist zu sagen, daß für Elektronen ($Q < 0$) und für Magnetfelder, deren Richtung aus der Zeichenebene heraus nach oben zeigt, die Ablenkung Δx nach oben geht.

Der Unterschied zwischen den beiden Varianten des Versuchs (nämlich einmal mit Spule ohne Außenfeld und einmal mit dem Gebiet homogenen Feldes) ist sehr merkwürdig, auf der Grundlage des Ehrenfestschen Theorems einerseits und des durch das Vektorpotential bewirkten Phasenunterschiedes andererseits jedoch leicht zu verstehen. Für die Frage, wo die Maxima und Minima des Interferenzbildes entstehen, kommt es allein auf die Phasenunterschiede und das heißt allein auf den umfahrenen magnetischen Fluß ($\oint \mathbf{A} \cdot \mathbf{ds}$) an. Für die Mittelwerte der

A.3 Bedeutung der elektromagnetischen Felder und Potentiale (Bohm-Aharonov-Effekte) 615

Teilchenbahn kommt es auch in der Quantenmechanik auf die Lorentz–Kraft und das heißt auf die magnetische Induktion an, wobei auf die in der Gleichung (A.3.33) gegebene Form der Lorentz–Kraft zu achten ist. Im Falle der Spule ohne Streufeld bleibt deshalb der Schwerpunkt der Teilchenbahnen unverändert und die Einhüllende des Interferenzbildes bleibt deshalb ebenfalls unverändert erhalten. Im Falle des homogenen Feldes, das von den Elektronen durchlaufen wird, werden die Elektronen klassisch und quantenmechanisch um denselben Winkel abgelenkt. Die Mittelwerte verschieben sich dementsprechend. Deshalb wird in diesem Fall die Einhüllende des Interferenzbildes zusammen mit den Stellen größter und kleinster Intensitäten um die Strecke Δx verschoben. Das entspricht einer Verschiebung des Schwerpunktes (der Mittelwerte) um dieselbe Strecke Δx. Damit ist ein insgesamt klares und verständliches Bild der Vorgänge gewonnen.

Ein ganz anderes und dennoch verwandtes Experiment (das auch auf die genannte Arbeit von Bohm und Aharonov zurückgeht) ist in Bild A.3.4 angedeutet. Jeder der beiden Teilstrahlen durchläuft einen abgeschirmten Hohlraum in Form von Röhren R_1 und R_2. Während die Wellenpakete in den Hohlräumen sind und sich nicht zu nah an den Ein- und Ausgangsöffnungen befinden (an denen elektrische Streufelder vorhanden sein könnten) werden Potentiale $\varphi_1(t)$ und $\varphi_2(t)$ angelegt. Dadurch werden Phasenunterschiede

$$\beta_1 = -\frac{Q}{\hbar}\int \varphi_1(t)\,dt \qquad (A.3.52)$$

und

$$\beta_2 = -\frac{Q}{\hbar}\int \varphi_2(t)\,dt \qquad (A.3.53)$$

hervorgerufen. Wenn nun $\beta_1 \neq \beta_2$ ist, dann werden die am Interferenzschirm auftretenden Maxima und Minima entsprechend der Differenz

$$\beta = \beta_1 - \beta_2 \qquad (A.3.54)$$

verschoben, wobei wie schon oben wieder (A.3.46) gilt. Das ist ebenso merkwürdig wie der oben mit dem Magnetfeld der Spule beschriebene Versuch. Obwohl in den Röhren

$$\mathbf{E} = -\operatorname{grad}\varphi = 0 \qquad (A.3.55)$$

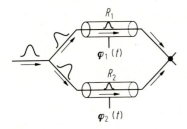

Bild A.3.4

ist, hat das Potential einen Einfluß auf die es durchlaufenden Elektronen. Ähnlich wie oben ist auch hier zu sagen, daß das elektrische Feld zur Beschreibung der Wechselwirkung nicht ausreicht. Im übrigen gilt auch hier, daß die Einhüllende des Interferenzbildes (d.h. der "Schwerpunkt" der ankommenden Elektronen) sich nicht verschiebt, wenn $\mathbf{E} = 0$ ist. Lediglich die Lage der Minima und Maxima wird durch die Potentiale $\varphi_1(t)$ und $\varphi_2(t)$ beeinflußt. Beim Durchlaufen nichtverschwindender elektrischer Felder dagegen verschiebt sich mit dem Schwerpunkt der Strahlen auch das gesamte Interferenzbild mit seiner Einhüllenden. Beides entspricht dem Ehrenfestschen Theorem.

A.3.6 Schlußfolgerungen

Es ist festzustellen, daß die Felder $\mathbf{E}$ und $\mathbf{B}$ auf der einen, die Potentiale $\mathbf{A}$ und φ auf der anderen Seite durch die Quantenmechanik in ein neues Licht gerückt werden. Die Maxwellschen Gleichungen bleiben dabei unangetastet. Sie können auch im Zusammenhang mit der Quantenmechanik als richtig gelten. Jedoch treten bei der Wechselwirkung geladener Teilchen mit elektromagnetischen Feldern Effekte auf, die mit der klassischen Bewegungsgleichung nicht erklärt werden können und zu deren Beschreibung die Felder der Maxwellschen Gleichungen nicht ausreichen. Vielmehr benötigt man dazu die Potentiale $\mathbf{A}$ und φ als eigenständige Felder, auf die man nicht verzichten kann. Eher könnte man auf die klassischen Felder $\mathbf{E}$ und $\mathbf{B}$ verzichten, da sie in der klassischen Theorie mit Hilfe der Potentiale problemlos eliminiert werden können, während das Umgekehrte in der Quantenmechanik nicht oder jedenfalls nicht problemlos möglich ist.

A.4 Die Liénard-Wiechertschen Potentiale

Ein sehr interessanter Spezialfall der retardierten Potentiale (7.195), (7.196) ergibt sich für ein geladenes Teilchen, das eine beliebig vorgegebene Bahn $\mathbf{r}_0(t)$ durchläuft. Für dieses ist

$$\rho = Q\delta[\mathbf{r} - \mathbf{r}_0(t)], \tag{A.4.1}$$

$$\mathbf{g} = Q\dot{\mathbf{r}}_0 \delta[\mathbf{r} - \mathbf{r}_0(t)]$$
$$= Q\mathbf{v}_0(t)\delta[\mathbf{r} - \mathbf{r}_0(t)]. \tag{A.4.2}$$

Dabei ist Q die Ladung des Teilchens und

$$\dot{\mathbf{r}}_0(t) = \frac{d}{dt}\mathbf{r}_0(t) = \mathbf{v}_0(t) \tag{A.4.3}$$

ist seine Geschwindigkeit. Die Potentiale sind

$$\varphi(\mathbf{r}, t) = \frac{Q}{4\pi\varepsilon_0} \int \frac{\delta\left[\mathbf{r}' - \mathbf{r}_0\left(t - \frac{|\mathbf{r}-\mathbf{r}'|}{c}\right)\right]}{|\mathbf{r} - \mathbf{r}'|} d\tau', \tag{A.4.4}$$

$$\mathbf{A}(\mathbf{r},t) = \frac{Q\mu_0}{4\pi} \int \frac{\mathbf{v}_0\left(t - \frac{|\mathbf{r}-\mathbf{r}'|}{c}\right) \delta\left[\mathbf{r}' - \mathbf{r}_0\left(t - \frac{|\mathbf{r}-\mathbf{r}'|}{c}\right)\right]}{|\mathbf{r}-\mathbf{r}'|} d\tau'. \qquad (A.4.5)$$

Die Auswertung dieser Integrale ist trotz der δ-Funktion nicht ganz einfach. Das Argument, eine unter Umständen komplizierte Funktion von $\mathbf{r}'$, muß verschwinden. Allgemein gilt

$$\int F(\mathbf{r}')\delta[\mathbf{f}(\mathbf{r}')] \, d\tau' = \int F(x',y',z')\delta[\mathbf{f}(x',y',z')] \, dx' \, dy' \, dz'$$

$$= \int F(x',y',z')\delta[\mathbf{f}(x',y',z')] \cdot \frac{1}{D} df_x \, df_y \, df_z \qquad (A.4.6)$$

mit der Funktionaldeterminante

$$D = \begin{vmatrix} \frac{\partial f_x}{\partial x'} & \frac{\partial f_x}{\partial y'} & \frac{\partial f_x}{\partial z'} \\ \frac{\partial f_y}{\partial x'} & \frac{\partial f_y}{\partial y'} & \frac{\partial f_y}{\partial z'} \\ \frac{\partial f_z}{\partial x'} & \frac{\partial f_z}{\partial y'} & \frac{\partial f_z}{\partial z'} \end{vmatrix}. \qquad (A.4.7)$$

Im vorliegenden Fall ergibt sich

$$D = 1 - \frac{\mathbf{v}_0\left(t - \frac{|\mathbf{r}-\mathbf{r}'|}{c}\right) \cdot (\mathbf{r}-\mathbf{r}')}{c|\mathbf{r}-\mathbf{r}'|}. \qquad (A.4.8)$$

Damit erhält man die sog. Liénard-Wiechertschen Potentiale,

$$\varphi(\mathbf{r},t) = \frac{Q}{4\pi\varepsilon_0|\mathbf{r}-\mathbf{r}'|\left[1 - \frac{\mathbf{v}_0\left(t - \frac{|\mathbf{r}-\mathbf{r}'|}{c}\right) \cdot (\mathbf{r}-\mathbf{r}')}{c|\mathbf{r}-\mathbf{r}'|}\right]} \qquad (A.4.9)$$

und

$$\mathbf{A}(\mathbf{r},t) = \mu_0\varepsilon_0\mathbf{v}_0\varphi(\mathbf{r},t) = \frac{\mathbf{v}_0}{c^2}\varphi(\mathbf{r},t). \qquad (A.4.10)$$

$\mathbf{r}'$ ist dadurch definiert, daß das Argument der δ-Funktionen in den Gleichungen (A.4.4), (A.4.5) verschwinden muß, d.h. es gilt

$$\mathbf{r}' = \mathbf{r}_0\left(t - \frac{|\mathbf{r}-\mathbf{r}'|}{c}\right), \qquad (A.4.11)$$

d.h. $\mathbf{r}'$ ist eine Funktion von $\mathbf{r}$ und t, deren Bestimmung je nach der vorgegebenen Teilchenbahn Schwierigkeiten bereiten kann. $\mathbf{r}'$ ist der Ort, an dem sich das Teilchen zur retardierten Zeit befand.

Ein relativ einfacher Spezialfall ist der eines mit konstanter Geschwindigkeit bewegten Teilchens,

$$\mathbf{r}_0 = \mathbf{v}_0 t. \tag{A.4.12}$$

In diesem Fall ergibt sich (nach einer hier übergangenen Zwischenrechnung)

$$\varphi = \frac{Qc}{4\pi\varepsilon_0 \sqrt{(c^2 t - \mathbf{v}_0 \cdot \mathbf{r})^2 + (c^2 - v_0^2)(r^2 - c^2 t^2)}}, \tag{A.4.13}$$

$$\mathbf{A} = \frac{\mathbf{v}_0 \varphi}{c^2}. \tag{A.4.14}$$

Selbstverständlich muß sich für $\mathbf{v}_0 = 0$ das Potential

$$\varphi = \frac{Q}{4\pi\varepsilon_0 r} \tag{A.4.15}$$

ergeben, wie es auch der Fall ist. Ohne Einschränkung der Allgemeinheit kann man $\mathbf{v}_0 = (v_0, 0, 0)$ annehmen. Man erhält dann

$$\varphi = \frac{Qc}{4\pi\varepsilon_0 \sqrt{(c^2 t - v_0 x)^2 + (c^2 - v_0^2)(x^2 + y^2 + z^2 - c^2 t^2)}}, \tag{A.4.16}$$

$$A_x = \frac{v_0 \varphi}{c^2}, \quad A_y = 0, \quad A_z = 0 \tag{A.4.17}$$

und

$$\left.\begin{aligned} E_x &= -\frac{\partial \varphi}{\partial x} - \frac{\partial A_x}{\partial t} = \frac{Qc}{4\pi\varepsilon_0} \cdot \frac{(c^2 - v_0^2)(x - v_0 t)}{\sqrt{(c^2 t - v_0 x)^2 + (c^2 - v_0^2)(x^2 + y^2 + z^2 - c^2 t^2)}^3}, \\ E_y &= -\frac{\partial \varphi}{\partial y} = \frac{Qc}{4\pi\varepsilon_0} \cdot \frac{(c^2 - v_0^2)y}{\sqrt{(c^2 t - v_0 x)^2 + (c^2 - v_0^2)(x^2 + y^2 + z^2 - c^2 t^2)}^3}, \\ E_z &= -\frac{\partial \varphi}{\partial z} = \frac{Qc}{4\pi\varepsilon_0} \cdot \frac{(c^2 - v_0^2)z}{\sqrt{(c^2 t - v_0 x)^2 + (c^2 - v_0^2)(x^2 + y^2 + z^2 - c^2 t^2)}^3}. \end{aligned}\right\} \tag{A.4.18}$$

Also ist

$$E_x : E_y : E_z = (x - v_0 t) : y : z, \tag{A.4.19}$$

d.h. die elektrischen Kraftlinien gehen geradlinig vom Punkt $(v_0 t, 0, 0)$ aus, d.h. von dem Punkt, an dem sich das Teilchen gerade befindet. Das Feld ist jedoch keineswegs kugelsymmetrisch. Es hängt vom Winkel α ab, den die Kraftlinien mit der x-Achse am Ort des Teilchens bilden (Bild A.4.1).

Mit

$$\sin^2 \alpha = \frac{y^2 + z^2}{(x - v_0 t)^2 + y^2 + z^2}$$

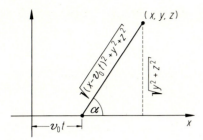

Bild A.4.1

kann man die Gleichungen (A.4.18) in der folgenden Form schreiben:

$$\mathbf{E} = \frac{Q}{4\pi\varepsilon_0} \cdot \frac{\mathbf{r} - \mathbf{v}_0 t}{|\mathbf{r} - \mathbf{v}_0 t|^3} \cdot \frac{\left(1 - \frac{v_0^2}{c^2}\right)}{\sqrt{1 - \frac{v_0^2}{c^2}\sin^2\alpha}^3}. \tag{A.4.20}$$

Hier sieht man deutlich, daß die Feldlinien geradlinig vom Ort der Ladung ausgehen. Der Betrag

$$E = \frac{Q}{4\pi\varepsilon_0} \cdot \frac{1}{|\mathbf{r} - \mathbf{v}_0 t|^2} \cdot \frac{\left(1 - \frac{v_0^2}{c^2}\right)}{\sqrt{1 - \frac{v_0^2}{c^2}\sin^2\alpha}^3} \tag{A.4.21}$$

läßt die Winkelabhängigkeit gut erkennen. Für $\alpha = 0$ hat man das kleinste Feld,

$$E_{\min} = \frac{Q}{4\pi\varepsilon_0 |\mathbf{r} - \mathbf{v}_0 t|^2} \cdot \left(1 - \frac{v_0^2}{c^2}\right), \tag{A.4.22}$$

und für $\alpha = \pi/2$ das größte,

$$E_{\max} = \frac{Q}{4\pi\varepsilon_0 |\mathbf{r} - \mathbf{v}_0 t|^2} \cdot \frac{1}{\sqrt{1 - \frac{v_0^2}{c^2}}}. \tag{A.4.23}$$

Also ist z.B. für $v_0/c = 0{,}6$

$$\frac{E_{\min}}{E_{\max}} = \sqrt{1 - \frac{v_0^2}{c^2}}^3 \approx 0{,}5.$$

Dieses winkelabhängige Feld der gleichförmig bewegten Ladung wurde bereits in Kap. 1 erwähnt (Abschnitt 1.10).

Wir wollen noch ein anderes interessantes Beispiel diskutieren, ein um den Ursprung harmonisch schwingendes Teilchen,

$$\mathbf{r}_0 = (0, 0, d \sin \omega t), \tag{A.4.24}$$
$$\mathbf{v}_0 = (0, 0, \omega d \cos \omega t). \tag{A.4.25}$$

Wenn wir d sehr klein machen, so ergibt sich in der Näherung erster Ordnung

$$|\mathbf{r} - \mathbf{r}'| \approx r\left(1 - \frac{zz'}{r^2}\right),$$

$$z' \approx d \sin\left[\omega\left(t - \frac{r}{c}\right)\right]$$

und

$$\varphi \approx \frac{Q}{4\pi\varepsilon_0 r\left(1 - \frac{zz'}{r^2}\right)\left(1 - \frac{\dot{z}'z}{cr}\right)} \approx \frac{Q}{4\pi\varepsilon_0 r}\left(1 + \frac{zz'}{r^2} + \frac{z\dot{z}'}{cr}\right),$$

d.h.

$$\varphi \approx \frac{Q}{4\pi\varepsilon_0 r} + \frac{Qd\cos\theta}{4\pi\varepsilon_0}\left\{\frac{\sin\left[\omega\left(t - \frac{r}{c}\right)\right]}{r^2} + \frac{\omega\cos\left[\omega\left(t - \frac{r}{c}\right)\right]}{cr}\right\}, \qquad (A.4.26)$$

$$A_x = A_y = 0, \quad A_z \approx \frac{Q}{4\pi\varepsilon_0 r} \cdot \frac{\dot{z}'}{c^2} \approx \frac{Qd\omega\cos\left[\omega\left(t - \frac{r}{c}\right)\right]}{4\pi\varepsilon_0 rc^2}. \qquad (A.4.27)$$

Fügt man noch eine am Ursprung ruhende Ladung $-Q$ hinzu, so ergibt sich insgesamt (mit $Qd = p_0$)

$$\varphi \approx \frac{p_0 \cos\theta}{4\pi\varepsilon_0}\left\{\frac{1}{r^2}\sin\left[\omega\left(t - \frac{r}{c}\right)\right] + \frac{\omega}{cr}\cos\left[\omega\left(t - \frac{r}{c}\right)\right]\right\}, \qquad (A.4.28)$$

$$A_x = A_y = 0, \quad A_z = \frac{\mu_0 p_0 \omega}{4\pi r}\cos\left[\omega\left(t - \frac{r}{c}\right)\right]. \qquad (A.4.29)$$

Das sind die retardierten Potentiale des Hertzschen Dipols, Gleichungen (7.266), (7.267), wobei dort $\mathbf{A}$ in Kugelkoordinaten angegeben ist. Das ist nicht erstaunlich. Das um die ruhende negative Ladung herum schwingende positiv geladene Teilchen stellt mit diesem zusammen einen schwingenden Dipol dar. Für die Strahlung kommt es auf das negative ruhende Teilchen dabei allerdings überhaupt nicht an. Das schwingende Teilchen erzeugt dieselbe Strahlung wie der schwingende Dipol. Die Potentiale unterscheiden sich nur um das Potential der ruhenden Punktladung, $Q/4\pi\varepsilon_0 r$, das mit der Strahlung nichts zu tun hat.

A.5 Das Helmholtzsche Theorem

A.5.1 Ableitung und Interpretation

Das Helmholtzsche Theorem besagt, etwas vereinfacht ausgedrückt, daß ein beliebiges Vektorfeld durch alle seine Quellen und Wirbel eindeutig bestimmt wird. Man kann sich—am anschaulichsten wohl an einer hydrodynamischen

Modellvorstellung—klar machen, daß das so sein muß. Man betrachte ein endliches oder unendliches Volumen, in dem sich eine zunächst ruhende Flüssigkeit befindet. Man kann nun Quellen und Senken anbringen bzw. Wirbel erzeugen. Diese werden, zusammen mit den an der Oberfläche herrschenden Randbedingungen, das sich einstellende Strömungsfeld eindeutig festlegen.

Dieses Theorem faßt vieles zusammen, das in den vorhergehenden Abschnitten eine Rolle gespielt hat. Es wirft auch ein interessantes Licht auf die Maxwellschen Gleichungen als solche. Deren Aufgabe ist es, zwei Vektorfelder angemessen zu beschreiben. Angesichts des Helmholtzschen Satzes wird dies am besten dadurch geschehen, daß man alle ihre Quellen und Wirbel angibt. Genau das leisten die Maxwellschen Gleichungen auf eine sehr einfache und elegante Art und Weise. Dabei sind die beiden Felder nicht unabhängig voneinander. Sie sind dadurch miteinander verkoppelt, daß die Zeitableitungen jedes der beiden Felder Wirbel für das andere darstellen.

Wir betrachten ein in einem endlichen oder unendlichen Volumen V mit der Oberfläche a vorhandenes Vektorfeld **W**. Gegeben sind seine Quellen und Wirbel,

$$\operatorname{div} \mathbf{W} = \rho(\mathbf{r}), \tag{A.5.1}$$

$$\operatorname{rot} \mathbf{W} = \mathbf{g}(\mathbf{r}). \tag{A.5.2}$$

$\rho(\mathbf{r})$ und $\mathbf{g}(\mathbf{r})$ sind beliebige Quell- und Wirbeldichten. Im Falle der Elektrostatik wäre $\mathbf{W} = \mathbf{D}$, $\mathbf{g} = 0$ und ρ die Raumladungsdichte. Im Falle der Magnetostatik hingegen wäre $\mathbf{W} = \mathbf{H}$, $\rho = 0$ und $\mathbf{g}$ die Stromdichte. Es soll noch vorausgesetzt werden, daß sich keine Quellen oder Wirbel im Unendlichen befinden (andernfalls ist das Problem gesondert zu betrachten). Dann kann man **W** wie folgt darstellen:

$$\boxed{\begin{aligned}\mathbf{W} = &-\operatorname{grad}\left[\int_V \frac{\rho(\mathbf{r}')\,d\tau'}{4\pi|\mathbf{r}-\mathbf{r}'|} - \oint_a \frac{\mathbf{W}(\mathbf{r}')\cdot d\mathbf{a}'}{4\pi|\mathbf{r}-\mathbf{r}'|}\right] \\ &+ \operatorname{rot}\left[\int_V \frac{\mathbf{g}(\mathbf{r}')\,d\tau'}{4\pi|\mathbf{r}-\mathbf{r}'|} + \oint_a \frac{\mathbf{W}(\mathbf{r}')\times d\mathbf{a}'}{4\pi|\mathbf{r}-\mathbf{r}'|}\right]\end{aligned}} \tag{A.5.3}$$

Bezeichnet man die Ausdrücke in den eckigen Klammern mit ϕ und **A**, so ist

$$\mathbf{W} = -\operatorname{grad} \phi + \operatorname{rot} \mathbf{A}. \tag{A.5.4}$$

Das ist der Helmholtzsche Satz. Sein Zusammenhang mit vielen Ergebnissen der Feldtheorie ist offensichtlich. Der Beweis ist nicht schwierig. Er geht von den Beziehungen (3.53),

$$\mathbf{W}(\mathbf{r}) = \int_V \mathbf{W}(\mathbf{r}')\delta(\mathbf{r}-\mathbf{r}')\,d\tau', \tag{A.5.5}$$

und (3.56),

$$\delta(\mathbf{r}-\mathbf{r}') = -\frac{1}{4\pi}\Delta_\mathbf{r}\frac{1}{|\mathbf{r}-\mathbf{r}'|}, \tag{A.5.6}$$

aus. Also ist

$$\mathbf{W}(\mathbf{r}) = \int_V \mathbf{W}(\mathbf{r}')\left(-\frac{1}{4\pi}\Delta_r \frac{1}{|\mathbf{r}-\mathbf{r}'|}\right) d\tau' = -\Delta_r \int \frac{\mathbf{W}(\mathbf{r}') d\tau'}{4\pi|\mathbf{r}-\mathbf{r}'|}. \tag{A.5.7}$$

Mit (5.11),

$$\text{rot rot } \mathbf{A} = \text{grad div } \mathbf{A} - \Delta \mathbf{A}, \tag{A.5.8}$$

ergibt sich daraus

$$\mathbf{W} = \text{rot}_r \text{rot}_r \int_V \frac{\mathbf{W}(\mathbf{r}') d\tau'}{4\pi|\mathbf{r}-\mathbf{r}'|} - \text{grad}_r \text{div}_r \int_V \frac{\mathbf{W}(\mathbf{r}') d\tau'}{4\pi|\mathbf{r}-\mathbf{r}'|}. \tag{A.5.9}$$

Also ist

$$\phi = \text{div}_r \int_V \frac{\mathbf{W}(\mathbf{r}') d\tau'}{4\pi|\mathbf{r}-\mathbf{r}'|} = -\int_V \frac{\mathbf{W}(\mathbf{r}')}{4\pi} \text{grad}_{r'} \frac{1}{|\mathbf{r}-\mathbf{r}'|} d\tau'$$

$$= -\int_V \text{div}_{r'} \frac{\mathbf{W}(\mathbf{r}') \cdot d\tau'}{4\pi|\mathbf{r}-\mathbf{r}'|} + \int_V \frac{\text{div}_{r'} \mathbf{W}(\mathbf{r}')}{4\pi|\mathbf{r}-\mathbf{r}'|} d\tau',$$

$$\boxed{\phi = -\oint_a \frac{\mathbf{W}(\mathbf{r}') \cdot d\mathbf{a}'}{4\pi|\mathbf{r}-\mathbf{r}'|} + \int_V \frac{\rho(\mathbf{r}')}{4\pi|\mathbf{r}-\mathbf{r}'|} d\tau'} \tag{A.5.10}$$

und

$$\mathbf{A} = \text{rot}_r \int_V \frac{\mathbf{W}(\mathbf{r}') d\tau'}{4\pi|\mathbf{r}-\mathbf{r}'|} = -\int_V \frac{\mathbf{W}(\mathbf{r}')}{4\pi} \times \text{grad}_r \frac{1}{|\mathbf{r}-\mathbf{r}'|} d\tau'$$

$$= +\int \frac{\mathbf{W}(\mathbf{r}')}{4\pi} \times \text{grad}_{r'} \frac{1}{|\mathbf{r}-\mathbf{r}'|} d\tau'$$

$$= -\int_V \text{rot}_{r'}\left(\frac{\mathbf{W}(\mathbf{r}')}{4\pi|\mathbf{r}-\mathbf{r}'|}\right) d\tau' + \int_V \frac{\text{rot}_{r'} \mathbf{W}(\mathbf{r}')}{4\pi|\mathbf{r}-\mathbf{r}'|} d\tau',$$

woraus sich mit dem Gaußschen Integralsatz in der Form (5.68)

$$\boxed{\mathbf{A} = \int_V \frac{\mathbf{g}(\mathbf{r}')}{4\pi|\mathbf{r}-\mathbf{r}'|} d\tau' + \oint_a \frac{\mathbf{W}(\mathbf{r}') \times d\mathbf{a}'}{4\pi|\mathbf{r}-\mathbf{r}'|}} \tag{A.5.11}$$

ergibt.

Betrachtet man ein unendlich großes Volumen mit Quellen und Wirbeln im Endlichen, dann gehen die Oberflächenintegrale gegen 0 und übrig bleiben nur die beiden Volumenintegrale. Betrachtet man jedoch ein Feld, das in einem endlichen Volumen vorhanden ist, dann sind auch die Oberflächenintegrale zu berücksichtigen. Sie haben eine durchaus anschauliche Bedeutung und hätten auch ohne den oben angegebenen formalen Beweis eingeführt werden können. Wir wollen dies am Feld von Bild A.5.1 als Beispiel zeigen. Das Feld ist homogen im

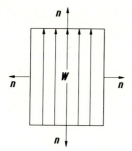

Bild A.5.1

Inneren eines Zylinders und verschwindet außerhalb. Offensichtlich hat es Quellen und Wirbel. Quellen oder Senken sind grundsätzlich dort vorhanden, wo senkrechte Feldkomponenten unstetig sind, Wirbel dort, wo tangentiale Feldkomponenten unstetig sind. Dabei ist die Flächendichte der Quellen

$$\sigma(\mathbf{r}) = -\mathbf{W}\cdot\mathbf{n}, \tag{A.5.12}$$

die der Wirbel

$$\mathbf{k} = \mathbf{W} \times \mathbf{n}, \tag{A.5.13}$$

wenn $\mathbf{n}$ der Einheitsvektor in Normalenrichtung (nach außen orientiert) ist. Bei dem Feld von Bild A.5.1 hat man also Quellen auf der unteren Stirnfläche, Senken (negative Quellen) auf der oberen Stirnfläche des Zylinders und Wirbel auf der Mantelfläche. Betrachtet man ein größeres Volumen, in das der Zylinder mit seinem Feld eingebettet ist, so befinden sich die flächenhaften Quellen und Wirbel im Volumen und sind in den Volumenintegralen in Form von δ-funktionsartigen Dichten enthalten, wodurch die Volumenintegrale gerade in die angegebenen Flächenintegrale übergehen. Wir werden in einem Beispiel ausführlich auf diesen Punkt zurückkommen.

Es besteht ein Zusammenhang zwischen dem Helmholtzschen Theorem und dem früher bewiesenen Satz, (3.57). Mit den gegenwärtigen Bezeichnungen gilt für ein beliebiges wirbelfreies und deshalb durch ein skalares Potential darstellbares Feld

$$\boxed{\mathbf{W} = -\operatorname{grad}\phi = -\operatorname{grad}\left[\int_V \frac{\rho(\mathbf{r}')\,d\tau'}{4\pi|\mathbf{r}-\mathbf{r}'|} - \oint_a \frac{\mathbf{W}(\mathbf{r}')\cdot d\mathbf{a}'}{4\pi|\mathbf{r}-\mathbf{r}'|} - \oint_a \frac{\phi(\mathbf{r}')}{4\pi}\cdot\frac{\partial}{\partial n'}\frac{1}{|\mathbf{r}-\mathbf{r}'|}\,da'\right].}$$

$$\tag{A.5.14}$$

Aus dem Helmholtzschen Satz erhält man für dasselbe Feld—mit $\mathbf{g}(\mathbf{r}) = 0$,—

$$\mathbf{W} = -\operatorname{grad}\left[\int_V \frac{\rho(\mathbf{r}')\,d\tau'}{4\pi|\mathbf{r}-\mathbf{r}'|} - \oint_a \frac{\mathbf{W}(\mathbf{r}')\cdot d\mathbf{a}'}{4\pi|\mathbf{r}-\mathbf{r}'|}\right] + \operatorname{rot}\left[\oint_a \frac{\mathbf{W}(\mathbf{r}') \times d\mathbf{a}'}{4\pi|\mathbf{r}-\mathbf{r}'|}\right]. \tag{A.5.15}$$

Zwar ist das Feld durch seine Quellen und Wirbel eindeutig bestimmt. Es kann jedoch auf mehr als nur eine Weise dargestellt werden. Das Feld besteht aus drei Anteilen. Die beiden ersten Anteile sind in beiden Darstellungen dieselben. Der dritte Anteil kann durch ein skalares oder durch ein Vektorpotential dargestellt werden. Wir haben in Abschn. 3.4.7 gesehen, daß es sich bei diesem dritten Anteil des skalaren Potentials um das Potential einer Doppelschicht handelt. Wir begegnen hier wieder der schon erwähnten Äquivalenz von Wirbelring und Doppelschicht, Abschn. 5.3, d.h. wir können uns das Feld durch die flächenhaften Wirbel oder durch die Doppelschicht entstanden denken. Diese Äquivalenz ist nicht so erstaunlich, wie sie zunächst erscheinen mag. Die Wirbel sind nichts anderes als Unstetigkeiten der tangentialen Feldkomponenten. Die Randbedingung (2.117) zeigt, daß Doppelschichten, wenn sie inhomogen sind, ebenfalls solche Unstetigkeiten erzeugen.

A.5.2 Beispiele

A.5.2.1 Homogenes Feld im Inneren einer Kugel

Als Beispiel betrachten wir das durch Bild A.5.2 gegebene, im Inneren einer Kugel homogene, außen verschwindende Feld **W**. Im Inneren sind keine Quellen oder Wirbel vorhanden. Das Feld kann deshalb im ganzen Raum aus den Oberflächenintegralen allein berechnet werden. Mit

$$\sigma = -W\cos\theta \tag{A.5.16}$$

und

$$k_\varphi = W\sin\theta \tag{A.5.17}$$

erhält man in Kugelkoordinaten aus dem Helmholtzschen Satz

$$\phi(r,\theta) = -\frac{W}{4\pi}\int_a \frac{\cos\theta_0}{|\mathbf{r}-\mathbf{r}_0|}\mathrm{d}a_0 = -\frac{W}{4\pi}\oint \frac{P_1^0(\cos\theta_0)}{|\mathbf{r}-\mathbf{r}_0|}\mathrm{d}a_0 \tag{A.5.18}$$

und

$$\mathbf{A}(r,\theta) = \begin{cases} A_r = A_\theta = 0 \\ A_\varphi = \dfrac{W}{4\pi}\oint_a \dfrac{\cos(\varphi-\varphi_0)\sin\theta_0}{|\mathbf{r}-\mathbf{r}_0|}\mathrm{d}a_0 = \dfrac{W}{4\pi}\oint \dfrac{P_1^1(\cos\theta_0)\cos(\varphi-\varphi_0)}{|\mathbf{r}-\mathbf{r}_0|}\mathrm{d}a_0 \end{cases} \tag{A.5.19}$$

mit

$$|\mathbf{r}-\mathbf{r}_0| = \sqrt{r^2+r_0^2-2rr_0[\sin\theta\sin\theta_0\cos(\varphi-\varphi_0)+\cos\theta\cos\theta_0]}. \tag{A.5.20}$$

Bei der Berechnung von A_φ muß man, wie schon mehrfach erwähnt, von kartesischen Koordinaten ausgehen. Man erhält dann wie bei (5.44) den zusätzlichen Faktor $\cos(\varphi-\varphi_0)$ im Integranden. Die beiden Integrale sind nicht elementar, können jedoch mit Hilfe der Entwicklung (3.324) des reziproken Abstandes nach Kugelflächenfunktionen auf elegante Art berechnet werden.

Allgemein gilt für das Integral

$$J = \oint \frac{P_{n'}^{m'}(\cos\theta_0)\cos[m'(\varphi-\varphi_0)]}{|\mathbf{r}-\mathbf{r}_0|} da_0$$

$$= \oint P_{n'}^{m'}(\cos\theta_0)\cos[m'(\varphi-\varphi_0)] \sum_{n=0}^{\infty}\sum_{m=0}^{n} \frac{1}{r_0}(2-\delta_{0m})\frac{(n-m)!}{(n+m)!}$$

$$\cdot \left\{\begin{array}{c}\left(\dfrac{r}{r_0}\right)^n \\ \left(\dfrac{r_0}{r}\right)^{n+1}\end{array}\right\} P_n^m(\cos\theta_0) P_n^m(\cos\theta)\cos[m(\varphi-\varphi_0)] da_0. \qquad (A.5.21)$$

Mit der Orthogonalitätsbeziehung (3.300) gibt das

$$J = \frac{4\pi r_0}{2n'+1}\left\{\begin{array}{c}\left(\dfrac{r}{r_0}\right)^{n'} \\ \left(\dfrac{r_0}{r}\right)^{n'+1}\end{array}\right\} P_{n'}^{m'}(\cos\theta). \qquad (A.5.22)$$

Damit wird für $r < r_0$ bzw. $r > r_0$

$$\left.\begin{array}{l}\phi_i = -\dfrac{W}{3}r\cos\theta = -\dfrac{W}{3}z, \\[1em] \phi_a = -\dfrac{W r_0^3}{3\, r^2}\cos\theta\end{array}\right\} \qquad (A.5.23)$$

und

$$\left.\begin{array}{l}A_{\varphi i} = +\dfrac{W}{3}r\sin\theta, \\[1em] A_{\varphi a} = +\dfrac{W r_0^3}{3\, r^2}\sin\theta.\end{array}\right\} \qquad (A.5.24)$$

Das zugehörige Feld ist innen

$$\mathbf{W}_i = -\operatorname{grad}\phi_i + \operatorname{rot}\mathbf{A}_i.$$

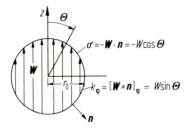

Bild A.5.2

Es hat nur eine z-Komponente

$$W_{iz} = \tfrac{1}{3}W + \tfrac{2}{3}W = W, \tag{A.5.25}$$

die zu $\tfrac{1}{3}$ durch die Quellen, zu $\tfrac{2}{3}$ durch die Wirbel erzeugt wird. Außen erhält man sich kompensierende Dipolfelder,

$$\mathbf{W}_a = 0. \tag{A.5.26}$$

All das ist nicht überraschend. Wir wissen aus früheren Abschnitten, daß $\cos\theta$ proportionale Flächenladungsdichten bzw. $\sin\theta$ proportionale Flächenstromdichten in azimutaler Richtung auf Kugeloberflächen innen homogene Felder, außen Dipolfelder erzeugen. Das eine entspricht dem elektrischen Feld einer homogen polarisierten Kugel, das andere dem magnetischen Feld einer homogen magnetisierten Kugel.

Nach (A.5.14) können wir das ganze Feld $\mathbf{W}$ auch durch ein skalares Potential allein darstellen. Dazu ist das obige Vektorpotential durch das Potential

$$\phi_3 = -\frac{1}{4\pi}\oint_a \phi(\mathbf{r}_0)\frac{\partial}{\partial r_0}\frac{1}{|\mathbf{r}-\mathbf{r}_0|}da_0 \tag{A.5.27}$$

zu ersetzen. Um dieses Potential berechnen zu können, müssen wir das Potential an der Oberfläche kennen, was jedoch nicht bedeutet, daß es beliebig vorgegeben werden kann. Das würde, wie wir schon in Abschn. 3.4 diskutiert haben, zu einer Überbestimmung des Problems führen. Zum Feld von Bild A.5.2 gehört als rein skalares Potential offensichtlich im Innenraum

$$\phi_{gi} = -Wz = -Wr\cos\theta. \tag{A.5.28}$$

Damit wird

$$\phi_3 = +\frac{Wr_0}{4\pi}\int P_1^0(\cos\theta_0)\frac{\partial}{\partial r_0}\frac{1}{|\mathbf{r}-\mathbf{r}_0|}da_0.$$

Nach (A.5.22) erhalten wir daraus

$$\phi_3 = \frac{Wr_0}{4\pi}\cdot\frac{\partial}{\partial r_0}\left[\frac{1}{r_0}\left\{\begin{matrix}\left(\dfrac{r}{r_0}\right)^1\\[4pt]\left(\dfrac{r_0}{r}\right)^2\end{matrix}\right\}\right]\cdot\frac{4\pi r_0^2}{3}\cos\theta,$$

d.h.

$$\left.\begin{aligned}\phi_{3i} &= -\tfrac{2}{3}Wr\cos\theta = -\tfrac{2}{3}Wz,\\ \phi_{3a} &= \tfrac{1}{3}W\frac{r_0^3}{r^2}\cos\theta.\end{aligned}\right\} \tag{A.5.29}$$

Zusammen mit dem Potential (A.5.23) gibt das

$$\left.\begin{aligned}\phi_{gi} &= -Wr\cos\theta = -Wz\\ \phi_{ga} &= 0,\end{aligned}\right\} \tag{A.5.30}$$

was zu beweisen war.

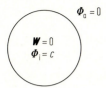

Bild A.5.3

Wir haben gesehen (und an dem eben diskutierten Beispiel gezeigt), daß und wie das von flächenhaften Wirbeln erzeugte Feld wahlweise durch das entsprechende Vektorpotential oder durch das Potential einer äquivalenten Doppelschicht dargestellt werden kann. Wirbel (d.h. Unstetigkeiten des tangentialen Feldes) sind jedoch nur vorhanden, wenn die Doppelschicht inhomogen ist bzw. wenn das im Integral (A.5.27) auftretende Potential nicht konstant ist. Wie wir in Abschn. 3.4 gesehen haben, ist die Flächendichte des Dipolmomentes

$$\tau = -\varepsilon_0 \phi(\mathbf{r}_0). \tag{A.5.31}$$

Ist die Grenzfläche eine Äquipotentialfläche, dann ist die Doppelschicht homogen und es sind keine Wirbel vorhanden, d.h. das Feld muß verschwinden. Dazu betrachten wir das ganz besonders einfache Feld von Bild A.5.3, das sowohl innerhalb wie auch außerhalb der Kugel verschwindet. Auf der Oberfläche ist das Potential konstant,

$$\phi(\mathbf{r}_0) = C. \tag{A.5.32}$$

In (A.5.14) ist in diesem Fall nur das dritte Glied von 0 verschieden, d.h. wir bekommen

$$\phi = -\frac{C}{4\pi} \oint \frac{\partial}{\partial r_0} \frac{1}{|\mathbf{r} - \mathbf{r}_0|} da_0.$$

Mit (A.5.22) und weil $P_0^0 = 1$ ist, ergibt das

$$\phi = -\frac{C}{4\pi} \cdot \frac{\partial}{\partial r_0} \left[\frac{1}{r_0} \begin{Bmatrix} 1 \\ \frac{r_0}{r} \end{Bmatrix} \right] \cdot 4\pi r_0^2 P_0^0,$$

d.h.

$$\left. \begin{aligned} \phi_i &= C = -\frac{\tau}{\varepsilon_0}, \\ \phi_a &= 0. \end{aligned} \right\} \tag{A.5.33}$$

Auch das bestätigt uns schon bekannte Ergebnisse aus Abschn. 2.5.3, insbesondere Gleichungen (2.72), (2.73). Die Potentiale sind konstant und die Felder verschwinden wie vorausgesetzt. Allerdings ist im Inneren der Doppelschicht ein sogar unendlich starkes Feld vorhanden, das eben den Potentialunterschied C erzeugt.

A5.2.2 Punktladung im Inneren einer leitfähigen Hohlkugel

Wir betrachten hier noch einmal dieses schon wiederholt diskutierte Problem, das in Abschn. 2.6.1 durch Spiegelung und in Abschn. 3.8.2.3 durch Separation gelöst wurde. Die Kugel hat den Radius r_K. Auf ihrer Oberfläche ist $\phi = 0$. Die Ladung befindet sich auf der z-Achse bei $z = r_0$. Nach (3.336) ist

$$\phi = \frac{Q}{4\pi\varepsilon_0} \sum_{n=0}^{\infty} \left[\frac{1}{r_0} \left\{ \begin{array}{c} \left(\dfrac{r}{r_0}\right)^n \\ \left(\dfrac{r_0}{r}\right)^{n+1} \end{array} \right\} - \frac{r_0^n r^n}{r_K^{2n+1}} \right] P_n^0(\cos\theta), \tag{A.5.34}$$

und das radiale Feld an der Kugeloberfläche ist nach Gleichung (3.340)

$$E_r = \frac{Q}{4\pi\varepsilon_0} \sum_{n=0}^{\infty} (2n+1) \frac{r_0^n}{r_K^{n+2}} P_n^0(\cos\theta). \tag{A.5.35}$$

Die Kugeloberfläche ist Äquipotentialfläche, d.h. tangentiale Feldkomponenten (Wirbel) sind nicht vorhanden.

Unter diesen Voraussetzungen ist nach dem Helmholtzschen Theorem

$$\phi = \int_V \frac{\operatorname{div} \mathbf{E}(\mathbf{r}')\,d\tau'}{4\pi|\mathbf{r}-\mathbf{r}'|} - \oint \frac{E_r(\mathbf{r}')\,da'}{4\pi|\mathbf{r}-\mathbf{r}'|}. \tag{A.5.36}$$

Mit

$$\operatorname{div} \mathbf{E} = \frac{Q}{\varepsilon_0} \delta(\mathbf{r} - \mathbf{r}_0) \tag{A.5.37}$$

liefert das Volumenintegral gerade den ersten Teil des Potentials (A.5.34). Das Oberflächenintegral andererseits liefert mit dem Feld (A.5.35) den zweiten Teil dieses Potentials, was mit Hilfe der Beziehung (A.5.22) gezeigt werden kann. Dieser zweite Teil ist nichts anderes als das Potential der Bildladung. Man beachte bei dieser Betrachtung jedoch, daß es sich hier um keine Methode zur Lösung des Problems handelt. Wir mußten ja das zunächst unbekannte Feld an der Oberfläche benutzen. Es ging hier nur darum, den Inhalt des Helmholtzschen Theorems an Beispielen deutlich zu machen.

Es sei noch darauf hingewiesen, daß man in das Helmholtzsche Theorem natürlich nur miteinander verträgliche Größen einsetzen darf. Man könnte im Zusammenhang mit der Punktladung Q auch noch andere Felder als das durch (A.5.35) gegebene betrachten, was dann ein anderes Problem wäre. In jedem Fall aber muß das an der Oberfläche vorgegebene Feld einen Fluß aufweisen, der zur Summe aller angenommenen Quellen paßt. Betrachten wir ein Feld mit radialen Komponenten an der Oberfläche in der folgenden Form:

$$E_r = \sum_{n=0}^{\infty} A_n P_n^0(\cos\theta), \tag{A.5.38}$$

so ist der gesamte Fluß von $\mathbf{E}$ durch die Oberfläche

$$\oint E_r(\mathbf{r}')\,da' = A_0 4\pi r_K^2. \tag{A.5.39}$$

Ist nun die Gesamtladung im Volumen Q, so muß

$$A_0 4\pi r_K^2 = \frac{Q}{\varepsilon_0} \tag{A.5.40}$$

sein, wodurch das erste Glied der Entwicklung (A.5.38) in Übereinstimmung mit (A.5.35) festgelegt ist.

Literatur

[1] Purcell, E. M.: The fields of moving charges. In: Berkeley physics course. Vol. 2, New York: McGraw-Hill, 1965
[2] Moon, P.; Spencer, D. E.: Field Theory Handbook. 2nd ed. Berlin: Springer, 1988 und: Field Theory for Engineers. Princeton, Toronto, London: Van Nostrand, 1961
[3] Ryshik, I. M.; Gradstein, I. S.: Summen-, Produkt- und Integraltafeln. Berlin: VEB Deutscher Verlag der Wissenschaften, 1957
[4] Erdelyi, A.; Magnus, W.; Oberhettinger, F.; Tricomi, F. G.: Higher Transcendental Functions, New York, Toronto, London: McGraw-Hill, Vol. I 1953, Vol. II 1953, Vol. III 1955
[5] dieselben Autoren: Tables of Integral Transforms. New York, Toronto, London: McGraw-Hill, 2 volumes, 1954
[6] Smirnow, W. I.: Lehrgang der Höheren Mathematik. Berlin: VEB Deutscher Verlag der Wissenschaften, Teil I 1967, Teil II 1966, Teil III, 1 und III, 2 1967, Teil IV, 1966, Teil V 1967
[7] Watson, G. N.: A Treatise on the Theory of Bessel Functions. Cambridge: University Press, 1958
[8] Stratton, J. A.: Electromagnetic Theory. New York, London: McGraw-Hill, 1941
[9] Morse, P. M.; Feshbach, H.: Methods of Theoretical Physics. Part I, II. New York: McGraw-Hill, 1953
[10] Petrovskij, I. G.: Vorlesungen über die Theorie der Integralgleichungen. Würzburg: Physica-Verlag, 1953
[11] Sternberg, W.: Potentialtheorie I Die Elemente der Potentialtheorie, Potentialtheorie II Die Randwertaufgaben der Potentialtheorie, 2 Bände, Sammlung Göschen. Berlin, Leipzig: Walter de Gruyter, 1925, 1926
[12] Kellogg, O. D.: Foundations of Potential Theory. Berlin: Julius Springer, 1929
[13] Günther, N. M.: Die Potentialtheorie und ihre Anwendungen auf Grundaufgaben der mathematischen Physik. Leipzig: B. G. Teubner, 1957
[14] Walter, W.: Einführung in die Potentialtheorie. Mannheim, Wien, Zürich: Bibliographisches Institut, 1971
[15] Martensen, E.: Potentialtheorie: Stuttgart, B. G. Teubner, 1968
[16] Sigl, R: Einführung in die Potentialtheorie, 2. Auflage. Karlsruhe: Wichmann, 1989
[17] Davies, A. J.: The Finite Element Method—A First Approach. Oxford: Clarendon Press, 1986
[18] Zurmühl, R.; Falk, S.: Matrizen und ihre Anwendung, Band 1, Grundlagen, 6. Auflage. Berlin, Heidelberg, New York: Springer, 1992
[19] Marsal, D.: Finite Differenzen und Elemente. Berlin etc.: Springer Verlag, 1989
[20] Bader, G.: Domain Decomposition Methoden für gemischte elliptische Randwertprobleme. Archiv für Elektrotechnik 145 (74) 1990
[21] Zienkiewicz, O. C.: The Finite Element Method, Fourth Edition. 2 Bände, London etc.: McGraw-Hill, 1989
[22] Silvester, P. P.; Ferrari, R. L.: Finite elements for engineers, Second Edition. Cambridge: Cambridge University Press, 1990
[23] Dhatt, G.; Touzot, G.: The Finite Element Method Displayed. Chichester, New York etc.: John Wiley & Sons, 1984
[24] Strang, G.; Fix, G. J.: An Analysis of the finite element method. New Jersey: Prentice-Hall, 1973
[25] Bathe, K.-J.: Finite-Elemente Methoden. Berlin etc.: Springer-Verlag, 1990
[26] Schwarz, H. R.: Methode der finiten Elemente. Stuttgart: B. G. Teubner, 1984
[27] Kämmel, G.; Franeck, H.; Recke, H.-G.: Einführung in die Methode der finiten Elemente. 2. Auflage, München, Wien: Carl Hanser, 1990
[28] Brebbia, C. A.: The Boundary Element Method for Engineers. London, Plymouth: Pentech Press, 1984

[29] Brebbia, C. A.; Telles, J. C. F.; Wrobel, L. C.: Boundary Element Techniques. Berlin etc.: Springer Verlag, 1984
[30] Hengartner, W.; Theodorescu, R.: Einführung in die Monte-Carlo-Methode. München, Wien: Carl Hanser, 1978
[31] Buslenko, N. P.; Schreider, J. A.: Die Monte-Carlo-Methode und ihre Verwirklichung mit elektronischen Digitalrechnern. Leipzig: B. G. Teubner, 1964
[32] Goldhaber, A. S.; Nieto, M. M: The mass of the photon. Scientific American, 234, Nir. 5 (Mai 1976) 86
[33] Kroll, N. M.: Concentric spherical cavities and limits on the photon rest mass. Phys. Rev. Letters 27 (1971) 340
[34] Aharonov, Y.; Bohm, D.: Significance of electromagnetic potentials in the quantum theory. Phys. Rev. 115 (1959) 485
[35] Olariu, S.; Popescu, I. I.: The quantum effects of electromagnetic fluxes. Rev. Mod. Phys., 57 (1985) 339
[36] Tonomura, A.; Noboyuki, O.; Matsuda, T.; Kawasaki, T.; Endo, J.; Yano, S.; Yamada, H.: Evidence for Aharonov–Bohm effect with magnetic field completely shielded from electron wave. Phys. Rev. Letters 56 (1986) 729

Allgemein empfohlen

Jackson, J. D.: Classical electrodynamics. Second ed. New York, London, Sydney, Toronto: John Wiley & Sons, 1975
Feynman, R. P.; Leighton, R. B.; Sands, M.: Vorlesungen über Physik. München, Wien: R. Oldenbourg, Band II Teil 1, 1973, Band II Teil 2, 1974
Simonyi, K.: Theoretische Elektrotechnik. Leipzig, Berlin, Heidelberg: Johann Ambrosius Barth, Edition Deutscher Verlag der Wissenschaften, 10. Aufl. 1993
Stratton, J. A.: Electromagnetic Theory. New York, London: McGraw-Hill, 1941
Smythe, W. R.: Static and Dynamic Electricity. New York: McGraw-Hill, 1968
Durand, E.: Électrostatique Tome I, Les Distributions. Paris: Masson et Cie, 1964
Durand, E.: Électrostatique Tome II, Problèmes Généraux Conducteurs. Paris: Masson et Cie, 1966
Durand, E.: Électrostatique Tome III, Méthodes de Calcul Diélectriques. Paris: Masson et Cie, 1966
Durand, E.: Magnétostatique. Paris: Masson et Cie, 1968

Sachverzeichnis

Abbildung 215
–, konforme 212, 217–218, 250, 255, 273, 328
Abschirmung von Magnetfeldern 318
Ähnlichkeitsgesetz 364, 367, 380
Ähnlichkeitstransformation 367
Äquipotentialfläche 23, 58, 74
Äquivalenz von Wirbelring und Doppelschicht 296, 624
Aharonov 267, 605–616
d'Alembertsche Lösung der Wellengleichung 415, 454
Alter des Weltalls 596–597
Alvarez-Methode 604
Ampere 38
–, absolutes 38
–, internationales 38
Amperesche Molekularströme 32, 299
Anfangswertproblem 368, 509–510
Antennengewinn 472, 476
Apollonius-Kreise 82, 225
Arbeit 12, 21
Arbeitsfähigkeit 22
Argument einer komplexen Zahl 217
Ausblendeigenschaft der δ-Funktion 135
Ausbreitungsvektor 423
Ausstrahlungsbedingung 455

Basisfunktionen 141, 163, 541
Batterie 237
p-Bereich 369
Bereichsunterteilung 561
Besselsche Differentialgleichung 168, 400
Besselsche Funktion 168
–, modifizierte 171
–, – erster Art 169
–, – zweiter Art 169
Betrag einer komplexen Zahl 217
Bewegungsgleichung 22, 608
Bezugspunkt 45
Bildfeld 382
Bildladung 59, 75, 78, 139, 202, 207, 628
Bildladungsmethoden 541, 548, 573–575

Bildquelle 247
Biot-Savartsches Gesetz 264–266, 269, 289
Bohm 267, 605–616
Bohm-Aharonov-Effekt 605–616
Bosonen 582
Brechung
– durch eine freie Oberflächenladung 94
– magnetischer Kraftlinien 310–313
– elektrischer Kraftlinien 91–94
– von Wellen 439–450
Brechungsgesetz für Wellen 441, 443–444, 447, 449
– für elektrische Feldlinien 93, 94
– für magnetische Feldlinien 312
– für die Stromdichte 241, 245–246
Brewster-Winkel 446
de Brogliesche Beziehung 612

Cauchy-Riemannsche Differentialgleichungen 209, 214, 254, 328
Compton-Wellenlänge 583
cos-Integral 160
Coulomb 40
Coulomb-Eichung 260, 263
Coulomb-Feld 583
Coulomb-Potential 50, 583
–, abgeschirmtes 50
Coulombsches Gesetz 2–4, 30, 41, 43, 598
– – für magnetische Ladungen 295, 598

Dämpfungskonstante 436
Dämpfungssatz 512, 516
Debye-Hückel-Feld 584
Debye-Hückel-Potential 583
Definition der magnetischen Feldstärke 301
de l'Hospitalsche Regel 371
Diamagnetismus 299
Dielektrikum 78, 85, 89, 95
Dielektrische Verschiebung 4, 87–89
Dielektrizitätskonstante 87

Dielektrizitätskonstante, relative 87
– des Vakuums 4
Differenzengleichungen 551
Differenzierbarkeit, eindeutige 214
Diffusion 359
Diffusionsgleichung 360, 363
Diffusionsproblem, zylindrisches 398
Diffusionszeit 365
Dini-Reihe 402
Dipol, idealer elektrischer 59, 60, 589
–, idealer magnetischer 284, 590
–, magnetischer 279, 291
–, schwingender elektrischer 464, 601
–, schwingender magnetischer 473, 601
Dipolantenne 472
Dipolfeld
–, elektrisches 59, 100
–, magnetisches 284
Dipolmoment
–, elektrisches 59–73, 85
–, Flächendichte 65
–, magnetisches 283–285
– pro Längeneinheit 72
Dipolquelle 249
Dipolströmung 266
Dirac 598, 603
Dirac-Gleichung 582
Diracsche δ-Funktion 133
Diracsches magnetisches Elementarquantum 598
Diracscher Monopol 603
direkte Randelementmethoden 569
Dirichletsches Randwertproblem 129, 143, 148, 179, 480
– – der Kugel 201
Dispersionsbeziehung 412–422, 431–433, 436, 487
Distribution 133
Divergenz 9, 122
Domain Decomposition Method 561
Doppelschichten, elektrische 65, 67–68, 92, 139, 520, 624, 627
–, homogene elektrische 66
–, homogene magnetische 287
–, magnetische 287, 312
–, zylindrische elektrische 72
–, zylindrische magnetische 288
Doppelspalt 612
Drehimpuls 598
Drehmoment 24, 297–298
Dreieckskoordinaten 563, 564
Dreiecksmatrizen 559
Dreizehn-Punkte-Formel 556
Druckkraft 117
duale Transformationen 599
Durchflutungsgesetz 24, 27, 29, 259, 269
Durchlässigkeitskoeffizient 446

ebene elektrostatische Probleme 208
Ebene konstanter Amplitude 436
– – Phase 436
ebene Wellen 414–448
Ehrenfestsche Theoreme 610
eichinvariant 260
Eichtransformation 260
Eigenfunktion 506–507
Eigenwert 144, 506–507
Eindeutigkeitsbeweis 131
Eindringtiefe 366, 386
eingeprägte elektrische Feldstärke 237
eingeschwungener Zustand 385
Einfallsebene 440
Einheitsoperator 162
Einheitsvektor 18, 162
Elektret 86
Elektromagnet 308
elektromotorische Kraft 237
Elektronenstrahlinterferenz 612
Elektronenvolt 42
Elektrostatik 37, 42
Elementarladung 40
Elementarquantum, magnetisches 598, 603
Elementarstromtheorie 296
Elementmatrix 566, 567
Ellipsoide 101, 105
EMK 237
Energie, elektrische 111
–, eines geladenen Kondensators 115
–, elektrostatische 112–115
–, kinetische 22, 581
–, magnetische 111, 341–345
–, potentielle 22, 581
Energiedichte 110, 430, 585
–, magnetische 341
Energieflußdichte 110
Energiesatz 13, 22, 109, 581
– in Operatorform 582
Energietransport 422, 430
Entelektrisierungs-Faktor 106
– des Ellipsoides 107
Entartung 507
Entmagnetisierungs-Faktor 107, 314
Entwicklung des reziproken Abstandes
– für kartesische Koordinaten 156
– für Kugelkoordinaten 199, 624
– für Zylinderkoordinaten 177, 186–188
Entwicklungsfunktionen 541
Entwicklungskoeffizienten 164
Entropiesatz 361
Erde 594
error function 380
– – complement 380
Ersatzladungsmethoden 541, 548, 573–575
erzeugende Funktion 549
Euler-Faktor 561

Eulersche Differentialgleichung 528–530
Euler-Lagrangesche Differentialgleichung 528–530
E-Wellen 429
explizite Verfahren 559–561

Faltungsintegral 369
Faltungstheorem 369, 379, 394, 401, 405
Farad 42, 85
Faraday 32
Fehlerfunktion 380
–, komplementäre 380
Fehlerquadrate 541, 542, 544, 547, 548
Feld ebener Leiterschleifen 289
–, elektrisches 5
–, winkelabhängiges, der gleichförmig bewegten Ladung 30, 619
Felddiffusion 364–365, 371, 376, 389
Feldlinien 23–24
Feldstärke 44
–, eingeprägte 237
–, elektrische 4–5
–, komplexe 220
–, magnetische 25
Fermionen 582
Fernfeld 470, 475
Fernwirkung 606
Ferromagnetismus 300, 304
finite Differenzen 528, 547, 548, 552–561, 576
finite Elemente 531, 545, 546, 548, 561–567
Fitzgerald-Vektor 459
Fläche, magnetische 332
Flächendichte des elektrischen Dipolmomentes 65
– des magnetischen Dipolmomentes 287
Flächenelement 122
Flächenladung 46, 173, 183
Flächenladungsdichte, elektrische 46
–, magnetische 295
Flächenstrom 293, 310, 332, 335
Flächenstromdichte 293
Fluß, elektrischer 5
–, magnetischer 32, 266, 331, 341
Flußröhren 23
formale Analogie zwischen D und g 245
Formfunktionen 546, 561, 563–567, 569
Fourier-Bessel-Reihe 179, 181, 401, 403
Fourier-Bessel-Transformation 184
Fourier-Entwicklung des reziproken Abstandes 156
Fourier-Integral 154, 156, 159
–, exponentielles 160
Fourier-Mellinscher Satz 369
Fourier-Reihe 156–157
–, komplexe 158
–, zweidimensionale 145
Fourier-Transformation 175

Fredholmsche Integralgleichungen 1. u. 2. Art 520, 521
Freiraumwellenlänge 488, 499
Frequenz 420
Fresnelsche Beziehungen 441, 443
Fünf-Punkte-Formel 553, 554, 558, 576
Fundamentallösung 519, 523, 524
δ-Funktion 133, 136, 176, 194
δ-Funktion 392
Funktion, analytische 212, 214, 221
–, gerade 158
–, harmonische 209
–, komplexe 213
– komplexer Zahlen 213
–, uneigentliche 133
–, ungerade 158
Funktional 529, 536
Funktionentheorie 370

Galerkin-Methode 541, 545–548, 562
Gauß 42
Gauß-Elimination 555, 558
Gauß-Funktion 134
Gauß-Kurve 372
Gauß-Seidel-Verfahren 555, 559
Gaußscher Integralsatz 9, 11, 129
Gebiet, mehrfach zusammenhängendes 267
Gesamtmatrix 566, 567
gewichtete Residuen 540–548, 562, 574
Gewichtsfunktion (Orthogonalität) 181
Gewichtsfunktionen (bei gewichteten Residuen) 541
glatte Oberfläche 518
Gleichung, elliptische 362–363
–, homogene 375
–, hyperbolische 362–363
–, inhomogene 375
–, parabolische 362–363
Gradient 21, 122
Greensche Formel 138
Greensche Funktion 140, 151–153, 200, 374, 379
– – des Dirichlet-Problems 152–153
– – erster, zweiter Art 152
– – des Neumann-Problems 153
Greenscher Integralsatz 129–131, 153
Greenscher Integralsatz in der Ebene 130, 507
Grenzfrequenz 488, 593
Grenzwellenlänge 488, 491, 499, 501
Grenzwinkel der Totalreflexion 448
Größe, dimensionslose 513
Grundeinheit 38
Gruppengeschwindigkeit 422–423, 429, 488, 593

Halbinverse 543
Hamilton-Funktion 606

Hamiltonsche Differentialgleichungen 606
Hankel-Transformation 183–184
Harms-Goubau-Leiter 497
Hauptsatz, erster 361
–, zweiter 361
Heavisidesche Sprungfunktion 135, 512
Heisenbergsche Unschärferelation 596, 597
Helmholtzsches Theorem 140, 237, 620–629
Helmholtz-Gleichung 478, 479, 486, 506, 530, 536–540
Henry 42
Heringscher Versuch 355, 357
Hertzscher Vektor, elektrischer 456, 465, 479, 486, 487, 493, 498
– –, magnetischer 457, 459, 474, 480, 481, 490, 500
Hertzscher Dipol 464, 620
Hohlkugel im homogenen Magnetfeld 313, 317
Hohlleiter 476
–, kreiszylindrische 496–506
–, rechteckige 486–492
–, zylindrische 476–486
Hohlraumresonator 492, 595
de l'Hospitalsche Regel 371
H-Wellen 428
Hysteresekurve 305–307

implizite Verfahren 560, 561
Impulskoordinate, kanonische 605
indirekte Randelementmethoden 569
Induktion durch Bewegung des Leiters 350
–, magnetische 31
Induktionsgesetz 32, 349
Induktivitätskoeffizienten 341, 343, 347
infinite Elemente 567
Influenzkoeffizienten 204
Influenzladung 74
inhomogene Welle 436, 448, 449
Innenleiter 483
Integrale, vollständige elliptische 1. oder 2. Art 176, 281
Integralgleichungen, Fredholmsche 1. und 2. Art 520, 521
Integraloperator 165
Integraltransformation 166, 184, 374, 379
Integration, partielle 131
Interferenzbild 612
Invarianz der Maxwellschen Gleichungen gegenüber dualen Transformationen 600
inverse Formulierung 570
Irreversibilität 362
irreversibler Vorgang 361
Isolator 25, 73
Iterationsmethoden 555, 559

Jacobi-Verfahren 555, 559
Jonosphäre 595
Joule 40, 42
Jupiter 594

Kapazität von Kondensatoren 83, 84, 587
Kapazitätskoeffizienten 206
Kelvinsche Funktion "ber" 409
– – "bei" 409
Kern einer Integraltransformation 165
Kilogramm 38
Kirchhoffscher Satz der Potentialtheorie 138, 518, 519, 522, 573
–, dreidimensional 518
–, zweidimensional 519
–, eindimensional 519, 522
Kirchhoffscher Satz der Theorie der Netzwerke 236
Klein-Gordon-Gleichung 581
kleinste Fehlerquadrate 541, 542, 544, 547
Knoten einer stehenden Welle 425
Knotenpunkte 561–563, 569
Koaxialkabel 343, 497, 502
Koerzitivkraft 306
Kollokationsmethode 541–543, 547, 574
Kollokation, überbestimmte 541–543, 547, 574
Kommutator 353
Kondensator 82–83, 89, 587
– mit geschichtetem Medium 90
Kondensator, Kapazität 83, 84, 587
konfokal 216
konform 217
konstantes Element 569
Kontinuitätsgleichung 29
Koordinaten, orthogonale 120
–, – krummlinige 122
Koordinaten des elliptischen Zylinders 232
Koordinatensysteme 126
–, kartesische 126
–, orthogonale 121
Koordinatentransformation 118
Koordinaten des parabolischen Zylinders 216
Kräftepaar 297
Kraft 115
–, elektrische 3
–, elektromotorische 237
–, magnetische 24
Kraftdichte 297
Kreis, magnetischer 308
Kreise des Appolonius 82, 225
Kreisfrequenz 420
–, dimensionslose 384
Kreisstrom 279
Kreiszylinder 106
Kronecker-Symbol 146

Sachverzeichnis

Kugel 313
–, dielektrische 98, 195
–, homogen polarisierte 98
– im homogenen Magnetfeld 314
Kugelflächenfunktionen 193
Kugelfunktionen 192–193
–, zugeordnete 192
–, – erster, zweiter Art 192
Kugelkondensator 83
Kugelkoordinaten 128, 191
Kurve, jungfräuliche 305

Ladung
–, bewegte elektrische 30, 55, 616–620
–, elektrische 2ff
–, fiktive magnetische 294, 302, 325
–, freie elektrische 88
–, gebundene elektrische 88
–, gebundene magnetische 302
–, magnetische 24, 36, 597–605
Ladungserhaltungssatz 28, 36, 107, 235, 584
Ladungsmenge 3
Ladungsverteilung, eindimensionale, ebene 47
–, kugelsymmetrische 48
–, zylindersymmetrische 51
Lagrange-Parameter 531, 533
Laplace-Operator 44, 49, 123, 137, 261
Laplace-Transformation 364, 367–368
Laplace-Gleichung 44, 530
Laurent-Reihe 370–371
LC-Schwingkreis 494
Legendresche Polynome 193
Leiter 25, 73
Leitfähigkeit
–, magnetische 309
–, spezifische elektrische 34, 235, 239
Leitungsstromdichte 30
Leitungstheorie 483
Lenzsche Regel 299
Lichtgeschwindigkeit 42, 415
Lichtleiter 497
Lichtquant 581
Liénard-Wiechertsche Potentiale 616–620
linear polarisiert 419
Linearität 35
Liniendipol 71, 227
Linienelement 122
Linienladung 46, 53, 224, 226
Linienladungsdichte 47
Linienquelle 249
Links-Rechts-Zerlegung 555, 559
Lösung, avancierte 455
–, retardierte (verzögerte) 455
lokale Netzverfeinerung 559
Lorentz-Eichung 260, 452, 458, 584

Lorentz-Kontraktion 31
Lorentz-Kraft 31, 259, 350–351
LR-Zerlegung 555, 559

Magnetfeld 24
Magnetisierung 291
Magnetisierungsstrom 321–323
Magnetisierungsstromdichte 293
Magnetnadel 24
Magnetostatik 37, 259
Maßstabsfaktoren 121
Maßsystem 37
Material, hartes 307
–, weiches 307
Materialgleichungen 35
Maxwellsche Gleichungen 1, 33, 597
Medium, anisotropes lineares 304
–, lineares 87, 301
–, magnetisierbares 298
–, unendlich leitfähiges 326
Mengentheorie 296
π-Mesonen 583
μ-Mesonen 583
Metallkugel, 75, 78
Metallzylinder 81
Meter 38
Methode, funktionentheoretische 118, 219 ff
– der Separation der Variablen 118
– der Variation der Konstanten 375
– der virtuellen Verrückung 116
metrischer Tensor 122
Mittelwertsätze der Potentialtheorie 527, 528, 554
Moment, magnetisches 291
Momentenmethode 540, 544, 547
Monopol, magnetischer 597, 598, 603
Monte-Carlo-Methoden 548, 551, 575–579
Multipolentwicklung 200

Nabla 12, 18
natürliche Randbedingungen 530, 531
Netz, orthogonales 210
Netzverfeinerung 559
Neukurve 305
Neumannsche Funktion 168
Neumannsches Randwertproblem 129, 481
Neun-Punkte-Formel 556, 557, 558
Newton 39–40
Normalkomponenten
– von B 311
– von D 92, 246
Nullstellen
– der Bessel-Funktionen J_m 180–183, 400–406, 498–500
– der abgeleiteten Bessel-Funktionen J'_m 500, 501

Oberflächenladung 139, 197
Ohm 42, 239
Ohmsches Gesetz 34, 111, 235
Oktopol 201
Operator
– der Gesamtenergie 581
– des Impulses 581
– der kinetischen Energie 581
Orthogonalitätsbeziehung 145, 149, 155, 157, 159–160, 163, 181, 184, 193–194
Orthogonaltrajektorien 210
Ortskoordinaten, kanonische 606

Paramagnetismus 300
Parameterdarstellung 119, 216
Periode 420
Permanentmagnet 303
Permeabilität 302
–, relative 301
– des Vakuums 31
Perpetuum mobile 13
Phasengeschwindigkeit 366, 386, 421–422, 487, 593
Phasenkonstante 436
Photon 10, 581
Photonenruhmasse 581
Platte, ebene, im elektrischen Feld 86
–, –, im magnetischen Feld 313
Plattenkondensator, ebener 83, 89, 586
Poisson-Gleichung 44, 49, 52, 136, 151, 153, 530, 532–536
– –, magnetische 302
Pol der Ordnung m 370, 371
Polardiagramm 471
Polarisation, elektrische 62, 85, 98ff
–, magnetische 296
–, permanente elektrische 86, 101
Polarisation von Licht
–, elliptische 423
–, lineare 419, 425
–, parallele 444ff
–, senkrechte 442ff
–, zirkulare 425
Polarisationspotentiale 461
Polarisationsstrom 107
Polarisationsstromdichte 108
Polarisationswinkel 446
Potential 20–21, 43–44, 137, 208, 219–220
–, komplexes 219–221, 254, 273, 328
–, komplexes eines Liniendipols 227
–, komplexes einer Linienladung 221
–, logarithmisches 53
–, retardiertes 454–456, 616–620
–, skalares magnetisches 267
Potentialdifferenz 21
Potentialgleichung 363
Potentialfunktion 21

Potentialkoeffizienten 204
Potentialsprung 73, 92
Potentialtheorie 129
Poynting-Vektor 109, 430, 471, 475, 585
Poyntingscher Satz 585
Prinzip der Erhaltung der elektrischen Ladung 28, 36, 107, 235, 584
Probleme, ebene 208, 327
Proca-Gleichungen 585, 594
Produkt, dyadisches 162
–, unbestimmtes 162
Projektionsoperator 162
Prozeß, irreversibler 360
–, stochastischer 365
Punkt, singulärer 214, 221
Punktladung 8, 46, 95, 136, 154, 177

Quadrupol 201
Quantenmechanik 581
Quantisierung des Drehimpulses 598
Quarks 29
quasistationäre Näherung 349
Quelle 9–10, 20, 621, 623
–, punktförmige 246
Quellstärke 10
Querschnitt, einfach zusammenhängender 483
–, mehrfach zusammenhängender 483

Rahmenantenne 473
Randbedingungen
–, Dirichletsche 129, 520, 521, 524, 530, 532
– für A 313
– für B und H 310, 311
– für E und D 91–94
– für die Stromdichte 240, 241
–, gemischte 129, 251, 521
–, homogene 530
–, inhomogene 530
–, natürliche 530, 531
–, Neumannsche 129, 520, 521, 530, 534, 535
–, wesentliche 530, 531
Randelementmethoden 521, 526, 548, 567, 568–573
–, direkte 569
–, indirekte 569
Randgebietsformeln 555
Random Walk 548–552, 575–579
Randwertprobleme
–, Dirichletsche 129, 520, 521, 524, 530, 532, 535
–, gemischte 129, 251, 521
–, Neumannsche 129, 520, 521, 530, 534
–, zylindrische 328
Raumladungsdichte, elektrische 8
–, magnetische 294
Raumwinkel 66, 287

Raumwinkelelement 66
Rauschen 361
Rayleigh-Ritz-Methode 531, 545, 546–548, 562
Rechteckfunktion 134
Rechteckhohlleiter 486–492
Rechtsschraube 15, 20
Reflexion von Wellen 439
Reflexionsgesetz 441
Reflexionskoeffizient 446
Relativitätstheorie 10, 31
Relaxationsmethode 555, 559
Relaxationszeit 237–239, 244, 514
Remanenz 306
Residuen (Funktionentheorie) 370, 371
Residuen, gewichtete 540–548, 562, 574
Retardierung 454, 466
reziproker Abstand 156, 177, 186–188, 199, 624
Reziprozitätstheorem 206
Riemannsche Fläche 223
Ringspannung 32
Ringstrom 335, 337
Ritz-Methode (= Rayleigh-Ritz-Methode) 531, 545–548, 562
Rotation 15, 124
R-Separierbarkeit 143
Ruhmasse der Photonen 10, 581–597

Sättigung 305
Satz von der Unmöglichkeit eines Perpetuum mobile erster, zweiter Art 361
Schrödinger-Gleichung 581–582, 607–608
–, relativistische 582
Schumann-Resonanz 595
schwach besetzte Matrizen 555, 567
schwache Formulierung 546, 570
Schwarz-Christoffel-Abbildung 234
schwingende Saite 496
Sekunde 38
Selbstinduktivitätskoeffizienten 343
semi-implizite Verfahren 561
Senke 9
– des elektrischen Feldes 10
Separation 140, 167, 191, 251, 328, 486
Separationskonstante 141, 167
Separationsmethode 140, 167, 191, 251, 328, 486
Separatrices 56, 486
Separierbarkeit 143
Sieben-Punkte-Formel 554
Signalgeschwindigkeit 423
sin-Integral 160
Singularität 370
–, wesentliche 370
Skineffekt 326, 364, 366, 384, 398
– im zylindrischen Draht 407

Skintiefe 366
Snelliussches Brechungsgesetz 441
Sommerfeldleiter 497
Sommerfeldsche Feinstrukturkonstante 603
Spannung 20–21
–, magnetische 309
–, mechanische 117
Spannungsquelle 237–238
Spektrum, diskretes 163
–, kontinuierliches 163
Spiegelung an der Ebene 76, 98, 319
– an der Kugel 75
– am Kreis 81
– einer Linienladung am Zylinder 226
Spiegelungsmethode 59, 75, 247
Spin 32, 291, 299, 582
Spule 277, 344, 347
–, toroidale 278
Stagnationslinie 79, 89, 274, 483, 486
Stagnationspunkt 55–58, 79–81, 274
Staulinie 79, 80, 274, 483, 486
Staupunkt 55–58, 79–81, 274
Strahlungsleistung 470–471, 475
Strahlungswiderstand 472, 476
Stokesscher Integralsatz 15–16
Strömungsfeld, stationäres 235
Strömungslinie 331
Strom, elektrischer 24, 25
Strombelag 293, 310
Stromdichte, elektrische 25
Stromfunktion 208–211, 219–220, 255, 275, 468
– des rotationssymmetrischen Megnetfeldes 330
Stromstärke 39
Stromverteilung, rotationssymmetrische 276
Stromwärme 111
Stromwender 353
Struktur rotationssymmetrischer Magnetfelder 330
Superponierbarkeit 8
Superpotentiale 459
Suszeptibilität, elektrische 86
–, magnetische 299
Symmetrie 35
– der Maxwellschen Gleichungen 35

Tangentenvektor 120–121
Tangentialkomponenten
– von E 92, 246
– von H 311
TE-Wellen 426, 428, 479, 480, 489, 500
Teilchen, relativistische 582
Teilgebiete 543, 544, 547
Telegraphengleichung 483, 504
TEM-Wellen 479, 481, 491
Tensor 89, 304

Tesla 42
TM-Wellen 426, 429, 479–481, 487, 498
Totalreflexion 447–448
Transformation, duale 599–602
Trefftz-Methode 572
Trennfläche 268, 287
Tunneleffekt 449

Überlagerunsprinzip 8, 35, 151
überbestimmte Kollokation 541–543, 547, 574
überbestimmtes Gleichungssystem 541–543
Umkehrformel für die Laplace-Transformation 369–371
unendliche Elemente 567
Unipolarmaschine 355
Unschärferelation 596
Urspannung 237

Variable, dimensionslose 366
Variationsintegrale 528–540
Variationsprobleme 506, 528–540, 545
Vektordiffusionsgleichung 360
Vektorpotential 260, 266, 451, 610
–, elektrisches 457
Vergleichsfunktion 529, 531
Verrückung, virtuelle 116
Verschiebung, dielektrische 4–5, 43, 88
Verschiebungssatz 368
Verschiebungsstromdichte 30
Verzweigungspunkt 223
Vielleitersysteme 203–207
vollständige orthogonale Systeme 161
Vollständigkeitsrelation 147, 162, 164, 181, 185
Volt 40
Volumenelement 122

Wärmeleitung 360
Watt 40
Weber 42
Wechselstromgenerator 353
Wechselwirkung, lokale 606
Wellen, elektromagnetische 413–516
–, –, ebene 413–450
–, –, elliptisch polarisierte 424
–, –, harmonische ebene 419
–, –, homogene 436

–, –, inhomogene 436, 448–449
–, –, linear polarisierte 419, 425
–, –, longitudinale 415
–, –, parallel polarisierte 442–447
–, –, senkrecht polarisierte 442–447
–, –, stehende 425
–, –, transversale 415
–, –, transversale elektrische 428
–, –, transversale magnetische 429
–, –, zirkular polarisierte 425
Wellengleichung 362–363, 413, 415, 431
–, inhomogene 450, 453
Wellengruppe 422
Wellenlänge 420
Wellenpaket 422
–, schmalbandiges 423
Wellenvektor 423
Wellenwiderstand 418–419
Wellenzahl 420
Wellenzahlvektor 423
wesentliche Randbedingungen 530, 531
wesentliche Singularität 370, 371
Widerstand 111, 237
–, magnetischer 309
Winkelgeschwindigkeit 19
Winkeltreue 217–218
Winkelverteilung der Dipolstrahlung 470, 471
Wirbel 20, 621, 623
wirbelbehaftet 20
Wirbelfeld 20
wirbelfrei 20
Wirbelstrom 364

Yukawa-Feld 583
Yukawa-Potential 583

Zahl, komplexe 212, 217
–, konjugiert komplexe 213
Zeitableitung, totale 353
Zeitumkehr 362
Zufallserscheinung 365
Zylinder, elliptischer 106
Zylinderfunktionen 168–169, 172, 329, 497
Zylinderkondensator 84
–, exzentrischer 226
Zylinderkoordinaten 126, 167, 177

Springer-Verlag und Umwelt

Als internationaler wissenschaftlicher Verlag sind wir uns unserer besonderen Verpflichtung der Umwelt gegenüber bewußt und beziehen umweltorientierte Grundsätze in Unternehmensentscheidungen mit ein.

Von unseren Geschäftspartnern (Druckereien, Papierfabriken, Verpackungsherstellern usw.) verlangen wir, daß sie sowohl beim Herstellungsprozeß selbst als auch beim Einsatz der zur Verwendung kommenden Materialien ökologische Gesichtspunkte berücksichtigen.

Das für dieses Buch verwendete Papier ist aus chlorfrei bzw. chlorarm hergestelltem Zellstoff gefertigt und im pH-Wert neutral.